工业和信息化部"十二五"规划教材
"十三五"江苏省高等学校重点教材

现代模拟电子技术基础

(第3版)

王成华　主编
胡志忠　邵　杰　洪　峰　刘伟强　编

北京航空航天大学出版社

内容简介

本书是工业和信息化部“十二五”规划教材，“十三五”江苏省高等学校重点教材。

为适应现代电子技术的飞速发展，在第1版、第2版的基础上，对教材内容进行了全面修订。全书共11章，内容包括：电子线路元器件、放大器基础、放大器的频率响应、集成运算放大器与模拟乘法器、模拟信号运算与处理电路、反馈放大器、功率电路、逻辑门电路、波形产生电路、数/模和模/数转换电路、模拟电子系统设计等。

本书可作为高等院校电子信息类、电气信息类、自动控制类和计算机类各专业的教材，也可作为相关工程技术人员的参考书。

图书在版编目(CIP)数据

现代模拟电子技术基础 / 王成华主编. --3版. --北京：北京航空航天大学出版社，2018.12

ISBN 978-7-5124-2878-2

Ⅰ.①现… Ⅱ.①王… Ⅲ.①模拟电路—电子技术—高等学校—教材 Ⅳ.①TN710.4

中国版本图书馆CIP数据核字(2018)第261930号

现代模拟电子技术基础(第3版)

王成华　主编

胡志忠　邵　杰　洪　峰　刘伟强　编

责任编辑　蔡　喆　白晶晶　赵钟萍

*

北京航空航天大学出版社出版发行

北京市海淀区学院路37号(邮编100191)　http://www.buaapress.com.cn

发行部电话：(010)82317024　传真：(010)82328026

读者信箱：goodtextbook@126.com　邮购电话：(010)82316936

北京建宏印刷有限公司印装　各地书店经销

*

开本：787×1 092　1/16　印张：31.25　字数：800千字

2020年8月第3版　2024年8月第5次印刷　印数：2 301～2 600册

ISBN 978-7-5124-2878-2　定价：69.00元

前　言

电子线路课程是电子信息类专业十分重要的专业基础课，是培养工程师硬件能力的入门课程。该课程的主要任务是通过对常用电子器件、模拟电路及其系统的分析和设计的学习，使学生系统地掌握电子线路的基本原理、基本概念和各种功能单元电路的工作原理和分析设计方法，为电子系统的工程实现和后续课程学习打下坚实的基础。

本书主要包括以下11章：

第1章　电子线路元器件；

第2章　放大器基础；

第3章　放大器的频率响应；

第4章　集成运算放大器与模拟乘法器；

第5章　模拟信号运算与处理电路；

第6章　反馈放大器；

第7章　功率电路；

第8章　逻辑门电路；

第9章　波形产生电路；

第10章　数/模和模/数转换电路；

第11章　模拟电子系统设计。

电子线路课程强调理论联系实际，注重培养学生解决实际问题的能力和工程实践能力。除了理论课要求以外，实验课要求学生具备以下实验能力：

(1) 了解示波器、电子电压表、晶体管特性图示仪、信号发生器、频率计和扫频仪等常用电子仪器的基本工作原理，掌握正确的使用方法。

(2) 掌握电子线路的基本测试技术，包括电子元器件参数、放大电路静态和动态参数、信号的周期和频率、信号的幅度和功率等主要参数的测试。

(3) 能够正确记录和处理实验数据，进行误差分析，并写出符合要求的实验报告。

(4) 能够通过手册和互联网查询电子器件性能参数和应用资料，正确选用常用集成电路和其它电子元器件。

(5) 掌握基本实验电路的装配、调试和故障排除方法。

(6) 掌握用Spice分析设计电子电路的基本方法。

正因为电子线路课程的重要性，本书早在2002年就作为国防科工委“十五”规划重点建设教材立项，2005年由北京航空航天大学出版社出版；经过近10年的使用,本书在2013年被工业和信息化部作为“十二五”规划教材立项,2015年由北京航空航天大学出版社再版;2017年本书入选“十三五”江苏省高等学校重点教材立项,编者在第1版、第2版的基础上,对教材内容再次进行修订。

本书力求反映电子技术的新进展,站在教学内容和课程体系改革与整体优化的高度来组织内容,并使得教材具有科学性、可读性和前瞻性。

本教材的编写原则是:**强化基础,精选内容,强调集成,注重特色**。在具体内容上具有如下特点与特色:

(1) 在讲述半导体器件工作原理、特性曲线、性能参数的基础上,引出半导体器件的模型,为电路分析和设计打下基础;

(2) 在分析由三极管、场效应管构成的放大电路时,强调基本概念、基本工作原理和基本分析方法,为集成电路的学习打下坚实的理论基础;

(3) 在讲清集成运放基本单元电路和主要性能参数的基础上,强调集成运放的线性与非线性应用;

(4) 在分析负反馈放大器时,强调反馈的基本概念与深度负反馈放大器性能指标的估算;

(5) 妥善处理模拟电路部分与数字电路部分内容的衔接,单独设置两章,分别讨论逻辑门电路、数/模和模/数转换电路;

(6) 为了培养学生的模拟系统分析与设计的能力,单独设置一章,讨论模拟电子系统的分析、设计和测试。引入了模拟电子系统中一些重要概念,并以典型的模拟电子系统为例,阐述模拟电子系统的设计方法。

本课程的学习要以“**有源器件**”为基础,以“**单元电路**”为主体,以“**分析方法**”为重点,以“**实践应用**”为目的。需要掌握半导体元器件及集成电路的工作原理,过“**器件关**”。由于半导体元器件及集成电路都是非线性的,必须学会工程估算的分析方法,过“**近似关**”。电子线路课程具有非常强的实践性,必须加强实践应用,过“**动手关**”。现代大规模电路分析与设计,无一不借助于EDA设计软件工具,必须掌握EDA软件工具的使用,过“**EDA关**”。

本书由王成华主编。第1、2、6章由刘伟强执笔,第3、9章由胡志忠执笔,第4、5、7章由洪峰执笔,第8、10、11章由邵杰执笔,王成华统稿。研究生张雨晴、袁田、南国才、林豪、郑圣楠绘制了部分电路图,校对了部分书稿。

本书承蒙东南大学冯军教授、解放军理工大学徐志军教授审阅,并提出了宝贵的修改意见,在此表示深切的谢意。由于编者水平有限,书中如有错误和不当之处,恳请读者批评指正。

编　者
2018年8月于南京航空航天大学

常用符号表

1. 电压和电流符号的规定

U_C、I_C	大写字母,大写下标,表示直流量
u_c,i_c	小写字母,小写下标,表示交流量瞬时值
u_C,i_C	小写字母,大写下标,表示总瞬时值
U_c,I_c	大写字母,小写下标,表示交流量有效值
$\dot{U}_c$,$\dot{I}_c$	大写字母上面加点,小写下标表示正弦相量
ΔU_C,ΔI_C	表示直流电压和电流的变化量
Δu_C,Δi_C	表示总瞬时值电压和电流的变化量

2. 基本符号

A_i,A_u	电流、电压放大倍数
A_{us}	源电压放大倍数
$\dot{A}_{usl}$	低频电压放大倍数复数量
$\dot{A}_{usm}$	中频电压放大倍数复数量
$\dot{A}_{ush}$	高频电压放大倍数的复数量
A_r,A_g	互阻、互导增益
A_{if},A_{uf},A_{rf},A_{gf}	分别表示反馈放大器的电流、电压、互阻、互导增益
A_{ud}	差模电压增益
A_{uc}	共模电压增益
$BW_{0.7}$	3 dB 带宽
C_B,C_D,C_J	分别指势垒电容、扩散电容和结电容
C_π,C_μ	分别指 BJT 的发射结和集电结电容
C_{dg},C_{gs},C_{ds}	分别指 FET 的分布电容
C_φ	相位补偿电容
D	非线性失真系数
E、ε	能量,电场强度
E_{go}	半导体的禁带宽度
F	反馈系数
f	频率
f_0	振荡频率、谐振频率
f_L	下限(−3 dB)频率,$\omega_L=2\pi f_L$
f_H	上限(−3 dB)频率,$\omega_H=2\pi f_H$
f_α ,f_β	分别指共基 BJT 和共射 BJT 的截止频率

f_T	特征频率
g_m	低频跨导
I, i	电流通用符号
$I_{EQ}, I_{BQ}, I_{CQ}, I_{DQ}$	分别指射、基、集、漏极直流工作点电流
i_C, i_B, i_E, i_D	分别指集、基、射、漏极总瞬时值电流
i_s	信号源电流
I_{IO}	输入失调电流
I_{IB}	输入偏置电流
I_S	PN 结反向饱和电流
I_{DSS}	结型、耗尽型 FET 在 $u_{GS}=0$ 时 I_D 值
I_D	二极管电流,FET 的漏极电流
I_F, I_R	分别表示正向电流、反向电流
I_{ES}	晶体管发射结反向饱和电流
I_{CBO}	发射极开路时的集电结反向饱和电流
I_{CEO}	基极开路时的穿透电流
I_{CM}	集电极最大允许电流
I_{SE}	门电路输入短路电流
I_{RE}	门电路反向漏电流
k	玻耳兹曼常数
K_{CMR}	共模抑制比
n_i	本征半导体中电子浓度
n	杂质半导体中电子浓度
P_C	集电极耗散功率
P_V	直流电源供给功率
P_T	BJT 的管耗
P_{CM}	集电极最大允许功耗
p_i	本征半导体中空穴浓度
p	杂质半导体中空穴浓度
Q	品质因数
R_B	基极直流偏置电阻
R_E	发射极直流偏置电阻
R_C	集电极直流偏置电阻
R_G	栅极直流偏置电阻
R_D	漏极直流偏置电阻
R_s	信号源内阻
$R_F(R_f)$	反馈电阻
R_L	负载电阻
R_{IC}、R_{ID}	差模输入电阻、共模输入电阻
R_{OC}、R_{OD}	差模输出电阻、共模输出电阻

R_{off}	关门电阻
R_{on}	开门电阻
R_i、R_o	放大器的交流输入和输出电阻
R_{if}、R_{of}	反馈放大器的交流输入和输出电阻
$r_{bb'}$	基区体电阻
$r_{b'e}$	发射结微变等效电阻
$r_{b'c}$	集电结电阻
r_{ce}	集电结输出电阻
r_e	发射结电阻
r_{gs}、r_{ds}	FET 的动态电阻
r_Z	稳压管的动态电阻
S_R	运算放大器的转换速率
S_r	稳压系数
S_u	电压调整率
S_i	电流调整率
S_{rin}	纹波抑制比
S_T	输出电压的温度系数
T	温度，周期
t	时间
t_{pd}	门电路平均延迟时间
U_{BQ}、U_{CQ}、U_{EQ}、U_{GQ}、U_{DQ}、U_{SQ}	分别指相应电极的直流工作点电位
U_{BEQ}、U_{CEQ}、U_{DSQ}、U_{GSQ}	分别指相应电极间的直流工作点电压
u_{BE}、u_{CE}、u_{DS}、u_{GS}	分别指相应电极间的总瞬时值电压
u_i、u_o、u_{be}、u_{ce}、u_{ds}、u_{gs}	分别指输入、输出和相应电极间的交流电压分量
u_s、U_s	信号源电压及其有效值
$\dot{U}_s$，$\dot{U}_i$，$\dot{U}_o$，$\dot{U}_{be}$，$\dot{U}_{ce}$，$\dot{U}_{ds}$，$\dot{U}_{gs}$	分别指对应交流分量的复数值
u_{id}	差模输入电压
u_{ic}	共模输入电压
U_T	温度电压当量（热力学电压），门电路的阈值电压
$U_{GS(th)}$	增强型 MOSFET 开启（阈值）电压
$U_{GS(off)}$	结型 FET 的夹断电压，耗尽型 MOSFET 的阈值（或夹断）电压
U_L	低电平
U_H	高电平
U_{on}	开门电平
U_{off}	关门电平
U_{NL}	低电平噪声容限
U_{NH}	高电平噪声容限
U_{IO}	输入失调电压
U_{OO}	输出失调电压

U_{REF}	参考(基准)电压
$U_{\mathrm{(BR)}}$	晶体管的击穿电压
$U_{\mathrm{CE(sat)}}$	BJT的饱和电压
U_{φ}	接触电位差
$V_{\mathrm{CC}}, V_{\mathrm{DD}}, +V_{\mathrm{S}}$	正电源电压
$V_{\mathrm{EE}}, V_{\mathrm{SS}}, -V_{\mathrm{S}}$	负电源电压
X, x	电抗
Y, y	导纳
Z, z	阻抗

3. 元器件及引脚名称

E,e	双极型三极管的发射极
B,b	双极型三极管的基极
C,c	双极型三极管的集电极
S,s	场效应管的源极
G,g	场效应管的栅极
D,d	场效应管的漏极
D	二极管
T	双极型三极管,场效应管
$\mathrm{D_Z}$	稳压管
P	空穴型半导体
N	电子型半导体
$\mathrm{T_r}$	变压器

4. 其他符号

$\alpha, \bar{\alpha}$	共基极交、直流电流传输系数(增益)
$\beta, \bar{\beta}$	共射极交、直流电流放大系数(增益)
W/L	MOS管的宽长比
C_{ox}	MOS管单位面积的栅极电容
u_n	电子运动的迁移率
η	效率
φ	相位角
φ_{m}	相位裕量
G_{m}	增益裕量
ω, Ω	角频率
Q	静态工作点

目　录

第1章　电子线路元器件

本章主要介绍半导体器件，包括二极管、三极管、场效应管等，为后续各章讨论由半导体器件构成的电子线路打下基础。在介绍半导体基础知识的基础上，介绍半导体器件。在介绍半导体器件时，围绕着每种器件的工作原理、特性曲线、性能参数和等效电路等四方面展开。本章最后介绍集成电路发展历程及制造工艺技术。

1.1　半导体的基础知识

1.1.1　导体、绝缘体和半导体

在自然界中，有的物质很容易导电，如铜、铝、铁、银等，称为导体；有的物质不导电，如塑料、陶瓷、石英、橡胶等，称为绝缘体；此外，还有另一类物质，其导电性能介于导体和绝缘体之间，称为**半导体**(semiconductor)。常用的半导体材料有硅(Si)、锗(Ge)、砷化镓(GaAs)等，其中硅应用最广。

1.1.2　本征半导体

本征半导体(intrinsic semiconductor)就是纯净且晶格方向一致的半导体晶体。常用的半导体材料硅和锗的原子序数分别为14和32，相应的结构如图1.1(a)所示。它们的最外层电子都是4个，所以都是4价元素。外层的电子受原子核的束缚力最小，决定着物质的化学性质和导电能力，称为价电子。研究半导体导电性能时常用价电子与惯性核组成的简化模型，惯性核由原子核和内层电子组成，带有四个正的电子电荷量，如图1.1(b)所示。

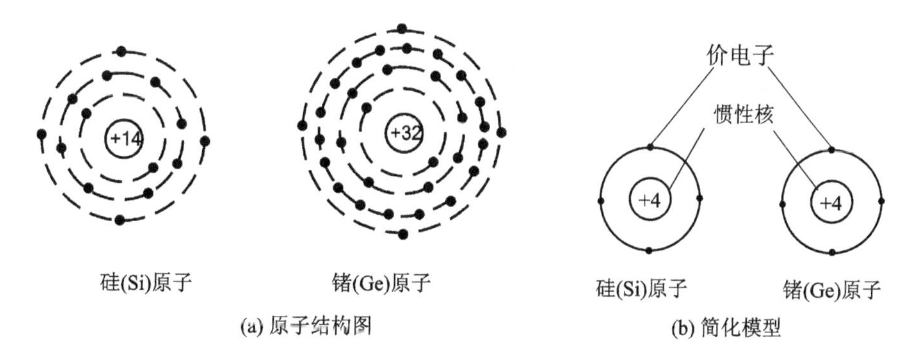

图1.1　硅和锗原子结构模型

硅或锗制成晶体后，原子之间靠得很近，价电子不仅受到自身原子核的约束，还要受到相邻原子核的吸引，使得每两个相邻原子之间共有一对价电子，从而形成了晶体中的**共价键结构**(covalent bond structure)，如图1.2所示。

共价键中的电子由于受到其原子核的吸引，是不能在晶体中自由移动的，只有获得足够的能量后才能挣脱共价键的束缚，成为**自由电子**。在绝对零度($T=0$ K)和无外界激发时，硅或

锗晶体中没有自由电子存在。在有外界激发的情况下,例如常温下($T=300$ K),少数价电子获得一定的能量,挣脱共价键的束缚成为自由电子,这种现象称为**本征激发**(intrinsic excitation)。

价电子挣脱共价键的束缚成为自由电子后,就在原来共价键的位置上留下一个空位,我们称之为**空穴**。在外加电场的作用下,邻近的价电子很容易填补到这个空位上,从而在这个价电子原来的位置上留下新的空位,如图1.3所示。由于带负电的电子依次填补空穴的作用与带正电荷的粒子作反方向运动的效果相同,因此,可以把空穴看作带正电的载流子。空穴是人们根据共价键中出现空位的移动而虚拟出来的,实际上是价电子移动而形成的。

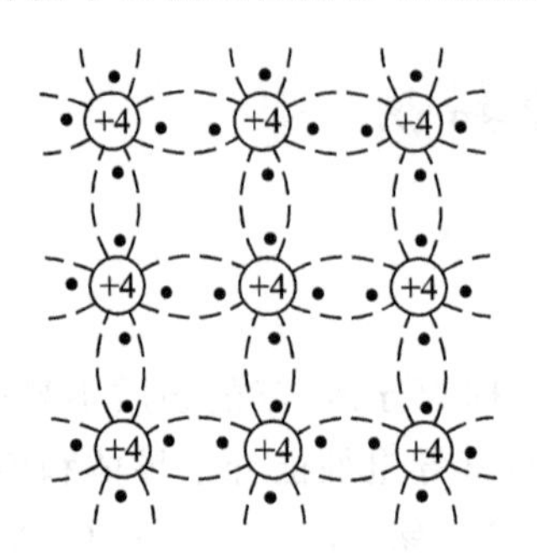

图1.2 共价键结构

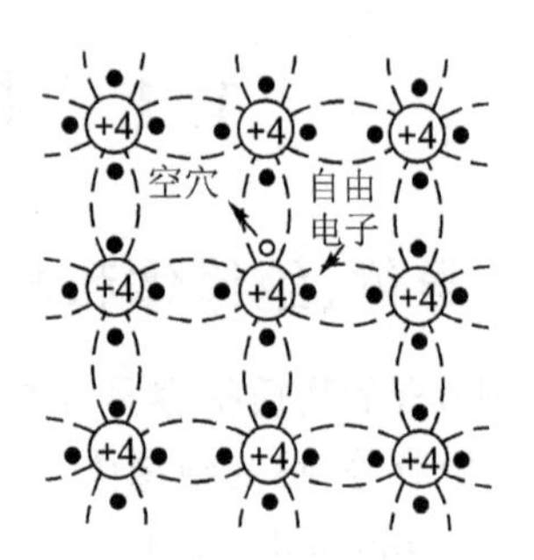

图1.3 本征激发时电子与空穴的产生和移动

因此,本征半导体中存在两种载流子——**自由电子**(free electron)和**空穴**(hole)。在本征半导体中,自由电子和空穴是成对出现的,有一个自由电子,必定有一个空穴,故又叫做**电子-空穴对**。电子与空穴电荷量相等,极性相反。

实际上,在自由电子和空穴的产生过程中,还存在自由电子和空穴的**复合**,也就是自由电子在热骚动过程中和空穴相遇而释放能量,电子-空穴对消失。

在一定温度下,本征激发和复合在某一热平衡载流子浓度值上达到**动态平衡**(dynamic balance)。用 n_i 和 p_i 分别表示一定温度下本征半导体中自由电子和空穴的热平衡浓度,有

$$n_i = p_i \tag{1.1}$$

理论和实验证明,它们与温度 T 的关系可用下式表示

$$n_i(T) = p_i(T) = A \cdot T^{\frac{3}{2}} e^{-\frac{E_{g0}}{2kT}} \tag{1.2}$$

式中,T 为绝对温度,K 是玻耳兹曼常数(8.63×10^{-5} eV/K),A 是与半导体材料、载流子有效质量、有效能级密度有关的常量。对硅来说,$A=3.87\times10^{16}\ \mathrm{cm^{-3}\cdot K^{-3/2}}$;对于锗,$A=1.76\times10^{16}\ \mathrm{cm^{-3}\cdot K^{-3/2}}$。$E_{g0}$ 表示 $T=0$ K时破坏共价键所需的能量,又称**禁带宽度**(forbidden gap),单位为eV(电子伏特),对硅来说,$E_{g0}=1.21$ eV,锗的 $E_{g0}=0.785$ eV。

可以看出,自由电子和空穴的浓度随温度升高而增大,因而本征半导体的导电能力相应地随温度升高而增强。半导体材料对温度的这种敏感性,既可用来制作热敏和光敏器件,又是造成半导体器件温度稳定性差的原因。

在常温下($T=300$ K),硅半导体中本征载流子浓度 $n_i=p_i=1.43\times10^{10}/\mathrm{cm^3}$,锗半导体中本征载流子浓度 $n_i=p_i=2.5\times10^{13}/\mathrm{cm^3}$。两种半导体中的载流子浓度与原子密度(约为 $10^{22}/\mathrm{cm^3}$ 量级)相比,是微不足道的,所以两种半导体导电性能都很弱,不能直接用来制造半导体器件。

1.1.3　杂质半导体

在本征半导体中掺入微量的三价元素(如硼或铝等)或五价元素(如磷或砷等),其导电性能将发生明显变化。掺入的元素称为**杂质**,掺杂后的半导体称为**杂质半导体**(impurity semiconductor)。掺入的三价元素称为**受主杂质**,掺杂后的半导体称为**空穴型**(或称**P 型)半导体**。掺入的五价元素称为**施主杂质**,掺杂后的半导体称为**电子型**(或称**N 型)半导体**。

1. N 型半导体

在本征硅半导体中,掺入微量的五价元素(如磷),所形成的 N 型杂质半导体如图 1.4 所示。

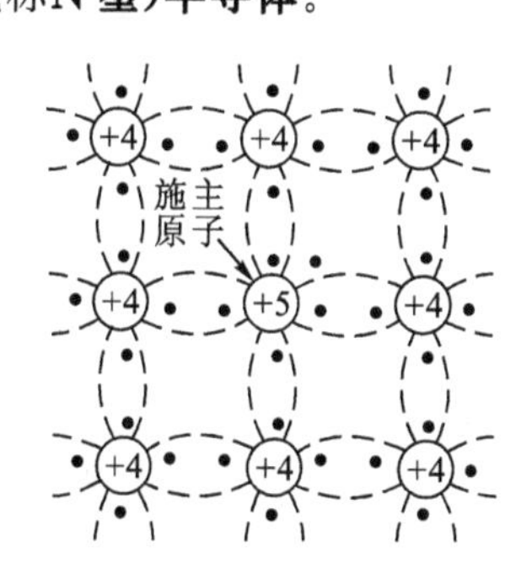

图 1.4　N 型半导体示意图

磷的 5 个价电子,有 4 个与相邻的硅原子构成共价键,剩下 1 个价电子,未构成共价键,仅受磷原子核的束缚,只需获得很少的能量就能被激发成自由电子,而磷原子因在晶格上,成为不能移动的带正电荷的离子。此时自由电子的浓度将远远大于本征激发时自由电子的浓度。同时,由于复合,空穴浓度将远远小于本征激发时空穴的浓度。结果是总的自由电子数远远大于空穴数,因此,通常将 N 型半导体中自由电子称为**多数载流子**(majority carrier),简称**多子**,空穴称为**少数载流子**(minority carrier),简称**少子**。

下面来计算一个 N 型半导体中两种载流子的浓度。N 和 P 分别表示电子和空穴的浓度,N_d 为施主杂质的浓度。首先两种载流子必定满足**热平衡条件**,即**质量作用定律**,也就是两种热平衡载流子浓度的乘积恒等于本征载流子浓度的平方,即

$$n \cdot p = n_i^2 \tag{1.3}$$

其次,整块半导体必定满足**电中性条件**。假设在室温时杂质原子已全部电离,则带负电的自由电子浓度恒等于带正电的施主杂质离子和空穴浓度之和,即

$$n = p + N_d \approx N_d \tag{1.4}$$

通常满足 $N_d \gg p$,表明自由电子的浓度近似等于施主杂质的浓度,与温度无关。空穴的浓度与施主杂质的浓度成反比($p \approx n_i{}^2/N_d$),且随温度的升高而迅速增大。

2. P 型半导体

在本征硅半导体中,掺入微量的三价元素(硼),所形成的 P 型杂质半导体如图 1.5 所示。

硼原子的 3 个价电子与相邻的硅原子形成共价键时,必然有一个共价键中缺少一个电子,从而形成一个空穴。这个空穴不是释放价电子形成的,它不会同时产生自由电子。因此,在 P 型半导体中,空穴是**多数载流子**,简称**多子**,电子是**少数载流子**,简称**少子**。

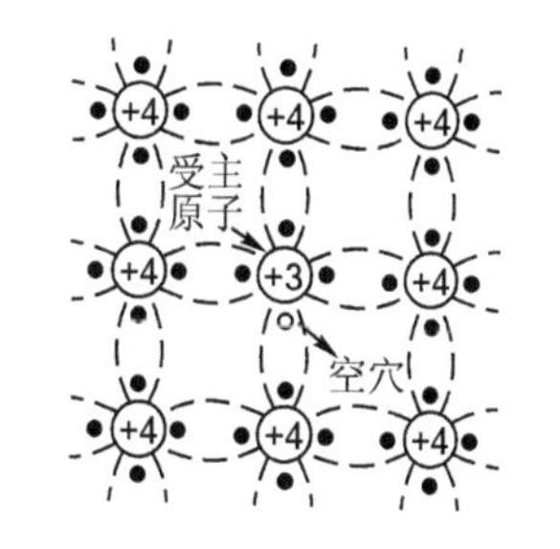

图 1.5　P 型半导体示意图

用 N_a 表示受主杂质的浓度,则 P 型半导体中电子浓度 n 和空穴浓度 p 满足以下两式:

$$n \cdot p = n_i^2 \tag{1.5}$$

$$p = n + N_a \approx N_a \tag{1.6}$$

也就是说,空穴的浓度近似等于受主杂质的浓度,与温度无关。电子的浓度与受主杂质的

浓度成反比,且随温度的升高而迅速增大。

例 1.1 一块掺有受主杂质的P型硅片,掺杂浓度为 $N_a=5\times10^{14}/\text{cm}^3$,若再掺入浓度为 $N_d=10^{15}/\text{cm}^3$ 的施主杂质,试求在室温 $T=300$ K时的自由电子和空穴浓度。

解:施主杂质原子释放的自由电子除了填补受主杂质原子所产生的空穴外,还余下(N_d-N_a)个自由电子,因此杂质半导体便由P型转变为N型。根据电中性条件,它的多子浓度为

$$n=N_d-N_a+p\approx N_d-N_a=(10^{15}-5\times10^{14})/\text{cm}^3=5\times10^{14}/\text{cm}^3$$

由于温度 $T=300$ K时本征载流子浓度 $n_i=1.43\times10^{10}/\text{cm}^3$,所以根据热平衡条件,少子空穴浓度为

$$p=\frac{n_i^2}{n}=\frac{(1.43\times10^{10})^2}{5\times10^{14}}/\text{cm}^3=4.1\times10^5/\text{cm}^3$$

通过以上分析可知,通过掺杂,可大大改变半导体内载流子的浓度。掺杂浓度决定了多子的浓度,温度对其影响很小;掺杂使得少子浓度大大减小,而且当温度变化时,由于 $n_i(p_i)$ 的变化,少子浓度会有显著的变化。

1.2 PN结与半导体二极管

1.2.1 PN结的形成

如前所述,在室温下,N型半导体中自由电子的浓度远远大于空穴的浓度,P型半导体中空穴浓度远远大于自由电子的浓度,但应该注意到,不管是P型半导体,还是N型半导体,半导体中的正负电荷数是相等的,整块半导体保持电中性。

通过掺杂工艺,把本征硅(或锗)片的一边做成P型半导体,另一边做成N型半导体,并且保持晶格的连续性,这样就会在它们的交界面处形成一个很薄的特殊物理层,称为**PN结**。PN结是构造半导体器件的基本单元。

在P型和N型半导体交界面两侧,电子和空穴的浓度截然不同。P型区内空穴浓度远远大于N型区,N型区内电子浓度远远大于P型区,由于存在浓度差,所以P型区内空穴向N型区扩散,N型区内电子向P型区扩散。这种由于存在浓度差引起的载流子从高浓度区域向低浓度区域的运动称为**扩散**(diffuse)运动,所形成的电流称为**扩散电流**。

P区的空穴向N区扩散并与N区的电子复合,N区的电子向P区扩散并与P区的空穴复合。P区一边失去空穴,留下了带负电的受主杂质离子,N区一边失去电子,留下了带正电的施主杂质离子。这些带电的杂质离子,由于物质结构的关系,它们不能随意移动,因此不参与导电。在交界面附近出现的带电离子集中的薄层,称为**空间电荷区**,又称**耗尽层**、**阻挡层**,如图1.6所示。

空间电荷区的左半部是带负电的杂质离子,右半部是带正电的杂质离子,从而在空间电荷区中就形成了一个由N区指向P区的内建电场,称为**内电场**。

在内电场的作用下,空穴向P区漂移,电子向N区漂移,载流子在电场作用下的这种运动称为**漂移运动**(drift motion),所形成的电流称为**漂移电流**(drift current)。漂移运动的结果使空间电荷区变窄,内建电场减弱。

扩散运动和漂移运动相互制约,最终,从P区中扩散到N区中的空穴数与从N区中漂移

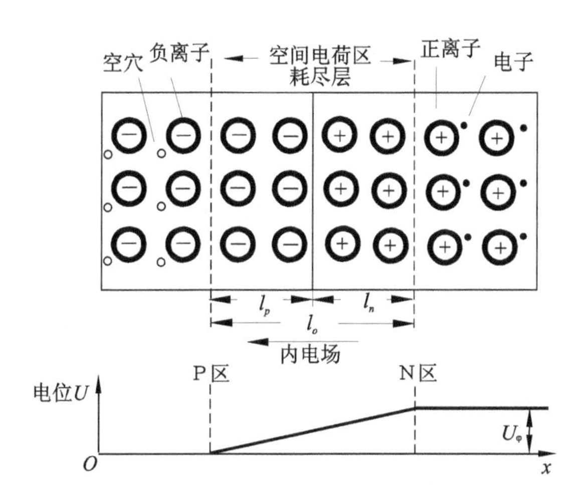

图 1.6　PN 结的形成

到 P 区中的空穴数相等，从 N 区中扩散到 P 区中的电子数与从 P 区中漂移到 N 区中的电子数相等，PN 结达到**动态平衡**。

达到动态平衡后的 PN 结，内建电场的方向由 N 区指向 P 区，说明 N 区的电位比 P 区高，这个电位差称为**内建电位差**U_φ。内建电位差的大小可由下式计算：

$$U_\varphi = U_T \cdot \ln\left(\frac{p_P \cdot n_n}{n_i^2}\right) \approx U_T \cdot \ln\left(\frac{N_a \cdot N_d}{n_i^2}\right) \tag{1.7}$$

式中，N_a、N_d 分别为 P 型和 N 型半导体的掺杂浓度；U_T 是温度的电压当量，由下式计算：

$$U_T = \frac{k \cdot T}{q} \tag{1.8}$$

式中，$q=1.6\times10^{-19}$C，为电子的电荷量，在常温（$T=300$ K）下，$U_T=26$ mV。U_φ 的大小一般为零点几伏。在 $T=300$ K 时，硅的 U_φ 为 0.6～0.8 V，锗的 U_φ 为 0.2～0.3 V。温度升高，U_φ 减小；掺杂浓度越大，U_φ 越大。

例 1.2　在硅 PN 结中，已知 P 型区域掺杂浓度为 $N_a=10^{16}/\text{cm}^3$，N 型区域掺杂浓度为 $N_d=10^{17}/\text{cm}^3$，求 $T=300$ K 时 PN 结的内建电位差。

解：根据公式（1.7）可得

$$U_\varphi = U_T \ln\left(\frac{N_a \cdot N_d}{n_i^2}\right) = 0.026 \times \ln\left[\frac{10^{16} \times 10^{17}}{(1.43 \times 10^{10})^2}\right] = 0.76 \text{ V}$$

还可以证明，动态平衡下 PN 结的空间电荷区宽度 l_0 为

$$l_0 = l_n + l_p = \left(\frac{2\varepsilon}{q} \cdot U_\varphi \cdot \frac{N_a + N_d}{N_a N_d}\right)^{\frac{1}{2}} \tag{1.9}$$

式中，l_n、l_p 分别为空间电荷区在 N 型和 P 型半导体中所占据的宽度，ε 为介电常数。

当 P 区和 N 区杂质浓度相等时，PN 结的负离子区和正离子区的宽度也相等，称为**对称结**；而当两边杂质浓度不相等时，浓度高的一侧离子区宽度小于浓度低的一侧，也就是说，空间电荷区任一侧的宽度与该侧掺杂浓度成反比，空间电荷区主要向低掺杂一侧扩展。

1.2.2 PN结的单向导电性

1. PN结外加正向电压

将PN结的P区接电源正极,N区接电源负极,称为PN结**外加正向电压**,又叫**正向偏置**(forward-bias),如图1.7所示。PN结正向偏置时,外电场与内建电场方向相反,从而减弱了空间电荷区内的电场,破坏了PN结的动态平衡。结果使得空间电荷区的宽度减小,两侧的离子电荷量减小,多子扩散运动大大增强而少子漂移运动进一步减弱。所以,通过外加正向电压的PN结的电流,扩散电流占主导地位,在外电路中形成一个流入P区的电流I_F。

在正常工作范围内,PN结上外加电压U_F只要稍有增加,就能引起正向电流I_F显著增加。因此,正向PN结表现为一个很小的电阻。

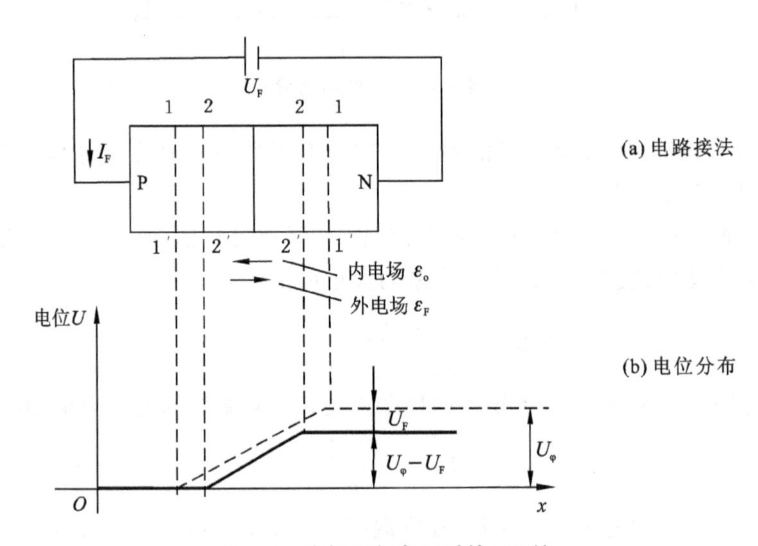

图1.7 外加正向电压时的PN结

2. PN结外加反向电压

将PN结的P区接电源负极,N区接电源正极,称为PN结**外加反向电压**,又叫**反向偏置**(reverse bias),如图1.8所示。PN结反向偏置时,外电场与内建电场方向相同,P区中的空穴和N区中的电子进一步离开PN结,空间电荷区变宽,阻止P区中的空穴向N区扩散和N区中的电子向P区扩散,扩散电流迅速减小。在电场的作用下,漂移运动加强。由于P区中的电子和N区中的空穴很少,故形成的漂移电流很小,且近似为一定值。在外电路中形成流入N区的电流称为**反向饱和电流**,用I_R或I_S表示。

在PN结反向偏置时,由于I_S很小,故PN结表现为一个很大的电阻。I_S是少子的运动产生的,受温度影响很大。

总之,PN结正向偏置时呈现的电阻很小,PN结反向偏置时呈现的电阻很大,这就是**PN结的单向导电性**。

3. PN结方程

根据理论分析可知,PN结两端的外加电压U和流过PN结的电流I之间的关系为

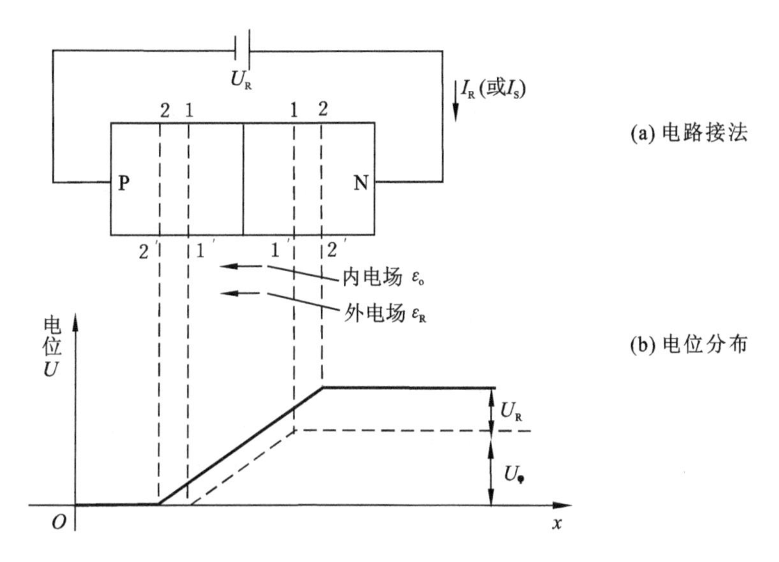

图1.8　外加反向电压时的PN结

$$I = I_S \cdot \left(e^{\frac{q \cdot U}{k \cdot T}} - 1\right) = I_S \cdot \left(e^{\frac{U}{U_T}} - 1\right) \tag{1.10}$$

式(1.10)即为**PN结方程**。由式(1.10)可知,正向偏置且U大于U_T几倍以上时,有

$$I \approx I_S e^{\frac{U}{U_T}} \tag{1.11}$$

即I随U按指数规律变化;反向偏置且$|U|$大于U_T几倍以上时,有

$$I \approx -I_S \tag{1.12}$$

即I是一个与反向电压无关的常数,其中负号表示电流方向与设定方向相反。

例1.3　已知某硅PN结在$T=300$ K时的$I_S=10^{-14}$ A,计算正向偏置电压U_F为0.5 V、0.6 V、0.7 V和反向偏置电压U_R为-0.5 V、-2 V时流过PN结的电流。

解:根据公式(1.10)可得

$$U_F = 0.5\text{ V 时}, I = I_S\left(e^{\frac{U_F}{U_T}} - 1\right) = 2.25\ \mu\text{A}$$

$$U_F = 0.6\text{ V 时}, I = 105\ \mu\text{A}$$

$$U_F = 0.7\text{ V 时}, I = 4.93\text{ mA}$$

$$U_R = -0.5\text{ V 时}, I = I_S\left(e^{\frac{U_R}{U_T}} - 1\right) = -10^{-14}\text{ A}$$

$$U_R - \quad 2\text{ V 时}, I - -10^{-14}\text{ A}$$

4. PN结的反向击穿

当PN结的外加反向电压增大到一定值时,反向电流急剧增大,这种现象称为PN结的**反向击穿**。发生击穿时的反向电压$U_{(BR)}$称为PN结的**反向击穿电压**。击穿现象可分为齐纳击穿和雪崩击穿两种。

齐纳击穿(zener breakdown)是这样产生的:在高浓度掺杂的情况下,PN结很窄,外加不大的反向电压,就可在耗尽层中形成很强的电场。例如,PN结厚度为0.04 mm,外加反向电

压4 V时,电场强度可达10^6 V/mm。它能够直接破坏共价键,把价电子从共价键中拉出来,产生电子空穴对,使得反向电流剧增。

雪崩击穿(avalanche breakdown)与齐纳击穿形成的机理不同,在PN结较宽的情况下,当反向电压较大时,在空间电荷区中产生强电场,使少子在作漂移运动时受到更大的加速,与晶体中原子碰撞时,把价电子撞出共价键,产生电子-空穴对。电子-空穴对在强电场的作用下又撞击其他原子,产生新的电子-空穴对。电子-空穴对像雪崩一样倍增,使得反向电流剧增。

硅材料的PN结,反向击穿电压在7 V以上为雪崩击穿,在4 V以下为齐纳击穿,在4~7 V范围内两种击穿均可产生。

齐纳击穿和雪崩击穿都属于电击穿,只要限制PN结的反向电流,不因产生过热而损坏PN结,则减小反向电压,PN结特性又可恢复到击穿前的情况。

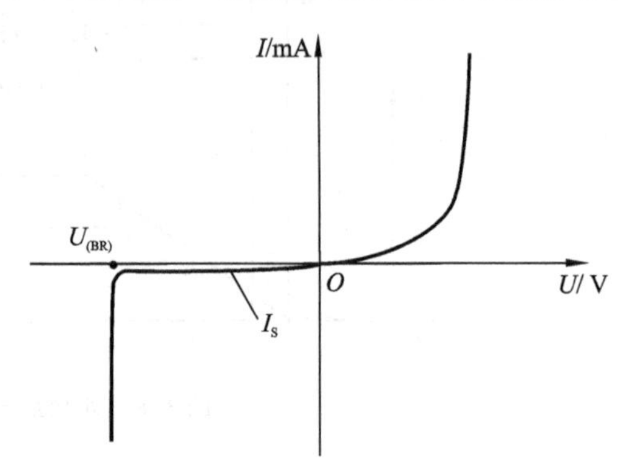

图1.9 PN结的伏安持性

根据式(1.10)并考虑PN结的反向击穿,可画出PN结的伏安特性曲线,如图1.9所示。图中$U>0$的部分称为**正向特性**,I随U近似按指数规律变化,呈现小电阻的导通状态;$U<0$的部分称为**反向特性**,电流很小,呈现大电阻的截止状态。这种**单向导电性**是PN结最重要的特性。

1.2.3 PN结的电容特性

在外加反向发生变化时,PN结耗尽层内的空间电荷量发生变化,在外加正向电压发生变化时,PN结耗尽层外的载流子数目发生变化,这种电荷量随外加电压变化的电容效应,称为PN结的**结电容**。按产生的机理不同,结电容可分为势垒电容和扩散电容两种。

1. 势垒电容C_B

PN结的阻挡层类似于平板电容器,空间电荷区中有不能移动的带电离子,外加电压的变化会引起空间电荷区的宽度和相应电荷量的变化。阻挡层中电荷量随外加电压变化而改变所呈现的电容效应称为**势垒电容**(barrier capacitance),用C_B表示。经推导,C_B可表示为

$$C_B=\frac{C_{B0}}{\left(1-\frac{u}{U_\varphi}\right)^n} \tag{1.13}$$

式中,C_{B0}为外加电压$u=0$时的C_B值,它由PN结的结构、掺杂浓度决定;U_φ为内建电位差;n为变容指数,与PN结的制作工艺有关,一般在$\frac{1}{3}$~6范围内。利用PN结的势垒电容效应而制造的变容二极管(压控可变电容器),在现代电子线路中得到广泛应用。

2. 扩散电容C_D

PN结正向偏置时,扩散运动占主导地位。P区的空穴向N区扩散,N区的自由电子向P区扩散,边扩散,边复合,结果是靠近PN结边界处少子浓度高,远离边界处少子浓度低,浓度曲线呈指数规律。正向偏置电压加大时,扩散到N区的空穴浓度和扩散到P区的电子浓度增

加，即扩散的电子和空穴的浓度梯度增加，如图 1.10 所示。反之，正向偏置电压减小时，扩散的电子和空穴的浓度梯度减小。这种由于外加电压改变引起扩散区内累积的电荷量变化所呈现的电容效应，称为**扩散电容**(diffusion capacitance)，用 C_D 表示。

如果引起电子浓度变化量 ΔQ_n 和空穴浓度变化量 ΔQ_p 的电压变化量为 Δu，则

$$C_D = \frac{\Delta Q}{\Delta u} = \frac{\Delta Q_n}{\Delta u} + \frac{\Delta Q_p}{\Delta u} \tag{1.14}$$

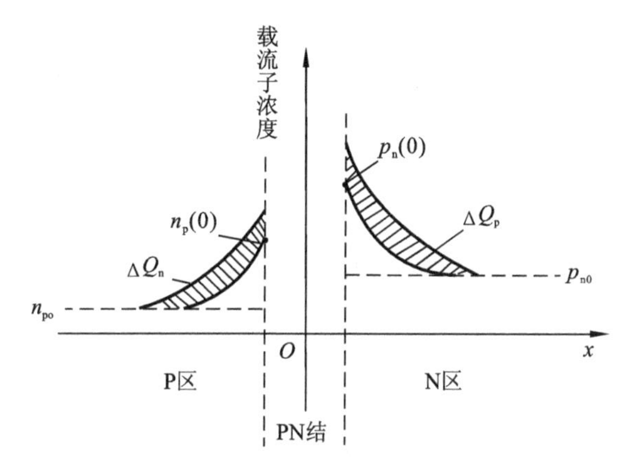

图 1.10　扩散电容示意图

由于 C_B、C_D 都并接在 PN 结上，所以 PN 结的总电容 C_J 为两者之和，即

$$C_J = C_B + C_D \tag{1.15}$$

PN 结正偏时，$C_D \gg C_B$，$C_J \approx C_D$，其值为几十皮法至几百皮法 。PN 结反偏时，$C_B \gg C_D$，$C_J \approx C_B$，其值为几皮法 至几十皮法。

由于 C_B、C_D 都不大，故在低频工作时，一般忽略它们的影响。

1.2.4　半导体二极管及其参数

1. 半导体二极管的结构

由 PN 结加上两根电极引线并封装在管壳中可构成半导体二极管。二极管按结构不同分为点接触型和面接触型两种。

点接触型二极管(point-contact diode)的特点是 PN 结面积小，不能承受高的反向电压和大的正向电流，但其结电容小，工作频率可达 100 MHz 以上，因此适用于高频检波和小功率整流。

面接触型二极管(surface-contact diode)的特点是 PN 结面积较大，因而结电容大，工作频率低，适用于大电流、低频率的场合，常用于低频整流电路中。

半导体二极管的符号如图 1.11 所示。

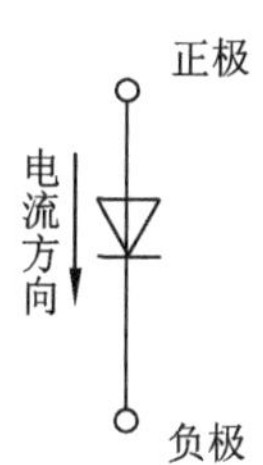

图 1.11　半导体二极管的符号

2. 半导体二极管的伏安特性

半导体二极管的伏安特性与 PN 结的伏安特性类似，但略有区别。主要原因是正向偏置时，半导体体电阻和引线电阻的存

在,使实际电流比理想 PN 结电流小;反向偏置时,由于二极管表面漏电流的存在,故反向电流比理想 PN 结反向电流大。

在近似分析时,仍然用 PN 结的电流方程(1.10)来描述二极管的伏安特性。

实测二极管 2CP10(硅管)、2AP10(锗管)的伏安特性曲线如图 1.12 所示。由图 1.12 可知,伏安特性可分为以下三个区域:

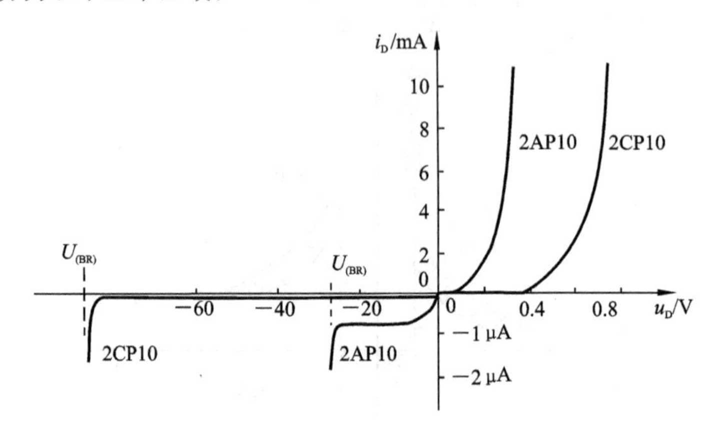

图 1.12 二极管 2CP10 和 2AP10 的伏安特性曲线

(1) **正向特性**。由图 1.12 所示曲线可知,当正向电压较小时,流过二极管的正向电流几乎为零。当正向电压超过某一数值时,正向电流明显增加。正向特性上的这一数值通常称为**门坎电压**(又称**死区电压**)。门坎电压的大小与二极管的材料及温度等因素有关。一般,硅二极管的门坎电压为 0.5 V 左右,锗二极管为 0.1 V 左右。

当正向电压超过门坎电压以后,随着电压的升高,正向电流将迅速增大,电流与电压的关系基本上是一条指数曲线。硅二极管的导通电压为 0.6～0.8 V,锗二极管的导通电压为 0.1～0.3 V。

(2) **反向特性**。在反向电压作用下,少数载流子(P 区中的电子、N 区中的空穴)漂移通过 PN 结,形成反向饱和电流。一般硅管的反向饱和电流比锗管小。当温度升高时,少数载流子数目增加,反向饱和电流增大。

(3) **反向击穿特性**。当反向电压增加到一定数值时,反向电流急剧增大,二极管反向击穿。$U_{(BR)}$ 表示反向击穿电压。

3. 半导体二极管的主要参数

(1) **直流电阻**R_D,即二极管两端所加直流电压 U_D 与流过它的直流电流 I_D 之比:

$$R_D = \frac{U_D}{I_D} \tag{1.16}$$

R_D 不是恒定值。在正向工作区域,R_D 随工作电压增大而减小。由图 1.13 可以看出,Q_1 点处的 R_D 小于 Q_2 点处的 R_D。在未击穿的反向工作区域,R_D 随反向电压增大而增大。

(2) **交流电阻**r_d,即二极管在其工作点(U_{DQ},I_{DQ})处的电压微变量与电流微变量之比:

$$r_d = \left.\frac{dU}{dI}\right|_{U_{DQ},\,I_{DQ}} \approx \left.\frac{\Delta U}{\Delta I}\right|_{U_{DQ},\,I_{DQ}} \tag{1.17}$$

r_d 的几何意义如图 1.14 所示,即二极管伏安特性曲线上 Q(U_{DQ},I_{DQ})点处切线斜率的

倒数。

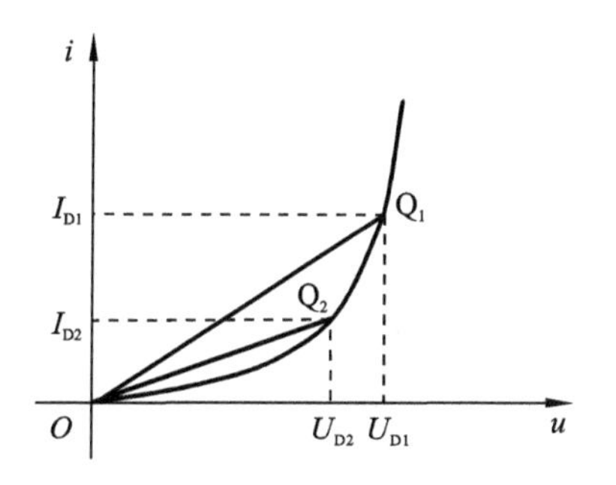

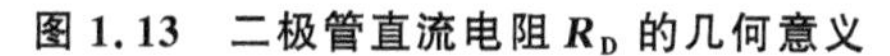

图 1.13 二极管直流电阻 R_D 的几何意义

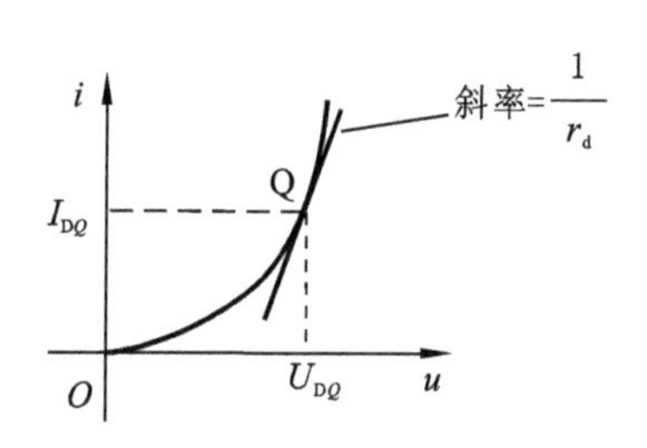

图 1.14 二极管交流电阻 r_d 的几何意义

由二极管的伏安特性方程(1.10)可以求出

$$r_d = \frac{dU}{dI}\bigg|_Q = \frac{U_T}{I_s e^{u/U_T}}\bigg|_Q \approx \frac{U_T}{I_{DQ}} \tag{1.18}$$

可见 r_d 与工作点电流 I_{DQ} 成反比,并与温度有关。r_d 又称为二极管的**增量结电阻**,或**肖特基电阻**。

(3) **最大整流电流**I_{FM},即二极管长期运行时,允许通过的最大正向平均电流。其大小由PN 结的结面积和外界散热条件决定。

(4) **最大反向工作电压**U_{RM},即二极管安全工作时所能承受的最大反向电压。手册上一般取击穿电压 $U_{(BR)}$ 的一半作为 U_{RM}。

(5) **反向电流**I_R,即二极管未击穿时的反向电流。I_R 值越小,二极管单向导电性越好。I_R 的值随温度变化而改变,使用时要注意。

(6) **最高工作频率**f_M,由 PN 结的结电容大小决定。当二极管的工作频率超过 f_M 时,单向导电性变差。

二极管的参数是正确使用二极管的依据,这些参数可以在半导体手册中查到。在使用时,应特别注意不要超过最大整流电流和最大反向工作电压,否则二极管容易损坏。

表 1.1 中列出了二极管 2AP1 和 2AP7 的参数,供参考。

表 1.1 二极管 2AP1 和 2AP7 的参数

参数 型号	最大整流电流/mA	最大反向工作电压(峰值)/V	反向电流(反向电压分别为10 V、100 V)/μA	最高工作频率/MHz	极间电容/pF
2AP1	16	20	≤250	150	≤1
2AP7	12	100	≤250	150	≤1

1.2.5 二极管电路模型

在分析不同的二极管应用电路时,二极管可以用不同的电路模型等效。

1. 理想模型

当信号幅值远远大于二极管的导通电压并忽略二极管的导通电阻和反向电流时,可认为二极管是理想的,加正向电压时二极管导通且二极管上的压降为零,加反向电压时二极管截止且流过二极管的电流为零,在图 1.15(a)中用粗实线表示。理想二极管的符号如图 1.15(b)所示。

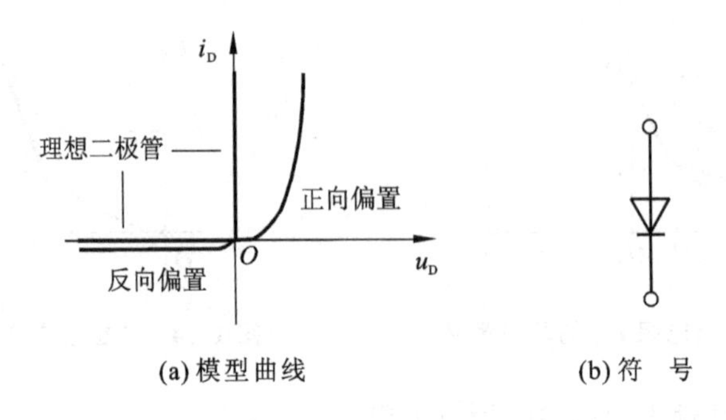

图 1.15　理想二极管

2. 定压降模型

若考虑二极管的导通电压,忽略二极管的导通电阻,此时二极管可用图 1.16(a)所示的两条直线来等效,相应的等效电路如图 1.16(b)所示,这种模型称为**二极管定压降模型**。

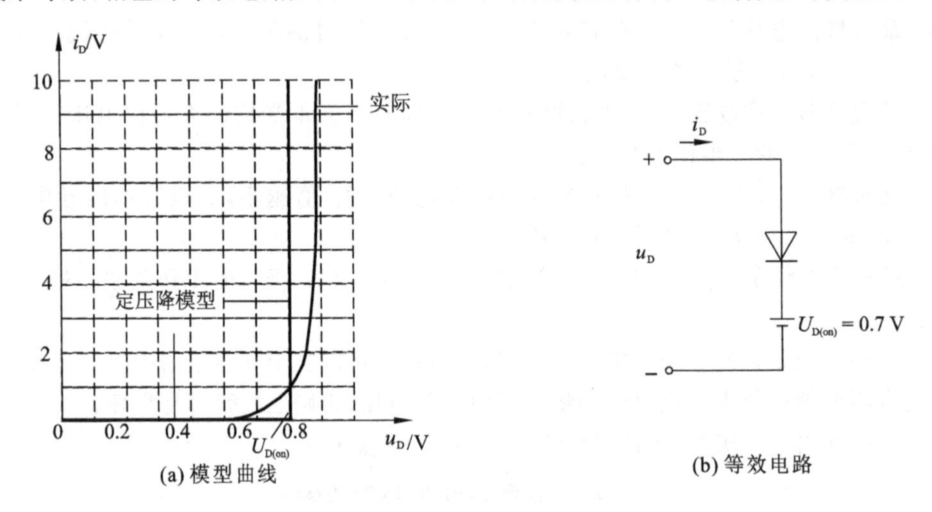

图 1.16　二极管定压降模型

3. 分段线性模型

若考虑二极管的导通电压,并考虑其导通电阻,那么二极管的伏安特性可以用两段直线逼近,如图 1.17(a)所示。两段直线的交点为导通电压 $U_{D(on)}$,导通后直线的斜率为 $1/R_D$,R_D 称为二极管的**导通电阻**。二极管分段线性模型的等效电路如图 1.17(b)所示

例 1.4　试用不同模型计算图 1.18 所示电路中的 U_D 和 I_D。设 $V_{DD}=5\ \text{V}$,$R=1\ \text{k}\Omega$。

解:(1) 用图 1.15 所示的理想模型得

$$I_D=\frac{V_{DD}}{R}=5\ \text{mA},\qquad U_D=0\text{V}$$

(2) 用图 1.16 所示的定压降模型得

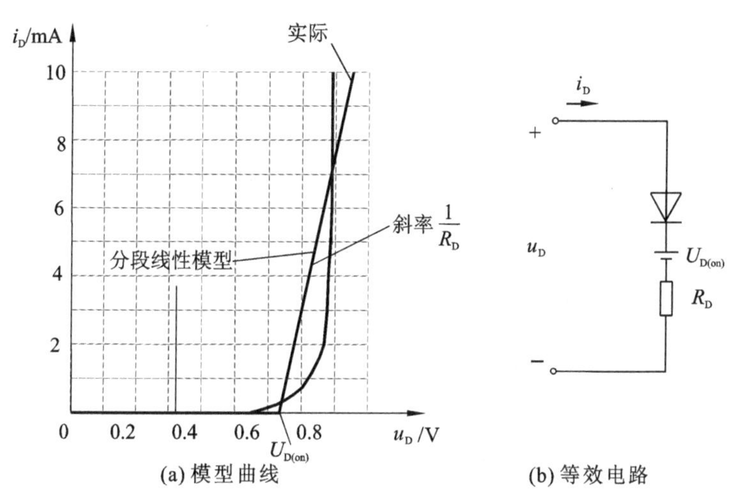

(a) 模型曲线　　(b) 等效电路

图 1.17　二极管分段线性模型

$$I_D=\frac{V_{DD}-U_{D(on)}}{R}=4.3\ \text{mA},\qquad U_{D(on)}=0.7\ \text{V}$$

(3) 用图 1.17 所示分段线性模型($U_{D(on)}=0.7$ V,$R_D=20\ \Omega$)得

$$I_D=\frac{V_{DD}-U_{D(on)}}{R+R_D}=4.2\text{mA}$$

$$U_D=U_{D(on)}+I_D\cdot R_D=0.784\ \text{V}$$

4. 二极管的数学模型

式(1.10)为理想 PN 结的数学模型。为了反映二极管的实际伏安特性,通常将式(1.10)修正为

$$U=I\cdot R_S+n\cdot U_T\cdot\ln\left(1+\frac{I}{I_S}\right)\tag{1.19}$$

式中,R_S 代表半导体体电阻和引线接触电阻;n 为非理想化因子,其值与 I 有关,I 为正常值时,$n\approx1$,I 过大或过小时,$n\approx2$。

5. SPICE 软件中二极管的模型

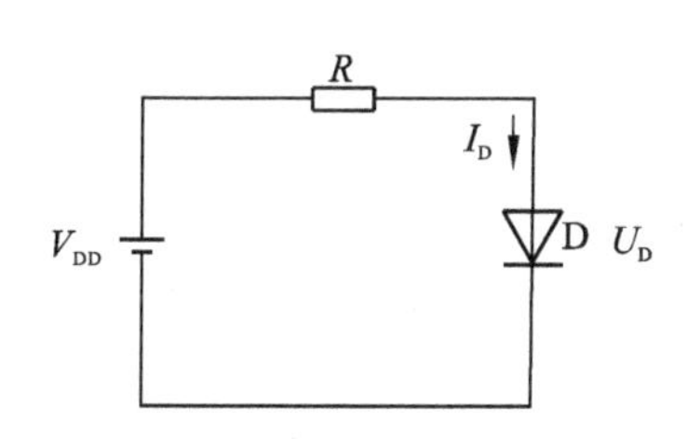

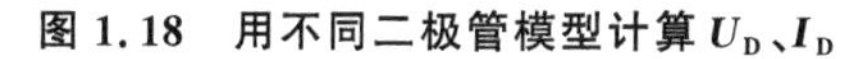

图 1.18　用不同二极管模型计算 U_D、I_D

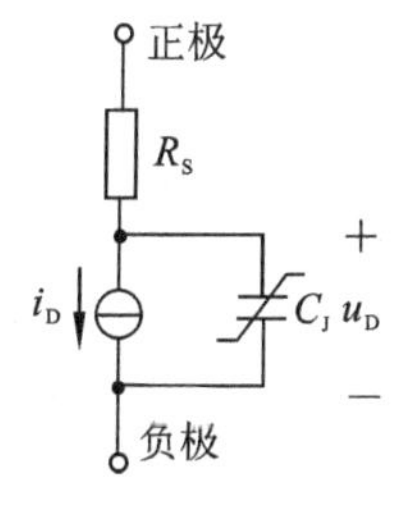

图 1.19　SPICE 中二极管模型

SPICE(simulation program with integrated circuit emphasis)软件是加利福尼亚大学伯克利分校 1970 年开发的用于电路分析和设计的通用程序,SPICE 自问世以来,在世界各国得到了广泛的应用,版本不断更新,功能不断完善。

SPICE 软件在分析含二极管电路时,二极管用图 1.19 所示的电路等效。

图中,R_S 代表二极管的体电阻和引线电阻,i_D 和 u_D 的关系为 $i_D=I_S\cdot\left(e^{\frac{u_D}{n\cdot U_T}}-1\right)$,其中 n 为非理想化因子,电容 C_J 代表二极管的非线性电容效应。

前面介绍了晶体二极管的五种模型,其中第4、5种模型适合于精确计算与计算机仿真,第1、2、3种模型适合于估算分析,在分段线性模型中忽略导通电阻 R_D,即可得到定压降模型,在定压降模型中忽略导通电压 $U_{D(on)}$,即可得到理想模型。通常根据所要分析的电路中电压、电阻的实际大小及分析精度要求来选择模型。

1.2.6 二极管应用电路

利用二极管的单向导电性,可以构成整流电路、限幅电路和钳位电路等。下面介绍限幅电路和钳位电路,整流电路在第7章功率电路中介绍。为简化限幅电路和钳位电路的分析,在分析过程中,二极管采用理想模型。

1. 二极管限幅电路

限幅电路也称为限幅器。所谓限幅,就是当输入信号电压在一定范围内变化时,输出电压随之线性或非线性地变化;当输入信号电压超出这一范围时,输出电压几乎保持不变。这相当于把一定范围以外的输入波形削去,所以限幅又叫削波。根据削去的部位,可分为上限幅(上部被削去)、下限幅(下部被削去)和双向限幅(削去上下、留中间)。图1.20(a)、(b)都是双向限幅,前者把正弦波变换为近似的矩形波,后者把不整齐的矩形波整形为规整的矩形波;图1.20(c)是下限幅,取出幅度超过一定数值的脉冲。

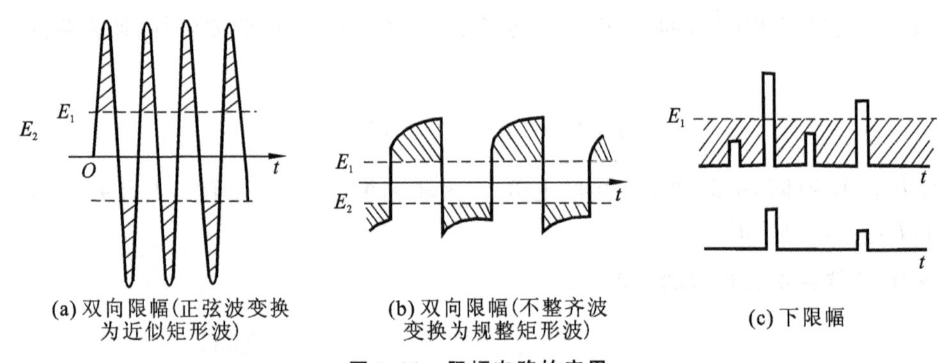

图1.20 限幅电路的应用

(1) 串联限幅电路

典型电路如图1.21(a)所示,其中 R 为负载电阻。因二极管与负载电阻串联而称为串联限幅电路。若输入信号 u_i 是如图1.21(b)所示的正负相间的尖顶窄脉冲,则当 $u_i>0$ 时,二极管D导通,输出电压为 $u_o\approx u_i$;当 $u_i\leqslant 0$ 时,二极管截止,输出电压 $u_o=0$。输出波形如图1.21(c)所示。由此可见,该电路有以下两个特点:

① 它削去了输入电压的下半部分,确切地说,它削去了 $u_i\leqslant 0$ 的那一部分,故该电路为下限幅电路,且限幅电平为0。

② 该电路发生限幅作用时,二极管处于截止状态。

图1.22所示为一个串联上限幅电路,限幅电平为 E。当 $u_i<E$ 时,二极管导通,$u_o\approx u_i$;当 $u_i\geqslant E$ 时,二极管截止,电路对输入电压限幅,$u_o=E$。

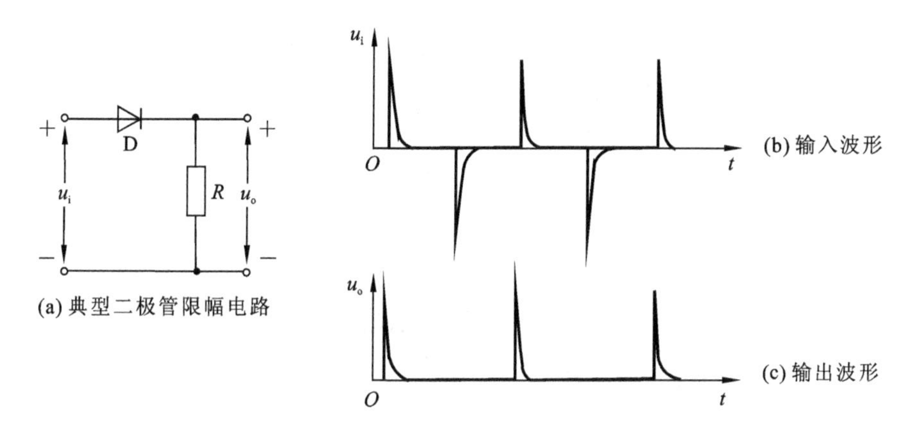

图 1.21 二极管串联下限幅电路及其输入输出波形

图 1.23 所示为一个双向限幅电路，其中 $E_2>E_1$。由图可知，它由两级限幅器组成。D_1、E_1 和 R_1 组成第一级限幅器。在理想状态下，限幅电平为 E_1，它将输入信号小于 E_1 的那一部分削去。D_2、E_2 和 R_2 组成第二级限幅器，限幅电平为 E_2，它削去了输入信号大于 E_2 的那一部分。

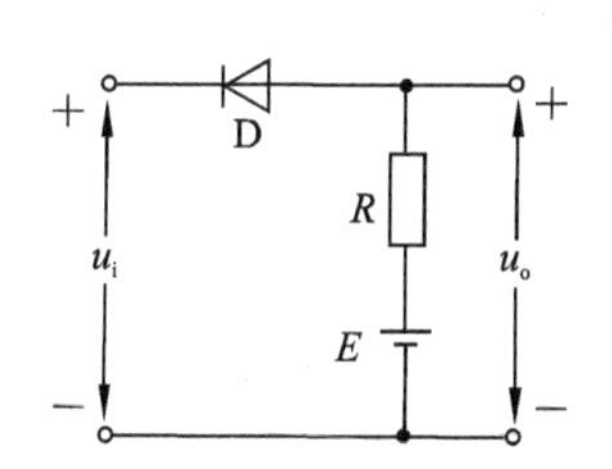

图 1.22 二极管串联上限幅电路

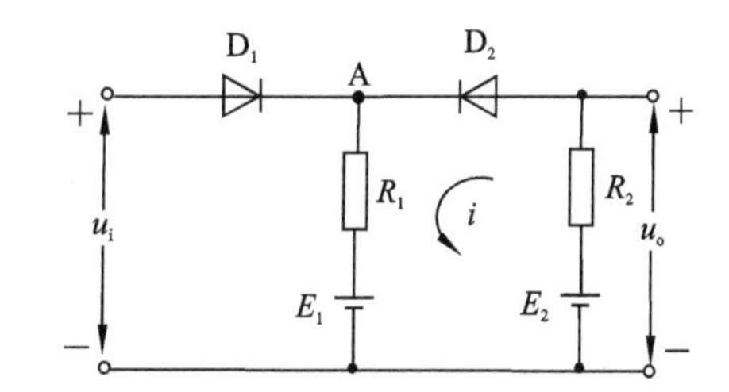

图 1.23 串联双向限幅电路

在分析和设计这种由两级电路构成的限幅器时，必须注意后一级限幅器对前一级限幅器的影响。当 D_1 截止时，由于 $E_2>E_1$，故 D_2 是导通的。这时 A 点电位为

$$U_A=E_1+\frac{E_2-E_1}{R_1+R_2}R_1 \tag{1.20}$$

因此，仅在 $u_i\geqslant U_A$ 时二极管 D_1 才会导通。也就是说，实际的下限幅电平不是 E_1 而是 U_A，且 $U_A>E_1$。如果不希望发生这种偏移，那么必须满足 $R_2\gg R_1$。

(2) 并联限幅电路

如果限幅器的二极管与负载并联，则称它为并联限幅电路。图 1.24(a)是一个并联下限幅电路，它具有与图 1.21(a)电路相同的功能。限幅电平也是 0。当 $u_i\leqslant 0$ 时，二极管导通，使 u_o 保持为 0，也就是说，它的限幅作用发生在二极管处于导通状态。

图 1.24(b)所示电路具有与图 1.22 相同的功能，也是上限幅电路，限幅电平为 E。当 $u_i\geqslant E$ 时二极管导通，使 u_o 保持为 E。

与串联限幅电路一样，将两级并联限幅电路适当地连接起来，就可以构成并联双向限幅电路。图 1.24(c)为并联双向限幅电路的一个例子，其中 $E_2>E_1$。读者可参阅图 1.24(d)自行分析其工作原理。

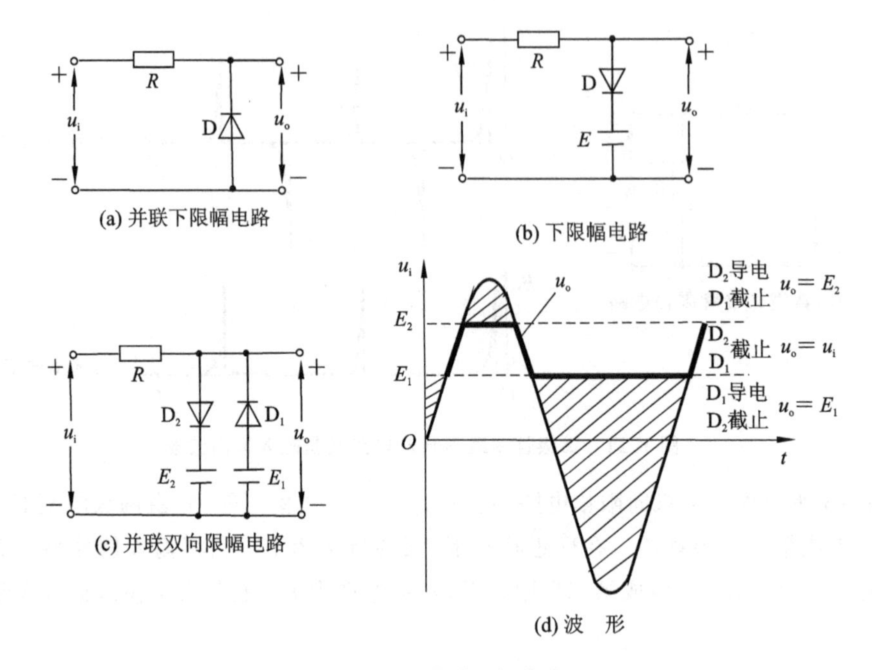

图 1.24　各种并联限幅电路

2. 二极管钳位电路

钳位电路或钳位器的作用是保持输入信号的形状基本不变而将其底部或顶部钳制在一定的电平上。

图 1.25(a)是一个二极管钳位电路,其时间常数 $\tau=RC$ 远大于输入信号的周期 T。设输入信号为如图 1.25(b)所示的方波,且在 $t<t_1$ 之前 $u_c=0$,$u_o=0$。

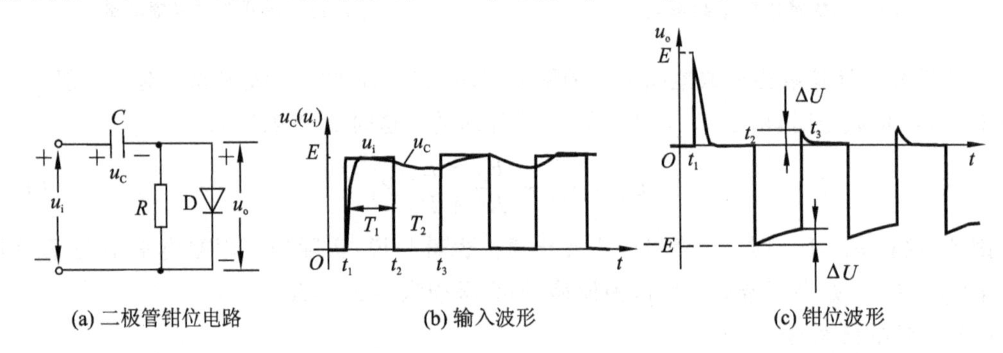

图 1.25　二极管钳位电路

在 $t=t_1$ 时,u_i 由 0 跳变到 E。由于电容两端电压 u_c 不能突变,故输出电压 u_o 也由 0 跳变到 E。此时二极管导通,u_i 以很小的时间常数 r_DC 对电容 C 充电、u_c 很快从 0 充到 E,u_o 则很快从 E 回到 0。

在 $t=t_2$ 时,u_i 由 E 跳变到 0。由于 u_c 不能突变,输出电压 u_o 也由 0 下跳到 $-E$。此时二极管截止,电容 C 经 R 放电。因 $\tau=RC$ 很大,故在 t_2 到 t_3 期间 u_c 仅下降ΔU,u_o 仅上升ΔU。

在 $t=t_3$ 时,u_i 又从 0 跳变到 E,u_o 也上跳同样的数值。但现在 u_o 是自 $-(E-\Delta U)$ 上跳,故 u_o 变为ΔU。这时二极管再次导通,u_c 又很快充电到 E,u_o 则很快回到 0。以后将重复

上述过程，各点完整的波形如图 1.25(b)和(c)所示。

由图 1.25(c)可见，输出信号 u_o 的顶部被钳在 0 电平上，故称这种电路为钳位电平为 0 的顶部钳位器。

上述讨论表明，这种钳位器是利用了电容器充电的小时间常数和放电的大时间常数，使 $u_C \approx E$，即 u_c 保持在输入电压的正峰值，从而使输出电压 u_o 的顶部近似保持为 0。

上面介绍的是钳位电平为 0 的顶部钳位器。图 1.26 是一个钳位电平为 E_0 的顶部钳位器。要得到底部钳位器，只要将二极管倒接即可。

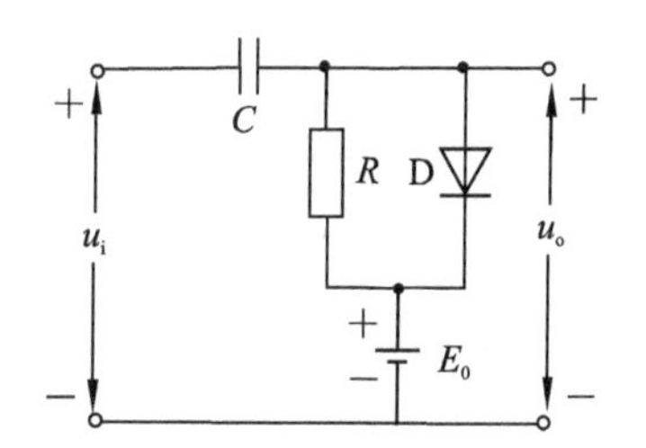

图 1.26　钳位电平为 E_0 的钳位器

就钳位电路的结构而言，它由耦合电路 RC 和与 R 并联的二极管构成。因此，如果耦合电路驱动晶体三极管的基极，那么也会发生钳位现象，并构成三极管钳位电路。

当需要保持信号的形状不变而欲上下移动其位置时可以引入钳位电路。另外，当电路中存在有耦合电路驱动二极管和三极管时也会发生钳位现象，在电路设计和调试时应注意这一点。

1.2.7　特殊二极管

除普通二极管外，还有许多特殊二极管，如稳压二极管、变容二极管、光电二极管等。

1. 稳压二极管

图 1.27 所示为稳压二极管的伏安特性曲线和符号。稳压管在反向击穿时，在一定的电流范围内，端电压几乎不变，表现出稳压特性。在击穿区域，ΔU_Z 和 ΔI_Z 之比用 r_Z 表示，称为稳压二极管的**动态电阻**(dynamic resistance)。r_Z 越小，电流变化时电压的变化越小，即稳压特性越好。

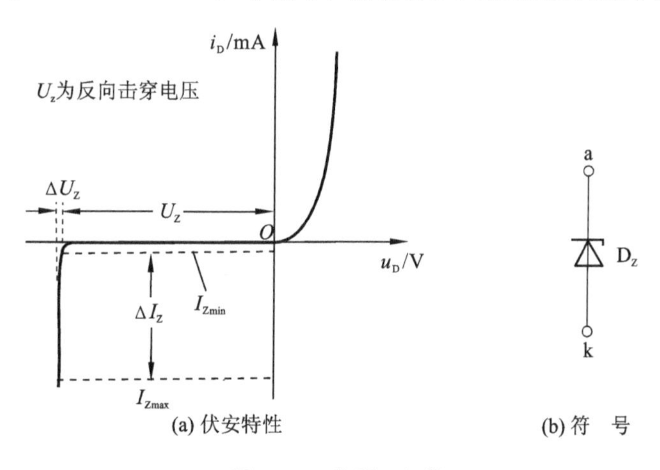

图 1.27　稳压二极管

手册中通常可查到稳压二极管的稳定电压值 U_Z、稳定电流值 I_Z、动态电阻 r_Z 和温度系数 α 等。当稳压值 U_Z<4 V 时，齐纳击穿占主导地位，温度系数为负值；当稳压值 U_Z>7 V 时，雪崩击穿占主导地位，温度系数为正值；当稳压值在 4～7 V 范围内时，齐纳击穿、雪崩击穿均有，温度系数近似为零。

稳压管用 2CW、2DW 命名。表 1.2 列出了稳压管 2CW15 和 2DW7 的参数，供参考。

表 1.2　稳压管 2CW15 和 2DW7 的参数

参数 型号	稳定电压/V	稳定电流/mA	动态 电阻/Ω	温度 系数/(%/℃)	耗散功率/W
2CW15	7～8.5	5	≤10	+0.01～+0.08	0.25
2DW7A	5.8～6.6	10	≤25	0.05	0.20

稳压二极管在直流稳压电源和限幅电路中获得广泛应用。图 1.28 所示为稳压二极管构成的稳压电路。该稳压电路的稳压原理如下：当 U_i 升高时，U_O（即 U_Z）增大，U_Z 增大导致 I_Z 剧增，I_Z 剧增使 R 上压降 U_R 增大，因为 $U_O=U_i-U_R$，从而抵消了 U_i 增大导致 U_O 增大的趋势，使 U_O 稳定。

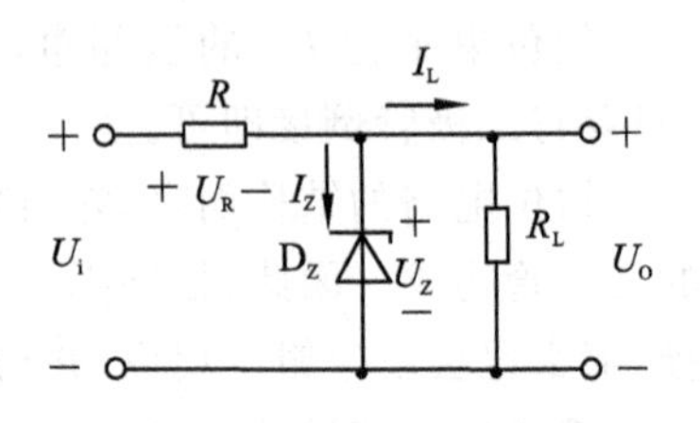

图 1.28　简单稳压电路

R 的选择应满足使稳压管工作在稳压区，下面讨论 R 的选择方法。

设 U_i 的最大值为 U_{imax}，最小值为 U_{imin}。R_L 最大值为 R_{Lmax}，最小值为 R_{Lmin}。当 $U_i=U_{imax}$、$R_L=R_{Lmax}$ 时，I_Z 应满足

$$I_Z=\frac{U_{imax}-U_Z}{R}-\frac{U_Z}{R_{Lmax}}<I_{Zmax} \tag{1.21}$$

即

$$R>\frac{U_{imax}-U_Z}{R_{Lmax}\cdot I_{Zmax}+U_Z}\cdot R_{Lmax}=R_{min} \tag{1.22}$$

当 $U_i=U_{imin}$，$R_L=R_{Lmin}$ 时，I_Z 应满足

$$I_Z=\frac{U_{imin}-U_Z}{R}-\frac{U_Z}{R_{Lmin}}>I_{Zmin} \tag{1.23}$$

即

$$R<\frac{U_{imin}-U_Z}{R_{Lmin}\cdot I_{Zmin}+U_Z}\cdot R_{Lmin}=R_{max} \tag{1.24}$$

由式(1.22)和式(1.24)可得，限流电阻 R 的选择范围为

$$R_{min}<R<R_{max} \tag{1.25}$$

2. 变容二极管

图 1.29 所示为变容二极管的符号以及结电容与所加电压的关系曲线。

从图 1.29(b)中可以看出，二极管结电容随外加电压而变化，反向电压越大，结电容越小。变容二极管可用于电子调谐、调频、调相和频率的自动控制等电路中。

3. 发光二极管

图 1.30 所示为发光二极管(light emitting diode)的符号。发光二极管也具有单向导电性，只有当外加正向电压使得正向电流足够大时，发光二极管才发出光来。光的颜色(光谱的波长)由制成二极管的材料决定，常用的发光材料是元素周期表中Ⅲ、Ⅴ族元素的化合物如砷化镓、磷化镓等。发光二极管通常用作显示器件，工作电流一般在几毫安至几十毫安之间。

发光二极管因其驱动电压低、功耗小、寿命长、可靠性高等优点，广泛应用于显示电路中。

4. 光电二极管

图 1.31 所示为光电二极管的符号和伏安特性。光电二极管是远红外线接收管，是一种光

能与电能进行转换的器件,在无光照时,与普通二极管一样,具有单向导电性。在有光照时,特性曲线下移,位于第三、四象限内。在第三象限内,照度越大,光电流就越大,两者呈线性关系,特性曲线是一组近似与横轴平行的直线。在第四象限内,呈光电池特性。

光电二极管可用来测量光照的强度,也可做成光电池。

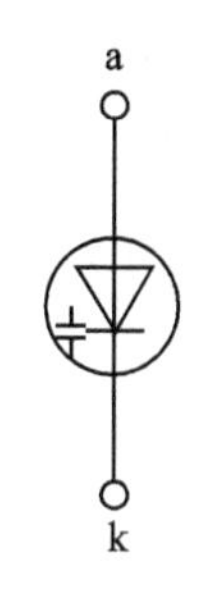

(a) 符　号

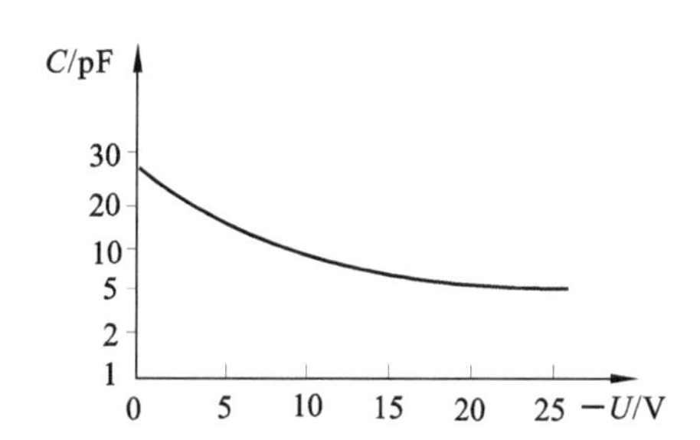

(b) 结电容与所加电压的关系(纵坐标为对数刻度)

图 1.29　变容二极管

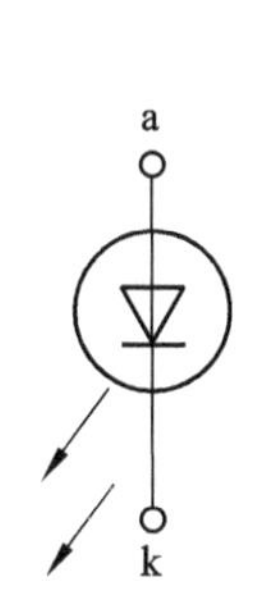

图 1.30　发光二极管的符号

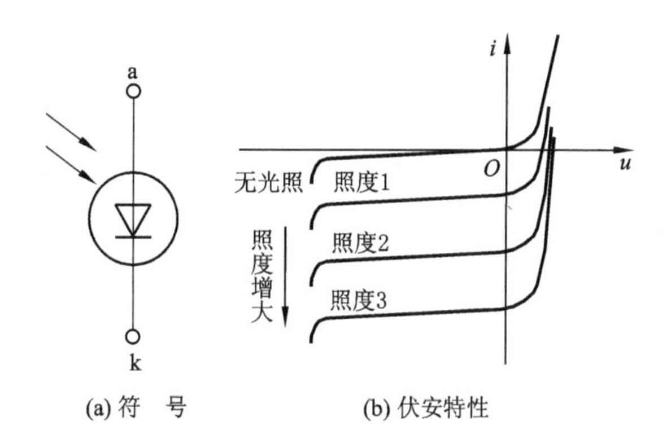

(a) 符　号　　(b) 伏安特性

图 1.31　光电二极管

1.3　半导体三极管

1.3.1　三极管的结构

三极管又称为双极型**晶体管**(transistor),有多种分类方法。按结构分,可分为 NPN 型和 PNP 型两种;按功率大小分,可分为大、中、小功率管;按所用半导体材料分,可分为硅管和锗管;按照频率分,可分为高频管和低频管。

图 1.32 所示为 NPN 三极管的符号和结构示意图,两块 N 型半导体中间夹一块 P 型半导体,三块半导体的电极引线分别称为**发射极 E**、**基极 B** 和**集电极 C**。三块半导体分别称为**发射区**、**基区**和**集电区**,相应半导体交界处形成了两个 PN 结,发射区和基区交界处的 PN 结称为**发射结**,集电区和基区交界处的 PN 结称为**集电结**。在电路符号中,发射极的箭头朝外,表示发射结在正向偏置时的电流方向。

PNP 三极管的符号和结构示意图如图 1.33 所示。与 NPN 三极管的不同之处在于结构

上中间是N型半导体,两边是P型半导体,在电路符号中,发射极箭头向内。发射极的箭头向内,表示发射结在正向偏置时的电流方向。

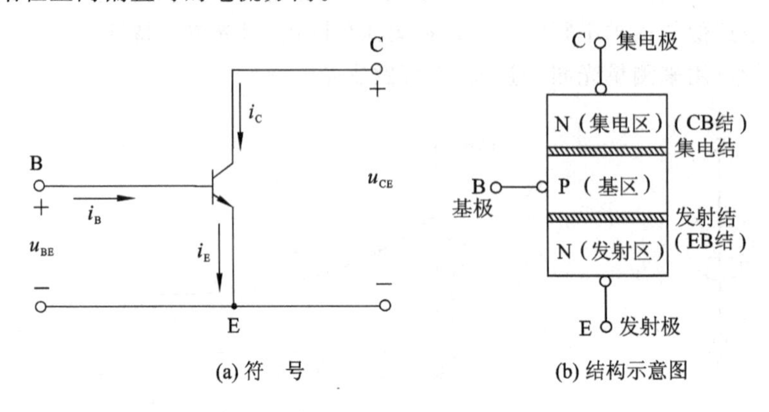

图1.32　NPN三极管

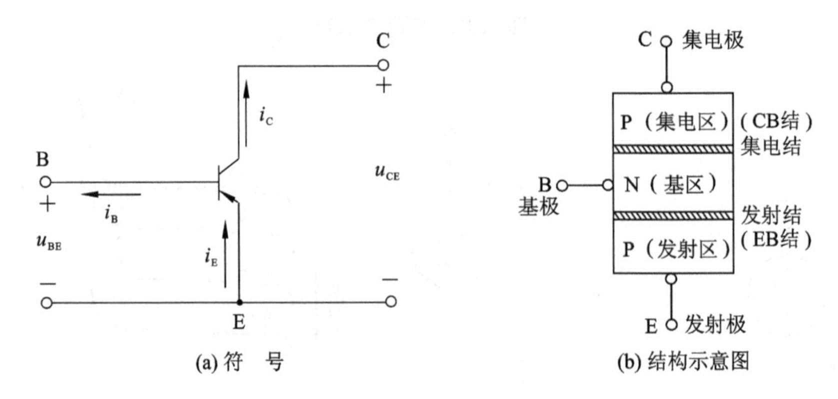

图1.33　PNP三极管

不管是NPN三极管还是PNP三极管,为了获得良好的特性,都是发射区重掺杂,基区薄且掺杂浓度低,集电结面积尽量大。

1.3.2　三极管的工作原理

1. 共基接法时三极管内部载流子的传输过程

三极管有三个电极,一个电极作为信号输入端,另一个电极作为信号输出端,剩下的电极是输入、输出回路的公共端。根据公共端的不同,三极管电路有共基极、共发射极和共集电极三种组态。另外,要使三极管有放大作用,三极管的发射结必须正向偏置,集电结必须反向偏置,这是三极管具有放大作用的外部条件。图1.34(a)所示为NPN三极管偏置电路,图1.34(b)所示为三极管内部载流子传输示意图。

(1) 发射区向基区注入电子

发射结在正向偏置时,发射区中的多子(自由电子)通过发射结注入到基区,形成电子电流I_{EN},基区中的多子(空穴)通过发射结注入到发射区,形成空穴电流I_{EP}。因发射结为不对称结,发射区的掺杂浓度远大于基区的掺杂浓度,所以I_{EN}远远大于I_{EP}。

(2) 电子在基区中扩散与复合

发射区中的电子(多子)注入到基区后,便从发射结一侧向集电结方向扩散。在扩散过程

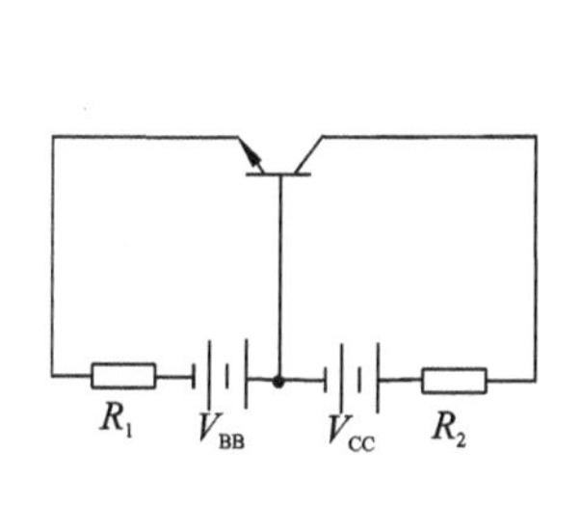

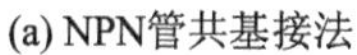

(a) NPN管共基接法

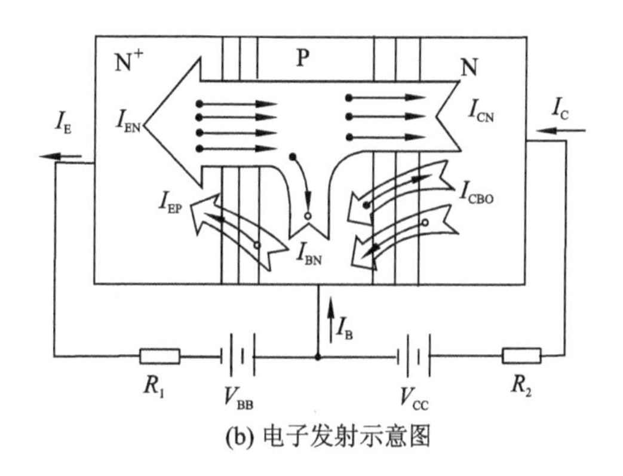

(b) 电子发射示意图

图 1.34　NPN 三极管共基接法示意图

中又可能与基区中空穴复合，不过由于基区做得很薄，且掺杂浓度低，所以从发射区注入到基区的电子少部分与空穴复合掉，绝大部分到达集电结。

(3) 集电区收集电子

集电结上加的是反向偏置，在反向电压作用下，在基区中，扩散到集电结边缘的电子顺利地漂移通过集电结，即被集电区收集，形成电流 I_{CN}。同时，由于集电结是反向偏置，基区中少数载流子电子和集电区中少数载流子空穴在结电场作用下形成反向饱和电流，用 I_{CBO} 表示。I_{CBO} 的大小取决于少数载流子的浓度，受温度影响很大。

(4) 电流分配关系

发射区注入基区的电子，一部分与空穴复合，绝大部分扩散并被集电区收集，管子制成以后(掺杂浓度、基区宽度确定)，复合所占的比例就确定了。这个比例用 α 表示，称为**共基电流传输系数**，定义为

$$\alpha = \frac{I_{CN}}{I_E} \tag{1.26}$$

α 的大小一般为 0.99～0.995。

从图 1.34 中可以看出，发射极电流为

$$I_E = I_{EN} + I_{EP} \approx I_{EN} \tag{1.27}$$

集电极电流为

$$I_C = I_{CN} + I_{CBO} \tag{1.28}$$

联立式(1.26)、式(1.27)和式(1.28)可得

$$I_C \approx \alpha I_E + I_{CBO} \tag{1.29}$$

α 近似为常数，I_C 与 I_E 成正比。I_E 的改变控制了 I_C 的变化，所以三极管是一种电流控制器件。而基极电流 I_B 与 I_C、I_E 的关系为

$$I_B = I_E - I_C = I_{EN} - I_{CN} - I_{CBO} \tag{1.30}$$

2. 共射接法时三极管的电流控制关系

共射接法时三极管电路如图 1.35 所示。

三极管上所加电压 $U_{CE} \gg U_{BE} > 0$，从而保证三极管发射结正偏，集电结反偏。三极管内部载流子运动规律与共基接法时相同。联立以下方程：

$$I_E = I_B + I_C \tag{1.31}$$

$$I_C \approx \alpha I_E + I_{CBO} \tag{1.32}$$

可以得到

$$I_C = \frac{\alpha}{1-\alpha} \cdot I_B + \frac{1}{1-\alpha} \cdot I_{CBO} \tag{1.33}$$

令

$$\beta = \frac{\alpha}{1-\alpha} \tag{1.34}$$

式中,β 称为**共发射极电流放大系数**,其值一般为几十到几百。

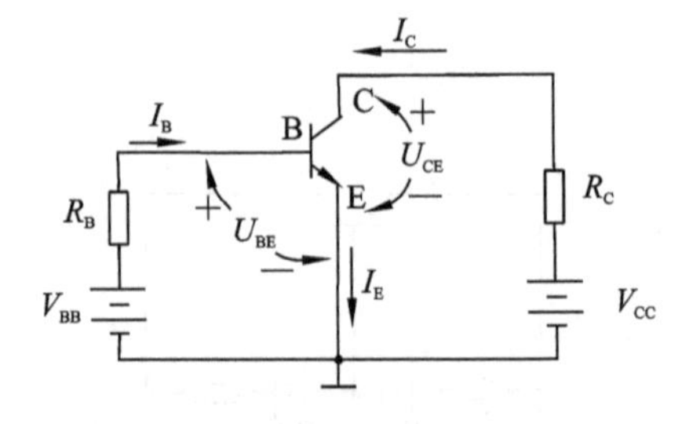

图 1.35 共射接法的三极管电路

将式(1.34)代入式(1.33),得到

$$I_C = \beta \cdot I_B + (1+\beta) \cdot I_{CBO} \tag{1.35}$$

令

$$I_{CEO} = (1+\beta) I_{CBO} \tag{1.36}$$

I_{CEO} 称为集电极-发射极间的反向饱和电流或称为穿透电流。

将式(1.36)代入式(1.35),可得

$$I_C = \beta \cdot I_B + I_{CEO} \tag{1.37}$$

当 I_{CEO}较小可忽略时

$$I_C \approx \beta I_B \tag{1.38}$$

I_B 的改变控制了 I_C 的变化,也体现了三极管的电流控制功能。

1.3.3 三极管的特性曲线

上面讨论了三极管各极电流之间的关系,现在进一步讨论各极电流与电压之间的关系,这个关系主要体现在三极管的特性曲线上。

当三极管接成共射组态时,以 u_{CE} 为参变量,表示输入电流 i_B 和输入电压 u_{BE} 之间关系的$i_B = f_1(u_{BE})\big|_{u_{CE}=常数}$,称为共射组态三极管的**输入特性**;以 i_B 为参变量,输出电流 i_C 和输出电压 u_{CE} 之间关系的$i_C = f_2(u_{CE})\big|_{i_B=常数}$,称为共射组态三极管的**输出特性**。

下面以 NPN 三极管为例,讨论三极管接成共射组态时的输入和输出特性。

1. 输入特性曲线

用三极管特性图示仪可测得 NPN 三极管的输入特性曲线,如图 1.36 所示。

(1) $u_{CE}=0$ 时,加上正向电压,i_B 和 u_{BE} 的关系与二极管相似,呈指数关系。

(2) u_{CE} 增大,输入特性曲线向右移动。这是由于集电结由正向偏置逐渐变成反向偏置,吸引电子的能力加强,从发射区注入到基区的电子更多地被集电结收集,流向基极的电流逐渐减小,从而随 u_{CE} 增大特性曲线向右移动。

(3) $u_{CE} \geqslant 1$ V 时,集电结所加的反向电压已经能把这些电子中的绝大部分拉到集电极,所以 u_{CE} 再增加,i_B 不再明显减小。工程上通常认为 $u_{CE} \geqslant 1$ V 的曲线重合,近似地用 $u_{CE} \geqslant 1$ V 时的一条曲线代表 $u_{CE} \geqslant 1$ V 的所有曲线。

2. 输出特性曲线

用三极管特性图示仪可测得 NPN 三极管 3DG6 的输出特性曲线,如图 1.37 所示。

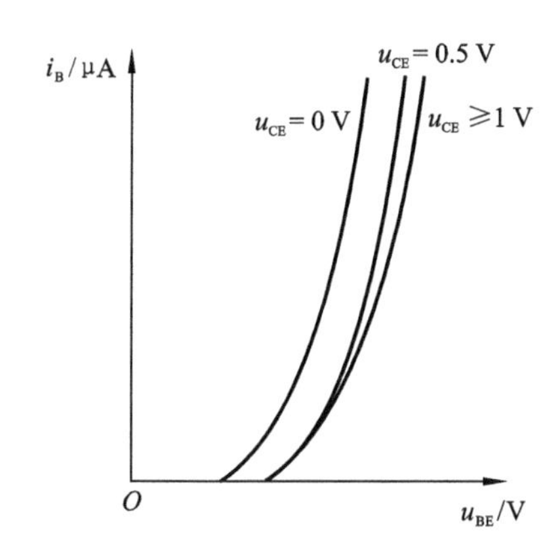

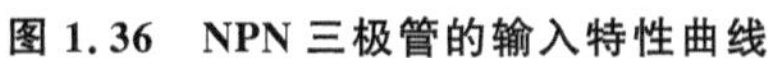
图 1.36　NPN 三极管的输入特性曲线

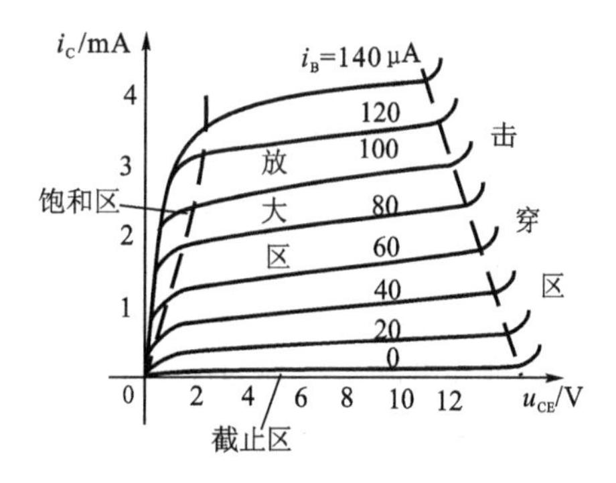

图 1.37　NPN 三极管的输出特性曲线

输出特性曲线可分为四个区域:饱和区、放大区、截止区和击穿区。

(1) 饱和区

所谓饱和区,是指三极管发射结正偏,集电结也正偏的工作状态。

在 u_{CE} 较小时(0.3 V 以下),集电结正偏($u_{BC}=u_{BE}-u_{CE}>0$),这时,除发射区电子注入基区,并由集电结收集而形成集电极电流外,还存在集电区电子注入基区而形成的集电极电流,它的方向与前一电流的方向相反,总的集电极电流为这两个电流之差。随 u_{CE} 增加,集电结正向电压减小,集电区电子注入基区而形成的集电极电流减小,结果是 i_C 上升。显然,在这个区域内,i_B 已不再与 i_C 成比例关系,且 $i_C<\beta \cdot i_B$。通常将三极管自饱和区进入放大区时的电压 u_{CE} 称为饱和压降,用 $U_{CE(sat)}$ 表示,工程上其值常取 0.3 V。

(2) 放大区

所谓放大区,是指三极管发射结正偏,集电结反偏的工作状态。

工程上,通常认为输出特性在放大区是一组近似间隔均匀、平行的直线。当 u_{CE} 大于 0.3 V 以后,u_{CE} 在一定范围内增加,i_C 几乎不变。i_B 增加,i_C 成比例地增大,$i_C=\beta i_B+I_{CEO}$,体现了 i_B 变化对 i_C 的控制作用。

实际上,当 $u_{CE}>0.3$ V 且进一步增大时,集电结上反向电压 u_{BC} 增大,导致集电结阻挡层宽度增大,结果是基区的实际宽度减小。由发射区注入基区的非平衡少子在向集电结扩散的过程中与基区中多子复合的机会减少,i_C 增加。通常将由 u_{CE} 变化引起基区实际宽度变化而导致电流变化的现象称为**基区宽度调制效应**。表现在输出特性上,在放大区随 u_{CE} 增大,i_C 稍有上翘。

(3) 截止区

发射极电流 $i_E=0$ 以下的区域为截止区,当 $i_E=0$ 时,$i_C=I_{CBO}$,$i_B=-I_{CBO}$。工程上,通常将基极电流 $i_B=0$ 曲线以下的区域称为截止区。在截止区,三极管发射结反偏,集电结也反偏。

(4) 击穿区

当 u_{CE} 足够大时,三极管发生反向击穿,i_C 迅速增大。

在模拟电路中,三极管通常工作在放大区;在数字电路中,三极管通常工作在截止区和饱和区。三极管不允许工作在击穿区。

3. 温度对三极管特性曲线的影响

温度变化时,半导体三极管的参数(I_{CBO}、U_{BE}、β 等)随温度变化。

(1) 温度变化对发射结电压 U_{BE} 的影响

温度升高后三极管发射结电压 U_{BE} 将减小。在任意温度 T 时,有

$$U_{BE}=U_{BE(T_0=27\ ℃)}-(T-T_0)\times 2.2\times 10^{-3}\ \text{V/℃} \tag{1.39}$$

式中,T_0 为室温(27 ℃),U_{BE} 的温度系数为 −2.2 mV/ ℃。

(2) 温度变化对反向饱和电流 I_{CBO} 的影响

反向饱和电流 I_{CBO} 对温度变化十分敏感,当温度升高时,基区和集电区产生的电子空穴对将急剧增加,引起 I_{CBO} 上升。在任何温度 T 时

$$I_{CBO}=I_{CBO(T_0=27\ ℃)}\cdot e^{k\cdot(T-T_0)} \tag{1.40}$$

式中,T 表示任意温度;$I_{CBO(T_0=27\ ℃)}$ 表示室温下的反向饱和电流;k 为 I_{CBO} 的温度系数,锗管 $k\approx 0.08$/℃,硅管 $k\approx 0.12$/℃。虽然硅管温度系数比锗管大,但由于硅管的反向饱和电流比锗管小很多,因此硅管比锗管的热稳定性好。

(3) 温度变化对电流放大倍数 β 的影响

温度升高后,注入到基区载流子的扩散速度加快,在基区电子与空穴的复合数目减小,所以 β 增大。实验证明,温度每升高 1 ℃,β 增加 0.5%~1.0%。

所以,温度变化时,三极管的特性参数 I_{CBO}、U_{BE}、β 发生变化,从而三极管的输入特性曲线和输出特性曲线也将发生变化。

温度对输入特性曲线的影响如图 1.38 所示。温度升高时,输入特性曲线向左移动。

温度对输出特性曲线的影响如图 1.39 所示。温度升高时,由于 U_{BE} 减小,I_{CBO}、β 增大,体现在输出特性曲线上,就是输出特性曲线间隔增大。

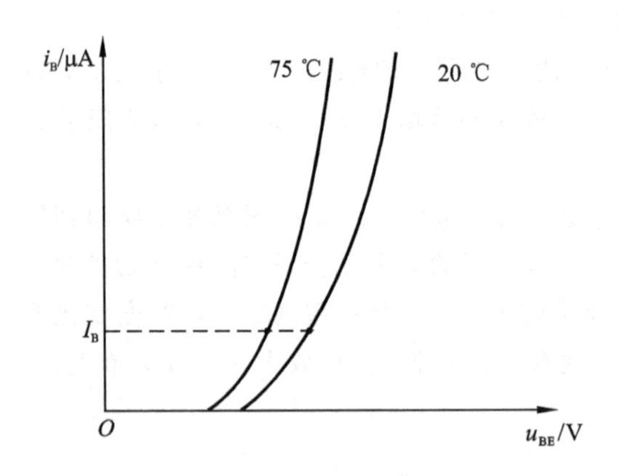

图 1.38 温度对三极管输入特性曲线的影响

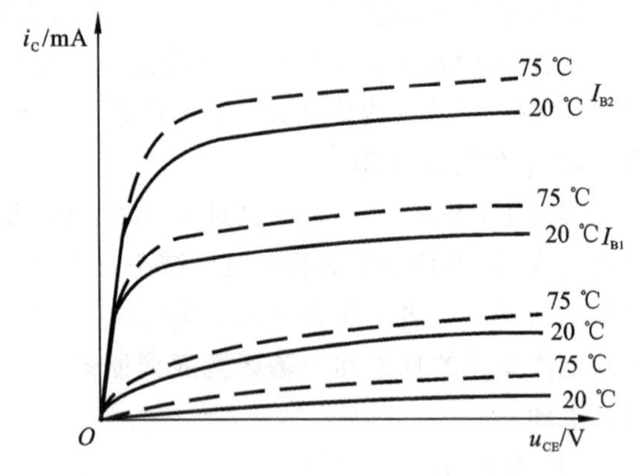

图 1.39 温度对三极管输出特性曲线的影响

1.3.4 三极管的主要参数

1. 电流放大系数

三极管电流放大系数有直流($\bar{\alpha}$,$\bar{\beta}$)和交流(α,β)两种,共基和共射直流电流放大系数 $\bar{\alpha}$ 和 $\bar{\beta}$ 定义分别为

$$\bar{\alpha} = \frac{I_C - I_{CBO}}{I_E} \approx \frac{I_C}{I_E} \tag{1.41}$$

$$\bar{\beta} = \frac{I_C - I_{CEO}}{I_B} \approx \frac{I_C}{I_B} \tag{1.42}$$

共基和共射交流电流放大系数 α 和 β 分别定义为

$$\alpha = \left.\frac{\Delta i_C}{\Delta i_E}\right|_Q \tag{1.43}$$

$$\beta = \left.\frac{\Delta i_C}{\Delta i_B}\right|_Q \tag{1.44}$$

由式(1.41)～式(1.44)可见，$\bar{\alpha}$ 和 $\bar{\beta}$ 反映静态(直流)电流之比，α 和 β 反映静态工作点 Q 上动态(交流)电流之比。在三极管输出特性曲线间距基本相等并忽略 I_{CBO}、I_{CEO} 时，两者数值近似相等。因此在工程上，通常不分交流、直流，都用 α 和 β 表示。

2. 极间反向电流

(1) 反向饱和电流 I_{CBO}

I_{CBO} 表示发射极开路时，集电极和基极间的反向饱和电流。其大小取决于温度和少数载流子的浓度。小功率锗管的 I_{CBO} 为 10 μA 左右，硅管的 I_{CBO} 小于 1 μA。测量 I_{CBO} 的电路如图 1.40 所示。

(2) 穿透电流 I_{CEO}

I_{CEO} 表示基极开路时，集电极与发射极间的穿透电流。$I_{CEO}=(1+\beta)I_{CBO}$。小功率锗管的 I_{CEO} 为几十至几百微安，硅管的 I_{CEO} 约为几微安。I_{CEO} 大的三极管，性能不稳定，通常把 I_{CEO} 作为判断三极管质量的重要依据。测量 I_{CEO} 的电路如图 1.41 所示。

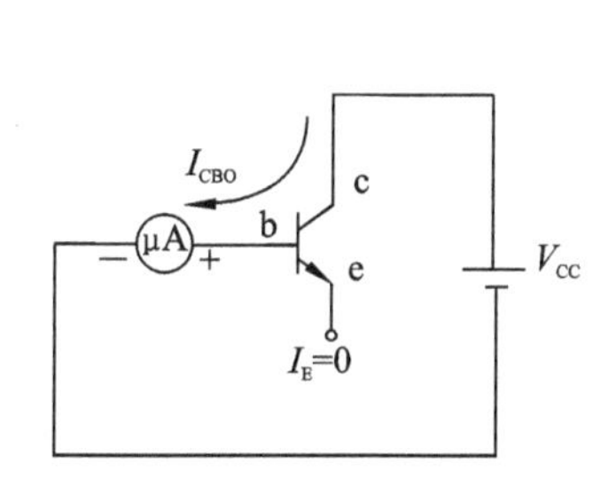

图 1.40　I_{CBO} 的测量电路

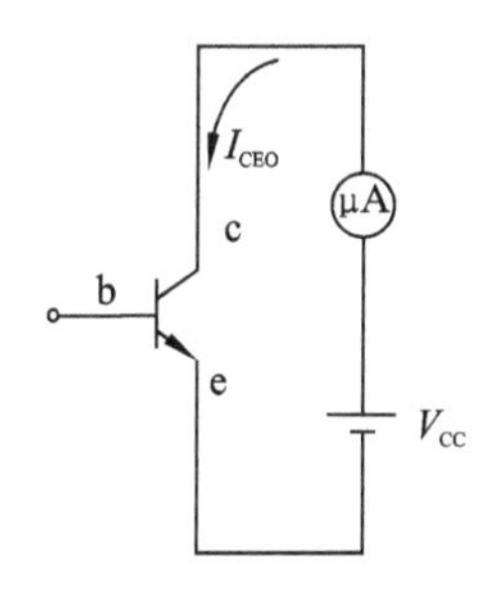

图 1.41　I_{CEO} 的测量电路

3. 极限参数

(1) 集电极最大允许电流 I_{CM}

I_{CM} 是指三极管集电极允许的最大电流。当 I_C 超过 I_{CM} 时，β 明显下降。

(2) 集电极最大允许功耗 P_{CM}

P_{CM} 表示集电结上允许耗散功率的最大值。集电结功率损耗 $P_C=i_C\cdot u_{CE}$，当 $P_C>P_{CM}$ 时，集电结会因过热而烧毁。

锗管允许结温为 75 ℃，硅管允许结温为 150 ℃。对于大功率管，为了提高 P_{CM}，通常采用加散热装置的方法。

(3) 反向击穿电压 $U_{(BR)CEO}$

$U_{(BR)CEO}$ 指基极开路时集电极与发射极间的反向击穿电压。

在共射极输出特性曲线上,由极限参数 I_{CM}、$U_{(BR)CEO}$、P_{CM} 所限定的区域如图1.42所示,通常称为**安全工作区**。为了确保三极管安全工作,使用时不能超出这个区域。

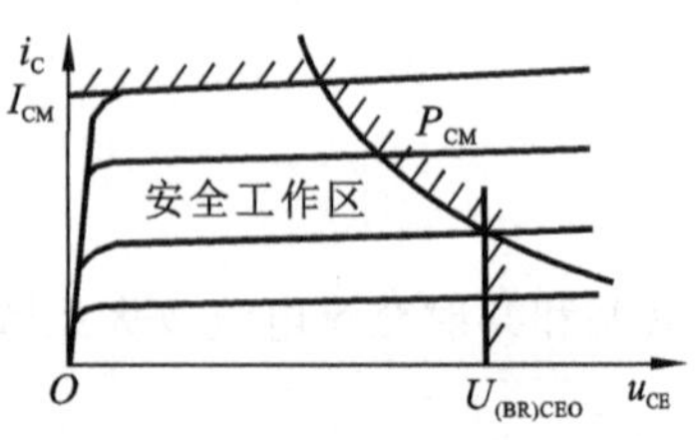

图1.42 三极管的安全工作区

1.3.5 三极管的小信号模型

三极管工作在放大区时,叠加在静态工作点上的交流信号足够小,三极管特性可近似为线性,这时三极管可用一个线性等效电路(模型)来表示。

1. H参数等效电路

(1) H参数的导出

接成共射组态的三极管及H参数等效电路如图1.43所示。其中共射组态三极管可以看作一个双口网络,端口特性可由以下函数表示:

$$\begin{cases} u_{BE}=f_1(i_B,u_{CE}) & (1.45)\\ i_C=f_2(i_B,u_{CE}) & (1.46)\end{cases}$$

式中,i_B、i_C、u_{BE}、u_{CE} 是直流分量和交流分量的叠加,用 I_B、I_C、U_{BE}、U_{CE} 代表直流分量,用 i_b、i_c、u_{be}、u_{ce} 代表交流分量,则有

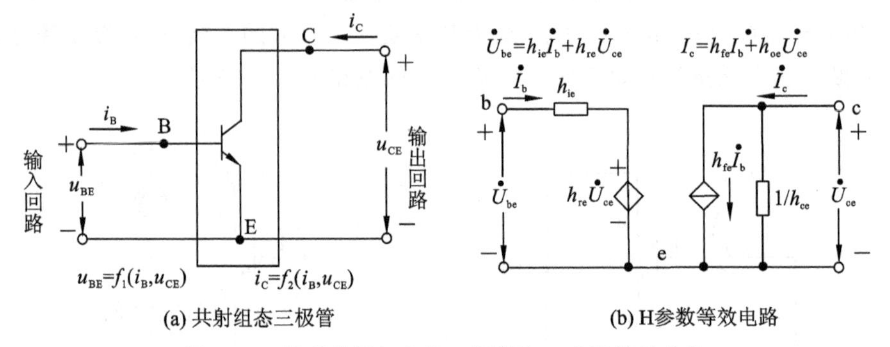

图1.43 接成共射组态的三极管及H参数等效电路

$$\begin{cases} u_{CE}=U_{CE}+u_{ce} & (1.47)\\ u_{BE}=U_{BE}+u_{be} & (1.48)\\ i_B=I_B+i_b & (1.49)\\ i_C=I_C+i_c & (1.50)\end{cases}$$

考虑到三极管在交流小信号下工作,在工作点Q上(直流静态工作状态)对式(1.45)、式(1.46)取全微分,得

$$\begin{cases} \mathrm{d}u_{BE}=\left.\dfrac{\partial u_{BE}}{\partial i_B}\right|_Q\cdot \mathrm{d}i_B+\left.\dfrac{\partial u_{BE}}{\partial u_{CE}}\right|_Q\cdot \mathrm{d}u_{CE} & (1.51)\\ \mathrm{d}i_C=\left.\dfrac{\partial i_C}{\partial i_B}\right|_Q\cdot \mathrm{d}i_B+\left.\dfrac{\partial i_C}{\partial u_{CE}}\right|_Q\cdot \mathrm{d}u_{CE} & (1.52)\end{cases}$$

式中的偏导数项分别用 h_{ie}、h_{re}、h_{fe}、h_{oe} 表示，并用复数值 $\dot{I}_b$、$\dot{I}_c$、$\dot{U}_{be}$、$\dot{U}_{ce}$ 代表对应的交流分量（各微分项），得到

$$\begin{cases}\dot{U}_{be}=h_{ie}\cdot\dot{I}_b+h_{re}\cdot\dot{U}_{ce} & (1.53)\\ \dot{I}_c=h_{fe}\cdot\dot{I}_b+h_{oe}\cdot\dot{U}_{ce} & (1.54)\end{cases}$$

式中：$h_{ie}=\left.\dfrac{\partial u_{BE}}{\partial i_B}\right|_Q=\left.\dfrac{\dot{U}_{be}}{\dot{I}_b}\right|_{\dot{U}_{ce}=0}$ 为**输出交流短路时的输入电阻**，单位为 Ω；

$h_{re}=\left.\dfrac{\partial u_{BE}}{\partial u_{CE}}\right|_Q=\left.\dfrac{\dot{U}_{be}}{\dot{U}_{ce}}\right|_{\dot{I}_b=0}$ 为**输入端交流开路时的电压反馈系数**，无量纲；

$h_{fe}=\left.\dfrac{\partial i_C}{\partial i_B}\right|_Q=\left.\dfrac{\dot{I}_c}{\dot{I}_b}\right|_{\dot{U}_{ce}=0}$ 为**输出交流短路时的电流放大系数**，无量纲；

$h_{oe}=\left.\dfrac{\partial i_C}{\partial u_{CE}}\right|_Q=\left.\dfrac{\dot{I}_c}{\dot{U}_{ce}}\right|_{\dot{I}_b=0}$ 为**输入端交流开路时的输出电导**，单位为 S。

因四个参数量纲不同，故称 H 参数为**混合参数**。三极管 H 参数等效电路如图 1.43(b)所示。

(2) H 参数的几何意义

h_{ie} 的几何意义如图 1.44(a)所示，即输入特性曲线在 Q 点处斜率的倒数。

h_{re} 的几何意义如图 1.44(b)所示，即在 I_{BQ} 处随 u_{CE} 变化时输入特性曲线左、右平移的变化率，近似为 $\Delta u_{BE}/\Delta u_{CE}$。

h_{fe} 的几何意义如图 1.44(c)所示，实际上即为电流放大倍数 β。

h_{oe} 的几何意义如图 1.44(d)所示。$1/h_{oe}$ 为三极管 c－e 之间的微变等效电阻 r_{ce}。h_{oe} 反映了输出特性曲线上翘的程度，三极管工作在放大区时曲线都很平，所以通常 r_{ce} 大于 10^5 Ω。

(3) 简化 H 参数模型

通常情况下，h_{re} 很小，可以忽略；h_{ie} 为**基极-发射极间的交流输入电阻**，常用 r_{be}表示；h_{fe} 用 β 代替；$1/h_{oe}$ 用 r_{ce} 代替。由此可得到简化 H 参数等效电路如图 1.45 所示。

(4) r_{be} 的确定

r_{be} 可用下列公式估算：

$$r_{be}=r_{bb'}+r_{b'e}=r_{bb'}+(1+\beta)\cdot r_e \tag{1.55}$$

式中，$r_{bb'}$ 为**基区体电阻**，对于低频小功率管，$r_{bb'}$ 约 200 Ω；r_e 为发射结电阻，可由 PN 结方程导出

$$r_e=\frac{kT}{qI_{EQ}}=\frac{26\ \text{mV}}{I_{EQ}} \tag{1.56}$$

$(1+\beta)\cdot r_e$ 是 r_e 折算到基极回路的等效电阻，记为 $r_{b'e}$。r_{be} 和 β 也可用 H 参数测试仪和晶体管图示仪测量得到。

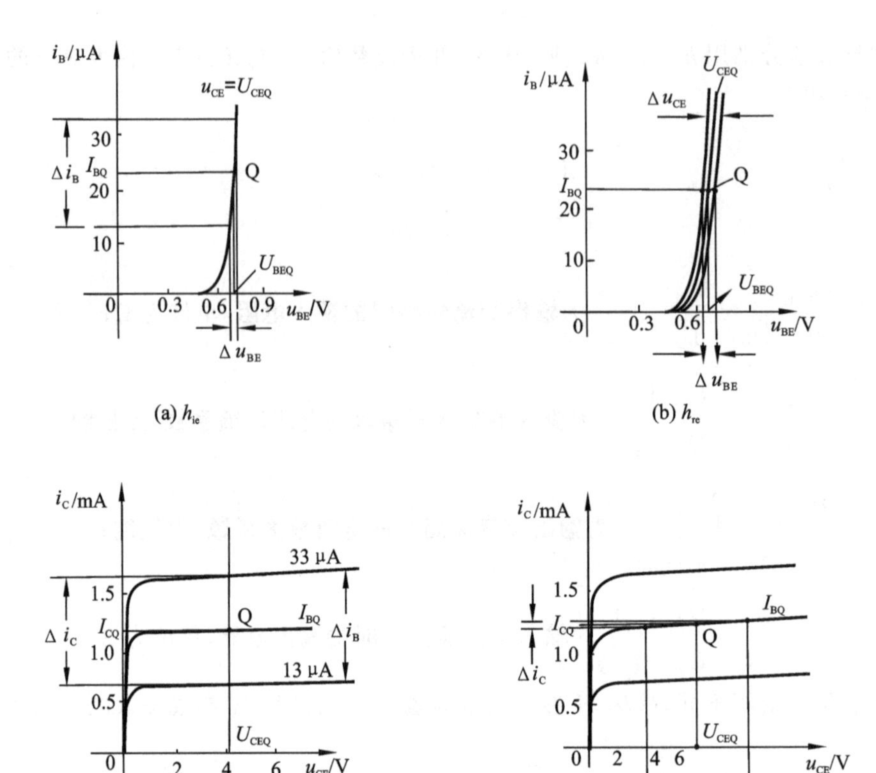

图 1.44　H 参数的物理意义

2. 混合 π 型等效电路

(1) 混合 π 型等效电路的导出

从三极管实际结构出发,导出其混合 π 型等效电路如图 1.46 所示。

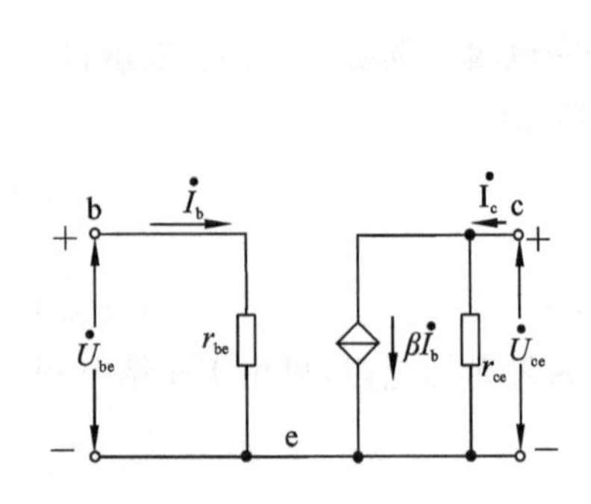

图 1.45　三极管简化 H 参数模型

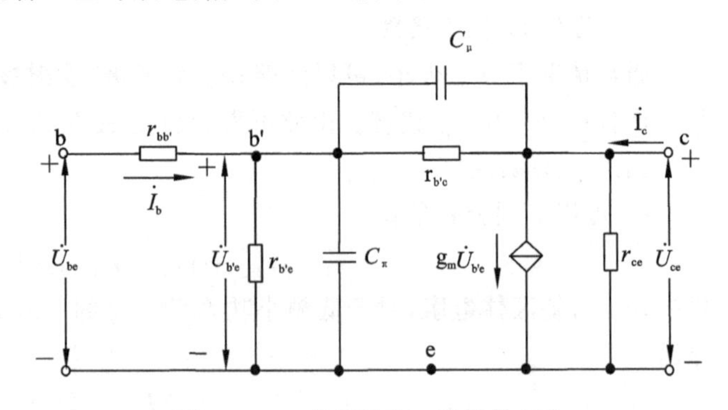

图 1.46　三极管混合 π 型等效电路

图中,b′为三极管内部等效节点,$r_{b'c}$ 为**集电结**(collector junction)电阻,由于集电结工作时处于反向偏置,$r_{b'c}$ 很大,一般在 100 kΩ～10 MΩ 范围内,可视为开路,r_{ce} 为**集电极**(collector)输出电阻。C_π 为**发射结电容**;发射结正偏时主要是扩散电容,C_μ 为**集电结电容**,集电结反偏时主要是势垒电容。

(2) g_m 的确定

由于考虑了结电容的影响，$\dot{I}_c$ 以及 $\dot{I}_b$ 的大小、相角均与频率有关，$\dot{I}_c$ 和 $\dot{I}_b$ 已不再保持正比关系。根据半导体物理的分析，集电结受控电流与发射结电压 $\dot{U}_{b'e}$ 呈线性关系，且与信号频率无关，所以在混合 π 型等效电路中用受控电流源 $g_m \cdot \dot{U}_{b'e}$ 来表示基极回路对集电极回路的控制作用。g_m 称为**跨导**(transconductance)，定义为

$$g_m = \frac{\partial i_C}{\partial u_{B'E}}\bigg|_Q = \frac{\partial i_C}{\partial i_E} \cdot \frac{\partial i_E}{\partial u_{B'E}}\bigg|_Q = \frac{\alpha}{r_e} \tag{1.57}$$

将式(1.56)代入式(1.57)，考虑到 $\alpha \approx 1$，在 $T=300$ K 时，可得到

$$g_m = 38.5 I_{EQ} \tag{1.58}$$

g_m 为与频率无关的实数，大小由静态电流 I_{EQ} 决定。

(3) H 参数与混合 π 型参数之间的转换

三极管的 H 参数与混合 π 型参数之间是可以转换的，对比式(1.55)和式(1.57)可得

$$g_m r_{b'e} = \beta \tag{1.59}$$

1.3.6　三极管其他工作模式的等效电路

上面介绍了三极管工作在放大区时的小信号模型，这是分析三极管放大器的基础。在有些场合，比如在数字电路中，三极管通常工作在饱和区和截止区。下面介绍三极管工作在饱和模式和截止模式的等效电路。

1. 饱和模式(saturated model)的等效电路

当三极管的发射结和集电结都正向偏置时，三极管工作在饱和区，这时已不再具有放大模式下的正向受控作用。两个正偏的 PN 结可以近似地用两个导通电压来表示，即 $U_{BE(sat)}$、$U_{BC(sat)}$ 分别表示发射结和集电结的饱和压降，它们的数值稍大于放大模式下相应的导通电压 $U_{BE(on)}$、$U_{BC(on)}$，在工程上通常不用区别，都用导通电压来表示。在三极管中，发射区是重掺杂，集电区是低掺杂，所以发射结导通电压大于集电结导通电压。对于硅管，通常取

$$U_{BE(sat)} \approx U_{BE(on)} = 0.7\ \text{V} \tag{1.60}$$

$$U_{BC(sat)} \approx U_{BC(on)} = 0.4\ \text{V} \tag{1.61}$$

而 $U_{CE} = U_{CB} + U_{BE}$，所以

$$U_{CE(sat)} = 0.3\ \text{V} \tag{1.62}$$

饱和模式下三极管的简化电路模型如图 1.47 所示。

2. 截止模式(cut-off mode)的等效电路

当三极管的发射结和集电结都反向偏置时，三极管工作在截止区。如果忽略发射结和集电结的反向饱和电流，可近似认为三极管的各极电流为零，相应的简化电路模型如图 1.48 所示。

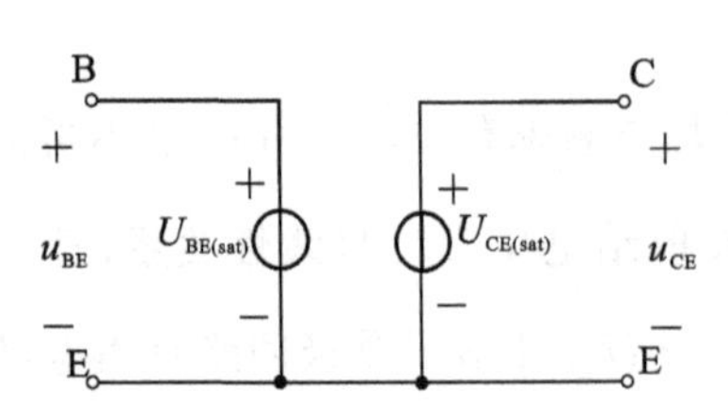

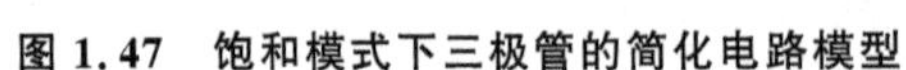
图 1.47　饱和模式下三极管的简化电路模型

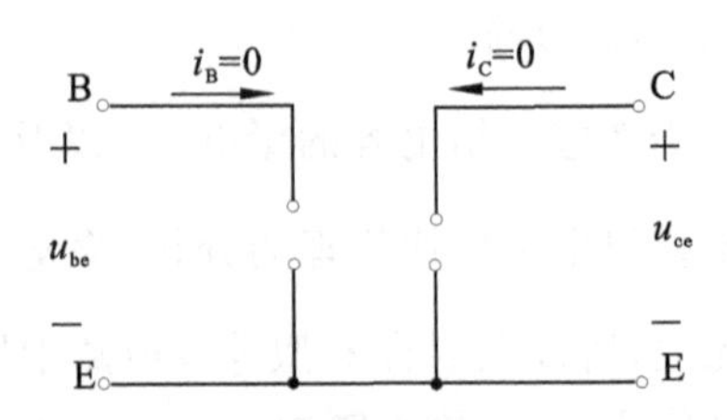

图 1.48　截止模式下三极管的简化电路模型

1.4　场效应晶体管

场效应晶体管是利用电场效应来控制电流的有源器件，由于它仅靠半导体中的多数载流子导电，又称为**单极型晶体管**。它不仅兼有一般半导体三极管体积小、重量轻、耗电省、寿命长的特点，还具有输入阻抗高(绝缘栅场效应管最高可达 10^{15} Ω)、噪声系数低、热稳定性好、抗辐射能力强、制造工艺简单等优点。

按照结构来分，场效应管可分为两大类：**结型场效应管**(JFET)和**绝缘栅型场效应管**(IGFET)。

1.4.1　结型场效应管

1. N 沟道结型场效应管

(1) 结　构

N 沟道结型场效应管的结构示意图如图 1.49(a)所示。在一块 N 型半导体材料两边扩散高浓度的 P 型区(用 P^+ 表示)，两边 P^+ 型区引出两个欧姆电极并连在一起，称为**栅极 G**，在 N 型半导体材料两端各引出一个欧姆电极，分别称为**源极 S** 和**漏极 D**。两个 PN 结阻挡层之间的 N 型区域称为**导电沟道**。N 沟道 JFET 的电路符号如图 1.49(b)所示。

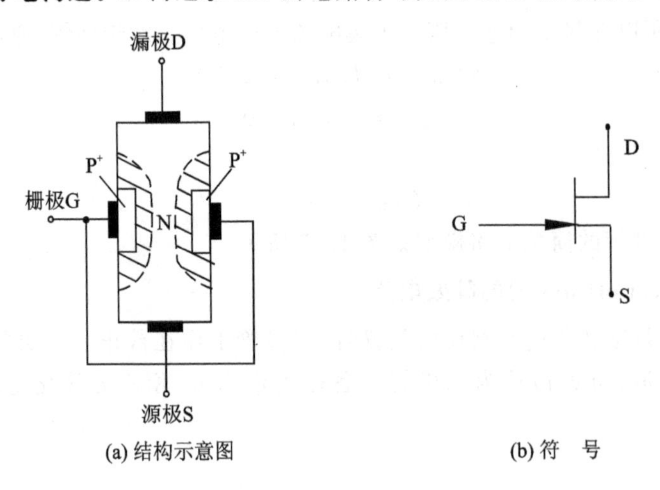

(a) 结构示意图　　(b) 符　号

图 1.49　N 沟道 JFET

(2) 工作原理

以 N 沟道场效应管为例，工作原理分两种情况讨论，分别如图 1.50 和图 1.51 所示。

① u_{GS} 对 i_D 的影响

令 $u_{DS}=0$，当 u_{GS} 由零向负值增大时，PN 结的反向电压增大，耗尽层将加宽，使沟道变窄，沟道电阻增大，从而控制漏极与源极之间导电电阻的大小。当 u_{GS} 进一步增大到某一值 $U_{GS(off)}$ 时，沟道被全部夹断，沟道电阻趋于无穷大，见图 1.50(c)。我们把 $U_{GS(off)}$ 称为**夹断电压**(pinch-off voltage)。

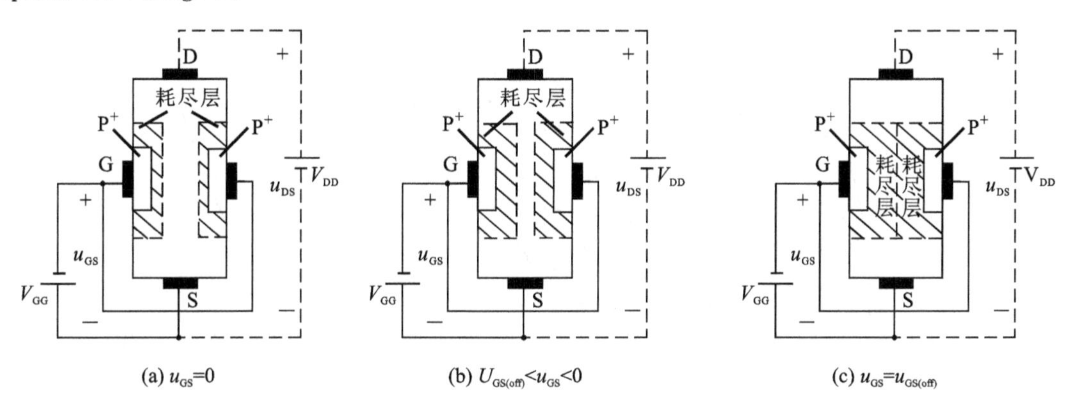

图 1.50　$u_{DS}=0$ 时，u_{GS} 对 i_D 的影响

② u_{DS} 对 i_D 的影响

先看 $u_{GS}=0$ 时，u_{DS} 对 i_D 的影响。当 u_{DS} 从零开始逐步增大时，漏极电流 i_D 从零开始增大。同时，由于漏极电位逐渐升高，漏极与栅极之间的电压增大，而源极与栅极之间的电压为零，可见 N 沟道的电位从漏极端到源极端是逐渐降低的，所以沿沟道从 D 到 S，耗尽层宽度是不均匀的。当 u_{DS} 增大到 $U_{GS(off)}$ 时，沟道在靠近漏极一端的 A 点处刚好被夹断，如图 1.51(c)所示，称之为“预夹断”。预夹断时，i_D 达到了**漏极饱和电流** I_{DSS}。

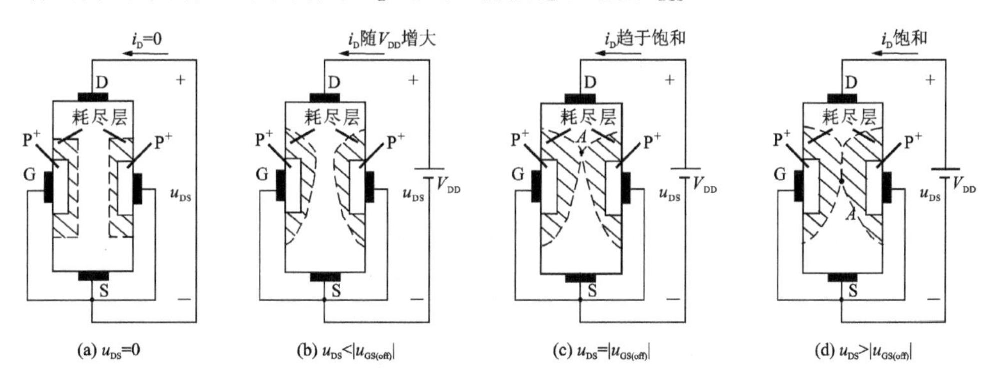

图 1.51　u_{DS} 对 i_D 的影响

预夹断后，随着 u_{DS} 增加，夹断点 A 向源极方向移动，如图 1.51(d)所示。但由于夹断处电场强度增大，仍能将电子拉过夹断区，形成漏极电流，同时存在沟道长度调制效应，所以 i_D 随 u_{DS} 增加而略有上升。

当 $u_{GS}\neq0$，预夹断时，$U_{GS(off)}$、u_{GS}、u_{DS} 的关系为

$$u_{GD}=u_{GS}-u_{DS}=U_{GS(off)} \tag{1.63}$$

(3) 特性曲线与特征方程

① 输出特性曲线

输出特性是以 u_{GS} 为参变量,i_D 与 u_{DS} 之间的关系为

$$i_D = f(u_{DS})\big|_{u_{GS}=常数} \tag{1.64}$$

输出特性曲线如图 1.52(a)所示,可分为可变电阻区 I、饱和区Ⅱ和击穿区Ⅲ。

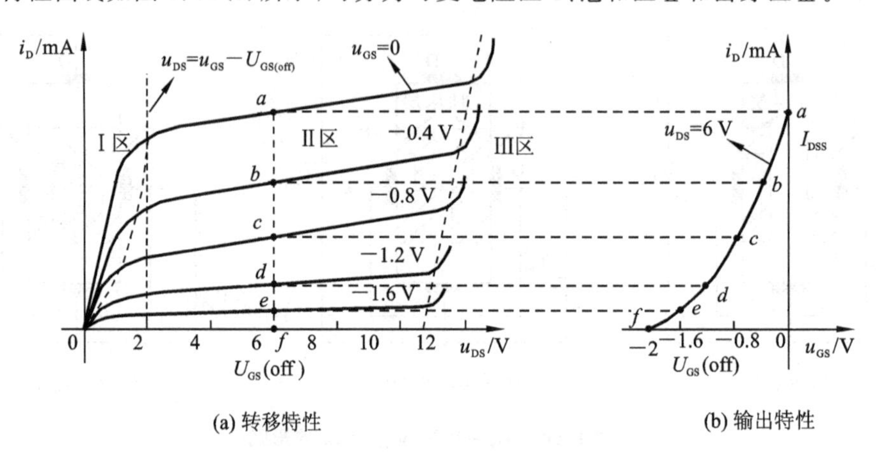

(a) 转移特性　　　　(b) 输出特性

图 1.52　N 沟道 JFET 的特性曲线

I 区为**可变电阻区**,又称**非饱和区**。对应沟道未预夹断部分,当 u_{GS} 一定时,随 u_{DS} 增加,i_D 线性增加。当 u_{DS} 一定时,u_{GS} 越小,i_D 就越小。

Ⅱ区为**饱和区**,又称**恒流区**。沟道预夹断后,u_{DS} 增加,i_D 几乎不变,呈饱和状态,i_D 主要由 u_{GS} 控制。

在沟道预夹断后,随 u_{DS} 增加,夹断点向源极方向移动,源极到夹断点的沟道电阻减小,从而有更多的电子自源极漂移到夹断点,结果是 i_D 略有增加,因而曲线 i_D 随 u_{DS} 增加而略有上翘,这种效应称为**沟道长度调制效应**。

Ⅲ区为**击穿区**,u_{DS} 超过一定数值时,栅漏间 PN 结发生雪崩击穿,i_D 迅速增大。

在模拟电路中,场效应管通常工作在饱和区。

② 特征方程

以 u_{DS} 为参变量,i_D 与 u_{GS} 之间的关系称为**转移特性**,即

$$i_D = f(u_{GS})\big|_{u_{DS}=常数} \tag{1.65}$$

转移特性描述了 u_{DS} 为常数时 u_{GS} 对 i_D 的控制作用,可通过输出特性求得。在图 1.52(b)中取 u_{DS} 为一定值(如 $u_{DS}=6$ V),画一条垂线,垂线与各条输出特性的交点处 i_D 和 u_{GS} 的坐标值画在 $i_D - u_{GS}$ 的坐标系中,即可得到转移特性曲线,如图 1.52(b)所示。

当管子工作在饱和区时,改变 u_{DS} 可得一簇转移特性曲线。它们几乎重合,通常可用一条曲线来近似表示。实验表明,在 $U_{GS(off)} \leqslant u_{GS} \leqslant 0$ 范围内,i_D 与 u_{GS} 之间呈平方律关系,即

$$i_D = I_{DSS}\left(1-\frac{u_{GS}}{U_{GS(off)}}\right)^2 \quad (U_{GS(off)} \leqslant u_{GS} \leqslant 0) \tag{1.66}$$

式中,I_{DSS} 为**漏极饱和电流**,$U_{GS(off)}$ 为**夹断电压**。

2. P 沟道结型场效应管

P 沟道结型场效应管结构示意图、电路符号及特性曲线如图 1.53 所示。与 N 沟道结型

场效应管对应，所有外加电压极性、电流方向与 N 沟道结型场效应管相反。

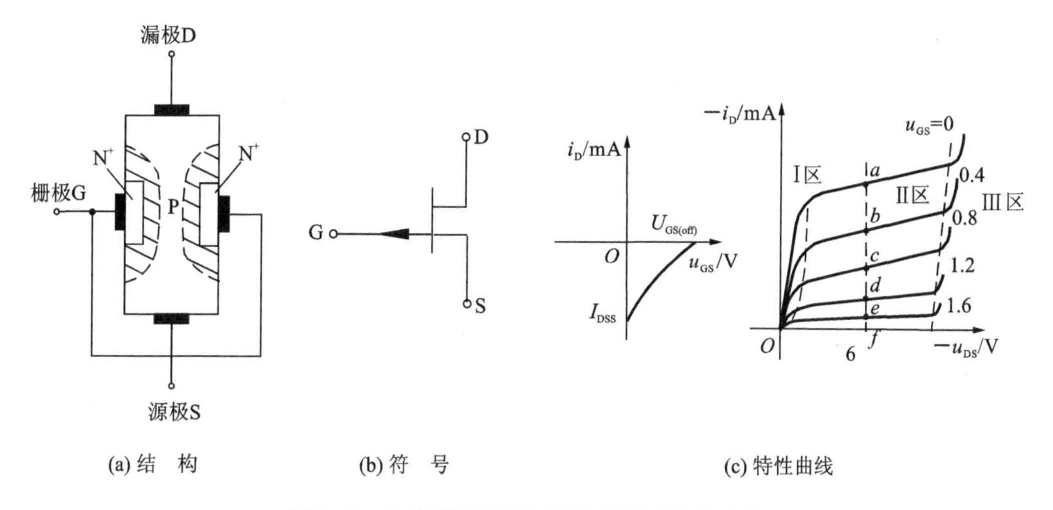

(a) 结　构　　(b) 符　号　　(c) 特性曲线

图 1.53　P 沟道 JFET 的结构、符号与特性曲线

1.4.2　绝缘栅场效应管

结型场效应管利用耗尽层的宽度改变导电沟道的宽度来控制漏极电流的大小，绝缘栅型场效应管则是利用半导体表面的电场效应，由感应电荷的多少改变导电沟道的深浅来控制电流的大小。

绝缘栅场效应管中，常用二氧化硅（SiO_2）作为金属（铝）栅极和半导体之间的绝缘层，所以又称为金属-氧化物-半导体场效应管，简称**MOS 管**。MOS 管有 N 沟道和 P 沟道两类，而每一类又分增强型和耗尽型两种。

1. N 沟道增强型 MOS 场效应管

（1）结　构

N 沟道增强型 MOS 管的结构、电路符号如图 1.54 所示。用 P 型硅片作为衬底，其中扩散两个 N^+ 区，并引出电极，分别称为**源极(S)**和**漏极(D)**，半导体表面覆盖 SiO_2 绝缘层，绝缘层上再在源区和漏区之间制造一层金属铝，称为**栅极(G)**。

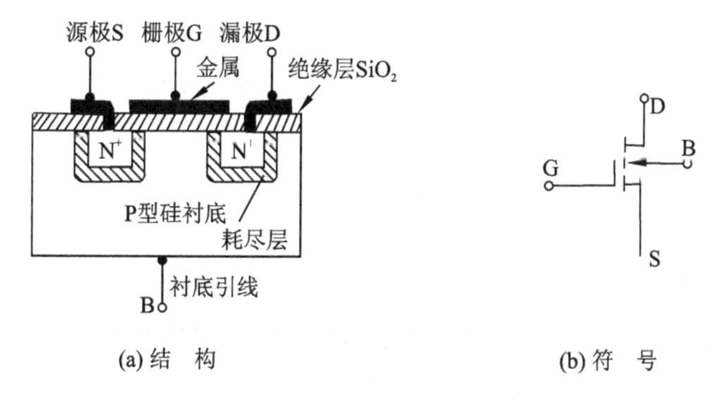

(a) 结　构　　(b) 符　号

图 1.54　N 沟道增强型 MOS 管的结构与符号

(2) 工作原理

以N沟道增强型MOS管为例,工作原理分五种情况进行讨论,分别如图1.55(a)~(e)所示。

① $u_{GS}=U_{GS(th)}$,$u_{DS}=0$。在正电压u_{GS}的作用下,通过绝缘层产生电场,这个电场吸引P型半导体中电子,当$u_{GS}=U_{GS(th)}$时,绝缘层下面D、S之间形成N型导电沟道。这个N型导电沟道由P型半导体转换而来,又称为**反型层**。开始形成反型层时的$U_{GS(th)}$称为**开启电压**。

② $u_{GS}\geqslant U_{GS(th)}$,$u_{DS}$增大。在$u_{DS}$作用下,形成漏极电流$i_D$。$i_D$通过沟道形成电位差,导致栅极与沟道之间的电压近源端最大,近漏端最小,所以导电沟道为梯形。

③ $u_{GS}\geqslant U_{GS(th)}$,$u_{DS}$继续增大。$u_{DS}$增大到一定值时,$u_{GD}=u_{GS}-u_{DS}=U_{GS(th)}$,近漏端的反型层消失,沟道被预夹断。沟道预夹断时,管子进入饱和区。

④ $u_{GS}\geqslant U_{GS(th)}$,$u_{DS}$再继续增大。沟道预夹断后,$u_{DS}$继续增大,夹断点A向源极方向移动,$i_D$略有增大。

⑤ 当$u_{GS}=U_{GS(th)}$时,开始形成导电沟道。当$u_{GS}>U_{GS(th)}$时,随u_{GS}增大,导电沟道变宽,沟道电阻变小,从而改变u_{GS}的大小,有效地控制了i_D的大小。

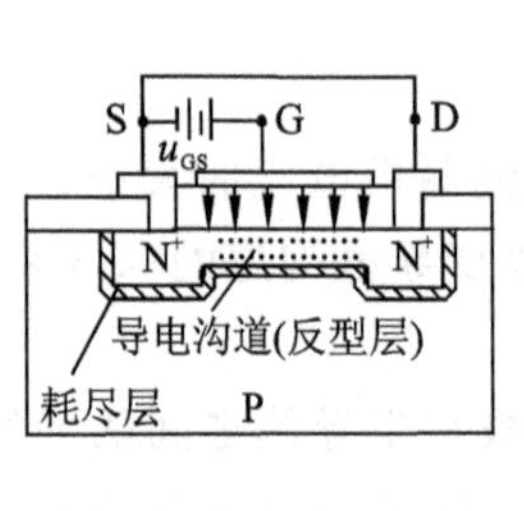

(a) $u_{GS}=U_{GS(th)}$, $u_{DS}=0$

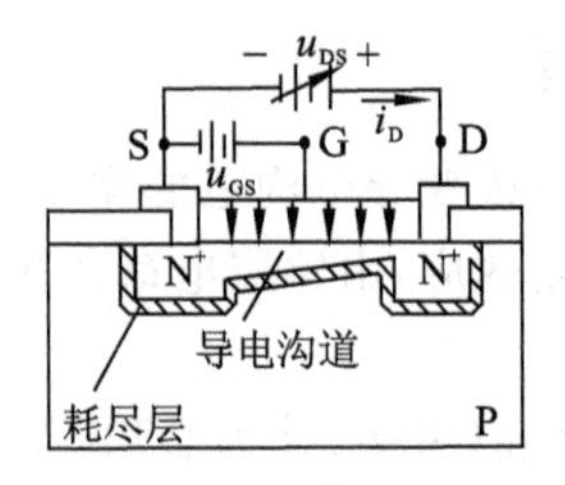

(b) $u_{GS}\geqslant U_{GS(th)}$, u_{DS}增大时

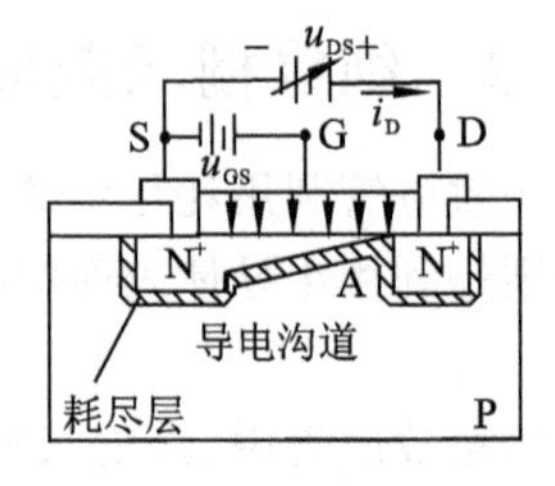

(c) $u_{GS}\geqslant U_{GS(th)}$, u_{DS}使沟道预夹断

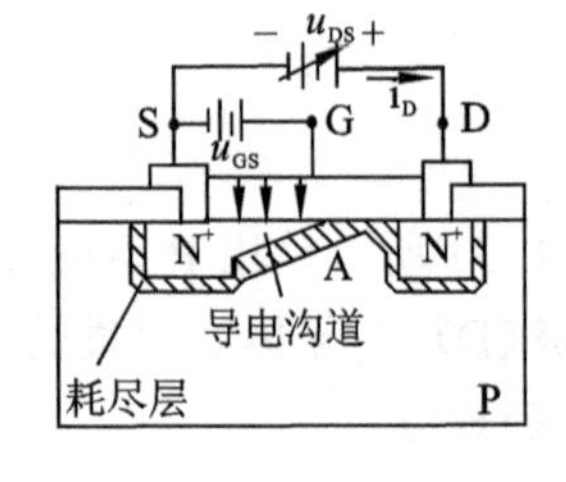

(d) $u_{GS}\geqslant U_{GS(th)}$, u_{DS}使沟道夹断

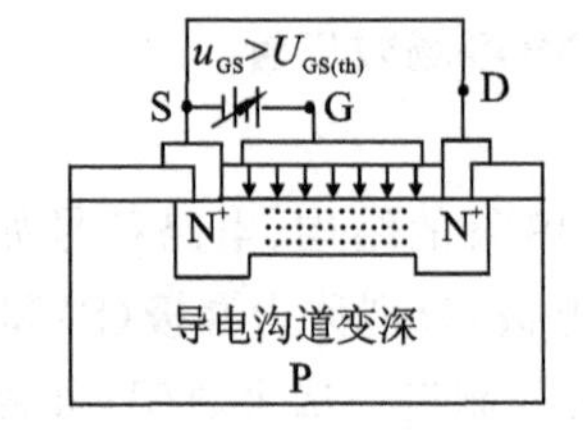

(e) u_{GS}控制导电沟道的形成与宽窄

图1.55　N沟道增强型MOS管的导电沟道

(3) 特性曲线

N沟道增强型MOS管输出特性和转移特性曲线如图1.56所示。

由图1.56(b)所示的转移特性曲线可见,当$u_{GS}<U_{GS(th)}$时,导电沟道未形成,i_D为零。当$u_{GS}\geqslant U_{GS(th)}$时,形成了导电沟道,随着$u_{GS}$的增大,沟道电阻减小,于是$i_D$也随之增大。图1.56(b)所示在饱和区工作时的转移特性曲线可用以下公式表示

$$i_D=\frac{\mu_n\cdot C_{ox}}{2}\cdot\frac{W}{L}\cdot(u_{GS}-U_{GS(th)})^2 \tag{1.67}$$

式中,μ_n为电子运动的迁移率,C_{ox}为单位面积的栅极电容,W为沟道宽度,L为沟道长度,W/L为MOS管的宽长比,$U_{GS(th)}$为开启电压。

N 沟道增强型 MOS 管输出特性曲线也可分为可变电阻区 Ⅰ、饱和区 Ⅱ 和击穿区 Ⅲ，如图 1.56 所示。

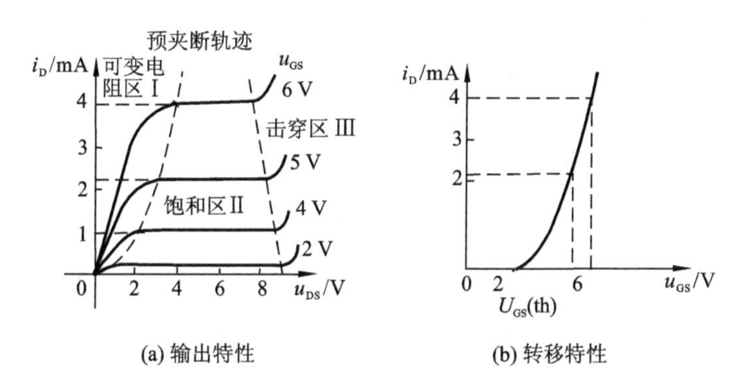

(a) 输出特性　　(b) 转移特性

图 1.56　N 沟道增强型场效应管的特性曲线

2. P 沟道增强型 MOS 管

P 沟道增强型场效应管结构、符号及特性曲线如图 1.57 所示。与 N 沟道增强型场效应管对应，所有外加电压极性、电流方向与 N 沟道增强型场效应管相反。

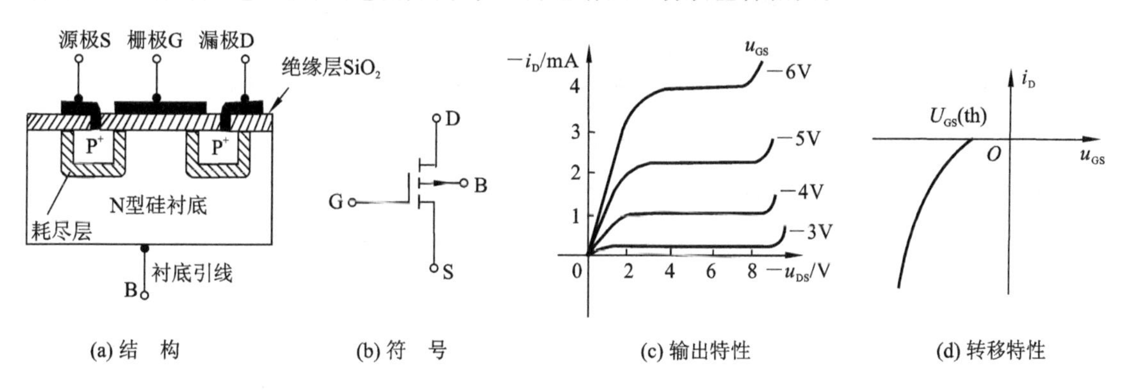

(a) 结　构　　(b) 符　号　　(c) 输出特性　　(d) 转移特性

图 1.57　P 沟道增强型场效应管

3. N 沟道和 P 沟道耗尽型场效应管

耗尽型场效应管在结构上与增强型类似，差别仅在于衬底表面扩散一薄层与衬底导电类型相反的掺杂区，作为漏、源区之间的导电沟道。即在 $u_{GS}=0$ 时，D、S 之间就已存在导电沟道。u_{GS} 变化，控制导电沟道的宽窄，从而控制 i_D 的大小。在 N 沟道耗尽型场效应管中，当 u_{GS} 减小为一定负值时，导电沟道消失，此时的 u_{GS} 称为**夹断电压**$U_{GS(off)}$。

N 沟道耗尽型场效应管的转移特性方程与增强型是类似的，只要将开启电压 $U_{GS(th)}$ 换成夹断电压 $U_{GS(off)}$：

$$i_D = I_{DO}\left(1-\frac{u_{GS}}{U_{GS(off)}}\right)^2 \tag{1.68}$$

$$I_{DO}=\frac{\mu_n \cdot C_{ox}}{2}\cdot\frac{W}{L}\cdot U_{GS(off)}^2 \tag{1.69}$$

式中，I_{DO} 表示 $U_{GS}=0$ 时所对应的漏极电流。

N 沟道和 P 沟道耗尽型场效应管的符号、输出特性、转移特性分别如图 1.58 和图 1.59 所示。

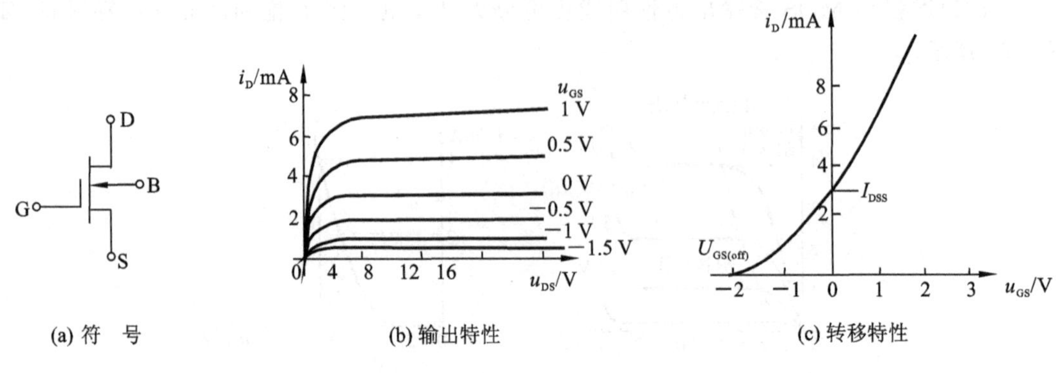

(a) 符　号　(b) 输出特性　(c) 转移特性

图 1.58　N 沟道耗尽型场效应管

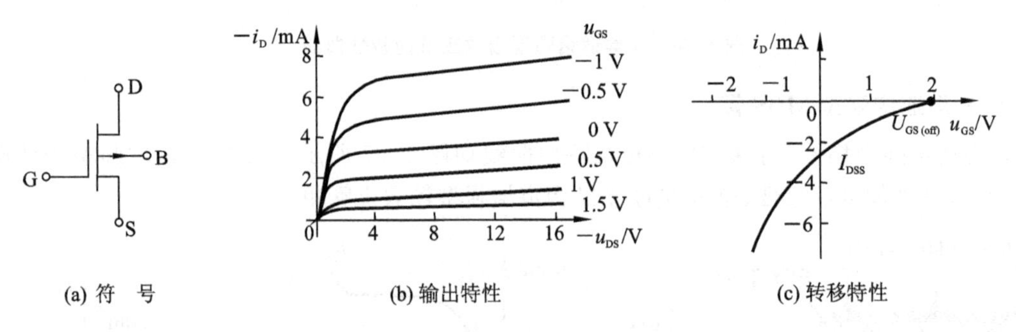

(a) 符　号　(b) 输出特性　(c) 转移特性

图 1.59　P 沟道耗尽型场效应管

为了便于比较,现将各种场效应管的符号和特性曲线列于表 1.3 中。

表 1.3　各种场效应管的符号和特性曲线

种　类	符　号	转移特性	输出特性
结型 N 沟道	D G S	i_D I_{DSS} $U_{GS(off)}$ O u_{GS}	i_D $u_{GS}=0$ V − − − − O $u_{GS}=U_{GS(off)}$ u_{DS}
结型 P 沟道	D G S	i_D O $U_{GS(off)}$ u_{GS} I_{DSS}	$u_{GS}=U_{GS(off)}$ i_D + + + + O u_{DS} $u_{GS}=0$ V

续表 1.3

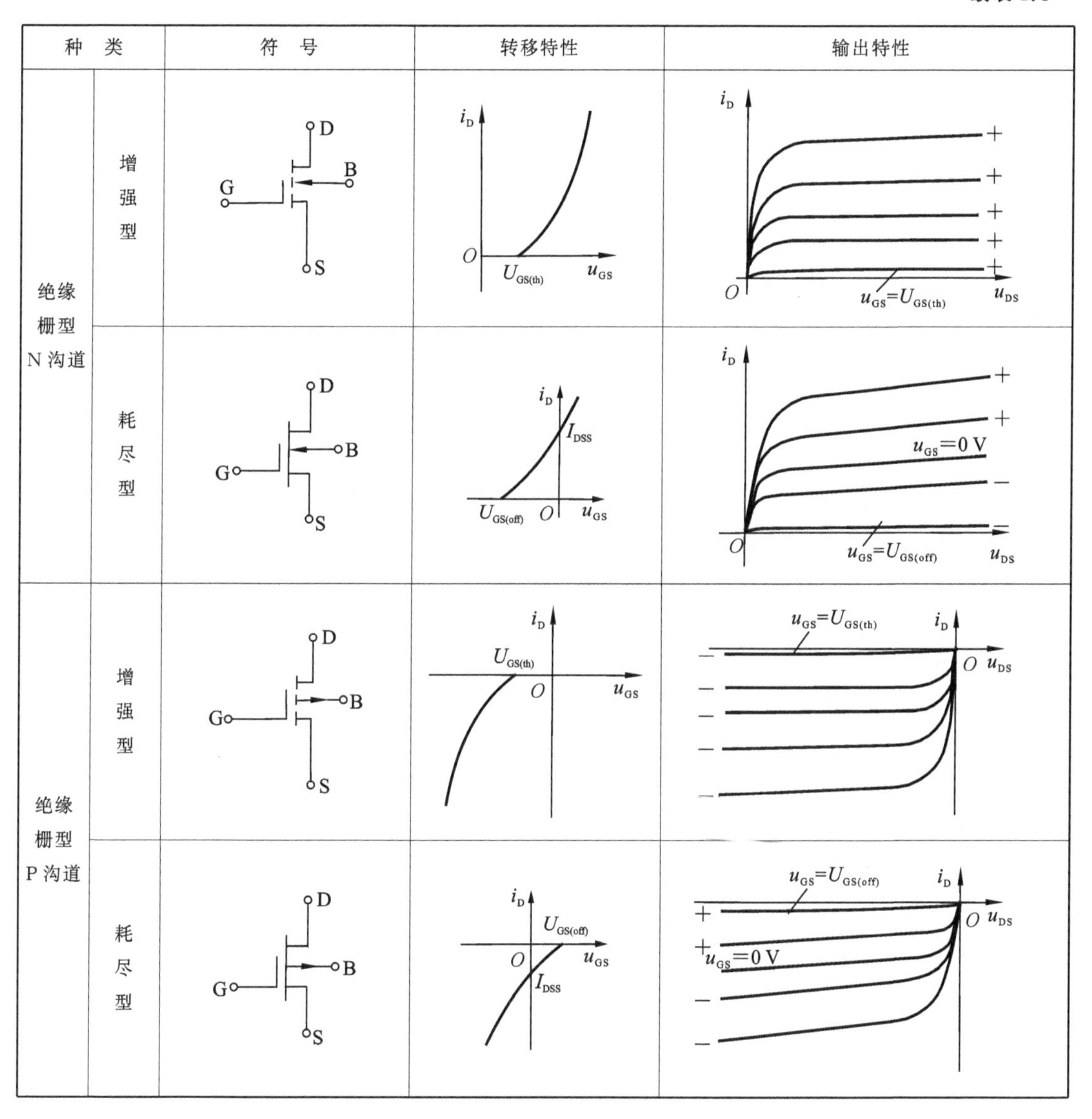

种　类		符　号	转移特性	输出特性
绝缘栅型N沟道	增强型			
	耗尽型			
绝缘栅型P沟道	增强型			
	耗尽型			

1.4.3　场效应管的小信号模型

采用类似三极管小信号等效电路的推导方法，可以导出小信号工作时场效应管的模型。

接成共源组态的场效应管如图 1.60 所示，可以看作是一个双口网络，端口特性由以下函数表示：

$$\begin{cases} i_G = 0 & (1.70) \\ i_D = f(u_{GS}, u_{DS}) & (1.71) \end{cases}$$

式中，i_G、i_D、u_{GS}、u_{DS} 为直流分量和交流分量的叠加，用 I_G、I_D、U_{GS}、U_{DS} 代表直流分量，用 $\dot{I}_g$、$\dot{I}_d$、$\dot{U}_{gs}$、$\dot{U}_{ds}$ 代表交流分量（交流复数值），在静态工作点 Q 上对信号交流量展开，并忽略高次方项，得

$$\begin{cases}\dot{I}_g=0 & (1.72)\\ \dot{I}_d=g_m\cdot\dot{U}_{gs}+\dfrac{\dot{U}_{ds}}{r_{ds}} & (1.73)\end{cases}$$

式中,g_m 为跨导,体现栅源电压对漏极电流的控制能力;r_{ds} 为场效应管 d 和 s 间的微变等效电阻。

根据式(1.72)和式(1.73),可画出场效应管交流小信号模型,如图 1.61 所示。

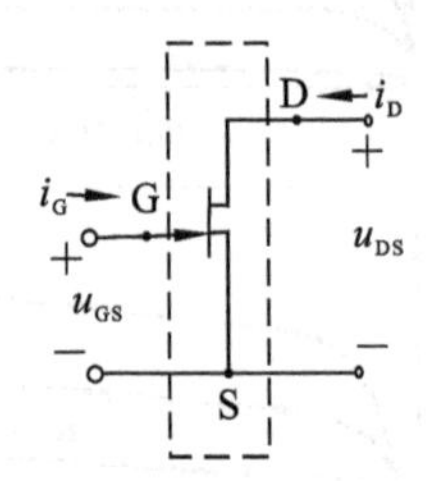

图 1.60 接成共源组态的场效应管

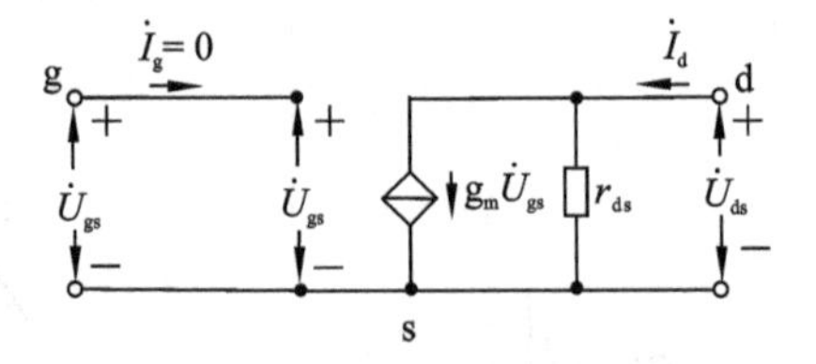

图 1.61 场效应管交流小信号模型

1.4.4 场效应管的主要参数

1. 直流参数

(1) **漏极饱和电流** I_{DSS}:结型和耗尽型场效应管的重要参数之一,指在 $u_{GS}=0$ 时管子发生预夹断时的漏极电流。

(2) **夹断电压** $U_{GS(off)}$:结型和耗尽型场效应管的重要参数之一,指在 u_{DS} 为某一固定数值条件下,使 i_D 等于某一微小电流(便于测量)时所对应的 u_{GS}。

(3) **开启电压** $U_{GS(th)}$:增强型场效应管的重要参数之一,指在 u_{DS} 为某一固定数值条件下能产生 i_D 所需要的最小 $|u_{GS}|$ 值。

(4) **直流输入电阻** R_{GS}:栅源电压与栅极电流之比。通常结型场效应管 R_{GS} 大于 $10^7\ \Omega$,绝缘栅型 R_{GS} 大于 $10^9\ \Omega$。一般认为 $R_{GS}\to\infty$。

2. 交流参数

(1) **低频跨导** g_m:表征工作点 Q 上栅源电压 u_{GS} 对漏极电流 i_D 控制作用大小的一个参数,定义为

$$g_m=\left.\frac{\partial i_D}{\partial u_{GS}}\right|_Q \tag{1.74}$$

g_m 实际上就是转移特性曲线在直流工作点 Q 处切线的斜率,单位为 S(西门子)。g_m 的大小与直流工作点 Q 的位置密切相关。

(2) **交流输出电阻** r_{ds}:r_{ds} 定义为

$$r_{ds}=\left.\frac{\partial u_{DS}}{\partial i_D}\right|_Q \tag{1.75}$$

r_{ds} 为输出特性在直流工作点 Q 处切线斜率的倒数,在饱和区,r_{ds} 一般为几百 kΩ 以上。

3. 极限参数

(1) **最大漏极电流** I_{DM}:指管子在正常工作时允许的最大漏极电流。

(2) **最大耗散功率**P_{DM}：$P_{DM}=u_{DS}\cdot i_D$，受管子的最高工作温度和散热条件限制。

(3) **栅源击穿电压**$U_{(BR)GS}$：对结型管，指栅极与沟道间 PN 结的反向击穿电压；对绝缘栅型，指使绝缘层击穿的电压。

(4) **漏源击穿电压**$U_{(BR)DS}$：漏极附近 PN 结发生雪崩击穿时的 u_{DS}。

1.4.5　场效应管与晶体三极管的比较

场效应管与晶体三极管比较，具有如下特点：

(1)场效应管是电压控制器件，而晶体管是电流控制器件。

(2)作为放大器件时，晶体三极管输入端 PN 结为正向偏置，基极电流较大，相应的输入电阻较小；结型场效应管的 PN 结为反向偏置，MOS 场效应管有绝缘层，栅极电流极小，相应的输入电阻很大。结型场效应管的输入电阻大于 $10^7\ \Omega$，MOS 场效应管的输入电阻大于 $10^9\ \Omega$。

(3) 场效应管利用一种多子导电，故又称为单极型三极管，其温度稳定性好。晶体三极管由多子、少子共同参与导电，故又称为双极型三极管，受温度影响较大。

(4) MOS 场效应管制造工艺简单，便于集成，适合制造大规模集成电路。但 MOS 管的绝缘层很薄，存放时各电极要短接在一起，防止外界静电感应电压过高导致绝缘层击穿，焊接时烙铁也应有良好的接地线。

1.5　集成电路发展历程及制造工艺介绍

1.5.1　集成电路及其发展历程

本小节主要介绍半导体器件和集成电路技术的历史及其最新进展。

1. 半导体历史

半导体是人类历史上运用最广、功能最强大的发明之一。美国《大西洋月刊》曾组织科学家、历史学家、技术专家为人类历史上的重大发明排名，半导体名列第四位，位于印刷机、电力、盘尼西林之后。可以说，半导体是构成当今人类文明最重要的物质基石之一。半导体产品分为四类：集成电路、分立器件、光电器件和传感器。集成电路是一种高度集成化的微型电子器件或部件，主要包括模拟集成电路、微处理器、逻辑电路和存储器件四大类产品，市场规模一直占半导体市场规模的 80%以上。

半导体器件具有相当长的发展历史。金属半导体接触可以追溯到 1874 年，Ferdinand Braun 发现了金属(如铜、铁、硫化铅)半导体接触时的电流传导非对称性。这些器件被用作早期收音机实验的检波器。1906 年，G. W. PICkard 用硅制作了点接触检波器。1907 年，Pierce 在向各种半导体上溅射金属时，发现了二极管的整流特性。

到 1935 年，硒整流器和硅点接触二极管已用作收音机的检波器。随着雷达的发展，整流二极管和混频器的需求上升。此时，获得高纯度硅和锗的方法得到了较快的发展。随着半导体物理的发展，人们对金属半导体接触的理论得到了显著提高。该阶段最重要的理论是 1942 年 Bethe 提出的热离子发射理论，该理论表明电流是由电子向金属发射的过程决定的，而不是由漂移或扩散过程决定的。

1947 年 12 月，贝尔实验室的 William Shockley、John-Bardeen 和 Walter Brattain 制作了

第一个晶体管。这个晶体管是点接触器件,用多晶锗制成。很快在硅上也得到了同样的晶体管效应。到了1949年,晶体管技术又有了显著的进步,单晶材料得到了使用。晶体管进一步发展,1957年和1958年锗台面扩散晶体管和硅台面扩散晶体管分别进入商业化生产。扩散工艺还允许在单个硅片上制作多个晶体管,降低了器件的成本。

2. 集成电路发展历程

1951年1月,德州仪器公司的Jack Kilby首次在锗材料上实现了第一块集成电路。1959年7月,仙童半导体公司的Robert Boyce用平面技术在硅上实现了集成电路。最初的电路是用双极晶体管制作的。实用的金属-氧化物-半导体(metal oxide semiconductor)场效应晶体管大约在20世纪60年代中期和70年代开发出来。

当今集成电路中,最常用的半导体器件主要是MOS场效应晶体管和双极性晶体管(bipolar junction transistor)。这两种半导体器件的基本物理原理早在集成电路发明之前就已经为人类所认识。对于MOS器件的场效应机理的研究最早始于20世纪30年代,至于BJT器件的工作原理则在20世纪40年代末就已首次提出。尽管第一块集成电路是由BJT器件组成的,但是在过去的30多年里MOS晶体管已经成为构建集成电路的主要器件。相对于BJT器件来说,MOS器件具有更高的集成密度、更低的功耗以及更好的电路设计灵活性。

硅是主要的半导体材料。GaAs和其他化合物半导体则用于高频器件和光器件等特殊场合中。20世纪70年代末开始以来计算机辅助设计(EDA)工具的引入,使得集成电路制造的成本大大降低并且提高了最终芯片的成功率。

长期以来,人们一直通过两个简单的途径来不断地制造出更为复杂的集成电路芯片,一个是不断缩小单个元器件的尺寸使得相同面积的集成电路芯片上能够集成更多的元器件,二是不断增大单个集成电路芯片的面积。随着技术的发展,单个元器件的尺寸越来越小,单个集成电路芯片的面积也越来越大,这就使得集成电路的集成度越来越高,同时也使得更复杂、更高性能和更便宜的集成系统成为可能。如表1.4所列,由于集成电路工艺的不断改进,单个芯片上集成的晶体管数目差不多每18个月(后调整为每24个月)翻一番,这就是著名的“摩尔定律”。在集成电路的工艺中,元器件尺寸的大小通常以最小线宽来表征,这个最小线宽指的是工艺制造过程中在晶圆片表面能刻印出图形的最小横向特征尺寸。目前大规模生产的最先进的工艺节点为7 nm,而实验室中已经达到2 nm。截至2017年,最先进的个人电脑微处理器为英特尔公司的Core i9。此处理器芯片采用14 nm生产工艺的Skylake-X架构,含有18个核,36线程,最高主频可以达到4.4 GHz。

表1.4 集成电路特征尺寸随摩尔定律的变化趋势

年 份	2002	2004	2006	2008	2010	2012	2014	2016	2018
特征尺寸/nm	180	130	90	65	40	28	20	14	7

国际半导体路标(ITRS)报告显示目前随着特征尺寸下降到10 nm以内,量子效应越来越明显。目前的CMOS器件很可能无法做到1 nm以下,因此研究人员一方面正在深入研究新的材料、器件和工艺来延续摩尔定律,被称为更多的摩尔(more Moore);真正考虑完全不同于现有CMOS器件的新型纳米电子器件,被称为超越CMOS(beyond CMOS);另一方面充分利用现有技术,充分扩展现有集成电路的功能和应用范围,被称为比摩尔更多(more than Moore)。

1.5.2　集成电路制造工艺介绍

集成电路是在单个芯片上制作晶体管和互联线加工技术发展的直接结果。这些制作集成电路的加工技术综合起来成为集成电路制造工艺。下面对集成电路的制造工艺进行简单的介绍,以帮助读者建立一个初步的了解。

热氧化:硅集成电路成功的一个主要原因是,能在硅表面获得性能优良的天然二氧化硅(SiO_2)层。该氧化层在 MOSEFT 中被用作栅极绝缘层,也可作为器件之一隔离的场氧化层。连接不同器件用的金属互连线可以放置在场氧化层顶部。而大多数其他半导体材料表面无法形成质量满足器件制造要求的氧化层。

硅在空气中会氧化形成大约厚 25 Am 的天然氧化层。但是通常的氧化反应都在高温下进行,因为基本工艺需要氧气穿过已经形成的氧化层到达硅的表面,然后发生反应。氧气通过扩散过程穿过直接与氧化层表面相邻的凝滞气体层,然后穿过已有的氧化层到达硅表面,最后在这里与硅反应形成 SiO_2。由于该反应,表面的硅被消耗了一部分。被消耗的硅占最后形成的氧化层厚度的 44%。

掩模版和光刻:每个芯片上的实际电路结构是用掩模版和光刻技术制作形成的。掩模版是器件或部分器件的物理表示。掩模版上的不透明部分是用紫外线吸收材料制作的。光敏层即光刻胶被预先喷到半导体表面。光刻胶是一种在紫外线照射下发生化学反应的有机聚合物。然后用显影液去除光刻胶的多余部分,在硅上产生需要的图形结构。掩模和光刻工艺是很关键的,因为它们决定着器件的极限尺寸。除了紫外线和电子束,X 射线也能用来对光刻胶进行曝光。

刻蚀:在光刻胶上形成图形之后,留下的光刻胶可作为掩蔽层,因此未被光刻胶覆盖的部分就能被刻蚀掉。等离子刻蚀现在已是集成电路制造的标准工艺。通常需要向低压舱中注入刻蚀气体,比如氯氟烃。通过在阴、阳极之间施加射频电压可以得到等离子体。在阴极处放上硅片,等离子体中阳离子向阴极加速并轰击到硅片表面上。表面处发生的实际化学物理反应很复杂,但最终效果就是硅片表面被选中的区域通过各向异性而被刻蚀掉。如果光刻胶被涂到 SiO_2 层表面,则 SiO_2 可以用类似的方式刻蚀掉。

扩散:IC 制造工艺中广泛应用的热工艺是扩散。扩散就是将特定的"杂质"原子掺入硅材料中的过程。这种掺杂工艺改变了硅的导电类型,从而形成 PN 结。硅氧化形成二氧化硅薄层,通过光刻及刻蚀工艺在被选中的区域上开出窗口。

将硅片放到高温扩散炉中(约 1 100 ℃)并掺入硼或磷等杂质原子。掺杂原子由于浓度梯度的作用逐渐地扩散或移动而进入硅中。由于扩散工艺需要原子的浓度梯度,所以最后的杂质原子扩散浓度是非线性的。在硅片从炉中取出并降至室温后,杂质原子的扩散系数基本上降为零,从而使杂质原子固定在硅材料中。

离子注入:可以替代高温扩散的工艺的离子注入。杂质离子束加速到具有高能量后射向半导体表面。当离子进入硅后,它们与硅原子发生碰撞并损失能量,最后将停留在晶体中的某个深度上。由于碰撞是随机的,掺杂原子的透射深度具有一定的分布。与扩散相比,离子注入有两个优点:(1)离子注入工艺是低温工艺;(2)可以获得良好的掺杂层。由于光刻胶或氧化层都可以阻挡掺杂原子的渗透,因此离子注入就可以仅在被选中的硅区域上发生。离子注入的缺点之一是,入射杂质原子核与硅原子的碰撞会使硅晶格受到损伤。然而,大部分损伤可以通过硅高温退火消除,而热退火温度一般远低于扩散工艺温度。

金属化、键合和封装:半导体器件通过上述讨论的工艺加工过之后,它们要通过互连以形成电路。一般通过气相沉(淀)积得到金属薄膜,用光刻和刻蚀技术获得实际的互连线。同时在整个硅片上会沉积氮化硅,以作为保护层。

最后,硅片通过划片分成独立的集成电路芯片,然后将芯片固定在封装基座上,最后用导线键合机在芯片和封装引脚间连上金线或铝线。

集成电路工艺的总体流程图如图1.62所示。

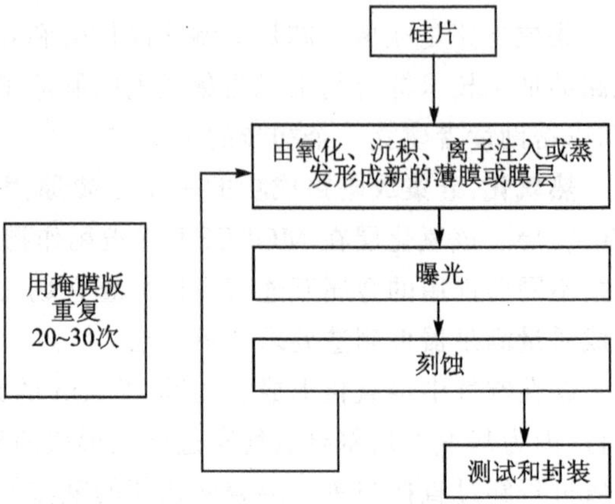

硅片

由氧化、沉积、离子注入或蒸发形成新的薄膜或膜层

曝光

刻蚀

测试和封装

用掩膜版重复20~30次

图1.62　集成电路工艺总体流程

以PN结为例,其具体的制作流程如图1.63所示。

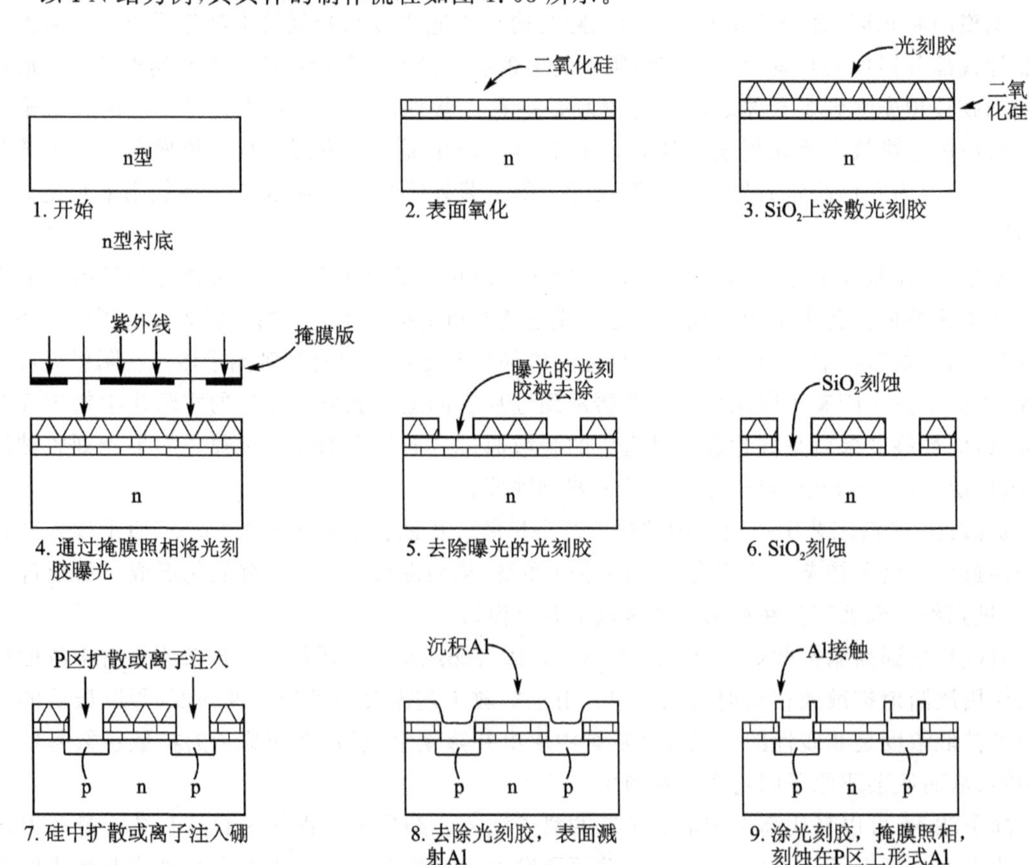

图1.63　PN结制作流程

本章小结

1.1　本征半导体中分别掺入五价和三价元素，就构成了 N 型半导体和 P 型半导体。

1.2　PN 结的伏安特性为 $I=I_S\left(e^{\frac{U}{U_T}}-1\right)$。当外加正向电压($U>0$)时，$I$ 随 U 按指数规律变化；当外加反向电压($U<0$)时，$I\approx -I_S$，数值很小。这是 PN 结最重要的特性—单向导电性。

1.3　二极管由 PN 结构成。工程上近似分析时，二极管可分别用理想模型、定压降模型、分段线性模型来等效。

1.4　半导体三极管有 NPN 和 PNP 两种。三极管有四个工作区：放大区、饱和区、截止区和击穿区。

1.5　当三极管工作在放大区(即发射结正偏、集电结反偏)时，三个极的电流关系满足

$$I_C=\alpha I_E+I_{CBO}$$

$$I_C=\beta I_B+I_{CEO}$$

α、β 分别称为共基和共射接法的电流传输系数。

1.6　当三极管工作在放大区时，可用简化 H 参数等效电路来等效：

其中，基极－发射极间的交流输入电阻为 r_{be}

$$r_{be}=r_{bb'}+(1+\beta)\frac{26}{I_{EQ}}\approx 200\quad \Omega+(1+\beta)\cdot\frac{26}{I_{EQ}}\Omega$$

1.7　场效应管可分为结型和绝缘栅型两大类。其中结型有 N 沟道和 P 沟道两种。绝缘栅型分为增强型和耗尽型两种，每一种又有 N 沟道和 P 沟道之分。场效应管为多数载流子导电，噪声小，热稳定性和抗辐射能力强，而且工艺简单、集成度高，在集成电路中应用广泛。

1.8　场效应管的输出特性曲线分为三个区：可变电阻区、饱和区和击穿区。工作在饱和区的场效应管的小信号模型为

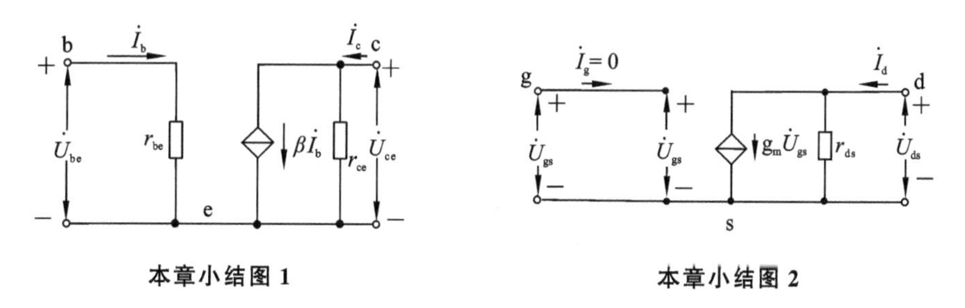

本章小结图 1　　　　本章小结图 2

其中，g_m 为跨导，表示工作点上栅源电压对漏极电流的控制能力，可通过 $g_m=\left.\frac{\partial i_D}{\partial u_{GS}}\right|_Q$ 来计算。

1.9　集成电路制造工艺主要包括热氧化、掩膜和光刻、刻蚀、扩散或离子注入、金属化、键合和封装等步骤。

思考题

1.1 半导体中电子和空穴是怎样形成的?

1.2 PN结中扩散电流和漂移电流是怎样形成的?

1.3 PN结为什么具有单向导电性?

1.4 二极管的常用模型有哪几种?

1.5 为了使得NPN三极管分别工作在放大区、截止区、饱和区和击穿区,发射结和集电结分别应加何种偏置电压?

1.6 为什么说场效应管是电压控制器件?

1.7 结型和绝缘栅型场效应管的参数及其意义是什么?

1.8 三极管和场效应管的交流小信号模型是什么?怎样计算 r_{be} 和 g_m?

习题1

题1.1 求硅本征半导体在温度为250 K、300 K、350 K时载流子的浓度。若掺入施主杂质的浓度 $N_d=10^{17}/cm^3$,分别求出在250 K、300 K、350 K时电子和空穴的浓度。

题1.2 若硅PN结的 $N_a=10^{17}/cm^3$,$N_d=10^{16}/cm^3$,求 $T=300$ K时PN结的内建电位差。

题1.3 已知锗PN结的反向饱和电流为 10^{-6} A,当外加电压为0.2 V、0.36 V及0.4 V时流过PN结的电流为多少?通过计算结果说明伏安特性的特点。

题1.4 怎样用万用表判断二极管的正负极与好坏?

题1.5 流过硅二极管电流 $I_D=1$ mA时,二极管两端压降 $U_D=0.7$ V,求电流 $I_D=0.1$ mA和10 mA时,二极管两端压降 U_D 分别为多少?

题1.6 电路如题图1.6所示,二极管D是理想的,$u_i=U_m\sin\omega t$:

① 画出该电路的电压传输特性(u_i 与 u_o 的关系曲线);

② 画出输出电压波形。

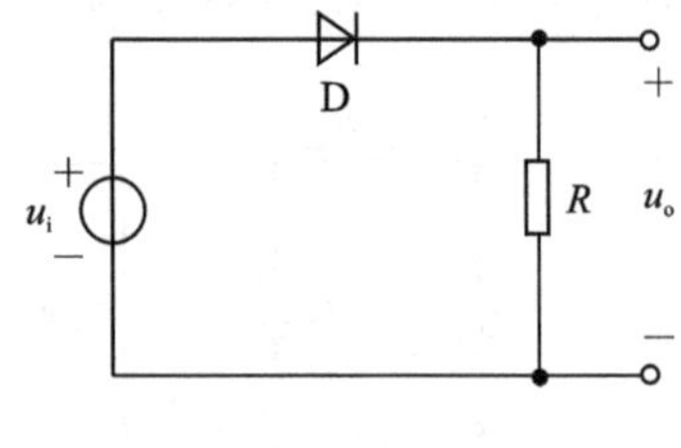

题图1.6

题1.7 二极管电路如题图1.7(a)所示,设二极管为理想的。

① 试求电路的传输特性(u_o 与 u_i 的关系),并画出 u_i 与 u_o 的关系曲线;

② 假定输入电压如题图1.7(b)所示,试画出相应的 u_o 波形。

题1.8 题图1.8中所示的双向限幅电路中,二极管是理想的,输入电压 u_i 从0 V变到100 V,画出电压传输特性曲线。

题1.9 题图1.9中二极管是理想的,求图中的电压 U 和电流 I。

题1.10 在题图1.10所示电路中,取 $-5\text{ V}<U_I<5\text{ V}$。

① 设二极管的导通电压 $U_{D(on)}=0.6$ V,忽略其导通电阻,画出电压传输特性曲线($U_I\sim U_O$);

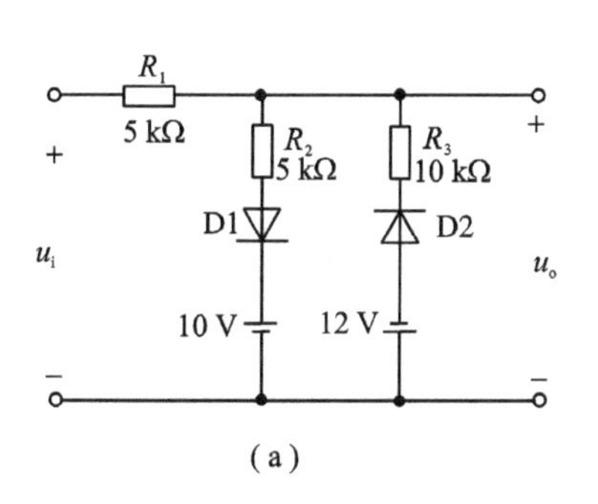

(a)

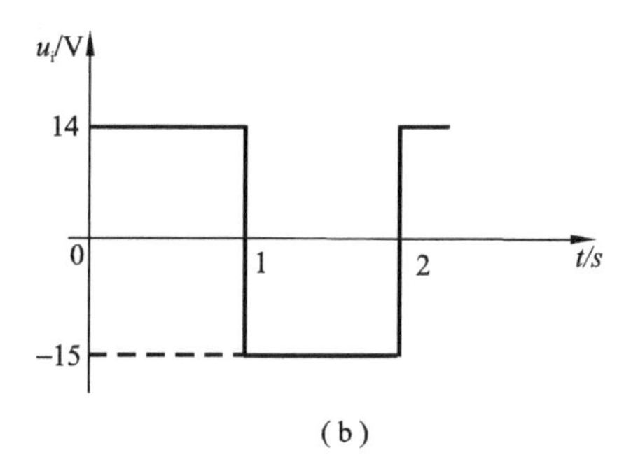

(b)

题图 1.7

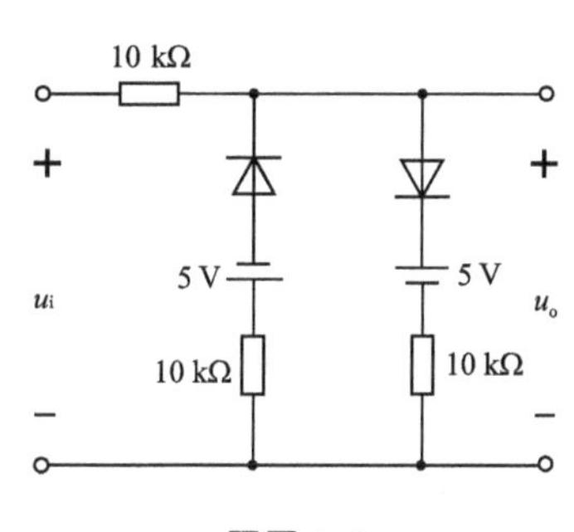

题图 1.8

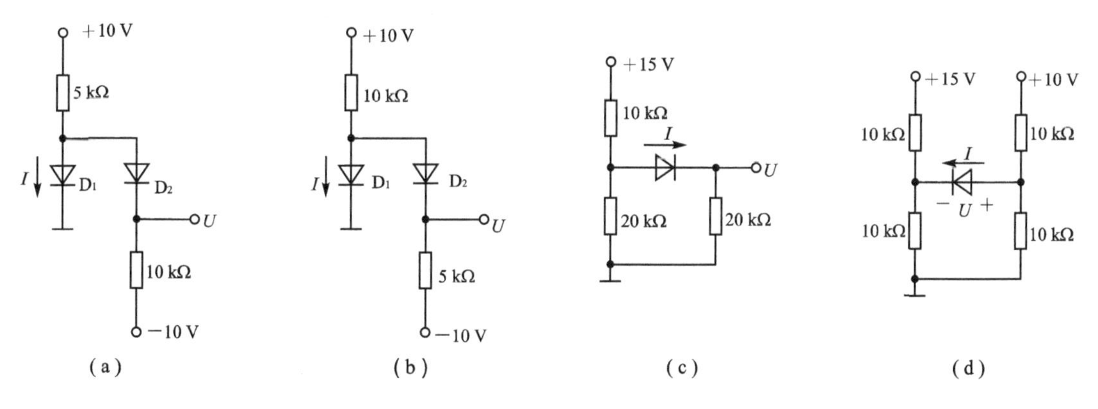

题图 1.9

② 若二极管的导通电压 $U_{D(on)}=0.6$ V，导通电阻 $R_D=100$ Ω，画出其传输特性曲线。

题 1.11　在题图 1.11 中，二极管的导通电压 $U_{D(on)}=0.7$ V，证明电路的传输特性如下：

$$-4.65\ \text{V} \leqslant U_I \leqslant 4.65\ \text{V},\qquad U_O=U_I;$$
$$U_I \geqslant 4.65\ \text{V},\qquad U_O=4.65\ \text{V};$$
$$U_I \leqslant -4.65\ \text{V},\qquad U_O=-4.65\ \text{V}。$$

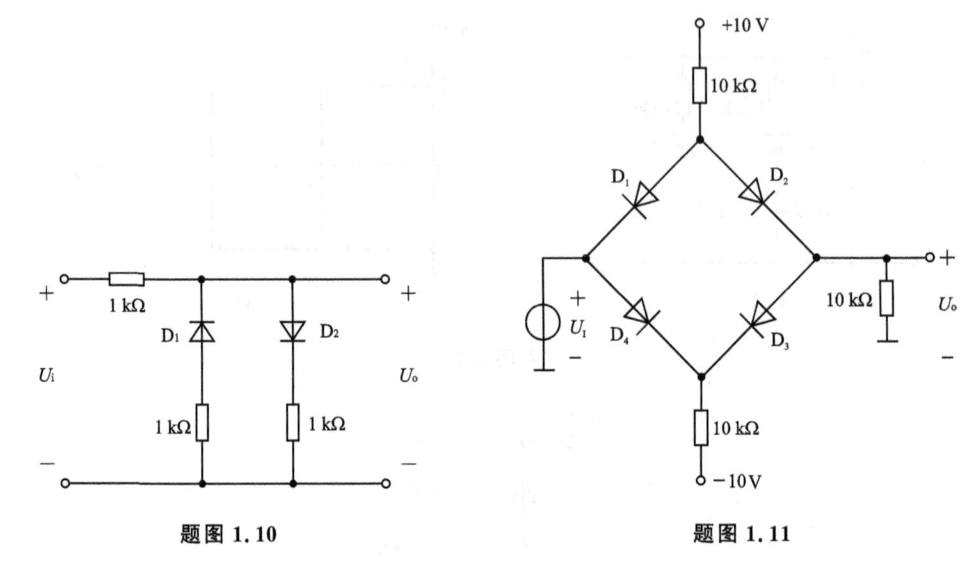

题图 1.10　　题图 1.11

题 1.12　二极管电路可以实现数字逻辑功能。题图 1.12 中二极管都是理想的,分别求出图 1.12(a)、1.12(b)中 u_Y 和 u_A、u_B、u_C 的关系。若 u_A、u_B、u_C 分别对应逻辑量 A、B、C,u_Y 对应逻辑量 Y,写出 Y 和 A、B、C 的逻辑关系。

题 1.13　二极管电路如题图 1.13 所示,设 D_1、D_2 为理想二极管,输入信号 $u_i=(150\sin\omega t)$V,试画出输出电压 u_o 的波形,标出电压数值,并画出电压传输特性曲线。

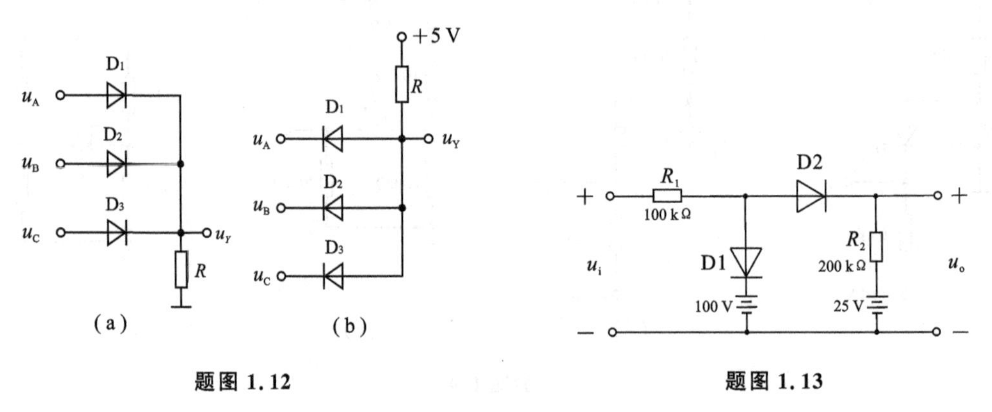

题图 1.12　　题图 1.13

题 1.14　题图 1.14 所示电路及输入波形 u_i,试分析画出输出电压 u_o 波形,并标出脉冲幅度及宽度(设 $u_c(0-)=0$)。

题 1.15　不对称的矩形波加于一时间常数为 10 ms 的 RC 串联电路上,如题图 1.15 所示,画出 u_c 的稳定输出电压波形。

题 1.16　试画出题图 1.16 所示电路在 $6\sin\omega t$ 信号作用下的输出波形 u_o。

题 1.17　题图 1.17 稳压二极管稳压值 $U_Z=6.8$ V,稳定电流 $I_Z=5$ mV,动态电阻 $r_Z=20$ Ω,反向饱和电流为 0.2 mA,电源电压 U^+ 为(10±1) V:

① 求 $U^+=(10\pm1)$ V 且没有负载 R_L 时,U_O 为多少?

② 求 $U^+=(10\pm1)$ V,$R_L=2$ kΩ 时,U_O 为多少?

③ 求 $U^+=(10\pm1)$ V,$R_L=0.5$ kΩ 时,U_O 为多少?

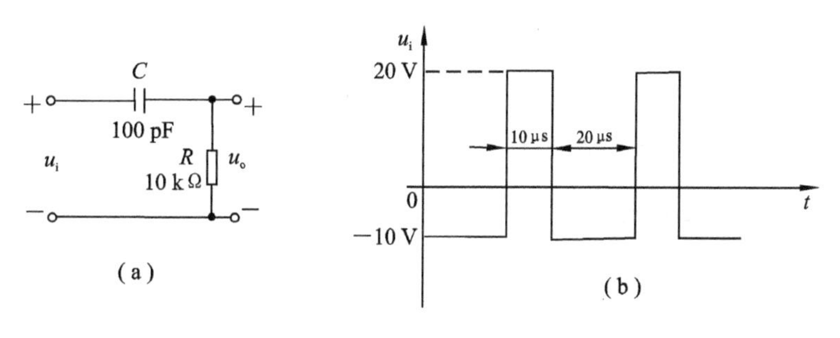

题图 1.14

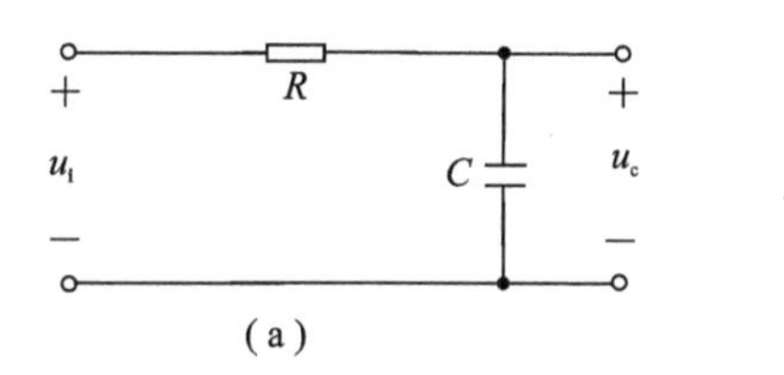

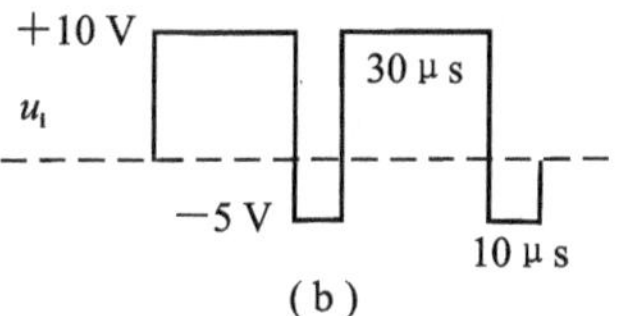

题图 1.15

④ 使稳压二极管仍工作在稳压区的 R_{Lmin} 为多少？

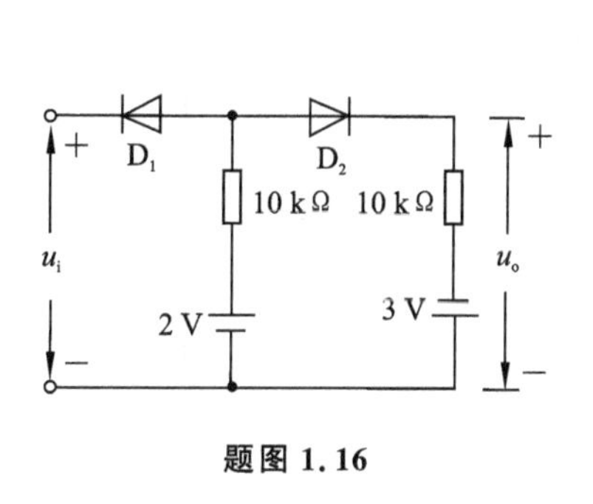

题图 1.16

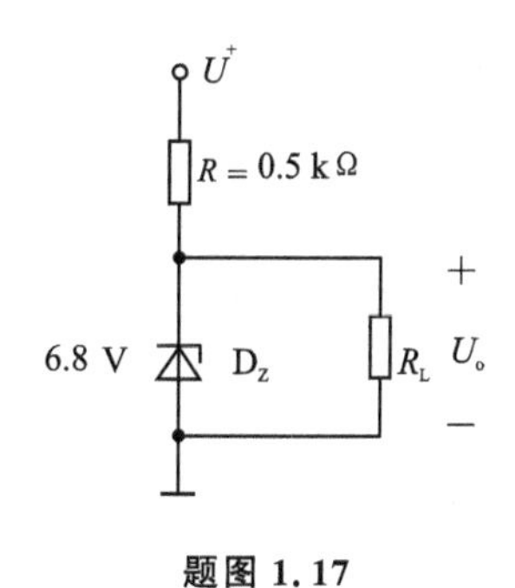

题图 1.17

题 1.18　试画出 PNP 型晶体三极管在发射结正偏、集电结反偏条件下，内部载流子传输示意图。

题 1.19　一个三极管的 $I_B=10\ \mu A$ 时，$I_C=1$ mA，能否从这两个数据来确定它的放大倍数？什么时候可以，什么时候不可以？

题 1.20　一个 PNP 型晶体三极管的 $I_{CBO}=1\ \mu A$，工作在放大区且 $I_E=3$ mA 时，$I_C=2.98$ mA。若连接成共射组态，调整发射结电压，使三极管工作在放大区且 $I_B=30\ \mu A$，则此时的 I_C 为多大？

题 1.21　一个三极管的输出特性如题图 1.21 所示，试求出在 $U_{CE}=5$ V，$I_C=6$ mA 处的直流电流放大倍数($\bar{\alpha}$、$\bar{\beta}$)和交流电流放大倍数(α、β)，并进行比较。

题 1.22　设上题中三极管的极限参数为 $I_{CM}=15$ mA，$U_{(BR)CEO}=15$ V，$P_{CM}=100$ mW，试在上题特性曲线图上画出三极管的安全工作区。

题 1.23　在题图 1.23 所示电路中，已知 $\beta=100$，$U_I=5$ V，$V_{CC}=10$ V，$R_C=4.66$ kΩ，$U_{BE(on)}=0.7$ V，试求晶体三极管进入饱和区时 R_B 的最大值。

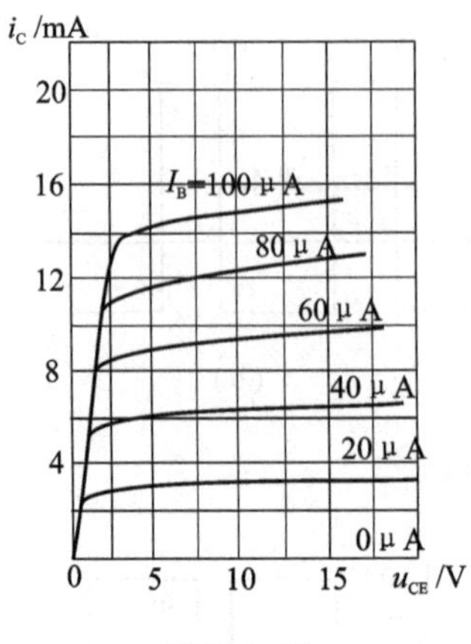

题图 1.21

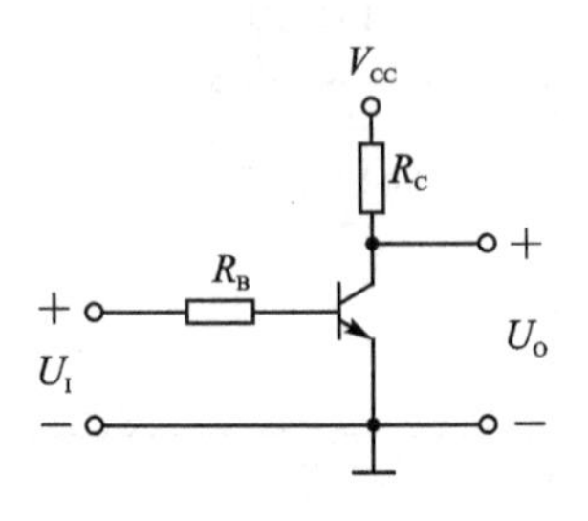

题图 1.23

题 1.24 两个三极管工作在放大区,看不出它们的型号,测得各管脚的电位分别如题图 1.24 所示,判断是 NPN 管还是 PNP 管,是硅管还是锗管,识别管脚并分别标上 E、B、C。

题 1.25 题图 1.25 电路中,测得 $U_E=-0.7$ V,若三极管 $\beta=50$,求 I_E、I_B、I_C 和 U_C。

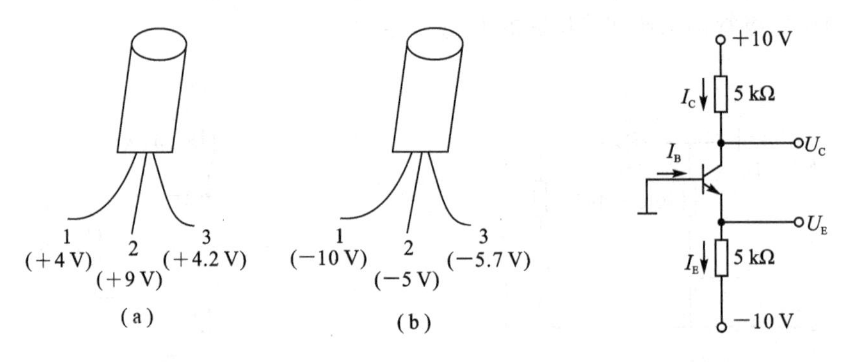

题图 1.24　　　　题图 1.25

题 1.26 试在具有四象限的直角坐标上分别画出各种类型场效应管(包括 N 沟道、P 沟道 MOS 增强型和耗尽型,N 沟道、P 沟道 JFET)的转移特性曲线示意图,并标明各自的开启或夹断电压。

题 1.27 已知 N 沟道 JFET 的 $U_{GS(off)}=-5$ V,$I_{DSS}=4$ mA,试画出其转移特性曲线。

题 1.28 由实验测得两种场效应管具有如题图 1.28 所示的输出特性曲线,试判断它们

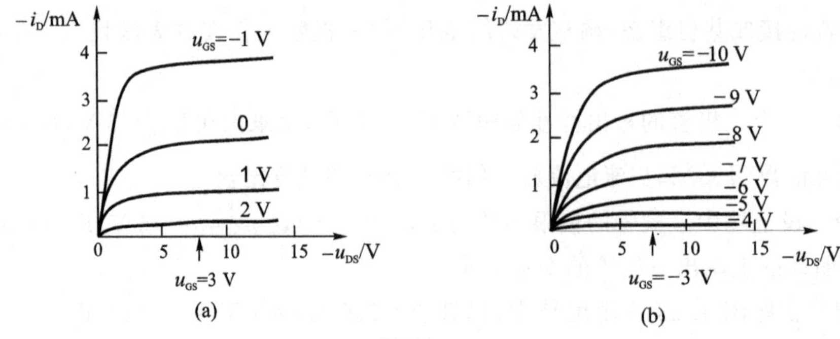

题图 1.28

的类型，并确定夹断电压或开启电压值。

题 1.29 测得某放大电路中三个MOS管的三个电极的电位如题表1.29所列，它们的开启电压也在表中。试分析各管的工作状态（截止区、恒流区、可变电阻区）。

题表 1.29

管 号	$U_{GS(th)}$/V	U_S/V	U_G/V	U_D/V	工作状态
T_1	4	−5	1	3	
T_2	−4	3	3	10	
T_3	−4	6	0	5	

第2章　放大器基础

本章首先介绍最重要的电子线路—放大器的基本概念及其技术指标，引入了分析放大器性能的两种分析方法——图解法和微变等效电路法；分析了由三极管构成的三种放大器（共射、共基、共集）和由场效应管构成的三种放大器（共源、共栅、共漏）的主要性能，包括放大器的放大倍数（增益）、输入电阻、输出电阻等；可以利用两级及以上的单级放大器组成多级放大器实现所需要的性能，本章介绍了多级放大器的分析方法。

2.1　放大器的基本概念与技术指标

2.1.1　放大器的基本概念

放大电路（又称放大器）是基本的电子电路，在广播、通信、测量等方面有着广泛应用。根据电路结构不同，放大器可分为**直流耦合放大器**（direct coupled amplifier）**和交流耦合放大器**（AC coupled amplifier）；根据放大器级数的多少，放大器又可分为**单级放大器**（single-stage amplifier）和**多级放大器**（multistage amplifier）。在单级放大器中，若为晶体管放大器，则可分为**共射、共基、共集放大器**；若为场效应管放大器，则可分为**共源、共栅、共漏放大器**。

一个放大器应包括以下几部分：输入信号源（电压源或电流源）、有源器件（晶体三极管或场效应管）、输入/输出耦合电路、负载以及直流电源和相应的偏置电路，如图2.1所示。直流电源和相应的偏置电路为晶体三极管或场效应管提供静态工作点，以保证晶体三极管工作在放大区或场效应管工作在饱和区；输入信号源是待放大的输入信号；输入耦合电路将输入信号耦合到放大器上，输出耦合电路将放大后的信号耦合到负载。在输入信号作用下，通过晶体三极管或场效应管的控制作用，在负载上得到所需的输出信号。

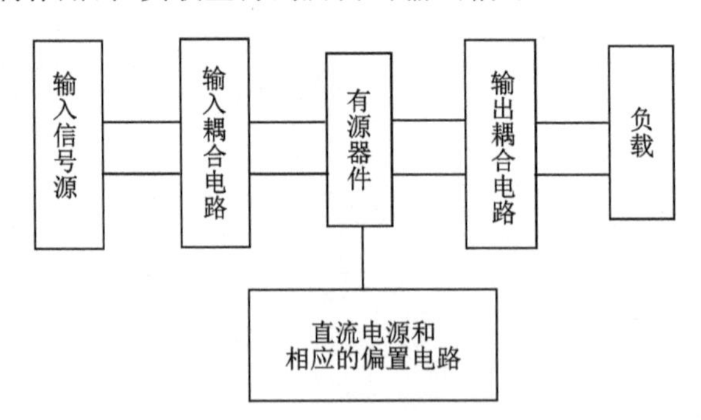

图2.1　放大器的基本组成

图2.2所示为共射组态单管放大器，采用NPN晶体三极管。图中，u_s 和 R_S 为输入信号电压源，有时也用输入信号电流源（i_s、R_S）表示，根据诺顿定理，$i_s=\dfrac{u_s}{R_S}$。R_L 为负载电阻。V_{BB} 是基极回路的直流电源，通过基极偏置电阻 R_B 为发射结提供正向偏置，相应的基极偏置

电流为

$$I_{BQ}=\frac{V_{BB}-U_{BEQ}}{R_B} \tag{2.1}$$

对于**硅管**有 $U_{BEQ}=U_{BE(on)}\approx 0.7\ \text{V}$，对于**锗管**有 $U_{BEQ}=U_{BE(on)}\approx 0.2\ \text{V}$。

V_{CC} 是集电极回路的直流电源，通过集电极偏置电阻 R_C 使集电结为反向偏置。

电容 C_1、C_2 称为**耦合电容**(coupling capacitor)，又称**隔直电容**(blocking capacitor)，通常它们的容量足够大，对交流信号近似短路，在电路中用来隔断直流，传送交流。

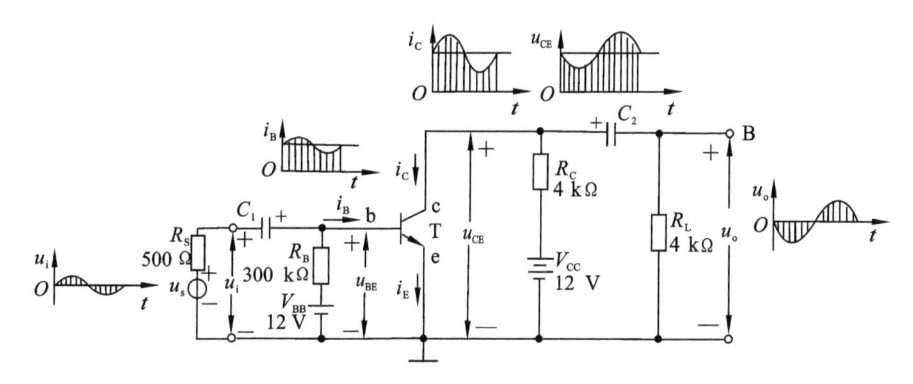

图 2.2　共射放大器

待放大的交流输入电压 u_i 通过 C_1 耦合加到三极管发射结上，发射结上电压 u_{BE} 随时间变化，引起 i_B 作相应的变化，i_B 的变化使集电极电流 i_C 随之变化，R_L 上的交流压降也跟着变化。若电路参数选择得当，则 u_o 的幅度将比 u_i 大得多，且波形形状相同，从而达到放大的目的。

2.1.2　放大器的主要技术指标

对于放大器，通常用放大倍数、输入电阻、输出电阻、通频带等技术指标来衡量其性能。

1. 放大倍数

放大倍数又称为**增益**(gain)，是衡量放大器放大能力的指标，当输入正弦信号时，用输出量与输入量的正弦相量之比来表示。

(1) 电压放大倍数 $\dot{A}_u$

$\dot{A}_u$ 定义为

$$\dot{A}_u=\frac{\dot{U}_o}{\dot{U}_i} \tag{2.2}$$

式中，$\dot{U}_o$、$\dot{U}_i$ 分别为输出端和输入端正弦电压相量。

(2) 源电压放大倍数 $\dot{A}_{us}$

$\dot{A}_{us}$ 定义为

$$\dot{A}_{us}=\frac{\dot{U}_o}{\dot{U}_s} \tag{2.3}$$

式中，$\dot{U}_s$ 为输入源电压相量。

(3) 电流放大倍数 $\dot{A}_i$

$\dot{A}_i$定义为

$$\dot{A}_i=\frac{\dot{I}_o}{\dot{I}_i} \tag{2.4}$$

$\dot{I}_o$、$\dot{I}_i$ 分别为输出端和输入端正弦电流相量。

(4) 源电流放大倍数 $\dot{A}_{is}$

$\dot{A}_{is}$ 定义为

$$\dot{A}_{is}=\frac{\dot{I}_o}{\dot{I}_S} \tag{2.5}$$

$\dot{I}_S$ 为输入源电流相量。

(5) 互阻放大倍数 $\dot{A}_r$

$\dot{A}_r$ 定义为

$$\dot{A}_r=\frac{\dot{U}_o}{\dot{I}_i} \tag{2.6}$$

(6) 互导放大倍数

$\dot{A}_g$ 定义为

$$\dot{A}_g=\frac{\dot{I}_o}{\dot{U}_i} \tag{2.7}$$

本章重点研究电压放大倍数 $\dot{A}_u$。

2. 输入电阻 R_i

R_i定义为输入电压有效值 U_i 和输入电流有效值 I_i 之比,即

$$R_i=\frac{U_i}{I_i} \tag{2.8}$$

R_i 是从放大器输入端看进去的交流等效电阻。当输入信号为电压源激励时,R_i 越大,表明放大电路从信号源所索取的信号电压越大,放大电路输入端所得到的电压 u_i越接近信号源电压 u_S。

3. 输出电阻 R_o

R_o是负载开路时,从输出端向放大器看进去的交流等效电阻。

常用以下两种方法来确定电压放大器的 R_o:

(1) 分析法:将输入端信号源 u_S 短路,保留信号源内阻 R_S,在输出端将 R_L 去掉,加上电压源 U(有效值),从而产生电流 I(有效值),则 $R_o=\left.\frac{U}{I}\right|_{\substack{U_S=0\\R_L=\infty}}$,如图 2.3 所示。

(2) 实验法:在输入端加正弦信号,测量 R_L 开路时的输出电压有效值 U_o',再接上负载 R_L,测量输出电压有效值 U_o,则有

$$R_o = \left(\frac{U'_o}{U_o} - 1\right) \cdot R_L \tag{2.9}$$

R_o 的大小反映了放大器带负载的能力，当输出信号取电压时，R_o 越小，放大器带负载能力就越强。

4. 通频带 $BW_{0.7}$

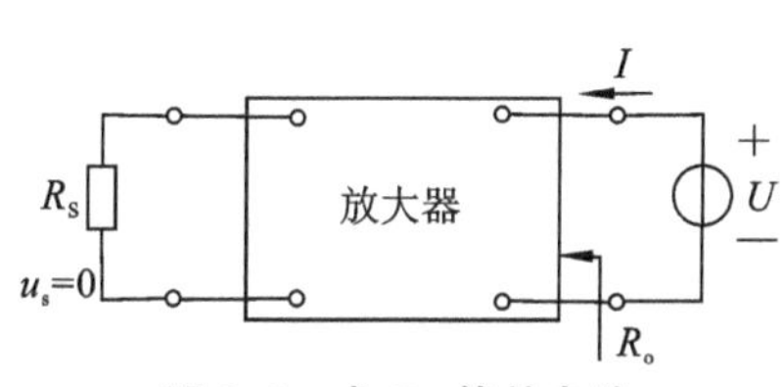

图 2.3　求 R_o 等效电路

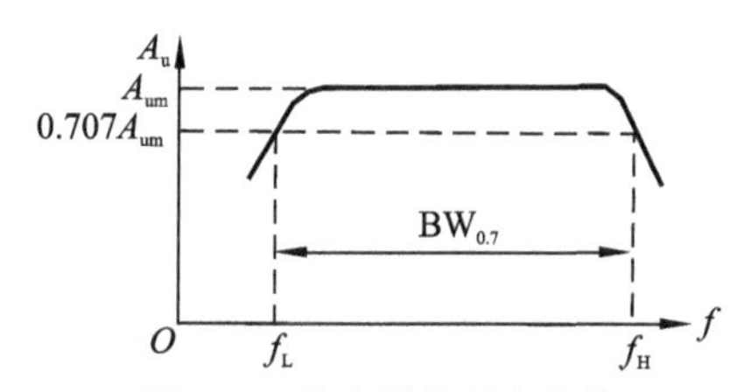

图 2.4　放大器的频率特性

一般情况下，放大器只适合放大某一频段的信号。由于电路中电抗元件和晶体管结电容的影响，当信号频率太高或太低时，放大倍数都会下降，如图 2.4 所示。

当信号频率升高，使放大器放大倍数下降为中频放大倍数的 0.707(下降 3 dB)时，所对应的信号频率 f_H 称为**上限截止频率**(upper-cut-off frequency)。同样，信号频率降低时，使放大倍数降为中频放大倍数的 0.707 倍时，所对应的信号频率 f_L 称为**下限截止频率**(lower-cut-off frequency)。

f_H 和 f_L 之间的频率范围称为**通频带**(transmission bands)，用 $BW_{0.7}$ 表示，即

$$BW_{0.7} = f_H - f_L \tag{2.10}$$

5. 非线性失真系数

晶体管等器件都具有非线性特性，输出信号不可避免地要产生非线性失真。非线性失真系数用 D 表示，定义为放大电路在某一频率的正弦输入信号作用下，输出信号的谐波成分总量和基波分量之比，即

$$D = \frac{\sqrt{U_2^2 + U_3^2 + \cdots}}{U_1} \times 100\% \tag{2.11}$$

式中，U_1 为基波分量有效值，U_2、U_3、…分别为各次谐波分量的有效值。

6. 最大输出幅度

最大输出幅度指放大电路输出信号非线性失真系数不超过额定值时的输出信号最大值，一般用有效值 U_{om}(或 I_{om})表示，也可用峰-峰值 U_{opp}(或 I_{opp})表示。

7. 最大输出功率与效率

最大输出功率是指输出信号在不失真的情况下能输出的最大功率，用 P_{om} 表示。放大电路的输出功率是通过晶体管的控制作用把电源的直流功率转化为随信号变化的交变功率而得到的。

放大器效率 η 定义为

$$\eta = \frac{P_o}{P_V} \tag{2.12}$$

式中，P_o 为放大器输出功率，P_V 为直流电源提供的功率。

2.2 共射放大器的工作原理与分析方法

2.2.1 共射放大器的工作原理

在图2.2电路中,输入回路和输出回路共用发射极,所以称为**共射电路**(common emitter circuit)。

直流电源V_{BB}、V_{CC}和偏置电阻R_B、R_C给三极管提供一定的直流偏置电压(U_{BEQ}、U_{CEQ})和偏置电流(I_{BQ}、I_{CQ})。交流输入信号u_i经C_1耦合,由于C_1对交流信号短路,C_1上仅有直流电压U_{BEQ},所以发射结上总电压u_{BE}为

$$u_{BE}=U_{BEQ}+u_{be} \tag{2.13}$$

式中,$u_{be}=u_i$,为输入交流电压。

在u_{BE}作用下,基极总电流i_B为

$$i_B=I_{BQ}+i_b \tag{2.14}$$

式中,I_{BQ}为直流分量,i_b为交流分量。

工作在放大区的三极管,集电极总电流i_C为

$$i_C=\beta\cdot i_B=I_{CQ}+i_c \tag{2.15}$$

式中,$I_{CQ}=\beta\cdot I_{BQ}$,为直流分量,$i_c=\beta\cdot i_b$,为交流分量。

由于电容C_2对交流短路,隔断直流,因而在输出回路中,呈现的直流电阻为R_C,交流电阻为$R_C/\!/R_L$,相应的三极管输出电压为

$$u_{CE}=V_{CC}-R_C\cdot I_{CQ}-(R_C/\!/R_L)\cdot i_c=U_{CEQ}+u_{ce} \tag{2.16}$$

式中,$U_{CEQ}=V_{CC}-R_C\cdot I_{CQ}$,为直流分量;$u_{ce}=-(R_C/\!/R_L)\cdot i_c$,为交流分量。$u_o=u_{ce}$,$u_o$比$u_i$放大很多倍。

2.2.2 分析方法

常用的分析放大器的方法有**图解法**(graphic method)和**微变等效电路法**(equivalent circuit method)。分析的步骤都是先进行静态分析,再进行动态分析,静态分析确定三极管的静态工作点Q,即直流电压和电流(I_{BQ}、U_{BEQ}、I_{CQ}、U_{CEQ}),交流分析计算放大器的放大倍数等指标。本章的分析以微变等效电路法为主。

微变等效电路法是指晶体管在一定的直流偏置条件下,交流信号很小时,将非线性晶体管用一个线性等效电路模型来代替(如晶体管的H参数等效电路)。这样整个放大器就成为线性电路,可用线性方程计算动态指标。

微变等效电路法分析放大电路,分为静态分析和动态分析两部分。

(1) 静态分析

第一步,画出直流通路。图2.2所示电路的直流通路如图2.5所示。

第二步,根据电路结构建立方程并求解直流工作点。

$$I_{BQ}=\frac{V_{BB}-U_{BEQ}}{R_B}\approx\frac{V_{BB}}{R_B} \tag{2.17}$$

$$I_{CQ}=\beta\cdot I_{BQ} \tag{2.18}$$

$$U_{CEQ}=V_{CC}-R_C\cdot I_{CQ} \tag{2.19}$$

将已知参数代入，$\beta=37.5$，可求得

$$I_{BQ}=40\ \mu A$$

$$I_{CQ}=1.5\ mA$$

$$U_{CEQ}=6\ V$$

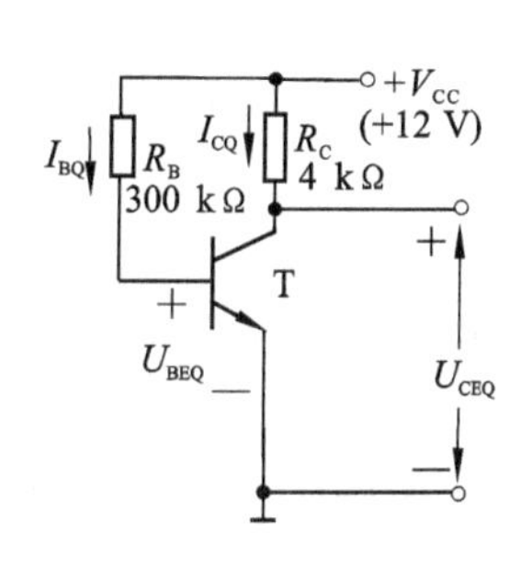

图 2.5　直流通路

第三步，求 r_{be}。三极管的 r_{be} 由直流工作点决定

$$r_{be}=r_{bb'}+(1+\beta)\cdot\frac{26(mV)}{I_{EQ}(mA)} \tag{2.20}$$

其中 $r_{bb'}\approx200\ \Omega$。

可求得 $r_{be}=867\ \Omega$。

(2) 动态分析

第一步，画出交流通路。交流通路如图 2.6 所示。

第二步，画出微变等效电路。将交流通路中三极管用简化 H 参数等效电路代替，可得到微变等效电路如图 2.7 所示。通常 $r_{ce}\gg R_C$，在计算动态指标时常将 r_{ce} 看成开路。

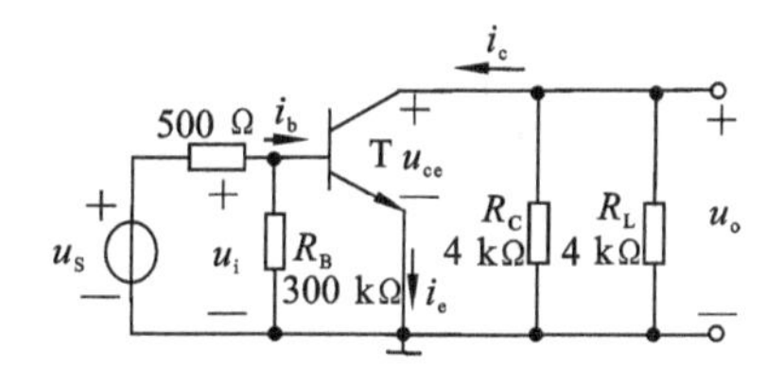

图 2.6　交流通路

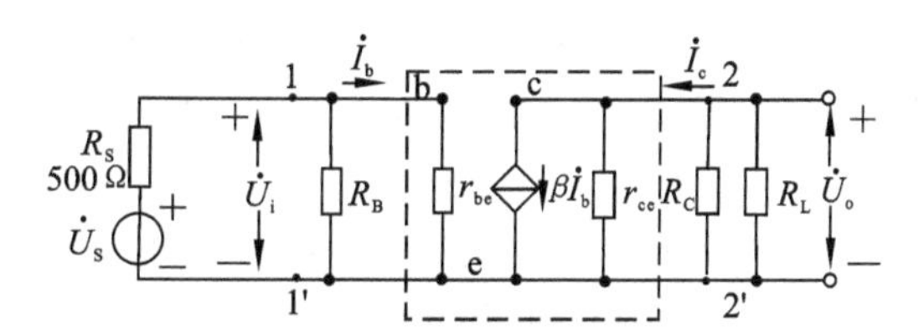

图 2.7　H 参数微变等效电路

第三步，求电压放大倍数 A_u。由输入回路得

$$\dot{U}_i=\dot{I}_b\cdot r_{be} \tag{2.21}$$

由输出回路得

$$\dot{U}_o=-\dot{I}_c\cdot(R_C\ /\!/\ R_L)=-\beta\cdot\dot{I}_b\cdot R'_L \tag{2.22}$$

式中，$R'_L=R_C/\!/R_L$，负号表示 $\dot{U}_o$ 与 $\dot{I}_o$ 为非关联参考方向。

故可求得　$$\dot{A}_u=\frac{\dot{U}_o}{\dot{U}_i}=-\frac{\beta\cdot R'_L}{r_{be}}=-\frac{37.5\times(4/\!/4)}{0.867}=-86.5$$

第四步，求输入电阻 R_i。根据输入电阻的定义，可求得

$$R_i=\frac{U_i}{I_i}=R_B\ /\!/\ r_{be}\approx867\ \Omega \tag{2.23}$$

第五步，求输出电阻 R_o。根据输出电阻的定义，可求得

$$R_o\approx R_C=4\ k\Omega \tag{2.24}$$

第六步，求源电压增益 $\dot{A}_{us}$。由于 $u_i=u_s\cdot\dfrac{R_i}{R_s+R_i}$，因此源电压增益 $\dot{A}_{us}$ 和端电压增益 $\dot{A}_u$ 之间的关系如下：

$$\dot{A}_{us}=\frac{\dot{U}_o}{\dot{U}_S}=\frac{\dot{U}_o}{\dot{U}_i}\cdot\frac{\dot{U}_i}{\dot{U}_s}=\dot{A}_u\cdot\frac{R_i}{R_S+R_i} \tag{2.25}$$

源电压增益 $\dot{A}_{us}$ 为

$$\dot{A}_{us}=-86.5\times\frac{867}{500+867}=-54.9$$

2.2.3 温度对工作点的影响与分压式偏置电路

1. 温度对工作点的影响

通过前面的讨论可知,放大电路中工作点 Q 的设置非常重要。在第 1 章讨论中已经知道,当温度变化时,半导体三极管的参数(I_{CBO}、U_{BE}、β 等)均随温度变化。而 I_{CBO}、U_{BE}、β 等参数的变化又影响静态工作点电流 I_{CQ} 和电压 U_{CEQ} 的稳定性。因此,要求放大器性能稳定,必须首先设计工作点 Q 对温度不敏感的偏置电路。

2. 射极偏置电路

(1) 电路结构

图 2.8 所示为具有热稳定性的射极偏置电路,在电路结构上采取了两点措施:第一,采用分压式电路固定基极电位;第二,发射极接入电阻 R_E 实现自动调节作用。

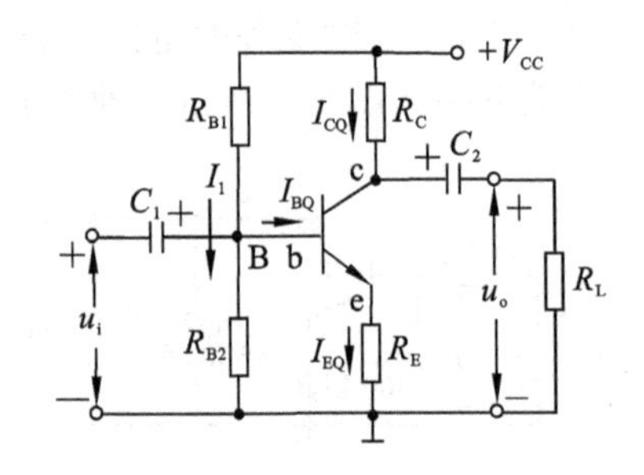

图 2.8 工作点稳定电路

在设计分压式电路时,使流过分压电路的电流 $I_1\gg I_{BQ}$(5～10 倍),基极电位 U_B 可近似地用下式求得:

$$U_{BQ}\approx\frac{R_{B2}}{R_{B1}+R_{B2}}\cdot V_{CC}\tag{2.26}$$

当温度升高时,I_{CQ}(I_{EQ})增加,电阻 R_E 上压降增大,由于基极电位 U_{BQ} 固定,加到发射结上电压减小,I_{BQ} 减小,从而使 I_{CQ} 减小。通过这样的自动调节过程使 I_{CQ}趋于恒定。

自动调节过程可表示为

$$T\uparrow\rightarrow I_{CQ}\uparrow\rightarrow I_{EQ}\uparrow\rightarrow U_{R_E}\uparrow\rightarrow U_{BEQ}\downarrow\rightarrow I_{BQ}\downarrow\rightarrow I_{CQ}\downarrow$$

可见该电路能有效地稳定静态工作点,所以又称为工作点稳定电路。

(2) 电路的静态分析

根据电路结构,当 $I_1\gg I_{BQ}$ 且 β 足够大时,可列出下列方程

$$\begin{cases}U_{BQ}=\dfrac{R_{B2}}{R_{B1}+R_{B2}}\cdot V_{CC} & (2.27)\\ I_{EQ}=\dfrac{U_{BQ}-U_{BEQ}}{R_E} & (2.28)\\ U_{CEQ}=V_{CC}-R_E\cdot I_{EQ}-R_C\cdot I_{CQ}\approx V_{CC}-(R_E+R_C)\cdot I_{EQ} & (2.29)\end{cases}$$

从而可以确定三极管的工作点 Q。

(3) 电路的动态分析

画出 H 参数微变等效电路，如图 2.9 所示（图中已忽略三极管的 r_{ce}）。

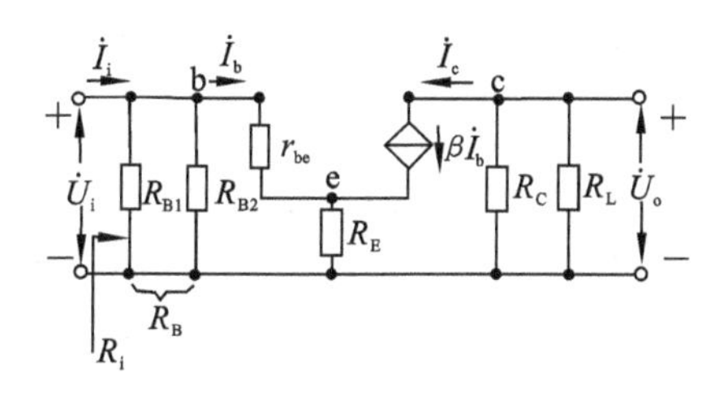

图 2.9　H 参数微变等效电路

由于

$$\dot{U}_o = -\beta \cdot \dot{I}_b \cdot (R_C /\!/ R_L) \tag{2.30}$$

$$\dot{U}_i = \dot{I}_b \cdot r_{be} + (1+\beta) \cdot \dot{I}_b \cdot R_E \tag{2.31}$$

可求得电压增益

$$\dot{A}_u = \frac{\dot{U}_o}{\dot{U}_i} = -\frac{\beta(R_C /\!/ R_L)}{r_{be} + (1+\beta)R_E} \tag{2.32}$$

输入电阻：

$$R_i = R_{B1} /\!/ R_{B2} /\!/ [r_{be} + (1+\beta) \cdot R_E] \tag{2.33}$$

输出电阻：

$$R_o = R_C \tag{2.34}$$

(4) 结　论

通过以上分析可以看出，射极偏置电路可以稳定工作点，且输入电阻显著增大，但电压增益将显著下降。为了在稳定工作点的同时又不降低电压增益，可以在发射极电阻 R_E 上并联一个大电容 C_e，C_e 又称为**旁路电容**(shunt capacitor)。接入 C_e 后，对电路工作点没有影响。电路的三项动态指标分别为

$$\dot{A}_u = -\frac{\beta(R_C /\!/ R_L)}{r_{be}} \tag{2.35}$$

$$R_i = R_{B1} /\!/ R_{B2} /\!/ r_{be} \tag{2.36}$$

$$R_o = R_C \tag{2.37}$$

例 2.1　在图 2.10(a)所示电路中，三极管 $\beta=50$，$U_{BEQ}=0.6$ V。

① 分析静态工作点 Q；

② 求放大器电压增益 $\dot{A}_u$、源电压增益 $\dot{A}_{us}$、输入电阻 R_i、输出电阻 R_O。

解：① 求静态工作点：

$$U_{BQ} = \frac{R_{B2}}{R_{B1}+R_{B2}} \times V_{CC} = \frac{10}{33+10} \times 12 = 2.79 \text{ V}$$

$$I_{EQ} = \frac{U_{BQ}-U_{BEQ}}{R_{E1}+R_{E2}} = \frac{2.79-0.6}{200+1300} = 1.46 \text{ mA}$$

$$\begin{aligned} U_{CEQ} &= V_{CC} - I_{CQ} \cdot R_C - I_{EQ} \cdot (R_{E1}+R_{E2}) \\ &\approx 12 - 1.46 \times 3.3 - 1.46 \times 1.5 \\ &= 5 \text{ V} \end{aligned}$$

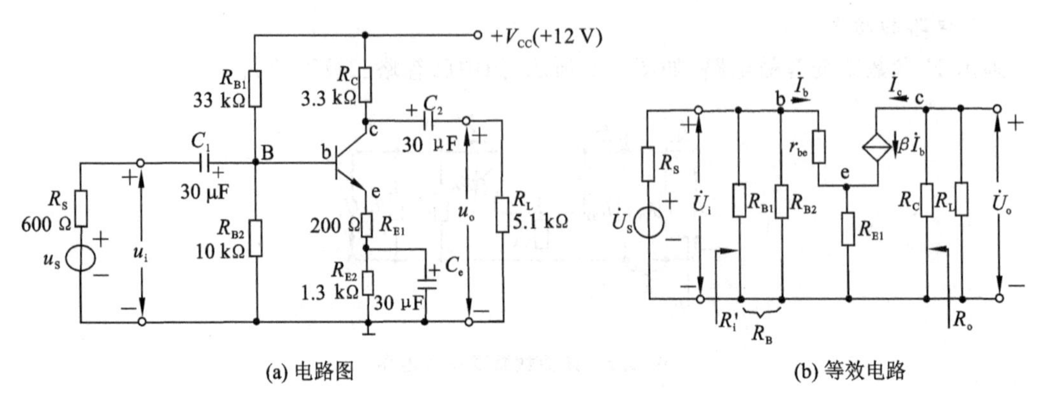

图 2.10 射极偏置电路

② 求交流指标(交流微变等效电路如图 2.9 所示)。

$$r_{be}=r_{bb'}+(1+\beta)\cdot\frac{26}{I}=200+51\times\frac{26}{1.46}=1\ 108\ \Omega$$

$$\dot{A}_u=-\frac{\beta\cdot(R_C\ /\!/\ R_L)}{r_{be}+(1+\beta)\cdot R_{E1}}=-\frac{50\times(3.3\ /\!/\ 5.1)}{1.108+51\times0.2}=-8.86$$

$$R_i=R_B\ /\!/\ R_{B2}\ /\!/\ \left[r_{be}+(1+\beta)\cdot R_{E1}\right]=33\ /\!/\ 10\ /\!/\ \left[1.108+51\times0.2\right]=4.57\ \text{k}\Omega$$

$$\dot{A}_{us}=\dot{A}_u\cdot\frac{R_i}{R_S+R_i}=-8.84\times\frac{4.57}{0.6+4.57}=-7.83$$

$$R_O=R_C=3.3\ \text{k}\Omega$$

2.3 三种组态三极管放大器的分析与比较

2.3.1 共基放大器

共基放大器如图 2.11 所示。R_E 为发射极偏置电阻,R_{B1} 和 R_{B2} 是基极偏置电阻,R_C 为集电极偏置电阻。交流信号由发射极输入,由集电极取出,所以是共基极组态放大器。

1. 静态分析

直流通路与共射电路的相同,因此工作点求解同上小节。

$$U_{BQ}=2.79\ \text{V},\qquad I_{EQ}=1.46\ \text{mA},\qquad U_{CEQ}=5\ \text{V}$$

2. 动态分析

画出 H 参数微变等效电路,如图 2.12 所示。

列出输入、输出回路方程:

$$\dot{U}_o=-\beta\cdot\dot{I}_b\cdot(R_C\ /\!/\ R_L)\tag{2.38}$$

$$\dot{U}_i=-\dot{I}_b\cdot r_{be}\tag{2.39}$$

又

$$r_{be}=r_{bb'}+(1+\beta)\cdot\frac{26}{I_{EQ}}=1\ 108\ \Omega\tag{2.40}$$

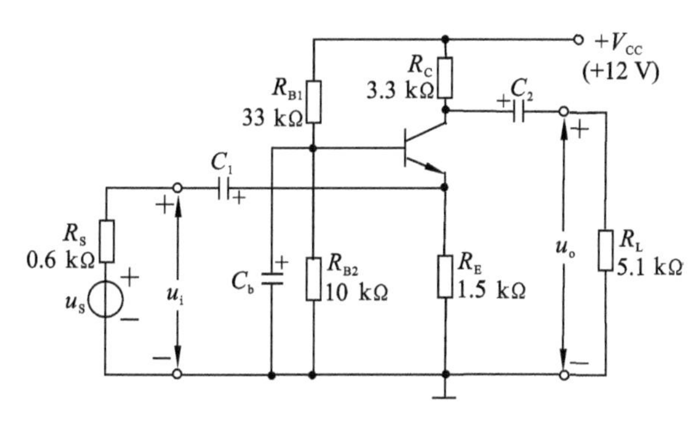

图 2.11　共基放大器

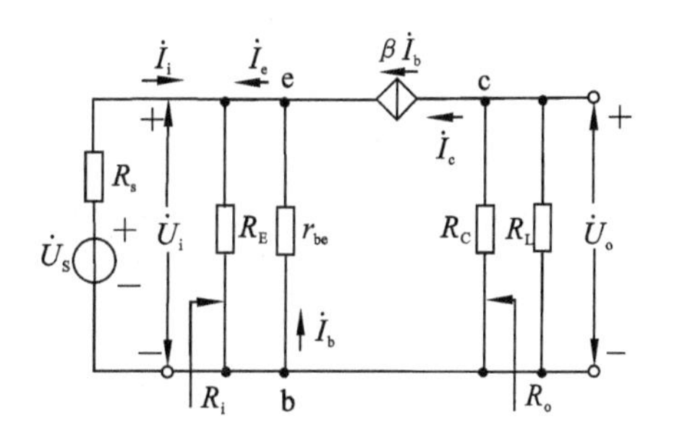

图 2.12　H 参数微变等效电路

所以求得电压增益 $\dot{A}_u$ 是

$$\dot{A}_u = \frac{\dot{U}_o}{\dot{U}_i} = \frac{\beta(R_C \,/\!/\, R_L)}{r_{be}} = 90.25 \tag{2.41}$$

它的极性与共射接法相反，即输出与输入同相。

求放大器输入电阻的电路如图 2.13 所示。

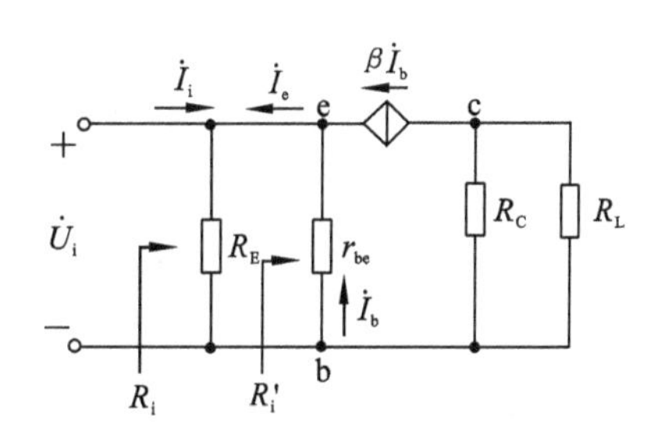

图 2.13　求输入电阻电路

$$R_i = R_E \,/\!/\, R_i' \tag{2.42}$$

根据电路列出方程组：

$$\begin{cases} \dot{U}_i = -\dot{I}_b \cdot r_{be} \\ \dot{I}_e = \dot{I}_b + \beta \cdot \dot{I}_b \end{cases}$$

所以

$$R_i' = \frac{\dot{U}_i}{-\dot{I}_e} = \frac{r_{be}}{1+\beta} \tag{2.43}$$

从而

$$R_i = R_E \,/\!/\, \frac{r_{be}}{1+\beta} = 21.4\ \Omega \tag{2.44}$$

由此可见，共基接法的输入电阻比共射接法小。

放大器输出电阻为

$$R_o \approx R_C = 3.3\ \text{k}\Omega \tag{2.45}$$

2.3.2　共集放大器

共集放大器如图 2.14 所示。信号由基极加入，由发射极取出，所以是共集组态放大器。

1. 静态分析

可列出求解工作点方程组如下：

$$\begin{cases} V_{CC} = R_B \cdot I_{BQ} + U_{BEQ} + R_E \cdot I_{EQ} & (2.46) \\ I_{EQ} = (1+\beta) \cdot I_{BQ} & (2.47) \\ U_{CEQ} = V_{CC} - R_E \cdot I_{EQ} & (2.48) \end{cases}$$

将电路参数代入并求解方程组得

$$I_{EQ}=1.14\ \text{mA}$$

$$U_{CEQ}=7.43\ \text{V}$$

2. 动态分析

画出图2.15电路的 H 参数微变等效电路,如图2.15所示。

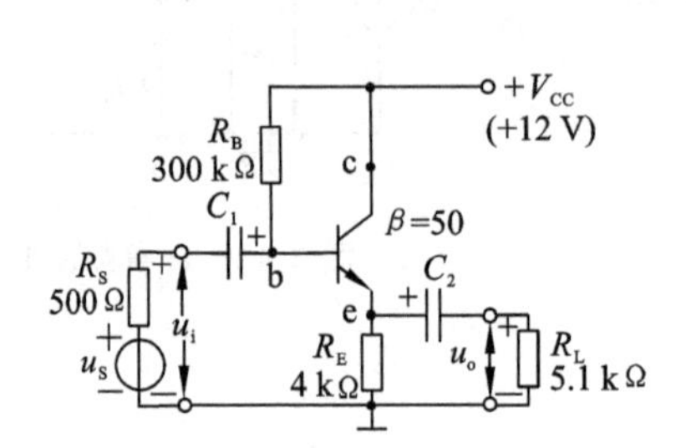

图2.14 共集放大器

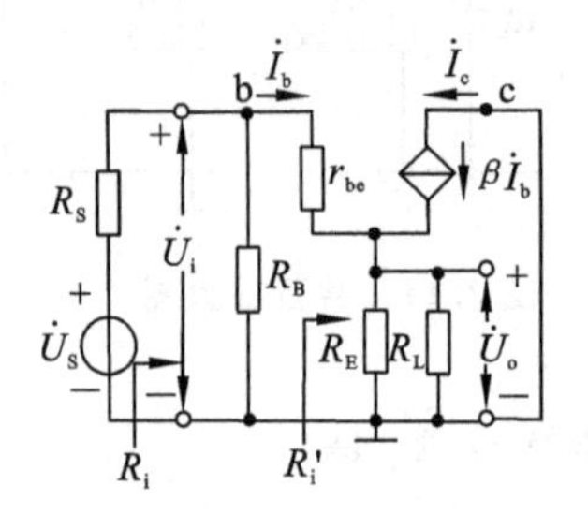

图2.15 H参数微变等效电路

列出输入、输出回路方程

$$\dot{U}_o=(1+\beta)\dot{I}_b\cdot(R_E\ /\!/\ R_L) \tag{2.49}$$

$$\dot{U}_i=\dot{I}_b\cdot r_{be}+(1+\beta)\dot{I}_b\cdot(R_E\ /\!/\ R_L) \tag{2.50}$$

又

$$r_{be}=r_{bb'}+(1+\beta)\cdot\frac{26}{I_{EQ}}=1.36\ \text{k}\Omega \tag{2.51}$$

求得电压增益是

$$\dot{A}_u=\frac{\dot{U}_o}{\dot{U}_i}=\frac{(1+\beta)(R_E\ /\!/\ R_L)}{r_{be}+(1+\beta)(R_E\ /\!/\ R_L)}=0.987 \tag{2.52}$$

因为 $(1+\beta)(R_E/\!/R_L)\gg r_{be}$,故 $\dot{A}_u\approx 1$。

电路输入电阻

$$R_i=R_B/\!/R_i' \tag{2.53}$$

根据图2.15,求得

$$R_i'=r_{be}+(1+\beta)\cdot(R_E\ /\!/\ R_L)=103.36\ \text{k}\Omega \tag{2.54}$$

所以

$$R_i=R_B\ /\!/\ [r_{be}+(1+\beta)\cdot(R_E\ /\!/\ R_L)]=76.76\ \text{k}\Omega \tag{2.55}$$

由此可见,它的输入电阻比共射和共基接法时大。

求输出电阻的电路,如图2.16所示。

$$R_o=R_E\ /\!/\ R_o' \tag{2.56}$$

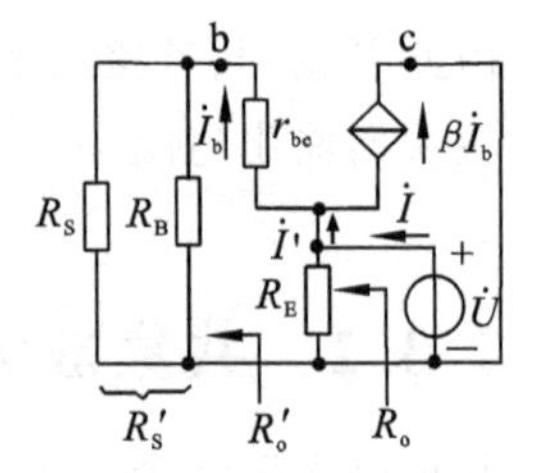

图2.16 求输出电阻电路

根据电路列出方程组

$$\begin{cases}\dot{U}=\dot{I}_b\cdot r_{be}+\dot{I}_b\cdot R_S' \\ \dot{I}'=\dot{I}_b+\beta\cdot\dot{I}_b\end{cases}$$

所以

$$R_o'=\frac{\dot{U}}{\dot{I}'}=\frac{R_S'+r_{be}}{1+\beta} \tag{2.57}$$

$$R_o=R_E\ /\!/\ \frac{R_S\ /\!/\ R_B+r_{be}}{1+\beta}=\left(4\ /\!/\ \frac{0.5\ /\!/\ 300+1.36}{51}\right)\Omega=36\ \Omega \tag{2.58}$$

由此可见,它的输出电阻较小。

从以上分析可以看出,共集电路电压放大倍数小于 1,但接近于 1,且输出电压和输入电压同相,根据这个特点,通常将共集电路称为**射极跟随器**(emitter follower)。同时,共集电路输入电阻大,可减小放大器对信号源(前级)索取的电流;输出电阻小,带负载能力强。所以共集电路可作为多级放大器的输入级、隔离级和输出级,应用广泛。

2.3.3 三种组态三极管放大器的比较

通过以上分析可以看出,三种组态放大器中的直流偏置电路基本相同,不同组态体现在放大器的交流通路上。将三种组态放大器比较于表 2.1 中。

表 2.1 三种组态三极管放大器比较

项 目	共射电路	共基电路	共集电路
电 路	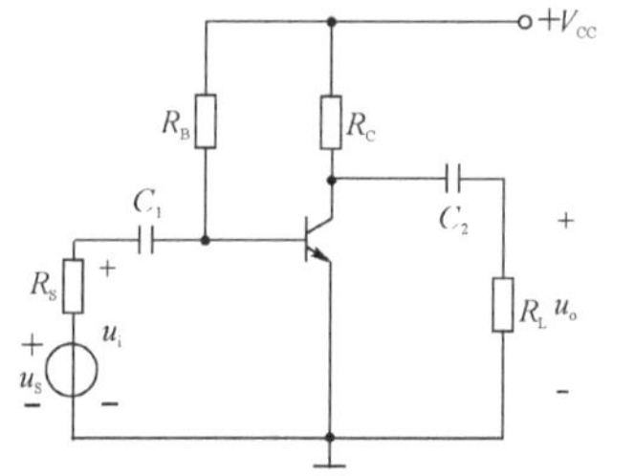	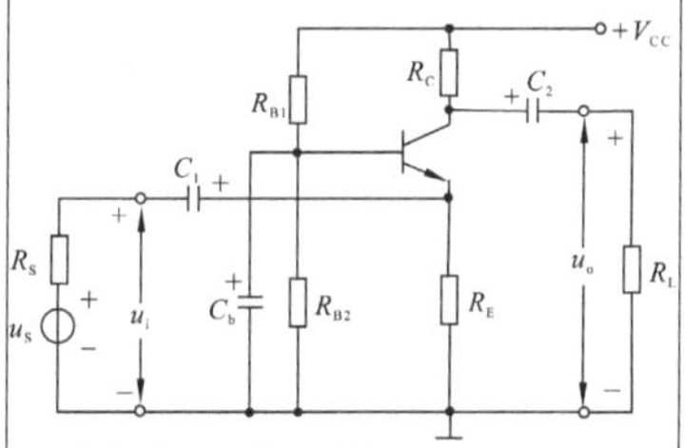	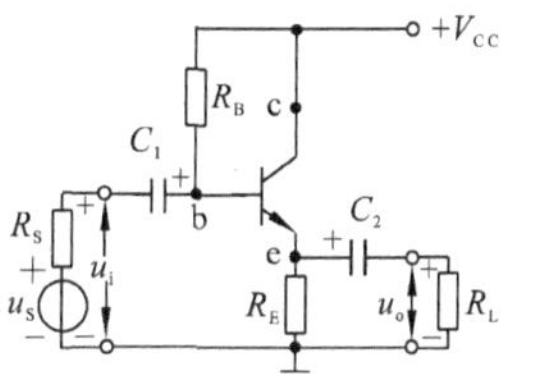
工作点 Q	$\begin{cases} I_{BQ}=\dfrac{V_{CC}-U_{BEQ}}{R_B} \\ I_{CQ}=\beta I_{BQ} \\ U_{CEQ}=V_{CC}-I_{CQ}\cdot R_C \end{cases}$	$\begin{cases} U_{BQ}=\dfrac{R_{B2}}{R_{B_1}+R_{B_2}}\cdot V_{CC} \\ I_{CQ}\approx I_{EQ}=\dfrac{U_{BQ}-U_{BEQ}}{R_E} \\ U_{CEQ}=V_{CC}-I_{CQ}R_C-I_{EQ}R_E \end{cases}$	$\begin{cases} I_{BQ}=\dfrac{V_{CC}-U_{BEQ}}{R_B+(1+\beta)R_E} \\ I_{CQ}=\beta I_{BQ} \\ U_{CEQ}\approx V_{CC}-I_{CQ}\cdot R_E \end{cases}$
微变等效电路	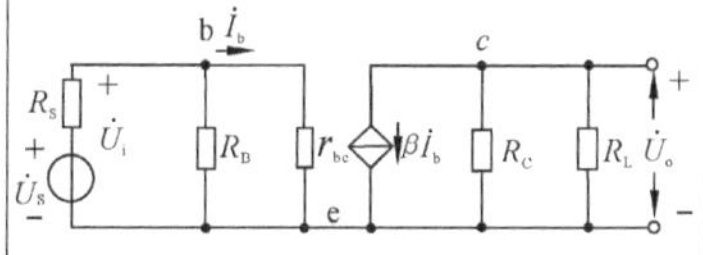	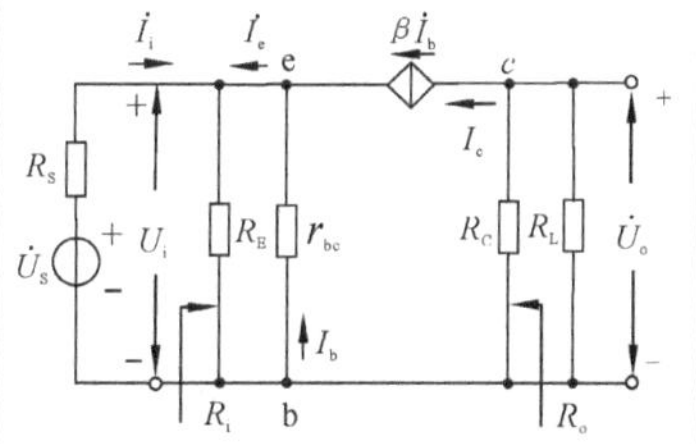	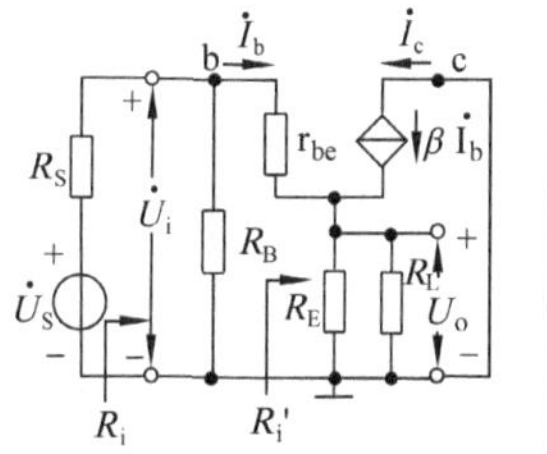
$\dot{A}_u$	$-\dfrac{\beta(R_C/\!/R_L)}{r_{be}}$(高)	$\dfrac{\beta(R_C/\!/R_L)}{r_{be}}$(高)	$\dfrac{(1+\beta)(R_E/\!/R_L)}{r_{be}+(1+\beta)(R_E/\!/R_L)}$(低)
R_i	$R_B/\!/r_{be}$(中)	$R_E/\!/\dfrac{r_{be}}{1+\beta}$ (低)	$R_B/\!/[r_{be}+(1+\beta)(R_E/\!/R_L)]$(高)
R_o	R_C(高)	R_C(高)	$R_E/\!/\dfrac{R_S/\!/R_B+r_{be}}{1+\beta}$ (低)

归纳起来,主要有以下特点:

① 电压放大倍数共射、共基较大,共集小于1但接近于1。共射放大器输出电压与输入电压反相。

② 输入电阻共集最大,共基最小。

③ 输出电阻共集最小。

④ 共射电路多用作多级放大器的中间级,共集电路可用作输入级、隔离级或输出级,而共基电路频率特性好,适用于宽频带放大。

2.4 场效应管放大器

2.4.1 场效应管放大器偏置电路与直流分析

场效应管和晶体三极管一样,也可以构成三种基本组态(共源、共栅、共漏)放大器。在放大电路中,场效应管工作在饱和区,所以必须给场效应管加上一定的直流偏置。下面以N沟道结型场效应管为例进行讨论。

1. 自偏压共源放大电路

共源放大电路如图2.17所示。其直流通路如图2.18所示。

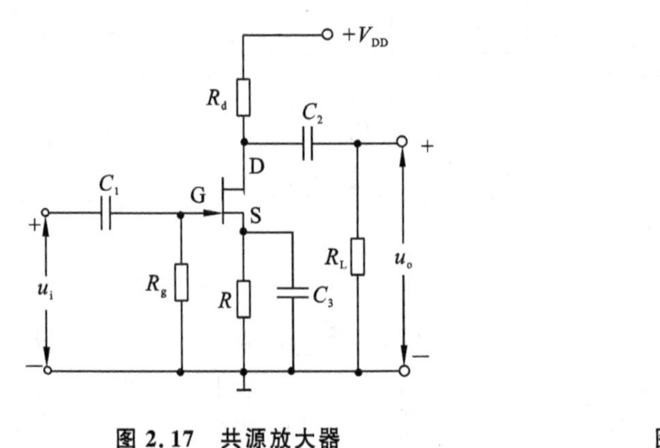

图2.17 共源放大器

图2.18 直流通路

R 为源极电阻,R_g 为栅极电阻,提供直流通路,R_d 为漏极电阻。由于场效应管栅极电流为零,所以加在栅源极间的电压是由电阻 R 上压降通过 R_g 提供的,这种形式的偏置电路称为**自偏压偏置电路**。

根据电路写出下列方程

$$U_{GSQ}=-I_{DQ}R \tag{2.59}$$

$$U_{DSQ}=V_{DD}-I_{DQ}(R+R_d) \tag{2.60}$$

同时,场效应管转移特性为

$$I_{DQ}=I_{DSS}\left(1-\frac{U_{GSQ}}{U_{GS(off)}}\right)^2 \qquad (U_{GS(off)}\leqslant U_{GSQ}\leqslant 0) \tag{2.61}$$

联立式(2.59)、式(2.60)和式(2.61)求解,得静态工作点参数 U_{GSQ}、I_{DQ}、U_{DSQ}。

2. 分压式自偏压共源放大电路

分压式自偏压共源放大电路如图2.19所示。其直流通路如图2.20所示。

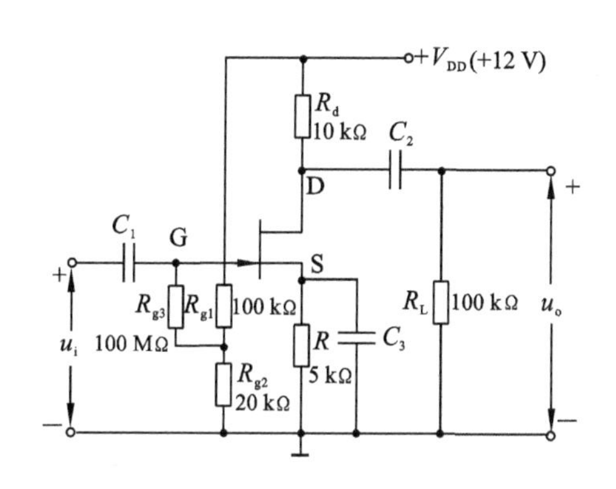

图 2.19　分压式自偏压共源放大器

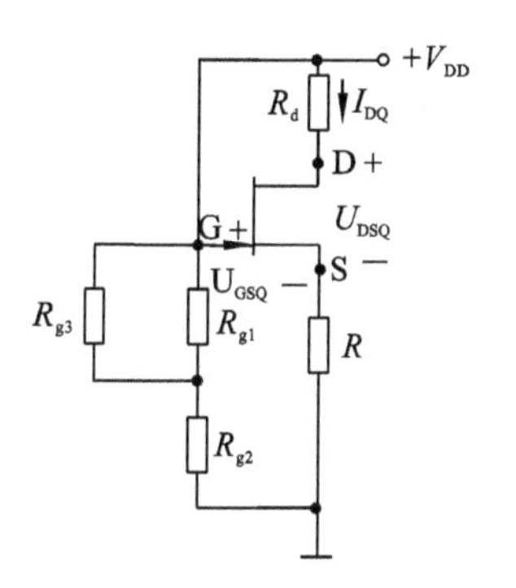

图 2.20　直流通路

电源 V_{DD} 经分压电阻 R_{g1} 和 R_{g2} 分压后，通过 R_{g3} 供给栅极电位 $U_{GQ}=\dfrac{R_{g2}}{R_{g1}+R_{g2}}\times V_{DD}$，从下面的交流分析将看出，$R_{g3}$ 的存在增大了放大器的输入电阻。漏极电流 I_{DQ} 在源极电阻 R 上产生压降 $I_{DQ}R$，加到场效应管栅源极间的直流电压为

$$U_{GSQ}=\frac{R_{g2}}{R_{g1}+R_{g2}}\times V_{DD}-I_{DQ}R \tag{2.62}$$

联立式(2.60)、式(2.61)和式(2.62)求解，得静态工作点参数 U_{GSQ}、I_{DQ}、U_{DSQ}。

2.4.2　场效应管共源放大器交流分析

图 2.17 所示场效应管共源放大电路的交流通路如图 2.21 所示。

场效应管用交流小信号模型替代，可得到放大器微变等效电路如图 2.22 所示。通常 $r_{ds}\gg R_d$，在计算动态指标时常将 r_{ds} 看成开路。

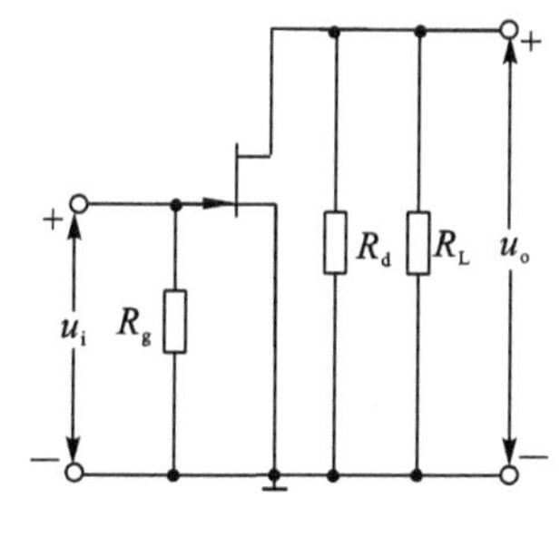

图 2.21　交流通路

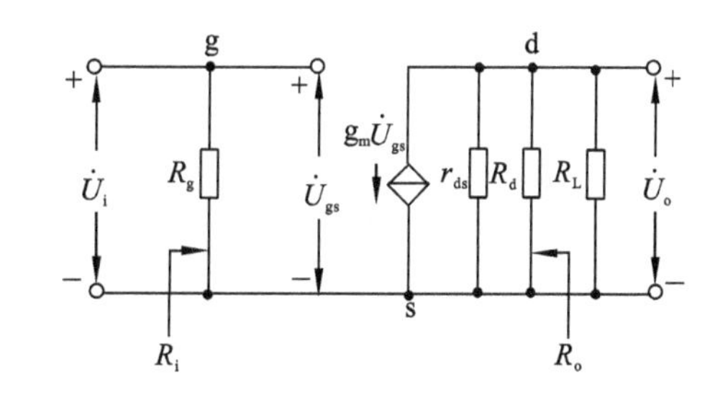

图 2.22　微变等效电路

放大器的电压放大倍数 $\dot{A}_u$

$$\dot{A}_u=\frac{\dot{U}_o}{\dot{U}_i}=\frac{-g_m\dot{U}_{gs}(R_d\,//\,R_L)}{\dot{U}_{gs}}\approx -g_m(R_d//R_L) \tag{2.63}$$

输入电阻 R_i

$$R_i\approx R_g \tag{2.64}$$

输出电阻 R_o

$$R_o\approx R_d \tag{2.65}$$

例 2.2　若图 2.19 中场效应管参数为 $U_{GS(off)}=-5$ V，$I_{DSS}=1$ mA，

① 分析静态工作点 Q；

② 求放大器电压增益 $\dot{A}_u$、输入电阻 R_i、输出电阻 R_o。

解:①求静态工作点 Q

根据方程式(2.60)、式(2.61)和式(2.62),求得

$$\begin{cases} I_{DQ}=0.61\ \text{mA} \\ U_{GSQ}=-1\ \text{V} \end{cases} \qquad \begin{cases} I_{DQ}=1.64\ \text{mA} \\ U_{GSQ}=8\ \text{V(不合理,舍去)} \end{cases}$$

② 根据式(1.67)求得场效应管工作点 Q 上的跨导为

$$g_m=-\frac{2I_{DSS}}{U_{GS(off)}}\left(1-\frac{U_{GSQ}}{U_{GS(off)}}\right)=0.32\ \text{mS}$$

$$\dot{A}_u=-g_m\cdot(R_d\ /\!/\ R_L)\approx-3.2$$

$$R_i=R_{g3}+R_{g1}\ /\!/\ R_{g2}\approx 100\ \text{M}\Omega$$

$$R_o\approx R_d=10\ \text{k}\Omega$$

2.4.3 三种组态场效应管放大器的比较

1. 共栅放大器

场效应管共栅放大器如图 2.23 所示。

(1) 静态分析

$$\begin{cases} U_{GSQ}=-V_{GG}-RI_{DQ} & (2.66) \\ I_{DQ}=I_{DSS}\left(1-\dfrac{U_{GSQ}}{U_{GS(off)}}\right)^2 \quad (U_{GS(off)}\leqslant U_{GSQ}\leqslant 0) & (2.67) \\ U_{DSQ}=V_{DD}-V_{GG}-R_dI_{DQ}-RI_{DQ} & (2.68) \end{cases}$$

联立求解可得到静态工作点参数 U_{GSQ}、I_{DQ}、U_{DSQ}。

(2) 动态分析

共栅放大器微变等效电路如图 2.24 所示。

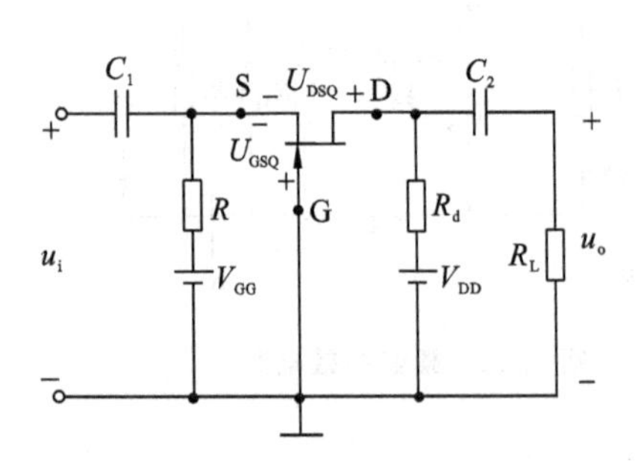

图 2.23 共栅放大器

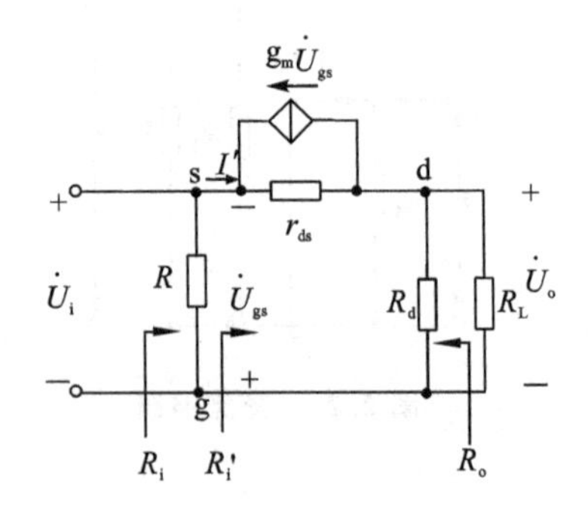

图 2.24 微变等效电路

忽略电阻 r_{ds},可求得放大器的电压放大倍数为

$$\dot{A}_u=\frac{\dot{U}_o}{\dot{U}_i}=\frac{-g_m\dot{U}_{gs}(R_d\ /\!/\ R_L)}{-\dot{U}_{gs}}=g_m(R_d\ /\!/\ R_L) \tag{2.69}$$

输入电阻为

$$R_i=R\ /\!/\ R_i' \tag{2.70}$$

根据图 2.24 可列出方程组

$$\begin{cases}\dot{U}_{\mathrm{i}}=-\dot{U}_{\mathrm{gs}}\\ \dot{I}'\approx -g_{\mathrm{m}}\cdot\dot{U}_{\mathrm{gs}}\end{cases}$$

所以

$$R'_{\mathrm{i}}=\frac{\dot{U}_{\mathrm{i}}}{\dot{I}'}\approx\frac{1}{g_{\mathrm{m}}}\tag{2.71}$$

$$R_{\mathrm{i}}=R\ /\!/\ R'_{\mathrm{i}}=R\ /\!/\ \frac{1}{g_{\mathrm{m}}}\tag{2.72}$$

输出电阻为

$$R_{\mathrm{o}}\approx R_{\mathrm{d}}\tag{2.73}$$

2. 共漏放大器

场效应管共漏放大器如图 2.25 所示。采用了分压式自偏压提供工作点。

(1) 静态分析

$$U_{\mathrm{GSQ}}=\frac{R_{\mathrm{g2}}}{R_{\mathrm{g1}}+R_{\mathrm{g2}}}V_{\mathrm{DD}}-I_{\mathrm{DQ}}R\tag{2.74}$$

$$U_{\mathrm{DSQ}}=V_{\mathrm{DD}}-RI_{\mathrm{DQ}}\qquad U_{\mathrm{GS(off)}}\leqslant U_{\mathrm{GSQ}}\leqslant 0\tag{2.75}$$

$$I_{\mathrm{DQ}}=I_{\mathrm{DSS}}\left(1-\frac{U_{\mathrm{GSQ}}}{U_{\mathrm{GS(off)}}}\right)^2\tag{2.76}$$

联立求解，可得静态工作点参数 U_{GSQ}、I_{DQ}、U_{DSQ}。

(2) 动态分析

共漏放大器微变等效电路如图 2.26 所示。

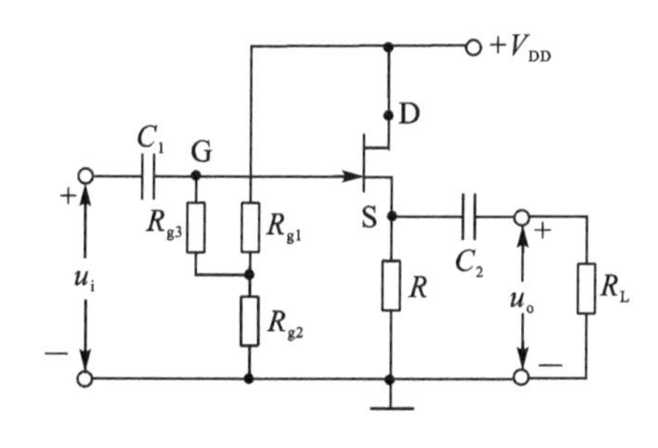

图 2.25　共漏放大器

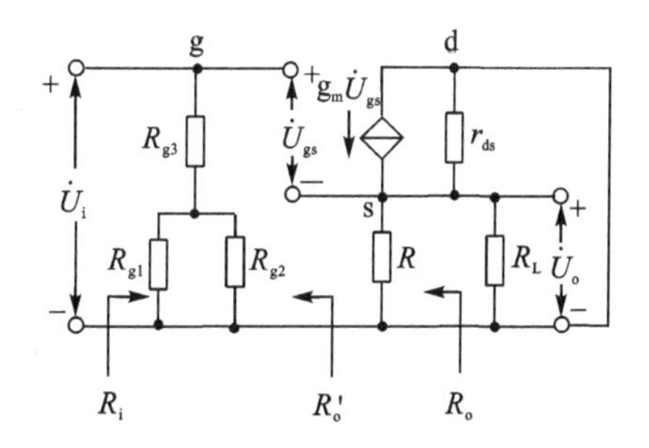

图 2.26　微变等效电路

忽略电阻 r_{ds}，可求得放大器的电压放大倍数为

$$\dot{A}_{\mathrm{u}}=\frac{\dot{U}_{\mathrm{o}}}{\dot{U}_{\mathrm{i}}}=\frac{g_{\mathrm{m}}u_{\mathrm{gs}}(R\ /\!/\ R_{\mathrm{L}})}{u_{\mathrm{gs}}+g_{\mathrm{m}}u_{\mathrm{gs}}(R\ /\!/\ R_{\mathrm{L}})}=\frac{g_{\mathrm{m}}(R\ /\!/\ R_{\mathrm{L}})}{1+g_{\mathrm{m}}(R\ /\!/\ R_{\mathrm{L}})}\tag{2.77}$$

输入电阻为

$$R_{\mathrm{i}}\approx R_{\mathrm{g3}}+(R_{\mathrm{g1}}\ /\!/\ R_{\mathrm{g2}})\tag{2.78}$$

输出电阻为

$$R_{\mathrm{o}}=R\ /\!/\ R'_{\mathrm{o}}\tag{2.79}$$

忽略电阻 r_{ds}，可得

$$R'_{\mathrm{o}}\approx\frac{1}{g_{\mathrm{m}}}\tag{2.80}$$

所以

$$R_{\mathrm{o}}=R/\!/\frac{1}{g_{\mathrm{m}}}\tag{2.81}$$

3. 三种组态放大器的比较

场效应管三种组态放大器性能列于表2.2中。

表2.2 场效应管三种组态放大器性能比较

项目	共源电路	共栅电路	共漏电路
电路	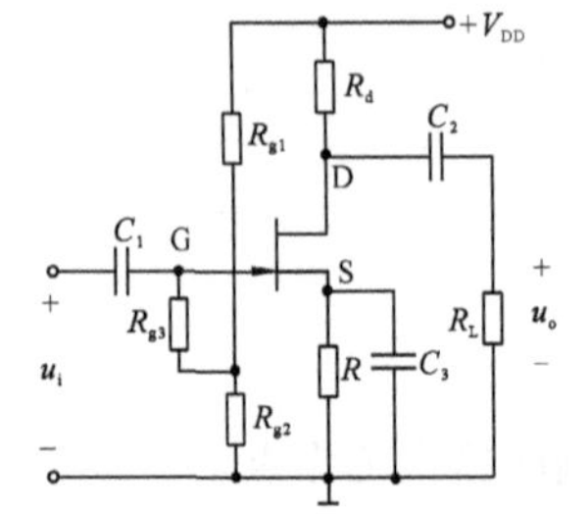	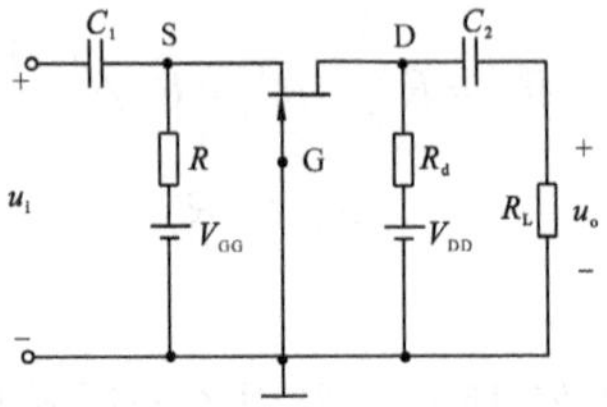	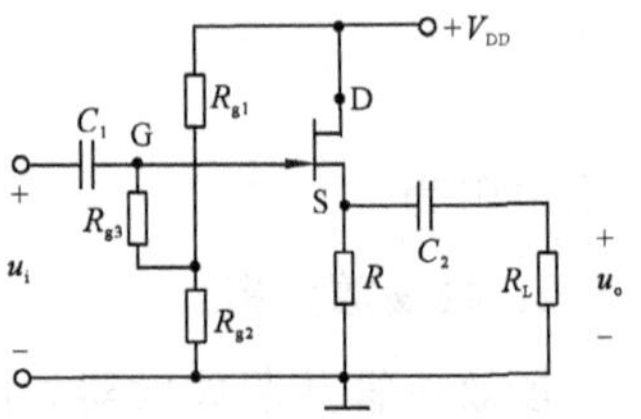
工作点	$\begin{cases} U_{GSQ}=\dfrac{R_{g2}}{R_{g1}+R_{g2}}\cdot V_{DD}-I_{DQ}\cdot R \\ I_{DQ}=I_{DSS}\left(1-\dfrac{U_{GSQ}}{U_{GS(off)}}\right)2 \\ U_{DSQ}=V_{DD}-I_{DQ}(R_d+R) \end{cases}$	$\begin{cases} U_{GSQ}=-V_{GG}-I_{DQ}\cdot R \\ I_{DQ}=I_{DSS}\left(1-\dfrac{U_{GSQ}}{U_{GS(off)}}\right)2 \\ U_{DSQ}=V_{DD}-V_{GG}-I_{DQ}(R_d+R) \end{cases}$	$\begin{cases} U_{GSQ}=\dfrac{R_{g2}}{R_{g1}+R_{g2}}\cdot V_{DD}-I_{DQ}\cdot R \\ I_{DQ}=I_{DSS}\left(1-\dfrac{U_{GSQ}}{U_{GS(off)}}\right)^2 \\ U_{DSQ}=V_{DD}-I_{DQ}\cdot R \end{cases}$
微变等效电路	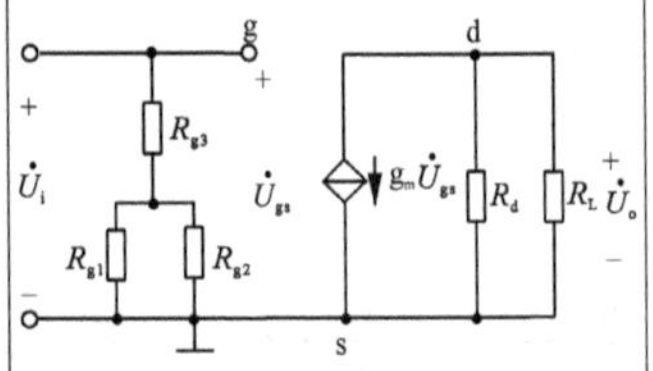	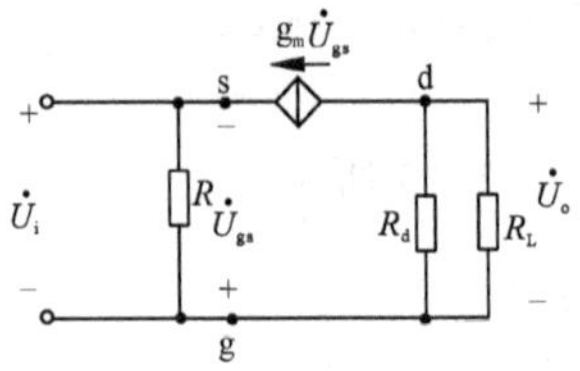	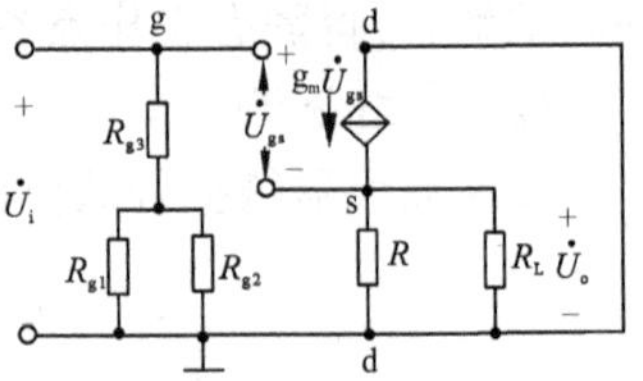
$\dot{A}_u$	$-g_m(R_d/\!/R_L)$	$g_m(R_d/\!/R_L)$	$\dfrac{g_m(R/\!/R_L)}{1+g_m(R/\!/R_L)}$
R_i	$R_{g3}+R_{g1}/\!/R_{g2}$	$R/\!/\dfrac{1}{g_m}$	$R_{g3}+R_{g1}/\!/R_{g2}$
R_o	R_d	R_d	$R/\!/\dfrac{1}{g_m}$

共源、共栅、共漏放大器分别与共射、共基、共集放大器相对应。归纳起来,主要有以下特点:

① 共源、共栅放大器的放大倍数较大,共漏放大器的放大倍数小于1但接近于1,可作为跟随器使用。共源放大器输出电压和输入电压反相。

② 共栅放大器的输入电阻最小。

③ 共漏放大器的输出电阻最小。

2.4.4 场效应管放大器的设计

例2.3 用P沟道增强型MOSFET设计一个源极跟随器。电路如图2.27所示,$V=20\ \text{V}$,$R_s=4\ \text{k}\Omega$,场效应管参数为:$U_{GS(th)}=-2\ \text{V}$,$\mu_p\cdot C_{ox}=40\ \mu\text{A/V}^2$。要求$U_{SDQ}=10\ \text{V}$,$I_{DQ}=2.5\ \text{mA}$,$R_i=50\ \text{k}\Omega$,$\dot{A}_{us}=0.9$。确定场效应管的宽长比$W/L$及$R_{g1}$、$R_{g2}$。

解：根据直流通路，可列出方程

$$V = R \cdot I_{DQ} + U_{SDQ}$$

即
$$20\ V = R \times 2.5\ mA + 10\ V$$

$$R = 4\ k\Omega$$

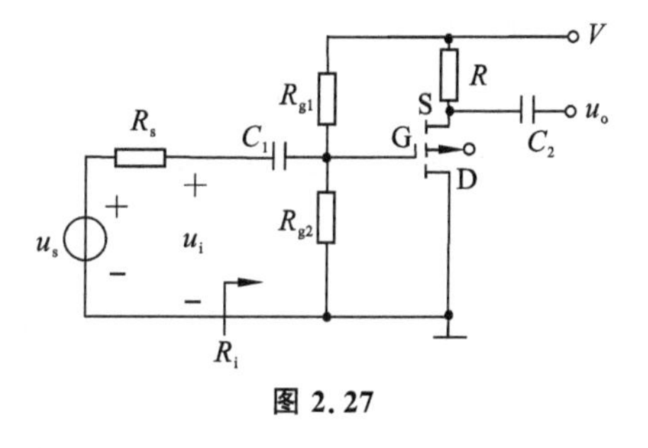

图 2.27

根据交流通路及其微变等效电路，可得

$$\dot{A}_{us} = \frac{\dot{U}_o}{\dot{U}_s} = \frac{\dot{U}_o}{\dot{U}_i} \cdot \frac{\dot{U}_i}{\dot{U}_s} = \frac{g_m R}{1 + g_m R} \times \frac{R_i}{R_s + R_i}$$

即
$$0.9 = \frac{g_m \times 4}{1 + g_m \times 4} \times \frac{50}{4 + 50}$$

$$g_m = 8.68\ mS$$

根据场效应管跨导的定义

$$g_m = \left.\frac{\partial i_D}{\partial u_{GS}}\right|_Q$$

其中
$$i_D = \frac{\mu_p \cdot C_{ox}}{2} \cdot \frac{W}{L} \cdot (u_{GS} - U_{GS(th)})^2$$

所以
$$g_m = \mu_p \cdot C_{ox} \cdot \frac{W}{L} \cdot (U_{GSQ} - U_{GS(th)}) = \sqrt{2\mu_p \cdot C_{ox} \cdot \frac{W}{L} \cdot I_{DQ}}$$

即
$$8.68 \times 10^{-35} = \sqrt{2 \times 40 \times 10^{-6} \times \frac{W}{L} \times 2.5 \times 10^{-3}}$$

$$\frac{W}{L} = 377$$

根据
$$I_{DQ} = \frac{\mu_p \cdot C_{ox}}{2} \cdot \frac{W}{L} \cdot (U_{GSQ} - U_{GS(th)})^2$$

求得
$$U_{GSQ} = -2.58\ V$$

又
$$U_{GSQ} = \frac{R_{g2}}{R_{g1} + R_{g2}} \times V - (V - R \times I_{DQ})$$

$$R_i = R_{g1} \mathbin{/\!/} R_{g2}$$

求得
$$\begin{cases} R_{g1} = 135\ k\Omega \\ R_{g2} = 79.4\ k\Omega \end{cases}$$

2.5　多级放大器

为了获得足够大的增益或者考虑到输入电阻和输出电阻的特殊要求，放大器往往由多级构成。那么级与级之间是如何连接的，这就是下面将要讨论的**级间耦合方式**。

2.5.1　级间耦合方式

在多级放大器中，常用的耦合方式有三种：**阻容耦合**(resistance capacitance coupling)、**变压器耦合**(transformer coupling)**和直接耦合**(direct-coupling)。

1. 阻容耦合

图2.28所示为一典型的阻容耦合多级放大器。电容 C_1、C_2、C_3 称为耦合电容，它们分别把信号源与放大电路第一级、第一级与第二级、第二级与负载连接起来。

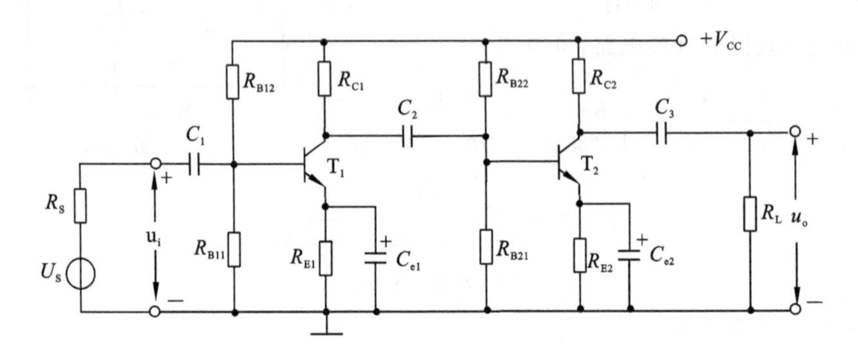

图2.28 阻容耦合多级放大器

阻容耦合的优点如下：

① 各级的静态工作点相互独立；

② 只要耦合电容 C_1、C_2、C_3 容量足够大，放大器交流信号损失就小，能保证较高的放大倍数。

阻容耦合的缺点如下：

① 耦合电容隔断直流，不能放大直流信号，且当信号频率较低时，放大倍数下降；

② 耦合电容容量大，不易集成。

2. 变压器耦合

变压器耦合放大电路如图2.29所示。第一级的输出信号通过变压器 T_{r1} 的次级绕组加到第二级，第二级的输出信号通过变压器 T_{r2} 传输到负载 R_L。

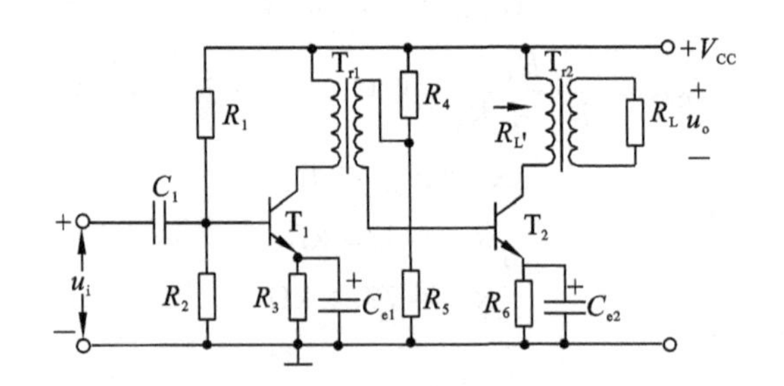

图2.29 变压器耦合放大器

变压器耦合的优点如下：

① 各级的静态工作点相互独立；

② 可进行阻抗变换，使后级或负载上得到最大功率。

图2.30所示为输出级变压器的等效电路，变压器原边和副边匝数比为 $n=N_1:N_2$，r_1 和 r_2 分别为原边、副边绕组的等效损耗电阻，从变压器原边看进去的等效交流电阻 R_L' 为

$$R_L' = r_1 + n^2 \cdot (R_L + r_2) \tag{2.82}$$

通常 $r_1 \ll n^2 \cdot (R_L + r_2)$，且 $r_2 \ll R_L$，所以

$$R_L' \approx n^2 \cdot R_L \tag{2.83}$$

通过选择变压器匝数比 n，可以得到所需的等效负载 R_L'。

变压器耦合的缺点如下：

① 变压器体积大，无法采用集成工艺；

② 对于低频和高频信号，放大效果不理想。

3. 直接耦合

直接耦合是将前后级直接相连的一种耦合方式。图 2.31 所示为一种直接耦合放大电路。

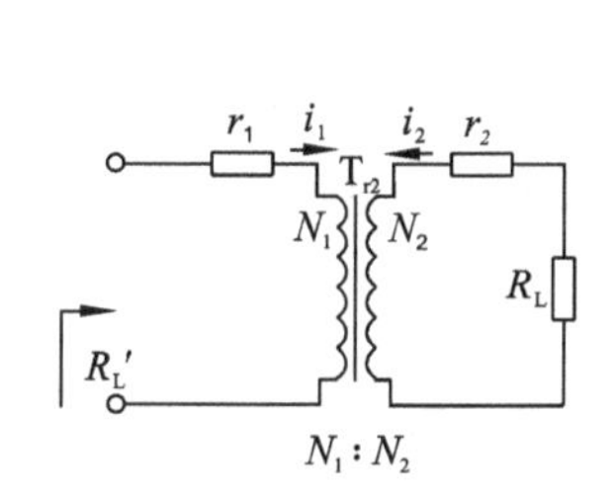

图 2.30　输出级变压器等效电路

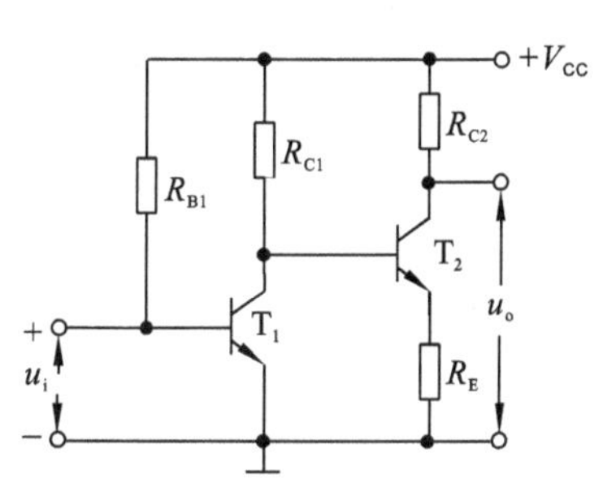

图 2.31　直接耦合放大电路

直接耦合的优点如下：

① 电路中没有电容和变压器，易于集成；

② 能放大交流信号，同时也能放大直流和变化缓慢的信号。

直接耦合的缺点如下：

① 各级工作点相互影响，因此必须合理解决级间电平配置问题。

在图 2.31 所示电路中，为了使 T_1 管的 U_{CEQ} 有 2～3 V，以保证较大的动态范围，就必须在 T_2 管发射极上串接电阻 R_E 来提高其基极的静态电位(不接 R_E，T_1 管的 U_{CEQ} 等于 T_2 管的 U_{BEQ}，约 0.7 V)。以此类推，在多级 NPN 管构成的放大器中，越向后级，其基极静态电位越高，相应地集电极静态电位也就越高，并且越趋近于电源电压 V_{CC}，允许输出信号的最大不失真幅度就受到限制。通常采用电平位移电路来解决级间电平配置问题，所谓电平位移电路，是一种将直流电平从高移低但不影响信号传输的电路。

图 2.32(a)所示为利用 PNP 型晶体管的电平位移电路。PNP 型管的集电极电位低于基极电位，这样，与 NPN 型管配合，就能将静态电平由 U_1 下移到 U_2，同时，T_2 管又对信号进行放大。图 2.32(b)所示为采用共集组态的电平位移电路，利用二极管的导通电压，可使电平下移

$$U_1 - U_2 = U_{BEQ} + nU_{D(on)} \tag{2.84}$$

选择合适的 n，就可达到所需下移的电平，同时，共集组态的增益近似为 1，不影响信号的传输。

②产生工作点漂移。

这是直接耦合电路最突出的问题。如果将直接耦合放大电路的输入对地短接，从理论上来讲，输出电压应该恒定不变，而实际上，输出电压将缓慢地发生不规则的变化，这种现象称为

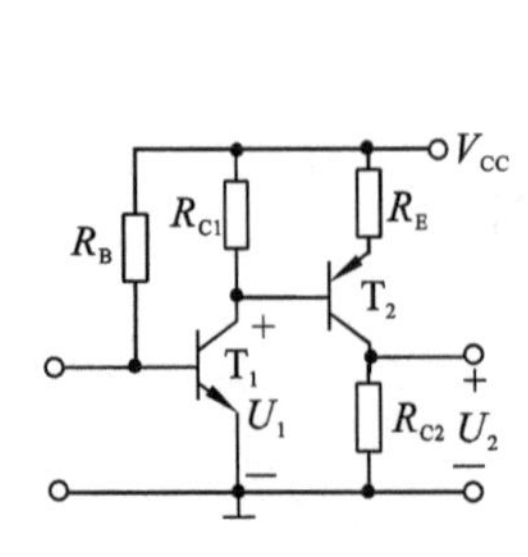

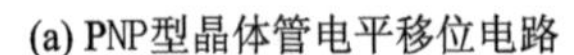
(a) PNP型晶体管电平移位电路

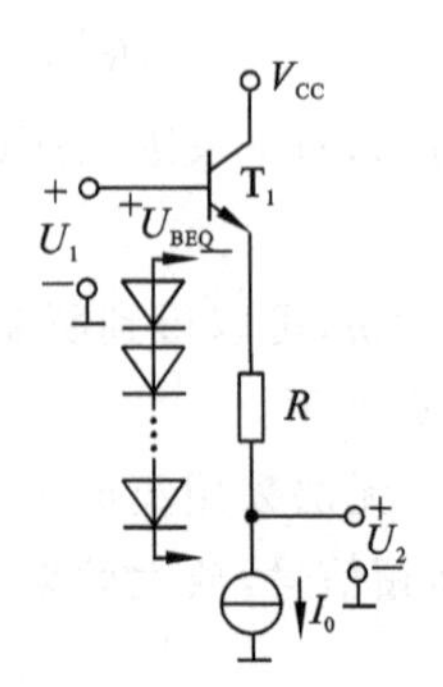

(b) 共集组态的电平移位电路

图 2.32　电平位移电路

工作点漂移(operational point drift)。

产生工作点漂移的主要原因,是放大电路中器件的参数随温度变化而变化,导致放大器的静态工作点不稳定,这种不稳定可看作缓慢变化的干扰信号,被放大器逐级传递并放大。一般来说,放大器中的第一级对整个放大器的工作点漂移影响最大;放大器的级数越多,工作点漂移问题越严重。

为了抑制工作点漂移,常用的措施有:引入直流负反馈来稳定工作点,如分压式工作点稳定电路;利用热敏元件补偿放大器的工作点漂移;采用后面将要介绍的差分放大结构,使输出端的工作点漂移相互抵消。

2.5.2　多级放大器的分析

用图 2.33 表示多级放大器,则多级放大器电压放大倍数可表示为

$$\dot{A}_u = \frac{\dot{U}_{o1}}{\dot{U}_i} \cdot \frac{\dot{U}_{o2}}{\dot{U}_{o1}} \cdots \frac{\dot{U}_o}{\dot{U}_{o(n-1)}} = \dot{A}_{u1} \cdot \dot{A}_{u2} \cdots \dot{A}_{un} = \prod_{i=1}^{n} \dot{A}_{ui} \tag{2.85}$$

式中,$\dot{A}_{ui}(i=1,2,\cdots,n)$是放大器第 i 级的电压放大倍数,n 是放大器级数,$\dot{A}_u$ 是总的电压放大倍数。

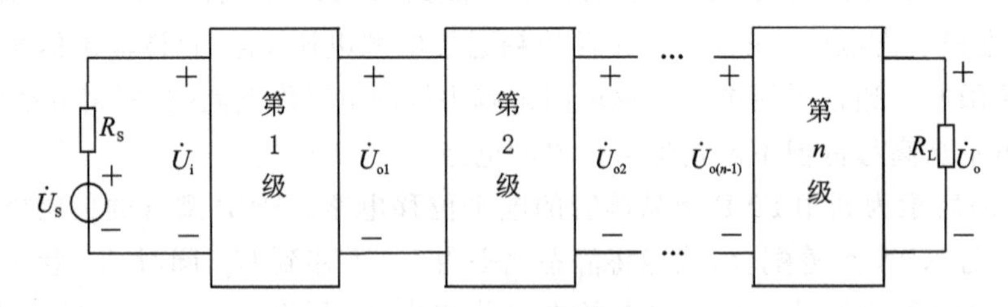

图 2.33　多级放大器示意图

必须指出,计算每一级电压放大倍数时,要考虑前、后级之间的相互影响。可以将前级的开路电压和输出电阻作为后级的信号源来考虑,如图 2.34(a)所示;也可以将后级的输入电阻作为前级的负载来考虑,如图 2.34(b)所示,两者的效果是一样的。通常采用后一种方法,即将后级的输入电阻作为前级的负载来考虑。

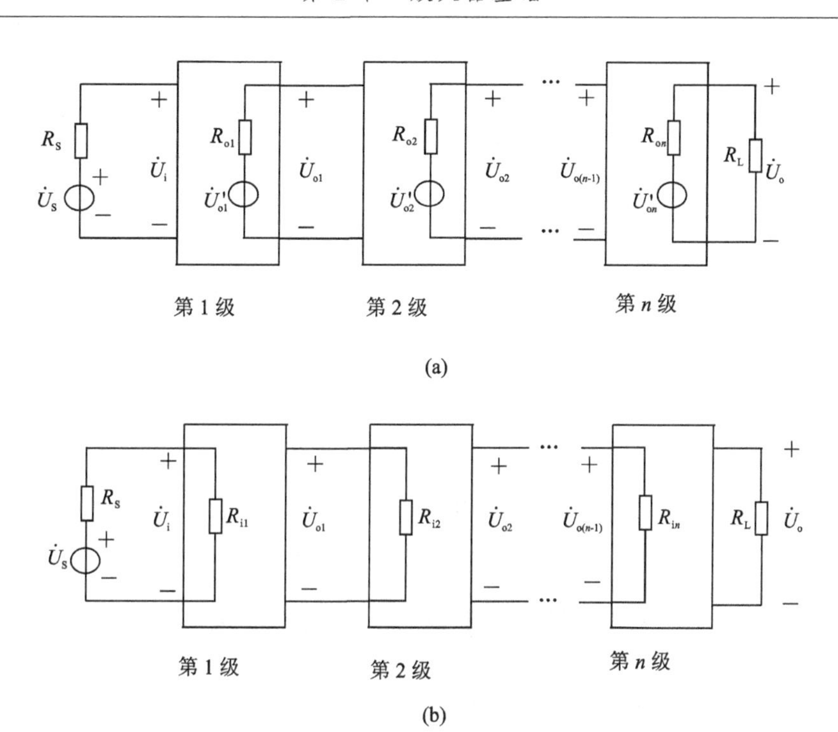

图 2.34　计算多级放大器的两种考虑方法

例 2.4　两级阻容耦合放大器如图 2.35 所示，已知 $\beta_1=\beta_2=50$，$r_{\mathrm{be1}}=1.6\ \mathrm{k\Omega}$，$r_{\mathrm{be2}}=1.3\ \mathrm{k\Omega}$，$C_1$、$C_2$、$C_3$、$C_e$ 可视为交流短路，试求 $\dot{A}_{\mathrm{u}}$、$\dot{A}_{\mathrm{us}}$、R_{i}、R_{o}。

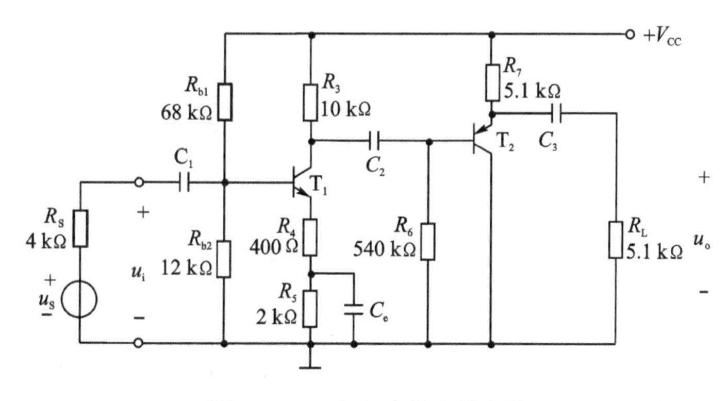

图 2.35　两级阻容耦合放大器

解：交流通路如图 2.36 所示。

$$R_{\mathrm{i}}=R_{\mathrm{b1}}\ /\!/\ R_{\mathrm{b2}}\ /\!/\ [r_{\mathrm{be1}}+(1+\beta_1)\cdot R_4]=6.96\ \mathrm{k\Omega}$$

$$R_{\mathrm{i2}}=R_6\ /\!/\ [r_{\mathrm{be2}}+(1+\beta_2)(R_7\ /\!/\ R_{\mathrm{L}})]=105.65\ \mathrm{k\Omega}$$

$$\dot{A}_{\mathrm{u1}}=-\frac{\beta_1(R_3\ /\!/\ R_{\mathrm{i2}})}{r_{\mathrm{be1}}+(1+\beta)R_4}=-26.9$$

$$\dot{A}_{\mathrm{u2}}=\frac{(1+\beta_2)(R_7\ /\!/\ R_{\mathrm{L}})}{r_{\mathrm{be2}}+(1+\beta_2)(R_7\ /\!/\ R_{\mathrm{L}})}=0.99$$

$$\dot{A}_{\mathrm{u}}=\dot{A}_{\mathrm{u1}}\dot{A}_{\mathrm{u2}}=-26.6$$

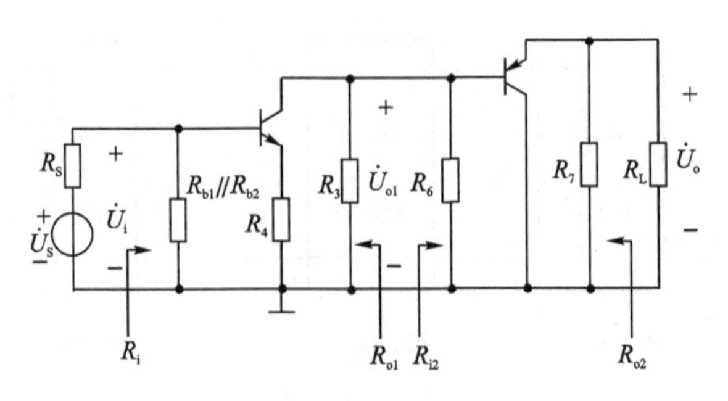

图 2.36 交流通路

$$\dot{A}_{us} = \dot{A}_u \cdot \frac{R_i}{R_S + R_i} = -24.7$$

$$R_o = R_{o2} = R_7 \ // \ \frac{r_{be2} + R_6 \ // \ R_{o1}}{1+\beta_2} = R_7 \ // \ \frac{r_{be2} + R_6 \ // \ R_3}{1+\beta_2} = 0.2\ \text{k}\Omega$$

2.6 用 PSPICE 分析放大器

例 2.5 放大器电路如图 2.37 所示,运用 PSPICE:

① 计算直流工作点 Q;

② 分析输入电阻 R_i 和输出电阻 R_o;

③ 分析电压放大倍数 $\dot{A}_u$ 和源电压放大倍数 $\dot{A}_{us}$。

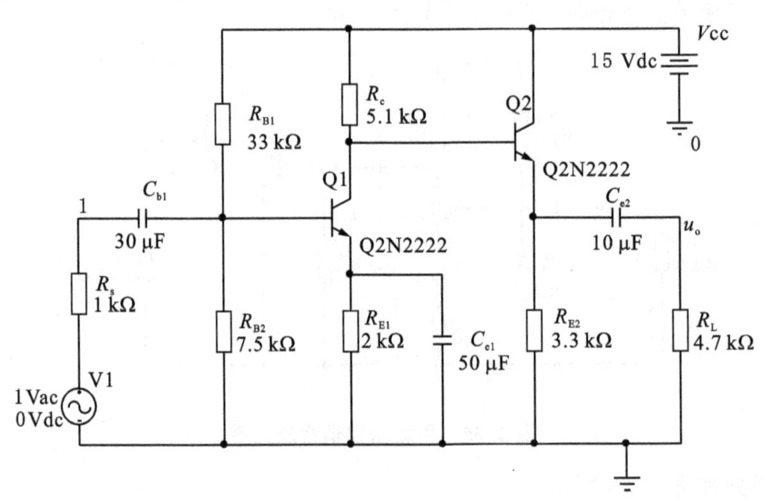

图 2.37 放大器电路

解:① 计算直流工作点 Q

调用分析类型和参数设置对话栏中 Bias Point,如图 2.38 所示。

执行 PSPICE 程序,Bias Point 法是电路内仅有直流电源,所以也是一种直流计算。如果只想知道各个节点电压、支路电流和功率,那么在 RUN 后可以按快捷键即可,如图 2.39 所示。

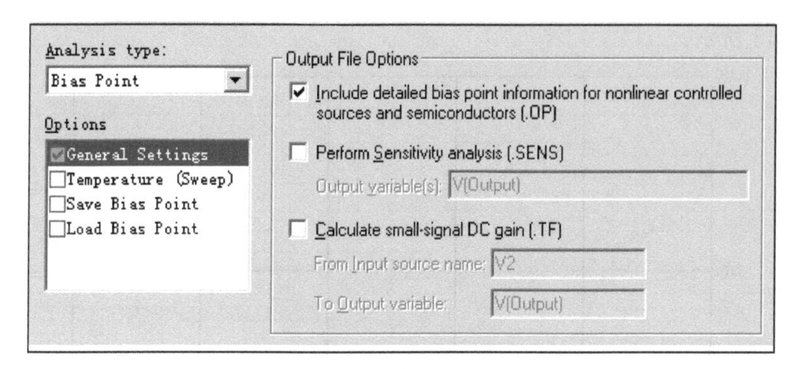

图 2.38　静态工作点设置

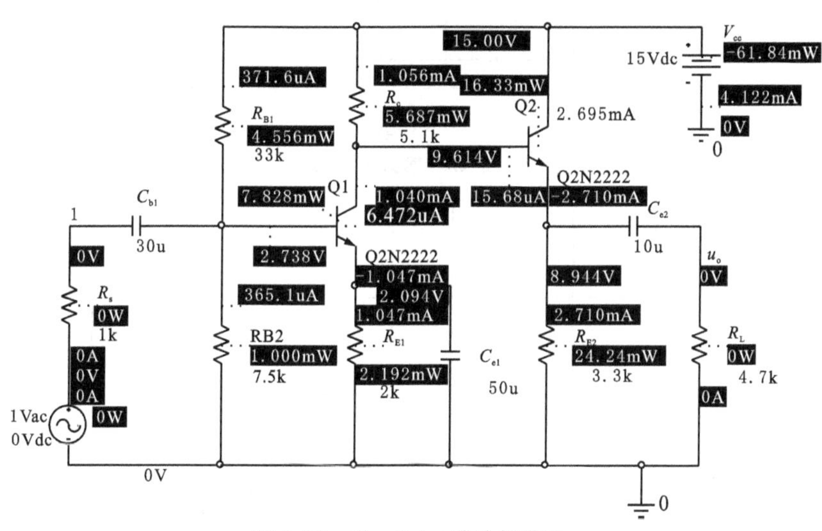

图 2.39　Bias Point 法分析结果

由仿真可得

$$\begin{cases}U_{CEQ1}=7.520\ \text{V}, & I_{CQ1}=1.040\ \text{mA}, & U_{BEQ1}=0.644\ \text{V}, & I_{BQ1}=6.472\ \mu\text{A}\\ U_{CEQ2}=6.056\ \text{V}, & I_{CQ2}=2.695\ \text{mA}, & U_{BEQ2}=0.670\ \text{V}, & I_{BQ2}=15.680\ \mu\text{A}\end{cases}$$

② 分析输入电阻 R_i 和输出电阻 R_o

R_i 是输入电压的有效值 U_i 和输入电流的有效值 I_i 之比；R_o 是负载开路时，从输出端向放大器看进去的交流等效电阻。运行菜单 PSpice/Edit Simulation Setting，在交流扫描设置对话框，设置好各个参数，执行 PSpice 程序，点选 PSpice/Run 然后呼叫波形，输入电阻 R_i 的结果如图 2.40 所示。然后在原理图中去掉负载，执行 PSpice 程序得到输出电阻 R_o 的结果如图 2.41 所示。

由仿真结果可得：中频时输入电阻 R_i=2.560 K，输出电阻 R_o=34.868。

③ 分析电压放大倍数 $\dot{A}_u$ 和源电压放大倍数 $\dot{A}_{us}$

$\dot{A}_u$ 定义为 $\dot{A}_u=\dfrac{\dot{U}_o}{\dot{U}_i}$，$\dot{U}_o$、$\dot{U}_i$ 分别为输出端和输入端正弦电压向量；$\dot{A}_{us}$ 定义为 $\dot{A}_{us}=\dfrac{\dot{U}_o}{\dot{U}_s}$，$\dot{U}_s$ 为输入源电压相量。运行菜单命令 PSpice→Edit Simulation Setting，在交流扫描设置对话框设置好各个参数，执行 PSpice 程序，选择 PSpice→Run，然后呼叫波形，结果如

图2.42和图2.43所示。

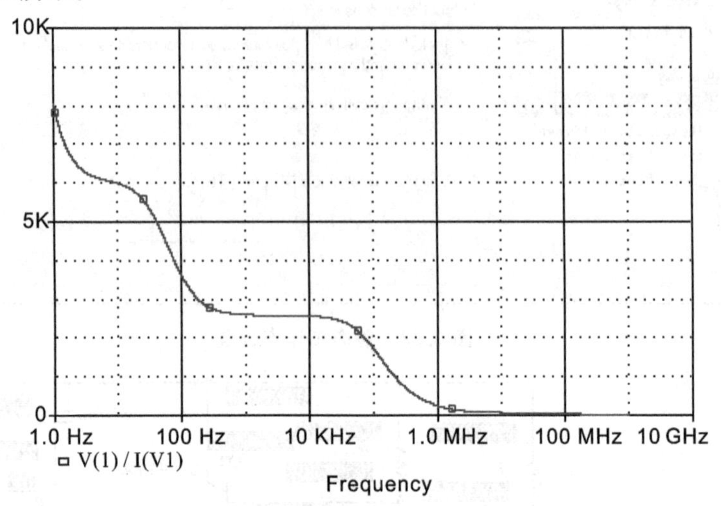

图2.40 输入电阻 R_i

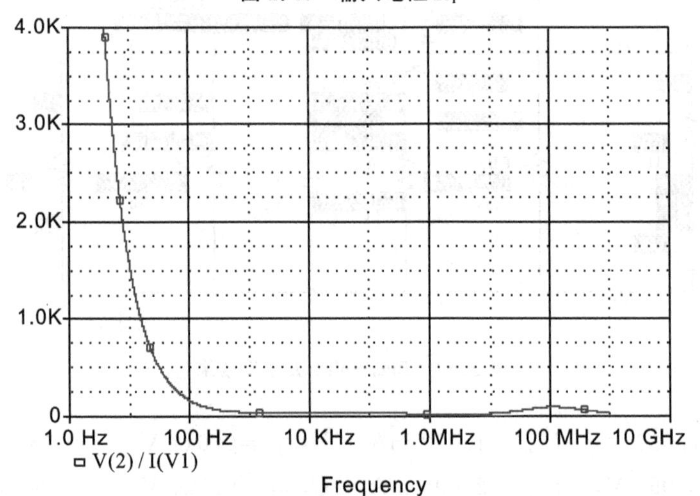

图2.41 输出电阻 R_o

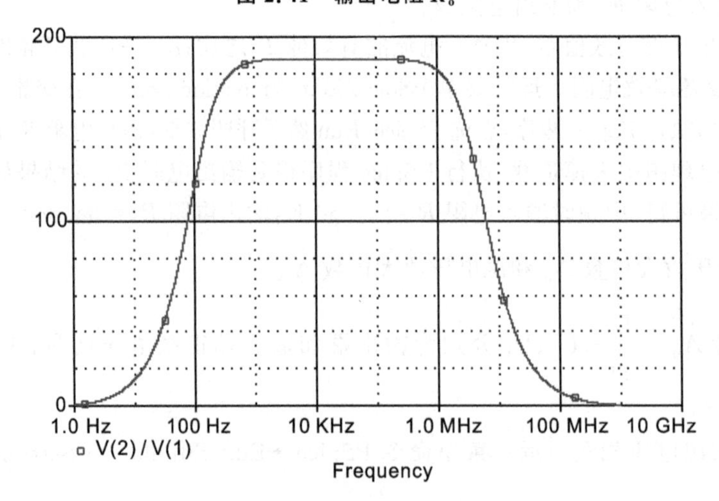

图2.42 电压放大倍数 $\dot{A}_u$

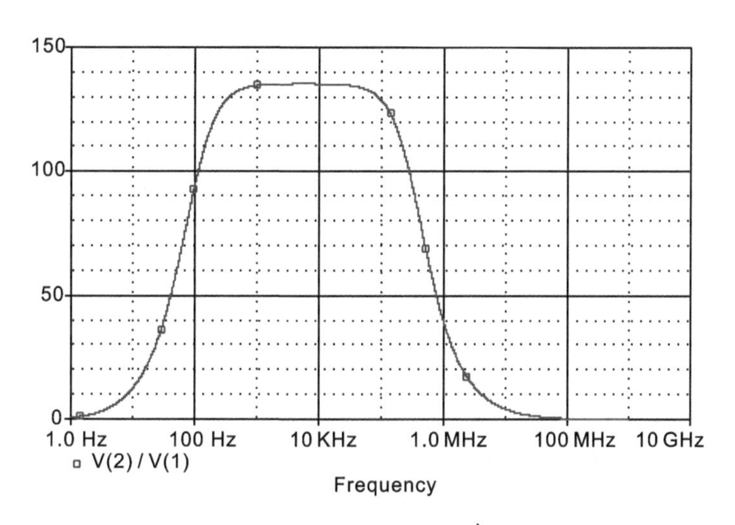

图 2.43　源电压放大倍数 $\dot{A}_{us}$

由仿真结果可得：中频时电压放大倍数 $\dot{A}_u=187.720$，源电压放大倍数 $\dot{A}_{us}=135.171$。

本章小结

2.1　放大器是基本的电子电路，通常由有源器件（三极管或场效应管）、直流电源和相应的偏置电路、输入与输出耦合电路、信号源与负载等几部分组成。直流电源和相应的偏置电路为三极管或场效应管提供静态工作点，以保证三极管工作在放大区或场效应管工作在饱和区。

2.2　通常用放大倍数（增益）、输入电阻、输出电阻、通频带等指标来衡量放大器的性能。输入电阻表征了放大器对信号源的负载特性；输出电阻表征了放大器的带负载能力。

2.3　放大器的分析包括直流（静态）分析和交流（动态）分析。前者主要确定放大器的直流工作点，后者主要确定放大器的交流指标。分析方法有图解法和等效电路法。

2.4　三极管共发射极放大器的图解法可归纳为：

(1) 由基极回路确定 I_{BQ}；

(2) 在输出特性曲线上过 $(V_{CC},0)$、$(0,V_{CC}/R_C)$ 两点作直流负载线，该负载线与 I_{BQ} 确定的那条输出特性曲线的交点即为直流工作点 Q，其坐标值为 $Q(U_{CEQ},I_{CQ})$；

(3) 过 Q 点作斜率为 $-1/R_L{}'$ 的交流负载线；

(4) 按输入信号 u_i 引起的 i_B 变化，在交流负载线上确定动态工作点的移动轨迹，并由此绘出 i_C、u_{CE} 的变化波形；

(5) 交流变化量 u_{ce} 和输入信号 u_i 的比值即为电压放大倍数 $\dot{A}_u$；

(6) 放大器的最大不失真输出电压值为 $U_{omax}=\min\{(U_{CEQ}-U_{CE(sat)}),I_{CQ}\cdot R_L'\}$。

2.5　等效电路法分析三极管放大器可归纳为：

(1) 根据放大器的直流通路并用 $U_{BEQ}=0.7$ V（硅管）、0.3 V（锗管）和 $I_{CQ}=\beta I_{BQ}$ 来计算直流工作点 $Q(U_{CEQ},I_{CQ})$；

(2) 根据 $r_{be}=200\ \Omega+(1+\beta)\cdot\dfrac{26(\text{mV})}{I_{EQ}(\text{mA})}$，计算 r_{be}；

(3)在放大器的交流通路中,三极管用电阻 r_{be} 和受控电流源 $\beta\dot{I}_b$ 来等效,从而计算出放大器的 $\dot{A}_u$、R_i、R_o。

2.6　等效电路法分析场效应管放大器可归纳为:

(1) 根据放大器的直流通路并用场效应管的平方律关系,计算出直流工作点 Q(U_{GSQ},U_{DSQ},I_{DQ});

(2) 根据 $g_m=\left.\dfrac{\partial i_D}{\partial u_{GS}}\right|_Q$ 计算出跨导 g_m;

(3)在放大器的交流通路中,场效应管用开路电压 $\dot{U}_{gs}$ 和受控电流源 $g_m\dot{U}_{gs}$ 来等效,从而可计算出放大器的 $\dot{A}_u$、R_i、R_o。

2.7　三极管构成的放大器(共射、共基、共集)和场效应管构成的放大器(共源、共栅、共漏),性能指标各有特点,将基本放大器级联可构成满足需要的多级放大器。多级放大器的电压放大倍数为每一级放大倍数的乘积,但在计算每一级电压放大倍数时应将后级的输入电阻作为前级的负载。

思考题

2.1　衡量放大器性能的主要指标有哪些?是怎样定义的?

2.2　什么是放大器的工作点 Q?Q 的大小由什么决定?Q 选择不当,会出现什么问题?

2.3　温度对三极管放大器的工作点有什么影响?怎样稳定工作点?

2.4　试比较共射、共基、共集三种放大器的性能。

2.5　场效应管放大器的常见偏置电路有哪些?

2.6　试比较共源、共栅、共漏三种放大器的性能。

2.7　多级放大器的级间耦合有哪几种方式?优缺点各是什么?

2.8　怎样计算多级放大器的增益?

2.9　怎样用 PSPICE 软件分析放大器的直流、交流和瞬态特性?

习题 2

题 2.1　电路如题图 2.1 所示,设三极管 $\beta=100$,求电路中 I_E、I_B、I_C 和 U_E、U_B、U_C。

题 2.2　用 3DG6 型硅管组成如题图 2.2 所示工作点稳定的共发射极放大电路。已知 $V_{CC}=20$ V,$R_C=3.9$ kΩ,要求 $I_{CQ}=2$ mA,$U_{CEQ}\geqslant7.5$ V,试选择 R_E、R_{B1}、R_{B2} 的阻值。

题 2.3　如题图 2.3 所示共射放大电路中,三极管 $\beta=100$,C_1、C_2、C_3 可视为交流短路,求电压放大倍数 $\dot{A}_u$、输入电阻 R_i 和输出电阻 R_o。

题 2.4　题图 2.4 所示 PNP 管放大器中,三极管 $\beta=100$,$U_{BEQ}=-0.2$ V。

① 估算静态工作点 I_{BQ}、I_{CQ} 和 U_{CEQ};

② 求电压放大倍数 $\dot{A}_u$;

③ 若输入正弦电压,输出波形出现底部失真,试问是截止失真还是饱和失真?应调整电

路中哪个参数(增大还是减小)?

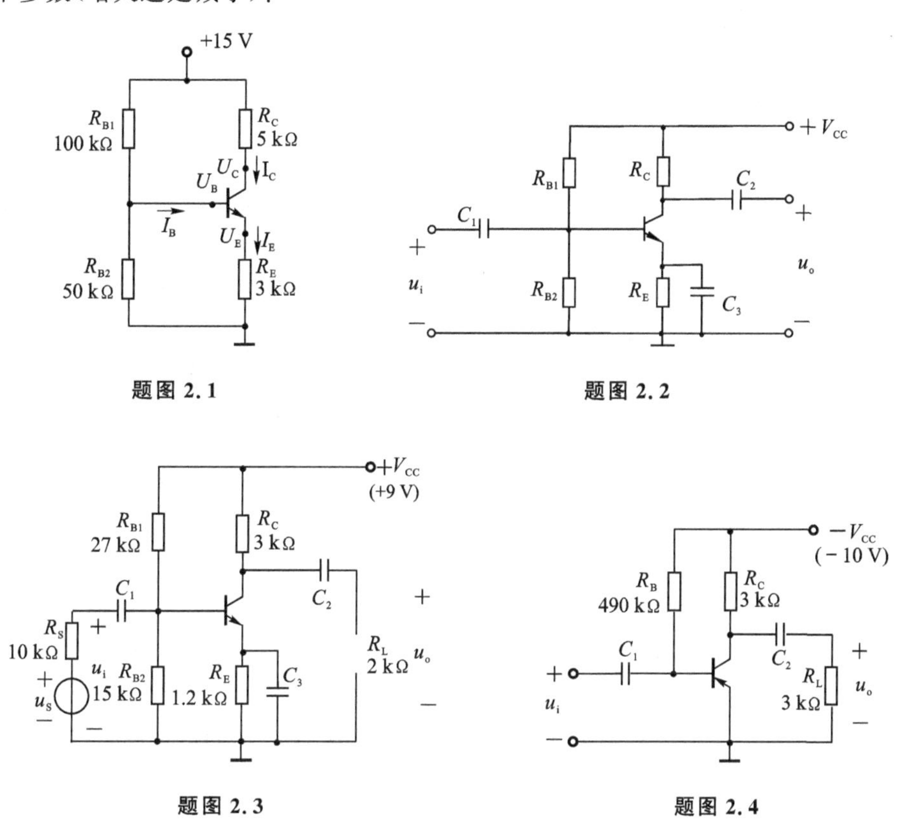

题图 2.1　　题图 2.2

题图 2.3　　题图 2.4

题 2.5　题图 2.5 所示放大电路中,输入正弦信号时输出波形出现失真,如题图 2.5(b)、(c)所示,问分别是什么失真? 怎样才能消除失真?

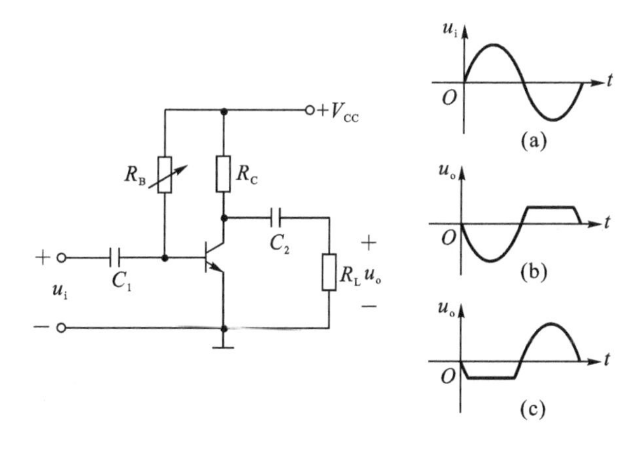

题图 2.5

题 2.6　题图 2.6 所示电路中,三极管 $\beta=100$,$r_{bb'}=100\ \Omega$,$U_{BEQ}=0.7\ V$。

① 求三极管的静态工作点 Q;

② 求电压增益 $\dot{A}_u$、输入电阻 R_i、输出电阻 R_o。

题 2.7　题图 2.7 所示放大电路中,三极管 $\beta=100$,$U_{BEQ}=0.6\ V$,C_1、C_2、C_e 可视为交流

短路：

① 求静态工作点Q；

② 用等效电路法求电压增益$\dot{A}_u$、源电压增益$\dot{A}_{us}$；

③ 求输入电阻R_i、输出电阻R_o。

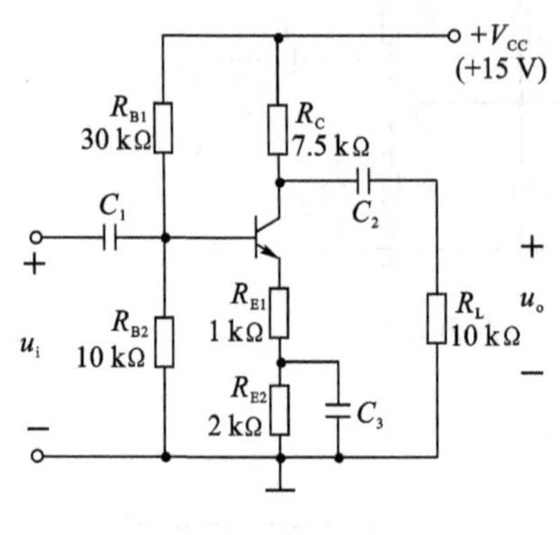

题图 2.6

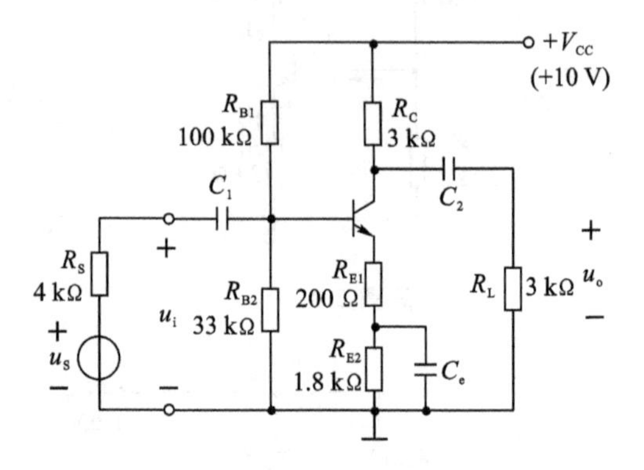

题图 2.7

题 2.8 放大电路如题图2.8所示，设$\beta=20$，$U_{BEQ}=0.7$ V，$r_{bb'}=0$，D_Z的稳压值为6 V，此时晶体管$I_{CQ}=5.5$ mA，试问：

① 将D_Z反接，电路的工作状态有何变化？I_{CQ}又有何变化？

② 定性分析由于D_Z反接，对放大电路电压放大倍数、输入电阻的影响。

题 2.9 题图2.9所示的共基放大电路中，三极管$\beta=100$，求：

① 电压放大倍数$\dot{A}_u$；

② 输入电阻R_i、输出电阻R_o。

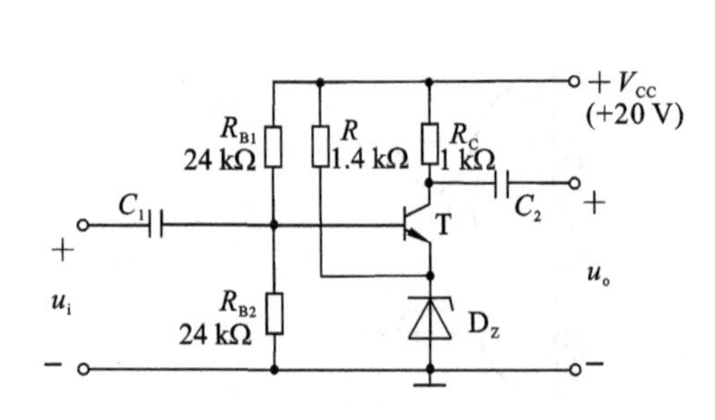

题图 2.8

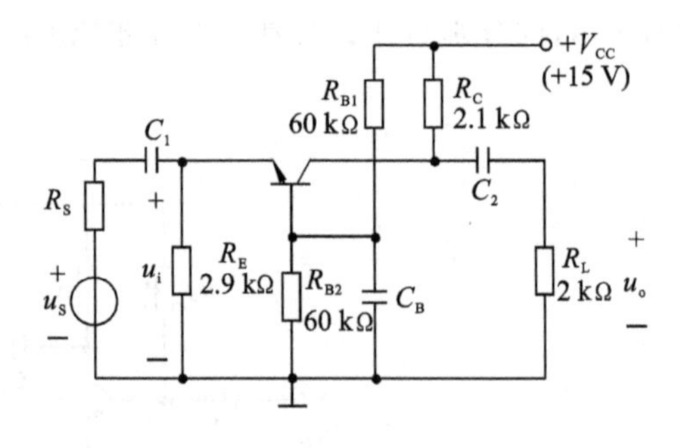

题图 2.9

题 2.10 射极跟随器如题图2.10所示，已知三极管$r_{be}=1.5$ kΩ，$\beta=49$：

① 画出交流微变等效电路；

② 计算$\dot{A}_u$、R_i、R_o。

题 2.11 在题图2.11所示的放大电路中，已知管三极管$\beta=50$，$r_{bb'}=300$ Ω，$U_{BEQ}=0.7$ V，电容C_1、C_2、C_3可视为交流电路，$R_S=500$ Ω：

① 计算电压增益$\dot{A}_{us1}=\dfrac{\dot{U}_{o1}}{\dot{U}_s}$、$\dot{A}_{us2}=\dfrac{\dot{U}_{o2}}{\dot{U}_s}$，输入电阻$R_i$，输出电阻$R_{o1}$、$R_{o2}$；

② 说明此放大电路的功能。

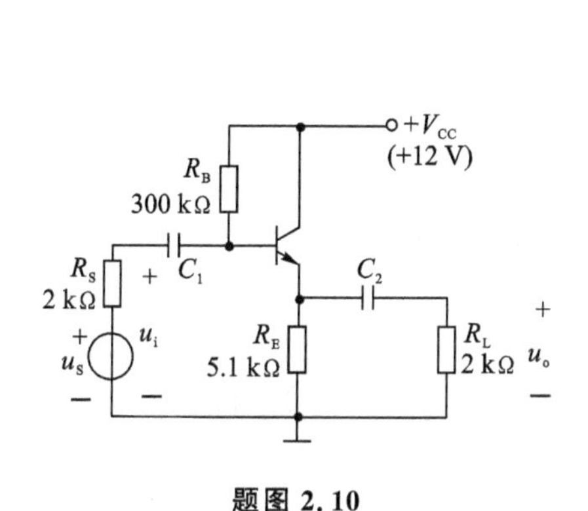

题图 2.10

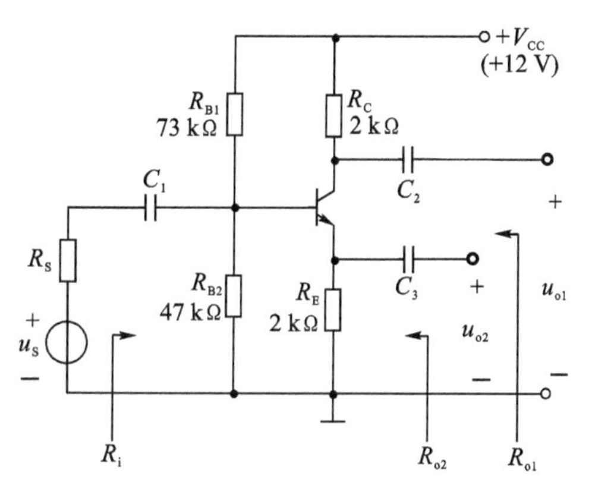

题图 2.11

题 2.12　已知题图 2.12 中的三极管工作在放大区，β 很大，证明：

$$\frac{\dot{U}_{o1}}{\dot{U}_S}=\frac{R_E}{R_E+r_e},\qquad \frac{\dot{U}_{o2}}{\dot{U}_S}=\frac{-\alpha R_C}{R_E+r_e}$$

题 2.13　电路如图 2.13 所示。设 $r_{bb'}=200\ \Omega$。求：

① 各电极的静态电压值 U_B、U_E 及 U_C；

② 若 Z 端接地，X 端接地信号源且 $R_S=10\ \text{k}\Omega$，Y 端接一个 10 kΩ 的负载电阻，求 $\dot{A}_{us}(U_Y/U_S)$；

③ 若 X 端接地，Z 端接 $R_S=200\ \Omega$ 的信号电压 U_S，Y 端接一个 10 kΩ 的负载电阻，求 $\dot{A}_{us}$ (U_Y/U_S)；

④ 若 Y 端接地，X 端接一负载电阻 1 kΩ，$R_S=100\ \Omega$，求 $\dot{A}_{us}(U_Z/U_S)$。

题 2.14　场效应管放大器如题图 2.14(a) 所示，题图 2.14(b)为 FET 的输出特性：

① 画出 FET 的转移特性曲线；

② 计算静态工作点 Q；

③ 求 $\dot{A}_u$、$\dot{A}_{us}$、R_i 和 R_o。

题 2.15　题图 2.15 所示的 FET 放大电路中，FET 的夹断电压 $U_{GS(off)}=-1$ V，饱和电流 $I_{DSS}=0.5$ mA，求：

① 静态时 I_{DQ}、U_{GSQ}、U_{DSQ}；

② 电压放大倍数 $\dot{A}_u$、输入电阻 R_i、输出电阻 R_o。

题 2.16　题图 2.16 中 FET 的 $U_{GS(off)}=-2$ V，$I_{DSS}=1$ mA，静态时 $I_{DQ}=0.64$ mA，求：

① 源极电阻 R 应选多大？

② 电压放大倍数 $\dot{A}_u$，输入电阻 R_i，输出电阻 R_o；

③ 若 C_3 虚焊开路，那么 $\dot{A}_u$、R_i、R_o 为多少？

题 2.17　电路如题图 2.17 所示。已知 $V_{DD}=12$ V，$R_G=1\ \text{M}\Omega$，$R_{S1}=100\ \Omega$，$R_{S2}=2\ \text{k}\Omega$，

场效应管 $I_{DSS}=5$ mA,$U_{GS(off)}=-5$ V。试求 $\dot{A}_u$ 和 R_I 的值。

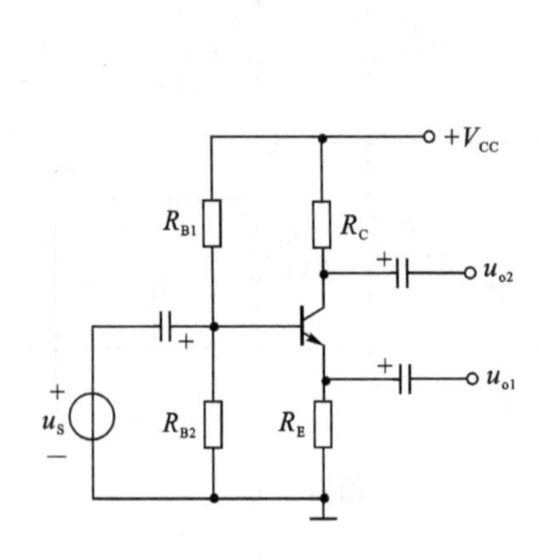

题图 2.12

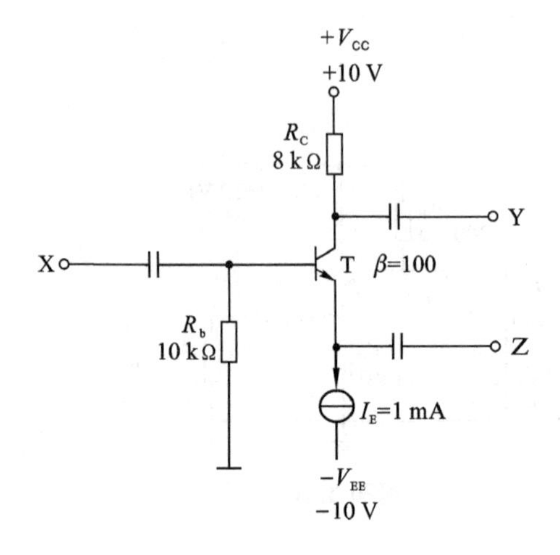

题图 2.13

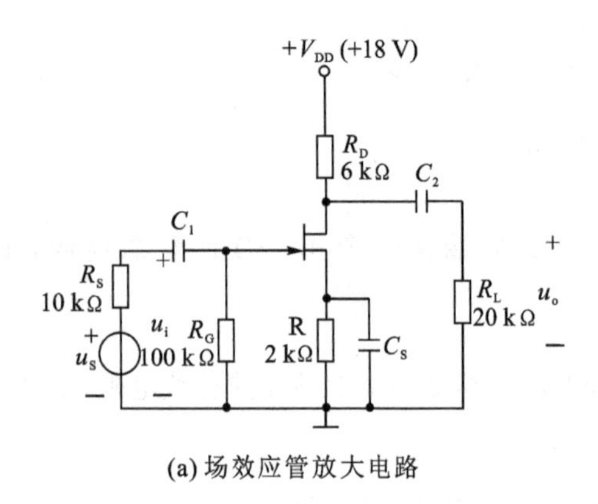

(a) 场效应管放大电路

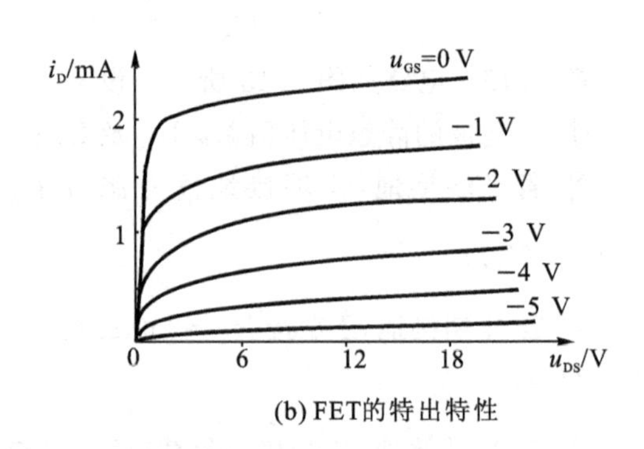

(b) FET的特出特性

题图 2.14

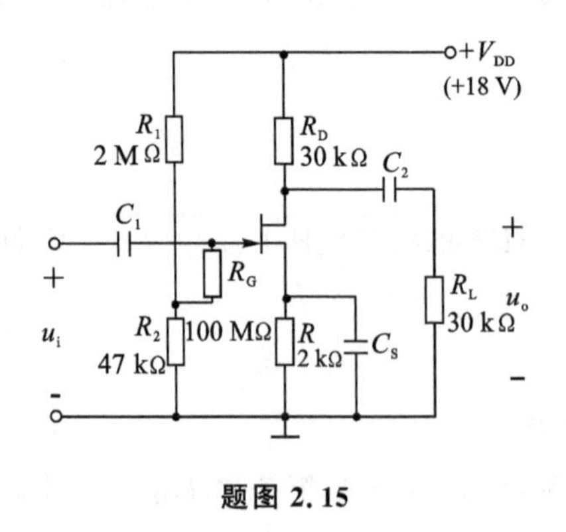

题图 2.15

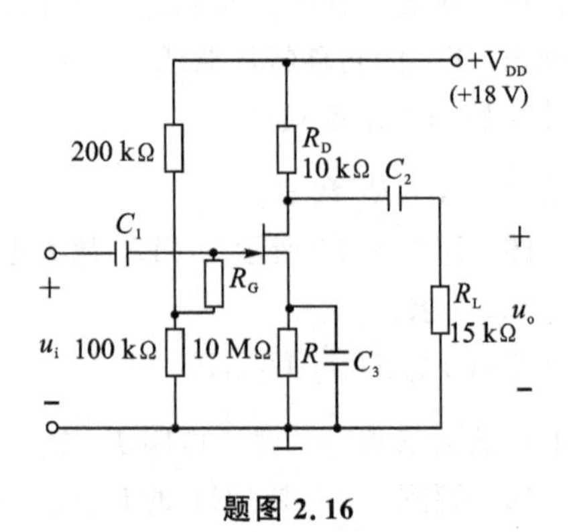

题图 2.16

题 2.18　共漏场效应管放大器如题图 2.18 示,已知 FET 的 $U_{GS(off)}=-4$ V,$I_{DSS}=2$ mA,C_1、C_2 可视为交流短路,求:

① 静态工作点 Q;

② $\dot{A}_u$、R_i 和 R_o。

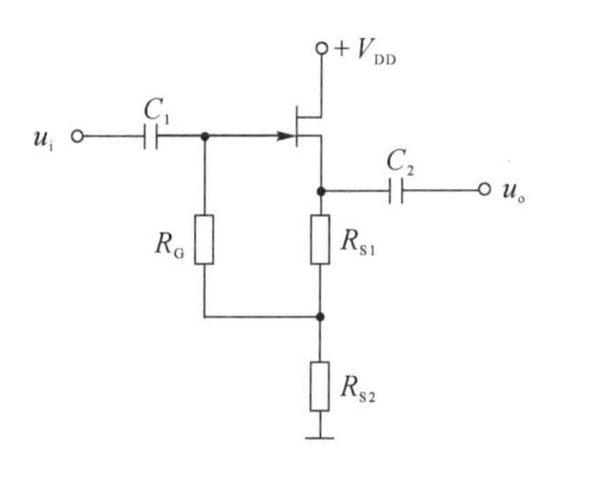

题图 2.17

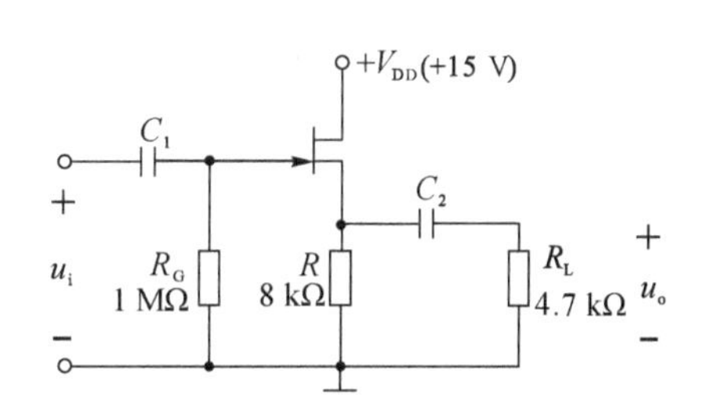

题图 2.18

题 2.19　在题图 2.19 所示的电路中，已知 4 只 FET 的参数相同，$\frac{\mu_n C_{ox} W}{2L}=0.5$ mA/V^2，$U_{GS(th)}=2$ V，求电流 I_o。

题 2.20　共源放大电路如图 2.20 所示，已知 MOSFET 的 $\frac{\mu_n C_{ox} W}{2L}=0.25$ mA/V^2，$U_{GS(th)}=-4$ V，$r_{ds}=80$ kΩ，各电容对信号可视为短路，试求：

① 静态 I_{DQ}、U_{GSQ} 和 U_{DSQ}；

② 求 $\dot{A}_u$、R_i 和 R_o。

题 2.21　共射—共集组合电路如题图 2.2 所示，设 $\beta_1=\beta_2=100$：

① 确定两管静态工作点：

② 求 $\dot{A}_u$、R_i 和 R_o。

题 2.22　如题图 2.22 所示为两级放大电路：

① 求三极管的静态工作点 Q；

② 求电压增益 $\dot{A}_u$、输入电阻 R_i 和输出电阻 R_o。

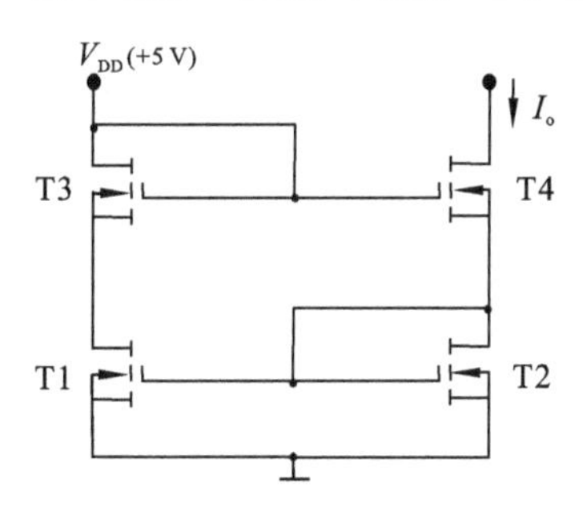

题图 2.19

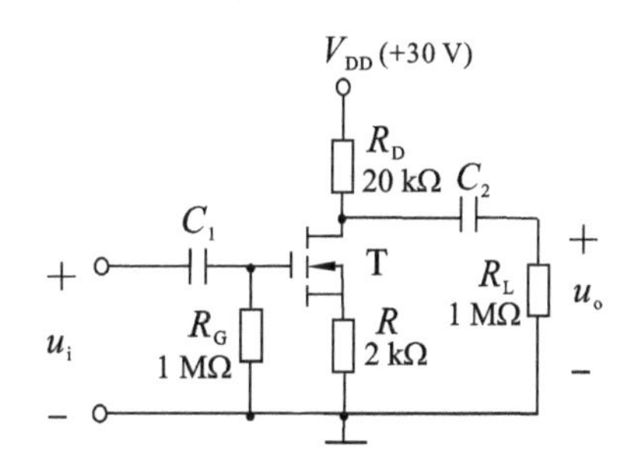

题图 2.20

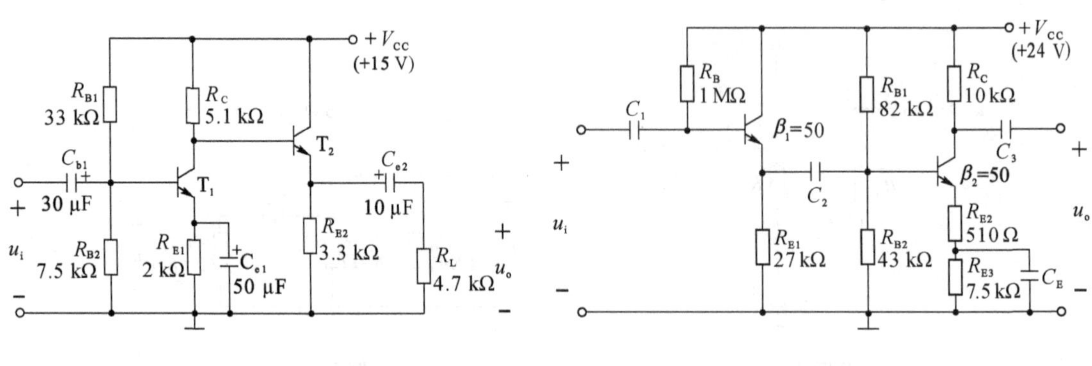

题图 2.21　　　　**题图 2.22**

题 2.23　电路如题图 2.23 所示，已知 $R_{B1}=15\ \text{k}\Omega$，$R_{B2}=R_{B3}=7.5\ \text{k}\Omega$，$R_C=5.1\ \text{k}\Omega$，$R_E=4.1\ \text{k}\Omega$，$R_L=10\ \text{k}\Omega$，三极管 $\beta_1=\beta_2=50$，$r_{bb'1}=r_{bb'2}=100\ \Omega$，$V_{CC}=12\ \text{V}$，试求 $\dot{A}_u$、R_i 和 R_o。

题 2.24　题图 2.24 所示放大电路中，场效应管跨导 $g_m=2\ \text{mS}$，$r_{ds}=50\ \text{k}\Omega$，三极管的 $\beta=100$，$r_{be}=1\ \text{k}\Omega$，$r_{ce}=\infty$，电容 C_1、C_2、C_3、C_4 可视为交流短路：

① 画出放大器的微变等效电路；

② 计算放大器的电压增益 $\dot{A}_u$、输入电阻 R_i 和输出电阻 R_o。

题 2.25　设单级放大电路如题图 2.25 所示。

①将两级级联，试问总的电压放大倍数是多少？

②若级联成多级放大器，第一级的输入端与内阻 $R_S=2\ \text{k}\Omega$ 的信号源相连，输出级的输出端与 $R_L=10\ \text{k}\Omega$ 的负载相连，为满足电压增益 $A_{us}\geqslant 10^4$，试问至少需要几级？

题 2.26　单级放大电路如题图 2.26 所示。设晶体管为 Q2N2222，用 PSPICE 软件求：

① 晶体管的直流工作点 I_{BQ}、I_{CQ} 及 I_{CEQ}；

② 电压增益 $\dot{A}_u$，输入电阻 R_i 输出电阻 R_o。

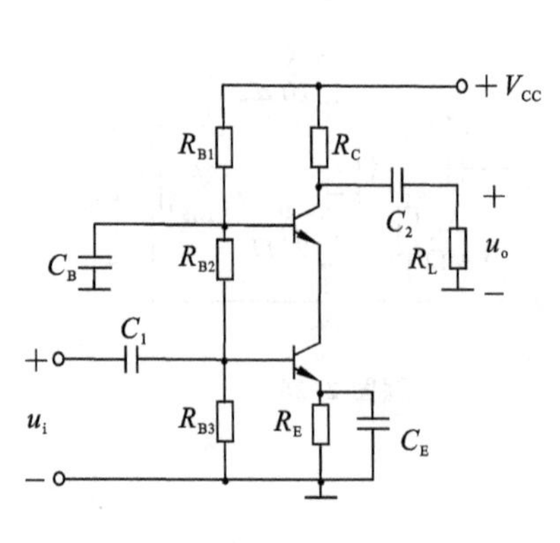

题图 2.23

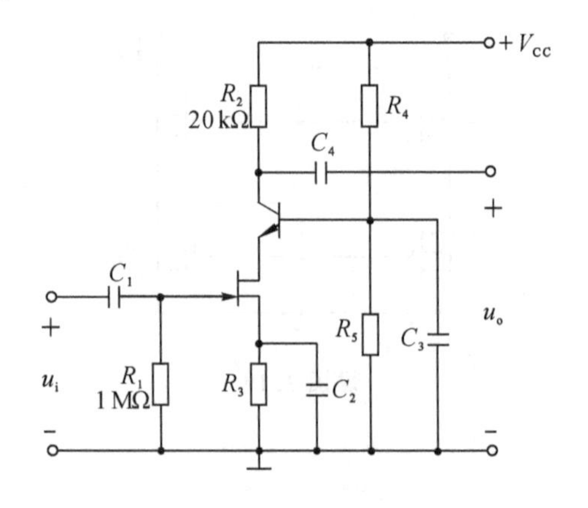

题图 2.24

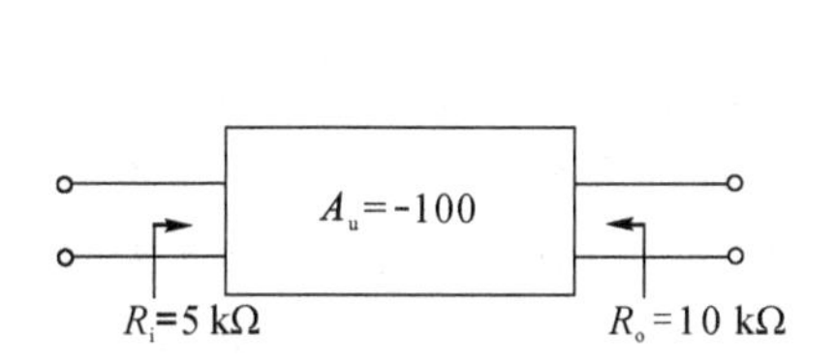

A_u=-100
R_i=5 kΩ
R_o=10 kΩ

题图 2.25

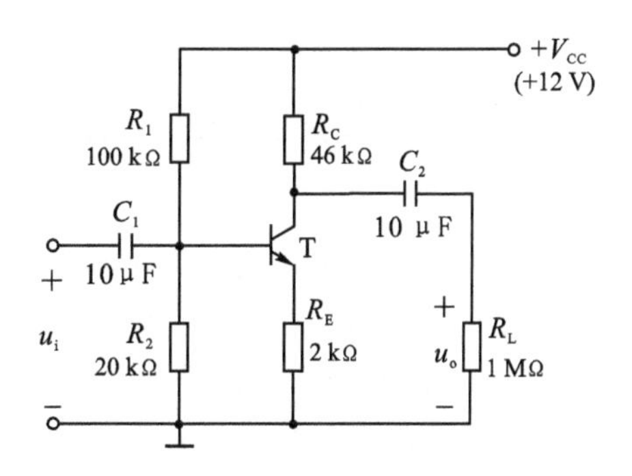

+V_{CC}
(+12 V)
R_1
100 kΩ
R_C
46 kΩ
C_2
10 μF
C_1
10 μF
T
+
u_i
−
R_2
20 kΩ
R_E
2 kΩ
+
u_o
−
R_L
1 MΩ

题图 2.26

第3章 放大器的频率响应

在第2章中利用H参数微变等效电路求解放大器的放大倍数时，把耦合电容和旁路电容（其典型值在10 μF量级）视为对信号短路，把半导体三极管的极间电容和线路分布电容（其典型值在1～10 pF量级）视为对信号开路，因而所求得的放大倍数为与信号频率无关的实常数。然而，第2章中用PSPICE仿真得到的放大器的放大倍数却与频率有关（见图2.42），这是为什么呢？事实上，上述对电抗元件的处理方法只适合于信号频率既不太低、也不太高的情形，即信号处于中频时。而当信号频率低到一定程度时，常称信号处于低频区，耦合电容和旁路电容的容抗不可忽略，此时它们对信号而言不能简单地视为短路。由于电容的容抗与信号频率有关，故低频时放大倍数与频率有关。同样的，当信号频率高到一定程度时，常称信号处于高频区，三极管的极间电容和线路分布电容的影响不可忽略，导致高频时放大倍数也与频率有关。综上所述，一个实际的放大器在全频段上放大倍数不再是一个与频率无关的实常数，而是频率的复函数。这就导致了一个实际的放大器对幅值相同而频率不同的正弦输入信号的稳态响应是不同的，这种现象称为**放大器的频率响应**。

本章首先介绍频率响应的基本概念；之后详细介绍单级共射放大器频率响应的分析方法，并对共基、共集放大器的高频响应和组合宽带放大器作简要分析；接着探讨多级放大器的频率特性；最后介绍频率响应与阶跃响应的关系。

3.1 频率响应概述

放大器的频率响应可用放大器的放大倍数对频率的函数关系来描述，以电压放大倍数为例，即为

$$\dot{A}_u = A_u(jf) = A_u(f) \cdot e^{j\varphi(f)} \tag{3.1}$$

式中，$A_u(f)$表示电压放大倍数的模与频率f的关系，称为**幅频特性**(amplitude-frequency characteristic)；$\varphi(f)$表示电压放大倍数的相位与频率f的关系，称为**相频特性**(phase-frequency characteristic)。两者综合起来可全面表征放大器的频率响应。

3.1.1 研究放大器频率响应的必要性

1. 频率失真

在放大器的主要技术指标中，定义了放大器的上限频率f_H、下限频率f_L和通频带$BW_{0.7}$。如果放大器的通频带不够宽，不能使输入信号中不同频率的成分得到同样的放大，那么输出信号波形就会失真。由于不同频率的成分幅度上得不到同样的放大而使输出波形产生的失真称为**幅度失真**(amplitude distortion)；由于不同频率的成分产生的相移不与频率成线性关系而使输出波形产生的失真称为**相位失真**(phase distortion)。

例如，在图3.1(a)中，若某待放大的信号是由基波(f)和三次谐波($3f$)所组成，由于电抗元件存在，使放大器对三次谐波的放大倍数小于对基波的放大倍数，那么放大后的信号各频率

分量的大小比例将不同于输入信号，从而产生幅度失真。而在图 3.1(b)中，虽然放大器对基波和三次谐波的放大倍数的大小相同，但它们的相移并不与频率成正比例，使它们的时间延迟不同(如图中基波的时延为 t_{d1}，而三次谐波的时延为 t_{d2})，造成了输出信号各分量的叠加与输入信号各分量的叠加在时间轴上的错位现象，从而产生了相位失真。

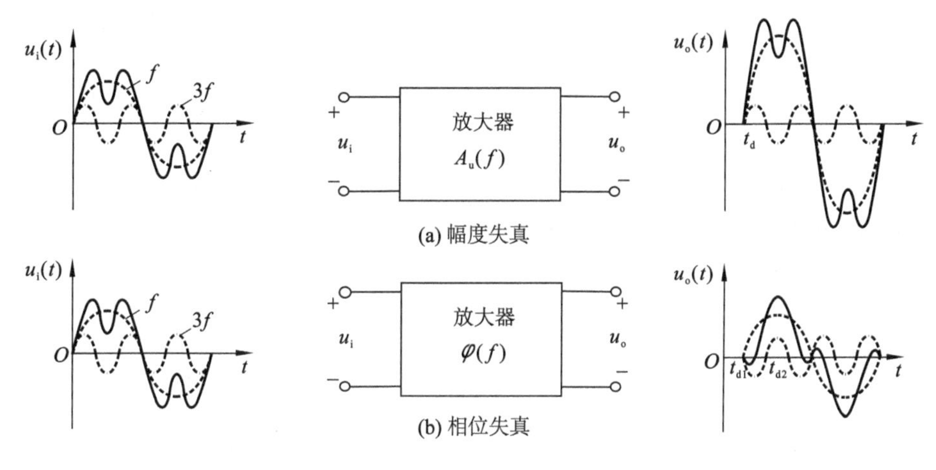

图 3.1　频率失真现象

上述幅度失真和相位失真都是由电路的线性电抗元件引起的，故又称为线性失真。它与由电路中非线性元件引起的非线性失真的一个重要区别是：线性失真在输出信号中不会产生新的频率成分，而非线性失真将使输出信号产生新的频率成分。

2. 不产生频率失真的条件

由上述可知，若要不产生频率失真，则要求放大器对所有不同频率分量信号的放大量相同，且时间延迟也相同，即要求放大器具有如下理想的幅频特性和相频特性

$$A_u(f)=k \quad (k\text{ 为常数}) \tag{3.2}$$

$$\varphi(f)=-\omega t_d=-2\pi t_d f \quad (t_d\text{为常数}) \tag{3.3}$$

式(3.3)常称为线性相位。图 3.2 给出了相应的幅频特性和相频特性曲线图。

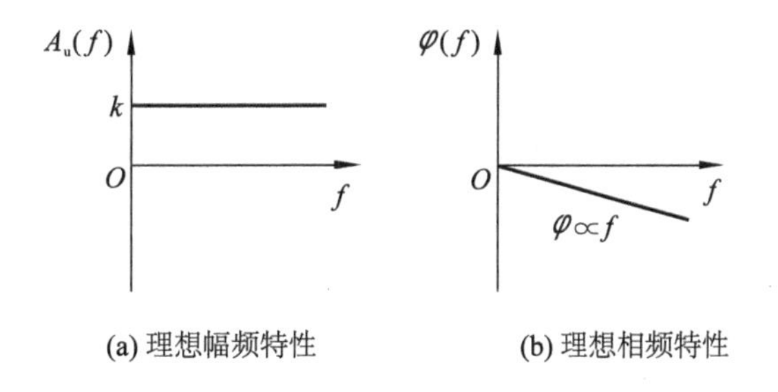

图 3.2　理想频率特性

应当指出的是，有一种特殊情况虽不满足线性相位，但也不会产生相位失真，即相位主值为 $\varphi(f)=\pi$。

然而，一个实际放大器是不可能具有如图 3.2 所示的理想频率特性的。就幅频特性而言，它只能在通频带内近似满足理想条件。通频带是用来描述放大器对不同频率信号适应能力的动态指标之一，任何一个具体的放大器都有一个确定的通频带。

3.1.2 波特图及简单RC电路的频率响应

放大器的频率响应通常用波特图表示。**波特图**(potier diagram)是指绘制在两张半对数坐标纸上的幅频特性和相频特性曲线图,它们的横轴均代表频率 f,采用对数刻度,而纵轴均采用线性刻度。其中电压幅频特性的纵轴常采用电压放大倍数模的分贝值,定义为 $20\lg A_u(f)$,单位是分贝(dB);相频特性的纵轴代表 $\varphi(f)$,单位是度或弧度。这样不但开阔了视野,而且可将放大倍数的乘法运算转换成加法运算。在工程上,波特图通常不是逐点描绘的,而是采用渐近折线近似表示。

为了便于理解有关频率响应的基本概念及波特图的绘制方法,下面对无源单级低通RC电路和高通RC电路的频率响应加以分析。

1. 低通RC电路

低通RC电路如图3.3所示。利用复变量 s,由图可得电压传递函数 $A_u(s)$ 为

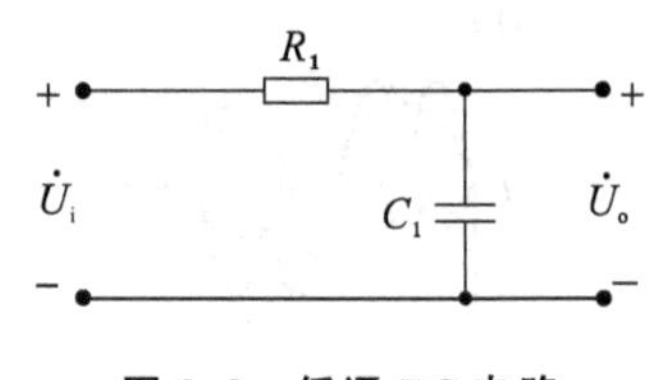

图3.3 低通RC电路

$$A_u(s)=\frac{U_o(s)}{U_i(s)}=\frac{1}{R_1C_1}\cdot\frac{1}{s+\frac{1}{R_1C_1}}=\omega_p\cdot\frac{1}{s+\omega_p} \tag{3.4}$$

式中

$$\omega_p=\frac{1}{R_1C_1} \tag{3.5}$$

称为**极点角频率**(pole angular frequency)。

对于实际频率,$s=j\omega=j2\pi f$,并令

$$f_H=f_p=\frac{1}{2\pi R_1C_1}=\frac{1}{2\pi\tau_H} \tag{3.6}$$

其中,τ_H 为电路的时间常数,$\tau_H=R_1C_1$。

于是电压放大倍数 $\dot{A}_u$ 可表示为

$$\dot{A}_u=\frac{\dot{U}_o}{\dot{U}_i}=\frac{1}{1+j(f/f_H)} \tag{3.7}$$

式中,分子是通频带内的电压放大倍数,即 C_1 开路时的放大倍数,其值为1;分母与 f_H 有关。

对式(3.7)取模,可得幅频特性表达式为

$$A_u(f)=\frac{1}{\sqrt{1+(f/f_H)^2}} \tag{3.8}$$

对式(3.7)取相角,可得相频特性表达式为

$$\varphi(f)=-\arctan(f/f_H) \tag{3.9}$$

折线幅频特性由下列步骤绘出:

① 当 $f\ll f_H$ 时,$A_u(f)\approx1$,用分贝表示:$20\lg A_u(f)=0$ dB,这是一条与横轴 f 重合的直线。

② 当 $f\gg f_H$ 时,$A_u(f)\approx f_H/f$,用分贝表示:$20\lg A_u(f)\approx20\lg(f_H/f)$ dB,即频率 f 每增加10倍,$20\lg A_u(f)$ 相应下降20 dB,这是一条斜率为−20 dB/十倍频的斜线。

③ 当 $f=f_H$ 时，$A_u(f)=1/\sqrt{2}\approx 0.707$，$20\lg A_u(f)\approx -3$ dB。

根据上述讨论，可以画出折线幅频特性如图 3.4(a)所示。图中，虚线为实际幅频特性的波特图，实线为幅频特性渐近波特图，它由两条渐近线组成，并在 f_H 处转折，故 f_H 又称为**转折频率**(corner frequency)。根据放大器上限频率的定义，f_H 就是低通 RC 电路的上限频率。由图可见，该电路可通过低频信号，而对高频信号具有衰减作用，故称低通 RC 电路。

折线相频特性由下列步骤绘出：

① 当 $f\ll f_H$ 时($f\leqslant 0.1f_H$)，$\varphi(f)\to 0°$。

② 当 $f\gg f_H$ 时($f\geqslant 10f_H$)，$\varphi(f)\to -90°$。

③当 $f=f_H$ 时，$\varphi(f)=-45°$。

根据上述讨论，可以画出折线相频特性如图 3.4(b)所示。图中由三条直线逼近，在 $0.1f_H$ 至 $10f_H$ 之间，是一条斜率为 $-45°$/十倍频的直线(虚线为实际相频特性)。由图可见，该电路若作为移相网络，则是滞后网络，且最大滞后移相不超过 90°。

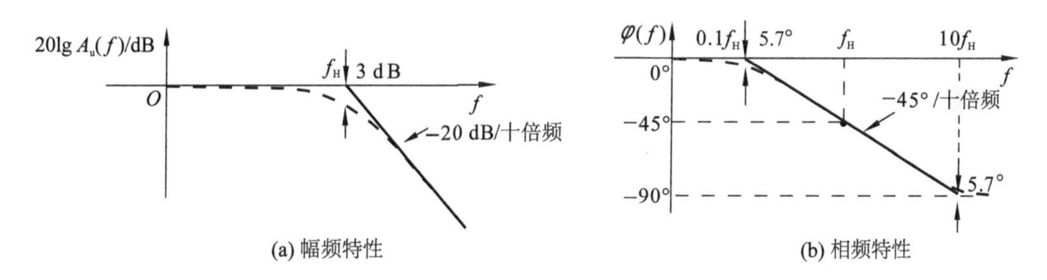

(a) 幅频特性　　(b) 相频特性

图 3.4　低通 RC 电路频率特性

可以证明，用渐近线表示低通 RC 电路的频率响应，幅频特性与实际值的最大误差值在 $f=f_H$ 处，误差值为 3 dB；相频特性与实际值的最大误差值在 $f=0.1f_H$ 和 $f=10f_H$ 处，误差值为 ±5.7°。

2. 高通 RC 电路

高通 RC 电路如图 3.5 所示。利用复变量 s，由图可得电压传递函数 $A_u(s)$ 为

$$A_u(s)=\frac{U_o(s)}{U_i(s)}=\frac{s}{s+\dfrac{1}{R_2C_2}}=\frac{s}{s+\omega_p}\tag{3.10}$$

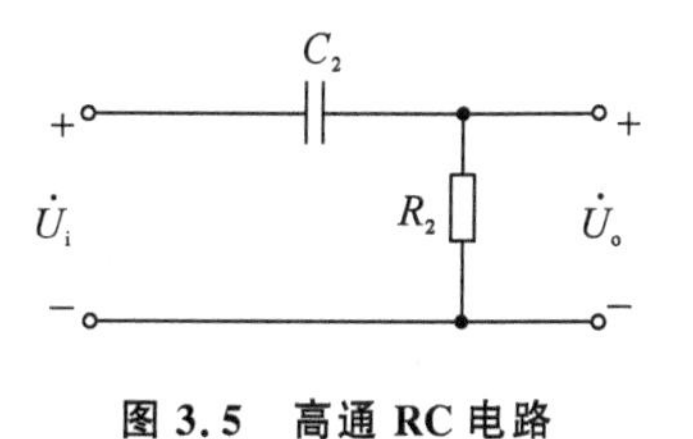

图 3.5　高通 RC 电路

式中，$\omega_p=\dfrac{1}{R_2C_2}$。

对于实际频率，$s=j\omega=j2\pi f$，并令

$$f_L=f_p=\frac{1}{2\pi R_2C_2}=\frac{1}{2\pi\tau_L}\tag{3.11}$$

其中，τ_L 为电路的时间常数，$\tau_L=R_2C_2$。

电压放大倍数 $\dot{A}_u$ 可表示为

$$\dot{A}_u = \frac{\dot{U}_o}{\dot{U}_i} = \frac{1}{1 - j(f_L/f)} \tag{3.12}$$

式中,分子是通频带内的电压放大倍数,即 C_2 短路时的放大倍数,其值为1;分母与 f_L 有关。

因而电路的幅频特性表达式为

$$A_u(f) = \frac{1}{\sqrt{1+(f_L/f)^2}} \tag{3.13}$$

相频特性表达式为

$$\varphi(f) = \arctan(f_L/f) \tag{3.14}$$

参照绘制低通RC电路频率特性的方法,可画出高通RC电路的波特图如图3.6所示。

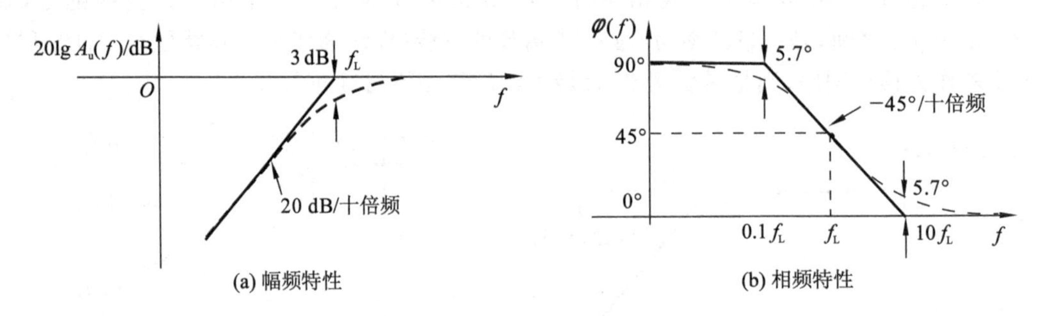

图3.6 高通RC电路频率特性

当 $f=f_L$ 时,$A_u(f)=1/\sqrt{2}\approx0.707$,$20\lg A_u(f)\approx-3$ dB。f_L 即为转折频率,是高通RC电路的下限频率。由图3.6(a)可见,该电路可通过高频信号,而对低频信号具有衰减作用,故称为高通RC电路;同时图3.6(b)表明高通RC电路为超前移相网络,且最大超前移相不超过90°。

通过以上分析可以得到以下有意义的结论:

(1) 电路的截止频率决定于电容所在回路的时间常数 τ,如式(3.6)和式(3.11)所示。

(2) 一旦电路的通带放大倍数及截止频率确定,电路的电压传递函数也随之确定。如式(3.7)和式(3.12)所示。

(3) 当信号频率等于下限频率 f_L 或上限频率 f_H 时,放大电路的增益下降3 dB。

(4) 近似分析中,可以用折线化的渐进波特图表示放大电路的频率特性。

3.2 单级共射放大器的频率响应

分析一个放大器的频率响应其实质就是要得到放大倍数与信号频率之间的关系。其分析方法仍可采用微变等效电路法,不过其中的微变等效电路需把耦合、旁路电容及三极管结电容考虑进去。第1章给出的三极管H参数小信号模型没有考虑结电容,是低频模型,因此不能用于频率响应的高频分析。要进行频率响应的分析,三极管小信号模型应采用考虑了结电容的混合 π 型小信号模型。

在实际采用混合 π 型小信号模型进行电路分析时,由于在通常情况下,r_{ce} 远大于c、e间所接的负载电阻,而 $r_{b'c}$ 也远大于 C_μ 的容抗,因而可认为 r_{ce} 和 $r_{b'c}$ 开路,从而得到简化的混

合 π 型小信号模型，如图 3.7 所示。

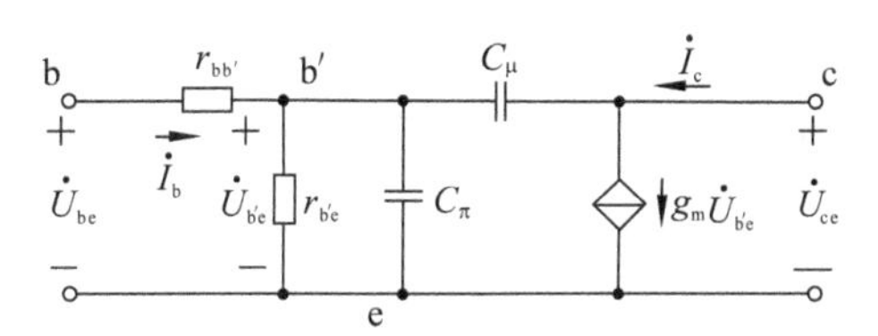

图 3.7　简化的混合 π 型小信号模型

在讨论三极管放大器的频率响应前，有必要先对三极管频率参数作介绍。

3.2.1　三极管的频率参数

三极管的频率参数是用来描述其频率特性的特征参数。常用的频率参数有共射截止频率 f_β、特征频率 f_T 和共基截止频率 f_α 等，下面分别作简要介绍。

1. 共射截止频率 f_β

当频率升高时，由于三极管结电容的影响，三极管的放大作用会下降。共射电流放大倍数不再是常数，而是频率的复函数，用 $\dot{\beta}$ 表示。根据 $\dot{\beta}$ 的定义有

$$\dot{\beta}=\left.\frac{\dot{I}_c}{\dot{I}_b}\right|_{\dot{U}_{ce}=0} \tag{3.15}$$

于是，可把图 3.7 中的 c、e 短接，即可得求解 $\dot{\beta}$ 的电路，如图 3.8 所示。

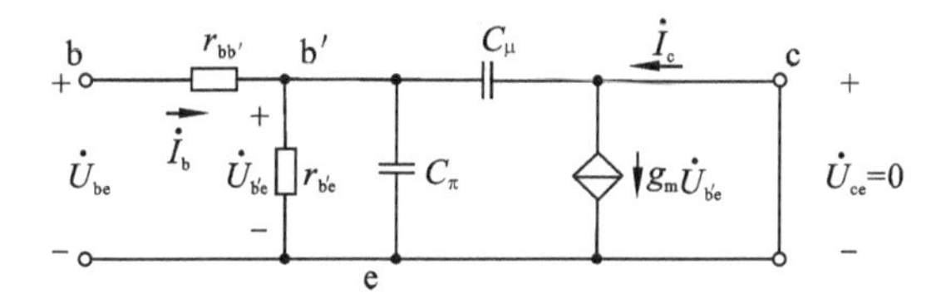

图 3.8　求解 $\dot{\beta}$ 的电路图

由图 3.8 可得

$$\dot{I}_b=\frac{\dot{U}_{b'e}}{r_{b'e}}+\dot{U}_{b'e}\cdot j\omega c_\pi+\dot{U}_{b'e}\cdot j\omega c_\mu=\dot{U}_{b'e}\left[\frac{1}{r_{b'e}}+j\omega(c_\pi+c_\mu)\right] \tag{3.16}$$

通常情况下，由于 C_μ 很小，所以流过 C_μ 的电流远小于受控电流源电流 $g_m\cdot\dot{U}_{b'e}$，因而流过 C_μ 的电流可忽略，于是有

$$\dot{I}_c\approx g_m\cdot\dot{U}_{b'e} \tag{3.17}$$

将式(3.16)和式(3.17)代入式(3.15)，整理后可得

$$\dot{\beta}=\frac{g_m r_{b'e}}{1+j\omega r_{b'e}(c_\pi+c_\mu)}=\frac{\beta_0}{1+j\dfrac{f}{f_\beta}} \tag{3.18}$$

式中，$\beta_0=g_m r_{b'e}$，是低频时的共射电流放大倍数，而 f_β 为

$$f_{\beta}=\frac{1}{2\pi r_{b'e}(c_{\pi}+c_{\mu})} \tag{3.19}$$

因此 $\dot{\beta}$ 的模和相角可分别表示为

$$\left|\dot{\beta}\right|=\frac{\beta_0}{\sqrt{1+(f/f_{\beta})^2}} \tag{3.20}$$

$$\varphi_{\beta}=-\arctan(f/f_{\beta}) \tag{3.21}$$

由式(3.20)可见,频率升高,$\left|\dot{\beta}\right|$ 值下降。当 $f=f_{\beta}$ 时,$\left|\dot{\beta}\right|=\frac{\beta_0}{\sqrt{2}}\approx 0.707\beta_0$。将 $\left|\dot{\beta}\right|$ 下降到 0.707β 时的频率 f_{β} 定义为三极管的**共射截止频率**(common emitter cutoff frequency)。

2. 特征频率 f_T

将 $\left|\dot{\beta}\right|$ 降为1时的频率定义为三极管的**特征频率**(characteristic frequency),记为 f_T。将 $f=f_T$ 时 $\left|\dot{\beta}\right|=1$ 代入式(3.20),得

$$1=\frac{\beta_0}{\sqrt{1+\left(\frac{f_T}{f_{\beta}}\right)^2}} \tag{3.22}$$

由于 $f_T/f_{\beta}\gg 1$,故可近似得

$$f_T\approx\beta_0\cdot f_{\beta} \tag{3.23}$$

实际上,$f=f_T$ 时,三极管已失去电流放大作用。

3. 共基截止频率 f_{α}

共基电流传输系数 $\dot{\alpha}$ 和共射电流放大倍数 $\dot{\beta}$ 的关系是

$$\dot{\alpha}=\frac{\dot{\beta}}{1+\dot{\beta}} \tag{3.24}$$

将式(3.18)代入上式,得到

$$\dot{\alpha}=\frac{\dfrac{\beta_0}{1+\mathrm{j}\dfrac{f}{f_{\beta}}}}{1+\dfrac{\beta_0}{1+\mathrm{j}\dfrac{f}{f_{\beta}}}}=\frac{\dfrac{\beta_0}{1+\beta_0}}{1+\mathrm{j}\dfrac{f}{(1+\beta_0)\cdot f_{\beta}}} \tag{3.25}$$

令

$$\dot{\alpha}=\frac{\alpha_0}{1+\mathrm{j}\dfrac{f}{f_{\alpha}}} \tag{3.26}$$

式中 $f=f_{\alpha}$ 时,$|\dot{\alpha}|$ 下降为 α_0 的0.707倍,f_{α} 称为**共基截止频率**(common base cutoff frequency)。

对比式(3.25)和式(3.26),可得

$$f_{\alpha}=(1+\beta_0)\cdot f_{\beta} \tag{3.27}$$

于是,f_{β}、f_T 和 f_{α} 三个频率参数之间的关系为

$$f_{\alpha}\approx f_T\approx\beta_0\cdot f_{\beta} \tag{3.28}$$

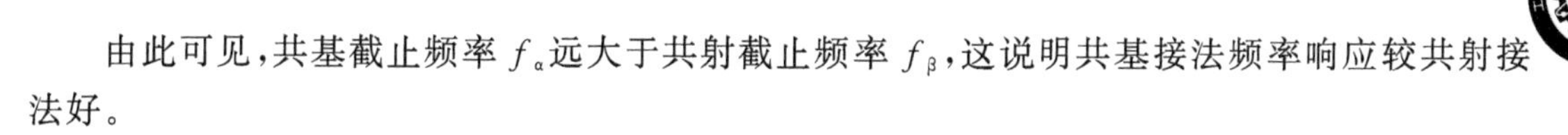

由此可见，共基截止频率 f_α 远大于共射截止频率 f_β，这说明共基接法频率响应较共射接法好。

4. 发射结电容 C_π 与 f_T 的关系

三极管特征频率 f_T 可从手册上查到，根据式(3.19)和式(3.23)，并考虑到 $\beta_0 = g_m r_{b'e}$ 以及 $C_\pi \gg C_\mu$，可估算出发射结电容 C_π 为

$$C_\pi \approx \frac{g_m}{2\pi f_T} \tag{3.29}$$

3.2.2　共射基本放大器频率响应分析

考虑了耦合电容和结电容的影响，图 3.9(a)所示的共射基本放大电路的微变等效电路如图 3.9(b)所示。

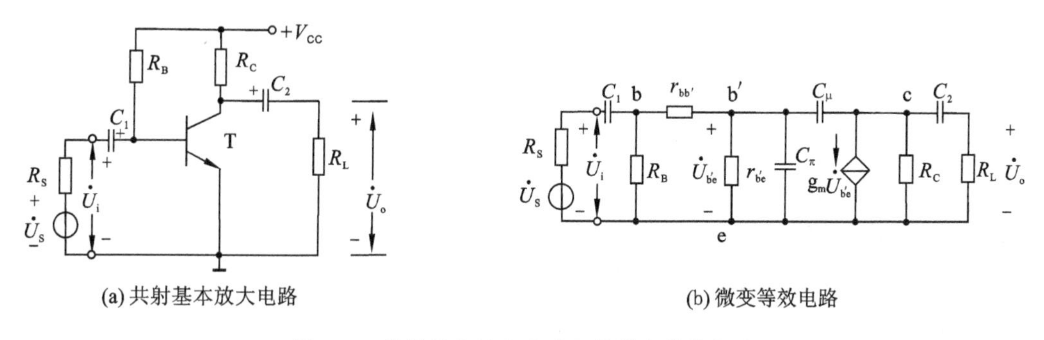

(a) 共射基本放大电路　　　　(b) 微变等效电路

图 3.9　共射基本放大电路及其微变等效电路

理论上讲，完全可以运用电路理论来求解该电路的频率响应，可是该电路是一个高阶电路，直接分析较为复杂，不适合工程手工分析。为简化分析，通常将输入信号分为中频、低频和高频三个频段，在各频段上按实际情况进行简化，降低电路阶次。在中频段，极间电容因容抗很大而视为开路，耦合电容和旁路电容因容抗很小而视为短路，故不考虑它们的影响；在低频段，主要考虑耦合电容和旁路电容的影响，此时极间电容仍视为开路；在高频段，主要考虑极间电容的影响，此时耦合电容和旁路电容仍视为短路。按上述原则，便可得到放大器各频段的简化等效电路，从而得到各频段的放大倍数，最后把它们综合起来得到完整的频率响应。

1. 共射基本放大器中频段源电压增益 $\dot{A}_{usm}$

对于图 3.9 所示电路，中频时 C_1、C_2 可视为交流短路，三极管结电容可忽略，据此可画出中频段等效电路如图 3.10 所示。图中

$$R_i = R_B \,//\, (r_{bb'} + r_{b'e}) \tag{3.30}$$

$$\dot{U}_i = \frac{R_i}{R_S + R_i}\dot{U}_S \tag{3.31}$$

$$\dot{U}_{b'e} = \frac{r_{b'e}}{r_{bb'} + r_{b'e}}\dot{U}_i \tag{3.32}$$

$$\dot{U}_o = -g_m \dot{U}_{b'e} \cdot R'_L \tag{3.33}$$

式中，$R'_L = R_C // R_L$。

联立以上各式，可得

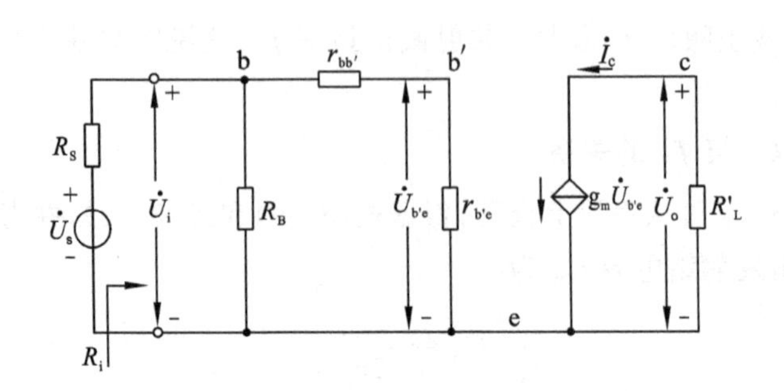

图 3.10　中频段等效电路

$$\dot{A}_{usm}=\frac{\dot{U}_o}{\dot{U}_S}=-\frac{R_i}{R_S+R_i}\cdot\frac{r_{b'e}}{r_{bb'}+r_{b'e}}\cdot g_m\cdot R'_L \tag{3.34}$$

令
$$P=\frac{r_{b'e}}{r_{bb'}+r_{b'e}} \tag{3.35}$$

得
$$\dot{A}_{usm}=-\frac{R_i}{R_S+R_i}\cdot P\cdot g_m\cdot R'_L \tag{3.36}$$

可见,$\dot{A}_{usm}$ 是一个与频率无关的常数。若把 $g_m\cdot r_{b'e}=\beta$ 的关系代入上式,可发现上式与第2章导出的共射基本放大器的源电压增益表达式一致。这是意料之中的结果,因为在中频时混合π型等效电路和H参数等效电路是等效的。

2. 共射基本放大器低频段源电压增益 $\dot{A}_{usl}$

在低频段,要考虑耦合电容 C_1、C_2 的容抗,而三极管结电容可忽略,由此画出的低频段等效电路如图3.11所示。

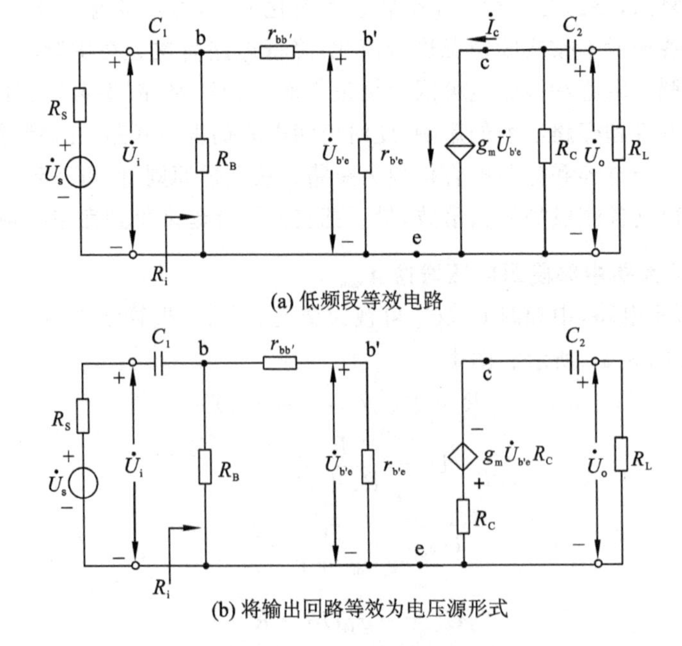

(a) 低频段等效电路

(b) 将输出回路等效为电压源形式

图 3.11　低频段等效电路

从图3.11(b)可以看出，其输入回路和输出回路都与前面讨论的高通RC电路相似，且C_1、C_2对频率特性的影响互不相关，因此低频段源电压增益由图3.11(b)的通带增益（即中频源电压增益）和由输入回路及输出回路时间常数决定的两个转折频率f_{L1}、f_{L2}确定。

由图3.11(b)可得

$$f_{L1}=\frac{1}{2\pi\tau_1}=\frac{1}{2\pi\cdot(R_S+R_i)\cdot C_1} \tag{3.37}$$

$$f_{L2}=\frac{1}{2\pi\tau_2}=\frac{1}{2\pi\cdot(R_C+R_L)\cdot C_2} \tag{3.38}$$

式中，τ_1、τ_2分别为输入回路和输出回路的时间常数。

于是有

$$\dot{A}_{usl}=\dot{A}_{usm}\cdot\frac{1}{[1-j(f_{L1}/f)]\cdot[1-j(f_{L2}/f)]} \tag{3.39}$$

由式(3.39)可知，共射基本放大器低频段源电压增益有两个转折频率f_{L1}和f_{L2}。如果两者的比值在四倍以上，可取较大者作为放大电路的下限频率f_L。

综合式(3.37)～式(3.39)可见，为了降低放大电路的下限频率f_L，应增大耦合电容C_1、C_2，增大电阻R_S、R_i、R_C和R_L。

3. 共射基本放大器高频段源电压增益$\dot{A}_{ush}$

在高频段，要考虑三极管发射结结电容C_π和集电结结电容C_μ的影响，而耦合电容C_1、C_2可视为短路，由此画出的高频段等效电路如图3.12所示。

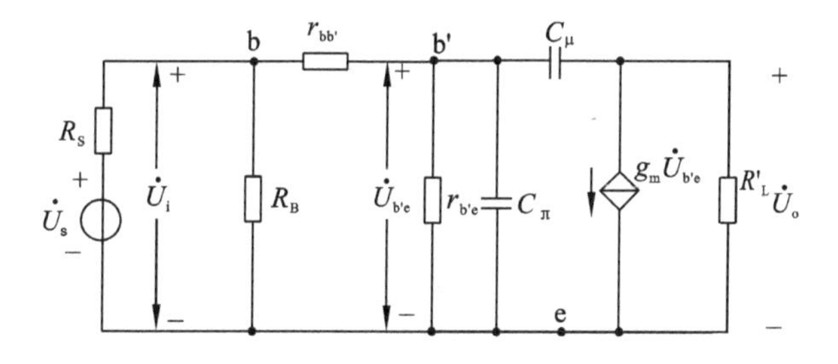

图3.12　高频段等效电路

图中，C_μ将输入回路和输出回路连接起来给分析带来麻烦。为便于分析，根据密勒定理，可将C_μ分别折合到输入回路和输出回路中。下面先对密勒定理作简单介绍。

在网络的输入端和输出端跨接阻抗$Z(s)$（或导纳$Y(s)=1/Z(s)$），如图3.13(a)所示。根据密勒定理，跨接阻抗$Z(s)$可用并接在输入和输出端的两个等效阻抗$Z_1(s)$（或$Y_1(s)$）和$Z_2(s)$（或$Y_2(s)$）来等效，如图3.13(b)所示。其中，$Y_1(s)$和$Y_2(s)$分别为

$$Y_1(s)=\frac{1}{Z_1(s)}=Y(s)[1-A(s)] \tag{3.40}$$

$$Y_2(s)=\frac{1}{Z_2(s)}=Y(s)\left[1-\frac{1}{A(s)}\right] \tag{3.41}$$

式中，$A(s)=U_o(s)/U_i(s)$为网络的传递函数。

密勒定理可以这样来证明：在图3.13(a)中，在输入端，流入$Y(s)$的电流为

$$Y(s)[U_i(s)-U_o(s)]=Y(s)U_i(s)[1-A(s)]=Y_1(s)U_i(s)$$

可见，$Y(s)$对网络输入端的作用可用并接在输入端的导纳$Y_1(s)$来等效。同理，在输出端，流

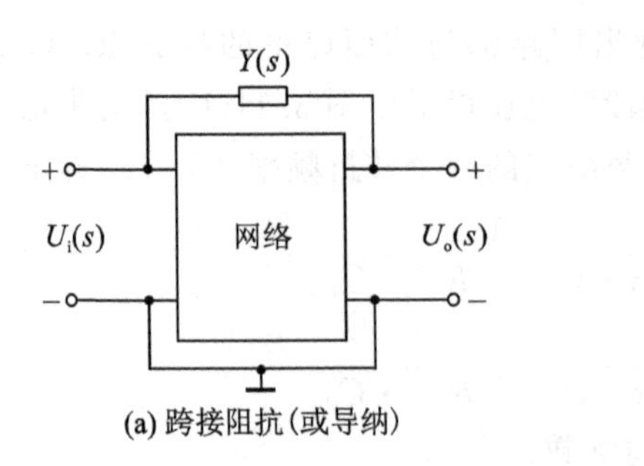

(a) 跨接阻抗(或导纳)

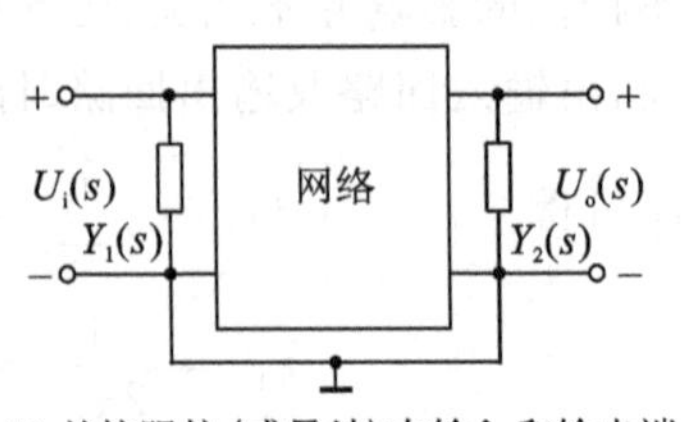

(b) 并接阻抗(或导纳)在输入和输出端

图 3.13 密勒定理

入 $Y(s)$ 的电流为

$$Y(s)\left[U_{o}(s)-U_{i}(s)\right]=Y(s)U_{o}(s)\left[1-1/A(s)\right]=Y_{2}(s)U_{o}(s)$$

可见,$Y(s)$ 对网络输出端的作用可用并接在输出端的导纳 $Y_2(s)$ 来等效。

图 3.14(a)是图 3.12 所示放大器高频等效电路的右半部分,C_μ 跨接在输入和输出端之间,根据密勒定理,可将它变换为图 3.14(b)所示电路。

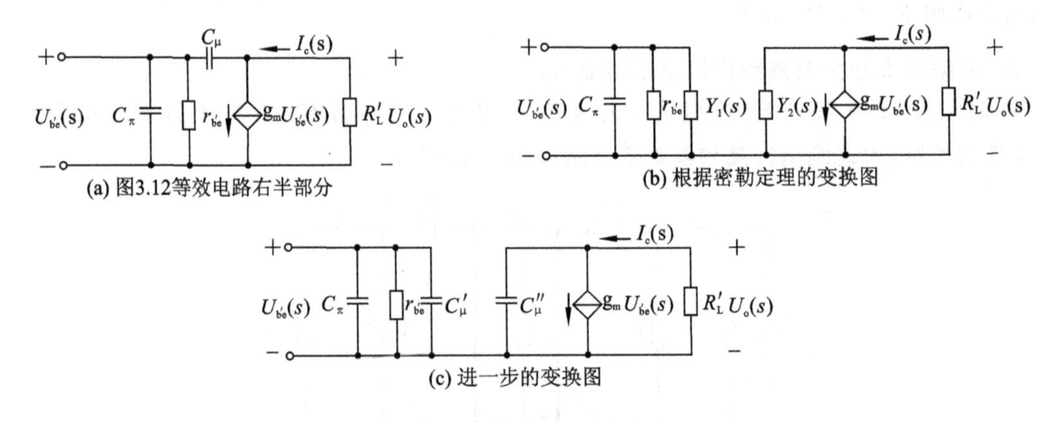

图 3.14 密勒定理及单向化近似

图 3.14 中,有

$$Y_{1}(s)=sC_{\mu}\left[1-A(s)\right] \tag{3.42}$$

$$Y_{2}(s)=sC_{\mu}\left[1-1/A(s)\right] \tag{3.43}$$

其中,$A(s)$ 是图 3.14(a)所示电路在 $U_{b'e}(s)$ 作用下的电压增益,由图可见

$$I_{c}(s)=g_{m}U_{b'e}(s)-\left[U_{b'e}(s)-U_{o}(s)\right]sC_{\mu}$$

$$U_{o}(s)=-I_{c}(s)R'_{L}$$

联立求解,得到电压增益为

$$A(s)=\frac{U_{o}(s)}{U_{b'e}(s)}=-\frac{(g_{m}-sC_{\mu})R'_{L}}{1+sC_{\mu}R'_{L}} \tag{3.44}$$

通常 C_μ 很小,对于实际频率 $s=\mathrm{j}\omega$,满足下列单向化条件

$$g_{m}\gg\omega C_{\mu},\quad R'_{L}\ll\frac{1}{\omega C_{\mu}} \tag{3.45}$$

则 $A(s)$ 可近似为

$$A(s)\approx -g_{m}R'_{L} \tag{3.46}$$

实际上，上式就是在忽略 C_μ 的条件下，由输入端正向传输到输出端的增益。

于是，图 3.14(b)所示电路可用图 3.14(c)所示电路近似等效，图中

$$C'_\mu=(1-A)C_\mu \tag{3.47}$$

$$C''_\mu=(1-1/A)C_\mu \tag{3.48}$$

其中，

$$A=-g_m R'_L \tag{3.49}$$

A 的值通常远大于 1，故 $C'_\mu \gg C_\mu$ 且 $C''_\mu \approx C_\mu$。

C'_μ称为**密勒电容**(miller capacitance)，其值远大于 C_μ 的现象，称为密勒倍增效应。

应用密勒定理和单向化近似条件，图 3.12 所示的高频段等效电路简化为如图 3.15 所示。

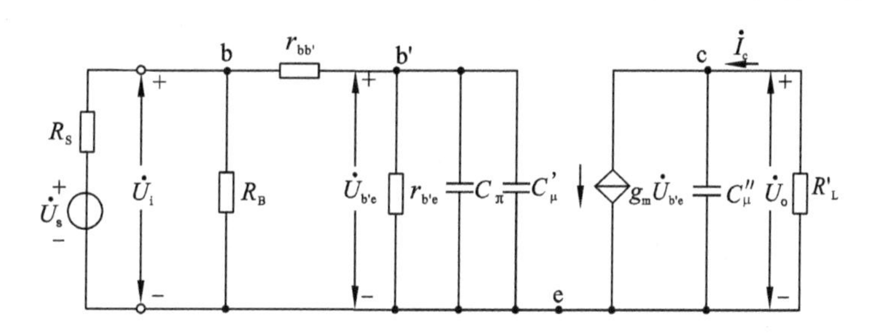

图 3.15　密勒等效后的单向化等效电路

在图 3.15 中，C_π 和 C'_μ并联，得输入回路电容 C'_π

$$C'_\pi=C_\pi+(1-A)C_\mu \tag{3.50}$$

同时考虑到输出回路时间常数 $C''_\mu \cdot R'_L$比输入回路时间常数 $C'_\pi \cdot \{r_{b'e}/\!/[r_{bb'}+(R_S/\!/R_B)]\}$小很多，可将 C''_μ忽略。再利用戴维南定理对输入回路进行简化，得到简化电路如图 3.16 所示。

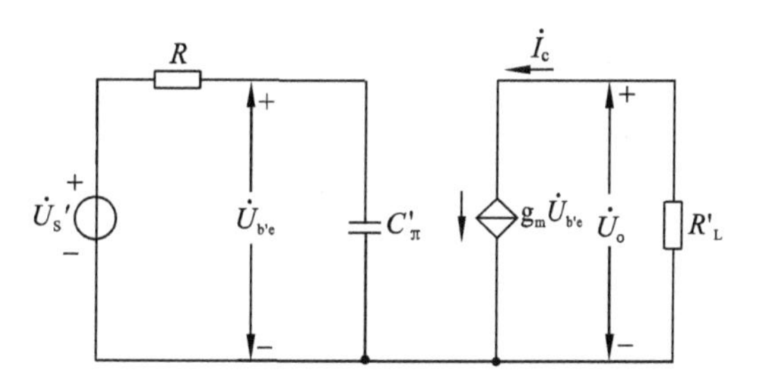

图 3.16　简化等效电路

图中

$$R=r_{b'e}/\!/[r_{bb'}+(R_S/\!/R_B)] \tag{3.51}$$

$$\dot{U}'_s=\frac{R_i}{R_S+R_i}\cdot\frac{r_{b'e}}{r_{bb'}+r_{b'e}}\cdot\dot{U}_s=\frac{R_i}{R_s+R_i}P\cdot\dot{U}_s \tag{3.52}$$

式中，$R_i=R_B/\!/(r_{bb'}+r_{b'e})$。

由图可见，电路只含一个低通 RC 电路，故得

$$f_H=\frac{1}{2\pi RC'_\pi} \tag{3.53}$$

则
$$\dot{A}_{\mathrm{ush}}=\dot{A}_{\mathrm{usm}}\frac{1}{1+\mathrm{j}\dfrac{f}{f_{\mathrm{H}}}}\tag{3.54}$$

由式(3.53)可知,上限频率 f_{H} 主要由高频等效电路的时间常数决定,C'_{π}和 R 的乘积越小,则 f_{H} 越大,电路的高频响应越好。因此,为了改善放大电路的高频响应,应减小三极管的结电容 C_{π}、C_{μ},减小电阻 R_{S}、R_{B}、R'_{L}、$r_{\mathrm{bb'}}$和 $r_{\mathrm{b'e}}$。

4. 共射放大器完整的频率特性

将放大器中频段、低频段和高频段分别求出的源电压增益综合起来,可得到完整的源电压增益近似表达式为

$$\dot{A}_{\mathrm{us}}=\frac{\dot{A}_{\mathrm{usm}}}{\left(1-\mathrm{j}\dfrac{f_{\mathrm{L1}}}{f}\right)\left(1-\mathrm{j}\dfrac{f_{\mathrm{L2}}}{f}\right)\left(1+\mathrm{j}\dfrac{f}{f_{\mathrm{H}}}\right)}\tag{3.55}$$

$\dot{A}_{\mathrm{us}}$ 的幅频特性和相频特性表达式分别为

$$|\dot{A}_{\mathrm{us}}|=\frac{|\dot{A}_{\mathrm{usm}}|}{\sqrt{1+\left(\dfrac{f_{\mathrm{L1}}}{f}\right)^2}\cdot\sqrt{1+\left(\dfrac{f_{\mathrm{L2}}}{f}\right)^2}\cdot\sqrt{1+\left(\dfrac{f}{f_{\mathrm{H}}}\right)^2}}\tag{3.56}$$

$$20\lg|\dot{A}_{\mathrm{us}}|=20\lg|\dot{A}_{\mathrm{usm}}|-20\lg\sqrt{1+\left(\frac{f_{\mathrm{L1}}}{f}\right)^2}-20\lg\sqrt{1+\left(\frac{f_{\mathrm{L2}}}{f}\right)^2}-20\lg\sqrt{1+\left(\frac{f}{f_{\mathrm{H}}}\right)^2}\ (\mathrm{dB})\tag{3.57}$$

$$\varphi(f)=-180^\circ+\arctan\left(\frac{f_{\mathrm{L1}}}{f}\right)+\arctan\left(\frac{f_{\mathrm{L2}}}{f}\right)-\arctan\left(\frac{f}{f_{\mathrm{H}}}\right)\tag{3.58}$$

参照低通 RC 和高通 RC 网络波特图的绘制方法,画出上式中每一项所表示的幅频特性或相频特性的渐近波特图,再将它们叠加起来,即可画出共射基本放大器完整的波特图,如图 3.17 所示。图中假设 $f_{\mathrm{L1}}\ll f_{\mathrm{L2}}$。

5. 增益带宽积

中频增益和带宽是放大器的两项重要指标。对于大多数放大器而言,通常有 $f_{\mathrm{H}}\gg f_{\mathrm{L}}$,因而通频带宽 $BW_{0.7}=f_{\mathrm{H}}-f_{\mathrm{L}}\approx f_{\mathrm{H}}$,因此要提高 $BW_{0.7}$,关键是提高 f_{H}。对于图 3.9(a)所示的基本共射放大器来说,需减小 b′-e 间等效电容 C'_{π}及其回路电阻,以减小回路时间常数,从而增大 f_{H}。根据式(3.49)和式(3.50),当管子选定后为减少 C'_{π}需减小 $g_{\mathrm{m}}R'_{\mathrm{L}}$,而根据式(3.36) $g_{\mathrm{m}}R'_{\mathrm{L}}$的减小将使$|\dot{A}_{\mathrm{usm}}|$减小。可见,$f_{\mathrm{H}}$ 的提高与$|\dot{A}_{\mathrm{usm}}|$的增大是互相矛盾的,也就是说带宽与增益是矛盾的,即增益提高时,必使带宽变窄,而增益减少时,必使带宽变宽。为了综合考察这两方面的性能,引入一个新的参数——增益带宽积,即

$$G_{\mathrm{BW}}=|\dot{A}_{\mathrm{usm}}BW_{0.7}|\approx|\dot{A}_{\mathrm{usm}}f_{\mathrm{H}}|\tag{3.59}$$

根据式(3.36)、式(3.50)、式(3.51)及式(3.53),图 3.9(a)所示的共射基本放大器的增益带宽积为

$$G_{\mathrm{BW}}=\frac{R_{\mathrm{i}}}{R_{\mathrm{s}}+R_{\mathrm{i}}}\cdot\frac{r_{\mathrm{b'e}}}{r_{\mathrm{be}}}\cdot g_{\mathrm{m}}R'_{\mathrm{L}}\cdot\frac{1}{2\pi\left[r_{\mathrm{b'e}}\,/\!/\,(r_{\mathrm{bb'}}+R_{\mathrm{s}}\,/\!/\,R_{\mathrm{B}})\right]C'_{\pi}}\tag{3.60}$$

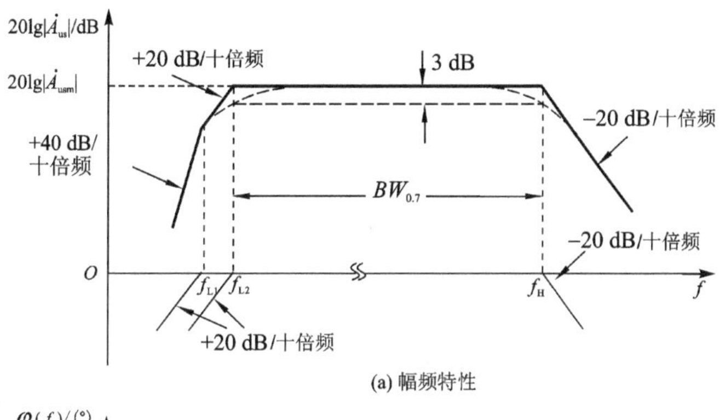

(a) 幅频特性

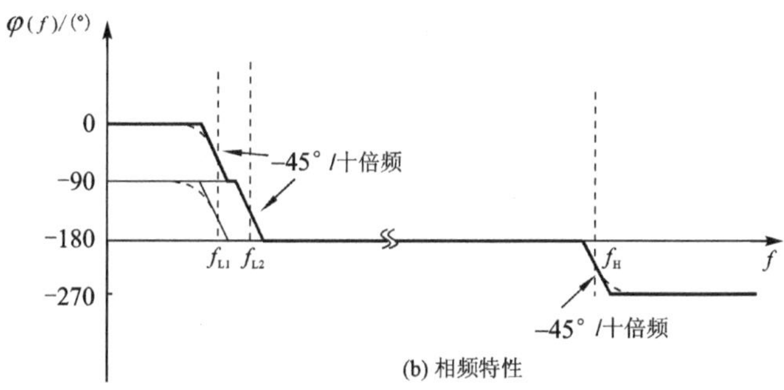

(b) 相频特性

图 3.17　共射放大器波特图

为看清问题本质，对电路参数作如下合理假设：$R_B \gg r_{be}$，则 $R_i \approx r_{be}$；设 $R_B \gg R_S$，则 $R_B /\!/ R_S \approx R_S$；设$(1+g_m R'_L)C_\mu \gg C_\pi$，且 $g_m R'_L \gg 1$，则 $C'_\pi \approx g_m R'_L C_\mu$。于是有

$$G_{BW} \approx \frac{r_{be}}{R_s + r_{be}} \cdot \frac{r_{b'e}}{r_{be}} \cdot g_m R'_L \cdot \frac{1}{2\pi \dfrac{r_{b'e}(r_{bb'} + R_S)}{r_{b'e} + r_{bb'} + R_S} \cdot g_m R'_L C_\mu}$$

整理可得

$$G_{BW} \approx \frac{1}{2\pi(r_{bb'} + R_S)C_\mu} \tag{3.61}$$

式(3.61)表明，在晶体管选定后，$r_{bb'}$ 和 C_μ 就随之确定，因而增益带宽积也就大体确定，即增益增大多少倍，带宽就几乎变窄多少倍，这个结论具有一定普遍性。

综上所述，可得出下列结论：

(1) 要有效增大 f_H 和 G_{BW}，首先必须选用 $r_{bb'}$ 和 C_μ 小而 f_T 高(即 C_π 小)的高频管。

(2) 管子选定后，要提高 f_H 和 G_{BW}，必须尽可能减少 R_S(即输入信号源接近电压源)。

(3) 减小 R'_L，f_H 随之增大，但 $|\dot{A}_{usm}|$ 同时减小。因此 R'_L 的选择应兼顾 f_H 和 $|\dot{A}_{usm}|$ 的要求。

总之，要扩展共射放大器的上限频率，应使其输入和输出节点为低阻节点(即 R_S 和 R'_L 较小)，但最终受到管子的限制。

例 3.1　图 3.9 所示电路中，$R_B=377\ \text{k}\Omega$，$R_C=6\ \text{k}\Omega$，$R_S=1\ \text{k}\Omega$，$R_L=3\ \text{k}\Omega$，$C_1=2\ \mu\text{F}$，$C_2=5\ \mu\text{F}$，晶体管 $\beta=36$，$r_{bb'}=100\ \Omega$，$r_{be}=1\ \text{k}\Omega$，$f_T=130\ \text{MHz}$，$C_\mu=5\ \text{pF}$。计算放大电路的

中频源电压放大倍数$\dot{A}_{usm}$、上下限截止频率f_H、f_L及增益带宽积G_{BW}，并画出幅频与相频特性曲线。

解：输入电阻为 $$R_i=R_B//r_{be}=377//1\approx 1\ \text{k}\Omega$$

中频源电压放大倍数为

$$\dot{A}_{usm}=\frac{R_i}{R_S+R_i}\dot{A}_{um}=\frac{R_i}{R_S+R_i}\cdot\left(-\beta\cdot\frac{R_C\ //\ R_L}{r_{be}}\right)\approx -36$$

C_1单独作用时的下限截止频率为

$$f_{L1}=\frac{1}{2\pi(R_S+R_i)C_1}=40\ \text{Hz}$$

C_2单独作用时的下限截止频率为

$$f_{L2}=\frac{1}{2\pi(R_C+R_L)C_2}=3.5\ \text{Hz}$$

因为f_{L1}相差f_{L2}四倍以上，所以放大电路的下限截止频率为

$$f_L\approx f_{L1}=40\ \text{Hz}$$

如果不满足两个转折频率f_{L1}、f_{L2}相差四倍以上，确定放大电路下限截止频率的方法参考3.4节的讨论。

放大电路的上限截止频率为

$$f_H=\frac{1}{2\pi RC'_\pi}$$

其中 $$R=r_{b'e}\ //\ [r_{bb'}+R_S\ //\ R_B]=0.495\ \text{k}\Omega$$

$$g_m=\frac{\beta}{r_{b'e}}=40\ \text{mS}$$

$$C_\pi=\frac{g_m}{2\pi f_T}=42.4\ \text{pF}$$

$$C'_\pi=C_\pi+(1-A)\cdot C_\mu=C_\pi+(1+g_m\cdot R'_L)\cdot C_\mu=447.4\ \text{pF}$$

计算可得放大电路的上限截止频率$f_H=0.72\ \text{MHz}$。

放大电路的增益带宽积为

$$G_{BW}=|\dot{A}_{usm}f_H|\approx 25.9\ \text{MHz}$$

根据f_L、f_H及$\dot{A}_{usm}$画出幅频特性和相频特性(见图3.18)，方法如下：

幅频特性：在横坐标上找到对应于f_L和f_H的两点，在f_L和f_H之间的中频区作一条高为$20\lg|\dot{A}_{usm}|$的水平直线；从$f=f_L$点开始，在低频区作一条斜率为+20 dB/十倍频程的直线折向左下方，再从$f=f_H$点开始，在高频区作一条斜率为−20 dB/十倍频程的直线折向右下方。以上三段直线构成的折线即是放大电路的幅频特性。

相频特性：在$10f_L\sim 0.1f_H$之间的中频区，$\varphi=-180°$；当$f<0.1f_L$时，$\varphi=-90°$；当$f>10f_H$时，$\varphi=-270°$；在$0.1f_L\sim 10f_L$范围内以及$0.1f_H\sim 10f_H$范围内，相频特性为两条斜率均为−45°/十倍频程的直线。以上五段直线构成的折线就是放大电路的相频特性。

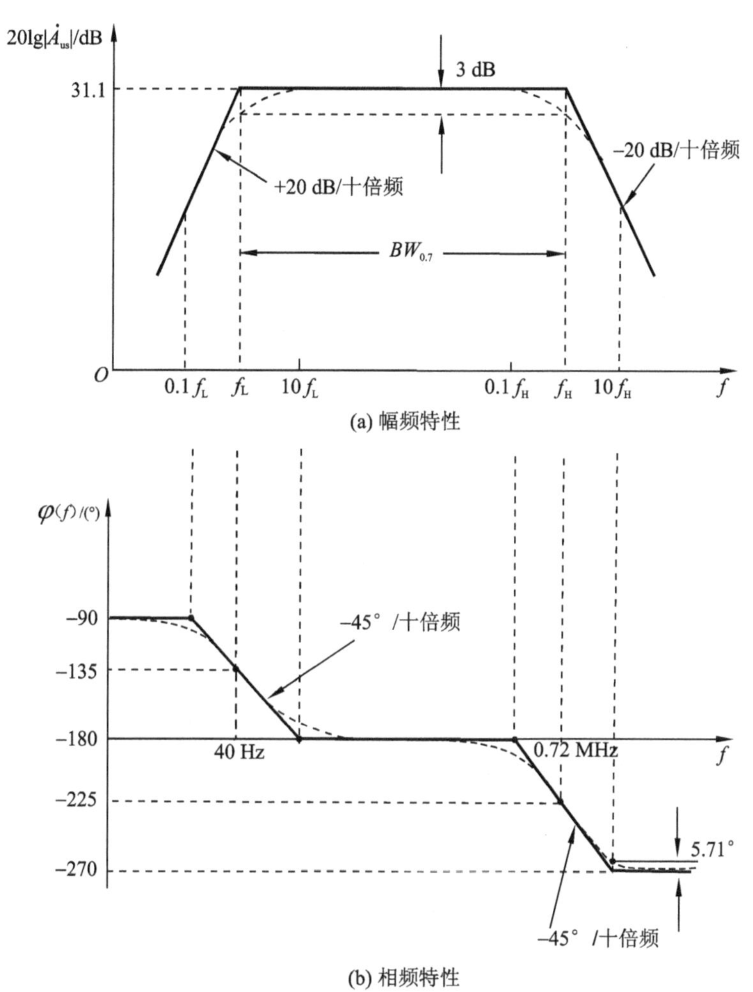

图 3.18　共射放大器频率响应的波特图

3.3　共集和共基放大器的频率响应及组合宽带放大器

前面详细讨论了共射放大器的频率特性，对共集和共基放大器的频率特性可以通过类似的方法进行分析。下面仅从物理概念上对共集和共基放大器的高频特性作定性分析。

3.3.1　共集放大器的高频响应

图 3.19(a)所示为共集放大器，其高频段微变等效电路如图 3.19(b)所示。由图 3.19(b)可见，它是一个包含电容 C_μ、C_π 的二阶电路。下面分别讨论 C_μ 和 C_π 对电路高频响应的影响。

1. C_μ 的影响

由图 3.19(b)可见，C_μ 直接接在 b′和地之间，亦即在输入回路中，显然其不存在如共射放大器中的密勒倍增效应。由于 C_μ 本身很小(零点几皮法到几皮法)，故只要源电阻 R_S 及 $r_{bb'}$ 较小，C_μ 对高频响应的影响就很小。

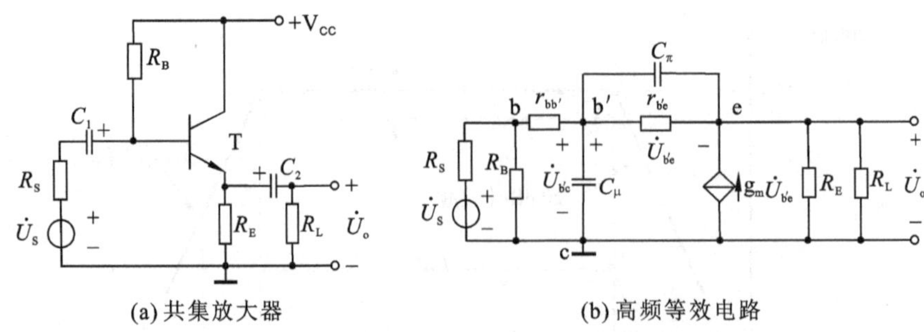

(a) 共集放大器　　(b) 高频等效电路

图 3.19　共集放大器及其高频微变等效电路

2. C_π 的影响

在图 3.19(b)中,C_π 是一个跨接在输入端与输出端的电容,利用密勒定理将其等效到输入端,则密勒等效电容 C_M 为

$$C_M = C_\pi(1-\dot{A}_u) \tag{3.62}$$

其中,$\dot{A}_u=\dfrac{\dot{U}_o}{\dot{U}_{b'c}}$是共集电路的电压增益,其值小于 1 而接近于 1,故 $C_M \ll C_\pi$。

可见,由于 C_π 的密勒等效电容远小于 C_π 本身,故 C_π 对高频响应的影响也很小。

综上所述,共集放大器由于不存在密勒倍增效应,故其上限频率远高于共射放大器。此外,共集放大器是反馈系数为 1 的电压串联负反馈放大器,因而是理想的电压跟随器(有关负反馈概念、性质详见第 6 章),这也是其上限频率高的原因之一。理论分析表明,共集放大器的上限频率可接近于管子的特征频率 f_T。

3.3.2 共基放大器的高频响应

如图 3.20(a)所示的共基放大器,为考察晶体管电容 C_π 和 C_μ 对高频响应的影响,同样先画出其高频等效电路,如图 3.20(b)所示。

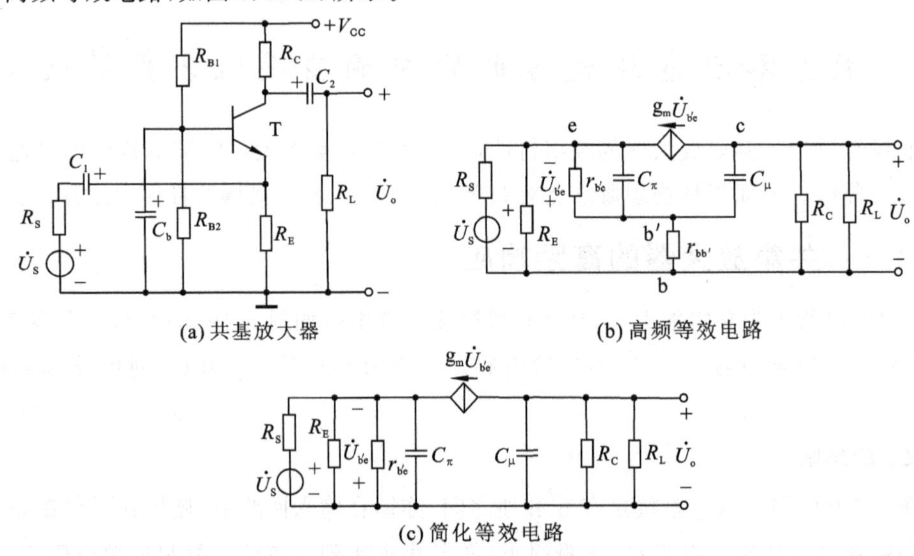

(a) 共基放大器　　(b) 高频等效电路

(c) 简化等效电路

图 3.20　共基放大器及其高频等效电路

通常 $r_{bb'}$ 与其相串联的阻抗相比小得多，为了简化问题的分析，忽略 $r_{bb'}$ 的影响，即将 $r_{bb'}$ 视为短路。于是得到了图 3.20(c)所示的简化高频等效电路。由图可见 C_{π} 和 C_{μ} 分别直接接在输入回路和输出回路中，它们都不存在密勒倍增效应，且由于共基放大器具有输入电阻很小的特点，故其上限频率很高。另外，由于共基放大器为理想的电流接续器，能够在很宽的频率范围内($f< f_{\alpha}$)将输入电流接续到输出端，故其上限频率很高，除非负载 R_L 上并接大的负载电容，其上限频率才会受到负载电路的影响。

3.3.3 组合电路宽带放大器

在三极管的三种基本组态中，共射电路虽具有较高的中频放大倍数，但其高频响应最差。要扩展共射放大器的上限频率，应使其输入和输出节点为低阻节点，因此实用上常常利用共基具有低输入阻抗及共集具有低输出阻抗的特点来组成共射-共基和共集-共射两种组合电路宽带放大器，其交流通路分别如图 3.21(a)和(b)所示。

在图 3.21(a)所示共射-共基组合电路中，由于共基电路是理想的电流接续器，故流过负载 R_L 的电流在接入共基极 T_2 前后几乎不变，因此该电路总的中频放大倍数几乎与单级共射电路相同。就电路上限频率而言，由于共射电路的上限频率远小于共基电路，上限频率主要取决于共射电路。而组合电路利用共基电路输入阻抗小的特性，将它作为共射电路的负载，就可有效地克服共射电路的密勒倍增效应，从而扩展共射电路的上限频率，因此组合电路的上限频率也随之提高。

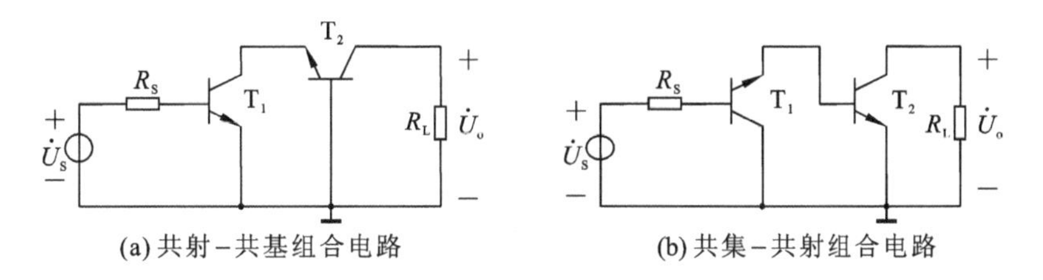

图 3.21　组合电路宽带放大器

在图 3.21(b)所示的共集-共射电路中，首先，由于共集电路是理想的电压跟随器，故组合电路的中频放大倍数与单管共射电路几乎相同。对于上限频率，由于共集电路的上限频率远大于共射电路，因此上限频率主要取决于共射电路。同时，组合电路利用共集电路输出阻抗小的特性，将其作为共射电路的源阻抗(R_S)，就能有效地扩展共射电路的上限频率，从而使组合电路有较高的上限频率。

上述两种组合电路广泛应用于集成宽带放大器中，如图 3.22 所示的宽带放大器 CA3040 即为其中一例。图中，T_1～T_6 构成采用组合电路的差放电路(有关差放电路的原理详见第 4 章)；每一边由三个晶体管(T_1～T_3 和 T_4～T_6)接成共集—共射—共基组合电路；T_9 为该差放的恒流偏置；输出级 T_7、T_8 又采用共集电路。因此，该电路的 f_H 较高，在纯电阻负载下，上限频率 f_H 高达 33 MHz，并可提供 30 dB 的增益。

以上讨论了双极型晶体管放大器的频率响应，对于场效应管放大器，可采用类似方法来分析其频率响应，有关场效应管频响的分析，读者可参阅有关文献。

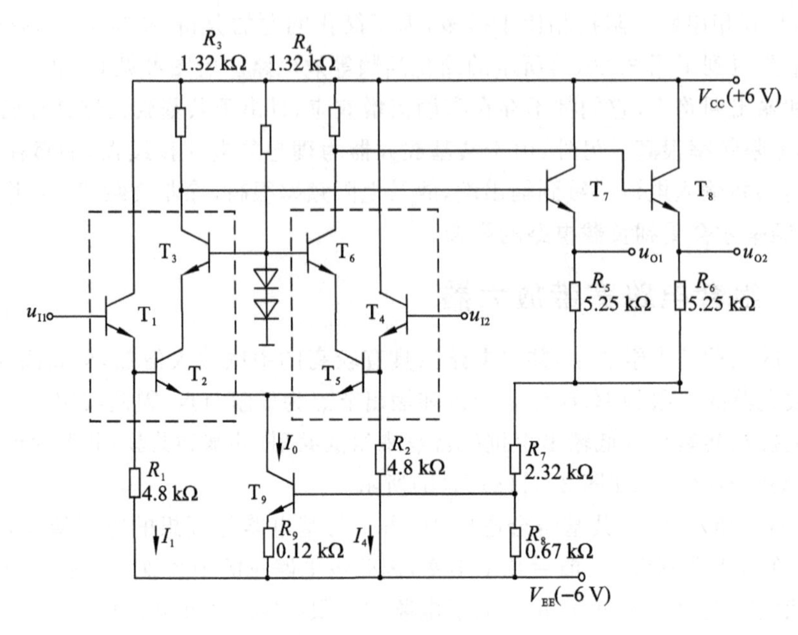

图 3.22　CA3040 集成宽带放大器内部电路

3.4　多级放大器的频率特性

1. 多级放大器的幅频特性和相频特性

在多级放大器中,总的电压放大倍数是各级电压放大倍数的乘积,即

$$\dot{A}_u = \prod_{i=1}^{n} \dot{A}_{ui} \tag{3.63}$$

式中,$\dot{A}_{ui}(i=1,2,\cdots,)$是放大器第 i 级的电压放大倍数。

对式(3.63)取模后再取对数,得多级放大器的幅频特性

$$\begin{aligned} 20\lg|\dot{A}_u| &= 20\lg|\dot{A}_{u1}| + 20\lg|\dot{A}_{u2}| + \cdots + 20\lg|\dot{A}_{un}| \\ &= \sum_{i=1}^{n} 20\lg|\dot{A}_{ui}|\,(\text{dB}) \end{aligned} \tag{3.64}$$

对式(3.63)取相位,得多级放大器的相频特性

$$\varphi = \varphi_1 + \varphi_2 + \cdots + \varphi_n = \sum_{i=1}^{n} \varphi_i \tag{3.65}$$

式(3.64)、式(3.65)说明,多级放大器的对数增益等于各级对数增益的代数和;总相位也是各级相位的代数和。因此,当绘制多级放大器的幅频特性曲线和相频特性曲线时,只要把各级的特性曲线在同一横坐标上的纵坐标值叠加起来就可以了。

例 3.2　某多级放大器的电压放大倍数表达式是

$$\dot{A}_u = \frac{\dot{A}_{um}}{\left(1 + \mathrm{j}\dfrac{f}{f_{H1}}\right)\left(1 + \mathrm{j}\dfrac{f}{f_{H2}}\right)\left(1 + \mathrm{j}\dfrac{f}{f_{H3}}\right)}$$

设 $f_{H1}=0.1f_{H2}=0.01f_{H3}$，中频时相移为0°。试画出渐近波特图。

解：对增益表达式取模并取对数，得幅频特性为

$$20\lg|\dot{A}_u|=20\lg|\dot{A}_{um}|-20\lg\sqrt{1+(f/f_{H1})^2}-20\lg\sqrt{1+(f/f_{H2})^2}-20\lg\sqrt{1+(f/f_{H3})^2}\ (\text{dB})$$

对增益表达式取相位，得相频特性为

$$\varphi(f)=-\arctan(f/f_{H1})-\arctan(f/f_{H2})-\arctan(f/f_{H3})$$

图3.23画出了幅频特性和相频特性的渐近波特图，可见，不论是幅频特性还是相频特性，其渐近波特图都是各因子渐近波特图的合成。幅频特性自 $20\lg|\dot{A}_{um}|$ 的水平线出发，经 f_{H1} 转折到斜率为−20 dB/十倍频的直线，经 f_{H2} 转折到斜率为−40 dB/十倍频的直线，经 f_{H3} 转折到斜率为−60 dB/十倍频的直线，即每经过一极点频率，斜率绝对值增加20 dB/十倍频，相频特性自0°延伸到−270°。

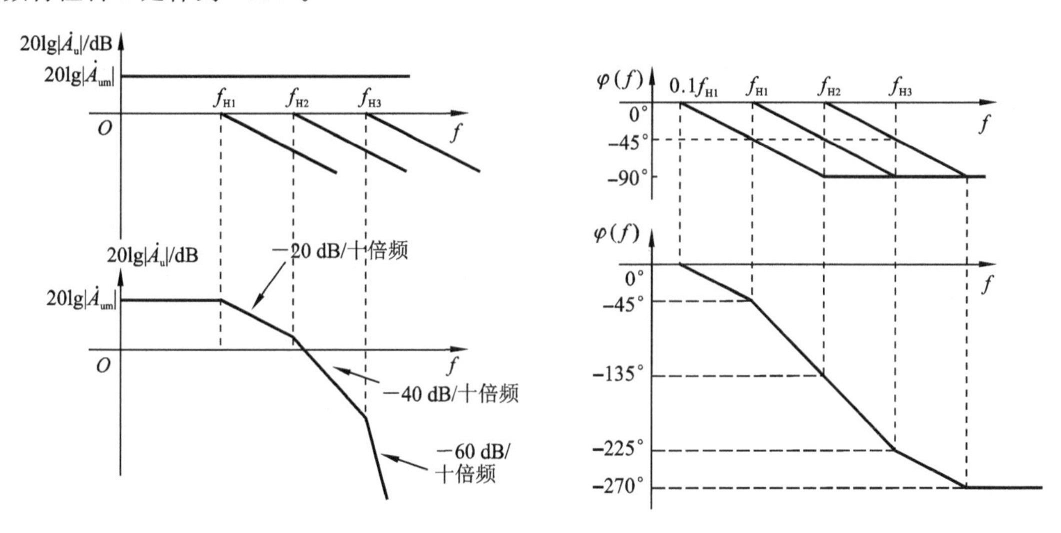

图3.23　某多级放大器渐近波特图

2. 多级放大器的下限频率 f_L

设多级放大器在低频段的增益表达式是

$$\dot{A}_{usl}=\prod_{i=1}^{n}\dot{A}_{usmi}\frac{1}{1-j(f_{Li}/f)}$$

总的中频电压放大倍数 $|\dot{A}_{usm}|=\prod\limits_{i=1}^{n}|\dot{A}_{usmi}|$，所以有

$$\left|\frac{\dot{A}_{usl}}{\dot{A}_{usm}}\right|=\prod_{i=1}^{n}\frac{1}{\sqrt{1+(f_{Li}/f)^2}} \tag{3.66}$$

根据下限频率 f_L 的定义，当 $f=f_L$ 时，$\left|\frac{\dot{A}_{usl}}{\dot{A}_{usm}}\right|=\frac{1}{\sqrt{2}}$，得

$$\prod_{i=1}^{n}\left[1+\left(\frac{f_{Li}}{f_L}\right)^2\right]=2 \tag{3.67}$$

将上式展开，考虑到 $\left(\frac{f_{Li}}{f_L}\right)<1(i=1\sim n)$，忽略高次项得 $1+\left(\frac{f_{L1}}{f_L}\right)^2+\cdots+\left(\frac{f_{Ln}}{f_L}\right)^2=2$

$$f_L \approx \sqrt{f_{L1}^2 + f_{L2}^2 + \cdots + f_{Ln}^2} \tag{3.68}$$

为了得到更准确的结果,在该式前面乘以修正系数1.1,得

$$f_L \approx 1.1\sqrt{f_{L1}^2 + f_{L2}^2 + \cdots + f_{Ln}^2} \tag{3.69}$$

3. 多级放大器的上限频率 f_H

设多级放大器在高频段的增益表达式是

$$\dot{A}_{ush} = \prod_{i=1}^{n} \dot{A}_{usmi} \frac{1}{1 + j(f/f_{Hi})} \tag{3.70}$$

经过与上述 f_L 类似的推导,考虑到 $f_H/f_{Hi}<1(i=1,2,\cdots,n)$,即多级放大器的上限频率 f_H 小于每一级的上限频率 $f_{Hi}(i=1,2,\cdots,n)$。经过修正,可得

$$\frac{1}{f_H} \approx 1.1\sqrt{\frac{1}{f_{H1}^2} + \frac{1}{f_{H2}^2} + \cdots + \frac{1}{f_{Hn}^2}} \tag{3.71}$$

从以上推导可以看出,将几级放大电路串接起来后,放大倍数提高了,但多级放大器的3 dB通频带变窄了,比组成放大器的每一级电路的通频带都要窄。

例3.3 在一个两级放大电路中,已知第一级的中频电压放大倍数 $\dot{A}_{um1}=-100$,下限频率 $f_{L1}=10$ Hz,上限频率 $f_{H1}=20$ kHz;第二级的中频电压放大倍数 $\dot{A}_{um2}=-20$,下限频率 $f_{L2}=100$ Hz,上限频率 $f_{H2}=150$ kHz。试问该两级放大电路的中频电压增益等于多少分贝?其上、下限频率各约为多少?

解:第一级的中频电压放大倍数为 $\dot{A}_{um1}=-100$,其对应的对数增益为 $20\lg100=40$ dB;

第二级的中频电压放大倍数为 $\dot{A}_{um2}=-20$,其对应的对数增益为 $20\lg20\approx26$ dB;

故该两级放大电路的中频电压增益为:40 dB+26 dB=66 dB。

利用公式

$$\frac{1}{f_H} \approx 1.1\sqrt{\frac{1}{f_{H1}^2} + \frac{1}{f_{H2}^2}}$$

可求得

$$f_H \approx 18\ \text{kHz}$$

利用公式

$$f_L \approx 1.1\sqrt{f_{L1}^2 + f_{L2}^2}$$

可得到

$$f_L \approx 110.5\ \text{Hz}$$

本例中,由于 $f_{H1} \ll f_{H2}$,$f_{L1} \ll f_{L2}$,故该两级放大电路上、下限频率也可简单估算如下:

$$f_H \approx f_{H1} = 20\ \text{kHz}$$

$$f_L \approx f_{L2} = 100\ \text{Hz}$$

与上面的计算结果相差不大。

3.5 频率响应与阶跃响应

如前所述,频率响应是描述放大电路对不同频率正弦信号放大能力的,即在输入信号幅值不变的情况下改变信号频率,来考察输出信号的幅值与相位的变化,这种方法称为频域法。事

实上，对放大电路研究还可采用时域法。所谓时域法是以单位阶跃信号作为放大电路的输入信号，研究放大电路的输出波形随时间变化的情况，它又称为放大电路的阶跃响应。

3.5.1　阶跃信号与阶跃响应

图 3.24 所示即为一阶跃电压信号，其数学表达式为

$$u_{\mathrm{i}}(t)=\begin{cases}0 & (t<0)\\ U_I & (t\geqslant 0)\end{cases}$$

可见，阶跃电压信号既有变化速度很快的部分（$t=0^{-}\sim 0^{+}$ 的阶跃部分），又有变化速度很慢的部分（$t>0^{+}$ 的平顶部分）。把这样的信号加到放大电路的输入端，如果放大电路对阶跃信号的上升边能很好地反映，即阶跃响应的上升边也很陡的话，那么放大电路就能够很好地放大变化极快的信号（即高频信号）。另外，如果放大电路对阶跃信号的平顶部分也能很好地反映，即阶跃响应的顶部很平，那么放大电路就能很好地放大变化缓慢的信号。由此可见，把阶跃信号作为基本信号，可大致判断放大电路在放大其他信号时失真的情况。在这里衡量波形失真常以上升时间 t_{r} 和平顶降落 δ 的大小作为标志。

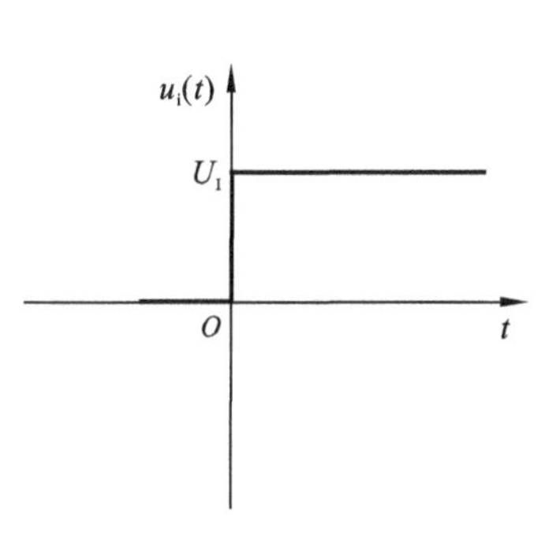

图 3.24　阶跃电压信号

3.5.2　频率响应与阶跃响应的关系

1. 上升时间 t_{r} 与上限频率 f_{H} 的关系

阶跃电压上升较快的部分，与频率响应中的高频区相对应，为简化分析，此处以低通 RC 电路为例来说明 t_{r} 与 f_{H} 的关系。图 3.25(a)、(b)所示分别为低通 RC 电路及其阶跃响应。

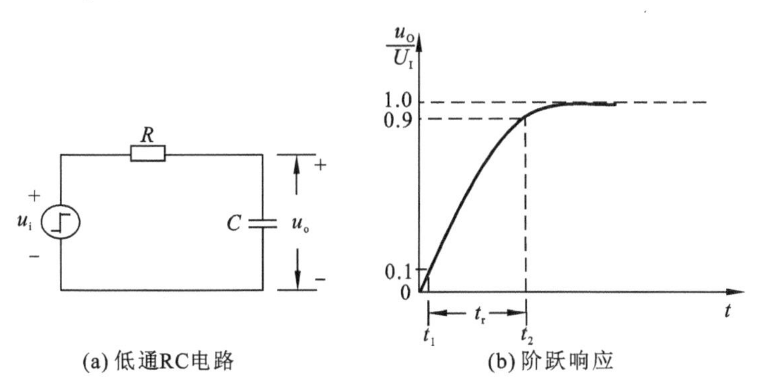

图 3.25　低通 RC 电路的上升时间

由图 3.24 和图 3.25(b)可见，输入电压 $u_{\mathrm{i}}(t)$ 在 $t=0$ 时突然上升到最终值 U_{I}，而输出电压是按指数规律上升的，需要经过一段时间才能达到最终值，这种现象称为前沿失真。一般用输出电压从最终值的 10%上升至 90%所需的时间 t_{r} 来表示前沿失真，t_{r} 称为上升时间。

根据电路理论，低通 RC 电路的阶跃响应，可表示为

$$\frac{u_o(t)}{U_I}=(1-e^{-t/RC}) \tag{3.72}$$

利用式(3.72)和 t_r 的定义,可以很容易得到

$$t_r \approx 2.2\,RC \tag{3.73}$$

可见,t_r 与回路时间常数 RC 有关,而已知低通 RC 的上限频率为

$$f_H=\frac{1}{2\pi RC} \tag{3.74}$$

比较式(3.73)及式(3.74)可得

$$t_r \approx \frac{0.35}{f_H} \tag{3.75}$$

因此,上升时间 t_r 与上限频率 f_H 成反比,f_H 越高,高频响应越好,则 t_r 越短,前沿失真越小。

2. 平顶降落 δ 与下限频率 f_L 的关系

阶跃信号的平顶阶段与频率响应的低频区相对应,为使分析简化,此处以高通 RC 为例说明电路的 δ 与 f_L 的关系。

图 3.26(a)、(b)分别为高通 RC 电路及其阶跃响应。

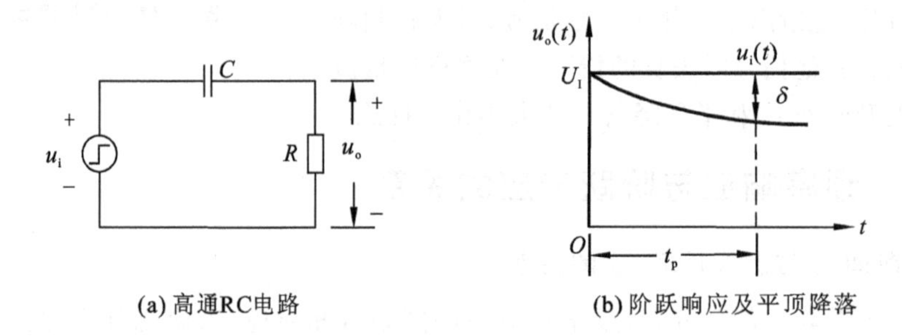

(a) 高通RC电路　　(b) 阶跃响应及平顶降落

图 3.26　高通 RC 电路的平顶降落

由图 3.26(b)可见,在 t_p 内,虽然输入电压维持不变,但由于电容 C 的影响,输出电压却按指数规律下降,下降速度决定于时间常数 RC,这种现象称为平顶降落。

下面计算在给定时间间隔 t_p 内的平顶降落值 δ。

由电路理论可知,高通 RC 的阶跃响应可表为

$$u_o(t)=U_I e^{-t/RC} \tag{3.76}$$

在平顶阶段,时间常数 $RC \gg t_p$,于是有

$$u_o(t_p) \approx U_I\left(1-\frac{t_p}{RC}\right) \tag{3.77}$$

再考虑到电路的 $f_L=\dfrac{1}{2\pi RC}$,可得

$$\delta=\frac{t_p U_I}{RC}=2\pi f_L t_p U_I \tag{3.78}$$

以 U_I 的百分数来表示的平顶降落为

$$\frac{\delta}{U_I}=2\pi f_L t_p \times 100\% \tag{3.79}$$

由此可见,平顶降落 δ 与下限频率 f_L 成正比例关系,f_L 越低,平顶降落 δ 越小。

值得指出的是，以上介绍的时域特性和频域特性的关系式(3.75)及式(3.79)，虽然是从一阶RC电路导出的，但对高阶函数电路，用于计算两种特性之间的关系，仍具有一定参考价值。

从本节的分析可知，频域法和时域法虽然是两种不同的方法，但它们是有内在联系的。一般来说，频域法具有分析简单、实际测试方便等优点，因而被广泛应用。但它也存在着不能直观确定放大电路的波形失真的缺点，因此难以用这种方法选择使波形失真达到最小的电路参数。而时域法的优点在于从阶跃响应上可以很直观地判断放大电路放大阶跃信号的波形失真，并可利用示波器直接观测放大电路的阶跃响应。时域法的缺点是分析比较复杂，这一点在分析复杂电路和多级放大电路时尤为突出。因此，在工程应用上，这两种方法应互相结合，根据具体情况取长补短地运用。

3.6　用PSPICE分析放大器频率响应实例

例3.4　分压式偏置共射放大器如图3.27所示，设三极管为2N2222。试用PSPICE软件分析：

① 求该放大器的幅频响应和相频响应，并由此求出其上下限截止频率和增益带宽积；

② 若R_s由200 Ω减小为50 Ω，其余电路参数不变，求此时放大器的上限截止频率和增益带宽积；

③ 若R_L由5 kΩ减小为500 Ω，其余电路参数不变，求此时放大器的上限截止频率和增益带宽积；

④ 分别求出由C_{B1}、C_{B2}和C_E单独作用引起的下限截止频率f_{L1}、f_{L2}和f_{L3}。

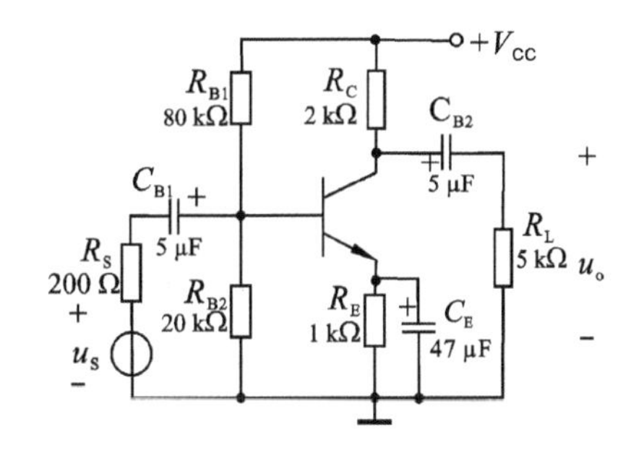

图3.27　共射放大器

解：①　放大器的幅频响应和相频响应。

首先，在原理图编辑界面下绘出图3.27所示电路的仿真电路图，如图3.28所示。

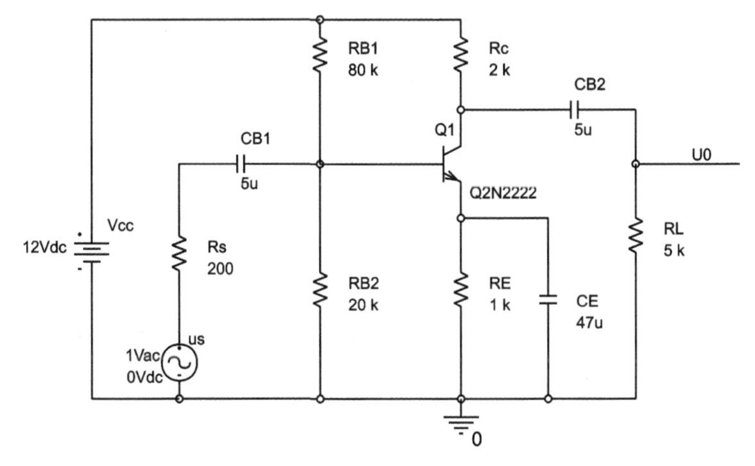

图3.28　图3.27电路的仿真电路图

然后,在"PSPICE"选项中新建一个 New Simulation Profile 文件,选择 AC Sweep/Noise 选项,设置仿真参数如下:AC Sweep Type 选择 Logarithmic,Start Frequency 输入 1 ,End Frequency 输入 1e9,Points/Decade 输入 1e2,单击 OK 按钮,开始仿真。

幅频响应即为 DB[V(Uo)/V(us:+)]的波形,如图 3.29 所示。

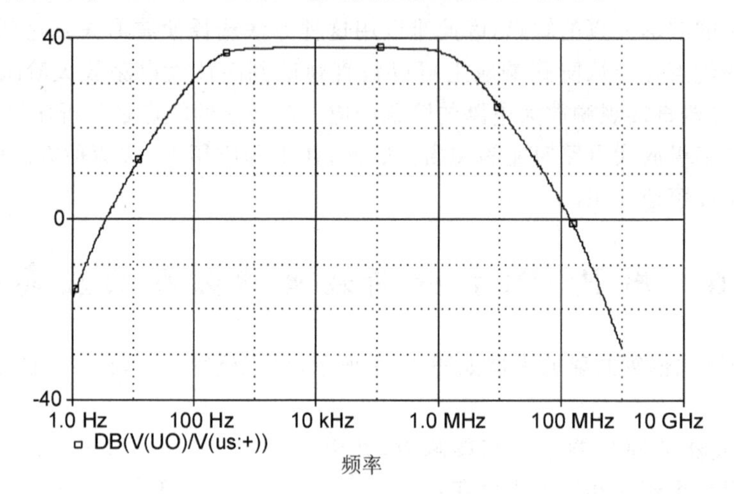

图 3.29 放大器的幅频响应

相频响应即为"P[V(Uo) /V(us:+)]"的波形,如图 3.30 所示。

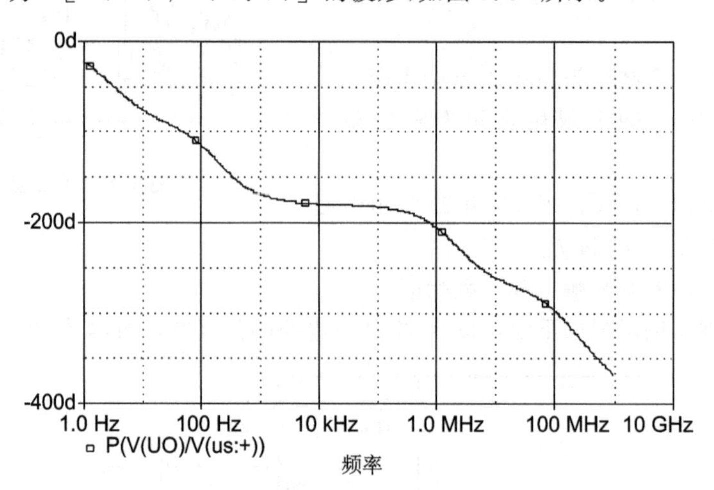

图 3.30 放大器的相频响应

在图 3.29 中,用 Probe Cursor 功能读数可得:放大器的中频增益为 37.856 dB,f_H = 2.215 MHz,f_L = 200.520 Hz,计算可得:$BW_{0.7} = f_H - f_L \approx$ 2.215 MHz,增益带宽积 G_{BW} =173.051 MHz。

② 将仿真电路图 3.28 中的 R_S 改为 50 Ω,设置仿真参数与①中相同,可得幅频响应波形如图 3.31 所示。由图可得:放大器的中频增益为 38.346 dB,f_H=6.501 MHz,计算可得:增益带宽积 $G_{BW} \approx$ 537.378 MHz。

由此可见,R_s 减小,中频增益增大,上限截止频率升高,因而增益带宽积增大。

③ 将仿真电路图 3.28 中的 R_L 改为 500 Ω,设置仿真参数与①中相同,可得幅频响应波

形如图 3.32 所示。由图可得：放大器的中频增益为 26.972 dB，$f_H=5.418$ MHz，计算可得：增益带宽积 $G_{BW}\approx120.904$ MHz。

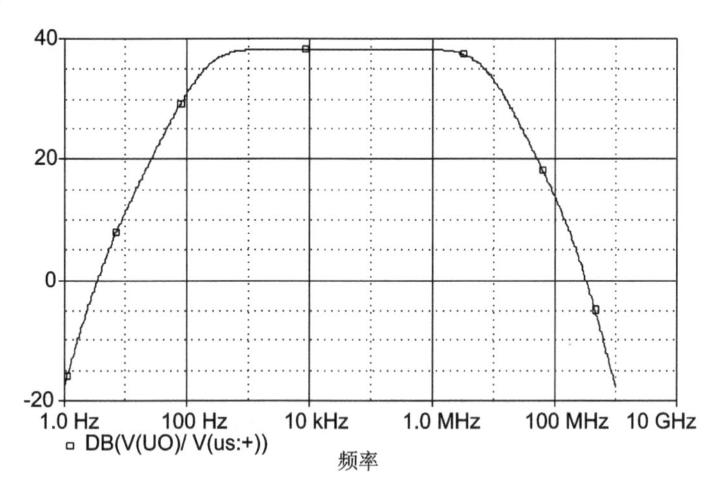

图 3.31　R_s 为 50 Ω 时共射电路的幅频特性

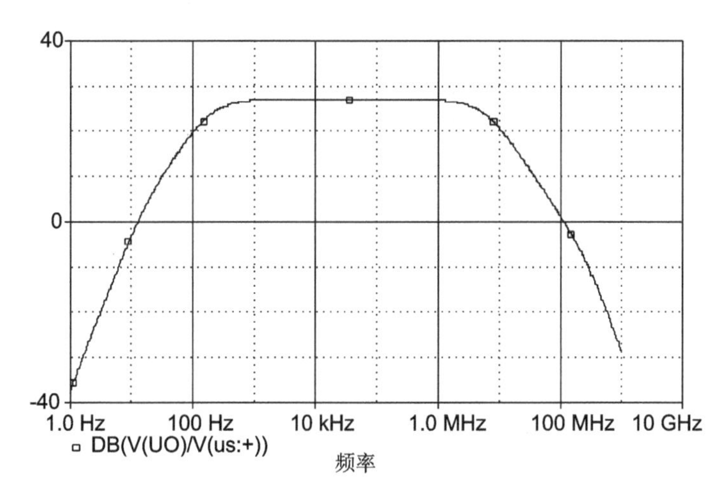

图 3.32　R_L 为 500 Ω 时共射电路的幅频特性

由此可见，R_L 减小，虽可提高上限截止频率，但中频增益却减小。

④ 求由某个电容单独作用引起的下限截止频率时，一般可采用把其他电容值设置为一个足够大的数值（如 1 000 μF），然后进行交流分析。

把图 3.28 中 C_{B2} 和 C_E 的电容值均改为 1 000 μF，设置仿真参数与①中相同，可得 C_{B1} 单独作用时幅频响应波形如图 3.33 所示。由图可得 $f_{L1}=19.817$ Hz。

采用同样的方法，可分别得到 C_{B2} 和 C_E 单独作用时共射电路的幅频特性，如图 3.34 和图 3.35 所示。由图可得 $f_{L2}=10.955$ Hz，$f_{L3}=190.799$ Hz。

比较 f_{L1}、f_{L2}、f_{L3} 和 f_L 可知，在三个电容中，放大器的下限截止频率主要取决于射极旁路电容 C_E。因此，为了获得较小的 f_L，C_E 的电容值往往比 C_{B1}、C_{B2} 的电容值取得大得多。

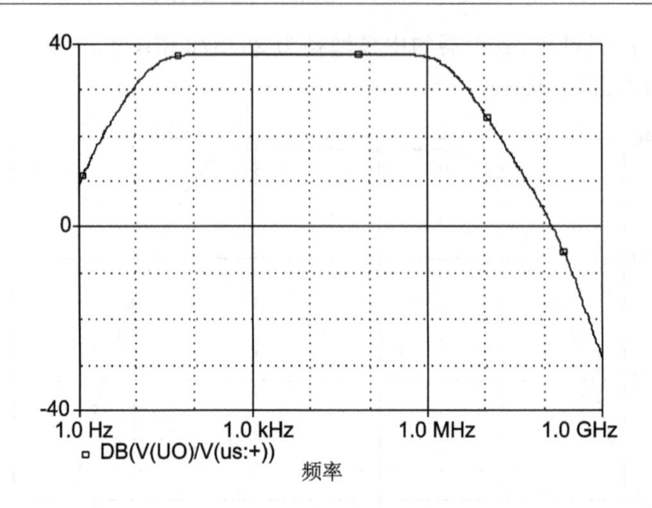

图 3.33 C_{B1} 单独作用时共射电路的幅频特性

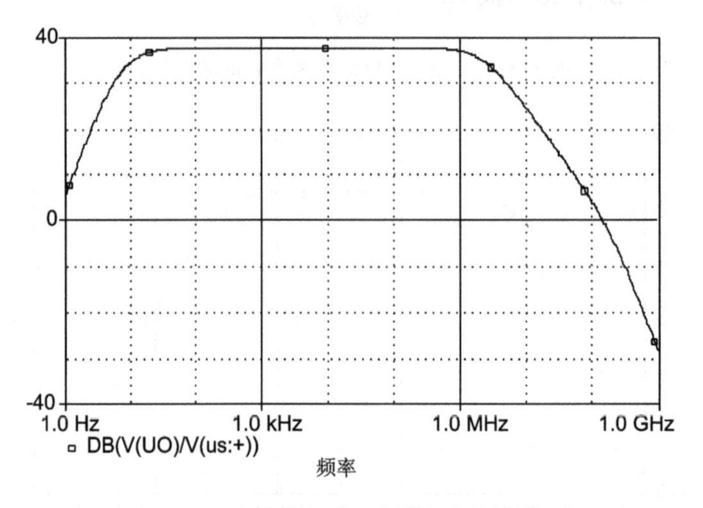

图 3.34 C_{B2} 单独作用时共射电路的幅频特性

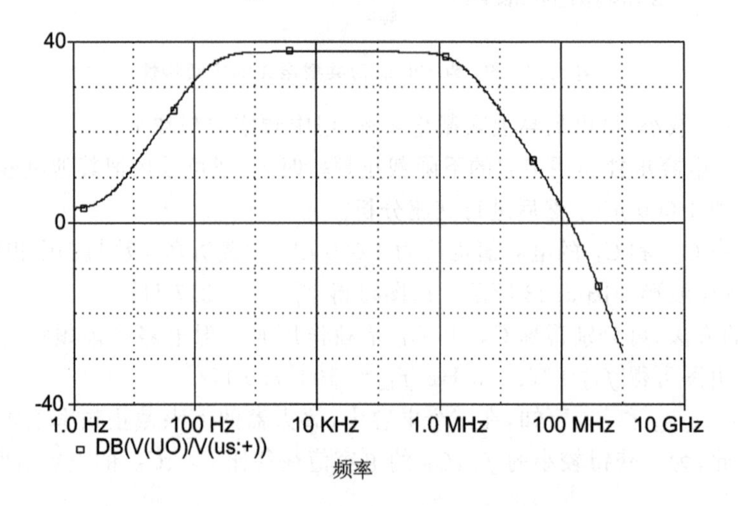

图 3.35 C_E 单独作用时共射电路的幅频特性

本章小结

3.1　频率响应描述放大电路对不同频率信号的放大能力。耦合电容和旁路电容所在回路为高通电路，在低频段使放大倍数的数值下降，且产生超前相移；极间电容所在回路为低通电路，在高频段使放大倍数的数值下降，且产生滞后相移。

3.2　放大电路中由于电抗元件的存在，对多频输入信号可能会引起频率失真，又称线性失真。它分为幅度失真和相位失真。为将频率失真控制在允许范围内，要求放大电路的通频带略宽于待放大信号所占据的频带。

3.3　放大电路的下限频率 f_L 和上限频率 f_H 决定于电容所在回路的时间常数 τ，即 $f_H=\frac{1}{2\pi\tau_H}$，$f_L=\frac{1}{2\pi\tau_L}$。通频带为 $BW_{0.7}=f_H-f_L$。一个放大器若已知中频放大倍数 $\dot{A}_{usm}$、f_L 及 f_H，则可画出其波特图，并可写出全频段放大倍数 $\dot{A}_{us}$ 的表达式，为 $\dot{A}_{us}=\frac{\dot{A}_{usm}}{\left(1-j\frac{f_L}{f}\right)\left(1+j\frac{f}{f_H}\right)}$。

3.4　共射电路输入电容大，密勒倍增效应影响严重，输出电阻也比较大，所以上限频率比较低。共集电路由于不存在密勒倍增效应，故其输入电容极小，且输出电阻也小，故其上限频率远高于共射电路。共基电路不存在密勒效应，且输入电阻小，故其上限频率也远高于共射电路。

3.5　对于共射、共基、共集三种基本组态放大器来说，在晶体管选定后，增益带宽积基本上为常数。增益大和上限频率高是一对矛盾。共射-共基和共集-共射组合电路是解决这一矛盾的方法之一。

3.6　多级放大电路的波特图是已考虑了前后级相互影响的各级波特图的代数和。多级放大电路的上限频率比其中任何一级的上限频率都低，而且总的上限频率主要取决于其中最低的一级；而下限频率比其中任何一级的下限频率都高，而且总的下限频率主要取决于其中最高一级。

3.7　阶跃响应和频率响应是分析放大电路时域和频域的两种方法；二者从各自的侧面反映放大电路的性能，存在内在的联系，互相补充。

思考题

3.1　怎样区别放大器的波形失真是线性失真还是非线性失真？

3.2　什么是放大器的理想频率特性？

3.3　放大电路的理想幅频响应是一条水平线，而实际放大电路的幅频响应一般只有在中频区是平坦的，而在低频区或高频区则是衰减的，这是由哪些因素引起的？

3.4　放大器的频带宽度是怎样定义的？其值是否越大越好？

3.5　说明共射极混合 π 型等效电路各参数的物理意义及其与工作点电压、电流的关系。

3.6　晶体管的频率参数 f_β、f_T、f_α 的含义是什么？三者关系如何？

3.7 对于一个参数已知的放大电路,其增益带宽积是一个常数,试以共射极放大电路为例说明,牺牲电压增益,为什么能换取带宽增大?

3.8 为什么共集、共基电路的上限频率比共射高?为展宽频带,应如何组合电路?

3.9 多级放大器的频带宽度为什么比其中任一单级电路的频带窄?

3.10 当一阶跃信号加入放大器的输入端时,若其响应信号的上升时间很短,是否意味着该放大器的高频响应好?

3.11 用上限频率为20MHz的示波器,能否观测持续期为30ns的脉冲?试说明理由。

习题3

题3.1 放大器的中频增益 $A_{um}=40$ dB,上限频率 $f_H=2$ MHz,下限频率 $f_L=100$ Hz,输出不失真的线性动态范围 $U_{opp}=10$ V,试分析在下列各种输入信号情况下是否会产生非线性失真?是否会产生幅度失真或相位失真?

① $u_i(t)=0.1\sin(2\pi\times10^4 t)$ (V)

② $u_i(t)=10\sin(2\pi\times3\times10^6 t)$ (mV)

③ $u_i(t)=10\sin(2\pi\times10^4 t)+10\sin(2\pi\times10^5 t)$ (mV)

④ $u_i(t)=10\sin(2\pi\times10 t)+10\sin(2\pi\times5\times10^4 t)$ (mV)

⑤ $u_i(t)=10\sin(2\pi\times10^3 t)+10\sin(2\pi\times10^7 t)$ (mV)

题3.2 假设两个单管共射放大电路的对数幅频特性分别如题图3.2(a)和(b)所示。

① 分别说明两个放大电路的中频电压放大倍数 $\dot{A}_{um}$ 各等于多少?下限频率 f_L 和上限频率 f_H 各等于多少?

② 画出两个放大电路相应的对数相频特性折线图。

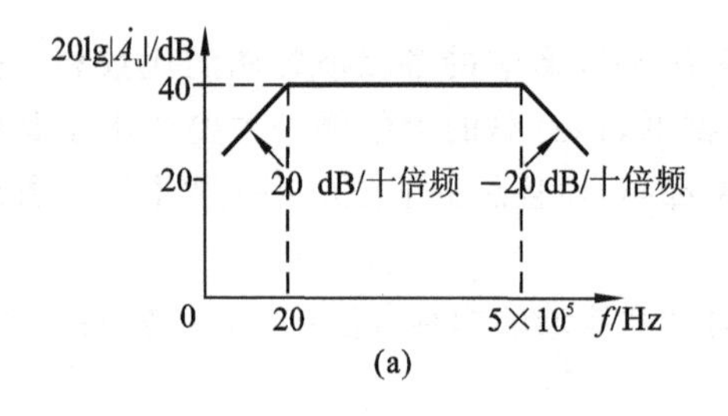

(a)

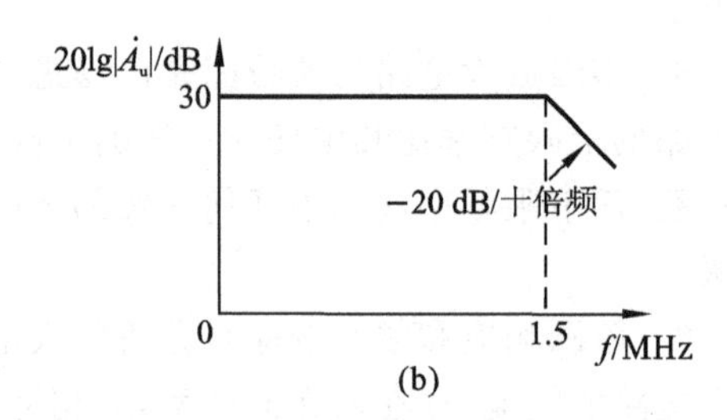

(b)

题图3.2

题3.3 已知某晶体管电流放大倍数 $\dot{\beta}$ 的频率特性波特图如题图3.3所示,试分别指出该管的 β_0、f_β、f_T 各为多少?写出 $\dot{\beta}$ 的频率特性表达式,并画出相频特性的渐近波特图。

题3.4 某三极管在 $I_C=1.3$ mA 时,测得其低频H参数为:$h_{ie}=1.1$ kΩ,$h_{fe}=50$;特征频率 $f_T=100$ MHz,$C_\mu=3$ pF,试求混合π型参数 g_m、C_π 及 f_β。

题3.5 已知单管放大器的中频电压增益 $\dot{A}_{um}=-100$,$f_L=50$ Hz,$f_H=5$ MHz。

① 写出 $\dot{A}_u$ 近似表达式;

② 画出放大器频率响应的渐近波特图;

③ 当 $f=f_L$ 和 $f=f_H$ 时，电压放大倍数的模 $|\dot{A}_u|$ 和相角 φ 各为多少？

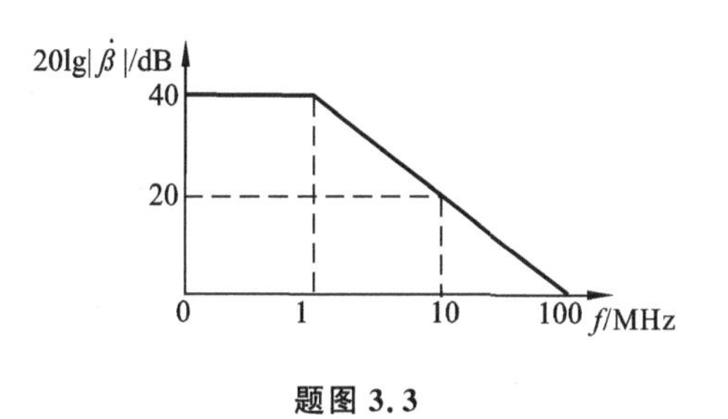

题图 3.3

题 3.6　已知某放大器的电压放大倍数为 $\dot{A}_u=\dfrac{f^2}{(1+\mathrm{j}f/2)(1+\mathrm{j}f/100)(1+\mathrm{j}f/10^5)}$，其中 f 的单位为 Hz。

① 该放大器在中频时是同相放大器还是反相放大器；

② 画出相应的幅频特性与相频特性渐近波特图；

③ 指出放大器的下限频率 f_L、上限频率 f_H 和中频增益 $\dot{A}_{um}$。

题 3.7　已知某放大器的传递函数为 $A_u(s)=\dfrac{10^8 s}{(s+10^2)(s+10^5)}$

① 画出相应的幅频特性与相频特性渐近波特图；

② 指出放大器的下限频率 f_L、上限频率 f_H 和中频增益 $\dot{A}_{um}$。

题 3.8　在题图 3.8 所示放大电路中，已知三极管 $\beta=50$，$r_{be}=1.6\ \text{k}\Omega$，$r_{bb'}=300\ \Omega$，$f_T=100\ \text{MHz}$，$C_\mu=4\ \text{pF}$，试求该放大电路的下限频率 f_L 和上限频率 f_H。

题 3.9　放大器如题图 3.9 所示，已知 $I_C=2.5\ \text{mA}$，$\beta=50$，$C_\mu=4\ \text{pF}$，$f_T=50\ \text{MHz}$，$r_{bb'}=50\ \Omega$，求放大器的下限频率 f_L 和上限频率 f_H。

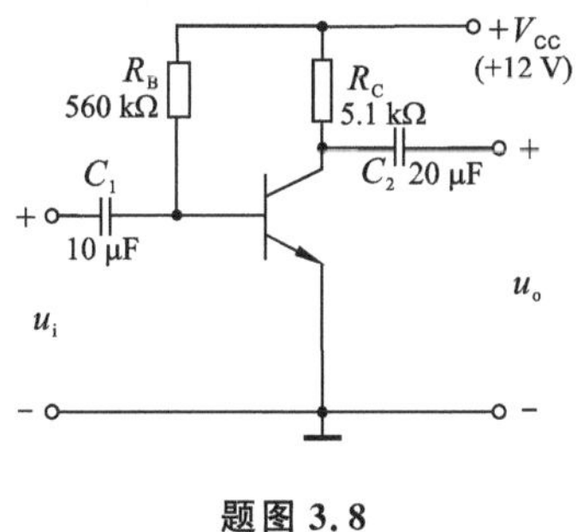

题图 3.8

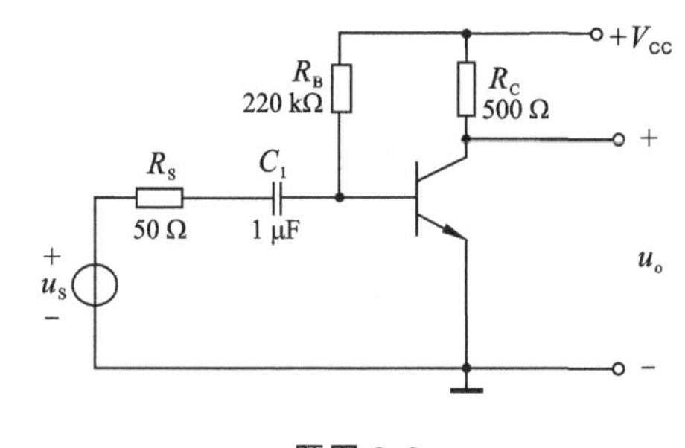

题图 3.9

题 3.10　在题图 3.10 所示单管共射放大器中，假设分别改变下列各项参数，试分析放大器的中频电压放大倍数 $|\dot{A}_{usm}|$、下限频率 f_L 和上限频率 f_H 将如何变化。

① 增大隔直电容 C_1；

② 增大基极电阻 R_B；

③ 增大集电极电阻 R_C；

④ 增大共射电流放大系数 β；

⑤ 增大三极管极间电容 C_π、C_μ；

⑥ 增大负载电阻 R_L。

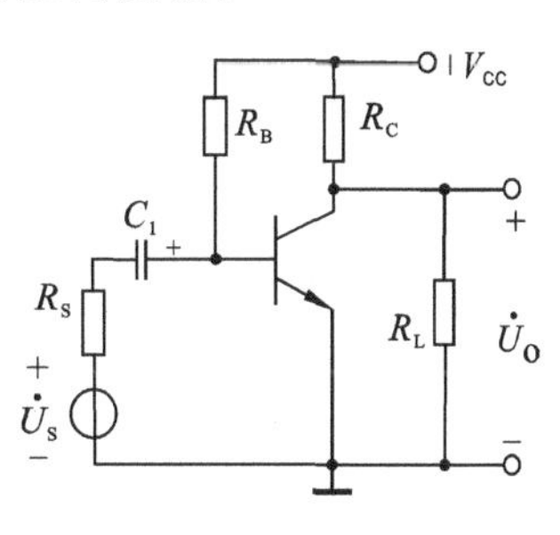

题图 3.10

题 3.11　放大电路如题图 3.11(a)所示，已知晶体管参数 $\beta=50$，$r_{bb'}=100\ \Omega$，$r_{be}=2.6\ \text{k}\Omega$，$C_\pi=60\ \text{pF}$，$C_\mu=$

4 pF,R_B= 500 kΩ,源电阻 R_S= 1 kΩ,要求频率特性如题图 3.11(b)所示。试回答:

① R_C=?

② C_1=?

③ f_H=?

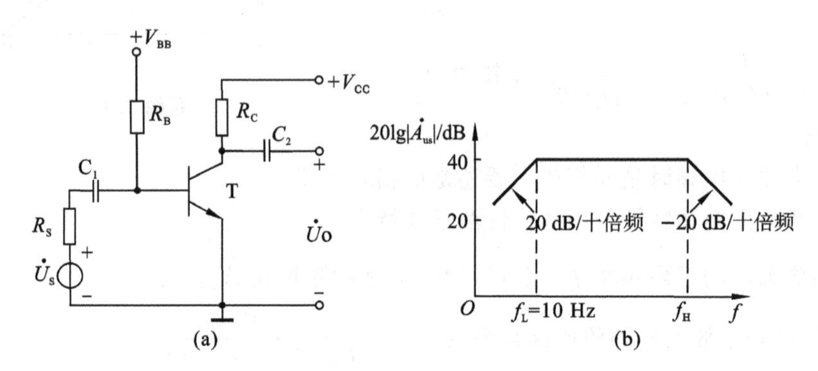

题图 3.11

题 3.12 若两级放大电路中,第一级的上下限频率分别为 f_{H1}=1 MHz,f_{L1}=10 Hz,第二级的上下限频率分别为 f_{H2}=1 MHz,f_{L2}=40 Hz,试估算该多级放大电路的上下限频率 f_H、f_L。

题 3.13 已知某放大器的电压增益函数的幅频响应波特图,如题图 3.13 所示。

① 试写出该电压增益函数的表达式;

② 若将两个相同的具有题图 3.13 所示幅频响应的放大器级联,估算级联放大器的上限截止频率 f_H 和下限截止频率 f_L。

题 3.14 已知某微变放大电路的幅频特性如题图 3.14 所示,试问:

① 该电路的耦合方式;

② 该电路由几级放大电路组成;

③ 当 $f=10^4$ Hz 时,附加相移为多少?当 $f=10^5$ Hz 时,附加相移又约为多少?

④ 写出该电路 $\dot{A}_{us}$ 的表达式;

⑤ 近似估算该电路的上限频率。

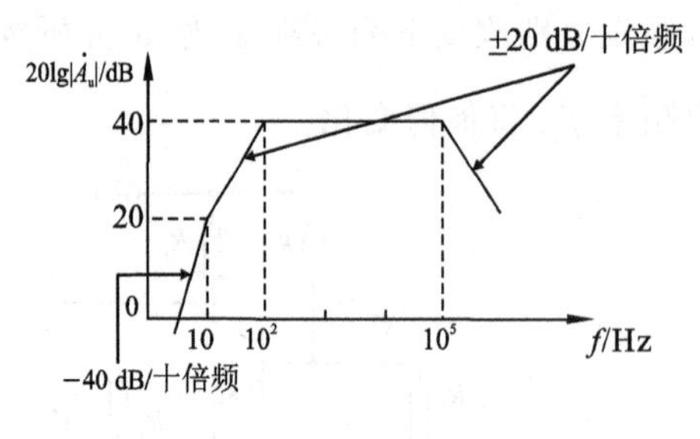

题图 3.13

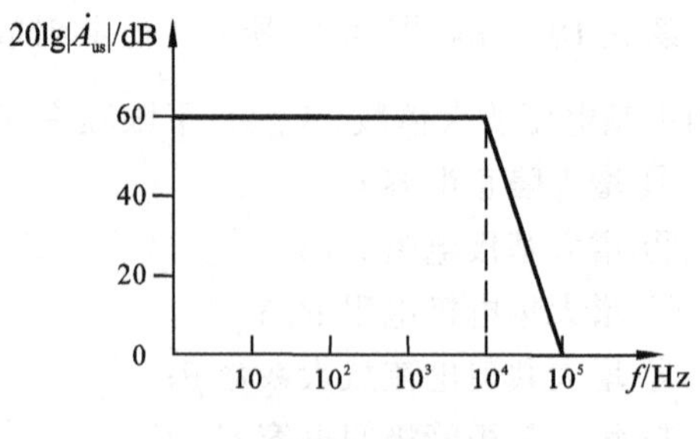

题图 3.14

题 3.15 放大电路如题图 3.15(a)所示。当输入一个方波信号时,输出电压波形顶部和底部发生倾斜,如图(b)所示(电路始终工作在线性放大状态)。

① 输出电压波形存在频率失真还是非线性失真?简要说明产生这种失真的原因。

② 当信号频率 $f=100$ Hz 时，输出电压倾斜率(平顶降落) 等于多少？

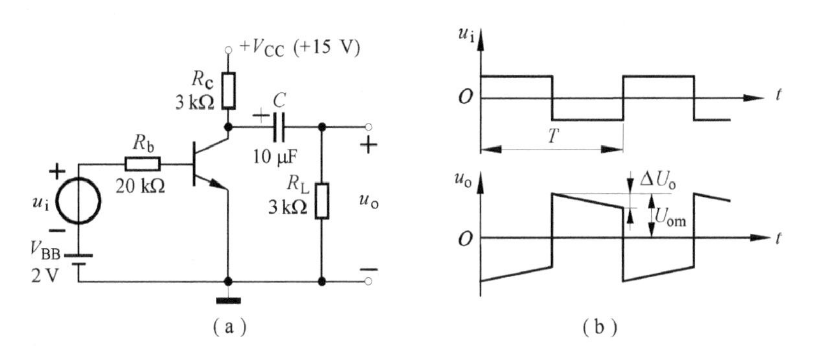

题图 3.15

题 3.16　电路如题图 3.16 所示，三极管为 2N2222，试用 PSPICE 分析该电路的频率响应。

题 3.17　三极管电路如题图 3.17 所示，用 PSPICE 分析电路的频率响应。若输入电压 $u_i=0.01\sin(200\pi t)$ V，分析节点 4 和节点 6 的瞬态响应。设 PNP 管为 2N2907A。

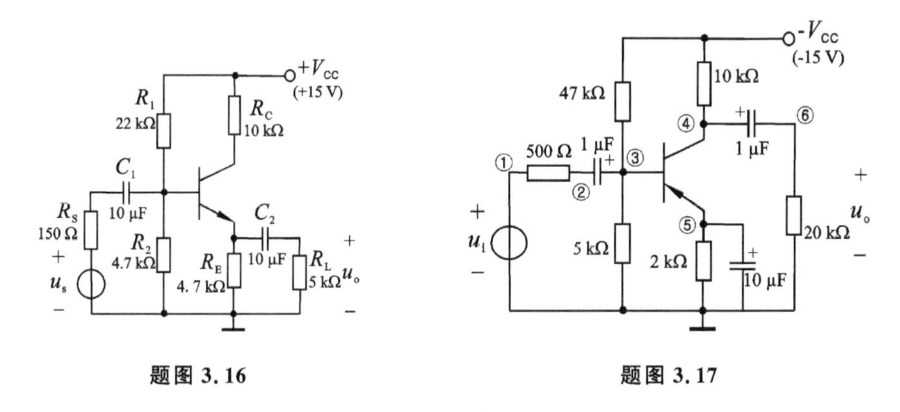

题图 3.16　　　　**题图 3.17**

题 3.18　题图 3.18(a)、(b)、(c)所示分别为单管 CE、CB、CC 放大电路的原理图，三极管均为 2N2222，调节 V_{BB} 使 $I_{CQ}\approx 1$ mA。用 PSPICE 分析各电路的频率响应和上限截止频率 f_H，并进行比较。

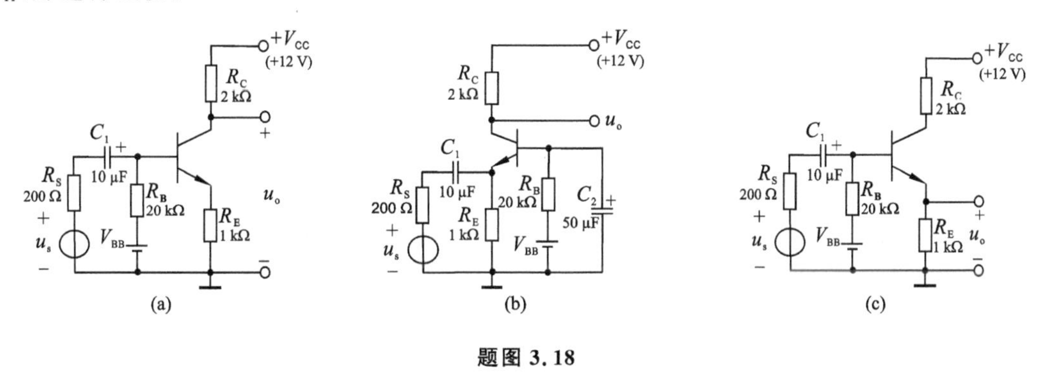

题图 3.18

题 3.19　场效应管放大电路如题图 3.19 所示，其中场效应管为 2N4393，$V_{DD}=20$ V，

$R_{g1}=300\ \text{k}\Omega, R_{g2}=15\ \text{k}\Omega, R_{g3}=2\ \text{M}\Omega, R_d=10\ \text{k}\Omega, R=2\ \text{k}\Omega, C_1=C_2=1\ \mu\text{F}, R_L=100\ \text{k}\Omega$，用 PSPICE 分析静态工作点，频率响应、上限截止频率 f_H 及中频时的输入电阻 R_i 和输出电阻 R_o。

题 3.20 共射—共基组合放大器如题图 3.20 所示，T_1、T_2 均为 NPN 型硅管 2N2222。试用 PSPICE 软件分析：

① 求该组合放大器的幅频响应和相频响应；

② 若去掉 T_2、R_{B3}、R_{B4}、C_B，并把 R_C 与 C_2 之间的节点直接接至 T_1 集电极，成为单级共射放大器。求此单级共射电路的频率响应，并与原组合电路的频率响应相比较。

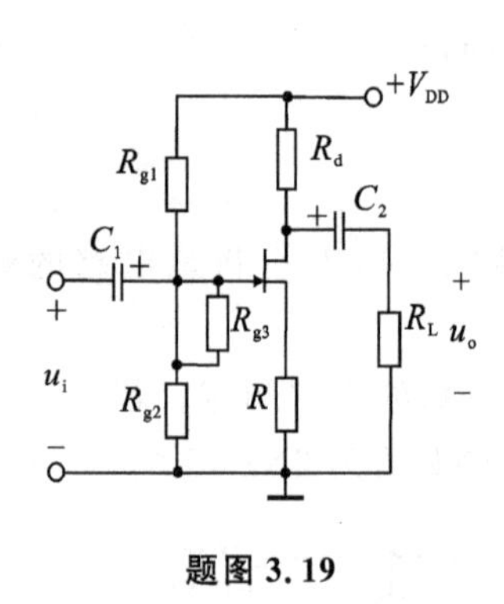

题图 3.19

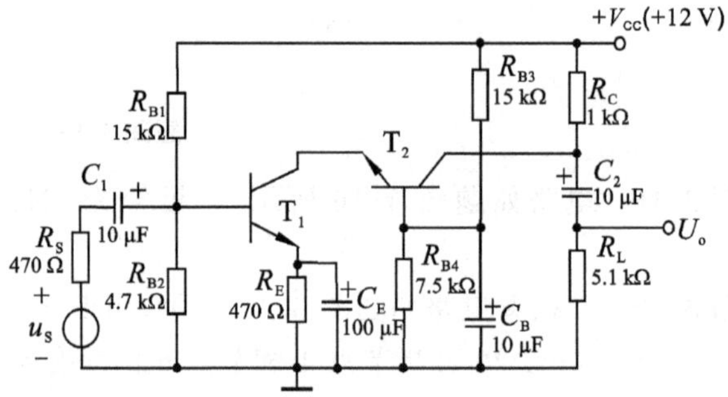

图 3.20 共射-共基组合放大器

第4章　集成运算放大器与模拟乘法器

模拟集成电路包括集成运算放大器(简称集成运放)、集成功率放大器、集成模拟乘法器、集成锁相环、集成稳压器等。在模拟集成电路中,集成运算放大器是最为重要、用途最广的一种。

集成运算放大器是一种高增益的直接耦合放大器,其功能是实现高增益的信号放大,且具有输入电阻高、输出电阻低等特点。由于发展初期主要用于模拟计算机的数学运算,所以至今仍保留着运算放大器的名称,目前实际应用已远远超出数学运算的范围。

本章首先分析电流源与差分放大器等集成运算放大器中的单元电路,然后介绍集成运算放大器的组成及特性,最后介绍集成模拟乘法器的原理和应用。

4.1　电流源电路

电流源电路是提供恒定输出电流的电路,它具有输出电流恒定、温度稳定性好、直流电阻小和等效交流输出电阻大的特点。电流源电路在集成电路中多用于直流偏置和有源负载。

1. 镜像电流源电路

电路如图4.1所示,它的特点是 T_1 和 T_2 两管的参数几乎完全一致,有 $\beta_1=\beta_2=\beta, U_{BE1}=U_{BE2}=U_{BE}$。因此,两管的集电极电流相等,则有

$$I_R=\frac{V_{CC}-U_{BE}}{R} \tag{4.1}$$

和

$$I_{C2}=I_{C1}=I_R-2I_B=I_R-\frac{2I_{C2}}{\beta}$$

故

$$I_{C2}=I_{C1}=I_R\cdot\frac{\beta}{\beta+2} \tag{4.2}$$

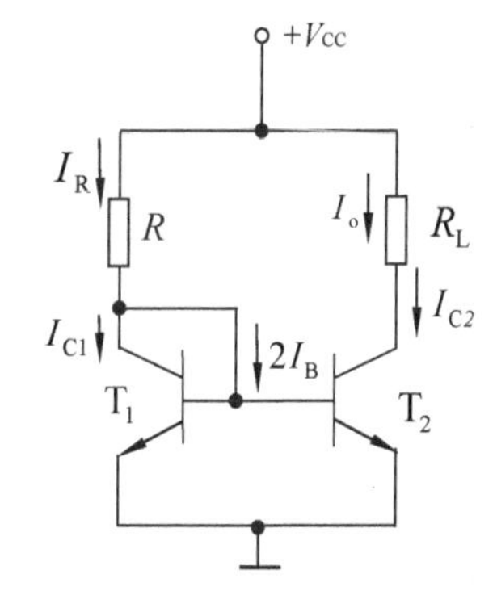

图4.1　镜像电流源电路

当 $\beta\gg2$ 时,有

$$I_o=I_{C2}\approx I_R \tag{4.3}$$

式(4.3)表明,只要基准电流 I_R 稳定,则输出电流 I_o 也就稳定。若调节 I_R,则 I_o 随之改变,可以把 I_o 看作是 I_R 的镜像,常称为**镜像**(mirroring)电流源电路。

分析式(4.1)与式(4.2)可得:

① β 越大,I_o 与 I_R 之间的匹配精度就越高;

② 因 β、U_{BE} 是对温度敏感的参数,则 I_R、I_o 易受温度的影响;

③ 当电源电压 V_{CC} 变化时,I_R、I_o 会随之改变,故要求 V_{CC} 的稳定性高。

图4.2(a)是一种为了减小 β 影响的改进型镜像电流源电路。在该电路中,将 T_1 管的集电极与基极之间的短路线用 T_3 管取代。利用 T_3 管的电流放大作用,减小 $(I_{B1}+I_{B2})$ 对 I_R 的分流,使 I_{C1} 更接近 I_R,从而有效地减小了 I_R 转换为 I_{C2} 过程中由有限 β 值引入的误差。由

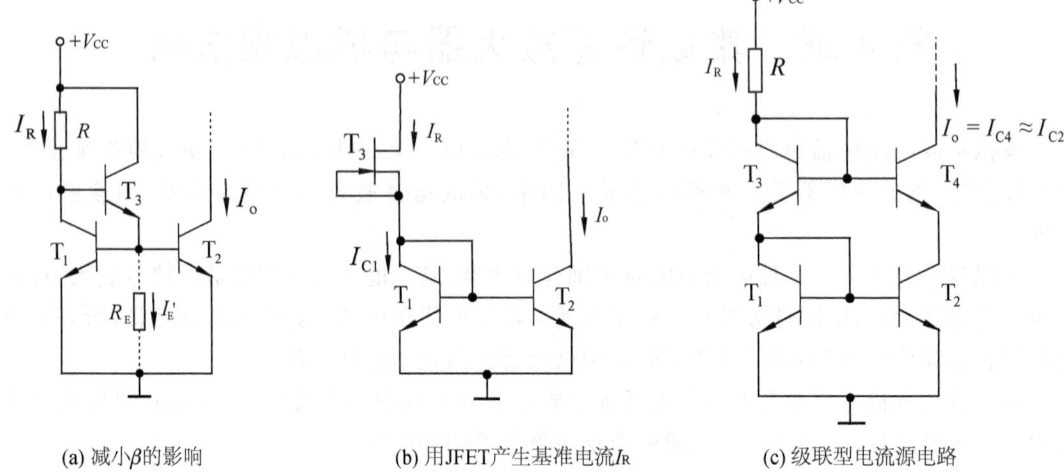

图 4.2 改进型镜像电流源

图可知,$I_R=I_{C1}+I_{B3}$,其中 $I_{B3}=I_{E3}/(1+\beta_3)$、$I_{E3}=I_{B1}+I_{B2}$,假设 $\beta_1\approx\beta_2\approx\beta_3=\beta$,则有

$$I_o=\frac{\beta^2+\beta}{\beta^2+\beta+2}\cdot I_R\approx I_R \tag{4.4}$$

式中,$I_R=\dfrac{V_{CC}-2U_{BE}}{R}$。

实际电路中,为了避免 T_3 管因工作电流过小而引起 β 减小、I_{B3} 增大,常在 T_3 管发射极接上合适的电阻 R_E(如图中虚线所示),产生电流 $I'_E=U_{BE}/R_E$,使 I_{E3} 适当增大。

图 4.2(b)电路中用 N 沟道结型场效应管代替电阻 R,以产生基准电流 I_R。此时,$U_{GS}=0$。当 $U_{DS}=V_{CC}-U_{BE}>|U_{GS(off)}|$时,则场效应管 T_3 工作在恒流区。因此

$$I_R=I_D\approx I_{DSS} \tag{4.5}$$

由式(4.5)可知,只要场效应管处于恒流区,当电源 V_{CC} 在一定范围内变化时,基准电流 I_R 保持恒定,相应地输出电流 I_o 也不变。当然,当场效应管选定后,I_{DSS} 即确定,基准电流也无法再改变。

图 4.2(c)是将两个基本镜像电流源相级联而构成的级联型电流源电路。在 T_1、T_2、T_3、T_4 四管构成的回路中,有:$U_{BE3}+U_{BE1}=U_{BE4}+U_{CE2}$。若 β 足够大,可近似有 $I_{C1}\approx I_{C3}$、$I_{C2}\approx I_{C4}$,且 $I_{C1}\approx I_{C2}$,则相应地有 $U_{BE1}\approx U_{BE3}$、$U_{BE2}\approx U_{BE4}$,且 $U_{BE1}=U_{BE2}$,因此

$$U_{CE2}=U_{BE3}-U_{BE4}+U_{BE1}\approx U_{BE1}=U_{CE1} \tag{4.6}$$

上式表明,无论外电路(如负载)加在电流源上的电压 u_{C4} 如何变化,T_2 管的 U_{CE2} 总是保持接近于 T_1 管的 U_{CE1}。这样,不仅减小了 I_{C1} 转移到 I_{C2} 时因基区宽度调制效应而引入的误差,而且还使 I_o(其值取决于 I_{C2})几乎与电压 u_{C4} 的变化无关,改进了电流源的恒流特性(即增大了 R_o)。不过,这个电路并没有提高 I_o 与 I_R 之间的匹配精度。可以证明,当各管的 β 值相同时,可导出 I_o 与 I_R 之间的关系为

$$I_o=\frac{\beta^2}{\beta^2+4\beta+2}\cdot I_R\approx\frac{1}{1+4/\beta}\cdot I_R\approx\left(1-\frac{4}{\beta}\right)\cdot I_R\approx I_R \tag{4.7}$$

其中,
$$I_R=\frac{V_{CC}-U_{BE1}-U_{BE3}}{R}\approx\frac{V_{CC}-2U_{BE}}{R}$$

2. 微电流源电路

电路如图 4.3 所示，与镜像电流源电路相比，在 T_2 管发射极串有电阻 R_E，显然有 $U_{BE2}<U_{BE1}$，则 $I_o<I_R$。根据电路有 $U_{BE1}=U_{BE2}+I_{E2}\cdot R_E$，故有

$$I_o\approx I_{E2}=\frac{U_{BE1}-U_{BE2}}{R_E}=\frac{\Delta U_{BE}}{R_E} \tag{4.8}$$

式(4.8)中 ΔU_{BE} 值比较小，R_E 的阻值不用太大就可以获得微小的电流 I_o(μA 级)，故称为微电流源。此外，R_E 可提高 T_2 的输出电阻，使其恒流效果更好。

I_o 与 I_R 的关系可根据式(4.8)和二极管电流方程求出。

根据 $I_R\approx I_{E1}\approx I_{S1}e^{\frac{U_{BE1}}{U_T}}$，$I_o\approx I_{E2}\approx I_{S2}e^{\frac{U_{BE2}}{U_T}}$，可得

$$\Delta U_{BE}=U_{BE1}-U_{BE2}=U_T\left(\ln\frac{I_R}{I_{S1}}-\ln\frac{I_o}{I_{S2}}\right) \tag{4.9}$$

设 $I_{S1}=I_{S2}$，则有

$$I_o=\frac{\Delta U_{BE}}{R_E}=\frac{U_T}{R_E}\cdot\ln\left(\frac{I_R}{I_o}\right) \tag{4.10}$$

由式(4.10)可见，当电源电压波动引起 I_R 变化时，由于对数函数的缓慢变化特性，其输出电流 I_o 的变化是很小的，即 I_o 的稳定性比较好。

3. 比例电流源电路

如图 4.4 所示，在镜像电流源电路的基础上增加两个发射极电阻 R_{E1} 和 R_{E2}，就可使输出电流 I_o 与基准电流 I_R 成一定的比例关系。

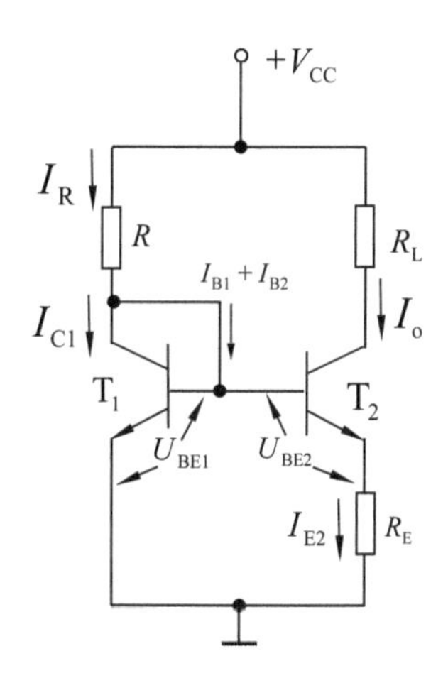

图 4.3　微电流源电路

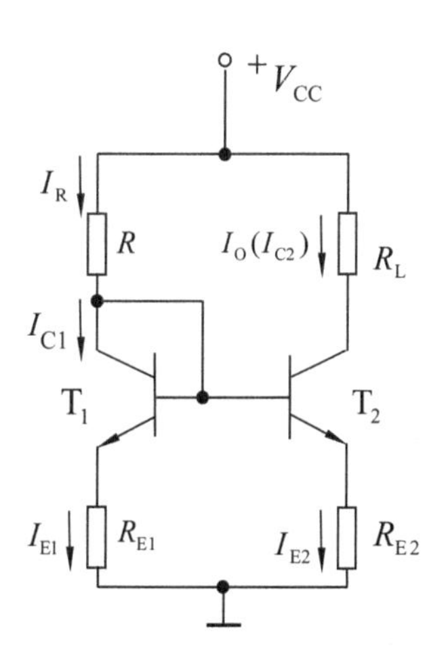

图 4.4　比例电流源电路

由图 4.4 可知

$$U_{BE1}+I_{E1}\cdot R_{E1}=U_{BE2}+I_{E2}\cdot R_{E2} \tag{4.11}$$

由 $I_{E1}\approx I_{S1}\cdot e^{\frac{U_{BE1}}{U_T}}$ 和 $I_{E2}\approx I_{S2}\cdot e^{\frac{U_{BE2}}{U_T}}$，且设 $I_{S1}=I_{S2}$，有

$$U_{BE1}-U_{BE2}=U_T\cdot\ln\left(\frac{I_{E1}}{I_{E2}}\right) \tag{4.12}$$

则
$$I_{E2}\cdot R_{E2}=I_{E1}\cdot R_{E1}+U_T\cdot\ln\left(\frac{I_{E1}}{I_{E2}}\right)$$

在常温下,当满足 I_{E1} 与 I_{E2} 相差10倍以内时,有
$$I_{E1}\cdot R_{E1}\gg\left|U_T\cdot\ln\left(\frac{I_{E1}}{I_{E2}}\right)\right| \tag{4.13}$$

则
$$I_{E2}\cdot R_{E2}\approx I_{E1}\cdot R_{E1}$$

由于 $I_R\approx I_{C1}\approx I_{E1}$,$I_o=I_{C2}\approx I_{E2}$,则有
$$\frac{I_o}{I_R}\approx\frac{I_{C2}}{I_{C1}}=\frac{R_{E1}}{R_{E2}} \tag{4.14}$$

其中,$I_R=\dfrac{V_{CC}-U_{BE1}}{R+R_{E1}}$。

式(4.14)表明,电路中输出电流 I_o 和基准电流 I_R 的关系由两管射极电阻 R_{E1} 和 R_{E2} 之比值决定,故称其为比例电流源。只要调节电阻 R_{E2}(改变比值),就可得到不同的 I_o。不过,为了保证 I_o 的精度,除了增大 β 外,还应满足式(4.13)的条件。此外,接入 R_{E2} 后,还可增大交流输出电阻,改进恒流特性。

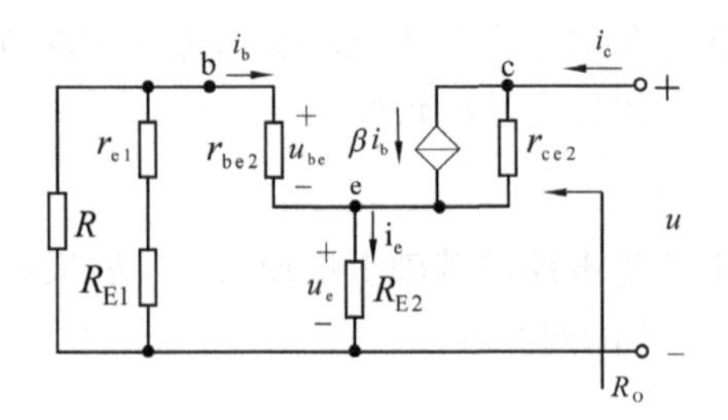

图 4.5 求输出电阻的交流等效电路

推导该电路交流输出电阻 R_o 的交流等效电路,如图4.5所示。图中,T_1 接成二极管形式,它呈现的交流电阻为 r_{e1},设 $R_S=R//(r_{E1}+R_{E1})\approx R//R_{E1}$,由图可得
$$\begin{cases} i_c=\beta\cdot i_b+\dfrac{u-u_e}{r_{ce2}} \\ i_e=i_c+i_b \\ u_e=i_e\cdot R_{E2} \\ i_e\cdot R_{E2}=-i_b\cdot(r_{be2}+R_s) \end{cases} \tag{4.15}$$

经整理可求得
$$R_o=\frac{u}{i_c}=r_{ce2}\cdot\left(1+\frac{\beta\cdot R_{E2}}{R_{E2}+r_{be2}+R_S}\right)+R_{E2}\ //\ (r_{be2}+R_S)$$
$$\approx r_{CE2}\cdot\left(1+\frac{\beta\cdot R_{E2}}{R_{E2}+r_{be2}+R_s}\right) \tag{4.16}$$

显然,T_2 管发射极接上电阻 R_{E2} 后,R_o 是一个很大的值,并远大于基本镜像电流源电路的交流输出电阻,表明它具有更优良的恒流特性。

令式(4.16)中的 $R_{E1}=0$,即可得到微电流源电路的交流输出电阻计算公式。

4. 多路电流源电路

图4.6为多路电流源电路，这是用一个基准电流 I_R 获得多个恒定电流 $I_{o1}, I_{o2}, \cdots, I_{o(n-1)}$ 的电路，其原理与比例电流源电路相同。

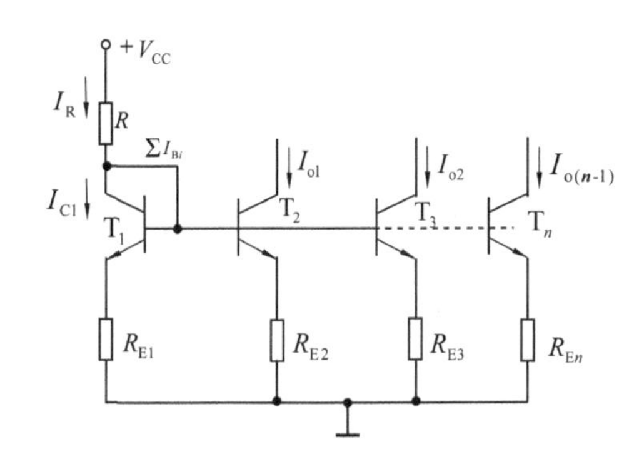

图4.6　多路电流源电路

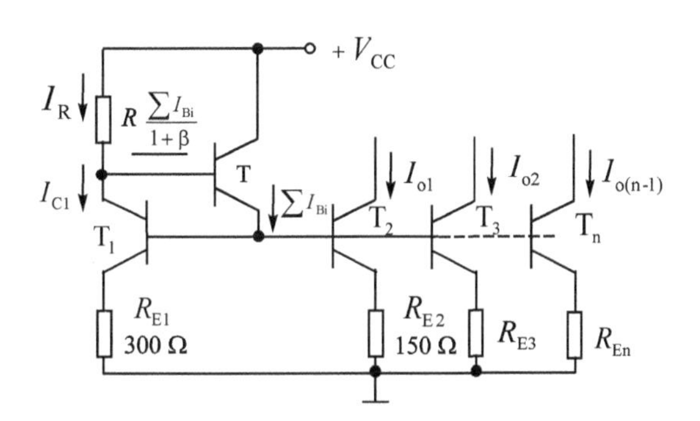

图4.7　多路电流源电路的改进电路

设 $T_1, T_2, \cdots, T_n$ 特性相同，则各路输出电流为

$$I_{o1} \approx I_{C1} \cdot \frac{R_{E1}}{R_{E2}}, \qquad I_{o2} \approx I_{C1} \cdot \frac{R_{E1}}{R_{E3}}, \qquad \cdots, \qquad I_{o(n-1)} \approx I_{C1} \cdot \frac{R_{E1}}{R_{En}}$$

必须注意：随着多路电流源路数增加，各晶体管的基极电流之和 $\sum I_{Bi}(i=1,2,\cdots,n)$ 增加，因而 I_{C1} 与 I_R 之间差值增大（$I_{C1}=I_R-\sum I_{Bi}$）。这样各路输出电流 I_{oi} 与基准电流 I_R 的传输比将出现较大误差。为了减少这种偏差，可加一级射极跟随器作缓冲级，如图4.7所示，使各三极管基极电流总和折算到射极跟随器基极上的电流分量减小 β 倍，则 T_1 管的集电极电流为

$$I_{C1}=I_R-\frac{\sum I_{Bi}}{1+\beta} \tag{4.17}$$

使各路电流 I_{oi} 与 I_R 之间的比例关系更为精确。

例4.1　图4.8是某集成运放偏置电路的一部分，假设 $V_{CC}=V_{EE}=15$ V，所有三极管的 $|U_{BE}|=0.7$ V，其中NPN三极管的 $\beta \gg 2$，横向PNP三极管的 $\beta=2$，电阻 $R_5=28.6$ kΩ。要求：

① 分析电路中各三极管组成何种电流源；

② 估算基准电流 I_{REF}；

③ 估算 T_{13} 的集电极电流；

④ 若要求 $I_{C10}=28\ \mu$A，试估算电阻 R_4 的阻值。

解：①由 T_{11}、T_{12} 和 R_5 确定基准电流 I_{REF}，T_{12} 与 T_{13} 组成镜像电流源（输出电流 I_{C13}），T_{10}、T_{11} 与 R_4 组成微电流源（输出电流 I_{C10}）。

② 由图4.8可得

$$I_{REF}=\frac{V_{CC}+V_{EE}-2U_{BE}}{R_5}=\frac{15+15-2\times 0.7}{28.6}\text{mA}=1\text{ mA}$$

③ 因横向PNP三极管 T_{12}、T_{13} 不满足 $\beta \gg 2$，故不能简单地认为 $I_{C13} \approx I_{REF}$。由式(4.2)可得

$$I_{C13}=I_{REF}\cdot\frac{\beta}{\beta+2}=1\times\frac{2}{2+2}=0.5\ \text{mA}$$

④ 因 NPN 三极管 T_{10}、T_{11} 的 $\beta\gg2$，故可认为 $I_{C11}\approx I_{REF}$，由式(4.10)可知

$$R_4\approx\frac{U_T}{I_{C10}}\cdot\ln\left(\frac{I_{C11}}{I_{C10}}\right)=\frac{26\times10^{-3}}{28\times10^{-6}}\times\ln\left(\frac{1\times10^{-3}}{28\times10^{-6}}\right)=3.3\ \text{k}\Omega$$

例 4.2 分析图 4.9 所示电路的组成与特点。

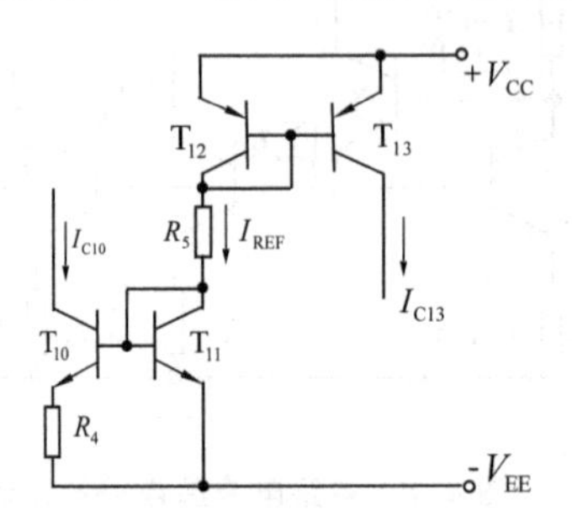

图 4.8 例 4.1 电路

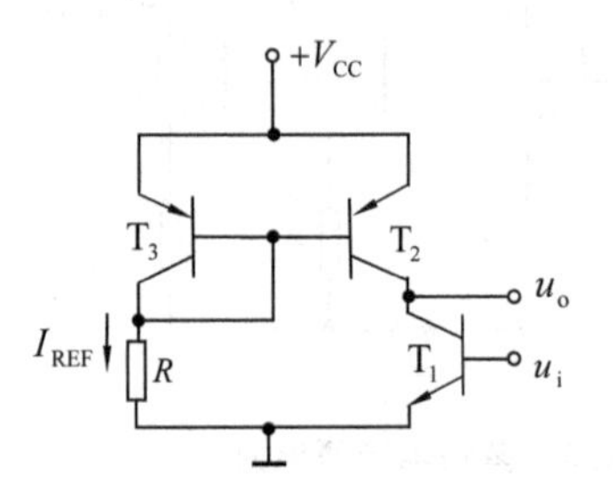

图 4.9 例 4.2 电路

解：由于电流源具有直流电阻小、交流电阻大的特点，在模拟集成电路中，广泛地把它作为负载使用，称为有源负载。图中 T_1 是放大管，T_2、T_3 组成镜像电流源作为 T_1 的集电极有源负载。电流 $I_{C2}(I_{C2}=I_{C1})$ 等于基准电流 $I_{C3}(I_{REF})$。电流源的等效交流电阻 $R_{o2}=r_{ce2}$ 较大。

对于电阻负载的普通共射放大电路，其电压放大倍数 $\dot{A}_u=-\frac{\beta(r_{ce1}/\!/R_c/\!/R_L)}{r_{be1}}\approx-\frac{\beta(R_c/\!/R_L)}{r_{be}}$，考虑到静态工作点的合理设置，$R_C$ 不能太大，相应 $|\dot{A}_u|$ 也不会太大。而采用有源负载的共射放大电路，当 $R_L=\infty$ 时，$\dot{A}_u=-\frac{\beta(r_{ce1}/\!/R_{o2})}{r_{be1}}\approx-\frac{\beta(r_{ce1}/\!/r_{ce2})}{r_{be1}}$，由于 r_{ce1}、r_{ce2} 较大，则电压放大倍数可达 1 000 甚至更高。因此，在集成运算放大器中，为提高单级放大电路的电压放大倍数，多以电流源作为有源负载。

5. MOS 管镜像电流源电路

在 MOS 管集成电路中，需要用到 MOS 管电流源电路。在图 4.1 所示镜像电流源电路中，用 N 沟道增强型 MOS 管替换双极型三极管，就构成了 MOS 管镜像电流源电路，如图 4.10(a)所示。

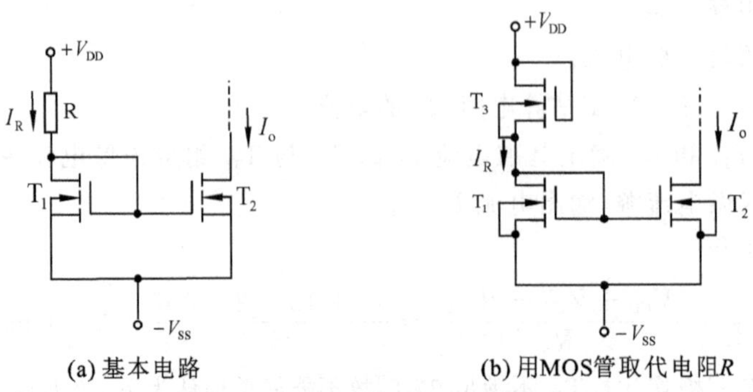

图 4.10 MOS 管镜像电流源电路

对于增强型 MOS 场效应管，在忽略沟道长度调制效应时，其漏极电流为

$$I_D = \frac{W \cdot \mu_n \cdot C_{ox}}{2L} \cdot (U_{GS} - U_{GS(th)})^2 \tag{4.18}$$

若 T_1、T_2 管性能匹配，且工作在饱和区，宽长比分别为 $(W/L)_1$、$(W/L)_2$，忽略沟道长度调制效应时，则可得

$$\frac{I_{D2}}{I_{D1}} \approx \frac{(W/L)_2}{(W/L)_1} \tag{4.19}$$

由于 MOS 管没有栅极电流，有 $I_{D1}=I_R$，则

$$I_o = I_{D2} = \frac{(W/L)_2}{(W/L)_1} \cdot I_R \tag{4.20}$$

其中，$I_R = I_{D1} = \dfrac{V_{DD} - (-V_{SS}) - U_{DS1}}{R}$。再利用 $U_{DS1}=U_{GS1}$、式(4.18)即可确定 I_R。

当 T_1、T_2 管的宽长比相同时，有 $I_o=I_R$，即维持了严格的镜像关系，而没有双极型电路中由 β 引入的误差。

在 MOS 集成电路中，为了节省芯片面积，改进电路性能，电阻几乎都用 MOS 管有源电阻取代，如图 4.10(b)所示。由图可见，$U_{DS1}=U_{GS1}$，$U_{DS3}=U_{GS3}$，$I_{D3}=I_{D1}$，$V_{DD}-(-V_{SS})=U_{DS3}+U_{DS1}$。由式(4.18)可得

$$I_R = I_{D1} = \frac{\mu_n \cdot C_{ox}}{2} \cdot \left(\frac{W}{L}\right)_1 \cdot (U_{GS1} - U_{GS(th)})^2 \tag{4.21}$$

由 $I_{D1}=I_{D3}$，即有

$$\frac{\mu_n \cdot C_{ox}}{2} \cdot \left(\frac{W}{L}\right)_1 \cdot (U_{GS1} - U_{GS(th)})^2 = \frac{\mu_n \cdot C_{ox}}{2} \cdot \left(\frac{W}{L}\right)_3 \cdot [V_{DD} - (-V_{SS}) - U_{GS1} - U_{GS(th)}]^2$$

因而有

$$\frac{(W/L)_3}{(W/L)_1} = \left[\frac{U_{GS1} - U_{GS(th)}}{V_{DD} - (-V_{SS}) - U_{GS1} - U_{GS(th)}}\right]^2 \tag{4.22}$$

根据式(4.21)，由需要的 I_R 来求出 U_{GS1}，再根据式(4.22)，由 U_{GS1} 确定两管所需宽长比的比值。

在基本的 MOS 管镜像电流源基础上，将其结构扩展，也能组成 MOS 管比例电流源、MOS 管多路电流源等，它们的构成方式与双极型电流源类似。

4.2　差分放大电路

差分放大电路(简称差放)具有放大差模信号、抑制共模信号(如温度引起的工作点漂移)的能力。差分放大电路是集成运算放大器中重要的基本单元电路。

4.2.1　双极型三极管差分放大电路

1. 电路组成与工作原理

(1) 电路组成

差分放大(differential amplifier)电路如图 4.11 所示，由两个对称的共射放大电路通过发

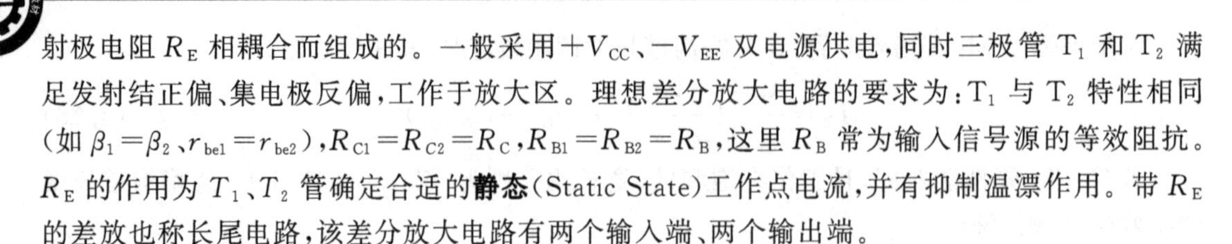

射极电阻 R_E 相耦合而组成的。一般采用 $+V_{CC}$、$-V_{EE}$ 双电源供电,同时三极管 T_1 和 T_2 满足发射结正偏、集电极反偏,工作于放大区。理想差分放大电路的要求为:T_1 与 T_2 特性相同(如 $\beta_1=\beta_2$、$r_{be1}=r_{be2}$),$R_{C1}=R_{C2}=R_C$,$R_{B1}=R_{B2}=R_B$,这里 R_B 常为输入信号源的等效阻抗。R_E 的作用为 T_1、T_2 管确定合适的**静态**(Static State)工作点电流,并有抑制温漂作用。带 R_E 的差放也称长尾电路,该差分放大电路有两个输入端、两个输出端。

(2) 工作原理

① 放大差模信号

若差分放大器两输入端分别输入大小相等、极性相反的输入信号($u_{i1}=-u_{i2}$),则称它们为一对**差模**(diffevential mode)输入信号。图 4.12 所示为加入差模信号的一种方式,此时图中差模输入电压信号为 $u_{id}=u_{i1}-u_{i2}=2u_{i1}=-2u_{i2}$。

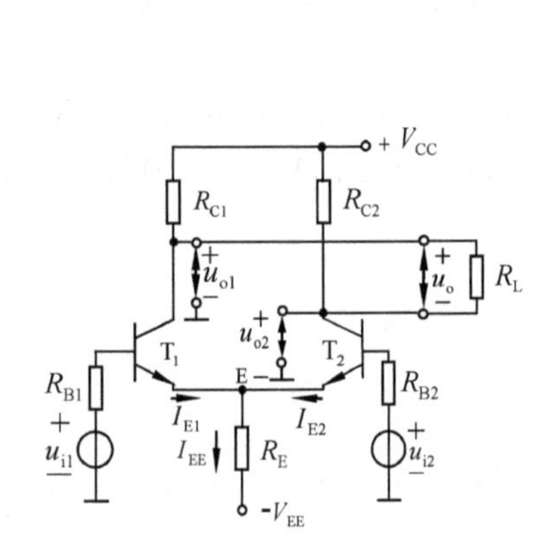

图 4.11 典型差分放大电路

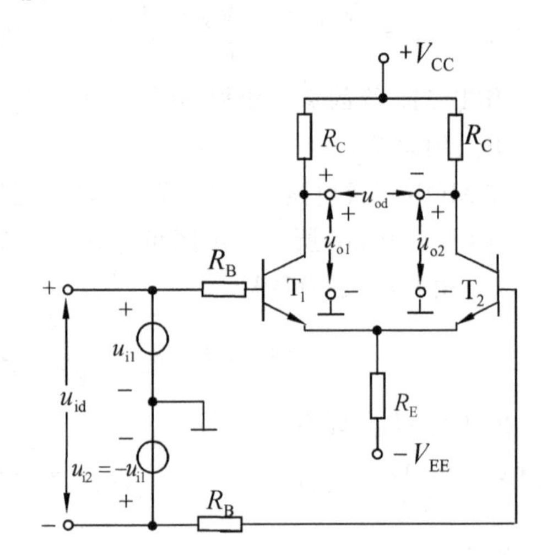

图 4.12 输入差模信号

在差模信号输入时,一个三极管的集电极电流增加,而另一个三极管的集电极电流将同时减小;相应地,两个三极管的集电极电压将出现一个降低、一个增加,由于电路两边完全对称,则两个三极管集电极电压也是一对差模信号($u_{o1}=-u_{o2}$),输出端差模电压 $u_{od}=u_{o1}-u_{o2}=2u_{o1}=-2u_{o2}\neq 0$。因此,差分放大电路能够放大差模输入信号。

在输入差模信号时,差分放大电路的电压放大倍数称为差模电压放大倍数(用 A_{ud} 表示),即

$$A_{ud}=\frac{u_{od}}{u_{id}} \tag{4.23}$$

② 抑制共模信号

若差分放大器两输入端分别输入大小相等、极性相同的输入信号($u_{i1}=u_{i2}=u_{ic}$),则称它们为一对**共模**(common mode)输入信号,如图 4.13 所示。

在输入共模信号时,两个三极管的集电极电流同时增加或减小,相应地集电极电压也同时减小或增大。同样,由于电路对称,有 $u_{o1}=u_{o2}$,则 $u_{oc}=u_{o1}-u_{o2}=0$。因此,差分放大电路不能放大共模信号,换句话说,差分放大电路抑制共模信号。

在输入共模信号时,差分放大电路的电压放大倍数称为共模电压放大倍数(用 A_{uc} 表

示),即

$$A_{uc}=\frac{u_{oc}}{u_{ic}} \tag{4.24}$$

对于图 4.13 中的电路,在理想对称情况下,有 $A_{uc}=0$;而对于实际差分放大电路,应该 A_{uc} 很小。

(3) 共模抑制比 K_{CMR}

在实际工程应用中,常用技术指标共模抑制比来评价差分放大电路放大差模信号、抑制共模信号的能力,用 K_{CMR} 表示,它被定义为差模电压放大倍数 A_{ud} 与共模电压放大倍数 A_{uc} 之比的绝对值,即

$$K_{CMR}=\left|\frac{A_{ud}}{A_{uc}}\right| \tag{4.25}$$

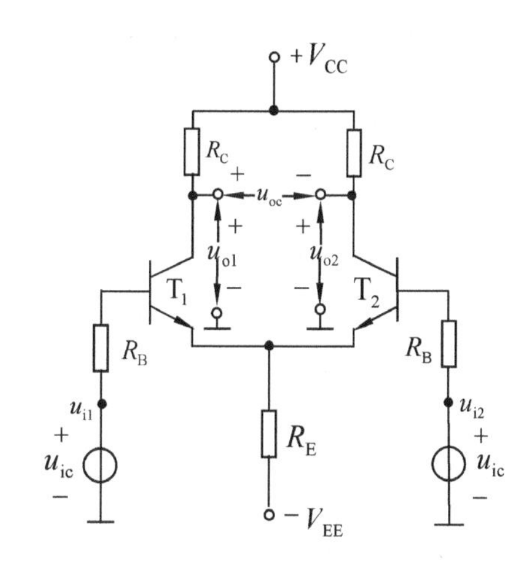

图 4.13　输入共模信号

K_{CMR} 越大,说明差分放大器抑制共模信号能力越强。工程上 K_{CMR} 一般用分贝数表示,即 $K_{CMR}(\mathrm{dB})=20\lg K_{CMR}$。显然,差放的 A_{ud} 愈大、A_{uc} 愈小,则相应的 K_{CMR} 就愈大。

2. 抑制零点漂移的原理

在实际差放电路中,当输入信号为零时,因电路不对称,工作点随温度变化而漂移等原因,使得输出电压随温度的变化而改变。在电路对称情况下,环境温度变化、电源电压的波动引起两个三极管的集电极电流与集电极电压有相同的变化,其效果相当于在两个输入端加了共模信号。由于差放电路不能放大共模信号,即可抑制零点**漂移**(zero drift),差分放大电路常用于作直接耦合多级放大电路的输入级。在差放电路中,抑制共模信号主要从以下两个方面来实现:

(1) 发射极电阻 R_E 的作用

在图 4.13 中,在共模信号 u_{ic} 作用下,通过 R_E 的作用,能自动控制 i_E 基本不变,其稳定过程如下:

$$T\uparrow \text{ 或 } u_{ic}\uparrow \rightarrow i_{E1}(i_{E2})\uparrow \rightarrow 2i_E R_E\uparrow \xrightarrow{\text{因 } V_{EE} \text{ 不变}} u_{BE1}(u_{BE2})\downarrow \rightarrow i_{B1}(i_{B2})\downarrow \rightarrow i_{E1}(i_{E2})\downarrow$$

由于 R_E 对共模信号具有很强的抑制作用,故 R_E 又称共模抑制电阻。

(2) 输出端取电压差抑制法

当差放电路的输入端加共模信号时,两个输出端信号电压 u_{o1} 与 u_{o2} 大小相等、极性相同。当双端输出时,电压差 $u_{oc}=u_{o1}-u_{o2}=0$,其共模电压放大倍数 $A_{uc}=0$。由此说明,在电路理想对称的情况下,差放电路采用双端输出方式,理论上可以完全消除零点漂移的影响。这就是理想对称差分放大电路抑制零点漂移的工作原理。

在差分放大电路中,要保持电路完全对称很困难,仍存在较小的输出漂移电压。此时由于 R_E 的作用,输出漂移电压虽然不能被完全消除,但已经大大减小了。

3. 对一般输入信号的放大特性

在一般输入信号情况下,差分放大电路的两个输入信号分别为 u_{i1}、u_{i2}。此时,输入信号既不完全是差模信号,也不完全是共模信号。通常把差分放大电路两个输入端信号之差 u_{id}

定义为输入信号的差模分量(即差模信号),即

$$u_{id}=u_{i1}-u_{i2} \tag{4.26}$$

通常把差分放大电路两个输入端信号的平均值定义为输入信号的共模分量(即共模信号),有

$$u_{ic}=\frac{u_{i1}+u_{i2}}{2} \tag{4.27}$$

由式(4.26)和式(4.27)可得

$$\begin{cases} u_{i1}=\frac{1}{2}(u_{i1}-u_{i2})+\frac{1}{2}(u_{i1}+u_{i2})=\frac{1}{2}u_{id}+u_{ic} \\ u_{i2}=-\frac{1}{2}(u_{i1}-u_{i2})+\frac{1}{2}(u_{i1}+u_{i2})=-\frac{1}{2}u_{id}+u_{ic} \end{cases} \tag{4.28}$$

可以看出,一般输入信号可分解为差模信号和共模信号的线性叠加。一般输入信号下差分放大电路如图4.14所示,图示电路中差模和共模信号是共存的。

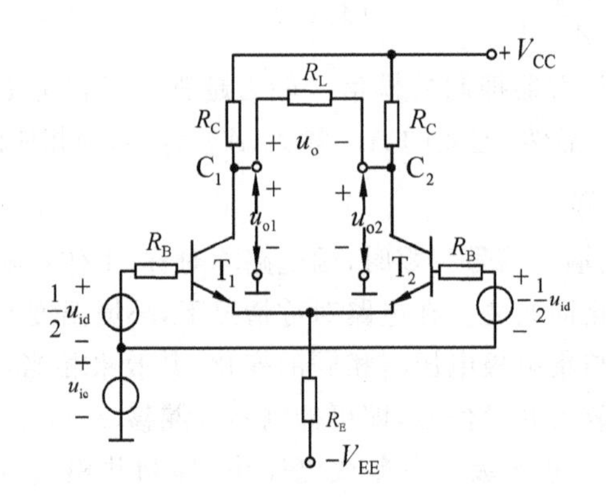

图4.14 一般输入信号情况

由式(4.23)和(4.24),根据线性电路叠加定理,可得一般输入信号时差放电路输出电压的一般表达式为

$$u_o=A_{ud}\cdot u_{id}+A_{uc}\cdot u_{ic} \tag{4.29}$$

4. 差分放大电路的性能分析

按照电路输入和输出方式的不同,差放电路可分为四种类型:双端输入-双端输出、双端输入-单端输出、单端输入-双端输出和单端输入-单端输出。当 $u_{i1}=u_i$、$u_{i2}=0$ 或 $u_{i1}=0$、$u_{i2}=u_i$ 时,即为单端输入情形,如图4.15所示。

无论双端输入还是单端输入,均将输入信号分解为差模信号和共模信号的线性叠加,按照前述线性电路叠加定理分析。对于单端输出和双端输出情况,差分放大电路的差模特性和共模特性及其分析有明显区别。

(1) 静态分析

图4.11所示的差分放大电路在 $u_{i1}=u_{i2}=0$ 时,即为直流通路。设电路完全对称,即 $\beta_1=\beta_2=\beta$,$R_{C1}=R_{C2}=R_C$,$R_{B1}=R_{B2}=R_B$,则有 $U_{BE1Q}=U_{BE2Q}=U_{BEQ}$,$I_{E1Q}=I_{E2Q}=I_{EQ}$,$I_{C1Q}=I_{C2Q}=I_{CQ}$,$I_{B1Q}=I_{B2Q}=I_{BQ}$。

由 $0\sim-V_{EE}$ 输入回路列方程可求 I_{EQ},即

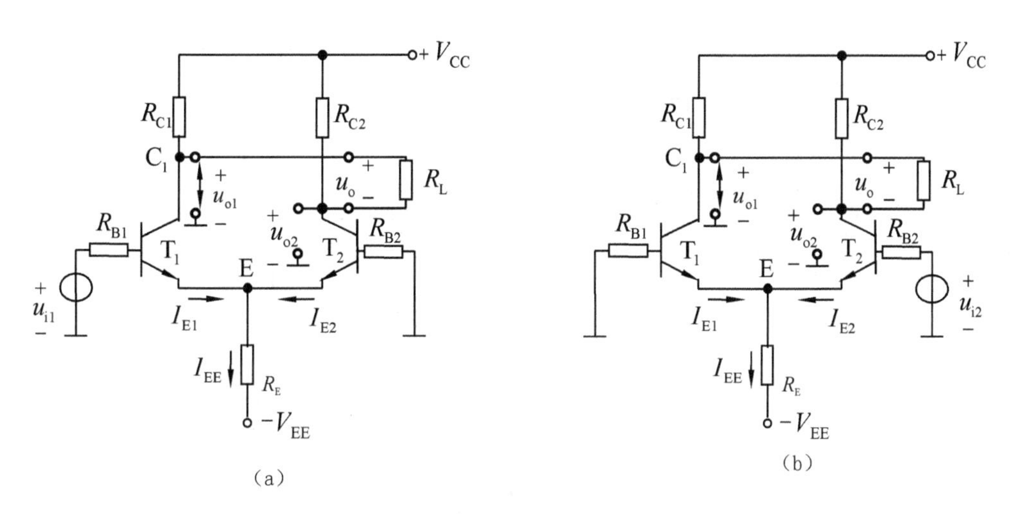

图 4.15　单端输入的差分放大电路

$$V_{EE}=I_{BQ}\cdot R_B+U_{BEQ}+2\cdot I_{EQ}\cdot R_E \tag{4.30}$$

通常 $\beta\gg 1$，$I_{BQ}R_B\ll I_{EQ}R_E$，则

$$I_{CQ}\approx I_{EQ}=\frac{V_{EE}-U_{BEQ}}{2R_E} \tag{4.31}$$

① 双端输出

由于电路对称，故集电极电位 $U_{C1Q}=U_{C2Q}=V_{CC}-R_C\cdot I_{CQ}$。可见，双端输出时，负载电阻两端电位相等，$R_L$ 上没有静态电流流过，相当于 R_L 开路。

发射极电位 $U_{EQ}=-I_{BQ}\cdot R_B-U_{BEQ}$。一般情况下，$R_B$ 和 I_{BQ} 的数值都很小，因此可近似为

$$U_{EQ}=-U_{BEQ} \tag{4.32}$$

$$U_{CEQ}=U_{CQ}-U_{EQ}=V_{CC}-R_C\cdot I_{CQ}+U_{BEQ} \tag{4.33}$$

② 单端输出

与双端输出不同，单端输出是从 T_1(或 T_2)管的集电极对地输出，如图 4.16(a)、(b)所示。以图 4.16(a)为例，其直流通路如图 4.16(c)所示。由于输入回路与双端输出时相同，故电流仍满足式(4.31)，但输出回路不对称，故 $U_{C1Q}\neq U_{C2Q}$。

对于图 4.16 中 T_1 管的集电极电位，可通过下列方程解出

$$\frac{V_{CC}-U_{C1Q}}{R_C}=I_{C1Q}+\frac{U_{C1Q}}{R_L} \tag{4.34}$$

同样，通过式(4.33)方法求出的 $U_{CE1Q}\neq U_{CE2Q}$。

R_E 越大，负反馈作用越大，差放对共模信号抑制能力越强；但 R_E 过大时，由式(4.31)知静态电流 I_{CQ}(或 I_{EQ})将很小，则导致 i_C 的动态范围很窄，因此 R_E 不宜过大。解决这个矛盾的最佳办法是采用电流源电路来取代 R_E，电流源电路的直流工作电压不大、交流输出电阻很大，因而在实际差放电路中一般都由电流源来提供静态偏置电流。

(2) 动态性能分析

① 差模特性

a. 双端输出

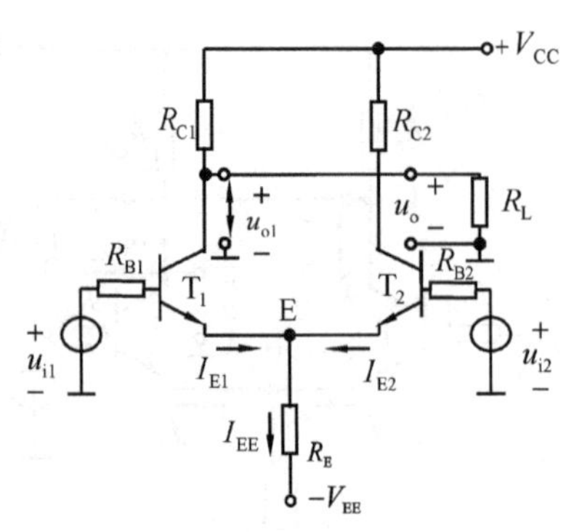

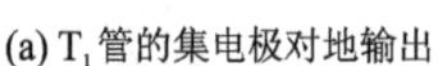
(a) T_1管的集电极对地输出

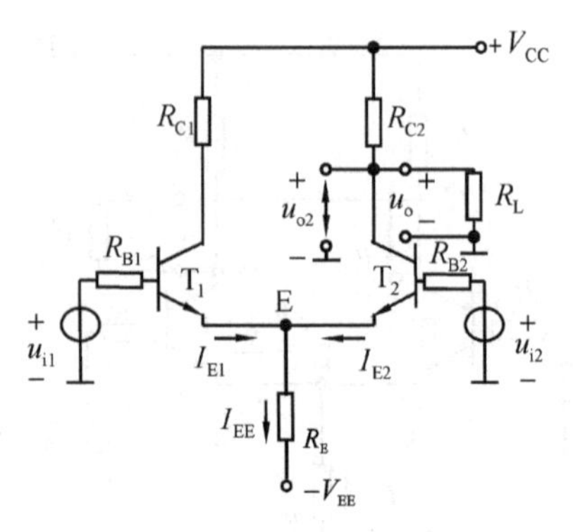

(b) T_2管的集电极对地输出

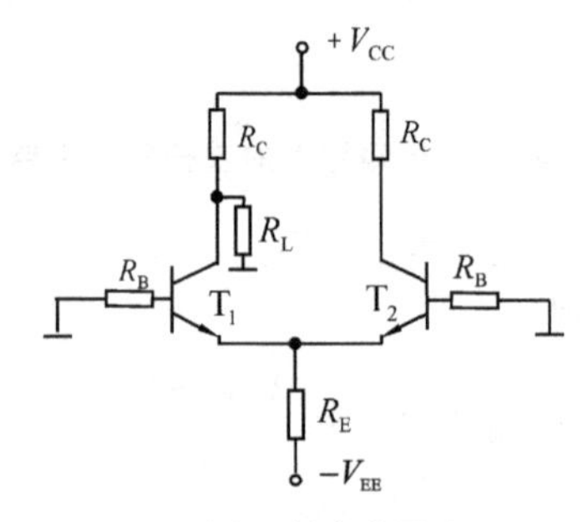

(c) 图(b) 的直流通路

图 4.16　单端输出差分放大电路

差分放大电路的差模交流通路如图 4.17(a)所示。差模输入信号作用时,在电路完全对称情况下,T_1、T_2 管的发射极交流电流分量 i_{e1}、i_{e2} 的数值相等、极性相反,则流过 R_E 的总电流不变,即流过 R_E 的交流电流 i_{R_E} 等于零,由此,对差模信号而言,R_E 可视为交流短路。又由于在 $u_{i1}=-u_{i2}$ 时,有 $u_{o1}=-u_{o2}$,则负载电阻 R_L 的中点电位总等于零,从而使每管的负载为 $0.5R_L$。差模交流通路可化为图 4.17(b)所示。虚线两侧每个共射电路的微变等效电路是差模放大的半边等效电路,如图 4.17(c)所示。

由图 4.17 可得

$$A_{ud}=\frac{u_{od}}{u_{id}}=\frac{u_{o1}-u_{o2}}{u_{i1}-u_{i2}}=\frac{2u_{o1}}{2u_{i1}}=A_{u1}=-\frac{\beta\cdot(R_C\ /\!/\ 0.5R_L)}{R_B+r_{be}} \tag{4.35}$$

式中,A_{u1}(当电路对称时)为单边共射放大电路的放大倍数。

由式(4.35)可知,在电路对称条件下,双端输出时差放电路的差模电压放大倍数 A_{ud} 与单管共射电路的电压放大倍数 A_{u1} 相同。可见,该电路是以双倍的元器件代价来换取抑制零点漂移能力的提高。

差模输入电阻是从两输入端看进去的交流等效电阻,故为两个半边差模等效电路输入电阻之和,即

$$R_{id}=2(R_B+r_{be}) \tag{4.36}$$

差模输入情况下,差模输出电阻是从两个输出端看进去的交流等效电阻。可得

$$R_{od}=2R_C \tag{4.37}$$

b. 单端输出

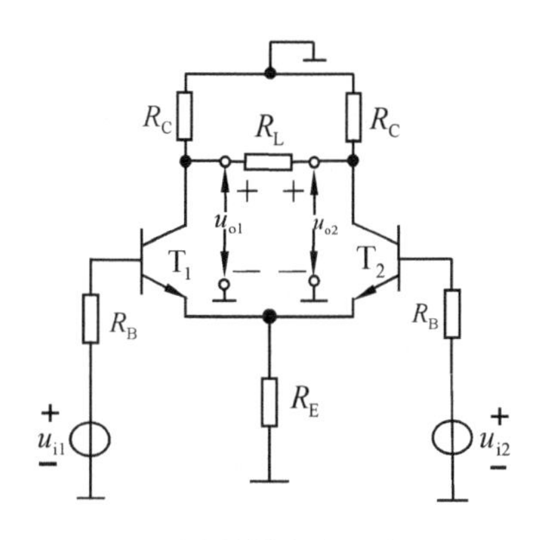

(a)差模交流通路

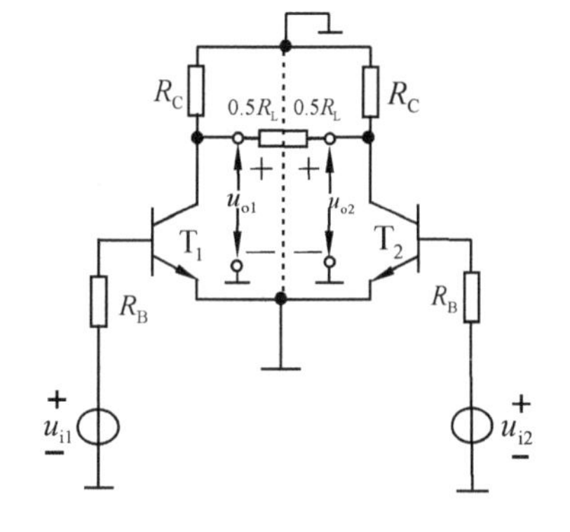

(b)解耦后的差模交流通路

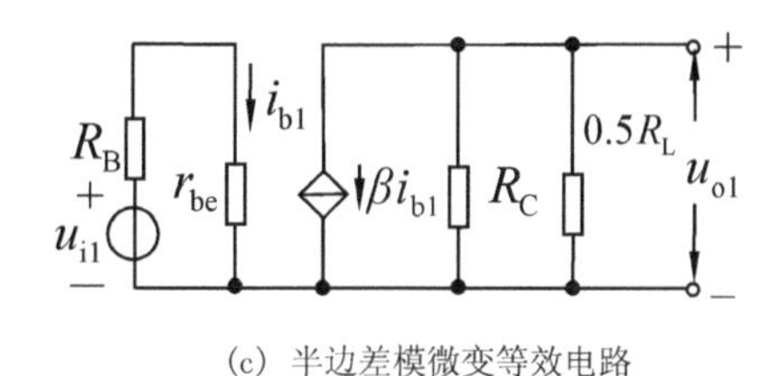

(c) 半边差模微变等效电路

图 4.17　双端输出时的差模性能分析

单端输出时，负载 R_L 接在 T_1（或 T_2）的集电极与地之间，此时差模电压放大倍数是指单端输出电压 u_{o1}（或 u_{o2}）与差模输入电压 u_{id} 之比。设 R_L 接在 T_1 的集电极与地之间，$u_{od}=u_{o1}$，则

$$A_{ud1}=\frac{u_{od}}{u_{id}}=\frac{u_{o1}}{u_{i1}-u_{i2}}=\frac{u_{o1}}{2u_{i1}}=-\frac{\beta\cdot(R_C\,/\!/\,R_L)}{2(R_B+r_{be})} \tag{4.38}$$

差模输入电阻 R_{id} 与双端输出、单端输出方式无关，仍由式(4.36)求出。

差模输出电阻 R_{od} 是从 T_1 的集电极与地之间看进去的交流等效电阻，为

$$R_{od}\approx R_C \tag{4.39}$$

若 R_L 接在 T_2 的集电极与地之间，即 $u_{od}=u_{o2}$，则 R_{id}、R_{od} 分别用式(4.36)和式(4.39)来计算，而 $A_{ud1}=\frac{u_{od}}{u_{id}}=\frac{u_{o2}}{u_{i1}-u_{i2}}=-\frac{u_{o2}}{2u_{i2}}=\frac{\beta\cdot(R_C/\!/R_L)}{2(R_B+r_{be})}$。可见，差分放大器 T_1 输出的电压与 T_2 输出的电压相位相反。

② 共模特性

图 4.18(a)为共模信号输入时差分放大电路的交流通路。图中，T_1、T_2 管的输入信号为 $u_{i1}=u_{i2}=u_{ic}$。此时，因电路对称，T_1、T_2 管的发射极电流同时增加或减少，其交流分量满足 $i_{e1}=i_{e2}$，故流过 R_E 上的共模信号电流为($i_{e1}+i_{e2}=2\cdot i_e$)。从电压等效的观点看，只要保持 R_E 两端电压不变，故可认为每管发射极串接了 $2R_E$ 的电阻。虚线两侧每个放大电路的微变等效电路是半边共模等效电路，如图 4.18(b)所示。在双端输出时，有 $u_{o1}=u_{o2}$，则 R_L 中共模信号电流为零，相当于 R_L 开路。

a. 双端输出

双端输出时，设 $u_{oc}=u_{o1}-u_{o2}$，则共模电压放大倍数 A_{uc} 为

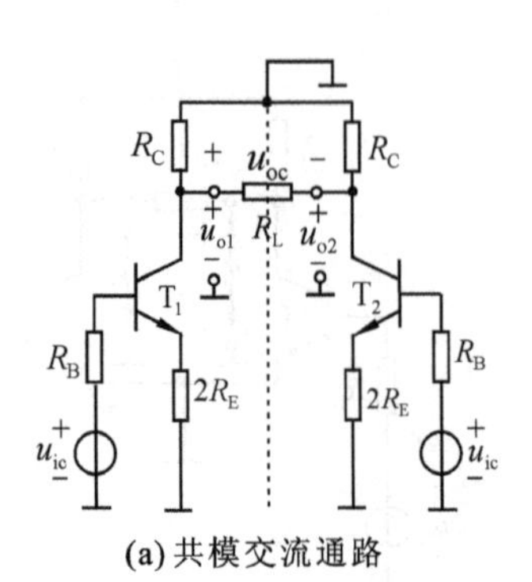

(a) 共模交流通路

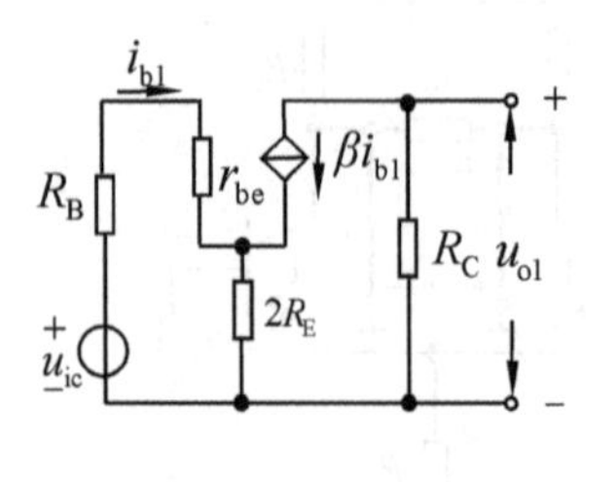

(b) 半边共模微变等效电路

图 4.18　共模信号输入时的交流通路与微变等效电路

$$A_{uc}=\frac{u_{oc}}{u_{ic}}=\frac{u_{o1}-u_{o2}}{u_{ic}}=0 \tag{4.40}$$

$A_{uc}=0$,说明无共模信号放大能力。

共模输入电阻 R_{ic} 为从两个输入端看进去的共模交流等效电阻,为两个半边等效电路输入电阻的并联值,即

$$R_{ic}=\frac{u_{ic}}{2i_b}=\frac{1}{2}[R_B+r_{be}+2(1+\beta)\cdot R_E] \tag{4.41}$$

双端输出时差放的共模输出电阻 R_{oc} 与差模信号输入时差放的双端输出电阻 R_{od} 相同,即 $R_{oc}=2R_C$。

b. 单端输出

单端输出时,设负载 R_L 接在 T_1 管的集电极与地之间,即 $u_{oc}=u_{o1}$,则共模电压放大倍数 A_{uc} 为

$$A_{uc1}=\frac{u_{o1}}{u_{ic}}=-\frac{\beta\cdot(R_C\,/\!/\,R_L)}{R_B+r_{be}+(1+\beta)\cdot 2R_E} \tag{4.42}$$

当$(R_B+r_{be})\ll 2(1+\beta)R_E$ 时,上式近似为

$$A_{uc1}\approx-\frac{(R_C\,/\!/\,R_L)}{2R_E} \tag{4.43}$$

由上式可知,R_E 越大,A_{uc1} 越小,抑制共模干扰能力就越强。当采用电流源电路代替 R_E 时,因电流源的交流等效电阻很大,使得 $A_{uc1}\approx 0$,可获得很大的共模信号抑制能力。

共模输入电阻与双端输出、单端输出方式无关,仍由式(4.41)求出。

单端输出时差放的共模输出电阻 R_{oc} 与差模信号输入时差放的单端输出电阻 R_{od} 相同,即 $R_{oc}=R_C$。

c. 共模抑制比 K_{CMR}

双端输出时,差放的 K_{CMR} 为

$$K_{CMR}=\left|\frac{A_{ud}}{A_{uc}}\right|=\infty \tag{4.44}$$

单端输出时,差放的 K_{CMR} 为

$$K_{CMR}=\left|\frac{A_{ud1}}{A_{uc1}}\right|=\frac{\beta\cdot R_E}{R_B+r_{be}} \tag{4.45}$$

式中，R_E 越大，K_{CMR} 越大，说明共模抑制能力越强。

例 4.3　恒流源式的差分放大电路如图 4.19 所示。各晶体管的参数均相同，且 $\beta=60$，$r_{bb'}=300\ \Omega$，$U_{BE}=0.7\ V$，电源电压 $V=12\ V$，$V_{EE}=6\ V$，电阻 $R_c=R_L=10\ k\Omega$，$R_{b1}=R_{b2}=R_b=2\ k\Omega$，$R_1=1\ k\Omega$，$R_2=R_3=4.3\ k\Omega$，$R_W=200\ \Omega$，且其滑动端位于中点。

试估算：

① 静态时各管的 I_c 和 T_1、T_2 管的 U_c；

② 差模电压放大倍数 $A_{ud}=\dfrac{u_o}{u_{id}}$；

③ 差模输入电阻 R_{id} 和输出电阻 R_{od}；

④ 共模电压放大倍数 $A_{uc}=\dfrac{u_o}{u_{ic}}$和共模抑制比 K_{CMR}。

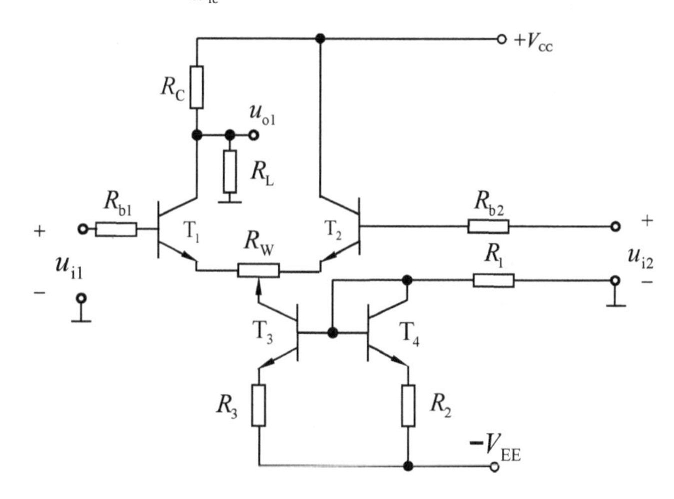

图 4.19　例 4.3 图

解：图 4.19 为双端输入、单端输出的电流源差分放大电路。电路中 T_3、T_4 管和 R_1、R_2、R_3 构成镜像恒流源，代替长尾式差分放大电路中的射极电阻。镜像恒流源的交流输出电阻 r_o 很大，使 A_{uc} 大大减小，而 A_{ud} 不受影响，从而提高差放电路共模抑制比。

① 对于带电流源的差放电路，静态分析应首先从电流源电路入手。由图 4.19 可知：

$$I_{C3}=I_{C4}\approx\frac{V_{EE}-U_{BE}}{R_1+R_2}\approx 1\ mA$$

则有

$$I_{C1}=I_{C2}=\frac{1}{2}I_{C3}\approx 0.5\ mA$$

$$U_{C1}=V_{CC}\frac{R_L}{R_C+R_L}-I_{C1}(R_C\ /\!/\ R_L)=3.5\ V$$

$$U_{C2}=V_{CC}=12\ V$$

$$r_{be1}=r_{be2}=r_{be}=r_{bb'}+(1+\beta)\frac{U_T}{I_{C1}}\approx 3.47\ k\Omega$$

② 差模电压放大倍数为

$$A_{ud}=-\frac{1}{2}\frac{\beta(R_C\ /\!/\ R_L)}{R_b+r_{be}+(1+\beta)\dfrac{R_w}{2}}\approx -13$$

③ 差模输入电阻为 $R_{id}=2\left[R_b+r_{be}+(1+\beta)\frac{R_w}{2}\right]\approx 23.14\ \text{k}\Omega$

④ 差模输出电阻为 $R_{od}\approx R_c=10\ \text{k}\Omega$

⑤ 共模电压放大倍数为 $A_{uc1}=0$

共模抑制比为 $K_{CMR1}=\infty$

4.2.2 场效应管差分放大电路

场效应管构成差分放大电路的特点是输入电阻高,可达数十MΩ;输入偏置电流很小,如JFET差分放大电路可为几纳安。

1. JFET差分放大电路

图4.20所示为带电流源的N沟道结型场效应管差分放大器电路,双端输入、双端输出。它的工作原理与双极型三极管差分放大电路的工作原理相同。设电路对称,电流源近似为理想电流源(即交流电阻 r_o 为无穷大)。

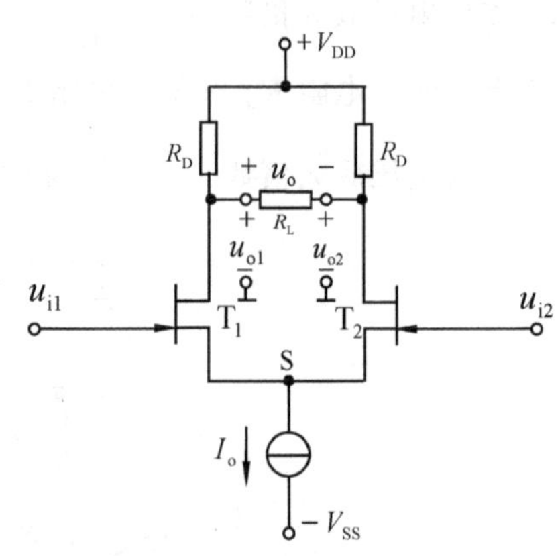

图 4.20 JFET差分放大电路

① 当输入共模信号时,因电流源是理想的,无论是双端输出还是单端输出情况,有

$$A_{uc}=0$$

② 当输入差模信号时,因电路对称,则S点电压不变,即交流电压等于零,故S点称为虚地。此时,差放电路相当于由两个共源极JFET放大电路构成。

对于双端输出情况($u_o=u_{o1}-u_{o2}$),可得

$$A_{ud}=\frac{u_{o1}-u_{o2}}{u_{id}}=A_{u1}$$
$$=-g_m\cdot(0.5R_L\ /\!/\ R_D\ /\!/\ r_{ds})\approx -g_m\cdot(0.5R_L\ /\!/\ R_D) \tag{4.46}$$

式中,A_{u1} 为单管共源放大电路的电压放大倍数,r_{ds} 为场效应管的输出电阻。

对于单端输出情况(设 $u_o=u_{o1}$),可得

$$A_{ud1}=\frac{u_{o1}}{u_{id}}=-0.5\cdot g_m\cdot(R_L\ /\!/\ R_D\ /\!/\ r_{ds})\approx -0.5\cdot g_m\cdot(R_L\ /\!/\ R_D) \tag{4.47}$$

③ 由于场效应管的输入电流近似等于零,则JFET差放电路的差模输入电阻 R_{id}、共模输入电阻 R_{ic} 都可看成近似为无穷大。

差模信号输入时的输出电阻 R_{od} 与共模信号输入时的输出电阻 R_{oc} 相同。

在双端输出时,可得

$$R_{od}=2(r_{ds}\ /\!/\ R_D)\approx 2R_D \tag{4.48}$$

在单端输出时,可得

$$R_{od}=r_{ds}\ /\!/\ R_D\approx R_D \tag{4.49}$$

例 4.4 由N沟道结型场效应管组成的差分放大电路如图4.21所示。设 T_1、T_2 的特性相同,饱和电流 I_{DSS} 为1.2 mA,夹断电压 $U_{GS(off)}=-2.4$ V,$r_{ds}=\infty$。稳压管 D_Z 的 $U_Z=6$ V,三极管 T_3 的 $U_{BE3}=0.6$ V,$R_{E3}=54$ kΩ,$R_D=82$ kΩ,$R_L=240$ kΩ。要求:

① 估算静态时 T_1 管的工作电流 I_{D1Q}、栅源极之间电压 U_{GS1Q} 和 T_2 管的漏极电位 U_{D2Q}；

② 求差模电压放大倍数 $A_{ud}=\dfrac{u_o}{u_i}$。

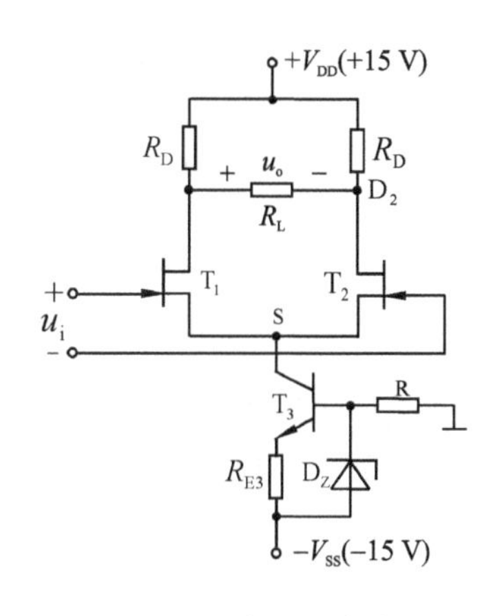

图 4.21　例 4.4 电路

解：① 计算 I_{D1Q}、U_{GS1Q} 和 U_{D2Q}

对于带电流源的场效应管差放电路，静态分析应从电流源 T_3 管开始。由图 4.21 可知：

$$I_{E3Q}=\frac{U_Z-U_{BE3Q}}{R_{E3}}=\frac{6-0.6}{54}=0.1\ \text{mA}$$

因为 T_1 和 T_2 的特性相同，可得

$$I_{D1Q}=I_{D2Q}\approx\frac{I_{E3Q}}{2}=0.05\ \text{mA}$$

根据 N 沟道 JFET 的转移特性 $i_D=I_{DSS}\cdot\left(1-\dfrac{u_{GS}}{U_{GS(off)}}\right)^2$，可得

$$U_{GS1Q}=U_{GS(off)}\cdot\left(1-\sqrt{\frac{I_{D1Q}}{I_{DSS}}}\right)=-2.4\times\left(1-\sqrt{\frac{0.05}{1.2}}\right)=-1.91\ \text{V}$$

T_2 管的漏极电位 U_{D2} 为

$$U_{D2Q}=V_{DD}\cdot\frac{R_L}{R_L+R_D}-I_{D2Q}\cdot(R_L\ /\!/\ R_D)$$

$$=15\times\frac{240}{82+240}-0.05\times\frac{82\times240}{82+240}=8.12\ V$$

② 计算 $A_{ud}=\dfrac{u_o}{u_i}$

对于单端输出的 JFET 差放电路，其差模电压放大倍数为

$$A_{ud}=\frac{u_o}{u_i}=0.5\cdot g_m\cdot(R_L\ /\!/\ R_D\ /\!/\ r_{ds})\approx0.5\cdot g_m\cdot(R_L\ /\!/\ R_D)$$

其中，$$g_m=-\frac{2I_{DSS}}{U_{GS(off)}}\cdot\left(1-\frac{U_{GSQ}}{U_{GS(off)}}\right)=-\frac{2\times1.2}{-2.4}\times\left(1-\frac{-1.91}{-2.4}\right)=0.2\ \text{mS}$$

所以 $$A_{ud}=0.5\times0.2\times(82/\!/240)=6.11$$

2. MOS 管差分放大电路

带电流源的 MOS 管差分放大电路如图 4.22 所示，图中 T_1、T_2 是 N 沟道 MOS 场效应管，双端输入、双端输出。它的工作原理与双极型三极管差分放大电路的工作原理相同。MOS 管差分放大电路技术指标的计算与结型 JFET 差放电路技术指标的计算表达式相同。

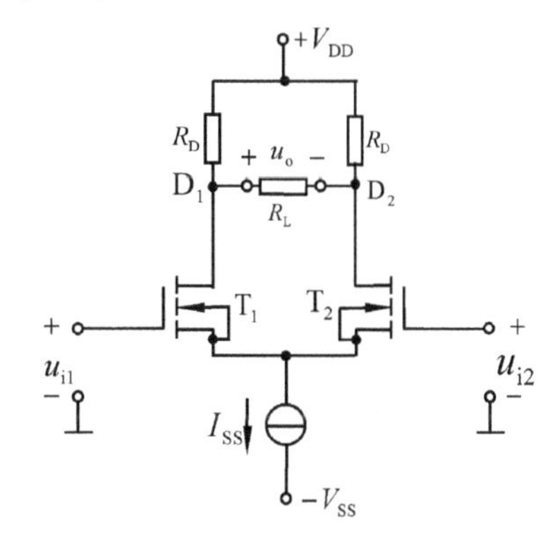

图 4.22　MOS 管差分放大电路

实际的 MOS 管差放电路还有 PMOS 型、CMOS 型差放电路，其中漏极电阻 R_D 常用 MOS 管来替代，组成全 MOS 电路。

4.2.3 差分放大电路的传输特性

以上讨论的是差分放大电路的工作原理和小信号放大时的性能指标。下面进一步分析 u_{id} 为任意值时差放电路的传输性能。差分放大器的传输特性通常是指差放电路的输出量(输出电流或输出电压)与输入量(差模输入电压)之间的关系。研究传输特性,对于了解差分放大电路的小信号线性工作范围以及大信号工作特性都是非常重要的。

1. 双极型三极管差分放大电路的传输特性

在电路两边对称的理想条件下,为了简化起见,在分析差模传输特性时,将 R_E 用理想电流源 I_{EE} 代替,如图4.23所示。设 T_1 与 T_2 特性匹配,且 β 足够大,则

$$i_{C1} \approx i_{E1} = I_S \cdot e^{\frac{u_{BE1}}{U_T}}$$

$$i_{C2} \approx i_{E2} = I_S \cdot e^{\frac{u_{BE2}}{U_T}}$$

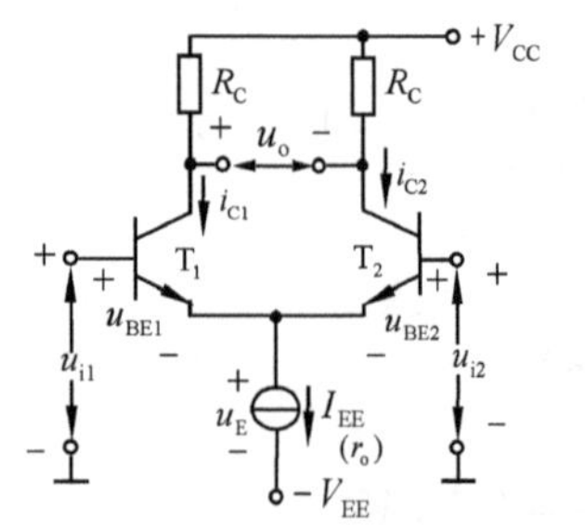

图4.23 基本双极型差分放大电路

由上两式相除,得

$$\frac{i_{C1}}{i_{C2}} = e^{\frac{u_{BE1}-u_{BE2}}{U_T}} \tag{4.50}$$

而

$$i_{C1} + i_{C2} = I_{EE} \tag{4.51}$$

$$u_{id} = u_{BE1} - u_{BE2} \tag{4.52}$$

由式(4.50)~式(4.51)联立求解,得

$$i_{C1} = \frac{I_{EE}}{1 + e^{-\frac{u_{id}}{U_T}}} = \frac{I_{EE} \cdot e^{\frac{u_{id}}{2U_T}}}{e^{\frac{u_{id}}{2U_T}} + e^{-\frac{u_{id}}{2U_T}}}$$

$$= \frac{I_{EE}}{2} + \frac{I_{EE}}{2} \cdot \frac{e^{\frac{u_{id}}{2U_T}} - e^{-\frac{u_{id}}{2U_T}}}{e^{\frac{u_{id}}{2U_T}} + e^{-\frac{u_{id}}{2U_T}}} = \frac{I_{EE}}{2} + \frac{I_{EE}}{2} \cdot \mathrm{th}\left(\frac{u_{id}}{2U_T}\right) \tag{4.53}$$

$$i_{C2} = \frac{I_{EE}}{1 + e^{\frac{u_{id}}{U_T}}} = \frac{I_{EE} \cdot e^{-\frac{u_{id}}{2U_T}}}{e^{\frac{u_{id}}{2U_T}} + e^{-\frac{u_{id}}{2U_T}}}$$

$$= \frac{I_{EE}}{2} + \frac{I_{EE}}{2} \cdot \frac{e^{-\frac{u_{id}}{2U_T}} - e^{\frac{u_{id}}{2U_T}}}{e^{\frac{u_{id}}{2U_T}} + e^{-\frac{u_{id}}{2U_T}}} = \frac{I_{EE}}{2} - \frac{I_{EE}}{2} \cdot \mathrm{th}\left(\frac{u_{id}}{2U_T}\right) \tag{4.54}$$

式中,th(x)为 x 的双曲正切函数。

式(4.53)和式(4.54)为每个三极管的输出电流与差模输入电压 u_{id} 的传输特性方程,相应画出大信号输入时差模特性曲线如图4.24所示。

分析式(4.53)、(4.54)和图4.24中曲线,可得出如下结论:

① 当 $u_{id}=0$ 时,$i_{C1}=I_{C1}$,$i_{C2}=I_{C2}$,$I_{C1}=I_{C2}=0.5I_{EE}$。当输入差模信号 u_{id} 时,一个三极管的电流增大,另一个三极管的电流减小,且增大量与减小量相等,两管电流之和不变,即 $i_{C1}+i_{C2}\equiv I_{EE}$。

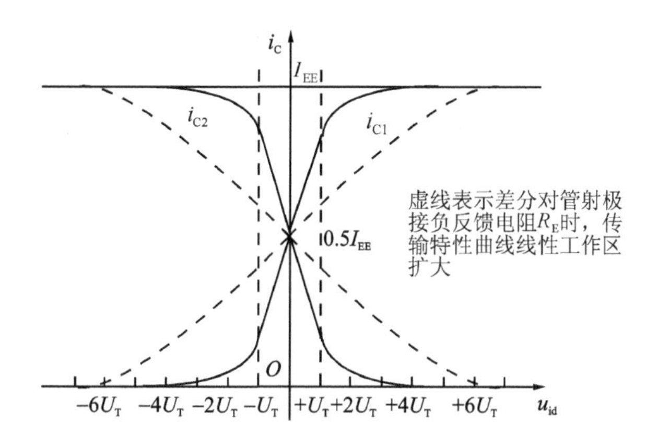

图 4.24　双极型差放电路的大信号差模特性

② 差模输入电压的线性工作范围为：$-U_T \sim U_T$（$-26\sim26$ mV）。此时，i_C 与 u_{id} 近似成线性关系。当输入差模电压超过±26 mV 时，i_C 的非线性失真会逐步增加；当输入差模电压超过$\pm 4U_T \approx \pm 104$ mV 时，i_C 基本不变，这表明差放电路在大信号输入时有很好的限幅特性。利用 u_{id} 的正、负极性，使两管轮流进入限幅区，就可实现高速开关功能。

③ 由图 4.24 可知，小信号工作时，在静态工作点附近，i_C 受 u_{id} 的线性控制，其控制作用的大小常用传输跨导 g_m 来衡量。g_m 的定义为

$$g_m = \left.\frac{\mathrm{d}i_C}{\mathrm{d}u_{id}}\right|_{u_{id}=0} \tag{4.55}$$

式(4.55)定义的传输跨导即是传输特性在静态工作点 Q 处(即 $u_{id}=0$)的曲线斜率。

单端输出时的传输跨导为

$$g_{m1} = \left.\frac{\mathrm{d}i_{C1}}{\mathrm{d}u_{id}}\right|_Q = \frac{i_{c1}}{u_{id}} = \left.\frac{I_{EE}\cdot e^{\frac{-u_{id}}{U_T}}}{U_T\cdot\left(1+e^{-\frac{u_{id}}{U_T}}\right)^2}\right|_{u_{id}=0} = \frac{1}{4}\cdot\frac{I_{EE}}{U_T} = \frac{1}{2\cdot r_e} \tag{4.56}$$

双端输出时的传输跨导为

$$g_m = 2g_{m1} = \frac{1}{r_e} \tag{4.57}$$

差放电路双端输出时的传输跨导等于单端输出时的传输跨导的 2 倍。

差分放大电路的传输跨导 g_m、差模电压放大倍数 A_{ud} 都与电流源电流 I_{EE} 成正比。I_{EE} 越大，g_m、A_{ud} 就越大。

通过调节电流源电流，可实现对差放电路电压放大倍数的控制，达到实现自动增益控制的目的。

2. MOS 管差分放大电路的传输特性

与双极型差分放大电路传输特性分析过程相似，可导出 MOS 管差分放大器的传输特性，电路如图 4.25 所示。当两管特性一致，且工作在饱和区时，两管的漏极电流分别为

$$i_{D1}=\frac{\mu_n C_{ox} W}{2L}(u_{GS1}-U_{GS(th)})^2=K(u_{GS1}-U_{GS(th)})^2$$

$$i_{D2}=\frac{\mu_n C_{ox} W}{2L}(u_{GS2}-U_{GS(th)})^2=K(u_{GS2}-U_{GS(th)})^2$$

式中,$K=\mu_n C_{ox} W/(2L)$。由于 $u_{id}=u_{GS1}-u_{GS2}$,$I_{SS}=i_{D1}+i_{D2}$,因而

$$u_{id}=\sqrt{\frac{i_{D1}}{K}}-\sqrt{\frac{i_{D2}}{K}}=\sqrt{\frac{I_{SS}-i_{D2}}{K}}-\sqrt{\frac{i_{D2}}{K}} \tag{4.58}$$

$+V_{DD}$ R_{D1} R_{D2} i_{D1} i_{D2} T_1 T_2 u_{i1} u_{i2} I_{SS} $-V_{SS}$

图 4.25 MOS 差分放大电路

将上式两边平方,经整理求得单端输出电流

$$i_{D1}=\frac{I_{SS}}{2}+\sqrt{\frac{KI_{SS}}{2}}\cdot u_{id}\cdot\sqrt{1-\frac{K}{2I_{SS}}u_{id}^2} \tag{4.59}$$

$$i_{D2}=\frac{I_{SS}}{2}-\sqrt{\frac{KI_{SS}}{2}}\cdot u_{id}\cdot\sqrt{1-\frac{K}{2I_{SS}}u_{id}^2} \tag{4.60}$$

双端输出电流

$$i_{D1}-i_{D2}=\sqrt{2KI_{SS}}\cdot u_{id}\cdot\sqrt{1-\frac{K}{2I_{SS}}u_{id}^2} \tag{4.61}$$

将 $I_{D1Q}=I_{D2Q}=I_{SS}/2=K(U_{GSQ}-U_{GS(th)})^2$ 代入式(4.59)、式(4.60)和式(4.61),得到 MOS 差放的差模传输特性

$$i_{D1}=\frac{I_{SS}}{2}+\frac{I_{SS}}{2}\left(\frac{u_{id}}{U_{GSQ}-U_{GS(th)}}\right)\cdot\sqrt{1-\frac{1}{4}\left(\frac{u_{id}}{U_{GSQ}-U_{GS(th)}}\right)^2} \tag{4.62}$$

$$i_{D2}=\frac{I_{SS}}{2}-\frac{I_{SS}}{2}\left(\frac{u_{id}}{U_{GSQ}-U_{GS(th)}}\right)\cdot\sqrt{1-\frac{1}{4}\left(\frac{u_{id}}{U_{GSQ}-U_{GS(th)}}\right)^2} \tag{4.63}$$

$$i_{D1}-i_{D2}=I_{SS}\left(\frac{u_{id}}{U_{GSQ}-U_{GS(th)}}\right)\cdot\sqrt{1-\frac{1}{4}\left(\frac{u_{id}}{U_{GSQ}-U_{GS(th)}}\right)^2} \tag{4.64}$$

相应画出的差模传输特性曲线如图 4.26 所示。由式(4.62)、式(4.63)和(4.64)式可见:

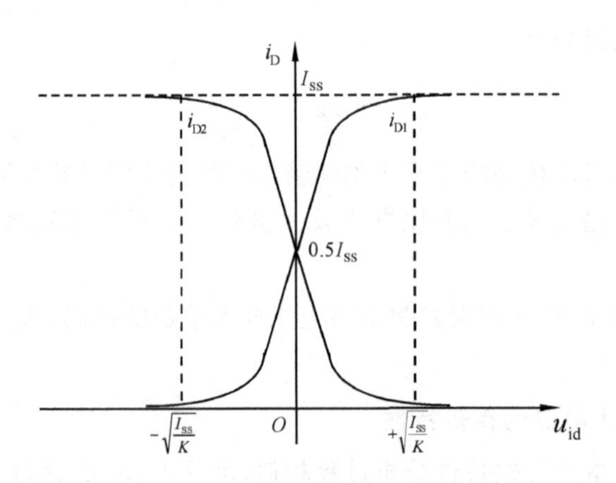

图 4.26 MOS 管差放的差模传输特性

① 当静态工作(即 $u_{id}=0$)时

$$i_{D1}=i_{D2}=I_{DQ}=I_{SS}/2$$

② 当 $|u_{id}|$ 很小,满足 $|u_{id}|\ll 2(U_{GSQ}-U_{GS(th)})$ 时

$$i_{D1}\approx\frac{I_{SS}}{2}+\frac{I_{SS}}{2}\left(\frac{u_{id}}{U_{GSQ}-U_{GS(th)}}\right) \tag{4.65}$$

$$i_{D2}=\frac{I_{SS}}{2}-\frac{I_{SS}}{2}\left(\frac{u_{id}}{U_{GSQ}-U_{GS(th)}}\right) \tag{4.66}$$

$$i_{D1}-i_{D2}=I_{SS}\left(\frac{u_{id}}{U_{GSQ}-U_{GS(th)}}\right) \tag{4.67}$$

满足线性关系,差模传输特性为一段直线,其斜率(跨导)为

$$g_m=\frac{i_{D1}-i_{D2}}{u_{id}}=\frac{I_{SS}}{U_{GSQ}-U_{GS(th)}} \tag{4.68}$$

③ 增大 u_{id},差模传输特性进入非线性区,当 $|u_{id}|=\sqrt{2}(U_{GSQ}-U_{GS(th)})=\sqrt{\dfrac{I_{SS}}{K}}$ 时,$i_{D1}=I_{SS}$,$i_{D2}=0$ 或 $i_{D2}=I_{SS}$,$i_{D1}=0$,特性进入限幅区。

与双极型差放不同,MOS 差放的线性范围和非限幅范围均与 U_{GSQ}(即 I_{SS} 和 K)有关。I_{SS} 越大,K 越小,U_{GSQ} 就越大,相应的线性范围和非限幅范围也就越大。一般说来,线性和非限幅范围均比双极型差放大。

4.3　双极型集成运算放大器

4.3.1　集成运算放大器的基本组成

集成运算放大器种类繁多。以集成运放的性能指标与用途来划分,有通用型、宽带型、低漂移型、高速型、高输入阻抗型、高精度型、低功耗型、高压型、程控型、大功率型等。若按照组成集成运放的电路类型来划分,又有双极型(BJT)、JFET 型、MOS 型和混合型,MOS 型有 NMOS、PMOS、CMOS 之区别,混合型有 BJT 与 JFET 管混合(BiFET)、BJT 与 MOS 管混合(BiCMOS)等。

虽然各种集成运放的具体电路与技术参数不同,但其电路结构却有共同之处。图 4.27 表示集成运算放大器的内部组成框图及其电路符号,而实际运放有许多引脚,如外接的电源引脚 $+V_{CC}$、$-V_{EE}$,以及可能的频率补偿引脚等。图 4.27(b)为运算放大器的电路符号,其中反相输入端用“－”号表示,同相输入端用“＋”号表示。器件外端输入、输出相应地用 N、P 和 O 表示。

输入级:均采用各种改进型的差分放大器,以减少温漂对直接耦合放大器的影响。同时,又有两个输入端,可以扩大应用范围。输入级的作用除提供增益外,主要是为集成运放提供较理想的输入性能(包括共模抑制比、输入电阻、输入失调等)。

中间放大级:大多由一级或二级采用有源负载的放大器组成,其主要作用是尽可能大地提高增益。

输出级:一般都由甲乙类互补推挽的共集电路组成。它除了产生足够幅度的输出电压和

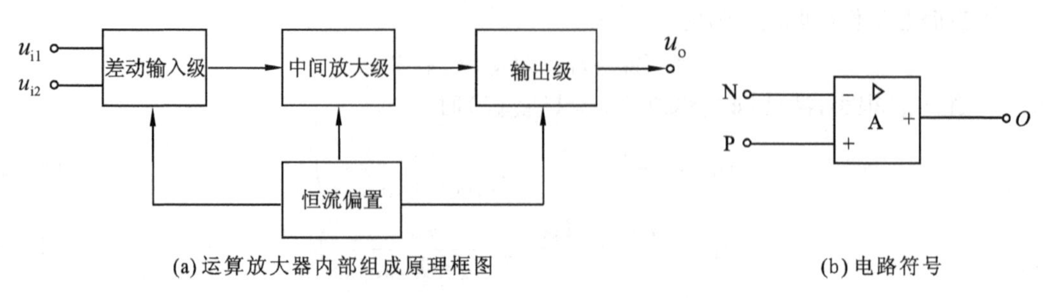

(a) 运算放大器内部组成原理框图　　(b) 电路符号

图 4.27　运算放大器组成原理与电路符号

电流外,还可适应不同大小的负载。

偏置电路:各级一般都采用电流源偏置,且由主偏置级设定。采用这种方案不仅可获得稳定的工作点,而且电路结构清晰,布局合理。

4.3.2　典型集成运算放大器电路分析

这里以 TI 公司的 TLC2202 为例来说明。TLC2202 为由 NMOS、PMOS 型互补器件组成的 CMOS 集成运放,内部电路原理图如图 4.28 所示。运放单元由输入级、输出级、偏置电路三个部分组成。

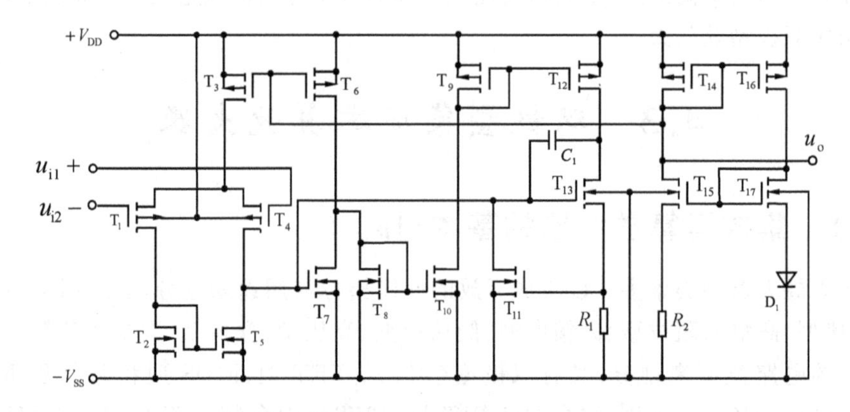

图 4.28　CMOS 集成运放 TLC2202 内部电路原理图

(1) 偏置电路

T_{14}、T_{15}、T_{16}、T_{17} 和 D_1 构成主偏置级;T_9、T_{12} 构成镜像电流源为 T_{13} 提供静态电流;T_{14} 带动 T_3 组成镜像电流源为输入级提供静态电流。

(2) 输入级

T_1～T_5 构成双端输入-单端输出的差分输入级,其中 T_1、T_4 为差分放大器;T_2、T_5 构成镜像电流源为其有源负载;T_3 提供静态偏置电流。差分输入级的单端输出电压加到 T_7 的栅源级,产生 i_{D7},与 T_{14}、T_6 组成的电流源电流相减后形成 T_8 的漏极电流,T_8 与 T_{10}、T_9 与 T_{12} 分别构成镜像电流源,即 T_8 的漏极电流反映到 T_{12}(T_{13})上,形成单端推挽式输出,使输出电流动态范围增加。

(3) 输出级

T_{13} 构成输出级,T_9、T_{12} 构成其有源负载,提高输出级的增益;T_{11}、R_1 组成 T_{13} 的保护电路。

4.4　集成运算放大器的主要技术参数

为了正确地使用集成运算放大器，必须了解它的技术参数。在集成运算放大器手册上，给出了多达几十种参数，大体可分为五类：输入失调参数、开环差模特性参数、开环共模特性参数、大信号特性参数和电源特性参数。

1. 输入失调电压 U_{IO}

一个理想的集成运放，当输入电压为零时，输出电压也应为零（不加调零装置）。但实际上它的差分输入级很难做到完全对称，一般在输入电压为零时，存在一定的输出电压。在室温（约 27 ℃）及标准电源电压下，输入电压为零时，为了使集成运放的输出电压为零，在输入端加的补偿电压叫做**失调电压**（offset voltage），用 U_{IO} 表示。U_{IO} 值愈大，说明电路的匹配程度愈差。普通集成运放的 U_{IO} 量级为±(1 μV～5 mV)；超低失调和漂移型集成运放的 U_{IO} 在±(0.1～20 μV)范围内。

2. 输入偏置电流 I_{IB}

双极型集成运放的两个输入端是差分对管的基极，工作于放大区的三极管发射结正偏置，有基极电流，因此集成运放两个输入端就有一定的输入电流 I_{BN}（反相端的**偏置电流**（bias current））和 I_{BP}（同相端的偏置电流），如图 4.29 所示。若差分输入级完全对称，则 $I_{BN}=I_{BP}$。在实际情况下会出现 $U_O\neq 0$，偏置电流 $I_{BN}\neq I_{BP}$，故输入偏置电流就是两个输入偏置电流的平均值，即 $I_{IB}=(I_{BN}+I_{BP})/2$。通常，双极型集成运放的 I_{IB} 在 10 nA～1 μA 量级。信号源内阻不同时，I_{IB} 越大，对差分放大电路静态工作点的影响越大。

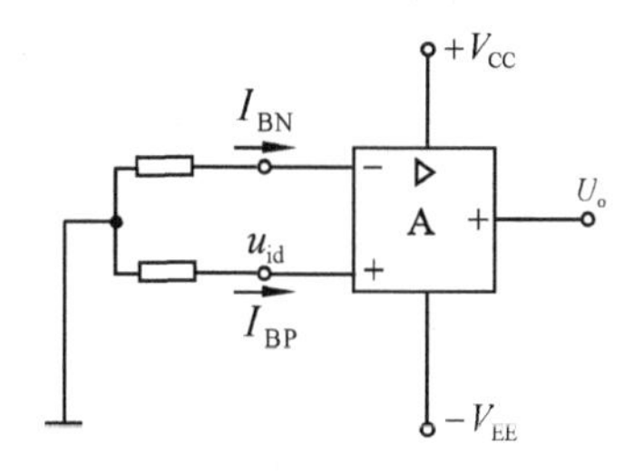

图 4.29　输入偏置电流

JFET 输入级集成运放的 I_{IB} 为 PN 结反偏电流，通常在 0.1 nA～0.05 pA 量级。MOS 输入级集成运放的 I_{IB} 理论上为零，实际上在 pA 量级。

3. 输入失调电流 I_{IO}

输入失调电流 I_{IO} 是指集成运放（静态）输出电压为零时，两个输入端静态电流之差 $I_{IO}=I_{BP}-I_{BN}$，它反映了集成运放两输入端输入电流不对称的程度。

由于信号源内阻的存在，如图 4.29 所示，I_{IO} 会引起一输入差模电压，破坏了放大器平衡，使放大器在零输入时输出电压不为零，因此，希望 I_{IO} 越小越好，普通集成运放为 1 nA～0.1 μA，低失调型集成运放可达 1 pA 以下。

4. 温度漂移

温度漂移是造成运算放大器静态工作点不稳定的重要因素，是指输入失调电压和输入失调电流随温度的变化。

(1) 输入失调电压温漂 $\Delta U_{IO}/\Delta T$

$\Delta U_{IO}/\Delta T$ 是指在规定温度范围内 U_{IO} 的**温度系数**（temperature coefficient），是衡量运放温漂的重要指标。$\Delta U_{IO}/\Delta T$ 不能用外接调零装置的办法来消除。低漂移运放的 $\Delta U_{IO}/\Delta T$ 小

于1 μV/℃,超低温漂型集成运放 $\Delta U_{IO}/\Delta T$ 小于0.15 μV/℃,普通集成运放的 $\Delta U_{IO}/\Delta T$ 有时可达到±(10~20) μV/℃。

(2) 输入失调电流温漂 $\Delta I_{IO}/\Delta T$

$\Delta I_{IO}/\Delta T$ 是指在规定温度范围内 I_{IO} 的温度系数,也是衡量运放温漂的重要指标、同样不能用外接调零装置来补偿。超低漂移运放的 $\Delta I_{IO}/\Delta T$ 在pA/℃量级。

5. 开环差模电压放大倍数(增益)A_{ud}

理想运放的开环差模电压增益假定为无穷大,而实际的运放 A_{ud} 不仅是一有限值,而且随着频率上升而下降。A_{ud} 定义为在标称电源电压及规定负载下,运放工作在线性区(在无反馈情况下)时,其输出电压变化量与输入差模电压变化量之比。它是影响运算精度的重要指标,通常用分贝表示,即 $20\lg A_{ud}$(dB)。运放的 A_{ud} 一般在60~180 dB范围内。

6. 差模输入电阻 R_{id}

差模输入电阻是指输入差模信号时运放的输入电阻,其值一般为几百千欧至数兆欧。R_{id} 越大,对信号源的影响及所引起的动态误差越小。

7. 最大差模输入电压 $U_{id,max}$

$U_{id,max}$ 是指在集成运放正常工作时,反相和同相输入端之间所能承受的最大差模输入电压值。超过这个电压值,运放的性能将显著恶化,甚至造成永久性损坏。利用平面工艺制成的NPN管的发射极反向击穿电压为±5 V左右,而横向三极管可达±30 V以上。

8. 最大共模输入电压 $U_{ic,max}$

$U_{ic,max}$ 是指运放所能承受的最大共模输入电压。超过 $U_{ic,max}$ 值,运放中的放大管不能工作在放大区,运放的共模抑制比将显著下降。一般指运放用作电压跟随器时,使输出电压产生1%跟随误差的共模输入电压幅值,有时也定义为 K_{CMR} 下降6 dB时所加的共模输入电压。高质量运放的 $U_{ic,max}$ 可达正、负电源电压值。

9. 转换速率 S_R

转换速率也叫压摆率,是表征运放大信号特性的一项重要指标,反映运放输出对于高速变化的输入信号的响应情况。S_R 定义为运放在闭环状态下,输入信号为阶跃信号或突变信号时,放大器输出电压对时间的最大变化速率,如图4.30所示,即

$$S_R = \frac{du_o(t)}{dt} \tag{4.69}$$

只有当输入信号变化斜率的绝对值小于 S_R 时,运放的输出才有可能按线性规律变化。S_R 越

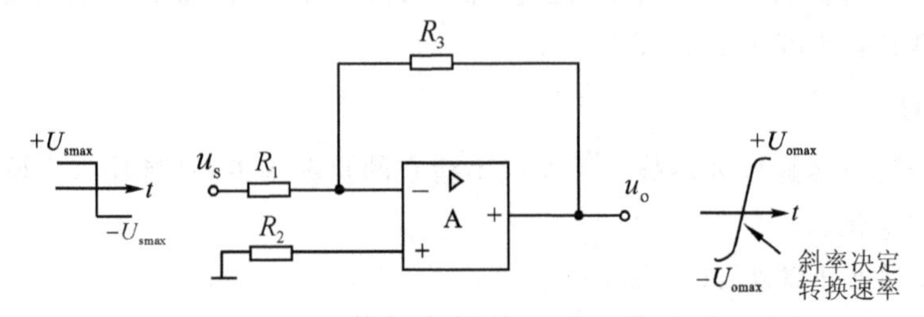

图4.30 输出电压波形受转换速率限制的情况

大，表明运放的高频性能越好。

转换速率的大小与许多因素有关，其中主要是与集成运放所加的补偿电容，集成运放本身各级三极管的极间电容、杂散电容，以及放大器提供的充电电流等因素有关。目前普通集成运放的 S_R 在 100 V/μs 以下，高速型集成运放的 S_R 可达 1 000 V/μs 以上。

10. 开环带宽 $BW_{0.7}$ 和单位增益带宽 BW_G

在正弦小信号激励下，集成运放的**开环**(open - loop)差模电压增益值从直流增益值下降 3 dB 时所对应的输入信号频率定义为 $BW_{0.7}$。

BW_G 是指集成运放在开环差模电压增益下降到 0 dB 时所对应的输入信号频率。

11. 电源电压抑制比 K_{SVR}

集成运放工作在线性区时，输入失调电压随电源电压的变化率定义为电源**电压抑制比**(rejection ratio)，它反映了电源电压波动对输出电压的影响程度。

$$K_{SVR}=\left[\left(\frac{\Delta U_O}{A_{ud}}\right)\cdot\Delta U_S^{-1}\right]^{-1}=\left[\frac{\Delta U_O}{A_{ud}\cdot\Delta U_S}\right]^{-1} \tag{4.70}$$

式中，ΔU_O 是电源电压变化 ΔU_S 而引起的输出电压变化。不同的集成运放的 K_{SVR} 相差很大，在 60～150 dB 之间。

其他的技术指标还有共模抑制比 K_{CMR}、电源电压范围($V_{CC}+V_{EE}$)、电源电流 I_W、内部耗散功耗 P_{dmax}、输出电阻、输出电压峰-峰值 U_{OP-P}(或最大输出电压峰值 U_{omax})、最大输出电流 I_{omax}、全功率带宽 BW_P、非线性失真、等效输入噪声电压 e_n 或等效输入噪声电流 i_n 等，这些参数此处不再详述。

4.5 模拟乘法器

模拟乘法器是一种完成两个模拟信号(连续变化的电流或电压)相乘运算的电子器件，通常有两个输入端和一个输出端，电路符号如图 4.31 所示。

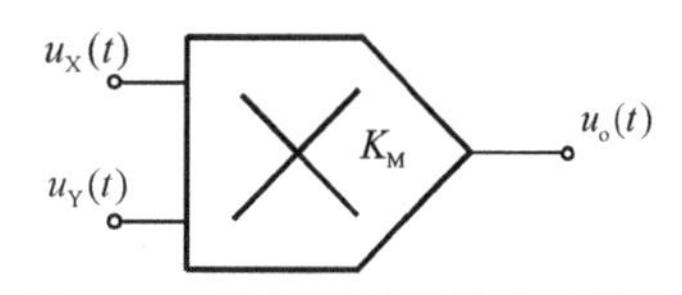

图 4.31　模拟乘法器的电路符号

若两个输入端的电压分别为 $u_X(t)$ 和 $u_Y(t)$，输出端电压为 $u_o(t)$，则输入和输出之间的关系为

$$u_o(t)=K_M u_X(t)u_Y(t) \tag{4.71}$$

式中，K_M 为乘法器的增益系数或标尺因子，其量纲为 V^{-1}。

若信号 $u_X(t)$、$u_Y(t)$ 均限定为某一极性的电压，则该乘法器称为**单象限**(quadrant)乘法器；若信号 $u_X(t)$、$u_Y(t)$ 中一个输入能够适应正、负两种极性电压，而另一个输入只能适应单一极性电压，则该乘法器称为二象限乘法器；若信号 $u_X(t)$、$u_Y(t)$ 能适应四种极性组合，则称为四象限乘法器。

1. 双极型四象限变跨导模拟乘法器

图 4.32 所示为双极型四象限变跨导模拟乘法器的原理图。图中，晶体管 T_1T_2、T_3T_4、T_5T_6 六只晶体管两两结合，构成三个差分对，称为双平衡差分电路，D_1D_2 和差分对 T_7T_8 构成非线性补偿电路。下面先分析双平衡差分电路的工作原理。

在双平衡差分电路中，输出电压 u_o 为

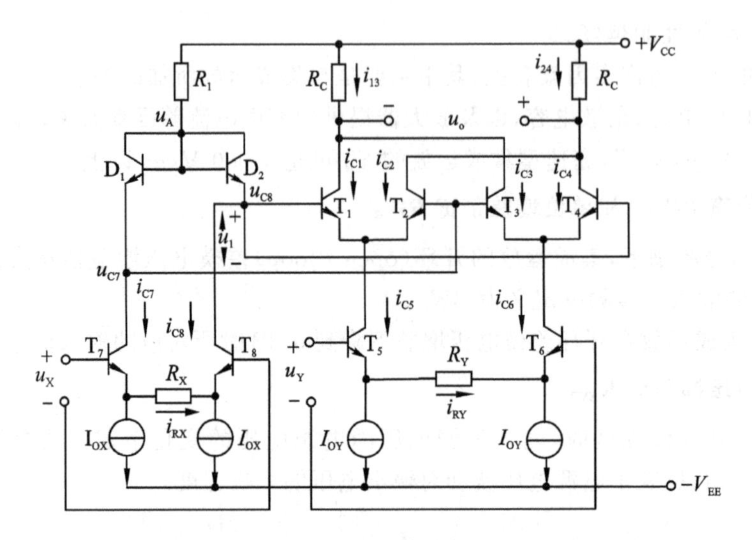

图 4.32　四象限变跨导模拟乘法器的原理图

$$u_o=[(i_{C1}+i_{C3})-(i_{C2}+i_{C4})]\cdot R_C=[(i_{C1}-i_{C2})-(i_{C4}-i_{C3})]\cdot R_C \tag{4.72}$$

差分对管中电流 i_{C1}、i_{C2} 和偏置电流 i_{C5} 的关系为

$$i_{C1}-i_{C2}=i_{C5}\,\mathrm{th}\left(\frac{u_1}{2U_T}\right) \tag{4.73}$$

同理

$$i_{C4}-i_{C3}=i_{C6}\,\mathrm{th}\left(\frac{u_1}{2U_T}\right) \tag{4.74}$$

所以

$$u_o=(i_{C5}-i_{C6})\cdot R_C\cdot\mathrm{th}\left(\frac{u_1}{2U_T}\right) \tag{4.75}$$

在 T_5、T_6 构成的差分放大器中，I_{OY} 为电流源，R_Y 为加在 T_5、T_6 管发射极之间的差模负反馈电阻，由图 4.32 可得

$$i_{C5}=I_{OY}+i_{RY} \tag{4.76}$$

$$i_{C6}=I_{OY}-i_{RY} \tag{4.77}$$

通常 T_5、T_6 的发射结电阻远小于反馈电阻 R_Y，可忽略，因此有

$$i_{RY}\approx\frac{u_Y}{R_Y} \tag{4.78}$$

将式(4.76)、式(4.77)、式(4.78)代入式(4.75)，可得

$$u_o=\frac{2u_Y}{R_Y}\cdot R_C\cdot\mathrm{th}\left(\frac{u_1}{2U_T}\right) \tag{4.79}$$

当电压 $u_1\ll U_T$ 时，式(4.79)可简化为

$$u_o\approx\frac{2R_C}{R_Y}\cdot u_Y\cdot\frac{u_1}{2U_T}=\frac{R_C}{R_YU_T}\cdot u_1u_Y=K_1\cdot u_1u_Y \tag{4.80}$$

式中，$K_1=\dfrac{R_C}{R_Y\cdot U_T}$。

由式(4.80)可以看出，当输入信号 u_1 较小时，可得到较理想的相乘结果。但当输入信号 u_1 较大时，会带来严重的非线性。为此，在输入信号 u_X 和信号 u_1 之间加一非线性补偿电路，以扩大输入信号 u_X 的线性范围。

在 D_1D_2 和差分对 T_7T_8 构成的非线性补偿电路中，有

$$u_{C8}-u_{C7}=u_1$$

二极管 D_1D_2 的压降和电流的关系为

$$u_A-u_{C7}=U_T\ln\frac{i_{D1}}{I_S}$$

$$u_A-u_{C8}=U_T\ln\frac{i_{D2}}{I_S}$$

所以
$$u_1=U_T\ln\frac{i_{D1}}{i_{D2}} \tag{4.81}$$

若各管的 β 足够大时，它们的基极电流可以忽略，则

$$i_{D1}\approx i_{C7}=I_{OX}+i_{RX}\approx I_{OX}+\frac{u_X}{R_X}$$

$$i_{D2}\approx i_{C8}=I_{OX}-i_{RX}\approx I_{OX}-\frac{u_X}{R_X}$$

所以
$$u_1=U_T\ln\left(\frac{1+\dfrac{u_X}{I_{OX}R_X}}{1-\dfrac{u_X}{I_{OX}R_X}}\right)=2U_T\mathrm{arcth}\left(\frac{u_X}{I_{OX}R_X}\right) \tag{4.82}$$

将上式代入式(4.79)，得乘法器的输出电压为

$$u_o=\frac{2u_Y}{R_Y}\cdot R_C\cdot\frac{u_X}{I_{OX}R_X}=\frac{2R_C}{I_{OX}R_XR_Y}\cdot u_Xu_Y=K\cdot u_Xu_Y \tag{4.83}$$

式中，$K=\dfrac{2R_C}{I_{OX}R_XR_Y}$为乘法器的增益系数。

综上分析可知：

① 当电阻 R_X 和 R_Y 足够大时，输出电压 u_o 与两输入电压 u_X、u_Y 的乘积成正比，具有接近于理想的相乘作用；

② 输入电压 u_X、u_Y 均可取正或负极性，所以是四象限乘法器；

③ 增益系数 K 由电路参数决定，其数值可以方便地通过调整电流源电流 I_{OX} 进行调节；

④ 在保证 I_{OX} 与温度无关后，则 K、u_o 的温度稳定性较好。

当然，乘法器的输入信号动态范围仍是有限的。特别是当输入信号幅度增大而负反馈电阻 R_X 和 R_Y 又不够大时，同时考虑到晶体管的电压—电流关系并不是完全理想的指数规律特性，输入信号动态范围受到限制。

从理论上讲，允许的输入信号电压的极限值为

$$|u_{imax}|<I_{OX}\cdot R_X \tag{4.84}$$

若取 $I_{OX}=1$ mA，$R_X=10$ kΩ，则输入信号电压的极限值为±10 V。

2. MOS 模拟乘法器

模拟乘法器还可以基于两个电压和的平方减去这两个电压差的平方来实现，即

$$u_o=(u_1+u_2)^2-(u_1-u_2)^2=4u_1u_2 \tag{4.85}$$

MOS 管模拟乘法器如图 4.33 所示，该电路由“和-平方电路”(见图 4.33(a))与“差-平方电路”(见图 4.33(b))两部分构成。其中 T_1、T_2 管性能相同，为源极跟随器，把输入电压传送

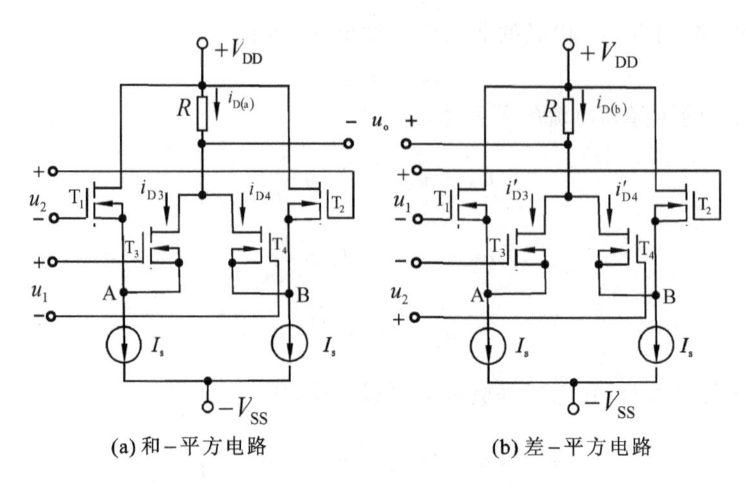

图 4.33　采用平方电路的乘法器

到节点 A、B 上；T_3、T_4 管性能相同，为平方 MOS 管，它们的漏极电流正比于栅-源极电压的平方，T_3、T_4 管的栅-源极电压即为两输入电压的和或差。

假设源极跟随器 $T_1(T_2)$ 管的宽长比 $(W/L)_1$ 比平方 MOS 管 $T_3(T_4)$ 管的宽长比 $(W/L)_3$ 大得多，那么平方 MOS 管 $T_3(T_4)$ 的漏极电流比直流偏置电流 I_S 小得多。由于源极跟随器 $T_1(T_2)$ 的漏极电流变化相对于偏置电流 I_S 来讲非常小，那么源极跟随器 $T_1(T_2)$ 的栅-源极电压降可看做是常数，因此，源极跟随器的栅极电压 u_2 与一个恒定电压降一起转移到共源节点 A 和 B。假设两个输入电压 u_1 和 u_2 被加到图 4.33(a)所示电路，根据电路的对称性，有

$$u_A = -\frac{1}{2}u_2 - u_{GS1}$$

$$u_{GS3} = \frac{1}{2}u_1 - u_A = \frac{1}{2}u_2 + \frac{1}{2}u_1 + u_{GS1}$$

$$u_B = \frac{1}{2}u_2 - u_{GS2}$$

$$u_{GS4} = -\frac{1}{2}u_1 - u_B = -\frac{1}{2}u_2 - \frac{1}{2}u_1 + u_{GS2}$$

根据 MOS 管转移特性方程，并假设所有 MOS 管的开启电压都相同，那么图 4.33(a)平方电路的输出电流由下式给出：

$$\begin{aligned} i_{D(a)} &= i_{D3} + i_{D4} \\ &= \frac{\mu_n C_{ox}}{2}\cdot\left(\frac{W}{L}\right)_3\left[\left(\frac{u_1}{2}+\frac{u_2}{2}+u_{GS1}-U_{GS(th)}\right)^2+\left(-\frac{u_1}{2}-\frac{u_2}{2}+u_{GS2}-U_{GS(th)}\right)^2\right] \end{aligned} \tag{4.86}$$

这里 u_{GS1} 和 u_{GS2} 是源极跟随器的栅-源极电压，由下式给出：

$$u_{GS1} = u_{GS2} = \sqrt{\frac{2}{\mu_n C_{ox}}\cdot\frac{I_{DQ1}}{\left(\frac{W}{L}\right)_1}} + U_{GS(th)} \tag{4.87}$$

并且，静态时有

$$I_{DQ1}=\frac{\left(\frac{W}{L}\right)_1}{\left(\frac{W}{L}\right)_1+\left(\frac{W}{L}\right)_3}\cdot I_S \tag{4.88}$$

这里 I_{DQ1} 是源极跟随器 $T_1(T_2)$ 的直流偏置电流。

在式(4.88)中，已经假设 I_{DQ1} 关于输入电压的变化非常小。把式(4.87)和式(4.88)代入式(4.86)，和-平方电路的输出电流变为

$$i_{D(a)}=\frac{\mu_n C_{ox}}{4}\cdot\left(\frac{W}{L}\right)_3(u_1+u_2)^2+I_{DSQ} \tag{4.89}$$

$$I_{DSQ}=2\frac{\left(\frac{W}{L}\right)_3}{\left(\frac{W}{L}\right)_1}\cdot I_{DQ1}=2\frac{\left(\frac{W}{L}\right)_3}{\left(\frac{W}{L}\right)_1+\left(\frac{W}{L}\right)_3}\cdot I_S \tag{4.90}$$

I_{DSQ} 为两个平方 MOS 管的直流偏置电流，因为 $(W/L)_3 \ll (W/L)_1$，因此它非常小。

同理，两个输入信号 u_1 和 u_2 的差-平方电路可以由颠倒其中一个输入信号的极性并交换两个输入端口来获得，如图 4.33(b)所示。参照和-平方电路的分析方法，差-平方电路的输出电流可由下式给出：

$$i_{D(b)}=\frac{\mu_n C_{ox}}{4}\cdot\left(\frac{W}{L}\right)_3(u_1-u_2)^2+I_{DSQ} \tag{4.91}$$

和-平方电路的输出电压为

$$u_{o-}=V_{DD}-R\cdot i_{D(a)} \tag{4.92}$$

差-平方电路的输出电压为

$$u_{o+}=V_{DD}-R\cdot i_{D(b)} \tag{4.93}$$

这两个电压相减，得到乘法器的输出电压为

$$\begin{aligned} u_o &= R\cdot(i_{D(a)}-i_{D(b)}) \\ &= \frac{\mu_n C_{ox}}{4}\cdot\left(\frac{W}{L}\right)_3\cdot R\cdot\left[(u_1+u_2)^2-(u_1-u_2)^2\right] \\ &= \mu_n C_{ox}\cdot\left(\frac{W}{L}\right)_3\cdot R\cdot u_1 u_2 \end{aligned} \tag{4.94}$$

可以看出，图 4.33 所示 MOS 电路也可以实现乘法运算，并且输入电压 u_1、u_2 均可取正或负极性，所以是四象限乘法器。

本章小结

4.1　集成运算放大器是用集成电路工艺制成的高电压增益、直接耦合的多级放大器，它一般由输入级、中间级、输出级和偏置电路四个基本单元组成。为了使电路便于集成而采用电流源作偏置电路，并用直接耦合方式；为了抑制温度漂移，常采用差分放大电路作输入级；为了提高电压增益，常采用以电流源作有源负载的复合管电路作中间级；为了提高电路的带负载能力，常采用互补对称的射极输出器电路作输出级。

4.2　电流源是一种基本单元电路，其特点是直流电阻小、交流电阻大、具有温度补偿作

用,常用作有源负载和提供偏置电流。常用的有镜像电流源、微电流源和比例电流源等。

4.3 差分放大电路既能放大直流信号,又能放大交流信号,是分立元件电路和模拟集成电路中广泛使用的基本电路,它对差模信号具有很强的放大能力,而对共模信号具有很强的抑制能力。

4.4 集成运放除了双极型运放外,还有MOS运放,二者的组成结构相同,单元电路的形式也相似。MOS集成运放具有工艺简单、功耗低、可与数字集成电路兼容等优点。利用BiC-MOS工艺制成的集成运放也已形成产品。特别是MOS型集成运放具有集成度高、功耗低、温度特性好等优点,已经得到了广泛应用。

4.5 集成运放的外特性是由技术参数来表征的,其主要参数有开环差模电压增益 A_{ud}、共模抑制比 K_{CMR}、转换速率 S_R、输入失调电压 U_{IO}、输入失调电流 I_{IO}、输入失调电压温漂 $\frac{dU_{IO}}{dt}$、输入失调电流温漂 $\frac{dI_{IO}}{dt}$ 等,这些参数是选择和使用集成运放的依据。

4.6 模拟乘法器是一种完成两个模拟信号相乘作用的电子器件,$u_o(t)=K_M \cdot u_X(t) \cdot u_Y(t)$,增益系数 K_M 的量纲为 V^{-1}。

思考题

4.1 电流源电路的特点是什么?镜像电流源的精度和稳定性主要受哪些因素影响?

4.2 电流源电路在集成运放中有哪些主要用途?

4.3 直接耦合多级放大电路中产生零点漂移的主要原因是什么?差分放大电路为什么能抑制零点漂移?

4.4 在电流源偏置差分放大电路中,电流源起了什么作用?在何种情况下,可以应用虚地概念?

4.5 对于双端输入、单端输出的差分放大电路,设有 $A_{ud}=100$,$A_{uc}=0.1$。当输入信号 $u_{i1}=55$ mV、$u_{i2}=53$ mV 时,试分析此时差模输入电压 u_{id}、共模输入电压 u_{ic}、输出电压 u_o 各是多少?

4.6 分析集成运算放大器的一般组成、各级电路的结构形式与作用。MOS型集成运放与双极型集成运放的主要差别在哪里?

4.7 设某集成运放的 $S_R=0.5$ V/μs,当输入信号频率为10 kHz时,其最大不失真输出电压幅度为多少?

4.8 四象限变跨导模拟乘法器的增益系数由哪些参数决定?允许的输入信号极限值为多大?

习题4

题4.1 电流源电路如题图4.1所示,已知晶体管的 $\beta=50$,饱和电压 $U_{CE(sat)}=0.3$ V,其他参数如图中所示。要求:

① 当电源电压 $V_{CC}=9$ V时,确定负载电阻 R_L 的范围为多大时电路呈现电流源特性;

② 当电源电压 $V_{CC}=15$ V时,$U_Z=3$ V时,确定负载电阻 R_L 的范围为多大时电路呈现电

流源特性。

题 4.2 由对称三极管组成题图 4.2 所示的微电流源电路。设三极管的 β 相等，$U_{BE}=0.6\ V$，$V_{CC}=+15\ V$。要求：

① 设反向饱和电流 $I_{S1}=I_{S2}$，根据三极管电流方程导出工作电流 I_{C1} 与 I_{C2} 之间的关系式；

② 要求 $I_{C1}=0.5\ mA$，$I_{C2}=20\ \mu A$，求电阻 R 和 R_E。

题 4.3 题图 4.3 是一个用结型场效应管作为偏置电路的电流源电路，偏置电流一般只有几十微安。试分析这种电路有什么特殊优点？并导出 I_{C2} 的表达式。

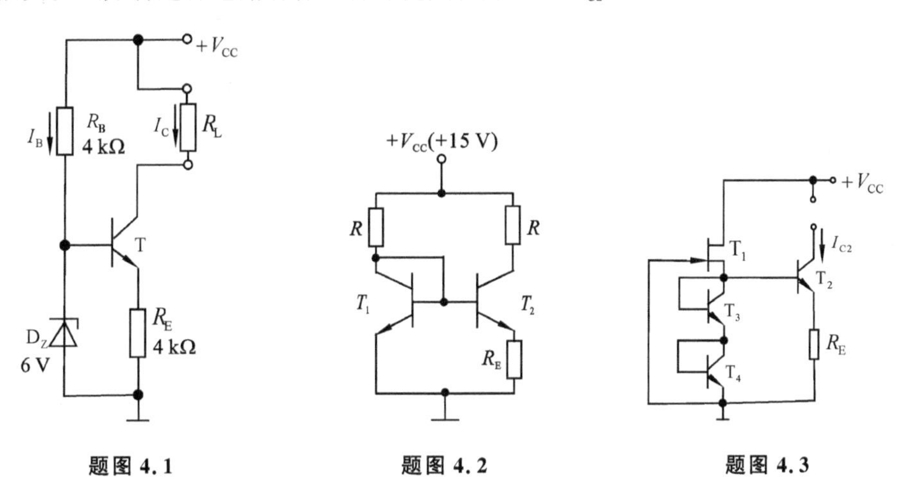

题图 4.1　　**题图 4.2**　　**题图 4.3**

题 4.4 镜像电流源电路如题图 4.4 所示。T_1、T_2 特性相同，且 β 足够大，$U_{BE}=0.6\ V$，电源电压 $V_{CC}=10\ V$，电阻 $R_1=2\ k\Omega$，$R_2=3\ k\Omega$。试分析该电流源能否正常工作？为什么？

题 4.5 在题图 4.5 所示的一种改进型镜像电流源中，设 $U_1=U_2=10\ V$，$R_1=8.6\ k\Omega$，$R_2=4.7\ k\Omega$，三个晶体管的特性均相同，且 $\beta=50$，$U_{BE}=0.7\ V$。求晶体管 T_2 的集电极对地电位 U_{C2}。

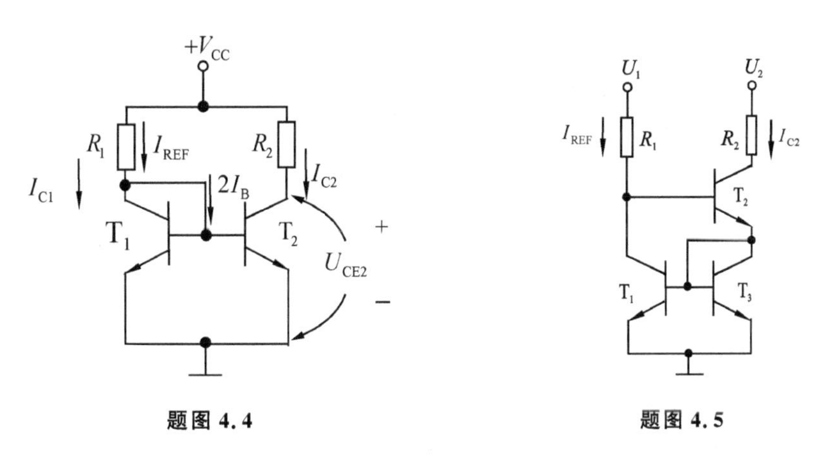

题图 4.4　　**题图 4.5**

题 4.6 MOS 管镜像电流源如题图 4.6(a)、(b)所示，试推导 $I_o \sim I_R$ 之间的关系表达式。

题 4.7 指出题图 4.7 中各电路是否有差分放大作用？若电路中有错误，请加以改正。

题 4.8 在题图 4.8 的电路中，设 $+V_{CC}=+12\ V$，$-V_{EE}=-6\ V$，$R_B=1\ k\Omega$，$R_C=15\ k\Omega$，

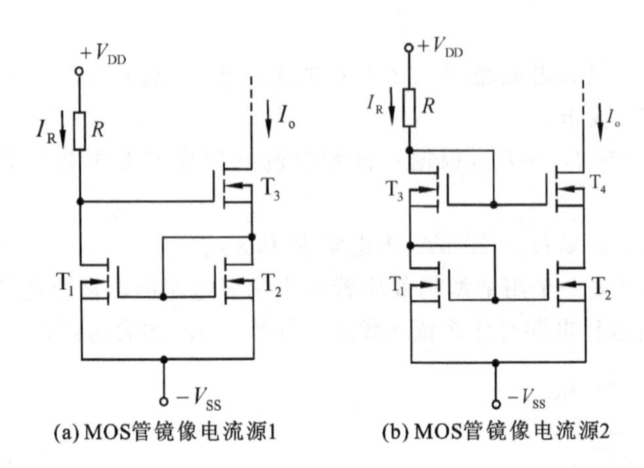

题图 4.6

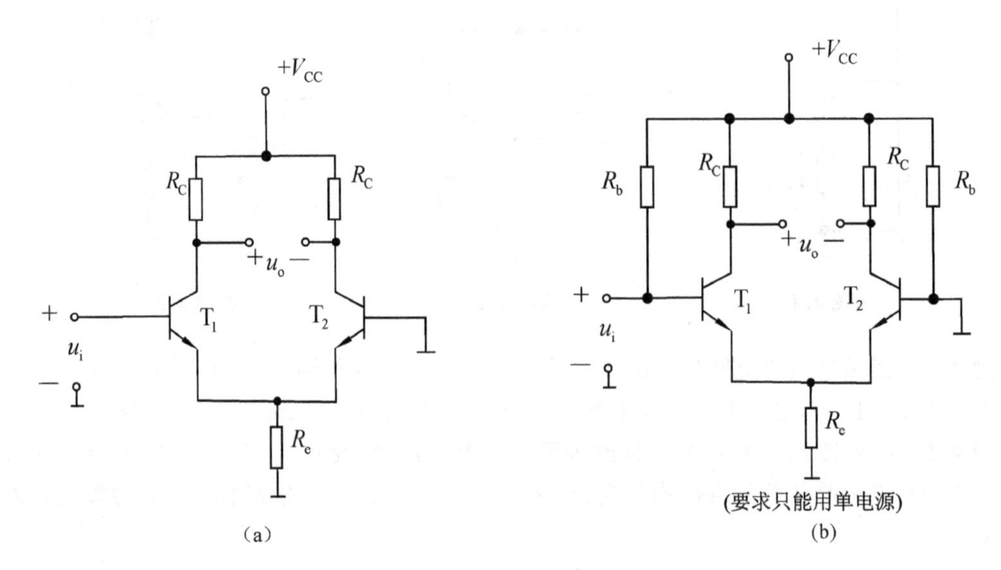

题图 4.7

$R_E=7.5\ \text{k}\Omega$,$R_w=200\ \Omega$且滑动端位于中点,$R_L=\infty$,晶体管 T_1、T_2 的特性相同,$\beta=100$,$r_{bb'}=300\ \Omega$,$U_{BE}=0.7$ V。要求:

① 求静态电流 I_{C1Q}、I_{C2Q} 以及集电极静态电位(对地)U_{C1Q} 和 U_{C2Q};

② 若 $u_{i1}=20$ mV,$u_{i2}=15$ mV,且共模电压放大倍数的影响可忽略不计,求两管集电极对地电压 u_{C1}(即 u_A)和 u_{C2}(即 u_B)。

题 4.9 在题图 4.9 所示的电路中,电流表的满偏电流为 100 μA,电表支路的总电阻为 2 kΩ,两管的 $\beta=50$,$r_{bb'}=300\ \Omega$。试计算:

① 当 $u_i=0$ 时,每管的 I_B、I_C 各是多少?

② 为使电流表指针满偏,需加多大的输入电压?

③ 如果 $u_i=-0.7$ V,这时会发生什么情况?试估计流过电流表的电流大概有多大?如果 $u_i=2$ V,又会出现什么情况?流过电流表的电流有变化吗?

题 4.10 有两只特性一致的晶体管组成的组合放大电路如题图 4.10 所示,已知 $\beta_1=\beta_2=$

$50, r_{bb'}=0, U_{BE1}=U_{BE2}=0.7$ V。试回答下列问题：

① T_1、T_2 各组成何种组态的基本放大电路？

② 静态工作点 I_{C1Q}、I_{C2Q}、U_{CE1Q} 及 U_{CE2Q} 的大小各是多少？

③ 画出放大器的微变等效电路，并求第一级与第二级的放大倍数 A_{u1}、A_{u2}，总的电压放大倍数 A_u，以及 R_i 和 R_o 的大小。

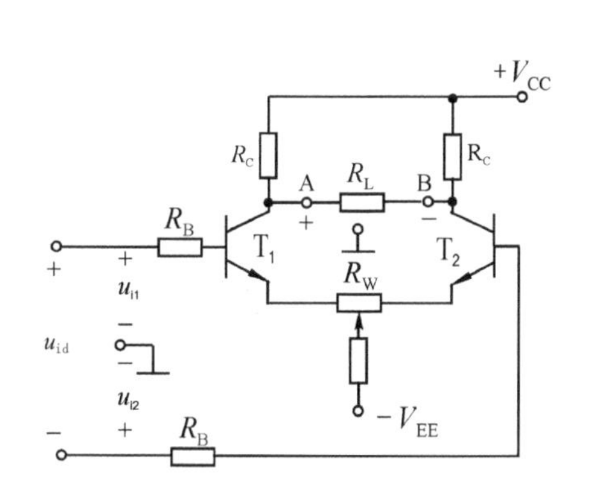

题图 4.8

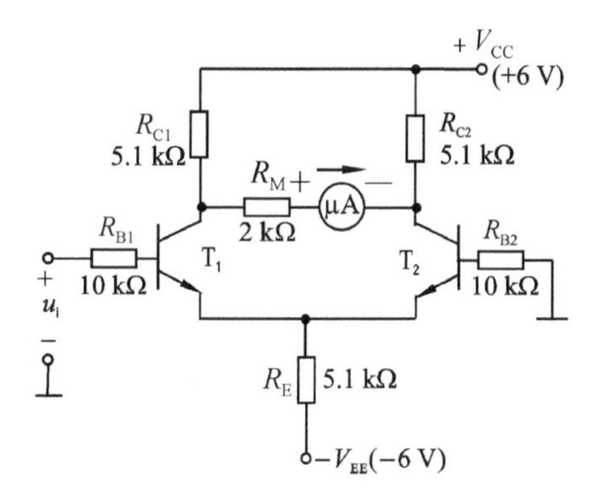

题图 4.9

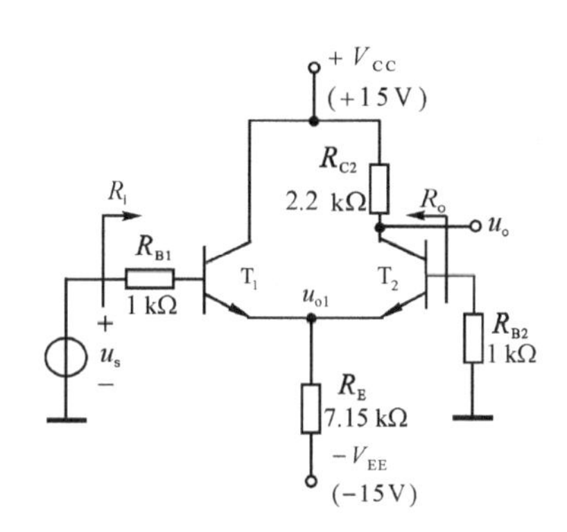

题图 4.10

题 4.11　具有集电极调零电位器 R_p 的差分放大电路如题图 4.11 所示。设电路参数完全对称，$r_{be}=2.8$ kΩ，$\beta=50$，当 R_p 置于中点位置时，画出差模和共模信号的半边等效电路。试计算：

① 差模电压增益 A_{ud}；

② 差模输入电阻 R_{id}、共模输入电阻 R_{ic} 和输出电阻 R_o；

③ 当 u_o 从 T_1 的集电极单端输出时，求差模电压增益 A_{ud1}、共模电压增益 A_{uc1} 及共模抑制比 K_{CMR}。

题 4.12　电流源式差分放大电路如题图 4.12 所示，已知三极管的 $U_{BE}=0.7$ V，$\beta=50$，$r_{bb'}=100$ Ω，稳压管的 $U_Z=+6$ V，$+V_{CC}=+12$ V，$-V_{EE}=-12$ V，$R_B=5$ kΩ，$R_C=100$ kΩ，$R_E=53$ kΩ，$R_L=30$ kΩ。要求：

① 简述电流源结构的优点；

② 求静态工作点 Q(I_{BQ}、I_{CQ}、U_{CEQ})；

③ 求差模电压放大倍数 A_{ud}；

④ 求差模输入电阻 R_{id} 与输出电阻 R_{od}。

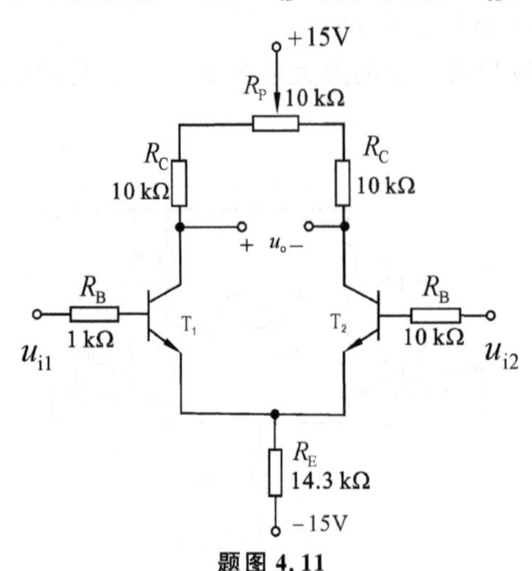

题图 4.11

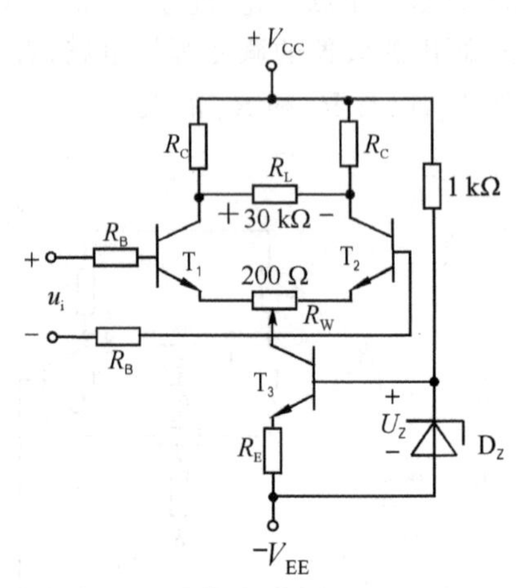

题图 4.12

题 4.13 具有镜象电流源的差分放大电路如题图 4.13 所示，已知 $V_{CC}=V_{EE}=15$ V，$R_B=10$ kΩ，$R_C=100$ kΩ，$R_L=150$ kΩ，$R_w=0.3$ kΩ，$R=144$ kΩ，三极管 $T_1 \sim T_4$ 特性相同，$U_{BE}=0.6$ V，$\beta=100$，$r_{bb'}=100$ Ω，T_3 管的 $r_{ce}=100$ kΩ。试计算：

① I_{C1Q}、I_{C3Q}、U_{CE1Q}、U_{CE2Q}、U_{CE3Q}；

② 差模输入电阻 R_{id}、输出电阻 R_{od}；

③ 差模电压放大倍数 A_{ud}；

④ 共模电压放大倍数 A_{uc}；

⑤ 当 $u_{i1}=50$ mV、$u_{i2}=30$ mV 时，u_o 和 u_{C2} 分别为多少?

题 4.14 场效应管差分放大电路如题图 4.14 所示。已知 T_1、T_2 管特性相同，夹断电压 $U_{GS(off)}=-3.0$ V，$I_{DSS}=1.6$ mA，稳压管 $U_Z=4$ V，三极管的 $U_{BE}=0.6$ V，$\beta=100$，$R_E=4.3$ kΩ，$R_D=20$ kΩ，$R_L=60$ kΩ，$V_{DD}=V_{SS}=15$ V。试计算：

① 静态工作点 Q_1、Q_3；

② 差模电压放大倍数 A_{ud}；

③ 当 $u_{i1}=20$ mV、$u_{i2}=6$ mV 时，输出 u_o 为多少?

题 4.15 放大电路如题图 4.15 所示。设晶体管 T_1、T_2、T_3 特性相同，且 $|U_{BE}|=0.7$ V，$\beta=25$，电阻 $R_{b1}=R_{b2}=10$ kΩ，$R_{c2}=5.7$ kΩ，$R_{e3}=0.81$ kΩ，电流源 $I_E=1$ mA，电源电压 $V_{CC}=V_{EE}=12$ V。

若要求 $u_i=0$ V 时，$u_o=0$ V，R_{c3} 应选多大?

题 4.16 差分放大电路如题图 4.16 所示。PNP 管的 β 为 β_P，NPN 管的 $\beta=\beta_N=\infty$。试证明：

① 在图示输入共模信号 u_{ic} 时，由于 β_P 较低而产生的输出电流 $i_o=\dfrac{u_{ic}}{\beta_P R}$，

② 若 $I=0.2$ mA，$R=1$ MΩ，$\beta_P=25$，试求共模抑制比 K_{CMR} 的大小。

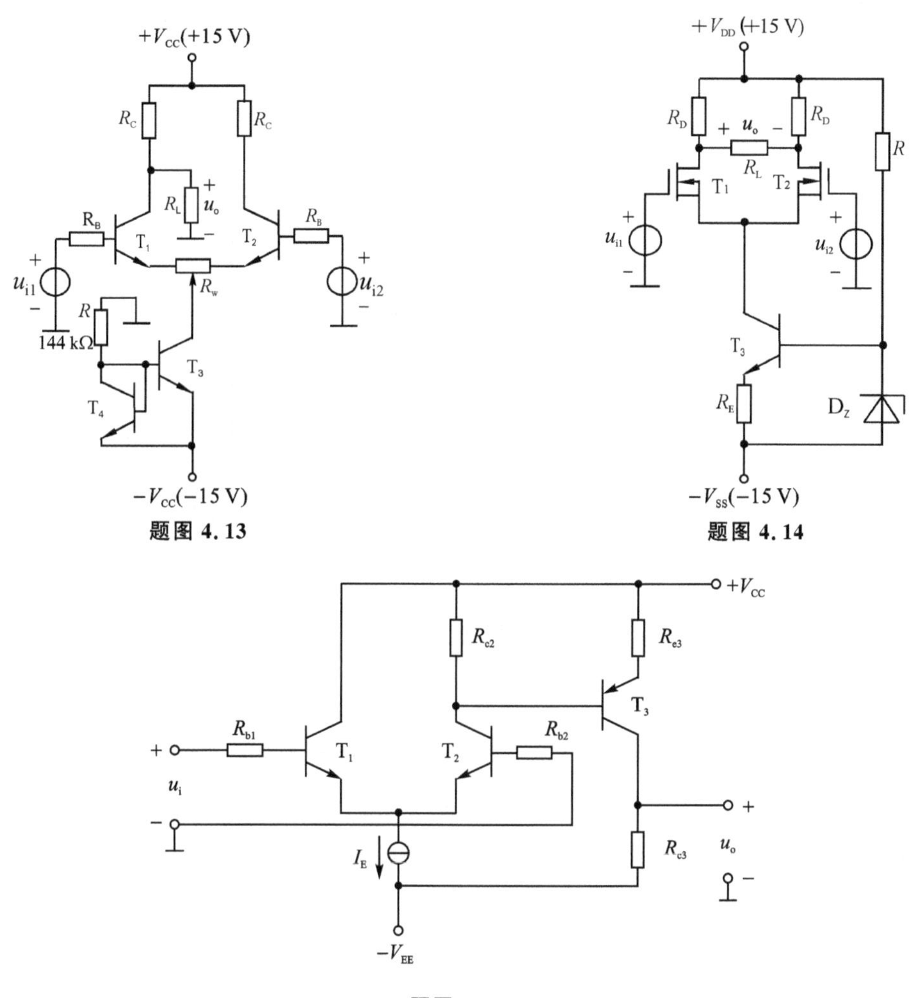

题图 4.13

题图 4.14

题图 4.15

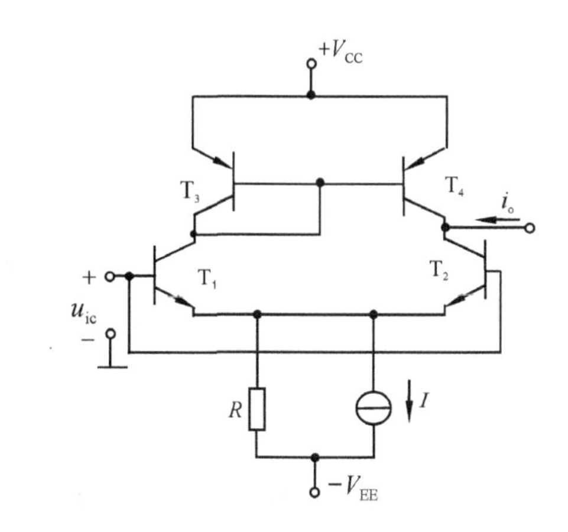

题图 4.16

题 4.17　两级直接耦合差分放大电路如题图 4.17 所示。设场效应管 T_1、T_2 的 g_m 均为 4 mS，晶体管 T_3～T_6 的 β 均为 20，U_{BE} 均为 0.6 V，$r_{be3}=r_{be4}=1.6\ k\Omega$，电位器 R_{W1}、R_{W2} 的滑

动端均位于中点。试估算:

① 总的差模电压放大倍数 $A_{ud}=\frac{u_{C3}}{u_i}$;

② 输入电阻 R_i 和输出电阻 R_o。

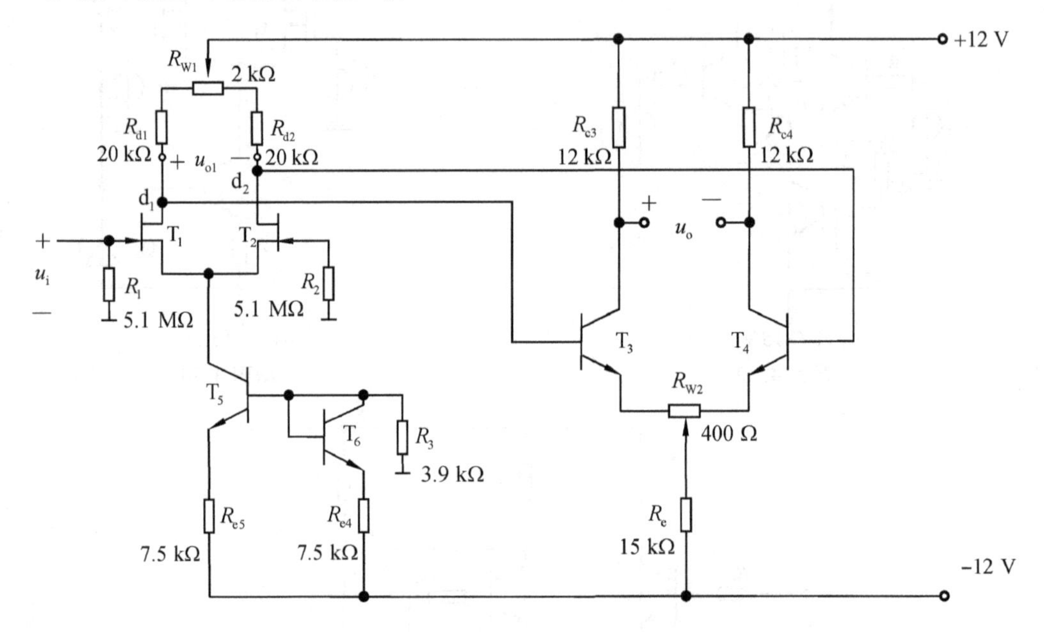

题图 4.17

题 4.18 在题图 4.18 所示电路中,设各三极管的特性相同,已知 $|U_{BE}|=0.7\ V$,$\beta=200$。试求各三极管电流及各电阻上电压。

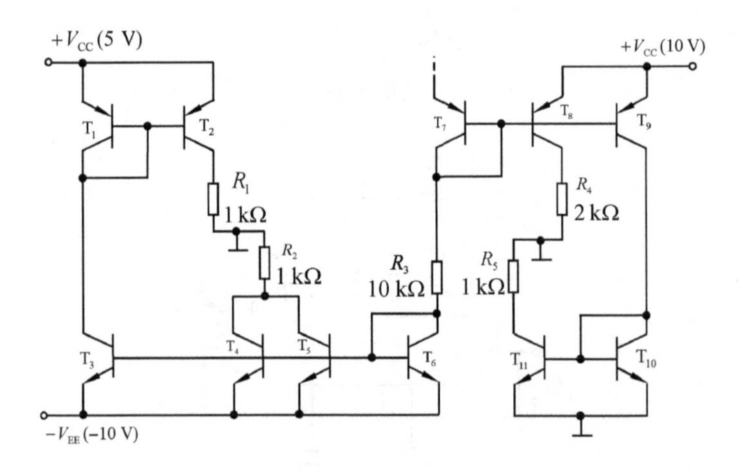

题图 4.18

题 4.19 由基本的单元放大电路组成的多级放大器如题图 4.19 所示。

① 设全部晶体管的 $\beta\gg1$,$|U_{BE}|=0.7\ V$,$\beta_6=4\beta_3=4\beta_9$。完成整个电路直流状态的近似分析,即求出电路中所标示的各个节点的直流电位与各个支路的直流电流的大小。

② 设 T_1、T_2、T_4、T_5、T_7、T_8 各管的 β 为 100,完成该电路的交流小信号分析,即求出多级

放大器的电压增益 $A_{ud}=u_o/u_{id}$、输入电阻 R_{id}、输出电阻 R_o 的大小。

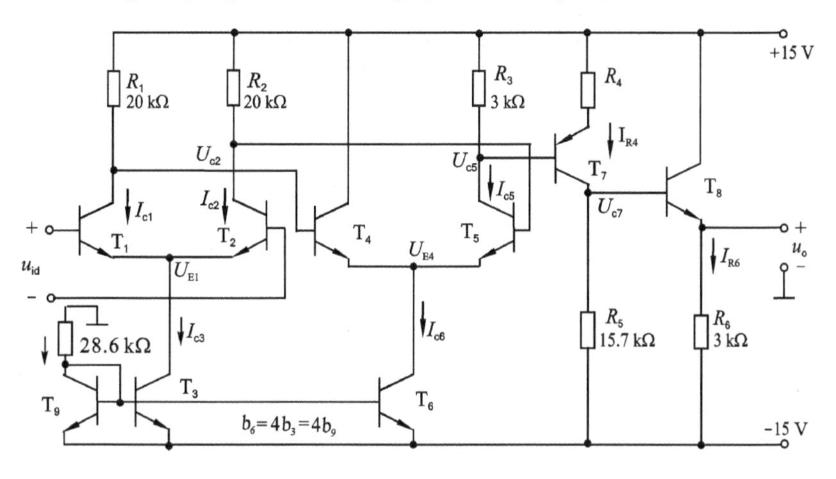

题图 4.19

题 4.20　电路参数如题图 4.20 所示。设所有三极管的 $\beta=100$，$U_{BE}=0.7\ \text{V}$，$I_{C6}=I_{C7}=0.8I_{C8}$。

① 在 $u_{i1}=u_{i2}=0$ 时，欲使 $u_o=0$，求 R_5 的值；

② 求总的电压放大倍数 $A_{ud}=u_o/(u_{i1}-u_{i2})$；

③ 求电路的输入电阻 R_{id}、输出电阻 R_o。

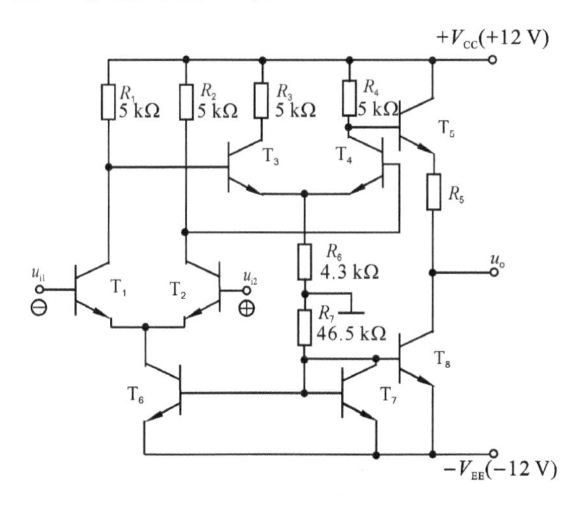

题图 4.20

第5章　模拟信号运算与处理电路

用集成运算放大器可以组成各种模拟电路，从功能上看，有模拟信号的运算、处理与产生电路。本章主要讨论模拟信号运算电路和模拟信号处理电路。模拟信号运算电路包括比例运算、求和运算、积分与微分运算、对数与反对数运算、乘法与除法运算。模拟信号处理电路包括有源滤波器和电压比较器。

在信号基本运算电路、有源滤波器中的集成运放都处于线性工作状态，而电压比较器中的集成运放都处于非线性工作状态。

5.1　理想集成运算放大器

集成运放一般都具有高增益、高输入阻抗、低输出电阻等特点，为使计算简便，往往对它进行理想化处理。用理想集成运放取代实际集成运放后所带来的误差，对于一般的工程计算是可忽略不计的(频率特性除外)，而且这种近似对于一般的应用电路也是允许的。除非特别说明，在本书后续章节的有关电路分析中，均将集成运放当作为理想集成运放来考虑。

1. 理想集成运放的技术指标

在对各种集成运放应用电路进行分析时，常将集成运放看成近似理想运算放大器，其电路符号如图5.1所示。所谓理想集成运放，就是指具有理想技术参数指标的集成运算放大器，这些理想的技术指标是：

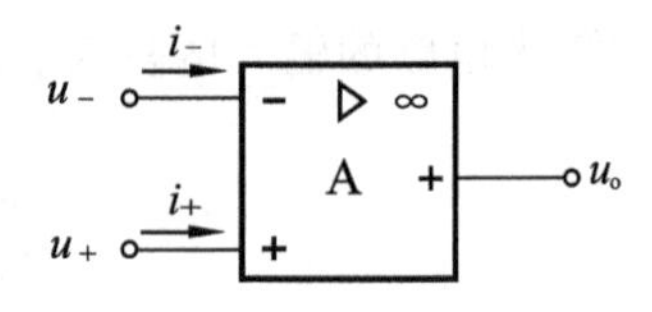

图5.1　理想运放的符号

① 开环差模电压放大倍数 $A_{ud}\to\infty$；

② 差模输入电阻 $R_{id}\to\infty$；

③ 输出电阻 $R_o\to 0$；

④ 共模抑制比 $K_{CMR}\to\infty$；

⑤ 输入失调电压 U_{IO}、失调电流 I_{IO} 以及它们的温漂均为零，且无任何内部噪声；

⑥ 输入偏置电流 $I_{IB}\to 0$；

⑦ -3 dB带宽 $f_H\to\infty$。

实际集成运算放大器还无法达到上述理想化的技术指标。但是，随着集成运放制造工艺水平的不断改进，集成运放芯片的各项性能指标愈来愈好，目前集成运放在低频工作时的性能已十分接近理想条件。

2. 理想集成运放工作在线性区时的特点

在集成运放应用电路中，理想集成运放的工作状态可分为两种情况：工作在**线性区**(linear region)和工作在**非线性区**(nonlinear region)。当集成运放工作在线性区时，其输出电压与运放两个输入端的电压之间存在着线性运算关系，即

$$u_o=A_{ud}\cdot(u_+-u_-)\tag{5.1}$$

其中，u_o 为集成运放的输出电压，u_+、u_- 分别是运放同相输入端、反相输入端电压，A_{ud} 是运

放的开环差模电压增益，如图 5.2 所示。

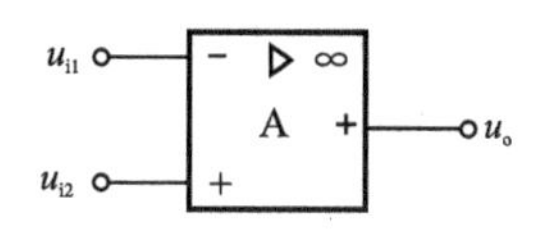

图 5.2 集成运放的电压与电流

理想集成运放工作在线性区时有两个重要的特点：

① 理想集成运放的差模输入电压约等于零

运放工作在线性区时，式(5.1)关系式成立。利用理想集成运放的 $A_{ud}\to\infty$，有 $u_+-u_-=\dfrac{u_o}{A_{ud}}\to 0$，可得

$$u_+\approx u_- \tag{5.2}$$

式(5.2)说明，集成运放同相输入端与反相输入端两点间的电压差趋近于零，好像这两点是短路一样。但实际上这两点并未真正被短路，只是表面上其电性能等效为短路，故将这种现象称为**虚短**(virtual short)。

因实际集成运放的 $A_{ud}\neq\infty$，故 u_+ 与 u_- 不可能完全相等。然而，只要 A_{ud} 足够大，运放差模输入电压(u_+-u_-)的值就很小，一般可以忽略不计。例如，若 $A_{ud}=10^6$、$u_o=1V$，有 $u_+-u_-=1\mu V$。在 u_o 值一定时，若 A_{ud} 愈大，则 u_+ 与 u_- 的差值愈小，将两点视为虚短所带来的误差也就愈小。

② 理想集成运放的输入电流约等于零

因理想集成运放的 $R_{id}\to\infty$，而输入端的电压是有限值，故在其两个输入端的电流近似为零，即在图 5.2 中有

$$i_+=i_-\to 0 \tag{5.3}$$

式(5.3)说明，集成运放的同相输入端和反相输入端的电流约等于零，好像这两点间被断开，故将这种现象称为**虚断**(virtual open)。

"虚短"和"虚断"是理想集成运放工作在线性区时的两个重要特点，是分析集成运放应用电路的基础。

3. 理想集成运放工作在非线性区时的特点

如果输入信号太大，使得集成运放超出了线性放大区的范围，则运放的输出电压就不再随着输入电压线性增加，此时运放达到**饱和**(saturation)，集成运放的传输特性如图 5.3 所示。

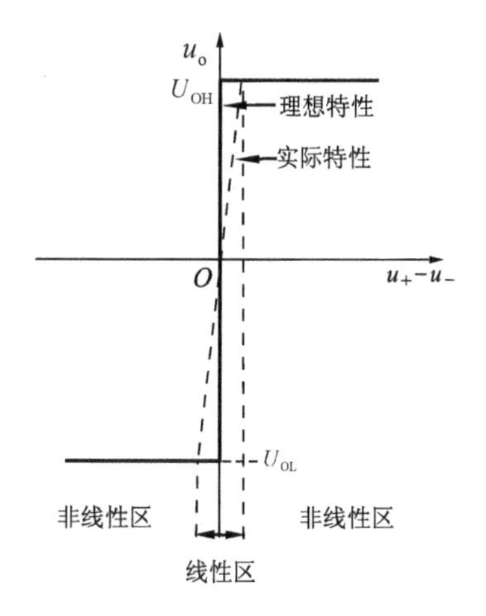

图 5.3 集成运放的传输特性

理想运放工作在非线性区时，有以下两个重要的特点：

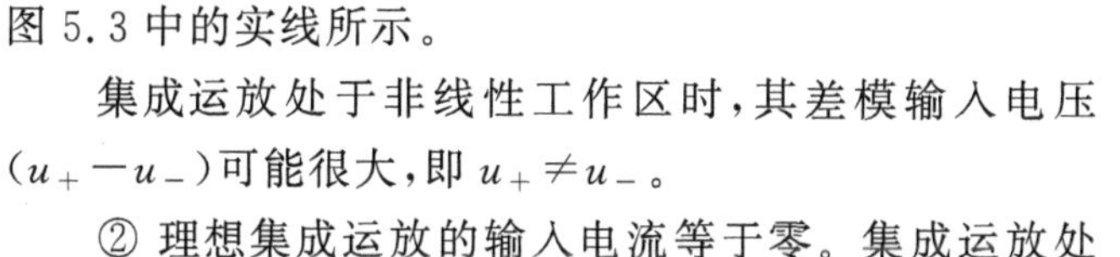

① 理想运放的输出电压 u_o 只有两种可能状态：当 $u_+>u_-$ 时，$u_o=+U_{OH}$；当 $u_+<u_-$ 时，$u_o=-U_{OL}$。如图 5.3 中的实线所示。

集成运放处于非线性工作区时，其差模输入电压(u_+-u_-)可能很大，即 $u_+\neq u_-$。

② 理想集成运放的输入电流等于零。集成运放处于非线性区时，虽然其两个输入端的电压不等($u_+\neq u_-$)，但由于理想运放的 $R_{id}=\infty$，故此时集成运放的输入端电流仍可认为等于零，即有

$$i_+=i_-\approx 0 \tag{5.4}$$

如上所述，理想运放工作在线性区或非线性区时，各有不同的特点。故在分析各种集成运

放应用电路时,首先应判断集成运放究竟工作在哪个区域。集成运放的开环差模电压增益 A_{ud} 通常很大,即使在其输入端加上很小的输入电压,仍有可能使集成运放超出线性工作范围。通常为了保证集成运放工作在线性区,必须在电路中引入深度负反馈(如第6章反馈放大器),以减小直接施加在集成运放两个输入端之间的差模电压值。

5.2 基本运算电路

5.2.1 比例运算电路

比例运算电路的输出电压与输入电压之间存在比例关系。对比例运算电路加以扩展或演变,可以得到求和电路、积分和微分电路、对数和指数电路等。

根据输入信号接法的不同,比例运算电路有三种基本形式:反相输入、同相输入以及差动输入比例电路。

1. 反相比例运算电路

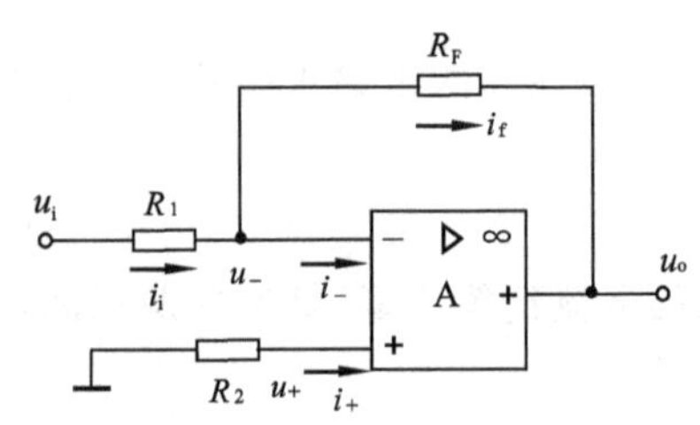

图 5.4 反相比例运算电路

如图5.4所示,输入电压 u_i 经电阻 R_1 加到集成运放的反相输入端,其同相输入端经电阻 R_2 接地,输出电压 u_o 经 R_F 接回到反相输入端。为使集成运放反相输入端和同相输入端对地的直流电阻一致,R_2 阻值应为 $R_2=R_1/\!/R_F$。

图5.4中理想集成运放工作在线性区,利用**虚断**(virtual broken)特点,有 $i_+\approx 0, u_+=-i_+R_2=0$。又因**虚短**(virtual short),有 $u_-\approx u_+$,可得

$$u_-\approx u_+=0 \tag{5.5}$$

上式说明,在反相比例运算电路中,集成运放的反相输入端与同相输入端两点的电位不仅相等,而且均等于零,如同该两点接地一样,这种现象称为**虚地**(virtual ground)。虚地是反相比例运算电路的一个重要特点。

由 $i_-\approx 0$ 有 $i_i=i_f$,即有 $\dfrac{u_i-u_-}{R_1}=\dfrac{u_--u_o}{R_F}$,由此可求得反相比例运算电路的电压放大倍数为

$$A_{uf}=\frac{u_o}{u_i}=-\frac{R_F}{R_1} \tag{5.6}$$

反相比例运算电路的输入电阻为

$$R_{if}=\frac{u_i}{i_i}=R_1 \tag{5.7}$$

反相比例运算电路的输出电阻为 $R_{of}=0$。

综上所述,归纳出以下结论:

① 反相比例运算电路的反相输入端电位等于零(称为虚地),加在集成运放输入端的共模输入电压为零。

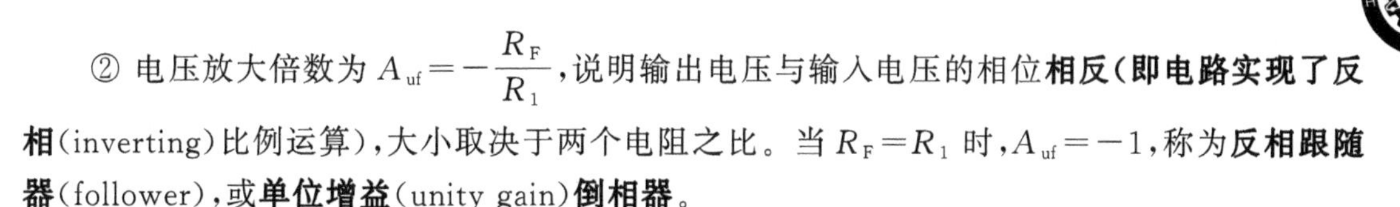

② 电压放大倍数为 $A_{uf}=-\dfrac{R_F}{R_1}$，说明输出电压与输入电压的相位**相反（即电路实现了反相**(inverting)比例运算），大小取决于两个电阻之比。当 $R_F=R_1$ 时，$A_{uf}=-1$，称为**反相跟随器**(follower)，或**单位增益**(unity gain)**倒相器**。

③ 电路的输入电阻不大，输出电阻为零。

2. 同相比例运算电路

如图 5.5 所示，输入电压 u_i 接至集成运放的同相输入端，输出电压 u_o 通过电阻 R_F 仍接到反相输入端，反相输入端通过电阻 R_1 接地。

在图 5.5 中，根据集成运放处于线性工作区有虚短和虚断的特点，可知 $i_-\approx i_+=0$、$u_-\approx u_+$，且有 $u_+=u_i$、$u_-=\dfrac{R_1}{R_1+R_F}u_o$。则同相比例运算电路的电压放大倍数为

$$A_{uf}=\frac{u_o}{u_i}=1+\frac{R_F}{R_1} \tag{5.8}$$

同相比例运算电路的输入电阻为 $R_{if}=\dfrac{u_i}{i_i}=\infty$，输出电阻为 $R_{of}=0$。

由式(5.8)可知，同相比例运算电路的电压放大倍数 $A_{uf}\geqslant 1$。当 $R_F=0$ 或 $R_1=\infty$时，$A_{uf}=1$，电路如图 5.6 所示。由图可知 $u_+=u_i$、$u_-=u_o$，由于虚短($u_-=u_+$)，则有 $u_o=u_i$。由于这种电路的 u_o 与 u_i 幅值相等、相位相同，二者之间是一种跟随关系，故常称为电压跟随器。

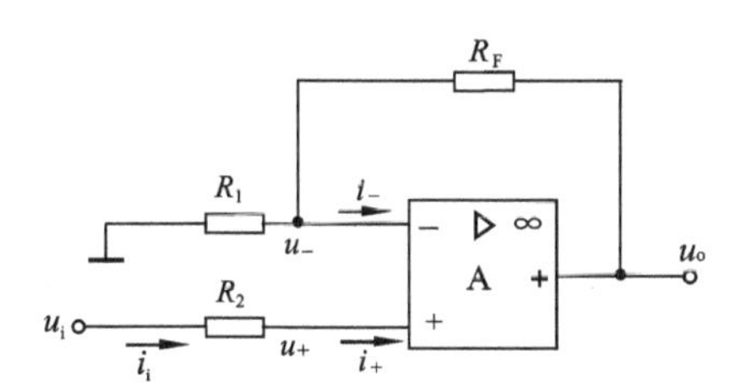

5.5　同相比例运算电路

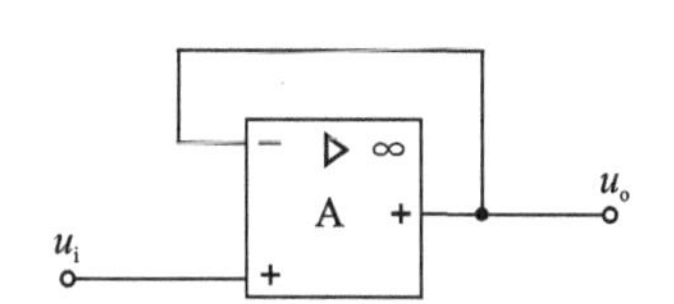

图 5.6　电压跟随器

综上所述，归纳出以下结论：

① 在同相比例运算电路中，集成运放输入端有共模信号 $u_-\approx u_+=u_i$，不存在虚地现象。因此，在选用集成运放时要考虑其最大共模输入电压、共模抑制比，以满足要求。

② 电压放大倍数 $A_{uf}=1+\dfrac{R_F}{R_1}$，说明输出电压与输入电压的相位相同，电路实现了**同相**(in phase)**比例运算**。当 $R_F=0$ 或 $R_1=\infty$时，$A_{uf}=1$。

③ 电路的输入电阻为无穷大，输出电阻为零。

3. 差动比例运算电路

如图 5.7 所示，输入电压 u_i、u_i'分别加在集成运放的反相输入端与同相输入端，输出信号 u_o 通过电阻 R_F 接回到反相输入端。为了使得集成运放两个输入端的对地直流电阻平衡，同时为了避免降低共模抑制比，通常电阻选择 $R_1=R_1'$、$R_F=R_F'$。

由于集成运放工作在线性区，故差动比例运算电路为线性电路。既可以利用虚断、虚短的概念来直接分析计算，也可利用叠加原理来求解。这里利用叠加原理分别计算 u_i、u_i'对输出

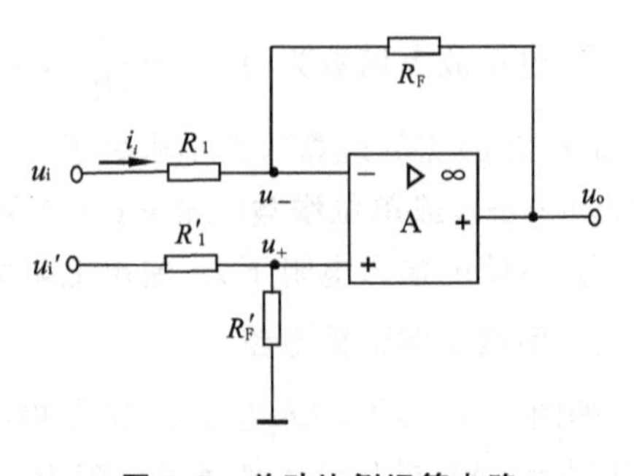

图 5.7 差动比例运算电路

的贡献 u_{o1}、u'_{o1},然后合成得到 u_o。

设 $u'_i=0$、$u_i\neq0$,为反相比例运算电路,则可求得输出电压 u_{o1} 为

$$u_{o1}=-\frac{R_F}{R_1}\cdot u_i$$

而当 $u'_i\neq0$、$u_i=0$ 时,为同相比例运算电路,运放同相输入端的电位为 $u_+=\frac{R'_F}{R'_1+R'_F}\cdot u'_i$,则可得 u'_{o1}为

$$u'_{o1}=\frac{R_1+R_F}{R_1}\cdot u_+=\frac{R_1+R_F}{R_1}\cdot\frac{R'_F}{R'_1+R'_F}\cdot u'_i$$

当满足条件 $R_1=R'_1$、$R_F=R'_F$时,有 $u'_{o1}=\frac{R_F}{R_1}\cdot u'_i$。

在 u_i、u'_i共同输入时,输出电压 u_o 为

$$u_o=u_{o1}+u'_{o1}=\frac{R_F}{R_1}\cdot u'_i-\frac{R_F}{R_1}\cdot u_i=-\frac{R_F}{R_1}\cdot(u_i-u'_i)$$

所以,差动比例运算电路的电压放大倍数为

$$A_{uf}=\frac{u_o}{u_i-u'_i}=-\frac{R_F}{R_1}\tag{5.9}$$

由上式可知,电路的输出电压与两个输入电压之差成正比,实现了**差动**(differential)比例运算。

在上述元件参数对称的条件下,利用虚短的概念,不难求出这时差动比例运算电路的差模输入电阻为

$$R_{if}=\frac{u_i-u'_i}{i_i}=2R_1\tag{5.10}$$

差动比例运算电路除了可以进行减法运算以外,还经常被用于组成测量放大器。差动比例运算电路对元件的对称性要求比较高,如果元件失配,在应用中就会带来附加误差,且电路两个输入端的输入电阻可能不相同。

例 5.1 图 5.8 所示为三运放组成的测量放大器。

① 分析该测量放大器的组成;

② 设 $R_1=2\ \text{k}\Omega$,$R_2=R_3=1\ \text{k}\Omega$,$R_4=R_5=2\ \text{k}\Omega$,$R_6=R_7=100\ \text{k}\Omega$,求电压放大倍数 $A_{ud}=\frac{u_o}{u_{i1}-u_{i2}}=?$

解:①电路包含两个放大级:A_1、A_2 组成第一级放大器。A_1、A_2 均接成同相输入方式,且由于电路结构对称,它们的漂移和失调都有互相抵消的作用。第一级构成了双端输入、双端输出形式;A_3 组成差动放大级,将差动输入转换成为单端输出。

② 在图 5.8 中,根据理想运放 A_1、A_2 的虚短与虚断特点,有 $u_-=u_+$,因而加到 R_1 两端的电压为 $u_{i1}-u_{i2}$,通过 R_1 的电流为 $i=\frac{u_{i1}-u_{i2}}{R_1}$,可得

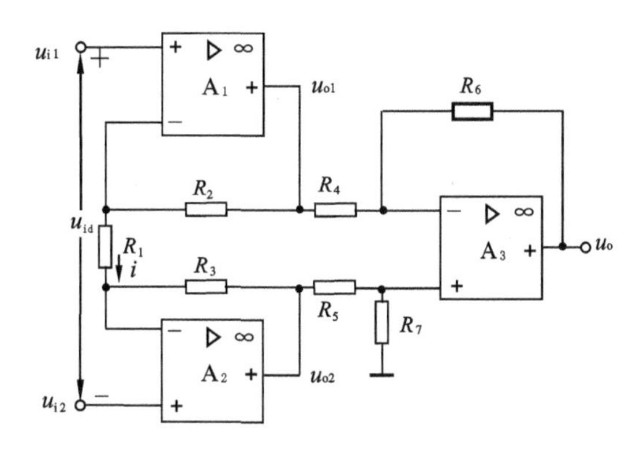

图 5.8　三运放组成的测量放大器

$$u_{o1}=i\cdot R_2+u_{i1}=(1+\frac{R_2}{R_1})\cdot u_{i1}-\frac{R_2}{R_1}\cdot u_{i2}$$

$$u_{o2}=-i\cdot R_3+u_{i2}=(1+\frac{R_3}{R_1})\cdot u_{i2}-\frac{R_3}{R_1}\cdot u_{i1}$$

当 $R_2=R_3$ 时，　$u_{o1}-u_{o2}=\left(1+\frac{2R_2}{R_1}\right)\cdot(u_{i1}-u_{i2})=\left(1+\frac{2R_2}{R_1}\right)\cdot u_{id}$，其中 $u_{id}=u_{i1}-u_{i2}$。

因此，第一级放大器的电压放大倍数为

$$A_{ud1}=\frac{u_{o1}-u_{o2}}{u_{id}}=1+\frac{2R_2}{R_1}$$

由上式可知，只要改变电阻 R_1 就可调节电压放大倍数。当 R_1 开路时，$A_{ud1}=1$，即为单位增益。

A_3 为差动输入比例放大电路，因有 $R_4=R_5$，$R_6=R_7$，由式(5.9)可知

$$\frac{u_o}{u_{o1}-u_{o2}}=-\frac{R_6}{R_4}$$

所以，该测量放大器总的电压放大倍数为

$$A_{ud}=\frac{u_o}{u_{id}}=\frac{u_o}{u_{o1}-u_{o2}}\cdot\frac{u_{o1}-u_{o2}}{u_{id}}=-\frac{R_6}{R_4}\cdot\left(1+\frac{2R_2}{R_1}\right)$$

把各电阻的阻值代入上式，可求得：$A_{ud}=-100$。

有必要说明，R_4、R_5、R_6、R_7 四个电阻必须采用高精度电阻，且应精确匹配，否则不仅给放大倍数带来误差，而且将降低电路的共模抑制比。

三运放测量放大器具有放大倍数调节方便、输入电阻大、共模抑制比高、输出漂移电压小的特点，已经在精密测量和生物工程等领域得到了广泛应用。目前这种测量放大器已有多种单片集成电路，例如 LH0036 芯片，使用时只需外接电阻 R_1 即可，其典型技术指标有 $A_{ud}=1\sim1\,000$(由 R_1 确定)、$R_{if}=300\ \text{M}\Omega$、$K_{CMR}=100\ \text{dB}$、$U_{IO}=0.5\ \text{mV}$。

5.2.2　求和运算电路

求和运算电路的输出量取决于多个模拟输入量的相加结果。用集成运放组成求和运算电路，可采用反相输入方式与同相输入方式。

1. 反相输入求和电路

利用反相比例运算电路可以构成反相输入求和电路,图5.9为具有三个输入端的反相求和电路。为了保证集成运放两个输入端对地的电阻平衡(消除输入偏流产生的误差),同相输入端电阻R'应为$R'=R_1/\!/R_2/\!/R_3/\!/R_F$。

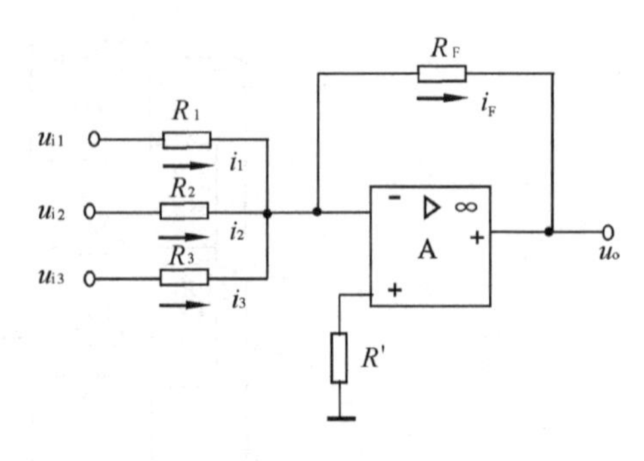

图5.9 反相输入求和电路

因集成运放的反相输入端是虚地,所以

$$i_1=\frac{u_{i1}-u_-}{R_1}=\frac{u_{i1}}{R_1}$$

$$i_2=\frac{u_{i2}-u_-}{R_2}=\frac{u_{i2}}{R_2}$$

$$i_3=\frac{u_{i3}-u_-}{R_3}=\frac{u_{i3}}{R_3}$$

理想运算放大器有$i_-\approx i_+=0$,$i_1+i_2+i_3=i_F$,故有

$$\frac{u_{i1}}{R_1}+\frac{u_{i2}}{R_2}+\frac{u_{i3}}{R_3}=-\frac{u_o}{R_F}$$

所以输出电压为

$$u_o=-\left(\frac{R_F}{R_1}u_{i1}+\frac{R_F}{R_2}u_{i2}+\frac{R_F}{R_3}u_{i3}\right) \tag{5.11}$$

可见,电路的输出电压u_o实现了输入信号u_{i1}、u_{i2}、u_{i3}相加的功能(即电路实现了求和运算)。若进一步设计各电阻值满足关系$R_1=R_2=R_3=R$,则

$$u_o=-\frac{R_F}{R}\cdot(u_{i1}+u_{i2}+u_{i3}) \tag{5.12}$$

按照类似的方法,可以很容易将求和电路的输入端扩充到三个以上。

通过以上分析可知,反相输入求和电路的本质是利用了集成运放在线性工作区的虚断和虚短特性,通过各路输入电流相加的方法来实现输入电压信号的相加。反相输入求和电路的优点为:当改变某一输入端的电阻时,仅仅改变了u_o与该路输入电压信号之间的比例运算关系,对其他各路并没有影响,从而使得各输入信号源之间相互独立,故各个比例运算系数的电路调节十分灵活。另外,由于有虚地,加在集成运放输入端的共模电压很小。所以,反相输入方式的求和电路应用比较广泛。

2. 同相输入求和电路

所谓同相输入求和电路,是指其输出电压与多个输入电压信号之和成正比,且输出电压与输入电压相位相同。同相输入求和电路如图5.10所示,把各个输入电压加在集成运放的同相输入端。

由于集成运放虚断,有$i_+\approx 0$,利用叠加定理,分别计算u_{i1}、u_{i2}、u_{i3}在运放同相输入端产生的电压值,可得运放同相输入端的电压为

$$u_+=\frac{R'_2/\!/R'_3/\!/R'}{R'_1+R'_2/\!/R'_3/\!/R'}\cdot u_{i1}+\frac{R'_1/\!/R'_3/\!/R'}{R'_2+R'_1/\!/R'_3/\!/R'}\cdot u_{i2}+\frac{R'_1/\!/R'_2/\!/R'}{R'_3+R'_1/\!/R'_2/\!/R'}\cdot u_{i3}$$

$$= \frac{R_+}{R_1'} \cdot u_{i1} + \frac{R_+}{R_2'} \cdot u_{i2} + \frac{R_+}{R_3'} \cdot u_{i3}$$

其中，$R_+ = R_1' /\!/ R_2' /\!/ R_3' /\!/ R'$。

又因集成运放虚短，有 $u_+ \approx u_-$。根据同相比例运算电路原理，可得

$$u_o = \left(1 + \frac{R_F}{R_1}\right) \cdot u_- = \left(1 + \frac{R_F}{R_1}\right) \cdot u_+$$

$$= \left(1 + \frac{R_F}{R_1}\right) \cdot \left(\frac{R_+}{R_1'} \cdot u_{i1} + \frac{R_+}{R_2'} \cdot u_{i2} + \frac{R_+}{R_3'} \cdot u_{i3}\right) \tag{5.13}$$

由上式可知，图 5.10 电路能够实现同相求和运算。但是，集成运放同相输入端电压 u_+ 与各个信号源的输入端串联电阻(可理解为信号源内阻)有关，各个信号源互不独立。因此，当调节某一支路的电阻以实现相应的比例关系时，其他各路输入电压与输出电压之间的比值也将随之变化，这样对电路参数值的估算和调试过程比较麻烦。此外，由于不存在虚地现象，集成运放将承受一定的共模输入电压。

3. 双端求和运算电路

从原理上说，求和电路也可采用双端输入方式（电路如图 5.11 所示）。设 $R_p = R_n$，其中 $R_p = R_3 /\!/ R_4 /\!/ R_F'$、$R_n = R_1 /\!/ R_2 /\!/ R_F$。由虚短概念，用叠加原理可得 u_o 与 u_i 的函数关系。

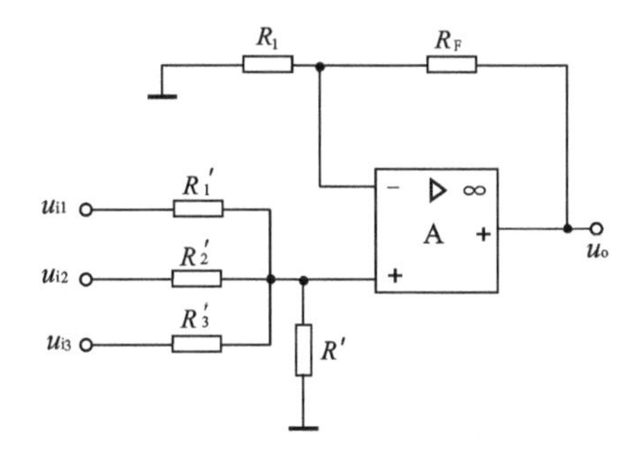

图 5.10　同相输入求和电路

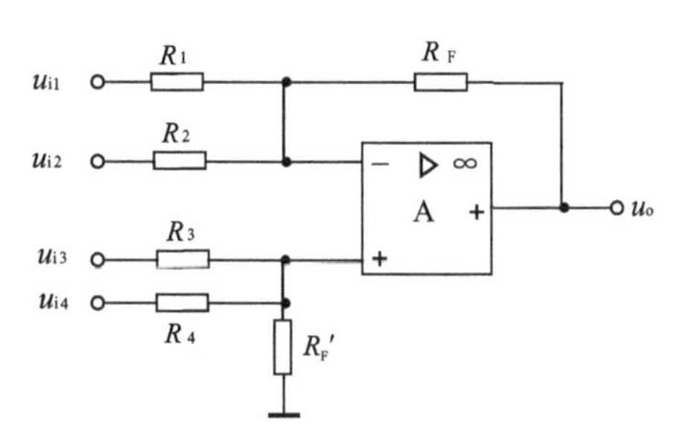

图 5.11　双端求和运算电路

令同相输入端信号 u_{i3}、u_{i4} 都为零，此时输出电压为

$$u_{o1} = -R_F \cdot \left(\frac{u_{i1}}{R_1} + \frac{u_{i2}}{R_2}\right)$$

令反相输入端信号 u_{i1}、u_{i2} 都为零，此时输出电压为

$$u_{o2} = \left(1 + \frac{R_F}{R_1 /\!/ R_2}\right) \cdot \left(\frac{R_p}{R_3} \cdot u_{i3} + \frac{R_p}{R_4} \cdot u_{i4}\right)$$

由叠加原理，可得

$$u_o = u_{o1} + u_{o2}$$

$$= -R_F \cdot \left(\frac{u_{i1}}{R_1} + \frac{u_{i2}}{R_2}\right) + \left(1 + \frac{R_F}{R_1 /\!/ R_2}\right) \cdot \left(\frac{R_p}{R_3} \cdot u_{i3} + \frac{R_p}{R_4} \cdot u_{i4}\right) \tag{5.14}$$

由上式可知，图 5.11 所示电路可同时实现加法和减法运算功能，但是这种电路参数的调整十分繁琐，因此实际上很少采用。如果需要同时实现加法和减法运算，可以考虑采用两级反相求和电路来实现。

例 5.2 试用理想运算放大器设计电路,实现下列运算:

$$u_{O}=2u_{I1}+3u_{I2}+4u_{I3}$$

画出电路图,标出电阻阻值间的相对比例关系。要求:

① 加在集成运放输入端的共模电压尽可能小。

② 调节某一输入信号的输入电阻时,不得影响其他输入信号与输出电压的比例关系。

③ 输出最大电压限制在±10 V。

解:题目所要求的是三路输入同相输入求和电路,实现方式有多种,包括采用单个运放组成的单级同相输入求和电路,或者两个运放组成的两级反相输入求和电路。由于要求运放输入端共模电压要小,同时调节某一输入信号的输入电阻时,不得影响其他输入信号与输出电压的比例关系,所以采用两级反向输入求和电路。参考电路(非唯一实现方式)如图 5.12 所示。为将输出最大电压限制在±10 V,电路中还包含了电阻 R′ 和稳压二级管所构成的输出限幅电路。

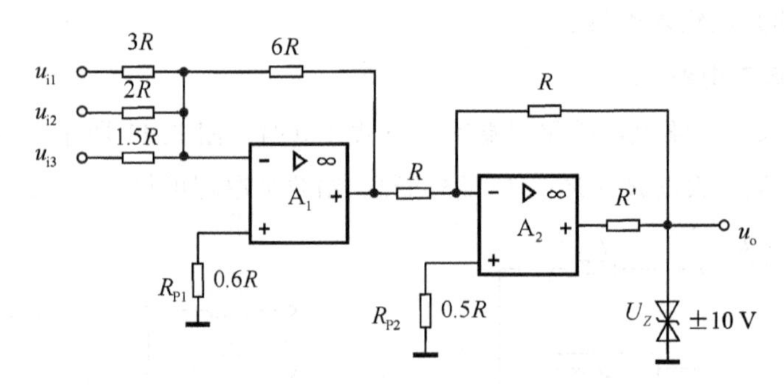

图 5.12 例 5.2 电路

例 5.3 试设计一个由集成运放组成的电路,以实现运算关系为

$$u_{o}=0.2u_{i1}-5u_{i2}+u_{i3}$$

解:给定的运算关系中有加法与减法,可以利用两级求和运算电路来实现。采用图 5.12 所示的电路,首先将 u_{i1}、u_{i3} 通过第一级反相求和电路(由集成运放 A_1 组成)进行求和运算,可得到

$$u_{o1}=-(0.2u_{i1}+u_{i3})$$

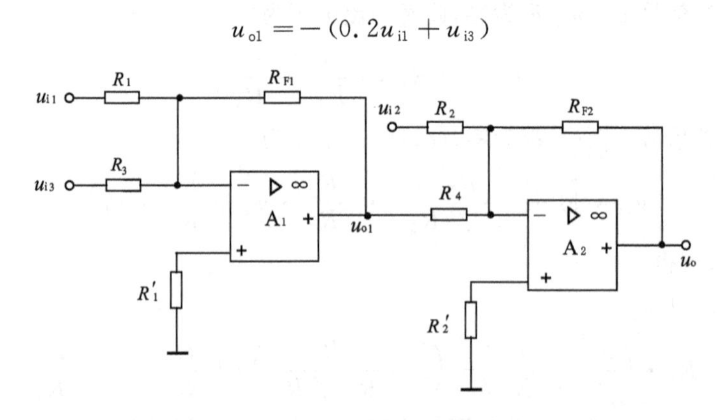

图 5.13 例 5.3 电路

然后,再将运放 A_1 的输出 u_{o1}、u_{i2} 通过第二级反相求和电路(由运放 A_2 构成)进行求和运算,

可得到

$$u_o = -(u_{o1} + 5u_{i2}) = 0.2u_{i1} - 5u_{i2} + u_{i3}$$

将以上两个表达式分别与式(5.11)进行对比，则有

$$\frac{R_{F1}}{R_1} = 0.2, \quad \frac{R_{F1}}{R_3} = 1, \quad \frac{R_{F2}}{R_4} = 1, \quad \frac{R_{F2}}{R_2} = 5$$

可选 $R_{F1} = 10\ \text{k}\Omega$，则可求得

$$R_1 = \frac{R_{F1}}{0.2} = 50\ \text{k}\Omega, \quad R_3 = \frac{R_{F1}}{1} = 10\ \text{k}\Omega$$

若选 $R_{F2} = 10\ \text{k}\Omega$，则

$$R_4 = \frac{R_{F2}}{1} = 10\ \text{k}\Omega, \quad R_2 = \frac{R_{F2}}{5} = 2\ \text{k}\Omega$$

进而可得

$$R_1' = R_1 \,/\!/\, R_3 \,/\!/\, R_{F1} = 4.5\ \text{k}\Omega, \quad R_2' = R_2 \,/\!/\, R_4 \,/\!/\, R_{F2} = 1.4\ \text{k}\Omega$$

5.2.3 积分和微分运算电路

1. 积分电路

积分电路能够完成积分运算，即输出电压与输入电压的积分成正比。积分电路是控制和测量系统中常用的单元电路，利用其充放电过程可以实现延时、定时以及各种波形的产生。

(1) 电路组成

基本积分电路如图 5.14 所示，输入电压 u_i 通过电阻 R 加在集成运放的反相输入端，并在输出端和运放的反相输入端之间接有电容 C。集成运放同相输入端的电阻选择为 $R'=R$ 。

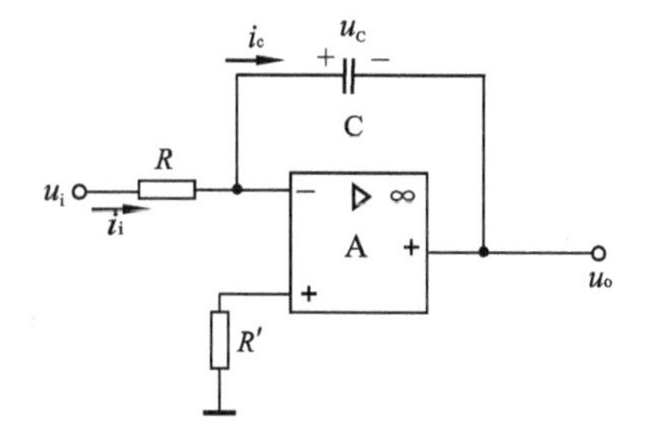

图 5.14　基本积分运算电路

由于集成运放的反相输入端为虚地，故有：$u_o = -u_C$。

又由于集成运放虚断，使运放反相输入端的电流为零，则有 $i_i = i_c$，故有 $u_i = i_i \cdot R = i_c \cdot R$。因而，可得

$$u_o = -u_c = -\frac{1}{C} \cdot \int_{-\infty}^{t} i_c \cdot \mathrm{d}t = -\frac{1}{R \cdot C} \cdot \int_0^t u_i \mathrm{d}t - U_C(0) \tag{5.15}$$

式中，$U_C(0)$ 为积分电容 $C(t=0$ 时)的初始电压值，电阻与电容的乘积 $\tau = RC$ 称为**积分时间常数**(integral time constant)。

例 5.4　积分电路如图 5.14 所示。图中 $R = 10\ \text{k}\Omega$，$C = 1\ \mu\text{F}$，输入信号 u_i 的波形如图 5.15(a)所示。试画出 u_o 的波形(设 $t=0$ 时，$U_C(0)=0$ V)。

解：根据输入电压波形的特点，可分两步进行积分。

① $t = 0 \sim 10$ ms 时，$u_i = +2$ V。由(5.15)式，有

$$u_o(t) = -\frac{u_i \cdot t}{R \cdot C} - U_C(0) = -\frac{2 \cdot t}{10 \times 10^3 \times 10^{-6}} - 0 = -200 \cdot t$$

u_o 的变化规律为由零开始随时间直线下降，其斜率为 -0.2 V/ms。当 $t = t_1 = 10$ ms 时，

$u_o=-2$ V。画出的波形如图5.15(b)所示。

② $t=t_1\sim t_2=10\sim 20$ ms 时,$u_i=-2$ V,则有

$$u_o(t)=-\frac{u_i\cdot(t-t_1)}{R\cdot C}-u_C(t_1)=-\frac{(-2)\cdot(t-10\times 10^{-3})}{10\times 10^3\times 10^{-6}}-2=200\cdot t-4$$

u_o的变化规律为由-2 V开始随时间直线上升,其斜率为$+0.2$ V/ms。当$t=t_2=20$ ms时,$u_o=0$。画出的波形图如图5.15(b)所示。由图可看出,积分电路将矩形波变换成为三角波。

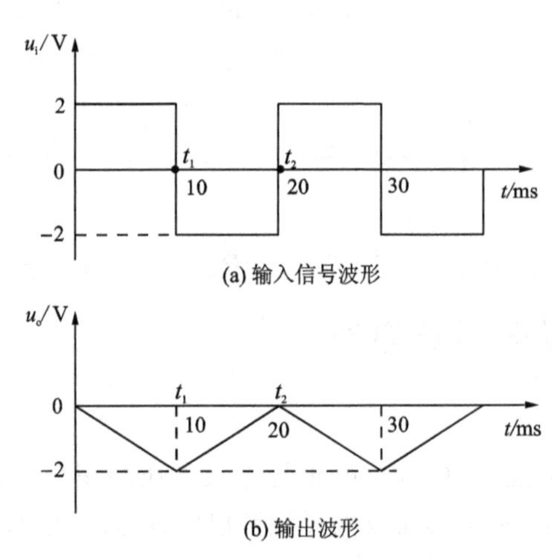

(a) 输入信号波形

(b) 输出波形

图5.15　例5.4的波形图

(2) 积分电路的误差

前面所述积分电路的性能,都是指理想情况而言。实际的积分电路不可能是理想的,实际积分电路的输出电压与输入电压的函数关系与理想情况相比存在误差,情况严重时甚至不能正常工作。在实际积分电路中,产生积分误差的原因主要有两个方面:

一方面是由于集成运放不是理想特性而引起的。例如,理想时,当$u_i=0$时,u_o也应为零。但是实际上由于运放的输入偏置电流、失调电流、输入失调电压等对积分电容的影响,将使u_o逐渐上升,形成输出误差电压,时间愈长,误差愈大。又如,由于集成运放的通频带不够宽,使积分电路对快速变化的输入信号反应迟钝,使输出波形出现滞后现象等。为此,应选用低漂移集成运放或者场效应管集成运放。

产生积分误差的另一原因是由积分电容引起的。例如,当u_i回到零以后,u_o应该保持原来的数值不变。但是,由于电容存在泄漏电阻,使u_o的幅值逐渐下降。又如,由于电容存在**吸附效应**(adsorption effect),也将给积分电路带来误差等。选用泄漏电阻大的电容器(如薄膜电容、聚苯乙烯电容器等)可减小这种误差现象。

2. 微分电路

将积分电路中R和C的位置互换,并选取比较小的时间常数$\tau=RC$,即可组成基本微分电路,如图5.16所示。

由于虚断,流入运放反相输入端的电流为零,故$i_R=i_c=C\cdot\frac{du_C(t)}{dt}$。

又因集成运放的反相输入端为虚地,有$u_C(t)=u_i(t)$,可得

$$u_o = -i_R R = -i_c R = -RC \cdot \frac{du_C}{dt} = -RC \cdot \frac{du_i}{dt} \tag{5.16}$$

可见，输出电压与输入电压对时间的微分成正比。

如果输入信号为正弦波 $u_i = U_m \sin\omega t$，则经过微分电路后的输出电压为

$$u_o = -RC \cdot \frac{du_i}{dt} = -U_m RC \cdot \omega \cdot \cos\omega t$$

显然，其输出信号的幅度将随着频率的升高而线性增加。如果在输入信号中有高频噪声分量，则微分电路会增强噪声信号，降低有用信号与噪声信号的比例。

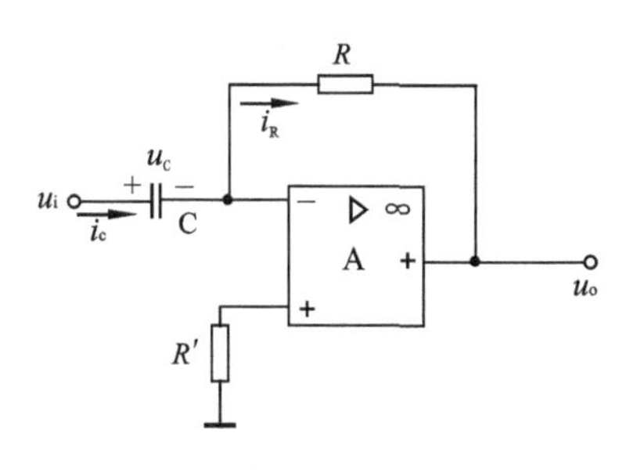

图 5.16　基本微分运算电路

微分电路可以实现波形变换，例如，将矩形波变换为尖脉冲。此外，微分电路也可以实现移相作用，例如，当 u_i 输入电压为正弦波时，u_o 成为负的余弦波，它的波形将比 u_i 滞后 90°。

基本微分电路的主要缺点：从频域的角度来看，微分电路也可看成一个反相输入放大器。当输入信号频率升高时，电容的容抗减小，则放大倍数增大，因而输出信号中的噪声成分严重增加，信噪比大大下降；另外，由于微分电路中的 RC 元件形成一个滞后的移相环节，它和集成运放中原有的滞后环节共同作用，很容易产生自激振荡，使电路的稳定性变差。

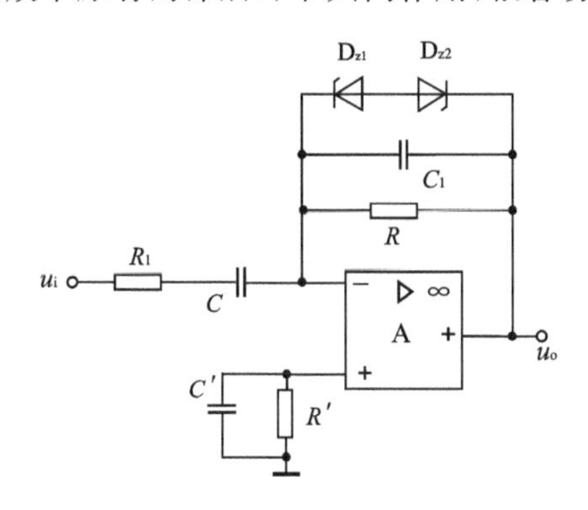

图 5.17　实用的微分电路

为了克服以上缺点，常采用图 5.17 所示的实用微分电路。主要措施是在输入回路中接入电阻 R_1 与微分电容 C 串联，在反馈回路中接入一个电容 C_1 与微分电阻 R 并联，并使 $RC_1 \approx R_1 C$。在正常的工作频率范围内，使 $R_1 \ll \frac{1}{\omega C}$，$\frac{1}{\omega C_1} \gg R$，此时 R_1 和 C_1 对微分电路的影响很小。但当信号频率高到一定程度时，R_1 和 C_1 的作用使放大倍数降低，从而抑制了高频噪声。

另外，因 RC_1 形成了一个超前环节，可对相位进行补偿，能提高电路的稳定性。此外，在 R'（取 $R'=R$）两端所并联的电容 C' 是用于进一步进行相位补偿，而电路中的两个稳压管则用以限制输出幅度。

5.2.4　对数和反对数运算电路

对数运算电路能对输入信号进行对数运算，它是一种十分有用的非线性函数运算电路。把它与反对数运算电路适当组合，可以完成不同功能的非线性运算电路（如乘法、除法运算）。这里仅介绍基于通用集成运放的对数与反对数运算电路。

1. 对数运算电路

利用半导体 PN 结的指数型伏安特性，可以实现对数运算。实用上，若 NPN 型半导体三极管工作在放大区，则在一个相当宽广的范围内，集电极电流 i_C 与基-射极电压 u_{BE} 之间具有较为精确的对数关系。

基本对数运算电路如图5.18所示，它是在反相输入比例运算电路基础上，把电阻 R_F 改成为NPN型半导体三极管。利用虚地的概念，有

$$i_C = i_R = \frac{u_i}{R}, \qquad u_o = -u_{BE}$$

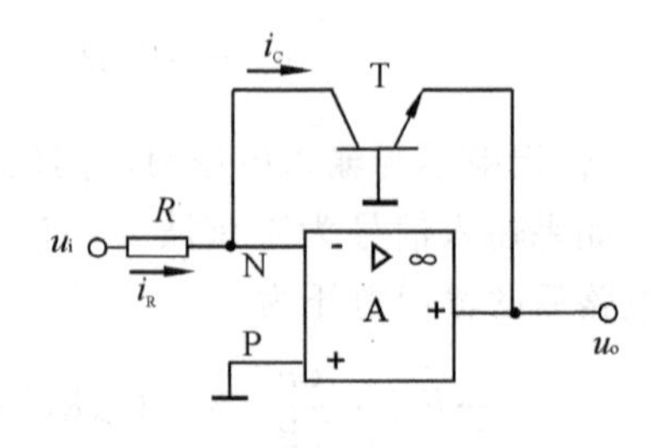

图5.18 基本对数运算电路

根据PN结的理想伏安特性方程，半导体三极管的 $i_C \sim u_{BE}$ 关系为

$$i_C \approx i_E = I_{ES} \cdot (e^{u_{BE}/U_T} - 1) \approx I_{ES} \cdot e^{u_{BE}/U_T}$$

因而可得

$$u_{BE} = U_T \cdot \ln\left(\frac{i_C}{I_{ES}}\right)$$

进一步可得

$$\begin{aligned} u_o &= -u_{BE} = -U_T \cdot \ln\left(\frac{i_C}{I_{ES}}\right) = -U_T \cdot \ln\left(\frac{u_i}{R \cdot I_{ES}}\right) \\ &= -U_T \cdot \ln u_i + U_T \cdot \ln(R \cdot I_{ES}) \end{aligned} \tag{5.17}$$

由上式可知，输出电压 u_o 与输入电压 u_i 的对数成正比。

图5.18所示的基本对数运算电路存在两个问题：一是为了使NPN型三极管工作在放大区，应保证 $u_i \geqslant 0$，且输出电压的幅值不能超过0.7 V；二是 U_T、I_{ES} 都是温度的函数，故输出电压的温漂是十分严重的。如何改善电路的温度稳定性是一个重要问题，一般的解决办法为：利用对称三极管来消除 I_{ES} 的影响，用热敏电阻来补偿 U_T 的温度影响。图5.19所示的电路能实现温度补偿。

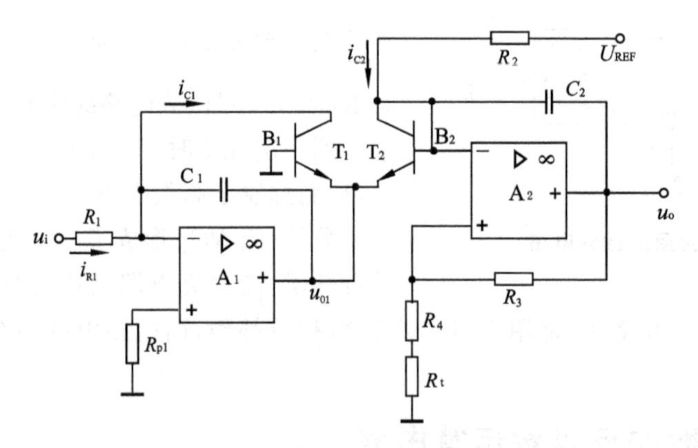

图5.19 温度补偿的对数运算电路

图中 T_1、T_2 为对管，运放 A_1、T_1 管组成基本对数运算电路，运放 A_2、T_2 管组成**温度补偿电路**。U_{REF} 为外加参考电压。对 T_1、T_2 管，有

$$u_{BE1} = U_T \cdot \ln\left(\frac{i_{C1}}{I_{ES1}}\right), \qquad u_{BE2} = U_T \cdot \ln\left(\frac{i_{C2}}{I_{ES2}}\right)$$

由于 T_1、T_2 为对称三极管，有 $I_{ES1} = I_{ES2}$，可得

$$u_{B2} = u_{BE2} - u_{BE1} = -U_T \ln\left(\frac{i_{C1}}{i_{C2}}\right) \tag{5.18}$$

因为 $\qquad i_{C1} \approx \dfrac{u_i}{R_1}, \qquad i_{C2} = \dfrac{(U_{REF} - u_{B2})}{R_2} \approx \dfrac{U_{REF}}{R_2}$（设 $U_{REF} \gg u_{B2}$）

可得

$$u_{B2} = -U_T \cdot \ln\left(\frac{i_{C1}}{i_{C2}}\right) \approx -U_T \cdot \ln\left(\frac{u_i \cdot R_2}{U_{REF} \cdot R_1}\right) \tag{5.19}$$

由图 5.19，可得输出电压为

$$u_o = \frac{R_3 + R_4 + R_t}{R_4 + R_t} \cdot u_{B2} = -\left(1 + \frac{R_3}{R_4 + R_t}\right) \cdot U_T \cdot \ln\left(\frac{u_i \cdot R_2}{U_{REF} \cdot R_1}\right) \tag{5.20}$$

上式表明 u_o 与 $\ln u_i$ 为线性关系。式中虽然消除了 I_{ES} 的影响，但 u_o 中还有因子 U_T（U_T 与温度有关）。若电路中的 R_t 具有正温度系数，在一定温度范围内可补偿 U_T 的温度影响。

此外，调节 R_3、R_4 的值可改变输出电压 u_o 的大小，使之超过 0.7 V。电路中 C_1、C_2 用作频率补偿，以消除自激。

2. 反对数运算电路

如将图 5.18 中的电阻 R 与三极管 T 的位置互换，可得图 5.20 所示的基本反对数运算电路。考虑到 $u_{BE} \approx u_i$，同样，利用半导体三极管 $i_E \sim u_{BE}$ 的关系，可得

$$i_F \approx i_E = I_{ES} \cdot e^{u_i/U_T}$$

所以：

$$u_o = -i_F \cdot R = -I_{ES} \cdot R \cdot e^{u_i/U_T} \tag{5.21}$$

图 5.20　基本反对数运算电路

由此可见，输出电压与输入电压成**反对数**（antilog）**关系**（即指数关系），此时要求 $u_i \geqslant 0$。

为了克服温度变化对输出电压的影响，可采用图 5.21 所示电路，用 T_1、T_2 对管来补偿 I_{ES} 的温漂。

根据三极管输入伏安特性曲线，可知

$$i_{C1} \approx i_{E1} = I_{ES1} \cdot e^{u_{BE1}/U_T}, \quad i_{C2} \approx i_{E2} = I_{ES2} \cdot e^{u_{BE2}/U_T}$$

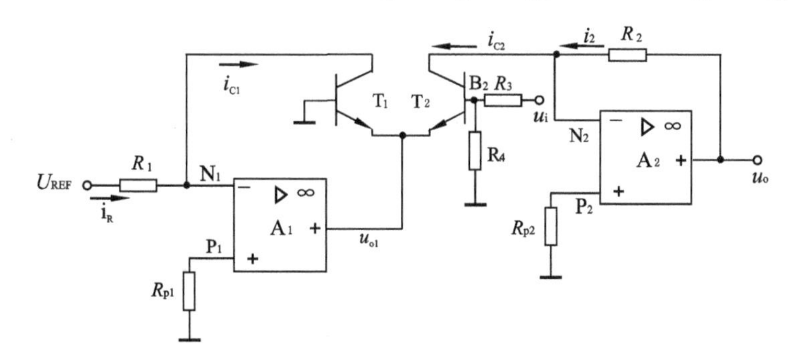

图 5.21　具有温度补偿的反对数运算电路

对于对称三极管，可设 $I_{ES1} = I_{ES2} = I_{ES}$，则有

$$u_{B2} = \frac{R_4}{R_3 + R_4} \cdot u_i = u_{BE2} - u_{BE1} = U_T \cdot \left(\ln\frac{i_{C2}}{I_{ES}} - \ln\frac{i_{C1}}{I_{ES}}\right) \tag{5.22}$$

考虑到 $i_{C2} \approx i_2 \approx u_o/R_2$，$i_{C1} \approx i_R \approx U_{REF}/R_1$。因而式(5.22)可改写为

$$\frac{R_4}{R_3+R_4}\cdot u_i=U_T\cdot\left(\ln\frac{u_o}{R_2\cdot I_{ES}}-\ln\frac{U_{REF}}{R_1\cdot I_{ES}}\right)$$

因此,得到

$$u_o=\frac{U_{REF}\cdot R_2}{R_1}\cdot e^{\frac{u_i}{U_T}\cdot\frac{R_4}{R_3+R_4}} \tag{5.23}$$

由上式可知,u_o与U_T有关,仍是温度T的函数。为了克服温度的影响,通常将R_4的一部分用具有正温度系数的热敏电阻代替,使其在一定的温度范围内补偿U_T的温度影响。

5.2.5 模拟乘法器的应用电路

模拟乘法器可以用来完成相乘、相除等运算,而振幅调制、同步检波等调制与解调的过程,均为两个信号相乘或包含相乘的过程,也可以用模拟乘法器来实现。

1. 相乘与乘方运算电路

用模拟乘法器构成乘法电路是不言而喻的。在进行相乘运算时,增益系数通常取$K_M=0.1\ V^{-1}$,使得当$u_X(t)$、$u_Y(t)$的最大值都为±10 V时,输出电压$u_o(t)$的最大值为$u_{omax}=K_M u_{Xmax} u_{Ymax}=\pm10$ V。

将需要进行平方运算的输入信号同时加到乘法器的两个输入端,就可以完成平方运算,如图5.22所示。输出信号为

$$u_o=K_M\cdot u_i^2 \tag{5.24}$$

将两个乘法器进行串接,可实现立方运算,如图5.23所示,输出信号为

$$u_o=K_{M1}K_{M2}\cdot u_i^3 \tag{5.25}$$

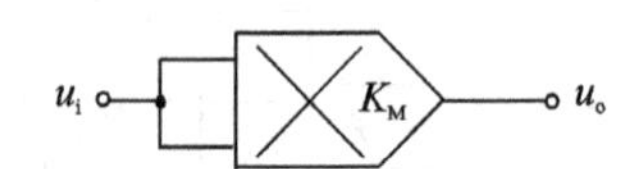

图5.22 平方运算电路

用多个乘法器进行串接,还可实现高次方运算。但由于乘法器相移的影响,高次方运算会带来很大误差,通常只用2~3个乘法器进行串接。

要实现高次方的运算,可利用乘法器、对数运算电路和指数运算电路共同来完成。如图5.24所示,由图中看出

$$u_{o1}=K_1\ln u_i \tag{5.26}$$

$$u_{o2}=K_1K_2N\ln u_i \tag{5.27}$$

$$u_o=K_3u_i^{K_1K_2N}=K_3u_i^{KN} \tag{5.28}$$

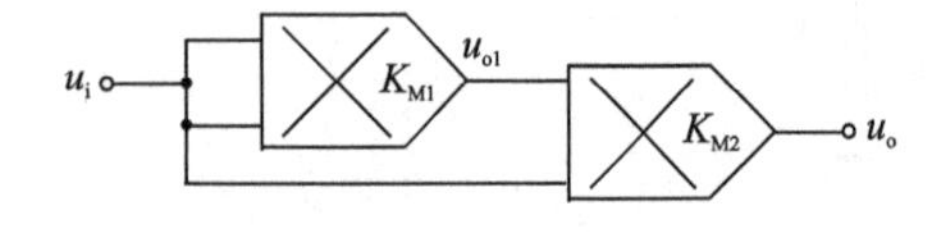

图5.23 立方运算电路

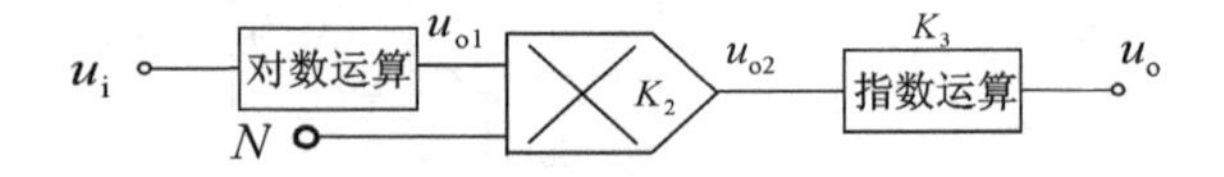

图5.24 对数和指数电路构成乘方运算

2. 相除运算电路

相除运算电路又称为除法器,其输出信号与两个输入信号的商成正比。图5.25所示为乘法器和运放构成的反相输入除法运算电路。

设运放是理想的,由运放的虚短、虚断和虚地的概念及乘法器的特性可得

$$i_1 = \frac{u_{i1}}{R_1}$$

$$i_2 = \frac{u_{o1}}{R_2}$$

$$i_1 + i_2 = 0$$

$$u_{o1} = K_M u_o u_{i2}$$

联立以上四式可得

$$u_o = -\frac{R_2}{K_M R_1} \frac{u_{i1}}{u_{i2}} \tag{5.29}$$

式(5.29)说明，u_o 与 u_{i1} 除以 u_{i2} 的商成正比。

在图 5.25 中还可看出，为了保证运算放大器处于负反馈工作状态，u_{i2} 必须大于零，而 u_{i1} 则可正可负，所以图 5.25 是**二象限除法器**。

图 5.26 所示为由乘法器和运放构成的同相除法运算电路。

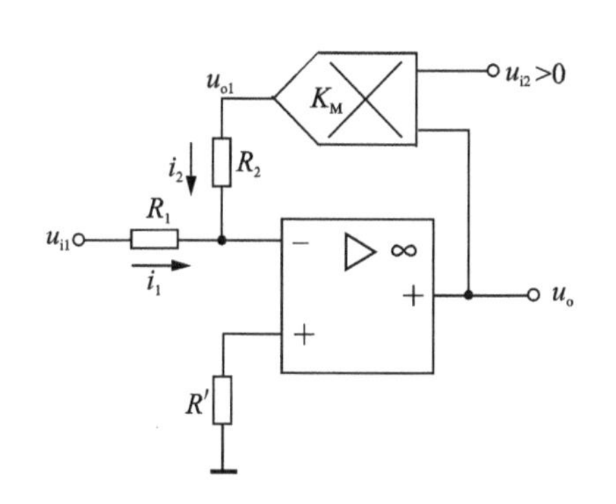

图 5.25　反相输入除法运算电路

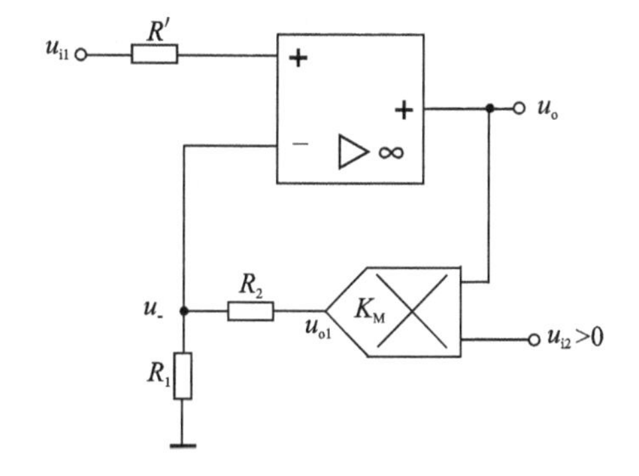

图 5.26　同相输入除法运算电路

分析过程与反相输入除法电路类似，运用理想运放的性质及乘法器的特性，可得

$$u_o = \frac{1}{K_M}\left(1 + \frac{R_2}{R_1}\right)\frac{u_{i1}}{u_{i2}} \tag{5.30}$$

即输出信号 u_o 与输入信号 u_{i1} 除以 u_{i2} 的商成正比。同样，这也是一个二象限除法器。

3. 开方和均方根运算电路

由乘法器和运放构成的开方运算电路如图 5.27 所示。

和图 5.25 所示的除法运算电路十分相似，只是在运放的反馈支路中乘法器接成乘方运算电路，而不是相乘运算电路。由图可得

$$\frac{u_i}{R} + \frac{K_M u_o^2}{R} = 0$$

即

$$u_o = \sqrt{-\frac{u_i}{K_M}} \tag{5.31}$$

由式(5.31)可看出，只有输入信号 u_i 为负时，才能实现开平方运算。若要对正的输入信号开平方，可以加入倒相器等环节。

在开平方运算电路后再级联一级乘法器，即可构成开立方运算电路，如图 5.28 所示。

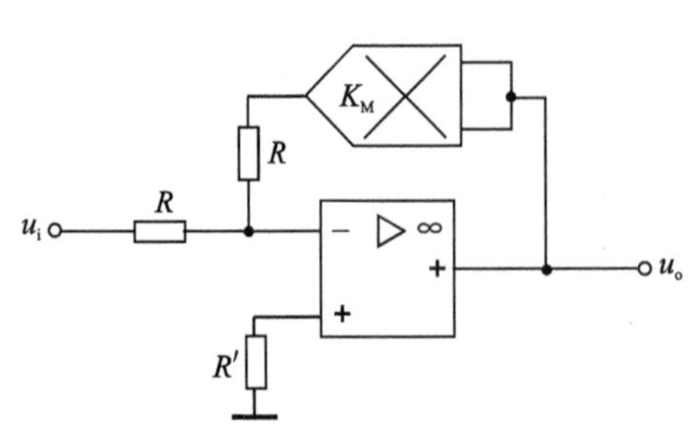

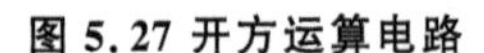
图5.27 开方运算电路

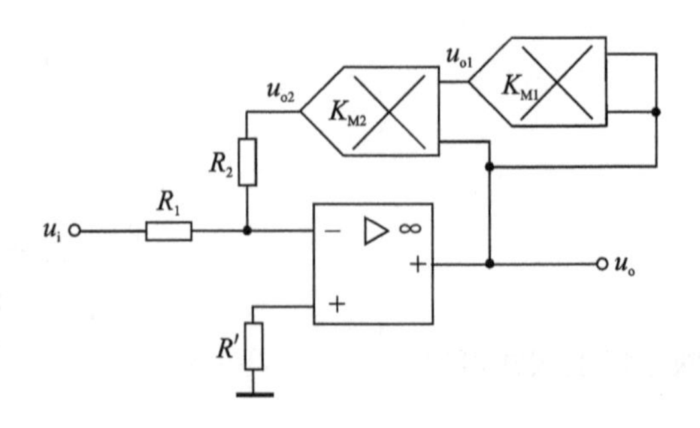

图5.28 开立方运算电路

用类似方法可推导出：

$$u_o = \sqrt[3]{-\frac{R_2}{R_1 K_{M1} K_{M2}} \cdot u_i} \tag{5.32}$$

即输出电压是输入电压的开立方。

用乘法器和运放还可构成均方根运算电路，所谓均方根运算，就是对该电压先进行平方，然后在时间上取平均值，再进行开方。均方根运算电路如图5.29所示。图中在平方器和开平方器中间是低通滤波环节。只要低通滤波器的截止频率足够低，它的输出电压就反映了输入电压的平均值。整个电路的原理不难分析。

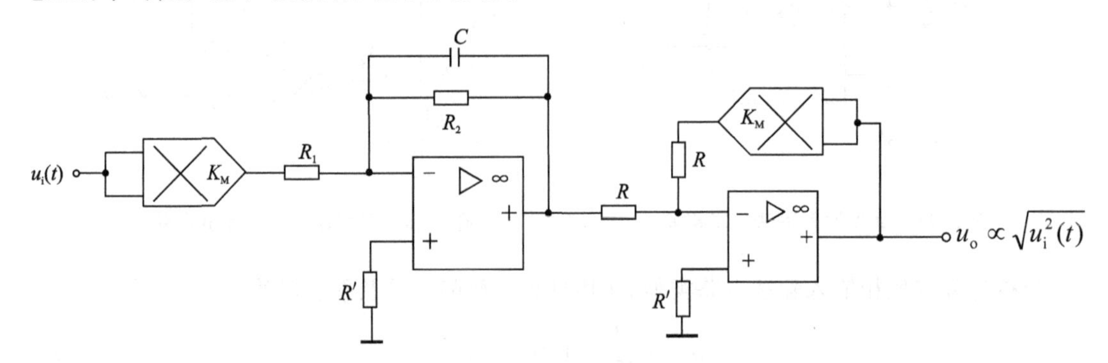

图5.29 均方根运算电路

4. 正弦函数发生电路

正弦函数用泰勒级数可表示为

$$\sin x = x - \frac{x^3}{3!} + \frac{x^5}{5!} - \frac{x^7}{7!} + \cdots \tag{5.33}$$

可以证明，若在$-\frac{\pi}{2} \sim \frac{\pi}{2}$区间内保留上式的前三式，即利用五阶多项式来近似正弦函数，其误差小于0.5%。

图5.30所示为$-\frac{\pi}{2} \sim \frac{\pi}{2}$区间内的正弦函数发生电路。图中，第一个、第三个乘法器的增益系数为$K_{M1} = K_{M3} = \frac{1}{10} \text{V}^{-1}$，第二个乘法器的增益系数为$K_{M2} = 1\ \text{V}^{-1}$。运用乘法器和运放的性质不难推导出

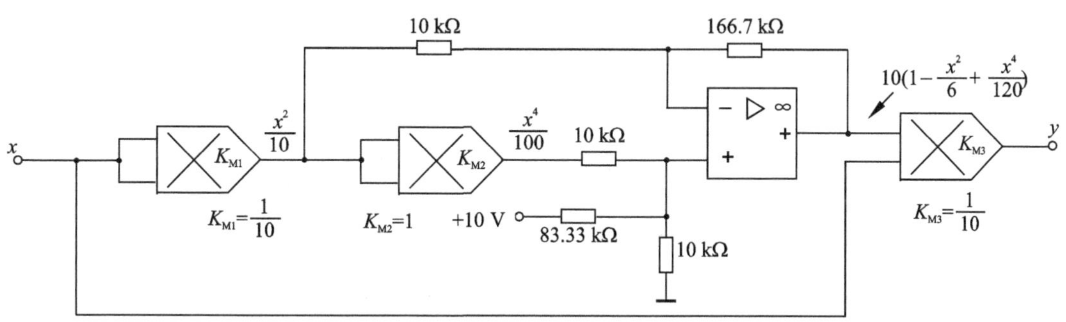

图 5.30　正弦函数发生电路

$$y=x-\frac{x^3}{6}+\frac{x^5}{120}\approx\sin x \tag{5.34}$$

即输出 y 是输入 x 的正弦函数。

5.2.6　非理想集成运放运算电路的误差分析

上面讨论了理想集成运算放大器组成的基本运算电路。实际上，集成运放是非理想的，既不满足 $u_+=u_-$、$i_{id}=0$ 的条件，又存在各种误差源，这样必将引起运算误差。

实际集成运放的低频等效电路如图 5.31 所示(方框内)，等效电路考虑了 A_{ud}、R_{id}、K_{CMR}、I_{IB}、U_{IO} 和 I_{IO} 及其温漂的影响。图中有两个输入信号 u_i、u_i'，令其中一个为零，则可得反相比例运算电路或同相比例运算电路的低频等效电路。显然要导出 u_o 与输入信号及实际运放各参数之间的函数关系是相当复杂的。为了简化分析，下面仅讨论某几个参数或某一个参数的影响(其他参数按理想情况考虑)所产生的误差。

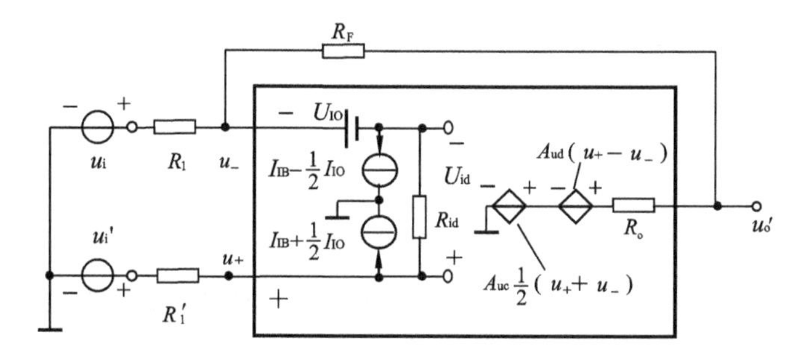

图 5.31　实际集成运放的低频等效电路(方框内)

1. A_{ud} 和 R_{id} 的影响

如果只考虑 A_{ud}、R_{id} 为有限值所造成的影响(其他参数按理想情况考虑)，则图 5.31 可简化为图 5.32，其中输出电压是

$$u_o'=A_{ud}\cdot(u_+-u_-) \tag{5.35}$$

由图 5.32 可列出以下方程组：

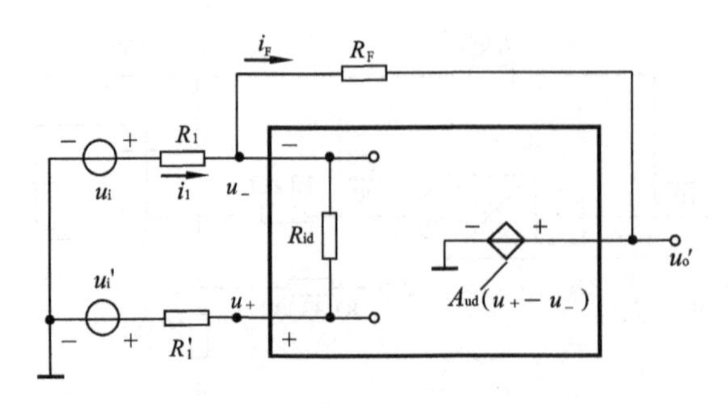

图 5.32　分析 A_{ud}、R_{id} 影响的等效电路

$$\begin{cases} u_+ = u_i' + (i_1 - i_F)\cdot R_1' \\ u_- = u_i - i_1 \cdot R_1 \\ u_o' = A_{ud}\cdot(u_+ - u_-) \\ u_- - u_+ = (i_1 - i_F)\cdot R_{id} \\ u_- - u_o' = i_F \cdot R_F \end{cases}$$

解之,可得

$$u_o' = \frac{R_F}{1+\dfrac{R_F\cdot(R_1'+R'+R_{id})}{A_{ud}R_{id}R'}}\cdot\left(\frac{u_i'}{R_1'}-\frac{u_i}{R_1}\right) \tag{5.36}$$

其中,$R' = R_1 /\!/ R_F$。

① 对于反相比例运算电路(令图 5.32 中的 $u_i'=0$),按理想情况考虑,它的输出电压是

$$u_o = -\frac{R_F}{R_1}\cdot u_i \tag{5.37}$$

若令式(5.36)中的 $u_i'=0$,则可得到实际输出电压 u_o'。由此,可得 A_{ud}、R_{id} 的影响所造成的相对误差为

$$\delta = \frac{u_o' - u_o}{u_o} = \frac{1}{1+\dfrac{R_F\cdot(R_1'+R'+R_{id})}{A_{ud}\cdot R_{id}\cdot R'}} - 1 \tag{5.38}$$

定义系数 $F=\dfrac{R_1}{R_1+R_F}$,即有 $R' = R_1 /\!/ R_F = F\cdot R_F$,则相对误差表达式可化简为

$$\delta = \frac{1}{1+\dfrac{R_1'+R'+R_{id}}{A_{ud}\cdot F\cdot R_{id}}} - 1 \tag{5.39}$$

通常有 $A_{ud}\cdot F\cdot R_{id} \gg (R_1'+R'+R_{id})$,再利用近似公式(当 $|x|\ll 1$ 时,$\dfrac{1}{1+x}\approx 1-x$),则上式可进一步化简为

$$\delta \approx -\frac{R_1'+R'+R_{id}}{A_{ud}\cdot F\cdot R_{id}} \approx \frac{-1}{A_{ud}\cdot F}\cdot\left(1+\frac{R_1'+R'}{R_{id}}\right) \tag{5.40}$$

② 同理,只要令式(5.36)中的 $u_i=0$,可得出在 A_{ud}、R_{id} 为有限值条件下同相比例运算电路的误差,即式(5.40),即与反相比例运算电路的误差相同。

③ 由式(5.40)可知,在只考虑 A_{ud}、R_{id} 影响条件下,A_{ud}、R_{id} 和 F 越大,比例运算电路的

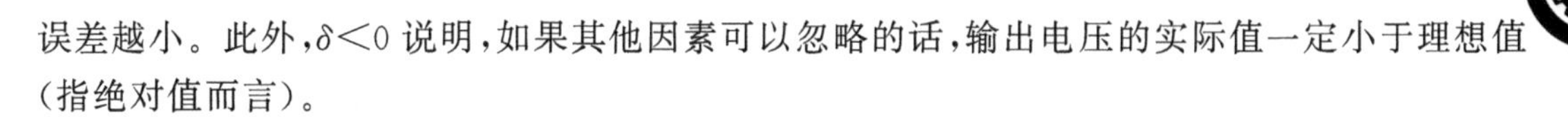

误差越小。此外,$\delta<0$ 说明,如果其他因素可以忽略的话,输出电压的实际值一定小于理想值(指绝对值而言)。

2. 共模抑制比的影响

由于反相比例运算电路的共模输入电压几乎等于零,共模抑制比为有限值,对反相比例运算电路误差的影响可以忽略,因此只需要讨论它对同相比例运算电路误差的影响。

由于共模抑制比是 A_{ud} 与 A_{uc} 之比,因此同时考虑 A_{ud} 也是有限值,而其他参数按理想情况考虑。在此条件下,图 5.5 的同相比例运算电路可用图 5.33 电路等效,其中

$$A_{uc}=\frac{A_{ud}}{K_{CMR}} \tag{5.41}$$

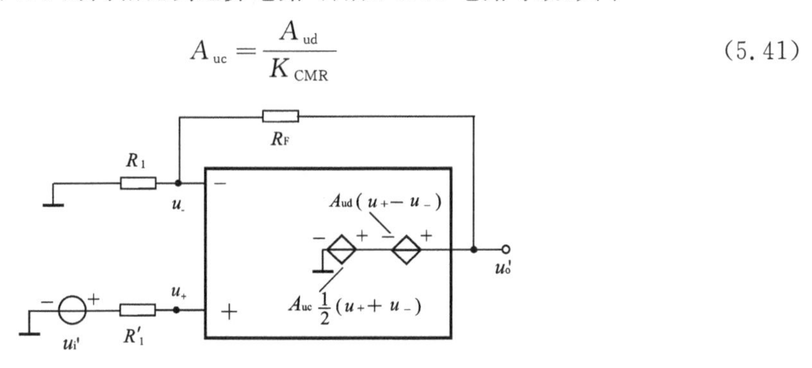

图 5.33　分析 k_{CMR} 影响的等效电路

根据图 5.33 可列出下面的方程组

$$\begin{cases} u'_o=A_{ud}\cdot(u_+-u_-)+A_{uc}\cdot\dfrac{1}{2}(u_++u_-) \\ u_-=\dfrac{R_1}{R_1+R_F}\cdot u'_o=F\cdot u'_o \\ u_+=u'_i \end{cases}$$

将式(5.41)代入上面的方程组,可解得

$$u'_o=\frac{1}{F}\cdot\frac{1+\dfrac{1}{2K_{CMR}}}{1+\dfrac{1}{A_{ud}F}-\dfrac{1}{2K_{CMR}}}\cdot u'_i$$

与理想运放情况下 $u_o\left(1+\dfrac{R_F}{R_1}\right)\cdot u'_i=\dfrac{1}{F}\cdot u'_i$ 相比,相对误差为

$$\delta=\frac{1+\dfrac{1}{2K_{CMR}}}{1+\dfrac{1}{A_{ud}F}-\dfrac{1}{2K_{CMR}}}-1=\frac{\dfrac{1}{K_{CMR}}-\dfrac{1}{A_{ud}F}}{1+\dfrac{1}{A_{ud}F}-\dfrac{1}{2K_{CMR}}} \tag{5.42}$$

通常 $\dfrac{1}{A_{ud}F}\ll1$、$\dfrac{1}{2K_{cm}R}\ll1$,因此上式可化简为

$$\delta\approx\frac{1}{K_{CMR}}-\frac{1}{A_{ud}\cdot F} \tag{5.43}$$

可见,为了减小同相比例运算电路的误差,应采用共模抑制比大的集成运放。

3. I_{IB}、U_{IO}、I_{IO} 的影响

如果只考虑输入偏置电流 I_{IB}、失调电压 U_{IO}、失调电流 I_{IO} 的影响，其他参数按理想情况考虑，则图 5.31 可化简为图 5.34。

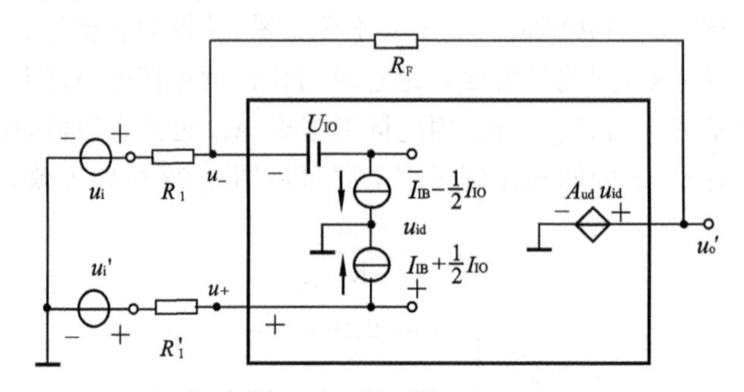

图 5.34　分析 I_{IB}、U_{IO} 和 I_{IO} 影响的等效电路

当 $u_i=0$、$u_i'=0$ 时，在 U_{IO}、$\left(I_{IB}+\dfrac{1}{2}I_{IO}\right)$和$\left(I_{IB}-\dfrac{1}{2}I_{IO}\right)$共同作用下所产生的输出电压值就是实际值 u_o'与理想值 u_o 之差 Δu_o。在 $A_{ud}=\infty$、$u_{id}=0$ 时，由图 5.34 可得方程组

$$\begin{cases} u_+=-\left(I_{IB}+\dfrac{1}{2}I_{IO}\right)\cdot R_1' \\ u_-=u_++U_{IO} \\ \dfrac{u_-}{R_1}+I_{IB}-\dfrac{1}{2}I_{IO}=\dfrac{\Delta u_o-u_-}{R_F} \end{cases} \tag{5.44}$$

解之可得

$$\Delta u_o\left(1+\frac{R_F}{R_1}\right)\cdot\left[(R_1'-R')\cdot I_{ib}-\frac{1}{2}(R_1'+R')\cdot I_{IO}+U_{IO}\right] \tag{5.45}$$

式中，$R'=R_1/\!/R_F$。

上式表明，$\left(1+\dfrac{R_F}{R_1}\right)$、$R_1'$越大，则输出误差电压就越大。只要 $R'=R_1'$，则 I_{IB} 的影响可以不考虑。对于图 5.34，设 $R_1=10\ \text{k}\Omega$、$R_F=100\ \text{k}\Omega$、$R_1'=R_1/\!/R_F$，集成运放的 $I_{IB}=20\ \mu\text{A}$、$U_{IO}=2\ \text{mA}$、$I_{IO}=-0.3\ \mu\text{A}$，则可得：$\Delta u_o=-52\ \text{mV}$。

如果温度不变，则 U_{IO} 和 I_{IO} 的影响可通过**调零**消除。但温度变化所引起的 ΔU_{IO} 和 ΔI_{IO} 的影响难以通过调零消除，因此应当着重考虑 ΔU_{IO} 和 ΔI_{IO} 与误差的关系。

在 $R'=R_1'$和只考虑失调温度漂移的情况下，式(5.45)可以改写为

$$\Delta u_0=\left(1+\frac{R_F}{R_1}\right)\cdot(\Delta U_{IO}-R_1'\cdot\Delta I_{IO}) \tag{5.46}$$

式中，$\Delta I_{IO}=\dfrac{\mathrm{d}I_{IO}}{\mathrm{d}T}\cdot\Delta T$，$\Delta U_{IO}=\dfrac{\mathrm{d}U_{IO}}{\mathrm{d}T}\cdot\Delta T$。其中 ΔT 是温度变化量，$\dfrac{\mathrm{d}U_{IO}}{\mathrm{d}T}$、$\dfrac{\mathrm{d}I_{IO}}{\mathrm{d}T}$分别是集成运放失调电压、失调电流的温漂系数。

根据式(5.46)可求出比例运算电路因失调温度漂移所产生的相对误差为

$$\delta=\left|\frac{\Delta u_o}{A_u\cdot u_i}\right|=\left|\frac{\Delta U_{IO}-R_1'\cdot\Delta I_{IO}}{A_u\cdot F\cdot u_i}\right| \tag{5.47}$$

其中，A_u 是反相或同相比例运算电路在理想情况下的电压放大倍数，系数 $F=\dfrac{R_1}{R_1+R_2}$。

综上所述，可以得出以下结论：

① 应当取 $R_1'=R_1//R_F$，即集成运放两输入端对地的直流电阻相等。

② 输入信号 u_i 的幅值越大，相对误差 δ 的值越小。

③ 为了提高运算电路的稳定度和精度，应选择 dU_{IO}/dT、dI_{IO}/dT 小的集成运放，且电阻 R_1、R_F 和 R_1' 的阻值应适当取小些。此外，应尽可能减小温度 T 的变化量。

5.3　有源滤波器

5.3.1　滤波电路的作用与分类

1. 滤波电路的作用

滤波器是一种具有频率选择功能的电路，它能使有用频率信号通过，同时抑制（或衰减）不需要传送的频率范围内的信号。实际工程上常用它来进行信号处理、数据传送和抑制干扰等，目前在通信、声纳、测控、仪器仪表等领域中有着广泛的应用。

以往滤波器主要采用无源元件 R、L 和 C 组成，现在一般采用集成运放、R 和 C 组成（常称为**有源滤波器**）。有源滤波器具有输出阻抗 $R_o\approx 0$、电压放大倍数 $A_u>1$、体积小与重量轻等优点。但因集成运放的带宽有限，有源滤波器的工作频率目前最大约为 1 MHz。

这里主要介绍常用的基于集成运放的 RC 滤波器、开关电容滤波器的基本原理及电路。

2. 有源滤波器的分类

通常用频率响应来描述滤波器的特性。对于滤波器的幅频响应，常把能够通过信号的频率范围定义为**通带**(passband)，而把受阻或衰减信号的频率范围称为**阻带**(stopband)，通带和阻带的界限频率叫做**截止频率**(cut-off Frequency)。

滤波器在通带内应具有零衰减的幅频响应和线性的相位响应，而在阻带内应具有无限大的幅度衰减。按照通带和阻带的位置分布，滤波器常分为以下几类：

(1) **低通滤波器**(low pass filter)：其理想幅频响应如图 5.35(a)所示，图中 A_0 表示低频增益。由图可知，它的功能是通过 $0\sim\omega_n$（角频率）的低频信号，而对大于 ω_n 的所有频率信号则完全衰减，故其带宽 $BW=\dfrac{\omega_n}{2\pi}$。

(2) **高通滤波器**(high-pass filter)：其幅频响应如图 5.35(b)所示。由图可知，在 $\omega<\omega_n$ 范围内的频率为阻带，高于 ω_n 的频率为通带。理论上它的带宽 $BW=\infty$，但实际上由于受有源器件带宽的限制，高通滤波器的带宽也是有限的。

(3) **带通滤波器**(band-pass filter)：其理想幅频响应如图 5.35(c)所示。图中 ω_{nL} 为低边（或下限）截止角频率，ω_{nU} 为高边（或上限）截止角频率，ω_0 为中心角频率。由图可知，它有两个阻带：$\omega<\omega_{nL}$ 和 $\omega>\omega_{nU}$，故其带宽 $BW=\dfrac{\omega_{nU}-\omega_{nL}}{2\pi}$。

(4) **带阻滤波器**(bandstop filter):其理想幅频响应如图5.35(d)所示。它有两个通带:$\omega<\omega_{nL}$ 及 $\omega>\omega_{nU}$,和一个阻带:$\omega_{nL}<\omega<\omega_{nU}$。它的功能是衰减 $\omega_{nL}\sim\omega_{nU}$ 之间的信号。其通带 $\omega>\omega_{nU}$ 同高通滤波器相似。带阻滤波器阻带中心点所在角频率 ω_0 也叫**中心角频率**(center angular frequency)。

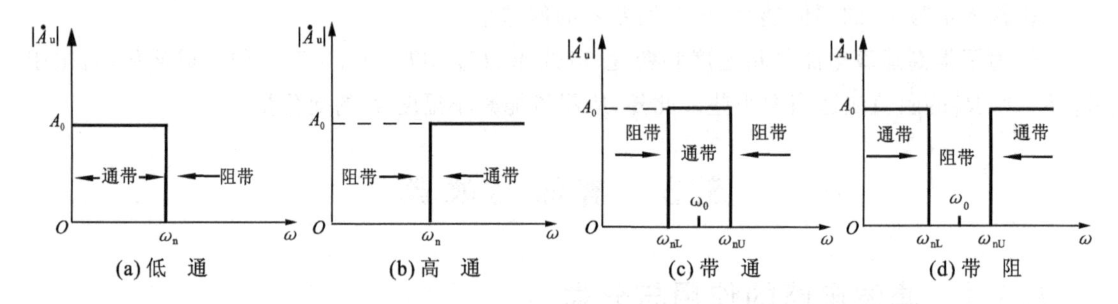

图5.35 各种滤波器的理想幅频响应

各种滤波器的实际频响特性与理想频响特性有一定的差别,滤波器设计的任务是力求向理想特性逼近。

5.3.2 一阶有源滤波器

图5.36(a)为由 R、C 和电压跟随器组成的**一阶有源低通滤波器**。利用理想集成运放的特性,得

$$U_o(s)=\frac{(sC)^{-1}}{R+(sC)^{-1}}\cdot U_i(s)=\frac{1}{1+sRC}\cdot U_i(s) \tag{5.48}$$

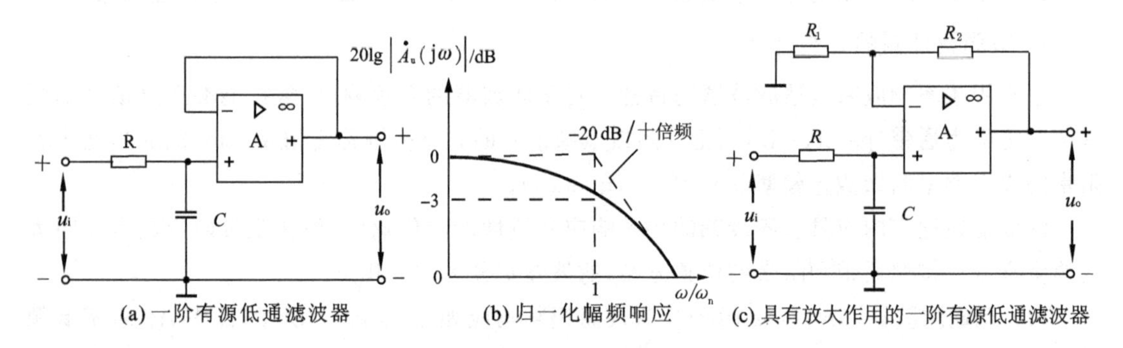

图5.36 一阶低通滤波器

因而电路的传递函数可表示为

$$A(s)=\frac{U_o(s)}{U_i(s)}=\frac{1}{1+(s/\omega_n)} \tag{5.49}$$

式中,$\omega_n=1/RC$ 就是3 dB **截止角频率**(cutoff angular frequency)。

式(5.49)中用 $s=\mathrm{j}\omega$ 代入,得到滤波器频率响应为

$$\dot{A}_u(\mathrm{j}\omega)=\frac{\dot{U}_o(\mathrm{j}\omega)}{\dot{U}_i(\mathrm{j}\omega)}=\frac{1}{1+\mathrm{j}(\omega/\omega_n)} \tag{5.50}$$

图5.36(b)为低通滤波器的归一化幅频响应(其中实线表示实际的幅频响应)。

图 5.36(c)为具有放大作用的一阶有源低通滤波器，该滤波器的频率响应为

$$\dot{A}_u(j\omega)=\frac{\dot{U}_o(j\omega)}{\dot{U}_i(j\omega)}=\frac{A_0}{1+j(\omega/\omega_n)} \tag{5.51}$$

式中，$A_0=1+R_2/R_1$ 为同相放大器的**通带电压放大倍数**或电**压增益**(voltage gain)，$\omega_n=1/RC$。

上述低通滤波器电路传递函数的分母均为 s 的一次幂，故称为**一阶有源低通滤波器**。一阶有源高通滤波器电路可由图 5.36(a)、(c)中 R 和 C 交换位置来组成，这里不再赘述。

一阶滤波器的滤波效果不够好，在 $\omega>\omega_n$ 范围内，频率每增加十倍，则其幅频响应近似减小 20 dB，即幅频响应的衰减率为 −20 dB/十倍频。若要求响应曲线以 −40 dB 或 −60 dB/十倍频的斜率衰减，则需采用二阶、三阶或更高阶次的滤波器。对于高于二阶的滤波器，常可由一阶、二阶有源滤波器来构成。下面将重点研究常用的二阶有源滤波器的原理和频率特性。

5.3.3 二阶有源滤波器

1. 低通滤波器

二阶低通滤波器如图 5.37(a)所示，它是由两级 RC 滤波电路、同相放大器组成。同相放大器的输入阻抗高、输出阻抗低，有利于减小负载对滤波电路的影响和增强驱动负载能力。电路中第一级的电容 C_1 不接地而改接到输出端，其目的是为了使输出电压在高频段迅速下降，但在接近于通带截止频率的范围内又不致下降太多，从而有利于改善滤波特性。

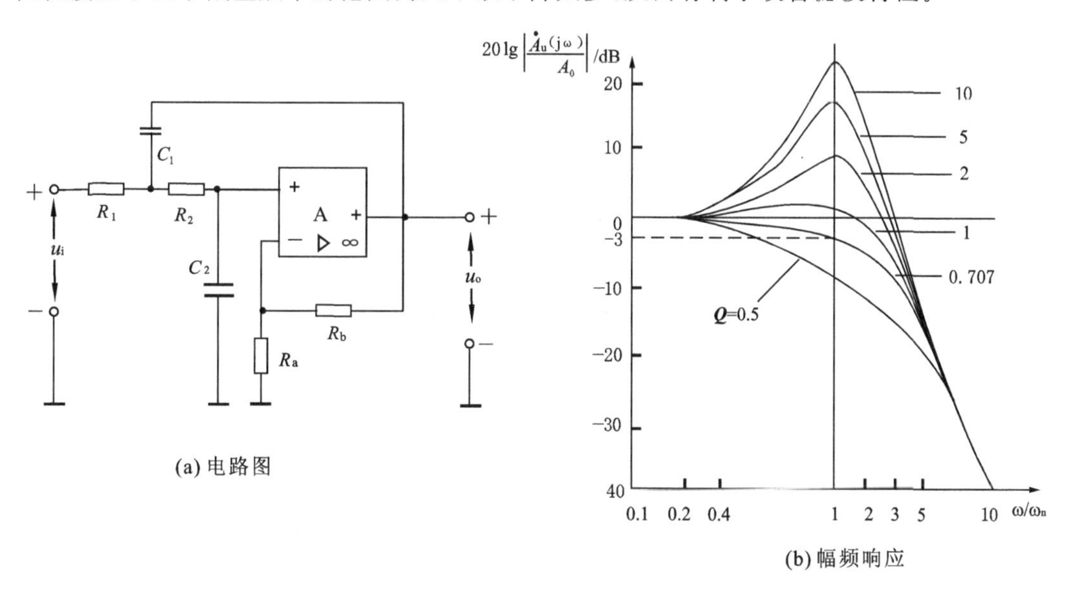

图 5.37 二阶低通滤波器

根据理想集成运放虚短、虚断的特点，可导出传递函数的表达式如下

$$A(s)=\frac{U_o(s)}{U_i(s)}$$

$$=\frac{A_0\cdot[1/(R_1R_2C_1C_2)]}{s^2+s[R_2C_2+R_1C_2+R_1C_1(1-A_0)]/(R_1R_2C_1C_2)+1/(R_2R_2C_2C_2)}$$

$$=\frac{A_0}{R_1R_2C_1C_2\cdot s^2+[R_2C_2+R_1C_2+R_1C_1(1-A_0)]\cdot s+1} \tag{5.52}$$

令

$$\begin{cases} A_0=1+R_b/R_a \\ \omega_n=1/\sqrt{R_1R_2C_1C_2} \\ Q=\dfrac{\sqrt{R_1R_2C_1C_2}}{C_2\cdot(R_1+R_2)+R_1C_1\cdot(1-A_0)} \end{cases} \tag{5.53}$$

则有

$$A(s)=\frac{A_0}{(s/\omega_n)^2+(s/\omega_n)/Q+1}=\frac{A_0\cdot\omega_n{}^2}{s^2+(\omega_n/Q)\cdot s+\omega_n{}^2} \tag{5.54}$$

上式为二阶低通滤波器传递函数的典型表达式。其中 ω_n 为**特征角频率**(characteristic angular frequency),Q 为**等效品质因数**(quality factor)。

令式(5.54)中 $s=\mathrm{j}\omega$,可得二阶有源低通滤波器的频率响应为

$$\dot{A}_u(\mathrm{j}\omega)=\frac{A_0\cdot\omega_n^2}{\omega_n^2-\omega^2+\mathrm{j}\omega_n\omega/Q} \tag{5.55}$$

归一化后的幅频响应取对数,表示为

$$20\lg\left|\frac{\dot{A}_u(\mathrm{j}\omega)}{A_0}\right|=-10\lg\left\{\left[1-\left(\frac{\omega}{\omega_n}\right)^2\right]^2+\frac{\omega^2}{\omega_n^2\cdot Q^2}\right\} \tag{5.56}$$

由式(5.56),可求出不同 Q 值下的幅频响应(如图5.37(b)所示)。由图可见,当 $Q=0.707$ 时,幅频响应最平坦;且当 $\omega/\omega_n=1$ 时,$20\lg|\dot{A}_u(\mathrm{j}\omega)/A_0|=-3$ dB,$\omega/\omega_n=10$ 时,$20\lg|\dot{A}_u(\mathrm{j}\omega)/A_0|=-40$ dB。显然,它比一阶低通滤波器的滤波效果要好得多。

由式(5.53)可见,当 $A_0=1+(1+R_2/R_1)\cdot C_2/C_1$ 时,Q 将趋于无穷大,表示电路将产生自激振荡。为了避免发生此种情况,选择元件参数时应满足$(R_b/R_a)<(1+R_2/R_1)\cdot C_2/C_1$的条件,这样可保证 $Q>0$。

例5.5 要求图5.37(a)中二阶低通滤波器的通带截止频率 $f_n=\omega_n/2\pi=100$ kHz,等效品质因数 $Q=1$。设 $R_1=R_2=R$、$C_1=C_2=C$,试确定电路中电阻、电容元件的参数值。

解:二阶低通滤波电路的通带截止频率为 $f_n=1/(2\pi RC)$,首先选定电容 $C=1\ 000$ pF,则

$$R=\frac{1}{2\pi\cdot f_nC}=\left(\frac{1}{2\pi\times100\times10^3\times1\ 000\times10^{-12}}\right)\Omega\approx1.59\ \mathrm{k\Omega}$$

选 $R=1.6$ kΩ。根据已知条件及式(5.53),有 $Q=1/(3-A_0)$,故

$$A_0=1+R_b/R_a=3-1/Q=3-1=2$$

即

$$R_b=R_a$$

在图5.37(a)中,为使集成运放两个输入端对地的电阻平衡,应使

$$R_a\ /\!/\ R_b=2R=(2\times1.6)\ \mathrm{k\Omega}=3.2\ \mathrm{k\Omega}$$

则

$$R_a=R_b=(2\times3.2)\mathrm{k\Omega}=6.4\ \mathrm{k\Omega}$$

选

$$R_a=R_b=6.2\ \mathrm{k\Omega}$$

2. 高通滤波器

二阶高通滤波器电路如图 5.38(a)所示。利用理想集成运放的特性，可导出高通滤波器的传递函数为

$$A(s)=\frac{U_o(s)}{U_i(s)}=\frac{A_0\cdot s^2}{s^2+s\cdot[R_1C_1+R_1C_2+R_2C_2(1-A_0)]/(R_1R_2C_1C_2)+1/(R_1R_2C_1C_2)} \tag{5.57}$$

令

$$\begin{cases}A_0=1+R_b/R_a\\ \omega_n=\dfrac{1}{\sqrt{R_1R_2C_1C_2}}\\ Q=\dfrac{\sqrt{R_1R_2C_1C_2}}{C_1R_1+C_2R_1+R_2C_2(1-A_0)}\end{cases} \tag{5.58}$$

则有

$$A(s)=\frac{A_0s^2}{s^2+(\omega_n/Q)\cdot s+\omega_n^2} \tag{5.59}$$

式(5.59)为二阶高通滤波器传递函数的典型表达式，相应高通滤波器的频响特性为

$$\dot{A}_u(j\omega)=\frac{-A_0\cdot\omega^2}{\omega_n^2-\omega^2+j\dfrac{\omega_n\omega}{Q}} \tag{5.60}$$

归一化的对数幅频响应为

$$20\lg\left|\frac{\dot{A}_u(j\omega)}{A_0}\right|=-10\lg\left\{\left[\left(\frac{\omega_n}{\omega}\right)^2-1\right]^2+\left(\frac{\omega_n}{\omega Q}\right)^2\right\} \tag{5.61}$$

其幅频响应曲线如图 5.38(b)所示。由图可见，若 $Q=0.707$，则 3 dB 截止频率 $\omega_c=\omega_n$。且幅频响应以 +40 dB/十倍频的斜率上升，比一阶高通滤波器好得多。

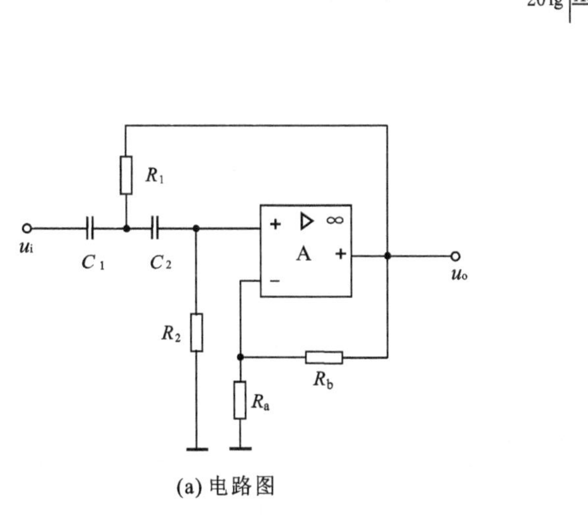

(a) 电路图

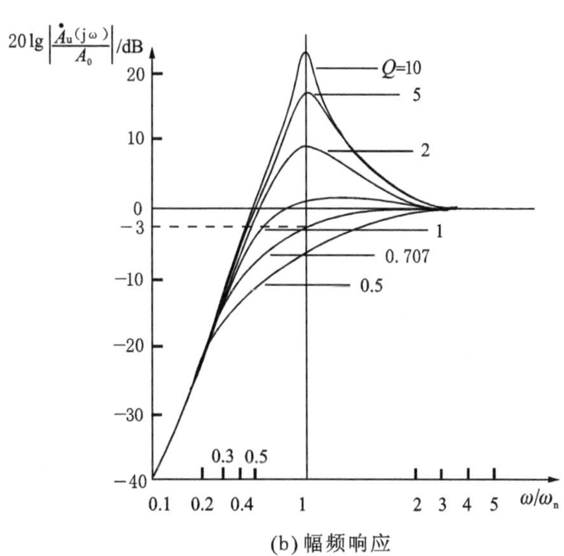

(b) 幅频响应

图 5.38　二阶高通滤波器

3. 带通滤波器

图5.39(a)所示为二阶带通滤波器电路,图中R_1、C_2组成低通网络,C_1、R_3组成高通网络,两者共同组成了带通滤波器。可导出带通滤波器的传递函数为

$$A(s)=\frac{U_o(s)}{U_i(s)}=\frac{(1+R_b/R_a)\cdot s\cdot(1/R_1C_2)}{s^2+s\cdot\left[\frac{1}{R_3C_1}+\frac{1}{R_3C_2}+\frac{1}{R_1C_2}+\frac{1}{R_2C_2}\left(-\frac{R_b}{R_a}\right)\right]+\frac{R_1+R_2}{R_1R_2R_3C_1C_2}} \tag{5.62}$$

$$\left.\begin{aligned}A_0&=\frac{(1+R_b/R_a)}{R_1C_2\left[\frac{1}{R_3C_1}+\frac{1}{R_3C_2}+\frac{1}{R_1C_2}+\frac{1}{R_2C_2}\left(-\frac{R_b}{R_a}\right)\right]}\\ \omega_0^2&=\frac{R_1+R_2}{R_1R_2R_3C_1C_2}\\ Q&=\frac{\sqrt{R_1+R_2}\cdot\sqrt{R_1R_2R_3C_1C_2}}{R_1R_2\cdot(C_1+C_2)+C_1R_3\cdot[R_2+R_1(-R_b/R_a)]}\end{aligned}\right\} \tag{5.63}$$

则得
$$A(s)=\frac{A_0\cdot(s\omega_0)/Q}{s^2+s\cdot(\omega_0/Q)+\omega_0^2}=\frac{A_0\cdot s/(Q\cdot\omega_0)}{(s/\omega_0)^2+s/(Q\cdot\omega_0)+1} \tag{5.64}$$

式(5.64)为二阶带通滤波器传递函数典型表达式,其中ω_0称为**中心角频率**。

令$s=\mathrm{j}\omega$,代入式(5.64),可得带通滤波器的频率响应特性为

$$\dot{A}_u(\mathrm{j}\omega)=\frac{A_0\cdot\mathrm{j}\omega/(Q\cdot\omega_0)}{1-(\omega/\omega_0)^2+\mathrm{j}\omega/(Q\cdot\omega_0)} \tag{5.65}$$

归一化的对数幅频响应为

$$20\lg\left|\frac{\dot{A}_u(\mathrm{j}\omega)}{A_0}\right|=-10\lg\left\{Q^2\cdot\left(\frac{\omega_0}{\omega}-\frac{\omega}{\omega_0}\right)^2+1\right\} \tag{5.66}$$

可画出其幅频响应曲线如图5.39(b)所示。图中,当$\omega=\omega_0$时,电压放大倍数最大。带通滤波器的通频带宽度为$BW_{0.7}=\omega_0/2\pi Q=f_0/Q$,显然$Q$值越高,则通频带越窄。

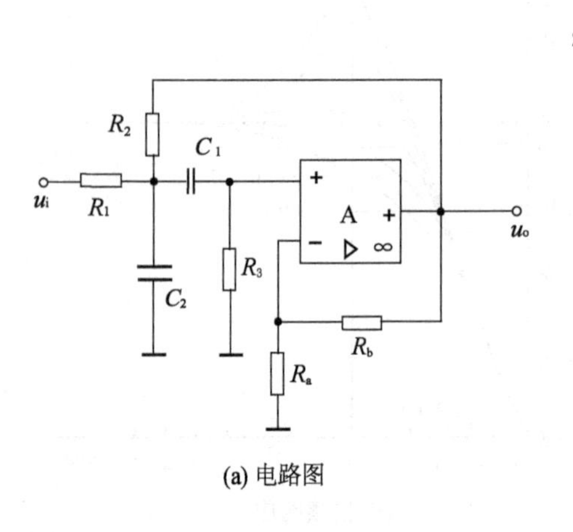

(a) 电路图

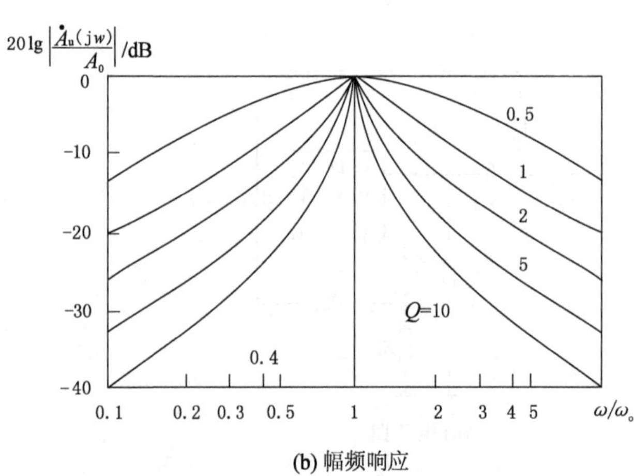

(b) 幅频响应

图5.39 二阶带通滤波器

综上分析可知：当有源带通滤波器的同相放大倍数 $A_u=1+R_b/R_a$ 变化时，既影响通带增益 A_0，又影响 Q 值(进而影响通频带 $BW_{0.7}$)，而中心角频率 ω_0 与通带增益 A_0 无关。另外，电路的 Q 值不能太大，否则会产生自激振荡。

4. 带阻滤波器

与带通滤波器相反，带阻滤波器是用来抑制或衰减某一频段的信号，而让该频段以外的所有信号通过。例如，这种滤波器常用于电子系统抗干扰。带阻滤波器可有不同的实现方案，以下分别讨论两种结构形式的带阻滤波器电路。

(1) 双 T 带阻滤波器

① 双 T 网络的频率响应

为简化分析，设信号源内阻近似为零，负载电阻为无限大，则双 T 网络如图 5.40(a)所示。利用**星形-三角形变换**原理，可以将图 5.40(a)所示双 T 网络等效为图 5.40(b)所示的Ⅱ型电路。因此有

$$\begin{cases} Z_1=\dfrac{2R\cdot(1+s\cdot RC)}{1+s^2\cdot R^2C^2} \\ Z_2=Z_3=\dfrac{1}{2}\left(R+\dfrac{1}{sC}\right) \end{cases} \tag{5.67}$$

考虑到 $\dot{F}=\dot{U}_f/\dot{U}_i$，则

$$F(s)=\frac{U_f(s)}{U_i(s)}=\frac{Z_3}{Z_1+Z_3}=\frac{\dfrac{1}{2}\left(R+\dfrac{1}{sC}\right)}{\dfrac{2R\cdot(1+s\cdot RC)}{1+(s\cdot RC)^2}+\dfrac{1}{2}\left(R+\dfrac{1}{sC}\right)} \tag{5.68}$$

令 $s=j\omega$，可得

$$\dot{F}(j\omega)=\frac{1-(\omega RC)^2}{1-(\omega RC)^2+4j\omega RC}=\frac{1-(\omega/\omega_0)^2}{1-(\omega/\omega_0)^2+j4\cdot\omega/\omega_0} \tag{5.69}$$

式中，$\omega_0=1/RC$。由式(5.69)可知，当 $\omega=\omega_0$ 时，$\dot{F}=0$，即信号角频率等于它的特征角频率 ω_0 时，电压传输系数 $\dot{F}$ 为零，这正体现了双 T 网络的选频作用。

$\dot{F}(j\omega)$的幅频响应、相频响应的表达式分别为

$$|\dot{F}(j\omega)|=\frac{|1-(\omega/\omega_0)^2|}{\sqrt{[1-(\omega/\omega_0)^2]^2+[4(\omega/\omega_0)]^2}} \tag{5.70}$$

$$\varphi_F=-\arctan\frac{4\cdot(\omega/\omega_0)}{1-(\omega/\omega_0)^2} \tag{5.71}$$

由式(5.71)，可画出双 T 网络的频率响应，如图 5.41 所示。由图可知，当 $\omega/\omega_0=1$ 时，幅频响应的幅值等于零，且相频特性呈现±90°突变的形式。

② 双 T 带阻滤波器

电路如图 5.42 所示，由节点导纳方程不难导出电路的传递函数为

$$A(s)=\frac{U_o(s)}{U_i(s)}=A_{u0}\cdot\frac{1+(s/\omega_0)^2}{1+2(2-A_{uo})\cdot(s/\omega_0)+(s/\omega_0)^2} \tag{5.72}$$

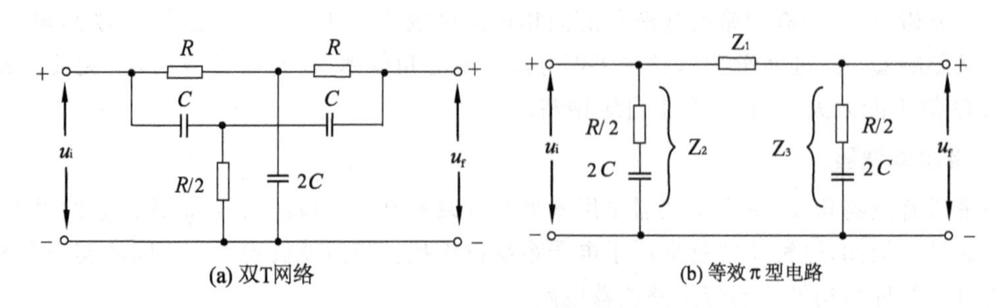

图 5.40　双 T 选频网络

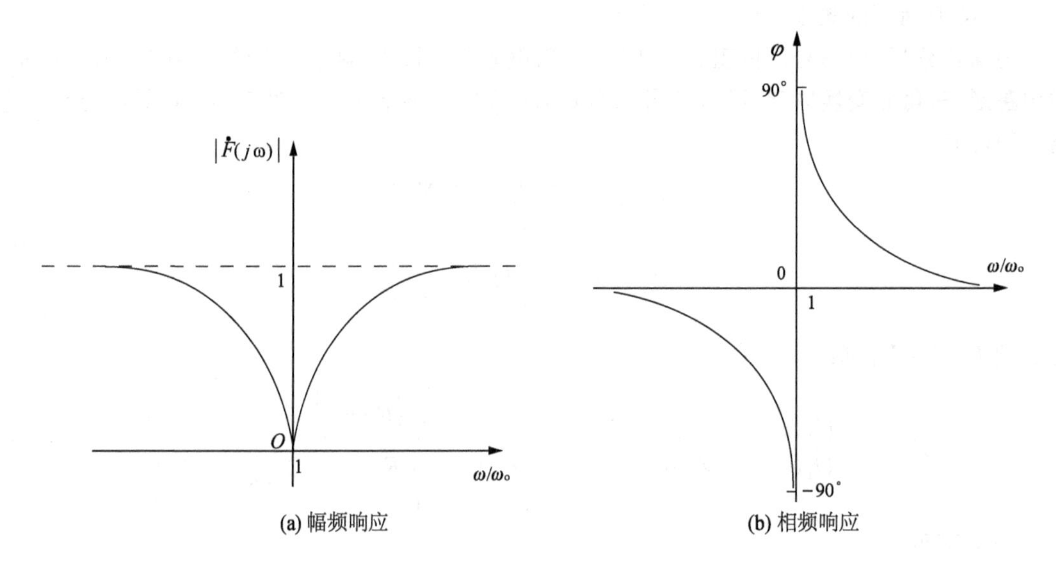

图 5.41　双 T 网络的频率特性

令 $s=\mathrm{j}\omega$,可得

$$\begin{aligned}\dot{A}_{\mathrm{u}}(\mathrm{j}\omega)&=A_{\mathrm{u0}}\cdot\frac{1+(\mathrm{j}\omega/\omega_0)^2}{1+2(2-A_{\mathrm{u0}})\cdot(\mathrm{j}\omega/\omega_0)+(\mathrm{j}\omega/\omega_0)^2}\\&=A_{\mathrm{u0}}\cdot\frac{1-(\omega/\omega_0)^2}{1-(\omega/\omega_0)^2+(\mathrm{j}\omega/\omega_0)/Q}\end{aligned}\tag{5.73}$$

式中,$\omega_0=1/RC$,$A_{\mathrm{u0}}=1+R_{\mathrm{b}}/R_{\mathrm{a}}$,$Q=1/[2(2-A_{\mathrm{u0}})]$。如果 $A_{\mathrm{u0}}=1$,则 $Q=0.5$。增大 A_{u0},Q 将随之升高。当 A_{u0} 趋近 2 时,Q 趋向无穷大。由此,A_{u0} 愈接近 2,Q 愈大,可使带阻滤波器的选频特性愈好(即阻断的频率范围愈窄)。

$\dot{A}_{\mathrm{u}}(\mathrm{j}\omega)$的归一化对数幅频响应曲线与图 5.41(a)类似。这种电路的优点是所用元件少,但滤波性能受元件参数变化影响大。

(2) 用带通滤波器与求和电路组成带阻滤波器

利用带通滤波器与求和电路可以组成带阻滤波器,其组成框图如图 5.43 所示。其基本思路是把直通信号与带通滤波器的输出信号相抵消,从而得到传输特性与公式(5.71)相似的等效带阻滤波器,这种带阻滤波器的频率选择性主要由其中带通滤波器的特性确定。

图 5.39(a)所示带通滤波器中的集成运放接成同相放大器,这种滤波器我们把它称作为同相输入式带通滤波器。若带通滤波器中的集成运放接成反相放大器,则称作为反相输入式

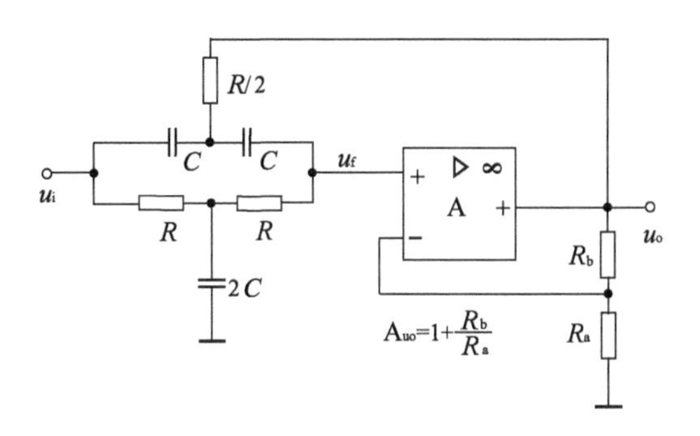

图 5.42　双 T 带阻滤波电路

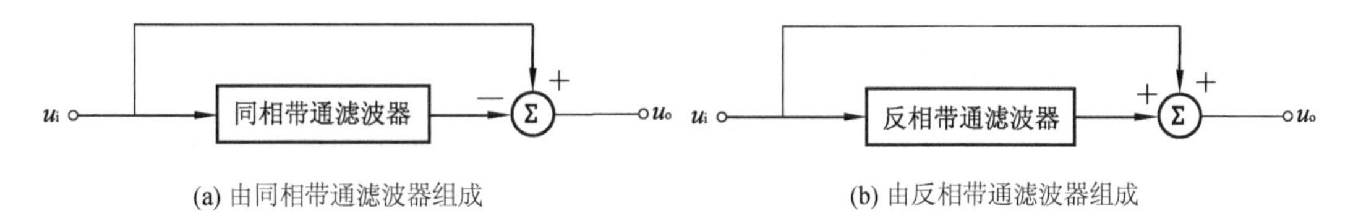

(a) 由同相带通滤波器组成　　(b) 由反相带通滤波器组成

图 5.43　基于带通滤波器与求和电路的带阻滤波器结构

带通滤波器。

式(5.64)为同相输入式带通滤波器的传递函数表达式，由图 5.43(a)可得

$$A(s)=\frac{U_o(s)}{U_i(s)}=1-\frac{A_0\cdot s/(Q\cdot\omega_0)}{(s/\omega_0)^2+s/(Q\cdot\omega_0)+1} \tag{5.74}$$

当 $A_0=1$ 时，可得

$$A(s)=\frac{(s/\omega_0)^2+1}{(s/\omega_0)^2+s/(Q\cdot\omega_0)+1} \tag{5.75}$$

与式(5.72)相比，上式就是带阻滤波器的传递函数表达式。

图 5.44 给出了一个用于滤除 50 Hz 工频干扰的 50 Hz 陷波器电路，该电路与图 5.43(b)结构类似。其中由 A_1、R_1、R_2、R_3、C_1、C_2 组成反相输入式带通滤波器，A_2、R_4、R_5 组成反相输入加法电路。由图可知，$C_1=C_2=C=0.22\ \mu F$，则电路的传递函数表达式为

$$\begin{aligned}A_{uf}(s)&=-1+\frac{s/(CR_1)}{s^2+\frac{2}{CR_3}\cdot s+\frac{R_1+R_2}{C^2R_1R_2R_3}}\\&=-\frac{(s/\omega_0)^2+\left(\frac{2}{CR_3}-\frac{1}{CR_1}\right)\cdot s+1}{(s/\omega_0)^2+s/(Q\cdot\omega_0)+1}\\&=-\frac{(s/\omega_0)^2+1}{(s/\omega_0)^2+s/(Q\cdot\omega_0)+1}\end{aligned} \tag{5.76}$$

其中

$$\begin{cases}\omega_0=\frac{1}{C}\cdot\sqrt{\frac{1}{R_3}\cdot\left(\frac{1}{R_1}+\frac{1}{R_2}\right)}\\Q=0.5R_3C\cdot\omega_0\end{cases} \tag{5.77}$$

由图 5.44 可有：当 $R_2\approx 0.51\ k\Omega$ 时，$f_0\approx 50$ Hz，$Q=13.8$。

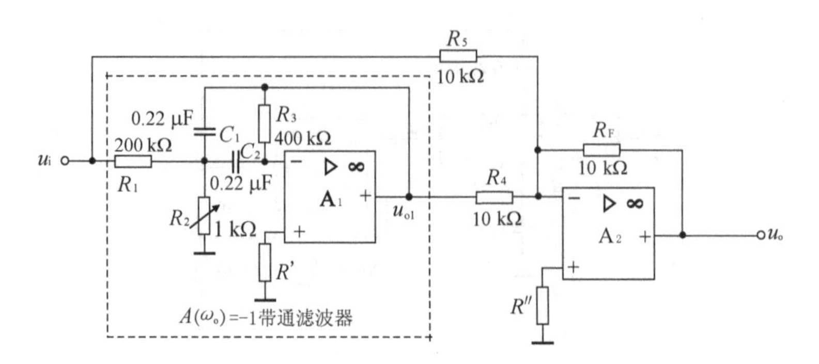

图5.44　一种50Hz陷波电路

5.3.4　状态变量滤波器

由单个运放构成的二阶有源滤波器具有电路形式简单、成本低廉的特点,可满足一般滤波性能要求的应用场合。但这类滤波器性能参数之间互相关联,不便调整,对元件 R、C 参数及运放增益的变化敏感,且 Q 值不易提高(一般 $Q\leqslant 20$)。因此,在对滤波器性能要求较高的场合,一般采用由两个以上运放组成的状态变量滤波器电路。状态变量滤波器可以用状态方程来描述,且由积分器和相加器组成,在实际中得到了广泛应用,并有多种型号的专用集成电路产品上市。状态变量滤波器的主要优点有:一是功能多样性,这类滤波器往往可同时实现高通、带通和低通的滤波特性;二是滤波器的性能参数(如 A_{uf}、Q、ω_0)互相独立,易于调整;三是对元件参数灵敏度低,易于实现高 Q 值(可达 $Q\leqslant 200$)。

这里结合二阶高通滤波器传递函数的电路实现,介绍状态变量滤波器的电路构成和性能参数。

由式(5.59)可知,二阶高通滤波器的传递函数为

$$A_u(s)=\frac{U_o(s)}{U_i(s)}=\frac{A_0\cdot s^2}{s^2+(\omega_n/Q)\cdot s+\omega_n^2}=\frac{A_0}{1+(\omega_n/Q)\cdot\dfrac{1}{s}+\dfrac{\omega_n^2}{s^2}}$$

其中,A_0 为高频增益。将上式移项 $U_o(s)=A_u(s)\cdot U_i(s)$,可得

$$U_o(s)=A_0\cdot U_i(s)+\frac{1}{Q}\cdot\left(-\frac{\omega_n}{s}\cdot U_o(s)\right)-\frac{\omega_n{}^2}{s^2}\cdot U_o(s)\tag{5.78}$$

式中,第一项表示输入信号 u_i 经 A_0 倍放大,第二项表示输出 u_o 经过一次反相积分($-\omega_n/s$)后再乘以 $1/Q$,第三项表示 u_o 经过二次反相积分($\omega_n{}^2/s^2$)后再经过反相,而 u_o 就等于这三项的相加。实现式(5.78)的信号流图如图5.45所示。

由图5.45可得

$$\frac{U_{o2}(s)}{U_i(s)}=\frac{U_{o2}(s)}{U_{o1}(s)}\cdot\frac{U_{o1}(s)}{U_i(s)}=\left(-\frac{\omega_n}{s}\right)\cdot\frac{U_{o1}(s)}{U_i(s)}=\frac{-A_0\omega_n\cdot s}{s^2+\dfrac{\omega_n}{Q}\cdot s+\omega_n{}^2}\tag{5.79}$$

显然,上式就是带通滤波器的传递函数($W_n=W_o$)。

同样,可得

$$\frac{U_{o3}(s)}{U_i(s)}=\frac{U_{o3}(s)}{U_{o2}(s)}\cdot\frac{U_{o2}(s)}{U_i(s)}=-\frac{\omega_n}{s}\cdot\frac{U_{o2}(s)}{U_i(s)}=\frac{A_0\cdot\omega_n{}^2}{s^2+\dfrac{\omega_n}{Q}\cdot s+\omega_n{}^2}\tag{5.80}$$

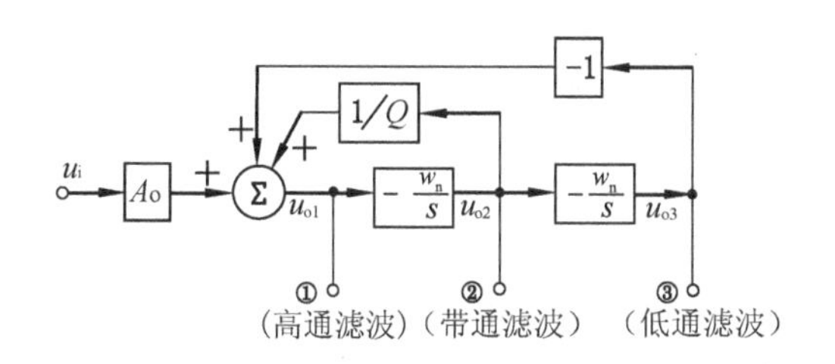

图 5.45　实现二阶高通滤波传递函数的信号流图表示法

上式是低通滤波器的传递函数。

因此，当分别以①、②、③为输出端时，在输出与输入端间实现的分别是高通、带通和低通传输特性，该状态变量滤波器实现了多种滤波功能。

图 5.46 给出一个具体电路的例子，其中 A_3、A_4 组成反相积分器，由两级反相加法电路 A_1、A_2 实现求和功能。与图 5.45 中信号流图相对比，可得

$$\begin{cases} R_5 = R_6 \\ A_0 = \dfrac{R_2}{R_1} \cdot \dfrac{R_6}{R_4} \\ Q = \dfrac{R_3}{R_2} \cdot \dfrac{R_4}{R_6} \\ \omega_n = \omega_0 = \dfrac{1}{R_f \cdot C_f} \end{cases} \tag{5.81}$$

在图 5.46 所示电路参数下，可计算得：$A_0 = 10$、$Q = 10$、$\omega_0 = \omega_n = 6\ 250$ rad/s。

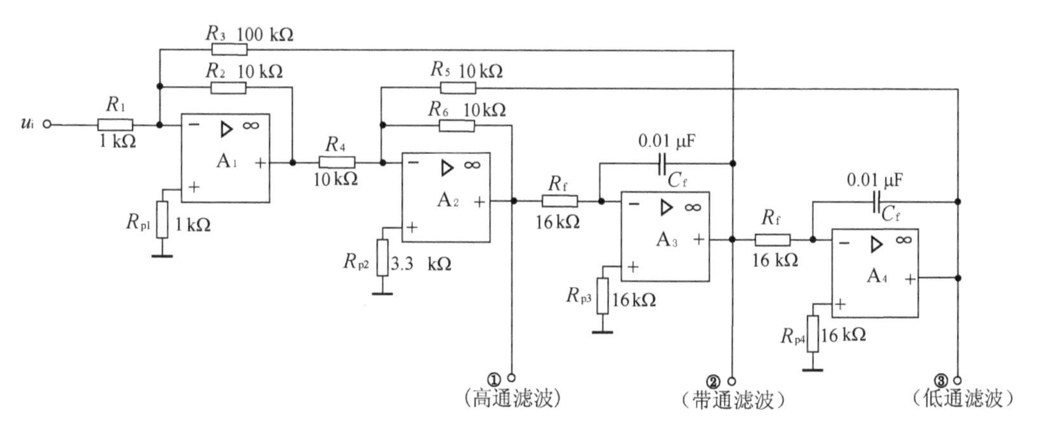

图 5.46　二阶状态变量滤波器电路

5.3.5　开关电容滤波器

RC 有源滤波器的滤波特性取决于 *RC* 时间常数及运放的性能，因其要求有较大的电容和精确的 *RC* 时间常数值，以致很难在芯片上制造集成组件。为此，人们寻求一种能够实现滤波器全集成化的途径，开关电容滤波器就应运而生。它是基于电容器电荷存储和转移原理，由受时钟控制的 MOS 开关、MOS 电容和 MOS 运放组成的电路。在开关电容滤波器中没有电阻，而用开关和电容代替电阻的功能。开关电容滤波器是一种时间离散、幅度连续的取样数据处

理系统,它不需要模/数转换电路,可以对模拟量的离散值直接进行处理。因其具有易于集成、制造简单、性能好的优点,故在信号产生、放大、调制、A/D、D/A 中得到了广泛应用。

1. 开关电容工作原理

开关电容滤波电路的基本原理是在电路两个节点之间接有带高速开关的电容,其效果相当于在这两个节点之间连接了一个电阻。电路如图 5.47 所示,在 1−2 节点之间接入开关电容 C、MOS 场效应开关管 T_1 和 T_2,而 MOS 场效应管开关 T_1 和 T_2 分别受两相不重叠的时钟 φ_1 和 φ_2 控制(见图 5.48)。

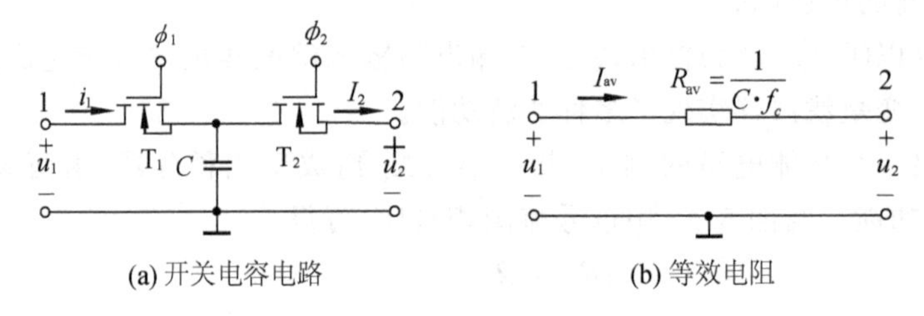

图 5.47 用开关和电容代替电阻

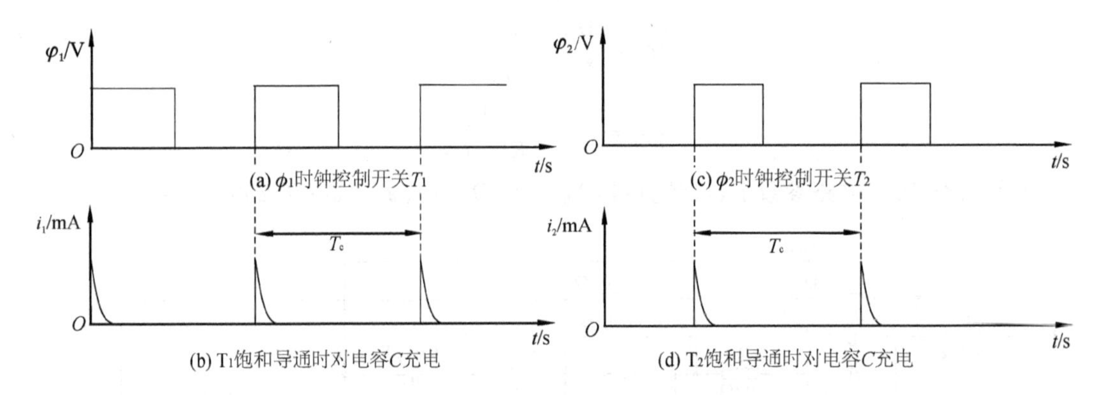

图 5.48 开关电容的充电、放电过程

当 φ_1 为高电平、φ_2 为低电平时,T_1 管导通、T_2 管截止,u_i 对电容 C 充电(充电电流如图 5.48(b)所示),其存储的电荷 Q_1 为

$$Q_1 = C \cdot u_1$$

当 φ_1 为低电平、φ_2 为高电平时,T_1 管截止、T_2 管导通,电容 C 放电(放电电流如图 5.48(d)所示),那么 C 存储的电荷 Q_2 变为

$$Q_2 = C \cdot u_2$$

在 φ_1、φ_2 时钟的一个周期 T_C 内,电容 C 存储的电荷由 Q_1 变为 Q_2,则流过电容 C 的等效平均电流为

$$I_{av} = \frac{Q_1 - Q_2}{T_C} = \frac{C \cdot (u_1 - u_2)}{T_C} = (u_1 - u_2) \cdot C \cdot f_c \tag{5.82}$$

式中,$f_c = \dfrac{1}{T_c}$ 为时钟频率。

显然,流过电容 C 的等效平均电流 I_{av} 也必须流过输入端 1,由式(5.82),可得节点 1、2 之间的等效开关电阻为

$$R_{av}=\frac{u_1-u_2}{I_{av}}=\frac{T_c}{C}=\frac{1}{c\cdot f_c} \tag{5.83}$$

上式就是由开关和电容组成的等效开关电阻的计算表达式,如图 5.47(b)所示。

R_{av} 与电容值 C、时钟频率 f_c 成反比。若固定电容 C,则可通过调节 f_c 来改变 R_{aV} 的大小,故 R_{av} 常称作为**时钟可调节电阻**。必须指出,输入信号 u_1 的频率必须远远小于开关控制时钟频率 f_c。

2. 开关电容积分器

RC 有源滤波器可以用状态变量滤波电路实现,而状态变量滤波器是用积分器和求和电路来组成的,其中积分器是关键的单元电路。根据开关和电容代替电阻的原理,RC 积分器、开关电容积分器电路分别如图 5.49(a)、(b)所示。

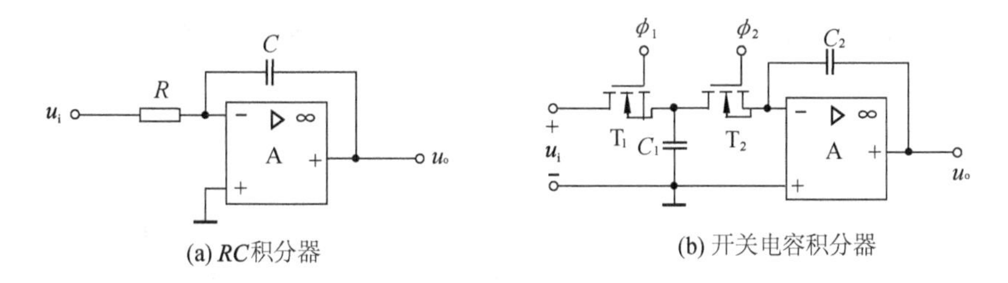

图 5.49　RC 积分器和开关电容积分器

图 5.49(b)所示开关电容积分器的工作过程为:当 φ_1 为高时,T_1 导通(T_2 截止),u_i 对 C_1 充电,电荷为 $q_1=u_i\cdot C_1$;当 φ_2 为高时,T_2 导通(T_1 截止),C_1 被接到集成运放的反相端(虚地点),C_1 被强迫快速放电,则将前个时间段内积累的电荷 q_1 全部转移给 C_2,工作过程如图 5.50 所示。

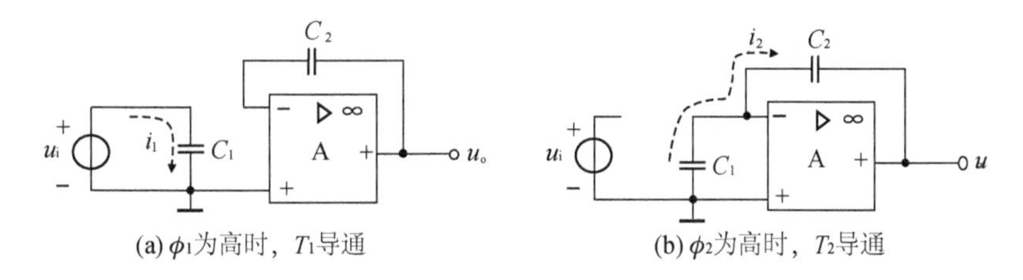

图 5.50　开关电容积分器工作情况

RC 积分器的时间常数为 RC,而开关电容积分器的等效时间常数 τ 为

$$\tau=R_{av}\cdot C_2=\left(\frac{1}{C_1\cdot f_c}\right)\cdot C_2=\frac{1}{f_c}\left(\frac{C_2}{C_1}\right) \tag{5.84}$$

由此可知,开关电容积分器的时间常数取决于控制时钟频率 f_c 和电容比(C_2/C_1)。目前在 MOS 集成电路制造工艺中,电容比的精度已经很高(0.1%～0.01%),这样只要通过调节时钟频率 f_c 就可精确地控制时间常数,以获得高精度的滤波器。

理想 RC 积分器和开关电容积分器的传递函数分别为

$$H_{RC}(j\omega)=-\frac{1}{j\omega\cdot(RC)} \tag{5.85}$$

$$H_{av}(j\omega)=-\frac{1}{j\omega\cdot\left(\dfrac{C_2}{f_c\cdot C_1}\right)} \tag{5.86}$$

由上式可知,开关电容积分器是一阶滤波器。

由一阶滤波器可以组成各种高阶滤波器,实际上还有其他具有更好性能的开关电容积分器电路。特别值得一提的是,目前国外已经批量生产了各种高阶开关电容滤波器单片集成电路,因其精度高、稳定性好、高集成与使用方便,在通信、语音信号处理、编码调制等领域得到了广泛应用。

5.4 电压比较器

电压比较器在电子测量、自动控制、非正弦波形产生等方面应用广泛。电压比较器的功能是用来判断输入电压信号与参考电平之间的相对大小,比较器的输出信号只有两种状态:高电平输出和低电平输出。例如,在由集成运放构成的电压比较器电路中,集成运放工作在非线性区,即

当 $u_+\geqslant u_-$ 时,$u_o=+U_{OH}$ (运放输出最大正向饱和电平)

当 $u_-\geqslant u_+$ 时,$u_o=-U_{OL}$ (运放输出最大负向饱和电平)

在集成运放的两个输入端中,一个是模拟信号,另一个是基准参考电压,或者两个都是模拟信号。这样,由输出电压的高低可以判断模拟信号与参考电压的大小关系。

对电压比较器的要求主要有灵敏度高、响应时间短、鉴别电平准确、抗干扰能力强。根据电压比较器的传输特性来分类,常用的电压比较器有单门限比较器、迟滞比较器、窗口比较器等。

5.4.1 单门限比较器

所谓单门限比较器是指只有一个门限电平的比较器,当输入电压等于此门限电平时,输出端的状态立即发生跳变。单门限比较器可用于检测输入的模拟信号是否达到某一给定的电平。单门限比较器包括过零比较器与任意门限电平比较器。

1. 过零比较器

图5.51(a)为过零比较电路,运放处于开环工作状态,同相端接地($u_+=0$ V为基准参考电压),反相端加被比较信号 u_i。其工作原理如下

$$\text{当 } u_i\leqslant 0 \text{ 时},u_o=+U_{OH} \tag{5.87}$$

$$\text{当 } u_i\geqslant 0 \text{ 时},u_o=-U_{OL} \tag{5.88}$$

根据式(5.87)和式(5.88)画出的时间波形图如图5.51(b)所示,传输特性如图5.51(c)所示。由图(c)可知,当输出电压 u_o 为高电压($+U_{OH}$)时,可判断有 $u_i<0$;反之 $u_i>0$。该电路可作为波形变换器,将正弦波转换为矩形波。

当比较器的输出电压由一种状态跳变为另一种状态时,相应的输入电压通常称为**阈值电压**(threshold voltage)或**门限电平**(threshold level)。这种比较器的门限电平等于零,故称为**过零比较器**。

只用一个集成运放(开环状态)组成的过零比较器电路简单,但其输出电压幅度较高(u_o

$=+U_{OH}$、$-U_{OL}$)。若希望比较器的输出幅度限制在特定的范围内,则需要增加限幅电路,如图 5.52 所示为利用稳压管限幅的过零比较器。

对于图 5.52 电路,设集成运放的输出高电压大于(U_Z+U_D)、输出低电压小于$-(U_Z+U_D)$。两个对接的稳压管,一个反向击穿,一个正向导通,则 $u_o=\pm(U_Z+U_D)$。其传输特性曲线形状与图 5.51(c)类似。

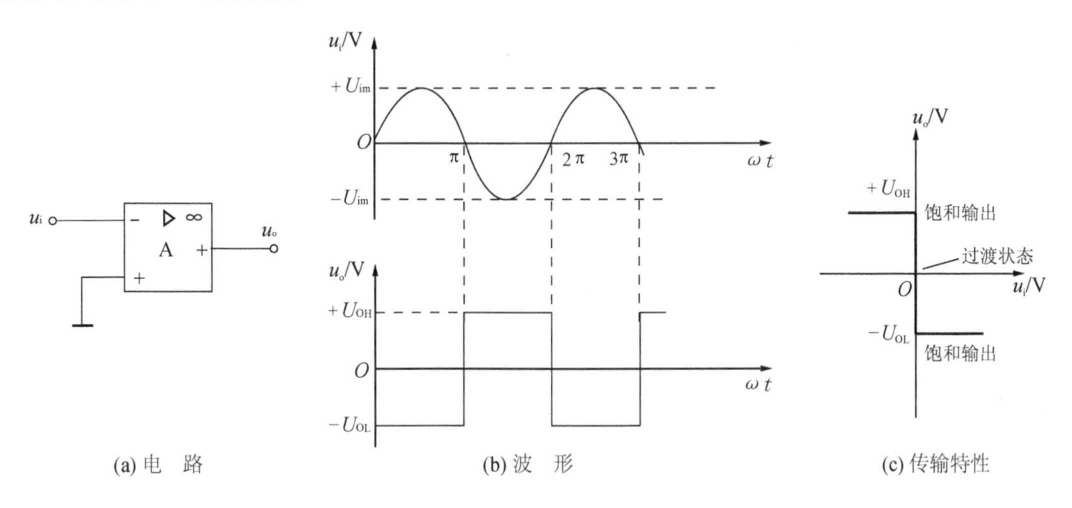

图 5.51　过零比较电路

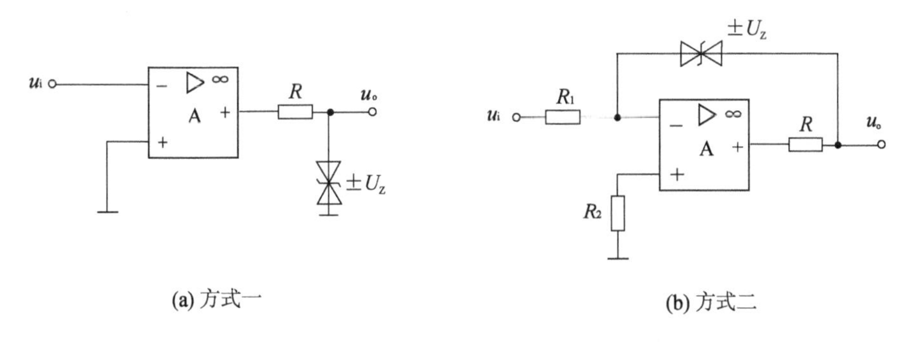

图 5.52　稳压管限幅的过零比较电路

2. 任意门限电平比较器

任意门限电平比较器如图 5.53(a)所示,该电路是在过零比较器的基础上,将参考电压 U_{REF} 通过电阻 R_2 接在集成运放反相输入端来构成的。由于输入电压 u_i 与参考电压 U_{REF} 接成求和电路的形式,因此这种比较器也称为**求和型单门限比较器**。

图中集成运放同相输入端通过电阻 R 接地。当输入电压 u_i 变化时,使得运放反相输入端的电位 $u_-=0$,则输出端 u_o 的状态将发生跳变。利用叠加原理可求得反相输入端的电位(D_Z 未导通时)为

$$u_-=\frac{R_2}{R_1+R_2}\cdot u_i+\frac{R_1}{R_1+R_2}\cdot U_{REF}$$

令 $u_-=0$,由上式可求出门限电平 U_T 为

$$U_T=-\frac{R_1}{R_2}\cdot U_{REF} \tag{5.89}$$

此单门限比较器的传输特性见图5.53(b)所示。

对比图5.51(c)和图5.53(b)中的传输特性可知,过零比较器属于任意门限电平比较器的特例,它们都是单门限比较器。

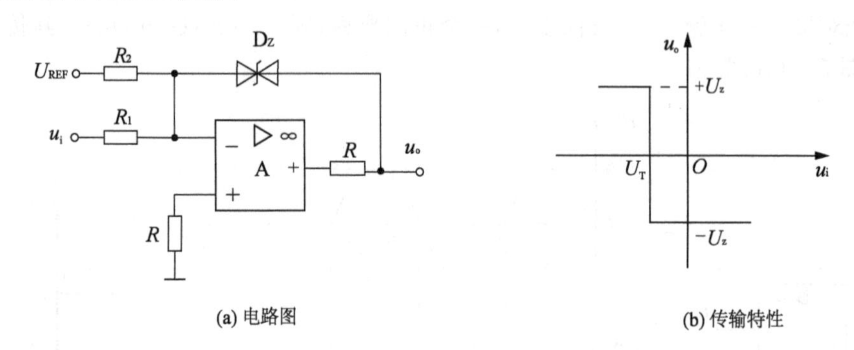

图5.53 任意门限电平比较器

单门限比较器还可以有其他电路形式。例如,将 u_i、U_{REF} 分别接到集成运放的两个输入端也可组成单门限比较器。

5.4.2 迟滞比较器

单门限比较器具有电路简单、灵敏度高等优点,但缺点是抗干扰能力差。如果输入电压受到某种干扰或噪声的影响,使其在门限电平上下波动时,则输出电压将在高、低两个电平之间反复地跳变(如图5.54所示)。假如在控制系统中发生这种情况,将对执行机构产生不利的影响,甚至引发事故。

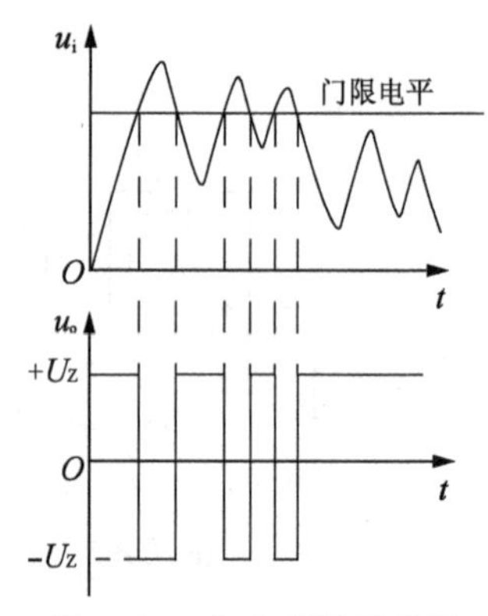

图5.54 存在干扰时单门限比较器的 u_i、u_o 波形

为了避免出现这种问题,可以采用具有迟滞传输特性的比较器。这种迟滞比较器常称作为**施密特触发器**(schmitt trigger),其电路如图5.55(a)所示。

输入电压 u_i 经电阻 R_1 加在集成运放的反相输入端,U_{REF} 经电阻 R_2 接在运放的同相输入端。输出电压 u_o 经电阻 R_F 引回到运放的同相输入端。电阻 R 和双向稳压管 D_Z 起着限幅作用,将输出电压 u_o 限制在 $-U_{omax} \sim +U_{omax}$ 范围内,而 $U_{omax}=(U_Z+U_D) \approx U_Z$(设 $U_Z \gg U_D$),即有 $u_o=\pm U_Z$。

在图5.55(a)电路中,当集成运放反相输入端和同相输入端的电位相等,即 $u_-=u_+$ 时,集成运放的输出电压信号将发生跳变。其中 $u_-=u_i$,u_+ 由 U_{REF}、u_o 二者共同决定,而 u_o 有两种可能的状态:$+U_Z$ 或 $-U_Z$。因此,使 u_o 由 $+U_Z$ 跳变为 $-U_Z$,以及由 $-U_Z$ 跳变为 $+U_Z$ 所对应的 u_+、u_i 是不同的。也就是说,这种比较器有两个不同的门限电压,故传输特性呈滞回形状,如图5.55(b)所示。

下面来分析迟滞比较器的两个门限电平值。因集成运放输入端电流 $i_+=0$,利用叠加原理,可求得集成运放同相输入端的电位为

$$u_+=\frac{R_F}{R_2+R_F} \cdot U_{REF}+\frac{R_2}{R_2+R_F} \cdot u_o$$

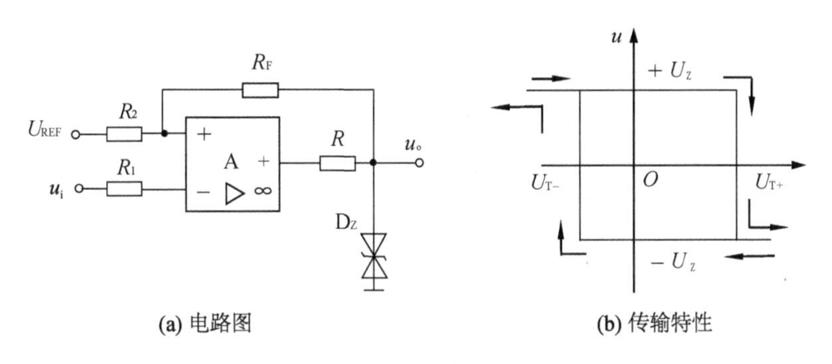

(a) 电路图　　(b) 传输特性

图 5.55　迟滞比较器

设原来电路输出为 $u_o = +U_Z$，当 u_i 逐渐增大时，u_o 从 $+U_Z$ 跳变为 $-U_Z$ 所需的门限电平用 U_{T+} 表示，由上式可知

$$U_{T+} = \frac{R_F}{R_2 + R_F} \cdot U_{REF} + \frac{R_2}{R_2 + R_F} \cdot U_Z \tag{5.90}$$

若原来电路输出为 $u_o = -U_Z$，当 u_i 逐渐减小时，使 u_o 从 $-U_Z$ 跳变为 $+U_Z$ 所需的门限电平用 U_{T-} 表示，则

$$U_{T-} = \frac{R_F}{R_2 + R_F} \cdot U_{REF} - \frac{R_2}{R_2 + R_F} \cdot U_Z \tag{5.91}$$

通常将上述两个门限电平值之差（$U_{T+} - U_{T-}$）称为**门限宽度**（threshold width）或**回差**（用符号 ΔU_T 表示），由以上两式可求得

$$\Delta U_T = U_{T+} - U_{T-} = \frac{2R_2}{R_2 + R_F} \cdot U_Z \tag{5.92}$$

由式(5.92)可见，门限宽度 ΔU_T 值取决于 U_Z、R_2 和 R_F 值，但与 U_{REF} 无关。改变 U_{REF} 的大小可以同时调节 U_{T+}、U_{T-} 的大小，但 ΔU_T 不变。

图 5.55(a)所示电路是反相输入方式的迟滞比较器。如将输入电压 u_i 与参考电压 U_{REF} 的位置互换，即可得到同相输入迟滞比较器。

迟滞比较器可用于产生矩形波、锯齿波和三角波等各种非正弦波信号，也可用来组成各种波形变换电路。由于迟滞比较器的抗干扰能力强，适合用于工业现场测控系统中。当输入信号因受干扰或噪声的影响而上下波动时，可根据干扰或噪声电平来调整迟滞比较器的门限电平 U_{T+}、U_{T-} 值，就能避免输出电压 u_o 在高、低电平之间反复跳变，如图 5.56 所示。

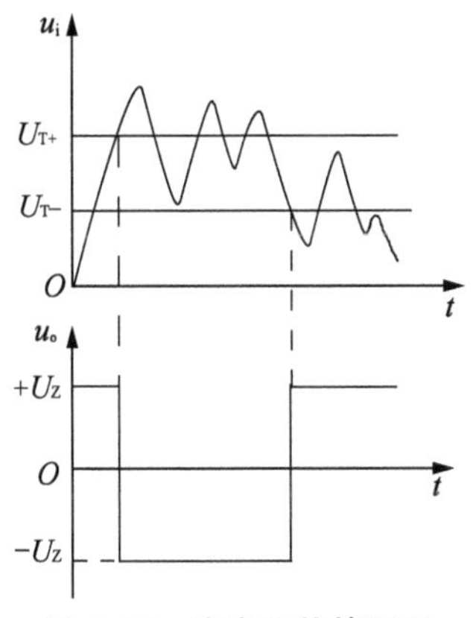

图 5.56　在有干扰情况下迟滞比较器的 u_i、u_o 波形

例 5.6　迟滞比较器电路如图 5.55(a)所示，A 为理想集成运放，双向稳压管 D_Z 的稳定电压为 $U_Z = \pm 9$ V，参考电压 $U_{REF} = 3$ V，电路其他参数为 $R_2 = 15$ kΩ，$R_F = 30$ kΩ，$R_1 = 7.5$ kΩ，$R = 1$ kΩ。要求：

① 试估算两个门限电压 U_{T+}、U_{T-} 以及门限宽度 ΔU_T；

② 画出电压传输特性曲线 $u_o \sim u_i$；

③ 设 $u_i = 10 \cdot \sin(\omega \cdot t)$ V，画出输出电压 u_o 的

波形；

④ 分别画出$U_{REF}=0$ V、6 V时电压传输特性曲线。

解：①由式(5.90)式(5.91)和式(5.5.1)可得

$$U_{T+}=\frac{R_F}{R_2+R_F}\cdot U_{REF}+\frac{R_2}{R_2+R_F}\cdot U_Z=\left(\frac{30}{15+30}\times 3+\frac{15}{30+15}\times 9\right)\text{V}=5\ \text{V}$$

$$U_{T-}=\frac{R_F}{R_2+R_F}U_{REF}-\frac{R_2}{R_2+R_F}U_Z=\left(\frac{30}{30+15}\times 3-\frac{15}{30+15}\times 9\right)\text{V}=-1\ \text{V}$$

$$\Delta U_T=U_{T+}-U_{T-}=(5-(-1))\text{V}=6\ \text{V}$$

② 画出电压传输特性曲线，如图5.57(a)所示。

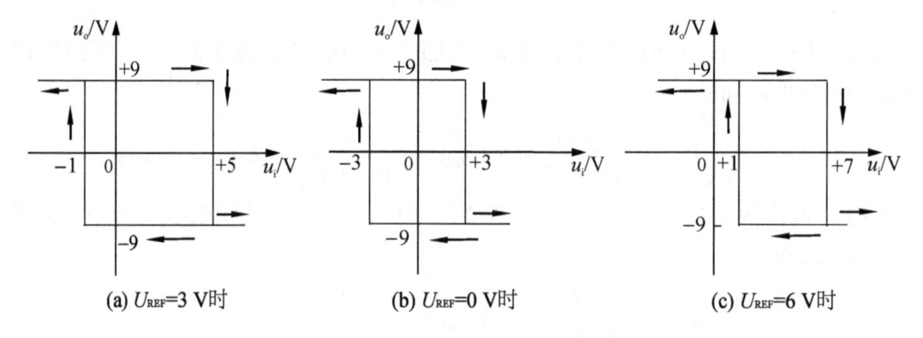

图5.57　电压传输特性曲线 $u_i \sim u_o$

③ 当$u_i=10\cdot\sin(\omega\cdot t)V$时，输出电压$u_o$波形如图5.58所示。

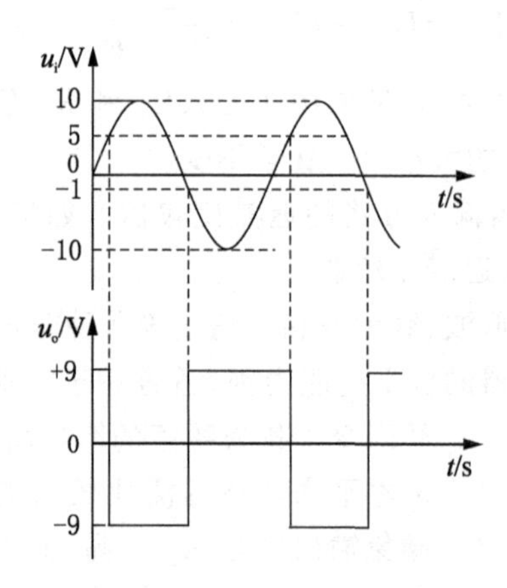

图5.58　输出电压u_o波形图

④ 当$U_{REF}=0$ V时，可求得

$$U_{T+}=3\ \text{V},U_{T-}=-3\ \text{V}$$

此时电压传输特性曲线如图5.57(b)所示。

当$U_{REF}=6$ V时，可求得

$$U_{T+}=7\ \text{V},U_{T-}=1\ \text{V}$$

此时电压传输特性曲线如图5.57(c)所示。

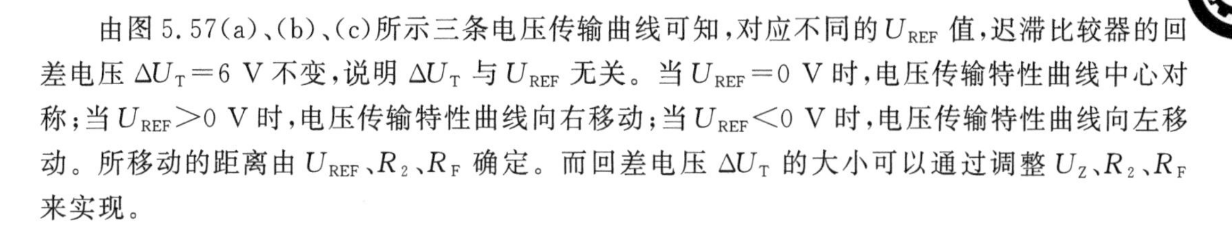

由图 5.57(a)、(b)、(c)所示三条电压传输曲线可知，对应不同的 U_{REF} 值，迟滞比较器的回差电压 $\Delta U_T=6$ V 不变，说明 ΔU_T 与 U_{REF} 无关。当 $U_{REF}=0$ V 时，电压传输特性曲线中心对称；当 $U_{REF}>0$ V 时，电压传输特性曲线向右移动；当 $U_{REF}<0$ V 时，电压传输特性曲线向左移动。所移动的距离由 U_{REF}、R_2、R_F 确定。而回差电压 ΔU_T 的大小可以通过调整 U_Z、R_2、R_F 来实现。

5.4.3　窗口比较器

窗口比较器电路如图 5.59(a)所示，传输特性如图 5.59(b)所示。设 $R_1=R_2$，则

$$U_L=\frac{(V_{CC}-2U_D)\cdot R_2}{R_1+R_2}=\frac{1}{2}(V_{CC}-2U_D) \tag{5.93}$$

$$U_H=U_L+2U_D \tag{5.94}$$

当 $u_i>U_H$ 时，u_{o1} 为高电平，D_3 导通，u_o 为高电平。此时 u_{o2} 为低电平，D_4 不导通。

当 $u_i<U_L$ 时，u_{o2} 为高电平，D_4 导通，u_o 为高电平。此时 u_{o1} 为低电平，D_3 不导通。

当 $U_H>u_i>U_L$ 时，u_{o1}、u_{o2} 都为低电平，D_3、D_4 都不通，u_o 为低电平。这样，窗口比较器有两个**阈值**和两个状态，即

① 当 $u_i>U_H$ 或 $u_i<U_L$ 时，u_o 为高电平。

② 当 $U_H>u_i>U_L$ 时，u_o 为低电平。

窗口电压 $\Delta U=U_H-U_L=2U_D$。

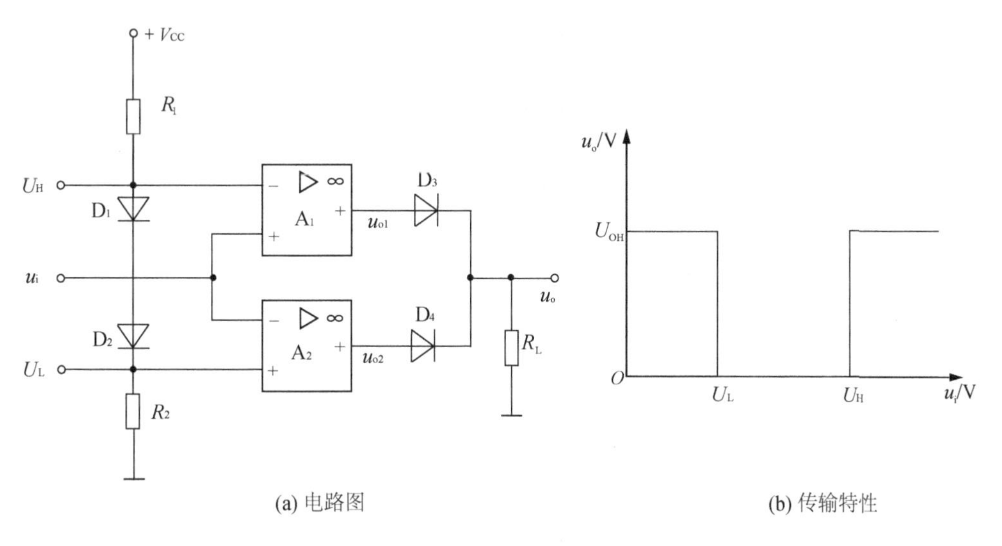

(a) 电路图　　(b) 传输特性

图 5.59　窗口比较器

5.4.4　集成电压比较器

以上介绍的各种类型电压比较器，可用通用集成运放来组成，也可采用单片集成电压比较器。在使用或挑选单片集成电压比较器时，对其性能的要求主要有：

① **较高的开环差模增益**A_{ud}

A_{ud} 愈高，使比较器输出状态发生跳变所需加在输入端的差模电压愈小，则比较器的灵敏度就愈高。

② 较快的响应速度

比较器的一项重要指标是响应时间,它是指当输入端施加阶跃电压时,输出电压从逻辑低电平变为逻辑高电平所需的时间。

③ 共模抑制比和允许的共模输入电压要大

在许多情况下,施加在比较器两个输入端的电压比较高,若共模抑制比不够大,将会影响比较器的精度。

④ 失调电压、失调电流以及温漂要小

如果失调电压、失调电流较大,将影响比较器的精度;如果温度漂移较大,则比较器的稳定性较差。

集成电压比较器的内部电路及工作原理与集成运放十分相近。但在具体电路中常采取各种技术措施,以提高比较精度和响应速度。

单片集成电压比较器的种类很多。根据响应速度指标,可分为中速、高速(响应时间为10～60 ns)、超高速(响应时间<10 ns)电压比较器。高速电压比较器如AD790(响应时间典型值为40 ns),超高速电压比较器如AD1317(响应时间≤1.5 ns)。根据比较器的其他性能指标,又有精密电压比较器、高灵敏度电压比较器、低功耗电压比较器、低失调电压比较器(如LM139/339),以及高阻抗电压比较器等。各种集成电压比较器的型号与性能,读者可参考相关技术手册。

本章小结

5.1　模拟信号运算和处理是集成运算放大器的重要应用领域。由集成运放组成的模拟信号运算电路,其输入、输出信号都是模拟量,且要满足一定的数学运算规律。模拟信号运算电路中的集成运放都必须工作在线性区。在分析各种运算电路的输入、输出关系时,总是从理想集成运放工作在线性区时的两个特点“虚断”和“虚短”出发。

5.2　理想集成运算放大器

在实际工程电路中,通常把集成运放当作理想运放来处理。理想运放工作在线性区时,有虚短、虚断的重要特性。理想运放工作在非线性区时,其输出电压只有两种可能状态:高电平或低电平。

5.3　基本运算电路

(1) 比例运算电路是最基本的模拟信号运算电路形式,可分为反相比例运算、同相比例运算、差动比例运算,其中反相比例运算电路因性能好而应用广泛。在比例运算电路的基础上,可扩展、演变成其他形式的运算电路,例如求和电路、微分/积分电路、对数/指数电路、乘法/除法电路。积分、微分电路的主要原理是利用电容两端的电压与流过电容的电流之间存在着积分关系,对数、指数运算电路是利用半导体二极管(或用三极管等效)的电流与电压之间存在的指数关系。而乘法、除法电路可以用对数/指数电路、加法/减法电路来实现,也可以用模拟乘法器来实现,模拟乘法器还可以用来完成信号的调制与解调等。

(2) 实际集成运放的技术参数都不是理想的,从而引起集成运放运算电路的输出信号出现一定的误差。

5.4　有源滤波器

(1)滤波器是一种模拟信号处理电路，其作用是滤除不需要的频率信号分量、保留所需的频率信号分量。按滤除频率信号分量的范围可分为：低通、高通、带通和带阻等 4 种主要类型滤波器。

(2) 无源滤波器由电阻和电容元件组成。有源滤波器由电阻 R、电容 C 元件和集成运算放大器组合构成，其中 RC 时间常数确定了滤波器的截止频率或中心频率。在有源滤波器中，集成运放主要用于提高通带增益和带负载能力，集成运放必须工作在线性区。

(3) 为了改善滤波器特性，常用一阶、二阶滤波器电路级联来组成高阶滤波器。状态变量滤波器是一种多功能滤波器，而开关电容滤波器易于实现高精度的滤波特性。在实际工程应用中，应尽量选择单片集成型滤波器。

5.5　电压比较器

(1) 电压比较器的输入信号是连续变化的模拟量，而输出信号只有高电平、低电平两种状态。电压比较器中的集成运放一般工作在非线性区，集成运放常处于开环状态或者被引入正反馈。

常用的电压比较器有单门限比较器、迟滞比较器和窗口比较器，其中迟滞比较器具有较强的抗干扰能力，在工程中得到广泛应用。

(2) 电压比较器既可用通用集成运放来组成，也可选用专门的集成电压比较器。

思考题

5.1　理想集成运放工作在线性区的特点是什么？工作在非线性区的特点又是什么？

5.2　在比例运算电路中的集成运放工作在什么区？集成运放起着什么作用？

5.3　在双端求和运算电路中，集成运放的输入端存在共模电压，为了提高运算精度，应选用何种集成运放？

5.4　为了减少共模输入信号对模拟运算电路精度的影响，通常应选用什么样的运算电路？

5.5　温度漂移产生的输出误差电压能否用人工调零的方法来完全抵消？一般应采用何种措施？

5.6　如何减小积分电路的积分误差？

5.7　乘法运算电路有哪些实现方式？

5.8　怎样利用乘法器构成测量两个同频正弦波相位差的测量电路？

5.9　无源滤波器和有源滤波器的主要区别是什么？

5.10　对于第 2 章中的阻容耦合共发射极放大电路，如果把它看成为一个滤波器，则它应属于何种类型的滤波器？其通带增益、截止频率如何计算？

5.11　如何用带通滤波器来组成带阻滤波器？

5.12　分析状态变量滤波器的特点。

5.13　为什么开关电容滤波器可以实现高精度的滤波特性？

5.14　在电压比较器中的集成运放工作在什么区？从电路结构上来看，有什么特点？

5.15　为了提高迟滞比较器的抗干扰能力，应采取什么措施？

5.16 比较集成电压比较器与通用集成运放的性能差异。

习题5

题5.1 在题图5.1中，各集成运算放大器为理想的，试写出各输出电压的值。

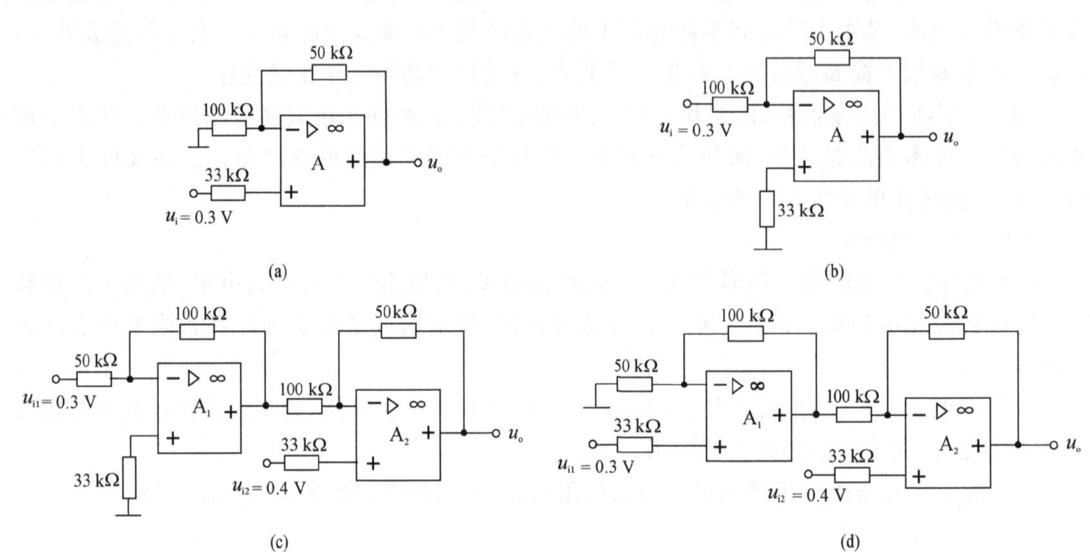

题图5.1

题5.2 由运算放大器组成的晶体管电流放大系数 β 的测试电路如题图5.2所示，设 A_1、A_2 为理想运算放大器，晶体三极管的 $U_{BE}=0.7\ \text{V}$。要求：

① 标出直流电压表的极性；

② 标出晶体管三个电极的电位值(对地)；

③ 写出 β 与电压表读数 U_o 的关系式；

④ 若被测晶体管为PNP型，那么该测试电路应作哪些变动？

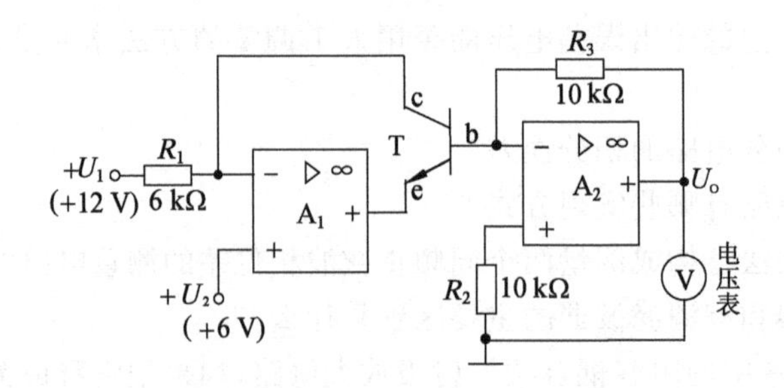

题图5.2

题5.3 设题图5.3中的运算放大器 A_1～A_4 均为理想器件。信号 $U_S=1\ \text{V}$，U_1、U_2、U_4 分别为 A_1、A_2、A_4 的同相输入端对地电压。试填空：

① 当开关 S_1、S_2 和 S_4 皆闭合时，$U_1=$________ V，$U_2=$________ V，$U_4=$________ V；

② 当开关 S_1 和 S_2 闭合，而 S_4 断开时，$U_1=$________ V，$U_2=$________ V，$U_4=$________ V；

③ 当开关 S_2 闭合，而 S_1 和 S_4 断开时，$U_1=$ ________ V，$U_2=$ ________ V，$U_4=$ ________ V。

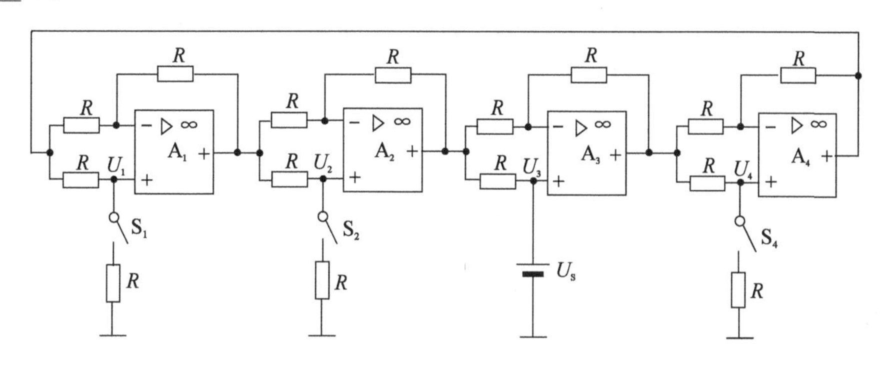

题图 5.3

题 5.4　设题图 5.4 中的 A 为理想运算放大器，其共模与差模输入范围都足够大，$+V_{CC}$ 和 $-V_{EE}$ 同时也是运放 A 的电源电压。已知晶体三极管的 $r_{be1}=r_{be2}=1\ \text{k}\Omega$，$\beta_1=\beta_2=50$，$I$ 为理想恒流源，求电压放大倍数。

题 5.5　可调式基准电压源电路如图 5.5，设 A 为理想运算放大器，稳压管的稳压值 $U_Z=10$ V。

① 要求 U_O 在 5～10 V 内变化，求 R_w 的变化范围。

② 在不增减元件数量的条件下，要求 $U_O=-5$～-10 V 变化，问电路应如何改接？

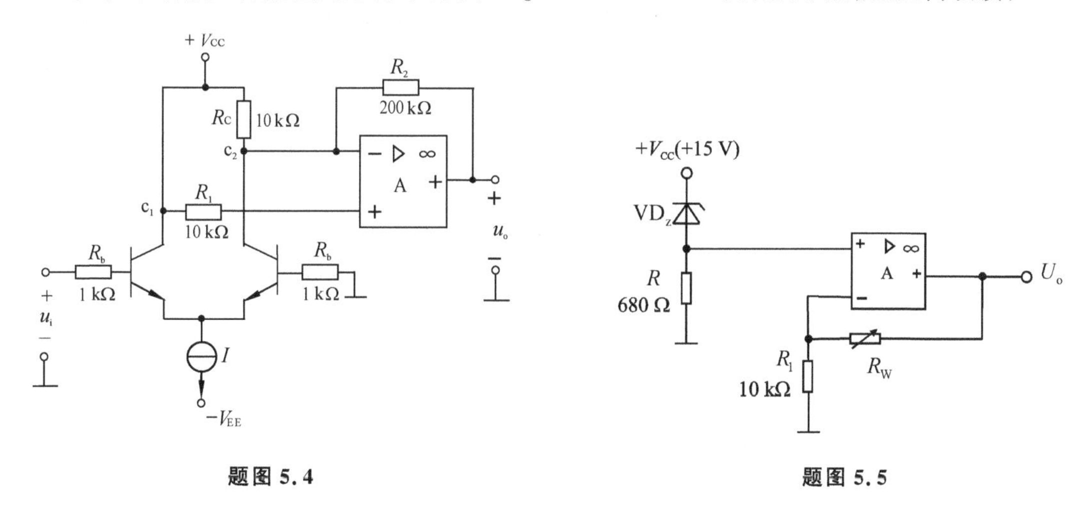

题图 5.4　　　　题图 5.5

题 5.6　电路如题图 5.6 所示。请回答：

① 欲实现 $u_o=K(u_{i2}-u_{i1})$ 的运算关系（K 为常数），电阻 R_1、R_2、R_3、R_4 之间应有什么关系？设 A_1、A_2 均为理想运算放大器；

② 在实际电路中，输入电压 u_{i1}、u_{i2} 的大小应受什么限制？

题 5.7　题图 5.7 是某放大电路的电压传输特性。问这个电路的输出与输入电压之间是何种运算关系？电路的电压放大倍数是多大？输入正弦信号时最大不失真输出电压有效值有多大？

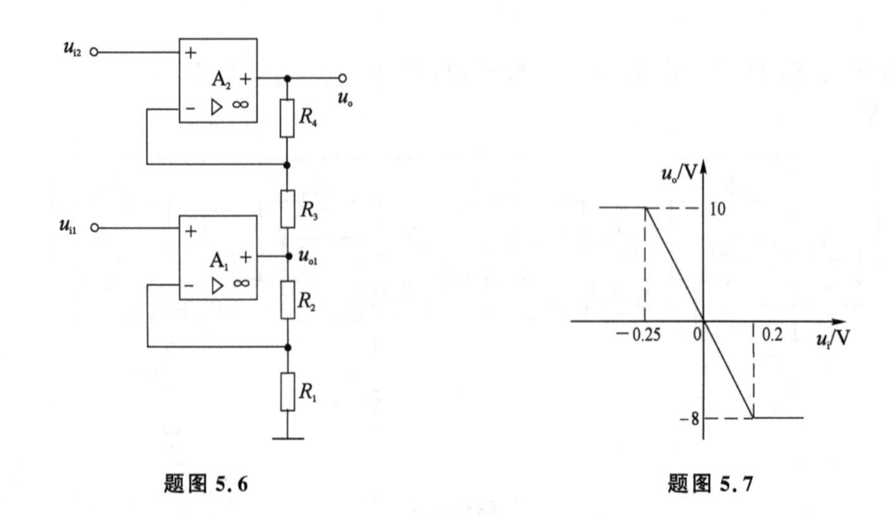

题图 5.6　　　　题图 5.7

题 5.8　试用集成运放及若干电阻设计一个电压放大电路(画出电路图),要求:

① 输出电压与输入电压反相;

② 电压放大倍数 $\left|\frac{u_o}{u_i}\right| \geqslant 1\,000$;

③ 输入电阻 $R_i \geqslant 10\ \text{k}\Omega$;

④ 所用电阻的阻值不超过 1～100 kΩ 的范围;

⑤ 只允许用一个集成运放。

题 5.9　图示 5.9 电路中,A 为理想运算放大器。已知输入电压 u_{I1}、u_{I2} 的波形如图所示,试画出输出电压 u_O 的波形。

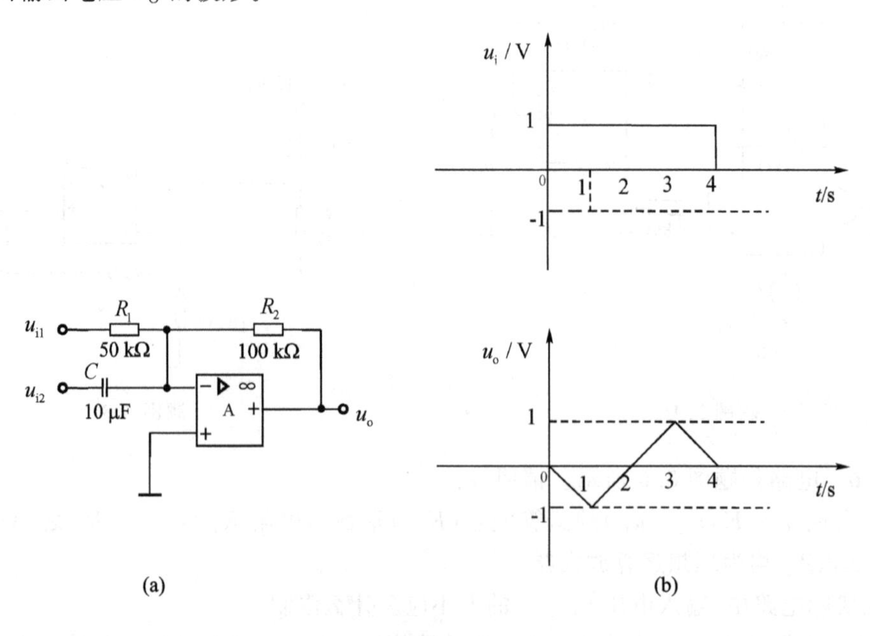

题图 5.9

题 5.10　一种绝对值运算电路如题图 5.10 所示。设 A_1、A_2 为理想运算放大器,D_1、D_2

为理想二极管。要求：

① 推导 u_o 与 u_i 的关系式，并画出相应的电压传输特性（不考虑运放最大输出电压范围对 u_o 的限制）；

② 若要求此电路的增益为 3，试选择各电路元件值（电阻可选范围 10～100 kΩ）。

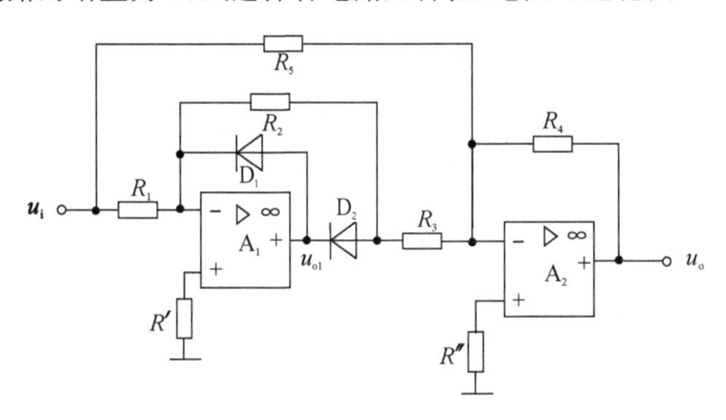

题图 5.10

题 5.11　理想运放组成题图 5.11(a)所示的电路，其中 $R_1=R_2=100\ \text{k}\Omega$，$C_1=10\ \mu\text{F}$，$C_2=5\ \mu\text{F}$。图(b)为输入信号波形，分别画出 u_{o1}、u_o 的波形。

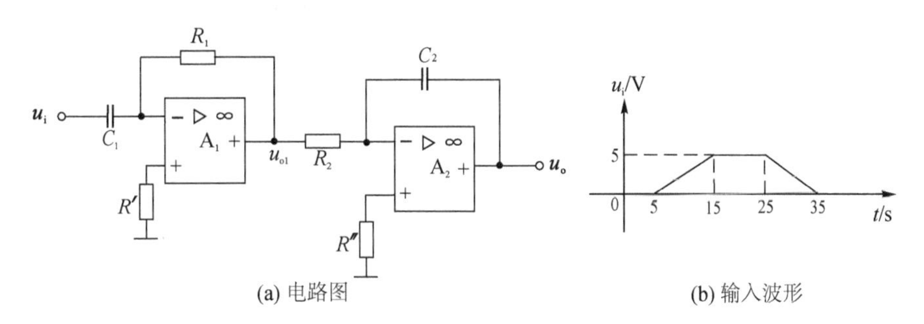

(a) 电路图　　(b) 输入波形

题图 5.11

题 5.12　理想运放组成题图 5.12 所示电路。导出 $u_o=f(u_{i1},u_{i2})$ 的表达式，输入信号应满足什么条件？

题 5.13　同相放大器通用调零电路如图 5.13 所示。设 A 为理想运算放大器，其他参数值如图所示。试求：

① 电压放大倍数 $A_u=\dfrac{u_O}{u_I}$。

② 该电路调零范围有多大？（R_W 为调零电位器）

题 5.14　画一个实现下列运算关系的电路：

$$u_o=-\sqrt{u_1^{\,2}+u_2^{\,2}}$$

题 5.15　用理想集成运算放大器设计一个电路，实现下列运算关系，并画出电路图。

$$u_O=-4(2u_{I1}+u_{I2})+2\int_0^t u_{I3}\,\text{d}t$$

要求：所用电阻和电容器取标称值，所用运放不得多于 3 个，电阻和电容的取值范围为 $1\ \text{k}\Omega\leqslant R\leqslant 500\ \text{k}\Omega$，$0.01\ \mu\text{F}\leqslant C\leqslant 10\ \mu\text{F}$。

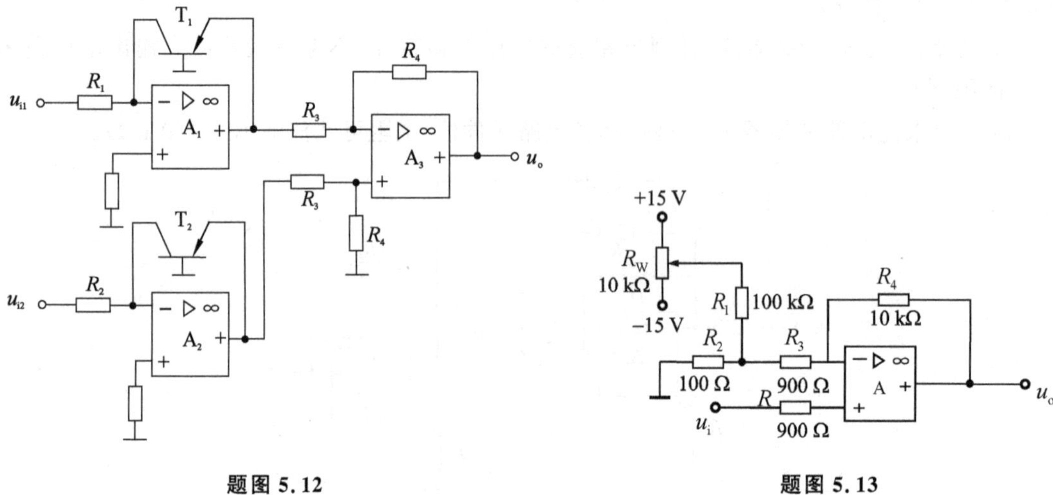

题图 5.12　　　　　　题图 5.13

题 5.16　题图 5.16 中运放和乘法器都是理想的，$R_2=3R_1$，说明电路完成的运算功能。

题 5.17　压控电路如题图 5.17 所示，运放是理想的，乘法器的增益系数 $K_M=0.1\ \mathrm{V}^{-1}$，U_{REF} 为直流控制电压，其值在 $+5\sim+10$ V 范围内可调，试求 $A_F(s)=\dfrac{u_o(s)}{u_i(s)}$ 的表达式、截止频率与可调范围。

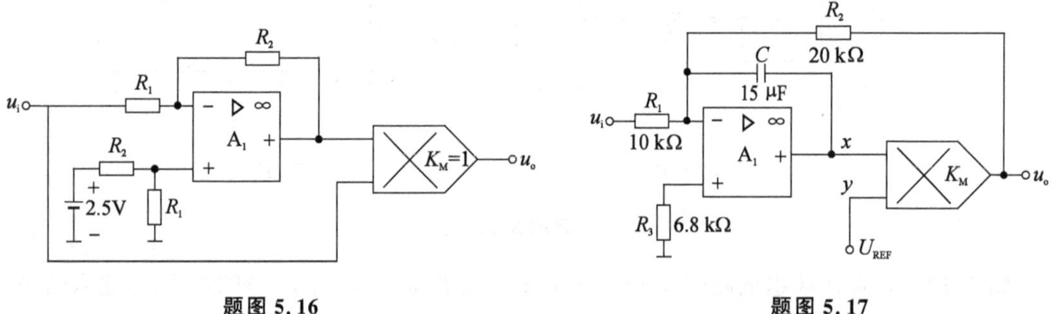

题图 5.16　　　　　　题图 5.17

题 5.18　由集成运放、乘法器构成的电路如图 5.18 所示。设所有元器件均有理想特性。

① 为使 A 工作在负反馈状态，u_i 的极性应有何限制？二极管 D 的作用是什么？

② $u_o=4\sqrt{u_i}$ $R_1=10\ \mathrm{k\Omega}$、$K=0.1\ \mathrm{V}^{-1}$，$R_2=?$

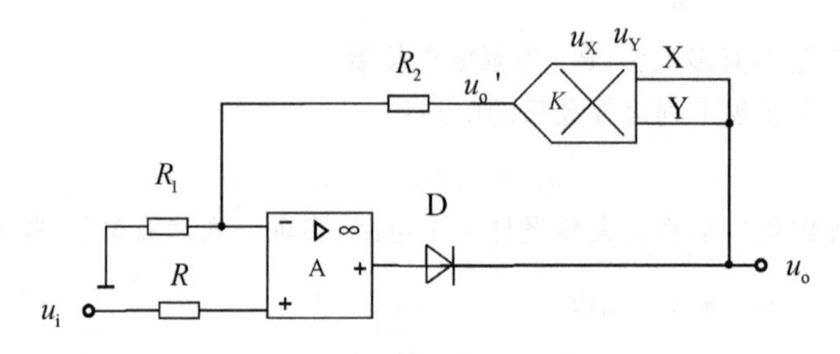

题图 5.18

题 5.19　电路如题图 5.19 所示，运放和乘法器都具有理想特性。要求：

① 求 u_{o1}、u_{o2} 和 u_o 的表达式；

② $u_{s1}=U_{sm}\sin\omega t$，$u_{s2}=U_{sm}\cos\omega t$，$K_1=K_2=1\ \text{V}^{-1}$，说明此电路具有检测正交振荡幅值的功能(平方律幅值检波电路)。

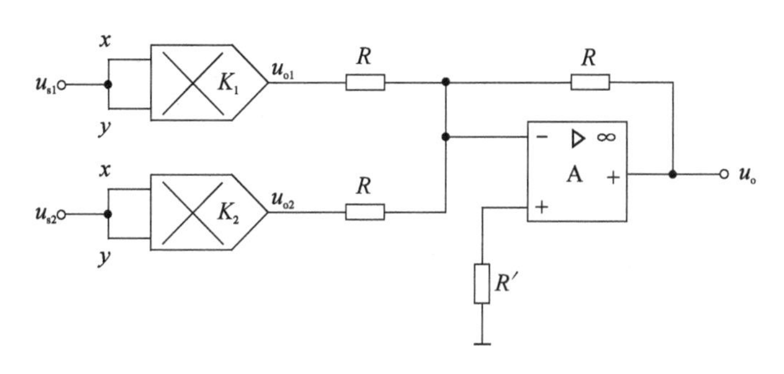

题图 5.19

题 5.20　用相乘器可对两个正弦波的相位差进行测量，电路如题图 5.20 所示，设 $u_1(t)=U_{1m}\sin(\omega t+\varphi_1)$，$u_2(t)=U_{2m}\sin(\omega t+\varphi_2)$，求 u_o 的表达式和直流电压表读数的表达式。

题 5.21　设函数 $f(x)=a_0+a_1x+a_2x^2+a_3x^3$，$a_0\sim a_3$ 为常数，用乘法器、运放实现函数 $f(x)$。

题 5.22　同相电流一电压变换器如题图 5.22 所示，设 A_1、A_2 为理想运算放大器，求电路的变换方程式 $u_O=f(i_S)$、输入电阻 $R_i=\dfrac{u_S}{i_S}=?$，设计量程为(0～1)mA→(0～5)V 的变换器，问 $R=?$

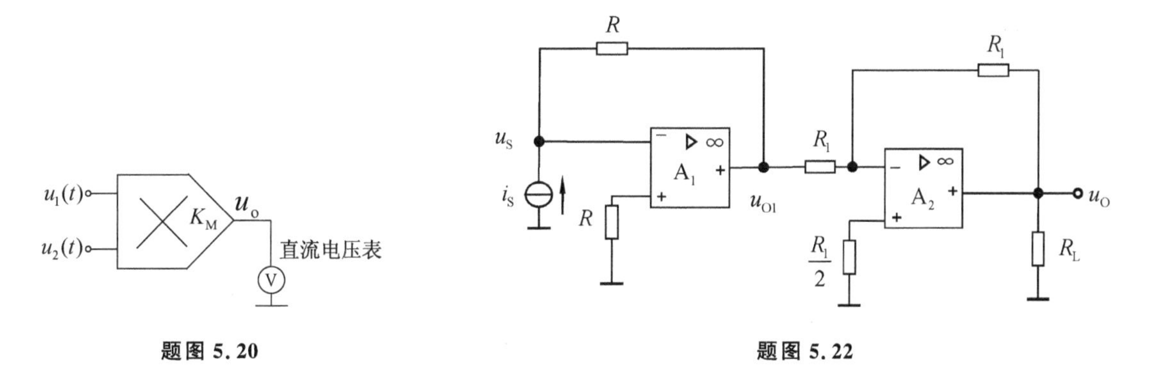

题图 5.20　　　　题图 5.22

题 5.23　电路如题图 5.23 所示。已知 $u_X=\sqrt{2}U_1\sin\omega t$，$u_Y=\sqrt{2}U_2\sin(\omega t+\varphi)$，假定 u_X、u_Y 均为小信号，并且电路参数满足 $\omega\gg 1/(RC)$。试写出电路输出信号与两个输入信号的函数关系。

题 5.24　反相比例运算电路如题图 5.24 所示。$R_1=11\ \text{k}\Omega$，$R_f=110\ \text{k}\Omega$，$A_{ud}=2\ 000$，$R_{id}=10\ \text{k}\Omega$。试计算：

① 电路增益相对误差 δ 值；

② 电路增益 $A_{uf}=u_o/u_i=?$

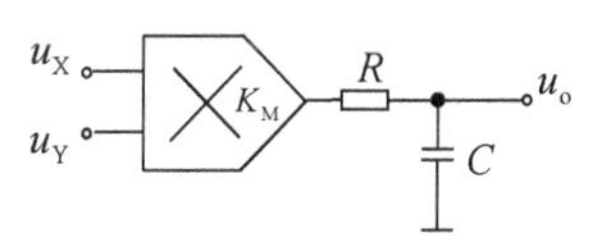

题图 5.23

题 5.25　失调电流补偿电路如题图 5.25 所示。当 I_{BN}

$=I_1+I_F=100\ \text{nA}, I_{BP}=80\ \text{nA}$,使输出误差电压为零时,求平衡电阻 R_2 的值。

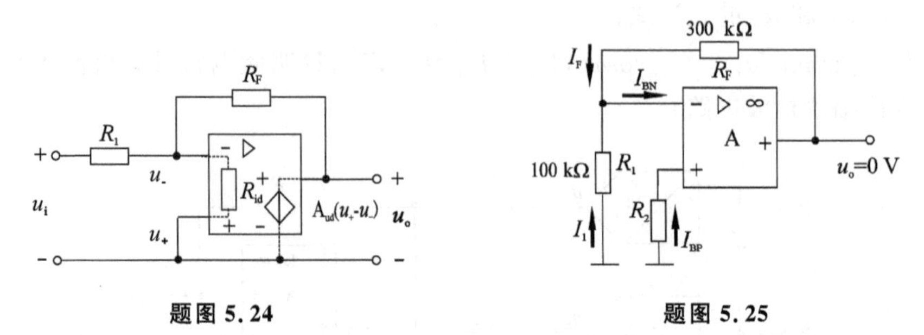

题图 5.24　　　　题图 5.25

题 5.26　假设实际工作中提出以下要求,试选择滤波电路的类型(低通、高通、带通、带阻):

① 有效信号为 20 Hz 至 200 kHz 的音频信号,消除其他频率的干扰及噪声;

② 抑制频率低于 100 Hz 的信号;

③ 在有效信号中抑制 50 Hz 的工频干扰;

④ 抑制频率高于 20 MHz 的噪声。

题 5.27　试判断题图 5.27 中的各种电路是什么类型的滤波器(低通、高通、带通还是带阻滤波器,有源还是无源,几阶滤波)。

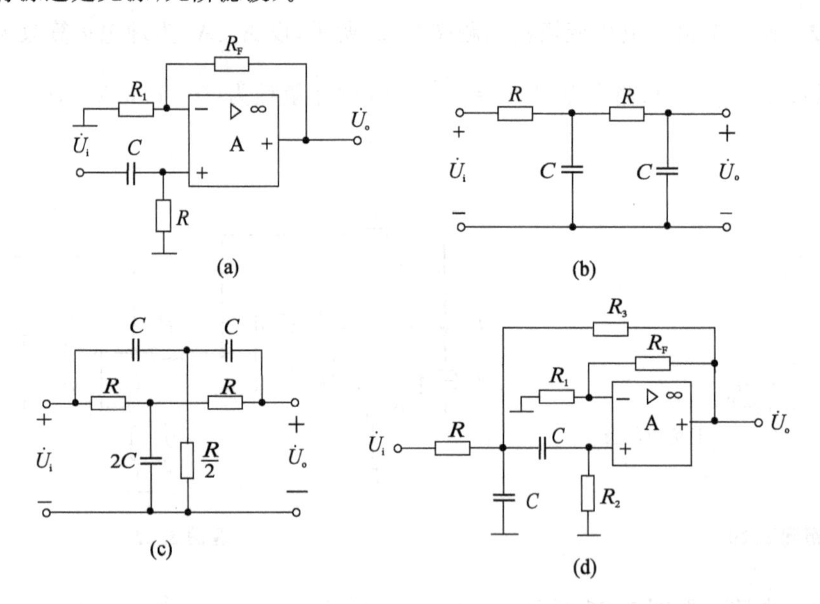

题图 5.27

题 5.28　二阶带阻滤波器电路如题图 5.28 所示。该电路是由运放 A_1 组成的二阶带通滤波电路和由运放 A_2 组成的加法运算电路合并而成。简述二阶带通滤波和加法器能构成二阶带阻滤波器的理由。

题 5.29　二阶状态变量滤波器电路如图 5.46 所示,要求设计滤波器的参数为:$A_0=5$,$Q=20$,$f_0=2$ kHz,试确定该电路中合理的 $R_1 \sim R_6$,R_f,C_f 值。

题 5.30　将正弦信号 $u_i=U_m\sin\omega t$ 分别送到题图 5.30(a)、(b)和(c)三个电路的输入端,

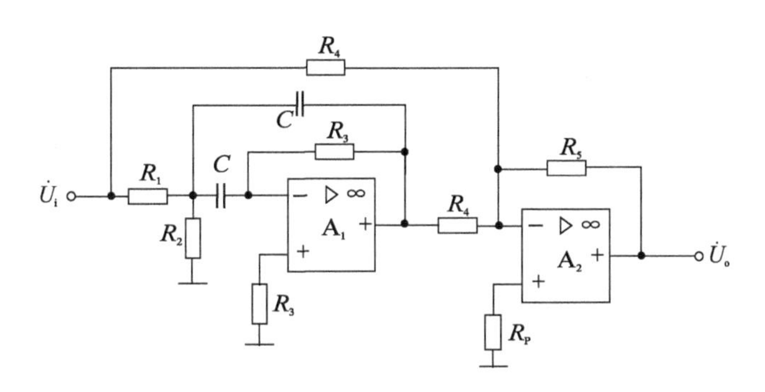

题图 5.28

试分别画出它们的输出电压 u_o 的波形并在波形图上标出各处电压值。已知 $U_m=15$ V，而且：

① 图(a)中稳压管的稳压值 $U_z=\pm 7$ V；

② 图(b)中稳压管参数同上，且参考电压 $U_{REF}=6$ V，$R_1=R_2=10$ kΩ；

③ 图(c)中稳压管参数同上，且 $U_{REF}=6$ V，$R_1=8.2$ kΩ，$R_2=50$ kΩ，$R_F=10$ kΩ。

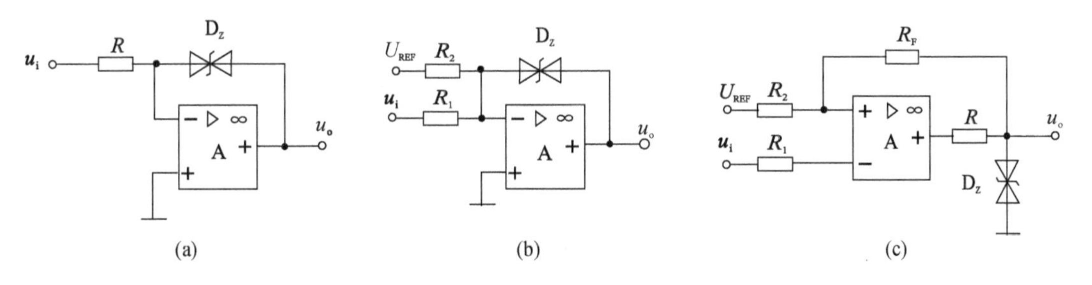

题图 5.30

题 5.31　在题图 5.31 所示电路中，要求：

① 分析电路由哪些基本单元组成；

② 设 $u_{i1}=u_{i2}=0$ 时，电容上的电压 $u_c=0$、$u_o=12$ V。求当 $u_{i1}=-10$ V、$u_{i2}=0$ 时，经过多少时间 u_o 由 $+12$ V 变为 -12 V；

③ u_o 变成 -12 V 后，u_{i2} 由 0 改为 $+15$ V，求再经过多少时间 u_o 由 -12 V 变为 $+12$ V；

④ 画出 u_{o1} 和 u_o 的波形。

题 5.32　一个比较器电路如题图 5.32 所示，设 A 为理想运算放大器，D_Z 为理想稳压管，稳压值 $U_Z=6$ V。要求：

① 画出电压传输特性曲线；

② 调节 R_w(例如减小 $\dfrac{R_2}{R_1}$ 的比值)时，电压传输特性曲线如何变化？

③ 解释当 $u_i=0$(输入端接地)时，为什么该电路可用作一个输出可调的电压源。

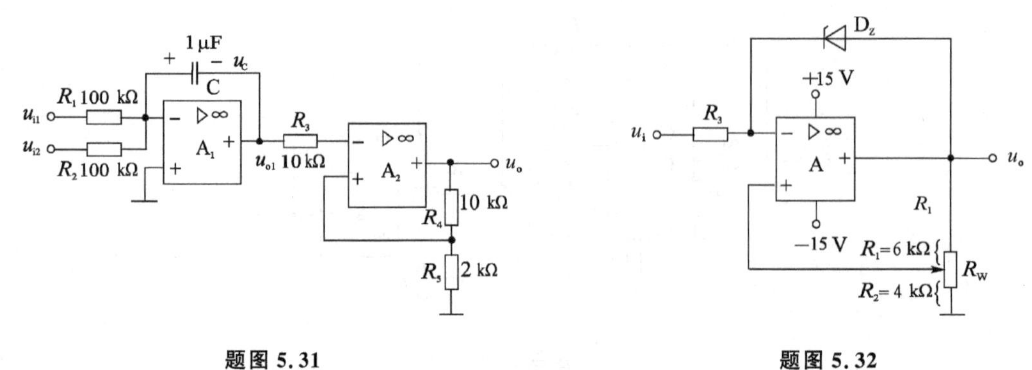

题图 5.31　　　　题图 5.32

题 5.33　试用运放实现电压传输特性如题图 5.33(a)、(b)所示的滞回电压比较电路,画出相应的电路图。

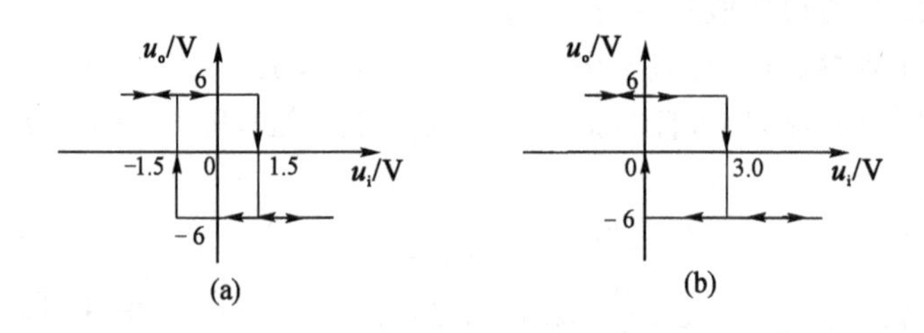

题图 5.33

题 5.34　电路如题图 5.34(a)所示,$A_1 \sim A_3$ 均为理想运算放大器,其电源电压为±15 V。晶体管 T 的饱和管压降 $U_{CE(sat)}=0.3$ V,穿透电流 $I_{CEO}=0$,电流放大系数 $\beta=100$。当 $t=0$ 时,电容器上初始电压为 0 V。输入电压 u_i 的波形如图(b)所示,试画出对应于 u_i 的 u_{o1} 和 u_{o2} 的波形。

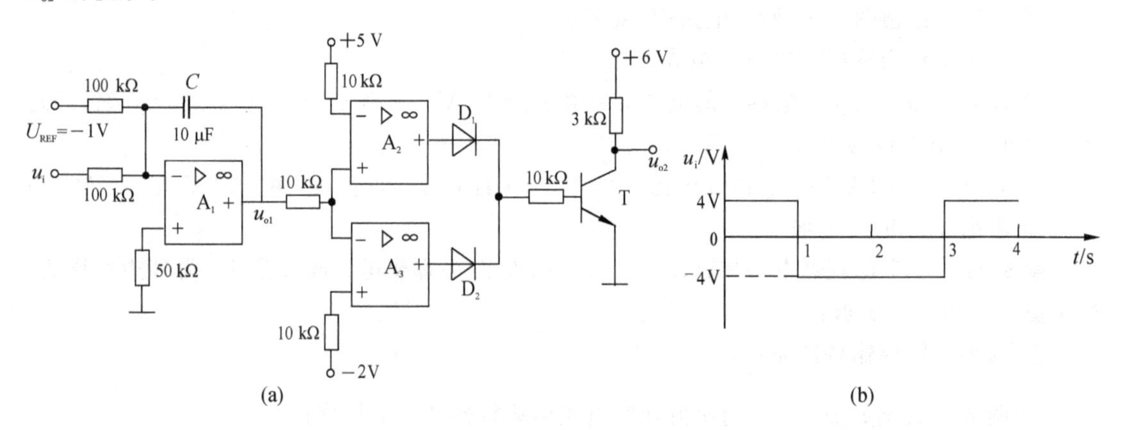

题图 5.34

题 5.35　电路如题图 5.35(a)所示,设电路参数为 $R_1=R_2=R_3=R_4=R_{P2}=R_{f3}=100$ kΩ,$C=100$ μF,$R_{f1}=300$ kΩ,$R_{P1}=75$ kΩ,$R_{P3}=33$ kΩ,集成运放为 LF411,电容器 C 的初始电压 $u_C(0)=0$,输入信号电压如题 5.40(b)所示 。试用 PSPICE 来分析 u_{o1}、u_{o2} 和 u_o 波形。

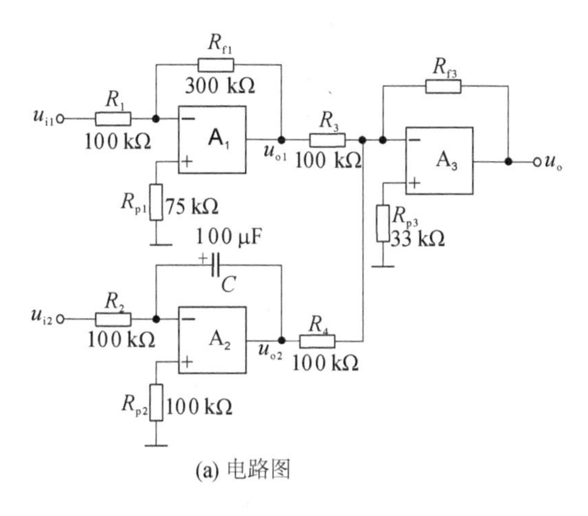

(a) 电路图

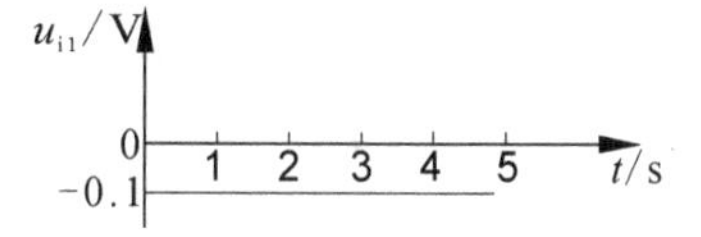

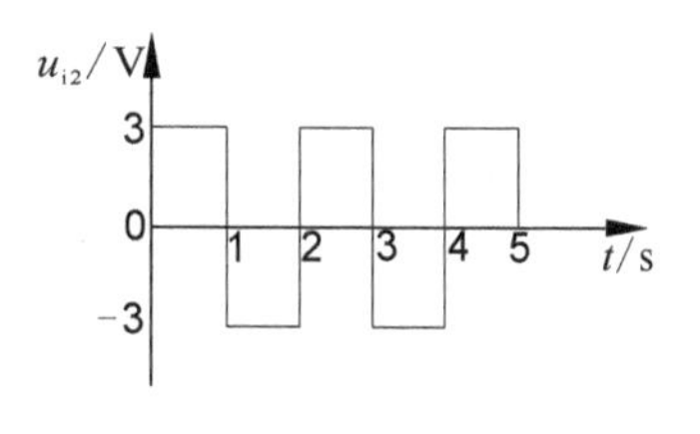

(b) u_{i1}、u_{i2}波形

题图 5.35

题 5.36　采用双 T 网络的二阶带阻滤波器如题图 5.36 所示，图中 $R=16\ \text{k}\Omega$，$C=0.01\ \mu\text{F}$，$R_1=10\ \text{k}\Omega$。用 PSPICE 分析计算 $Q=1$、5、10 时的幅频特性曲线（$Q=\frac{1}{2}\cdot\frac{1}{2-A_{uo}}$，$A_{uo}=1+\frac{R_F}{R_1}$），并确定中心频率 f_0、截止频率及带宽 $BW_{0.7}$。

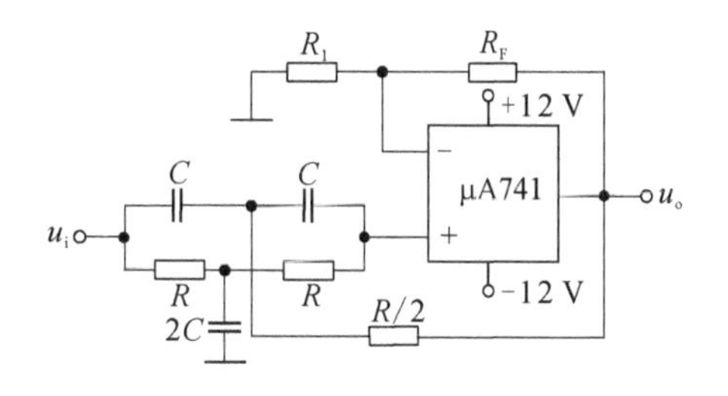

题图 5.36

题 5.37　电路如题图 5.37 所示，集成运放 A_1、A_2 为 μA741，二极管 D_1、D_2 用 DW4148。电路中 $R=10\ \text{k}\Omega$，运放同相端电阻 $R_1=R_2=0$。要求用 PSPICE 分析：

① 当输入电压 $u_i=5\cdot\sin\omega t\,\text{V}$、$f=1\ \text{kHz}$ 时，试画出 u_{o1}、u_{o1}'和 u_o 的波形；

② 画出输入-输出特性 $u_o=f(u_i)$。

题 5.38　二阶低通滤波器电路如图 5.38 所示，其中 $R_a=10\ \text{k}\Omega$，$R_1=R_2=100\ \text{k}\Omega$，$C_1=C_2=0.1\ \mu\text{F}$。当 R_b 分别取 3 kΩ、6.2 kΩ、10 kΩ 时，用 PSPICE 软件或其他软件仿真得到滤波器的幅频响应，并分析低通滤波器的截止频率 f_n、品质因素 Q 和通带电压放大倍数 A_u。

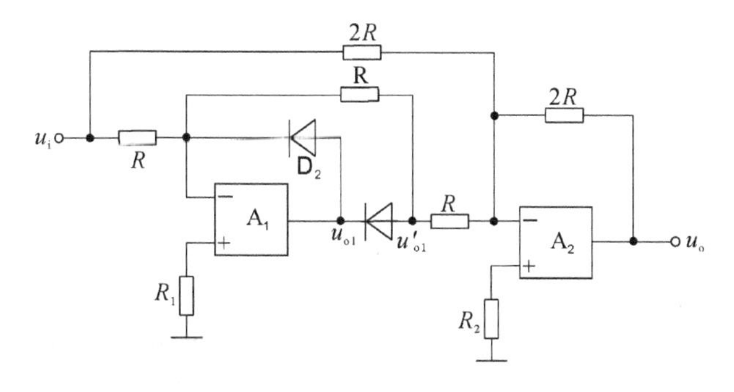

题图 5.37

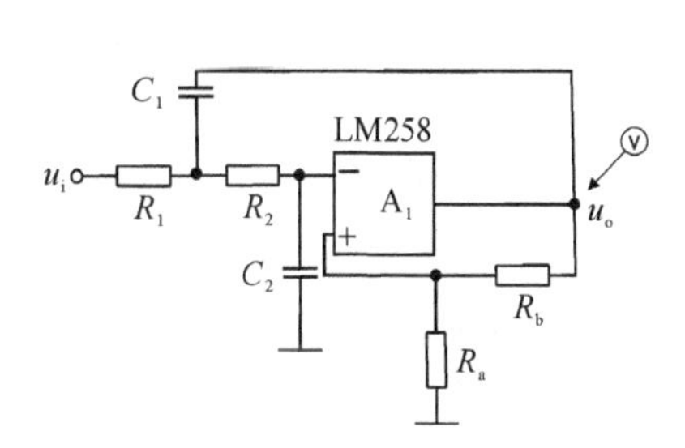

题图 5.38　低通滤波器电路

第6章　反馈放大器

放大电路工作时，在输入信号一定情况下，由于各种原因(如直流电源的波动、温度变化、干扰信号等)可能引起输出量变化(增大或减小)，从而造成放大器性能不稳定。引入负反馈后可以减缓这种变化，保证性能稳定，且负反馈还可使放大器性能按照需要来改变。因此，几乎所有的放大电路中都要引入负反馈。

本章主要介绍负反馈放大器的概念与分类、性能影响，深度负反馈情况下的分析计算，反馈放大器的稳定性分析及频率补偿办法。

6.1　反馈的基本概念与分类

6.1.1　反馈的基本概念

反馈是指将放大电路输出信号(输出电压或电流)的一部分或全部，通过反馈网络(反馈通路)回送到放大电路输入端(或输入回路)的一种工作方式，如图6.1所示。

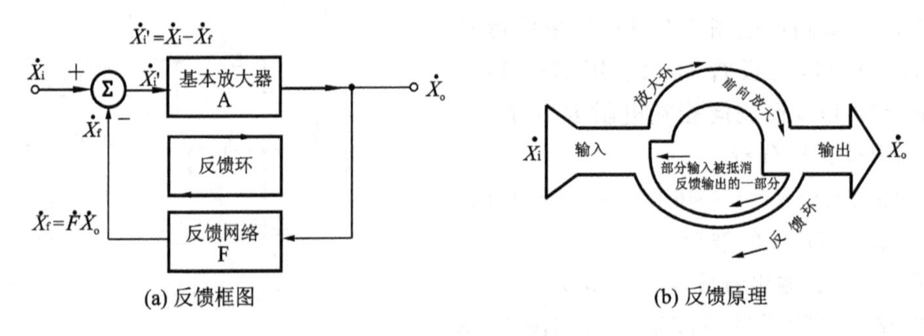

图6.1　反馈示意图

信号正向传输方向是由前到后，途经基本放大器A，而反馈信号的传输方向是由后到前，途经反馈网络F。当信号正向传输通过基本放大电路(未引入反馈)时，此时的放大倍数称**开环放大倍数**；在引入反馈后，放大电路的放大倍数称**闭环放大倍数**。

6.1.2　反馈的分类与判断

1. 反馈的分类

(1) 正反馈和负反馈

根据反馈极性的不同，可以分为**正反馈**(positive feedback)和**负反馈**(negative feedback)。在放大电路的原输入信号 x_i(如 u_i)不变时，如果引入反馈后，增强了原输入信号的作用，使放大电路输出信号 x_o(如 u_o)增大了，从而使放大电路的放大倍数得到提高，这样的反馈称为正反馈；相反，如果引入反馈后，削弱了原输入信号的作用，使放大电路的输出信号 x_o 减小，相应使放大电路的放大倍数降低，则称为负反馈。

判断电路中引入的是正反馈还是负反馈，常采用**瞬时极性法**(instantaneous polarity france)。具体方法是：先假定输入信号 x_i 为某一瞬时极性(变化量为正值或负值)，然后逐级分析电路中其他有关各点的瞬时信号极性，最后判断反馈到放大电路输入端的信号是增强还是削弱了原来输入信号 x_i 的作用。

例如，在图 6.2(a)中，假设加上一个瞬时极性为正的输入电压 u_i(在电路中用符号⊕、⊖分别表示瞬时极性的正或负，也相应代表该点瞬时信号的变化是增大或减小)。因输入电压 u_i 加在集成运放 A 的反相输入端，故集成运放输出电压 u_o 的瞬时极性与 u_i 相反(即为负)；而反馈电压 u_f 由 u_o 经电阻 R_2、R_3 分压后得到，则反馈电压 u_f 的瞬时极性也与 u_i 相反(即是负)。加到集成运放 A 的差模输入电压 u_{id} 等于输入电压 u_i 与反馈电压 u_f 之差(即 $u_{id}=u_i-u_f$)，可见反馈电压 u_f 增强了运放的差模输入电压 u_{id}，结果使得输出电压 u_o 增大，引起放大电路的放大倍数 $\left|\frac{u_o}{u_i}\right|$ 提高，所以这种反馈是正反馈。

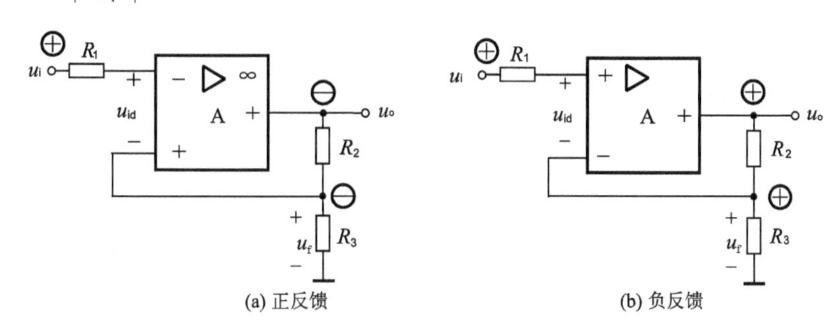

图 6.2　正反馈与负反馈

在图 6.2(b)中，输入电压 u_i 加在集成运放 A 的同相输入端，当 u_i 瞬时极性为正时，输出电压 u_o 的瞬时极性也为正。u_o 经电阻 R_2、R_3 分压后将反馈电压 u_f 引回到集成运放的反相输入端，此反馈信号 u_f(与 u_i 极性相同)削弱了集成运放的差模输入信号 $u_{id}=u_i-u_f$，使得输出电压 u_o 减少，引起放大电路的放大倍数 $\left|\frac{u_o}{u_i}\right|$ 降低，所以这种反馈是负反馈。

当要求稳定放大电路的输出信号(输入信号不变)时，应采用负反馈的方式。负反馈以牺牲放大倍数为代价来减缓输出信号的变化，并改善放大电路的其他性能。例如，因某种原因(例如温度上升)使输出信号增大，引入负反馈后将使输入信号减小，从而阻止了输出信号的增大，反之亦然。引入正反馈可构成各种波形产生电路，一般不在放大器中采用，因为正反馈不仅不能减缓反而会加剧输出信号的变化。

(2) *直流反馈和交流反馈*

根据电路中反馈信号本身的交、直流性质，可以分为**直流**(direct current)**反馈和交流**(alternating current)**反馈**。如果引入的反馈信号只对直流量起作用，则称为直流反馈；若引入的反馈信号只对交流量起作用，则称为交流反馈。有时交、直流反馈同时存在，其中直流负反馈主要用来稳定放大电路的静态工作点，交流负反馈用于改善放大电路的性能指标。交流负反馈是本章讨论的重点。

在图 6.3(a)中，设 T_2 发射极的旁路电容 C_E 足够大(可认为 C_E 对交流短路)，从 T_2 的发射极通过 R_F 引回到 T_1 基极的反馈信号 i_F 将只是直流成分(即 $i_F=I_F$)，因此电路中引入的

反馈是直流反馈。

在图 6.3(b)中,从输出端 u_o 通过 C_F、R_F 将反馈引回到 T_1 的发射极(反馈信号 u_f),由于电容 C_F 的隔直流作用,反馈信号中只有交流成分(与 u_o 成比例的 u_f),因此这个反馈是交流反馈。

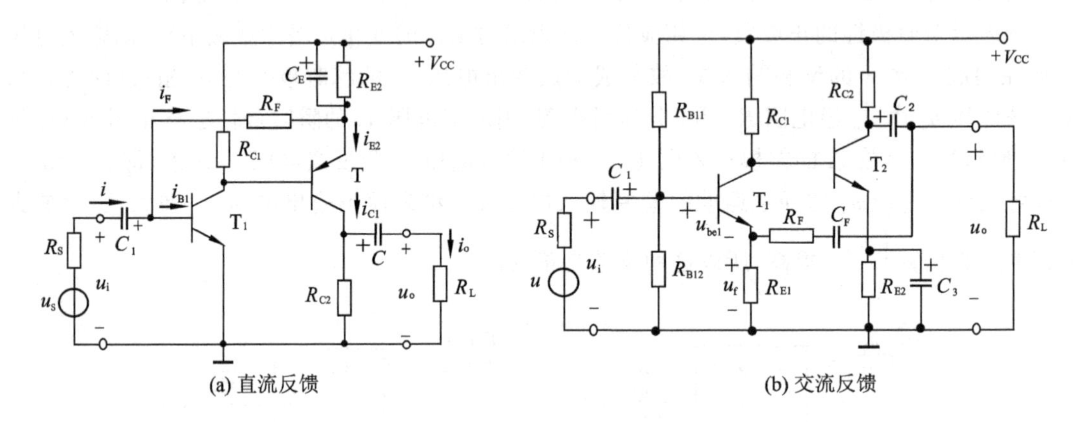

(a) 直流反馈　　　　(b) 交流反馈

图 6.3　直流反馈与交流反馈

(3) 电压反馈和电流反馈

根据反馈信号在放大电路输出端采样方式的不同,可以分为**电压反馈**和**电流反馈**。

如果反馈信号与输出电压成正比,则称为电压反馈。对于电压反馈,反馈网络与基本放大器输出端并联连接;如果反馈信号与输出电流成正比,则称为电流反馈。对于电流反馈,反馈网络串联在基本放大器输出回路中。

放大电路中引入的反馈是电压反馈还是电流反馈的判断,可采用**短路**(short circuit)法。该方法假设将输出端交流短路(即令输出电压等于零),判断是否仍有反馈信号存在。如果反馈信号不存在,则为电压反馈;如果反馈信号存在,则为电流反馈。

在图 6.3(a)中,如果不加旁路电容 C_E,则在交流通路中反馈信号 i_F 取自输出回路的电流(这里为交流 i_{c2},而负载电流 i_o 与 i_{c2} 有关),i_F 的值与输出回路的电流成正比,所以是电流反馈。放大电路中引入电流负反馈时,将使输出电流保持稳定(输入信号保持不变时)。

在图 6.3(b)中,反馈信号 u_f 取自输出负载 R_L 上的电压 u_o,其值与输出电压 u_o 成正比,属于电压反馈。放大电路中引入电压负反馈时,将使得输出电压 u_o 的变化范围减小(在输入信号保持一定情况下)。

(4) 串联反馈和并联反馈

根据反馈网络与基本放大器输入端的连接方式不同,可以分为**串联反馈**和**并联反馈**。

如果反馈网络串联在基本放大器的输入回路中,称之为串联反馈。对于串联反馈,输入信号支路与反馈支路不接在同一节点上,反馈信号与输入信号在输入回路中以电压形式求和(即反馈电压信号与基本放大器输入电压信号串联)。如果反馈网络直接并联在基本放大器的输入端,则称为并联反馈。对于并联反馈,输入信号支路与反馈信号支路接在基本放大器输入端的同一节点上,反馈信号与输入信号在输入回路中以电流形式求和(即反馈电流信号与输入电流信号并联)。

在图 6.3(a)中,若去掉旁路电容 C_E,则交流通路中三极管 T_1 的基极电流 i_{b1} 等于输入电

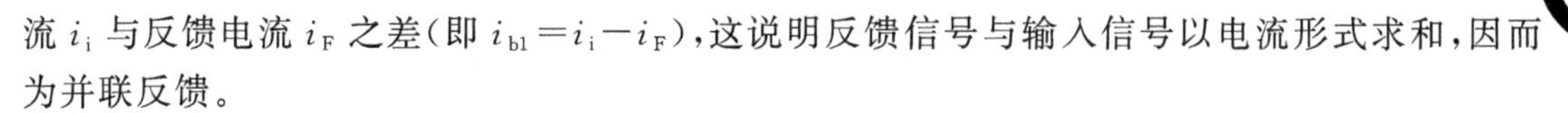

流 i_i 与反馈电流 i_F 之差(即 $i_{b1}=i_i-i_F$),这说明反馈信号与输入信号以电流形式求和,因而为并联反馈。

在图 6.3(b)中,交流通路中三极管 T_1 的基极-发射极之间的输入电压 u_{be1} 等于外加输入电压 u_i 与反馈电压 u_f 之差(即 $u_{be1}=u_i-u_f$),这说明反馈信号与输入信号以电压形式求和,所以属于串联反馈。

以上为常见的反馈分类方法。在多级放大电路中,反馈还可以分为局部反馈和整个放大电路的整体反馈等。

2. 负反馈的组态判断

实际放大电路中的反馈形式是多种多样的。对于负反馈来说,根据反馈信号在放大电路输出端采样方式、在输入回路中求和形式的不同,共有四种类型或组态,即**电压串联负反馈、电压并联负反馈、电流串联负反馈和电流并联负反馈。**下面根据具体电路分析这四种负反馈组态。

(1) 电压串联负反馈

在图 6.2(b)所示放大电路中,从集成运放 A 的输出端到反相输入端之间通过电阻 R_2 引入了反馈。在图中,反馈电压 u_f 等于输出电压 u_o 在电阻 R_2 和 R_3 上的分压值。在放大电路的输入回路中,集成运放的净输入电压(即差模输入电压)u_{id} 等于其同相输入端与反相输入端的电压之差。设集成运放的输入电流近似为零,故电阻 R_1 上没有电压降,因而有 $u_{id}\approx u_i-u_f$,即输入信号与反馈信号以电压的形式求和。此外,反馈电压信号将削弱外加输入电压信号的作用,使得放大电路的放大倍数降低。以上分析说明,电路中引入的反馈属于电压串联负反馈。

在图 6.3(b)所示放大电路中,用类似方法可以分析出由 R_F、C_F 引入的反馈是交流电压串联负反馈。

为了便于分析引入反馈后的一般规律,常利用方框图来表示各种组态的负反馈。电压串联负反馈组态的等效方框图如图 6.4 所示。图中有两个虚线方框(分别为二端口网络),上面的方框表示不加负反馈时的基本电压放大电路,下面的方框表示反馈网络(或反馈电路)。反馈电压正比于基本放大电路的输出电压,在输入回路中反馈电压与外加的输入电压相减后得到净输入电压。

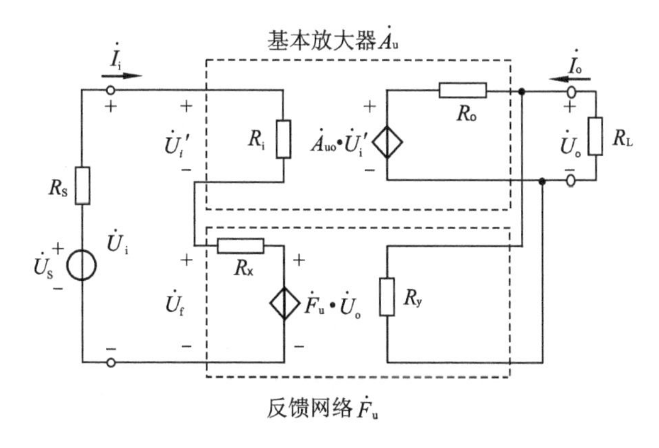

图 6.4　电压串联负反馈方框图

在基本放大电路的等效方框图中,其输入电阻为 R_i、输出电阻为 R_o,输入信号是 $\dot{U}_i'$、输出信号是 $\dot{U}_o$,相应的放大倍数用符号 $\dot{A}_u$ 表示(即电压放大倍数),即 $\dot{A}_u=\dfrac{\dot{U}_o}{\dot{U}_i'}$。

在反馈网络的等效方框图中,R_x 表示从放大器输入端来看的反馈网络等效电阻(理想情况下等于零),R_y 表示从放大器输出端来看的反馈网络等效电阻(理想情况下等于无穷大)。反馈网络的输入信号是 $\dot{U}_o$、它的输出信号是反馈电压 $\dot{U}_f$,反馈网络的反馈系数是 $\dot{U}_f$ 与 $\dot{U}_o$ 之比,即 $\dot{F}_u=\dfrac{\dot{U}_f}{\dot{U}_o}$。

对于图 6.2(b)电路,有 $u_f=\dfrac{R_3}{R_2+R_3}\cdot u_o$,其反馈系数为

$$\dot{F}_u=\frac{\dot{U}_f}{\dot{U}_o}=\frac{u_f}{u_o}=\frac{R_3}{R_2+R_3}$$

(2) 电压并联负反馈

在图 6.5(a)所示放大电路中,反馈电流 $\dot{I}_f$ 与放大电路的输出电压 $\dot{U}_o$ 成正比,属于电压反馈。在放大电路输入回路中,净输入电流 $\dot{I}_i'$等于外加输入电流 $\dot{I}_i$ 与反馈电流 $\dot{I}_f$ 之差,即 $\dot{I}_i'=\dot{I}_i-\dot{I}_f$,说明 $\dot{I}_i$、$\dot{I}_f$ 以电流形式求和。根据瞬时极性判断方法,设输入电压 $\dot{U}_i$ 的瞬时值为正,则输出电压 $\dot{U}_o$ 反相(其瞬时值为负),由 $\dot{U}_o$ 产生的反馈电流 $\dot{I}_f$ 将削弱输入电流 $\dot{I}_i$ 的作用,使得净输入电流 $\dot{I}_i'=\dot{I}_i-\dot{I}_f$ 减小。故此电路中的反馈是电压并联负反馈。

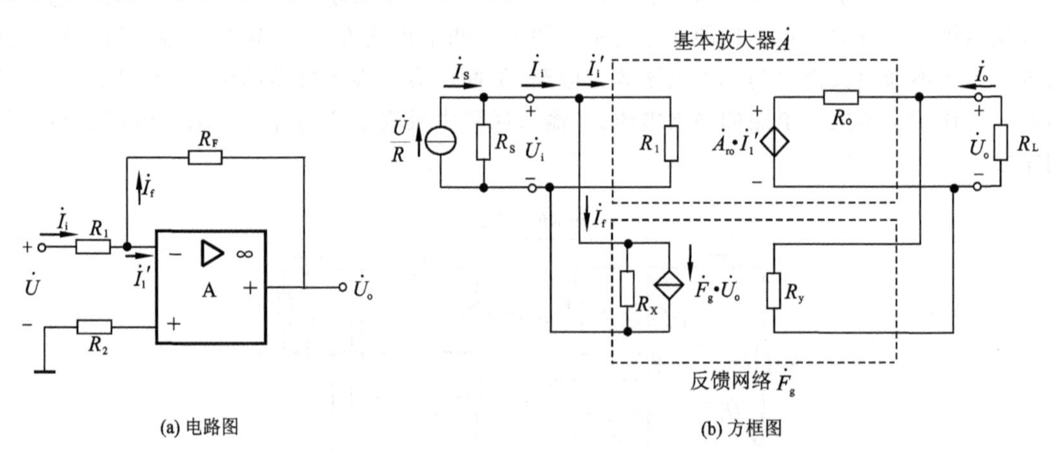

图 6.5 电压并联负反馈

电压并联负反馈的等效方框图如图 6.5(b)所示。基本放大电路的输入信号是 $\dot{I}_i'$,输出信号是 $\dot{U}_o$,它的放大倍数为 $\dot{A}_r=\dfrac{\dot{U}_o}{\dot{I}_i'}$。$\dot{A}_r$ 的量纲是电阻,$\dot{A}_r$ 称为放大电路的**互阻放大倍数**。

在反馈网络的虚线方框中(等效二端口网络),理想情况下,R_x、R_y 的值都为无穷大。反

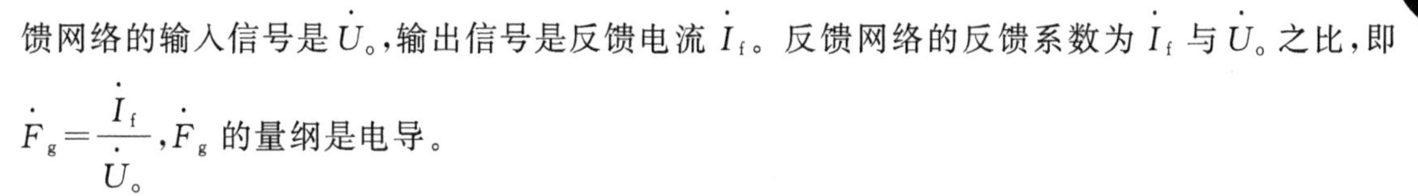

馈网络的输入信号是 $\dot{U}_o$，输出信号是反馈电流 $\dot{I}_f$。反馈网络的反馈系数为 $\dot{I}_f$ 与 $\dot{U}_o$ 之比，即 $\dot{F}_g=\dfrac{\dot{I}_f}{\dot{U}_o}$，$\dot{F}_g$ 的量纲是电导。

在图 6.5(a)所示放大电路中，当集成运放的开环差模放大倍数 $|A_{ud}|$ 足够大时，运放反相输入端的电压近似等于零，则反馈电流为 $\dot{I}_f\approx-\dfrac{\dot{U}_o}{R_F}$。因此反馈系数为

$$\dot{F}_g=\frac{\dot{I}_f}{\dot{U}_o}\approx-\frac{1}{R_F}$$

(3) 电流串联负反馈

在图 6.6(a)所示放大电路中，反馈电压为 $\dot{U}_f=\dot{I}_oR_F$，说明反馈电压 $\dot{U}_f$ 与输出电流 $\dot{I}_o$ 成正比。在放大电路的输入回路中，基本放大器(集成运放)的净输入信号为 $\dot{U}_i'=\dot{U}_i-\dot{U}_f$，说明外加输入信号 $\dot{U}_i$ 与反馈信号 $\dot{U}_f$ 以电压的形式求和。根据瞬时极性判断方法，可判断出反馈信号 $\dot{U}_f$ 将削弱输入电压 $\dot{U}_i$ 的作用，使放大电路的放大倍数 $\left|\dfrac{\dot{U}_o}{\dot{U}_i}\right|$ 减小，因此，该反馈的组态是电流串联负反馈。

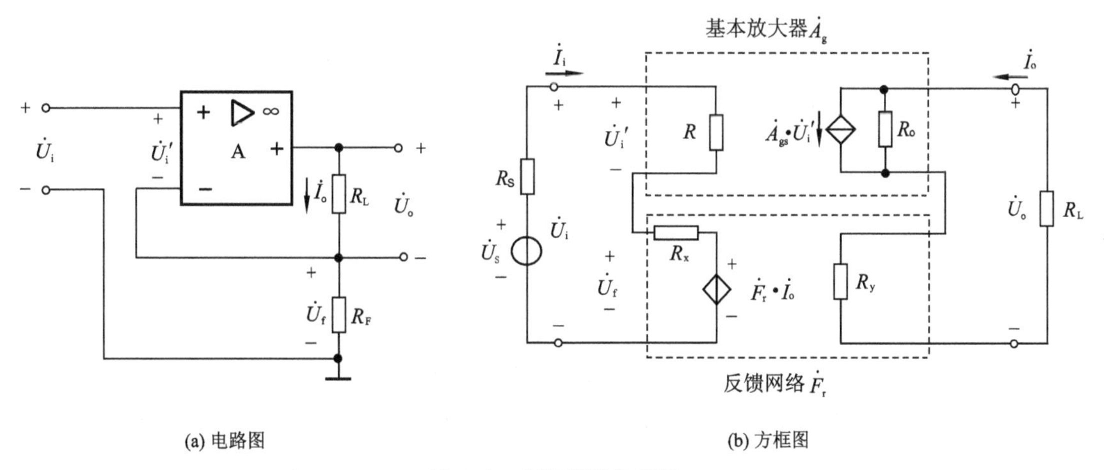

(a) 电路图　　(b) 方框图

图 6.6　电流串联负反馈

电流串联负反馈的等效方框图如图 6.1.6(b)所示。基本放大电路的输入信号是净输入电压 $\dot{U}_i'$，输出信号是放大电路的输出电流 $\dot{I}_o$，其放大倍数用符号 $\dot{A}_g$ 表示，即 $\dot{A}_g=\dfrac{\dot{I}_o}{\dot{U}_i'}$。$\dot{A}_g$ 的量纲是电导，称为放大电路的**互导放大倍数**。

在反馈网络的虚线方框中，理想情况下，R_x、R_y 的值都等于零。反馈网络的输入信号是 $\dot{I}_o$，输出信号是反馈电压 $\dot{U}_f$，反馈系数等于 $\dot{U}_f$ 与 $\dot{I}_o$ 之比，即 $\dot{F}_r=\dfrac{\dot{U}_f}{\dot{I}_o}$，$\dot{F}_r$ 的量纲是电阻。

在图 6.6(a)电路中,反馈电压 $\dot{U}_f=\dot{I}_o R_F$,得反馈系数为

$$\dot{F}_r=\frac{\dot{U}_f}{\dot{I}_o}=R_F$$

(4) 电流并联负反馈

在图 6.7(a)所示放大电路中,反馈信号 $\dot{I}_f$ 与放大电路输出回路的电流 $\dot{I}_o$(流过负载 R_L)成正比。在放大电路输入回路中,反馈信号 $\dot{I}_f$ 与外加输入信号 $\dot{I}_i$ 以电流的形式求和,基本放大器的净输入电流为 $\dot{I}_i'=\dot{I}_i-\dot{I}_f$。

根据瞬时极性法,设输入电压 $\dot{U}_i$ 的瞬时值为正,则输出电压 $\dot{U}_o$ 的瞬时值为负,于是输出电流 $\dot{I}_o$ 与图示参考方向相反,使输出电流 $\dot{I}_o$ 在电阻 R_3 上的压降为负,则流过 R_F 的反馈电流 $\dot{I}_f$ 与图示参考方向一致将削弱输入电流 $\dot{I}_i$ 的作用,使基本放大器的净输入电流 $\dot{I}_i'=\dot{I}_i-\dot{I}_f$ 减小。因此,电路中引入的反馈是电流并联负反馈。

对于图 6.3(a)所示电路,若电容 C_E 没有接入的话,同样地分析可知电阻 R_F 引入了电流并联负反馈。

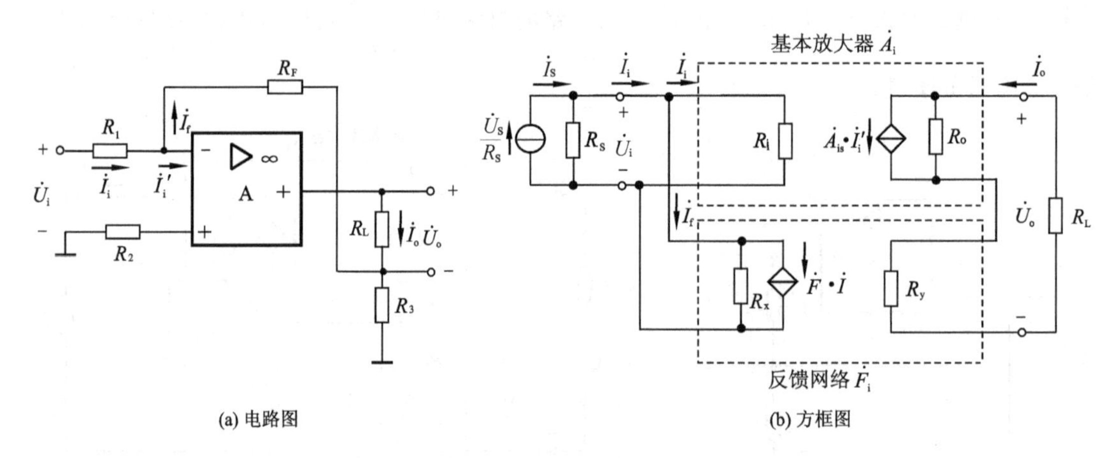

(a) 电路图　　(b) 方框图

图 6.7　电流并联负反馈

图 6.7(b)所示为电流并联负反馈的等效方框图。基本放大电路的输入信号是净输入电流 $\dot{I}_i'$,输出信号是放大电路的输出电流 $\dot{I}_o$,基本放大电路的放大倍数用符号 $\dot{A}_i$ 表示,即 $\dot{A}_i=\frac{\dot{I}_o}{\dot{I}_i'}$,$\dot{A}_i$ 称为放大电路的**电流放大倍数**。

在反馈网络的虚线方框中,理想情况下,R_x 值为无穷大、R_y 值等于零。输入信号是 $\dot{I}_o$,输出信号是反馈电流 $\dot{I}_f$,反馈系数等于 $\dot{I}_f$ 与 $\dot{I}_o$ 之比,即 $\dot{F}_i=\frac{\dot{I}_f}{\dot{I}_o}$。在图 6.7(a)所示电路中,若集成运放的 $|A_{ud}|$ 足够大,则运放反相输入端的电压近似为零,反馈电流为 $\dot{I}_f\approx-\frac{\dot{I}_o R_3}{R_3+R_F}$,可得

$$\dot{F}_i=\frac{\dot{I}_f}{\dot{I}_o}\approx-\frac{R_3}{R_3+R_F}$$

由以上讨论可知，对于不同组态的负反馈放大电路，基本放大电路的放大倍数和反馈网络的反馈系数的物理意义、量纲都各不相同，故统称之为广义的放大倍数 $\dot{A}$ 和广义的反馈系数 $\dot{F}$。四种负反馈放大电路的放大倍数 $\dot{A}$ 和反馈系数 $\dot{F}$ 归纳于表 6.1 中。

表 6.1　四种负反馈组态的 $\dot{A}$、$\dot{F}$ 之比较

负反馈组态	输出信号	反馈信号	放大倍数 $\dot{A}$	反馈系数 $\dot{F}$
电压串联式	$\dot{U}_o$	$\dot{U}_f$	$\dot{A}_u=\dot{U}_o/\dot{U}_i'$电压放大倍数	$\dot{F}_u=\dot{U}_f/\dot{U}_o$
电压并联式	$\dot{U}_o$	$\dot{I}_f$	$\dot{A}_r=\dot{U}_o/\dot{I}_i'$(Ω) 互阻放大倍数	$\dot{F}_g=\dot{I}_f/\dot{U}_o$
电流串联式	$\dot{I}_o$	$\dot{U}_f$	$\dot{A}_i=\dot{I}_o/\dot{U}_i'$(S) 互导放大倍数	$\dot{F}_i=\dot{I}_f/\dot{I}_o$
电流并联式	$\dot{I}_o$	$\dot{I}_f$	$\dot{A}_i=\dot{I}_o/\dot{I}_i'$电流放大倍数	$\dot{F}_i=\dot{I}_f/\dot{I}_o$

例 6.1　试判断图 6.8 中各电路中反馈的极性和组态。假设电路中的电容均足够大，对交流近似短路。

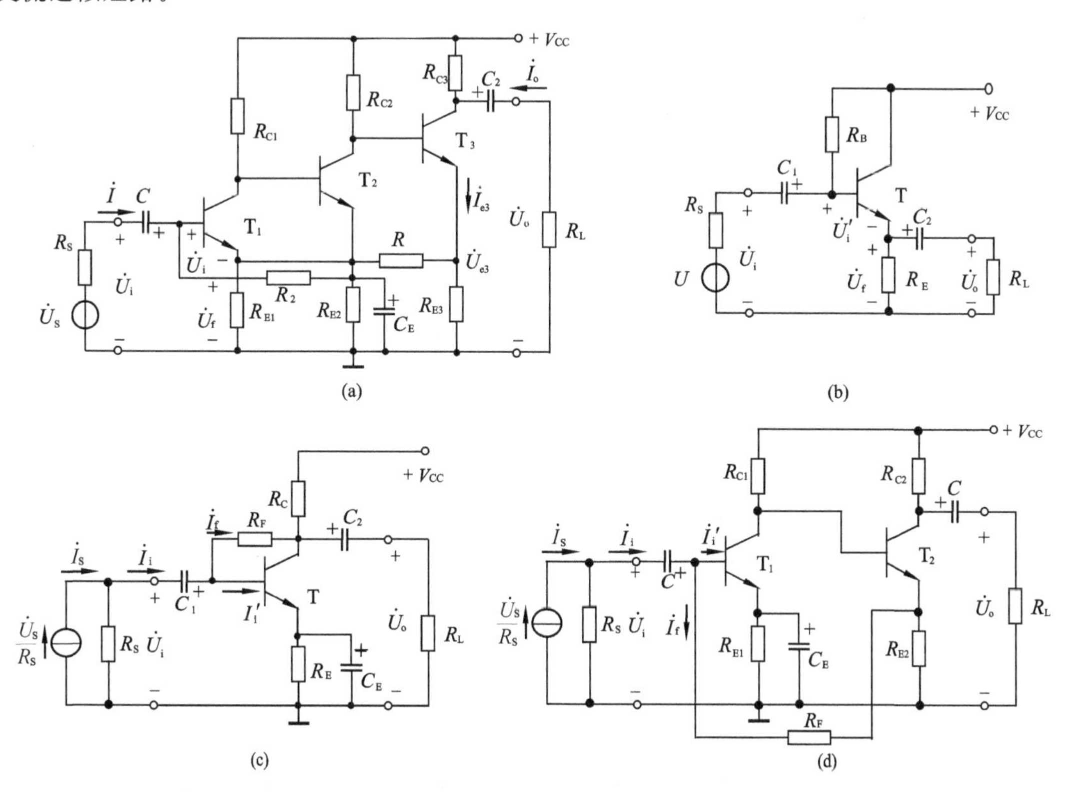

图 6.8　例 6.1 电路

解：通常反馈组态的讨论是针对交流而言的。

图 6.8(a)是一个三级放大器，其中每一级都是共发射极放大器。反馈电阻 R_1 接在 T_1 的

发射极和 T_3 的发射极之间。设输入电压 $\dot{U}_i$ 的瞬时值为正,则 T_1 的集电极电压 $\dot{U}_{c1}$ 为负,T_2 的集电极电压 $\dot{U}_{c2}$ 为正,T_3 的发射极电压 $\dot{U}_{e3}$ 也为正,则 R_{E1} 上的反馈电压 $\dot{U}_f$ 也为正。此时,反馈电压 $\dot{U}_f$ 与外加的输入电压 $\dot{U}_i$ 相位相同,使加在 T_1 发射结的净输入电压 $\dot{U}'_i=\dot{U}_i-\dot{U}_f$ 减小,因此,R_1 引入的是交、直流负反馈。假如将输出端短路 $\dot{U}_o=0$(即 $R_L=0$),经 R_1 引回的反馈信号仍然存在,说明反馈信号 $\dot{U}_f$ 取自输出回路的电流(T_3 的集电极电流),故为电流反馈。在放大电路的输入回路中,R_1 接在 T_1 的发射极,反馈信号与外加输入信号以电压的形式求和,故为串联反馈。因此,R_1 引入的是级间电流串联负反馈,能起到稳定输出电流的作用。

R_2 引入了级间直流反馈(由 C_E 将交流分量旁路)。可以不判断其反馈组态,但应判别反馈极性。假如 T_1 的基极电压缓慢上升(相当于输入慢变化的正直流信号),此时 C_E 的阻抗很大,近似为开路,T_2 的发射极电压将随之逐步降低(等效为负直流信号),经 R_2 返回送到输入端,使得 T_1 的基极电流减小,故 R_2 引入了级间直流负反馈,主要稳定第一级和第二级放大电路的静态工作点。

图 6.8(b)所示为射极输出器。设输入电压 $\dot{U}_i$ 的瞬时值为正,则输出电压 $\dot{U}_o$ 也为正,而三极管的发射结电压等于输入电压 $\dot{U}_i$ 与输出电压 $\dot{U}_o$ 之差,即 $\dot{U}'_i=\dot{U}_i-\dot{U}_o$。这里输出电压 $\dot{U}_o$ 就是反馈电压 $\dot{U}_f$,此反馈电压 $\dot{U}_f$ 削弱了输入电压 $\dot{U}_i$ 的作用,所以是负反馈。由图可见,反馈电压 $\dot{U}_f$ 与放大电路的输出电压 $\dot{U}_o$ 成正比,故为电压反馈。在放大电路输入回路中,外加输入信号与反馈信号以电压的形式求和,故为串联反馈。因此,R_E 引入反馈的组态是电压串联负反馈。

图 6.8(c)所示为单级放大电路,在三极管的集电极和基极之间通过电阻 R_F 接入反馈支路。设输入电压 $\dot{U}_i$ 的瞬时值为正(相应输入电流 $\dot{I}_i$ 为正),三极管的集电极电位($\dot{U}_o$)为负,则从基极通过 R_F 流向集电极的反馈电流 $\dot{I}_f$ 将使流向基极的净输入电流 $\dot{I}'_i$减小,因此,R_F 引入的是交、直流负反馈。该电路中的反馈信号 $\dot{I}_f$ 是从输出电压 $\dot{U}_o$ 采样,在输入回路中反馈信号与外加输入信号以电流形式求和,因此 R_F 引入的是电压并联负反馈。

由于电容 C_E 的交流旁路作用,电阻 R_E 的作用只是稳定静态工作点(直流负反馈)。

图 6.8(d)所示为两级放大电路,其中每一级都是共发射极放大器。从 T_2 的发射极到 T_1 的基极通过电阻 R_F 引回反馈信号。设输入电压 $\dot{U}_i$ 的瞬时值为正,则 T_1 的集电极电压 $\dot{U}_{c1}$ 为负,T_2 的发射极电压 $\dot{U}_{e2}$ 为负,则从 T_1 的基极通过 R_F 流向 T_2 发射极方向的反馈电流 $\dot{I}_f$ 将使流向 T_1 基极的净输入电流 $\dot{I}'_i$减小。因此,R_F 引入的是级间交、直流负反馈;此外,假如使输出端短路 $\dot{U}_o=0$,显然反馈信号依然存在,这说明反馈信号 $\dot{I}_f$ 与输出回路的电流(T_2 的集电极电流)成比例。在放大电路的输入回路中反馈信号 $\dot{I}_f$ 与外加输入信号以电流的形式求和。因此,R_F 引入的是电流并联负反馈。

由于电容 C_E 的交流旁路作用,电阻 R_{E1} 引入的为直流负反馈(对稳定第一级放大器的静

态工作点有作用)。

6.1.3　反馈放大电路的方框图表示及其一般表达式

1. 反馈放大电路的方框图表示

反馈放大电路由基本放大电路和反馈网络组成,如图 6.9 所示。假设基本放大电路只有单方向的信号正向传输通路(忽略放大电路的内部寄生反馈),反馈网络仅有单方向的信号反向传输通路(忽略反馈网络的正向传输作用)。

在图 6.9 中,$\dot{X}_i$、$\dot{X}_o$、$\dot{X}_f$、$\dot{X}_i'$分别表示反馈放大电路的输入信号、输出信号、反馈信号和净输入信号(电压或电流),方框 $\dot{A}$ 表示基本放大电路($\dot{A}$ 为开环放大倍数),方框 $\dot{F}$ 表示反馈网络($\dot{F}$ 是反馈系数),$\dot{F}$ 定义为

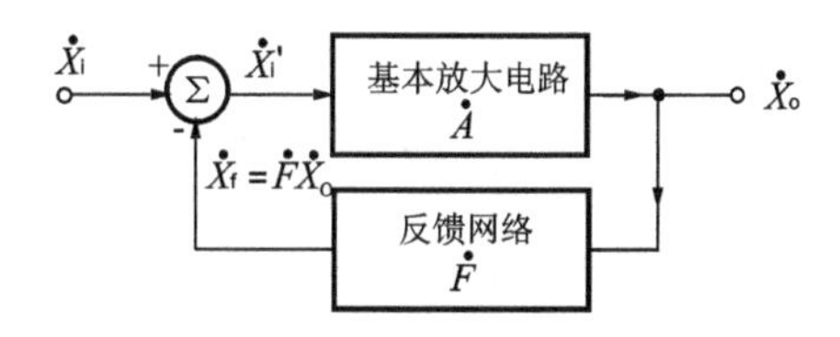

图 6.9　反馈放大电路方框示意图

$$\dot{F}=\frac{\dot{X}_f}{\dot{X}_o} \tag{6.1}$$

图 6.9 中圆圈内的Σ表示求和环节(反馈信号与输入信号进行求和)。

2. 反馈放大电路放大倍数的一般表达式

(1) 一般表达式的推导

由图 6.9 所示的一般方框图可知,各信号量之间有如下关系:

$$\dot{X}_o=\dot{A}\dot{X}_i' \tag{6.2}$$

$$\dot{X}_i'=\dot{X}_i-\dot{X}_f \tag{6.3}$$

$$\dot{X}_f=\dot{F}\dot{X}_o \tag{6.4}$$

根据式(6.2)~式(6.4),可得反馈放大电路放大倍数(闭环放大倍数)的一般表达式为

$$\dot{A}_f=\frac{\dot{X}_o}{\dot{X}_i}=\frac{\dot{A}}{1+\dot{A}\dot{F}} \tag{6.5}$$

(2) $\dot{A}_f$ 的一般表达式分析

① 反馈深度$|1+\dot{A}\dot{F}|$

由式(6.5)知,开环放大倍数 $\dot{A}$ 与闭环放大倍数 $\dot{A}_f$ 之比为$(1+\dot{A}\dot{F})$,$(1+\dot{A}\dot{F})$称为**反馈深度**(depth of feedback),它反映了反馈对放大电路的影响程度。以下分几种情况讨论:

a. 若$|1+\dot{A}\dot{F}|>1$,则$|\dot{A}_f|<|\dot{A}|$,即引入反馈后,放大倍数减小了,这种反馈为**负反馈**。负反馈放大器的$|1+\dot{A}\dot{F}|$越大,则放大倍数减小越多。

b. 若$|1+\dot{A}\dot{F}|<1$,则$|\dot{A}_f|>|\dot{A}|$,即有反馈时,放大电路的放大倍数增加,这种反馈称为**正反馈**。正反馈虽然可以增加放大倍数,但使放大电路的性能不稳定。

c. 若$1+\dot{A}\dot{F}=0$,则 $\dot{A}_f\to\infty$,说明放大电路在没有输入信号时,也能有输出信号,此时放

大电路处于**自激振荡**(self - excited oscillation)状态。

② 环路增益 $|\dot{A}\dot{F}|$

将图6.9所示的反馈环在某一点处断开,例如在求和环节与基本放大电路输入端之间断开,即可得到图6.10所示的开环方框图。净输入信号 $\dot{X}'_i$ 经过基本放大电路和反馈网络闭环一周所具有的增益 $|\dot{A}\dot{F}|$,称为**环路增益**(loop gain)。反馈深度与环路增益都是描述反馈放大电路性能的重要指标。

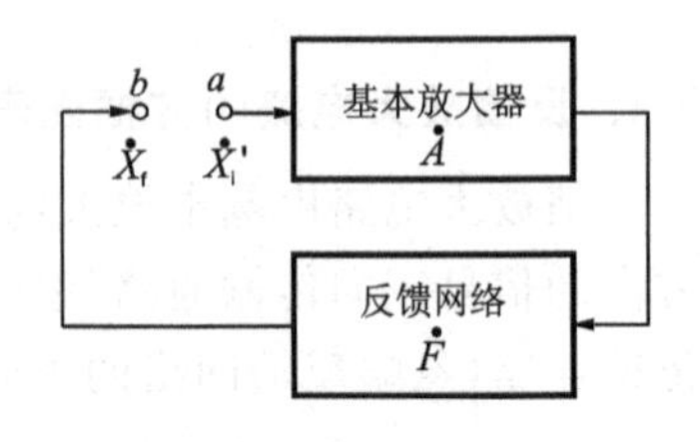

图6.10 环路表示法

③ 深度负反馈时 $\dot{A}_f$ 近似表达式

当 $|\dot{A}\dot{F}| \gg 1$ 时,相应的负反馈称为深度负反馈,有

$$\dot{A}_f = \frac{\dot{A}}{1+\dot{A}\dot{F}} \approx \frac{1}{\dot{F}} \tag{6.6}$$

上式说明,在深度负反馈时闭环放大倍数几乎只取决于反馈系数,与开环放大倍数 $\dot{A}$ 无关。反馈网络多由电阻、电容组成,其值几乎不受环境温度等因素的影响。

6.2 负反馈对放大电路性能的影响

在放大电路中引入负反馈后,虽然放大倍数降低了,但是换取的是对电路性能的改善,改善的程度都与反馈深度 $|1+\dot{A}\dot{F}|$ 有关。下面分别进行讨论。

6.2.1 提高放大倍数的稳定性

在前面分析四种类型负反馈电路时,得出的结论是在输入信号量不变时,引入电压负反馈能使输出电压稳定,引入电流负反馈能使输出电流稳定,从而使放大倍数稳定。当满足深度负反馈条件时,$\dot{A}_f \approx 1/\dot{F}$,即 $\dot{A}_f$ 与基本放大电路的内部参数几乎无关,只取决于 $\dot{F}$。$\dot{A}_f$ 的含义见表6.1,不同的反馈组态,对应不同的放大倍数 $\dot{A}_f$。

为了衡量放大电路放大倍数的稳定程度,常采用有、无反馈时放大倍数的相对变化量之比来评定。为便于分析,假设放大电路在中频段工作,则 $\dot{A}$、$\dot{F}$、$\dot{A}_f$ 都是实数,分别用 A、F、A_f 表示。此时,闭环放大倍数的一般表达式可表示为

$$A_f = \frac{A}{1+AF} \tag{6.7}$$

对上式求微分,即

$$dA_f = \frac{(1+AF)\cdot dA - AF\cdot dA}{(1+AF)^2} = \frac{dA}{(1+AF)^2}$$

两边同除以 A_f,可得

$$\frac{dA_f}{A_f} = \frac{1}{1+AF}\cdot\frac{dA}{A} \tag{6.8}$$

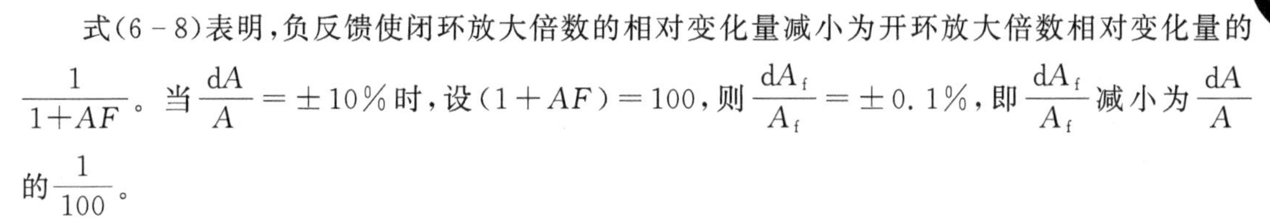

式(6－8)表明,负反馈使闭环放大倍数的相对变化量减小为开环放大倍数相对变化量的$\frac{1}{1+AF}$。当$\frac{dA}{A}=\pm10\%$时,设$(1+AF)=100$,则$\frac{dA_f}{A_f}=\pm0.1\%$,即$\frac{dA_f}{A_f}$减小为$\frac{dA}{A}$的$\frac{1}{100}$。

综上所述,放大电路中引入负反馈后,使得由于各种原因(温度、负载、器件参数等变化)引起的放大倍数的变化程度减小了,放大电路的工作状态稳定了。

例 6.2　已知一个多级放大器的开环电压放大倍数的相对变化量为$\frac{dA_u}{A_u}=\pm1\%$,引入负反馈后要求闭环电压放大倍数为$A_{uf}=150$,且其相对变化量$\left|\frac{dA_{uf}}{A_{uf}}\right|\leqslant0.05\%$,试求开环电压放大倍数$A_u$和反馈系数$F_u$各为多少?

解:根据公式(6.8)可得

$$\frac{dA_{uf}}{A_{uf}}=\frac{1}{1+A_u\cdot F_u}\times1\%=0.05\%$$

故有

$$1+A_u\cdot F_u=20$$

由式(6.7)可得

$$A_{uf}=\frac{A_u}{1+A_u\cdot F_u}=\frac{A_u}{20}=150$$

故有

$$A_u=3\ 000$$

又根据$A_u\cdot F_u=19$,得

$$F_u=\frac{19}{3\ 000}=0.006\ 3$$

以上计算结果说明:在引入反馈深度为 20 的负反馈以后,闭环放大倍数减少到开环放大倍数的 1/20,但其稳定性提高了 19 倍。

6.2.2　减小非线性失真

由于放大电路中放大器件(三极管、场效应管)特性的非线性,当输入信号为正弦波时,放大电路输出信号的波形可能不再是正弦波,而产生非线性失真。输入信号的幅度越大,非线性失真就越严重。例如,由于三极管输入伏安特性曲线$i_B=f(u_{BE})$的非线性,当输入交流信号u_{be}为正弦波时,i_b波形出现了失真。

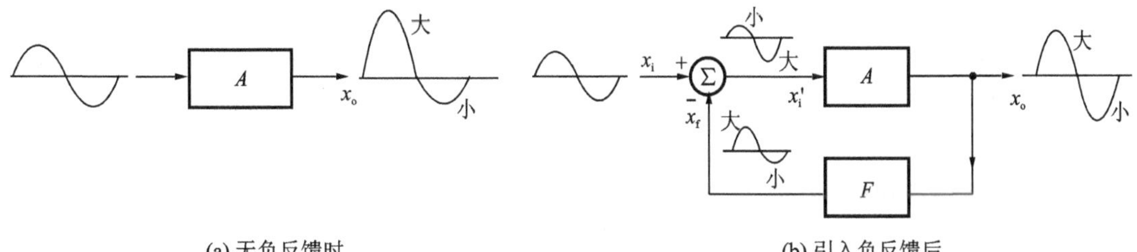

(a) 无负反馈时　　(b) 引入负反馈后

图 6.11　利用负反馈减小非线性失真

引入负反馈可以减小放大电路引起的非线性失真。例如,由图 6.11(a)可见,如果正弦波输入信号x_i经过放大后产生的输出信号x_o失真波形为正半周大、负半周小。经过负反馈后

(见图6.11(b)),在 F 为常数的条件下,反馈信号 x_f 也是正半周大、负半周小。它和原输入信号 x_i 相减后得到的净输入信号 $x_i'=x_i-x_f$ 的波形却变成正半周小、负半周大,这样就把输出信号的正半周压缩、负半周扩大,从而减小了放大电路的非线性失真,结果是改善了输出波形。

必须指出,负反馈只能减小放大电路本身引起的非线性失真。如果放大器输入信号波形本身就已失真,那么这时即使引入负反馈也无济于事。

6.2.3 扩展通频带

以单极点系统为例进行讨论,单级放大电路的频带宽度近似由上限截止频率 f_H 决定。假定无反馈时基本放大电路在高频段的放大倍数为

$$\dot{A}=\frac{A_m}{1+j\frac{f}{f_H}} \tag{6.9}$$

式中,A_m 为基本放大电路的中频放大倍数。设反馈网络由电阻构成,即有 $\dot{F}=F$,引入负反馈后

$$\dot{A}_f=\frac{\dot{A}}{1+\dot{A}\cdot\dot{F}}=\frac{\dot{A}}{1+\dot{A}\cdot F} \tag{6.10}$$

将式(6.9)代入式(6.10)中,可得

$$\dot{A}_f=\frac{\dfrac{A_m}{1+j\frac{f}{f_H}}}{1+F\cdot\dfrac{A_m}{1+j\frac{f}{f_H}}}=\frac{\dfrac{A_m}{1+A_m\cdot F}}{1+j\dfrac{f}{(1+A_m\cdot F)\cdot f_H}}=\frac{A_{mf}}{1+j\dfrac{f}{(1+A_m\cdot F)\cdot f_H}} \tag{6.11}$$

式中,$A_{mf}=A_m/(1+A_m\cdot F)$ 为闭环中频放大倍数。

将式(6.11)与式(6.9) 比较,可得

$$f_{Hf}=(1+A_m\cdot F)\cdot f_H \tag{6.12}$$

由上式可知,引入负反馈后,放大电路的上限截止频率提高了 $A_m\cdot F$ 倍。

用同样方法可以推导,对于只有单个下限截止频率 f_L 的无反馈放大器,在引入负反馈后可得

$$f_{Lf}=\frac{f_L}{1+A_m\cdot F} \tag{6.13}$$

上式表明,引入负反馈后,放大电路的下限截止频率减小了 $A_m\cdot F$ 倍。

对于阻容耦合的放大电路来说,通常有 $f_H\gg f_L$。而对于直接耦合放大电路,下限截止频率 $f_L=0$。所以,通频带可以近似地用上限频率表示,即认为无反馈时的通频带为

$$BW_{0.7}=f_H-f_L\approx f_H$$

引入负反馈后的通频带为

$$(BW_{0.7})_f=f_{Hf}-f_{Lf}\approx f_{Hf}$$

根据式(6.12),可得

$$(BW_{0.7})_f\approx(1+A_m\cdot F)\cdot BW_{0.7} \tag{6.14}$$

上式说明,引入负反馈后放大电路的通频带展宽为无反馈时的(1+$A_m\cdot F$)倍,但中频放

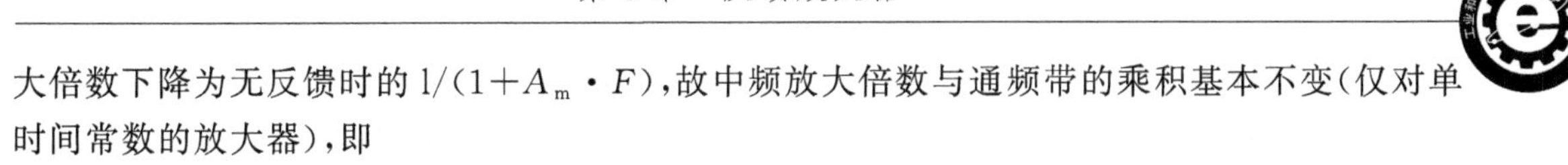

大倍数下降为无反馈时的 $1/(1+A_m \cdot F)$，故中频放大倍数与通频带的乘积基本不变(仅对单时间常数的放大器)，即

$$A_{mf} \cdot (BW_{0.7})_f \approx A_m \cdot BW_{0.7} \tag{6.15}$$

由此可见，负反馈的反馈深度愈深，通频带展得就愈宽，但中频放大倍数下降得也愈多。引入负反馈后通频带和中频放大倍数的变化情况如图 6.12 所示。

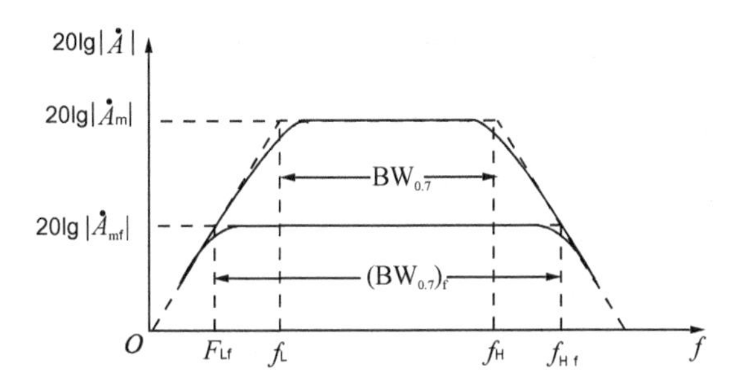

图 6.12　负反馈对通频带和放大倍数的影响

例 6.3　设某直接耦合放大器的开环放大倍数表达式为 $\dot{A}=\dfrac{250}{1+j\omega/(2\pi\times100)}$，负反馈系数为 $F=0.8$。试问该负反馈放大器的中频放大倍数等于多少？此时负反馈放大电路的通频带等于多少？

解：由开环放大倍数 $\dot{A}$ 的表达式可得

$$A_m=250,\qquad f_H=100\ \text{Hz},\qquad f_L=0$$

负反馈放大器的闭环中频放大倍数为

$$A_{mf}=\frac{A_m}{1+A_m \cdot F}=\frac{250}{1+250\times0.8}=1.2$$

由式(6.12)可得

$$f_{Hf}=(1+A_m \cdot F)\cdot f_H=(1+250\times0.8)\times100=20.1\ \text{kHz}$$

由于 $f_L=0$，因而有

$$(BW_{0.7})_f=f_{Hf}=20.1\ \text{kHz}$$

6.2.4　抑制内部噪声与干扰

放大器在放大输入信号的过程中，其内部器件还会产生各种噪声(如晶体管噪声、电阻热噪声等)。噪声对有用输入信号的干扰主要不决定于噪声的绝对值大小，而决定丁放大器有用输出信号与输出噪声的相对比值，通常称为信噪比(用 S/N 表示)。信噪比愈大，噪声对放大器的有害影响就愈小。

利用负反馈抑制放大器内部噪声的机理与减小非线性失真是一样的。只要把放大器的内部噪声视为谐波信号，则引入负反馈后，输出噪声下降为原来的 $1/(1+A \cdot F)$。但是，与此同时，输出信号也减小到原来的 $1/(1+A \cdot F)$，信噪比并没有得到提高。因此，只有当输入信号本身不携带噪声，且其幅度可以增大，使输出信号维持不变时，负反馈可以使放大器的信噪比提高 $(1+A \cdot F)$ 倍。

也许有人可能会认为，不加负反馈，只要把放大器的输入信号幅度提高，不就可以提高信噪比吗?问题在于,因放大器的线性工作范围有限,输入信号是不能任意加大的。而引入负反馈后,扩大了放大器的线性工作范围,给增大输入信号创造了条件,同时也要求信号源要有足够的潜力。

当放大器的内部受到干扰(如50 Hz电源干扰)的影响时,同样可以通过引入负反馈来加以抑制。当然,如果在输入信号中混杂有干扰,引入负反馈方法也将无法抑制。

6.2.5 对输入电阻和输出电阻的影响

在放大电路中引入不同组态的负反馈后,对输入电阻、输出电阻将产生不同的影响。根据实际工程中放大电路的特定要求,人们可利用各种形式的负反馈来改变放大电路的输入电阻、输出电阻的数值。

1. 负反馈对输入电阻的影响

反馈网络和基本放大器输入端的连接方式不同,将对输入电阻产生不同的影响。串联负反馈将增大输入电阻,而并联负反馈将减小输入电阻。

(1) 串联负反馈使输入电阻增大

图6.13是串联负反馈放大电路的简化方框示意图。图中,反馈网络与基本放大器串联,输入信号支路与反馈支路不接在同一节点上。此时,反馈信号与外加输入信号以电压形式求和($\dot{U}_i'=\dot{U}_i-\dot{U}_f$),反馈电压$\dot{U}_f$将削弱输入电压$\dot{U}_i$的作用,使净输入电压$\dot{U}_i'$减少。因此,在输入电压$\dot{U}_i$相同时,输入电流$\dot{I}_i$将比无负反馈时小,故放大电路的输入电阻增大。

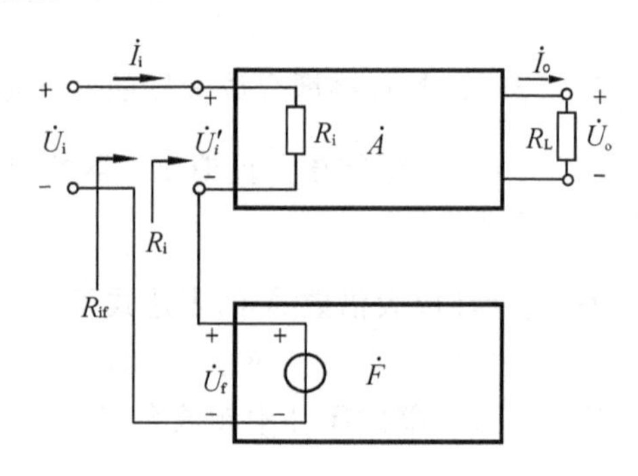

图6.13 串联负反馈对输入电阻的影响

在图6.13中,基本放大电路的输入电阻为

$$R_i=\frac{\dot{U}'_i}{\dot{I}_i} \tag{6.16}$$

引入串联负反馈后,有$\dot{U}_f=\dot{A}\cdot\dot{F}\cdot\dot{U}'_i$,则输入电阻为

$$R_{if}=\frac{\dot{U}_i}{\dot{I}_i}=\frac{\dot{U}_i'+\dot{U}_f}{\dot{I}_i}=\frac{\dot{U}_i'+\dot{A}\cdot\dot{F}\cdot\dot{U}_i'}{\dot{I}_i}=(1+\dot{A}\cdot\dot{F})\cdot R_i \tag{6.17}$$

由上式可知,引入串联负反馈后,在输入电压$\dot{U}_i$不变的情况下,输入电流$\dot{I}_i$减小到无负反馈时的$1/(1+\dot{A}\cdot\dot{F})$,所以放大电路的输入电阻$R_{if}$就增大为无负反馈时$R_i$的$(1+\dot{A}\cdot\dot{F})$倍。对于电压串联负反馈、电流串联负反馈结论相同。

但是必须注意:对于如图6.14所示情况,由于共发射极放大器的偏置电阻R_{B1}、R_{B2}不包括在负反馈回路内,因此该电路的输入电阻为$R'_{if}=R_{B1}//R_{B2}//R_{if}$,其中只有$R_{if}$增大到无反馈时的$(1+\dot{A}\cdot\dot{F})$倍。

(2) 并联负反馈使输入电阻减小

如图 6.15 所示，在并联负反馈放大电路的简化示意方框图中，反馈网络直接并联在基本放大器的输入端，输入信号支路与反馈信号支路接在基本放大器的同一节点上。此时，反馈信号与外加输入信号以电流形式求和，净输入电流为 $\dot{I}'_i=\dot{I}_i-\dot{I}_f$，即 $\dot{I}_i=\dot{I}'_i+\dot{I}_f$。这表明在同样的输入电压 $\dot{U}_i$ 下，输入电流 $\dot{I}_i$ 将比没有加负反馈时大，因而放大电路的输入电阻将减小。

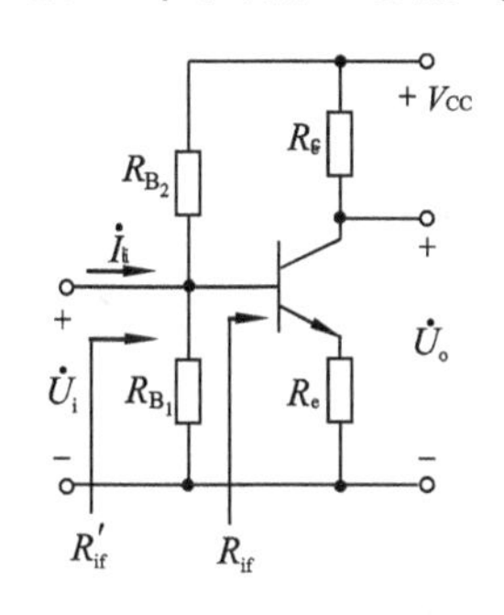

图 6.14　R_{if} 与 R'_{if} 的区别

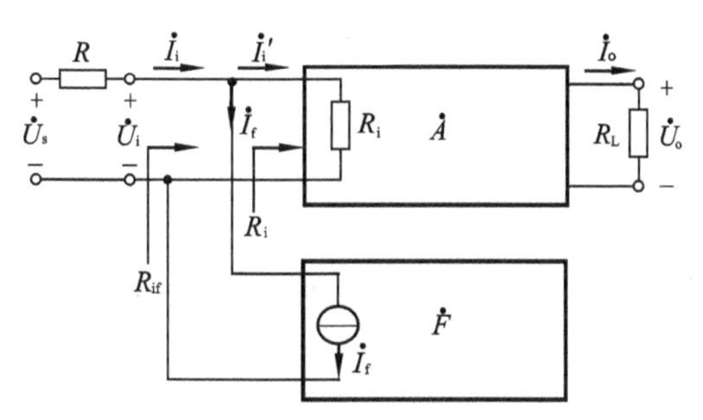

图 6.15　并联负反馈对输入电阻的影响

在图 6.15 中，引入并联负反馈后，有 $\dot{I}_f=\dot{A}\cdot\dot{F}\cdot\dot{I}'_i$，则输入电阻为

$$R_{if}=\frac{\dot{U}_i}{\dot{I}_i}=\frac{\dot{U}_i}{\dot{I}'_i+\dot{I}_f}=\frac{\dot{U}_i}{\dot{I}'_i+\dot{A}\cdot\dot{F}\cdot\dot{I}'_i}=\frac{R_i}{1+\dot{A}\cdot\dot{F}} \tag{6.18}$$

由上可知，在引入并联负反馈后，当保持输入电压 $\dot{U}_i$ 不变时，输入电流 $\dot{I}_i$ 增大到无负反馈时 $\dot{I}'_i$ 的 $(1+\dot{A}\cdot\dot{F})$ 倍，所以放大电路的输入电阻 R_{if} 减小到没有加负反馈时 R_i 的 $1/(1+\dot{A}\cdot\dot{F})$。对于电压并联负反馈、电流并联负反馈，结论相同。

2. 负反馈对输出电阻的影响

反馈网络与基本放大器输出端的连接方式不同（即对应反馈信号在放大电路输出端的采样方式也不同），将对放大电路输出电阻产生不同的影响。电压负反馈使输出电阻减小，而电流负反馈则增大输出电阻。

(1) 电压负反馈使输出电阻减小

电压负反馈放大电路的简化方框示意图如图 6.16 所示。为了计算输出电阻，令输入信号 $\dot{X}_i=0$。从放大电路的输出端往里看，R_o 与一个等效电压源 $(\dot{A}_{oo}\dot{X}'_i)$ 相串联，其中 R_o 是没有加负反馈时放大电路的输出电阻（即基本放大器的输出电阻）。$\dot{A}_{oo}$ 是当负载电阻 R_L 开路时基本放大器的源增益，$\dot{X}'_i$ 为净输入信号。由于输入信号 $\dot{X}_i=0$，则 $\dot{X}'_i=\dot{X}_i-\dot{X}_f=-\dot{X}_f$，其中 $\dot{X}_f$ 为反馈信号。因为是电

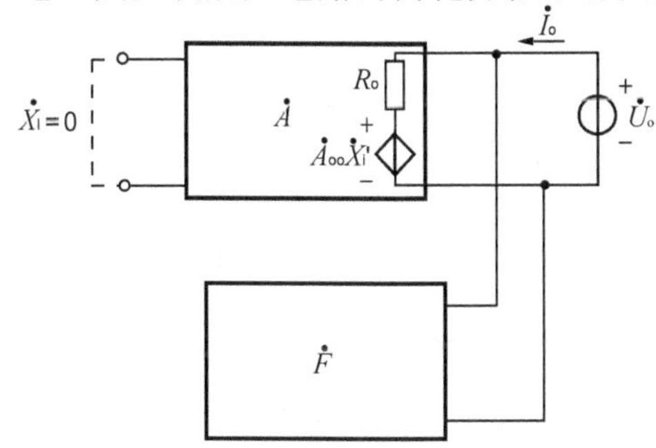

图 6.16　电压负反馈对输出电阻的影响

压负反馈(即反馈信号与放大电路的输出电压成比例),则 $\dot{X}_f=\dot{F}\cdot\dot{U}_o$。由图6.16可知

$$\dot{U}_o=\dot{I}_o\cdot R_o+\dot{A}_{oo}\cdot\dot{X}'_i=\dot{I}_o\cdot R_o-\dot{A}_{oo}\cdot\dot{F}\cdot\dot{U}_o$$

可得,电压负反馈放大电路的输出电阻为

$$R_{of}=\frac{\dot{U}_o}{\dot{I}_o}=\frac{R_o}{1+\dot{A}_{oo}\cdot\dot{F}} \tag{6.19}$$

由上式可知,引入电压负反馈后,放大电路的输出电阻 R_{of} 减小到无负反馈时 R_o 的 $1/(1+\dot{A}_{oo}\cdot\dot{F})$。对于电压串联负反馈、电压并联负反馈,有相同结论。

如果保持输入信号 $\dot{X}_i$ 不变,放大电路的输出电阻愈小,则当负载电阻 R_L 变化时,输出电压 $\dot{U}_o$ 愈稳定。对于理想的电压源,其输出电阻 $R_o=0$,则 R_L 在一定范围内变化时 $\dot{U}_o$ 将保持不变。

(2) 电流负反馈使输出电阻增大

图6.17是电流负反馈放大电路的简化方框示意图。为了计算输出电阻,同样令 $\dot{X}_i=0$。从放大电路输出端往里看,基本放大电路等效为 R_o 与一个等效电流源 $\dot{A}_{OS}\dot{X}'_i$ 并联。其中 R_o 是基本放大电路的输出电阻,$\dot{A}_{os}$ 是负载电阻 R_L 短路($R_L=0$)时基本放大电路的源增益,$\dot{X}'_i$ 仍为净输入信号。因 $\dot{X}_i=0$,且为电流负反馈(反馈信号与输出电流成比例),所以 $\dot{X}'_i=\dot{X}_i-\dot{X}_f=-\dot{X}_f=-\dot{F}\dot{I}_o$,则

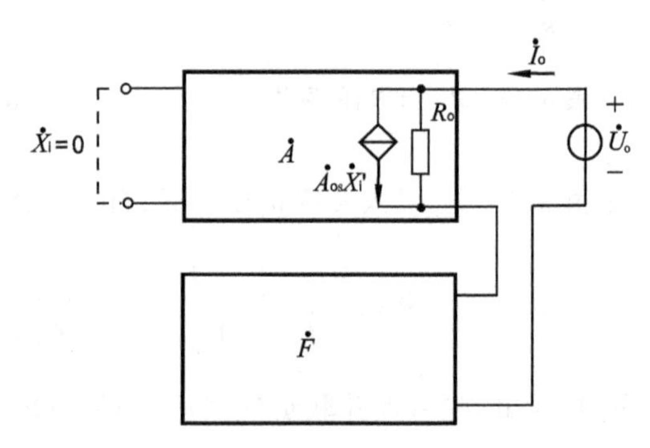

图6.17 电流负反馈对输出电阻的影响

$$\dot{I}_o\approx\frac{\dot{U}_o}{R_o}+\dot{A}_{OS}\cdot\dot{X}'_i=\frac{\dot{U}_o}{R_o}-\dot{A}_{OS}\cdot\dot{F}\cdot\dot{I}_o$$

可得电流负反馈放大电路的输出电阻为

$$R_{of}=\frac{\dot{U}_o}{\dot{I}_o}=(1+\dot{A}_{OS}\dot{F})\cdot R_o \tag{6.20}$$

由上式可知,引入电流负反馈后,放大电路的输出电阻 R_{of} 增大到无负反馈时 R_o 的$(1+\dot{A}_{os}\dot{F})$倍。对于电流串联负反馈、电流并联负反馈有相同的结论。

在保持输入信号不变时,放大电路的输出电阻 R_o 愈大,则当 R_L 变化时,输出电流 $\dot{I}_o$ 愈稳定。对于理想电流源 $R_o=\infty$,无论 R_L 如何变化 $\dot{I}_o$ 始终保持不变。

必须注意:电流负反馈只能将反馈环路内的输出电阻增大到无反馈时的$(1+\dot{A}_{os}\dot{F})$倍,如果存在直流负载电阻 R_C(见图6.18),因 R_C 不包括在电流负反馈环路内,故该放大电路的输出电阻为 $R'_{of}=R_C//R_{of}$。

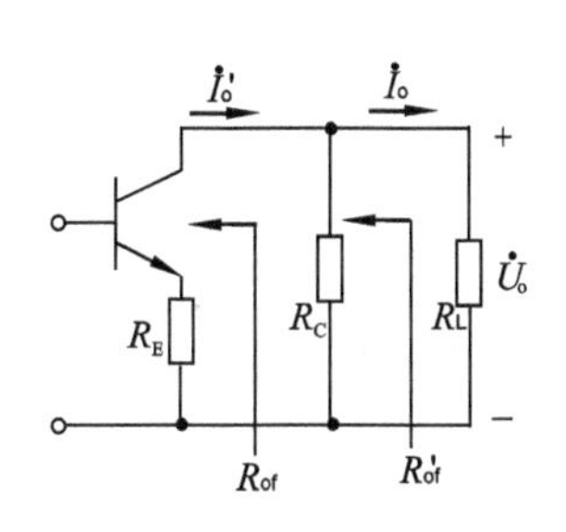

图 6.18　R_{of} 与 R_{of}' 的区别

通过以上分析，可得如下结论：

① 反馈网络和基本放大器输入端的连接方式不同，对放大电路的输入电阻产生的影响也不同：串联负反馈使输入电阻增大，并联负反馈使输入电阻减小。不过，反馈网络与基本放大器输出端的连接方式并不影响输入电阻。

② 反馈网络与基本放大器输出端的连接方式不同，对放大电路的输出电阻产生的影响也不同：电压负反馈使输出电阻减小，电流负反馈使输出电阻增大。不过，反馈网络和基本放大器输入端的连接方式并不影响输出电阻。

③ 负反馈对输入电阻、输出电阻影响的程度，均与反馈深度$(1+\dot{A}\dot{F})$有关。或增大到原来的$(1+\dot{A}\dot{F})$倍，或减小到原来的 $1/(1+\dot{A}\dot{F})$。不过，在求输出电阻时，$\dot{A}$ 是基本放大电路在输出端短路（电流负反馈）或开路（电压负反馈）时的源增益。

6.2.6　负反馈的正确引入原则

引入负反馈能够改善放大电路的多方面性能，负反馈越深，改善的效果越显著，但是放大倍数下降的也越多。以下为正确引入负反馈时应遵循的一般原则：

① 要稳定放大器静态工作点，应引入直流负反馈。

② 要改善放大器交流性能，应引入交流负反馈。

③ 要想稳定输出电压（即减小输出电阻），应引入电压负反馈；要想稳定输出电流（增大输出电阻），应引入电流负反馈。

④ 要提高输入电阻，应引入串联负反馈；要减小输入电阻，应引入并联负反馈。

⑤ 对于多级放大器，引入的负反馈尽量为级间整体反馈，即从输出端直接引回至输入回路。

6.3　深度负反馈放大电路的分析计算

反馈放大电路的分析包括定性分析与定量计算两个方面。定性分析主要是读懂电路图，判断反馈的极性与类型及其反馈效果等；定量计算就是计算反馈放大电路的主要性能指标（如闭环增益、输入电阻与输出电阻等）。

负反馈放大电路的分析计算方法很多，各有特点。常用方法有以下几种：

① 等效电路法：是通用的电路分析方法，该方法不考虑反馈的类型与极性，直接根据电路的交流等效电路，列出电压或电流方程，再用一般的电路计算方法求解出反馈放大电路的性能指标。这种方法从理论上讲，可用于任何复杂电路的精确计算。但是电路复杂时计算量很大，需借助于计算机辅助分析工具。

② 拆环分析法：又称为方框图法，是一种基于网络分析的方法。该法首先将负反馈放大电路分解成基本放大电路及反馈网络两部分，先求出开环参数（如 $\dot{A}$）与反馈系数 $\dot{F}$，再利用有关公式计算闭环指标。这种方法可显示出电路性能与反馈量的关系，物理概念清楚。其关键是如何将反馈放大电路正确地分解成基本放大电路与反馈网络两部分。实际的放大电路，其

基本放大电路与反馈网络相连,反馈网络对基本放大电路的输入端和输出端都有影响(即反馈网络的负载效应)。拆环分析法常常忽略反馈网络的正向传输和基本放大电路的反向传输,它也是一种工程近似计算法。

③ **深度负反馈条件下的近似计算:**对于各种实际的负反馈放大电路,通常都能满足深度负反馈的条件,故工程上一般采用深度负反馈的近似算法来估算放大电路的性能。

本节主要讨论深度负反馈条件下放大电路的近似计算。

6.3.1 深度负反馈的特点

如前所述,深度负反馈的条件为$|\dot{A}\dot{F}|\gg 1$,通常$|\dot{A}\dot{F}|>10$就认为满足这个条件。要满足$|\dot{A}\dot{F}|\gg 1$,需开环增益$\dot{A}$很大,利用集成运放(或多级放大电路)就很容易实现深度负反馈。在这种情况下$|\dot{A}_f|\approx 1/|\dot{F}|$,若求出反馈系数,就可以计算闭环增益。

在图6.9所示反馈放大器方框图中,$\dot{X}_o$、$\dot{X}_f$、$\dot{X}_i$可由净输入量$\dot{X}_i'$表示,即

$$\dot{X}_o=\dot{A}\cdot\dot{X}_i',\dot{X}_f=\dot{F}\cdot\dot{X}_o=\dot{A}\dot{F}\cdot\dot{X}_i'$$

$$\dot{X}_f=\dot{X}_i=-\dot{X}_i'$$

所以

$$\dot{X}_i'=\frac{\dot{X}_i}{1+\dot{A}\dot{F}}$$

当$|1+\dot{A}\dot{F}|\gg 1$时,由上式可知:$\dot{X}_i'\approx 0$,即$\dot{X}_i\approx\dot{X}_f$。

对于任何组态的负反馈放大电路,只要满足深度负反馈条件,都可以利用$\dot{X}_f\approx\dot{X}_i$的特点,直接估算闭环电压放大倍数。但是,必须注意对于不同的组态,$\dot{X}_f$、$\dot{X}_i$应取不同的电量。对于串联负反馈,反馈信号与输入信号以电压的形式求和,$\dot{X}_f$和$\dot{X}_i$都是电压量;对于并联负反馈,反馈信号与输入信号以电流的形式求和,$\dot{X}_f$和$\dot{X}_i$都是电流量。因此,$\dot{X}_i'\approx 0$可分别表示成以下两种形式

串联负反馈:
$$\dot{U}_f\approx\dot{U}_i \tag{6.21}$$

并联负反馈:
$$\dot{I}_f\approx\dot{I}_i \tag{6.22}$$

可利用上述特点来分析估算具有深度负反馈的电路。

6.3.2 深度负反馈放大电路的计算

在估算闭环电压放大倍数时,必须首先判断负反馈的组态是串联负反馈还是并联负反馈,以便选择式(6.21)、式(6.22)中的一个,再根据放大电路的实际情况,列出$\dot{U}_f$和$\dot{U}_i$(或$\dot{I}_f$和$\dot{I}_i$)的表达式,然后直接估算闭环电压放大倍数。

例6.4 电路分别如图6.2(b)、图6.3(b)、图6.5(a)、图6.6(a)、图6.7(a)、图6.8(a)所示,假设各电路均满足深度负反馈条件。试估算各电路的闭环电压放大倍数$\dot{A}_{uf}=\dfrac{\dot{U}_o}{\dot{U}_i}$。

解：为了估算放大电路的闭环电压放大倍数，应该首先判断各电路中负反馈的组态。

① 在图 6.2 (b)中，反馈信号 $\dot{U}_f$ 与输出电压 $\dot{U}_o$ 成正比，且反馈信号与输入信号以电压形式求和，所以是电压串联负反馈。根据深度负反馈条件，有 $\dot{U}_{id}=\dot{U}'_i=0$，$\dot{U}_i=\dot{U}_f$。因为 $\dot{U}_f=\frac{R_3}{R_2+R_3}\cdot\dot{U}_o$，所以

$$\dot{A}_{uf}=\frac{\dot{U}_o}{\dot{U}_i}\approx 1+\frac{R_2}{R_3}$$

且放大电路的输入电阻 R_{if} 趋于无穷，而放大电路的输出电阻 R_{of} 趋于零。

② 在图 6.3(b)中，反馈信号 $\dot{U}_f$ 与输出电压 $\dot{U}_o$ 成正比，且反馈网络与基本放大器输入端为串联连接方式(对应反馈信号与输入信号以电压形式求和)，所以是电压串联负反馈。根据深度负反馈条件，可有：$\dot{U}_{be1}\approx 0$、$\dot{U}_i\approx\dot{U}_f$。因为 $\dot{U}_f=\frac{R_{E1}}{R_{E1}+R_F}\cdot\dot{U}_o$，所以

$$\dot{A}_{uf}=\frac{\dot{U}_o}{\dot{U}_i}\approx 1+\frac{R_F}{R_{E1}}$$

由于偏置电阻 R_{B11}、R_{B12} 并不在输入端反馈环路中，则放大器的输入电阻为

$$R'_{if}=R_{B11}\ /\!/\ R_{B12}\ /\!/\ R_{if}\approx R_{B11}\ /\!/\ R_{B12}$$

放大电路的输出电阻 R_{of} 趋于零。

③ 在图 6.5 (a)中，反馈信号 $\dot{I}_f$ 取自输出电压 $\dot{U}_o$，与外加输入信号以电流形式求和，因此属于电压并联负反馈。在深度负反馈条件下，有 $\dot{I}'_i\approx 0$ $\dot{I}_f\approx\dot{I}_i$。由于 $\dot{I}'_i\approx 0$，则可认为运放同相输入端、反相输入端的电压近似等于零。由此，可分别求得 $\dot{I}_i$ 和 $\dot{I}_f$ 为

$$\dot{I}_i=\frac{\dot{U}_i}{R_1},\qquad \dot{I}_f=-\frac{\dot{U}_o}{R_F}$$

因 $\dot{I}_f\approx\dot{I}_i$，可得：$-\frac{\dot{U}_o}{R_F}\approx\frac{\dot{U}_i}{R_1}$，故闭环电压放大倍数为

$$\dot{A}_{uf}=\frac{\dot{U}_o}{\dot{U}_i}\approx-\frac{R_F}{R_1}$$

放大电路的输出电阻 R_{of} 趋于零，而放大电路的输入电阻为 $R_{if}=R_1$。

④ 在图 6.6 (a)中，反馈信号与输出电流 $\dot{I}_o$ 成正比，而与输入信号以电压形式求和，属于电流串联负反馈。根据深度负反馈条件，可得 $\dot{U}_f\approx\dot{U}_i$。由图可得：$\dot{U}_f=\dot{I}_o\cdot R_F\approx\dot{U}_i$，$\dot{U}_o=\dot{I}_oR_L$，则

$$\dot{A}_{uf}=\frac{\dot{U}_o}{\dot{U}_i}\approx\frac{R_L}{R_F}$$

放大电路的输出电阻 R_{of} 趋于无穷大，而放大电路的输入电阻 R_{if} 也是无穷大。

⑤ 在图6.7 (a)中,反馈信号 $\dot{I}_f$ 与输出电流 $\dot{I}_o$ 成正比,并与输入信号以电流形式求和,故属于电流并联负反馈。根据深度负反馈条件,可得 $\dot{I}'_i \approx 0$、$\dot{I}_f \approx \dot{I}_i$。由于 $\dot{I}'_i \approx 0$,集成运放反相输入端、同相输入端的电压近似等于零,由图可得

$$\dot{I}_i = \frac{\dot{U}_i}{R_1}, \dot{I}_f = -\frac{\dot{I}_o \cdot R_3}{R_3 + R_F} = -\frac{\dot{U}_o}{R_L} \cdot \frac{R_3}{R_3 + R_F}$$

因 $\dot{I}_f \approx \dot{I}_i$,故 $-\frac{\dot{U}_o}{R_L} \times \frac{R_3}{R_3 + R_F} \approx \frac{\dot{U}_i}{R_1}$,则闭环电压放大倍数为

$$\dot{A}_{uf} = \frac{\dot{U}_o}{\dot{U}_i} \approx -\frac{R_L \cdot (R_3 + R_F)}{R_1 \cdot R_3}$$

放大电路的输出电阻(从连接负载 R_L 的两端看进去)R_{of} 趋于无穷大,而放大电路的输入电阻为 $R_{if} = R_1$。

⑥ 在图6.8(a)中,反馈信号 $\dot{U}_f$ 与输出回路的电流 $\dot{I}_{e3}$ 成正比,而与输入信号以电压形式求和,故属于电流串联负反馈。根据深度负反馈条件,可得 $\dot{U}'_i \approx 0$、$\dot{U}_f \approx \dot{U}_i$。

因 R_{C3} 与 R_L 并联,有

$$\dot{I}_{e3} = \left(1 + \frac{R_L}{R_{C3}}\right) \cdot \dot{I}_o$$

$$\dot{U}_o = -\dot{I}_o \cdot R_L$$

因 $\dot{U}'_i \approx 0$,则 $I_{e1} \approx 0$,$(R_1 + R_{E1})$ 与 R_{E3} 并联,可得

$$\dot{U}_{e3} \approx \dot{I}_{e3} \times [R_{E3} // (R_1 + R_{E1})]$$

$$\dot{U}_f \approx \dot{U}_{e3} \times \frac{R_{E1}}{R_{E1} + R_1} = \dot{I}_{e3} \times \frac{R_{E3} \cdot R_{E1}}{R_{E3} + R_{E1} + R_1}$$

$$\dot{U}_i \approx \dot{U}_f = \dot{I}_{e3} \times \frac{R_{E3} \cdot R_{E1}}{R_{E3} + R_{E1} + R_1} = \dot{I}_o \times \frac{R_{E3} \cdot R_{E1}}{R_{E3} + R_{E1} + R_1} \times \left(1 + \frac{R_L}{R_{C3}}\right)$$

则可得

$$\dot{A}_{uf} = \frac{\dot{U}_o}{\dot{U}_i} \approx -\frac{R_{E3} + R_{E1} + R_1}{R_{E3} \cdot R_{E1}} \times \frac{R_L \cdot R_{C3}}{R_L + R_{C3}}$$

放大电路的输出电阻为

$$R'_{of} = R_{C3} // R_{of} \approx R_{C3}$$

放大电路的输入电阻为

$$R'_{if} = R_2 // R_{if} \approx R_2$$

例6.5 设图6.19中各放大电路的整体反馈均满足深度负反馈条件,试估算各电路的闭环电压放大倍数。

解:① 图6.19(a) 电路中由 R_{E1} 引入的负反馈组态为电流串联负反馈。在深度负反馈条件下,有 $\dot{U}_f \approx \dot{U}_i$。由图可知

$$\dot{U}_f = \dot{I}_e \cdot R_{E1} \approx \dot{I}_c \cdot R_{E1} \approx \dot{U}_i$$

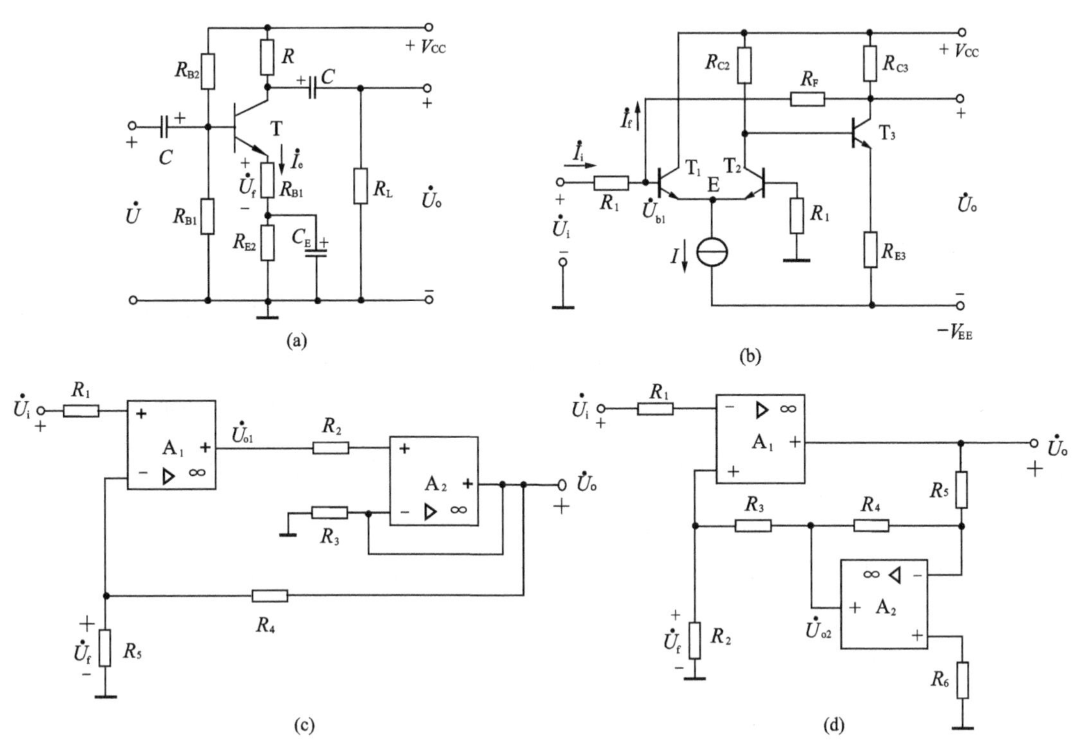

图 6.19　例 6.5 电路

且 $\dot{U}_o=-\dot{I}_c\cdot R'_L$，其中 $R'_L=R_C/\!/R_L$。由此可得

$$\dot{A}_{uf}=\frac{\dot{U}_o}{\dot{U}_i}\approx\frac{-\dot{I}_c\cdot R'_L}{\dot{I}_c\cdot R_{E1}}=-\frac{R'_L}{R_{E1}}$$

放大电路的输出电阻为

$$R'_{of}=R_C\ /\!/\ R_{of}\approx R_C$$

放大电路的输入电阻为

$$R'_{if}=R_{B1}\ /\!/\ R_{B2}\ /\!/\ R_{if}\approx R_{B1}\ /\!/\ R_{B2}$$

② 图 6.19(b)电路中由 R_F 引入的负反馈组态为电压并联负反馈。在深度负反馈条件下，有 $\dot{I}_f\approx\dot{I}_i$，三极管 T_1 的对地交流电压 $\dot{U}_{b1}\approx0$，则由图可得

$$\dot{I}_i\approx\frac{\dot{U}_i}{R_1},\qquad \dot{I}_f\approx-\frac{\dot{U}_o}{R_F}$$

则有

$$\dot{A}_{uf}=\frac{\dot{U}_o}{\dot{U}_i}\approx-\frac{R_F}{R_1}$$

放大电路的输出电阻 $R_{of}\approx0$，放大电路的输入电阻为 $R_{if}=R_1$。

③ 图 6.19(c)电路中由 R_4 引入的负反馈是电压串联负反馈。因集成运放的输入电阻很高，其输入电流近似为零，R_5 上的电流可忽略不计。由图可有

$$\dot{U}_i \approx \dot{U}_f = \dot{U}_o \times \frac{R_5}{R_4 + R_5}$$

所以,可得

$$\dot{A}_{uf} = \frac{\dot{U}_o}{\dot{U}_i} = 1 + \frac{R_4}{R_5}$$

放大电路的输入电阻为无穷大,输出电阻近似为零。

④ 图6.19(d)电路中,输入信号 $\dot{U}_i$ 从集成运放 A_1 的反相输入端输入,经放大后得到输出信号 $\dot{U}_o$。由 A_2、R_4、R_5 组成反相放大器,通过 R_2、R_3 的分压,把输出信号 $\dot{U}_o$ 送回到 A_1 的同相输入端,故 A_2、R_4、R_5、R_2、R_3 组成了反馈网络。用瞬时极性法判断反馈极性:设输入信号 $\dot{U}_i$ 瞬时为正,则输出信号 $\dot{U}_o$ 为负,经 A_2 反相放大后 $\dot{U}_{o2}$ 为正,反馈信号 $\dot{U}_f$ 为正,$\dot{U}_f$ 削弱 $\dot{U}_i$ 的作用,故为负反馈。当输出端短路($\dot{U}_o=0$)时,没有反馈信号送回到输入端(即 $\dot{U}_f=0$),为电压反馈;又由于反馈网络与基本放大器输入端是串联连接,则为串联反馈。因此,引入的反馈组态是交、直流电压串联负反馈。

由图可有

$$\dot{U}_{o2} = -\frac{R_4}{R_5} \cdot \dot{U}_o$$

$$\dot{U}_i \approx \dot{U}_f = \frac{R_2}{R_2 + R_3} \cdot \dot{U}_{o2} = -\frac{R_4}{R_5} \cdot \frac{R_2}{R_2 + R_3} \cdot \dot{U}_o$$

故

$$\dot{A}_{uf} = \frac{\dot{U}_o}{\dot{U}_i} = -\frac{R_5 \cdot (R_2 + R_3)}{R_2 \cdot R_4}$$

放大电路的输入电阻为无穷大,输出电阻近似为零。

例6.6 图6.20所示为两级放大器,第一级是场效应管差分放大器,第二级为由运放组成的反相放大器。设 $R_1 = 1\ \text{k}\Omega$,$R_{F1} = R_{F2} = 20\ \text{k}\Omega$。要求:

① 为了进一步提高输出电压的稳定度,应如何引入反馈?

② 求开环电压放大倍数 $\dot{A}_u = \frac{\dot{U}_o}{\dot{U}_i}$。

③ 计算闭环电压放大倍数 $\dot{A}_{uf} = \frac{\dot{U}_o}{\dot{U}_i}$。

④ 如果指定要求引入电压并联负反馈,电路又应如何连接?

解:① 由于需要进一步提高输出电压的稳定度,则应引入电压负反馈。如图6.20中虚线所示,可有两种连接方式:一种将反馈引到 T_1 管栅极(开关K与b点连接)构成并联反馈,另一种是将反馈引到 T_2 管栅极(开关K与a点连接)构成串联反馈。用瞬时极性判别法进行分析,可知,开关K与b点连接时构成了正反馈,而开关K连接a点时引入了负反馈。因此,开关K应与a点连接,引入电压串联负反馈。

② 在没有负反馈时(开关K与c点连接),有

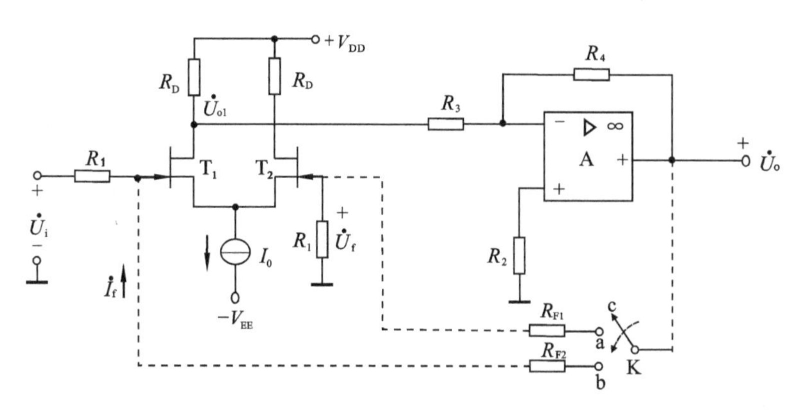

图 6.20 例 6.6 电路

$$\dot{A}_u=\frac{\dot{U}_o}{\dot{U}_i}=\frac{\dot{U}_{o1}}{\dot{U}_i}\cdot\frac{\dot{U}_o}{\dot{U}_{o1}}=\dot{A}_{u1}\cdot\dot{A}_{u2}$$

其中，$\dot{A}_{u1}=\frac{\dot{U}_{o1}}{\dot{U}_i}=-0.5\cdot g_m\cdot(R_D/\!/R_3)$，$\dot{A}_{u2}=\frac{\dot{U}_o}{\dot{U}_{o1}}=-\frac{R_4}{R_3}$。

③ 开关 K 连接 a 点时，电压串联负反馈的闭环电压放大倍数为

$$\dot{A}_{uf}=\frac{\dot{U}_o}{\dot{U}_i}=1+\frac{R_{F1}}{R_1}=1+\frac{20\ \text{k}\Omega}{1\ \text{k}\Omega}=21$$

④ 由于必须引入电压并联负反馈，最简单的方法是将第一级场效应管放大器的输出由 T_1 管漏极改为 T_2 管的漏极，然后把开关 K 与 b 点连接即可。

由以上分析可知，在深度负反馈条件下，负反馈放大电路的闭环电压放大倍数的估算比较简单。

6.4 负反馈放大电路的稳定性分析

6.4.1 负反馈放大电路的自激振荡与稳定工作条件分析

1. 产生自激振荡的原因与条件

在中频区，负反馈放大器中反馈信号 $\dot{X}_f$ 与输入信号 $\dot{X}_i$ 相位相同，$\dot{X}_f$ 将抵消部分输入信号 $\dot{X}_i$，则必有 $|\dot{X}_i'|<|\dot{X}_i|$。这样，负反馈使放大器的输出信号 $\dot{X}_o$ 减小。

在高频和低频情况下，由于基本放大电路 $\dot{A}$（有时反馈网络 $\dot{F}$）中存在有电容元件，使得 $\dot{A}\dot{F}$ 会产生附加相移。假设在某一频率下，$\dot{A}\dot{F}$ 的附加相移达到 180°，则 $\dot{X}_f$ 和 $\dot{X}_i$ 必然由中频时的同相变为反相。在这种情况下，$\dot{X}_i'$将是 $|\dot{X}_i|$ 和 $|\dot{X}_f|$ 的代数和，必有 $|\dot{X}_i'|>|\dot{X}_i|$，导致 $|\dot{X}_o|$ 增大，原来的负反馈变成了正反馈。这时，即使没有外加信号，$\dot{X}_o$ 经过反馈网络 $\dot{F}$ 和比较电路后，得到 $\dot{X}_i'=0-\dot{X}_f=-\dot{F}\dot{X}_o$，送到放大器 $\dot{A}$ 的输入端再放大后，得到一个增强的信号

$(-\dot{A}\dot{F}\dot{X}_o)$,如果这个信号正好等于 $\dot{X}_o$,则负反馈放大器将可能产生自激振荡,这种现象如图 6.21 所示。

由此可知,负反馈放大电路产生自激振荡的根本原因之一是 $\dot{A}\dot{F}$ 的附加相移。

当负反馈放大电路发生自激振荡时,必然有

$$\dot{A}\cdot\dot{F}=-1 \tag{6.23}$$

该式可以分别用模和相角表示为

$$|\dot{A}\cdot\dot{F}|=1 \tag{6.24}$$

$$\varphi_{AF}=\varphi_A+\varphi_F=\pm(2n+1)\pi,\qquad n=0,1,2,\cdots \tag{6.25}$$

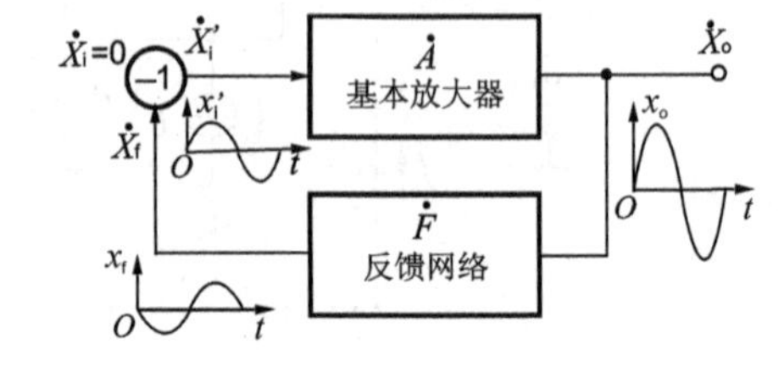

图 6.21 负反馈放大器的自激振荡现象

式(6.24)和式(6.25)分别表示负反馈放大电路产生自激振荡的**幅度条件和相位条件**。

2. 自激振荡的判断方法

在自激振荡的条件中,当相位条件满足时,若相应有 $|\dot{A}\cdot\dot{F}|\geqslant 1$,则负反馈放大器将产生自激振荡。当 $|\dot{A}\cdot\dot{F}|\geqslant 1$ 时,输入信号经过放大和反馈环节,其输出正弦波的幅度要逐步增大,直到由电路元件的非线性限定的某个幅值为止,从而维持等幅振荡。为了判断负反馈放大电路是否可能振荡,可利用其环路增益 $\dot{A}\dot{F}$ 的波特图,综合分析 $\dot{A}\dot{F}$ 的幅频特性和相频特性,判断是否同时满足自激振荡的幅度条件和相位条件。

下面以有三个极点频率的多级放大电路频率响应为例进行分析。设反馈网络为电阻网络,则 $\dot{F}$ 为与频率无关的实数,即 $|\dot{F}|$ 为常数,$\varphi_F=0$。假设基本放大电路放大倍数 $\dot{A}$ 的表达式为

$$\dot{A}=\frac{-10^5}{\left(1+j\dfrac{f}{0.2}\right)\left(1+j\dfrac{f}{1}\right)\left(1+j\dfrac{f}{5}\right)}$$

其中,f 的单位是 MHz。根据这个表达式可画出相应的波特图,如图 6.22 所示。

从相频特性中可以看到,当信号频率约为 2.5 MHz 时,输入与输出的相移 φ 是 $-360°$,或者说附加相移 $\Delta\varphi$ 是 $-180°$(见图 6.22)。而在与它对应的幅频特性中,放大倍数约为 68.5 dB(2 661 倍左右)。那么,若反馈系数 $|\dot{F}|\geqslant\dfrac{1}{2\,661}$,则能满足 $|\dot{A}\dot{F}|>1$。这样对于 2.5 MHz 的信号就满足自激振荡的条件,将会产生自激振荡。例如,若某集成运放的频率响应如上所述,用该运放组成如图 6.2(b)所示放大电路。当取 $R_3=1\ \text{k}\Omega$,$R_2=10\ \text{k}\Omega$ 时,有 $\dot{F}=\dfrac{R_3}{R_3+R_2}=\dfrac{1}{11}$,$|\dot{A}\dot{F}|=2\,661\times\dfrac{1}{11}\approx 242\gg 1$,则该负反馈放大电路就会产生自激振荡。

通过以上分析可以看到,当负反馈放大器的 φ_{AF} 为 $\pm180°$ 时,若所对应的 $20\lg|\dot{A}|+20\lg|\dot{F}|\geqslant 0$ dB,则有可能会产生自激振荡;若 $20\lg|\dot{A}|+20\lg|\dot{F}|<0$ dB,则不会产生自激振荡。对于具有图 6.22 所示频率特性的放大电路,在组成负反馈电路时,反馈系数 $|\dot{F}|$ 越大,产

生自激振荡的可能性就越大。

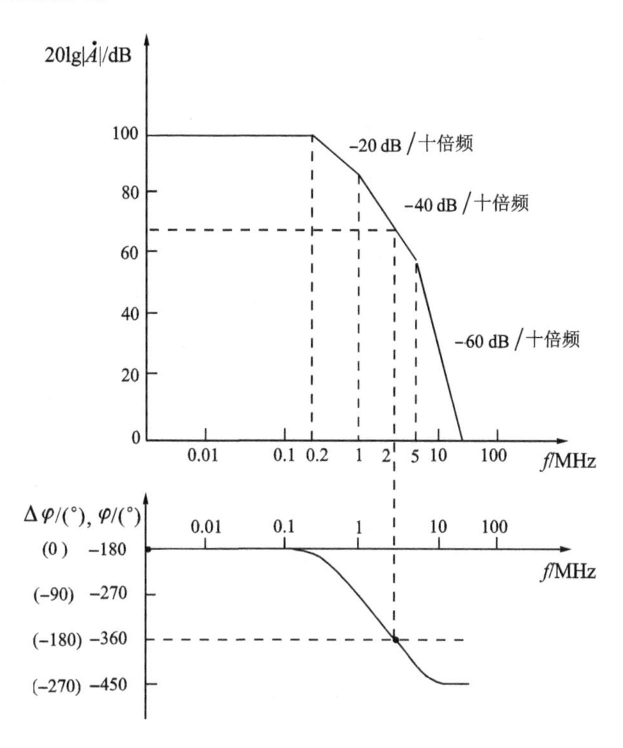

图 6.22　多级放大电路的频率特性

3. 负反馈放大电路的稳定裕度

为了使设计的负反馈放大电路能稳定可靠地工作，不但要求它在预定的工作条件下不产生自激振荡，而且当环境温度、电路参数及电源电压等因素在一定的范围内发生变化时也能满足稳定条件，为此要求放大电路要有一定的**稳定裕度**(stability margin)。所谓稳定裕度是指放大器远离自激的程度。通常采用**增益裕度**(gain margin)(也称幅度裕度)或**相位裕度**(phase margin)两项指标作为衡量的标准。现在结合图 6.23 来加以说明。

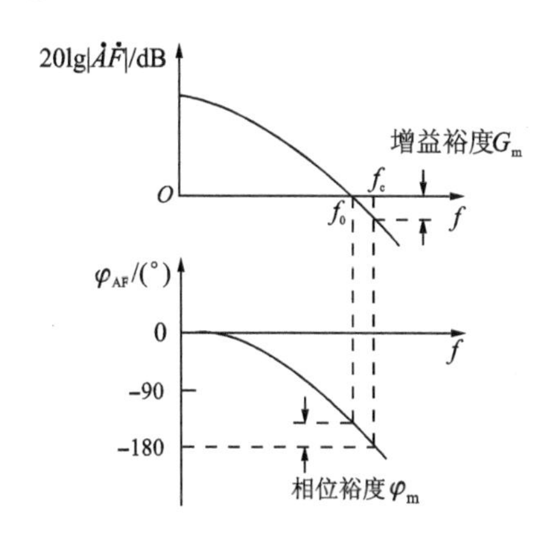

图 6.23　增益裕度和相位裕度示意图

(1) 增益裕度 G_m

由图 6.23 可见，当 $f=f_c$ 时，$\varphi_{AF}=-180°$，此时 $20\lg|\dot{A}\cdot\dot{F}|<0$，因此负反馈放大电路是稳定的。通常将 $\varphi_{AF}=-180°$时的 $20\lg|\dot{A}\cdot\dot{F}|$ 小于 0 dB(即 $|\dot{A}\cdot\dot{F}|=1$)的数值定义为幅度裕度 G_m，即

$$G_m=0-20\lg|\dot{A}\cdot\dot{F}|_{f=f_c^-}$$

$$=-20\lg|\dot{A}\cdot\dot{F}|_{f=f_c^-} \tag{6.26}$$

对于稳定的负反馈放大电路，其 G_m 应为正值。G_m 值愈大，表示负反馈放大电路愈稳定。一般的负反馈放大电路要求 $G_m\geqslant 10$ dB。

(2) 相位裕度 Φ_m

也可以从另一个角度来描述负反馈放大电路的稳定裕度。由图 6.23 可见,当 $f=f_0$ 时,$20\lg|\dot{A}\dot{F}|=0$,此时相应有 $|\varphi_{AF}|<180°$,说明负反馈放大电路是稳定的。通常将 $|\dot{A}\dot{F}|=1$ 时,$|\varphi_{AF}|$ 偏离 180°的数值定义为相位裕度 Φ_m,即

$$\Phi_m=180°-|\varphi_{AF}|_{f=f_0} \tag{6.27}$$

对于稳定的负反馈放大电路,$|\varphi_{AF}|_{f=f_0}<180°$,因此 Φ_m 是正值。Φ_m 愈大,表示负反馈放大电路愈稳定。一般的负反馈放大电路要求 $\Phi_m\geqslant45°$。

相位裕度 Φ_m 和增益裕度 G_m 都可用来表示放大器远离自激的程度,它们是等价的。

例 6.7 已知某反馈放大电路的放大倍数 $\dot{A}$ 表达式如下:

$$\dot{A}=\frac{10^4}{\left(1+\mathrm{j}\,\frac{f}{10^3}\right)\left(1+\mathrm{j}\,\frac{f}{10^4}\right)}$$

若要求该电路相位裕度 $\Phi_m\geqslant45°$,则当反馈系数 $\dot{F}_u=0.1$ 时,该电路是否能稳定工作?如不能稳定,则求出该相位裕度下电路能稳定工作的最大反馈系数。

解:作出如图 6.24 所示幅频特性曲线。反馈系数 $\dot{F}_u$ 为常数,故式 $20\lg|\dot{A}\dot{F}|=0$ dB 可以写成 $20\lg|\dot{A}|-20\lg\left|\frac{1}{\dot{F}}\right|=0$ dB 的形式,在图中画出高度为 $20\lg\left|\frac{1}{\dot{F}_u}\right|=20$ dB 的水平线,该水平线和 $\dot{A}$ 幅频特性曲线的交于 $|\varphi_{AF}|=135°$下方的位置,相位裕度 $\Phi_m<45°$,故该电路不稳定。$|\varphi_{AF}|=135°$时,$20\lg|\dot{A}|=60$ dB,又有 $|\dot{A}\dot{F}|=1$,可以求得最大反馈系数 $\dot{F}_{umax}=0.001$。

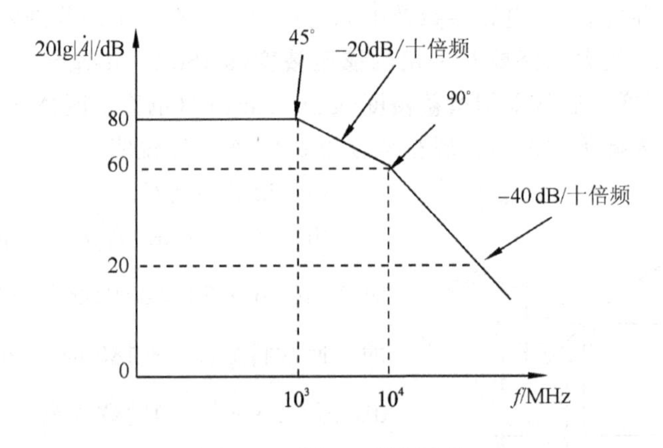

图 6.24 例 6.7 幅频特性

6.4.2 常用的频率补偿方法

前面利用波特图分析了具有什么样频率特性的电路可能会产生自激振荡。从分析中可以看出,负反馈愈强($|\dot{F}|$值愈大),相应 $|\dot{A}\dot{F}|$ 愈大,放大电路就愈容易产生自激振荡。为使放

大器稳定，就要尽量减小$|\dot{F}|$值。但是这样做又会使反馈深度不够，对放大电路性能的改善就不利。能否在加强负反馈深度时又能保证所需的增益裕度和相位裕度呢？常用的办法是利用**频率（或相位）补偿的方法**。

频率（或相位）补偿的根本思想，就是在基本放大电路或反馈网络中添加一些元件来改变反馈放大电路的开环频率特性（主要是把高频时最小极点频率与其相近的极点频率的间距拉大）。破坏自激振荡条件，以保证闭环稳定工作，并满足要求的稳定裕度。在实际工作中经常采用的方法是在基本放大器中接入由电容或 RC 元件组成的补偿电路，来消除自激振荡。

1. 电容补偿

这是在放大电路中时间常数最大的节点（也称为主极点节点）上并接电容，使它的时间常数更大（即主极点频率变低）的一种补偿方法。由于这种补偿使放大器的相位滞后，因此属于**滞后补偿**（lag compensation）。其连线及等效电路如图 6.25 所示。图中，R_{o1} 为前级放大器的输出电阻，R_{i2} 和 C_{i2} 为后级放大器的输入电阻和输入电容。补偿电容 C 接在两级放大电路之间。假设未补偿前这个节点所对应的频率为

$$f_1=\frac{1}{2\pi(R_{o1}\,/\!/\,R_{i2})\cdot C_{i2}} \tag{6.28}$$

f_1 是起主要作用的转折点频率，则补偿后变成

$$f'_1=\frac{1}{2\pi(R_{o1}\,/\!/\,R_{i2})(C+C_{i2})} \tag{6.29}$$

选择合适的 C，使幅频特性中 -20 dB/十倍频段加长，直至与原来的 f_2（次小的转折点频率）相交于幅值为 0 dB（如图 6.25 所示）。这样做的结果使 0 dB 点以上只存在一个转折点。同时，对应 f_2 时的附加相移约为 $-90°+(-45°)=-135°$，尚有 45°的相位裕度。

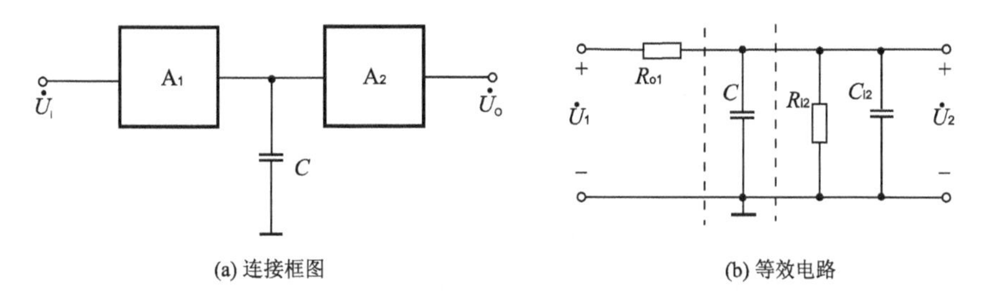

图 6.25　电容补偿电路

以图 6.22 所示的频率特性为例。根据上述原则，$f_2=10^6$ Hz，在图 6.26 中按 -20 dB/十倍频的斜率上移并交于幅频特性的平坦部分 $f=10$ Hz（即 f'_1 值）处，由式（6.29）即可定出 C。此时放大倍数为

$$\dot{A}=\frac{-10^5}{\left(1+\mathrm{j}\,\dfrac{f}{10}\right)\left(1+\mathrm{j}\,\dfrac{f}{10^6}\right)\left(1+\mathrm{j}\,\dfrac{f}{5\times10^6}\right)}$$

虽然有三个转折点，但 0 dB 以上只有一个转折点。因此，即使在接成跟随器时电路也是稳定的。

这种方法简易可行，然而却使得放大电路的频带变窄了。

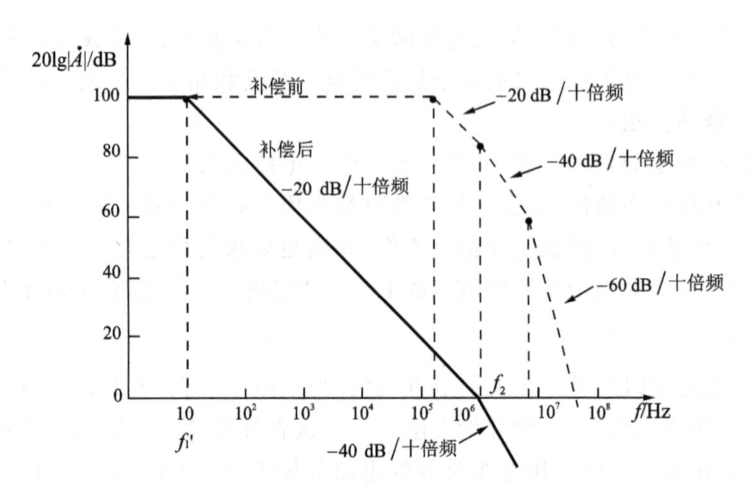

图 6.26　补偿前后的幅频特性

2. *RC* 补偿

RC 补偿的思路是设法在 $\dot{A}$ 的表达式的分子中引入一个零点，与其分母中的一个极点相抵消，同时改变主极点使其降低，从而使频带尽量宽一些，这种方法常称为**极零抵消补偿法**，电路如图 6.27(a)所示。它与图 6.25(a)相比，用 *RC* 代替 *C* 构成了补偿电路。它的等效电路如图 6.27(b)所示。

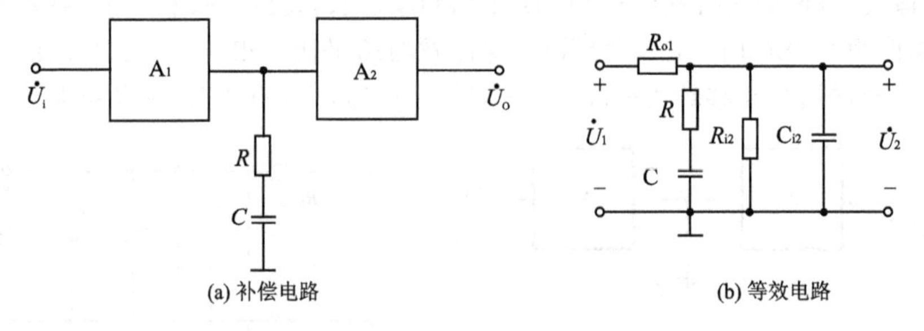

图 6.27　*RC* 补偿电路

注意到图中只有 R、C 两个元件值待定，因此只需要两个条件就能唯一地确定，即一个与零点对应的频率相联系，另一个与最小极点(常称为**主极点**(main pole)) f'_1 相联系。选择 $C \gg C_{i2}$，$R \ll (R_{o1} /\!/ R_{i2})$，传递系数为

$$\dot{A}_{RC}=\frac{\dot{U}_2}{\dot{U}'_1}\approx\frac{R+\dfrac{1}{j\omega C}}{R'+R+\dfrac{1}{j\omega C}}=\frac{1+j\omega RC}{1+j\omega(R'+R)C}=\frac{1+j\dfrac{f}{f'_2}}{1+j\dfrac{f}{f'_1}}$$

其中，$R'=R_{o1} /\!/ R_{i2}$，$f'_2\approx\dfrac{1}{2\pi RC}$

$$f'_1\approx\frac{1}{2\pi(R+R_{o1} /\!/ R_{i2})\cdot C}\approx\frac{1}{2\pi(R_{o1} /\!/ R_{i2})\cdot C}$$

$$f''_1\approx\frac{1}{2\pi(R /\!/ R_{o1} /\!/ R_{i2})\cdot C_{i2}}\approx\frac{1}{2\pi R\cdot C_{i2}}$$

显然有 $f'_1 < f'_2, f'_1 \ll f_1, f''_1 \gg f_1, f''_1 \gg f'_2$

所以，在 f'_1、f'_2 附近，可忽略 f''_1 的影响。

设未经补偿的放大电路的放大倍数表达式为

$$\dot{A} = \frac{A_m}{\left(1+j\frac{f}{f_1}\right)\left(1+j\frac{f}{f_2}\right)\left(1+j\frac{f}{f_3}\right)}$$

因加入补偿电路，使主极点由 f_1 改为 f'_1，并引入一零点，其对应频率为 f'_2，则

$$\dot{A} = \frac{A_m\left(1+j\frac{f}{f'_2}\right)}{\left(1+j\frac{f}{f'_1}\right)\left(1+j\frac{f}{f_2}\right)\left(1+j\frac{f}{f_3}\right)}$$

如果选择合适的 R 和 C，使 $f'_2 = f_2$，则可将式中含 f_2 的因式消去。选择 f'_1 进行补偿时，是以 f_3 所对应的幅值下降到 0 dB 为准。这样就使带宽有所改善（由于 $f'_1 < f'_2$，这是可能实现的）。现仍以前例来说明：若 $f'_2 = f_2 = 1$ MHz，则图 6.28 中，由 $f_3 = 5\times10^6$ Hz 与 0 dB 的交点按 -20 dB/十倍频的斜率向上与 100 dB 相交在 50 Hz（即 f'_1），此时 $\dot{A}$ 的表达式为

$$\dot{A} = \frac{-10^5}{\left(1+j\frac{f}{50}\right)\left(1+j\frac{f}{5\times10^6}\right)}$$

可见比单纯用电容进行补偿的方式在频宽方面有所改善。

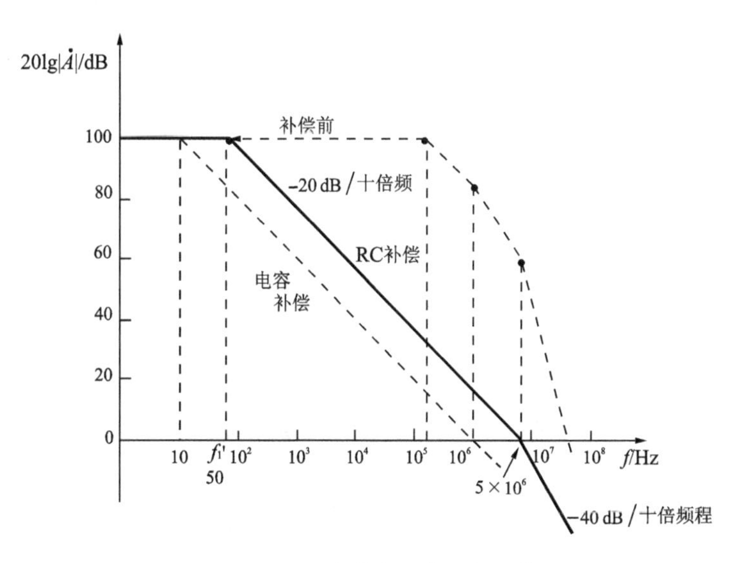

图 6.28　*RC* 补偿前后的幅频特性

在实际工作中，应先从集成运放的幅频特性中找出第二个转折点频率 f_2，然后选 $RC = \frac{1}{2\pi \cdot f_2}$ 并在满足 $C \gg C_{i2}$、$R \ll (R_{o1} // R_{i2})$ 的条件下，分别定出 R、C 的值。

RC 补偿电路应加在时间常数最大（对应主极点频率）的放大级。通常可接在前级输出电阻与后级输入电阻都比较高的地方。

3. 密勒效应补偿

前面两种补偿电路所需的电容、电阻值都会比较大,不便于系统集成。实际工作中常常利用"密勒效应"将补偿电路跨接在放大电路中(如图6.29所示)。这样折合到 A_2 输入端的等效阻抗就会减小约 A_2 倍,即实际所需的电容量可大大减小。例如,集成运放 F007 中的相位补偿就是采用这种方式,在中间级跨接一个 30 pF 的电容。若 A_2 为 1 000,则相当于在中间级的输入端对地之间并联了一个 30 000 pF 的电容,补偿效果很好。

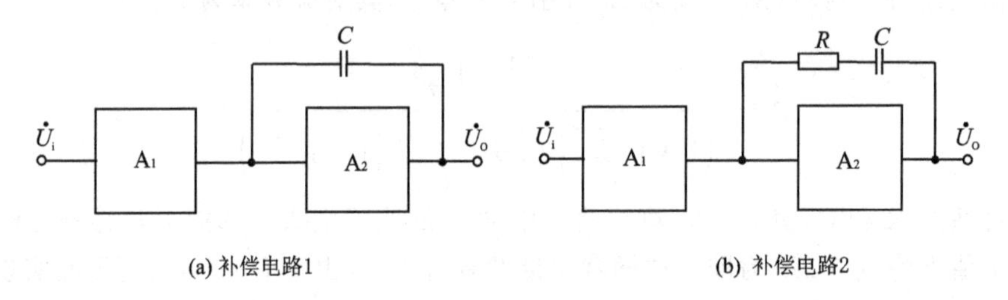

图 6.29　密勒电容补偿

除了以上介绍的补偿方法外,还有很多其他的补偿办法,读者可参考有关文献。

例 6.8　某反馈放大电路及其幅频特性曲线如图6.30所示。试问:

① 若要求相位裕度 $\Phi_m \geqslant 45°$,该电路是否能稳定工作?

② 若该电路产生振荡则应该采取什么措施?

③ 若现在仅有 50 pF 小电容,分别接三个三极管到地均未消振,则应接在何处?

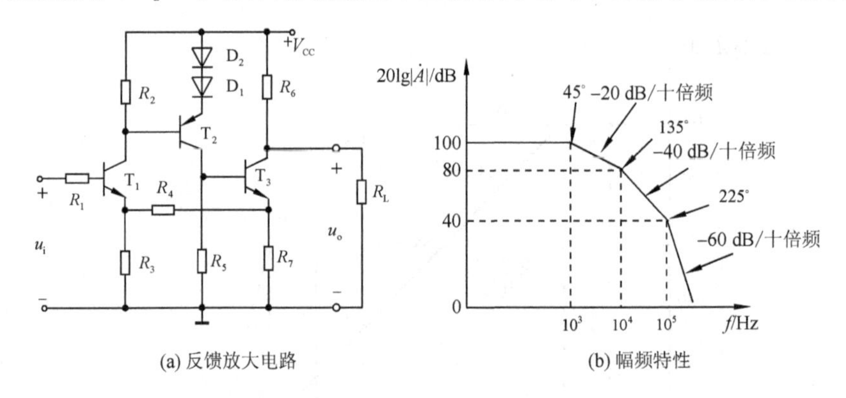

图 6.30　例 6.8 电路图及其幅频特性

解:① 该电路为电流串联负反馈电路,反馈电路由电阻构成,反馈系数 $\dot{F}_u$ 为常数。作出相频特性曲线和幅频特性曲线对比,$\Phi_m \geqslant 45°$时,$G_m \geqslant 10$ dB,故该电路稳定。

② 可在 T_1 的输出端和 T_2 输入端之间加上对地电容进行补偿,以降低 $\dot{A}$ 的幅度,从而降低 $|\dot{A}\dot{F}|$ 提高电路的稳定性能。

③ 在仅有小电容的情况下,可根据密勒效应来进行补偿,在 T_2 的输入端和输出端之间跨接电容,相当于在 T_2 的两端接上 $C'=C(1-A)$ 和 $C''=C\left(1-\frac{1}{A}\right)$ 两个对地电容,提高电容,起到很好的补偿效果。

6.5 用 PSPICE 分析反馈放大器

例 6.9 电路及电路参数如图 6.31 所示。要求:

① 分析开环与闭环电压放大倍数的表达式。

② 用 PSPICE 仿真方法,分别测量 $R_2=50$ kΩ 和 20 kΩ 时输出放大倍数的变化。

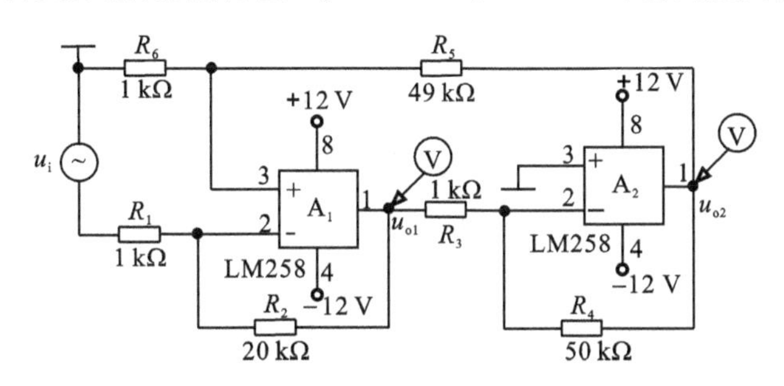

图 6.31 例 6.7 电路

解:① 电压放大倍数分析

分析图 6.31 可知,该负反馈放大器中基本放大电路由两级放大电路组成,两级放大电路中分别引入了局部电压并联负反馈。

采用理想集成运放的近似分析,两级放大电路的闭环电压放大倍数分别为,$A_{u1}\approx -R_2/R_1$,$A_{u2}\approx -R_4/R_3$,可以认为该负反馈放大电路中基本放大电路的电压放大倍数为

$$A_u \approx A_{u1}A_{u2} \tag{6.30}$$

整个反馈电路中引入了级间电压串联负反馈,则闭环电压放大倍数为

$$A_{uf}\approx \frac{A_u}{1+A_u\cdot F_u},\ F_u=\frac{R_6}{R_5+R_6} \tag{6.31}$$

② 用 PSPICE 仿真的结果分析

通过 PSPICE 仿真,得到电路中 u_i、u_{o1}、u_{o2} 电压波形,如图 6.30 所示。输出电压值、电压放大倍数见表 6.2。

表 6.2 负反馈放大器电压放大倍数稳定性仿真结果

u_i 正弦信号峰值 U_{im}/mV	反馈电阻 u_{o2}/kΩ	u_{o2} 电压峰值 U_{om}/mV	闭环放大倍数 A_{uf}	电压放大倍数 A_{u1}	电压放大倍数 A_{u2}	开环放大倍数 A_u
5	50	240	48	−50	−50	2 500
5	20	230	46	−20	−50	1000

① 由表 6.2 可知,当 R_2 从 50 kΩ 变为 20 kΩ 时,放大器开环电压放大倍数变化量为 $\Delta A_u/A_u=(1\ 000-2\ 500)/2\ 500=-0.6$,而闭环电压放大倍数变化量为 $\Delta A_{uf}/A_{uf}=(46-48)/48\approx-0.042$,则有 $|\Delta A_{uf}/A_{uf}|\ll|\Delta A_u/A_u|$。由此说明负反馈提高了放大倍数的稳定性。

② 根据式(6.30)和式(6.31)可知,R_2 从 50 kΩ 变为 20 kΩ 时,开环电压放大倍数 A_u 从 2 500 变为 1 000,闭环电压放大倍数 A_{uf} 分别为 49.1 和 47.6。则计算结果与 PSPICE 仿真

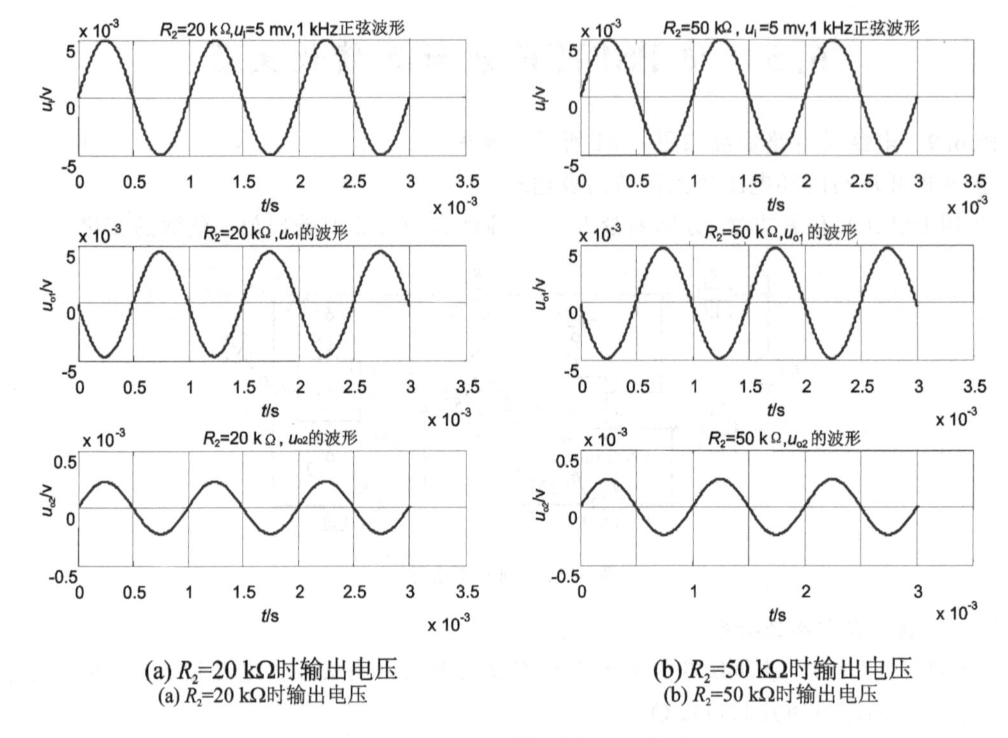

(a) R_2=20 kΩ时输出电压
(b) R_2=50 kΩ时输出电压

图 6.32 反馈放大器的输出电压波形图

结果相近。

③ 当开环电压放大倍数 A_u 由 2 500 变为 1 000 时,闭环电压放大倍数 A_{uf} 变化量的计算结果为

$$\Delta A_{uf}/A_{uf}=\frac{1\ 000}{1+1\ 000\cdot F}-\frac{\frac{2\ 500}{1+2\ 500\cdot F}}{\frac{2\ 500}{1+2\ 500\cdot F}}\approx -0.031$$

则计算结果与 PSPICE 仿真结果相近。

本章小结

6.1　反馈是将放大电路输出信号中的一部分或全部按一定的方式回送到输入回路并影响输入量的连接方式。若电路中除放大通路之外还存在有信号反向传输的通路,则称为反馈放大电路(闭环);反之,常称为基本放大电路(开环)。

6.2　反馈极性的判断采用瞬时极性法。若反馈引入后削弱了原输入信号的作用,使得放大电路的输出信号减小,则为负反馈;反之,则为正反馈。若反馈只对交流信号起作用(即反馈量中仅包含交流成分),则为交流反馈。若反馈只对直流信号起作用(即仅包含直流成分),则为直流反馈。

6.3　根据负反馈信号在放大电路输出端采样方式,以及在输入回路中求和形式的不同,共有四种类型或组态:

① 电压串联负反馈:反馈信号与输出电压成比例,与原输入信号以电压形式求和。

② 电压并联负反馈：反馈信号与输出电压成比例，与原输入信号以电流形式求和。

③ 电流串联负反馈：反馈信号与输出电流成比例，与原输入信号以电压形式求和。

④ 电流并联负反馈：反馈信号与输出电流成比例，与原输入信号以电流形式求和。

6.4　反馈对放大电路性能的影响

① 正反馈使放大电路的放大倍数增大（易引起自激振荡），负反馈使放大倍数减小。

② 直流负反馈可以稳定放大电路的静态工作点，而交流负反馈可以改善动态指标。

③ 电压负反馈能稳定输出电压，同时降低了输出电阻；电流负反馈能稳定输出电流，同时提高了输出电阻。

④ 串联负反馈可提高放大电路的输入电阻；而并联负反馈则降低输入电阻。

6.5　应当根据实际工程需要，来引入合适的负反馈组态。

① 要稳定直流量（如静态工作点），应引入直流负反馈。

② 要改善放大电路交流性能（如稳定放大倍数、展宽频带等），则应引入交流负反馈。

③ 在负载 R_L 变化时，若想使输出电压稳定，则应引入电压负反馈；若想使输出电流稳定，则应引入电流负反馈。

④ 若需要提高放大电路的输入电阻 R_i，则应引入串联负反馈；若要减小放大电路的输入电阻 R_i，则应引入并联负反馈。

6.6　深度负反馈放大电路电压放大倍数的估算

① 对于电压串联负反馈放大电路，可利用关系式 $A_{uf}\approx\frac{1}{F_u}$ 直接估算。

② 对于任何组态的负反馈放大电路，均可利用关系式 $\dot{X}_f\approx\dot{X}_i$ 来估算电压放大倍数。

6.7　自激振荡及其频率补偿方法

① 自激振荡的条件：$\dot{A}\dot{F}=-1$ 。

② 频率补偿方法：常采用电容补偿、RC补偿、密勒效应补偿。

思考题

6.1　什么是负反馈？什么是直流反馈和交流反馈？如何判断反馈的极性和负反馈的组态？

6.2　举例分析四种负反馈组态中的输入信号、输出信号、反馈信号，反馈信号的取样方式、反馈网络与基本放大器在放大电路输入回路中的连接方式。

6.3　如果信号源内阻 R_S 从50 Ω变为100 kΩ，串联负反馈与并联负反馈的反馈效果各如何变化？若 R_L 可调（如从100 Ω逐渐增大到2 kΩ），要想维持负载电流基本不变化，则应引入何种负反馈？

6.4　对于深度负反馈放大电路，$\dot{A}_F\approx 1/\dot{F}$，试说明其物理意义。

6.5　负反馈可以改善放大器的哪些性能？为什么？所付出的代价是什么？

6.6　多级放大电路的输出级一般是功率放大器，而功率放大器容易产生非线性失真，试问采取什么办法可以有效减小输出信号的失真？

6.7　在负反馈放大电路中，虚短和虚断的物理意义是什么？在什么情况下可以用于负反

馈电路放大倍数的分析计算？

6.8　何为自激振荡？负反馈放大电路在什么情况下会产生自激振荡？

6.9　什么叫增益裕度和相位裕度？

6.10　什么叫相位补偿？说明利用相位补偿来消除负反馈放大电路自激振荡的指导思想及其物理意义。

习题6

题6.1　判断题图6.1(a)～(f)所示电路中哪些是负反馈，哪些是正反馈，哪些是交流反馈？

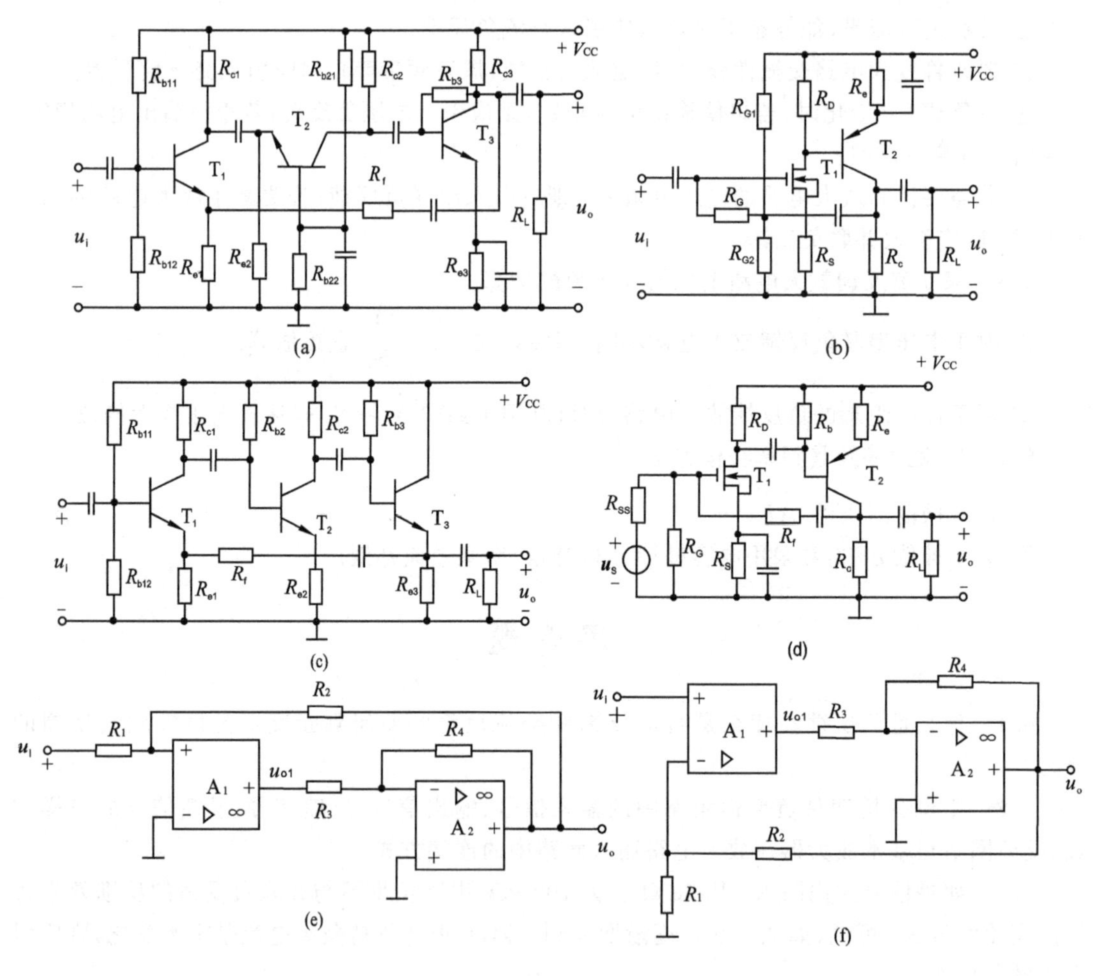

题图6.1

题6.2　判断题图6.2(a)、(b)各电路中反馈的极性和组态。

题6.3　判断题图6.3(a)～(d)中各电路所引反馈的极性及交流反馈的组态。

题6.4　有两个放大器A_1、A_2，工作在线性区，其传输特性分别如题图6.4(a)、(b)所示。对工作在线性区的两个放大器分别加反馈，其方框图示于(c)、(d)、(e)、(f)。试判别各种接法的反馈是正反馈还是负反馈。

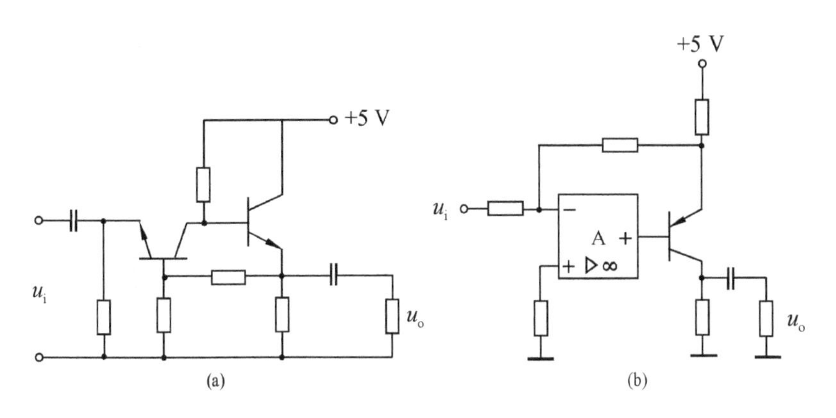

题图 6.2

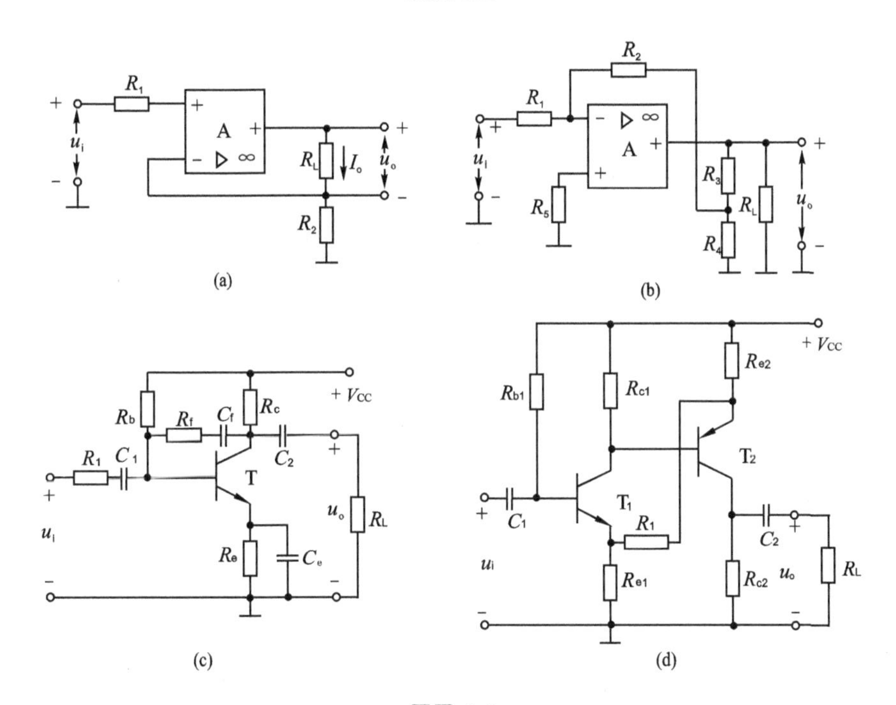

题图 6.3

题 6.5　说明题图 6.5 所示的两个电路中有哪些反馈支路，它们属于什么类型的反馈，写出图(a)电路在深度负反馈条件下差模电压放大倍数$\left|\dfrac{u_{od}}{u_{id}}\right|$的近似表达式。

题 6.6　题图 6.6 示出了两个反馈放大电路。试指出在这两个电路中，哪些元器件组成了放大通路？哪些组成了反馈通路？是正反馈还是负反馈？属于何种组态？设放大器 A_1、A_2 为理想的集成运放，试写出电压放大倍数 u_o/u_i 的表达式。

题 6.7　反馈放大电路如题图 6.7 所示，要求：

① 判断图中级间反馈的极性或组态（负反馈应讨论组态）。

② 若满足深度负反馈条件，则 $A_{uf}=u_o/u_i$、R_{if}、R_{of} 各为多少？

题 6.8　设题图 6.8 所示电路中的运放是理想的，试问电路中存在何种极性和组态（类型）的级间反馈？推导出 $A_{uf}=u_o/u_i$ 的表达式。

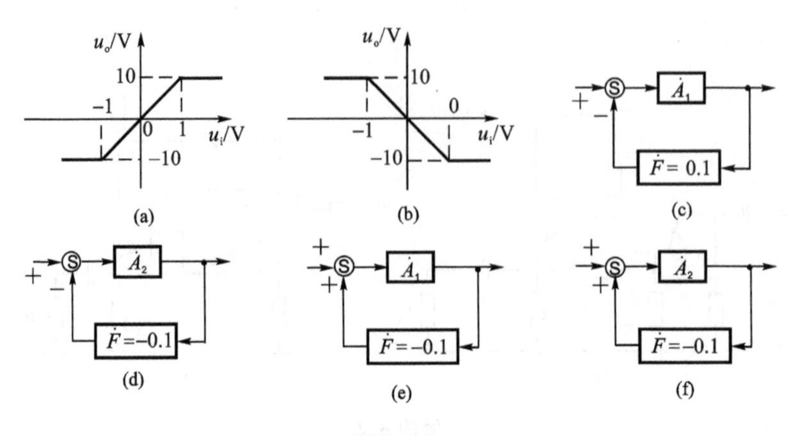

题图 6.4

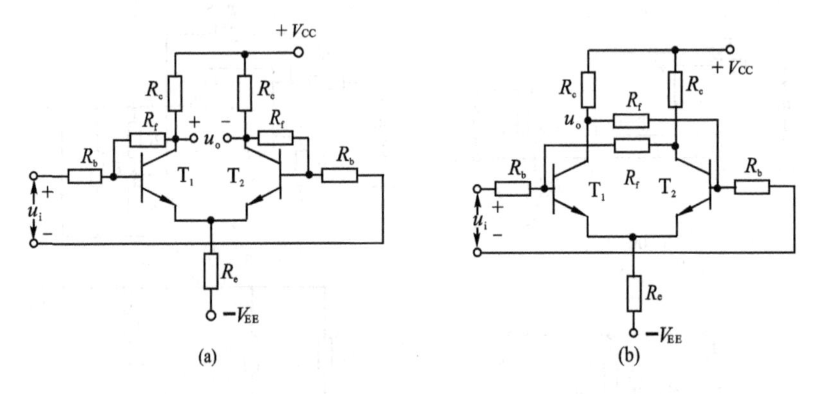

题图 6.5

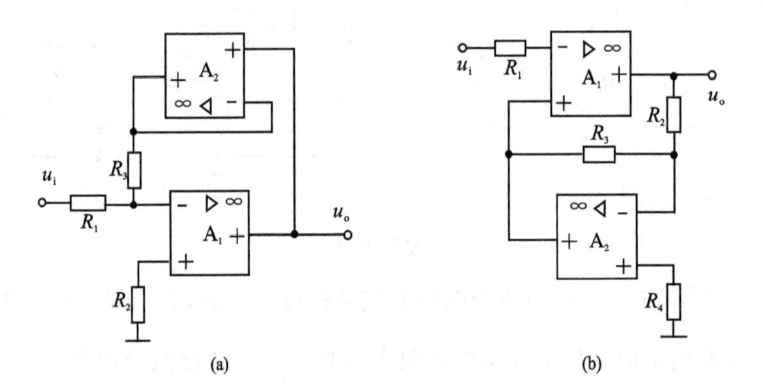

题图 6.6

题 6.9 分析题图 6.9 所示的电路,要求:

① 估算静态($u_i=0$)时的电流 I_{C2},设 $U_{BE1}=U_{BE2}=0.6$ V,电阻 R_{b1} 和 R_{b2}(1 kΩ)上的压降可忽略。

② 设 $R_{C2}=10$ kΩ,$U_{BE3}=-0.68$ V,$\beta_3=100$,求 $I_{C3}=$?

③ 当 $u_i=0$ V 时 $u_o>0$ V,现要求 u_o 也为 0,问 R_{c2} 应如何调节(增大或减少)?

④ 若要求输入电阻高、输出电阻低,图中的接线应作出哪些变动?

⑤ 若满足深度负反馈，则接线变动后电压放大倍数$\dfrac{u_o}{u_i}$是否也有变化？估算出其前后的大致数值。

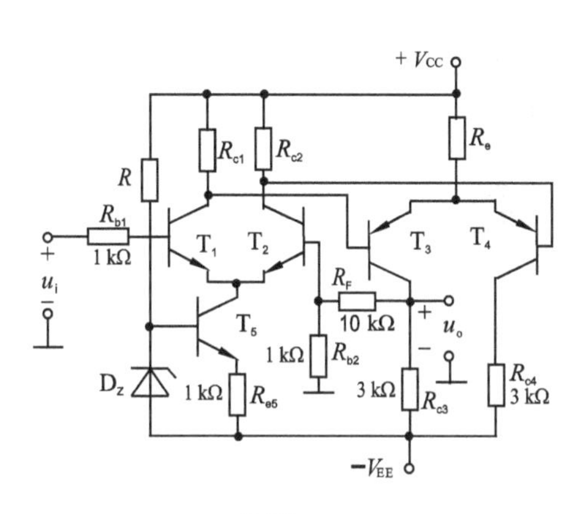

题图 6.7

题图 6.8

题 6.10　在题图 6.10 所示电路中，要求：

① 计算在未接入 T_3 且 $u_i=0$ 时，T_1 管的 U_{C1Q} 和 U_{EQ}。设 $\beta_1=\beta_2=100$，$U_{BE1Q}=U_{BE2Q}=0.7\ \text{V}$。

② 计算当 $u_i=+5\ \text{mV}$ 时，u_{C1}、u_{C2} 各是多少？给定 $r_{be}=10.8\ \text{k}\Omega$。

③ 如接入 T_3 并通过 c_3 经 R_F 反馈到 b_2，试说明 b_3 应与 c_1 还是 c_2 相连才能实现负反馈。

④ 在第③小题情况下，若 $|\dot{A}\dot{F}|\gg 1$，试计算 R_F 应是多少才能使引入负反馈后的电压放大倍数 $\dot{A}_{uf}=10$？

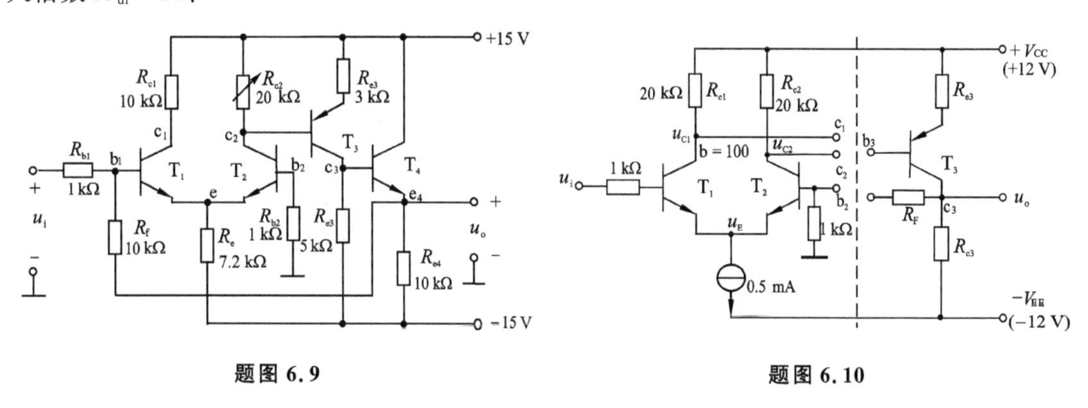

题图 6.9　　　　题图 6.10

题 6.11　由差动放大器和运算放大器组成的反馈放大电路如题图 6.11 所示。回答下列问题：

① 当 $u_i=0$ 时，$U_{C1}=U_{C2}=$？设 $U_{BE}=0.7\ \text{V}$。

② 要使由 u_o 到 b_2 的反馈为电压串联负反馈，则 c_1 和 c_2 应分别接至运放的哪个输入端（在图中用＋、－号标出）？

③ 引入电压串联负反馈后，闭环电压放大倍数 $A_{uf}=u_o/u_i$ 是多少？设 A 为理想运放。

④ 若要引入电压并联负反馈，则 c_1、c_2 又应分别接至运放的哪个输入端(在图中标出)? R_F 应接到何处? 若 R_F、R_b 数值不变，则 A_{uf} = ?

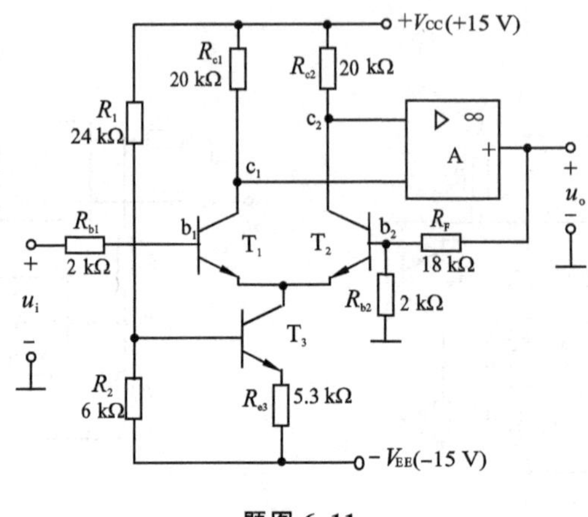

题图 6.11

题 6.12 由 JFET 和运放组成的反馈放大电路如题图 6.12 所示。已知 $R_1=1\ \text{k}\Omega$，$R_2=R_3=10\ \text{k}\Omega$，$R_4=1\ \text{k}\Omega$，$R_5=20\ \text{k}\Omega$，$R_L=1\ \text{k}\Omega$。

① 为使电路反馈极性为负反馈，请指出运放 A 的正负端，并判别此时电路的反馈类型(组态)；

② 设电路满足深度负反馈的条件，试估算电压增益 $A_{vf}=\dfrac{u_o}{u_i}$；

③ 若电阻 R_4 因损坏而开路或短路，它对电路性能各有什么影响?

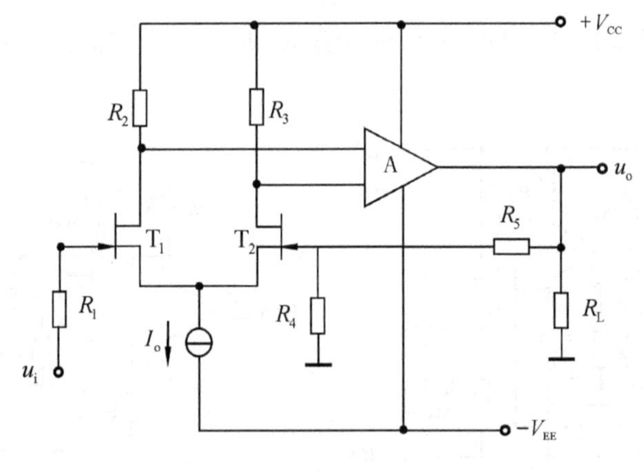

题图 6.12

题 6.13 在图 6.2(b)所示的电压串联负反馈放大电路中，假设集成运放的开环差模电压放大倍数 $\dot{A}_{ud}=10^5$，$R_3=2\ \text{k}\Omega$，$R_2=18\ \text{k}\Omega$。要求：

① 试估算反馈系数 $\dot{F}$、反馈深度$(1+\dot{A}_{ud}\dot{F})$；

② 试估算放大电路的闭环电压放大倍数 $\dot{A}_{uf}$；

③ 如果集成运放的开环差模电压放大倍数 $\dot{A}_{ud}$ 的相对变化量为±10%，此时闭环电压放

大倍数 A_{uf} 的相对变化量等于多少？

题 6.14　已知负反馈放大器的开环增益为 10^5，若要求获得 100 倍的闭环增益，问其反馈系数 F 应取多大？如果由于制造误差其开环增益减小为 10^3，则此时的闭环增益变为多少？相应的闭环增益的相对变化量 $\frac{\Delta A_f}{A_f}$ 是多少？

题 6.15　现有直流增益 $A_1=10^3$、上限频率 $f_{H1}=10$ kHz 的单级基本放大电路若干个，要求施加负反馈后组成单级负反馈放大电路，然后级连组成一个增益为 10^3、上限频率 $f_H=0.5$ MHz 的多级放大器。问至少需要几级单级负反馈放大电路级连才能实现上述要求？每一级负反馈放大电路的闭环增益及反馈系数是多少？

题 6.16　某放大电路的频率特性如题图 6.16 所示，要求：

① 试求该电路的下限频率 $f_L=$？上限频率 $f_H=$？中频电压增益 $\dot{A}_{um}=$？

② 若希望通过电压串联负反馈使通频带展宽为 1 Hz～50 MHz，问所需的反馈深度为多少？反馈系数 $\dot{F}_u$ 为多少？中频闭环电压增益 $\dot{A}_{umf}$ 为多少？

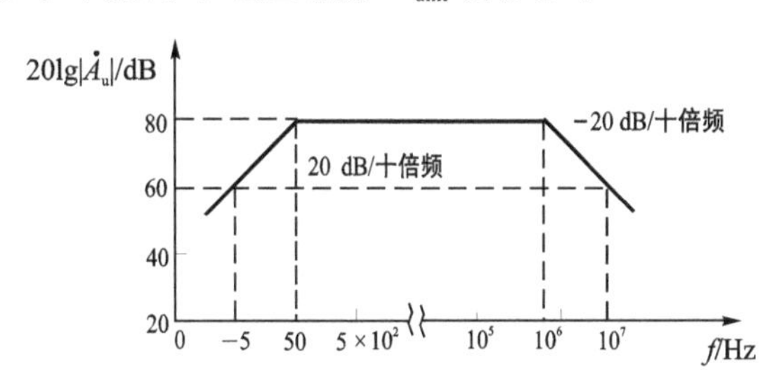

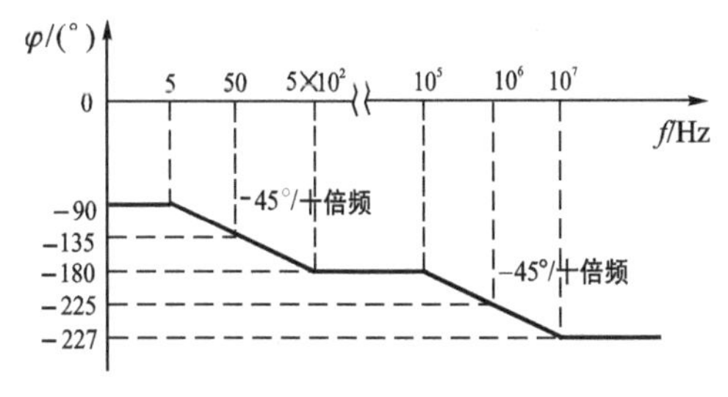

题图 6.16

题 6.17　如题图 6.17 所示，某放大器频率相应的三个极点分别是 $f_{p1}=1$ MHz、$f_{p2}=2$ MHz、$f_{p3}=10$ MHz，中频增益为 40 dB。

① 求满足相应裕度 45°条件下的最大反馈系数；

② 为消除自激，保证相位裕度 45°，采用 RC 滞后补偿，要求补偿后的放大器带宽尽可能宽，求补偿后的带宽。

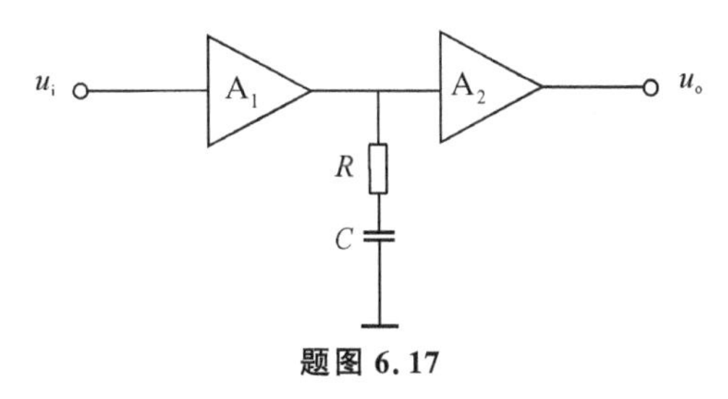

题图 6.17

题 6.18 已知某电压串联负反馈放大电路的开环频率特性如题图 6.18 所示，要求：

① 写出基本放大器电压放大倍数 $\dot{A}_u$ 的表达式；

② 若反馈系数 $\dot{F}_u=0.01$，判断闭环后电路是否能稳定工作？如能稳定，请写出相位裕度；如产生自激，则求出在 45°相位裕度下的 $\dot{F}_u$。

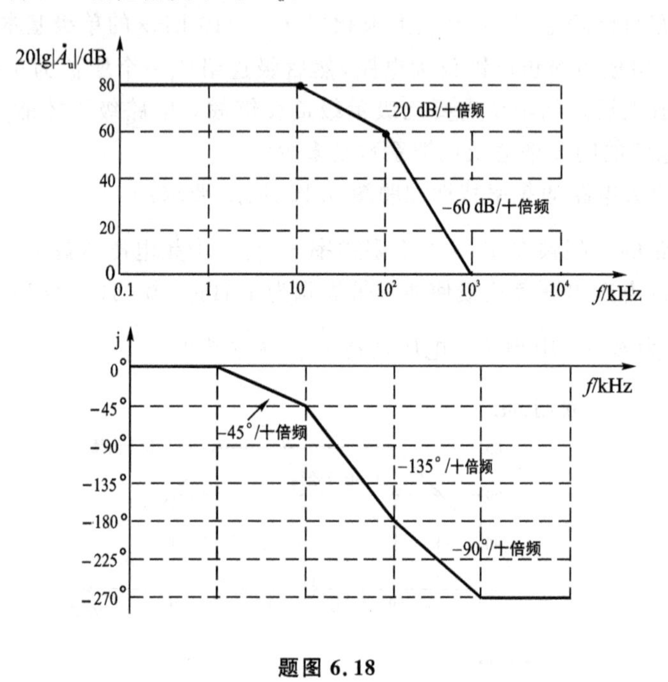

题图 6.18

题 6.19 题图 6.19(a)所示电路在低频时的电压放大倍数 $\dot{A}_u=\dfrac{\dot{U}_o}{\dot{U}_i}=-10$，要求：

① 假设运算放大器 A 具有理想的特性，求电阻 R_1 的值；

② 假设运算放大器 A 的电压放大倍数具有如图(b)所示的频率特性，其他方面的性能仍是理想的。现在希望通过 R_3、C 组成的校正环节使电路具有大约 45°的相位裕度而稳定工作，问放大器校正后的幅频特性是什么样子？电容 C 值为多少？

③ 在由 R_3、C 组成的校正环节中，电容 C 的数值应为多大？

④ 在低频 $f=1$ Hz 时，放大电路的输出电阻 R_o 大约是多大？

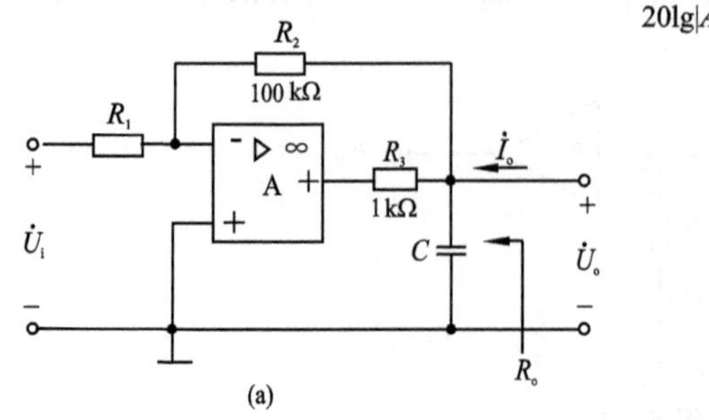

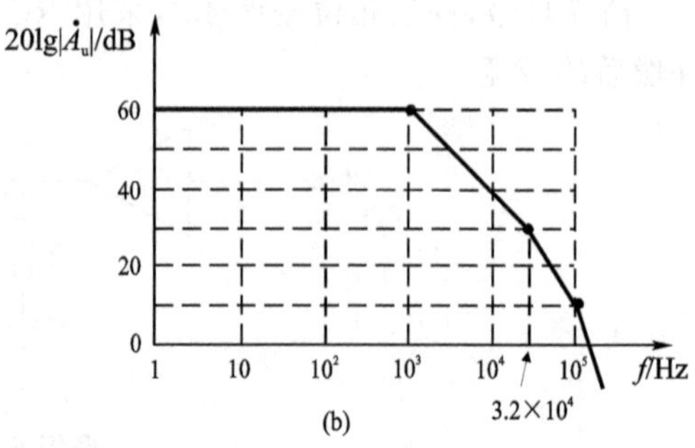

题图 6.19

题 6.20　某集成运放的直流开环增益为 10^4，相应的极点频率分别为 $f_{p1}=200\ \text{kHz}$，$f_{p2}=2\ \text{MHz}$，$f_{p3}=20\ \text{MHz}$，已知产生第一个极点频率 f_{p1} 电路的等效输出电阻 $R_1=20\ \text{k}\Omega$。为保证放大器稳定工作，采用简单的电容滞后补偿技术。试问：

① 若要求在闭环增益为 10 时稳定工作，则要求外接最小电容 C_φ 是多大？

② 若要求在闭环增益为 1 时稳定工作，则补偿电容 C_φ 应取多大？

题 6.21　电路如题图 6.21 所示。集成运放选用 μA741，其参数为 $A_{uo}=1.992\times10^5$，$R_i=0.9963\ \text{M}\Omega$，$R_o=100\ \Omega$。反馈网络的电阻 $R_1=10\ \text{k}\Omega$、$R_2=50\ \text{k}\Omega$。试用 PSPICE 分析该电路的闭环电压增益 A_{uf}、输入电阻 R_{if} 和输出电阻 R_{of}。

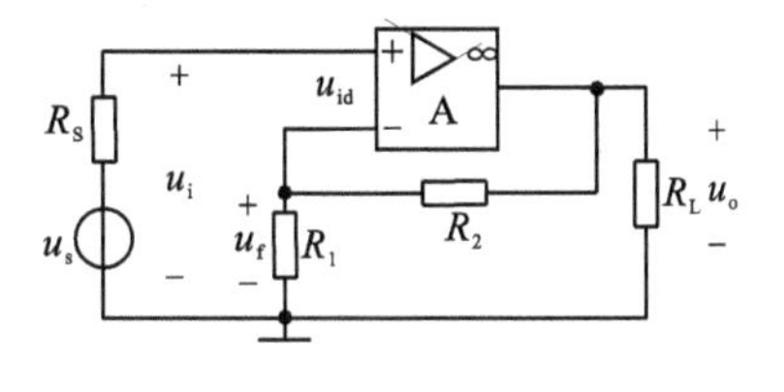

题图 6.21

题 6.22　反馈电路如题图 6.22 所示，T_1、T_2 为 2N2222A。用 PSPICE 分析电路增益 A_u、A_{us}、频率响应、输入电阻 R_i 和输出电阻 R_o。

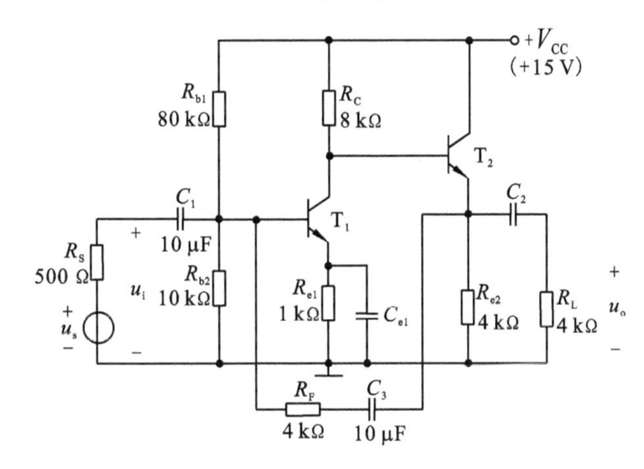

题图 6.22

第7章　功率电路

功率电子电路是高效率地实现能量变换和控制的一类电子电路。功率放大电路和电源变换电路是两大类常用的功率电子电路。功率放大电路是放大器的一个类别，广泛应用于通信、音响、图像等各种电子设备中。电源变换电路是对电能（如 50 Hz 交流电能或直流电能）进行特定变换的电路，广泛应用于电源设备、电机驱动、电力系统和工业控制系统中，其中，电源设备是各种电子系统的必需组成部分。

7.1　功率电路与功率器件概述

7.1.1　功率放大电路

1. 功率放大电路的特点

一个多级放大器常常是由小信号放大级、前置放大级和功率放大级所组成的，如图 7.1 所示。小信号放大级由小信号放大电路组成，其主要任务是不失真地提高输入信号电压或电流的幅度，以驱动后级的放大电路；而功率放大电路的任务则是保证信号失真在允许范围内。

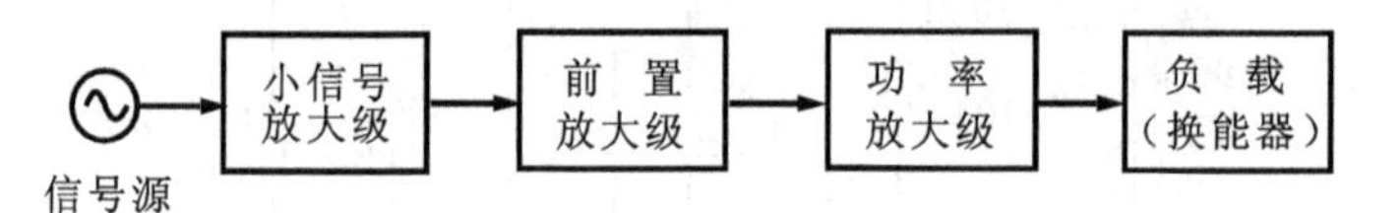

图 7.1　多级放大器方框图

输出足够的功率，以驱动输出负载（换能器）。由此可见，功率放大电路通常工作在大信号状态，所以它跟小信号放大电路相比，有其本身的特点。下面以 BJT 功率放大电路为例进行讨论。

（1）要求输出足够大的功率

在输出信号波形失真所允许范围内，要求输出功率尽量大，故要求功放管的电压和电流都有足够大的输出幅度，功放管处于大信号工作状态。

（2）效率要高

功率放大器的输出信号功率是由直流电源供给的直流能量转换得到的，通常将这种转换的能力称为效率，定义为

$$\eta=\frac{\text{输出信号功率}}{\text{电源供给的直流功率}}=\frac{P_o}{P_V} \tag{7.1}$$

上式中的 P_V 为

$$P_V=P_o+P_T \tag{7.2}$$

其中，P_T 为功率管的耗散功率，简称为管耗。

（3）非线性失真要小

由于功放管处于大信号工作状态，其电压和电流大幅度地摆动，接近截止区和饱和区，因

而产生的非线性失真就大，而且输出功率越大，非线性失真越严重，这使输出功率和非线性失真成为一对主要矛盾。实践中，需要根据非线性失真的要求限制输出功率。

(4) *要考虑功放管的散热和保护问题*

功放管工作在大信号极限运用状态，其 u_{CE} 最大值接近 $U_{BR(CEO)}$，电流 i_C 最大值接近 I_{CM}，管耗最大值接近 P_{CM}。因此，选择功率管时要注意不要超过极限参数，并要考虑过电压和过电流保护措施。此外，为提高功率管的 P_{CM}，还应考虑其散热问题。

(5) *在分析方法上，通常采用图解法*

在大信号情况下，小信号线性模型已不再适用，工程上常采用图解法分析功率放大器。综上所述，对功率放大电路的要求是：在保证晶体管安全工作的条件下和允许失真的范围内，充分发挥其潜力，输出尽量大的功率，同时还要减小管子的损耗，以提高功率放大电路的效率。

2. 功率放大电路提高效率的主要途径

由式(7.1)和式(7.2)可见，要提高功率放大电路的效率，必须在获得相同输出功率 P_o 时降低管耗 P_T。而管耗是指管子在一周内消耗的平均功率，很显然，一周内管子导通时间越短，相应的管耗就将越小、效率也就越高。图 7.2 所示为三种不同类型功率放大电路的工作情况。在图 7.2(a)中，输入信号的整个周期内均有电流流过管子，即管子在一周内都导通，通常将这种工作方式称为甲类放大。在图 7.2(b)中，管子在一个周期内有半个周期以上导通，图 7.2(c)中，管子在一个周期内只有半个周期导通，它们分别称为**甲乙类**和**乙类**放大。由以上分

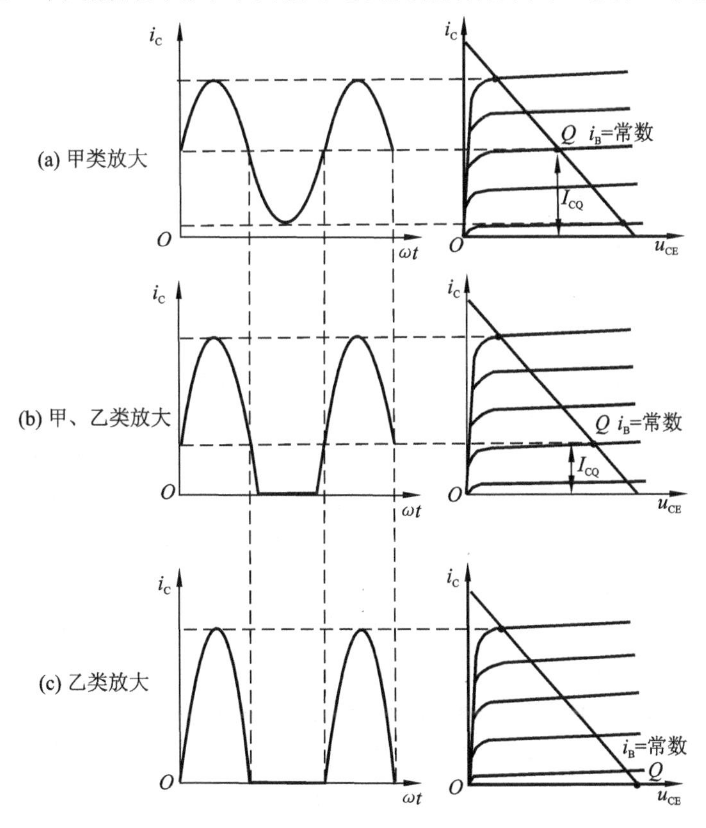

图 7.2　三种不同类型功率放大电路的工作情况

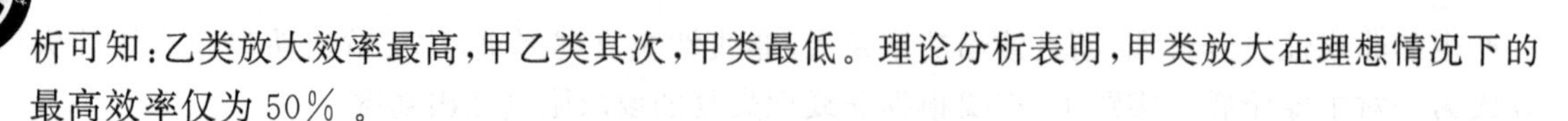

析可知:乙类放大效率最高,甲乙类其次,甲类最低。理论分析表明,甲类放大在理想情况下的最高效率仅为50%。

从甲类到乙类,管子在信号一周内,导通时间减小,效率提高。为进一步提高效率,可进一步减小管子在信号一周内的导通时间,从而出现了丙类放大。所谓丙类放大是在信号一周内管子导通时间小于半周。但是这种通过减小管子导通时间提高效率的途径是有一定限度的。因为管子导通时间太短,效率虽然很高,但因其集电极电流幅值 I_{CM} 下降太多,输出功率反而下降。要想维持 I_{CM} 不变,就必须加大激励电压,但这又可能因激励电压过大,引起管子的击穿,因此必须另辟蹊径。

减小 P_T,提高 η 的另一个途径是使管子运用在开关状态(又称为丁类状态),即管子在信号的半个周期内饱和导通,另半个周期内截止。饱和导通时,不论 i_C 为何值,u_{CE} 近似等于饱和压降 $U_{CE(sat)}$,其值很小,因而导通的半个周期内,瞬时管耗 $i_C u_{CE}$ 始终处在很小的值上。截止时,不论 u_{CE} 为何值,i_C 趋于零(严格地说,$i_C \approx I_{CEO}$),相应的瞬时管耗 $i_C u_{CE}$ 在截止的半个周期内也始终处在零值附近。结果是 P_T 很小,η 将显著增大。

综上所述,在功率放大电路中,管子的运用状态从甲类转向乙类、丙类或者开关的丁类,目的都是为了高效率地输出所需功率。不过,这些高效率的运用状态都将使集电极电流波形严重失真,要实现不失真放大,都需要在电路中采取特定的措施。

7.1.2 电源变换电路

电能形式分为交流、直流两种类型,按照电能之间的不同变换方式,电源变换电路可分成以下四类:

第一类为直流-直流(DC-DC)变换器,是将一种电压数值的直流电变换成另一种电压数值的直流电(一些电路同时实现电压极性变换)。仅使用DC-DC变换即可的场合包括直流微电网、航天器供电系统等,其电能源头为太阳能电池板、蓄电池等。

第二类为交流-直流(AC-DC)变换器,是将交流电能变换为直流电能,并可根据要求改变电压大小。电网电压为50 Hz交流电,依靠电网供电的家用电器、工业设备的内部电源大多为AC-DC变换器。

第三类为直流-交流(DC-AC)变换器,是将直流电变换成特定幅值和频率的交流电,又称为逆变器。它广泛用于各种不间断电源、新能源发电设备、航空静止变流器、感应加热等。

第四类为交流-交流(AC-AC)变换器,是将交流电变换成不同幅值的交流电或者不同幅值及频率的交流电。其中,仅改变电压幅值的变换器称为交流斩波器或交流调压器。AC-AC变换器主要用于发电机二次电源、交流电动机的调压调速等。

在大部分情况下,AC-DC变换器、DC-AC变换器、AC-AC变换器中包含DC-DC变换电路。AC-DC变换器由AC-DC变换电路与DC-DC变换电路构成。直接将交流电变换为直流电的AC-DC电路称为整流器,分为二极管构成的输出直流电压不可控整流器、半可控晶闸管整流器、使用MOSFET或IGBT等全控器件的PWM整流器。在实际应用中,往往在整流器后接DC-DC变换,进行电压大小变换并稳定输出电压,所构成电源称为直流稳压电源。逆变器中,在DC-AC变换电路之前可能有一级DC-DC变换电路。同时改变频率、幅值的AC-AC变换器可由AC-DC、DC-DC、DC-AC三级级联得到。

与功率放大电路类似,电源变换电路在性能上的要求主要是安全、高效率地实现能量变

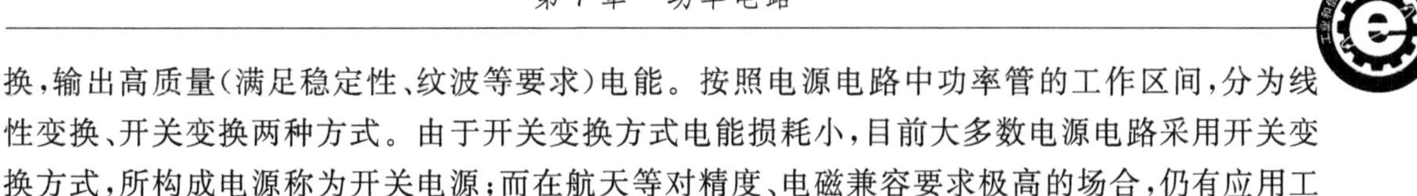

换，输出高质量(满足稳定性、纹波等要求)电能。按照电源电路中功率管的工作区间，分为线性变换、开关变换两种方式。由于开关变换方式电能损耗小，目前大多数电源电路采用开关变换方式，所构成电源称为开关电源；而在航天等对精度、电磁兼容要求极高的场合，仍有应用工作于线性变换方式的线性直流稳压电源。本章 7.3 节将以 AC－DC 变换器为例，介绍整流器与线性稳压电源；本章 7.4 节以 DC－DC 变换器为例，介绍开关电源的相关内容。

7.1.3　功率器件

为满足安全性要求，功率放大电路、电源变换电路中所使用的半导体器件需要在大电压、大电流的情况下工作于安全区间，称为功率器件。

1. 双极型大功率晶体管(BJT)

典型的功率 BJT 外形如图 7.3 所示，通常 BJT 有一个大面积的集电结，为了使热传导达到理想情况，BJT 的集电极衬底与其金属外壳必须保持良好的接触。

(1) 功率 BJT 的散热问题

功率管的集电极损耗使管子发热，结温上升。当结温超过允许值时(锗管约为 100 ℃，硅管约为 200 ℃)，将使晶体管烧坏。为了使放大器能输出更大的功率，而又不致于损坏晶体管，必须给功率管加装散热片，以散发集电结所产生的热量。否则，将不能充分利用功率管的输出功率。必要时还可采用风冷、水冷、油冷等方法来散热。图 7.4 给出了 3AD11－17 功率管的 $P_{CM}-T_a$(环境温度)曲线。由图可知，若不加散热片，管子的 P_{CM} 只有 2 W，加了 $200\times200\times3\ \text{mm}^3$ 的散热片后，P_{CM} 可提高到 10 W。

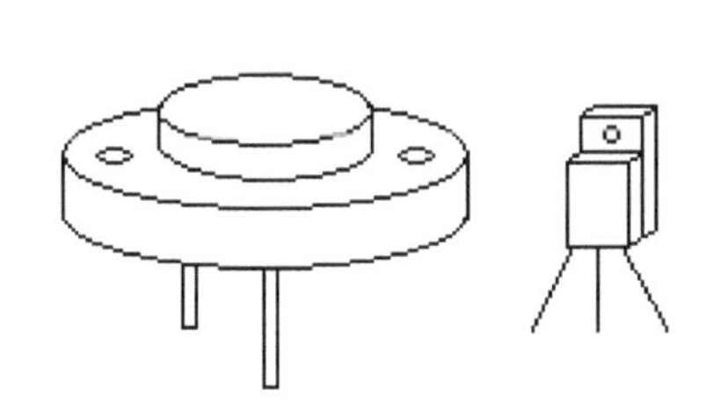

图 7.3　功率 BJT 外形图

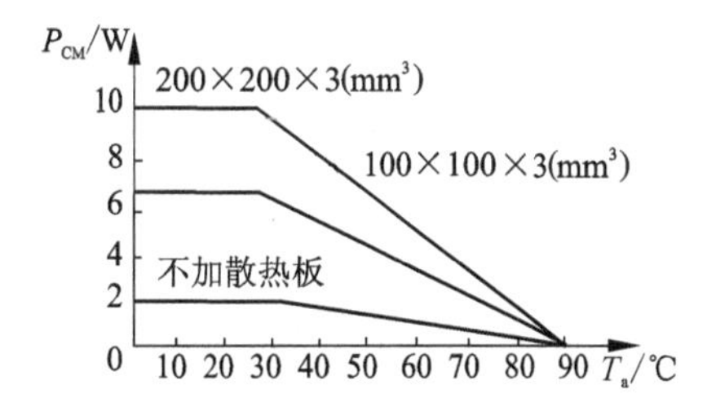

图 7.4　3AD11－17 功率管的 $P_{CM}-T_a$ 曲线

下面讨论最大允许功耗 P_{CM} 与管子的散热条件及环境温度的定量关系。

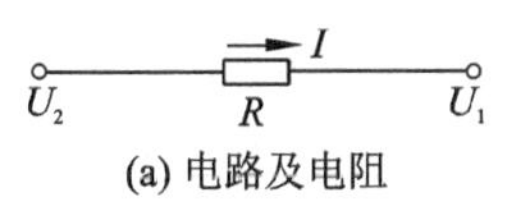

(a) 电路及电阻

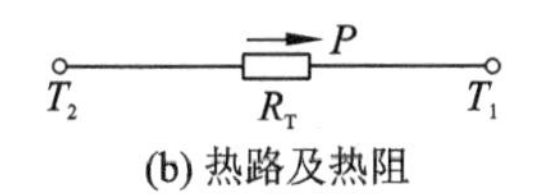

(b) 热路及热阻

图 7.5　热传导过程的模拟

工程上，常将热传导过程用大家熟知的电流传输过程来模拟，如图 7.5 所示。图中，T_2 为热源的温度，T_1 为周围空气的温度，它们之间的温差(T_2-T_1)对应于电位差(U_2-U_1)，传输的热功率 P 对应于电流 I，热传导的路径称为**热路**(thermal path)，对应于电阻 R，传导过程中受到的阻力用热阻 R_T 表示，单位为℃/W，故热路中各量的关系为

$$T_2-T_1=R_T\cdot P \tag{7.3}$$

上式表明，R_T 越小，即热传导过程中受的阻力越小或散热越好，由相同的 P 产生的温差

就越小,即热源温度越接近周围空气温度。

在BJT中,集电极损耗的功率是产生热量的源泉,它使结温升高到T_j,并沿管壳、散热装置把热量散发到环境温度为T_a的空间。图7.6(a)所示为功率BJT加装散热片时的散热情况,由此可建立功率BJT的散热等效热路,如图7.6(b)所示。图中:

R_{Tj}——内热阻,表示管芯到管壳的热阻,一般可由手册中查到;

R_{Tfo}——管壳到空间的热交换阻力;

R_{Tc}——管壳到散热片之间的接触热阻,与管壳和散热片之间接触状况有关;

R_{Tf}——散热片到空间的热交换阻力,与散热片的形状、材料以及面积有关(注意,散热片的面积按一面计算)。

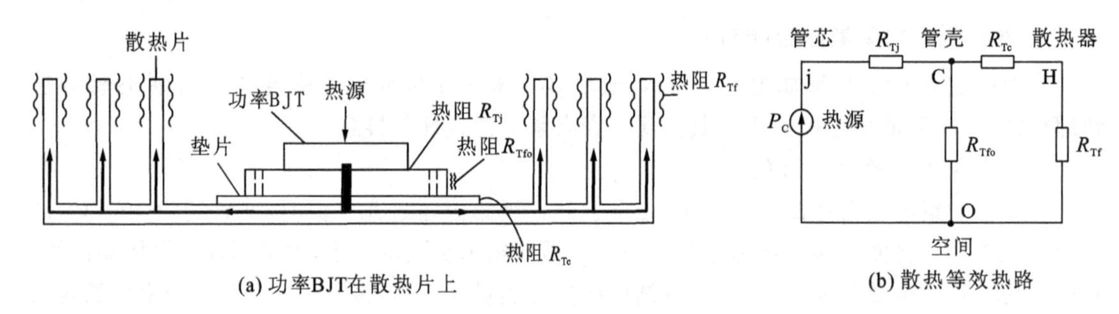

(a) 功率BJT在散热片上　　(b) 散热等效热路

图7.6 功率BJT装在散热片上的散热情况

由图7.6可见,不加散热片时,总热阻为

$$R_{To}=R_{Tj}+R_{Tfo} \tag{7.4}$$

由于管壳散热面积很小,故R_{Tfo}很大,相应地R_{To}很大。加散热片后,由于$(R_{Tc}+R_{Tf})\ll R_{Tfo}$所以,总热阻$R_T$为

$$R_T\approx R_{Tj}+R_{Tc}+R_{Tf} \tag{7.5}$$

显然$R_T\ll R_{To}$。

功率管的P_{CM}与总热阻R_T、最高允许结温T_{jM}和环境温度T_a有关,根据图7.6(b)的等效热路及式(7.5)可得

$$P_{CM}=\frac{T_{jM}-T_a}{R_T} \tag{7.6}$$

由式(7.6)可知,当T_a一定时,P_{CM}与R_T成反比,减小R_T,可以有效地增大P_{CM};当R_T一定时,P_{CM}与T_a有关,T_a越大,P_{CM}越小。这一结论与图7.4的实际结果是一致的。在实际工作中,必须根据最高室温,确定功率管能够承受的最大允许功耗P_{CM}。

(2) 二次击穿

在实际工作中,常发现功率BJT的功耗并未超过允许的P_{CM}值,管身也并不烫,但功率BJT却突然失效或者性能显著下降。这种损坏的原因,往往是由于二次击穿所造成的。

所谓二次击穿现象可以用图7.7(a)来说明。当集电极电压u_{CE}逐渐增大时,首先出现一次击穿现象(如图7.7中AB段),这种击穿就是正常的**雪崩击穿**(avalanche breakdown)。此时,只要适当限制功率BJT的电流且功耗不超过P_{CM},功率BJT就不会损坏。若将u_{CE}减小,管子仍可正常工作,所以一次击穿具有可逆性。反之,若一次击穿出现后,i_C不加限制而继续增大到某一数值时,BJT的工作状态将以毫秒级甚至微秒级的速度移向低压大电流区,如

图 7.7(a)中 BC 段所示，此时将产生二次击穿，管子永久性地损坏，因而二次击穿是不可逆的。由于二次击穿起点随 i_B 的不同而改变，通常把这些点连起来，称其为二次击穿临界曲线，如图 7.7(b)所示。

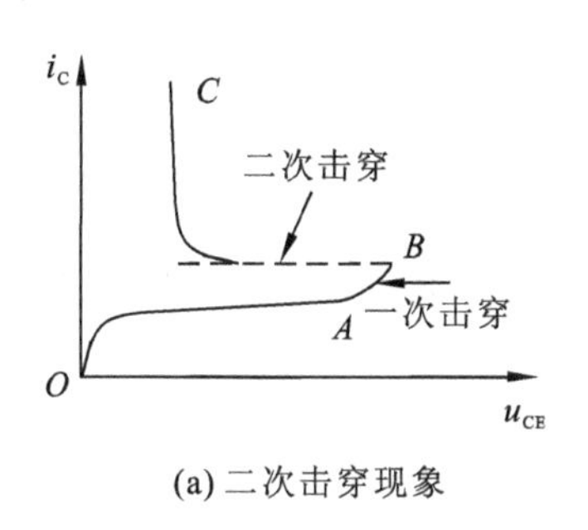

(a) 二次击穿现象

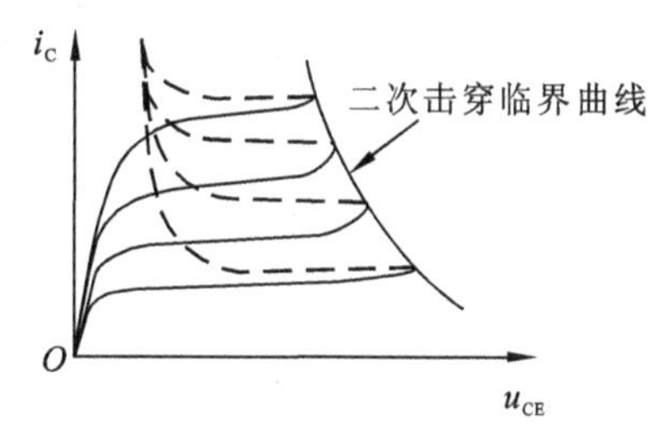

(b) 二次击穿临界曲线

图 7.7 BJT 的二次击穿现象

二次击穿发生的机理目前还不十分清楚。一般认为，是由于电流在 BJT 结面上分布不均匀，造成结面局部过热(称为热斑)所致。

综上所述，为保证功率 BJT 安全可靠地工作，除应保证电流小于 I_{CM}、功率小于 P_{CM}、工作电压小于一次击穿电压 $U_{(BR)CEO}$ 外，还应避免进入二次击穿区，因此功率 BJT 的安全工作区如图 7.8 所示。

(3) 功率 BJT 的安全使用和保护

1) 安全使用

① 应使管子工作在安全区以内，且必须留有充分的余量。大功率管须加散热器以提高 P_{CM}。

② 使用时要尽量避免产生过压和过流的可能性，如：不要将负载开路、短路或过载，不要突然加强信号，同时不允许电源电压有较大波动。

2) 采用适当的保护措施

① 加接适当的过流、过压保护电路。

② 为了防止由于感性负载而使管子产生过压或过流，可在负载两端并以容性网络以抵消感性负载的不利影响。

③ 在晶体管的输入端、输出端并以保护二极管或稳压管，如图 7.9 所示。当出现瞬时过电压时保护功率管。

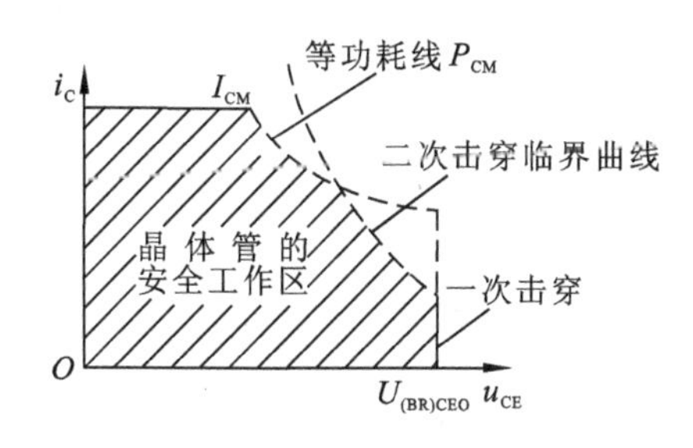

图 7.8 功率 BJT 的安全工作区

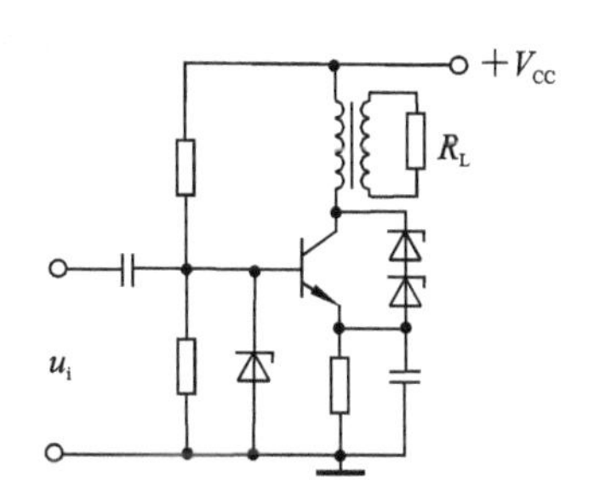

图 7.9 功放的保护电路

2. 功率 MOS 管

在大功率放大器和高效率电源变换电路中,除双极型功率晶体管外,还广泛应用正在迅速发展的功率 MOS 管。在功率 MOS 管的发展过程中,提出了各种适合于大功率运用的结构,如:使漏区有较大的散热面积,并便于安装散热器;在减小沟道长度以增大漏极电流的同时,采取措施提高漏源击穿电压。早期提出的垂直沟道功率 MOS 管(Vertical MOS,VMOS)的工作频率较高,但承受的电压和电流不大。目前广泛应用的是电流垂直流动的双扩散 MOS 管(Vertical Double-diffused MOS,VDMOS 或 DMOS),它可承受高达数百安培的电流和高达几百伏,甚至上千伏的电压。

VDMOS 有 N 沟道和 P 沟道两种导电类型,它们都是由许多称为元胞的单元并联构成。图 7.10 所示为 N 沟道元胞结构。一个高压芯片的元胞密度,可达 4 000 个元胞/cm^3。因此,VDMOS 实际上是一种功率集成器件。

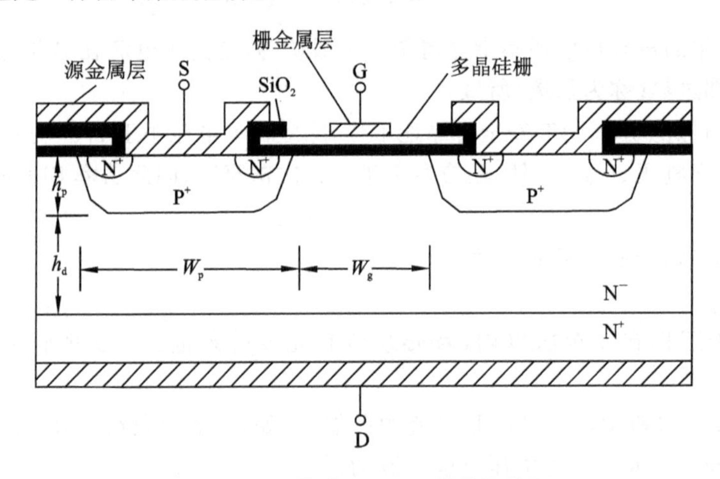

图 7.10 N 沟道 VDMOS 管元胞结构

由图 7.10 可见,在 VDMOS 管元胞中,底层是高掺杂的 N^+ 区,作为引线区,由覆盖在其表面的金属层作为漏极,N^+ 区上外延轻掺杂 N^- 区,作为漏区。在外延 N^- 区中,先扩散高掺杂的 P^+ 区,作为衬底,再在 P^+ 区内扩散高掺杂的 N^+ 区,作为源区,并在 P^+ 区和 N^+ 区表面覆盖金属层作为源极 S。栅极 G 是由多晶硅制成的,它同基片之间隔着 SiO_2 薄层,起着和其他两个电极隔离的作用。N 沟道增强型 VDMOS 的符号示于图 7.11。图 7.11(a)中 D 和 S 之间的 NPN 三极管的基极和发射极被源金属层短接,在图 7.11(b)中把它画成二极管的形式。

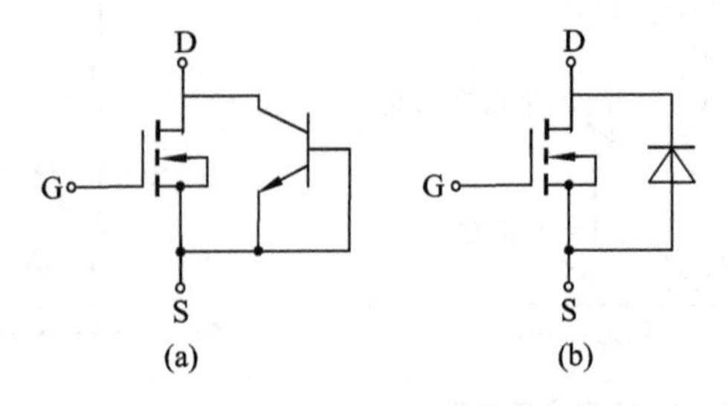

图 7.11 N 沟道增强型 VDMOS 管符号

当栅极施以相对于源极为正的信号,且 $U_{GS}>U_{GS(th)}$ 时,P^+ 衬底内紧靠 SiO_2 绝缘层出现作为沟道的反型层，这样在正的 U_{DS} 作用下源区中的电子将沿着沟道进入漏区，而后垂直地到达漏极，形成自漏极流向源极的漏极电流。

由图7.10可以看出，VDMOS管和小功率MOS管相比，其明显不同点是：前者漏极面积大为增加，将其与外壳连接，可以收到良好的散热效果，且便于安装散热器；除此之外，由于 N^- 区的掺杂少，在外加漏源电压作用下，电场强度(正比于杂质形成的离子密度)减小，使击穿电压提高，从而为提高器件的输出功率创造了条件。

与功率BJT相比，VDMOS具有许多优点：

① 输入阻抗大，所需输入激励电流小，功率增益高。

② 温度稳定性好，漏源电阻为正温度系数，当器件温度上升时，电流受到限制，不可能产生热击穿，也不可能产生二次击穿。

③ 没有BJT管的少子存储问题，加之极间电容小，所以开关速度高(开关频率可高达50～100 kHz)。

但是，VDMOS在非饱和区工作时呈现的导通电阻比功率BJT在饱和区工作时的导通电阻大，且其值随漏源击穿电压增高而迅速增大，从而限制了其在高压下工作。为了克服这个缺点，20世纪80年代中期，开发了**绝缘栅双极型功率管**(insulated gate bipolar transisitor, IGBT)。

3. 绝缘栅双极型功率管

在VDMOS管的高掺杂 N^+ 区与金属漏极之间插入一层高掺杂的 P^+ 区，便形成IGBT结构，如图7.12(a)所示。这个新增的 P^+ 区与作为MOS管衬底的 P^+ 区之间夹着N区(包括 N^+ 区和外延 N^- 区)，它们形成两个PN结，构成PNP型晶体三极管，故IGBT的等效电路如图7.12(b)所示。它由BJT和MOS管组合而成，图7.12(c)为其电路符号。其工作原理简述如下：当MOS管栅源电压大于开启电压后，出现漏极电流。该电流就是BJT的基极电流，从而BJT导通，且趋向饱和(管压降很低)；当MOS栅源电压小于开启电压，沟道消失，漏极电流为0，BJT基极电流切断，IGBT截止。由此可见，IGBT综合了MOS管输入阻抗大、激励电流小和BJT管导通电阻小、高电压、大电流的优点。但同时也产生了像功率BJT那样缓慢截止的缺点，因此它的开关频率比VDMOS管低，一般限于50 kHz以下。

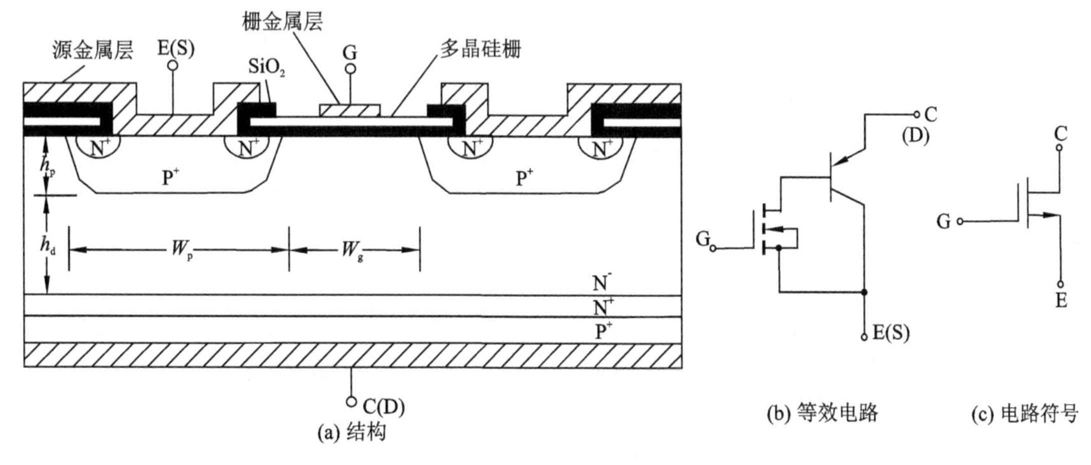

图7.12　IGBT

功率器件还包括**集成门极换流晶闸管**(integrated gate commutated thyristors,IGCT)等。功率器件通常是基于硅半导体的,而基于碳化硅、氮化镓和金刚石等宽禁带半导体制造的新型功率器件,具有阻断电压高、通态电阻小、比热阻小、开关损耗低、耐高温、抗辐照等优点。随着材料、器件工艺、封装技术等方面的逐渐完善,宽禁带功率器件逐渐走向实用化,有长远取代硅功率器件的趋势。

7.2 互补推挽功率放大电路

7.2.1 乙类互补推挽放大电路

1. 电路的引出

在如图 7.13 (a)所示由 NPN 管组成的射极输出器中,若忽略管子的导通电压,则该电路工作在乙类状态,当输入正弦波激励时,正半周期间三极管 T_1 导通,负半周期间 T_1 截止,从而在负载 R_L 上只得到正半周信号,产生严重的波形失真。若把图 7.13(a)中的 NPN 管换成 PNP 管,如图 7.13(b)所示,该电路也工作在乙类状态,但其工作情形却与上个电路相反,即其输出波形只有负半波,正半波由于三极管 T_2 截止而被削去,同样也产生了严重的失真。综上所述,图 7.13(a)与图 7.13(b)的两个电路是互补的。如果在电路结构上采取措施,把上述两个电路合并成一个电路,那么在负载上就可得到一个完整的波形,从而可解决效率与失真的矛盾。图 7.13(c)的电路就可实现上述构想。图中 T_1、T_2 完全对称,正负电源数值相等。

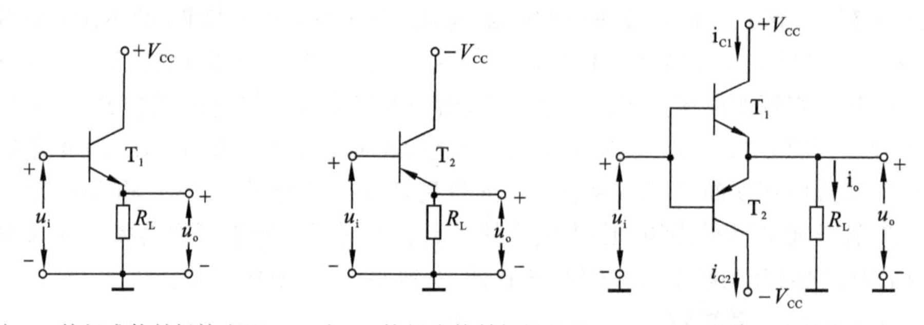

(a) 由NPN管组成的射极输出器 (b) 由PNP管组成的射极输出器 (c) 基本互补推挽电路

图 7.13 两射极输出器组成的基本互补推挽电路

下面来定性分析图 7.13(c)所示电路的工作情况。当 $u_i=0$ 时,T_1、T_2 截止,不工作,$u_o=0$。当输入正弦信号,u_i 正半周时,T_2 截止,T_1 承担放大任务,有电流流过负载 R_L;u_i 负半周时,T_1 截止,T_2 承担放大任务,仍有电流流过负载 R_L。这样,图 7.13(c)所示互补电路在静态时管子不导通;而在有信号时,T_1、T_2 轮流导通,输出完整的正弦波。由于两个管子互补,轮流导通,所以这种电路通常被称为**互补推挽电路**(complementary push pull circuit),同时该电路输出端与负载之间无需隔直电容,因此也称为无输出**电容电路**(output capacitorless, OCL)。

2. 乙类互补推挽电路主要参数估算

图 7.13(c)所示的互补推挽电路在静态时,T_1、T_2 均截止,由于电路对称,它们的静态工

作点分别为 $Q_1(U_{CEQ1}=V_{CC}, I_{CQ1}=0)$、$Q_2(U_{CEQ2}=-V_{CC}, I_{CQ2}=0)$。动态时，设电路的输入电压为 $u_i=U_{im}\sin\omega t$。此时，T_1、T_2 轮流导通半周，每个管子在承担放大任务时，均工作于射极输出器方式，如图7.13(a)、(b)所示。由图可知，如果忽略管子的发射极电压，则在 u_i 一周内始终有 $u_o\approx u_i$。若设输出信号的电压幅值为 U_{om}，输出信号的电流幅值为 I_{om}，则在 u_i 的整个周期内有

$$u_o=U_{om}\sin\omega t\approx U_{im}\sin\omega t \tag{7.7}$$

$$i_o=I_{om}\sin\omega t=\frac{U_{om}}{R_L}\sin\omega t\approx\frac{U_{im}}{R_L}\sin\omega t \tag{7.8}$$

$$u_{CE1}=V_{CC}-u_o=V_{CC}-U_{om}\sin\omega t\approx V_{CC}-U_{im}\sin\omega t \tag{7.9}$$

$$i_{C1}=\begin{cases}I_{om}\sin\omega t & (\text{当 } u_i \text{ 为正半周时})\\ 0 & (\text{当 } u_i \text{ 为负半周时})\end{cases} \tag{7.10}$$

$$u_{EC2}=u_o-(-V_{CC})=V_{CC}+U_{om}\sin\omega t\approx V_{CC}+U_{im}\sin\omega t \tag{7.11}$$

$$i_{C2}=\begin{cases}0 & (\text{当 } u_i \text{ 为正半周时})\\ -I_{om}\sin\omega t & (\text{当 } u_i \text{ 为负半周时})\end{cases} \tag{7.12}$$

下面进行电路主要参数的估算。

(1) 输出功率 P_o。

$$P_o=I_oU_o=\frac{I_{om}}{\sqrt{2}}\cdot\frac{U_{om}}{\sqrt{2}}=\frac{1}{2}I_{om}U_{om}=\frac{1}{2}\frac{U_{om}^2}{R_L} \tag{7.13}$$

考察图7.13(c)电路可见，当电路在充分激励下，使一管刚进入饱和，一管截止时，U_{om} 将达到其最大不失真输出值，为

$$U_{om(max)}=V_{CC}-|U_{CE(sat)}| \tag{7.14}$$

通常 $|U_{CE(sat)}|\ll V_{CC}$，如果忽略 $|U_{CE(sat)}|$，则 $U_{om(max)}\approx V_{CC}$，显然此时要求输入电压峰值 $U_{im}\approx V_{CC}$。

由式(7.13)可知，当 U_{om} 达到最大时，P_o 也达到最大，且最大不失真输出功率为

$$P_{omax}=\frac{1}{2}\frac{U_{om(max)}^2}{R_L}\approx\frac{V_{CC}^2}{2R_L} \tag{7.15}$$

(2) 直流电源供给功率 P_V

电路中，正负电源在一周内轮流供电，电路的对称性使正负电源供给功率相等，所以电源总供给功率为单个电源供给功率的两倍。由式(7.10)和式(7.8)可得

$$\begin{aligned}P_V&=2\cdot\frac{1}{2\pi}\int_0^{2\pi}V_{CC}i_{C1}\mathrm{d}(\omega t)=\frac{1}{\pi}\int_0^{\pi}V_{CC}\cdot(I_{om}\sin\omega t)\mathrm{d}(\omega t)\\&=\frac{2}{\pi}I_{om}V_{CC}=\frac{2U_{om}V_{CC}}{\pi R_L}\end{aligned} \tag{7.16}$$

理论分析表明，甲类放大器中的电源供给功率 P_V 与信号大小无关。而由上式可见，乙类放大器的电源供给功率 P_V 随信号的大小而变：静态时，其值为零；信号增大时，其值随之增大；当 U_{om} 最大，即 P_o 最大时，电源供给功率 P_V 也达到最大。把 $U_{om}\approx V_{CC}$ 代入式(7.16)可得

$$P_{Vmax}\approx\frac{2V_{CC}^2}{\pi R_L} \tag{7.17}$$

(3) 效率 η

$$\eta=\frac{P_{\mathrm{O}}}{P_{\mathrm{V}}}=\frac{1}{2}\frac{U_{\mathrm{om}}^{2}}{R_{\mathrm{L}}}\Big/\frac{2U_{\mathrm{om}}V_{\mathrm{CC}}}{\pi R_{\mathrm{L}}}=\frac{\pi U_{\mathrm{om}}}{4V_{\mathrm{CC}}} \tag{7.18}$$

上式说明,当 U_{om} 最大即 P_{o} 最大时,效率也达到最大。把 $U_{\mathrm{om}}\approx V_{\mathrm{CC}}$ 代入式(7.18)可得最大效率为

$$\eta_{\max}\approx\frac{\pi V_{\mathrm{CC}}}{4V_{\mathrm{CC}}}=\frac{\pi}{4}\approx 78.5\% \tag{7.19}$$

上式是忽略了 $U_{\mathrm{CE(sat)}}$ 得到的,因此实际最大效率要比它小。

(4) 管　耗

由 $\mathrm{T_1}$、$\mathrm{T_2}$ 在一个信号周期内轮流导通可知:两管的管耗相等,即 $P_{\mathrm{T1}}=P_{\mathrm{T2}}$;总管耗 P_{T} 为两管耗之和,即 $P_{\mathrm{T}}=P_{\mathrm{T1}}+P_{\mathrm{T2}}=2P_{\mathrm{T1}}=2P_{\mathrm{T2}}$。因此首先求单管管耗。根据式(7.9)、式(7.10)和式(7.8)有

$$\begin{aligned}P_{\mathrm{T1}}&=\frac{1}{2\pi}\int_{0}^{2\pi}u_{\mathrm{CE1}}i_{\mathrm{C1}}\mathrm{d}(\omega t)=\frac{1}{2\pi}\int_{0}^{\pi}(V_{\mathrm{CC}}-U_{\mathrm{om}}\sin\omega t)I_{\mathrm{om}}\sin\omega t\,\mathrm{d}(\omega t)\\&=\frac{1}{2\pi}\int_{0}^{\pi}(V_{\mathrm{CC}}-U_{\mathrm{om}}\sin\omega t)\frac{U_{\mathrm{om}}}{R_{\mathrm{L}}}\sin\omega t\,\mathrm{d}(\omega t)=\frac{1}{R_{\mathrm{L}}}\left(\frac{V_{\mathrm{CC}}U_{\mathrm{om}}}{\pi}-\frac{U_{\mathrm{om}}^{2}}{4}\right)\end{aligned} \tag{7.20}$$

总管耗为

$$P_{\mathrm{T}}=2P_{\mathrm{T1}}=\frac{2}{R_{\mathrm{L}}}\left(\frac{V_{\mathrm{CC}}U_{\mathrm{om}}}{\pi}-\frac{U_{\mathrm{om}}^{2}}{4}\right) \tag{7.21}$$

甲类放大时,静态管耗最大。而由式(7.21)可知:乙类工作时,静态管耗却为零;当 U_{om} 由小增大时,由于 P_{T} 是 U_{om} 的二次函数,它们之间是非单调变化关系。若令 P_{T} 对 U_{om} 的导数等于零,即

$$\frac{\mathrm{d}P_{\mathrm{T}}}{\mathrm{d}U_{\mathrm{om}}}=\frac{2}{R_{\mathrm{L}}}\left(\frac{V_{\mathrm{CC}}}{\pi}-\frac{U_{\mathrm{om}}}{2}\right)=0 \tag{7.22}$$

由此得:当 $U_{\mathrm{om}}=\dfrac{2V_{\mathrm{CC}}}{\pi}\approx 0.64V_{\mathrm{CC}}$ 时,P_{T} 达到最大,而当 U_{om} 由此值继续增大时,P_{T} 反而减小。总之,P_{T} 的最大值既不出现在静态时也不出现在最大输出功率时。

将 $U_{\mathrm{om}}=\dfrac{2V_{\mathrm{CC}}}{\pi}$ 代入式(7.21),可得最大管耗为

$$P_{\mathrm{Tmax}}=\frac{2}{R_{\mathrm{L}}}\left(\frac{2V_{\mathrm{CC}}^{2}}{\pi^{2}}-\frac{V_{\mathrm{CC}}^{2}}{\pi^{2}}\right)=\frac{2V_{\mathrm{CC}}^{2}}{\pi^{2}R_{\mathrm{L}}}\approx 0.2\frac{V_{\mathrm{CC}}^{2}}{R_{\mathrm{L}}} \tag{7.23}$$

比较式(7.23)与式(7.15),可得最大管耗与最大输出功率的关系为

$$P_{\mathrm{Tmax}}\approx 0.4P_{\mathrm{omax}} \tag{7.24}$$

由此可得,每管的最大管耗为

$$P_{\mathrm{T1max}}=P_{\mathrm{T2max}}\approx 0.2P_{\mathrm{omax}} \tag{7.25}$$

根据式(7.13)、式(7.16)和式(7.21),可绘出图7.14所示的 P_{o}、P_{V} 和 P_{T} 与 U_{om} 的归一化关系曲线,其中横坐标为 $U_{\mathrm{om}}/V_{\mathrm{CC}}$,纵坐标为 P_{o}、P_{V} 和 P_{T} 对 P_{omax} 的归一化值。

(5) 功率管参数的选择

① $U_{\mathrm{(BR)CEO}}$ 的选择

由式(7.9)可知,$\mathrm{T_1}$ 所承受的最大反压为 $V_{\mathrm{CC}}+U_{\mathrm{om(max)}}\approx 2V_{\mathrm{CC}}$。由式(7.11)可知,$\mathrm{T_2}$ 所

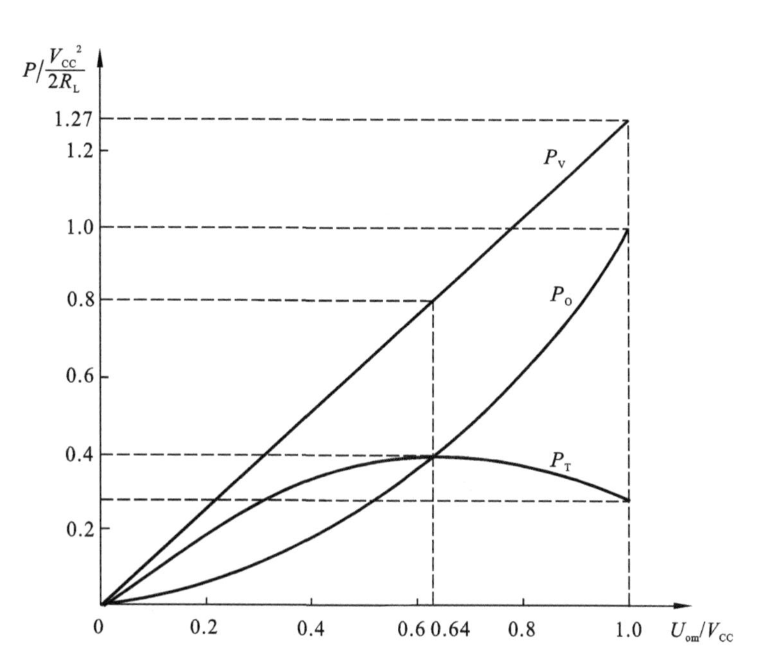

图 7.14　乙类互补推挽电路 P_o、P_V 和 P_T 与 U_{om} 的归一化关系曲线

承受的最大反压为$-V_{CC}-U_{om(max)}\approx-2V_{CC}$。因此，两管的 $U_{(BR)CEO}$ 须满足

$$\left|U_{(BR)CEO}\right|>2V_{CC} \tag{7.26}$$

② I_{CM} 的选择

由 $I_{cm}=I_{om}=U_{om}/R_L$ 可知：I_{cm} 的最大值为 V_{CC}/R_L。因此，两管的 I_{CM} 须满足

$$I_{CM}>V_{CC}/R_L \tag{7.27}$$

③ P_{CM} 的选择

由式(7.25)可知两管的 P_{CM} 均须满足

$$P_{CM}>0.2P_{omax} \tag{7.28}$$

式(7.26)～式(7.28)即为选择功率管的依据。实际在选管子时，各量还应留有一定的余地。

例 7.1　在图 7.13(c)所示的 OCL 电路中，已知 $V_{CC}=20\ \text{V}$，$R_L=8\ \Omega$，u_i 为正弦电压，求：

① 在输入信号 $U_i=10\ \text{V}$(有效值)时，电路的输出功率、单管功耗、直流电源供给的功率和效率；

② 在 $U_{CE(sat)}\approx 0$ 和 u_i 的幅度足够大的情况下，负载可能得到的最大输出功率和效率；

③ 每个管子的$|U_{(BR)CEO}|$、I_{CM} 及 P_{CM} 分别至少应为多少？

解：① $U_i=10\ \text{V}$，则 $U_{im}=10\sqrt{2}\approx 14.1\ \text{V}<V_{CC}=20\ \text{V}$，因此此时该电路并非充分激励，故电路的 P_o、$P_{T1}(P_{T2})$、P_V 和 η 应分别采用公式(7.13)、式(7.20)、式(7.16)和式(7.18)进行计算。根据射极跟随器的电压放大倍数约为 1，故有 $U_{om}\approx U_{im}=10\sqrt{2}\,\text{V}$，将其分别代入以上四式，则有

$$P_o=\left(\frac{1}{2}\frac{U_{om}^2}{R_L}\right)=\left(\frac{1}{2}\cdot\frac{(10\sqrt{2})^2}{8}\right)\text{W}=12.5\ \text{W}$$

$$P_{T1}=\frac{1}{R_L}\left(\frac{V_{cc}U_{om}}{\pi}-\frac{U_{om}^2}{4}\right)=\left(\frac{1}{8}\left[\frac{20\times10\sqrt{2}}{\pi}-\frac{(10\sqrt{2})^2}{4}\right]\right)\text{W}\approx5\ \text{W}$$

$$P_V=\frac{2U_{om}V_{cc}}{\pi R_L}=\left(\frac{2\times10\sqrt{2}\times20}{\pi\times8}\right)\text{W}\approx22.5\ \text{W}$$

$$\eta=\frac{P_o}{P_V}=\frac{12.5}{22.5}=55.6\%$$

② 在充分激励下,负载可能得到的最大输出功率和效率分别采用公式(7.15)和式(7.19)计算。

$$P_{omax}\approx\frac{V_{CC}^2}{2R_L}=\left(\frac{20^2}{2\times8}\right)\ \text{W}=25\ \text{W}$$

$$\eta_{max}=\frac{\pi}{4}\times100\%\approx78.5\%$$

③ 根据式(7.26)、式(7.27)和式(7.28)选择功率管的各极限参数,故有

$$|U_{(BR)CEO}|>2V_{CC}=40\ \text{V}$$

$$I_{CM}>\frac{V_{CC}}{R_L}=\left(\frac{20\ \text{V}}{8\ \Omega}\right)=2.5\ \text{A}$$

$$P_{CM}>0.2P_{omax}=(0.2\times25)\ \text{W}=5\ \text{W}$$

7.2.2 甲乙类互补推挽电路

1. 交越失真

前面讨论了由两个射极输出器组成的乙类互补推挽电路(图7.13(c)),实际上这种电路并不能使输出波形很好地反映输入的变化,由于管子的i_B必须在$|u_{BE}|$大于某一个数值(即死区电压)时才有显著变化。当输入信号$|u_i|$低于这个数值时,T_1和T_2管都截止,i_{C1}和i_{C2}几乎为零,负载R_L上无电流通过,出现一段死区,如图7.15所示。这种现象称为**交越失真**(crossover distortion)。

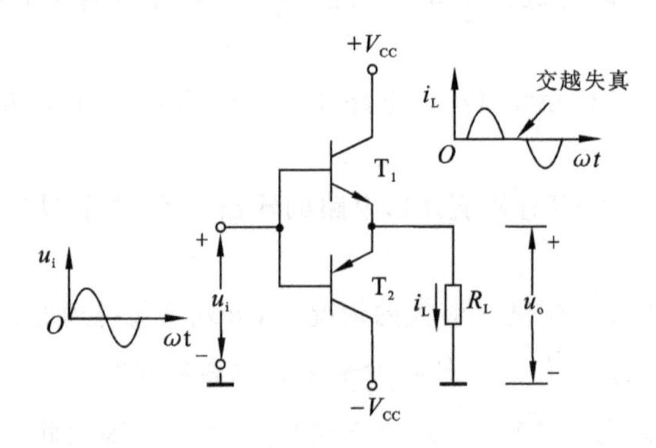

图7.15 交越失真

2. 甲乙类互补推挽电路

为避免和减小交越失真,就必须外加偏置电压,克服死区电压的影响。如图7.16(a)所

示,通常在两基极间加上二极管(或二极管和电阻相串联),以供给 T_1 和 T_2 两管一定的正偏,使两管在静态时都处于微导通状态。由于电路对称,两管静态时电流相等,因而负载 R_L 上无静态电流流过,两管发射极电位 $U_K=0$。当信号按正弦波规律变化时,由于 D_1、D_2 的交流电阻很小,因而 b_1、b_2 之间几乎仅有直流压降且近似为一恒定值。亦即 $u_{BE1}+u_{EB2}$ 近似为一定值。所以,当输入信号 u_i 进入负半周时,T_3 的倒相作用使 b_1 电位升高,i_{B1} 将增加,T_1 的发射极给出更多的电流形成输出信号的正半周;与此同时,由于 i_{E1} 的增加,u_{BE1} 也要增加,则 u_{EB2} 就要减少,即 i_{E2} 要减少,到了一定程度后,T_2 截止。同理,在输入信号 u_i 进入正半周时,b_2 的电位逐渐下降,则 i_{B2} 增加、i_{B1} 减小,T_2 的发射极电流形成信号的负半周,i_{B1} 逐渐下降到零,T_1 趋于截止。在上述过程中,T_1 和 T_2 在一周内的导通时间都比半个周期要多一些,即有一定的交替时间,因此它们工作在甲乙类状态。但是,在实践中为提高电路效率,在设置偏压时,应尽可能接近乙类。因此,通常甲乙类互补推挽电路的参数估算可近似按乙类来处理。

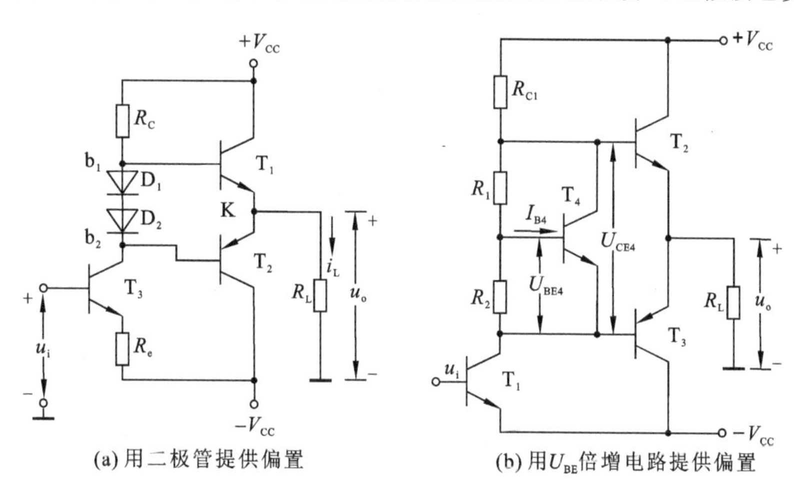

图 7.16　甲乙类互补推挽电路

图 7.16(b)用由 R_1、R_2 及 T_4 组成的 U_{BE} 倍增电路来取代二极管,其工作原理如下:当 T_4 处于放大区时,其发射结电压 U_{BE4} 近似为一常数,若使 T_4 的基极电流 I_{B4} 远小于流过 R_1、R_2 的电流,则有 $U_{CE4}=\dfrac{U_{BE4}(R_1+R_2)}{R_2}$,调整电阻 R_1、R_2 的值即可满足偏置电压的需要。可见,该偏置电路提供的偏置电压是 U_{BE4} 的倍增值,且其值受 R_1 或 R_2 控制,故有 U_{BE} 倍增电路之称。此外,就交流而言,T_4 管的输出交流电压通过 R_1 反馈到输入端,构成电压负反馈电路,因而其输出电阻(即 T_4 管 C、E 之间的等效交流电阻)很小,几乎不影响输入信号的传输。

值得指出的是,上述两种偏置电路均是有温度补偿作用的热稳定性偏置电路。例如,温度升高时,偏置二极管 D_1、D_2 的正向压降(或 U_{BE4})减小,相应功率管的基射偏置电压也减小,从而阻止了功率管的 I_{CQ} 增大。

7.2.3　单电源互补推挽电路

上述 OCL 互补推挽电路是双电源供电的,在某些只能由单电源供电的场合,则可采用图 7.17 所示的单电源互补推挽电路。由于该电路输出端无需耦合变压器,故也称为**无输出变压器电路**(output transformerless,OTL)。图中由 T_1 组成前置放大级,它工作在甲类状态,

R_1、R_2、R_e 为它的偏置电阻;T_2 和 T_3 组成互补推挽电路输出级。在输入信号 $u_i=0$ 时,调节各电阻值使 I_{C1}、U_{b2} 和 U_{b3} 达到所需的大小,给 T_2 和 T_3 提供一个合适的偏置,并使 K 点电位 $U_K=U_C=V_{CC}/2$。

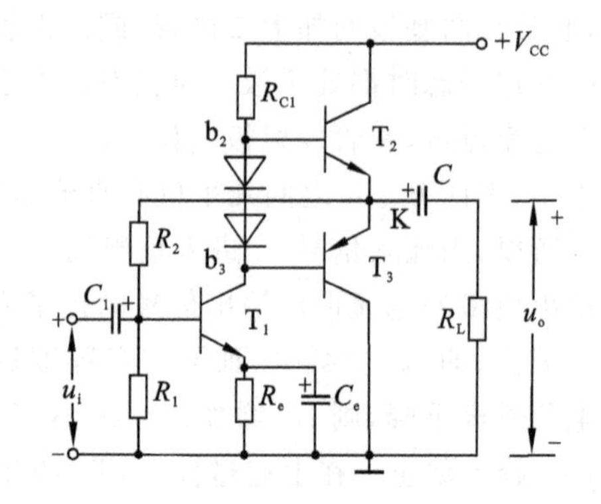

图 7.17 采用一个电源的互补推挽电路

当有信号 u_i 时,由于 T_1 的倒相作用,在信号的负半周,T_2 导通,有电流流过负载 R_L,同时向 C 充电;在信号的正半周,T_3 导通,电容 C 通过负载 R_L 放电。设信号的下限频率为 f_L,电容 C 的大小满足 $C>(5\sim10)\dfrac{1}{2\pi f_L R_L}$,则可近似认为电容 C 对信号短路,其两端的电压仅有直流电压,其值近似等于 $U_K=V_{CC}/2$。这样,用电容 C 和一个电源 V_{CC} 就可代替图 7.16(a)中的正负两个电源的作用,其中 T_2 管的供电电压为 V_{CC} 和 $V_{CC}/2$ 之差,即等于 $V_{CC}/2$,T_3 管的供电电压就是 C 上的直流电压的负值,为 $-V_{CC}/2$,因此,单电源供电电路等效为 $V_{CC}/2$ 和 $-V_{CC}/2$ 的双电源供电电路。

在图 7.17 中,静态时要求 K 点电位 $U_K=U_C=V_{CC}/2$,为了稳定电路的静态工作点和改善放大器的动态性能,在电路中引入了由 R_1 和 R_2 组成的电压并联交直流负反馈网络。

在图 7.17 所示的 OTL 电路中,当输入信号 u_i 为负半周最大值时,即使 T_1 截止,由于 R_{C1} 的存在,T_2 的集电结始终处于反偏,所以 T_2 始终无法进入饱和导通状态,从而负载 R_L 上得到的最大正向输出电压幅度 U_{om+} 小于 $V_{CC}/2-U_{CE(sat)2}\approx V_{CC}/2$;当输入信号 u_i 为正半周最大值时,即使 T_1 饱和导通,T_3 的集电结也始终处于反偏,所以 T_3 也始终无法进入饱和导通状态,从而负载 R_L 上得到的最大负向输出电压幅度 U_{om-} 也小于 $V_{CC}/2-U_{CE(sat)3}\approx V_{CC}/2$。事实上,在 u_i 为负半周时,由于 R_{C1} 的存在,造成末级推动电压 u_{B2} 始终小于 V_{CC},因此实际的最大正向输出电压幅度 U_{om+} 为

$$U_{om+}=V_{CC}/2-i_{Bm2}R_{C1}-U_{BE2} \tag{7.29}$$

其中,i_{Bm2} 为 T_2 的基极电流最大值。由于 $i_{Bm2}R_{C1}+U_{BE2}$ 比 $U_{CE(sat)2}$ 大得多,故电路的最大输出电压幅度较 $V_{CC}/2$ 小得多。

为提高输出电压幅度,使其接近 $V_{CC}/2$,可采用如图 7.18 所示的带自举的互补推挽电路。

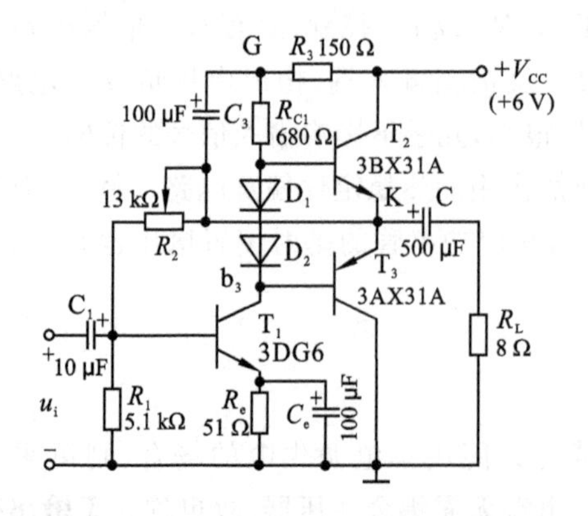

图 7.18 带自举的单电源互补推挽电路

该电路是在图 7.17 所示电路的基础上,增加了 R_3、C_3 两个元件。其提高输出电压幅度的原理如下:

静态时,电容 C_3 两端电压被充电到 $U_{C3}=V_{CC}-I_{C1}R_3-U_K=V_{CC}/2-I_{C1}R_3$。在 u_i 负半周内,T_2 导通,由于 C_3 容量足够大,可以认为其对交流短路,其上电压近似等于它的直流电压 U_{C3},故当 K 点电位上升并达到最大时,G 点电位也跟着上升并达到最大,其最大值可超过 V_{CC}。这一作用相当于在不断地提高 T_2 基极电流的供电电压,从而不断地提高 T_2 的基极推动电压,使

最大输出电压幅度得到提高。由于上述提高 T_2 基极电流的供电电压是通过电容 C_3 取自放大器自身的输出电压，故这个电路称为**自举电路**（bootstrap circuit），电容 C_3 称为**自举电容**（bootstrap capacitor）。

7.2.4　采用复合管的功率输出级

前述的互补推挽电路需要一对特性对称的互补管，但由于工艺上的原因，导电类型不同的大功率管难以做到特性对称，因此在大功率输出电路中，常采用复合管互补推挽电路。

1. 复合管

所谓**复合管**（multiunit tube），就是由两个三极管通过一定的方式连接形成的一个等效三极管，其中的两个三极管可以是相同类型的，也可以是不同类型的，如图 7.19 所示。

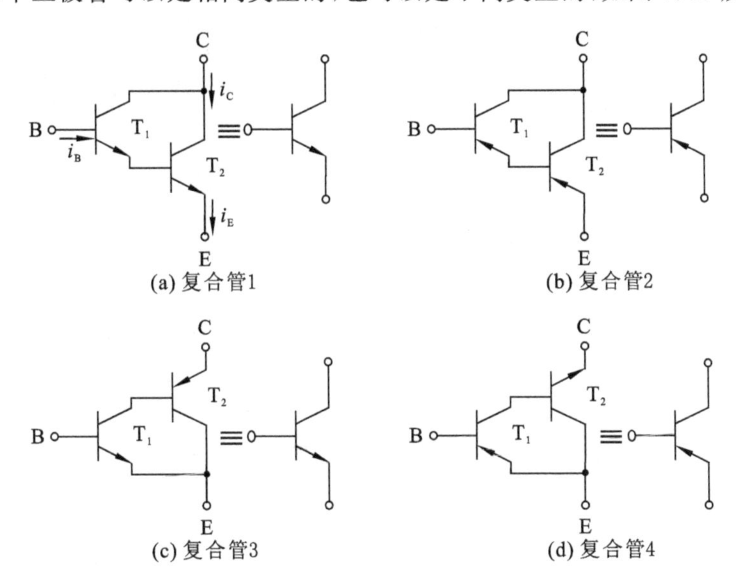

图 7.19　复合管的几种接法

复合管的管型及其等效电极性质可根据其各电极电流方向及各极电流之间的关系与普通单管类比来得到。下面以图 7.19(a)为例来加以说明。

我们知道，单管 NPN 有两个电极的电流即基极电流和集电极电流是流入管子的，有一个电极的电流即发射极电流是从管子流出的；而 PNP，各极的电流方向刚好与此相反。不管是 NPN 还是 PNP，三个电极电流之间均有如下关系：$i_E = i_B + i_C$ 及 $i_C = \beta i_B$。图 7.19(a)所示的复合管中，有两个电极的电流是流入管子的，这两个电极分别等效为基极和集电极；有一个电极的电流是流出管子的，它等效为发射极。与上述单管情况类比，可以知道该复合管的管型为 NPN，如图 7.19(a)所示，显然它与前一管的管型相同。

设图 7.19(a)中，T_1、T_2 管的电流放大系数分别为 β_1、β_2，它们三个极的电流分别为 i_{B1}、i_{C1}、i_{E1}，i_{B2}、i_{C2}、i_{E2}，则由图中 T_1、T_2 的连接关系可得

$$i_E = i_B + i_C \tag{7.30}$$

$$i_C = i_{C1} + i_{C2} = \beta_1 i_{B1} + \beta_2 i_{B2} = \beta_1 i_B + \beta_2 i_{E1} = \beta_1 i_B + \beta_2(1+\beta_1)i_B = [\beta_1 + \beta_2(1+\beta_1)]i_B \tag{7.31}$$

由上式可得复合管的等效电流放大系数为

$$\beta=\beta_1+\beta_2(1+\beta_1) \tag{7.32}$$

当 $\beta_1\gg1,\beta_2\gg1$ 时,有

$$\beta\approx\beta_1\cdot\beta_2 \tag{7.33}$$

用类似的方法可以得出图7.19(b)、(c)、(d)所示的三个复合管的管型及其等效 β,它们的管型如图中所示,等效 β 则在 $\beta_1\gg1,\beta_2\gg1$ 的情况下,均为 $\beta\approx\beta_1\cdot\beta_2$。

综上所述,复合管有如下特点:① 复合管电流放大倍数 $\beta\approx\beta_1\cdot\beta_2$;② 复合管的管型和电极性质与第一个管子相同。由于复合管是由达林顿提出的,故许多文献中亦称它为**达林顿管**(darlington transistor)。目前,市场上有封装在一个管壳内的达林顿管出售。

2. 复合管组成的准互补输出级

把互补推挽电路的NPN和PNP互补管分别用图7.19(a)、(d)中的复合管来代替,就可得到复合管组成的**准互补推挽电路**,如图7.20所示。之所以称为准互补,是因为该电路的输出管 T_3、T_4 是同型管,而互补是由 T_1、T_2 来实现的。图中 T_1 发射极和 T_2 集电极所接的电阻 R_{e1} 和 R_{c2} 分别为 T_1 和 T_2 的穿透电流 I_{CEO} 提供泄放通路,以避免这两个不稳定电流被输出管放大,造成输出电流的稳定性变差。

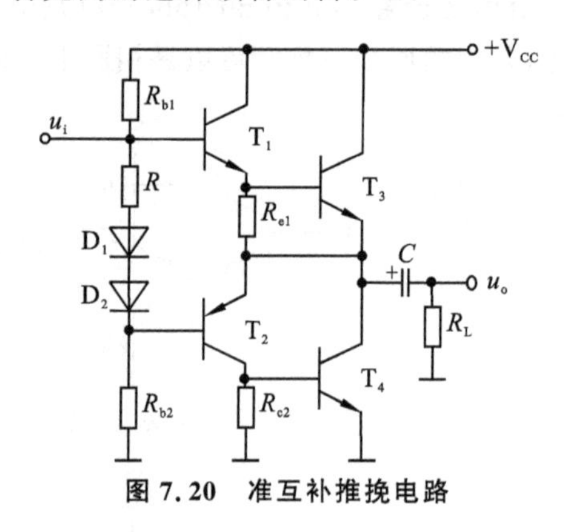

图7.20 准互补推挽电路

7.3 丁类功率放大电路简介

1. 丁类谐振功率放大电路

图7.21(a)所示为丁类谐振功率放大器的原理电路。图中,u_i 通过变压器产生两个极性相反的输入激励电压 u_{B1} 和 u_{B2},分别加到两个特性配对的同型功率管 T_1 和 T_2 的基射极之间。若输入激励电压 u_i 是角频率为 ω 的余弦波,且其幅值足够大,足以使 u_i 正半周时 T_1 管饱和导通,T_2 管截止,u_i 负半周时 T_2 管饱和导通,T_1 管截止。则由于A点对地的电压 u_A 在 T_1 管饱和导通时为 $V_{CC}-U_{CE(sat)}$,T_2 管饱和导通时为 $U_{CE(sat)}$(其中,$U_{CE(sat)}$ 是 T_1、T_2 管的饱和压降),因而合成的 u_A 是幅值为 $V_{CC}-2U_{CE(sat)}$ 的矩形波电压,如图7.21(b)所示。该电压加到由 L、C 和 R_L 组成的串联谐振回路上,若回路的谐振角频率等于输入信号的角频率,且其 Q 值足够高,则可近似认为通过回路的电流 i_L 是角频率为 ω 的余弦波,R_L 上获得不失真的输出功率,电路的工作波形如图7.21(b)所示。实际上,电流 i_L 是由通过上、下两管的电流合成的,因而,导通时上、下两管的电流很大,但相应的管压降很小(均为 $U_{CE(sat)}$),这样,每管的管耗就很小,放大器的效率也就很高(一般可达到90%以上)。

实际上,考虑到管子结电容和电路分布电容等的影响,管子自导通到截止或截止到导通都需经历一段过渡时间,如图7.21(b)中 u_A 波形上的虚线所示。这样,管子的动态管耗增大,限制了丁类放大器效率的提高。为了克服这个缺点,在开关工作的基础上采用一个特殊设计的集电极回路,以保证 u_{CE} 为最小值的一段期间内才有集电极电流流通,如图7.22所示。这就

是目前正在发展的戊类放大器。

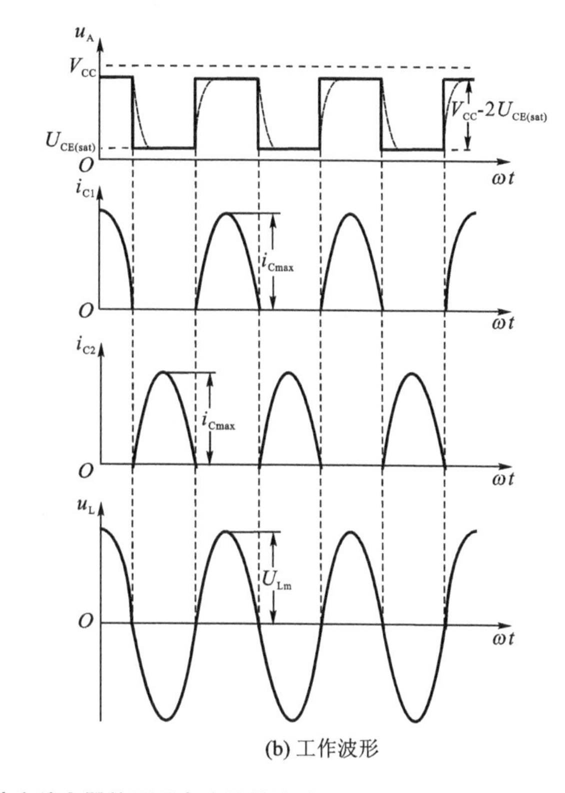

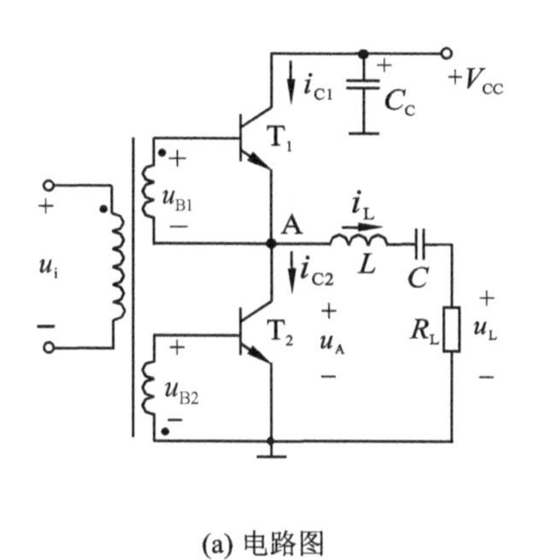

(a) 电路图　　(b) 工作波形

图 7.21　丁类谐振功率放大器的原理电路及其波形

2. 丁类音频功率放大电路

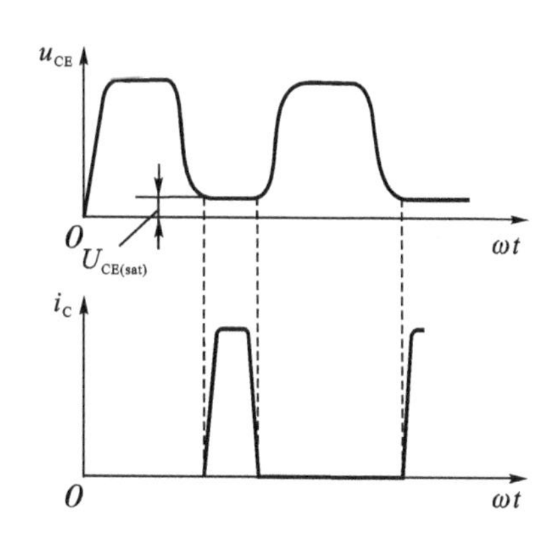

图 7.22　戊类放大器波形

上述丁类谐振功率放大电路适合于放大频率固定的正弦信号或是频谱宽度远小于载波频率的窄带信号,故主要应用于无线电发射机中,用来对载波信号或高频已调波信号进行功率放大。而对于象音频信号那样的宽带信号,丁类谐振功放是不合适的。

丁类音频功率放大电路的基本思想是:首先用音频信号的幅度去线性调制高频脉冲的宽度,得到脉冲宽度反映音频信号幅度的**脉宽调制信号**(pulse width modulation,PWM),而后由丁类功率输出级对 PWM 信号进行功率放大,再通过 LC 低通滤波器滤除高频载波及其谐波信号,得到功率放大后的音频信号。

一般的脉宽调制丁类功放的原理方框如图 7.23 所示。

图 7.24 为其工作波形示意图,其中图(a)为假定的单音频输入信号,图(b)为由三角波发生器产生的三角波与输入信号波形进行比较的图形,两信号经过比较器便可得到如图(c)所示的脉宽反映输入信号幅度的脉宽调制信号,故三角波产生器和比较器可看成 PWM 调制器。PWM 信号经过驱动电路,由开关功率输出级放大,得到如图(d)所示的放大后的 PWM 输出信号,最后通过低通滤波器在负载上可得到如图(e)所示的放大了的音频信号。

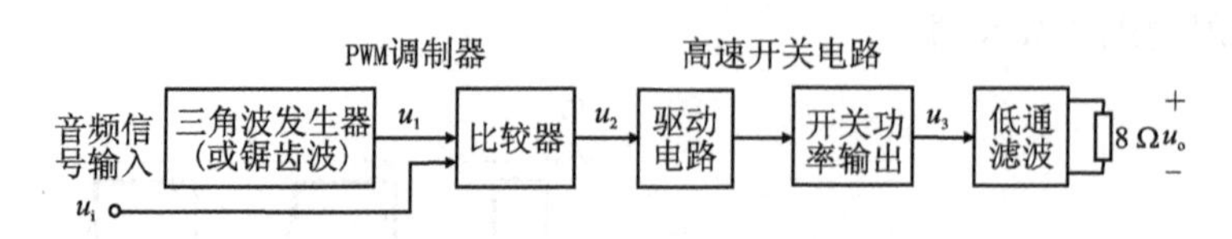

图 7.23　脉宽调制丁类功放的原理框图

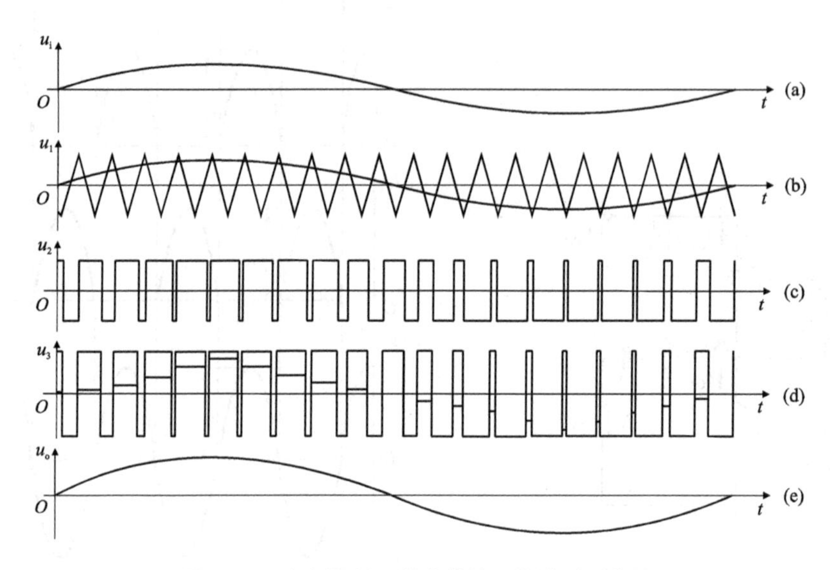

图 7.24　脉宽调制丁类功放的工作波形示意图

上述原理框图中的开关功率输出级可采用互补推挽单端输出方式,但实际中更多的是采用如图 7.25 所示的 H 桥式输出方式。因为桥式方式的电源电压利用率较互补推挽单端输出方式高,在相同电源电压下,可有效提高输出功率。

在图 7.25 中,T_1、T_2、T_3、T_4 构成 H 桥型。图中的 L_1、C_1、L_2、C_2 为低通滤波器,T_1、T_2 的驱动信号输入 1 与 T_3、T_4 的驱动信号输入 2 相位相反。当输入 1 为低电平时,输入 2 为高电平,此时 T_1、T_4 导通,T_2、T_3 截止,负载电阻上的电压约为电源电压,即 $V_{CC}=5$ V;而当输入 1 为高电平时,输入 2 为低电平,此时 T_2、T_3 导通,T_1、T_4 截止,负载电阻上的电压约为负的电源电压,即 $-V_{CC}=-5$ V,可见负载上可得到峰-峰值为 $2V_{CC}=10$ V 的输出电压,其波形如图 7.24(d)所示。由于 VMOS 管具有较小的驱动电流、低的导通电阻及良好的开关特性,故在图 7.25 中功率管采用 VMOS 管。

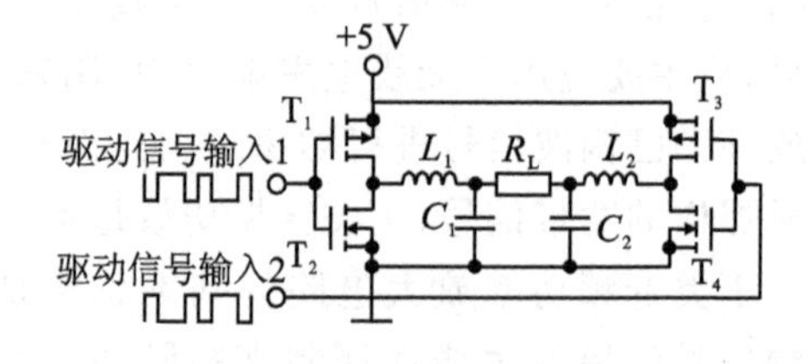

图 7.25　H 桥型开关功率输出级

7.4　线性直流稳压电源

各种电子电路及系统均需直流电源供电,除蓄电池外大多数直流电源都是利用电网的交流电源经过变换而获得的。对于直流电源,其特点是需要给出额定的输出直流电压和电流(对应额定输出功率),并提供与应用要求相适应的稳定度、精度和效率。

直流电源的组成如图 7.26 所示。

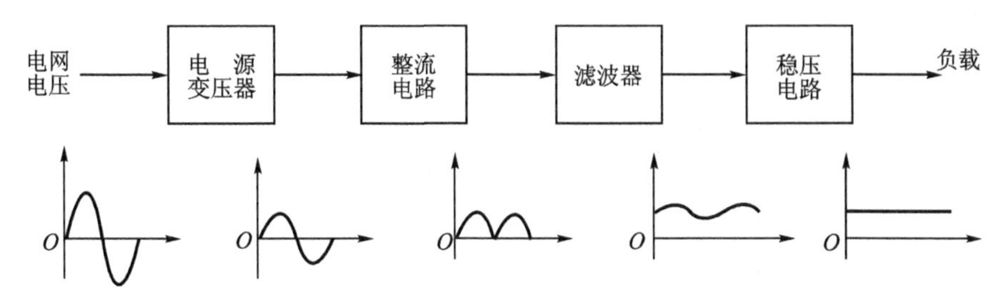

图 7.26　直流电源的组成

1. 电源变压器

电网提供的交流电一般为频率 50Hz、有效值 220V(或 380V),而各种电子设备所需直流电压的大小常不相同。因此,常常需要将电网电压先经过电源变压器,然后将变换以后的副边电压再去整流、滤波和稳压,最后得到所需要的直流电压值。

2. 整流电路

整流电路的作用是利用具有单向导电性的整流元件(例如二极管),将正负交替变化的正弦交流电压整流成为单方向的脉动电压。但是,这种单向脉动电压往往包含着很大的脉动成分,离理想的直流电压还差得很远。

3. 滤波电路

滤波电路一般由电容、电感等储能元件组成,其作用是尽可能地将单向脉动电压的脉动成分滤除,使得输出电压成为比较平滑的直流电压。但是当电网电压或负载电流变化时,滤波电路的输出直流电压值也将随之而变化,在需要高质量直流电源供电的电子设备中,这种情况不符合要求。

4. 稳压电路

稳压电路的作用是将整流滤波电路输出的不稳定直流电压(如由电网电压波动、负载变化引起)变换成符合要求的稳定直流电压。

7.4.1　整流电路

二极管具有单向导电性,可以利用二极管的这一特性组成整流电路,将交流电压变换为单向脉动电压。在小功率直流电源中,有单相半波、单相全波、单相桥式和倍压整流电路之分,常用的主要为单相桥式整流电路。

整流电路的主要技术指标为:

(1) 输出直流电压平均值 $U_{O(AV)}$

$U_{O(AV)}$ 定义为整流电路输出电压 u_o 在一个周期内的平均值,即

$$U_{O(AV)}=\frac{1}{2\pi}\int_0^{2\pi}u_o\mathrm{d}(\omega t) \tag{7.34}$$

(2) 输出电压纹波系数 K_r

K_r 定义为整流电路输出电压 u_o 的谐波分量总有效值 U_{or} 与平均值 $U_{o(AV)}$ 之比,即

$$K_r=U_{or}/U_{o(AV)} \tag{7.35}$$

(3) 整流二极管正向平均电流 $I_{D(AV)}$

定义为在一个变化电压周期内通过整流二极管的平均电流。

(4) 最大反向峰值电压 U_{RM}

指整流二极管截止时所承受的最大反向电压。

下面以目前工程应用广泛的桥式整流电路为例来分析整流电路的性能,为简化分析过程,把整流二极管视作理想的开关元件。

1. 桥式整流电路工作原理

单相桥式整流电路如图7.27所示。电路中四个二极管接成电桥形式,故称为**桥式整流电路**(bridge rectifier)。

由图7.27可见,在 u_2 的正半周内,二极管 D_1、D_3 导通,D_2、D_4 截止;u_2 负半周时,D_2、D_4 导通,D_1、D_3 截止。正、负半周均有电流流过负载电阻 R_L,而且无论在正半周还是负半周,流过 R_L 的电流方向是一致的,因而使输出电压的直流成分得到提高,脉冲成分被降低。桥式整流电路的波形如图7.28所示。

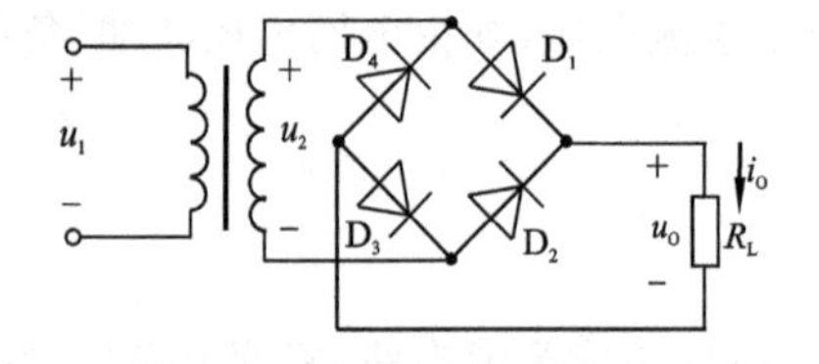

图7.27 单相桥式整流电路

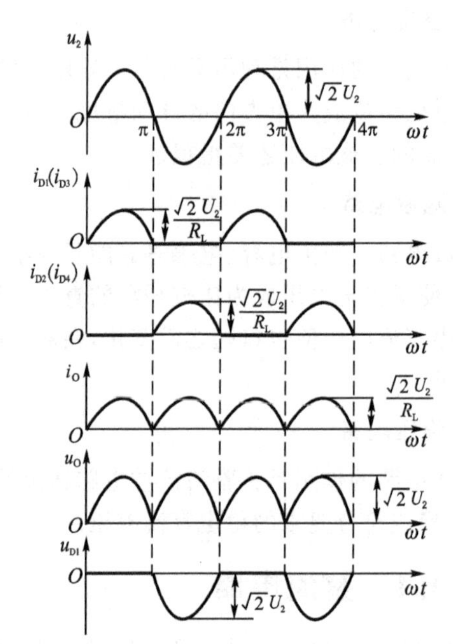

图7.28 桥式整流电路波形图

2. 桥式整流电路参数计算

用傅立叶级数对图7.28中 u_o 的波形进行分解后可得

$$u_O = \sqrt{2}U_2\left(\frac{2}{\pi} + \frac{4}{3\pi}\cos 2\omega t - \frac{4}{15\pi}\cos 4\omega t + \frac{4}{35\pi}\cos 6\omega t \cdots\right) \tag{7.36}$$

式中,U_2 为变压器次级电压 u_2 的有效值,ω 为电源电压角频率(采用电网供电时 $\omega = 2\pi \times 50$ rad/s)。可得整流电路输出电压平均值为

$$U_{O(AV)} = \frac{2\sqrt{2}U_2}{\pi} \approx 0.9U_2 \tag{7.37}$$

由式(7.36)看出，最低次谐波分量的幅值 U_{O2m} 为 $4\sqrt{2}U_2/3\pi$，角频率为电源频率的两倍(2ω)。其他谐波分量的角频率为 4ω、6ω…等偶次谐波分量。这些谐波分量总称为**纹波**(ripple wave)。谐波电压的总有效值 U_{or} 为

$$U_{or}=\sqrt{U_2^2-U_{O(AV)}{}^2}=\sqrt{U_{O2}^2+U_{O4}^2+\cdots} \tag{7.38}$$

整流电路输出电压的纹波系数 K_r 为

$$K_r=\frac{U_{or}}{U_{O(AV)}}\approx 0.48 \tag{7.39}$$

整流电路输出的平均电流 $I_{O(AV)}$ 为

$$I_{O(AV)}=\frac{U_{O(AV)}}{R_L}=0.9\frac{U_2}{R_L} \tag{7.40}$$

因二极管 D_1、D_3 和 D_2、D_4 是两两轮流导通的，故流过每个二极管的平均电流为

$$I_{D(AV)}=0.5I_{O(AV)} \tag{7.41}$$

整流二极管在截止时管子两端承受的最大反向电压 U_{RM} 就是 u_2 的最大值，即

$$U_{RM}=\sqrt{2}U_2 \tag{7.42}$$

桥式整流电路的优点是输出电压高、纹波电压小、管子承受的最大反向电压较低，同时电源变压器的利用率较高，但是电路中需用四个整流二极管。桥式整流电路目前已做成模块称为**整流桥**(rectifier bridge)，其输出电流、耐反压等指标有系列标称值可选用。

7.4.2　滤波电路

根据滤波元件类型及电路组成，滤波电路常分为电容滤波电路、电感滤波电路、复合型滤波电路。可以根据具体应用设计要求来选择合适的滤波电路。

1. 电容滤波电路

图 7.29(a)所示为**单相桥式整流电容滤波电路**，图中 T_r 为电源变压器，二极管 $D_1\sim D_4$ 组成桥式全波整流电路，电容 C 组成滤波电路。

在分析电容滤波电路时，要特别注意电容器 C 两端电压 u_C 对整流元件导通的影响，整流元件 $D_1\sim D_4$ 只有受正向电压作用时才导通，否则便截止。

负载 R_L 未接入(开关 S 断开)时的情况：设电容器 C 两端初始电压为零，接入交流电源后，当 u_2 为正半周时，u_2 通过 D_1、D_3 向电容器 C 充电；u_2 为负半周时，经 D_2、D_4 向电容器 C 充电，充电时间常数为

$$\tau=R_{int}C \tag{7.43}$$

其中，R_{int} 包括变压器副边绕组的直流电阻和二极管 D 的正向电阻。由于 R_{int} 一般很小，电容器很快就充电到交流电压 u_2 的最大值$\sqrt{2}U_2$(极性如图 7.29(a)所示)。因电容器无放电回路，故输出电压(即电容器 C 两端的电压 u_C)保持在$\sqrt{2}U_2$ 上。如图 7.29(b)中 $\omega t<0$ 部分所示。

接入负载 R_L(开关 S 合上)的情况：设变压器副边电压 u_2 从 0 开始上升(即正半周开始)时接入负载 R_L，由于电容器在负载未接入前已经充了电，故刚接入负载时 $u_2<u_C$，二极管受反向电压作用截止，电容器 C 经 R_L 放电，放电的时间常数为

$$\tau_d=R_LC \tag{7.44}$$

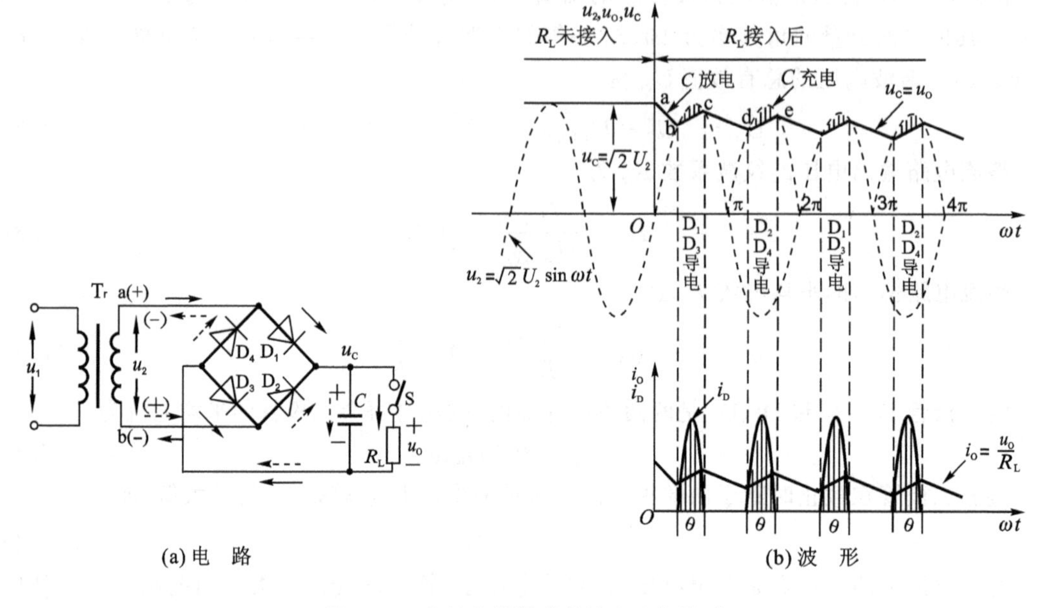

图 7.29 容性负载桥式整流电路与波形

因 τ_d 一般较大,故电容两端的电压 u_C 按指数规律慢慢下降。输出电压 $u_o=u_C$,如图 7.29(b)的 ab 段所示。与此同时,交流电压 u_2 按正弦规律上升。当 $u_2>u_C$ 时,二极管 D_1、D_3 受正向电压作用而导通,此时 u_2 经二极管 D_1、D_3 向负载 R_L 提供电流,并向电容器 C 充电,其中接入负载时的充电时间常数 $\tau_c=(R_L /\!/ R_{int})\cdot C\approx R_{int}C$ 很小,u_C 将如图 7.29(b)的 bc 段,图中 bc 段上的阴影部分为电路中的电流在整流器内阻 R_{int} 上产生的电压降。u_C 随着交流电压 u_2 升高到略低于最大值$\sqrt{2}U_2$。然后,u_2 又按正弦规律下降。当 $u_2<u_C$ 时,二极管受反向电压作用而截止,电容器 C 又经 R_L 放电,u_C 波形如图 7.29(b)中的 cd 段。电容器 C 如此周而复始地进行充放电,负载 R_L 上便得到如图 7.29(b)所示的一个近似锯齿状波动的电压 $u_o=u_C$,电容 C 使负载电压的波动大为减小。

通过以上分析,可得容性负载整流电路的特点如下:

① 二极管的导通角 $\theta<\pi$,流过二极管的瞬时电流很大,如图 7.29(b)所示。电流的有效值和平均值的关系与波形有关,在平均值相同的情况下,波形越尖,有效值越大。在纯电阻负载时(指没有电容 C),变压器副边电流的有效值 $I_2=1.11\cdot I_O$;而有电容滤波时

$$I_2\approx(1.5\sim2)\cdot I_O \tag{7.45}$$

② 负载平均电压 U_O(或 $U_{O(AV)}$)升高,纹波(交流成分)减小,且 R_LC 越大,电容 C 放电速率越慢,则负载电压中的纹波成分越小,负载平均电压越高。

为了得到平滑的负载电压,一般取

$$\tau_d=R_L\cdot C\geqslant(3\sim5)\cdot\frac{T}{2} \tag{7.46}$$

式中,T 为电源交流电压的周期,即 $T=1/50\ \text{s}=20\ \text{ms}$。

③ 负载直流电压 U_O 随负载平均电流 I_O 增加而减小。U_O 随 I_O 的变化关系称为**输出特性**(output characteristic)或**外特性**。图 7.30 所示为纯电阻负载和容性负载桥式整流电路的

输出特性。

C 值一定，当 $R_L=\infty$（空载）时，负载直流电压 $U_O=\sqrt{2}U_2\approx1.4U_2$。

当 $C=0$（无电容）时，负载直流电压为

$$U_O=0.9U_2 \tag{7.47}$$

在整流电路的内阻不太大（几欧）和放电时间常数满足式（7.46）的关系时，容性负载整流电路的输出直流电压约为

$$U_O=(1.1\sim1.2)U_2 \tag{7.48}$$

容性负载整流电路的优点是电路简单、负载直流电压 U_O 较高、纹波较小等，它的缺点是输出特性较差，故适用于负载电压较高、负载变动不大的场合。

2. 电感滤波电路

电感具有阻止电流变化的特点，如在负载回路中串联一个电感，将使流过负载上电流的波形较为平滑；或者，从另一个方面来分析，因为电感对直流分量的电阻很小（理想时等于零），而对交流分量感抗很大，因此能够得到较好的滤波效果而直流电压损失很小。

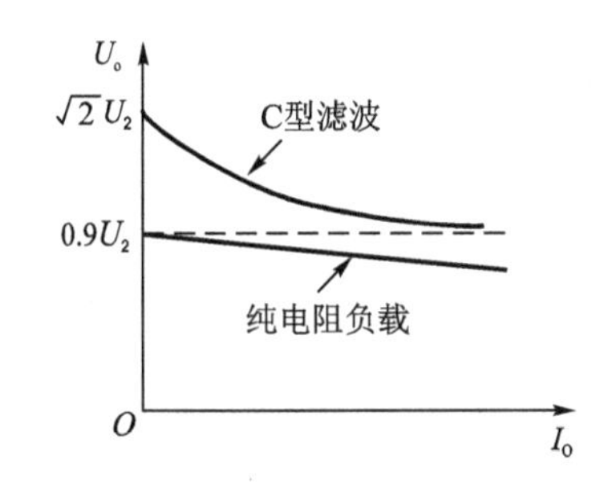

图 7.30　容性负载桥式整流电路的输出特性

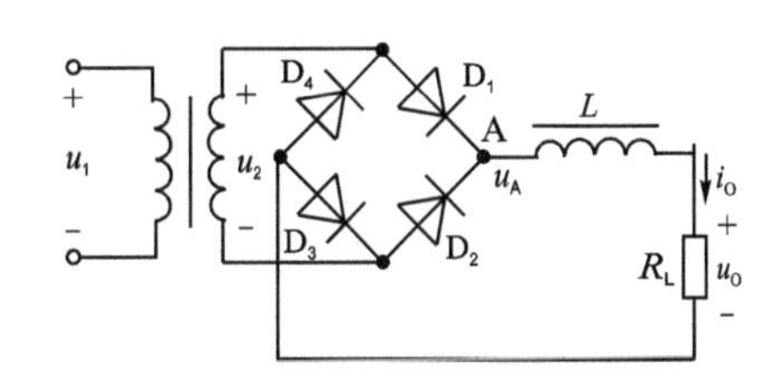

图 7.31　电感滤波电路

在图 7.31 所示的电感滤波电路中，L 串联在 R_L 回路中。根据电感的特点，当输出电流发生变化时，L 中将感应出一个反电势，其方向将阻止电流发生变化。在半波整流电路中，这个反电势将使整流管的导通角大于 180°。但是，在桥式整流电路中，虽然 L 上的反电势有延长整流管导通角的趋势，但是 D_1、D_3 和 D_2、D_4 不能同时导通。例如，当 u_2 的极性由正变负（见图 7.31）后，L 上的反电势有助于 D_1、D_3 继续导通，但由于此时 D_2、D_4 导通，变压器副边电压 u_2 全部加到 D_1、D_3 两端，其极性将使 D_1、D_3 反向偏置，因而 D_1、D_3 截止。在桥式整流电路中，虽然采用电感滤波，但整流二极管仍然每管导通 180°，图中 A 点的电压波形就是桥式整流的输出波形，与纯电阻负载时相同。

由于电感的直流电阻很小、交流阻抗很大，因此直流分量经过电感后基本上没有损失，但是对于交流分量，在 $j\omega L$ 和 R_L 上分压以后，很大一部分交流分量降落在电感 L 上，因而降低了输出电压中的脉动成分。L 愈大、R_L 愈小，则滤波效果愈好，所以电感滤波电路适用于负载电流比较大的场合。采用电感滤波以后，有延长整流管导电角的趋势，因此电流的波形比较平滑，避免了过大的冲击电流。

3. 复合滤波电路

为了进一步改善滤波效果，降低负载电压 u_O 中的纹波，可以采用复合滤波电路（如图 7.32 所示）。图 7.32(a)为 RC－Π 型滤波电路，其性能和应用场合与电容滤波电路相似。

图7.32(b)、(c)分别为LC滤波电路和LC-Π型滤波电路,它们的性能和应用场合与电感滤波电路相似。若需要得到更好的滤波效果,可再采用数节串接的滤波电路。

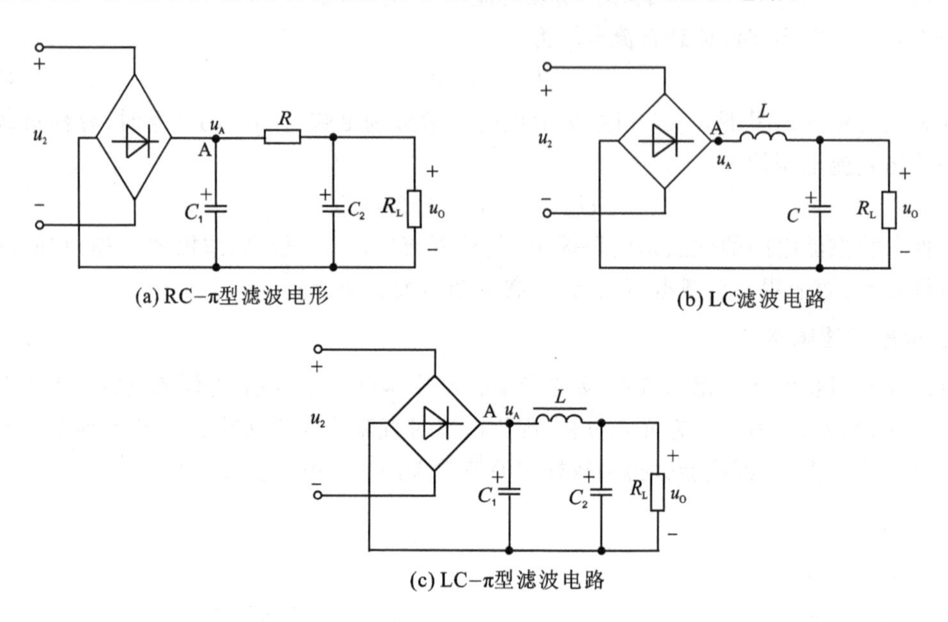

图7.32 常用的复合滤波电路

7.4.3 串联型线性直流稳压电路

经过整流、滤波后的直流电压,易受电网电压波动和负载电流变化的影响,因此必须进一步通过稳压电路来获得稳定的直流电压。

常用的稳压电路有稳压管直流稳压电路、串联型线性直流稳压电路和开关型直流稳压电路。这里主要分析串联型线性直流稳压电路。

直流稳压电路的技术指标分为两种:一种是特性指标,包括允许的输入电压、输出电压、输出电流及输出电压调节范围等;另一种是质量指标,用来衡量输出直流电压的稳定程度,包括稳压系数、输出电阻、温度系数及纹波电压等。以下介绍常用的直流稳压电路6个基本技术指标。

(1) 输出电压U_O或输出电压可调范围$U_{O1}\sim U_{O2}$

指稳压电路在正常运行下的额定输出电压U_O,如为可调式稳压电路,则为可调输出额定电压的范围$U_{O1}\sim U_{O2}$。

(2) 最大输出电流I_{om}

I_{om}是指稳压电路在规定最小负载情况下的最大输出电流值。

(3) 稳压系数S_r

S_r定义为:当环境温度T(℃)与负载R_L不变时,在规定输入电压变化范围内,且满载条件下,输出电压U_O的相对变化量与输入电压U_I的相对变化量之比,即

$$S_r=\left.\frac{\Delta U_O/U_O}{\Delta U_I/U_I}\right|_{\substack{\Delta T=0\\ \Delta R_L=0}}=\left.\frac{\Delta U_O}{\Delta U_I}\cdot\frac{U_I}{U_O}\right|_{\substack{\Delta T=0\\ \Delta R_L=0}} \tag{7.49}$$

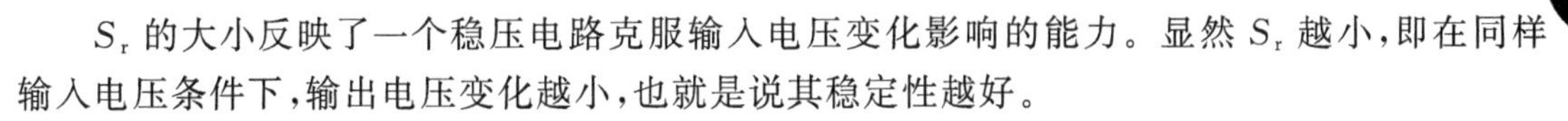

S_r 的大小反映了一个稳压电路克服输入电压变化影响的能力。显然 S_r 越小，即在同样输入电压条件下，输出电压变化越小，也就是说其稳定性越好。

在工程中稳压系数 S_r 又称为电压调整率，用 S_u 表示，因此 $S_r=S_u$。

(4) 纹波抑制比 S_{rip}

S_{rip} 定义为输入纹波电压（峰-峰值 U_{IMM}）与输出纹波电压（峰-峰值 U_{OMM}）之比（取对数），即

$$S_{rip}=20\lg \frac{U_{IMM}}{U_{OMM}}\bigg|_{\substack{\Delta T=0\\ \Delta R_L=0}} \tag{7.50}$$

显然，S_{rip} 越大，表明稳压电路对纹波的抑制能力越强，即输出纹波越小，稳定性也越好。

(5) 输出电阻 R_O

在规定输入电压及环境温度不变时，R_O 为输出电压的变化量与输出电流变化量之比，即

$$R_O=\frac{\Delta U_O}{\Delta I_O}\bigg|_{\substack{\Delta T=0\\ \Delta U_I=0}} \tag{7.51}$$

R_O 反映了负载变动时，输出电压 U_O 维持稳定的能力。显然 R_O 越小，则当 I_O 变化时，输出电压变化也越小，即越稳定。

稳压电路的输出电阻 R_O，在工程中还常用负载调整率 S_R 或电流调整率 S_I 来表示。S_I 则用输出电流 I_O 由零变到最大额定值时，输出电压的相对变化量来表征，称为**电流调整率**（current regulation），即

$$S_I=\frac{\Delta U_O}{U_O}\bigg|_{\substack{\Delta T=0\\ \Delta R_L=0}}\times 100\% \tag{7.52}$$

通常，$S_I\leqslant 1\%$，而 R_O 常为 1 Ω 以下。

(6) 效率 η

对于串联型线性稳压电路，由于输出电流 I_O 全部通过调整管，则调整管必然会产生功耗。而且，调整管的压差（即管压降 U_{CE}）越大，管耗也就越大。因此，稳压电路存在一个效率指标。在工程中，在规定输入电压、输出电压和满载的情况下，用输出功率与输入功率的比值来表示效率，即

$$\eta=\frac{P_O}{P_I}=\frac{U_O\cdot I_O}{U_I\cdot I_I}\times 100\%\approx\frac{U_O}{U_I}\times 100\ \% \tag{7.53}$$

对于串联型稳压电路，输入电流 I_I 为调整管的 I_C（或 I_E），输出电流 I_O 为调整管的 I_E（或 I_C），所以有 $I_O\approx I_I$。

通常效率 $\eta>40\%$，经过改进措施或恒压差设计的稳压电路可达 50%以上。

1. 串联型线性直流稳压电路原理

(1) 电路组成和工作原理

串联型线性直流稳压电路原理方框图如图 7.33 所示，电路组成包括采样电路、调整管、基准电压与误差放大电路。

① 采样电路

由电阻 R_1、R_2 和 R_3 组成。取出 U_O 的一部分 U_F 送到误差放大电路的反相输入端。

② 基准电压和误差放大电路

基准电压 U_{REF} 接到误差放大电路的同相输入端。采样电压 U_F 与基准电压 U_{REF} 进行比

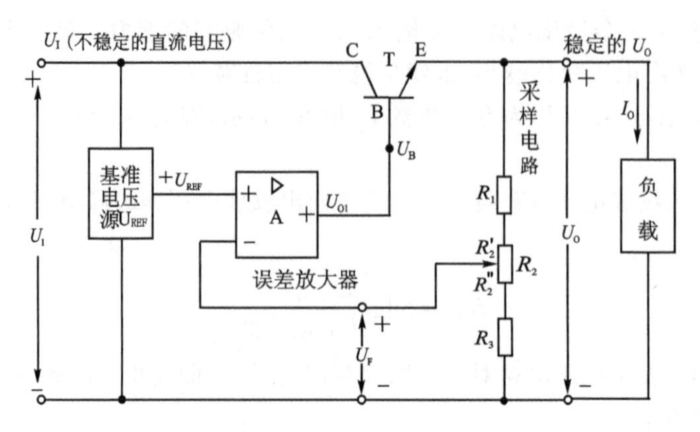

图 7.33 串联型线性直流稳压电路组成

较后，再由放大电路将二者的差值进行放大。

误差放大电路 A 的作用是将基准电压与采样电压之差($U_{REF}-U_F$)进行放大，然后再送到调整管的基极。如果误差放大电路的放大倍数比较大，则只要输出电压 U_O 产生一点微小的变化，即能引起调整管的基极电压 U_B 发生较大的变化，提高了稳压效果。因此，放大倍数愈大，则输出电压 U_O 的稳定性愈高。

③ 调整管

调整管 T 接在输入直流电压 U_I 和输出端负载电阻 R_L 之间。在基极电压 U_B 作用下，调整管的集-射电压 U_{CE} 将发生相应的变化，最终调整输出电压 $U_O=U_I-U_{CE}$ 使之基本保持稳定。因调整管 T 与负载 R_L 串联，且调整管工作在放大状态，故称为串联型线性直流稳压电路。

现在分析串联型线性直流稳压电路的稳压原理。在图 7.33 中，假设由于 U_I 增大(或假定 I_O 减小)而导致输出电压 U_O 增大，则通过采样后反馈到误差放大电路反相输入端的电压 U_F 也按比例增大，但其同相输入端的电压 U_{REF} 保持不变，故放大电路 A 的差模输入电压 $U_{Id}=U_{REF}-U_F$ 将减小，于是放大电路 A 的输出电压 U_{O1} 减小，使调整管的基极电压 $U_B=U_{O1}$ 减小，从而引起调整管的 $U_{BE}=U_B-U_O$ 减小、I_C 减小、U_{CE} 增大，结果阻止输出电压 $U_O=U_I-U_{CE}$ 增大。

以上稳压过程可简明表示如下：

$$U_I\uparrow \text{或} I_O\downarrow\rightarrow U_O\uparrow\rightarrow U_F\uparrow\rightarrow U_{Id}\downarrow\rightarrow U_B\downarrow\rightarrow I_C\downarrow\rightarrow U_{CE}\uparrow\rightarrow U_O\downarrow$$

由此看出，串联型线性直流稳压电路稳压的过程，实质上是通过电压负反馈使输出电压 U_O 保持基本稳定的过程，故这种稳压电路也称为串联反馈式直流稳压电路。

(2) 输出电压的调节范围

串联型线性直流稳压电路的一个优点是允许输出电压在一定范围内进行调节。这种调节可以通过改变采样电阻中电位器 R_2 的滑动端位置来实现。

在图 7.33 中，$u_+=U_{REF}$，$u_-=U_F$，故当 $U_F=U_{REF}$ 时，稳压电路达到稳定状态，假设输出电压为 U_O，则

$$U_F=\frac{R''_2+R_3}{R_1+R_2+R_3}\cdot U_O=U_{REF}$$

因而

$$U_O = \frac{R_1 + R_2 + R_3}{R_2'' + R_3} \cdot U_{REF} \quad (7.54)$$

当 R_2 的滑动端调至最上端时，$R_2'=0$，$R_2''=R_2$，U_O 达到最小值，此时

$$U_{Omin} = \frac{R_1 + R_2 + R_3}{R_2 + R_3} \cdot U_{REF} \quad (7.55)$$

而当 R_2 的滑动端调至最下端时，$R_2'=R_2$，$R_2''=0$，U_O 达到最大值，可得

$$U_{Omax} = \frac{R_1 + R_2 + R_3}{R_3} \cdot U_{REF} \quad (7.56)$$

(3) 调整管的选择

调整管是串联反馈式直流稳压电路的重要组成部分，工作在放大区，担负着调整输出电压的重任。它不仅需要根据外界条件的变化，随时调整本身的管压降，以保持输出电压稳定，而且还要提供负载所要求的全部电流，因此管子的功耗比较大，通常采用大功率的三极管。为了保证调整管的安全，一般都需加保护电路。电路设计中选择调整管型号时，需对主要参数进行估算。

① 集电极最大允许电流 I_{CM}

流过调整管集电极的电流，除负载电流 I_O 以外，还有流入采样电阻的电流。假设流过采样电阻的电流为 I_R，则调整管集电极的最大允许电流为

$$I_{CM} \geqslant I_{Omax} + I_R \quad (7.57)$$

式中，I_{Omax} 是负载电流的最大值。

② 集电极和发射极之间的反向击穿电压 $U_{(BR)CEO}$

稳压电路正常工作时，调整管上的电压降约为几伏。若负载短路，则整流滤波电路的输出电压即稳压电路的输入电压 U_I 将全部加在调整管两端。电容滤波电路输出电压的最大值可能接近于变压器副边电压的峰值(即 $U_I \approx \sqrt{2}U_2$)，再考虑电网可能有±10％的波动，应选择三极管的参数为

$$U_{(BR)CEO} \geqslant U'_{Imax} = 1.1 \times \sqrt{2}U_2 \quad (7.58)$$

式中，U'_{Imax}是空载时整流滤波电路的最大输出电压。

③ 集电极最大允许耗散功率 P_{CM}

调整管两端的电压 $U_{CE}=U_I-U_O$，则调整管的功耗为 $P_C=U_{CE} \cdot I_C=(U_I-U_O) \cdot I_C$。当电网电压达到最大值、输出电压达到最小值、负载电流也达到最大值时，调整管的功耗将最大。因此，应根据下式来选择调整管的参数 P_{CM}：

$$P_{CM} \geqslant (U_{Imax} - U_{Omin}) \times I_{Cmax} \approx (1.1 \times 1.2U_2 - U_{Omin}) \times I_{Cmax} \quad (7.59)$$

式中，U_{Imax} 是满载时整流滤波电路最大输出电压，在电容滤波时其输出电压近似为 $1.2U_2$。

调整管选定以后，为了保证调整管工作在放大区，管子两端的电压降不宜太小，通常使 $U_{CE}=3\sim8$ V。由于 $U_{CE}=U_I-U_O$，故稳压电路的输入直流电压应为

$$U_I = U_{Omax} + (3 \sim 8)\ \text{V} \quad (7.60)$$

对于容性负载全波桥式整流电路，此电路的输出电压 U_I 与变压器副边电压 U_2 之间关系近似为 $U_I \approx 1.2U_2$。考虑到电网电压可能有 10％的波动，故要求变压器副边电压为

$$U_2 \approx 1.1 \times \frac{U_I}{1.2} \quad (7.61)$$

例 7.2 电路如图 7.34 所示,要求输出电压 $U_O=10\sim15$ V,负载电流 $I_O=0\sim100$ mA。已选定基准电压的稳压管为 2CW1,其稳定电压 $U_Z=7$ V,最小电流 $I_{Zmin}=5$ mA,最大电流 $I_{Zmax}=33$ mA。初步确定调整管选用 3DD2C,其主要参数为 $I_{CM}=0.5$ A,$U_{(BR)CEO}=45$ V,$P_{CM}=3$ W。

① 假设采样电路总的阻值选定为 2 kΩ 左右,则 R_1、R_2 和 R_3 三个电阻分别为多大?

② 估算电源变压器副边电压的有效值 U_2;

③ 估算基准稳压管的限流电阻 R 的阻值;

④ 验算稳压电路中的调整管是否安全。

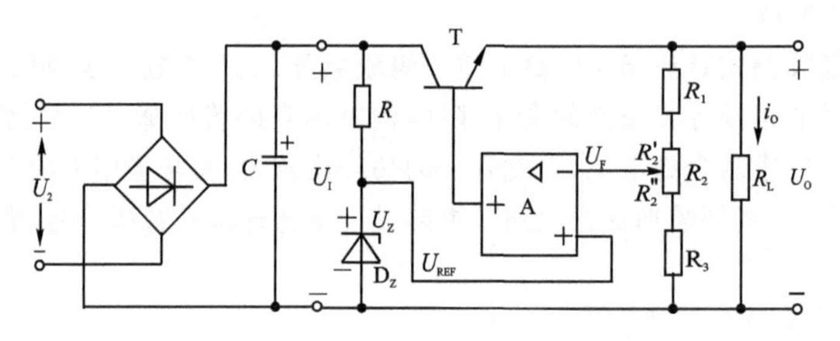

图 7.34 例 7.2 电路

解:①由式(7.56)可知

$$U_{Omax}\approx\frac{R_1+R_2+R_3}{R_3}U_Z$$

$$R_3\approx\frac{R_1+R_2+R_3}{U_{Omax}}U_Z=\left(\frac{2}{15}\times7\right)\ \text{k}\Omega=0.93\ \text{k}\Omega$$

取 $R_3=910\ \Omega$,由式(7.55)可知

$$U_{Omin}\approx\frac{R_1+R_2+R_3}{R_2+R_3}U_Z$$

故

$$R_2+R_3\approx\frac{R_1+R_2+R_3}{U_{Omin}}U_Z=\left(\frac{2}{10}\times7\right)\ \text{k}\Omega=1.4\ \text{k}\Omega$$

则

$$R_2=(1.4-0.91)\ \text{k}\Omega=0.49\ \text{k}\Omega$$

取 $R_2=510\ \Omega$ (电位器),则

$$R_1=(2-0.91-0.51)\ \text{k}\Omega=0.58\ \text{k}\Omega$$

取 $R_1=560\ \Omega$。

在确定了采样电阻 R_1、R_2 和 R_3 的阻值以后,再来验算输出电压的变化范围是否符合要求,此时

$$U_{Omax}\approx\left(\frac{0.56+0.51+0.91}{0.91}\times7\right)\ \text{V}=15.23\ \text{V}$$

$$U_{Omin}\approx\left(\frac{0.56+0.51+0.91}{0.51+0.91}\times7\right)\text{V}=9.76\ \text{V}$$

输出电压的实际变化范围为 $U_O=(9.76\sim15.23)$ V,符合给定的要求。

② 稳压电路的直流输入电压应为

$$U_I=U_{Omax}+(3\sim8)\ \text{V}=15\ \text{V}+(3\sim8)\ \text{V}=(18\sim23)\ \text{V}$$

取 $U_I=23$ V,则变压器副边电压的有效值为

$$U_2 \approx 1.1 \times \frac{U_I}{1.2} = \left(1.1 \times \frac{23}{1.2}\right) \text{V} = 21 \text{ V}$$

③ 基准电压支路中电阻 R 的作用是保证稳压管 D_Z 工作在稳压区，为此通常取稳压管中的电流略大于其最小参考电流值 $I_{Z\min}$。在图 7.34 中，可认为

$$I_Z = \frac{U_I - U_Z}{R}$$

故基准稳压管 D_Z 的限流电阻应为（应考虑电源电压波动±10%）

$$R \leqslant \frac{U_{I\min} - U_Z}{I_{Z\min}} = \left(\frac{0.9 \times 23 - 7}{5}\right) \text{ k}\Omega = 2.74 \text{ k}\Omega$$

另外，稳压管正常工作时电流值不能超过 $I_{Z\max}$，即有

$$R > \frac{U_{I\max} - U_Z}{I_{Z\max}} = \left(\frac{1.1 \times 23 - 7}{33}\right) \text{k}\Omega \approx 0.55 \text{ k}\Omega$$

选取 $R = 2 \text{ k}\Omega$。

④ 根据稳压电路的各项参数，可知调整管的主要技术指标应为

$$I_{CM} \geqslant I_{I\max} + I_R = \left(100 + \frac{15.23}{0.56 + 0.51 + 0.91}\right) \text{ mA} = 108 \text{ mA}$$

$$U_{(BR)CEO} \geqslant 1.1 \times \sqrt{2} U_2 = (1.1 \times \sqrt{2} \times 21) \text{ V} = 32.3 \text{ V}$$

$$P_{CM} \geqslant (1.1 \times 1.2 U_2 - U_{O\min}) \times I_{C\max} = [(1.32 \times 21 - 9.76) \times 0.108] \text{W} = 1.94 \text{ W}$$

已知低频大功率三极管 3DD2C 的 $I_{CM} = 0.5$ A、$U_{(BR)CEO} = 45$ V、$P_{CM} = 3$ W，可见调整管的参数符合安全的要求，而且留有一定余地。

(4) 高精度基准电源

基准电源是直流稳压电路中的电压基准，十分重要。除直流稳压电路外，它还广泛用作标准电池、仪器表头的刻度标准和精密电流源等。

要求基准电源几乎没有纹波，且当电源电压波动或负载电流变化时，基准电源保持不变。特别是基准电源的温度系数要很小。

图 7.35 电路为具有温度补偿的简单基准电源。

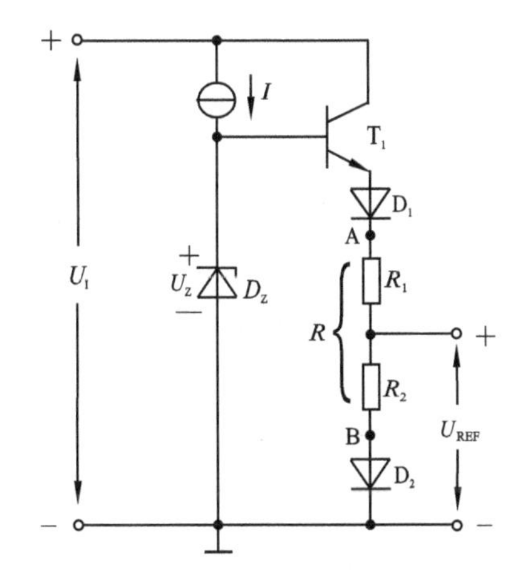

图 7.35　具有温度补偿的简单基准电源

D_Z 为普通稳压管,U_Z 的温度系数为正(+2 mV/℃)。T_1 管的 U_{BE} 和 D_1 正向压降随温度变化,使 U_A 的温度系数为+6 mV/℃。同理,D_2 正向压降随温度变化使三极管 T_1 的发射极电压 U_E 的温度系数为−2 mV/℃。这样在A、B之间串联电阻中的某一点电压的温度系数应为零。找出零温漂点,作基准电压 U_{REF},因不受温度影响,故相当稳定。

$$U_{REF}=U_{D2}+\left(\frac{U_Z-U_{BE}-U_{D1}-U_{D2}}{R_1+R_2}\right)R_2 \tag{7.62}$$

当 $U_{BE}=U_{D1}=U_{D2}$ 时,上式简化为

$$U_{REF}=\frac{R_2U_Z+(R_1-2R_2)U_{BE}}{R_1+R_2} \tag{7.63}$$

设置电阻比值满足

$$\frac{R_1-2R_2}{R_2}=-\frac{\partial U_Z}{\partial T}\Big/\frac{\partial U_{BE}}{\partial T} \tag{7.64}$$

则 U_{REF} 的温度系数可补偿到±50~±100 ppm/℃。

目前市场上有各种集成基准电压源,如LM199、LM299和LM399的电压温度系数很低,属于高稳定性的精密基准电压源。它们均为四端器件,可取代普通的齐纳稳压管,用于A/D转换器、精密直流稳压电源、精密恒流源和电压比较器中。

2. 三端集成直流稳压器原理

目前市场上有多种集成直流稳压器,其中三端集成稳压器具有体积小、性能好、成本低、可靠性高、使用简便等优点,被广泛应用于电子仪器与电子设备中。

三端集成稳压器常分为固定(电压)输出式和可调(电压)输出式两大类,其中每类又有正电压输出和负电压输出之分。

(1) 三端固定输出式集成稳压器

三端固定输出式集成稳压器使用方便,不需要进行任何调整,外围电路简单、工作安全可靠,适于制作通用型标称值电压的直流稳压电源。其缺点是输出电压不能调整,无法直接获得非标称直流电压(例如7.5 V、13 V等),且输出电压的稳定度还不够高。

三端固定输出式集成稳压器的典型应用包括:

① 基本应用(输出单路固定电压电路)

三端固定输出式集成稳压器的基本应用电路如图7.36所示,经过整流滤波后所得到的直流输入电压 U_I 接在集成稳压器的输入端和公共端之间,在输出端即可得到稳定的输出电压 U_O。电路中常在输入端接入电容 C_I(一般取0.33 μF),目的是为了抵消输入引线感抗,消除自激。同时,在输出端也接上电容 C_O(一般取0.1 μF),其作用是为了消除集成稳压器的输出噪声,特别是高频噪声。两个电容 C_I、C_O 应直接接在集成稳压器的引脚处,而且应采用片状无感电容。

若输出电压比较高,则应在输入端与输出端之间跨接保护二极管D(如图中的虚线所示)。其作用是在输入端 U_I 短路时,使负载电容可通过二极管D放电,以便保护集成稳压器内部的调整管。输入直流电压 U_I 应至少比 U_O 高2 V。

② 同时输出正、负电压的稳压电路

采用一块78XX(固定正电压输出)和一块79XX(固定负电压输出)三端集成稳压器可方便地组成同时输出正、负电压的直流稳压电源,电路如图7.37所示。

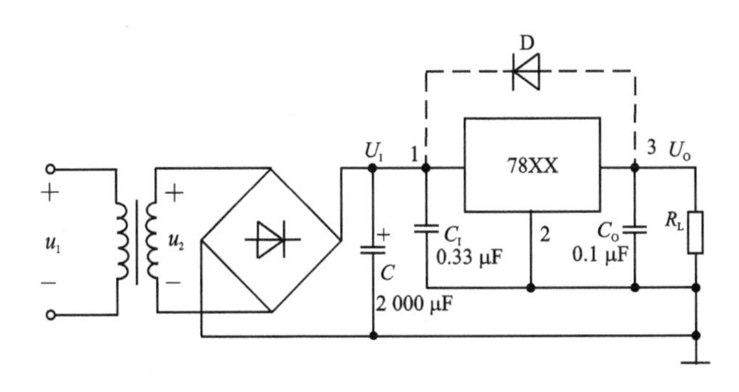

图 7.36　三端固定输出式集成稳压器基本应用电路

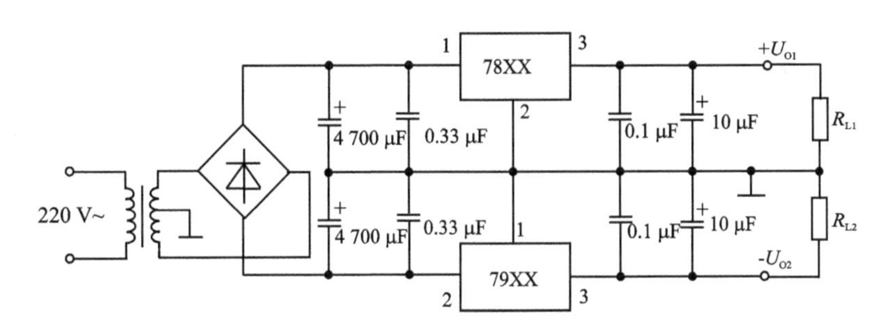

图 7.37　同时输出正、负电压的稳压电路

③ 恒流源电路

用稳压电路组成恒流源电路，如图 7.38 所示。因电阻器 R 两端的电压为已知而且稳定，所以 $I_R=\frac{5\ \text{V}}{R}$ 也稳定。这个电路的输出直流电流为 $I_O=I_R+I_W$，I_W 是稳压电路的静态电流(典型值约为 4.3 mA)。当 $I_R \gg I_W$ 时，电路的恒流特性比较好。当 R_L 变化时，稳压器通过改变 1、3 两端的电位差来维持恒流。

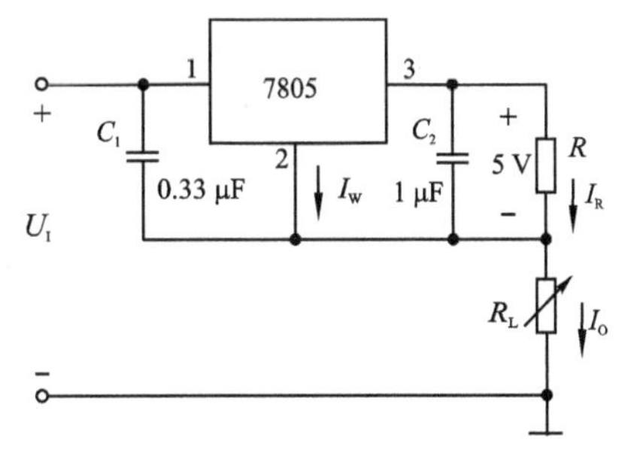

图 7.38　恒流源电路

(2) 三端可调输出式集成稳压器

三端可调输出式集成稳压器的内部不集成采样电阻部分，通过设置外置采样电阻的参数，可获得各种标称或非标称直流电压输出，可灵活调整输出电压大小。

三端可调输出式集成稳压器的典型应用包括：

① 基本应用(输出可调电压电路)

三端可调输出式集成稳压器 CW317 和 CW337 是一种悬浮式串联调整型稳压器，它的三个接线端分别称为输入端、输出端和调整端。图 7.39(a)所示为 CW317 组成的正输出电压可调式稳压电源，图 7.39(b)所示为 CW337 组成的负输出电压可调式稳压电源。

以图 7.39(a)为例，CW317 的内部电路(如放大器、偏置电路等)的公共端被改接到输出端，即它们都在输入和输出电压的差值电压下工作，CW317 器件本身无接地端，内部工作电流 I_{ADJ}(基准电压电路等的工作电流)都要从输出端流出，该电流构成稳压器的最小负载电流(一

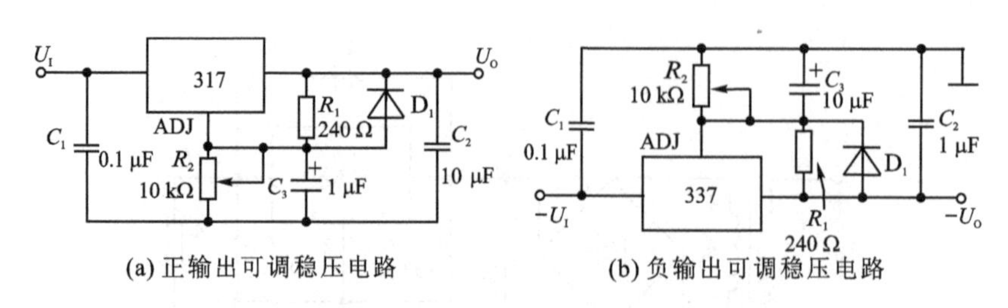

图 7.39　可调输出式稳压电源

般情况下,该电流小于 5 mA),内部的基准电压 U_{REF}(约 1.2 V)接在误差放大器的同相端和调整端之间。(若将 CW317 的调整端接地就是一个输出电压恒定的三端输出固定式稳压器。)

输出电压为

$$U_O = U_{REF} + (I_{ADJ} + U_{REF}/R_1) \times R_2$$
$$= 1.2(1 + R_2/R_1) + I_{ADJ} \cdot R_2 \approx 1.2(1 + R_2/R_1) \tag{7.68}$$

上式中因 I_{ADJ} 很小,故 $I_{ADJ} \cdot R_2$ 可忽略不计。调节 R_2 可以获得从 1.2 V 到 37 V 的输出电压。

电容 C_1、C_2 用于防止自激、滤除高频噪声。电容 C_3 用来减小输出电压的纹波。D_1 是保护二极管,防止发生输出端短路时电容 C_3 储存的电荷通过稳压器的调整端泄放而损坏稳压器。当输出电压 U_O 较低(一般小于 7 V)或 C_2 电容值较小(一般小于 1 μF)时,则可以不接 D_1。

在使用 CW317 时需要注意:$U_I - U_O$ 应满足 $I_O(U_I - U_O) \leqslant P_{max}$。为保证空载情况下输出电压也能恒定,$R_1$ 的取值不宜高于 240 Ω,否则由于稳压器内部工作电流不能从输出端流出,会使稳压器不能正常工作。由于输出电压是依靠外接电阻来给定的,故 R_1、R_2 的精度应适当高些,以保证输出电压的精确和稳定。电阻连接应紧靠集成稳压器,以防止在输出较大电流时由于连线电阻的存在而产生一定的误差。

图 7.39(b)的负输出电压调整范围为 −1.2～−37 V,其工作原理与图 7.39(a)相同。

② 高输出电压稳压电路

一般类型的集成稳压器因受耐压限制,只适用于输出电压在 30 V 以下的场合。对 CW317(CW337)而言,因其采用悬浮式稳压原理,可以实现高输出电压的稳压。图 7.40 为输出达 100 V 的高输出电压稳压电路。

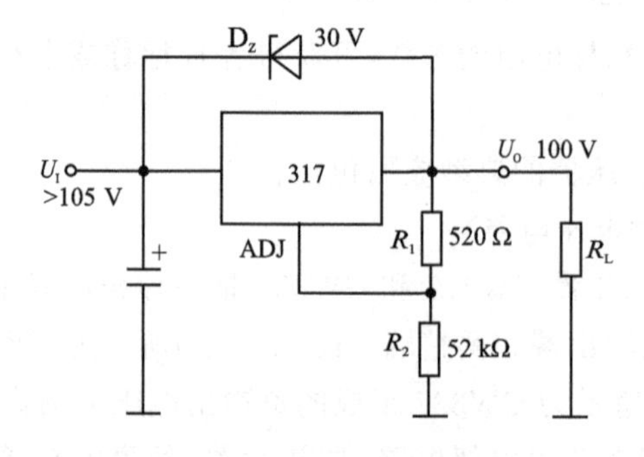

图 7.40　高输出电压稳压电路

图 7.40 中 CW317 并未承受高电压,高电压降主要在 R_2 上。为防止电路启动时集成稳

压器可能承受过高电压，接入了稳压管 D_Z，D_Z 的稳压值必须小于 CW317 能承受的电压值。

③ 高稳定稳压电源

当要求直流稳压电源的稳定性很高时，单块集成稳压器往往难以胜任。如果用两块 CW317 接成图 7.41 所示的具有跟踪预调整功能的直流稳压电路将可获得特别稳定的输出电压。

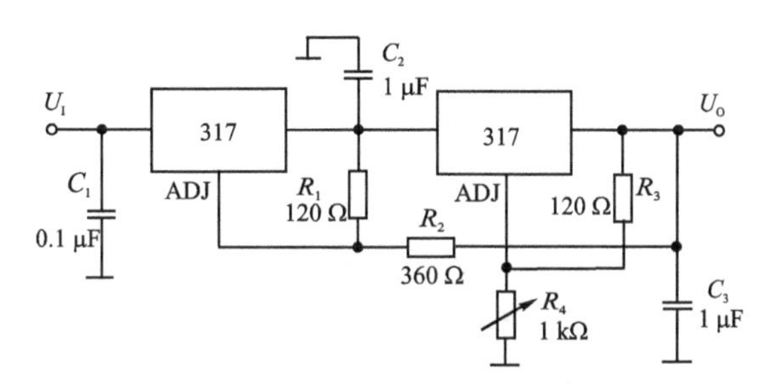

图 7.41　具有跟踪预调整功能的高稳定稳压电源

电路工作原理是利用第一级 CW317 的调整端使得第一级输出电压能跟踪第二级输出电压的变化，即进行了**预调整**(preset adjustment)。因第一级稳压器的调整端通过 R_2 接到第二级稳压器的输出端上，这就限定了第二级稳压器的输入与输出电压之间的差值，在图示电路参数下，该电压差为

$$U_d = U_{REF} + (U_{REF}/R_1 + I_{ADJ}) \times R_2$$
$$= 1.2\ \text{V} + (1.2\ \text{V}/0.12\ \text{k}\Omega + 0.05\ \text{mA}) \times 0.36\ \text{k}\Omega = 4.3\ \text{V}$$

当调节 R_4 改变输出电压 U_O 时，第一级稳压器的跟踪作用使得该电压差 U_d 保持不变，从而使第二级稳压器在固定电压差条件下工作，以获得极高稳定的直流电压输出。

④ 可调高稳定恒流源

利用可调输出式三端集成稳压器，可以组成可调式高稳定恒流源。在图 7.42(a)电路中，可得到输出电流大于 100 mA 的高稳定恒流源，其中电阻 R 的取值在 0.8～12 Ω 范围内；如果再使用另一个 CW317 来分流，如图 7.42(b)所示电路，则可实现 0～1.5 A 输出电流可调。接负载时，负载 R_L 上的最大压降为 36 V。

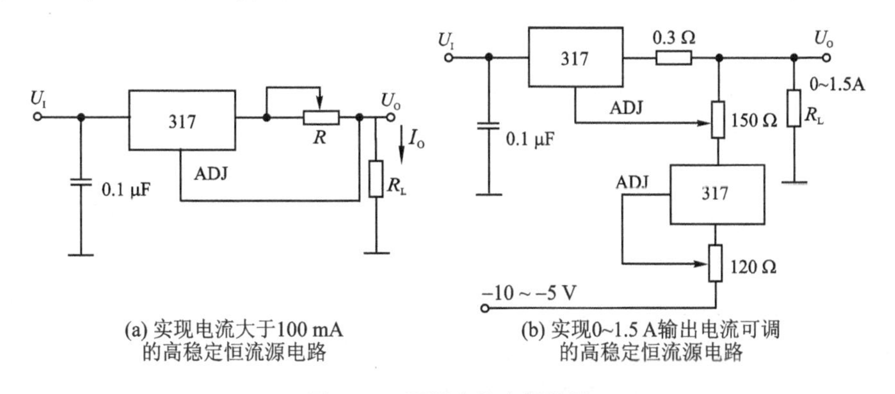

(a) 实现电流大于100 mA 的高稳定恒流源电路

(b) 实现0~1.5 A输出电流可调的高稳定恒流源电路

图 7.42　可调高稳定恒流源

以上介绍的固定输出式、可调输出式三端集成稳压器均属于**串联调整式**(series adjusting type)，即内部调整管与负载相串联，且调整管工作在线性区域，故亦称作**线性集成稳压器**(linear integrated voltage regulator)。这种线性集成稳压器的优点是稳压性能好,输出纹波电压小,成本低,其主要缺点是内部调整管的压降大、功耗高、稳压电源的转换效率较低(一般只有50%左右)。为了进一步提高直流电源的转换效率,可选择的途径之一是采用高效率低压差(线性)集成稳压器。高效率低压差集成稳压器,也分为固定输出式(如LM2940C、LM2990)和可调输出式(如LM2931、LM2991)两大类。途径之二是采用开关型直流稳压电路。

7.5 开关型直流稳压电源

在串联型线性直流稳压电源中,因直流稳压电路中调整管工作在放大区,造成这种稳压电路的效率低。同时,由于存在50 Hz的电源变压器,因此体积大而笨重,在许多场合下不能满足电子系统的需要。随着科学技术的发展,出现了开关型直流稳压电路,目前开关型直流稳压电源已成为电子系统的重要组成部分。

1. 开关型直流稳压电路的特点

① 效率高:串联型线性直流稳压电路的调整管串接在输入和输出端之间,输出电压的稳定是依靠调节调整管的管压降U_{CE}来实现的,调整管工作在线性放大区。采样电路电流很小可忽略,调整管电流即为输出电流,调整管的集电极损耗为$P_T=U_{CE}\cdot I_O$。由于U_{CE}、I_O均大,调整管的集电极损耗相当大,造成电源效率$\left(\eta=\dfrac{P_O}{P_I}\times100\%\approx\dfrac{U_O\cdot I_O}{U_I\cdot I_I}\times100\%\right)$较低,一般为40%~60%,有时还要配备庞大的散热装置。开关型直流稳压电路的功率管称为开关管,工作在开(截止区)关状态(饱和区)。工作于截止区时,没有电流(饱和电流很小可忽略),而集电极、发射极之间的可承受大的管压降,类似于开关"断开",无电流所以不消耗功率;工作于饱和区时,管压降为很小的饱和导通压降$U_{CE(sat)}$,而集电极、发射极间可流通大的电流,类似于开关"导通",功耗为饱和压降乘以电流,电源功耗很小。开关型直流稳压电路的效率明显高于串联型线性直流稳压电路,通常可达90%左右。

② 体积小、重量轻:与同样输出功率的线性直流稳压电路相比,开关型直流稳压电路的体积较小。有时可将电网电压直接整流,省去笨重的电源变压器(50 Hz工频变压器),进一步使体积缩小,重量减轻。另外工作频率高,对滤波元件参数的要求可降低。

③ 稳压范围宽:由于开关型直流稳压电路的输出电压是由脉冲波形的占空比来调节的,受输入电压幅度变化的影响较小,所以它的稳压范围很宽,并容许电网电压有较大的变化。

④ 纹波和噪声较大:开关型直流稳压电路的调整元件工作于开关状态,其输出电压的纹波系数较大,会产生尖峰干扰和谐波干扰。随着开关型直流稳压电路中脉冲工作频率越来越高,开关型直流稳压电源的高频干扰也越严重。

⑤ 电路结构复杂:与串联型线性直流稳压电路相比,开关型直流稳压电路的结构比较复杂,对元器件的要求也比较高。但现在已有许多用于开关型直流稳压电源的开关控制集成电路(如TL494、CS3524),特别是开关型集成稳压器的出现,使开关型直流稳压电路的外围电路大为简化。

由于优点突出,开关型直流稳压电源已成为输出功率较大的电子设备中直流电源的主流,在航空、宇航、计算机、通信、自动化仪器等领域中得到了广泛应用。

2. 开关型直流稳压电路的分类

开关型直流稳压电路的种类很多，分类方法也有多种。

① 按是否使用高频隔离变压器来分：隔离型、非隔离型。

② 按开关管数量来分：单管型、双管型、多管型。

③ 按电路结构及功能来分：单管非隔离型开关直流稳压电路有 Buck（降压）、Boost（升降压）、Buck/boost（升降压）、Cuk、Zeta、Sepic 这六种基本电路结构；双管非隔离型开关直流稳压电路有双管 Buck-boost 等电路结构；隔离型开关直流稳压电路有正激、反激、正反激、推挽等电路结构。

④ 按所用开关器件来分：可分为晶体功率管开关型、可控硅开关型、MOSFET 功率管开关型、IGBT 功率管开关型，等等。

⑤ 按稳压控制方式来分：可分为**脉冲宽度调制**（pulse width modulation，PWM）（周期恒定、改变占空比），**脉冲频率调制**（pulse frequency modulation，PFM）（导通脉宽恒定、改变工作频率）和混合型调制。PWM、PFM 方式统称时间比率控制方式。

无论怎样划分，磁性储能电路、开关电路和控制方式是决定开关型直流稳压电路特性的基本因素。

下面以单管非隔离型开关直流稳压电路中的 Buck 电路和 Boost 电路为例，分析开关型直流稳压电路的基本原理。

7.5.1 Buck 直流稳压电路

Buck 直流稳压电路又称串联开关型直流稳压电路中，开关管与负载之间以串联方式连接，其原理图如图 7.43 所示。与 7.4.3 小节串联型线性直流稳压电路相同的地方是：Buck 直流稳压电路所实现的功能为降压变换，稳态输出电压低于输入电压，但其原理迥异于串联型线性直流稳压电路。通过开关管 T 的周期性导通和断开，对输入电压 U_I 进行斩波，得到矩形波电压 u_E。u_E 中包含直流分量、与斩波频率（开关频率）相关的谐波分量。通过 LC 低通滤波器滤除谐波分量，所得到的输出电压为 u_E 的直流分量，即得到直流输出。

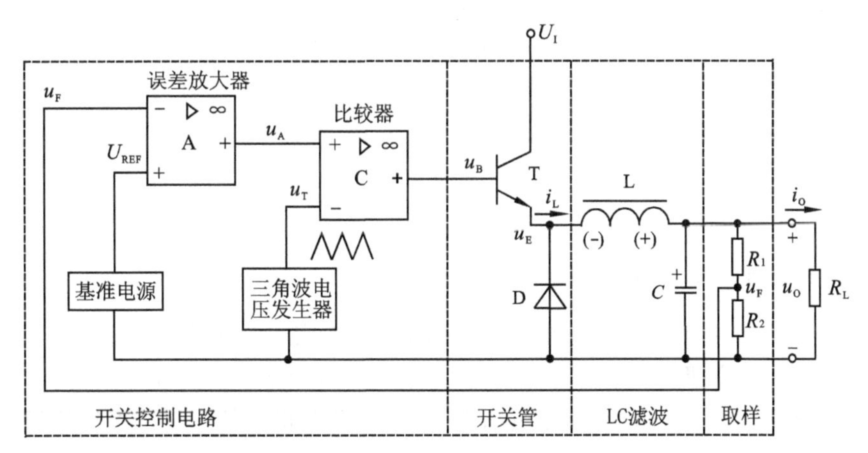

图 7.43　串联开关型直流稳压电路原理图

为实现上述机理及稳压控制，与串联型线性直流稳压电路相比，Buck 直流稳压电路中增加了LC滤波电路,以及由输出固定频率的三角波电压信号发生器 u_T、电压比较器C组成的控制电路。图中直流稳压电路的输入电压 U_I 是整流滤波电路的输出电压,u_B 是比较器C的输出电压,通过 u_B 控制开关管T。

当 $u_A > u_T$ 时,u_B 为高电平,三极管T饱和导通,输入电压 U_I 经T加到二极管D的两端,电压 u_E 等于 U_I,(忽略T的饱和压降 $U_{CE(sat)}$),此时二极管D因承受反向电压而截止。在负载 R_L 中有电流 i_O 通过,电感 L 储存能量,同时向电容器 C 充电。输出电压 u_O 略有增加。

当 $u_A < u_T$ 时,u_B 为低电平,三极管T由导通变为截止,滤波电感 L 产生自感电势(极性如图中(+)、(-)所示),使二极管D导通,则电感中存储的能量通过D向负载 R_L 释放,使负载 R_L 中继续有电流 i_O 通过,故常把D称为**续流二极管**(fly - wheel diode)。此时电压 u_E 等于 $-U_D$(二极管的正向导通电压降)。

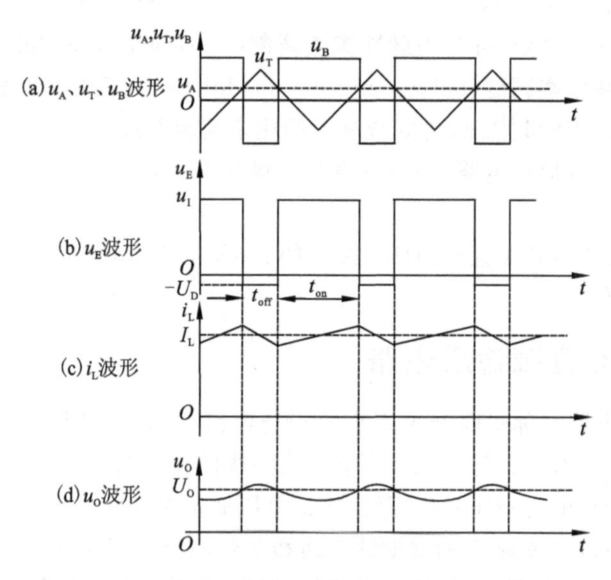

图7.44 串联开关型直流稳压电路的波形图

由此可见,虽然调整管T处于开关工作状态,但由于二极管D的续流作用和 L、C 的滤波作用,输出电压 u_O 是比较平稳的。图7.44中画出了电压 u_T、u_A、u_B、u_E(即 u_D)、u_O 和电流 i_L 的波形,图中 t_{on} 是开关管T的导通时间,t_{off} 是开关管T的截止时间,$T_p = t_{on} + t_{off}$ 是开关转换周期。在忽略滤波电感 L 的直流压降的情况下,输出电压 u_O 的平均值为

$$U_O = \frac{t_{on}}{T_p} \cdot (U_I - U_{CE(sat)}) + (-U_D) \cdot \frac{t_{off}}{T_p} \approx \frac{t_{on}}{T_p} \cdot U_I = q \cdot U_I \tag{7.69}$$

其中,$q = \frac{t_{on}}{T_p}$ 称为脉冲波形的占空比。

由式(7.69)可知,在 U_I 一定时,通过调节占空比 q 就能调节输出电压 U_O 的大小。因而,这种稳压电路称为**脉宽调制**(pulse - width modulation)型开关直流稳压电路。

在闭环情况下,电路能自动地调整输出电压 U_O。设电路在某一正常工作状态时,输出电压 U_O 为某一预定数值 U_{set},则反馈电压 $u_F = F_u U_{set} = U_{REF}$,误差放大器A的输出电压 u_A 为零,比较器C输出的脉冲电压 u_B 的占空比 $q = 50\%$。当输入电压 U_I 增加时,使得输出电压 U_O 也增加,则 $u_F > U_{REF}$,误差放大器A的输出电压 u_A 为负,u_A 与三角波电压信号 u_T 相比

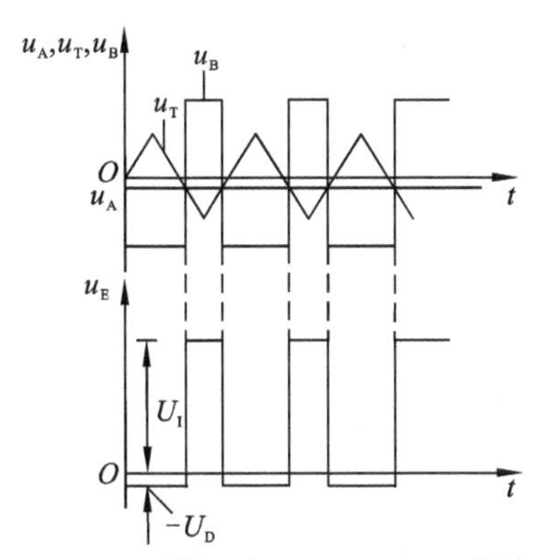

图 7.45　U_I 增加时 u_T、u_A、u_B、u_E 的波形

较,可得到 u_B 的波形(其占空比 $q<50\%$),从而使输出电压 U_O 下降到预定的稳压值 U_{set},此时 u_A、u_T、u_B、u_E 的波形如图 7.45 所示;同理,当 U_I 下降时,U_O 也随着下降,则 $u_F<U_{REF}$,u_A 为正值,u_B 的占空比 $q>50\%$,使输出电压 U_O 上升到预定值 U_{set}。由此可见,当输入电压 U_I 或负载 R_L 变化而使 U_O 改变时,控制电路可自动调整脉冲波形 u_B 的占空比 q 以维持输出电压 U_O 基本不变。

7.5.2　Boost 直流稳压电路

上述串联开关型稳压电路,其输出电压 U_O 总小于输入电压 U_I,是一种降压式的稳压电路。如要得到升压式的稳压电路,可采用 Boost 直流稳压电路,其开关管与负载是以并联方式连接的,又称为并联开关型稳压电路,如图 7.46 所示。电路由开关功率管 T、二极管 D、储能电感 L 和输出滤波电容 C_o 组成。由于输出电压 U_O 等于输入电压 U_I 和电感 L 上的感应电压之和,所以输出电压 U_O 高于输入电压 U_I。其工作原理简述如下。

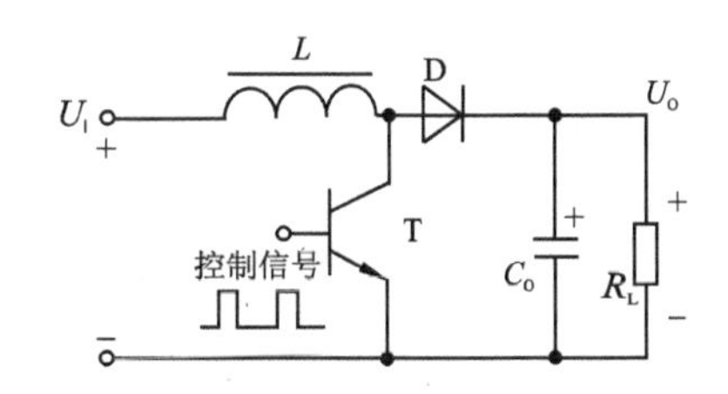

图 7.46 升压式并联开关型稳压电路的主电路

开关功率管 T 导通(对应控制信号高电平 T_{on})、截止(对应控制信号低电平 T_{off})时的等效电路分别如图 7.47(a)、(b)所示。

在 T_{on} 期间 T 导通,如图 7.47(a)所示,此时能量从输入直流电源 U_I 流入并储存于电感 L 中。由于二极管 D 反向偏置而截止,因而负载电流由电容 C_O 提供;T_{off} 期间 T 截止,如图 7.47(b)所示,电感 L 中电流不能突变,它所产生的反电势阻止电流减小,感应电势的极性为右正左负。二极管 D 导通,电感中储存的能量经二极管 D 流入电容 C_O 和负载 R_L。

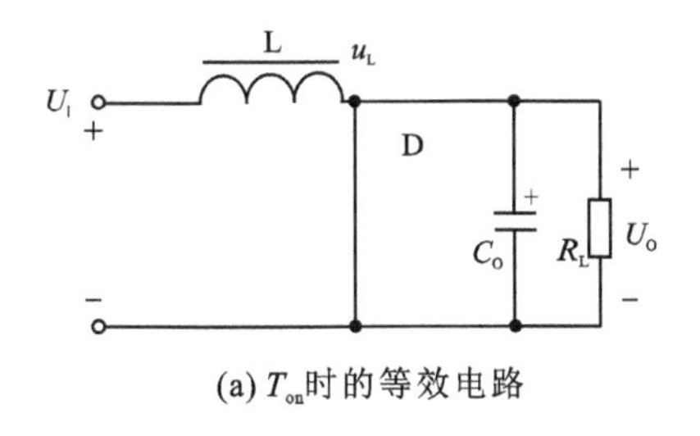

(a) T_{on}时的等效电路

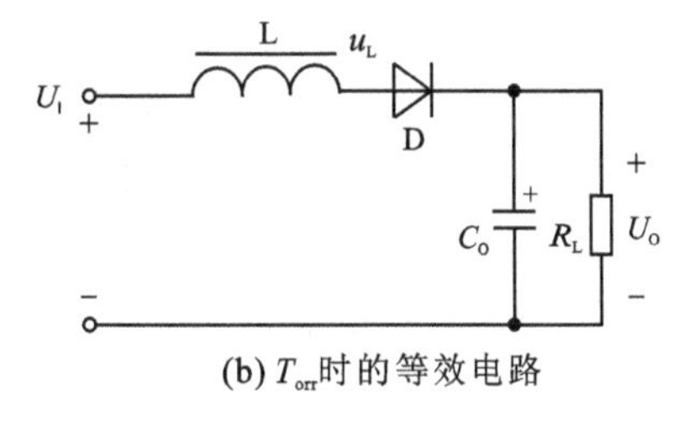

(b) T_{off}时的等效电路

图 7.47　升压式并联开关型稳压电路主电路的等效电路

在 T 导通期间,能量储存在电感 L 中;在 T 截止期间,电感 L 释放能量,补充 T_{on} 期间电容 C_O 所损失的能量。T 截止时电感 L 上电压跳变的幅度取决于电感量和控制信号的占空比。

电路的输入电压 U_I 与输出电压 U_O 之间的关系可通过电感电流的计算来导出。当 T 导通、二极管 D 截止时,电感 L 中的电流增量为

$$\Delta i_{L}^{+}=\frac{U_{I}}{L}\cdot T_{on} \tag{7.70}$$

在T截止、二极管D导通期间,电感的电流减小量为

$$\Delta i_{L}^{-}=\frac{U_{O}-U_{I}}{L}\cdot T_{off} \tag{7.71}$$

当电路进入稳定工作状态时,有$\Delta i_{L}^{+}=\Delta i_{L}^{-}$,可得

$$U_{O}=\frac{U_{I}(T_{on}+T_{off})}{T_{off}}=\frac{U_{I}}{1-q} \tag{7.72}$$

式中,$q=\frac{T_{on}}{T_{on}+T_{off}}$为占空比。由于$(1-q)<1$,可知$U_{O}$高于$U_{I}$。且在$U_{I}$一定时,通过调节占空比$q$就能调节输出电压$U_{O}$的大小。

与串联开关型直流稳压电路类似,将上述主电路与相应的控制电路组合成一个闭合环路,就可构成并联开关型直流稳压电路。

本章小结

7.1　功率放大电路是在电源电压确定的情况下,以输出尽可能大的不失真信号功率和具有尽可能高的转换效率为组成原则。功放管常常工作在极限应用状态,故工程上通常用图解法对其进行分析。

7.2　低频功放中,功放管常见的工作状态有:甲类、乙类、甲乙类和丁类,其常用的电路形式有OCL、OTL及BTL电路等。

7.3　OCL电路为直接耦合功率放大电路,为了消除交越失真,静态时应使功放管微导通,使其工作在甲乙类状态。在忽略静态电流和功率管饱和压降的情况下,OCL甲乙类电路的最大输出功率和效率分别为

$$P_{omax}\approx\frac{V_{CC}^{2}}{2R_{L}},\qquad \eta_{max}\approx 78.5\%$$

所选用的功放管的极限参数应满足$U_{(BR)CEO}>2V_{CC}$,$I_{CM}>V_{CC}/R_{L}$,$P_{CM}>0.2P_{omax}$。对于OTL电路,其计算输出功率、效率、管耗和电源供给功率及管子极限参数选择的公式可借用OCL电路的计算公式,但要用$V_{CC}/2$代替原公式中的V_{CC}。

7.4　在集成功放日益发展,并获得广泛应用的同时,大功率器件也发展迅速。功率BJT、功率MOS、IGBT及功率模块都是常用的大功率部件,它们具有各自不同的特点及不同的应用场合。

7.5　电子设备中的直流电源,通常是由电网提供的220 V/50 Hz交流电经过整流、滤波和稳压以后得到的。对于直流电源的主要要求是:输出电压的幅值稳定、平滑,变换效率高。

① 利用二极管的单向导电性可以组成整流电路,实现将交流电转换为单向脉动的直流电。其中单相桥式全波整流电路的优点为输出直流电压较高、输出波形的脉动成分相对较低、整流管承受的反向峰值电压不高,且电源变压器的利用率较高,因而应用较广。

② 滤波电路主要用于抑制直流电压中的交流分量(即纹波),一般由电容、电感等储能元件组成。通常整流电路后接滤波电路,电容滤波电路对整流二极管的导通时间有影响。电容

滤波适用于小负载电流，而电感滤波适用于大负载电流。

7.6　当电网电压、负载和温度的变化引起输出直流电压波动时，直流稳压电路能够保证输出直流电压稳定。常用的直流稳压电路包括：

① 硅稳压管稳压电路

这种稳压电路最简单，仅适用于输出电压固定、稳定性要求不高，且负载电流较小的场合。

② 串联型线性直流稳压电路

这种直流稳压电路主要包括调整管、采样电阻、放大电路和基准电压四个组成部分，稳压原理是基于电压负反馈来控制调整管的管压降以实现输出电压的自动调节。在稳压电路正常工作范围内，调整管必须工作在放大区，否则无法实现稳压调节过程。

线性直流稳压电路输出电压的稳定性好，且可以在一定范围内进行调节。但是，由于调整管工作在放大区，导致稳压电路的效率不高，故这种稳压电路一般用于中小功率直流稳压电源中。

集成稳压器具有体积小、可靠性高、温度特性好、使用方便等优点，在工程中得到了广泛应用，特别是三端集成稳压器，因只有三个引出端，使用更加简单。

7.7　在开关型直流稳压电路中，调整管工作在开关状态，通过控制调整管导通与截止时间的比例来实现输出电压的自动调节。开关型直流稳压电路有多种结构与类型，它的控制方式也有多种。开关型直流稳压电路具有转换效率高、体积小以及对电网电压要求不高等突出优点，缺点是开关管的控制电路比较复杂，输出电压中纹波和噪声成分较大。开关型直流稳压电路通常用在中大功率稳压电源(即负载电流较大)、便携式电子设备等应用场合。

思考题

7.1　小信号放大电路和功率放大电路有什么区别？

7.2　什么是晶体管的甲类、乙类和甲乙类工作状态？

7.3　什么叫热阻？说明功率放大器为什么要用散热片？

7.4　与功率 BJT 相比，VDMOS 有何突出优点？

7.5　甲类功率放大电路和乙类互补推挽功率放大电路中，功放管的功率损耗最大值各出现在什么情况？

7.6　由于功率放大电路中的 BJT 常处于接近极限工作状态，因此，在选择 BJT 时必须特别注意哪三个参数？对于 OCL 电路，这三个参数应如何选择？

7.7　乙类互补推挽功率放大电路产生交越失真的原因何在？如何改善？

7.8　在图 7.18 中的 R_3、C_3 自举电路，为什么能提高输出电压幅值 U_{om}？

7.9　复合管的组成原则和特点各是什么？

7.10　在桥式整流电路中，若有一只整流二极管开路或短路，试分析整流电路的工作情况。另外，若整流二极管不是理想开关(即二极管反向电阻不是很大、正向电阻又较大)，此时整流效果如何？

7.11　滤波电路的作用是什么？对于桥式整流电容滤波电路，若负载电流增大，则输出电压如何变化？分析电容滤波电路和电感滤波电路对桥式整流电路的影响情况，比较两种滤波电路的特点、应用场合。

7.12　直流稳压电路的作用是什么？其主要技术指标有哪些？

7.13　串联型线性直流稳压电路由哪几个部分组成，每个部分的作用是什么？分别讨论当输入直流电压增大、负载电流增大时，直流稳压电路的稳压过程。

7.14　串联型线性直流稳压电路也称为串联反馈式直流稳压电路，试找出稳定输出电压的负反馈电路。说明负反馈是如何减小输出电压波动的？并分析负反馈深度对输出电压的稳定性有何影响？

7.15　W78L00 型三端集成稳压器电路中，试分析过流、过热保护电路的工作原理。

7.16　分析串联型开关直流稳压电路的组成与工作原理，它与线性直流稳压电路的主要区别在哪里？

7.17　对于串联型开关直流稳压电路，分别讨论输入直流电压、负载电流、基准电压、取样电阻比例值的改变对输出电压的影响。

习题 7

题 7.1　在题图 7.1 所示的电路中，晶体管 T 的 $\beta=50$，$U_{BE}=0.7\ V$，$U_{CE(sat)}=0.5\ V$，$I_{CEO}=0$，电容 C_1 对交流可视作短路。

① 计算电路可能达到的最大不失真输出功率 P_{omax}。

② 此时 R_b 应调节到什么值？

③ 此时电路的效率η是多少？

题 7.2　在图 7.13(c)所示的电路中，已知 u_i 为正弦电压，$R_L=16\ \Omega$，要求最大输出功率为 10 W。试在晶体管的饱和压降可以忽略不计的条件下，求出下列各值：

① 正、负电源 V_{CC} 的最小值(取整数)；

② 根据 V_{CC} 的最小值，得出晶体管的 I_{CM}、$|U_{(BR)CEO}|$ 的最小值；

③ 当输出功率最大(10 W)时，电源的供给功率；

④ 每个管子的 P_{CM} 的最小值；

⑤ 当输出功率最大时的输入电压有效值。

题 7.3　OCL 功放电路如题图 7.3 所示，T_1、T_2 的特性完全对称。试回答：

① 静态时，输出电压 U_o 应是多少？调整哪个电阻能满足这一要求？

② 动态时，若输出电压波形出现交越失真，应调整哪个电阻？如何调整？

③ 设 $V_{CC}=10\ V$，$R_1=R_3=2\ k\Omega$，晶体管的 $U_{BE}=0.7\ V$，$\beta=50$，$P_{CM}=200\ mW$，静态时 $U_o=0$，若 D_1、D_2 和 R_2 三个元件中任何一个开路，将会产生什么后果？

题 7.4　OTL 功放电路如图 7.17 所示。已知 $V_{CC}=24\ V$，$R_L=8\ \Omega$，$U_{CE(sat)}$ 和 I_{CEO} 均忽略。试求：

① 负载上可能得到的最大功率和最大效率；

② T_2、T_3 管的 P_{CM} 至少为多少？

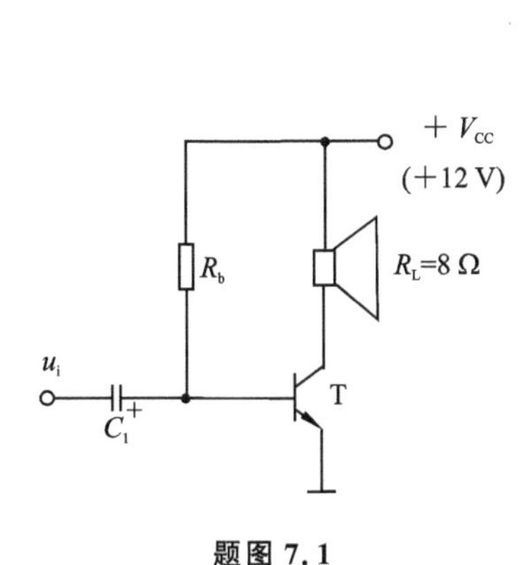

题图 7.1

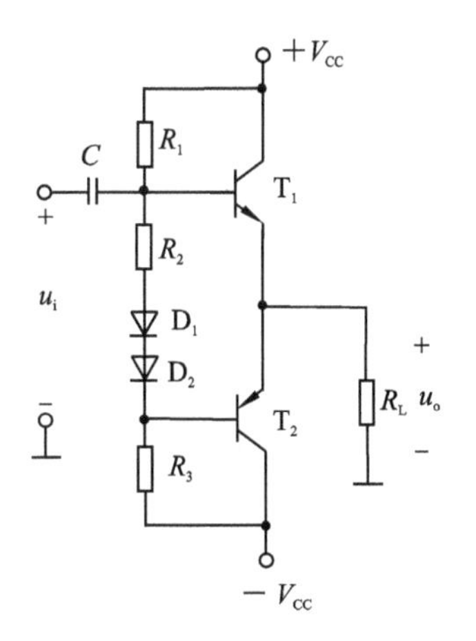

题图 7.3

题 7.5　一互补推挽式 OTL 电路如题图 7.5 所示，设其最大不失真输出功率为 6.25 W，晶体管饱和压降及静态功耗可以忽略不计。

① 电源电压 V_{CC} 至少应取多大？

② T_2、T_3 管的 P_{CM} 至少应选多大？

③ 若输出波形出现交越失真，应调节哪个电阻？

④ 若输出波形出现一边有小的削峰失真，应调节哪个电阻来消除？

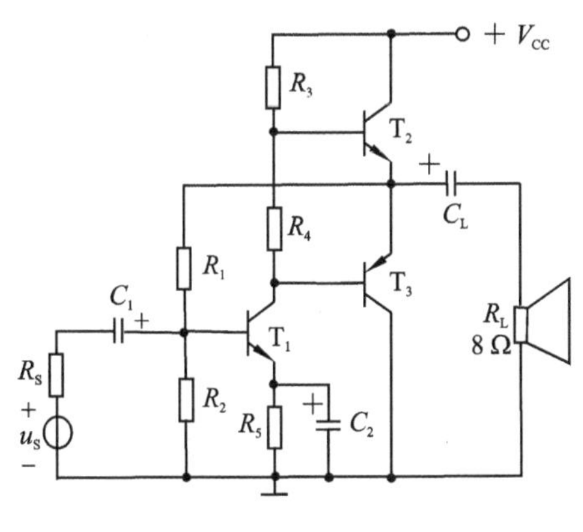

题图 7.5

题 7.6　OCL 功放电路如题图 7.6 所示，输入电压为正弦波信号。已知当输入信号幅度达到最大时，T_3、T_4 管的最小压降 $U_{CEmin}=2$ V。

① 求 T_3、T_4 承受的最大电压 U_{CEmax}；

② 求 T_3、T_4 流过的最大集电极电流 I_{Cmax}；

③ 求 T_3、T_4 每个管子的最大管耗 P_{Tmax}；

④ 若 R_3、R_4 上的电压及 T_3、T_4 的最小管压降 U_{CEmin} 忽略不计，则 T_3、T_4 管的参数 $U_{(BR)CEO}$、I_{CM}、P_{CM} 应如何选择？

题 7.7　OTL 和 OCL 功放电路效率都较高，但电源的利用率却较低，当电源电压分别是 V_{CC} 和±V_{CC} 时，负载上获得的最大电压分别为 $V_{CC}/2$ 和 V_{CC}。若采用由两组互补推挽电路组

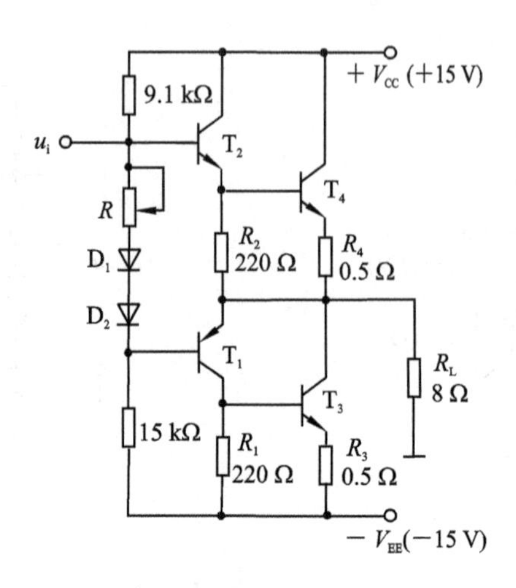

题图 7.6

成BTL(balanced transformer less)桥式推挽电路,负载上得到的最大电压可增大一倍。题图7.7所示为单电源BTL电路,T_1～T_4特性相同,静态时$u_A=u_B=V_{CC}/2$,$u_o=0$。有信号时,外加信号u_1和u_2极性相反。试说明为何在理想情况($U_{CE(sat)}=0$)时,u_o的峰值电压可达V_{CC},输出最大功率$P_{om}=V_{CC}{}^2/R_L$。

题7.8 在某些应用场合,为实现阻抗匹配可采用变压器耦合的推挽功率放大电路,理想变压器耦合的乙类推挽功率放大电路如题图7.8所示。试分析其工作原理。若$V_{CC}=9$ V,$R_L=8$ Ω,$n=N_1/N_2=4$,晶体管饱和压降可以忽略不计,求最大不失真输出功率P_{omax}及此时电源提供的功率P_V和效率η。

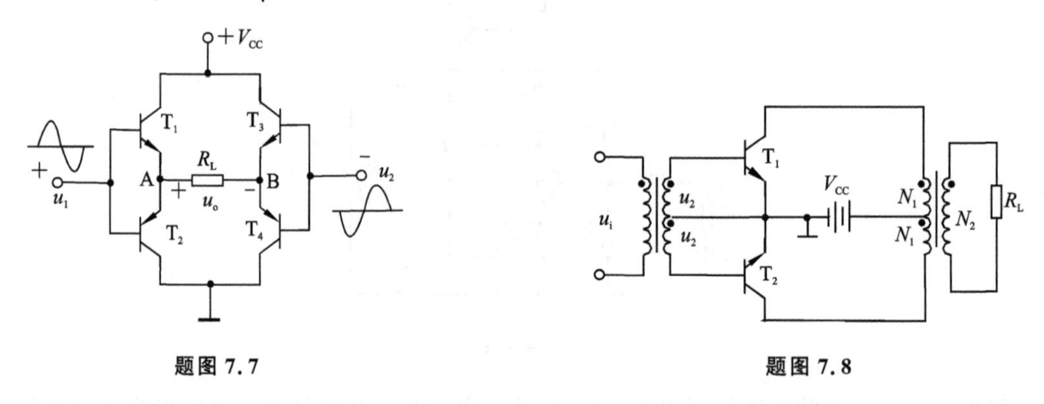

题图 7.7　　　　题图 7.8

题7.9 OCL互补电路及元件参数如题图7.9所示,设T_1、T_2的饱和压降$U_{CE(sat)}\approx 1$ V。试回答下列问题:

① 指出电路中的反馈通路,并判断反馈为何种组态?

② 估算电路在深度反馈时的闭环电压放大倍数。

③ 当u_i的幅值U_{im}为多大时,R_L上有最大的不失真输出功率。并求出该最大不失真功率。

④ T_1、T_2管的参数$U_{(BR)CEO}$、I_{CM}、P_{CM}应如何选择?

题7.10 电路如题图7.10所示。分析电路回答下列问题:

① T_4、R_5、R_6在电路中起什么作用?

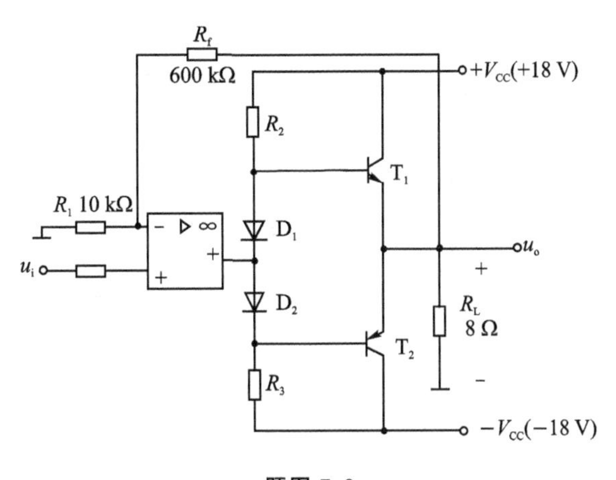

题图 7.9

② 若要稳定电路的输出电压，应引入何种组态的反馈？在图上画出反馈支路。

③ 若要求当电路输入信号幅值 $U_{im}=140$ mV 时，负载 R_L 上有最大的不失真输出功率，则反馈支路中的元件应如何取值？设管子的饱和压降 $U_{CE(sat)}\approx 1$ V。

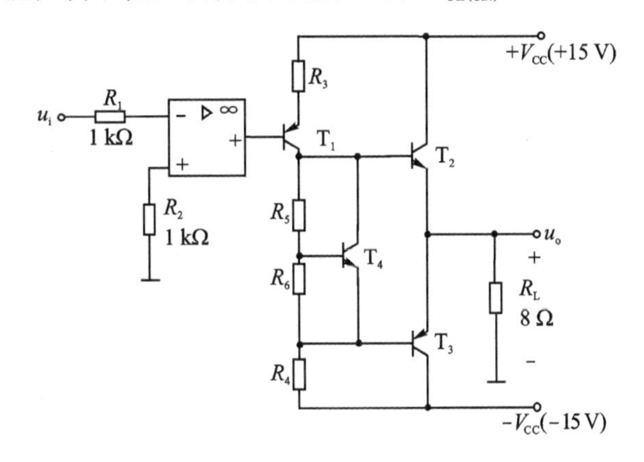

题图 7.10

题 7.11　OCL 互补电路及元件参数如题图 7.11 所示，设 T_4、T_5 的饱和压降 $U_{CE(sat)}\approx 1$ V。试回答下列问题：

① 指出电路中的级间反馈通路，并判断反馈为何种组态？

② 设 $R_f=100$ kΩ，$R_{b2}=2$ kΩ，估算电路在深度反馈时的闭环电压放大倍数。

③ 求电路的最大不失真输出功率。

④在条件同②的情况下，当负载 R_L 上获得最大不失真输出功率时，输入 u_i 的有效值约为多大？

题 7.12　电路如图所示，u_i 为正弦波，T_1、T_2 的饱和管压降 $|U_{CES}|=3$ V。

① 为了构成 OCL 电路，请在图中标出 T_1～T_4 发射极 d 的箭头；

② 计算负载电阻 R_L 上可能得到的最大输出功率 P_{om} 以及此时电路的效率 η。

题 7.13　电路如图所示，已知输入电压 u_i 为正弦波，当输入电压幅值达到最大时 T_5、T_7 的最小管压降 $|U_{CEmin}|=2$ V；所有三极管导通时 $|U_{BE}|$ 均为 0.7 V。试问：

① 若静态时，输出电压 $u_o=0$ V，则 VT2 的集电极电位 U_{C2} 为多少？若 i_1 可忽略不计，

则 R_3 约取多少千欧?

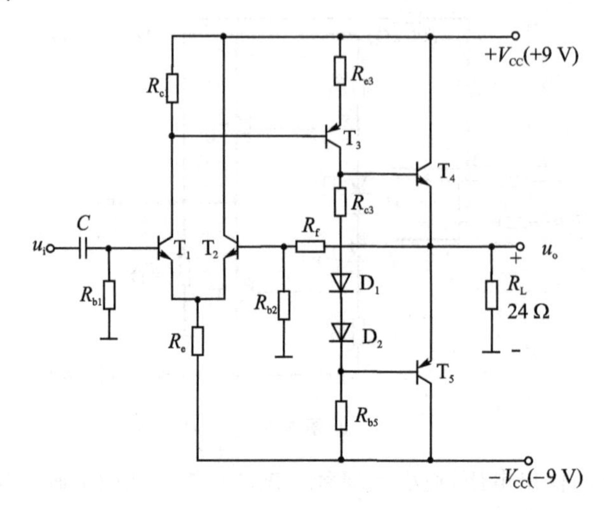

题图 7.11

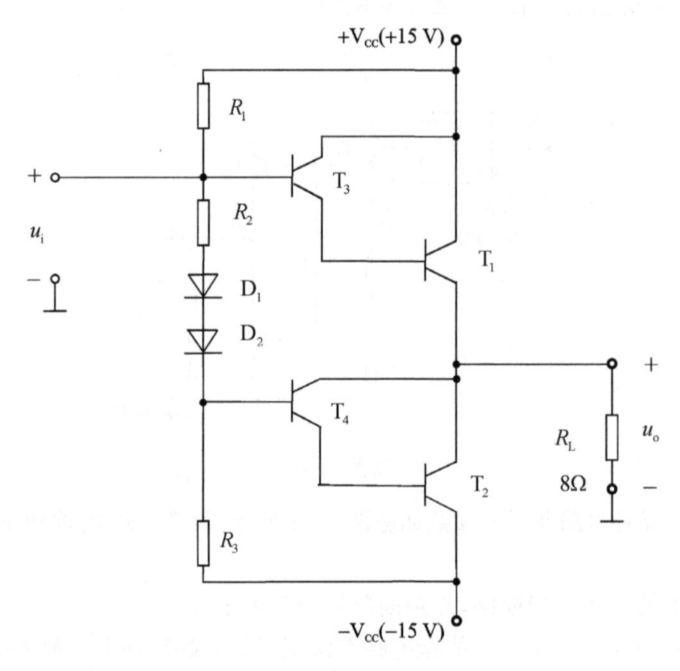

题图 7.12

② 负载电阻 R_L 上能够得的最大输出功率 $P_{om}=$?

题 7.14 合理连线,构成稳压管稳压电路。

题 7.15 整流电路如题图 7.15 所示,图中已标出变压器副边绕组电压有效值。

① 试估算负载 R_{L1}、R_{L2} 上直流电压平均值 $U_{O1(AV)}$、$U_{O2(AV)}$;

② 若 $R_{L1}=R_{L2}=100\ \Omega$,试确定二极管 $D_1 \sim D_3$ 正向平均电流 I_F 和反向耐压值 U_R。

题 7.16 电路如题图 7.16 所示,若 $U_{21}=U_{22}=20$ V。试回答下列问题:

① 标出 u_{O1} 和 u_{O2} 对地的极性,u_{O1} 和 u_{O2} 中的平均值各为多大?

② u_{O1} 和 u_{O2} 的波形是全波整流还是半波整流?

③ 若 $U_{21}=18\ \text{V}$,$U_{22}=22\ \text{V}$,画出 u_{O1} 和 u_{O2} 的波形,并计算出 u_{O1} 和 u_{O2} 的平均值。

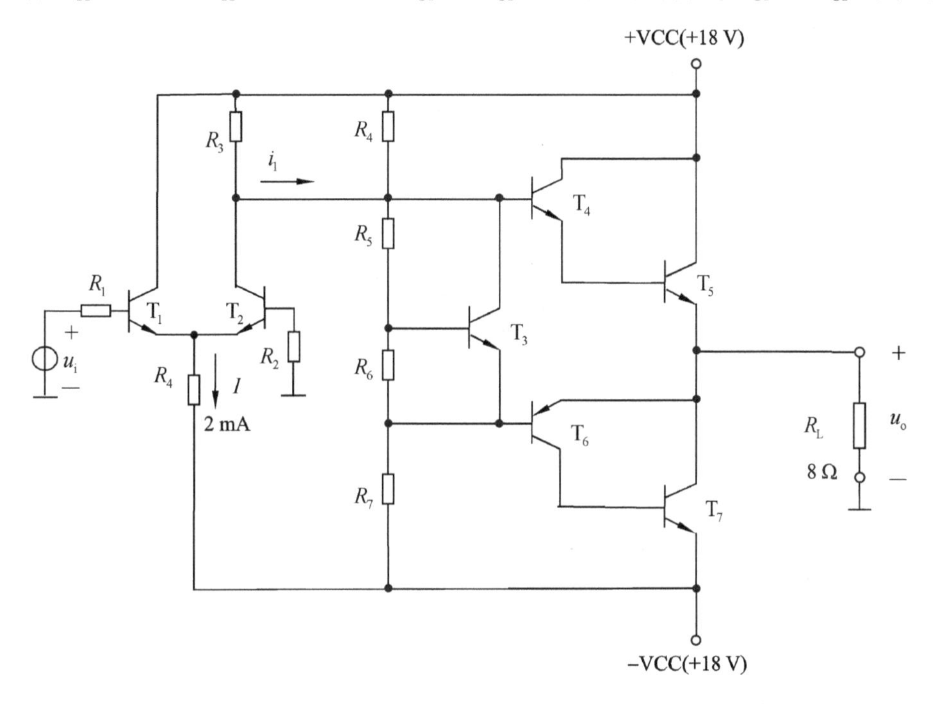

题图 7.13

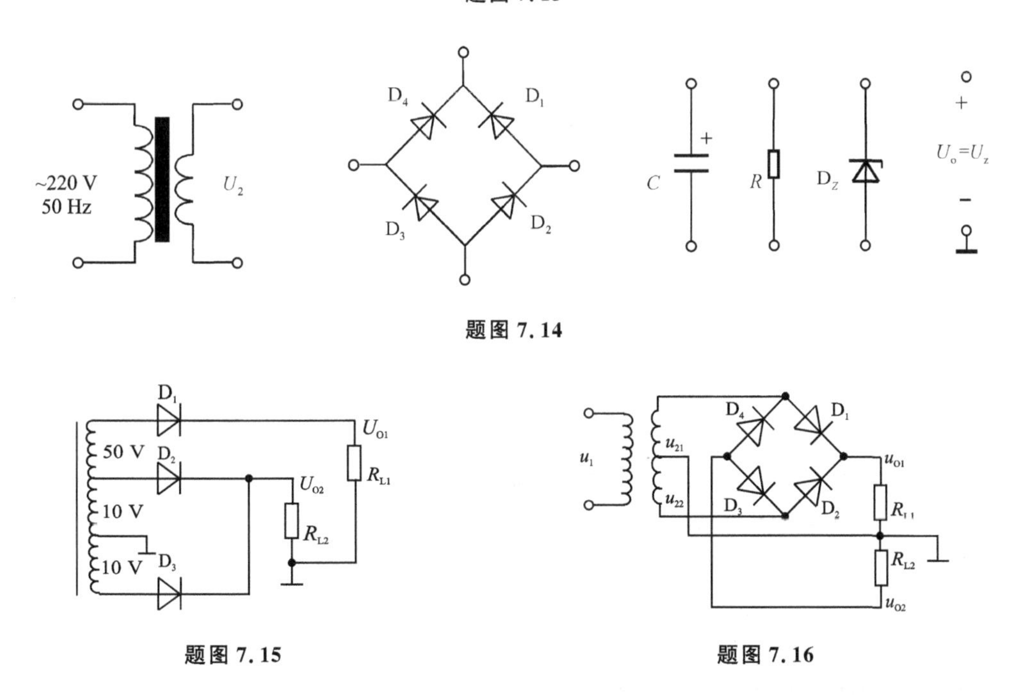

题图 7.14

题图 7.15　　　　题图 7.16

题 7.17　在图题 7.17 所示的倍压整流电路中,设 $u_2=U_{2m}\cdot\sin(\omega t)$。试求:

① 指出 u_{O1}、u_{O2}、u_{O3}、u_{O4} 对地的极性;

② 在理想情况下,u_{O1}、u_{O2}、u_{O3}、u_{O4}(对地电压)值是多少?

③ 各个整流二极管的耐压至少应多大?

④ 设各个电容器是电解电容,则各电容的耐压值分别应多少?并指出它们的极性。

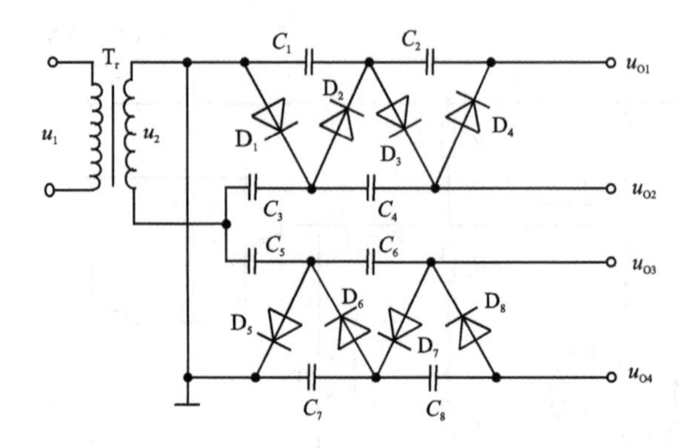

题图 7.17

题 7.18 在如图所示整流滤波电路中,变压器次级电压有效值如图中所标注,二极管的正向压降及变压器内阻均可忽略不计。

① 标出输出电压 u_{O1}、u_{O2} 对地的极性;

② 估算输出电压的平均值 $U_{O1(AV)}$ 和 $U_{O2(AV)}$;

③ 求出每只二极管所承受的最大反向电压。

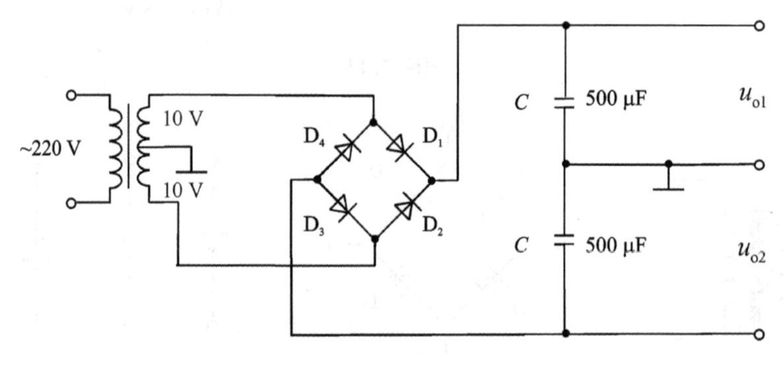

题图 7.18

题 7.19 用集成运放构成的直流稳压电路如题图 7.19 所示。

① 已知 $U_Z=6$ V,$R_2=2$ kΩ,$U_{CE(sat)}=2$ V,当 R_P 动端调至中间位置时 $U_O=10$ V,求 R_1;

② 确定输出电压调节范围;

③ 为保证输出电压调节范围,试问 U_i 至少应为多少?

④ 说明电路中各元件的作用。

题 7.20 三端稳压器 CW7815 组成如题图 7.20 所示电路,已知 CW7815 的 $I_{Omax}=1.5$ A,$U_O=15$ V,$U_{Imax}\leqslant 40$ V,$U_Z=+5$ V,$I_{Zmax}=60$ mA,$I_{Zmin}=10$ mA。

① 要使 $U_I=30$ V,求副边电压有效值 $U_2=$?

② 试计算限流电阻 R 的取值范围。

③ 试计算输出电压 U_O 的调整范围。

④ 试计算三端稳压器上最大功耗 P_{CM}。

题 7.21 指出题图 7.21 所示电路哪些能正常工作,哪些有错误。请在原图的基础上改正过来。

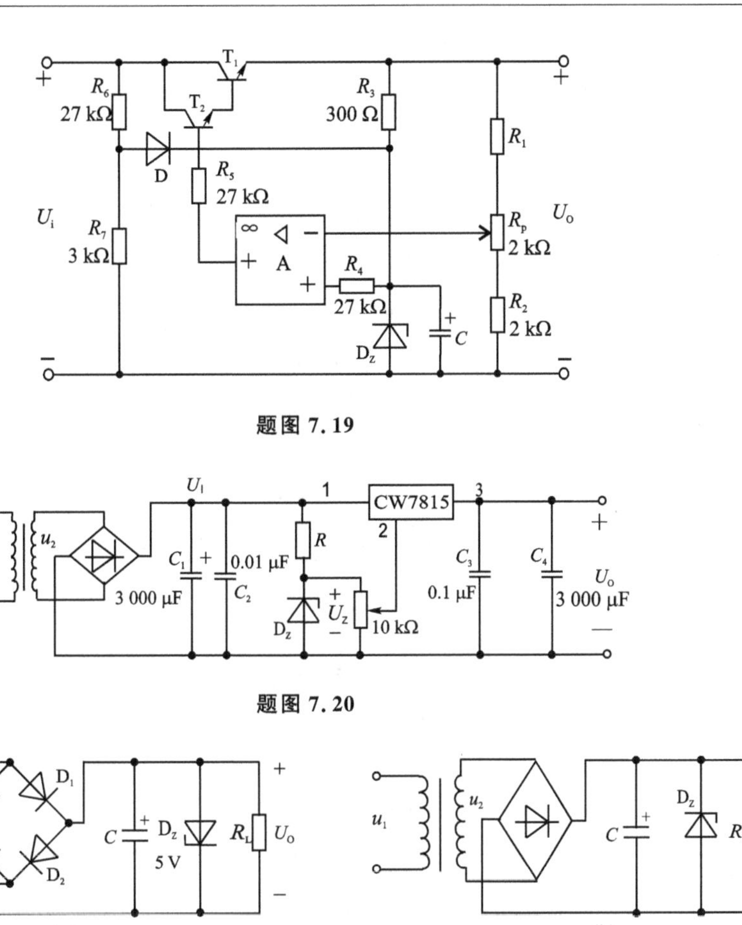

题图 7.19

题图 7.20

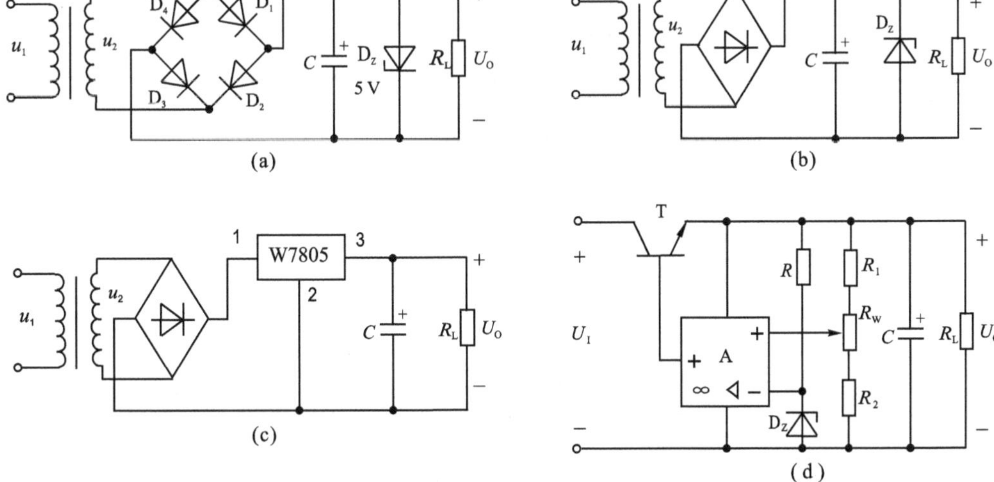

题图 7.21

题 7.22　试说明开关型稳压电路的特点，在下列各种情况下，试问应分别采用何种稳压电路(线性稳压电路还是开关型稳压电路)？

① 希望稳压电路的效率比较高；

② 希望输出电压的纹波和噪声尽量小；

③ 希望稳压电路的重量轻、体积小；

④ 希望稳压电路的结构尽量简单，使用的元件个数少，调试方便。

题 7.23　开关型直流稳压电路的简化电路如题图 7.23(a)所示。调整管 T_a 的基极电压 u_B 为矩形波，其占空比为 $q=0.4$，周期 $T=60\ \mu s$，T_a 的饱和压降 $U_{CE(sat)}=1$ V，穿透电流 $I_{CEO}=$

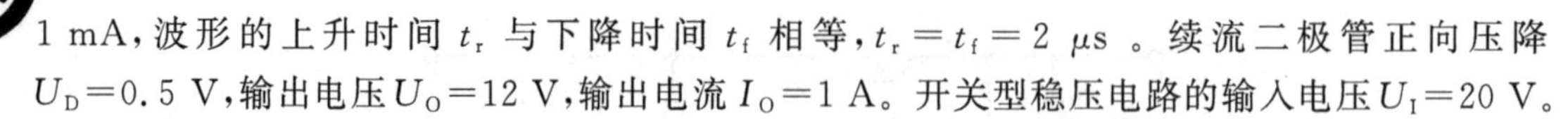

1 mA,波形的上升时间 t_r 与下降时间 t_f 相等,$t_r = t_f = 2\ \mu s$。续流二极管正向压降 $U_D = 0.5$ V,输出电压 $U_O = 12$ V,输出电流 $I_O = 1$ A。开关型稳压电路的输入电压 $U_I = 20$ V。

① 试求开关管 T_a 的平均功耗;

② 若开关频率(基极脉冲频率)提高一倍(q 不变),开关管的平均功耗为多少?

③ 如果续流二极管存储时间 t_s 很短,反向电流很小,且假定滤波元件 L 的电感、C 的电容足够大,试计算该开关电源的效率 η。

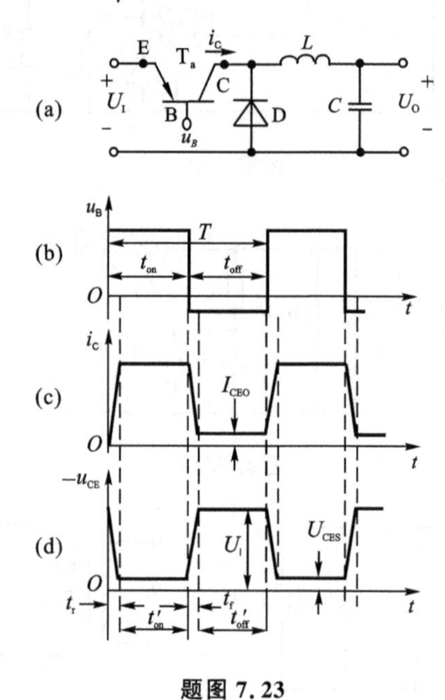

题图 7.23

题 7.24 在题图 7.24(a)所示的自激式开关型直流稳压电路组成方框图中,若因某种原因,输出电压 U_O 增大,试分析其调节过程。

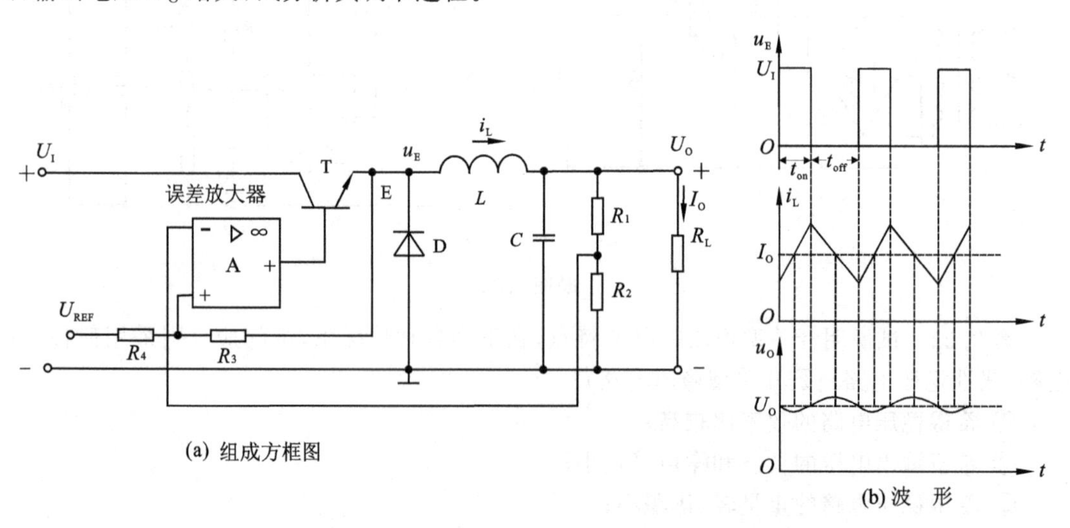

题图 7.24 自激式开关型直流稳压电路

题 7.25 ①乙类互补推挽功放电路如题图 7.25(a)所示,设输入信号 u_i 为 1 kHz、幅度为

5 V 的正弦电压，试运用 PSPICE 软件求出输出电压 u_o 波形。

② 对如题图 7.25 (b)所示的甲乙类互补推挽功放电路，加上与①中相同的输入信号，试运用 PSPICE 软件求出输出电压 u_o 的波形，并与①中的 u_o 波形比较。

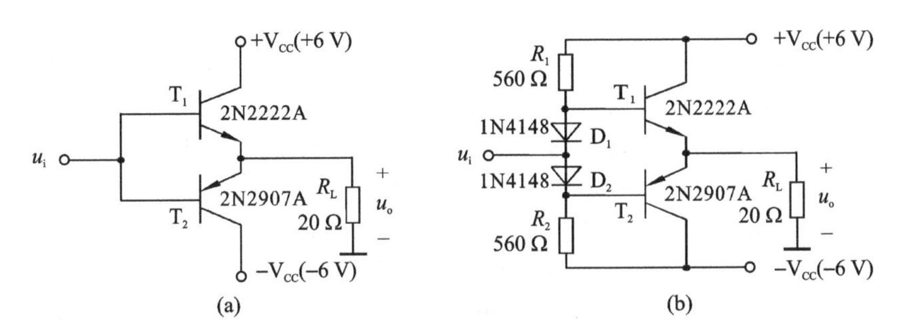

题图 7.25

题 7.26　在题图 7.25(b)所示电路中，试用 PSPICE 分析：

① 画出 u_i 从 −5 V～+5 V 范围内电路的传输特性(u_i～u_o)；

② 若输入信号 $u_i(t)=(5\sin2\pi\times10^3t)$V，试画出 i_{C1}、i_{C2} 和负载电流的波形，并分析其总谐波失真系数。

题 7.27　在题图 7.27 所示电路中，所有晶体管参数为 $\beta=50$，$I_S=10^{-14}$A，输入信号源电压 $u_i(t)=(5+2\sin2\pi\times10^3t)$V，试用 PSPICE 分析电路：

① 求出输出电压振幅；

② 画出 T_3、T_4 管集电极电压波形和 T_1、T_2 管发射极电流波形；

③ 若 T_2 管损坏(断开)，试求输出电压值并分析原因。

题 7.28　题图 7.28 所示为同类型管构成的推挽电路，已知管子参数相同，均为 $\beta=100$，$I_S=10^{-16}$A，输入信号电压 $u_i(t)=(1.5+0.1\sin2\pi\times10^3t)$ V，试用 PSPICE 分析电路：

① 画出输出电压波形记录正、负峰值，求得正、负峰值不对称的差值；

② 改变 R_{B1} 使波形正、负峰值对称(要求以 mV 为单位对称至小数点后第二位)，求此时的 R_{B1} 值。

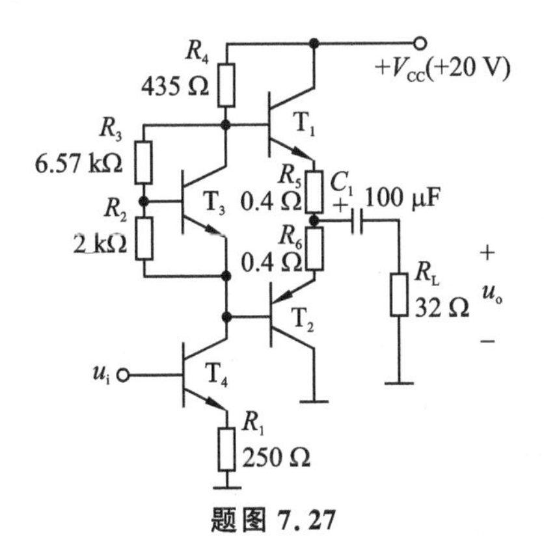

题图 7.27

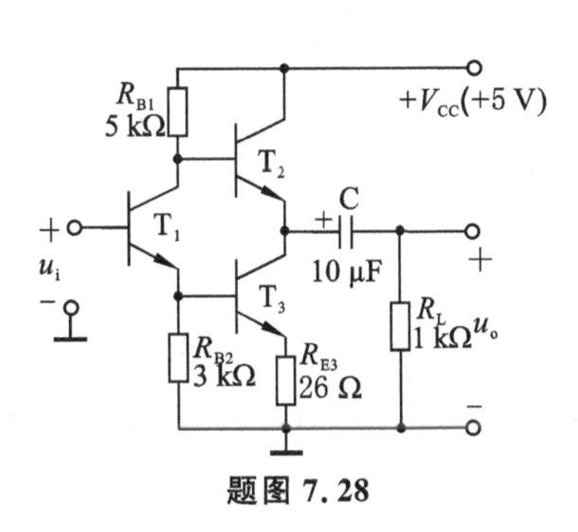

题图 7.28

第8章 逻辑门电路

在电子电路中，用电平的高、低或电流的有、无分别表示二值逻辑1和0两种逻辑状态，数字量之间的运算可以通过对应的逻辑量的运算来实现。

门电路是指能完成基本逻辑运算的电子电路，它是组成数字电路的基本单元。常用的门电路有与门、或门、非门、与非门、或非门、与或非门、异或门等。

常用的集成门电路根据制造工艺不同分为TTL(transistor - transistor logic)和CMOS(complementary metal - oxide semiconductor)两大类。TTL是由双极型三极管组成的集成电路，主要缺点是它的功耗比较大。CMOS电路是由单极型MOS管组成的集成电路，出现于20世纪60年代后期，其突出的优点在于功耗极低，非常适合于制作大规模集成电路。

本章将重点介绍CMOS和TTL这两种目前使用最多的数字集成门电路。

8.1 CMOS逻辑门电路

CMOS逻辑门由增强型PMOS管和增强型NMOS管组成。由于CMOS数字集成电路具有功耗低、抗干扰能力强等突出优点，因此，在中、大规模数字集成电路中有着广泛的应用。

8.1.1 场效应管的开关特性

在数字逻辑电路中，MOS管工作在非饱和区，是作为开关元件来使用的，一般采用增强型MOS管组成开关电路，并由栅-源极电压 u_{GS} 控制MOS管的截止或导通。

图8.1(a)所示为由增强型NMOS管组成的开关电路，NMOS管的开启电压为 $U_{GS(th)}$。

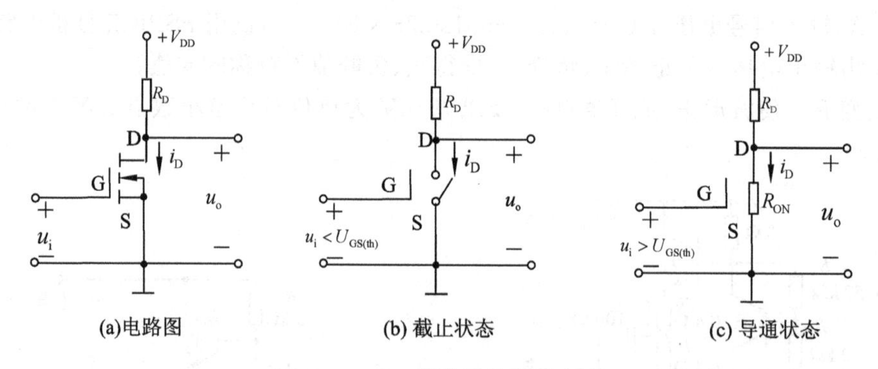

图8.1 MOS管的开关等效电路

当 $u_i = u_{GS} < U_{GS(th)}$ 时，NMOS管截止，漏极电流 $i_D = 0$，输出 $u_o = V_{DD}$，这时NMOS管相当于开关断开。由于MOS管截止时漏极和源极之间的电阻非常大，因此截止状态下的等效电路可以用断开的开关代替，等效电路如图8.1(b)所示。

当 $u_i = u_{GS} > U_{GS(th)}$ 时，NMOS管导通，其导通电阻为 R_{ON}，漏极电流 $i_D = \dfrac{V_{DD}}{R_D + R_{ON}}$。输出 $u_o = i_D R_{ON} = \dfrac{V_{DD}}{R_D + R_{ON}} \cdot R_{ON}$。如果 $R_D \gg R_{ON}$，则 $u_o \approx 0$ V，这时NMOS管相当于开关

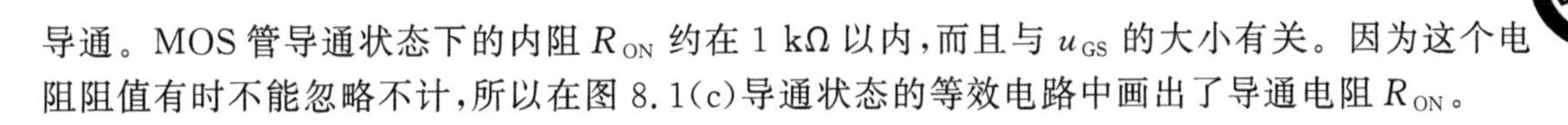

导通。MOS 管导通状态下的内阻 R_{ON} 约在 1 kΩ 以内，而且与 u_{GS} 的大小有关。因为这个电阻阻值有时不能忽略不计，所以在图 8.1(c)导通状态的等效电路中画出了导通电阻 R_{ON}。

8.1.2　CMOS 反相器

1. CMOS 反相器的电路结构

CMOS 反相器的基本电路如图 8.2(a)所示，它由增强型 PMOS 管 T_2 和增强型 NMOS 管 T_1 组成，两管栅极连在一起作输入端，漏极连在一起作输出端，T_2 的源极接电源 V_{DD}，T_1 的源极接地。为使 CMOS 反相器能正常工作，要求 $V_{DD} > U_{GS1(th)} + |U_{GS2(th)}|$，且假设 $U_{GS1(th)} = |U_{GS2(th)}|$。$U_{GS1(th)}$ 和 $U_{GS2(th)}$ 分别为 T_1 和 T_2 的开启电压。

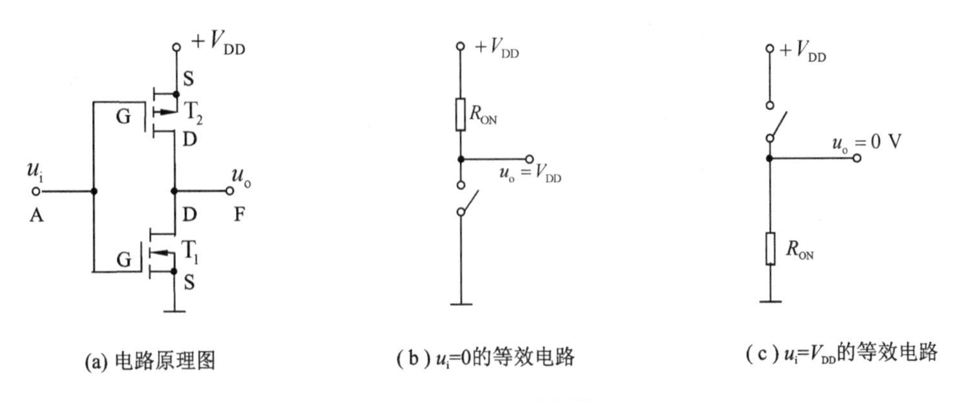

(a) 电路原理图　　(b) u_i=0的等效电路　　(c) u_i=V_{DD}的等效电路

图 8.2　CMOS 反相器

2. CMOS 反相器的工作原理

当输入电压为低电平($u_i = 0$)时，T_1 的 $u_{GS1} = 0\ V < U_{GS1(th)}$，$T_1$ 截止；T_2 的 $|u_{GS2}| = |u_i - V_{DD}| = |0 - V_{DD}| > |U_{GS2(th)}|$，$T_2$ 导通，T_2 的源极和漏极之间等效为导通电阻，故输出 $u_o = V_{DD}$。等效电路如图 8.2(b)所示。

当输入电压为高电平($u_i = V_{DD}$)时，T_1 的 $u_{GS1} = V_{DD} > U_{GS1(th)}$，$T_1$ 导通；T_2 的 $|u_{GS2}| = |u_i - V_{DD}| = |V_{DD} - V_{DD}| = 0\ V < |U_{GS2(th)}|$，$T_2$ 截止，所以，T_1 的源极和漏极之间等效为导通电阻，输出 $u_o = 0$ V。等效电路如图 8.2(c)所示。

综上所述，当输入 A=0 时，输出 F=1；当输入 A=1 时，输出 F=0。因此，图 8.2(a)所示电路输出信号和输入信号反相，具有反相器的功能。

分析可知，无论输入 u_i 为低电平，还是高电平，CMOS 反相器中的 T_1 和 T_2 总是工作在一管导通一管截止的状态，流过 T_1 和 T_2 的静态电流极小。因此，CMOS 反相器的静态功耗极低。

8.1.3　CMOS 与非门

1. CMOS 与非门的电路结构

CMOS 与非门(NAND gate)如图 8.3 所示。两个 NMOS 管 T_1 和 T_2 串联作为工作管，两个 PMOS 管 T_3 和 T_4 并联作为负载管。

2. CMOS 与非门的工作原理

当输入端 A 为高电平、B 为低电平时，与低电平 B 相连的 MOS 管 T_4 导通、T_1 截止，与高电

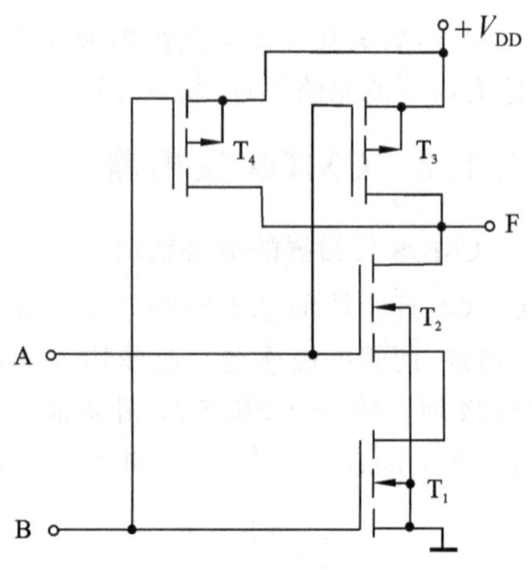

图 8.3 CMOS 与非门电路

平A相连的MOS管T_2导通、T_3截止,此时,输出端F为高电平;而当A为低电平、B为高电平时,与高电平B相连的MOS管T_1导通、T_4截止,与低电平A相连的MOS管T_2截止、T_3导通,故输出端F为高电平;当A、B两个输入端都为低电平时,T_3和T_4同时导通、T_1和T_2同时截止,故输出端F仍为高电平;只有当A、B两个输入端都为高电平时,T_1和T_2同时导通,T_3和T_4同时截止,输出端F才为低电平。因此,F和A、B间是与非逻辑关系,即$F=\overline{A \cdot B}$。

同样可用开关模型来说明CMOS与非门的工作原理,如图8.4所示。

要得到多输入端CMOS与非门电路,只要增加图8.3中串、并联MOS管的数目即可。三个输入端CMOS与非门电路如图8.5所示。

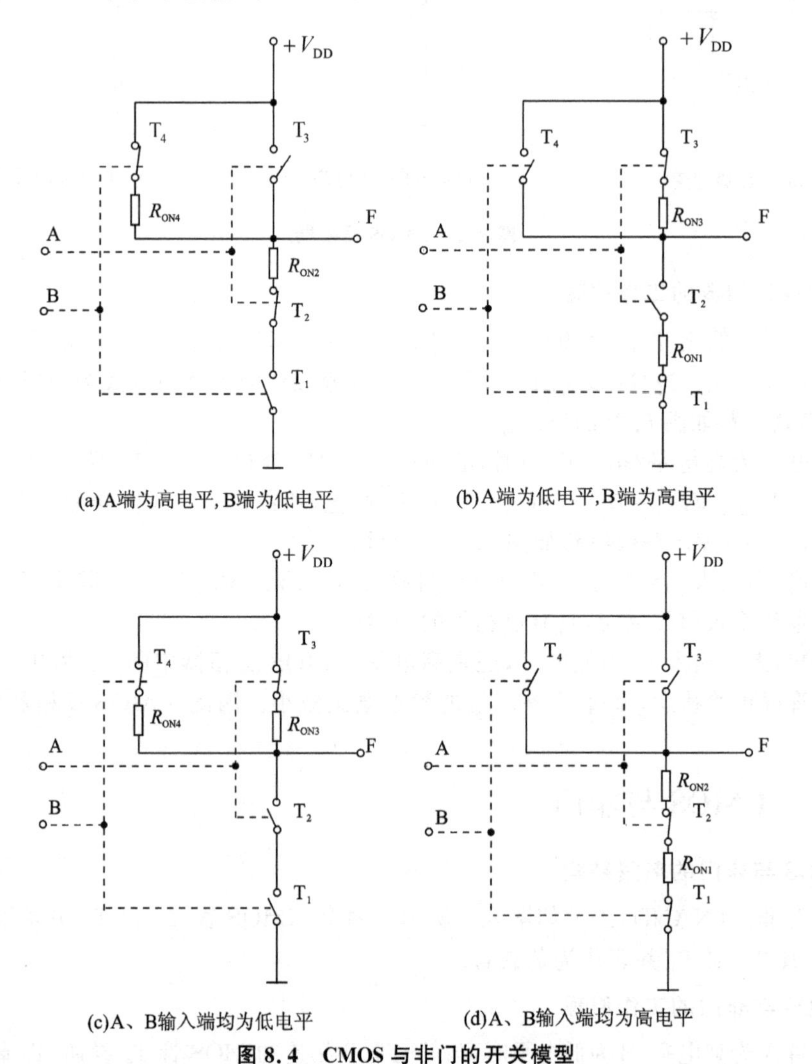

(a) A端为高电平,B端为低电平　(b) A端为低电平,B端为高电平

(c) A、B输入端均为低电平　(d) A、B输入端均为高电平

图 8.4 CMOS 与非门的开关模型

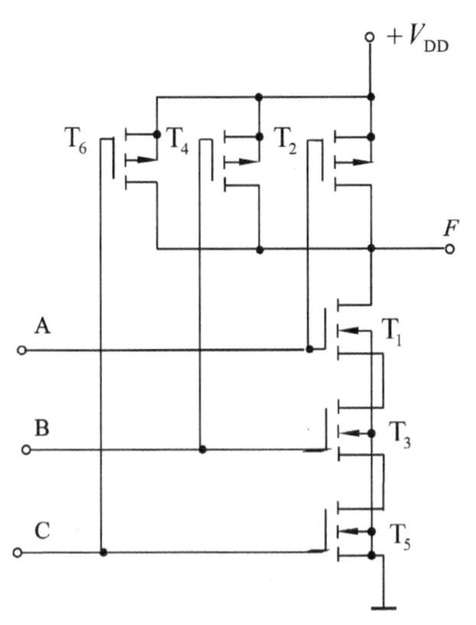

图 8.5　3 输入 CMOS 与非门电路

图 8.3 所示的与非门电路虽然结构简单，但是它的输出电阻 R_o 受输入状态的影响。假定每个 MOS 管的导通电阻均为 R_{ON}，截止电阻为 $R_{OFF} \approx \infty$，则根据图 8.4 可知：

若 A=B=1，则 $R_o = R_{ON2} + R_{ON1} = 2R_{ON}$；

若 A=B=0，则 $R_o = R_{ON4} // R_{ON3} = \frac{1}{2} R_{ON}$；

若 A=1，B=0，则 $R_o = R_{ON4} = R_{ON}$；

若 A=0，B=1，则 $R_o = R_{ON3} = R_{ON}$。

可见，输入状态的不同使输出电阻相差 4 倍之多。

同时，参考对图 8.5 中 3 输入 CMOS 与非门电路分析可知，输入端数目越多，串联的驱动管数目也越多，输出电阻越大，输出的低电平 U_{OL} 也越高；而当输入全部为低电平时，输入端数目越多，负载管并联的数目就越多，输出电阻越小，输出高电平 U_{OH} 也更高。输出的高、低电平受输入端数目的影响。

为了克服这些缺点，在实际的 CMOS 电路中均采用带缓冲级的结构，即在门电路的每个输入、输出端各增加一级具有标准参数的反相器作为缓冲级，如图 8.6(a)所示。输入、输出端加进缓冲级后，电路的逻辑功能也发生了变化，如图 8.6(b)所示。

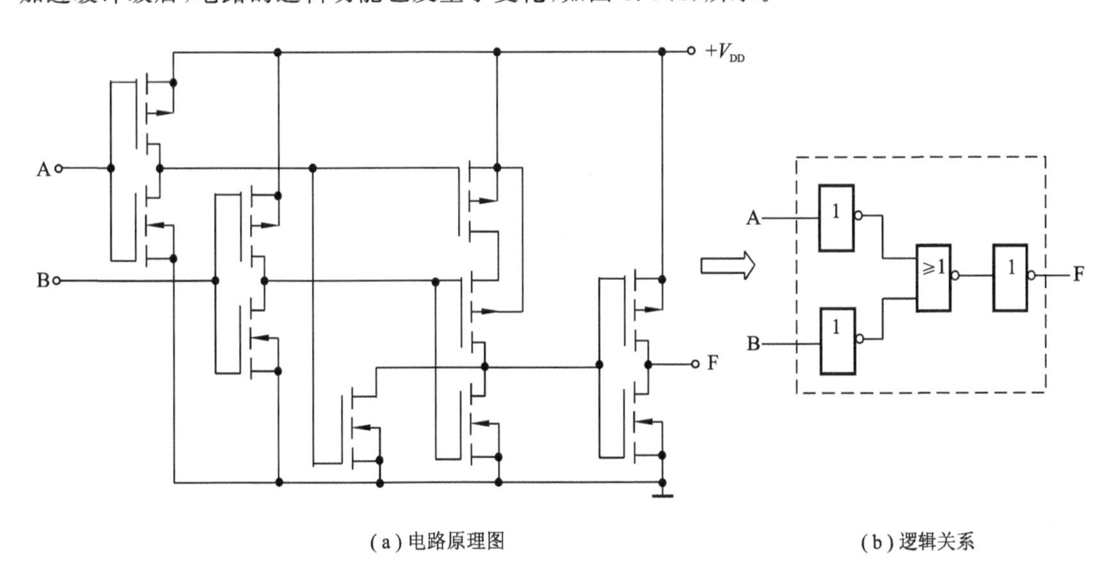

(a) 电路原理图　　(b) 逻辑关系

图 8.6　带缓冲级的 CMOS 与非门

8.1.4　CMOS 或非门

CMOS 或非门(NOR gate)由两个并联的 NMOS 管 T_1、T_2 和两个串联的 PMOS 管 T_3、T_4 组成，如图 8.7 所示。

当输入端 A 为高电平，B 为低电平时，与高电平 A 相连的 MOS 管 T_2 导通、T_4 截止，与低

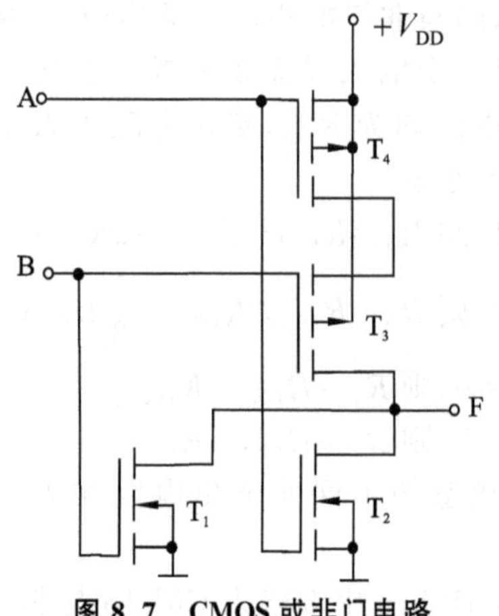

图 8.7 CMOS 或非门电路

电平 B 相连的 MOS 管 T_3 导通、T_1 截止，输出端 F 为低电平；当 A 为低电平，B 为高电平时，与高电平 B 相连的 MOS 管 T_1 导通、T_3 截止，与低电平 A 相连的 MOS 管 T_2 截止、T_4 导通，输出端 F 也为低电平；当输入端 A、B 都为高电平时，T_1、T_2 同时导通，T_3、T_4 同时截止，输出端 F 仍为低电平。只有当两个输入端都为低电平时，T_1、T_2 同时截止，T_3、T_4 同时导通，输出端 F 才为高电平。因此，F 和 A、B 间是或非逻辑关系，即 $F=\overline{A+B}$。

要得到一个多输入端的 CMOS 或非门电路，只要在图 8.7 所示的两个输入端 CMOS 或非门的基础上，适当增加串、并联 MOS 管的数量即可。

理论上，CMOS 或非门可以有很多个输入端，但实际上串联 PMOS 管饱和时导通电阻相加，使输出高电平下降，因输出高电平的下限值是一定的，从而限制了 CMOS 门的输入端的个数，一般或非门最多可有 4 个输入端。与实际的 CMOS 与非门类似，实际的 CMOS 或非门电路也采用带缓冲级的结构，如图 8.8 所示。

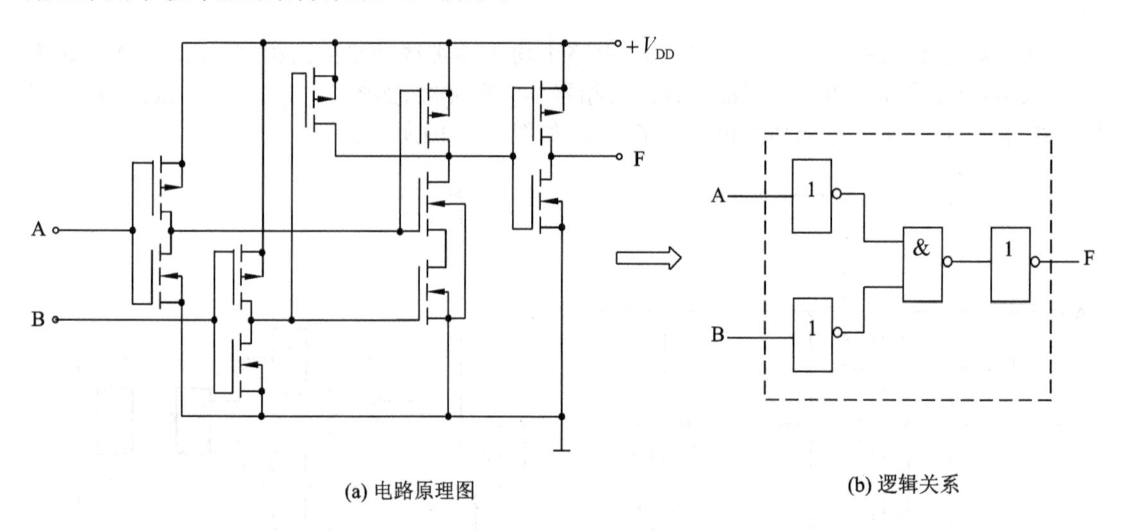

(a) 电路原理图　　(b) 逻辑关系

图 8.8 带缓冲级的 CMOS 或非门电路

8.1.5 其他类型的 CMOS 门电路

1. CMOS 传输门

CMOS 传输门与 CMOS 反相器一样，也是构成各种逻辑电路的一种基本单元电路。CMOS 传输门是利用结构上完全对称的 PMOS 管和 NMOS 管的互补性连接而成的，如图 8.9(a)所示。传输门的逻辑符号如图 8.9(b)所示。

图 8.9(a)中的 T_1 是 N 沟道增强型 MOS 管，T_2 是 P 沟道增强型 MOS 管。因 T_1 和 T_2 的源极和漏极在结构上是完全对称的，所以栅极的引出端画在栅极中间。T_1 的源极和 T_2 的漏极、T_1 的漏极和 T_2 的源极分别连在一起，作为传输门的输入端 A 和输出端 F。两管的栅极作为互补的控制端 C 和 $\bar{C}$。

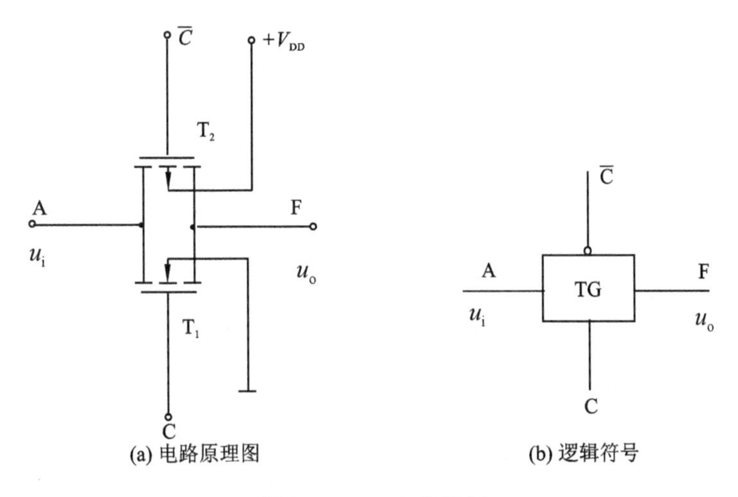

图 8.9　CMOS 传输门

传输门的一端 A 接输入信号 u_i，另一端 F 接负载电阻 R_L，如图 8.10 所示。

当互补控制端 C 为低电平(0 V)、$\bar{C}$ 为高电平(V_{DD})时，只要输入电压信号 u_i 的变化范围在 $0 \sim V_{DD}$ 之间，则 T_1 和 T_2 同时截止，输入与输出之间呈高阻态($>10^9\ \Omega$)，传输门截止。

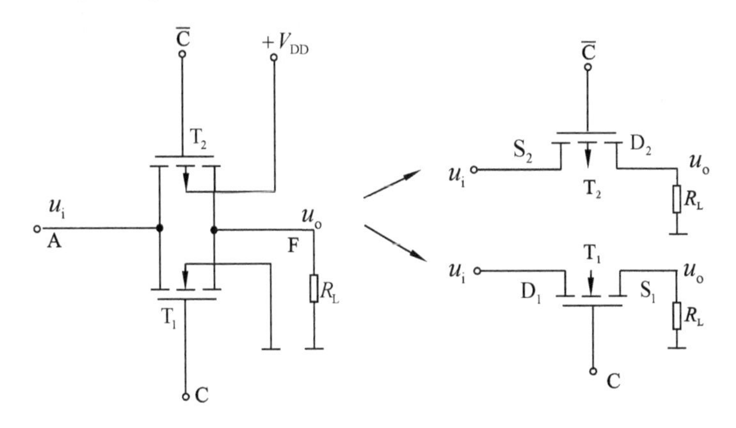

图 8.10　CMOS 传输门的工作电路

当互补控制端 C 为高电平(V_{DD})，$\bar{C}$ 为低电平(0 V)时，而且在 R_L 远大于 T_1、T_2 的导通电阻的情况下，则当 $0<u_i<V_{DD}-U_{GS1(th)}$，即 $u_{GS1}>U_{GS1(th)}$ 时，T_1 导通，输入与输出之间有一个小的导通电阻，此时 F≈A；而当 $|U_{GS2(th)}|<u_i<V_{DD}$，即 $u_{GS2}<U_{GS2(th)}$ 时，T_2 导通，输入与输出之间有一个小的导通电阻，此时 F≈A。可见，u_i 在 $0 \sim V_{DD}$ 之间变化时，T_1 和 T_2 至少有一个是导通的，使输入与输出之间呈现低电阻，传输门导通，即 F≈A。

由上述分析可知，传输门的导通条件是互补控制端 C 为高电平，$\bar{C}$ 为低电平。

由于 T_1、T_2 管的结构形式是对称的，因而 CMOS 传输门属于双向器件，它的输入端和输出端可以互换。

传输门的一个重要用途是用做模拟开关，用来传输连续变化的模拟电压信号。模拟开关的基本电路由 CMOS 传输门和 CMOS 反相器组成，如图 8.11 所示。当控制端 C 为高电平时，模拟开关闭合，F=A；当控制端 C 为低电平时，模拟开关断开，输出与输入之间呈高阻态。

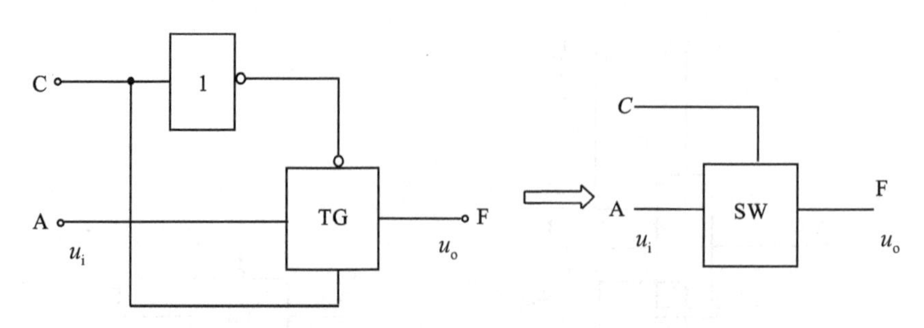

图 8.11　CMOS 双向模拟开关的电路结构和符号

2. CMOS 三态输出门

三态输出门(three state output,TS)电路的输出除了有高、低电平两个状态以外,还有第三个状态——高阻态。三态输出门是由普通门电路加上控制电路构成的。CMOS 三态门的电路结构大体上有以下三种形式。

(1)在 CMOS 反相器上增加一个 NMOS 管 T_1,一个 PMOS 管 T_4 和一个非门,如图 8.12(a)所示。

当控制端$\overline{EN}$=0 时,T_4 导通,非门的输出为高电平,T_1 也导通,此时,门电路就是一个反相器,即 $F=\bar{A}$;而当控制端$\overline{EN}$=1 时,T_4 截止,非门的输出为低电平,T_1 也截止,此时,不论输入端是高电平或是低电平,输出都呈高阻态。因为该电路在$\overline{EN}$=0 时为正常的工作状态,所以称$\overline{EN}$为低电平有效控制端,逻辑符号如图 8.12(b)所示。

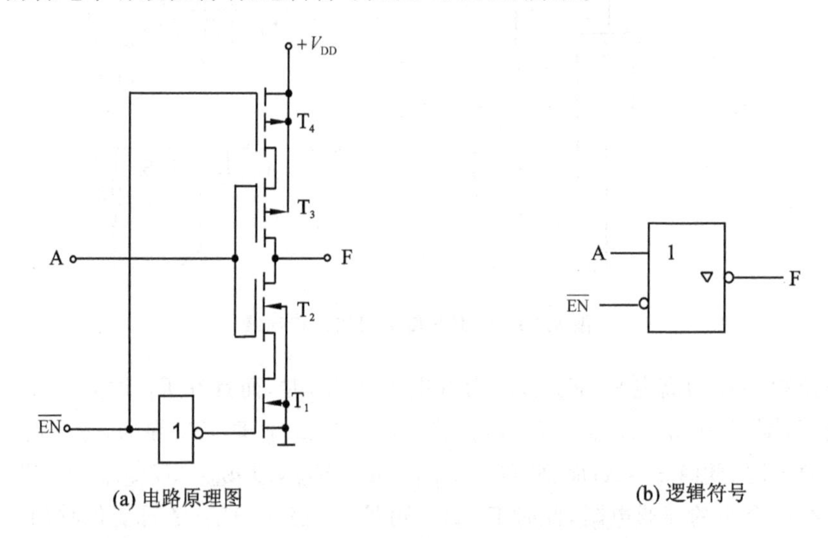

图 8.12　CMOS 三态门电路

(2) 在 CMOS 反相器上增加一个 PMOS 管 T_3 和一个或非门,如图 8.13(a)所示。或者在 CMOS 反相器上增加一个 NMOS 管 T_3 和一个与非门,如图 8.13(b)所示。

在图 8.13(a)电路中,当$\overline{EN}$=1 时,T_3 截止,这时或非门的输出为低电平,T_1 截止,故 CMOS 反相器的输出呈高阻态;当$\overline{EN}$=0 时,T_3 导通,这时或非门的输出为 $\bar{A}$,经 CMOS 反相器后输出为 A。该电路在$\overline{EN}$=0 时为正常的工作状态,所以$\overline{EN}$为低电平有效控制端。

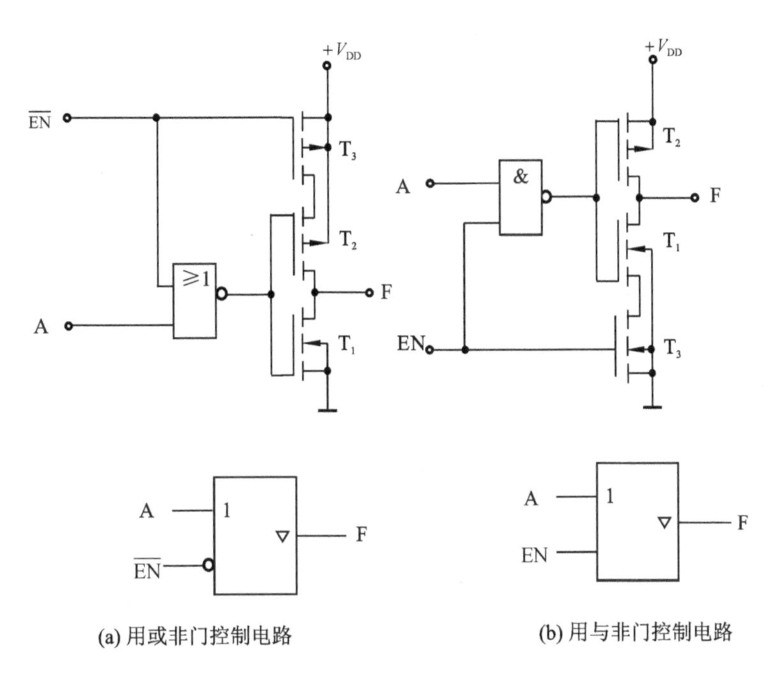

图 8.13　CMOS 三态门电路

在图 8.13(b)电路中，当 EN=0 时，T_3 截止，由于这时与非门的输出为高电平，T_2 也截止，所以输出呈高阻态；当 EN=1 时，T_3 导通，这时与非门的输出为 $\bar{A}$，经 CMOS 反相器后输出为 A。因为该电路在 EN=1 时为正常的工作状态，所以 EN 为高电平有效控制端。

(3) 在 CMOS 反相器的输出端串接一个 CMOS 模拟开关，作为输出状态的控制开关，如图 8.14 所示。

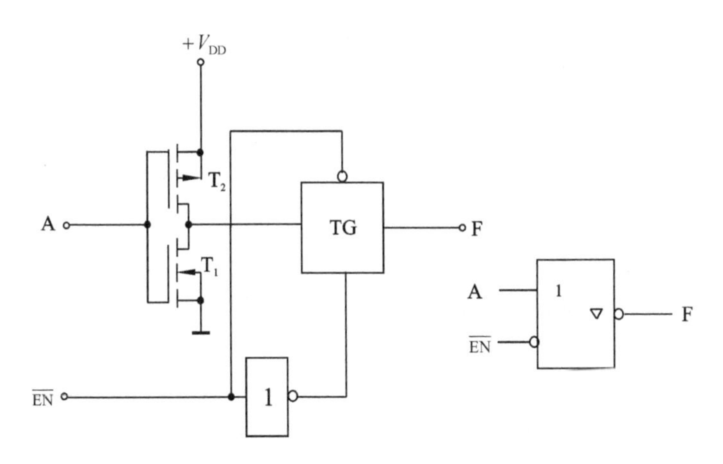

图 8.14　用 CMOS 模拟开关控制的三态门电路

当$\overline{EN}$=1 时传输门 TG 截止，输出端呈高阻态；当$\overline{EN}$=0 时，传输门 TG 导通，CMOS 反相器的输出通过模拟开关到达输出端，故 F=$\bar{A}$。该电路在$\overline{EN}$=0 时为正常的工作状态，因此$\overline{EN}$ 为低电平有效控制端。

在一些比较复杂的数字系统中(例如微型计算机)中，为了减少各个单元之间的连线数量，希望能用同一条导线分时传送若干个门电路的输出信号,这时可采用图 8.15 所示的三态输出结构连接方式。图中 G_1、G_2、…、G_n 均为三态输出反相器,只要工作过程中控制各个反相器的 EN 端轮流等于 1,而且任何时候仅有一个等于 1,就可以轮流地把各个反相器的输出信号送到总线上,而不相互干扰。这种连接方式称为总线结构。

利用三态输出结构的门电路还能实现数据的双向传输。图 8.16 所示为数据双向传输电路的结构图。当控制端 EN=1 时,三态门 G_1 工作,G_2 为高阻态,数据 D_0 经过 G_1 反相后送到总线上;控制端 EN=0 时,G_2 工作,G_1 为高阻态,来自总线的数据 D_1 经过 G_2 反相后送入电路内部。

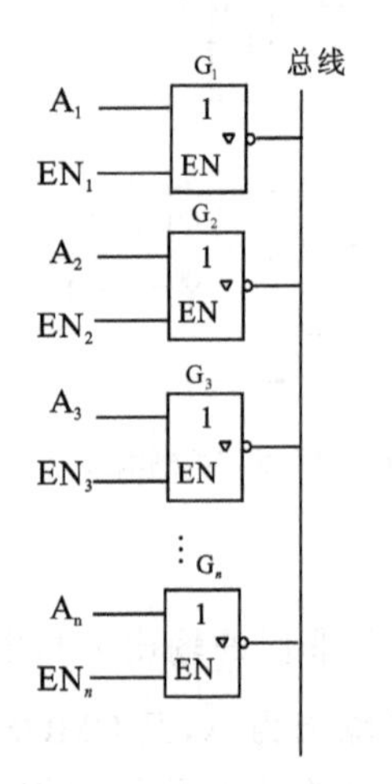

图 8.15 总线传输结构

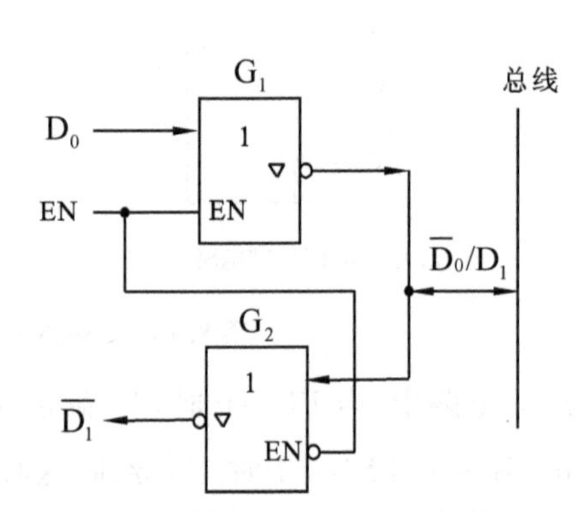

图 8.16 双向传输电路

3. 漏极开路的 CMOS 门电路

在 CMOS 电路中,为了满足输出电平变换、吸收大负载电流以及实现线与连接等需要,有时将输出级电路结构改为一个漏极开路输出的 MOS 管,构成**漏极开路输出**(open drain,OD)门电路。

图 8.17(a)所示为漏极开路的门电路,简称 OD 门。OD 门工作时必须将输出端经上拉电阻 R_L 接到电源上。设 T_1 的截止电阻和导通电阻分别为 R_{OFF} 和 R_{ON},则只要满足 $R_{OFF} \gg R_L \gg R_{ON}$,就一定能使得 T_1 截止时 $u_o = U_{OH} \approx V_{DD2}$,$T_1$ 导通时 $u_o = U_{OL} \approx 0$。由图可得 $F=\overline{A \cdot B}$,为 OD 与非门。图 8.17(b)为其逻辑符号。OD 门输出低电平 U_{OL} 时,可吸收高达 50 mA 的负载电流。当输入级和输出级采用不同的电源电压 V_{DD1} 和 V_{DD2} 时,可将输入的 $0 \sim V_{DD1}$ 的电压转换成 $0 \sim V_{DD2}$ 的电压。因此,OD 门可用来进行电平转换。

漏极开路输出门(OD 门)可以将几个 OD 门的输出端直接相连,实现**线与**逻辑。

将几个 OD 与非门的输出端直接连在一起,再通过负载电阻 R_L 接到电源上,如图 8.18 所示。当所有的 OD 门的输出端都为高电平时,连线输出为高电平;只要有一个 OD 门的输出端为低电平,连线输出就为低电平,实现**与**逻辑,称之为**线与**。因为

$$F_1 = \overline{A \cdot B} \qquad F_2 = \overline{C \cdot D}$$

所以

$$F = F_1 \cdot F_2 = \overline{A \cdot B} \cdot \overline{C \cdot D}$$

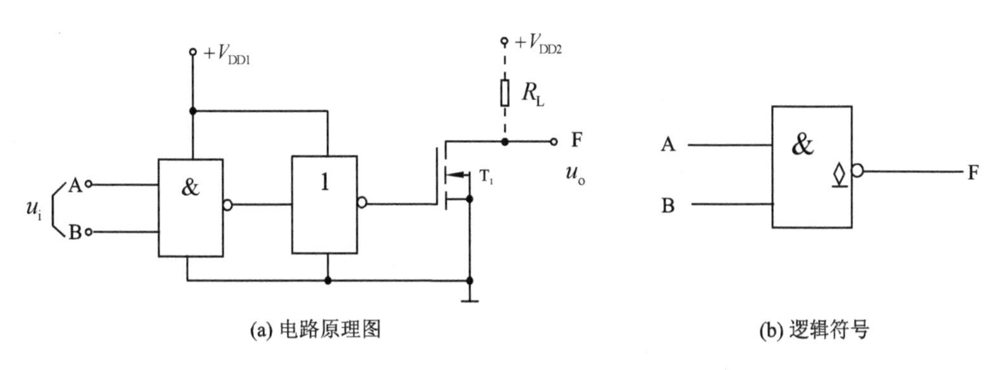

(a) 电路原理图　　　　(b) 逻辑符号

图 8.17　漏极开路的 CMOS 门电路

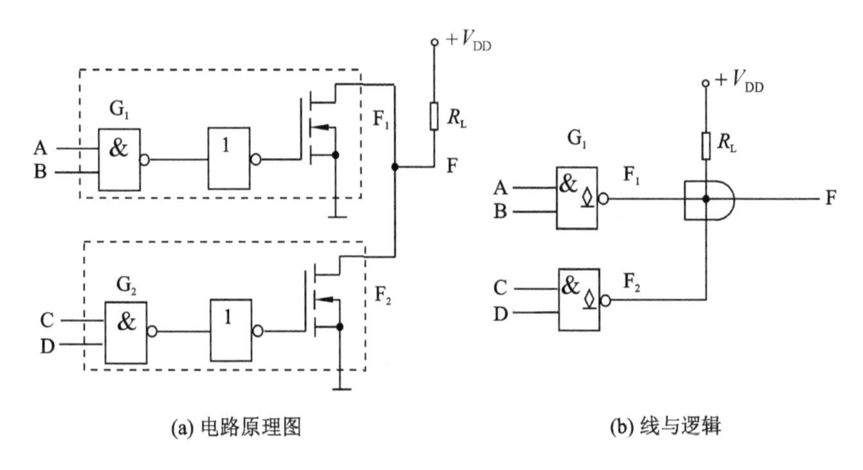

(a) 电路原理图　　　　(b) 线与逻辑

图 8.18　OD 门实现线与逻辑电路

下面来讨论一下外接负载电阻 R_L 的计算方法。将 m 个 OD 门的输出端并联，驱动 n 个 CMOS 门，电路如图 8.19 所示。

在线与输出端接有其他门电路作为负载的情况下，当输出为低电平，而且并联的 OD 门中只有一个门的输出 MOS 管导通时（如图 8.19(a)所示），负载电流将全部流入这个导通管。为了保证负载电流不超过输出 MOS 管允许的最大电流，R_L 的阻值不能太小。据此可以计算出 R_L 的最小允许值 $R_{L(min)}$。若 OD 门允许的最大负载电流为 $I_{OL(max)}$，负载门每个输入端的低电平输入电流为 I_{IL}，此时的输出低电平为 U_{OL}，则应满足

$$I_{OL(max)} \geqslant \frac{V_{DD}-U_{OL}}{R_L}+q\,|I_{IL}|$$

$$R_{L(min)}=\frac{V_{DD}-U_{OL}}{I_{OL(max)}-q\,|I_{IL}|} \tag{8.1}$$

式中，q 是负载门电路低电平时输入电流的数目，p 是负载门电路高电平时输出电流的数目。在负载为 CMOS 门电路的情况下，q 和 p 相等。

当所有的 OD 门同时截止、输出为高电平时（如图 8.19(b)所示），由于 OD 门输出端 MOS 管截止时的漏电流和负载门的高电平输入电流同时流过 R_L，并在 R_L 上产生压降，所以，为保证输出高电平不低于规定的数值，R_L 不能取得过大。由此可以计算出 R_L 的最大允许值 $R_{L(max)}$。若每个 OD 门输出管截止时的漏电流为 I_{OH}，负载门每个输入端的高电平输入

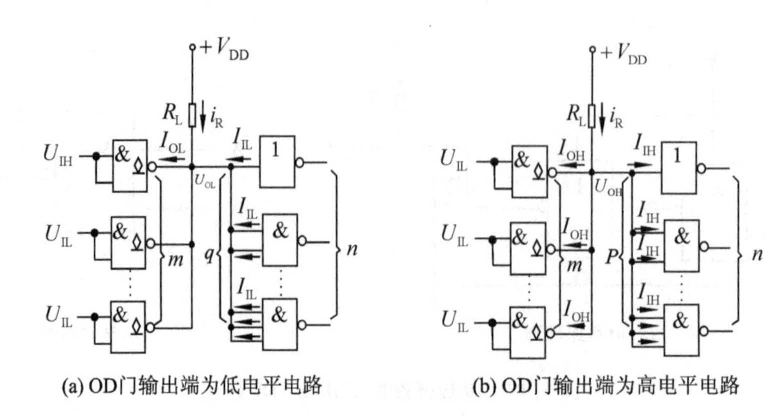

(a) OD门输出端为低电平电路　　(b) OD门输出端为高电平电路

图 8.19　*m* 个 OD 门驱动 *n* 个 CMOS 门电路

电流为 I_{IH}，要求输出高电平不低于 U_{OH}，则可得到

$$V_{DD}-(mI_{OH}+pI_{IH})R_L \geqslant U_{OH}$$

$$R_{L(max)}=\frac{V_{DD}-U_{OH}}{mI_{OH}+pI_{IH}} \tag{8.2}$$

式中，m 是并联 OD 门的数目，p 是负载门电路高电平输入电流的数目。

因此，为了保证线与连接后电路能够正常工作，应取

$$R_{L(max)} \geqslant R_L \geqslant R_{L(min)}$$

通常 OD 门负载电阻的取值应尽量小，这样可减少低电平到高电平转换的 RC 时间常数(上升时间)，保证 OD 门有较高的工作速度。

例 8.1　图 8.20 所示的门电路都是 CMOS 门，其中驱动门(OD 门)输出为高电平时，输出电流 $I_{OH} \leqslant 20\ \mu A$，输出为低电平($U_{OL} \leqslant 0.4\ V$)时，输出电流 $I_{OL} \leqslant 6\ mA$；负载门的输入电流 $I_{IL}=I_{IH} \leqslant 1.0\ \mu A$。如果要求 x 点(即负载门的输入端)高、低电平分别为 $U_{IH} \geqslant 3.15\ V$，$U_{IL} \leqslant 0.9\ V$，试计算上拉电阻 R_L 的选择范围。

图 8.20　例 8.1 电路

解：当 $U_x \leqslant 0.9\ V$ 时，即驱动门输出低电平 $U_{OL}=0.9\ V$，为了保证 $I_{OL} \leqslant 6\ mA$，由式(8.1)得

$$R_{L(min)}=\frac{V_{DD}-U_{OL}}{I_{OL(max)}-q\left|I_{IL}\right|}\ k\Omega=\frac{5\ V-0.9\ V}{6\ mA-5\times 1\times 10^{-3}\ mA}=0.684\ k\Omega$$

其中，$q=5$。

当 $U_x \geqslant 3.15\ V$ 时，即驱动门输出高电平 $U_{OH}=3.15\ V$，为了保证 $I_{OH} \leqslant 20\ \mu A$，由式(8.2)得

$$R_{L(max)}=\frac{V_{DD}-U_{OH}}{mI_{OH}+pI_{IH}}=\frac{5\ V-3.15\ V}{3\times 20\times 10^{-3}\ mA+5\times 1\times 10^{-3}\ mA}=28.46\ k\Omega$$

其中，$m=3$，$p=5$，则电阻 R_L 的选择范围为

$$0.684\ k\Omega \leqslant R_L \leqslant 28.46\ k\Omega$$

8.1.6　高速 CMOS 门电路

早期生产的 CMOS 器件是 4000 系列 CMOS 电路，其工作速度较低，而且不易与当时最流行的逻辑系列——双极型 TTL 电路（参见 8.2 节）相匹配，使其应用范围受到了一定的限制。高速 CMOS（HC/HCT 系列和 AHC/AHCT 系列）与 4000 系列相比，具有较高的工作速度、较强的负载能力，应用领域十分广阔，已经基本取代了 4000 系列产品。

HC/HCT 是**高速 CMOS**（high-speed CMOS/high-speed CMOS，TTL Compatible）逻辑系列的简称。由于在制造工艺上采用了硅栅自对准工艺以及缩短 MOS 管的沟道长度等一系列改进措施，HC/HCT 系列产品的传输延迟时间缩短到了 10 ns 左右，带负载能力提高到了 4 mA 左右。

HC 系列只用于 CMOS 逻辑的系统中，并可用 2～6 V 的电源，即使采用 5 V 电源，HC 器件也不能与 TTL 门电路兼容。HC 门电路使用 CMOS 输入电平。当用 5 V 电源时，HC 门电路的最小输入高电平 $U_{IH(min)}=3.5$ V，最大输入低电平 $U_{IL(max)}=1.5$ V；HC 门电路的最小输出高电平 $U_{OH(min)}=3.84$ V，最大输出低电平 $U_{OL(max)}=0.33$ V，而 TTL 器件的输出高电平为 2.4～3.5 V，所以 HC 门电路不能与 TTL 门电路兼容。

HCT 系列门电路可直接与 TTL 门电路互换。HCT 系列门电路也使用 CMOS 门电路输入电平。当用 5 V 电源时，HCT 系列门电路的最小输入高电平 $U_{IH(min)}=2.0$ V，最大输入低电平 $U_{IL(max)}=0.8$ V；HCT 门电路的最小输出高电平 $U_{OH(min)}=3.84$ V，最大输出低电平 $U_{OL(max)}=0.33$ V。与 TTL 门电路的输出电平完全匹配，故可直接与 TTL 门电路接口（TTL 用 5 V 电源）。

AHC 系列是**改进的高速 CMOS**（advanced high-speed CMOS）/AHCT（advanced high-speed CMOS，TTL compatible）逻辑系列的简称。改进后的这两种系列不仅比 HC/HCT 的工作速度提高了一倍，而且带负载能力也提高了近一倍。同时 AHC/AHCT 系列产品又能与 HC/HCT 系列产品兼容，为系统的器件更新提供了很大的方便。与 HC 和 HCT 系列的区别一样，AHC 与 AHCT 系列的区别也主要表现在工作电压范围和对输入电平的要求不同上。

8.1.7　低电压 CMOS 门电路

随着 IC 工业的发展，CMOS 门电路向低电压方向发展，一方面晶体管的尺寸越来越小，MOS 管的栅极与源极、栅极与漏极之间的绝缘氧化层变得更薄，不能承受高于 5 V 的电压，使得 CMOS 门向低电源电压方向发展；另一方面 CMOS 门的动态功耗与电源电压 V_{DD} 有关（$P_C=C_L f V_{DD}^2$），为了减小动态功耗，也使得 CMOS 门向低电源电压方向发展。因此，**联合电子器件工业委员会**（Joint Electron Device Engineering Councile，JEDEC）选择 3.3 V±0.3 V、2.5 V±0.2 V、1.8 V±0.15 V 作为今后 CMOS 门电路的标准逻辑电源电压。TI 公司 CMOS 系列产品在各种电源电压下的输入、输出逻辑电平如图 8.21 所示。

LVC 系列是 20 世纪 90 年代推出的**低压 CMOS**（low-voltage CMOS）逻辑系列的简称。LVC 系列不仅能工作在 1.65～3.3 V 的低电压下，而且传输延迟时间也缩短至 3.8 ns。同时，它又能提供更大的负载电流，在电源电压为 3 V 时，最大负载电流可达 24 mA。此外，LVC 的输入可以接受高达 5 V 的高电平信号，能很容易地将 5 V 电平的信号转换为 3.3 V 以

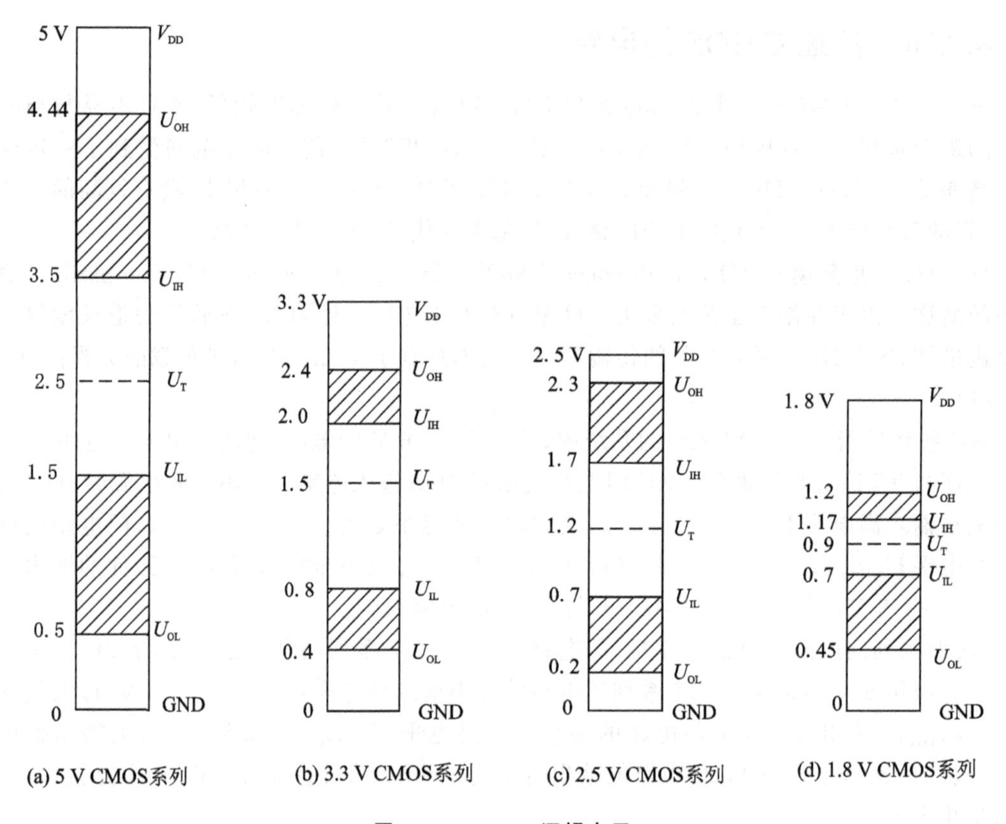

图 8.21　CMOS 逻辑电平

下的电平信号,而 LVC 系列提供的总线驱动电路又能将 3.3 V 以下的电平信号转换为 5 V 的输出信号,这就为 3.3 V 系统与 5 V 系统之间的接口提供了便捷的解决方案。

ALVC 系列是 1994 年推出的**改进的低压 CMOS**(advanced low-voltage CMOS)逻辑系列。ALVC 在 LVC 基础上进一步提高了工作速度,并提供了性能更加优越的总线驱动器件。LVC 和 ALVC 系列可以满足高性能数字系统设计的需要,尤其在便携式电子设备中优势更加明显。

AUC 系列是 2000 年后推出的**新型超低电压 CMOS**(advanced ultra low voltage CMOS)系列产品,它针对 1.8 V 电压进行了优化,且工作电压范围为 0.8~2.5 V。由于耐压为 3.6 V,因此,这种 AUC 产品可使传统的老式器件继续维持其功能,从而延长系统寿命。另外,它在 1 V 电压以下也可工作的特性允许 AUC 电路采用单节电池供电。

另外,还有**AC**(advanced CMOS)/ACT(advanced CMOS,TTL compatible) CMOS 系列、**AVC**(advanced very - low - voltage) CMOS 系列等产品,其性能也在不断提高。

8.1.8　CMOS 门电路的技术参数

在使用 CMOS 或其他逻辑系列的电路时,理解 CMOS 门电路的技术参数是非常重要的。CMOS 门电路在电气方面的性能指标主要包括逻辑电平、直流噪声容限、扇出系数、速度、功耗和噪声等。

1. CMOS 反相器的静态特性

(1) 逻辑电平和噪声容限

CMOS 反相器的电压传输特性如图 8.22 所示。图 8.22 中横坐标的输入电压在 0～5 V 变化，纵坐标上的是相应的输出电压。

通常我们将电压传输特性转折区中点所对应的输入电压称为阈值电压(或门限电压)，用 U_T 表示。因此，CMOS 反相器的阈值电压 $U_T \approx \frac{1}{2}V_{DD}=2.5$ V。由图 8.22 可以看出，输入低电平应小于 2.4 V，输入高电平应大于 2.6 V。当输入电平在 2.4～2.6 V 时，反相器的输出端将产生不正常逻辑电平。当电源电压、温度和输出负载发生变化时，传输特性曲线也将随之变化。

工程实践表明，CMOS 门电路的低电平和高电平值与电源电压 V_{DD} 和"地"有关，其中 $U_{OH(min)}=V_{DD}-0.1$ V，$U_{IH(min)}=0.7V_{DD}$，$U_{IL(max)}=0.3\ V_{DD}$，$U_{OL(max)}=$"地"$+0.1$ V，如图 8.23 所示。

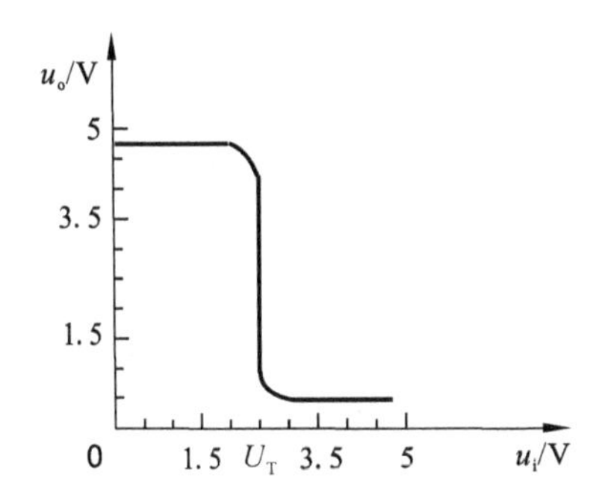

图 8.22　CMOS 反相器的电压传输特性

图 8.23　HC 系列 CMOS 器件的逻辑电平

从电压传输特性上可以看到，当输入电压偏离正常的低电平(0 V)而升高时，输出的高电平并不立刻改变。同样，当输入电压偏离正常的高电平(+5 V)而降低时，输出的低电平也不会马上改变。因此，在保证输出高、低电平基本不变(或者说变化的大小不超过允许限度)的条件下，允许输入信号的高、低电平有一个波动范围，这个范围称为输入端的噪声容限。

图 8.24 给出了输入端噪声容限定义的示意图。在将许多门电路互相连接组成系统时，前一级门电路的输出就是后一级门电路的输入。对于后一级门电路而言，输入为高电平时的噪声容限 U_{NH} 是前一级门电路的最小输出高电平与后一级门电路的最小输入高电平之差，即

$$U_{NH}=U_{OH(min)}-U_{IH(min)} \tag{8.3}$$

同理，输入为低电平时的噪声容限 U_{NL} 是后一级门电路的最大输入低电平与前一级门电路的最大输出低电平之差，即

$$U_{NL}=U_{IL(max)}-U_{OL(max)} \tag{8.4}$$

在信号连线上，当出现大于 U_{NH} 或 U_{NL} 的噪声干扰时，将可能引起逻辑错误。

噪声容限是一种对噪声程度的度量，表示多大的噪声会引起逻辑错误。对于 HC 系列 CMOS 门电路，如果 $U_{IL(max)}=1.35$ V，$U_{OL(max)}=0.1$ V，$U_{OH(min)}=4.4$ V，$U_{IH(min)}=3.15$ V，那么低电平噪声容限 $U_{NL}=1.25$ V，高电平噪声容限 $U_{NH}=1.25$ V。

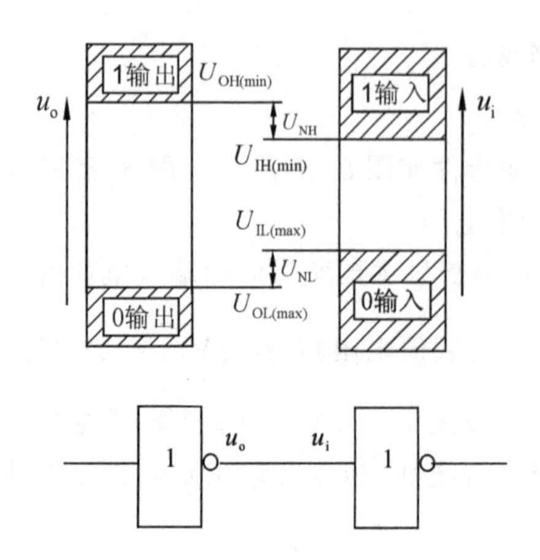

图 8.24　输入噪声容限示意图

(2) CMOS 反相器的输入特性

反相器输入端输入电压与输入电流的关系称为输入特性。

因为 MOS 管的栅极和衬底之间存在着以 SiO_2 为介质的输入电容,而绝缘介质又非常薄,极易被击穿,所以 HC 系列的 CMOS 器件多采用图 8.25 所示的输入保护电路。图中的 D_1 和 D_2 均为双极型二极管,它们的正向导通电压 $U_D=0.5\sim0.7$ V,反向击穿电压约为 30 V。R_S 的阻值一般在 1.5～2.5 kΩ 范围内。C_1 和 C_2 分别表示 T_1 和 T_2 的栅极等效电容。

输入信号电压在正常工作范围内($0\leqslant u_i\leqslant V_{DD}$)时,输入保护电路不起作用,输入电流 $i_i\approx0$。

当 $u_i>V_{DD}+U_D$ 时,D_2 导通,将 T_1 和 T_2 的栅极电位 u_G 钳位在 $V_{DD}+U_D$;而当 $u_i<-U_D$ 时,D_1 导通,将栅极电位 u_G 钳在 $-U_D$。u_i 超出正常范围后,输入电流 i_i 的绝对值随 u_i 绝对值的增加而迅速加大。由此,可画出 CMOS 反相器的输入特性曲线,如图 8.26 所示。

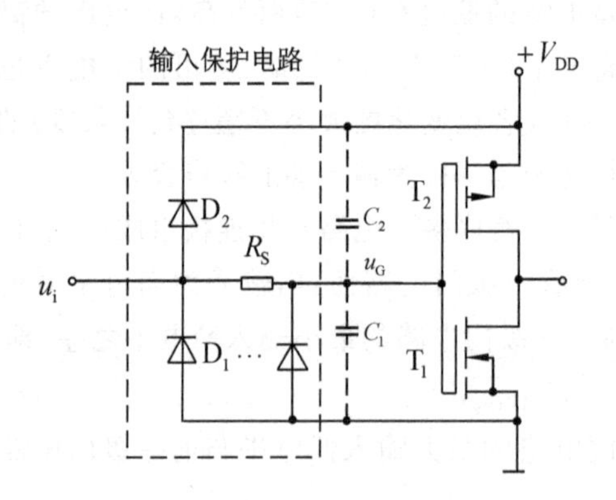

图 8.25　HC 系列 CMOS 反相器的输入保护电路

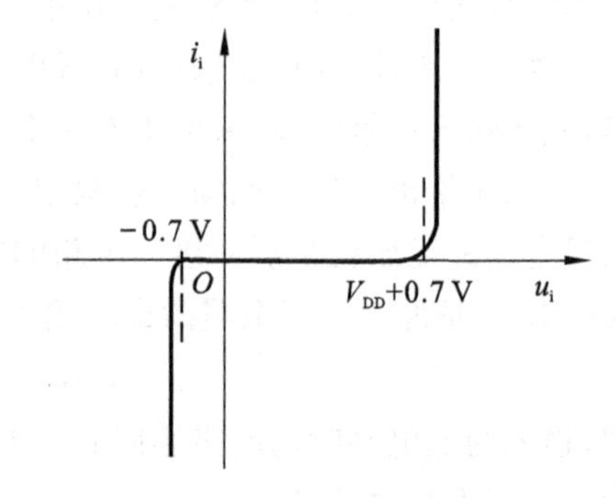

图 8.26　HC 系列 CMOS 反相器的输入特性

(3) CMOS 反相器的输出特性

当 CMOS 门电路输出端与电阻性负载相连时,将产生负载电流,此电流会影响输出电平高低。反相器输出端的输出电压与输出电流之间的关系称为输出特性。由于输出信号有高电平和低电平两种状态,故其输出特性有两种。

① 输出低电平时的输出特性

当 CMOS 反相器输出为低电平时，PMOS 管 T_2 处于截止状态，NMOS 管 T_1 为导通状态，如图 8.27(a)所示。此时，负载电流方向是流入 NMOS 管的漏极，故称为灌电流负载。其输出电平随着负载电流的增加而增加，输出特性如图 8.27(b)所示。因为输出电平 U_{OL} 就是 u_{DS1}，负载电流 I_{OL} 就是 i_{D1}，所以 U_{OL} 与 I_{OL} 的关系曲线也就是 T_1 管的漏极特性曲线。当负载电流 I_{OL} 增加到某值 $I_{OL(max)}$ 后，输出电平 u_o 迅速增加，当 u_o 大于 $U_{OL(max)}$ 时，破坏了输出为低电平的逻辑关系，因而对灌电流要有限制，必须小于输出低电平时的最大灌电流值，即 $I_{OL}<I_{OL(max)}$。

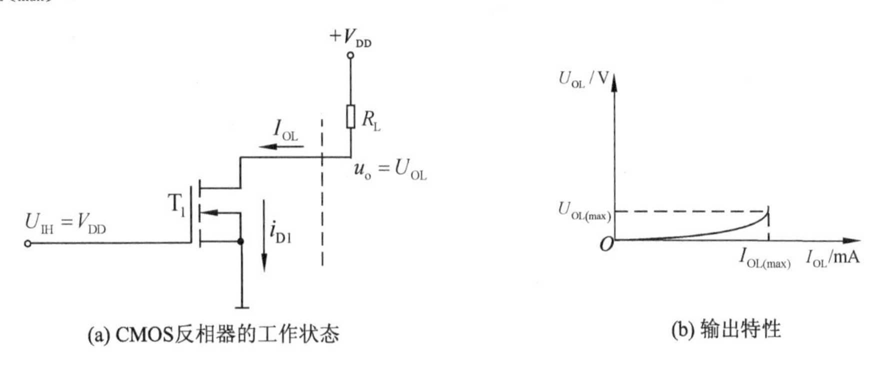

(a) CMOS反相器的工作状态　　(b) 输出特性

图 8.27　CMOS 反相器低电平时的输出特性

② 输出高电平时的输出特性

当 CMOS 反相器输出端为高电平时，PMOS 管 T_2 处于导通状态，NMOS 管 T_1 为截止状态，如图 8.28(a) 所示。此时，负载电流方向是从 T_2 管的漏极流出，故称为拉电流负载。其输出电平随着负载电流的增加而减小，输出特性如图 8.28(b) 所示。因为 T_2 管导通电阻与 u_{GS2} 大小有关，所以在同样的 I_{OH} 值下 V_{DD} 越高，T_2 管的 u_{GS2} 越负，导通电阻越小，U_{OH} 也就下降得越少。当负载电流 I_{OH} 大于 $I_{OH(max)}$ 时，输出电压 u_o 迅速减小，当 u_o 小于 $U_{OH(min)}$ 时，破坏了输出为高电平的逻辑关系，因而对拉电流值也要有限制，即 I_{OH} 应小于 $I_{OH(max)}$。

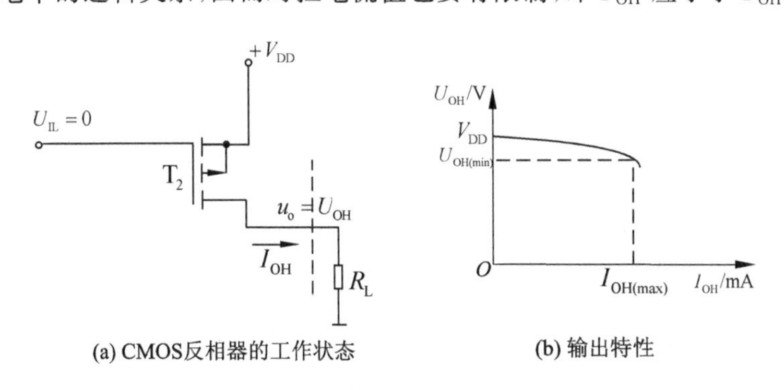

(a) CMOS反相器的工作状态　　(b) 输出特性

图 8.28　CMOS 反相器输出高电平时的输出特性

(4) CMOS 反相器的带负载能力

CMOS 反相器的输出端接负载后，有灌电流负载和拉电流负载。带负载能力是指带负载电流大小的能力，有时用扇出系数 N_o 来表示。N_o 为带同类门的最大数目。扇出系数不仅取决于输出端的特性，还取决于它驱动的门电路输入端的特性。扇出系数的计算必须考虑输出

的两种可能状态:高电平状态和低电平状态。

通常,一个门电路的高电平扇出系数和低电平扇出系数是不相等的,门电路的扇出系数是高电平扇出系数和低电平扇出系数中的较小者。

2. CMOS 反相器的动态特性

CMOS 器件的速度和功耗在很大程度上取决于门电路及其负载的动态特性。

(1) 传输延迟时间

传输延迟时间(propagation delay time)是指输出电压变化滞后于输入电压变化的时间。对于具有多个输入和输出端的复杂逻辑器件,不同的信号通路会有不同的传输延迟时间。而且即使对于同一个信号通路,传输延迟时间也可能不同,取决于输出信号变化的方向。

通常把输出由高电平跳变为低电平时的传输延迟时间称为导通传输延迟时间 t_{PHL};将输出由低电平跳变为高电平时的传输延迟时间称为截止传输延迟时间 t_{PLH},如图 8.29 所示。忽略上升时间 t_{on} 和下降时间 t_{off},输入、输出电压的传输延迟如图 8.29(a) 所示。由于 CMOS 电路的 t_{PHL} 和 t_{PLH} 通常是相等的,所以也经常以平均传输延迟时间 t_{pd} 表示 t_{PHL} 和 t_{PLH}。

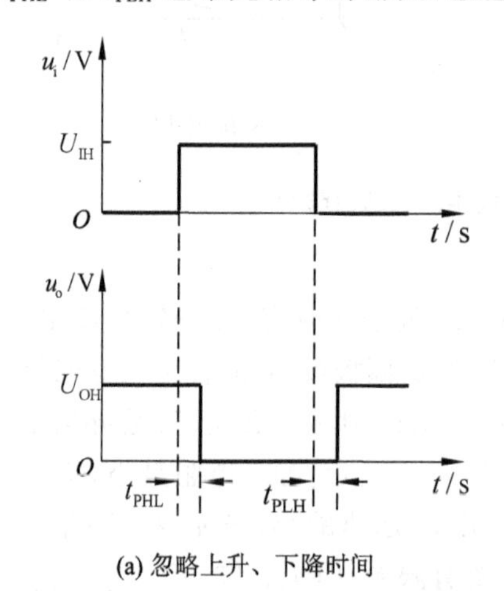

(a) 忽略上升、下降时间

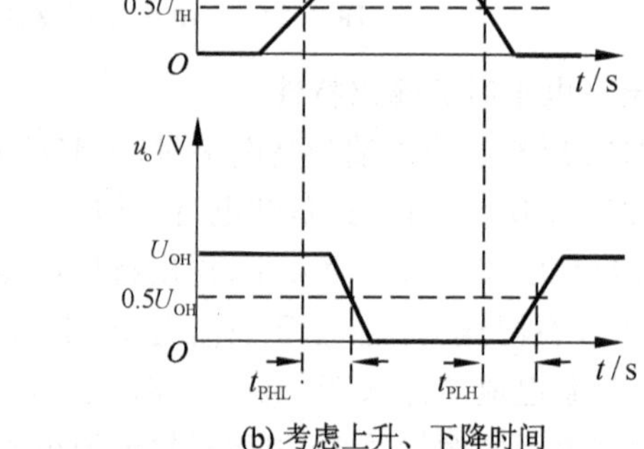

(b) 考虑上升、下降时间

图 8.29 CMOS 反相器的输入、输出电压波形图

一般情况下,传输延迟时间主要是由于负载电容的充放电所产生的,所以为了缩短传输延迟时间,必须减小负载电容和 MOS 管的导通电阻。为了减小 MOS 管的导通电阻,应尽可能地提高电源电压和输入信号的高电平。

TI 公司的 HC 系列 CMOS 反相器 74HC04 在 $V_{DD}=5$ V、负载电容 $C_L=50$ pF 的情况下,t_{pd} 仅为 9 ns,而改进系列 74AHC04,t_{pd} 只有 5 ns。

(2) 交流噪声容限

如上所述,由于负载电容和 MOS 管寄生电容的存在,输入信号状态变化时必须有足够的变化幅度和作用时间才能使输出改变状态。当输入窄脉冲信号的脉冲宽度接近于门电路传输延迟时间的情况下,为使输出状态改变,所需要的脉冲信号幅度将远大于直流输入信号的幅度。因此,这类窄脉冲的噪声容限——交流噪声容限远高于前述的直流噪声容限。而且,传输延迟时间越长,交流噪声容限也越大。

由于传输延迟时间与电源电压和负载电容有关,所以交流噪声容限也受电源电压和负载电容的影响。图 8.30 所示的曲线为反相器 74HC04 在负载电容不变的情况下,V_{DD} 对交流噪声容限的影响。图中以 U_{NA} 表示交流噪声容限，以 t_n 表示噪声电压的持续时间。可以看出，噪声电压作用时间越短、电源电压越高，则交流噪声容限越大。

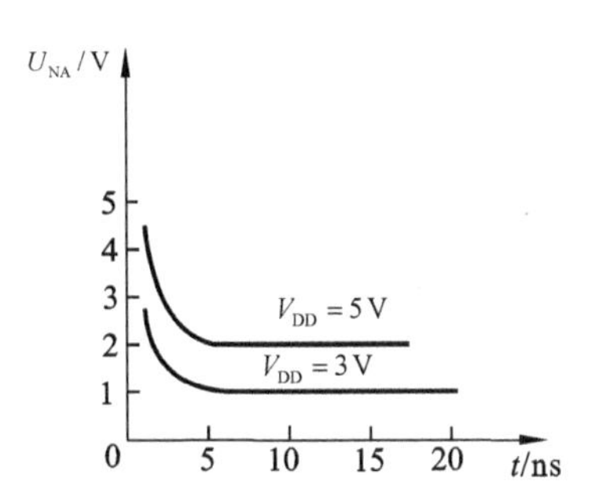

图 8.30　CMOS 反相器的交流噪声容限

(3) 动态功率损耗

当 CMOS 反相器从一种稳定状态转换到另一种稳定状态的过程中所消耗的功率，称之为动态功耗。

动态功耗由两部分组成，一部分是由于 NMOS 管 T_1 和 PMOS 管 T_2 在短时间内同时导通所产生的瞬时导通功耗 P_T，另一部分是对负载电容充、放电所消耗的功率 P_C。

如果电源电压 $V_{DD}>U_{GS1(th)}+|U_{GS2(th)}|$，输入高电平为 U_{IH}，输入低电平为 U_{IL}，那么输入信号 u_i 从 U_{IL} 过渡到 U_{IH} 和从 U_{IH} 过渡到 U_{IL} 的过程中，都将经过短时间的 $U_{GS1(th)}<u_i<V_{DD}-|U_{GS2(th)}|$ 的状态。在此状态下 T_1 和 T_2 同时导通，有瞬时导通电流 i_T 流过 T_1 和 T_2，如图 8.31(a)所示。瞬时导通电流 i_T 的波形如图 8.31(b)所示。i_T 的平均值为

$$I_T=\frac{1}{T}\left(\int_{t_1}^{t_2}i_T\mathrm{d}t+\int_{t_3}^{t_4}i_T\mathrm{d}t\right)$$

由此可求出动态功耗为 $P_T=V_{DD}\cdot I_T$。

从电流 i_T 的波形图上可以看出，i_T 与输入信号的上升时间、下降时间和重复频率 f 有关。输入信号重复频率 f 越高，上升时间和下降时间越长，i_T 的平均值越大，动态功耗 P_T 越大。同时，电源电压 V_{DD} 越大，P_T 越大。工程上 P_T 的数值一般用下式计算：

$$P_T=C_{pd}fV_{DD}^2 \tag{8.5}$$

式中，C_{pd} 称为功耗电容，它的具体数值由器件制造商给出。需要注意的是，C_{pd} 并不是一个实际的电容，而是一个用来计算空载情况下瞬时导通功率的等效参数。而且，只有在输入信号的上升时间和下降时间小于器件手册中规定的最大值时，C_{pd} 的参数才有效。74HC 系列门电路的 C_{pd} 数值通常为 20 pF 左右。

在实际使用 CMOS 反相器时，输出端一定有一个等效负载电容 C_L，如图 8.32(a)所示。C_L 表示接到反相器输出端的所有电容，包括下一级门电路的输入电容、其他负载电路的电容或连线电容等。

当输入信号从低电平到高电平转换时，NMOS 管 T_1 导通，负载电容 C_L 放电，输出电流 i_N 的波形如图 8.32(b)所示。当输入电平从高电平到低电平转换时，PMOS 管 T_2 导通，负载电容 C_L 充电，输出电流 i_P 的波形如图 8.32(b)所示。

这两种情况，MOS 管“导通”电阻都消耗功率，电容充、放电的平均功耗 P_C 为

$$P_C=\frac{1}{T}\left[\int_0^{T/2}i_Nu_o\mathrm{d}t+\int_{T/2}^{T}i_P(V_{DD}-u_o)\mathrm{d}t\right]$$

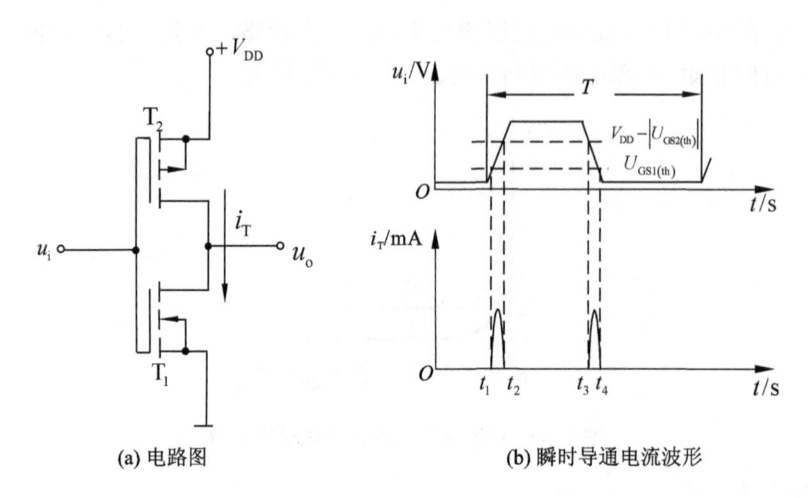

(a) 电路图　　(b) 瞬时导通电流波形

图 8.31　CMOS 反相器的瞬时导通电流

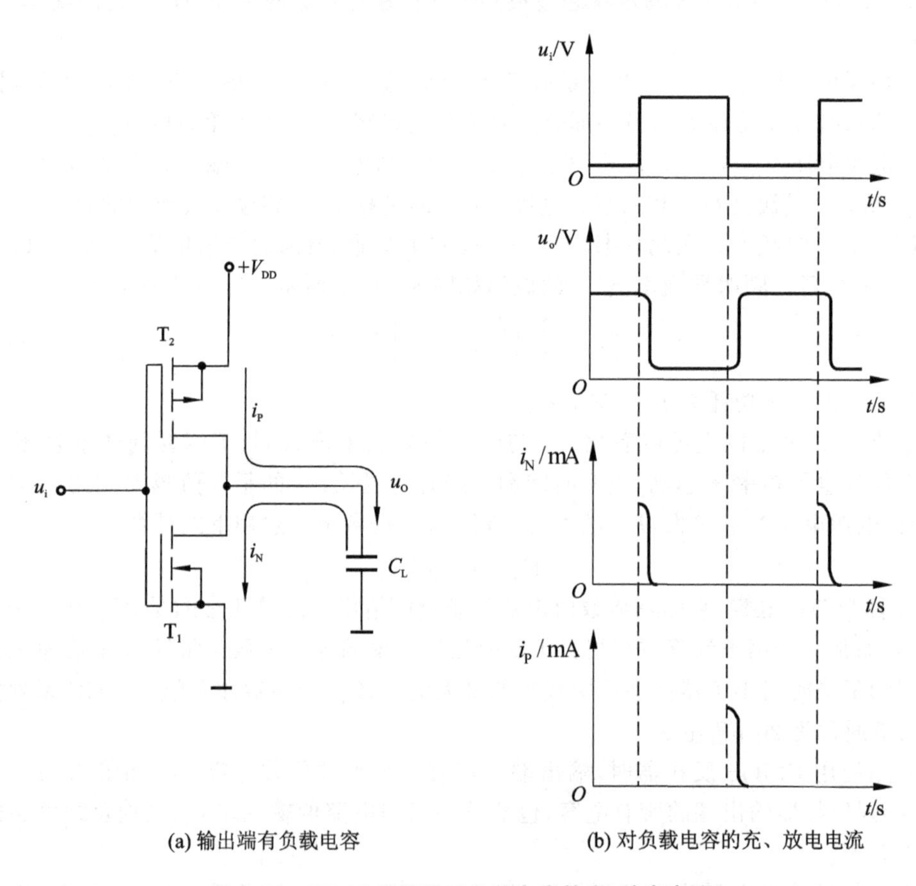

(a) 输出端有负载电容　　(b) 对负载电容的充、放电电流

图 8.32　CMOS 反相器对负载电容的充、放电电流

式中

$$i_N = -C_L \frac{du_o}{dt}$$

$$i_P = C_L \frac{du_o}{dt} = -C_L \frac{d(V_{DD}-u_o)}{dt}$$

故得到

$$P_{C}=\frac{1}{T}\left[C_{L}\int_{V_{DD}}^{0}(-u_{o})\,du_{o}+C_{L}\int_{V_{DD}}^{0}-(V_{DD}-u_{o})\,d(V_{DD}-u_{o})\right]$$
$$=\frac{C_{L}}{T}\left(\frac{1}{2}V_{DD}^{2}+\frac{1}{2}V_{DD}^{2}\right)=C_{L}fV_{DD}^{2} \tag{8.6}$$

式中，$f=1/T$ 为输入信号的重复频率。

由式(8.6)可以看出，负载电容充、放电所产生的功耗与负载电容的大小、输入信号的重复频率以及电源电压的平方成正比。

总的动态功耗 P_{D} 应为 P_{C} 与 P_{T} 之和，于是得到

$$P_{D}=P_{C}+P_{T}=(C_{L}+C_{pd})fV_{DD}^{2} \tag{8.7}$$

CMOS 反相器工作时的总功耗 P_{TOT} 应等于动态功耗 P_{D} 和静态功耗 P_{S} 之和。静态功耗是指输出不变时的功耗。CMOS 电路的静态功耗 $P_{S}=I_{DD}V_{DD}$，多数 CMOS 电路的静态功耗很低，可以忽略不计。

例 8.2 计算 CMOS 反相器的总功耗 P_{TOT}。已知电源电压 $V_{DD}=5$ V，静态电源电流 $I_{DD}\leqslant 1\ \mu A$，负载电容 $C_{L}=100$ pF，功耗电容 $C_{pd}=20$ pF。输入信号近似为理想的矩形波，频率 $f=100$ kHz。

解：因为输入信号接近于理想的矩形波，其上升时间和下降时间均比手册上规定的输入电压的上升时间和下降时间短，所以瞬时导通功耗 P_{T} 可用式(8.5)计算。

由式(8.7)得到总的动态功耗 P_{D} 为

$$P_{D}=(C_{L}+C_{pd})fV_{DD}^{2}=[(100+20)\times 10^{-12}\times 100\times 10^{3}\times 5^{2}]\ \text{mW}=0.3\ \text{mW}$$

而静态功耗 P_{S} 为

$$P_{S}=I_{DD}V_{DD}=10^{-6}\times 5=0.005\ \text{mW}$$

故总功耗 P_{TOT} 为

$$P_{TOT}=P_{D}+P_{S}=0.305\ \text{mW}$$

8.2 TTL 逻辑门电路

本节主要介绍 TTL 集成门电路，它属于小规模集成电路范畴，基本电路形式是 TTL 与非门。

8.2.1 三极管的开关特性

在数字电路中，半导体双极型三极管（以下简称三极管）是作为一个开关元件来使用的，它不允许工作在放大状态，而只能工作在饱和导通状态(又称饱和状态)或截止状态。图 8.33 所示为共发射极三极管开关电路和输出特性曲线。

(1) 截止条件

当输入 $u_{i}=U_{L}=0.3$ V 时，基极-发射极间的电压 u_{BE} 小于其开启电压 0.5 V，三极管截止，基极电流 $i_{B}\approx 0$，集电极电流 $i_{C}\approx 0$，输出 $u_{o}=u_{CE}\approx V_{CC}$，这时，三极管工作在图 8.33(b)中的 A 点。通常将 $u_{BE}\leqslant 0.5$ V 作为三极管的截止条件，但这种截止是不可靠的。为了使三极管能可靠截止，应使发射结处于反偏，至少为 0 V，因此，三极管的可靠截止条件为 $u_{BE}\leqslant 0$ V。

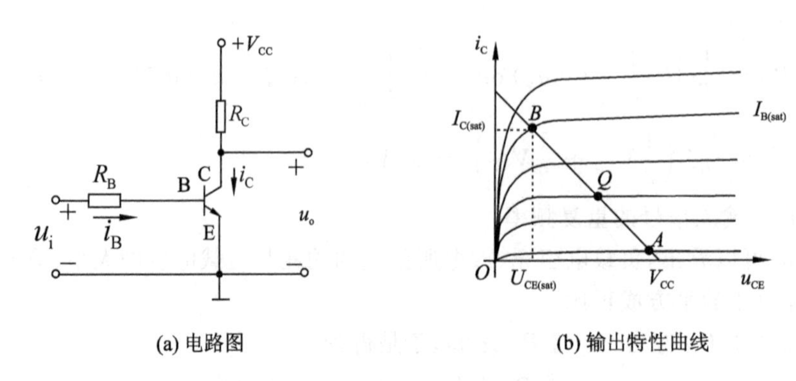

(a) 电路图　　(b) 输出特性曲线

图 8.33　三极管的静态开关特性

三极管截止时,E、B、C 三个极互为开路,如图 8.34(a)所示。

(2) 饱和条件

当输入 $u_i=U_H$,且使三极管工作在临界饱和状态时,其工作在图 8.33(b)中的 B 点。这时三极管的 i_B 称为临界饱和基极电流 $I_{B(sat)}$,对应的 i_C 称为临界饱和集电极电流 $I_{C(sat)}$,基极-发射极间电压为临界饱和电压 $U_{BE(sat)}$,其值约为 0.7 V;集电极-发射极间为临界饱和电压为 $U_{CE(sat)}$,其值约为 0.1～0.3 V。三极管工作在 B 点时,其放大特性在该点仍适用,故有

$$I_{B(sat)}=\frac{I_{C(sat)}}{\beta} \tag{8.8}$$

$$I_{C(sat)}=\frac{V_{CC}-U_{CE(sat)}}{R_C}\approx\frac{V_{CC}}{R_C} \tag{8.9}$$

$$I_{B(sat)}\approx\frac{V_{CC}}{\beta R_C} \tag{8.10}$$

由式(8.10)可知,只要实际注入基极的电流 i_B 大于临界饱和基极电流 $I_{B(sat)}$,则三极管便工作在饱和状态。因此,三极管的饱和条件为

$$i_B\geqslant I_{B(sat)}\approx\frac{V_{CC}}{\beta R_C} \tag{8.11}$$

三极管工作在饱和状态时,$i_C=I_{C(sat)}$ 最大,这时,i_B 再增大,i_C 基本不变;i_B 比 $I_{B(sat)}$ 大得越多,饱和越深,基区中的存储电荷越多。三极管饱和时的等效电路如图 8.34(b)所示。

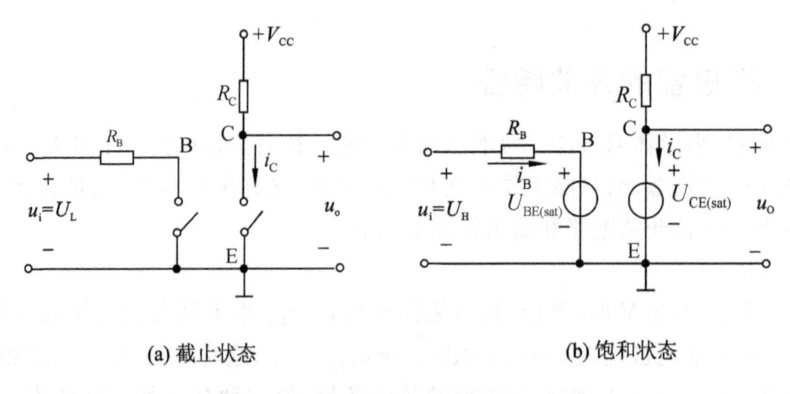

(a) 截止状态　　(b) 饱和状态

图 8.34　三极管的静态开关等效电路

例 8.3　在图 8.33(a)所示电路中，若 $V_{CC}=5\ V$，$R_C=1\ k\Omega$，$R_B=30\ k\Omega$。

① 设 $\beta=100$，试求 $u_i=0\ V$ 和 $u_i=3\ V$ 时的输出电压 $u_o=?$

② 若 $\beta=50$，其他条件不变，再求 $u_i=0\ V$ 和 $u_i=3\ V$ 时的输出电压 $u_o=?$

③ 分析 V_{CC}、u_i、R_B、R_C、β 的大小如何变化才有利于三极管的饱和？

解：① 当 $u_i=0\ V$ 时，由于 $u_{BE}=u_i=0\ V<0.5\ V$，所以三极管截止，$u_o\approx V_{CC}=5\ V$。当 $u_i=3\ V$ 时，假设三极管饱和，则 $u_{CE}=U_{CE(sat)}=0.3\ V$，可求出基极临界饱和电流 $I_{B(sat)}$

$$I_{B(sat)}=\frac{I_{C(sat)}}{\beta}=\frac{V_{CC}-U_{CE(sat)}}{\beta R_C}=\frac{5\ V-0.3\ V}{100\times 1\ k\Omega}=0.047\ mA$$

基极注入的电流

$$i_B=\frac{u_i-U_{BE(sat)}}{R_B}=\frac{3\ V-0.7\ V}{30\ k\Omega}=0.077\ mA$$

由于 $i_B>I_{B(sat)}$，满足三极管的饱和条件，所以输出电压 $u_o\approx 0.3\ V$。

② 若 $\beta=50$，$u_i=0\ V$ 时，$u_o\approx V_{CC}=5\ V$。$u_i=3\ V$ 时，$I_{B(sat)}=0.094\ mA$，已不满足 $i_B\geqslant I_{B(sat)}$，但此时 u_{BE} 为正向偏置，又不截止，故三极管处于放大状态，则 $i_C=\beta i_B=50\times 0.077\ mA=3.85\ mA$，由此可算出输出电压 u_o 为

$$u_o=V_{CC}-R_C\cdot i_C=5\ V-1\ k\Omega\times 3.85\ mA=1.15\ V$$

③ 当 $V_{CC}\uparrow$、$u_i\uparrow$、$R_B\downarrow$、$R_C\uparrow$、$\beta\uparrow$ 时有利于三极管饱和。

8.2.2　TTL 与非门

最常用的 TTL 与非门的典型电路如图 8.35 所示，它包括输入级、中间级和输出级三个部分。输入级由多发射极晶体管 T_1 和基极电阻 R_1 组成，实现与逻辑功能；中间级由晶体管 T_2 和电阻 R_2、R_3 组成，它的主要作用是从 T_2 的集电极和发射极同时输出两个相位相反的信号，分别驱动晶体管 T_3、T_5；输出级由电阻 R_4、R_5 和晶体管 T_3、T_4、T_5 组成，T_5 是反相器，T_3、T_4 组成的复合管构成射极跟随器，并与 T_5 构成推拉式电路，以减少输出电阻，提高 TTL 与非门的带负载能力。

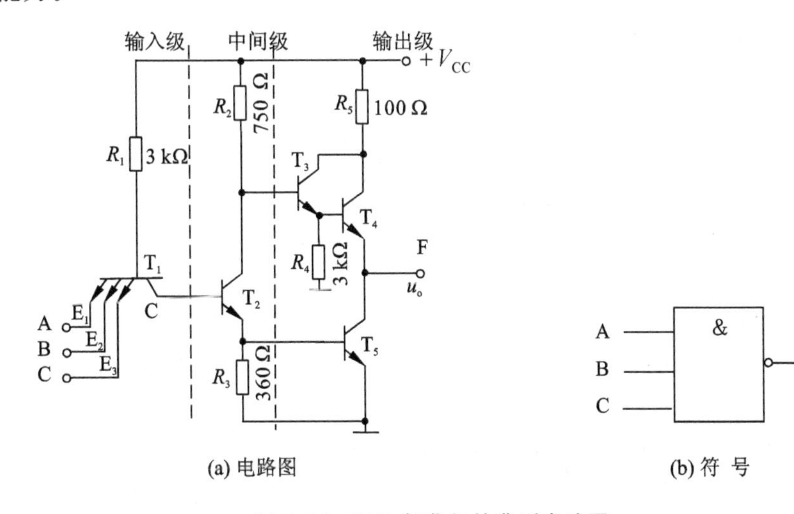

(a) 电路图　　(b) 符 号

图 8.35　TTL 与非门的典型电路图

当 TTL 与非门有一个以上的输入为低电平($U_{IL}=0.3\ V$)时，多发射极晶体管 T_1 的相应

的发射结导通,使 T_1 的基极电位 u_{B1} 被钳位在 1 V($u_{B1}=U_{IL}+U_{BE1}=0.3\ V+0.7\ V=1\ V$),由于从 T_2 的基极到地至少要两个串联的 PN 结,而 T_1 的基极到地之间只有 1 V 电压,所以 T_1 的集电结和 T_2 的发射结不能导通。晶体管 T_2 截止,它的集电结相当于一个大电阻,这样 T_1 的集电极相当于接入一个大电阻,促使 T_1 深度饱和($U_{CE1(sat)}=0.1\ V$),T_1 的集电极电位 $u_{C1}=U_{CE1(sat)}+U_{IL}=0.1\ V+0.3\ V=0.4\ V$。由于 T_2 的基极电位 $u_{B2}=u_{C1}=0.4\ V$,T_2 截止,$i_{C2}=0$,$u_{B5}=u_{E2}=0\ V$,故 T_5 也截止。由于 R_2 和 i_{B3} 都很小,故 R_2 上的压降很小,$u_{B3}=u_{C2}\approx5\ V$,T_3、T_4 导通,$u_o=U_{OH}=u_{B3}-U_{BE3}-U_{BE4}\approx3.6\ V$,输出高电平 U_{OH},即输入端 A、B、C 中至少有一个为低电平时,输出 F 为高电平。

当 TTL 与非门的输入端 A、B、C 都为高电平($U_{IH}=3.6\ V$)时,多发射极晶体管 T_1 的基极电位升高,使 T_1 的集电结、T_2 和 T_5 的发射结正向偏置,T_2 和 T_5 导通,于是 T_1 的基极电位 u_{B1} 被钳位在 2.1 V($u_{B1}=u_{BC1}+U_{BE2}+U_{BE5}=0.7\ V\times3\ V=2.1\ V$)。由于 T_1 各发射极电位均为 3.6 V,而其基极电位为 2.1V,集电极电位 1.4 V,故 T_1 处于倒置工作状态(发射结反向偏置,集电结正偏置),即 T_1 的发射极当作集电极用,集电极当作发射极用。电源 V_{CC} 通过 R_1 向 T_2 和 T_5 提供很大的偏置电流,使 T_2 和 T_5 管处于饱和导通状态,饱和压降为 0.3 V。T_2 的集电极电位 $u_{C2}=u_{CE2}+U_{BE5}=0.3\ V+0.7\ V=1\ V$,致使 T_3 导通,T_4 截止。因此,输出电压 $u_o=U_{OL}=0.3\ V$。即输入端都为高电平时,输出端为低电平。电路各节点电压见表 8.1。

表 8.1 TTL 与非门电路各节点电压

u_A,u_B,u_C	u_{B1}/V	$u_{C1}(u_{B2})$/V	$u_{B3}(u_{C2})$/V	u_o/V
至少1个低电平(0.3 V)	1	0.4	5	3.6
均为高电平(3.6 V)	2.1	1.4	1	0.3

由以上分析可知,该电路只要有一个以上输入为低电平,输出就为高电平;只有所有输入都为高电平时,输出才为低电平。所以该电路实现与非逻辑,即 $F=\overline{A\cdot B\cdot C}$。

8.2.3 TTL 与非门的电压传输特性及噪声容限

1. TTL 与非门的电压传输特性

图 8.36(a)、8.36(b)所示分别为 TTL 与非门的电压传输特性曲线和测试电路。由图可见,TTL 与非门的电压传输特性曲线可分为 4 段。

① ab 段(截止区)。在这个区段内,$u_i<0.6\ V$,$u_{B1}<1.3\ V$,T_2、T_5 截止,输出高电平,$u_o=3.6\ V$。

② bc 段(线性区)。在这个区段内,$0.6\ V\leqslant u_i<1.3\ V$,$0.6\ V\leqslant u_{B2}<1.3\ V$,所以此时 T_2 导通并处于放大状态,u_{C2} 随 u_{B2} 升高而下降,经 T_3、T_4 两级射极跟随器使 u_o 线性降低,T_5 仍截止。

③ cd 段(转折区)。在这个区段内,$u_i\geqslant1.3\ V$,随着输入电压略微升高,输出电压急剧下降。这是由于 T_5 开始导通,T_2 尚未饱和,T_2、T_3、T_4 和 T_5 均处于放大状态,故 u_i 稍有提高,即可使 u_o 很快下降。所以 cd 段的斜率比 bc 段大得多。典型的 TTL 与非门的门限电压 $U_T=1.3\sim1.4\ V$,可以粗略地认为,当 $u_i>U_T$ 时,与非门将导通,输出低电平;当 $u_i<U_T$ 时,

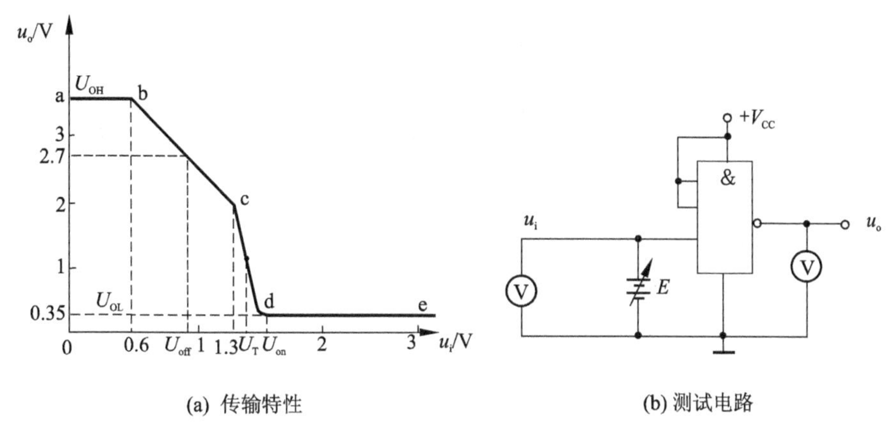

(a) 传输特性　　(b) 测试电路

图 8.36　TTL 与非门的电压传输特性及其测试电路

与非门将截止，输出高电平。

④ de 段（饱和区）。在这个区段内，$u_i \geq 1.4$ V，$u_{B1}=2.1$ V，T_2 和 T_5 饱和，T_4 截止，输出低电平，$u_o=0.3$ V，且输出电平基本不随 u_i 的增大而变化。

2. 直流噪声容限

与 CMOS 门电路类似，直流噪声容限的定义见 8.1.8 小节。

74 系列 TTL 门电路的标准参数为：$U_{OH(min)}=2.7$ V，$U_{OL(max)}=0.5$ V，$U_{IH(min)}=2.0$ V，$U_{IL(max)}=0.8$ V。因此，输入为高电平的噪声容限为

$$U_{NH}=U_{OH(min)}-U_{IH(min)}=2.7\ \text{V}-2.0\ \text{V}=0.7\ \text{V}$$

输入为低电平时的噪声容限为

$$U_{NL}=U_{IL(max)}-U_{OL(max)}=0.8\ \text{V}-0.5\ \text{V}=0.3\ \text{V}$$

噪声容限大，说明抗干扰能力强，通常，TTL 和与 TTL 兼容的 CMOS 电路对低电平噪声比对高电平噪声更敏感。

8.2.4　TTL 与非门的静态输入、输出特性

了解 TTL 与非门的输入特性和输出特性，就可正确地处理 TTL 与非门之间以及与其他电路之间连接问题。

1. TTL 与非门的输入特性

TTL 与非门输入特性是描述输入电流 i_i 随输入电压 u_i 变化的关系曲线。假定输入电流流入为正，而从输入端流出为负。TTL 与非门的测试方法与输入特性如图 8.37(a)，(b) 所示。

由图 8.37(a)看出，当 $u_i<0.6$ V 时 T_2 是截止的，T_1 的基极电流经其发射极流出（因集电极的负载电阻很大，i_{C1} 可以忽略不计），这时输入电流可以近似计算为 $i_i=I_{IL}=i_{B1}=-(V_{CC}-U_{BE1}-u_i)/R_1$。当 $u_i=0$ 时，相当于输入端接地，故将此时的输入电流称为输入短路电流 I_{IS}，$I_{IS}=-(V_{CC}-U_{BE1})/R_1=-(5\ \text{V}-0.7\ \text{V})/3\ \text{k}\Omega\approx-1.4$ mA，显然，I_{IS} 的值比 I_{IL} 略大一些。

当 $u_i>0.6$ V 时，T_2 开始导通，T_2 导通以后，i_{B1} 的一部分要流入 T_2 的基极，即 $-i_i=i_{B1}-i_{B2}$，因此，i_i 的值随之略有减少。当 $0.6\ \text{V}<u_i<1.3$ V 时，i_{B2} 随着 u_i 的增加继续增大，而

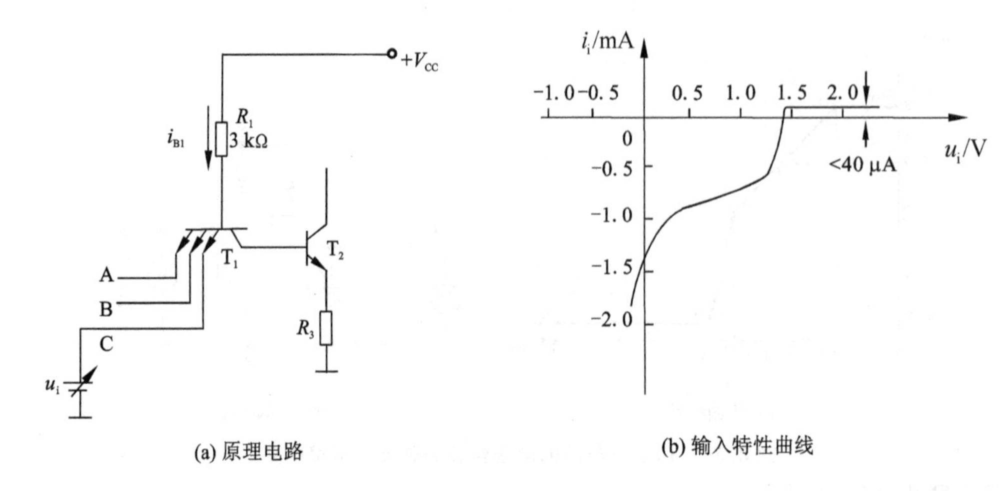

(a) 原理电路

(b) 输入特性曲线

图 8.37 TTL 与非门输入特性

i_{i} 的值继续减小。当 $1.3\ \mathrm{V}<u_{\mathrm{i}}<1.4\ \mathrm{V}$ 时,T_5 开始导通,u_{B1} 被钳位在 2.1 V 左右,此后,i_{i} 的绝对值随 u_{i} 的增大而迅速减小。i_{B1} 的绝大部分经 T_1 的集电结流入 T_2 的基极。当 $u_{\mathrm{i}}>1.4\ \mathrm{V}$ 以后,T_1 进入倒置工作状态,i_{i} 的方向由负变为正,就是说 i_{i} 由 T_1 的发射极流入 T_2 的基极,此时的输入电流称为输入高电平电流 I_{IH},其值小于 40 μA。

2. TTL 与非门的输入负载特性

在实际应用中,经常会遇到 TTL 与非门输入端通过一个电阻接地的情况,如图 8.38(a)所示,这时输入端电压 u_{i} 随输入端外接电阻值的变化而变化。u_{i} 与 R_{i} 之间的这种关系称为输入端负载特性,如图 8.38(b)所示。

由图 8.38(a)可知

$$u_{\mathrm{i}}=\frac{R_{\mathrm{i}}}{R_1+R_{\mathrm{i}}}(V_{\mathrm{CC}}-U_{\mathrm{BE1}}) \tag{8.12}$$

上式表明,在 $R_{\mathrm{i}}\ll R_1$ 时,u_{i} 几乎与 R_{i} 成正比。但是在 u_{i} 上升到 1.4 V 以后,T_2 导通,将 u_{B1} 钳位在 2.1 V 左右,所以即使 R_{i} 再增加,u_{i} 也不会再升高了。这时 u_{i} 与 R_{i} 的关系就不再由式(8.12)决定,特性曲线趋近于 $u_{\mathrm{i}}=1.4\ \mathrm{V}$ 的一条水平线。

由输入负载特性可得两个参数:关门电阻和开门电阻。所谓关门电阻就是在保证 TTL 与非门关闭,输出为标准高电平时,所允许的 R_{i} 最大值,以 R_{off} 表示,其典型值约为 0.8 kΩ。所谓开门电阻就是在保证 TTL 与非门导通,输出为标准低电平时,所允许的 R_{i} 最小值。以 R_{on} 表示,其典型值约为 2 kΩ。

3. TTL 与非门的输出特性

TTL 与非门的输出特性反映了输出电压 u_{o} 与输出电流 i_{L} 的关系。与 CMOS 电路一样,其输出特性也有两种:低电平输出特性和高电平输出特性。

(1) 低电平输出特性

当 TTL 与非门输出低电平时,门电路输出级的 T_5 饱和导通,而 T_4 截止,输出端的等效电路如图 8.39(a)所示。由于 T_5 饱和导通时 C-E 间的导通电阻很小(通常小于 10 Ω),饱和导通压降很低(通常为 0.1 V 左右),所以负载电流 i_{L} 增加时输出的低电平 U_{OL} 仅仅稍有升高。图 8.39(b)是低电平输出特性曲线,可以看出,U_{OL} 与 i_{L} 的关系在较大的范围内基本呈线性。负载电流 i_L 的方向是流入晶体管 T_5 的集电极，故称为灌电流负载。当 i_L 增加到 $I_{OL(max)}$ 以后，T_5 退出饱和状态进入放大状态，则 u_o 迅速上升，当 $u_o > U_{OL(max)}$ 时破坏了输出为低电平的逻辑关系，因此对灌电流要有所限制，即 $i_L < I_{OL(max)}$。

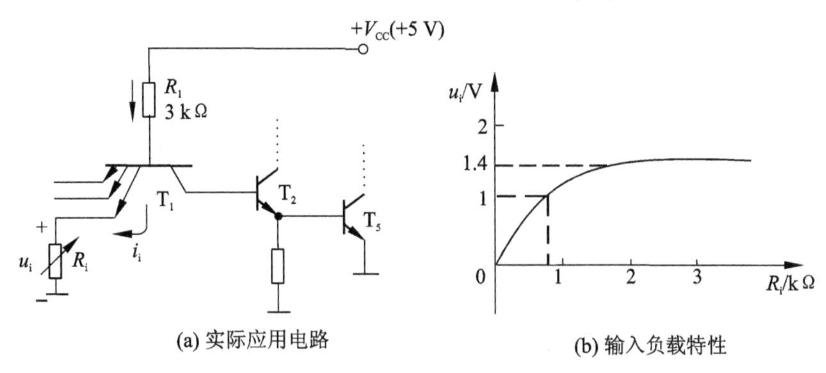

图 8.38　TTL 与非门输入负载特性

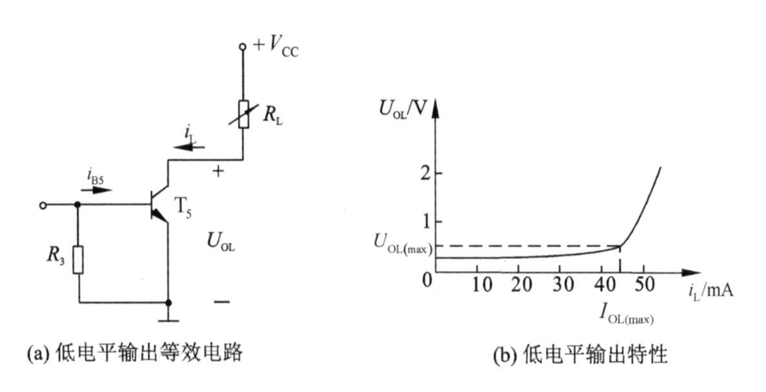

图 8.39　TTL 与非门低电平输出特性

(2) 高电平输出特性

当 TTL 与非门输出为高电平时，T_1 处于饱和状态，T_2、T_5 截止，T_3、T_4 导通。输出端等效电路如图 8.40(a)所示。由于 T_4 工作在射极输出状态，电路的输出电阻很小，在负载电流较小的范围内，i_L 的变化对 U_{OH} 的影响很小。

随着负载电流 i_L 的增加，R_5 上的压降也随之加大，最终将使 T_3、T_4 复合管的 B－C 结变为正向偏置，复合管进入饱和状态，这时复合管将失去射极跟随功能，因而 U_{OH} 随 i_L 的增加几乎线性地下降，如图 8.40(b)所示。负载电流 i_L 的方向由输出端流向负载，故称为拉电流负载。当 i_L 增加到大于 $I_{OH(max)}$ 后，输出电压 u_o 迅速下降，当 $u_o < U_{OH(min)}$ 时破坏了输出为高电平的逻辑关系，因此对拉电流值要有限制，即 $i_L < I_{OH(max)}$。

需要注意的是：从图 8.40(b)上可以看出，在 $i_L < 5$ mA 的范围内 U_{OH} 变化很小，但是由于受功耗的限制，手册上给出的高电平输出电流的最大值要比 5 mA 小得多。74 系列门电路的使用条件规定，输出高电平时，最大负载电流不能超过 0.4 mA。

例 8.4　在图 8.41 所示的 TTL 门电路中，为保证门 G_1 输出的高、低电平能正确地传送到门 G_2 的输入端，要求 $u_{o1} = U_{OH}$ 时 $u_{i2} \geqslant U_{IH(min)}$，$u_{o1} = U_{OL}$ 时 $u_{i2} \leqslant U_{IL(max)}$，试计算 R_P 的最大允许值是多少。已知 G_1 和 G_2 均为 74 系列的反相器，$V_{CC} = 5$ V，$U_{OH} = 3.4$ V，$U_{OL} =$

0.2 V,$U_{IH(min)}$=2.0 V,$U_{IL(max)}$=0.8 V。G_1 和 G_2 的输入特性和输出特性如图 8.38、图 8.39 和图 8.40 所示。

解:首先,计算 $u_{o1}=U_{OH}$、$u_{i2}\geqslant U_{IH(min)}$ 时 R_P 的允许值。由图 8.41 可得

$$U_{OH}-R_P I_{IH}\geqslant U_{IH(min)}$$

$$R_P\leqslant\frac{U_{OH}-U_{IH(min)}}{I_{IH}}\tag{8.13}$$

从图 8.37 所示的输入特性曲线上查得 $u_i=U_{IH}=2.0$ V 时的输入电流 $I_{IH}=0.04$ mA,代入式(8.13)得

$$R_P\leqslant\frac{3.4\ \text{V}-2.0\ \text{V}}{0.04\ \text{mA}}=35\ \text{k}\Omega$$

其次,再计算 $u_{o1}=U_{OL}$、$u_{i2}\leqslant U_{IL(max)}$ 时 R_P 的允许值。参考图 8.38 所示的输入负载特性,R_P 接至 U_{OL} 时,应满足

$$\frac{R_P}{R_1}\leqslant\frac{U_{IL(max)}-U_{OL}}{V_{CC}-U_{BE1}-U_{IL(max)}}$$

得到

$$R_P\leqslant\frac{U_{IL(max)}-U_{OL}}{V_{CC}-U_{BE1}-U_{IL(max)}}\cdot R_1\tag{8.14}$$

代入给定参数后得到 $R_P\leqslant 0.69$ kΩ。

综合以上两种情况,应取 $R_P\leqslant 0.69$ kΩ。也就是说,G_1 和 G_2 之间串联的电阻不应大于 690 Ω,否则当 $u_{o1}=U_{OL}$ 时 u_{i2} 可能超过 $U_{IL(max)}$ 值。

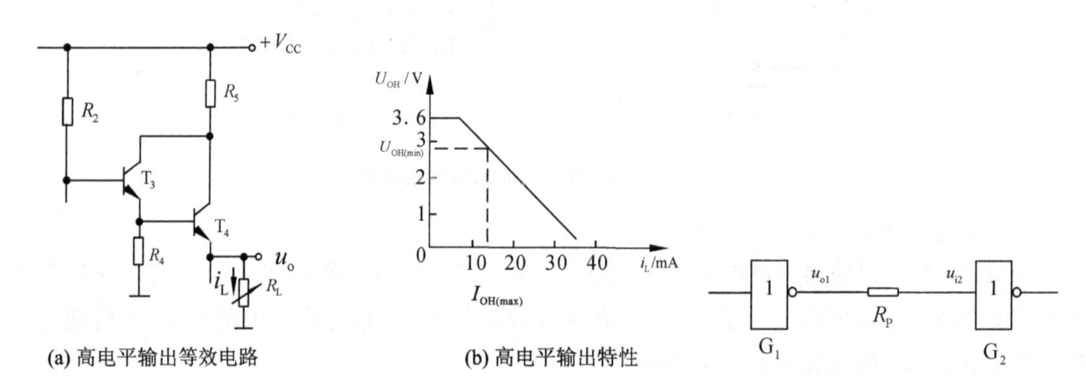

图 8.40 TTL 与非门高电平输出特性

图 8.41 例 8.4 图

4. TTL 与非门的带负载能力

如上所述,TTL 与非门的输出端所接负载有灌电流负载和拉电流负载两种,拉电流负载增加会使与非门的输出高电平下降;灌电流负载增加会使与非门的输出低电平上升。对于门电路来说,无论输出高电平还是低电平,总有一定的输出电阻,所以输出的高、低电平总是随负载电流的变化而变化,变化越小,说明门电路带负载的能力越强。由于门电路的输出有高、低电平之分,因此,门电路的带负载能力,必须综合考虑输出高电平时的带负载能力和输出低电平时的带负载能力。也有用输出电平变化不超过某一规定值(高电平不低于高电平下限值 $U_{OH(min)}$,低电平不高于低电平的上限值 $U_{OL(max)}$)时的最大负载电流来定量描述门电路的带负载能力。允许的负载电流越大,带负载能力越强。

5. 扇出系数

如前面8.1.8小节的定义，扇出系数N_o是单个门输出端驱动同类门的情况下，驱动同类门的最大数目(如TTL与非门驱动TTL与非门)。扇出系数的计算必须考虑输出高电平和低电平两种状态。

例8.5　在图8.42所示电路中，试计算门G_1最多可以驱动多少个相同的门电路负载？这些门电路的输入特性和输出特性分别由图8.37、图8.39和图8.40给出。要求G_1输出的高、低电平满足$U_{OH} \geqslant 3.2$ V，$U_{OL} \leqslant 0.2$ V。

解：首先，计算保证$U_{OL} \leqslant 0.2$ V时可以驱动的门电路数目N_{oL}。

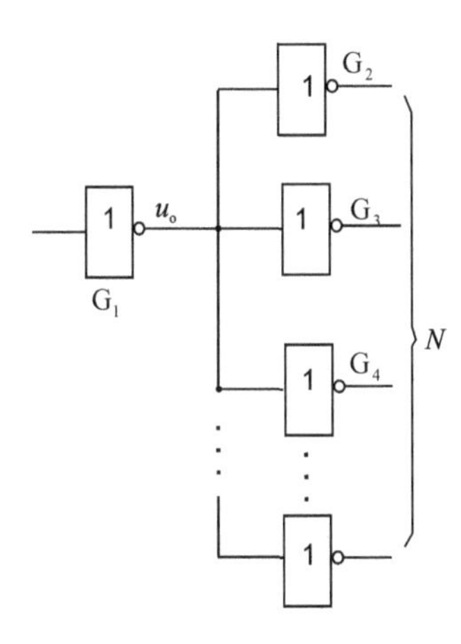

图8.42　例8.5图

由低电平输出特性图8.39上查到，$U_{OL}=0.2$ V时的负载电流$i_L=16$ mA。这时G_1的负载电流是所有负载门的输入电流之和。由图8.37所示的输入特性上又可查到，当$u_i=0.2$ V时每个门的输入电流$i_i=-1$ mA，于是得到电流绝对值间的关系

$$N_{oL} \cdot |i_i| \leqslant i_L$$

即

$$N_{oL} \leqslant \frac{i_L}{|i_i|}=16$$

其次，计算保证$U_{OH} \geqslant 3.2$ V时能驱动的负载门数目N_{oH}。由高电平输出特性图8.40上查到，$U_{OH}=3.2$ V时，对应的$i_L=7.5$ mA。手册上同时又规定$I_{OH}<0.4$ mA，故应取$i_L \leqslant 0.4$ mA计算。由图8.37所示的输入特性可知，每个输入端的高电平输入电流$I_{IH}=40$ μA，故可得

$$N_{oH} \cdot I_{IH} \leqslant i_L$$

$$N_{oH} \leqslant \frac{i_L}{I_{IH}}=10$$

综合以上两种情况可得出结论：在给定的输入、输出特性曲线下，74系列的反相器最大可以驱动同类型反相器的数目是$N_o=10$。

8.2.5　其他类型的TTL门电路

同TTL与非门一样，被广泛应用的门电路还有其他类型，如与门、或门、或非门、与或非门、异或门、同或门、集电极开路门和三态门等。尽管它们的逻辑功能不同，但它们的电路结构和与非门基本相同。因此，前面所述的TTL与非门的输入特性和输出特性对这些门电路同样适用。

1. 或非门

或非门的典型电路如图8.43所示。图中T'_1、T'_2和R'_1所组成的电路和T_1、T_2和R_1组成的电路完全相同。当A为高电平时，T_2和T_5同时导通，T_4截止，输出F为低电平。当B为高电平时，T'_2和T_5同时导通而T_4截止，F也是低电平。只有A、B都为低电平时，T_2和T'_2同时截止，T_5截止而T_4导通，从而使输出成为高电平。因此，F与A、B之间为或非关系，

即 $F=\overline{A+B}$。

可见或非门中的或逻辑关系是通过将 T_2 和 T'_2 两个三极管的输出端并联来实现的。

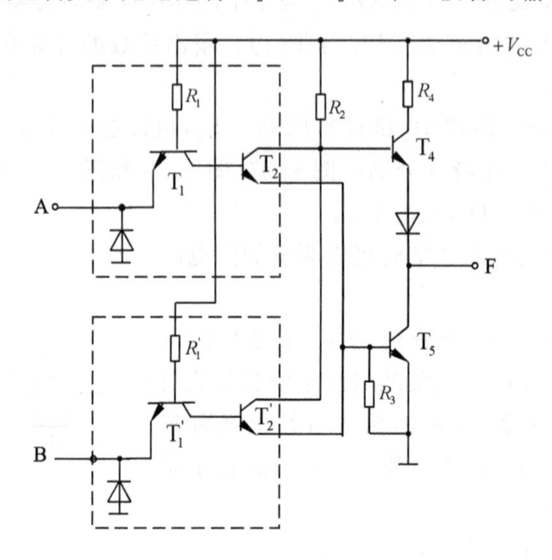

图 8.43　TTL 或非门电路

2. 异或门

异或门典型电路如图 8.44 所示。图中虚线以右部分和或非门电路(参见图 8.43)中 T_2，T'_2，T_4，T_5 电路相同，只要 T_6 和 T_7 当中有一个基极为高电平，都能使 T_8 截止、T_9 导通，输出为低电平。

若 A、B 同时为高电平，则 T_6、T_9 导通而 T_8 截止，输出为低电平；反之，若 A、B 同时为低电平，则 T_4 和 T_5 同时截止，使 T_7 和 T_9 导通而 T_8 截止，输出也为低电平。

当 A 与 B 一个是高电平而另一个是低电平时，T_1 正向饱和导通、T_6 截止。同时，由于 A、B 中必有一个是高电平，使 T_4、T_5 中有一个导通，从而使 T_7 截止。T_6、T_7 同时截止后，T_8 导通、T_9 截止，故输出为高电平。因此，F 和 A、B 之间为异或关系，即 $F=A\oplus B$。

3. 集电极开路门(OC 门)

同 CMOS 电路中的 OD 输出结构类似，可以把 TTL 与非门电路的推拉输出级改为晶体管集电极开路输出，称为**集电极开路**(open collector, OC)门。其电路图和逻辑符号如图 8.45 所示。

由图 8.45(a)可以看出，OC 门是 TTL 与非门(如图 8.35 所示)省去有源负载(T_3、T_4 和 R_4、R_5)而得到的电路。使用时必须外加负载电阻 R_L 和电源 V_{CC2}。负载电阻 R_L 又称为上拉电阻。

当输入端 A、B 都为高电平时，T_2 和 T_5 饱和导通，输出端 F 为低电平；而当输入端 A、B 有一个为低电平时，T_2 和 T_5 截止，输出端 F 为高电平。

几个 OC 门的输出端直接并联后可共用一个集电极负载电阻 R_L 和电源 V_{CC2}，可以实现线与逻辑；当需要电平转换时，可用 OC 门实现，与 OD 门类似，只要负载电阻 R_L 和电源电压 V_{CC2} 选择合适，就可以满足输出高、低电平的要求，达到电平转换的目的。

例 8.6　试用 74LS 系列逻辑门，驱动一只 $U_D=1.5$ V，$I_D=6$ mA 的发光二极管。

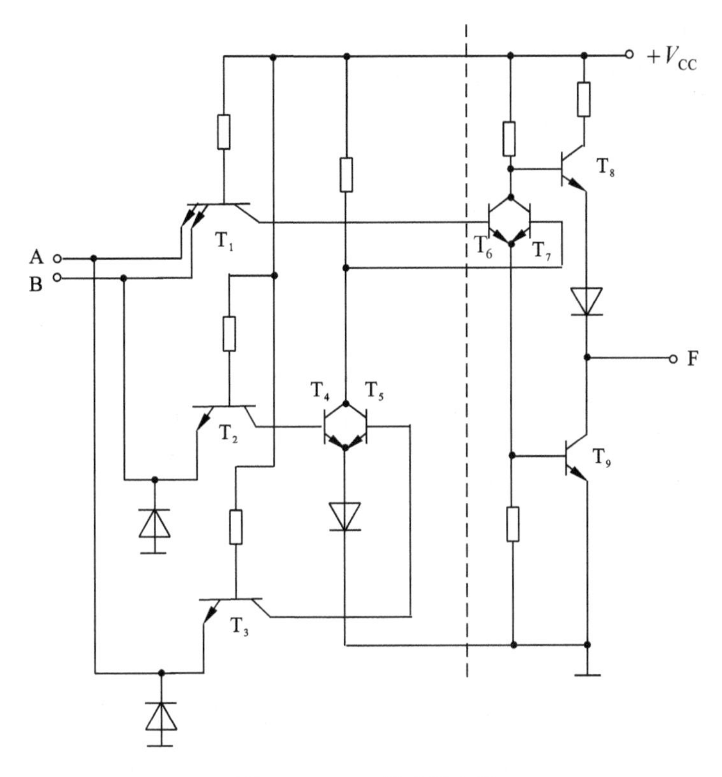

图 8.44　TTL 异或门电路

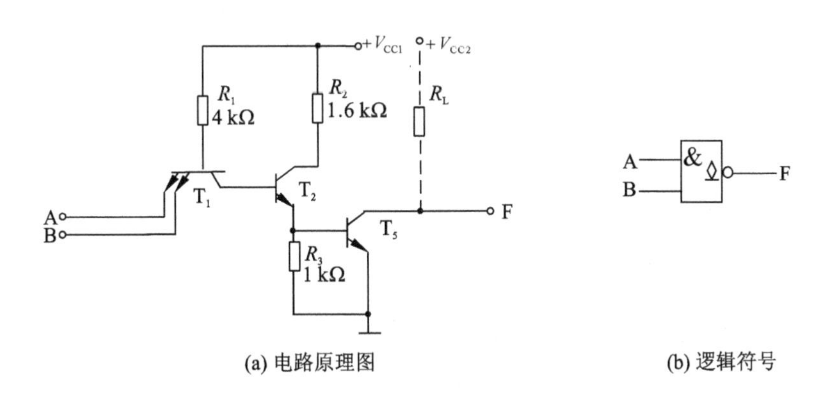

(a) 电路原理图　　(b) 逻辑符号

图 8.45　TTL 集电极开路与非门

解：查手册可知 74LS00 与非门的输出电流 I_{OL} 为 4 mA，$I_{OL}<I_D$，所以不能使发光二极管正常发光。而 74LS01（OC 与非门）的输出电流 I_{OL} 为 8 mA，$I_{OL}>I_D$，所以可以使发光二极管正常发光。其电路如图 8.46 所示。

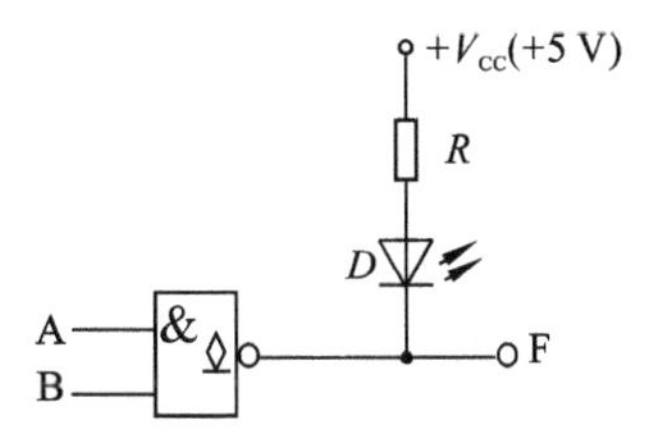

图 8.46　OC 门驱动发光二极管

限流电阻的选择

$$R=\frac{V_{CC}-U_D-U_{OL}}{I_{OL}}=\frac{5\text{ V}-1.5\text{ V}-0.5\text{ V}}{6\text{ k}\Omega}\text{ k}\Omega=0.5\text{ k}\Omega$$

4. TTL三态输出门(TS门)

同CMOS门电路类似,TTL三态门是在与非门的基础上附加控制电路而构成的。如图8.47所示。

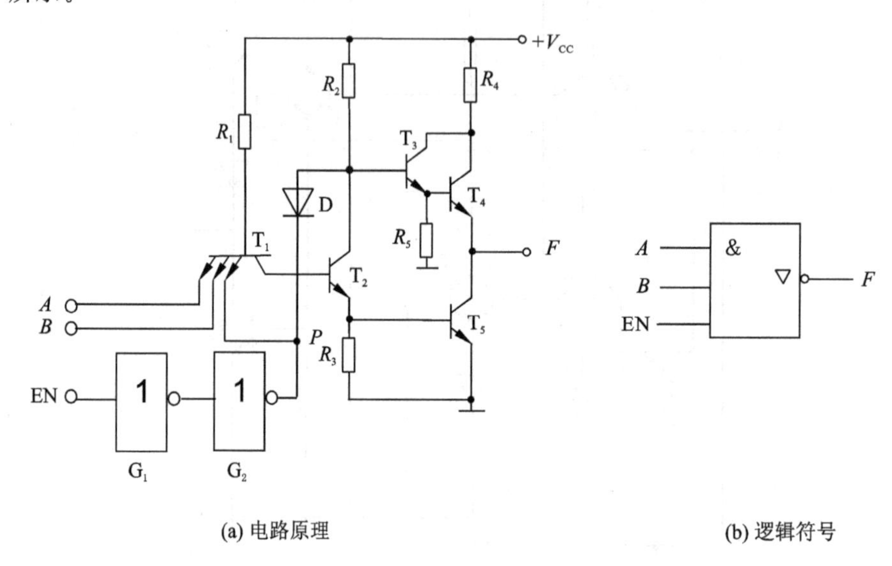

(a) 电路原理　　(b) 逻辑符号

图8.47　TTL三态输出与非门

在图8.47(a)中,A、B为输入端,F为输出端,EN为控制端。当EN=1时,T_1接EN端的发射结以及二极管D均截止,电路为与非门状态,即$F=\overline{A \cdot B}$;而当EN=0时,T_1导通,D导通,使T_2、T_5截止,同时通过二极管D把T_3的基极电位钳位在1 V左右,又使T_4截止,输出端对地和对电源都相当于开路,故输出端呈现高阻状态。

与CMOS电路一样,根据控制端的有效电平不同,TTL三态门电路也分为高电平有效的三态门和低电平有效的三态门两种。

三态门的应用已在CMOS三态门电路中介绍过,这里就不再重复。

8.2.6　各种系列TTL数字电路

最初的TTL电路取名为SN54/74系列(54系列和74系列的主要区别在于工作的温度范围和电源变化范围不同),称为TTL的基本系列。为了满足提高工作速度和降低功耗的要求,又相继推出了74S、74LS、74AS、74ALS和74F等改进系列。

74S(Schottky TTL)系列又称肖特基系列。它主要是采用抗饱和三极管,使三极管在导通时避免进入深度饱和状态,使传输延迟大大减小。采用抗饱和三极管和减小电路中电阻的阻值虽然减小了门电路传输延迟时间,但同时导致电路的功耗增大。为了兼顾功耗与速度,又进一步开发了74LS(Low-power Schottky TTL)低功耗肖特基系列。

74LS系列门电路的电压传输特性也没有线性区,而且阈值电压要比74系列低,约为1 V左右。电路采用了抗饱和三极管和其他改进措施以后,使得加大电阻阻值对电路工作速度的影响得以弥补,其平均传输延迟时间t_{pd}为9.5 ns/门。它的功耗-延迟积M为19 mW·ns,比74S系列的功耗-延迟积M=57 mW·ns小得多,已成为TTL集成电路的发展方向。

74AS(Advanced Schottky TTL)系列是为了进一步缩短传输延迟时间而设计的改进系

列。它的电路结构与74LS系列相似，但是电路中采用了很低的电阻阻值，从而提高了工作速度。它的缺点是功耗较大，比74S系列的功耗还略大一些。

74ALS(Advanced Low - power Schottky TTL)系列是为了获得更小的延迟-功耗积而设计的改进系列，它的延迟-功耗积是TTL电路所有系列中最小的。为了降低功耗，电路中采用了较高的电阻阻值。同时，通过改进生产工艺缩小了内部各个器件的尺寸，获得了减小功耗、缩短延迟时间的双重效果。此外，在电路结构上也做了局部的改进。该系列已经取代74LS系列而成为TTL电路的主流产品

74F(Fast TTL)系列在速度和功耗两方面都介于74AS和74ALS系列之间。因此，它为设计人员提供了一种在速度和功耗之间折中的选择。

各种系列TTL电路的主要性能参数可参见TI公司产品手册。对于不同系列的TTL电路和高速CMOS电路产品，只要型号最后的数字相同，它们的逻辑功能就是一样的，但是电气性能指标有很大的差别。因此，它们之间不是在任何情况下都可以相互代换的。

8.3　CMOS电路和TTL电路的接口

在设计一个数字系统时，通常要同时使用不同类型的器件。由于它们各自的电源电压不同，对输入、输出电平的要求也不同，所以在设计时就要考虑不同类型器件间的接口问题。无论是用CMOS电路驱动TTL电路还是用TTL电路驱动CMOS电路，驱动门必须能为负载门提供合乎标准的高、低电平和足够的驱动电流，也就是必须同时满足：

$$U_{OH(min)} \geqslant U_{IH(min)} \tag{8.15}$$

$$U_{OL(max)} \leqslant U_{IL(max)} \tag{8.16}$$

$$|I_{OH(max)}| \geqslant nI_{IH(max)} \tag{8.17}$$

$$I_{OL(max)} \geqslant m|I_{IL(max)}| \tag{8.18}$$

其中，n 和 m 分别为负载门的输入电流 I_{IH}、I_{IL} 的个数。

8.3.1　用CMOS电路驱动TTL电路

由器件手册可知，74HC/HCT系列的 $I_{OH(max)}$ 和 $I_{OL(max)}$ 均为4 mA，74AHC/AHCT系列的 $I_{OH(max)}$ 和 $I_{OL(max)}$ 均为8 mA。而所有TTL电路的 $I_{IH(max)}$ 和 $I_{IL(max)}$ 都在2 mA以下，所以无论用74HC/HCT系列还是74AHC/AHCT系列CMOS电路驱动任何系列的TTL电路，都能在一定的 n、m 范围内满足式(8.17)和式(8.18)的要求。用74HC/HCT系列和74AHC/AHCT系列CMOS电路驱动任何系列的TTL电路时，都满足式(8.15)和式(8.16)的要求。因此，用74HC/HCT系列和74AHC/AHCT系列CMOS电路都可以直接驱动任何系列的TTL电路，所驱动的负载门数量可以由式(8.17)和式(8.18)求出。

在没有合适的驱动门满足大负载电流要求的情况下，必须增加CMOS门电路的输出电流。常用的方法有两种：一种方法是在CMOS与TTL之间增加CMOS驱动器，如图8.48所示；另一种方法是用晶体管构成的缓冲器实现电流放大，如图8.49所示。图8.53所示电路在CMOS和TTL电路之间的缓冲器可等效为一个反相器，所以必须注意逻辑状态的改变。

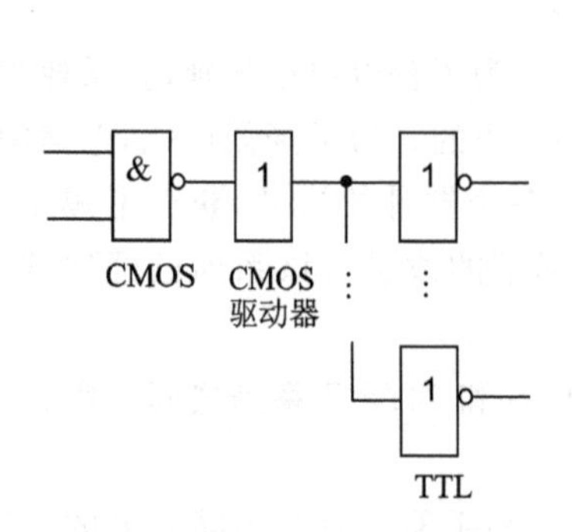

图 8.48 通过 CMOS 驱动器驱动 TTL 门电路

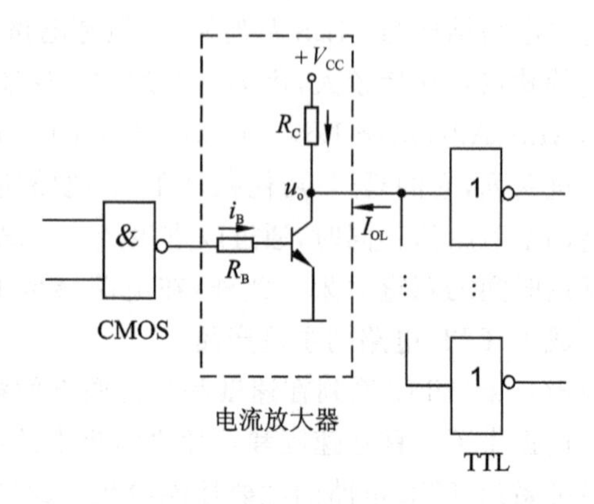

图 8.49 通过晶体管缓冲器驱动 TTL 门电路

8.3.2 用 TTL 电路驱动 CMOS 电路

由器件手册上的数据可知,所有的 TTL 电路的高电平最大输出电流都在 0.4 mA 以上,低电平最大输出电流都在 8 mA 以上,而 74HC/AHC 系列 CMOS 电路的高、低电平输入电流都在 1 μA 以下。因此,用任何一种系列的 TTL 电路驱动 74HC/AHC 系列 CMOS 电路,都能在 n、m 大于 1 的情况下满足式(8.17)和式(8.18)的要求,并可由式(8.17)和式(8.18)计算出 n 和 m 的最大允许值。同时,所有 TTL 系列的 $U_{OL(max)}$ 均低于 74HC/AHC 系列的 $U_{IL(max)}=1.35$ V,所以也满足式(8.16)的要求。但是所有 TTL 系列的 $U_{OH(min)}$ 值都低于 74HC/AHC 系列的 $U_{IH(min)}=3.15$ V,达不到式(8.15)的要求,为此,必须设法将 TTL 电路输出高电平的下限提高到 3.15 V 以上。

为提高 TTL 电路输出高电平的幅值,最简单的解决方法,是在 TTL 电路的输出端和电源 V_{DD} 之间接入上拉电阻 R_L,如图 8.50 所示。当 TTL 电路输出为高电平时,由于 CMOS 电路的 I_{IH} 很小,所以 R_L 的值由 TTL 电路输出级 T_5 的输出漏电流 I_{OH} 决定,即

$$R_L=\frac{V_{DD}-U_{OH}}{I_{OH}+nI_{IH}}$$

由于 74HCT/AHCT 系列的 $U_{IH(min)}=2$ V,由 TTL、CMOS 器件手册可知,将 TTL 电路的输出直接接到 74HCT/AHCT 系列电路的输入端时,式(8.15)~式(8.18)全部都能满足,因此,无需外加任何器件和电路。

例 8.7 在图 8.51 所示电路中,TTL 门电路输出低电平 $U_{OL}\leqslant 0.4$ V 时的最大负载灌电流 $I_{OL}\leqslant 8$ mA,输出高电平时的漏电流 $I_{OH}\leqslant 50$ μA,CMOS 门的输入电流就可以忽略不计。如果要求 Z 点(门的输入端)高、低电平分别为 $U_{IH}\geqslant 4$ V,$U_{IL}\leqslant 0.4$ V,请计算上拉电阻 R_L 的选择范围。

解:当 Z 点 $U_Z\leqslant 0.4$ V 时,应满足:

$$\frac{5\text{ V}-0.4\text{ V}}{R_L}\leqslant 8\text{ mA}$$

即

$$R_L\geqslant\frac{5\text{ V}-0.4\text{ V}}{8\text{ mA}}=0.575\text{ k}\Omega$$

则 $R_{L(min)}=0.575$ kΩ

当 $U_Z \geqslant 4$ V 时，应满足：

$$5\ \text{V} - 50 \times 10^{-3}\ \text{mA} \times R_L \geqslant 4\ \text{V}$$

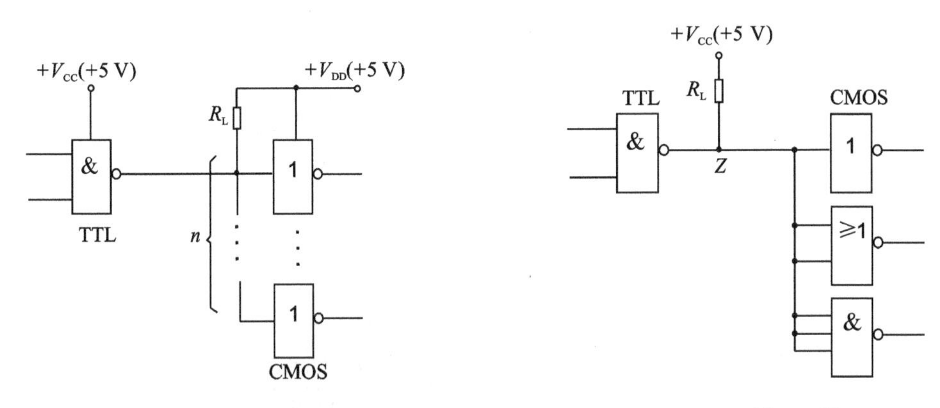

图 8.50　TTL 电路驱动 CMOS　　**图 8.51　例 8.7 图**

即
$$R_L \leqslant \frac{5\ \text{V} - 4\ \text{V}}{0.05\ \text{mA}} = 20\ \text{k}\Omega$$

则
$$R_{L(max)} = 20\ \text{k}\Omega$$

上拉电阻 R_L 的选择范围是：$0.575\ \text{k}\Omega \leqslant R_L \leqslant 20\ \text{k}\Omega$。

本章小结

8.1　三极管的可靠截止条件为 $u_{BE} \leqslant 0$ V，饱和条件为 $i_B \geqslant I_{B(sat)} = V_{CC}/(\beta R_C)$；MOS 管的截止条件为 $u_{GS} < U_{GS(th)}$，导通条件为 $u_{GS} > U_{GS(th)}$。在学习 CMOS 和 TTL 门电路时应重点关注它们的外部特性。外部特性包含两个方面：一是输出与输入之间的逻辑关系，即所谓的逻辑功能；另一个是外部的电气特性，包括电压传输特性、输入特性、输出特性和动态特性等。掌握各种门电路的逻辑功能和外部电气特性，对于正确使用数字集成电路十分重要。

8.2　目前使用的数字集成电路种类很多。从制造工艺、输出结构和逻辑功能三个方面把它们分类如下：(图见下页)

8.3　门电路是构成复杂数字电路的基本单元，必须掌握各种常用门电路的电路结构、工作原理和特点。

8.4　CMOS 电路的主要优点是功耗低、集成度高、抗干扰能力强、电源适应范围宽。TTL 门电路具有开关速度快、抗干扰能力强及带负载能力强等特点。在使用 CMOS 器件时，应特别注意它的正确使用方法，否则易造成损坏。

8.5　集电极开路门(OC 门)和漏极开路门(OD 门)的输出端可并联实现线与功能。三态输出门的输出端也可并联使用，但应分时工作，即在同一时间内，只能有一个三态输出门工作，其他三态输出门的输出都处于高阻状态。三态输出门还常用来构成单向总线和双向总线。

8.7　在门电路的实际使用中，经常遇到 TTL 和 CMOS 门电路之间或者门电路与外接负载之间的接口问题，应正确选择和使用接口电路，这也是数字电路设计者应掌握的基本功。

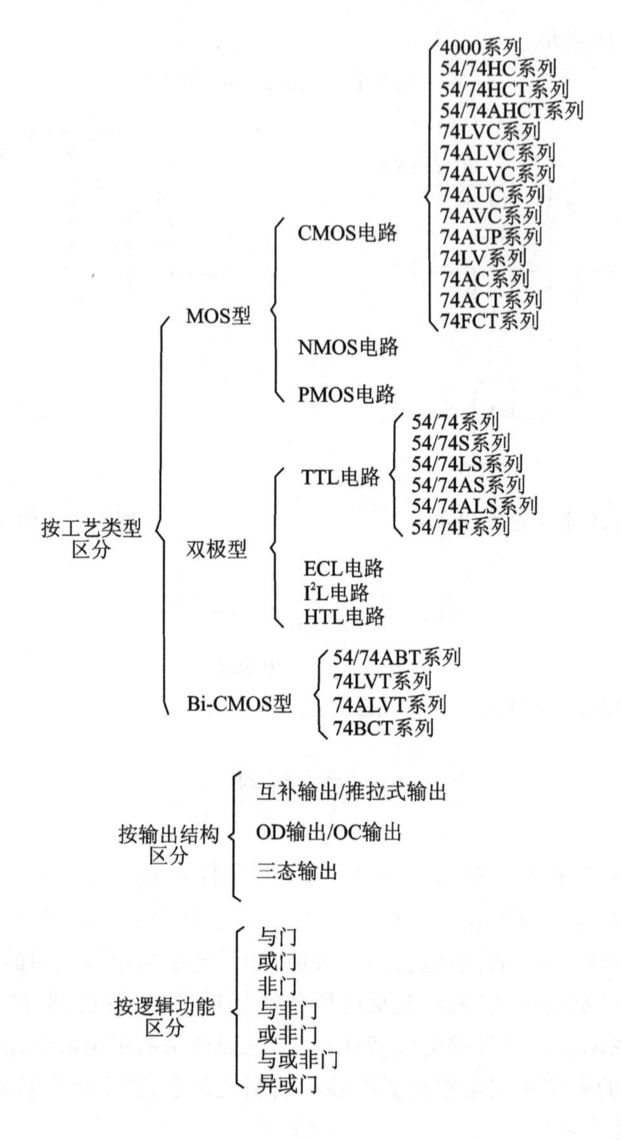

思考题

8.1 三极管的截止条件和饱和导通条件是什么？各有何特点？

8.2 MOS管的截止条件和导通条件是什么？各有何特点？

8.3 为什么说74LS系列TTL与非门输入端的以下4种接法都属于逻辑1？

① 输入端悬空；

② 输入端电压大于2.7 V；

③ 输入端接输出为高电平3 V的同类与非门；

④ 输入端经15 kΩ接地。

8.4 为什么TTL与非门输入端悬空时可视为输入高电平？

8.5 试说明OC门的功能，它有什么特点和用途？

8.6 试说明三态输出与非门的逻辑功能，它有什么特点和用途？

8.7　为什么一般 TTL 与非门不能用来实现线与，而 OC 门可用来实现线与？

8.8　为什么 TTL 与非门的多余输入端不能接地？为什么 TTL 或非门的多余输入端不能接高电平 V_{CC} 或悬空？为什么 TTL 与非门输出端不能直接接电源 V_{CC} 或地？

8.9　为什么 TTL 与非门采用有源泄放电路后可提高电路的开关速度？

8.10　试比较 TTL 门电路和 CMOS 门电路的主要优缺点。

8.11　为什么 CMOS 门电路闲置输入端不允许悬空？

8.12　试说明下列门电路中哪些门的输出端可并联使用？

① 具有推拉输出级的 TTL 与非门电路；

② TTL 三态输出门电路；

③ TTL 集电极开路与非门电路；

④ CMOS 反相器；

⑤ CMOS 三态输出门电路；

⑥ CMOS 漏极开路与非门。

8.13　在 CMOS 与非门和或非门的实际集成电路中，其输入级和输出级为什么要用反相器？

8.14　CMOS 传输门为什么能做无损耗电子模拟开关？试画出电子模拟开关的逻辑电路。

8.15　提高 CMOS 门电路的电源电压可提高电路的抗干扰能力，TTL 门电路能否这样做？为什么？

习题 8

题 8.1　一种**或与非**门如题图 8.1 所示。试列出电路的真值表，并用与门、或门和非门实现，画出逻辑图。

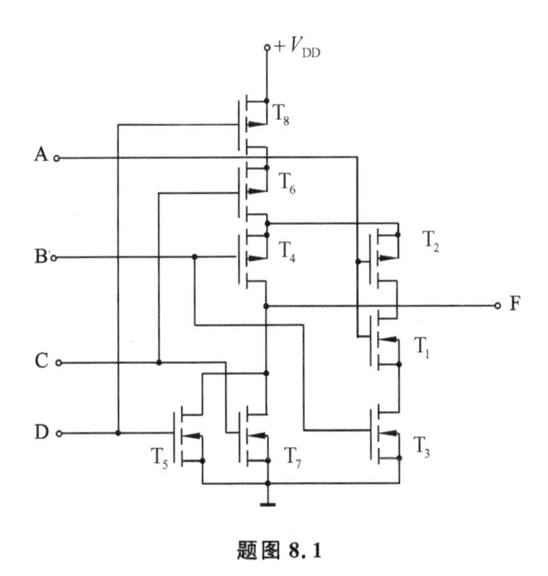

题图 8.1

题 8.2　分析题图 8.2 中各电路的逻辑功能，写出输出逻辑函数式。

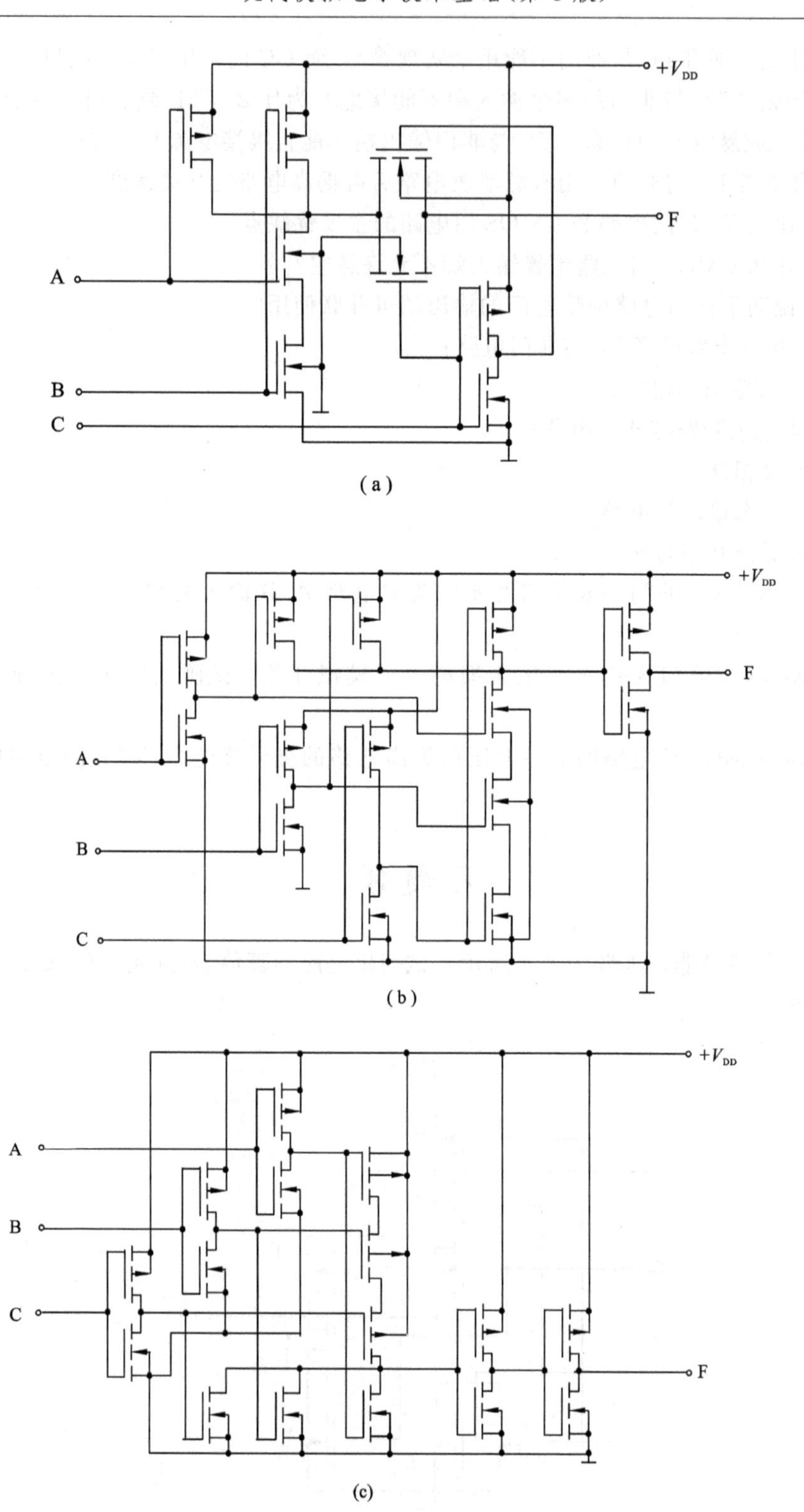

题图 8.2

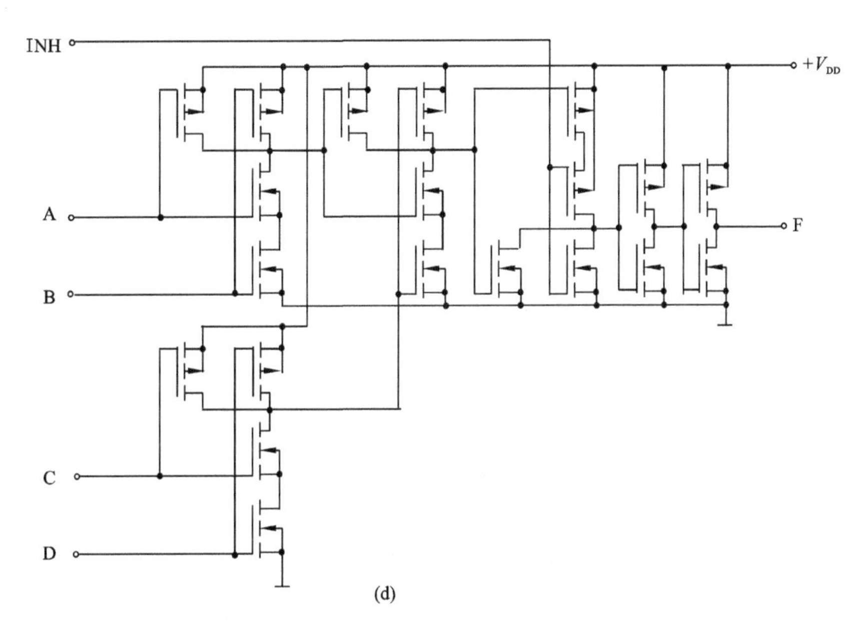

题图 8.2(续)

题 8.3　说明题图 8.3 中各门电路的输出是高电平还是低电平。已知它们都是 74HC 系列的 CMOS 电路。

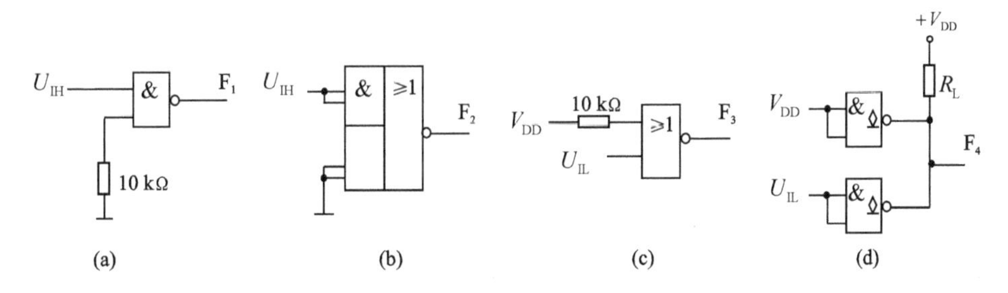

题图 8.3

题 8.4　在题图 8.4 所示 CMOS 传输门中，T_1 和 T_2 的开启电压 $U_{GS(th)2}=|U_{GS(th)1}|=4$ V，设输入电压 u_i 在 2～12 V 的范围内变化，试求出输出 u_o 的变化范围。

题 8.5　分析题图 8.5(a)和(b)所示电路的逻辑功能，并写出输出 F_1 和 F_2 的逻辑表达式。

题 8.6　已知 CMOS 门电路的电源电压 $V_{DD}=10$ V，静态电源电流 $I_{DD}=2$ μA，输入信号为 100 kHz 的方波(上升时间和下降时间可忽略不计)，负载电容 $C_L=1\ 200$ pF，功耗电容 $C_{pd}=20$ pF，试计算它的静态功耗、动态功耗、总功耗和电源平均电流。

题 8.7　若 CMOS 门电路工作在 5 V 电源电压下的静态电源电流为 5 μA，在负载电容 C_L 为 100 pF、输入信号频率为 500 kHz 时的总功耗为 1.56 mW，试计算该门电路的功耗电容的数值。

题 8.8　试分析题图 8.8 中各电路的逻辑功能，写出输出逻辑函数式。

题 8.9　试说明题图 8.9 中各门电路的输出是什么状态(高电平、低电平或高阻态)。已

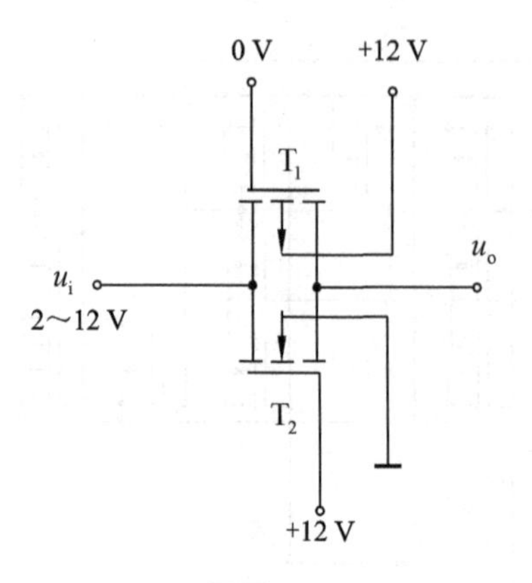

题图 8.4

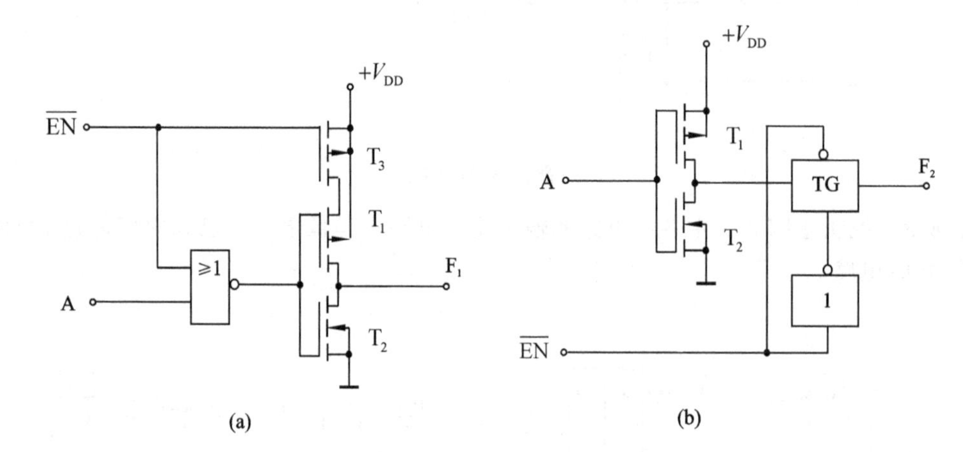

题图 8.5

知这些门电路都是74系列TTL电路。

题 8.10 试说明在下列情况下,用万用电表测量题图8.10的 u_{i2} 端得到的电压各为多少?图中的与非门为74系列的TTL电路,万用电表使用5 V量程,内阻为20 kΩ/V。

① u_{i1} 悬空;

② u_{i1} 接低电平(0.2 V);

③ u_{i1} 接高电平(3.2 V);

④ u_{i1} 经51 Ω电阻接地;

⑤ u_{i1} 经10 kΩ电阻接地。

题 8.11 若将上题中的与非门改为74系列TTL或非门,试问在上列五种情况下测得的 u_{i2} 为多少?

题 8.12 在题图8.12电路中 R_1、R_2 和 C 构成输入滤波电路。当开关S闭合时,要求门电路的输入电压 $U_{IL} \leqslant 0.4$ V;当开关S断开时,要求门电路的输入电压 $U_{IH} \geqslant 4$ V,试求 R_1、R_2 的最大允许阻值。$G_1 \sim G_5$ 为74LS系列TTL反相器,它们的高电平输入电流 $I_{IH} \leqslant 20$ μA,低电平输入电流 $|I_{IL}| \leqslant 0.4$ mA。

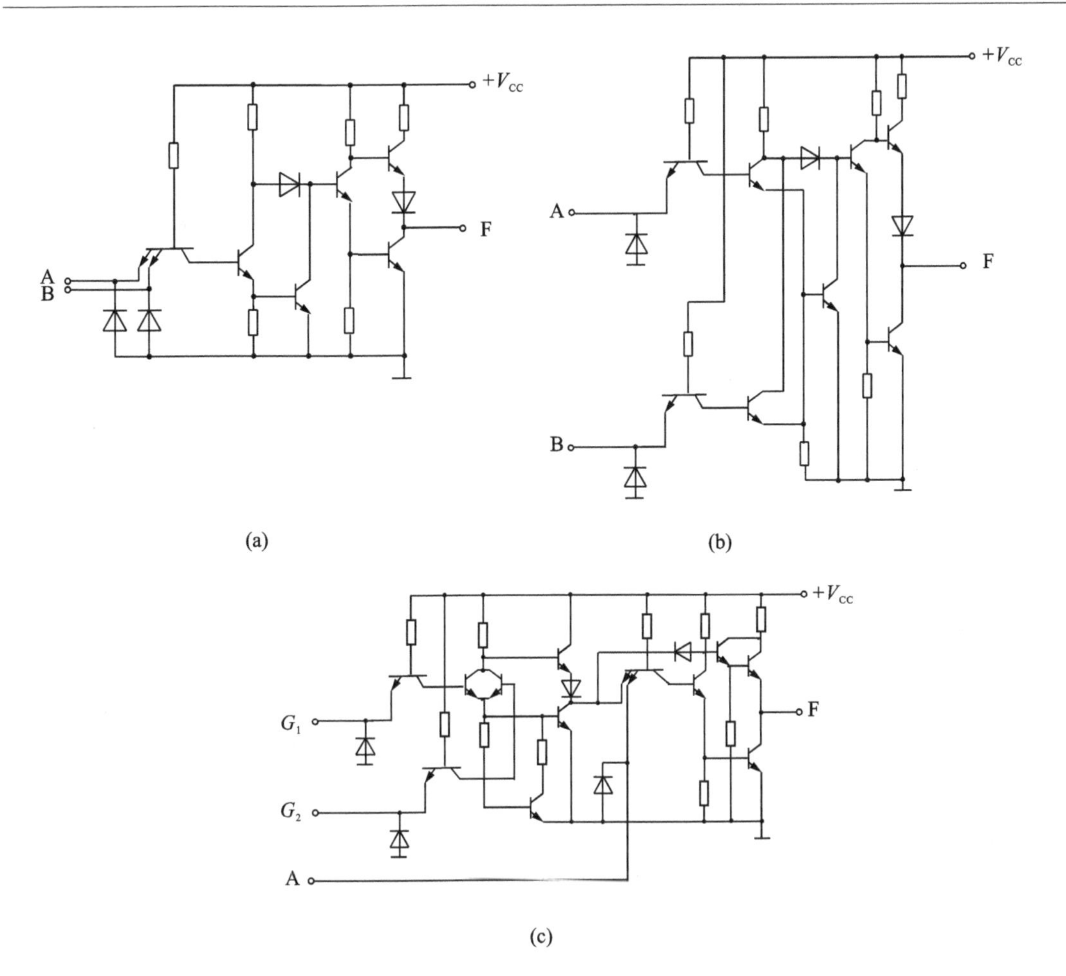

+V_{CC}
A
B
F
(a)
(b)
G_1
G_2
(c)

题图 8.8

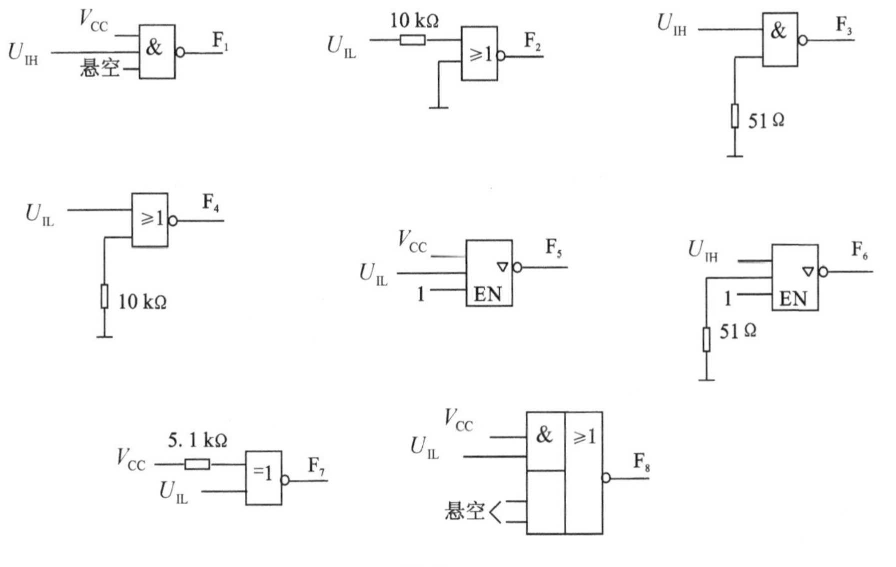

V_{CC}
U_{IH}
悬空
&
F_1
10 kΩ
U_{IL}
≥1
F_2
U_{IH}
&
F_3
51 Ω
U_{IL}
≥1
F_4
10 kΩ
V_{CC}
U_{IL}
1
EN
F_5
U_{IH}
1
EN
F_6
51 Ω
5.1 kΩ
V_{CC}
U_{IL}
=1
F_7
V_{CC}
U_{IL}
&
≥1
悬空
F_8

题图 8.9

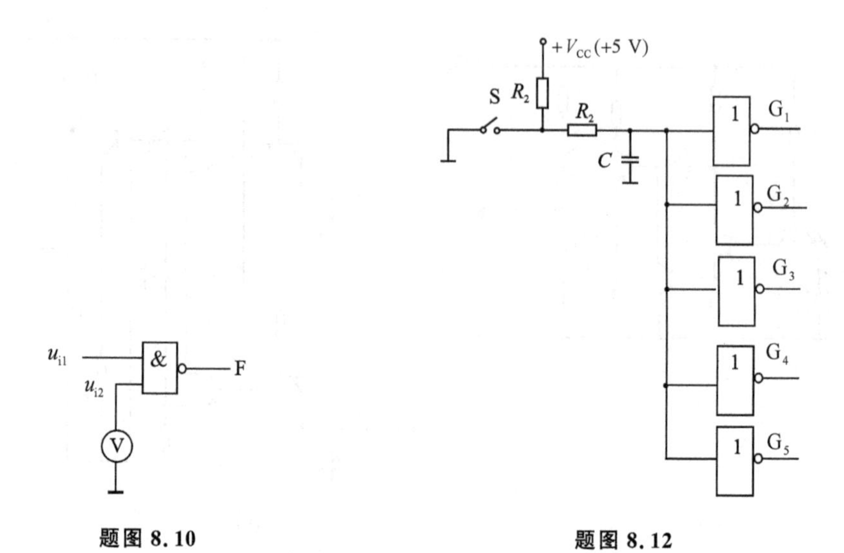

题图 8.10　　题图 8.12

题 8.13　计算题图 8.13 电路中的反相器能驱动多少个同样的反相器。要求 G_M 输出的高、低电平符合 $U_{OH} \geqslant 3.2$ V，$U_{OL} \leqslant 0.25$ V。所有的反相器均为 74LS 系列 TTL 电路，输入电流 $|I_{IL}| \leqslant 0.4$ mA，$I_{IH} \leqslant 20\ \mu$A，$U_{OL} \leqslant 0.25$ V 时的输出电流的最大值 $I_{OL(max)} = 8$ mA，$U_{OH} \geqslant 3.2$ V 时的输出电流的最大值为 $I_{OH(max)} = -0.4$ mA。G_M 的输出电阻可忽略不计。

题 8.14　在题图 8.14 由 74 系列 TTL 与非门组成的电路中，计算门 G_M 能驱动多少同样的与非门：要求 G_M 输出的高、低电平满足 $U_{OH} \geqslant 3.2$ V，$U_{OL} \leqslant 0.4$ V。与非门的输入电流 $|I_{IL}| \leqslant 1.6$ mA，$I_{IH} \leqslant 40\ \mu$A，$U_{OL} \leqslant 0.4$ V 时的输出电流的最大值 $I_{OL(max)} = 16$ mA，$U_{OH} \geqslant 3.2$ V 时的输出电流的最大值为 $I_{OH(max)} = -0.4$ mA。G_M 的输出电阻可忽略不计。

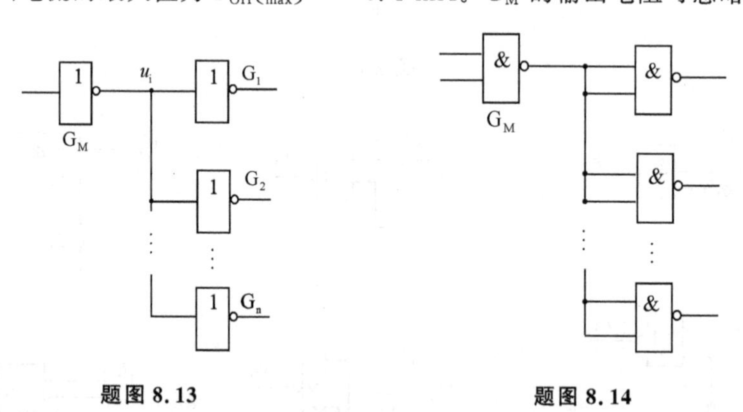

题图 8.13　　题图 8.14

题 8.15　在题图 8.15 由 74 系列或非门组成的电路中，试求门 G_M 能驱动多少同样的或非门。要求 G_M 输出的高.低电平满足 $U_{OH} \geqslant 3.2$ V，$U_{OL} \leqslant 0.4$ V。或非门每个输入端的输入电流为 $|I_{IL}| \leqslant 1.6$ mA，$I_{IH} \leqslant 40\ \mu$A，$U_{OL} \leqslant 0.4$ V 时的输出电流的最大值 $I_{OL(max)} = 16$ mA，$U_{OH} \geqslant 3.2$ V 时的输出电流的最大值为 $I_{OH(max)} = -0.4$ mA。G_M 的输出电阻可忽略不计。

题 8.16　计算题图 8.16 电路中上拉电阻 R_L 的阻值范围。其中，G_1、G_2、G_3 是 74LS 系列 OC 门，输出管截止时的漏电流 $I_{OH} \leqslant 100\ \mu$A，输出低电平 $U_{OL} \leqslant 0.4$ V 时允许的最大负载电流 $I_{OL(max)} = 8$ mA。G_4、G_5、G_6 为 74LS 系列与非门，它们的输入电流为 $|I_{IL}| \leqslant 0.4$ mA，

$I_{IH} \leqslant 20\ \mu A$。OC 门的输出高、低电平应满足 $U_{OH} \geqslant 3.2\ V$，$U_{OL} \leqslant 0.4\ V$。

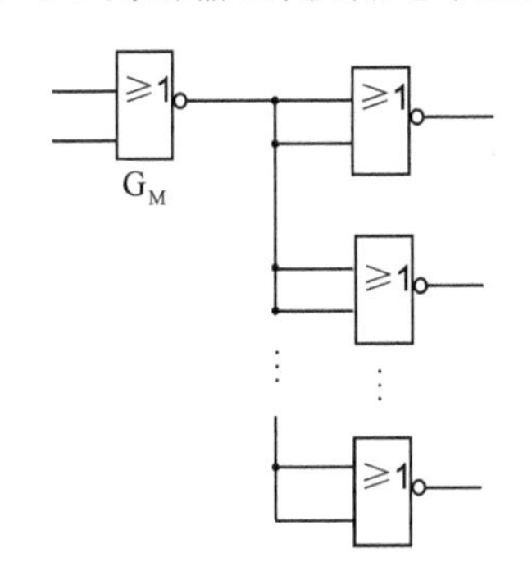

题图 8.15

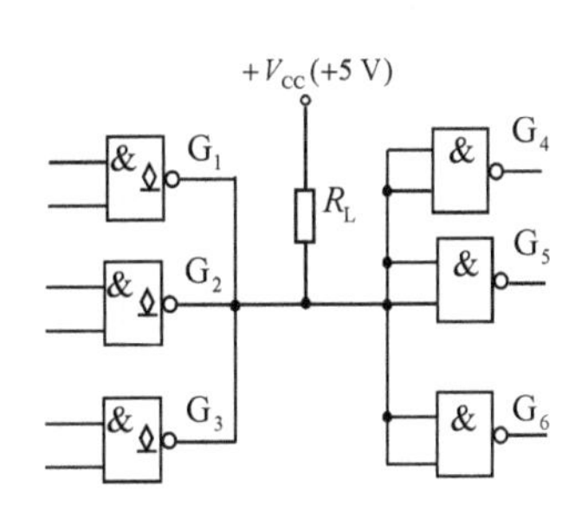

题图 8.16

题 8.17　题图 8.17 是一个继电器线圈驱动电路。要求在 $u_i = U_{IH}$ 时三极管 T 截止，而 $u_i = 0$ 时三极管 T 饱和导通。已知 OC 门输出管截止时的漏电流 $I_{OH} \leqslant 100\ \mu A$，导通时允许流过的最大电流 $I_{OL(max)} = 10\ mA$，管压降小于 0.1 V、三极管 $\beta = 50$，饱和导通压降 $U_{CE(sat)} = 0.1\ V$，饱和导通电阻 $R_{CE(sat)} = 20\ \Omega$。继电器线圈内阻 240 Ω，电源电压 $V_{CC} = 12\ V$，$-V_{BB} = -8\ V$，$R_2 = 3.2\ k\Omega$，$R_3 = 18\ k\Omega$。试求 R_1 的阻值范围。

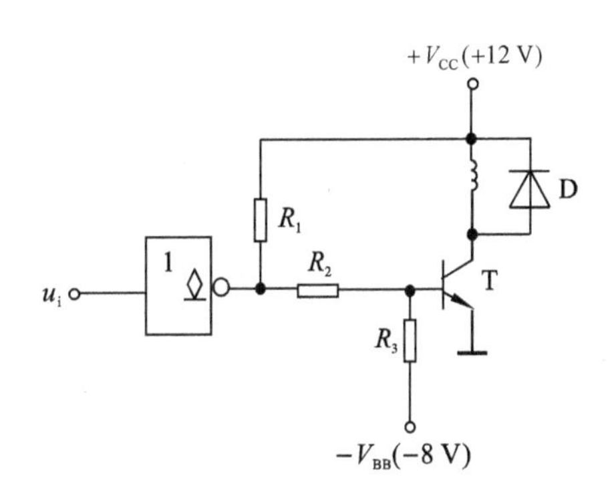

题图 8.17

题 8.18　在题图 8.18(a)电路中已知三极管导通时 $U_{BE} = 0.7V$，饱和压降 $U_{CE(sat)} = 0.3\ V$，饱和导通电阻 $R_{CE(sat)} = 20\ \Omega$。三极管的电流放大系数 $\beta = 100$。OC 门 G_1 输出管截止时的漏电流约为 50 μA，导通时允许的最大负载电流为 16 mA，输出低电平 ≤0.3 V。$G_2 \sim G_5$ 均为 74 系列 TTL 电路，其中 G_2 为反相器，G_3 和 G_4 是与非门，G_5 是或非门，它们的输入特性如题图 8.18(b)所示。试问：

① 在三极管集电极输出的高、低电压满足 $U_{OH} \geqslant 3.5\ V$，$U_{OL} \leqslant 0.3\ V$ 的条件下，R_B 的取值范围有多大？

② 若将 OC 门改成推拉式输出的 TTL 门电路，会发生什么问题？

题 8.19　在 CMOS 电路中有时采用题图 8.19 中所示的扩展功能用法。试分析各图的逻辑功能，写出 $F_1 \sim F_4$ 的逻辑式。已知电源电压 $V_{DD} = 10\ V$，二极管的正向导通压降为 0.7 V。

题 8.20　试说明下列各种门电路哪些可以将输出端并联使用（输入端的状态不一定相同）：

① 具有推拉式输出级的 TTL 电路；

② TTL 电路的 OC 门；

③ TTL 电路的三态输出门；

④ 普通的 CMOS 门；

⑤ 漏极开路输出的 CMOS 门；

⑥ CMOS 电路的三态输出门。

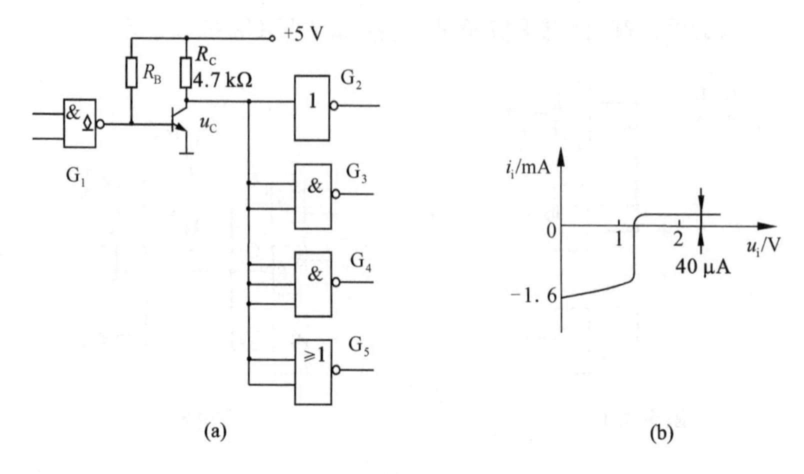

题图 8.18

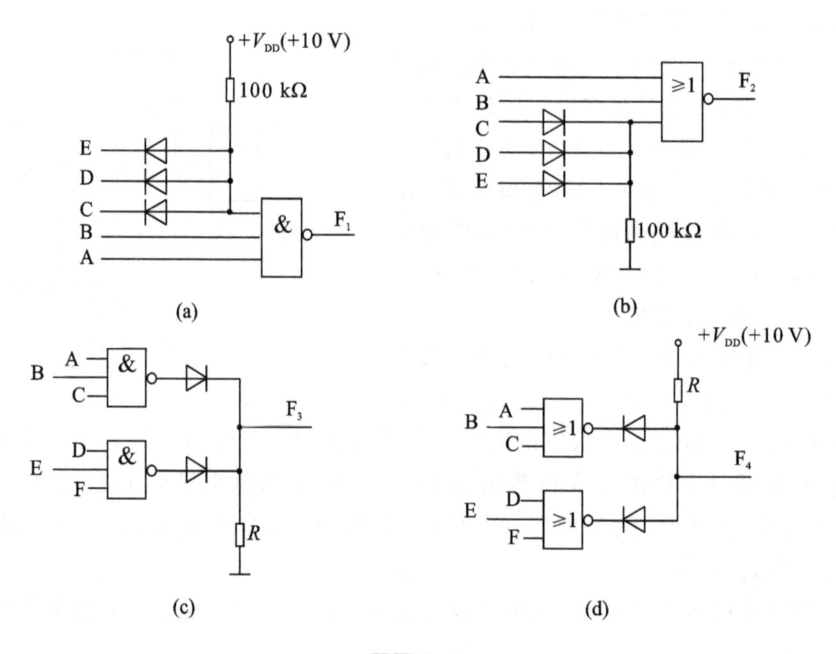

题图 8.19

题 8.21 计算题图 8.21 电路中接口电路输出端 u_C 的高、低电平，并说明接口电路参数的选择是否合理。CMOS 或非门的电源电压 $V_{DD}=10$ V，空载输出的高、低电平分别为 $U_{OH}=9.95$ V，$U_{OL}=0.05$ V，门电路的输出电阻小于 200 Ω。TTL 与非门的高电平输入电流 $I_{IH}=20$ μA，低电平输入电流 $|I_{IL}|=0.4$ mA。晶体管的 $U_{BE}=0.7$ V，饱和压降 $U_{CE(sat)}=0.3$ V。

题 8.22 题图 8.22 是用 TTL 电路驱动 CMOS 电路的实例，试计算上拉电阻 R_L 的取值范围。TTL 与非门在 $U_{OL}\leqslant 0.3$ V 时的最大输出电流为 8 mA，输出端的 T_5 管截止时有 50 μA 的漏电流。CMOS 或非门的输入电流可以忽略。要求加到 CMOS 或非门输入端的电压满足 $U_{IH}\geqslant 4$ V，$U_{IL}\leqslant 0.3$ V。给定电源电压 $V_{DD}=5$ V。

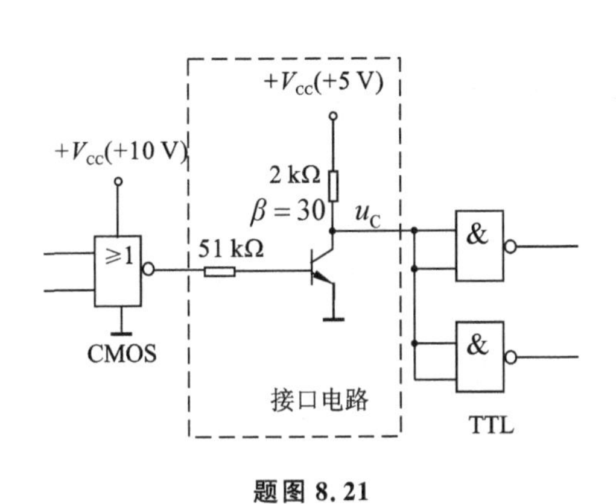

+V_{CC}(+10 V)
+V_{CC}(+5 V)
2 kΩ
β = 30
u_C
51 kΩ
≥1
&
&
CMOS
接口电路
TTL

题图 8.21

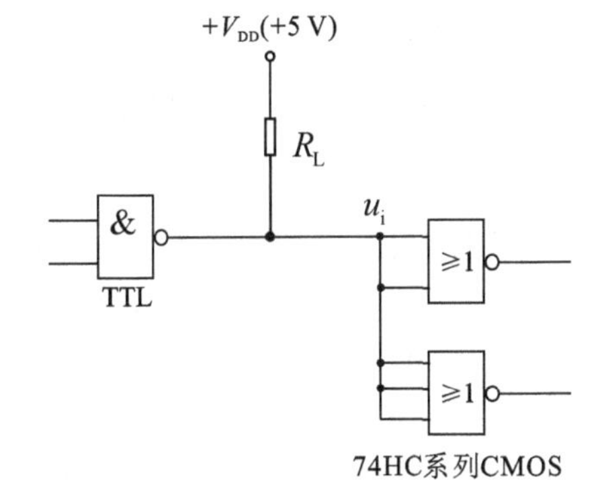

+V_{DD}(+5 V)
R_L
u_i
&
TTL
≥1
≥1
74HC系列CMOS

题图 8.22

第9章　波形产生电路

波形产生电路广泛应用于电子技术领域中，它是在无外加输入信号的情况下，能自动地产生一定波形、一定频率和振幅的交流信号的一类电路。该类电路也常称为振荡电路。在波形产生电路中，按其产生的波形来分，可分为正弦波和非正弦波两大类。正弦波产生电路广泛应用于通讯、广播、电视等系统，如无线电通讯发射机中的载波产生电路、超外差接收机中的本机振荡电路等；而非正弦波（矩形波、三角波和锯齿波等）产生电路则广泛应用于测量设备、数字系统及自动控制系统中。

本章主要介绍正弦和非正弦产生电路的组成、工作原理及分析方法。

9.1　正弦波振荡电路

常见的正弦波振荡电路有基于反馈的和基于负阻的。本章讨论基于反馈的正弦波振荡电路。

9.1.1　正弦波振荡电路的基本工作原理

由负反馈放大器的讨论可知，当负反馈太深时，由于进入高频和低频区，环路增益产生附加相移，可能使负反馈变为正反馈，从而在电路中产生自激振荡。在负反馈电路中，自激振荡是有害的，必须设法消除。但是在振荡电路中，恰恰要利用正反馈产生自激振荡。当然，正反馈的引入只是为振荡提供了必要条件，而非充分条件。下面就正弦波振荡器的振荡条件进行讨论。

1. 产生正弦波振荡的平衡条件

从结构上来看，正弦波振荡器就是一个未加输入信号且包含相移网络的正反馈环路，如图9.1所示。由图可知，若输出正弦电压$\dot{U}_o$经反馈网络产生的反馈电压$\dot{U}_f$恰好等于放大器产生输出电压$\dot{U}_o$所需的输入电压$\dot{U}'_i$（幅度相等、相位相同）即$\dot{U}_f=\dot{U}'_i$，则环路输出端可得到持续稳定的正弦波。由$\dot{U}_f=\dot{U}'_i$可得

$$\frac{\dot{U}_f}{\dot{U}'_i}=\frac{\dot{U}_o}{\dot{U}'_i}\cdot\frac{\dot{U}_f}{\dot{U}_o}=1$$

即

$$\dot{A}\dot{F}=1 \tag{9.1}$$

其中，$\dot{A}\dot{F}$称为环路增益。

式(9.1)就是产生持续稳定的正弦波振荡的**振荡条件**(oscillating condition)，称为振荡的平衡条件，它也可用**幅度平衡条件**(amplitude equilibrium condition)和**相位平衡条件**(phase equilibrium condition)来表示。若设$\dot{A}=A\angle\varphi_A$，$\dot{F}=F\angle\varphi_F$，$\dot{A}\dot{F}=AF\angle\varphi_{AF}$，则可得

幅度平衡条件

$$|\dot{A}\dot{F}|=AF=1 \tag{9.2a}$$

相位平衡条件　　$\varphi_A + \varphi_F = 2n\pi, \quad n = 0, \pm 1, \pm 2, \cdots$　　(9.2b)

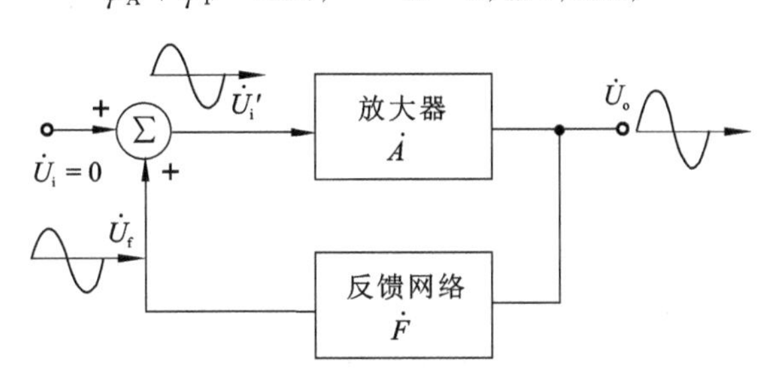

图 9.1　正弦波振荡器的方框图

值得注意的是，负反馈放大器的自激条件为 $\dot{A}\dot{F} = -1$ 与式(9.1)差一个负号，这是由于输入端规定的反馈信号正方向不同而造成的。

2. 振荡的建立和稳定

上述在分析振荡平衡条件时，假设在图 9.1 的输出端已存在一定频率、一定幅度的正弦波信号。事实上，对于一个实际的正弦波振荡器来说，当电源接通时不可能立即出现特定幅度的正弦波信号，而是从无到有逐步建立起来的。那么正弦振荡器是如何使信号从无到有逐步建立并最后达到稳定的呢？

一个实际的正弦振荡器的初始信号是由电路内部噪声和瞬态过程的扰动引起的。通常这些噪声和扰动的频谱很宽而幅度很小。为了最终能得到一个稳定的正弦波信号，首先必须用一个相移网络把所需频率 f_o 的分量从噪声或扰动信号中挑选出来，使其满足相位平衡条件，而使其他频率分量不满足相位平衡条件，这个相移网络通常具有选频特性；其次，为了能使振荡从小到大建立起来，则初始时必须使反馈信号的幅度 $|\dot{U}_f|$ 大于输入信号的幅度 $|\dot{U}_i'|$，即要求

$$|\dot{A}\dot{F}| = AF > 1 \tag{9.3}$$

式(9.3)称为正弦波振荡器的**幅度起振条件**(amplitude oscillation condition)。而起振时，式(9.2b)的相位条件显然仍需满足，故此相位条件亦可称为相位起振条件。

按照式(9.3)可以看出，振荡一旦建立起来后，信号就由小到大不断增大，似乎不能得到一个稳定的正弦波振荡。事实上，信号的幅度最终要受到放大电路非线性的限制，即当幅度逐渐增大时，$|\dot{A}|$ 将逐渐减小，最终使 $|\dot{A}\dot{F}| = 1$ 达到幅值平衡，从而使振荡稳定。这种利用放大电路自身的非线性来达到稳幅目的的方式称为**内稳幅**。为改善输出波形，正弦振荡电路也可采用外接非线性元件组成稳幅电路来达到稳幅。这种稳幅方式称为**外稳幅**。

上述讨论了正弦振荡器由起振到平衡的过程。对于一个实用的正弦振荡器而言，不仅要能自动地由起振到达平衡，而且要能在外界因素如电源电压波动、温度、湿度等变化的情况下，稳定地工作在平衡状态，亦即振荡器的振幅和频率应是稳定的。下面讨论振幅和频率的稳定条件。

事实上，上述振荡器由起振自动进入平衡所要求的 A 随 U_o 增大而减小的条件，亦可使振幅稳定。更一般而言，欲使振荡器的振幅在发生某种变化时能自动趋于稳定，电路的环路增益应满足

$$\frac{\partial AF}{\partial U_o} < 0 \tag{9.4}$$

例如,某种原因使输出电压U_o增大,则由于AF随之而减小,因而经过每次反馈和放大后,U_o将逐渐减小,从而抑制了U_o增大,使U_o基本保持恒定,反之亦然。

在实际电路中,常常是$\frac{\partial A}{\partial U_o}<0$,而$\frac{\partial F}{\partial U_o}=0$,即$A$随$U_o$增大而减小,而$F$与$U_o$无关。式(9.4)就是振荡器的振幅稳定条件。式中偏导数的绝对值越大,意味着微小的振荡幅度增量可以导致AF值的减小量越多,振幅的稳定性就越好。

如前所述,正弦振荡器需在振荡角频率ω_o上满足相位平衡条件,即$\varphi_{AF}|_{\omega=\omega_o}=0$(仅考虑相角的主值),其表明每次放大和反馈后的电压$\dot{U}_f$(角频率为ω_o)与原输入电压$\dot{U}_i'$同相,现若有某种原因使$\varphi_{AF}|_{\omega=\omega_o}>0$,则通过每次放大和反馈后的电压相位都将超前于原输入电压相位。由于正弦电压的角频率是瞬时相位对时间的导数值,因此,这种相位的不断超前将导致振荡器的振荡角频率不断地高于ω_o。反之,若某种原因使$\varphi_{AF}|_{\omega=\omega_o}<0$,则振荡角频率必将不断地低于$\omega_o$。

如果环路增益的相位特性在ω_o附近满足:

$$\frac{\partial \varphi_{AF}}{\partial \omega}\Big|_{\omega=\omega_o} < 0 \tag{9.5}$$

则必将阻止上述频率的变化,使振荡角频率稳定在ω_o附近。

例如,某种原因使$\varphi_{AF}|_{\omega=\omega_o}>0$而导致振荡频率高于原频率,则由于$\varphi_{AF}$随之减小,$\dot{U}_i'$的超前势必受到阻止,因而频率的升高也受到阻止,从而使电路的振荡角频率在ω_o附近稳定地工作;当某种原因使$\varphi_{AF}|_{\omega=\omega_o}<0$时,情况与上述类似。

因此式(9.5)称为振荡器的频率稳定条件。式中偏导数的绝对值越大,意味着当相位平衡条件被破坏后,只要频率产生一微小的变化,就可抵消外界因素变化引起的φ_{AF}的变化,因此振荡器的频率稳定度就越高。在实际电路中,频率的稳定条件一般是依靠具有负斜率相频特性的选频网络来满足的。

3. 正弦波振荡器的组成和分析方法

(1) 组　成

从上述分析可知一个正弦波振荡器从组成上看必须有三个基本环节,即放大电路、反馈网络和相移网络,其中的相移网络一般具有选频特性。另外,为稳定输出幅度还需有稳幅环节。

在正弦波振荡器中,相移网络可以用R、C元件组成或用L、C元件组成,还可以用石英晶体组成。相应的振荡器分别称为**RC振荡器**(oscillator)、**LC振荡器和石英晶体振荡器**。

(2) 分析方法

判断能否产生正弦振荡,首先要求熟悉电路结构,关键是掌握相移网络特性;然后判断是否满足正弦波振荡条件。其步骤如下:

① 检查电路是否包含放大电路、反馈电路和相移网络三个组成部分。

② 检查电路是否满足相位平衡条件,估算电路振荡频率。

由前述可知,振荡的相位平衡条件的实质就是正反馈。因此可用瞬时极性法来判断电路是否满足相位平衡条件。注意,相位平衡条件只在特定频率上满足,这是由相移网络来保证

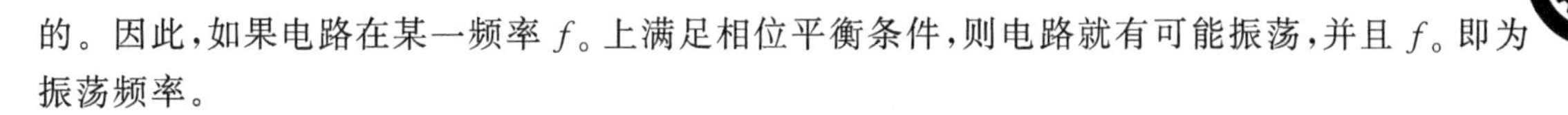

的。因此，如果电路在某一频率 f_0 上满足相位平衡条件，则电路就有可能振荡，并且 f_0 即为振荡频率。

③ 分析幅度起振条件。幅度起振条件由 $|\dot{A}\dot{F}|>1$ 结合具体电路求得，实践中常通过电路调试使电路满足幅度起振条件。

④ 分析稳幅环节。为使输出幅度稳定，实际的正弦振荡器还需有稳幅环节。关于稳幅环节应结合具体电路分析，一般来说，RC 正弦振荡器常采用外稳幅，而 LC 正弦振荡器则常采用内稳幅。

9.1.2　RC 正弦波振荡电路

RC 正弦波振荡器可分为**RC 串并联式、移相式和双 T 式电路**等。其中 RC 串并联式亦称为**文氏电桥振荡器**。它是应用最广泛的 RC 振荡器，电路如图 9.2 所示，下面就这种振荡器作较为详细的分析。首先讨论一下 RC 串并联网络的选频特性。

1. RC 串并联网络的选频特性

电路如图 9.3 所示，R_1C_1 为串联支路，R_2C_2 组成并联支路，下面定量推导其频率特性表达式，并画出波特图。

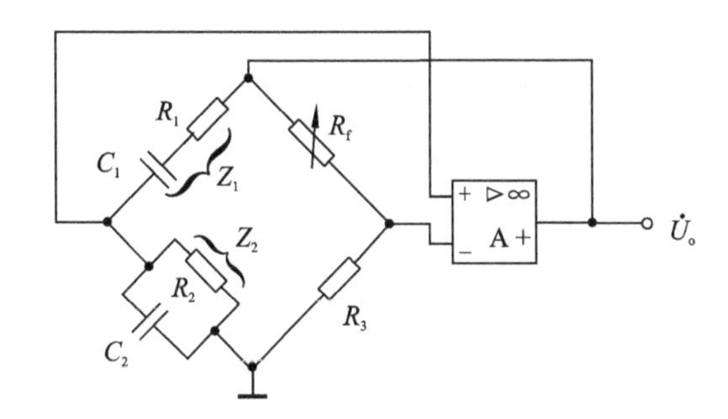

图 9.2　文氏电桥振荡器

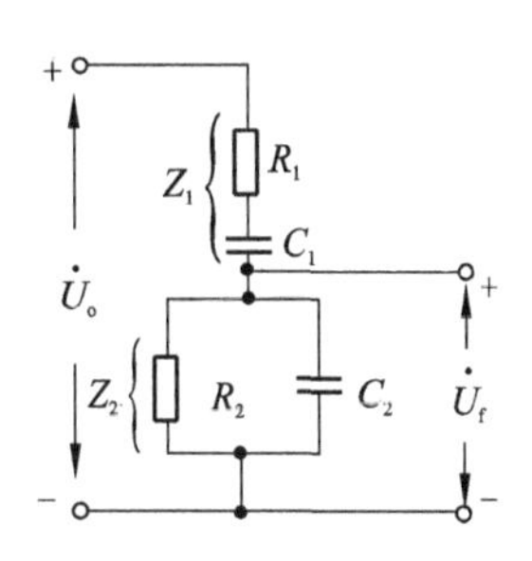

图 9.3　RC 串并联选频网络

设

$$Z_1=R_1+\frac{1}{\mathrm{j}\omega C_1} \tag{9.6}$$

$$Z_2=R_2\ /\!/\ \frac{1}{\mathrm{j}\omega C_2}=\frac{R_2}{1+\mathrm{j}\omega R_2C_2} \tag{9.7}$$

RC 串并联电路的输出电压 $\dot{U}_f$ 与输入电压 $\dot{U}_o$ 的关系为

$$\dot{F}=\frac{\dot{U}_f}{\dot{U}_o}=\frac{Z_2}{Z_1+Z_2}=\frac{R_2/(1+\mathrm{j}\omega R_2C_2)}{R_1+1/(\mathrm{j}\omega C_1)+R_2/(1+\mathrm{j}\omega R_2C_2)}$$

$$=\frac{1}{\left(1+\dfrac{R_1}{R_2}+\dfrac{C_2}{C_1}\right)+\mathrm{j}\left(\omega R_1C_2-\dfrac{1}{\omega R_2C_1}\right)} \tag{9.8}$$

通常使 $R_1=R_2=R$，$C_1=C_2=C$，则上式可简化为

$$\dot{F}=\frac{1}{3+\mathrm{j}\left(\omega RC-\dfrac{1}{\omega RC}\right)} \tag{9.9}$$

令 $\omega_o=\frac{1}{RC}$,则上式变为

$$\dot{F}=\frac{1}{3+\mathrm{j}\left(\frac{\omega}{\omega_o}-\frac{\omega_o}{\omega}\right)} \tag{9.10}$$

其幅频特性为

$$|\dot{F}|=\frac{1}{\sqrt{3^2+\left(\frac{\omega}{\omega_o}-\frac{\omega_o}{\omega}\right)^2}} \tag{9.11}$$

相频特性为

$$\varphi_F=-\arctan\frac{\frac{\omega}{\omega_o}-\frac{\omega_o}{\omega}}{3} \tag{9.12}$$

当 $\omega=\omega_o$ 时,式(9.10)的虚部为零,电路达到谐振,此时的特点是:$|\dot{F}|$ 达到最大为

$$|\dot{F}|_{\max}=\frac{1}{3} \tag{9.13}$$

且

$$\varphi_F=0° \tag{9.14}$$

谐振频率为

$$f_o=\frac{1}{2\pi RC} \tag{9.15}$$

由式(9.11)和式(9.12)可画出 $\dot{F}$ 的频率特性,如图9.4所示。

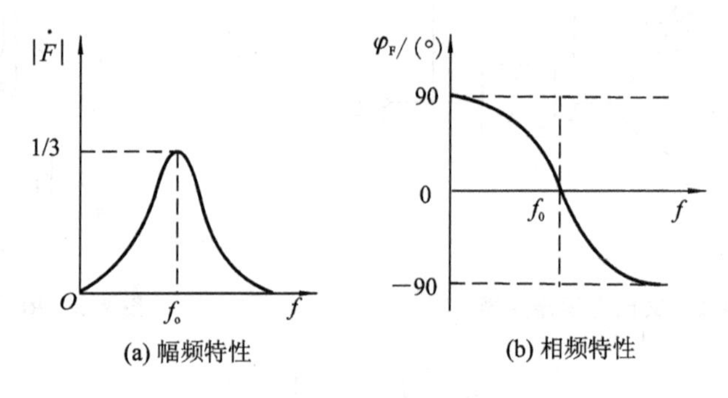

图9.4　频率特性

综上所述,当 $\omega=\omega_o$ 时,产生谐振,电路特性呈“电阻性”,$\varphi_F=0°$,相移为零,且 $\dot{U}_f=\frac{1}{3}\dot{U}_o$,达到最大;而当 ω 偏离 ω_o 时,$|\dot{F}|$ 迅速下降,且相移增大,最后趋近±90°。

2. 文氏电桥振荡电路的分析

(1) 组　成

电路如图9.2所示,由运放A和 R_3、R_f 组成负反馈放大器作为放大网络。RC串并联网络作为选频网络又兼正反馈网络。因此该电路具有三个基本组成部分。由于RC串并联选频网络中的 Z_1、Z_2 和负反馈回路中的 R_3、R_f 正好形成一个四臂电桥,因此常称该振荡电路为文氏电桥振荡器。

(2) 相位条件及振荡频率

采用瞬时极性法判断相位条件。在图9.2中将运放同相端断开,在断开点右侧加输入信

号 $\dot{U}_i$，极性为“＋”。因同相输入，故输出信号 $\dot{U}_o$ 的极性亦为“＋”，$\dot{U}_o$ 经 RC 串并联网络得到 $\dot{U}_f$。由 RC 串并联网络的特性可知，谐振时，呈“电阻性”，相移为零，此时 $\dot{U}_f$ 与 $\dot{U}_o$ 同相，则 $\dot{U}_f$ 的极性为“＋”。因此，RC 串并联网络谐振时，$\dot{U}_f$ 与 $\dot{U}_i$ 同相构成正反馈，亦即满足自激振荡的相位平衡条件。所以，该电路有可能产生正弦波振荡，振荡频率即为 RC 串并联网络谐振频率 $f_o=\dfrac{1}{2\pi RC}$。由此可见，只要已知 R、C 的值，就可估算出其振荡频率值。例如，$R=10\ \text{k}\Omega$，$C=0.1\ \mu\text{F}$，则

$$f_o=\frac{1}{2\pi RC}=\frac{1}{2\pi\times10^4\times10^{-7}}\text{Hz}=159\ \text{Hz}$$

改变 R 和 C 的值，就可获得不同频率的信号。

(3) 幅度起振条件

由同相放大电路可知

$$|\dot{A}|=1+\frac{R_f}{R_3} \tag{9.16}$$

由选频网络可知，谐振时

$$|\dot{F}|=\frac{1}{3} \tag{9.17}$$

由幅度起振条件 $|\dot{A}\dot{F}|>1$，可推出

$$|\dot{A}|>3 \tag{9.18}$$

即

$$|\dot{A}|=1+\frac{R_f}{R_3}>3 \quad 或 \quad R_f>2R_3$$

为了既使得电路起振，又使得在电路达到平衡时，输出波形失真较小，R_f 的取值通常只需略大于 $2R_3$。

(4) 稳幅环节

在 RC 串并联振荡器中，为了改善振荡波形，一般采用外稳幅电路。例如在图 9.2 所示的电路中，R_f 用一温度系数为负的热敏电阻代替便可达到稳幅的目的。其稳幅原理如下：当输出电压 $|\dot{U}_o|$ 增大时，通过负反馈回路的电流也随之增大，结果热敏电阻的温度升高，阻值相应减小，使负反馈加强，放大器的增益下降，从而阻止输出电压 $|\dot{U}_o|$ 的增大；反之，当 $|\dot{U}_o|$ 下降时，由于热敏电阻的自动调整作用，将阻止 $|\dot{U}_o|$ 下降，结果都使输出电压基本维持恒定。

例 9.1　正弦波振荡器如图 9.5 所示，设其中的两级放大器增益足够大，负反馈为深度负反馈。

(1) $R_1=R_2=R=8.2\ \text{k}\Omega$，$C_1=C_2=C=0.2\ \mu\text{F}$，估算振荡频率 f_o。

(2) 若电路接线无误且静态工作点正常，但不能产生振荡，可能是什么原因？应调整电路中哪个参数最为合适？调大还是调小？

(3)若输出波形严重失真，又应如何调整？

解：

(1) 由图可知，R_1、C_1 及 R_2、C_2 组成 RC 串并联网络。若在图中 A 处把电路断开，并在

A 的右端注入瞬时极性为⊕的输入信号,则当 $f=f_{\circ}=\dfrac{1}{2\pi RC}$时,电路各处的瞬时极性如图中所标。由此可见,$T_1$、$T_2$ 组成的二级放大器与 R_f、R_{e1} 构成了电压串联负反馈放大电路,RC 串并联网络为正反馈网络并兼选频网络。故该电路是一个 RC 串并联正弦振荡电路,电路的振荡频率为

$$f_{\circ}=\frac{1}{2\pi RC}=\frac{1}{2\pi\times8.2\times10^{3}\times0.2\times10^{-6}}\text{Hz}\approx97\text{Hz}$$

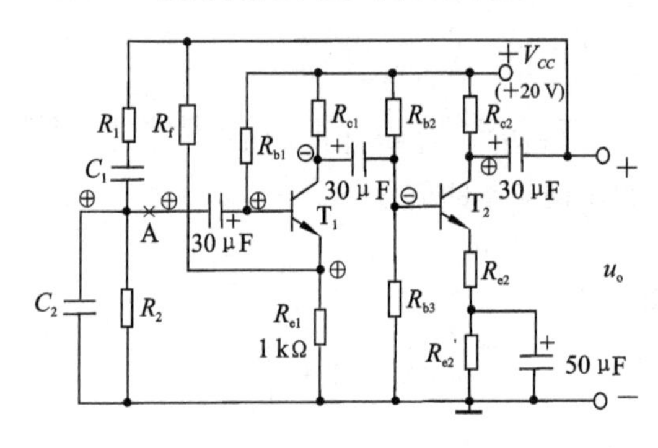

图 9.5 正弦波振荡器

(2) 电路接线无误说明电路满足相位起振条件,且静态工作点也正常,但电路不产生振荡,上述现象可能是电路的幅度起振条件不满足引起的。由于 RC 串并联谐振时,其反馈系数 $|\dot{F}|=\dfrac{1}{3}$是固定的,故应增大负反馈放大电路的电压增益,(当深度负反馈时,其值为:$\dot{A}_u=1+\dfrac{R_f}{R_{e1}}$)。显然这可以通过调整 R_f,增大其阻值以减小负反馈来实现。

(3) 若输出波形失真严重,说明负反馈放大电路的电压增益过大,以致于起振时环路增益远大于 1。此时应在不影响起振的前提下,减小 R_f 的值,以增强负反馈,减小负反馈放大器的电压增益,从而减小波形的失真。若要进一步减小输出波形的失真,则应采用外稳幅措施,方法之一是将 R_f 用一负温度系数的热敏电阻代替。

例 9.2 图 9.6 所示为双 T 正弦波振荡电路,试简述其工作原理。

解:① 组 成

双 T 网络作为选频网络,接在运放的负反馈回路中。R_1、R_2 构成正反馈网络。因此该电路具有构成正弦波振荡器的三个基本环节。同时 D_{Z1}、D_{Z2} 作为稳幅环节。

② 相位平衡条件及振荡频率

可以证明双 T 网络具有带阻特性,且在 $f=f_{\circ}=\dfrac{1}{2\pi RC}$时,其传输系数为零,电路特性呈"电阻性",没有相移(详见第 5 章)。因此双 T 网络与运放构成的放大器具有带通特性,且在 $f=f_{\circ}=\dfrac{1}{2\pi RC}$时,放大器的增益最大(因此时负反馈最弱)、相移为零,即 $\varphi_A=0^{\circ}$。而由 R_1、R_2 构成的正反馈网络的反馈系数为 $\dot{F}=\dfrac{R_2}{R_1+R_2}$,显然 $\varphi_F=0^{\circ}$。综上所述,在 $f=f_{\circ}=\dfrac{1}{2\pi RC}$时,有 $\varphi_A+\varphi_F=0^{\circ}$,即满足相位平衡条件,该电路可能产生正弦波振荡,振荡频率即为

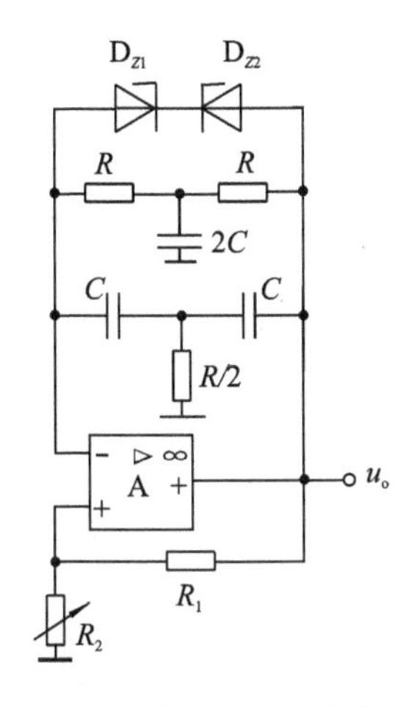

图 9.6　双 T 正弦波振荡器

$f_o=\dfrac{1}{2\pi RC}$。

③ 幅度起振条件

由以上分析可知，调整正反馈网络中的 R_2 可以改变正反馈系数，使之达到适当数值：既能满足幅度起振条件，又不致因正反馈过强而使波形产生严重失真。

④ 稳幅环节

图中 D_{z1}、D_{z2} 组成稳幅环节。它们是用来稳定输出幅度的。当输出幅度增加时，稳压管的非线性增量电阻减小，加强了负反馈，从而抑制了输出幅度的增加；反之亦然。通常选用稳压管时，选取它的稳定电压值约为电路输出不失真正弦波峰峰值的 1.5 倍。

这个电路的缺点是频率调节比较困难，故适用于固定频率的场合。

3. RC 移相式正弦波振荡电路

所谓 RC 移相式正弦波振荡电路就是其相移网络采用 RC 移相器的正弦波振荡电路。图 9.7 和图 9.8 所示电路分别为超前移相和滞后移相 RC 电路。通常，在 RC 移相式振荡电路中，基本放大电路在其通频带内的相移为 $\varphi_A=180°$，而 RC 移相电路既作为相移网络又兼反馈网络。显然，为满足相位平衡条件，要求反馈网络对某一特定频率信号的相移为 $\varphi_F=\pm 180°$，即要求移相电路必须使某一特定频率信号移相 180°。大家知道，一节 RC 电路的最大相移不超过 90°，因此不能满足相位平衡条件；二节 RC 电路的最大相移虽然可以达到 180°，但在接近 180°时，RC 电路的输出电压已接近于零，因此不能满足振荡的幅度条件。所以实际上至少要用三节 RC 电路来移相 180°，才能满足振荡条件。图 9.9 示出了 RC 超前移相网络组成的 RC 移相式振荡电路的原理图。图中第三节 RC 电路的电阻为放大器 A 的输入电阻 r_i，因此要求 r_i 大小与图中 R 接近，不能很大。

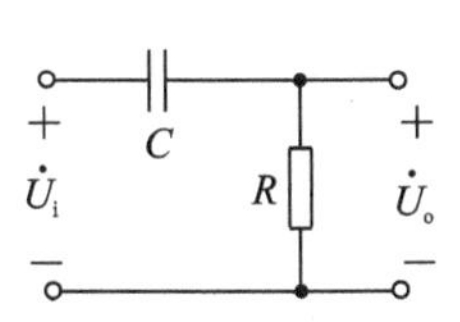

图 9.7　超前移相网络

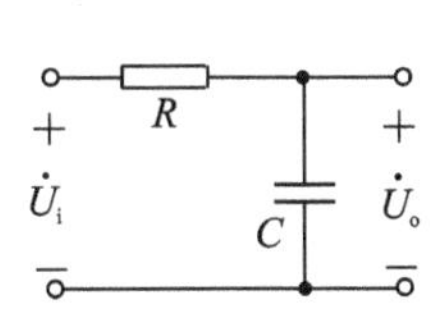

图 9.8 滞后移相网络

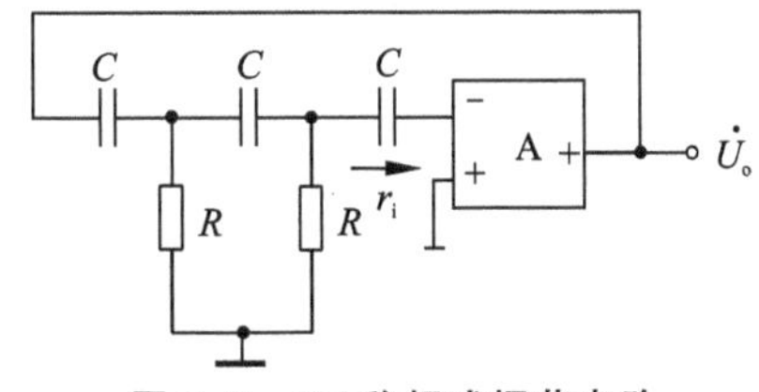

图 9.9　RC 移相式振荡电路

RC 移相式振荡电路具有结构简单等优点；缺点是选频作用较差，频率调节不方便，输出幅度不够稳定，输出波形较差，故一般用于振荡频率固定且稳定性要求不高的场合，其频率范围为几赫到几十千赫。

由以上讨论可知，RC 正弦波振荡器的振荡频率取决于 R 和 C 的数值。要想得到较高的振荡频率，必须选择较小的 R 和 C 值。例如，对桥式振荡器而言，选 $R=1\ \text{k}\Omega$，$C=200\ \text{pF}$，由式(9.15)可求得 $f_o=796\ \text{kHz}$。如果希望进一步提高振荡频率，则必需减小 R 和 C 的值。但是，R 的减小将使放大电路的负载加重，而 C 的减小又受到晶体管结电容和分布电容的限制，这些因素决定了 RC 振荡器通常用作低频振荡器(1 Hz～1 MHz)。一般在要求振荡频率高于

1 MHz 时,大多采用 LC 并联回路作为选频网络,组成 LC 正弦波振荡器。

9.1.3 LC 正弦波振荡电路

LC 振荡电路以电感电容元件构成选频网络,可以产生几十兆赫以上的正弦波信号。它通常有变压器反馈式、电感三点式和电容三点式等。

在开始讨论 LC 振荡电路之前,先来回顾一下有关 LC 并联谐振回路的性质。

1. LC 并联谐振回路的特性

图 9.10 所示为一个 LC 并联谐振回路,其中 R 表示回路损耗电阻,其值较小。下面讨论该电路的频率特性。

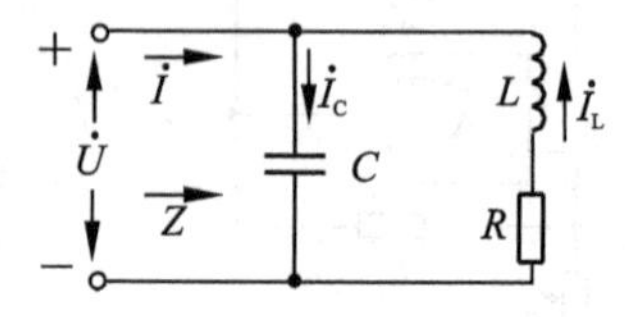

图 9.10 LC 并联谐振回路

(1) 谐振频率

并联谐振频率的数值决定于电路的参数。由图 9.10 可求得电路的复数导纳为

$$Y=\mathrm{j}\omega C+\frac{1}{R+\mathrm{j}\omega L}=\frac{R}{R^2+(\omega L)^2}+\mathrm{j}\left[\omega C-\frac{\omega L}{R^2+(\omega L)^2}\right] \tag{9.19}$$

设 $\omega=\omega_o$ 时,产生并联谐振,此时上式的虚部为零,即

$$\omega_o C-\frac{\omega_o L}{R^2+(\omega_o L)^2}=0$$

从而解得

$$\omega_o=\frac{1}{\sqrt{\left(\frac{R}{\omega_o L}\right)^2+1}}\cdot\frac{1}{\sqrt{LC}} \tag{9.20}$$

上式说明 ω_o 不仅与 L、C 有关,还与 R 有关。通常令

$$Q=\frac{\omega_o L}{R} \tag{9.21}$$

式中,Q 称为**谐振回路**(resonant circuit)的**品质因素**(quality factor),是 LC 电路的一项重要指标。一般的 LC 谐振电路的 Q 值为几十到几百。

由式(9.20)可见,当 $Q\gg1$ 时

$$\omega_o\approx\frac{1}{\sqrt{LC}} \tag{9.22}$$

或

$$f_o\approx\frac{1}{2\pi\sqrt{LC}} \tag{9.23}$$

当 LC 并联电路谐振时,其等效阻抗为纯电阻,其表达式可由式(9.19)求得

$$Z_o=\frac{1}{Y_o}=\frac{R^2+(\omega_o L)^2}{R}=\frac{(\omega_o L)^2}{R}\left(1+\frac{1}{Q^2}\right)\approx\frac{L}{RC}=\frac{Q}{\omega_o C}=Q\omega_o L=Q\sqrt{\frac{L}{C}} \tag{9.24}$$

由上式可知,Q 值越高,Z_o 越大。

(2) 输入电流与回路电流的关系

谐振时输入电流为

$$\dot{I}=\frac{\dot{U}}{Z_o} \tag{9.25}$$

谐振时电容电流为

$$\dot{I}_C = j\omega_o C\dot{U} \approx j\frac{Q}{Z_o}\dot{U} \tag{9.26}$$

因此

$$|\dot{I}_C| \approx Q|\dot{I}| \tag{9.27}$$

当 $Q \gg 1$ 时，$|\dot{I}_C| \approx |\dot{I}_L| \gg |\dot{I}|$。这个结论对分析 LC 振荡电路是极为有用的。

(3) 选频特性

下面来分析不同 Q 值时 LC 并联回路的频率特性。LC 并联回路的等效阻抗表达式为

$$Z = \frac{-j\frac{1}{\omega C}(R + j\omega L)}{-j\frac{1}{\omega C} + R + j\omega L} \approx \frac{\left(-j\frac{1}{\omega C}\right)\cdot j\omega L}{R + j\left(\omega L - \frac{1}{\omega C}\right)} = \frac{\frac{L}{RC}}{1 + j\frac{\omega L}{R}\left(1 - \frac{1}{\omega^2 LC}\right)}$$

在谐振频率附近，即当 $\omega \approx \omega_o$ 时，上式可近似表示为

$$Z \approx \frac{Z_o}{1 + jQ\left(1 - \frac{\omega_o^2}{\omega^2}\right)} \tag{9.28}$$

由此可以画出 LC 并联电路的幅频特性和相频特性，如图 9.11 所示。

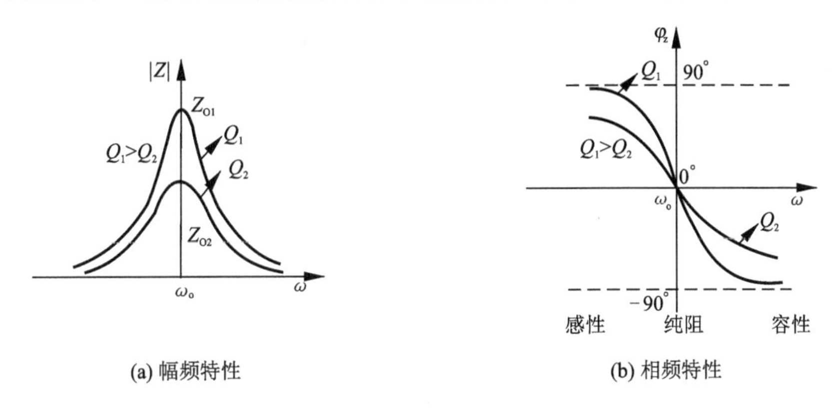

图 9.11　LC 并联回路的频率特性

由以上分析可以得出以下结论：

① LC 并联电路具有选频特性，在谐振频率 f_o 处，电路为纯电阻。当 $f < f_o$ 时，呈电感性；当 $f > f_o$ 时，呈电容性。当频率从 f_o 上升或下降时，等效阻抗 $|Z|$ 都将减小。

② 谐振频率 f_o 的数值与电路参数有关，当 $Q \gg 1$ 时，$f_o \approx \frac{1}{2\pi\sqrt{LC}}$。

③ 电路的品质因素 Q 值越大，则幅频特性越尖锐，即选频特性越好。同时相频特性越陡，且谐振时的阻抗 Z_o 也越大。

下面根据 LC 并联电路的特性来分析 LC 振荡电路的工作原理。

2. 变压器反馈式振荡电路

(1) 组　成

图 9.12 是由放大、选频和反馈部分组成的正弦波振荡电路。其中三极管和偏置电阻等元件组成基本放大电路，LC 并联谐振回路作为选频网络，而反馈由变压器绕组 N_2 来实现。因

此该电路称为**变压器**(transformer)**反馈式**(feedback)**振荡电路**。至于稳幅环节,由于LC谐振回路选频特性好,一般都采用内稳幅。

(2) 相位条件及振荡频率

现在来分析电路是否满足相位平衡条件。断开图9.12中A点,并在放大电路输入端加信号$\dot{U}_i$,其频率为LC回路的谐振频率,此时放大管的集电极等效负载为一纯电阻,且集电极信号$\dot{U}_c$与输入信号$\dot{U}_i$反相。由于变压器同名端如图中所示,所以N_2绕组又引入相移180°(设其负载电阻很大),即$\dot{U}_f$与$\dot{U}_c$反相,因此$\dot{U}_f$与$\dot{U}_i$同相。各点信号的瞬时极性见图9.12。综上所述,该电路在谐振频率f_o上满足相位平衡条件,其振荡频率约为LC并联回路的谐振频率,即$f_o \approx \frac{1}{2\pi\sqrt{LC}}$,其中$L$为回路的等效电感。

(3) 幅度起振条件

为满足幅度起振条件,必须要$|\dot{U}_f| > |\dot{U}_i|$。电路中只要变压器的变比选择合适,一般都能满足。

例9.3 图9.13所示为某超外差收音机的本机振荡电路。

① 试指出振荡线圈原、副边绕组的同名端。

② 说明增加或减少L_{23}(即抽头2上下移动)对振荡电路有何影响。

③ 说明电容C_1、C_2的作用,若不接C_1,电路能否维持振荡?

④ 计算当C_4=10 pF时,在C_5的范围内,振荡频率的可调范围。

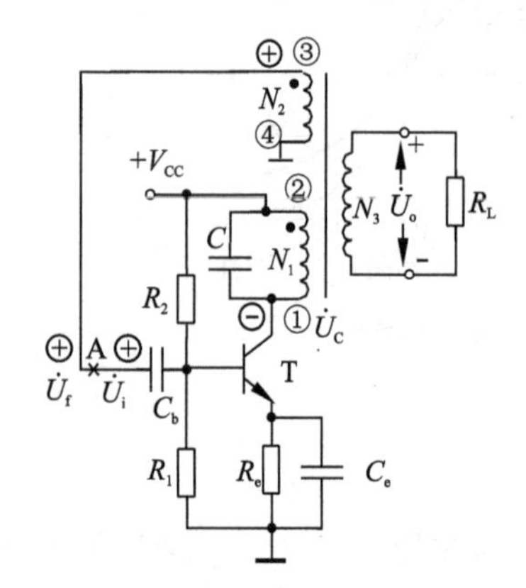

图9.12 变压器反馈式振荡器

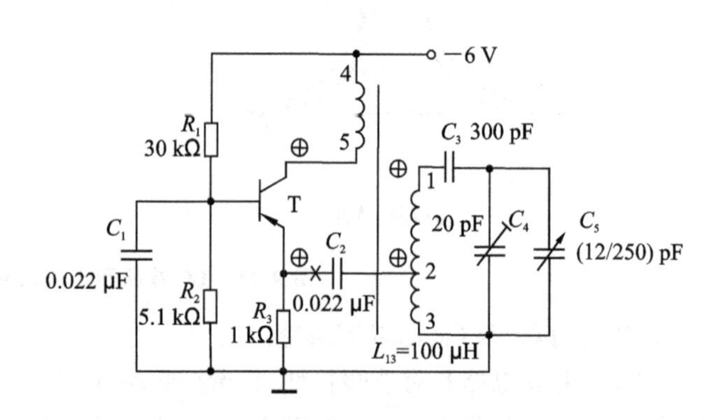

图9.13 某超外差收音机的本机振荡电路

解:①显然这是一个变压器反馈式振荡电路。用瞬时极性法判别(极性见图9.13所标),反馈环路要形成正反馈,5端与1端应为同名端。

② L_{23}的变化,一是影响反馈系数,二是影响LC回路的品质因数。若L_{23}增加,则$|\dot{F}|$增大,同时射极电路对谐振回路的负载效应增大,因而Q值减小。前者有利于起振,后者使波形和频率稳定性变差,且不利于起振;若L_{23}减小,则情况相反。所以L_{23}既不能太大,也不能太小。

③ C_1起旁路作用,使基极对交流接地。这样做,一方面可以避免由于各种原因在基极引入的扰动,提高振荡的稳定性;另一方面,可以使谐振回路反馈到射极的信号在电阻R_1和R_2

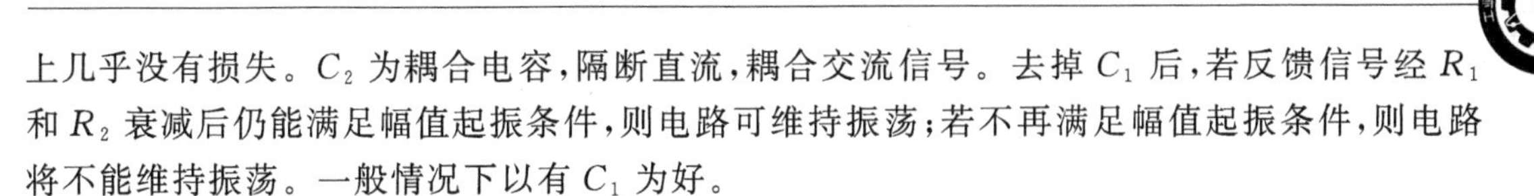

上几乎没有损失。C_2 为耦合电容，隔断直流，耦合交流信号。去掉 C_1 后，若反馈信号经 R_1 和 R_2 衰减后仍能满足幅值起振条件，则电路可维持振荡；若不再满足幅值起振条件，则电路将不能维持振荡。一般情况下以有 C_1 为好。

④ 电路振荡频率表达式为

$$f_o \approx \frac{1}{2\pi\sqrt{L_{13}\dfrac{(C_4+C_5)C_3}{(C_4+C_5)+C_3}}}$$

当 $C_5=250$ pF 时，$f_o \approx 1.35$ MHz；当 $C_5=12$ pF 时，$f_o \approx 3.52$ MHz。由此可知振荡频率的可调范围为 1.35～3.52 MHz。

3. 电感反馈式(电感三点式)振荡电路

上述变压器反馈式振荡电路中，为满足相位条件，关键要保证变压器绕组同名端接线正确。在实际工作中，为了避免确定变压器同名端的麻烦，也为了绕制线圈的方便，可采取自耦变压器电路，如图 9.14(a)所示。图中 LC 并联电路的上端③通过耦合电容 C_b 接到三极管的基极上，中间抽头②接至电源 V_{CC}，在交流通路中②端接地，所以 L_2 上的电压就是送回到三极管基极回路的反馈电压 $\dot{U}_f$，因此该电路称电感反馈式振荡电路(又称**哈特莱**(Hartley)**振荡器**)。下面对该电路进行分析。

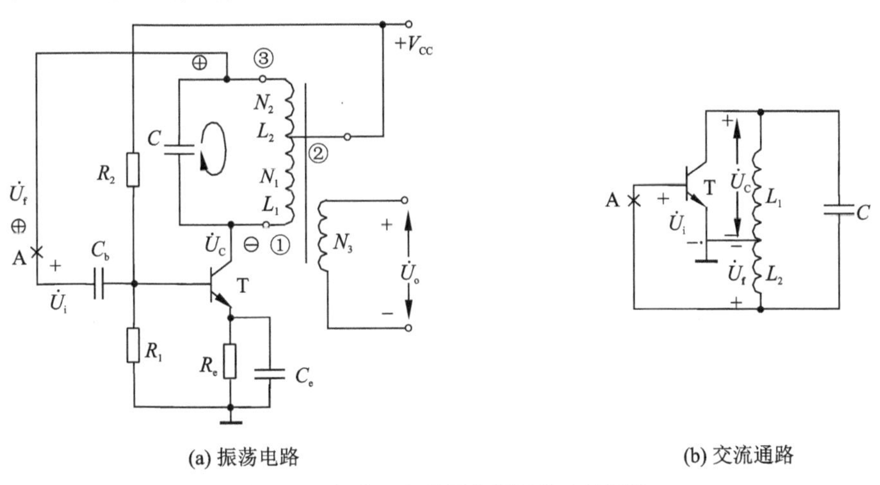

(a) 振荡电路　　　(b) 交流通路

图 9.14　电感三点式振荡器及其交流通路

(1) 组　成

图 9.14(a)中，三极管和偏置电阻等元件构成基本放大电路、LC 并联回路作为选频网络、信号从电感中心抽头反馈到 T 的基极(即 L_2 为反馈元件)，因此该电路具有振荡电路的三个基本环节。

(2) 相位条件及振荡频率

为便于分析相位条件，略去图 9.14(a)中的直流供电电路元件，画出其交流通路，如图 9.14(b)所示。由图 9.14(b)可见，谐振回路的三个端点与三极管的三个极相连，故该电路也称为**电感三点式振荡电路**。断开图 9.14(b)中的 A 点，并在三极管基极加信号 $\dot{U}_i$。回路谐振时，$\dot{U}_c$ 与 $\dot{U}_i$ 反相，即 $\varphi_A=180°$；L_2 上的反馈电压 $\dot{U}_f$ 又与 $\dot{U}_c$ 反相，即 $\varphi_F=180°$。所以，电

路在LC并联回路谐振时,满足相位平衡条件。由此可得振荡频率就等于LC回路的谐振频率,即

$$f_o=\frac{1}{2\pi\sqrt{(L_1+L_2+2M)C}}=\frac{1}{2\pi\sqrt{LC}} \tag{9.29}$$

式中,L 为回路的总电感,$L=L_1+L_2+2M$,M 为线圈 L_1 与 L_2 之间的互感。

(3) 幅度起振条件

只要三极管有足够大的放大倍数,调节电感线圈抽头的位置来保证足够的 $|\dot{U}_f|$ 值,就可满足幅度起振条件。根据经验,通常选择反馈线圈 L_2 的圈数为整个线圈的1/8~1/4,具体的圈数比应通过实验来调整。

(4) 电路特点

① 调节频率方便。采用可变电容,可获得较宽的频率调节范围。

② 一般用于产生几十兆赫以下的频率。

③ 由于反馈电压取自电感 L_2,电感对高次谐波的阻抗较大,因此输出波形中含有较大的高次谐波,波形较差。通常用于要求不高的设备中,例如高频感应加热器等。

4. 电容反馈式(电容三点式)振荡电路

为了获得良好的正弦波,可将图9.14(a)中的 L_1、L_2 改用对高次谐波呈低阻抗的电容 C_1、C_2,同时将 C 改成 L,构成谐振回路。为了构成放大管输出回路的直流通路,在电路中加了 R_C,如图9.15(a)所示;图9.15(b)所示为其简化的交流通路。该电路称为**电容**(capacitor)**反馈式振荡电路**,又称电容三点式或**考毕兹**(colpitts)**振荡电路**。

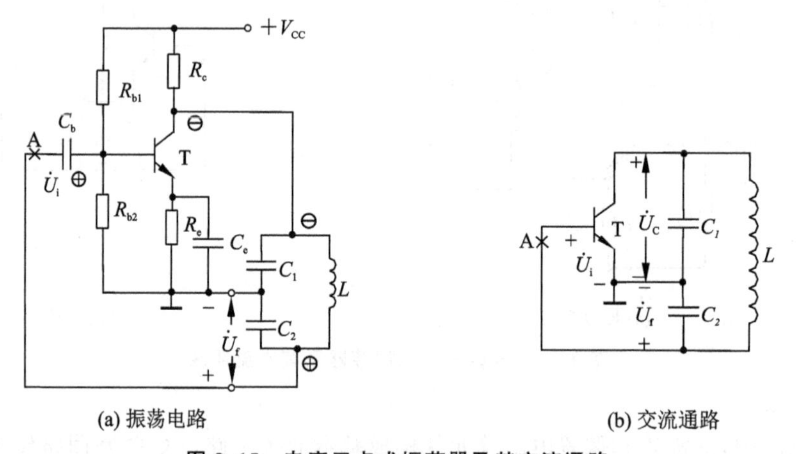

图9.15 电容三点式振荡器及其交流通路

(1) 组 成

在图9.15(a)中三极管和偏置电阻等元件构成基本放大电路,LC并联回路组成选频网络,反馈电压即为 C_2 两端电压,因此该电路具有振荡电路要求的三个基本环节。

(2) 相位条件及振荡频率

假设将电路从A处断开,不难分析出仅当LC回路谐振时,$\dot{U}_f$ 与 $\dot{U}_i$ 同相,电路满足相位平衡条件。图9.15(a)中标出了各点电压信号的瞬时极性。该电路的振荡频率近似等于LC回路的谐振频率,即

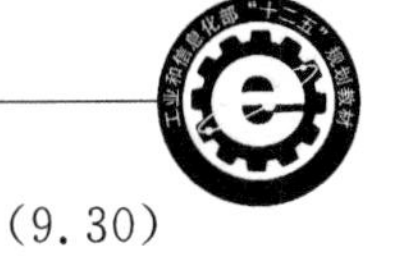

$$f_o \approx \frac{1}{2\pi\sqrt{LC}} = \frac{1}{2\pi\sqrt{L\dfrac{C_1C_2}{C_1+C_2}}} \tag{9.30}$$

(3) 幅度起振条件

C_1 和 C_2 上的压降与电容量成反比分配，只要调节 C_1 和 C_2 的大小即可获得满足振荡需要的 $|\dot{U}_f|$ 值。通常选择两个电容之比 $C_1/C_2 \leqslant 1$，具体数值可通过实验调整来最后确定。

(4) 电路特点

① 由于反馈电压取自电容 C_2，电容对于高次谐波阻抗很小，于是反馈电压中的谐波分量很小，所以输出波形较好。

② 因为电容 C_1、C_2 的容量可以选得较小，并将放大管的极间电容也计算到 C_1、C_2 中去，因此振荡频率较高，一般可以达到 100 MHz 以上。

③ 调节 C_1 或 C_2 可以改变振荡频率，但同时会影响起振条件，因此这种电路适于产生固定频率的振荡。如果要改变频率，可在 L 两端并联一个可变电容。由于固定电容 C_1、C_2 的影响，频率的调节范围比较窄。另外也可采用可调电感来改变频率。

比较图 9.14(b)和图 9.15(b)所示的电路可以发现，它们有如下共同特点：谐振回路的三个引出端与三极管的三个电极相连接，其中与发射极相接的为两个同性质电抗，而另一个(接在集电极与基极间)为异性质电抗。可以证明，凡按这种规定连接的三点式振荡电路，必定满足相位平衡条件。因而，这种规定可作为**三点式振荡电路的组成法则**，利用这个法则可以判别三点式振荡电路的连接是否正确。

例 9.4　试判断图 9.16 所示电路(仅画出交流通路)是否满足振荡的相位条件。

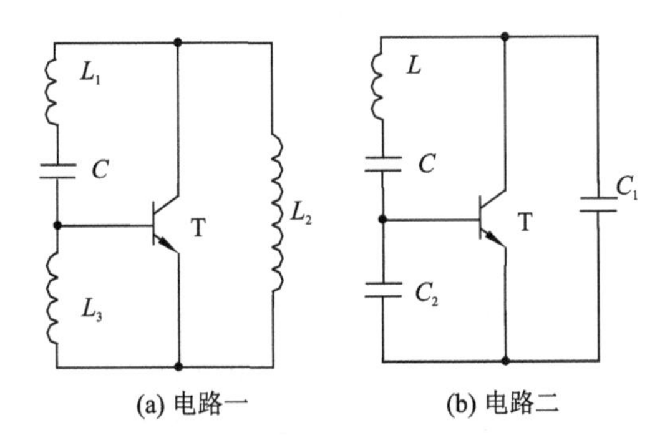

图 9.16　待判断的振荡电路

解：① 图 9.16(a)所示电路中，与发射极相接的两个电抗均为电感，要使电路满足自激所需的相位条件，集电极与基极之间的 L_1 和 C 串联支路必须呈容性。设电路的振荡角频率为 ω_o，则应满足

$$\frac{1}{\omega_o C} > \omega_o L_1 \qquad 或 \qquad \omega_o^2 < \frac{1}{L_1 C}$$

一般来说，振荡角频率近似等于回路的谐振角频率，则有

$$\omega_o^2 = \frac{1}{(L_1+L_2+L_3)C}$$

由此可知,不等式 $\omega_o^2 < \dfrac{1}{L_1 C}$ 恒成立,故该电路满足自激所需的相位条件。

② 在图 9.16(b) 所示电路中,与发射极相接的两个电抗均为电容,采用①中类似方法可以证明,在振荡频率上,L 和 C 的串联支路呈感性,该电路符合三点式电路的组成法则,满足自激所需的相位条件。这个电路就是下面将要讨论的克拉泼振荡电路,它是电容三点式的改进电路。

5. 电容反馈式改进型振荡电路(克拉波振荡器)

上述讨论的电容反馈式振荡电路,当要求振荡频率比较高时,电容 C_1、C_2 的数值比较小。但是在交流通路中,C_1 并联在放大管的 c、e 之间,而 C_2 并联在放大管的 b、e 之间,因此,如果 C_1、C_2 的值小到可与管子的极间电容相比拟的程度,此时管子的极间电容随温度等因素的变化将对振荡频率产生显著的影响,造成振荡频率不稳定。

为克服上述缺点,提高频率的稳定性,可在图 9.15 的基础上加以改进,在电感 L 支路中串联一个电容 C,形成**电容反馈式改进型振荡电路**,又称**克拉泼**(clapper)**振荡器**,如图 9.17 所示,此时振荡频率的表示式为

$$f_o \approx \frac{1}{2\pi\sqrt{L \cdot \dfrac{1}{\dfrac{1}{C_1}+\dfrac{1}{C_2}+\dfrac{1}{C}}}} \tag{9.31}$$

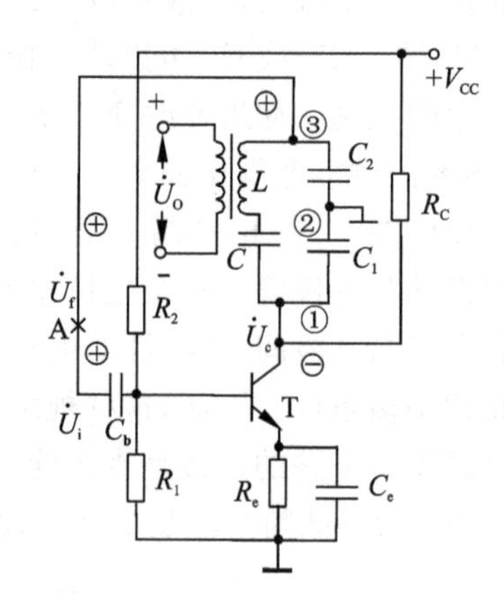

图 9.17 改进型电容三点式振荡电路

在选择电容参数时,使 C_1、C_2 的电容值远大于管子的极间电容以致可以忽略极间电容变化的影响,而串联在 L 支路中 C 的电容值较小,即 $C \ll C_1$,$C \ll C_2$,则此时振荡频率近似为

$$f_o \approx \frac{1}{2\pi\sqrt{LC}} \tag{9.32}$$

由于 f_o 基本上由 LC 确定,与 C_1、C_2 的关系很小,所以当管子的极间电容改变时,对 f_o 的影响也就很小。这种电路的频率稳定度可达 $10^{-5} \sim 10^{-4}$。

上述讨论的 LC 正弦振荡器中,放大器均采用分立元件的单管放大器。事实上,LC 正弦振荡器中的放大器也可采用集成放大器。一般来说,振荡频率在几百千赫以下时,可选用一般的集成运放构成 LC 正弦振荡器;当要求振荡频率在数兆赫以上时,必须选用宽带集成放大器或专为振荡电路设计的高频单片集成振荡器,例如,采用宽带集成放大器 μA733 组成 LC 正弦振荡器,振荡频率可达数兆赫;采用高频单片集成振荡器 E1648,其振荡频率可高达 200 MHz。

9.1.4 石英晶体振荡器

1. 正弦波振荡器的频率稳定问题

在许多应用中,要求振荡器的振荡频率十分稳定,如通讯系统中的射频振荡器、数字系统中的时钟发生器等。衡量振荡器振荡频率稳定程度的质量指标称为**频率稳定度**(frequency stability)。它定义为在特定时间内频率的相对变化量 $\Delta f / f_o$,其中 f_o 为振荡频率,Δf 为频

率偏移。

LC 谐振回路的 Q 值对 LC 振荡电路的频率稳定度有较大的影响。由图 9.11 可见，Q 值愈大，相频特性曲线在 ω_o 附近的变化愈陡。前已指出，频率是由相位平衡条件确定的，因而，Q 愈高对应同样的相位变化 $\Delta\varphi_z$ 来说，频率的变化 $\Delta\omega/\omega_o$ 愈小，频率稳定度就愈高。

根据 $Q=\dfrac{\omega_o L}{R}=\dfrac{1}{R}\sqrt{\dfrac{L}{C}}$ 可知，为提高谐振回路的 Q 值，应尽量减小回路的损耗电阻，并加大 L/C 值。但 L/C 值的增大有一定的限制，因为 L 值选得太大，它的体积将要增加，线圈的损耗和分布电容也必然增加；C 如选得太小，电路中的不稳定电容即分布电容和杂散电容的影响就增大。因此，必须适当选取 L/C 值。实践证明，在 LC 振荡电路中，即使采用了各种稳频措施，频率稳定度也很难突破 10^{-5} 数量级。

石英晶体的等效 L/C 值很高，从而其 Q 值亦很高，因此其频率稳定度可达 $10^{-6}\sim10^{-8}$，甚至达 $10^{-10}\sim10^{-11}$ 量级，所以在要求频率稳定度高于 10^{-6} 以上的电子设备中得到了广泛的应用。

下面首先介绍石英晶体的基本特性，然后讨论石英晶体振荡电路的工作原理。

2. 石英晶体谐振器的特性

(1) 石英晶体谐振器的结构

石英晶体谐振器是利用石英晶体的“压电效应”而制成的谐振器件，简称石英晶体。其结构如图 9.18 所示，石英晶体为 SiO_2 的结晶体，按一定的方位角切下晶片，两边涂敷银层，接上引线，用金属或玻璃外壳封装即制成产品。

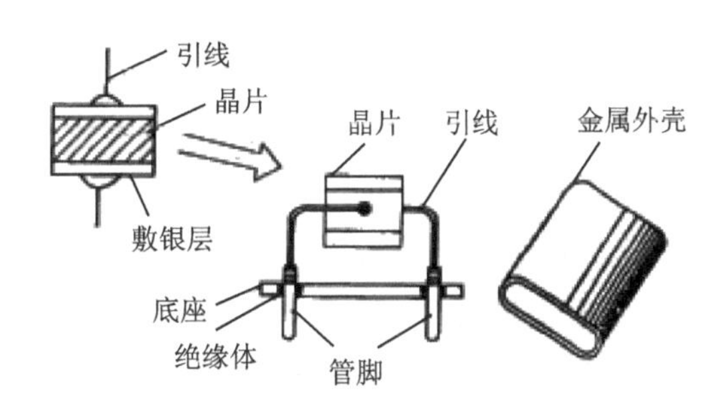

图 9.18 石英晶体谐振器的结构图

(2) 石英晶体的压电效应

从物理学中知道，若在石英晶体的两个电极间加一电场，晶片就会产生机械形变；反之，若在晶片的两侧加机械力，则在晶片相应的方向上产生电场，这种机电相互转换的物理现象称为**压电效应**(piezoelectric effect)。晶片有一固有振动频率，其值极其稳定且与晶片的切割方法、几何形状和尺寸有关。当外加交变电压的频率与晶片的固有频率相等时，其振幅最大，这种现象称为**压电谐振**(piezoelectric resonator)。因此，**石英晶体**(quartz crystal)又称为**石英晶体谐振器**。

(3) 石英晶体的等效电路

石英晶体的压电谐振现象与 LC 串联谐振回路的谐振现象十分相似，故可用 LC 回路的电参数来模拟。晶体不振动时，可看作平板电容器，用 C_0 表示，称为晶体的静态电容；晶体振动时，可用 LC 串联谐振电路来表示，其中电感 L 模拟机械振动的惯性，电容 C 模拟晶片的弹

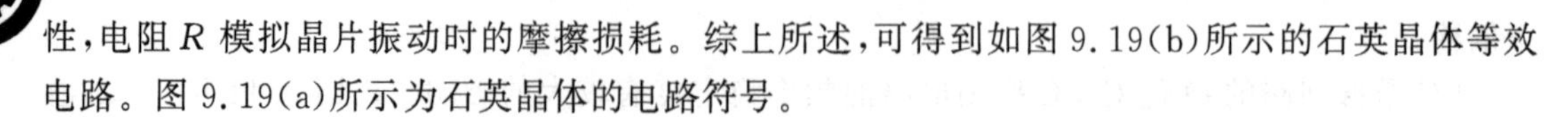

性,电阻 R 模拟晶片振动时的摩擦损耗。综上所述,可得到如图 9.19(b)所示的石英晶体等效电路。图 9.19(a)所示为石英晶体的电路符号。

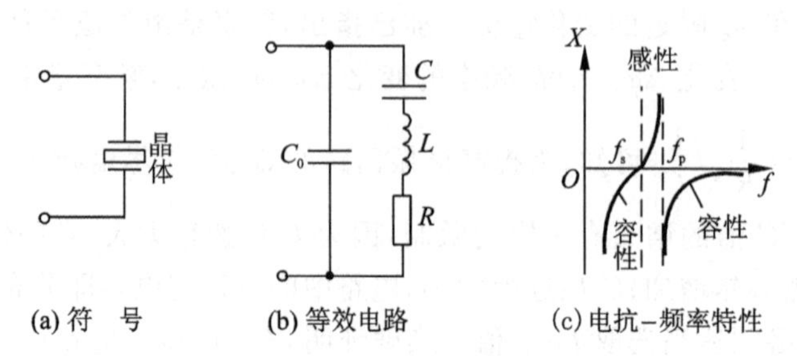

(a) 符　号　(b) 等效电路　(c) 电抗-频率特性

图 9.19　石英晶体谐振器

由于晶片的等效电感 L 很大($10^{-3}\sim10^{2}$ H),而电容 C 很小($10^{-2}\sim10^{-1}$ pF),回路的品质因数 Q 很大,可达 $10^4\sim10^6$,故其频率的稳定度很高。

(4) 石英晶体的电抗-频率特性

从石英晶体的等效电路可知,这个电路有两个谐振频率。当 L、C、R 支路串联谐振时,该支路的等效阻抗为纯电阻 R,其值很小。由于 C_0 很小(几个 pF～几十 pF),其容抗与 R 相比很大,其作用可以忽略,因此此时石英晶体等效为一个很小的纯电阻 R。串联谐振频率为

$$f_s=\frac{1}{2\pi\sqrt{LC}} \tag{9.33}$$

当等效电路并联谐振时,石英晶体等效为一个很大的纯电阻。并联谐振频率为

$$f_p=\frac{1}{2\pi\sqrt{L\dfrac{CC_0}{C+C_0}}}=f_s\sqrt{1+\frac{C}{C_0}} \tag{9.34}$$

由于 $C\ll C_0$,因此 f_s 和 f_p 两个频率非常接近。

如果忽略石英晶体等效电路中的电阻 R(设 $R=0$),则石英晶体在串联谐振时,其电抗为零;而在并联谐振时,其为纯电阻且值为∞;在 f_s 与 f_p 之间呈感性;在此区域之外呈容性。据此可画出石英晶体在 $R=0$ 时的电抗-频率特性,如图 9.19(c)所示。

3. 石英晶体振荡电路

石英晶体振荡电路形式多样,但其基本电路可分为两类,即**串联型晶体振荡电路和并联型晶体振荡电路**。前者石英晶体工作在串联谐振频率 f_s 处,利用阻抗为纯电阻且最小的特性来构成振荡电路;后者石英晶体工作在 f_s 和 f_p 之间,利用晶体作为电感与外接电容产生并联谐振来组成振荡电路。

(1) 串联型晶体振荡电路

电路如图 9.20(a)所示,T_1、T_2 组成两级放大,石英晶体接在正反馈回路中。当 $f=f_s$ 时,晶体产生串联谐振,呈电阻性,而且阻抗最小,正反馈最强,电路满足自激振荡条件。因此该电路振荡频率为 f_s。调节电阻 R_5 的大小就可改变反馈的强弱,以便电路起振获得正弦波输出。需要说明的是:通常石英晶体产品所给出的标称频率既不是 f_s 也不是 f_p,而是石英晶体外部串接一个小电容 C_s 后的校正振荡频率,其值在 f_s 和 f_p 之间,所以实际中串接了 C_s 后的串联型晶体振荡电路的振荡频率为标称频率,其值略大于 f_s。

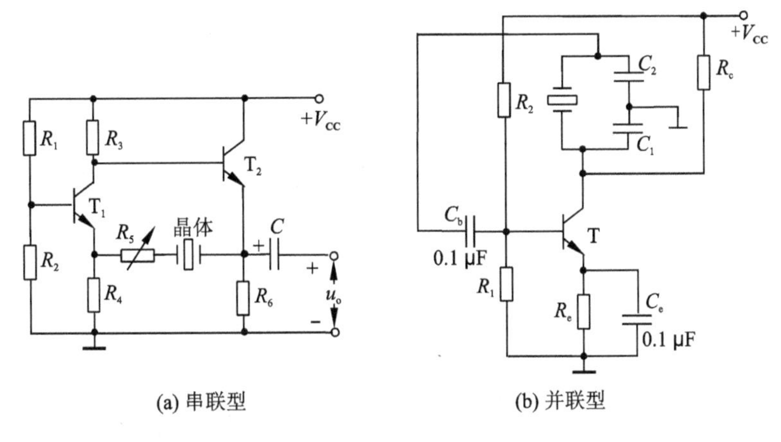

图 9.20 石英晶体振荡电路

(2)并联型晶体振荡电路

把图 9.15 电容三点式振荡电路中的电感换成石英晶体便可构成并联型晶体振荡电路，如图 9.20(b)所示。此时石英晶体工作在 f_s 与 f_p 之间呈感性，构成电容三点式振荡电路。该电路的振荡频率即为石英晶体和 C_1、C_2 组成回路的并联谐振频率。实际上，由于 C_1、C_2、C_0(晶体静态电容)均远大于 C(晶体弹性等效电容)，管子与回路间的耦合很小，电路振荡频率主要由 C 决定，因此谐振频率近似为 $f_O \approx \dfrac{1}{2\pi\sqrt{LC}}$。由此可见，振荡频率基本上由晶体的固有频率所决定，因此振荡频率稳定度很高。

9.2 非正弦信号发生器

本节主要讨论矩形波、三角波和锯齿波等非正弦信号发生电路。

9.2.1 矩形波信号发生器

矩形波发生器也称**多谐振荡器**(multivibrator)，它广泛应用于脉冲和数字系统中。产生矩形波的电路形式很多，但一般由三大部分组成：具有开关特性的器件或电路，它通常可用迟滞电压比较器、集成门电路或集成定时器等电路来实现；能实现时间延迟的延时环节，RC 电路是最常见的延时电路；反馈网络，它把输出电压恰当地反馈到开关的输入端，使开关的输出状态发生改变，并在延时电路的配合下，得到矩形波。

1. 由迟滞电压比较器构成的矩形波发生器

图 9.21 所示为由迟滞电压比较器构成的矩形波发生器，它由运放组成的迟滞比较器和 RC 电路构成。其中，迟滞比较器起开关作用，RC 电路起延时兼反馈作用。

下面讨论其工作原理。

设 $t=0$ 时，$u_C=0$，$u_o=+U_Z$，故此时运放同相端对地电压 U'_+ 为

$$U'_+=\frac{U_Z R_1}{R_1+R_2} \tag{9.35}$$

此时，$u_o=+U_Z$，通过 R 向 C 充电，u_C 呈指数规律增加，当 $t=t_1$，$u_C=U'_+$ 时，u_o 跳变为

$-U_Z$,这时运放同相端对地电压为U''_+,其值为

$$U''_+=-\frac{U_Z R_1}{R_1+R_2}=-U'_+ \tag{9.36}$$

此时,由于$u_o=-U_Z$,因此电容C放电,u_C呈指数规律减小,当$t=t_2$,$u_C=U''_+$,u_o跳变为$+U_Z$,接着电容C又被充电,如此周而复始,即可得到幅值为U_Z的矩形波。电路的工作波形见图 9.22。

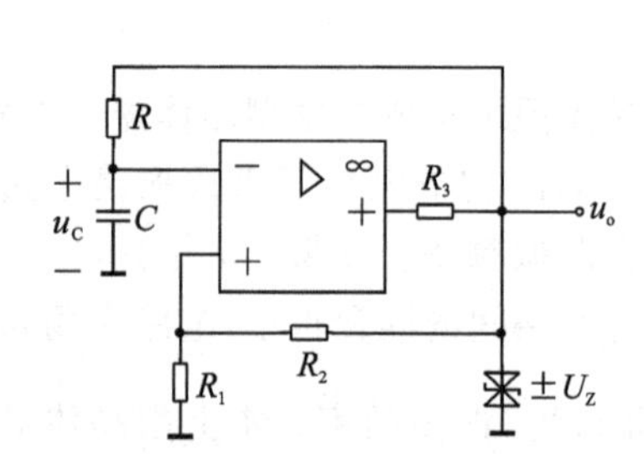

图 9.21 运放构成的矩形波发生器

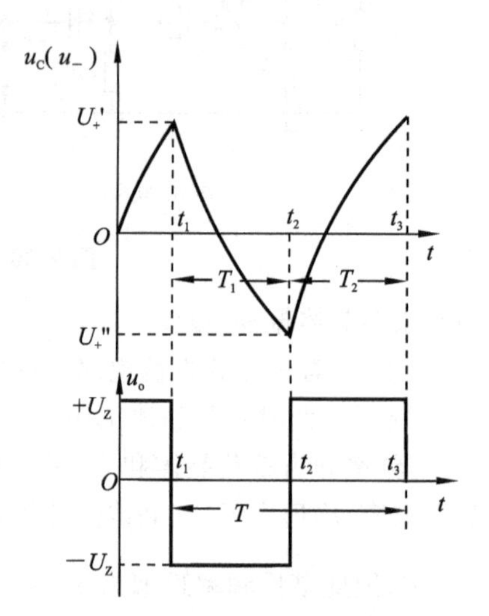

图 9.22 电路工作波形

下面求矩形波的周期。

首先,求放电时间T_1,在$t_1\sim t_2$期间,电容C放电,放电时间常数$\tau_1=RC$,u_C的起始值为$u_C(0^+)=U'_+=\frac{R_1}{R_1+R_2}U_Z$,$u_C$的终了值为$u_C(\infty)=-U_Z$。根据此三要素可求得电容$C$放电到$U''_+$的时间$T_1$为

$$T_1=\tau_1\ln\frac{u_C(\infty)-u_C(0^+)}{u_C(\infty)-U''_+}=\tau_1\ln\frac{-U_Z-\frac{R_1}{R_1+R_2}U_Z}{-U_Z+\frac{R_1}{R_1+R_2}U_Z}=\tau_1\ln\left(1+\frac{2R_1}{R_2}\right)=RC\ln\left(1+\frac{2R_1}{R_2}\right) \tag{9.37}$$

然后,求充电时间T_2,在$t_2\sim t_3$期间,电容C充电,充电时间常数$\tau_2=RC$,u_C的起始值为$u_C(0+)=U''_+$,u_C的终了值为$u_C(\infty)=U_Z$。根据此三要素可求得电容C充电到U'_+的时间T_2为

$$T_2=\tau_2\ln\frac{u_C(\infty)-u_C(0^+)}{u_C(\infty)-U'_+}=\tau_2\ln\frac{U_Z+\frac{R_1}{R_1+R_2}U_Z}{U_Z-\frac{R_1}{R_1+R_2}U_Z}=\tau_2\ln\left(1+\frac{2R_1}{R_2}\right)=RC\ln\left(1+\frac{2R_1}{R_2}\right) \tag{9.38}$$

由此可得,该电路的周期为

$$T = T_1 + T_2 = 2RC\ln\left(1+\frac{2R_1}{R_2}\right) \tag{9.39}$$

相应的振荡频率为

$$f = \frac{1}{T} = \frac{1}{2RC\ln\left(1+\frac{2R_1}{R_2}\right)} \tag{9.40}$$

由以上分析可知,充放电时间分别与充放电时间常数成正比,由于该电路的充放电时间常数相等,因而充放电时间相等,从而得到占空比为 50%的矩形波,这种矩形波也称为方波。如果要得到占空比可调而振荡频率不变的矩形波,可使电容的充放电时间常数不等且可调,而充放电时间常数之和不变,实现电路见本章习题 9.12。

2. 由集成门电路构成的矩形波发生器

(1) 用 TTL 门电路构成的环形振荡器

图 9.23 所示电路为带有 RC 电路的环形振荡器,它由 TTL 与非门 1、2、3,电容 C 和电阻 R、R_S 组成。其中,门 3 的输出反馈到门 1 的一个输入端;RC 为定时元件;R_S 为保护门 3 的限流电阻,通常 R_S 为 100 Ω 左右。为便于分析电路的工作原理,假设门的输出高电平 U_{OH} 为 3.2 V,输出低电平 U_{OL} 为 0.3 V,阈值电平 U_T 为 1.4 V。由于 RC 的延迟时间比门电路的延迟时间 t_{pd} 大得多,故在分析电路的工作过程中忽略 t_{pd} 的影响。下面分析该电路的工作原理。

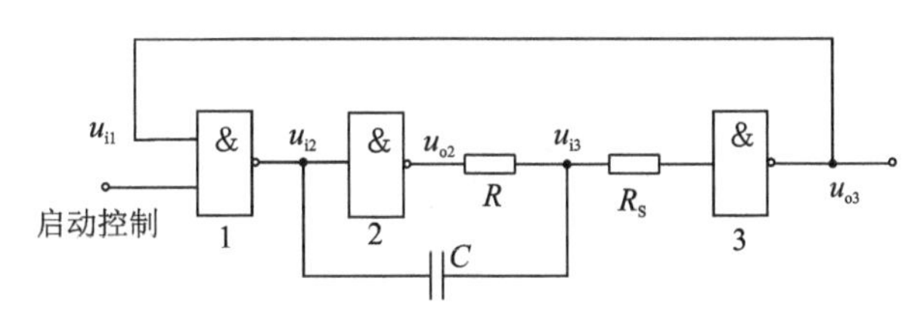

图 9.23　带有 RC 电路的环形振荡器

假设在电源接通时,启动控制端为高电平,且 u_{i1}(即门 3 输出 u_{o3})为高电平,这时门 1 的输出 u_{i2} 为低电平。由于电容 C 两端电压为零,且不能突变,因此 u_{i3} 也为低电平,它使门 3 的输出 u_{o3} 维持在高电平上。这是电路的一个状态,但这个状态是不稳定的。因为对于门 2 来说,它的输入为低电平,输出 u_{o2} 为高电平,这个高电平将通过电阻 R 对电容 C 充电;同时门 3 的输入级也要经电阻 R_S 对电容 C 充电,充电方向如图 9.24(a)所示。

随着时间的增长,u_{i3} 按指数规律上升。当 u_{i3}(因 R_S 阻值很小,门 3 输入电平近似等于 u_{i3})上升到阈值电平 U_T 时,门 3 的输出 u_{o3} 将由高变低,亦即 u_{i1} 骤降为低电平,这时 u_{i2} 跃升至输出高电平 U_{OH},即上升了 $U_{OH}-U_{OL}=2.9$ V,由于 C 两端的电压不能突变,u_{i3} 也随之跃升 $U_{OH}-U_{OL}$,即升高到 $U_{OH}-U_{OL}+U_T=4.3$ V,使 u_{o3} 也就是 u_{i1} 维持低电平,这是电路的另一个状态,同样,此状态也不是一个稳定状态。因为电容 C 要通过 R 放电,其放电回路如图 9.24(b)所示。

放电电流随时间减小,因此电压 u_{i3} 按指数规律降低,当其降到 U_T 时,门 3 又输出高电平,使 u_{i2} 下跳 $U_{OH}-U_{OL}$,从而 u_{i3} 下降到 $U_T-(U_{OH}-U_{OL})$的低电平,保持 u_{o3} 为高电平,回到电路的原先状态,如此周而复始地变化,电路就产生了连续的振荡。电路的工作波形如图 9.25 所示。图中 $U_H=U_{OH}$,$U_L=U_{OL}$。

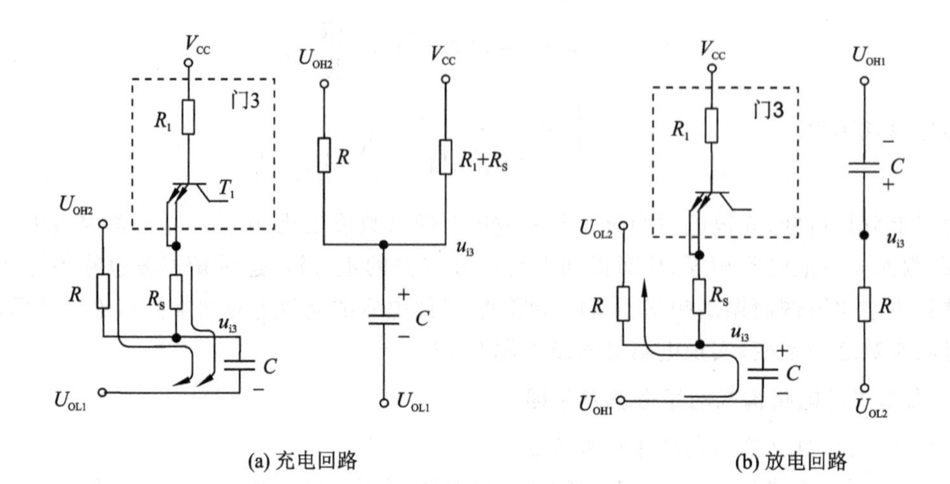

图 9.24　电容 C 的充、放电回路

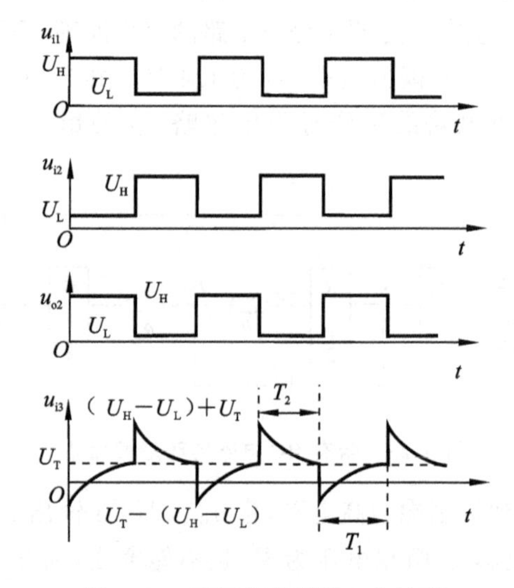

图 9.25　环形振荡器的工作波形

以上分析的是当接通电源时,启动控制端为高电平,并设 u_{o3} 为高电平的情况。若 u_{o3} 为低电平,其起振过程与上述情况类似。

显然,当启动控制端为低电平时,电路将停止振荡,因此又可把这个电路称为可控环形振荡器。

值得注意的是,在该电路中,电阻 $R+R_S$ 的取值不能过大,否则门 3 就可能始终处于导通状态,电路无法起振。为了保证电路能够起振,$R+R_S$ 的值要小于关门电阻 R_{off}。这一点读者可根据图 9.24(b)所示电容的放电情况得出。

下面近似估算这个电路的振荡周期。

由图 9.24(a)及图 9.25 可见,电容充电期间,充电时间常数 $\tau_1=[R/\!/(R_1+R_S)]C\approx(R/\!/R_1)C$,$u_{i3}$ 的起始值 $u_{i3}(0^+)$为 $U_T-(U_{OH}-U_{OL})$,趋向值 $u_{i3}(\infty)\approx U_{OH}$,由此可根据 RC 电路的三要素法求得充电到 $u_{i3}=U_T$ 的时间为

$$T_1=\tau_1\ln\frac{u_{i3}(\infty)-u_{i3}(0^+)}{u_{i3}(\infty)-U_T}\tag{9.41}$$

代入 τ_1、$u_{i3}(\infty)$ 及 $u_{i3}(0^+)$ 得

$$T_1 = (R \mathbin{/\!/} R_1)C\ln\frac{2U_{OH} - (U_T + U_{OL})}{U_{OH} - U_T} \tag{9.42}$$

同理，由图 9.24(b)及图 9.25 可得，电容器放电期间，时间常数 $\tau_2 = RC$，$u_{i3}(\infty) \approx U_{OL}$，$u_{i3}(0^+) = (U_{OH} - U_{OL}) + U_T$，因而，放电时间为

$$T_2 = \tau_2\ln\frac{u_{i3}(\infty) - u_{i3}(0^+)}{u_{i3}(\infty) - U_T} = RC\ln\frac{U_{OL} - [(U_{OH} - U_{OL}) + U_T]}{U_{OL} - U_T} = RC\ln\frac{U_{OH} + U_T - 2U_{OL}}{U_T - U_{OL}} \tag{9.43}$$

由于门电路的输出高电平 $U_{OH} = 3.2$ V，输出低电平 $U_{OL} = 0.3$ V，阈值电平 $U_T = 1.4$ V，则有 $T_1 \approx 0.96(R \mathbin{/\!/} R_1)C$，$T_2 \approx 1.28RC$，故振荡周期 T 为

$$T = T_1 + T_2 = 0.96(R \mathbin{/\!/} R_1)C + 1.28RC \tag{9.44}$$

又当 $R_1 \gg R$ 时，可简化为

$$T \approx 2.2RC \tag{9.45}$$

由式(9.45)可知，可通过调节 RC 来改变振荡周期。由于 R 的取值不能太大，因此，通常用电容 C 进行粗调，电阻选用电位器进行细调。为了扩大 R 的阻值范围，可以在上述环形振荡电路中增加一级跟随器。带有跟随器的环形振荡器如图 9.26 所示，图中阻值 R 可达 10 kΩ。

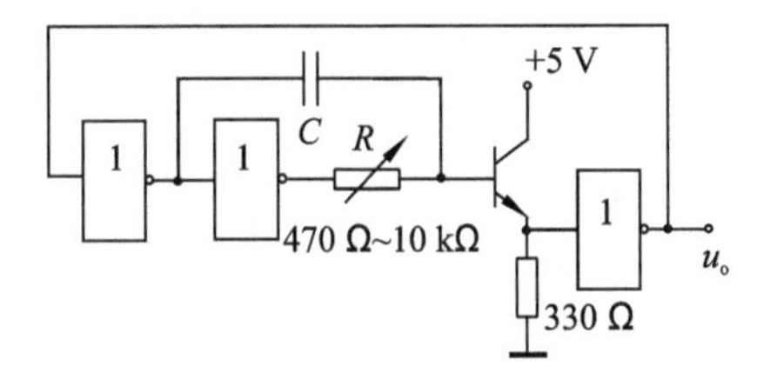

图 9.26　带有跟随器的环形振荡器

(2) CMOS 门多谐振荡器

图 9.27 给出了由两个 CMOS 门电路构成的多谐振荡器。CMOS 集成电路的输入阻抗很高，可以不考虑门的输入电流。设电源电压为 V_{DD} 和 V_{SS}，这两个门的阈值电压 $U_T = (V_{DD} + V_{SS}) / 2 > 0$。

若接通电源时，$u_A = 0$，从而 $u_B = V_{DD}$，$u_C = V_{SS}$，因 $u_B > u_C$，u_B 经 R 对 C 充电，如图 9.27 所示，使 u_A 升高。当 u_A 升高到大于 U_T 时，u_B 从 V_{DD} 下跳到 V_{SS}，u_C 由 V_{SS} 跃升到 V_{DD}，从而使 u_A 从 U_T 跃升到 $U_T + (V_{DD} - V_{SS})$。这时 $u_C > u_B$，C 经 R 放电，u_A 下降。当 u_A 下降到 U_T 时，u_B 由 V_{SS} 跃升到 V_{DD}，u_C 从 V_{DD} 下跳到 V_{SS}，u_A 下降到 $U_T - (V_{DD} - V_{SS})$。u_B 再次对 C 充电，如此周而复始，由 u_B 和 u_C 可得振幅为 $V_{DD} - V_{SS}$ 的矩形波信号。矩形波周期的推导留作习题，请读者自行完成。

(3) 晶体多谐振荡器

上述各种多谐振荡器的优点是电路简单、成本低，缺点是频率稳定度不够高。与正弦波振荡器一样，要得到频率稳定度高的矩形波，可采用石英晶体来组成石英晶体多谐振荡器。图 9.28 给出了一个典型的晶体多谐振荡器。由石英晶体的频率特性可知，仅当在其串联谐振频率 f_s 处，它的阻抗最低且为纯阻，图中的两个门构成了正反馈，产生振荡，振荡频率为 1 MHz，与电路中的 RC 无关。

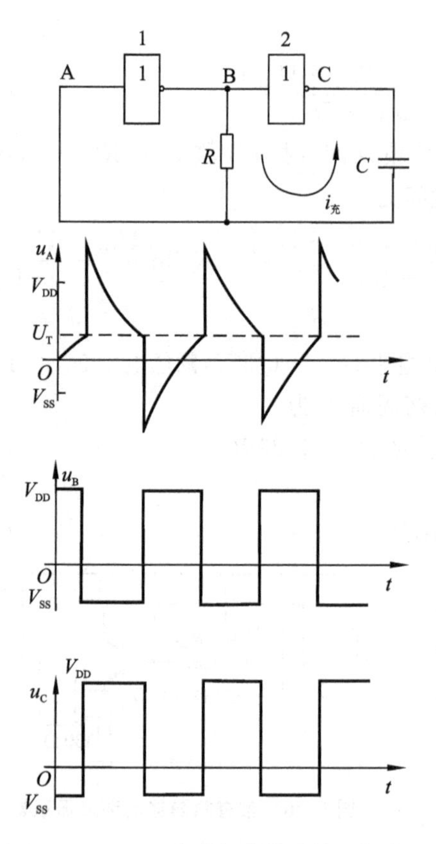

图 9.27 CMOS 多谐振荡器及其工作波形

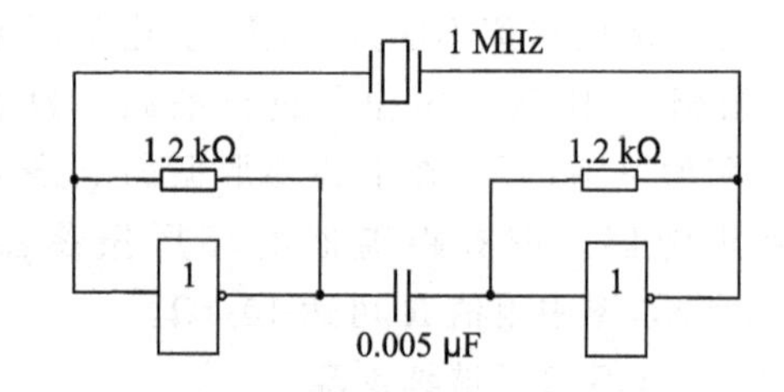

图 9.28 晶体多谐振荡器

以上讨论了由门电路构成的矩形波发生器。事实上,目前已有专用的集成振荡电路,如74320、74321等,只要根据手册将晶体接在规定的引出端上,再加上适当的辅助元件,即可得到频率稳定的矩形波信号。

3. 由555构成的矩形波发生器

555是一种应用广泛的中规模集成定时电路。用它可构成多谐振荡器。下面首先给出555的基本工作原理,然后讨论由555构成的多谐振荡器。

(1) 555电路的基本工作原理

555集成电路主要由两个高精度电压比较器、一个基本RS触发器及一个作为放电通路的晶体三极管T组成,其结构框图如图9.29所示。其中RS触发器是数字电路的一种基本单元,它有两个输入端 $\overline{R}$ 和 $\overline{S}$,两个输出端Q和 $\overline{Q}$,其功能是:当 $\overline{R}$ 为低电平、$\overline{S}$ 为高电平时,输出Q为低电平、$\overline{Q}$ 为高电平;当 $\overline{R}$ 为高电平、$\overline{S}$ 为低电平时,输出Q为高电平、$\overline{Q}$ 为低电平;当 $\overline{R}$ 为高电平、$\overline{S}$ 为高电平时,输出Q和 $\overline{Q}$ 保持原有电平。从上述功能看,$\overline{R}$ 为复位端(Reset),$\overline{S}$ 为置位端(Set)。555各引脚的功能如下:

① 脚:接地端GND。

② 脚:触发输入端 $\overline{TR}$,此端电平低于 $V_{CC}/3$(下触发电平)时,引起触发,使输出Q为高,即③脚为高,而 $\overline{Q}$ 为低使放电管T截止,⑦脚呈高阻抗。

③ 脚:输出端OUT。

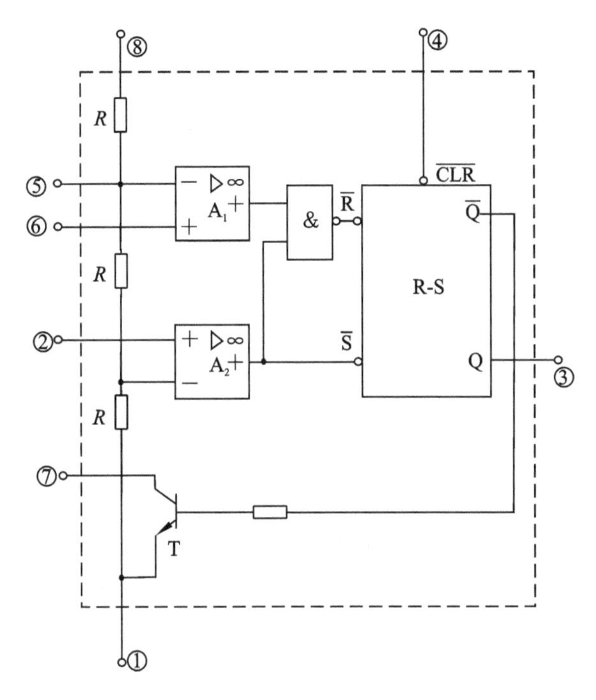

图 9.29　555 时基电路框图

④ 脚:复位清零$\overline{CLR}$,此端送入一低电位,可使输出端变为低电平。

⑤ 脚:电压控制端 C—U,此端外接一个参考电源时,可以改变上、下触发电平的值。

⑥ 脚:阈值输入端 TH,仅当②脚电平高于 $V_{CC}/3$ 时,此端电平高于 $2V_{CC}/3$(上触发电平)时,才引起触发,使输出 Q 为低即③脚为低,而 $\overline{Q}$ 为高使放电管 T 导通,⑦脚呈低阻状态。

⑦ 脚:放电端 DISC,它是内部晶体管 T 的集电极,当输出脚③为低电平时,内部晶体管 T 饱和,外部电路可通过⑦脚对地放电。它也可作为集电极开路输出。

⑧ 脚:电源 V_{CC} 端。

表 9.1 给出了 555 的具体功能,其中“*”表示为任意状态。

表 9.1　555 功能表

输入端信号			输出端信号	
$\overline{CLR}$	TH	$\overline{TR}$	OUT	DISC
0	*	*	0	低阻
1	$>2V_{CC}/3$	$>V_{CC}/3$	0	低阻
1	$<2V_{CC}/3$	$>V_{CC}/3$	保持	保持
1	*	$<V_{CC}/3$	1	高阻

(2) 555 构成的多谐振荡器

图 9.30(a)所示为由 555 构成的多谐振荡器,其中 R_A 和 R_B 是外接电阻,C 是外接电容。

接通电源时,电容电压 $u_C=0$,低于 $V_{CC}/3$,因此引脚 3 输出高电平,555 内部的晶体管 T 截止。此时电源 V_{CC} 通过 R_A、R_B 向电容充电,随着电容 C 的充电,u_C 增高,当其值不超过

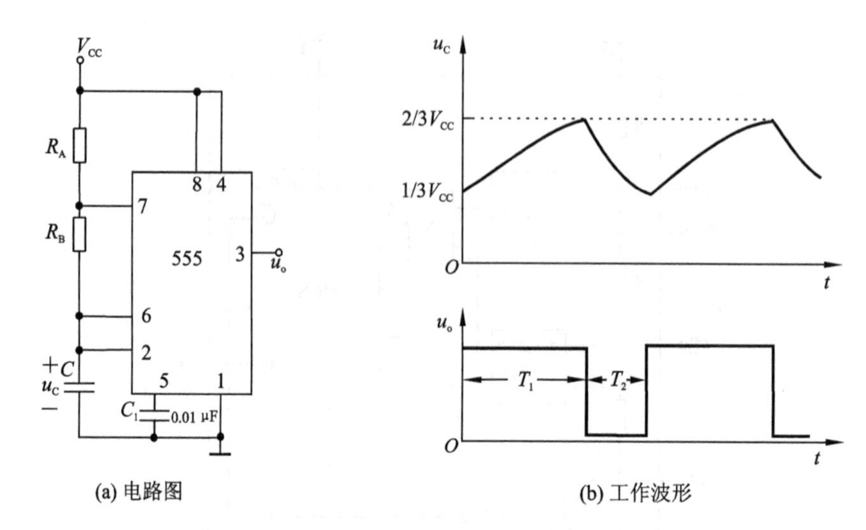

(a) 电路图 (b) 工作波形

图 9.30 555构成的多谐振荡器及其工作波形

$2V_{CC}/3$ 时,引脚3输出保持高电平,555内部的晶体管T截止;当电容两端的电压 u_C 略微超过 $2V_{CC}/3$ 时,输出脚3突变为低电平,同时555内部晶体管T饱和,C 通过它放电。随着 C 的放电,u_C 下降,一旦 u_C 下降到略微低于 $V_{CC}/3$ 时,输出引脚3变为高电平,同时T截止,于是又开始了 C 的重新充电。电路的工作波形如图9.30(b)所示。

由RC电路的充放电规律可得,$T_1=(R_A+R_B)C\ln2$,$T_2=R_BC\ln2$。于是振荡频率为

$$f=\frac{1}{T_1+T_2}=\frac{1}{(R_A+2R_B)C\ln2}=\frac{1.44}{(R_A+2R_B)C} \tag{9.46}$$

上述电路产生的矩形波的占空比(脉冲宽度与周期之比)是固定的,要想得到周期不变而占空比可变的矩形波,应在上述电路上加以改进。

9.2.2 三角波信号发生器

我们知道,三角波信号可通过由方波信号积分得到,因此三角波信号发生器可在图9.21的方波信号发生器的基础上加上一个积分电路得到,电路如图9.31所示。

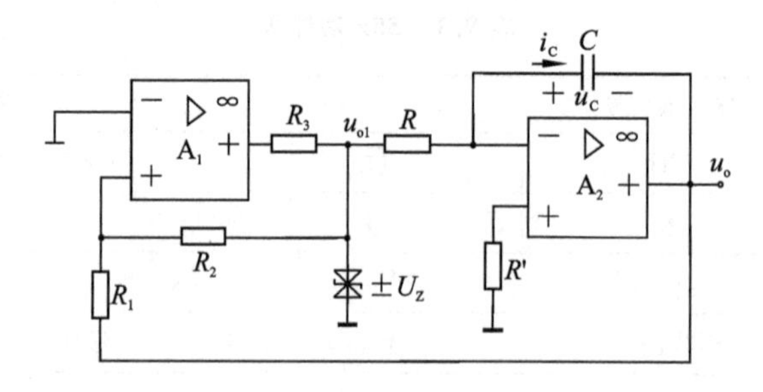

图 9.31 三角波发生器

首先,分析一下该电路的工作原理。

设 $t=0$ 时,$u_C=0$,$u_{o1}=+U_Z$,则 $u_o=-u_C=0$,运放 A_1 的同相端对地电压为

$$u_+=\frac{U_ZR_1}{R_1+R_2}+\frac{u_oR_2}{R_1+R_2} \tag{9.47}$$

此时，u_{o1} 通过 R 向 C 恒流充电，u_C 线性上升，u_o 线性下降，则 u_+ 下降。由于运放反相端接地，因此当 u_+ 下降到略小于 0 时，A_1 翻转，u_{o1} 跳变为 $-U_Z$，见图 9.32 中 $t = t_1$ 时刻所示。根据式(9.47)可知，此时 u_o 略小于 $-\frac{R_1}{R_2}U_Z$。

在 $t = t_1$ 时，$u_C = -u_o = \frac{R_1}{R_2}U_Z$，$u_{o1} = -U_Z$，运放 A_1 的同相端对地电压为

$$u_+ = -\frac{U_Z R_1}{R_1 + R_2} + \frac{u_o R_2}{R_1 + R_2} \tag{9.48}$$

此时，电容 C 恒流放电，u_C 线性下降，u_o 线性上升，则 u_+ 也上升。当 u_+ 上升到略大于 0 时，A_1 翻转，u_{o1} 跳变为 U_Z，见图 9.32 中 $t = t_2$ 时刻所示。根据式(9.48)可知，此时 u_o 略大于 $\frac{R_1}{R_2}U_Z$。如此周而复始，就可在 u_o 端输出幅度为 $\frac{R_1}{R_2}U_Z$ 的三角波，同时在 u_{o1} 端得到幅度为 U_Z 的方波。电路的工作波形见图 9.32。

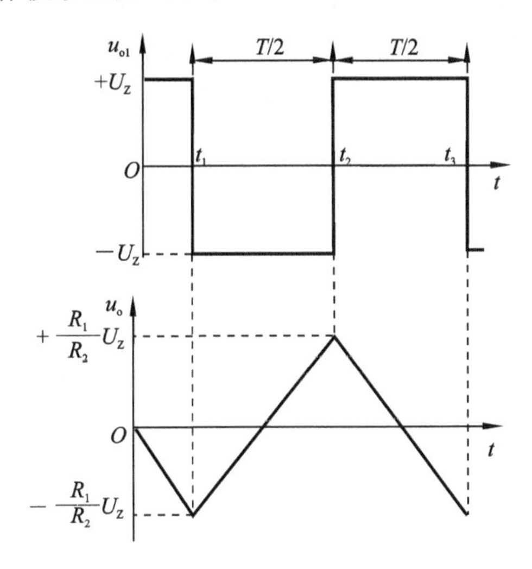

图 9.32 电路的工作波形

下面求该电路的振荡周期和频率。

在图 9.32 中的 $t_1 \sim t_2$ 期间，电容 C 恒流放电，此时放电电流为 $i_C = -U_Z/R$。在此期间，电容 C 上的电压变化量为 $\Delta u_C = -\frac{2R_1}{R_2}U_Z$，由此可得放电时间 $T_1 = t_2 - t_1$ 为

$$T_1 = \frac{C\Delta u_C}{i_C} = \frac{C\left(-\frac{2R_1}{R_2}U_Z\right)}{-\frac{U_Z}{R}} = 2RC\frac{R_1}{R_2} \tag{9.49}$$

由式(9.49)可见，放电时间 T_1 与放电的 RC 成正比。

在图 9.32 中的 $t_2 \sim t_3$ 期间，电容 C 恒流充电，同理可得充电时间 $T_2 = t_3 - t_2$ 与充电的 RC 成正比，其值为 $T_2 = 2RCR_1/R_2$。由于该电路的充放电的电阻和电容相同，因此充电时间与放电时间相等，从而得到三角波和方波。

由以上分析可得，该电路的振荡周期为

$$T=T_1+T_2=4RC\frac{R_1}{R_2} \tag{9.50}$$

显然,电路的振荡频率为

$$f=\frac{1}{T}=\frac{R_2}{4RCR_1} \tag{9.51}$$

9.2.3 锯齿波信号发生器

锯齿波信号与三角波信号相比,其不同点在于锯齿波的上升时间与下降时间不同,一般下降时间远小于上升时间,见图 9.34 中 u_o 的波形;而三角波的上升时间与下降时间相等,见图 9.32 中 u_o 的波形。由上面三角波信号发生器的分析可知,图 9.31 中 u_o 的波形的上升时间与下降时间即为电容的放电时间和充电时间,而充放电时间与相应的充放电的 RC 有关,因此只需在图 9.31 所示的三角波发生器上作些改进,使电容 C 的充电电阻远小于放电电阻,从而电容的充电时间远小于放电时间,以得到下降时间远小于上升时间的锯齿波信号。图 9.33 即是锯齿波发生器。由图可见,该电路电容充电电阻为 $R/\!/R_4$,放电电阻为 R,只要 R_4 远小于 R,就可得到如图 9.34 所示的锯齿波。该电路的振荡周期及频率求解方法与三角波产生电路类似。

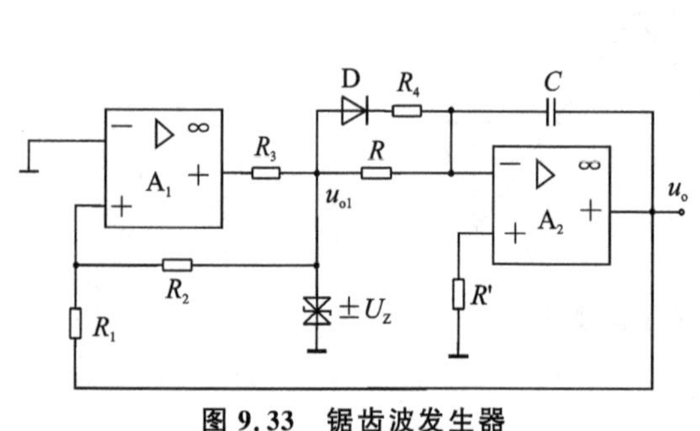

图 9.33 锯齿波发生器

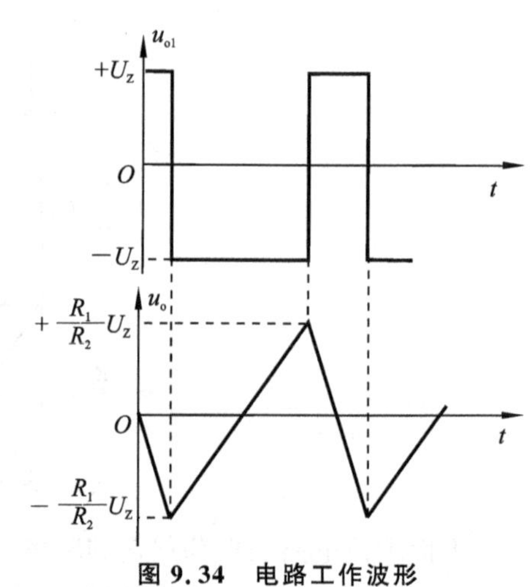

图 9.34 电路工作波形

9.2.4 压控振荡器

如前所述,图 9.31 的三角波发生器的振荡频率与积分器的电容充放电时间有关。电容 C 放电时,实际上就是积分器输入电压 $-U_Z$ 通过电阻 R 对其反向充电。由于是恒流放电,因而放电时间与放电电流 i_C 的大小有关,而 $i_C=-U_Z/R$,其大小与 U_Z 的大小成正比,所以放电时间受控于 $-U_Z$。同理电容的充电时间受控于充电时的积分器输入电压 $+U_Z$。因此电路的振荡频率受控于积分器的输入电压 $\pm U_Z$。现假设积分器的输入端不与迟滞比较器的输出端相连,而是如图 9.35 那样与开关 S 的一个固定触点相连,开关 S 的另两个触点分别与 $\pm U_i$ 相连,$\pm U_i$ 是外接电压。开关 S 在 $-U_i$ 和 $+U_i$ 之间的转接受控于迟滞比较器的输出电压:当其输出电压为 $-U_Z$ 时,开关 S 接向 $-U_i$;当其输出电压为 $+U_Z$ 时,开关 S 接向 $+U_i$。显然,图 9.35 电路的振荡波形如图 9.32 所示,即积分器输出三角波,迟滞比较器输出方波,而电路的振荡频率则受外接电压$\pm U_i$控制。这种振荡频率受外加电压控制的振荡器称为压控振荡器。图 9.35 为压控振荡器的原理电路图。从上述分析中还可发现，图 9.31 电路的振荡频率同时也受控于电阻 R，因此若采用压控电阻也是可以实现压控振荡器的，此处不再赘述。

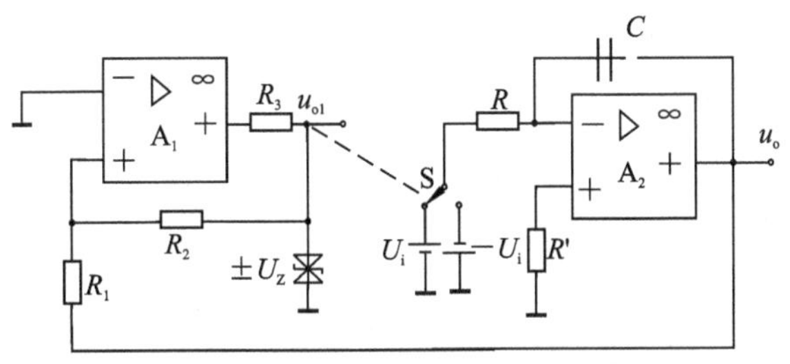

图 9.35 压控振荡器原理电路图

下面分析电路振荡频率与外加电压U_i的关系。

由于电路中电容 C 充放电时间相等，因此，求出电容 C 的放电时间即可得到电路的振荡周期从而得到振荡频率。由图 9.35 和图 9.32 可知，电容的放电电流为 $i_C = -U_i/R$，在 t_1～t_2 放电期间，电容上的电压变化量为 $\Delta u_C = -\frac{2R_1}{R_2}U_Z$，由此可得放电时间 $T_1 = t_2 - t_1$ 为

$$T_1 = \frac{C\Delta u_C}{i_C} = \frac{C\left(-\frac{2R_1}{R_2}U_Z\right)}{-\frac{U_i}{R}} = \frac{2RCR_1U_Z}{R_2U_i} \tag{9.52}$$

因此电路的振荡周期为

$$T = 2T_1 = \frac{4RCR_1U_Z}{R_2U_i} \tag{9.53}$$

相应的振荡频率为

$$f = \frac{1}{T} = \frac{R_2}{4RCR_1U_Z}U_i \tag{9.54}$$

由式(9.54)可见，当 U_i 改变时，f 随 U_i 的改变而成正比地变化，但不影响三角波和方波的幅值。如果 U_i 为直流电压，则电路振荡频率的调节十分容易；当 U_i 为缓慢变化的锯齿波，那么 f 将按同样的规律变化，即可获得扫频波；若 U_i 为频率远小于 f 的正弦信号，则压控振荡器就成为调频振荡器，它能输出抗干扰能力很强的调频波。

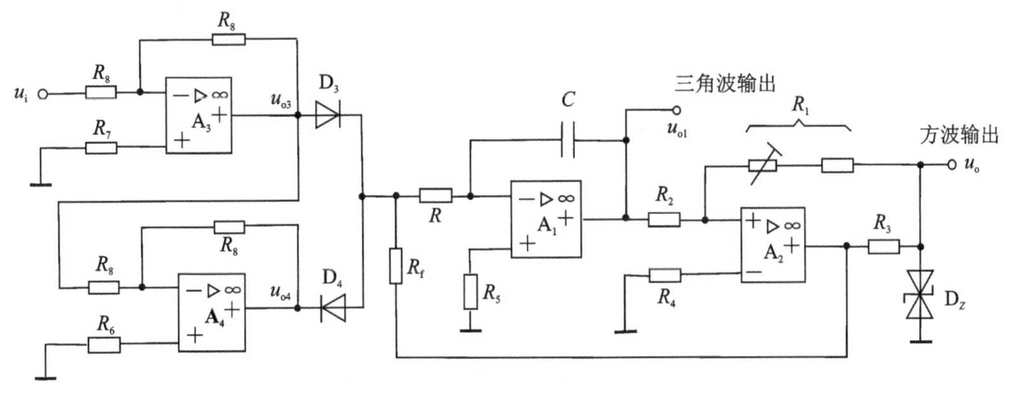

图 9.36 压控三角波方波振荡器

图9.36是实现图9.35电路的一种方案。图中A_3、A_4是两个互相串联的反相器,它们的输出电压大小相等、相位相反,即有$u_{o4}=-u_{o3}=u_i$。图中D_3、D_4的状态受A_2输出的控制。设D_3、D_4的正向压降可忽略,则当A_2输出高电位时,其值大于$\pm u_i$,D_3截止,D_4导通,积分器A_1对$u_{o4}(u_i)$积分;反之,当A_2输出为低电位,其值小于$\pm u_i$,则D_3导通,D_4截止,积分器A_1对$u_{o3}(-u_i)$积分。可见,此处的D_3、D_4起着图9.35中开关S的作用。

9.3 集成多功能信号发生器

集成多功能信号发生器是一种可同时产生方波、三角波和正弦波信号的专用集成电路,通过外部电路的控制,还能获得占空比可调的矩形波和锯齿波,因此广泛应用于生物医学工程和仪器仪表领域。5G8038是一种数字与模拟兼容的集成多功能信号发生器。它有如下的优良性能:工作频率可在0.001 Hz~300 kHz范围内调节;输出三角波线性度优于0.1%;正弦波输出的失真小于1%;矩形波输出的占空比可在1%~99%范围内调节,输出电平可在4.2~28 V范围内变化;各类输出波形的频率漂移小于50 ppm/℃;具有外接元件少、引出比较灵活、适应性强等特点;并且既可采用双电源供电又可采用单电源供电,因此使用十分方便。下面简要介绍5G8038的结构、原理及其应用电路。

9.3.1 5G8038基本工作原理

图9.37示出了5G8038的原理结构框图。由图可见,它由一个恒流充放电振荡电路和一个正弦波变换器组成,恒流充放电振荡电路产生方波和三角波,三角波经正弦波变换器输出正弦波。图9.37中,电压比较器A_1、A_2的门限电压分别为$2U_R/3$和$U_R/3$,其中$U_R=V_{CC}+V_{EE}$。

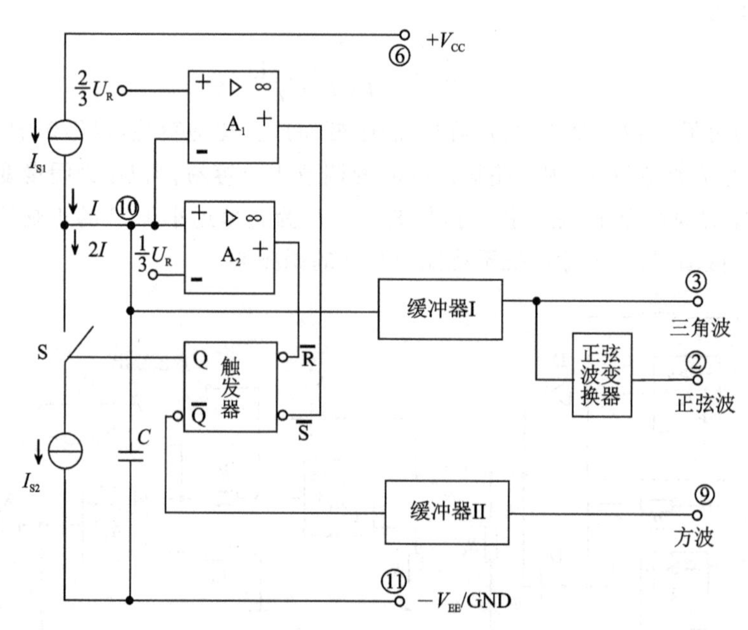

图9.37 5G8038的原理结构框图

此处的恒流充放电振荡电路产生方波和三角波的原理与图 9.29 及图 9.30 所示的 555 多谐振荡器的工作原理极为相似，所不同的是在图 9.30 中电容的充放电不是恒流的，因此电容上的电压只是近似的三角波，而此处电容的充放电是恒流的，因此电容上的电压是良好的三角波（或锯齿波），这一点与图 9.31 中方波和三角波发生器是相同的。由图 9.37 可见，外接电容的充电电流是上恒流源电流 I_{S1}，放电电流是两个恒流源电流的差值（$I_{S2}-I_{S1}$），由 9.2.2 小节和 9.2.4 小节的讨论可知，电容充放电的时间是与充放电电流成正比的。若 $I_{S2}=2I_{S1}$，则由于充放电电流相等，则充放电时间也相等。因此，此时在③端就可得到三角波，在⑨端就可得到方波，而线性三角波通过一个由电阻和晶体管组成的正弦波变换器就可在②端得到正弦波。对于 5G8038 而言，恒流源电流 I_{S1} 和 I_{S2} 的大小可以通过外部控制，所以改变 I_{S1} 和 I_{S2} 的大小，而保持 $I_{S2}/I_{S1}=2$，就可得到不同频率的三角波、方波和正弦波。若同时改变 I_{S2}/I_{S1} 的值，则在相应端可得到占空比不同的矩形波和锯齿波，但此时不能获得正弦波。

图 9.38 给出了 5G8038 的封装外引线图。图中④脚和⑤脚通过外接电阻 R_A 和 R_B 改变 I_{S2}/I_{S1} 的值，以控制输出脉冲的占空比。当输出方波时，通常在④脚和⑤脚接两个 10 kΩ 电阻，为调节方波占空比为 50%，可以用一个电位器作为微调。⑧脚为调频电压输入端，改变⑧脚电位就可以改变对电容器 C 的充放电电流，从而改变三角波、方波和正弦波的频率。⑦脚输出调频偏置电压，可作为⑧脚的输入电压。①脚和⑫脚用来调整正弦波的失真度。⑩脚外接定时电容。

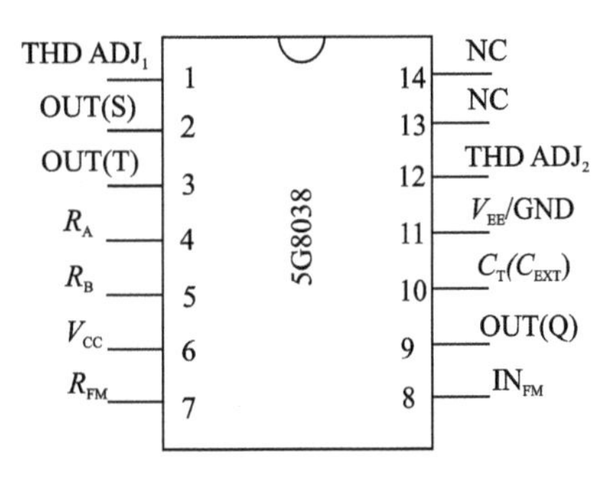

图 9.38　5G8038 的封装外引线图

9.3.2　5G8038 的应用电路

图 9.39 是由 5G8038 构成的一种最常用的波形发生电路。在此电路中，④脚和⑤脚接两个 10 kΩ 电阻，并用一个 1 kΩ 电位器 R_{P1} 作微调，电阻 R_L 作为负载，此时在脚⑨、③、②上分别输出方波、三角波和正弦波。波形的振荡频率为

$$f\approx\frac{0.3}{\left(R_A+\frac{1}{2}R_{P1}\right)C}\tag{9.55}$$

调节 1 kΩ 电位器 R_{P1}，可使方波的占空比为 50%，并能改变振荡频率。当 R_{P1} 改为 10 kΩ 电阻时，其最高频率与最低频率之比可达 100∶1。调节电位器 R_{P2}，可以减小正弦波的失真度。若要产生不对称的矩形波和锯齿波，可将电位器 R_{P1} 的阻值增大，电阻 R_A 和 R_B 的阻值减小，调节电位器 R_{P1}，即可改变占空比，获得所需要的波形。

图 9.40 给出了由 5G8038 构成的压控多功能信号发生器电路，它能产生频率受⑧脚外加电压控制的方波、三角波和正弦波。调节电位器 R_{P1} 可使振荡频率在 20 Hz～20 kHz 范围内变化。电位器 R_{P2}、R_{P3} 的作用分别与图 9.39 中的 R_{P2}、R_{P1} 的作用相同。图中二极管的作用是即使⑧脚的电位达到最高时，仍保证 R_A 和 R_B 上有几百毫伏的压降，以保证电路正常工作。电位器 R_{P4} 用于调节低频信号的对称性。在该电路中，若在⑧脚不接电位器 R_{P1}，而在⑧脚加上缓变信号（如锯齿波），则电路将成为调频信号发生器。

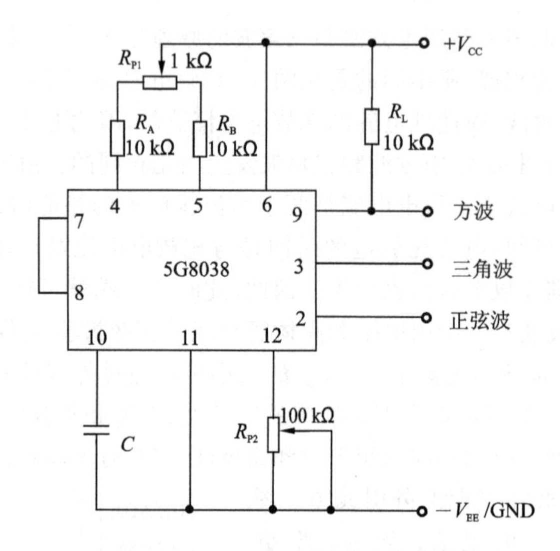

图 9.39　5G8038 典型应用接线图

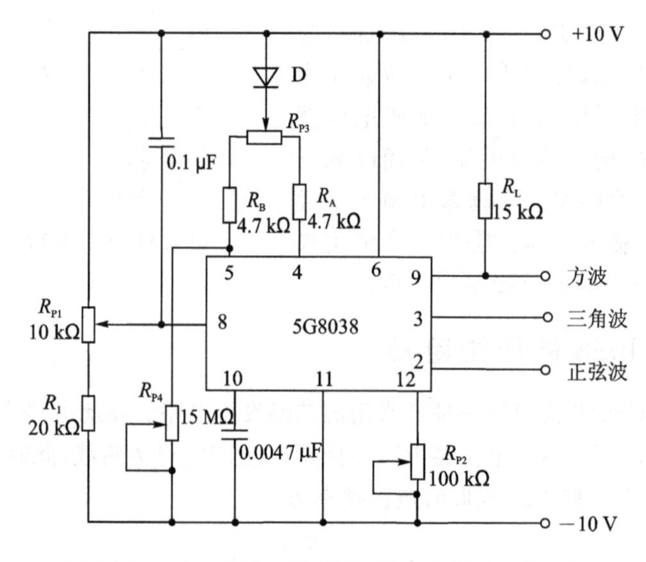

图 9.40　5G8038 构成的压控多功能信号发生器电路

9.4　用 PSPICE 分析振荡电路实例

例 9.5　RC 正弦振荡电路如图 9.41 所示，其中运放 A 为 μA741，D 为 1N4148，结型场效应管 T 为 J177，电源电压为±12 V。

(1) 调节 R_5 的滑动端至中点，运用 PSPICE 软件观察输出电压波形由小到大的起振和稳定到某一幅度的全过程，并求振荡稳定时，输出电压 u_o 的振荡频率 f_o 和振幅。

(2) 当 R_5 的滑动端自中点向下调节至 R_5 的滑动端与 R_5 下端之间的电阻值为 400 kΩ 时，振荡稳定时，输出电压 u_o 的振荡频率 f_o 和振幅有何变化？

解：(1)绘出图 9.41 电路的仿真电路如图 9.42 所示。

① 观察输出电压波形由小到大的起振和稳定到某一幅度的全过程。

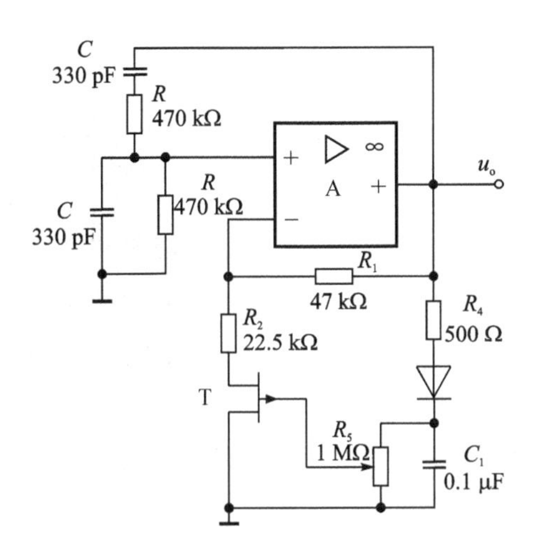

图 9.41　RC 正弦振荡电路

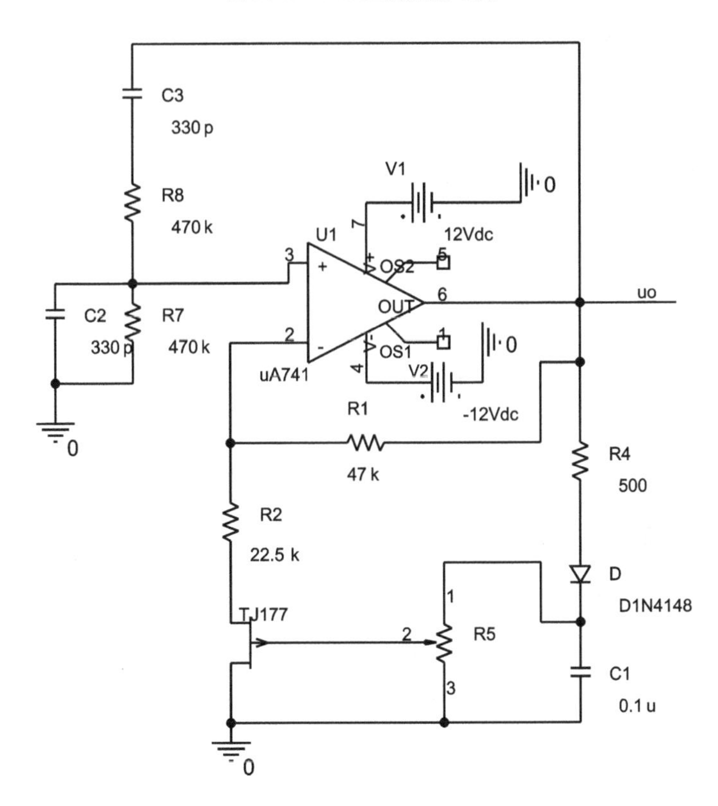

图 9.42　RC 正弦振荡电路的仿真电路图

设置 R_5 的属性值 SET=0.5，也即使 R_5 的滑动端 2 滑至中点，在 PSPICE 选项中新建一个 New Simulation Profile 文件，选择 Time Domain(Transient)选项，设置仿真参数如下：在 Run to time 中输入 140 ms，Start saving data after 中输入“0”，在 Maximum step size 中输入“10 μs”，单击 OK 按钮，开始仿真。输出电压波形由小到大的起振和稳定到某一幅度的全过程波形图如图 9.43 所示。

② 求振荡频率 f_o 和振幅

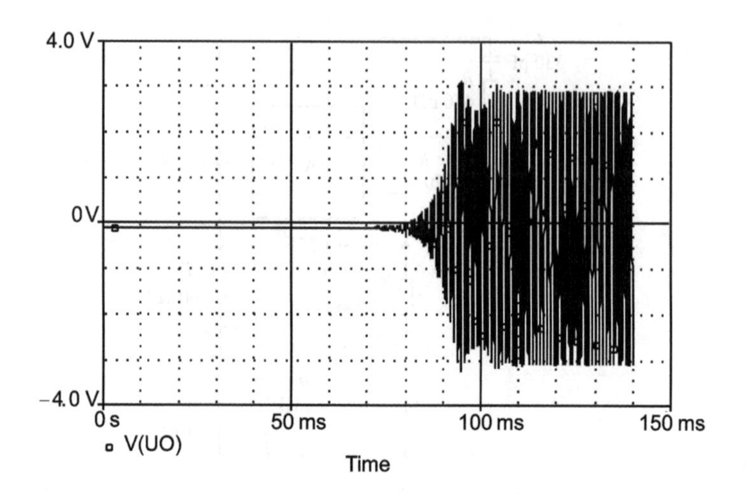

图 9.43　图 9.42 的起振波形图

观察图 9.43 的电压波形,将坐标作如下调整即可测得振荡频率 f_o 和振幅:双击 X 轴位置,打开 Axis Settings 对话框,选 X Axis,选中 User Defined,输入"125 ms"到"130 ms"(必须选择波形稳定的时间段),Y Axis 不变,可得波形图,如图 9.44 所示。

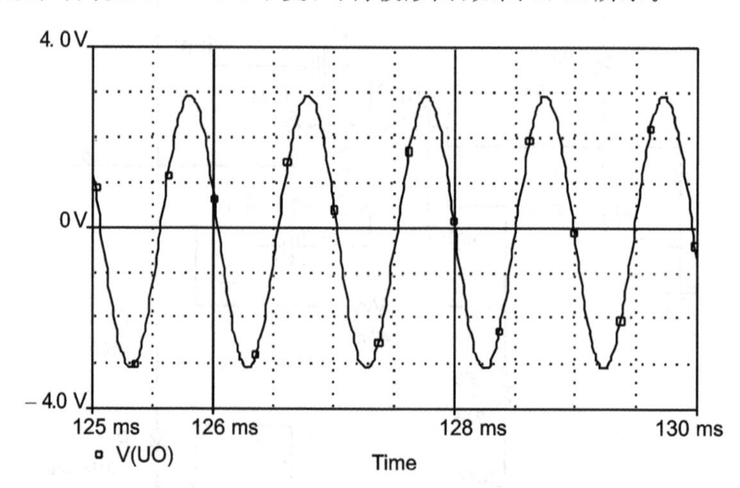

图 9.44　图 9.43 中稳定的正弦输出波形

经观察,用 Probe Cursor 功能读数,读得图中周期时间段依次为:125.062~126.042 ms;126.042~127.022 ms,127.022~128.002 ms,128.002~128.982 ms,故可得平均周期 T_o 近似为 0.98 ms,由此可计算振荡频率 f_o,利用 $f_o=1/T_o$,得 $f_o=$ 1 020 Hz,与理论值相符。用 Probe Cursor 功能读数同样可得到正弦波的振幅为 3.022 V。

(2) 设置 R_5 的属性值 SET=0.4,可使 R_5 的 2、3 端之间的电阻值为 400 kΩ,仿真设置与(1)相似,同样可得到振荡稳定时,输出电压的波形如图 9.45 所示。由此可得振荡频率 $f_o=$ 1 020 Hz,正弦波的振幅为 3.649 V,可见向下调节 R_5,振荡频率几乎不变,振幅变大。

例 9.6　克拉波振荡电路如图 9.46 所示,已知电路中三极管为 2N2222A。试用 PSPICE 分析电路:

(1) 求振荡稳定时,输出电压 u_o 的振荡频率 f_o 和振幅。

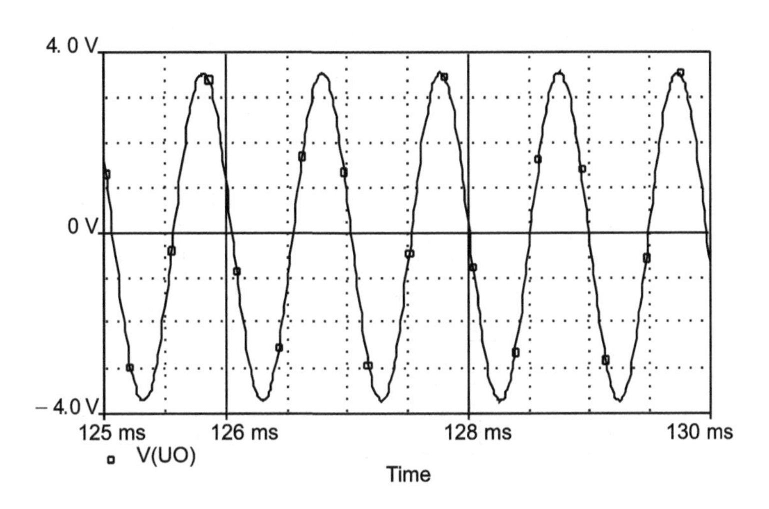

图 9.45　R_5 的 2、3 端之间的电阻值为 400 kΩ 时，稳定的正弦输出波形

(2) 求出集电极电流波形，并由频谱分析求出基波电流幅度。

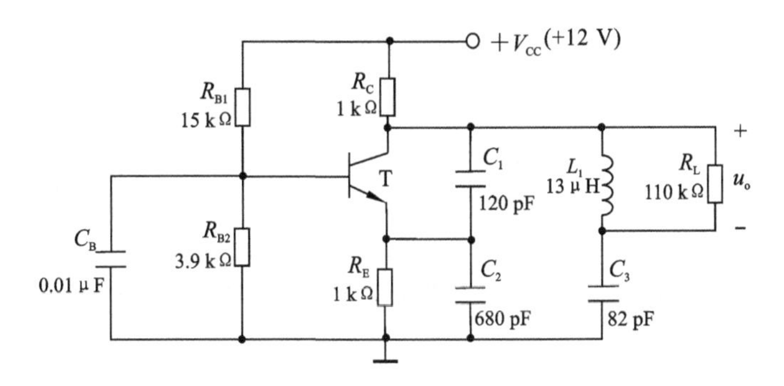

图 9.46　克拉泼振荡电路

解：(1)绘出图 9.46 电路的仿真电路如图 9.47 所示。

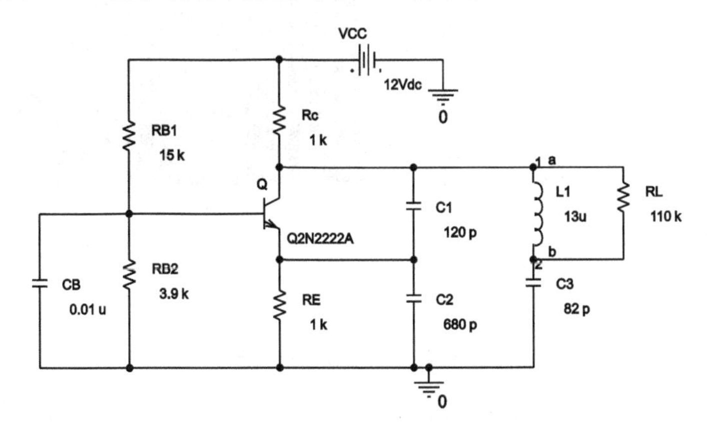

图 9.47　克拉泼振荡电路的仿真电路图

在 PSPICE 选项中新建一个 New Simulation Profile 文件，选择 Time Domain(Transient) 选项，设置仿真参数如下：在 Run to time 中输入“150 μs”，在 Start saving data after 中输入“0”，在 Maximum step size 中输入“10 ns”，单击 OK 按钮，开始仿真。得到输出电压波形图

后,将坐标作如下调整即可测得振荡频率 f_o:双击 X 轴位置,打开 Axis Settings 对话框,选 X Axis,选中 User Defined,输入“140 μs”到“141 μs”(必须选择波形稳定的时间段),选 Y Axis,选中 User Defined,输入“−8 V”到“8 V”,可得如图 9.48 所示波形图。

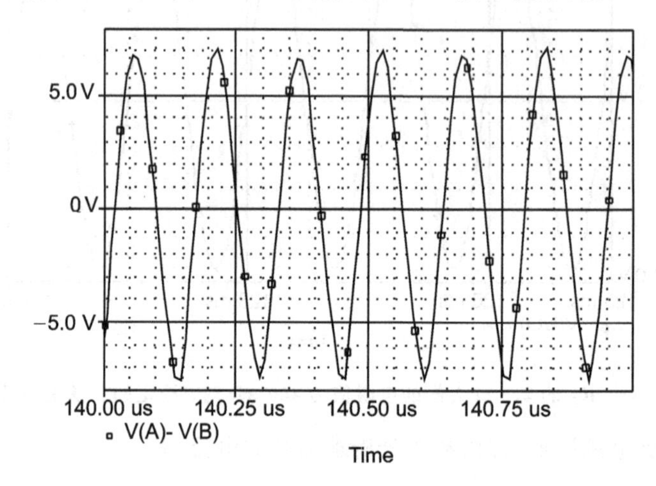

图 9.48 图 9.46 电路的稳定输出波形图

经观察,用“Probe Cursor”功能读数,读得图中周期时间段依次为:140.021~140.176 μs,140.176~140.331 μs,140.331~140.486 μs,故可得平均周期 T_o 近似为 0.155 μs,由此可计算振荡频率 f_o,利用公式 $f_o=1/T_o$,得到 $f_o=$ 6.45 MHz,与理论值相符。用 Probe Cursor 功能读数,同样可得到正弦波的振幅为 7.338 V。

(2) 集电极电流波形即为 I[Q:C]的波形,选 Y Axis,选中 User Defined,输入“−5 mA”到“20 mA”,可得波形如图 9.49 所示。

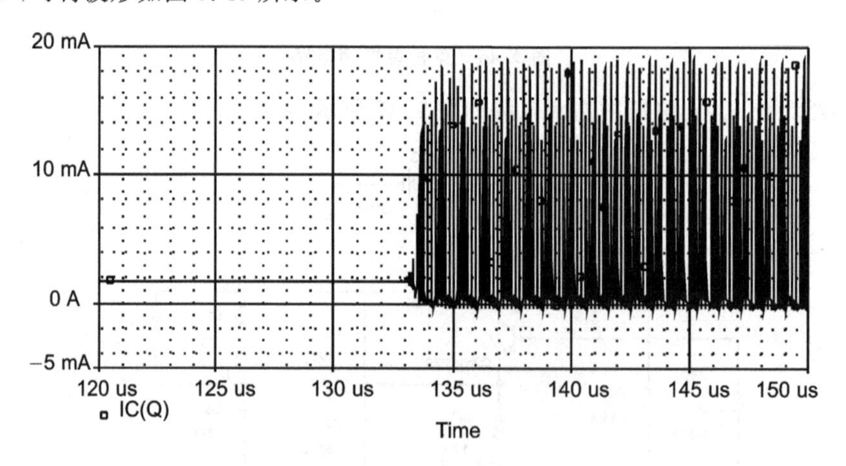

图 9.49 集电极电流波形

进行频谱(傅立叶)分析,须在 Time Domain(Transient)分析选项下,选中 Output File Options 选项,在 Print values in the output file every 中输入“150 μs”,选中 Perform Fourier Analysis 选项,在 Center Frequency 中输入“6 MHz”,在 Number of Harmonics 中输入“9”,在 Output Variables 中输入“I[Q:C]”,然后单击 Fourier 键开始分析,可得如图 9.50 所示频谱分析波形。

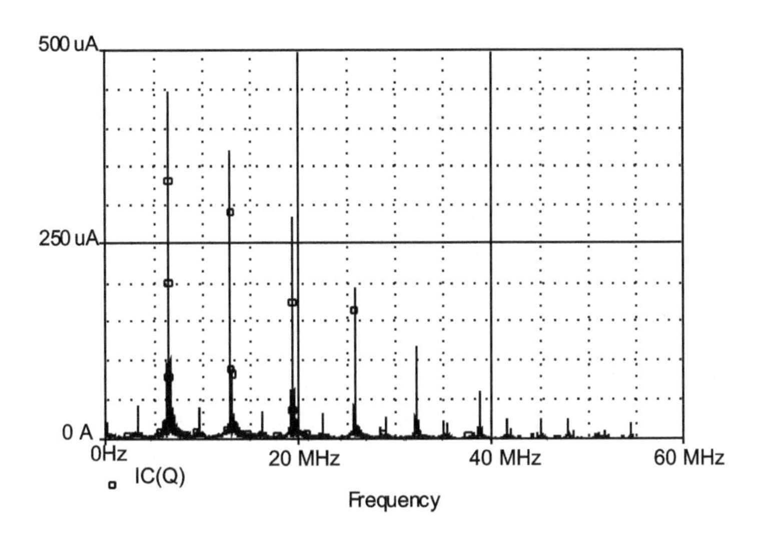

图 9.50　集电极电流的频谱图

用 Probe Cursor 功能读数，读得基波幅度为 0.447 mA。

本章小结

9.1　一个反馈型正弦波振荡器从组成上看必须有三个基本环节，即放大电路、正反馈网络和相移网络。此外，为稳定输出幅度还需有稳幅环节。正弦波振荡的幅度平衡条件为：$|\dot{A}\dot{F}|=1$；相位平衡条件为：$\varphi_A+\varphi_F=2n\pi$（$n$ 为整数）；能自行起振的幅度起振条件为：$|\dot{A}\dot{F}|>1$。按选频网络所用元件不同，正弦波振荡电路可分为 RC、LC 和石英晶体振荡器。

9.2　在分析电路是否可能产生正弦波振荡时，应首先观察电路是否包含三个基本环节及稳幅环节，进而检查放大电路是否能正常放大，然后利用瞬时极性法判断电路是否满足相位平衡条件，并由此确定振荡频率，必要时再判断电路是否满足幅度起振条件。

9.3　RC 振荡电路的振荡频率一般与 RC 乘积成反比，这种振荡器可产生几赫兹至几百千赫的低频信号。常用的 RC 振荡电路有 RC 串并联振荡电路、移相式振荡电路和双 T 式振荡电路等。

9.4　LC 正弦波振荡电路的振荡频率较高，通常可达几十兆赫以上，故一般其放大电路由分立元件构成。常用的 LC 振荡电路有变压器反馈式、电感三点式和电容三点式，它们的振荡频率 f_o 主要取决于 LC 谐振回路的谐振频率，即 $f_o\approx\dfrac{1}{2\pi\sqrt{LC}}$，其中 L、C 分别为回路的等效总电感和等效总电容。对于三点式振荡器而言，其相位平衡条件用组成三点式的法则来判断较为方便。

9.5　石英晶体振荡器相当于一个高 Q 值的 LC 电路，故其振荡频率非常稳定。在石英晶体的等效电路中，具有串联和并联两个谐振频率，分别为 f_s 和 f_p，且 $f_p\approx f_s$。石英晶体在 $f_s<f<f_p$ 极窄的频率范围内呈感性，在此区域之外呈容性。利用石英晶体的上述特性可构成串联型和并联型两种正弦振荡电路。

9.6 非正弦信号发生器主要有矩形波、三角波和锯齿波等电压波形的产生电路。其中矩形波信号发生器是最基本的,它一般由三大部分组成:具有开关特性的器件或电路,通常可用迟滞电压比较器、集成门电路或集成定时器(如555)等电路来实现;能实现时间延迟的延时环节,RC电路是最常见的延时电路;反馈网络,它把输出电压恰当地反馈到开关的输入端,使开关的输出状态发生改变,并在延时电路的配合下,得到矩形波。三角波和锯齿波产生电路则在矩形波产生电路的基础上加积分环节构成,其中三角波产生电路中正向积分和反向积分的时间常数相等,而锯齿波产生电路中则两者相差悬殊。

9.7 非正弦信号发生器的分析方法通常是:在弄清电路结构的基础上,根据开关特性和RC充放电特性,画出各节点的波形图,进而计算出电路的振荡频率和输出电压的幅度。

9.8 集成多功能信号发生器是一种能同时产生方波、三角波和正弦波的专用集成电路,通过外部电路的控制,还能获得占空比可调的矩形波和锯齿波,因而广泛应用于生物医学工程和仪器仪表领域。5G8038就是一款数字与模拟兼容的集成多功能信号发生器,它具有许多优良的性能。

思考题

9.1 正弦波振荡电路所产生的自激振荡与负反馈放大电路中所产生的自激振荡有何区别?

9.2 产生正弦波振荡的平衡条件是什么?

9.3 产生正弦波振荡的幅度起振条件为何是$|\dot{A}\dot{F}|>1$,而不是$|\dot{A}\dot{F}|=1$?

9.4 一个正弦波振荡电路应包含哪几部分?为什么其中必须有相移网络?相移网络可由哪些元件组成?

9.5 RC串并联选频网络有何特点?在文氏电桥振荡器中,可采取哪些方式进行稳幅?

9.6 电容三点式和电感三点式振荡电路比较,其输出的谐波成份小,输出波形较好,为什么?

9.7 试述三点式振荡器的组成法则。

9.8 为什么石英晶体振荡电路的频率稳定度相当高?

9.9 试分别说明,石英晶体在并联晶体振荡电路和串联晶体振荡电路中各起什么作用?

9.10 为什么说矩形波发生电路是产生其他非正弦信号的基础?一个矩形波发生电路一般包括哪几部分?

9.11 RC电路在恒压充电和恒流充电时,电容上电压随时间的变化有何不同?

习题9

题9.1 用相位平衡条件判断题图9.1所示的电路是否有可能产生正弦波振荡,并简述理由。假设耦合电容和射极旁路电容很大,可视为对交流短路。

题9.2 将题图9.2所示电路合理连线,使之产生正弦波振荡。

题9.3 试用相位平衡条件分析题图9.3所示的电路产生正弦波振荡的原理。

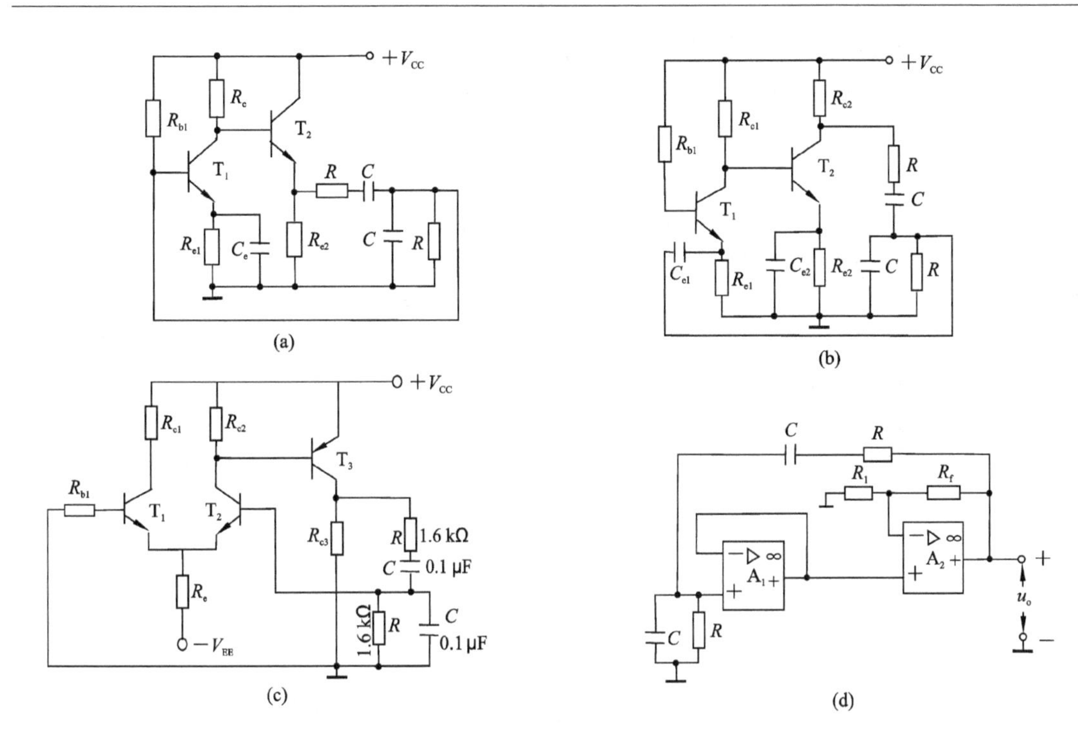

题图 9.1

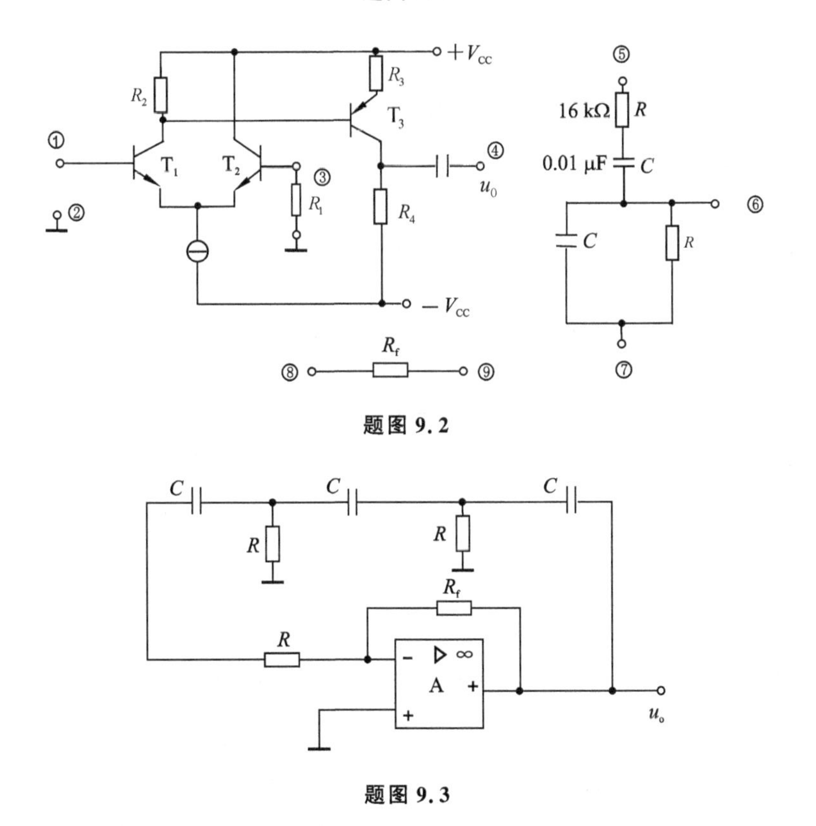

题图 9.2

题图 9.3

题 9.4　电路如题图 9.4 所示，试求解：

① 为使电路起振,R'_w的下限值;

② 振荡频率的调节范围。

题 9.5 电路如题图 9.5 所示,试回答下列问题:

① 为使电路成为正弦振荡器,集成运放 A_1 的输入端应如何连接?试在图中用+、−号表示出来;

② 估算电路的振荡频率;

③ 说明电路中 D_1、D_2 的作用;

④ 图中运放 A_2、R_5、R_6 和 R_7 组成了何种电路?若电位器 R_6 动端位于中心位置,则该电路的电压放大倍数是多少?

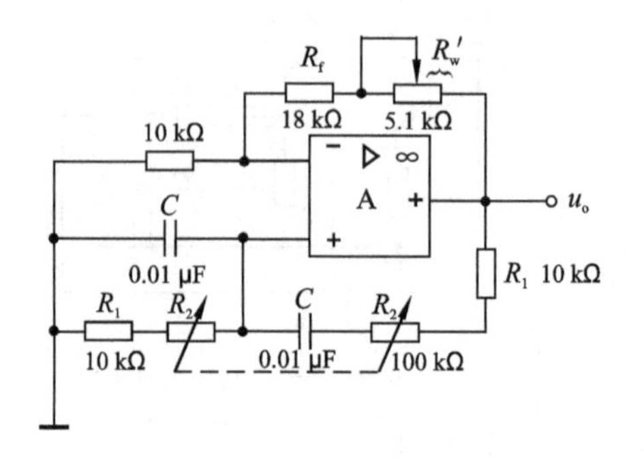

题图 9.4

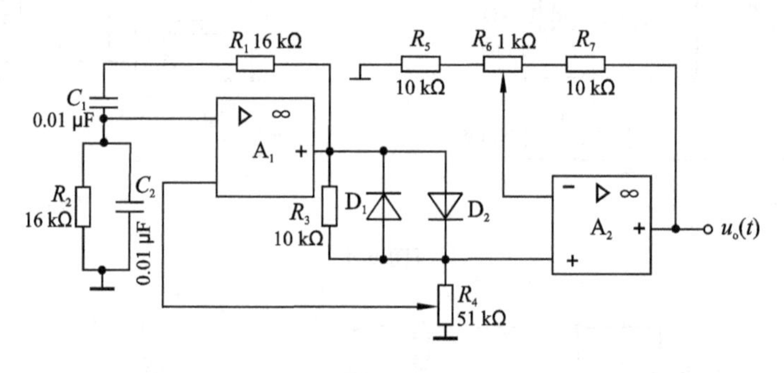

题图 9.5

题 9.6 根据相位平衡条件判别题图 9.6 所示三个电路是否可能产生正弦波振荡?

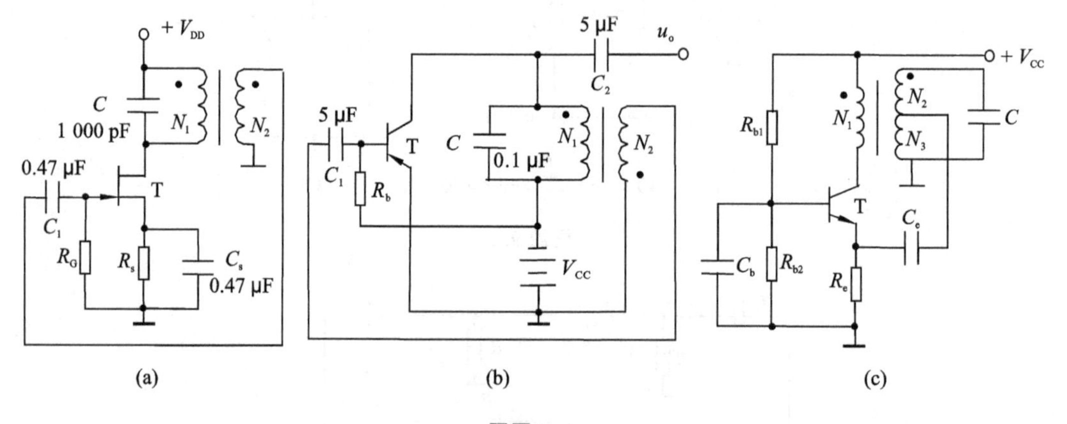

题图 9.6

题 9.7 试标出题图 9.7 所示两个电路中变压器的同名端,使之满足产生正弦波振荡的相位平衡条件。

题 9.8 试将题图 9.8(a)和(b)中的 j、k、m、n 各点正确连接,使它们成为正弦波振荡电路,然后指出它们属于什么类型的正弦波振荡电路。

题 9.9 试检查题图 9.9 中的 LC 正弦波振荡电路是否有错误,如有请指出错误并在图上予以改正。

题 9.10　试用相位平衡条件判别题图 9.10 所示的电路能否产生正弦波振荡。

题 9.11　试用相位平衡条件判别题图 9.11 所示的电路能否产生正弦波振荡。如可能振荡,指出它们是属于串联型还是并联型石英晶体振荡电路;如不能振荡,则加以改正。图中 C_b、C_c 电容量很大,可视为对交流短路,RFC 为高频扼流圈。

题 9.12　试证明:在题图 9.12 所示的电路中,调节 R_w 改变输出波形的占空比时周期 T 保持不变。设 A 为理想运算放大器,D_1、D_2 为理想二极管,稳压管 D_Z 的稳定电压值为 $\pm U_Z$。

题 9.13　题图 9.13 是一个三角波发生电路,为了实现以下几种不同要求,U_R 和 U_S 应作哪些调整?

① u_{o1} 端输出对称方波,u_o 端输出对称三角波;

② u_{o1} 端输出对称方波,u_o 端输出三角波且其直流电平可以移动(例如使波形上移);

③ u_{o1} 端输出占空比可以改变的矩形波(例如占空比减小)。

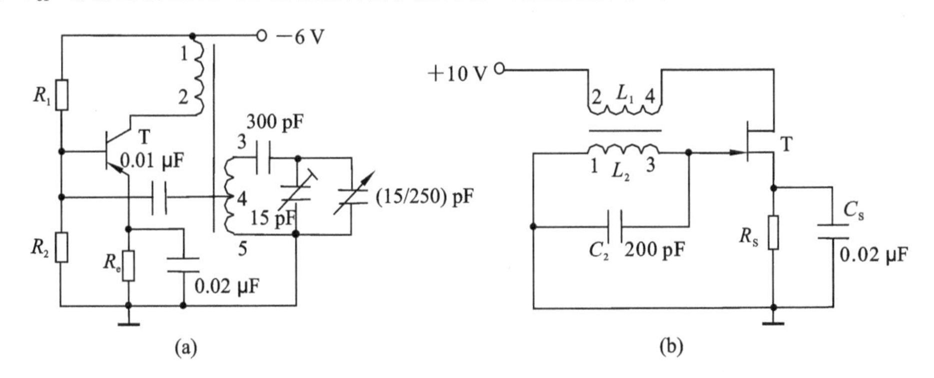

题图 9.7

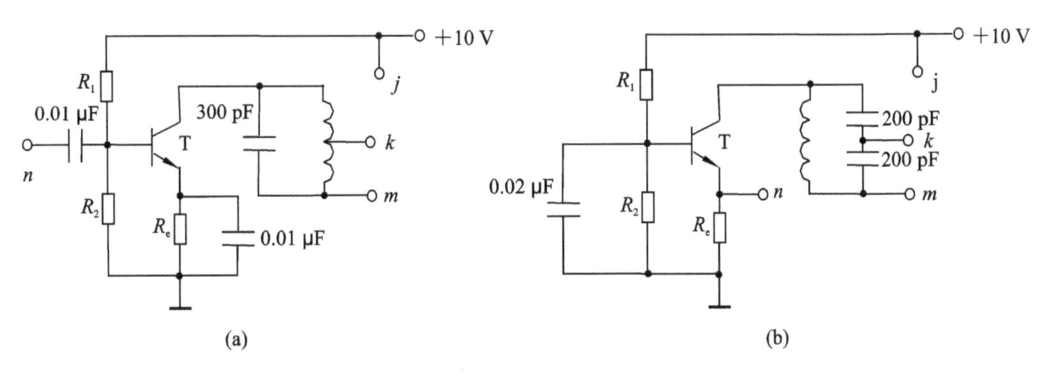

题图 9.8

题 9.14　波形发生电路如题图 9.14 所示,已知电路中的电阻 $R_4 \gg R_3$。

① 说明支路 R_4、$-U_R$ 的作用;

② 说明二极管 D 的作用;

③ 定性画出 u_{o1}、u_o 的波形;

④ 导出电路振荡频率的表达式;

⑤ 说明电路如何进行调频和调幅。

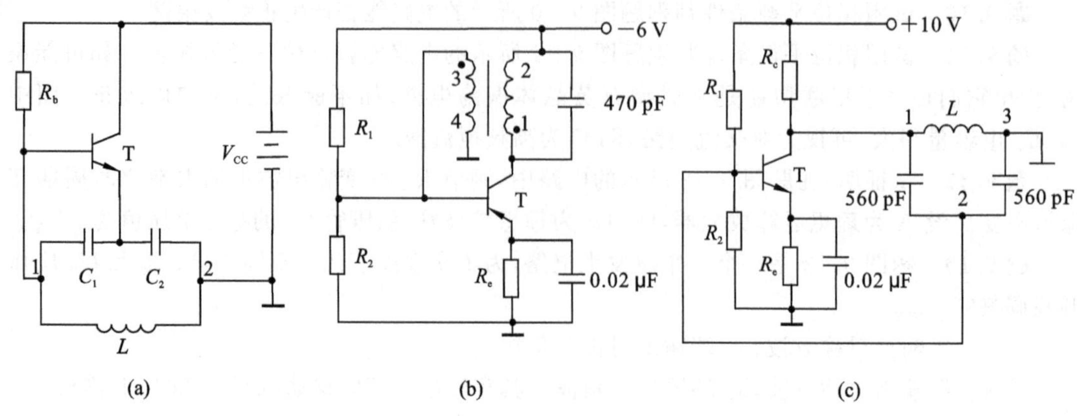

题图 9.9

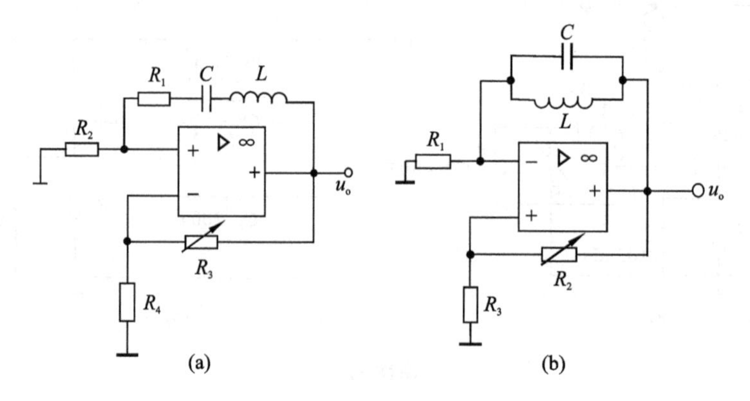

题图 9.10

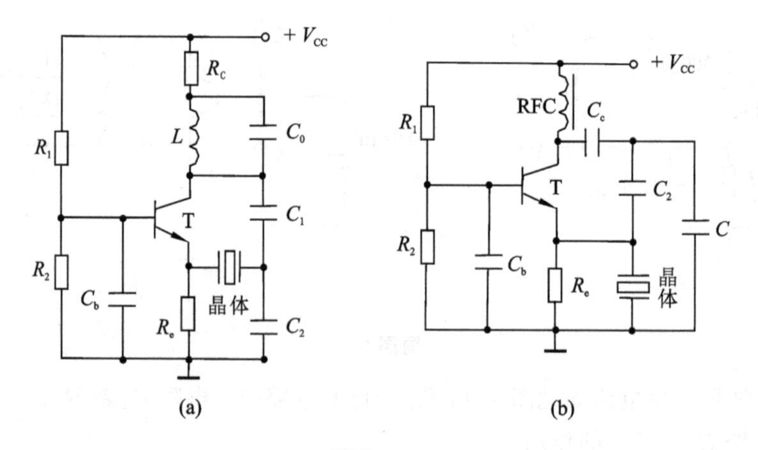

题图 9.11

题 9.15 题图 9.15(a)、(b)是两个 TTL 多谐振荡器,试分析其工作原理,画出 u_{i1}、u_{i2}、u_{o1} 和 u_{o2} 的波形。图中 R_1、R_2 均小于 R_{off}。

题 9.16 试计算图 9.27CMOS 多谐振荡器的重复周期。

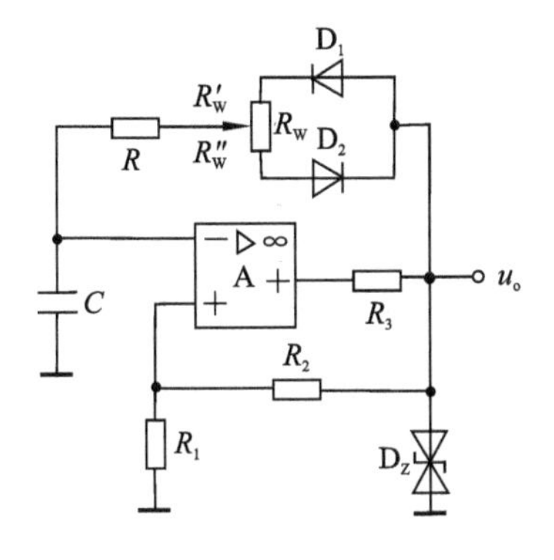

题图 9.12

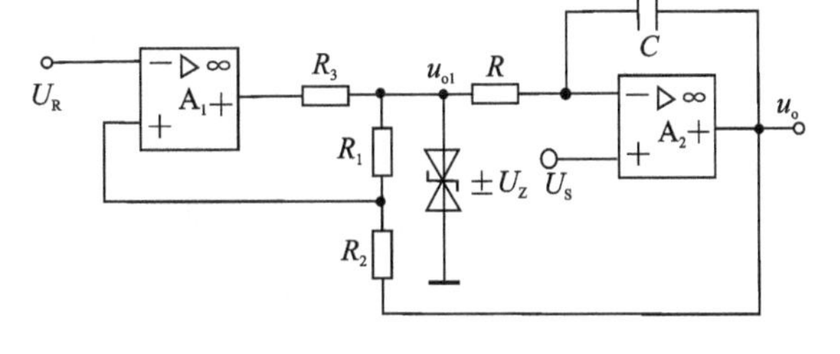

题图 9.13

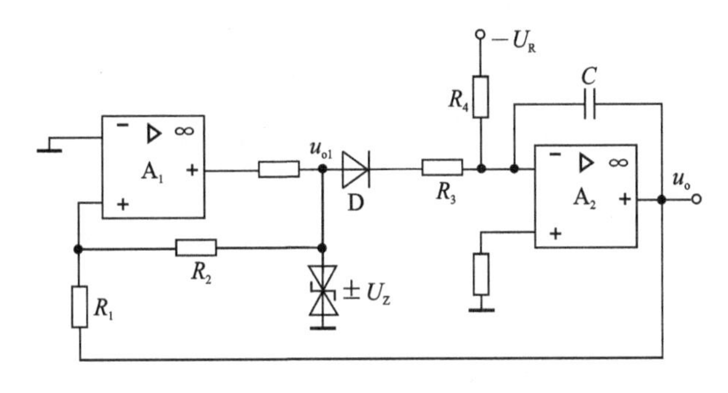

题图 9.14

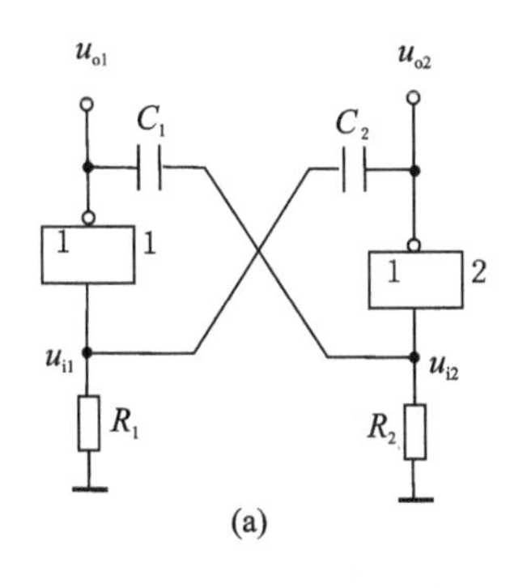

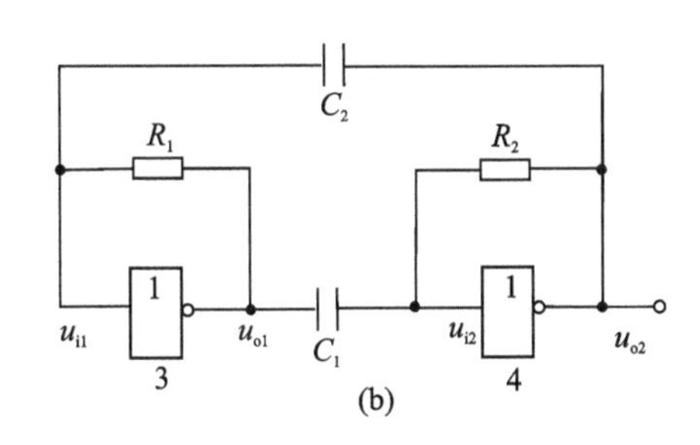

题图 9.15

题 9.17　试用 555 时基电路构成一个频率为 50 kHz 的脉冲信号发生器，画出其接线图，并求出 R、C 的数值。

题 9.18　题图 9.18 所示电路为一个由 555 构成的占空比可调的多谐振荡器，试分析其工作原理并求出输出信号 u_o 的振荡频率及占空比的表达式。

题 9.19　RC 正弦振荡电路如题图 9.19 所示，其中运放 A 为 μA741，D_1、D_2 为 1N4148，电源电压为±12 V，$R_1=15\ \text{k}\Omega$，$R_2=10\ \text{k}\Omega$，$R=10\ \text{k}\Omega$，$C=0.1\ \mu\text{F}$，R_P 为 100 kΩ 可调电阻，调节 R_P，使 $R_P=25\ \text{k}\Omega$。试运用 PSPICE 软件观察输出电压波形由小到大的起振和稳定到某一幅度的全过程，并求振荡频率 f_o。

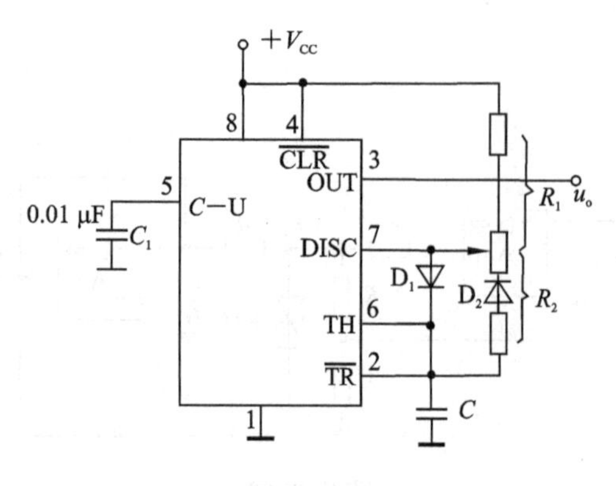

题图 9.18

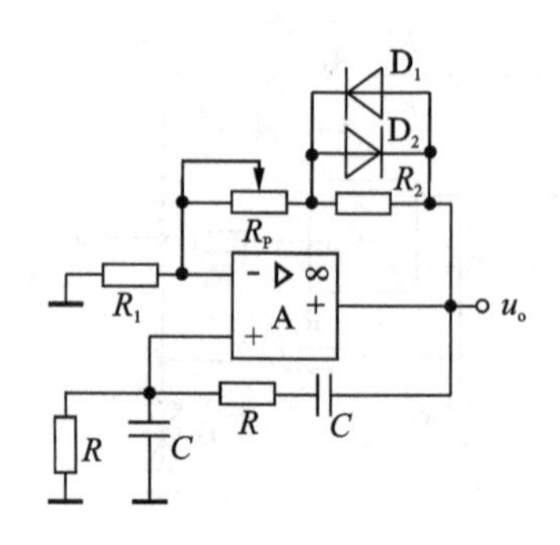

题图 9.19

题 9.20　在题图 9.20 所示振荡电路中,已知管子参数 $\beta=100$,$I_S=10^{-6}$ A,元件参数:$R_{C1}=R_{C2}=3$ kΩ,$C=6.625$ pF,$L_1=38.24$ μH,$L_2=95.68$ nH,变压器耦合系数 $k=0.9999$,电流源 $I_{EE}=4$ mA,试用 PSPICE 分析电路,观察并记录两晶体管集电极输出电压波形,并由 T_2 管集电极输出波形计算振荡频率。

题 9.21　三极管振荡电路如题图 9.21 所示,已知电路中三极管为 2N2222A。试用 PSPICE 分析电路:

① 求出振荡频率 f_o;

② 求出集电极输出的振荡电压幅度;

③ 画出集电极电流波形,并由频谱分析求出基波电流幅度。

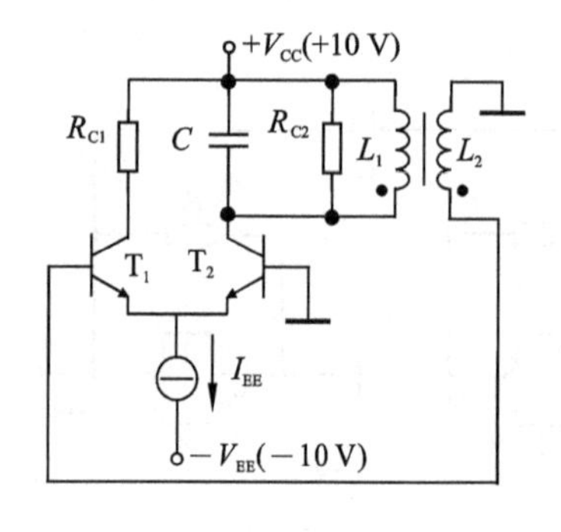

题图 9.20

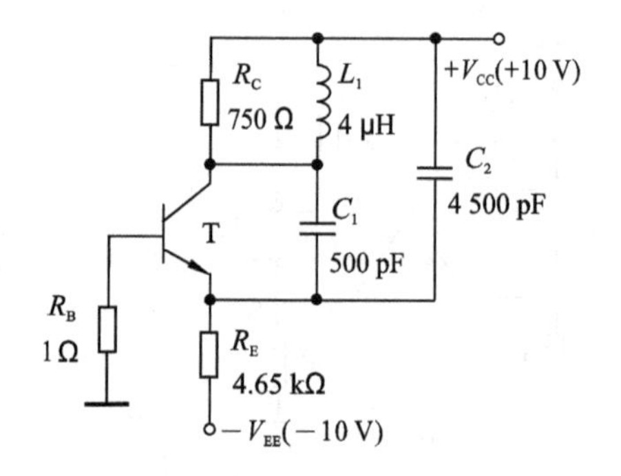

题图 9.21

题 9.22　用 PSPICE 分析题图 9.22 所示电路的输出电压 u_o 的波形。

题 9.23　运用 PSPICE 分析图 9.30(a)所示的用 555 构成的振荡电路,其中 $R_A=1$ kΩ,$R_B=1$ kΩ,$C=1$ μF。求出输出矩形波的幅值、频率和占空比。

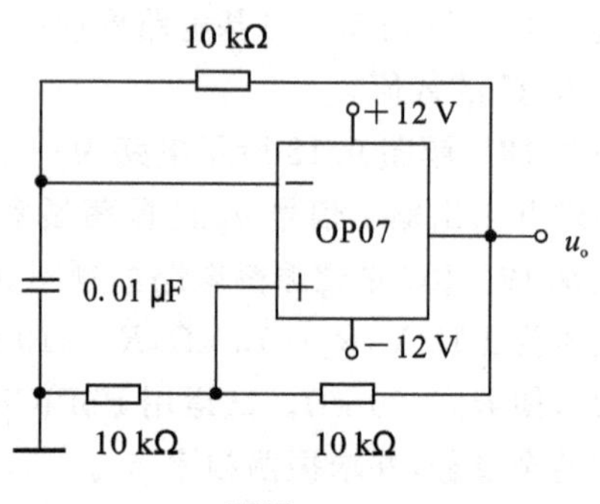

题图 9.22

第10章 数/模和模/数转换电路

以数字计算机为代表的各种数字系统已被广泛地应用于各个领域。例如在工业生产控制过程中，控制对象为压力、流量、温度等连续变化的物理量，经模拟传感器变换为与之相对应的电压、电流等电的模拟量，再通过模拟/数字转换器转换成等效的数字量送入数字计算机处理，其输出的数字量还需通过数字/模拟转换器转换成等效的模拟量去驱动模拟控制器，调整生产过程控制对象。这个控制过程可用图10.1来表示。可见，模拟/数字转换器和数字/模拟转换器是数字系统和模拟系统相互联系的桥梁，是数字系统中不可缺少的组成部分。

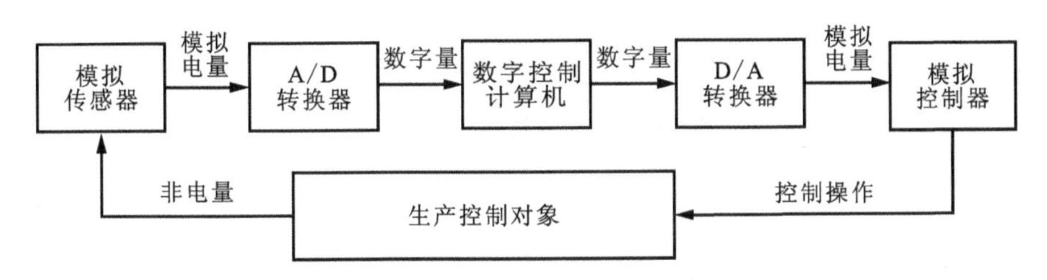

图10.1 ADC和DAC在工业生产控制中的作用

通常把模拟量转换为数字量的过程称为模拟/数字(A/D)转换，实现A/D转换的电路，称为A/D转换器，简称ADC。把数字量转换为模拟量的过程称为数字/模拟(D/A)转换，实现D/A转换的电路，称为D/A转换器，简称DAC。

DAC常见的有权电阻网络DAC、倒T形电阻网络DAC、权电流网络DAC、权电容网络DAC以及开关树型DAC等。

ADC的种类也很多，主要分为直接ADC和间接ADC两大类。直接A/D转换是把输入的模拟电压信号直接转换成相应的数字信号，主要有并联比较型、逐次逼近型和流水线型等；间接ADC是把输入的模拟信号先转换成某种中间变量(例如时间、频率等)，然后再将这个中间变量转换成输出的数字信号，主要有积分型、电压-频率变换型、Σ-Δ型等。

10.1 数/模转换器

10.1.1 权电阻网络D/A转换器

一个多位二进制数中每一位的1所代表的数值大小称为这一位的权。如果一个n位二进制数用$D_n = d_{n-1}d_{n-2}\cdots d_1 d_0$表示，那么**最高有效位**(most significant bit，MSB)到**最低有效位**(least significant bit，LSB)的权依次为2^{n-1}、2^{n-2}、…、2^1、2^0。

实现D/A转换的基本方法是用电阻网络将数字量按照每位数码的权转换成相应的模拟量，然后用求和电路将这些模拟量相加输出。求和电路通常采用求和运算放大器实现。

DAC的输入是数字信号。它可以是任何一种编码，常用的是二进制码。输入可以是正数，也可以是负数，通常是无符号的二进制数。图10.2所示为4位二进制权电阻网络DAC。

它由参考电压U_{REF}、4 个模拟开关$S_0 \sim S_3$、权电阻网络和一个求和放大器组成。其中权电阻网络由阻值分别为2^0R、2^1R、2^2R、2^3R的电阻组成。

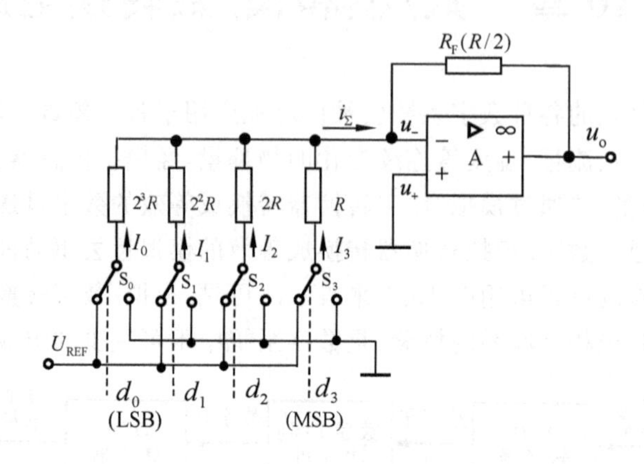

图 10.2　4 位二进制权电阻 DAC

S_3、S_2、S_1和S_0是 4 个电子开关,它们的状态分别受输入代码d_3、d_2、d_1和d_0的取值控制,代码为 1 时开关接到参考电压U_{REF}上,代码为 0 时开关接地。故$d_i=1$时有支路电流I_i流向求和放大器,$d_i=0$时支路电流为零。

根据理想运算放大器反相求和原理,可得

$$u_o=-i_\Sigma R_F=-R_F(I_3+I_2+I_1+I_0) \tag{10.1}$$

各支路电流分别为

$$I_3=\frac{U_{REF}}{R}d_3 \qquad \left(其中,d_3=1\text{ 时},I_3=\frac{U_{REF}}{R};d_3=0\text{ 时 }I_3=0\right)$$

$$I_2=\frac{U_{REF}}{2R}d_2$$

$$I_1=\frac{U_{REF}}{2^2R}d_1$$

$$I_0=\frac{U_{REF}}{2^3R}d_0$$

将它们代入式(10.1),并取$R_F=R/2$,得

$$u_o=-\frac{U_{REF}}{2^4}(d_3 2^3+d_2 2^2+d_1 2^1+d_0 2^0) \tag{10.2}$$

对于n位的权电阻网络 DAC,当反馈电阻取为$R/2$时,输出电压可写成

$$\begin{aligned}u_o&=-\frac{U_{REF}}{2^n}(d_{n-1}\times 2^{n-1}+d_{n-2}\times 2^{n-2}+\cdots+d_1\times 2^1+d_0\times 2^0)\\&=-\frac{U_{REF}}{2^n}D_n\end{aligned} \tag{10.3}$$

式(10.3)表明,输出的模拟电压正比于输入的数字量D_n,从而实现了从数字量到模拟量的转换。当$D_n=0$时$u_o=0$,当$D_n=11\cdots11$时$u_o=-\frac{2^n-1}{2^n}U_{REF}$,故$u_o$的最大变化范围是$0\sim-\frac{2^n-1}{2^n}U_{REF}$。

由式(10.3)还可知，在 U_{REF} 为正电压时输出电压 u_o 始终为负值。要想得到正的输出电压，可以将 U_{REF} 取为负值。

这种电路的优点是结构比较简单，所用的电阻元件数很少。它的缺点是各个电阻的阻值相差较大，尤其在输入信号的位数较多时，这个问题就更加突出。例如当输入信号增加到 8 位时，若取权电阻网络中最小的电阻为 $R=10\ \text{k}\Omega$，则最大的电阻阻值将达到 $2^7R=1.28\ \text{M}\Omega$，两者相差 128 倍。要想在极为宽广的阻值范围内保证每个数值不相同的电阻都有很高的精度是十分困难的，尤其对制作集成电路更加不利。

为了克服这个缺点，在输入数字量的位数较多时可以采用图 10.3 所示的两级权电阻网络。在两级权电阻网络中，每一级仍然只有 4 个电阻，它们之间的阻值之比还是 1∶2∶4∶8。可以证明，只要取两级间的串联电阻 $R_S=8R$，即可得

$$u_o=-\frac{U_{REF}}{2^8}(d_7 2^7+d_6 2^6+d_5 2^5+\cdots+d_1 2^1+d_0 2^0)=-\frac{U_{REF}}{2^8}D_n$$

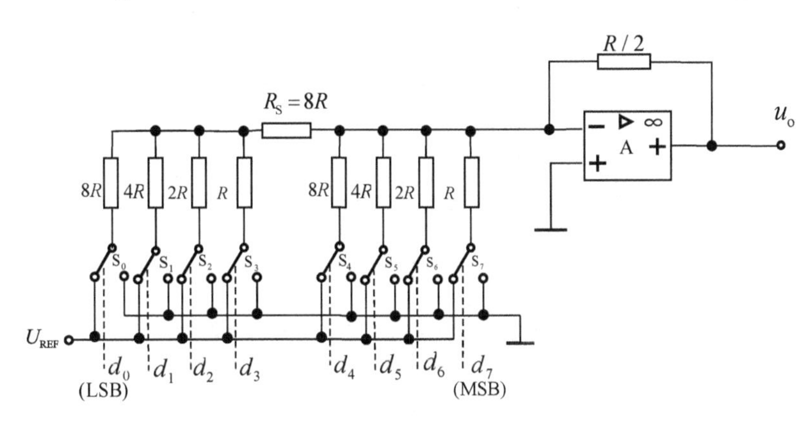

图 10.3　两级权电阻网络 D/A 转换器

10.1.2　倒 T 形电阻网络 D/A 转换器

$R-2R$ 倒 T 形电阻网络 DAC 如图 10.4 所示。它只有 R 和 $2R$ 两种电阻，克服了二进制权电阻网络 DAC 中电阻范围宽的缺点。图中 $S_3\sim S_0$ 为模拟开关，受 DAC 输入数字量 $d_3\sim d_0$ 的控制。

由图 10.4 可知，因为求和放大器反相输入端 u_- 的电位始终接近于零，所以无论开关 S_3、S_2、S_1、S_0 合到哪一边，都相当于接到了“地”电位上，流过每个支路的电流也始终不变。在计算倒 T 形电阻网络中各支路的电流时，可以将电阻网络等效地画成图 10.5 所示的形式。不难看出，从 AA'、BB'、CC'、DD' 每个端口向左看过去的等效电阻都是 R，因此从参考电源流入倒 T 形电阻网络的总电流为 $I=U_{REF}/R$，而每个支路的电流依次为 $I/2$、$I/4$、$I/8$ 和 $I/16$。

如果令 $d_i=0$ 时开关 S_i 接地(接放大器的 u_+)，而 $d_i=1$ 时 S_i 接至放大器的输入端 u_-，则由图 10.4 可知

$$i_\Sigma=\frac{I}{2}d_3+\frac{I}{4}d_2+\frac{I}{8}d_1+\frac{I}{16}d_0$$

在求和放大器的反馈电阻为 R 的条件下，输出电压为

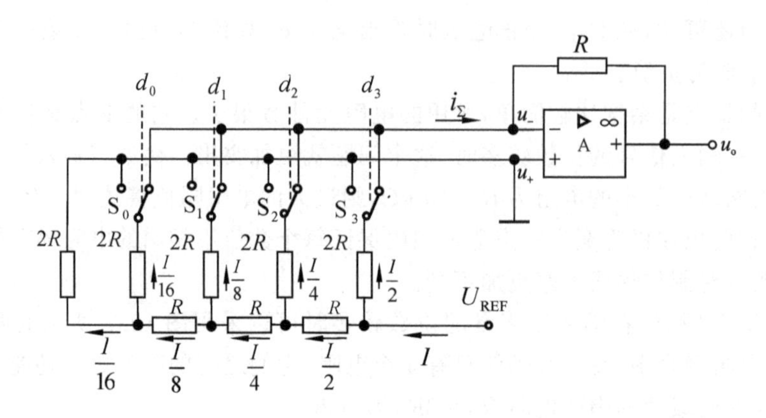

图 10.4　倒 T 形电阻网络 DAC

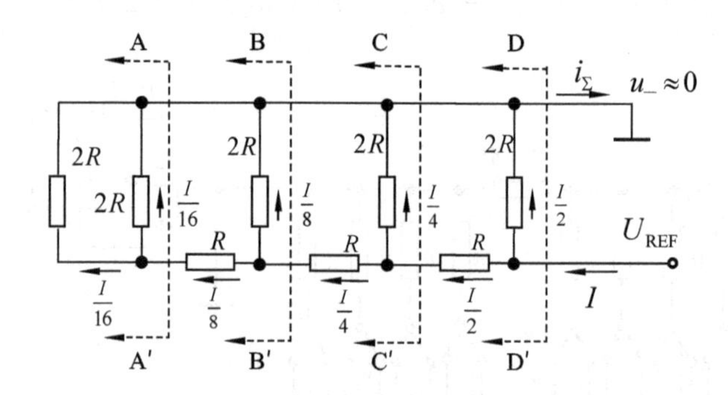

图 10.5　计算倒 T 形电阻网络支路电流的等效电路

$$u_o = -Ri_\Sigma = -\frac{U_{REF}}{2^4}(d_3 2^3 + d_2 2^2 + d_1 2^1 + d_0 2^0) \tag{10.4}$$

对于 n 位输入的倒 T 形电阻网络 DAC,在求和放大器的反馈电阻为 R 的条件下,输出模拟电压为

$$u_o = -\frac{U_{REF}}{2^n}(d_{n-1}2^{n-1} + d_{n-2}2^{n-2} + \cdots + d_1 2^1 + d_0 2^0) = -\frac{U_{REF}}{2^n}D_n \tag{10.5}$$

式(10.5)说明输出的模拟电压与输入的数字量成正比。而且式(10.5)和权电阻网络 DAC 的输出电压表达式(10.3)具有相同的形式。

倒 T 形电阻网络 DAC 除了电路简单、电阻种类少外,还具有转换速度快的特点。这是由于在电路中,各支路电流不变,所以不需要电流建立时间。因此,倒 T 形电阻网络 DAC 是目前使用最多、速度较快的一种。

例 10.1　已知倒 T 形电阻网络 DAC 的 $R_F = R$,$U_{REF} = 4.096$ V,试分别求出 4 位和 8 位 DAC 的最小输出电压 $u_{o(min)}$ 和最大输出电压 $u_{o(max)}$ 的数值。

解:最小输出电压 $u_{o(min)}$,即在 DAC 的输入数字量中只有最低有效位为 1($d_0 = 1$)时的输出电压。

根据式(10.5),可以写出 4 位 DAC($n = 4$)的最小输出电压为

$$u_{o(min)} = -\frac{U_{REF}}{2^n}\sum_{i=0}^{n-1}(d_i \times 2^i) = -\frac{4.096\ \text{V}}{2^4} \times 1 = -0.256\ \text{V}$$

8 位 DAC($n=8$)的最小输出电压为

$$u_{o(min)}=-\frac{U_{REF}}{2^n}\sum_{i=0}^{n-1}(d_i\times 2^i)=-\frac{4.096\ \text{V}}{2^8}\times 1=-0.016\ \text{V}$$

最大输出电压 $u_{o(max)}$，即在 DAC 的输入数字量中各有效位均为 1($d_i=1$)时的输出电压。根据式(10.5)，可以写出 4 位 DAC($n=4$)的最大输出电压为

$$u_{o(max)}=-\frac{U_{REF}}{2^n}\sum_{i=0}^{n-1}(d_i\times 2^i)=-\frac{4.096\ \text{V}}{2^4}\times(2^4-1)=-3.84\ \text{V}$$

写出 8 位 DAC($n=8$)的最大输出电压为

$$u_{o(max)}=-\frac{U_{REF}}{2^n}\sum_{i=0}^{n-1}(d_i\times 2^i)=-\frac{4.096\ \text{V}}{2^8}\times(2^8-1)=-4.08\ \text{V}$$

例 10.2　已知倒 T 形电阻网络 DAC 的 $R_F=2R$，$U_{REF}=4.096$ V，试分别求出 4 位和 8 位 DAC 的最小输出电压 $u_{o(min)}$ 的数值。

解：与例 10.1 类似，可以写出 4 位 DAC 的最小输出电压为

$$u_{o(min)}=-i_\Sigma R_F=-\frac{U_{REF}R_F}{2^nR}\sum_{i=0}^{n-1}(d_i\times 2^i)=-\frac{4.096\ \text{V}}{2^4}\times\frac{2R}{R}\times 1=-0.512\ \text{V}$$

8 位 DAC 的最小输出电压为

$$u_{o(min)}=-i_\Sigma R_F=-\frac{U_{REF}R_F}{2^nR}\sum_{i=0}^{n-1}(d_i\times 2^i)=-\frac{4.096\ \text{V}}{2^8}\times\frac{2R}{R}\times 1=-0.032\ \text{V}$$

比较上述两个例题，可以看出：在 U_{REF} 和 R_F 相同条件下，位数越多，输出最小电压的数值越小，输出最大电压的数值越大；在 U_{REF} 和位数相同条件下，R_F 越大，则输出电压的数值越大。

10.1.3　开关树形 D/A 转换器

开关树形 DAC 电路由电阻分压器和接成树状的开关网路组成。图 10.6 是输入为 3 位二进制码的开关树形 DAC 电路结构图。

图中这些开关的状态分别受 3 位输入数字量的控制。当 $d_2=1$ 时 S_{21} 接通而 S_{20} 断开；当 $d_2=0$ 时 S_{20} 接通而 S_{21} 断开。同理，S_{11} 和 S_{10} 两组开关的状态由 d_1 的状态控制，S_{01} 和 S_{00} 两组开关由 d_0 的状态控制。由图可知

$$u_o=\frac{U_{REF}}{2}d_2+\frac{U_{REF}}{2^2}d_1+\frac{U_{REF}}{2^3}d_0=\frac{U_{REF}}{2^3}(d_2 2^2+d_1 2^1+d_0 2^0)\qquad(10.6)$$

对于输入为 n 位二进制数的 DAC，则有

$$u_o=\frac{U_{REF}}{2^n}(d_{n-1}2^{n-1}+d_{n-2}2^{n-2}+\cdots+d_1 2^1+d_0 2^0)=\frac{U_{REF}}{2^n}D_n\qquad(10.7)$$

这种电路的特点是所用电阻种类单一，而且在输出端基本不取电流的情况下，对开关的导通电阻要求不高。这些特点对于制作集成电路有利。它的缺点是所用的开关较多。

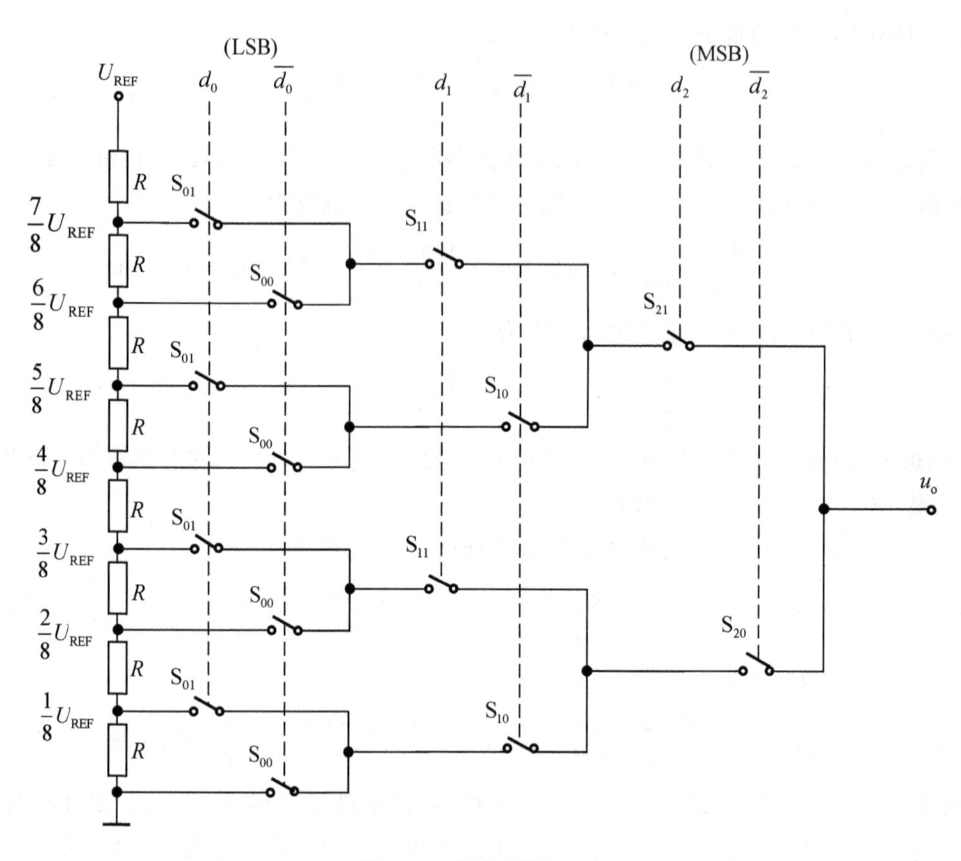

图 10.6　开关树形 DAC

10.1.4　D/A 转换器的主要技术指标

1. 分辨率

分辨率(resolution)是描述 DAC 转换精度的重要指标之一,表示 DAC 在理论上可以达到的精度。分辨率用输入二进制数的位数给出。在分辨率为 n 位的 DAC 中,从输出模拟电压的大小应能区分出输入二进制数从 00…00 到 11…11 全部 2^n 个不同的状态,给出 2^n 个不同等级的输出电压。

另外,分辨率也可以用 DAC 所能分辨的最小输出电压(此时输入二进制数只有最低有效位为 1,其余各位都是 0)与最大输出电压(此时输入二进制数所有各位全是 1)之比来表示。即分辨率表示 DAC 分辨最小电压的能力。

$$分辨率=\frac{最小输出电压}{最大输出电压}=\frac{1}{2^n-1} \tag{10.8}$$

例如,10 位 DAC 的分辨率为

$$\frac{1}{2^{10}-1}=\frac{1}{1\ 024-1}\approx 0.001$$

DAC 的位数越多,分辨率值越小,在相同条件下输出的最小电压越小。

例 10.3　若 DAC 的最大输出电压为 10 V,要想使转换误差在 10 mV 以内,应选多少

位 DAC?

解:要想转换误差在 10 mV 以内,就必须能分辨出 10 mV 电压。本题中,最小输出电压为 10 mV,最大输出电压为 10 V,根据式(10.8),可以写出

$$分辨率=\frac{10}{10\times10^3}=\frac{1}{1\,000}$$

因为 $2^{10}=1\,024$,所以,根据分辨率与精度的关系,至少需要 10 位 DAC,若考虑其他因素,需选 12 位 DAC。

2. 转换误差

在 DAC 的各环节中,参数和性能与理论值之间不可避免地会出现误差,所以实际能达到的转换精度要由**转换误差**(conversion error)来决定。

表示由各种因素引起的转换误差的一个综合性指标称为**线性误差**(linearity error)。线性误差表示实际的 D/A 转换特性和理想转换特性之间的最大偏差,如图 10.7 所示。图中的虚线表示理想的 D/A 转换特性,它是连接坐标原点和满量程输出(输入为全 1 时)理论值的一条直线。图中的实线表示实际可能的 D/A 转换特性。线性误差一般用最低有效位的倍数表示。例如,给出线性误差为 1LSB,就表示输出模拟电压与理论值之间的绝对误差小于、等于当输入为 00…01 时的输出电压值。

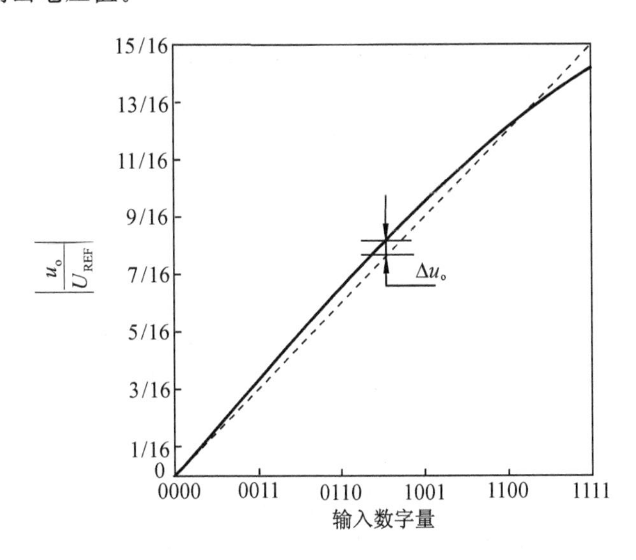

图 10.7　D/A 转换器的转换特性曲线

此外,有时也用输出电压**满刻度**(full scale range,FSR)的百分数表示输出电压误差绝对值的大小。如 DAC 转换误差为 0.05%FSR 时,表示转换误差等于满刻度的万分之五。

造成 DAC 转换误差的原因有参考电压 U_{REF} 的波动、运算放大器的零点漂移、模拟开关的导通电阻和导通压降、电阻网络中电阻阻值的偏差以及三极管特性的不一致等。

由不同因素所导致的转换误差各有不同的特点。现以图 10.4 所示的倒 T 形电阻网络 DAC 为例,分别讨论这些因素引起转换误差的情况。

根据式(10.4)可知,如果 U_{REF} 偏离标准值 ΔU_{REF},则输出将产生误差电压

$$\Delta u_{o1}=-\frac{1}{2^4}(d_3 2^3+d_2 2^2+d_1 2^1+d_0 2^0)\cdot\Delta U_{REF} \tag{10.9}$$

这个结果说明，由 U_{REF} 的变化所引起的误差与输入数字量的大小是成正比的。因此，把由 ΔU_{REF} 引起的转换误差称为比例系数误差，如图 10.8 所示。图中以虚线表示了当 ΔU_{REF} 一定时 u_o 值偏离理论值的情况。

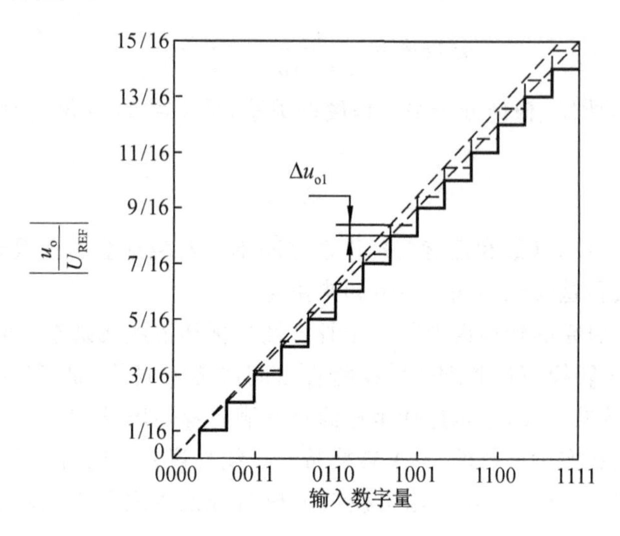

图 10.8 比例系数误差

当输出电压的误差是由运算放大器的零点漂移所造成时，误差电压 Δu_{o2} 的大小与输入数字量的数值无关，输出电压的转换特性曲线将发生平移(上移或下移)，如图 10.9 中的虚线所示。将这种性质的误差叫做漂移误差或平移误差。

由于模拟开关的导通电阻和导通压降都不可能真正等于零，因此它们的存在也必将在输出端产生误差电压 Δu_{o3}。需要指出的是，每个开关的导通压降未必相等，而且开关在接地时和接 U_{REF} 时的压降也不一定相同，因此 Δu_{o3} 既不是常数也不与输入数字量成正比。这种性质的误差叫做非线性误差，如图 10.10 所示。可见，这种误差没有一定的变化规律。

产生非线性误差的另一个原因是倒 T 形电阻网络中电阻阻值的偏差，其中也包含了模拟开关导通电阻所带来的误差。由于每个支路电阻的误差不相同，而且不同位置上的电阻的偏差对输出电压的影响也不一样，所以在输出端产生的误差电压 Δu_{o4} 与输入数字量之间也不是线性关系。

由图 10.10 还可知，非线性误差的存在有可能导致 D/A 转换特性在局部出现非单调性(即在输入数字量不断增加的过程中，u_o 发生局部减小的现象)。这种非单调性的转换特性有时会引起系统工作不稳定，应力求避免，

因为这几种误差电压之间不存在固定的函数关系，所以最坏的情况下输出总的误差电压等于它们的绝对值相加，即

$$|\Delta u_o| = |\Delta u_{o1}| + |\Delta u_{o2}| + |\Delta u_{o3}| + |\Delta u_{o4}| \tag{10.10}$$

以上分析说明，为了获得高精度的 DAC，单纯依靠选用高分辨率的 DAC 器件是不够的，还必须有高稳定度的参考电压源 U_{REF} 和低漂移的运算放大器与之配合使用，才可能获得较高的转换精度。

例 10.4 倒 T 形电阻网络 DAC 为 10 位，外接参考电压 $U_{REF}=-10$ V。为保证 U_{REF} 偏离标准值所引起的误差小于 $\frac{1}{2}$LSB，试计算 U_{REF} 的相对稳定度应取多少。

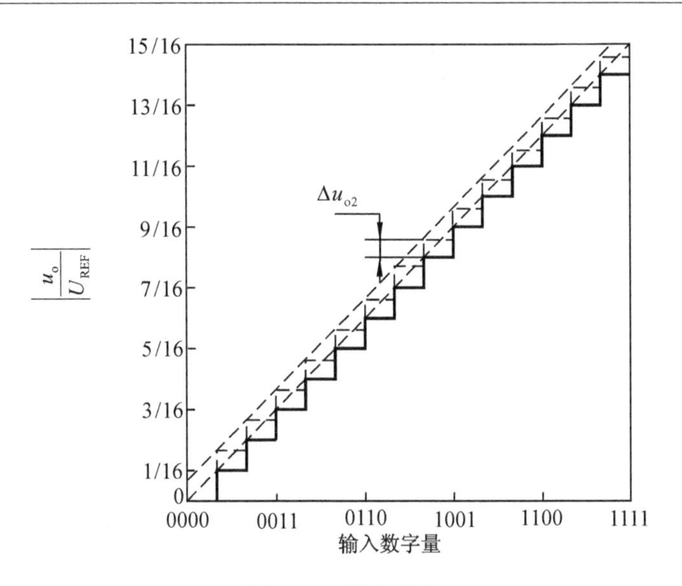

图 10.9　漂移误差

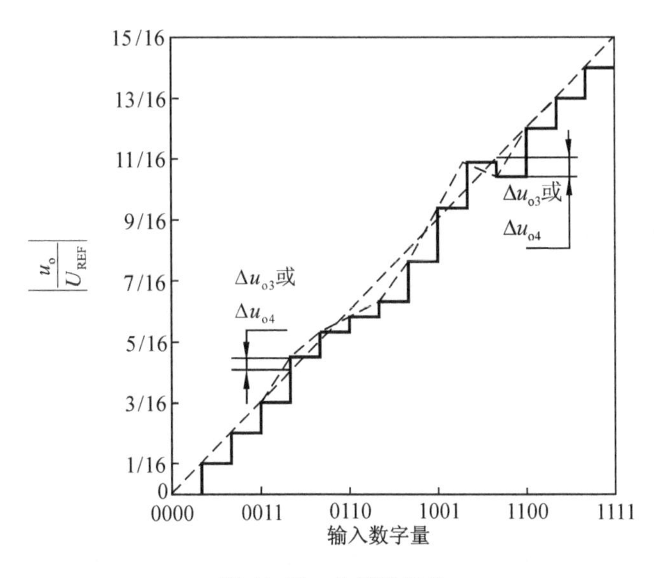

图 10.10　非线性误差

解：首先计算对应于$\frac{1}{2}$LSB 输入的输出电压是多少。由式(10.5)可知，当输入代码只有 LSB=1 而其余各位均为 0 时，输出电压为

$$\Delta u_o = -\frac{U_{REF}}{2^n}(d_{n-1}2^{n-1} + d_{n-2}2^{n-2} + \cdots + d_1 2^1 + d_0 2^0) = -\frac{U_{REF}}{2^n}$$

故与$\frac{1}{2}$LSB 相对应的输出电压绝对值为

$$\frac{1}{2} \cdot \frac{|U_{REF}|}{2^n} = \frac{|U_{REF}|}{2^{n+1}}$$

其次，再来计算由于 U_{REF} 变化 ΔU_{REF} 所引起的输出电压变化 Δu_o。由式(10.5)可知，在

n 位输入的 DAC 中，由 ΔU_{REF} 引起的输出电压变化应为

$$\Delta u_o = -\frac{1}{2^n}(d_{n-1}2^{n-1} + d_{n-2}2^{n-2} + \cdots + d_1 2^1 + d_0 2^0) \cdot \Delta U_{REF}$$

而且在输入数字量最大时(所有各位全为 1)Δu_o 最大。这时的输出电压变化量的绝对值为

$$|\Delta u_o| = \frac{2^n - 1}{2^n} \cdot |\Delta U_{REF}| = \frac{2^{10} - 1}{2^{10}} \cdot |\Delta U_{REF}|$$

根据题目要求，Δu_o 必须小于等于 $\frac{1}{2}$LSB 所对应的输出电压，于是得

$$|\Delta u_o| \leqslant \frac{|U_{REF}|}{2^{11}}$$

$$\frac{2^{10} - 1}{2^{10}} \cdot |\Delta U_{REF}| \leqslant \frac{|U_{REF}|}{2^{11}}$$

故得到参考电压 U_{REF} 的相对稳定度为

$$\frac{|\Delta U_{REF}|}{|U_{REF}|} \leqslant \frac{1}{2^{11}} \times \frac{2^{10}}{2^{10} - 1} \approx \frac{1}{2^{11}} = 0.05\%$$

而允许参考电压的变化量仅为

$$|\Delta U_{REF}| \leqslant \frac{1}{2^{11}} \times \frac{2^{10}}{2^{10} - 1} \times |U_{REF}| \approx 5\ \text{mV}$$

以上所讨论的转换误差都是在输入、输出已经处于稳定状态下得出的，所以属于静态误差。此外，在动态过程中(即输入的数字量发生突变时)还有附加的动态转换误差发生。假定在输入数字量突变时有多个模拟开关需要改变开关状态，则由于它们的动作速度不同，在转换过程中就会在输出端产生瞬时的尖峰脉冲电压，形成很大的动态转换误差。

为了彻底消除动态误差的影响，可以在 DAC 的输出端附加采样-保持电路，并将采样时间选在过渡过程结束之后。因为这时输出电压的尖峰脉冲已经消失，所以采样结果可以完全不受动态转换误差的影响。

3. 建立时间

通常用**建立时间**(setup time)来定量描述 DAC 的转换速度。建立时间是指数字信号由全 1 变为全 0 或由全 0 变全 1 起，直到输出模拟信号电压达到稳态值 $\pm\frac{1}{2}$LSB 范围以内的这段时间。图 10.11 所示波形中的 t_{set} 为建立时间。

目前在不包含运算放大器的单片集成 DAC 中，建立时间最短的可达到 0.1 μs 以内；在包含运算放大器的集成 DAC 中，建立时间最短的也可达 1.5 μs 以内。

在外加运算放大器组成完整的 DAC 时，完成一次转换的全部时间应包括建立时间和运算放大器的上升时间(或下降时间)两部分。若运算放大器输出电压的转换速度为 S_R(即输出电压的变化速度)，则完成一次 D/A 转换的最大转换时间为

$$T_{TR(max)} = t_{set} + u_{o(max)}/S_R$$

其中，$u_{o(max)}$ 为输出模拟电压的最大值。

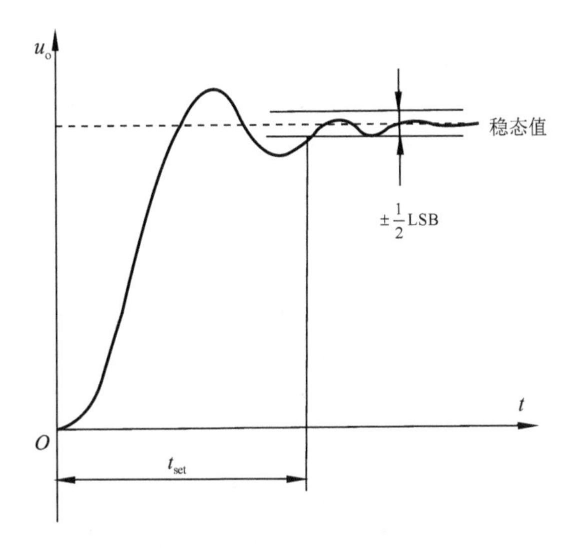

图 10.11　DAC 的建立时间

10.1.5　集成 D/A 转换器

1. 集成 D/A 转换器的组成

前面讨论了几种实现 D/A 转换的方法，它们都必备四个环节：电阻网络、模拟开关、参考电源和输出运算放大器，这是 D/A 转换的核心电路。实际集成 DAC 芯片的构成是多种多样的，大致分为三种类型：

(1) 仅集成了 D/A 转换必备环节中若干环节的芯片。某些芯片仅包含某种形式的电阻网络(或电流源电路)和模拟开关，用户在使用这类器件时，要选择合适的运算放大器和参考电源组件与之配接，以取得最佳性能。如常见的电流输出 DAC。

(2) 集成了全部必备环节的 DAC 芯片。这类器件的使用和调试都比较方便，工作也较可靠，但是在选用仅有必备环节的 DAC 时，需要考虑与系统部件的接口，协调各控制信号间的时序关系。电压输出 DAC 就是其中的一种。

(3) 集成了各种外围电路的 DAC 芯片。这类芯片的特点是片内除包含 D/A 转换核心电路(部分环节或全部环节)外，还在输入、输出和控制等方面添加了若干逻辑功能部件或接口电路，使之能直接满足各种特定的使用要求。这类器件的品种多样，但总的来说可以分为以下几种类型。

① 带有输入缓冲器或锁存器的结构

为存储并行输入的待转换数字量，许多 DAC 芯片配有输入数据缓冲器或者锁存器，有的还包含两级锁存器和相应的控制逻辑构成双缓冲接口电路，以便于与计算机接口。分为 8 位、12 位和 16 位并行输入几种。

② 带有输入数据分配器的结构

此类集成 DAC 芯片中，往往集成了多个 DAC 核心电路，而它们的数据输入端是公共的，为此在 D/A 转换前，配置了必要的数据分配器。这类器件在自动测试设备、过程控制和电压扫描显示等场合得到广泛应用。DAC 的输出通路一般分为单路、双路、4 路和 8 路等

几种。

③ 带有输入串/并转换的结构

在某些DAC中,待转换的数字量是以串行方式输入的。为了对这种以串行方式输入的数字量进行处理,开发出了一些带有输入串/并转换器的DAC芯片,用户不必再外加串/并转换电路。输入串/并转换器往往由移位寄存器、数据寄存器和逻辑控制单元构成。串行输入接口一般分为SPI和I^2C总线方式。

④ 带有输入FIFO的结构

近年来,为使集成DAC器件与处理器接口更加方便和完善,开发生产了一些输入端配置FIFO的DAC器件。带有这种电路的DAC芯片,可以用很高的速度从处理器获取一组数据,然后按先进先出的规律对数值逐一进行D/A转换。

2. 集成D/A转换器的选择

除了前面介绍的分辨率、转换误差和建立时间这三个主要技术指标外,集成DAC的技术指标还有很多。目前,集成DAC芯片的种类繁多,因此我们在选择集成DAC芯片时,除了要注意上述三种技术指标外,通常还要考虑以下几个方面的因素:

(1) 输入数字量的特征。主要包括待转换数字量的位数、编码方式(普通二进制、偏移二进制、补码、反码或BCD码)、输入方式(并行还是串行)以及接口逻辑电平(TTL、低压CMOS、高压CMOS或ECL等)。

(2) 负载特性。该特性包括负载驱动方式(电流驱动或电压驱动)、要求的最大值(满量程FSR)和最小增量值(对应±1LSB)、允许的误差范围和负载阻抗的大小等。

(3) 参考电源的特点。主要是指参考电源U_{REF}是恒定的还是可变的、U_{REF}是器件内置的还是需要外部提供、是双极性还是单极性等。

(4) 动态特性。动态特性是指输入数字量的更新周期、数据能够保持的时间、从数据加载到DAC稳定输出所允许的延迟时间以及输出的毛刺对负载的影响等。

(5) 电源和接口特性。主要是芯片是单电源还是双电源供电,控制信号的方式,各信号间的时序等。

(6) 工作条件和环境条件。包括环境温度变化范围、市电电源波动状况、器件功耗及散热措施等。

10.1.6 D/A转换器应用

DAC的应用十分广泛,下面介绍TLC5618A芯片和应用实例。

TLC5618A是一种12位串行接口输入、双路电压输出的开关树型通用DAC。该器件采用CMOS工艺。它具有以下特点:

(1) 可编程的建立时间:2.5 μs或12.5 μs;

(2) 两路12位CMOS电平兼容,电压输出DAC,并可连续更新;

(3) 单电源工作;

(4) 三线串行SPI接口;

(5) 高阻参考电压输入;

(6) 输出电压范围达到参考输入电压的2倍;

(7) 内部上电复位,软件降功耗模式;

(8) 低功耗:慢模式下 3 mW,快模式下 8 mW;

(9) 输入数据更新速率 1.21 MHz。

图10.12是TLC5618A的原理结构框图。其中包括两个12位数据寄存器、两路12位开关树型DAC、双缓冲锁存器、16位移位寄存器以及逻辑控制等功能单元。TLC5618A的引脚功能参见器件手册。

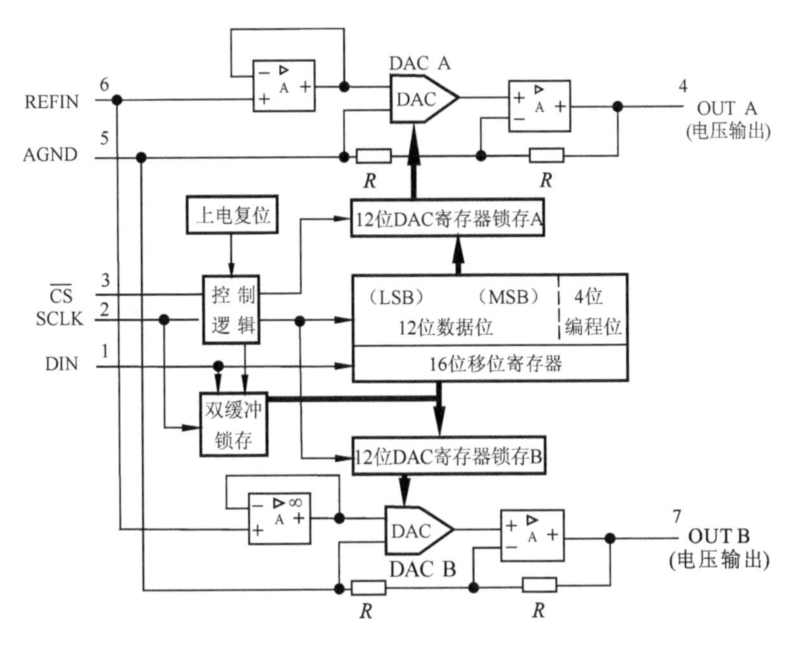

图10.12　TLC5618A的原理结构框图

1. TLC5618A的工作原理

图10.12中$\overline{CS}$是片选信号,若该引脚的电平为低,则TLC5618A被选通。DIN是数据输入引脚,在$\overline{CS}$为低电平,且SCLK引脚提供输入时钟脉冲时,从该引脚输入的数据进入一个16位的移位寄存器,从D0～D11的12位是DAC的数据位,D12～D15高四位是编程控制位,这四位的不同组合可使TLC5618A工作在不同的状态,表10.1对此进行了说明。在$\overline{CS}$上升沿,16位串行接口寄存器中的数据将传送到DAC寄存器。

TLC5618A的转换过程如下:

① 当片选信号$\overline{CS}$为低电平时,则TLC5618A被选通,允许向寄存器写入数据。

② 在串行时钟输入信号(SCLK)的下降沿,数据以最高有效位在前的方式依次由串行数据输入端(DIN)进入片内的16位移位寄存器。其中高4位(D15～D12)是可编程控制位,控制芯片的工作状态和功能。后12位(D11～D0)为DAC转换的数据位,用于模拟输出。

③ 当片选信号$\overline{CS}$进入上升沿时,数据送入串口移位寄存器,由控制位信号决定模拟电压的输出。

2. TLC5618A的应用

TLC5618A一般应用在电池供电的测试仪器、数字失调与增益控制、电池供电/遥控的工业控制设备、机械与运动控制装置以及移动电话等方面。图10.13所示是一种由80C51单片机和TLC5618A构成的控制电路。

表 10.1 TLC5618A 编程控制位功能

编程控制位				工作状态
D15	D14	D13	D12	
1	X	X	X	将 SIR 的数据写入锁存器 A,双缓冲锁存器的内容写入锁存器 B 中,OUTA 输出
0	X	X	0	将 SIR 的数据写入锁存器 B 和双缓冲锁存器,锁存器 A 中内容不变,OUTB 输出
0	X	X	1	将 SIR 的数据写入双缓冲锁存器,锁存器 A、锁存器 B 中内容不变
X	0	X	X	12.5 μs 的建立时间(慢模式)
X	1	X	X	2.5 μs 的建立时间(快模式)
X	X	0	X	上电操作
X	X	1	X	降功耗模式

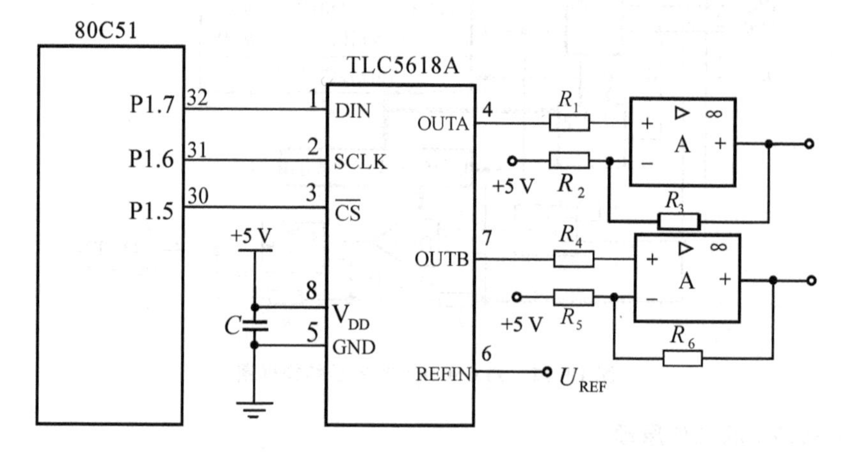

图 10.13 80C51 与 TLC5618A 连接图

由于 80C51 单片机没有 SPI 接口,因此可利用 80C51 的 P1.7、P1.6 和 P1.5 口作为 SPI 串行接口分别连接到 TLC5618A 的 DIN、SCLK 和 $\overline{\text{CS}}$ 端,通过 80C51 的 P1 口位控制功能,用软件编程的方法完成与 TLC5618A 的数据通信。其接口时序如图 10.14 所示。

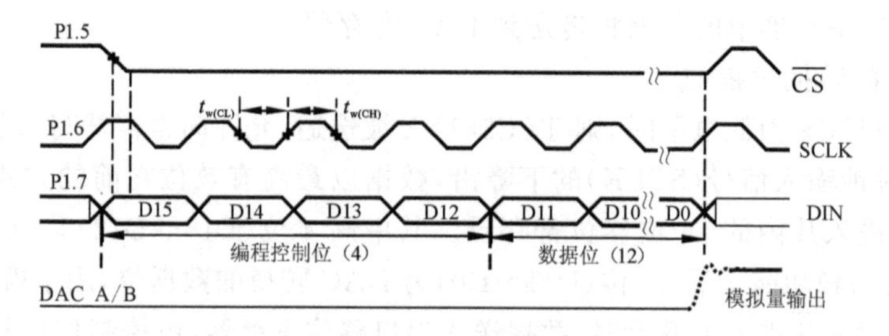

图 10.14 TLC5618A 与 80C51 的接口时序

应用中参考电压取为 2.5 V,由于 TLC5618A 的输出电压最大值等于参考电压的 2 倍,且输出为单极性,则模拟电压的输出范围为 0~5 V。如果控制装置要求电压范围是 −5~+5 V,则可在 TLC5618A 的电压输出端增加一级放大电路实现电压范围的转换(见图 10.13),电阻 $R_1 \sim R_6$ 均取相同阻值。当输入数据为全 1 时,输出电压为正的最大值

(+5 V),当数据为全 0 时,输出电压为负的最大值(−5 V)。另外在 V_{DD} 与 GND 之间应并接 0.1 μF 的电容 C,滤除电源和地之间的干扰信号。

10.2　模/数转换器

10.2.1　模/数转换的基本原理

ADC 输入信号在时间上是连续的模拟量,而输出信号为离散的数字量。一般在进行 A/D 转换时,要按一定的时间间隔,对模拟信号进行采样,然后再把采样得到的值转换为数字量。因此,A/D 转换的基本过程由采样、保持、量化和编码组成。通常,采样和保持两个过程由采样-保持电路完成,量化和编码常在转换中同时实现。

1. 采样与保持

采样(sampling)就是按一定时间间隔采集模拟信号的过程。由于 A/D 转换过程需要时间,所以采样得到的"样值"在 A/D 转换期间就不能改变,因此对采样得到的信号"样值"就需要保持一段时间,直到进行下一次采样。

采样-保持的原理电路如图 10.15(a)所示。其中,开关 S 受采样信号 u_S 的控制:当 u_S 为高电平时,S 闭合;当 u_S 为低电平时,S 断开。S 闭合时为采样阶段,此时 $u_o = u_i$;S 断开时为保持阶段,此时由于电容 C 无放电回路,所以 u_o 保持在上一次采样结束时输入电压的瞬时值上。图 10.15(b)是采样-保持电路输入、输出及采样信号的波形图。

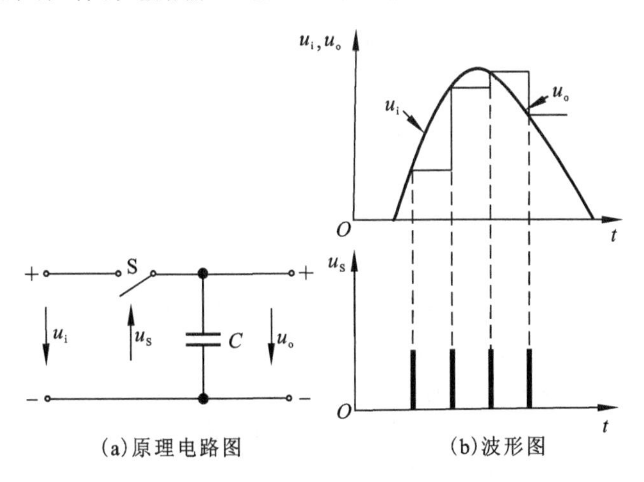

图 10.15　采样-保持原理电路图与波形图

将 A/D 转换输出的数字信号,再进行 D/A 转换,得到的模拟信号与原输入信号的接近程度,与采样频率密切相关。

2. 采样定理

由图 10.16 可见,要使采集的信号样值逼真地反映出原来模拟信号的变化规律,采样频率必须满足一定的要求。采样频率要根据采样定理来确定。

采样定理:只有当采样频率 $f_s \geqslant$ 输入模拟信号最高频率 $f_{(max)}$ 的 2 倍时($f_s \geqslant 2f_{(max)}$),所采集的信号样值才能不失真地反映原来模拟信号的变化规律。例如,若被采样信号的最高

频率分量为100 Hz,则采样频率应该不低于200 Hz。

在满足采样定理的条件下,经过DAC,可以用低通滤波器将u_o还原为u_i。这个低通滤波器的电压传输系数在低于$f_{(max)}$的范围内应保持不变,而在$f_s-f_{(max)}$以前应迅速下降为0,如图10.17所示。

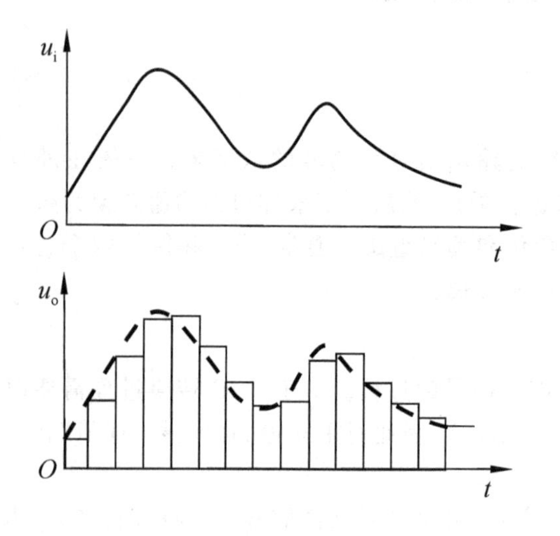

图10.16 对输入模拟信号的采样

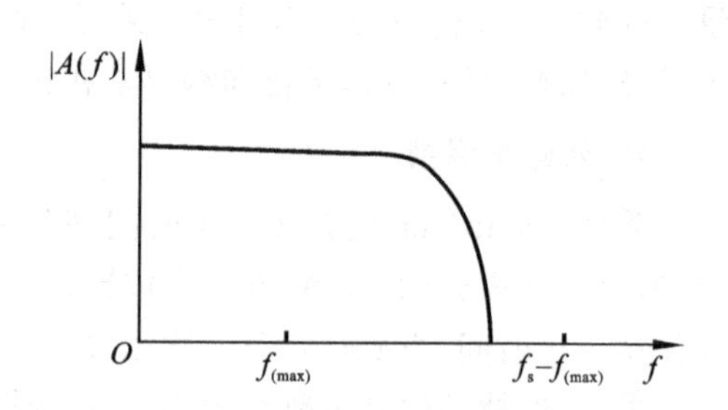

图10.17 还原采样信号所用滤波器的频率特性

在实际数据采集系统中,为了防止所采集的数据太多,占用大量存储空间,一般建议,$2f_{(max)} \leqslant f_s \leqslant 5f_{(max)}$。另外,也常在真正采样之前加入前置低通滤波器(常常也称为抗混叠滤波器),以便滤掉信号中不起作用的高频分量。

3. 常用的几种采样-保持电路

采样-保持电路种类很多,图10.18是三种常用的采样-保持电路,分别由采样开关管T、存储信息的电容C和缓冲放大器A等几个部分组成。

在图10.18(a)中,采样开关由场效应管T构成,并受采样脉冲$u_S(t)$控制。在$u_S(t)$为高电平期间,场效应管T导通,相当于开关闭合。若忽略导通压降,则电容C相当于直接与$u_i(t)$相连,$u_o(t)$随$u_i(t)$变化。当$u_S(t)$由高电平变为低电平时,场效应管T截止,相当于开关断开。若A为理想运放,则流入运放A输入端的电流为0,所以场效应管截止期间电容无放电回路,电容保持上一次采样结束时的输入电压瞬时值直到下一个采样脉冲的到来。然后,场效应管T重新导通,$u_o(t)$、$u_C(t)$又重新跟随$u_i(t)$变化。

图10.18(b)所示电路的原理与图10.18(a)所示电路基本相同。在$u_S(t)$为高电平期间,场效应管T导通,$u_i(t)$经过R_1和开关管T向电容C充电。充电时间常数R_1C必须足够小,$u_o(t)$才能跟上$u_i(t)$的变化,即保证一定的采样速度。当电容C充电结束时,由于放大倍数$A_u=-\frac{R_2}{R_1}$,所以输出电压与输入电压相比,不仅倒相,而且要乘以一个系数$\frac{R_2}{R_1}$。

图10.18(c)所示电路是在图10.18(a)电路基础上,为提高输入阻抗在采样开关和输入信号之间加了一级跟随器。由于跟随器A_1输入阻抗很高,所以减小了采样电路对输入信号的影响,同时其输出阻抗低,缩短了电容C的充电时间。

采样-保持电路主要有两个指标:

① 采样时间：指发出命令后，采样-保持电路的输出由原保持值变化到输入值所需的时间。采样时间越小越好。

② 保持电压下降速率：指在保持阶段采样-保持电路输出电压在单位时间内所下降的幅值。

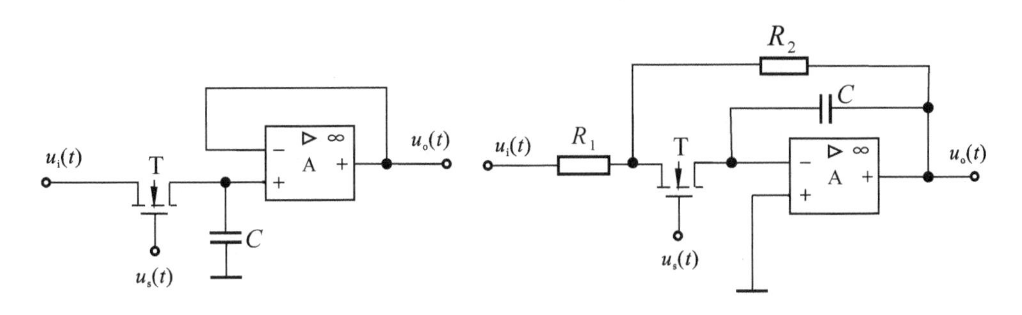

(a)基本采样-保持电路　　(b) $R_1C \ll T$的采-保持电路(T为取样周期)

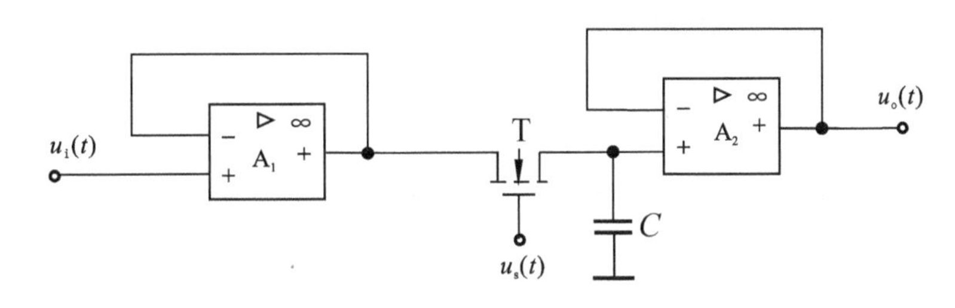

(c)高输入阻抗的采样-保持电路

图 10.18　三种常用的采样-保持电路

4. 量化与编码

采样-保持得到的信号在时间上是离散的，但其幅值仍是连续的。而数字信号在时间和幅值上都是离散的。任何一个数字量的大小只能是规定的最小数量单位的整数倍。因此在 A/D 转换过程中，必须将采样-保持电路的输出电压表示为这个最小单位的整数倍，这一转化过程称为**量化**(quantify)。

把数字量的最低有效位的 1 所代表的模拟量大小叫做量化单位，用 Δ 表示。对于小于 Δ 的信号有两种量化方法：其一为只舍不入法，即将不够量化单位的值舍掉，只舍不入法的量化误差为 Δ；其二为有舍有入法(四舍五入法)，即将小于 Δ/2 的值舍去，小于 Δ 而大于 Δ/2 的值视为数字量 Δ，有舍有入法的量化误差为 Δ/2。

量化过程只是把模拟信号按量化单位做了取整处理，只有用代码(可以是二进制，也可以是其他进制)表示量化后的值，才能得到数字量。这一过程称之为**编码**(coding)。常用的编码是二进制编码。

3 位标准二进制数 ADC 的两种量化方法如图 10.19 所示。输入为 0～1 V 的模拟电压，输出为 3 位二进制代码。图 10.19(a)所示为只舍不入量化法，图 10.19(b)所示为有舍有入量化法。在图 10.19(a)中取量化电平 Δ＝1/8 V，最大量化误差可达 Δ，即为 1/8 V；在图(b)中取量化电平 Δ＝2/15 V，最大量化误差为 Δ/2，即为 1/15 V。

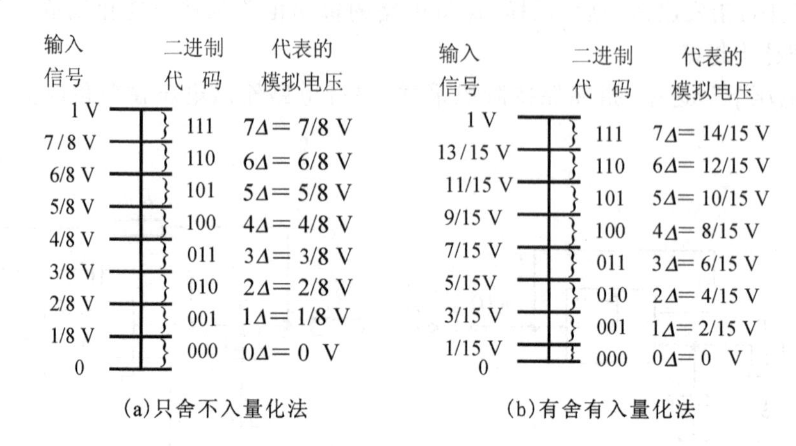

图 10.19 3位标准二进制 ADC 的输出电压特性

当输入的模拟电压在正、负范围内变化时,一般要求采用二进制补码的形式编码。

10.2.2 并联比较型 A/D 转换器

并联比较型 ADC 属于直接 ADC,它能将输入的模拟电压直接转换为输出的数字量而不需要经过中间变量。图 10.20 所示为一并联比较型 ADC 的电路原理图,它由电压比较器、寄存器和编码电路三部分组成。输入为 $0\sim U_{REF}$ 间的模拟电压,输出为 3 位二进制代码。这里略去了取样-保持电路。

此电路采用有舍有入的量化方法。电阻网络按量化单位 $\Delta=\frac{2}{15}U_{REF}$ 把参考电压分成 $\frac{1}{15}U_{REF}\sim\frac{13}{15}U_{REF}$ 之间的 7 个比较电压。并分别接到 7 个比较器 $A_1\sim A_7$ 的反相输入端。将经采样-保持后的输入电压 u_i 同时接到比较器的同相输入端。当比较器的输入 $u_i<u_-$ 时,输出为 0,否则输出为 1,比较器的输出在时钟信号 CP 上升沿送入寄存器中的触发器,然后经优先编码器(74148)编码后便得到二进制代码输出。

并联比较型 ADC 的转换精度主要取决于量化电平的划分,分得越细(Δ 取得越小),精度越高,随之而来的是比较器和触发器数目的增加,电路更加复杂。此外,转换精度还受参考电压的稳定度、分压电阻相对精度以及电压比较器灵敏度的影响。

并联比较型 ADC 具有转换速度快的优点。如果从 CP 信号的上升沿算起,图 10.20 电路完成一次转换所需要的时间只包括一级触发器的翻转时间和三级门电路的传输延迟时间。

并联比较型 ADC 的缺点是需要用很多的电压比较器和触发器。n 位并联比较 ADC 需用 2^n-1 个比较器和 2^n-1 个触发器,所以位数每增加一位,比较器和触发器的个数就要增加一倍。例如:8 位并联比较 ADC,需 $2^8-1=255$ 个电压比较器和 255 个 D 触发器,而 10 位的并联比较 ADC 则需 1 023 个比较器和 1 023 个触发器。因此,虽然这种方法转换速度快,但所用器件多,电路成本高。

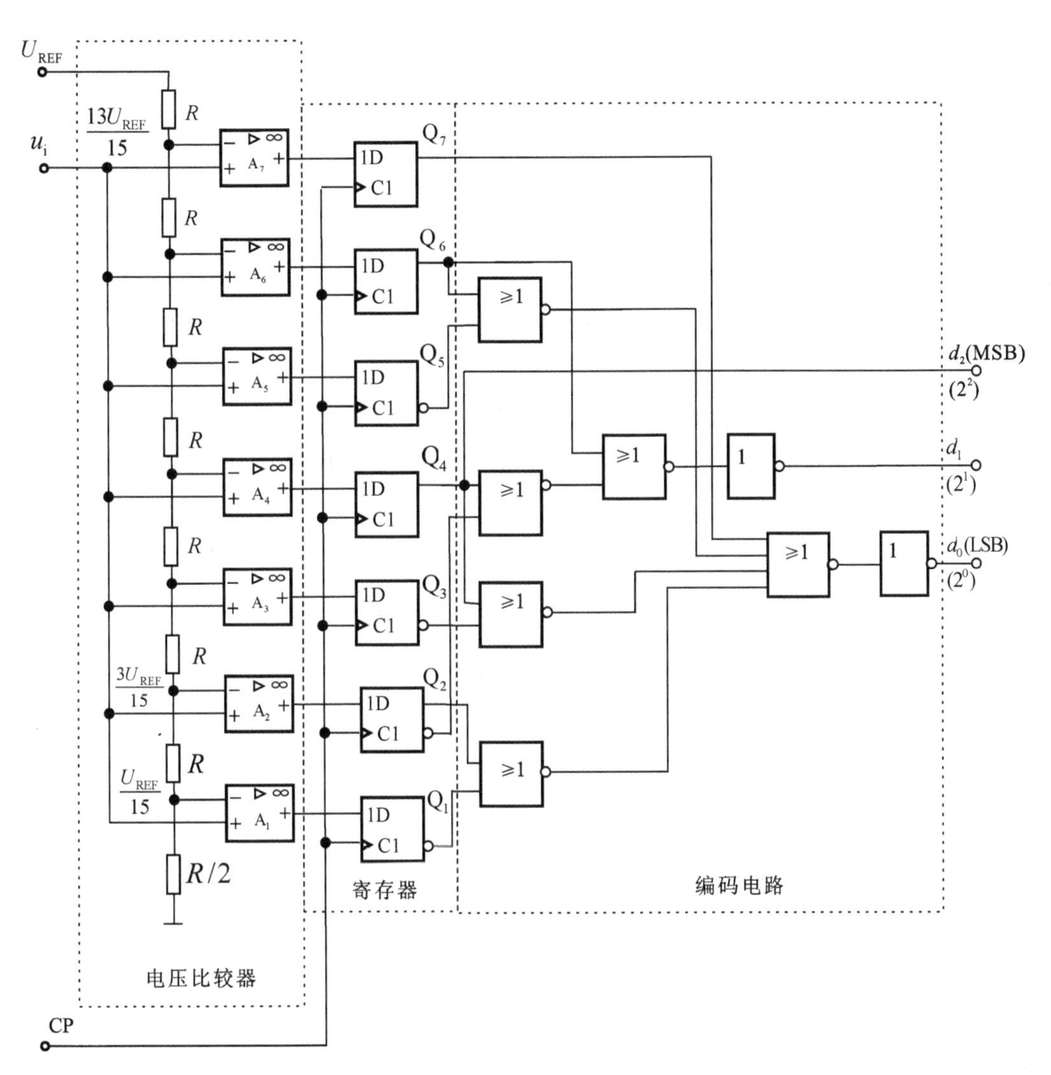

图 10.20　并联比较型 ADC 原理图

10.2.3　反馈比较型 A/D 转换器

反馈比较型 ADC 也是一种直接 ADC。反馈比较的基本思想是:每次取一个数字量加到 DAC,经 D/A 转换便得到一个模拟电压,用这个模拟电压与输入的模拟电压进行比较,如果两者不相等,则调整所取的数字量,直到两个模拟电压相等为止,最后所取得的这个数字量就是所求的转换结果。

反馈比较型 ADC 又分为计数型和逐次逼近型二种。

1. 计数型 A/D 转换器

图 10.21 是计数型 ADC 的原理框图,它由比较器 A、计数器、DAC、脉冲源、控制门 G 以及输出寄存器等部分组成。

转换开始前先用复位信号将计数器置零,而且转换控制信号应在 $u_S=0$ 的状态。这时门 G 被封锁,计数器不工作。计数器加给 DAC 的是全 0 数字信号,所以 DAC 输出的模拟电压

$u_o=0$。如果 u_i 为正电压信号,则 $u_i>u_o$,比较器的输出电压 $u_B=1$。

当 u_S 变成高电平时开始转换,脉冲源产生的脉冲经过门 G 加到计数器的时钟信号输入端 CP,计数器开始做加法计数。随着计数的进行,DAC 输出的模拟电压 u_o 也不断增加。当 u_o 增至 $u_o=u_i$ 时,比较器的输出电压变成 $u_B=0$,将门 G 封锁,计数器停止计数。这时计数器中所存的数字就是所求的输出数字信号。

因为在转换过程中计数器中的数字不停地在变化,所以不宜将计数器的状态直接作为输出信号。为此,在输出端设置了输出寄存器。在每次转换完成以后,用转换控制信号 u_S 的下降沿将计数器输出的数字置入输出寄存器的触发器中,而以寄存器的输出作为最终的输出信号。

这种 ADC 的缺点是转换时间太长。当输出为 n 位二进制数时,最长的转换时间可达 (2^n-1) 倍的时钟信号周期。因此,这种方法只能用在对转换速度要求不高的场合。它的优点是电路非常简单。

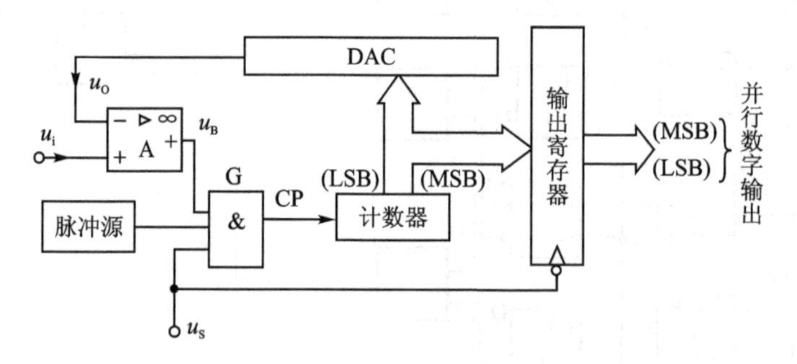

图 10.21 计数型 ADC

2. 逐次逼近型 A/D 转换器

图 10.22 为逐次逼近 ADC 的原理框图。它由比较器 A、逐次逼近寄存器(SAR)、DAC、时钟脉冲源和逻辑控制单元等部分组成。与计数型 ADC 类似,逐次逼近 ADC 由内部产生一个数字量送给 DAC,DAC 输出的模拟量与输入的模拟量进行比较。当二者匹配时,其数字量恰好与待转换的模拟信号相对应。逐次逼近型 ADC 与计数型 ADC 的区别在于逐次逼近 ADC 是采用自高位到低位逐次比较计数的方法。

转换开始前先将寄存器 SAR 清零,所以加给 DAC 的数字量也全是 0。转换控制信号 u_S 变为高电平时开始转换,时钟信号 CP 首先将寄存器的最高位置成 1,使寄存器的输出为 100…00。这个数字量被 DAC 转换成相应的模拟电压 u_o,并送到比较器与输入信号 u_i 进行比较。如果 $u_o>u_i$,说明数字过大了,则这个 1 应去掉,SAR 重新置 0,SAR 为 000…00;如果 $u_o<u_i$,说明数字还不够大,这个 1 应予保留,SAR 为 100…00 不变。然后,再按同样的方法将次高位置 1,并比较 u_o 与 u_i 的大小,以确定这一位的 1 是否应当保留。这样逐位比较下去,直到最低位比较完为止。这时 SAR 寄存器里所存的数就是所求的输出数字量,此时转换结束。

设一个 8 位 ADC 的输入模拟量 $u_i=6.84$ V,DAC 的参考电压为 10 V,根据逐次逼近型 ADC 的工作原理,可画出其工作波形如图 10.23 所示。请读者自行分析。

逐次逼近 ADC 具有以下特点:

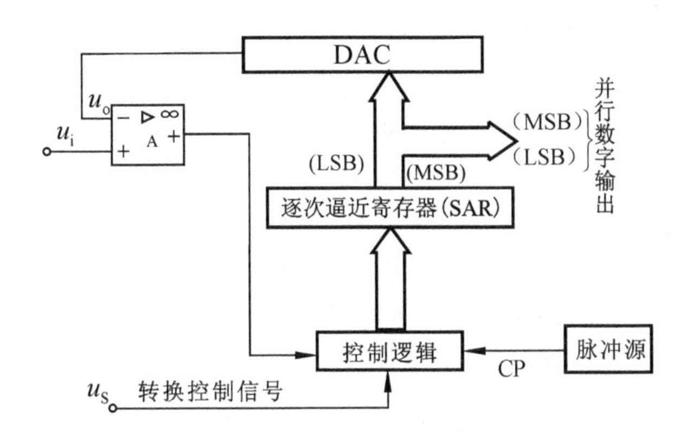

图 10.22　逐次逼近型 ADC 的框图

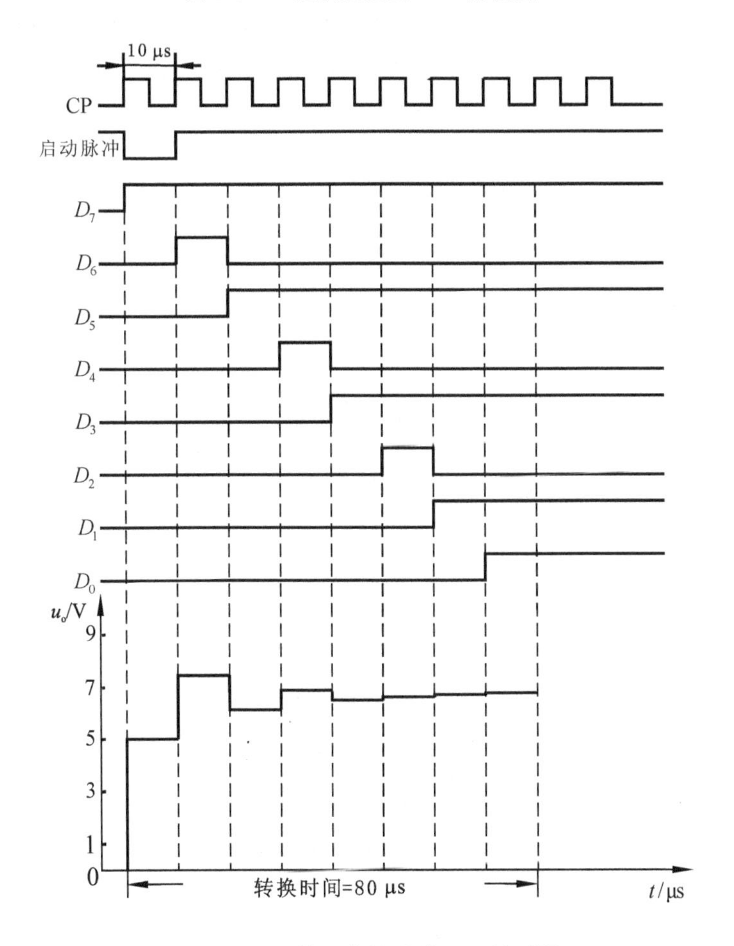

图 10.23　8 位逐次逼近型 ADC 波形图

① 转换速度较高。其速度主要由数字量的位数和控制电路决定。例如图 10.23 中，8 个时钟脉冲完成一次转换，若时钟频率为 4 MHz，则完成一次转换的时间为 $8\times\frac{1}{4\times10^6\ \text{Hz}}=2\ \mu\text{s}$，转换速度为 500 000 次/s。

若考虑启动(SAR 清 0)和数据送入输出寄存器的节拍(各为一个时钟周期)，则 n 位逐次

逼近ADC完成一次转换所需时间为$(n+2)T_C$,其中T_C为CP的时钟周期。

② 在转换位数较多时,逐次逼近型ADC的电路规模要比并联比较型ADC小得多,因此,逐次逼近型ADC是目前集成ADC产品中用得最多的一种电路。

③ 比较器的灵敏度和DAC的精度将影响转换精度。

④ 转换的抗干扰性比较差。因为这种转换器是对输入模拟电压进行瞬时采样比较,如果在输入模拟电压上叠加了外界干扰,将会造成转换误差。

在干扰严重,尤其是工频干扰严重的环境下,为提高ADC的抗干扰能力,常使用积分型ADC。最常用的是双积分型ADC。

10.2.4 双积分型A/D转换器

双积分型ADC属于电压一时间变换的间接ADC。它对一段时间内的输入电压及参考电压进行两次积分,变换成与输入电压平均值成正比的时间宽度信号;然后在这个时间宽度里对固定频率的时钟脉冲进行计数,计数结果就是正比于输入模拟信号的数字信号。因此,也将这种ADC称为电压-时间变换型ADC。

图10.24是双积分型ADC的原理框图。它由积分器A_1、过零比较器A_2、二进制计数器、受控开关S_0和S_1、控制逻辑电路、参考电压U_{REF}与时钟脉冲源组成。图10.25是双积分型ADC的电压波形图。

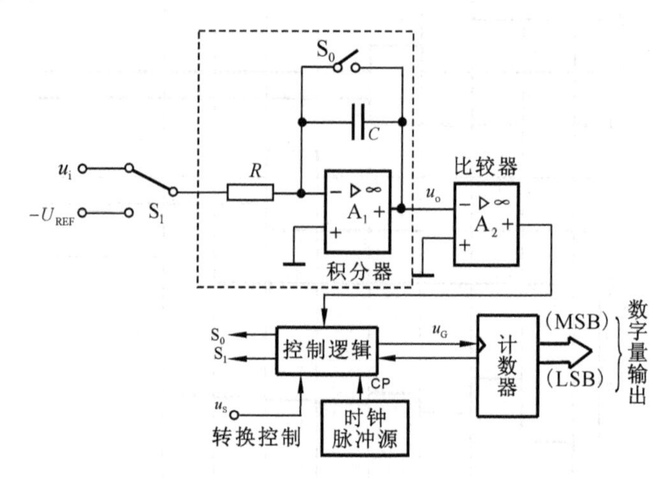

图10.24 双积分型ADC原理图

转换开始前(转换控制信号$u_S=0$),先将计数器清零,并接通开关S_0,使积分电容C完全放电。

$u_S=1$时开始转换。转换操作分两步进行:

① 令开关S_1合到输入信号电压u_i一侧,积分器对u_i进行固定时间T_1的积分。积分结束时积分器的输出电压为

$$u_o=\frac{1}{C}\int_0^{T_1}\left(-\frac{u_i}{R}\right)\mathrm{d}t=-\frac{T_1}{RC}u_i \tag{10.11}$$

式(10.11)说明,在T_1固定的条件下,积分器的输出电压u_o与输入电压u_i成正比。当计数器计满2^n个脉冲后,自动返回全0状态,同时给出控制信号,使S_1转接到$-U_{REF}$,若时钟周

期为 T_C,此时 $T_1=2^nT_C$,代入式(10.11),得

$$u_o=-\frac{2^nT_C}{RC}u_i \tag{10.12}$$

② 当开关 S_1 转接至参考电压$-U_{REF}$一侧时,积分器开始进行反方向积分。如果积分器的输出电压上升到零时所经过的积分时间为 T_2,则可得

$$u_o=\frac{1}{C}\int_0^{T_2}\frac{U_{REF}}{R}dt-\frac{T_1}{RC}u_i=0$$

$$\frac{T_2}{RC}U_{REF}=\frac{T_1}{RC}u_i$$

故得到

$$T_2=\frac{T_1}{U_{REF}}u_i \tag{10.13}$$

可见,反向积分到 $u_o=0$ 的这段时间,T_2 与输入电压 u_i 成正比。若这时计数器所计脉冲个数为 D,则式(10.13)可写为

$$D=\frac{2^n}{U_{REF}}u_i \tag{10.14}$$

从图 10.25 的电压波形图上可以直观地看到这个结论的正确性。当 u_i 取为两个不同的数值 U_{i1} 和 U_{i2} 时,由于第 1 阶段积分时间 T_1 相同,在 t_1 时刻电容上的电压分别为 U_{o1} 和 U_{o2},那么在接至参考电压$-U_{REF}$ 时,使输出电压 $u_o=0$ 的反向积分时间 T_2 和 T'_2也不相同,而且时间的长短与 u_i 的大小成正比。由于 CP 是固定频率的脉冲,所以在 T_2 和 T'_2期间送给计数器的计数脉冲数目也必然与 u_i 成正比。

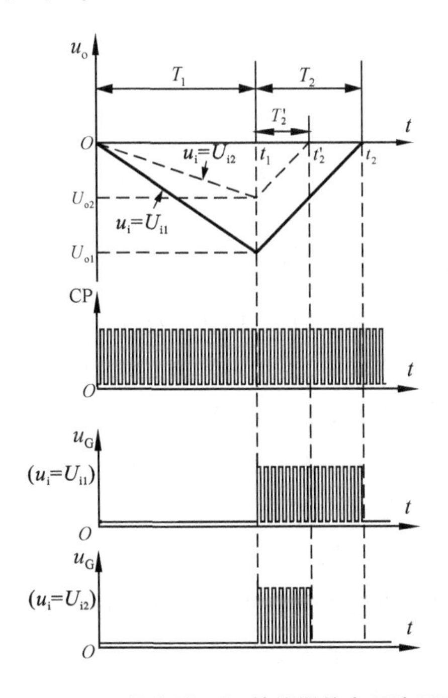

图 10.25　双积分型 A/D 转换器的电压波形图

双积分型 ADC 具有以下特点：

① 具有很强的抑制交流干扰信号的能力。尤其是对于工频干扰，如果转换周期选择的合适(例如 $2^n T_C$ 为工频电压周期的整数倍)，从理论上可以消除工频干扰。

② 工作性能稳定。由式(10.14)的推导过程和结果可知：由于在转换过程中先后进行了两次积分，而这两次积分的时间常数相同，则转换结果与 R、C 参数无关，而且，R、C 参数的缓慢变化不影响电路的转换精度，也不要求 R、C 的数值十分精确；转换结果与时钟信号周期无关，只要每次转换过程中时钟周期不变，那么时钟周期在长时间里发生的缓慢变化也不会带来转换误差；转换精度只与 U_{REF} 有关，U_{REF} 稳定，就能保证转换精度。

③ 工作速度低。完成一次转换需 $T=(2^n+D)T_C$ 时间。

④ 由于转换的是 u_i 的平均值，所以这种 ADC 更适用于对直流或变化缓慢的电压进行转换。

双积分型 ADC 的转换精度受计数器的位数、比较器的灵敏度、运算放大器和比较器的零点漂移、积分电容的漏电、时钟频率的瞬时波动等多种因素的影响。因此，为了提高转换精度仅靠增加计数器的位数是远远不够的。特别是运算放大器和比较器的零点漂移对精度影响很大，因此在实际电路中需要增加零点漂移的自动补偿电路，采用稳定的石英晶体振荡器作为脉冲源，选择漏电流小的电容作为积分电容。

例 10.5 双积分型 ADC 中计数器是十进制的，其最大容量 $N_1=(2\ 000)_{10}$，时钟频率 $f_C=100\ \text{kHz}$，$U_{REF}=6\ \text{V}$，试求：

① 完成一次转换的最长时间；

② 已知计数器计数值 $N_2=(369)_{10}$ 时，对应输入模拟电压 u_i 的数值。

解：该 ADC 的最长转换时间为

$$T_{(\max)}=2T_1=2\times N_1/f_C=[2\times 2\ 000/(100\times 10^3)]\ \text{s}=0.04\ \text{s}$$

③ 当计数值 $N_2=(369)_{10}$ 时，由式(10.13)可得

$$u_i=\frac{N_2}{N_1}\cdot U_{REF}\approx 1.107\ \text{V}$$

10.2.5 Σ-Δ 型 A/D 转换器

近年出现了一种高精度、高分辨率的 A/D 转换技术——Σ-Δ 型 ADC，它拥有非常高的分辨率，可理想地用于转换极宽频率范围(从直流到几 MHz)的信号，在音频、工业过程控制、分析及测试仪表、医学仪表等许多方面得到应用。

Σ-Δ 型 ADC 的基本原理框图如图 10.26 所示，从图中可以看出，构成Σ-Δ 型 A/D 转换的主要电路包括求和放大器(Σ器)、积分器、比较器(量化器)，D 触发器、1 位 DAC 和数字抽取滤波器。电路中由积分器、量化器(一般量化器都用 1 比特的，所以可用比较器实现)和 DAC 组成环路，而环路中 DAC 的输出只有$\pm U_{REF}$ 两个值。由于环路是闭环负反馈系统，所以，尽管 u_- 在$\pm U_{REF}$ 两个值上跳变，但多次取样后，u_- 的平均值却等于或近似等于模拟电压 u_i，而积分器输入电压 u_Σ 的平均值则近似为零。因为 DAC 输出电压的平均值等于Σ-ΔADC 的输入电压，所以量化器的输出电压 u'_o必与 u_i 相关，u'_o是取样速率很高(等于过取样速率)、

而每个取样值的比特数很低(通常为 1 比特)的信号。数字抽取滤波器的作用是滤除有用信号带宽以外的量化噪声,同时把过取样速率的 1 比特信号变为临界取样速率的多位数字信号,以得到高分辨率。

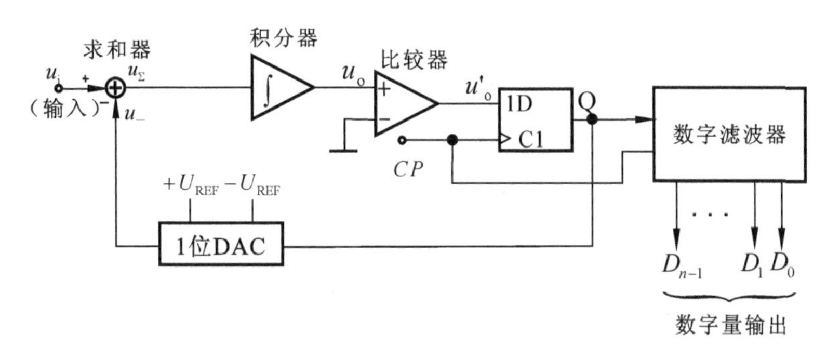

图 10.26　Σ-Δ 型 ADC 原理结构图

输入信号 u_i 直接送至求和放大器的同相输入端,与反相端输入电压 u_- 求和,其输出 $u_\Sigma=u_i-u_-$。u_Σ 加于积分器,积分器的输出 u_o 接到电压比较器,比较器工作规律为:当 $u_o>0$ 时,输出 u'_o 为高电平 U_H(逻辑 1);当 $u_o\leqslant 0$ 时,u_o 为低电平 U_L(逻辑 0)。在采样信号 CP 的作用下,把比较结果 u'_o 不断送入并保存于 D 触发器,它的 Q 端送出 1 位串行的数字信息(1 或 0)。此串行码送到 1 位 DAC,当输入为逻辑 1 时,DAC 的输出 $u_-=+U_{REF}$;当输入为逻辑 0 时,$u_-=-U_{REF}$。D 触发器 Q 端输出的串行码又送到数字滤波器,从而获得并行 n 位数字量输出。采样信号的重复频率为 f_s,周期为 T_s。

下面以具体数据来简要地说明Σ-Δ 型 ADC 的基本工作原理。为叙述简明、直观起见,假设在经过适当处理后积分器输出 u_o 具有如下规律:若它的输入 $u_\Sigma<0$,则在时间 T_s 内下降 u_Σ;若 $u_\Sigma>0$,则上升 u_Σ。

设某Σ-Δ 型 ADC 满量程输入电压 $U_{im}=10$ V,$U_{REF}=10$ V。

① 若 $u_i=0$,在第 1 个采样脉冲到来时 $u_o=-10$ V,$u'_o=U_L$,从而在第 1 个采样脉冲作用下,Q=0,经 1 位 DAC 得 $u_-=-U_{REF}=-10$ V,因此 $u_\Sigma=+10$ V,这时,积分器输出电压上升;在第 2 个脉冲到来时,$u_o=+10$ V,$u'_o=U_H$,从而在该脉冲作用下,Q=1,使 $u_-=+U_{REF}=10$ V,$u_\Sigma=-10$ V,积分器输出下降。

以后重复上述过程,在 Q 端得到连续方波,其高电平(1)和低电平(0)持续时间相等,均为采样脉冲周期 T_s,工作波形如图 10.27 所示。因此 DAC 的输出电压 u_- 的平均值为 0,恰好等于输入电压 0 V。

② 设输入电压 u_i 为满量程范围以内的某一数值,例如 $u_i=8$ V,如图 10.28 所示。

设第 1 个采样脉冲到来时,$u_o=8$ V,$u'_o=U_H$,从而在第 1 个采样脉冲作用下,Q=1,使得 $u_-=+10$ V,$u_\Sigma=-2$ V,积分器输出下降。当第 2 个采样脉冲到来时,$u_o=6$ V。这样,在该脉冲作用下,Q 仍为 1,u_- 及 u_Σ 仍维持原值,u_o 继续下降。重复上述过程,直到第 5 个采样脉冲到来时,$u_o=0$,从而使积分器输出上升,在第 6 个采样脉冲到来时,Q=0,u_-

$=-10$ V,$u_{\Sigma}=+18$ V,$u_o=18$ V,此后的工作过程如表 10.2 所示。图 10.28 给出了各点波形。

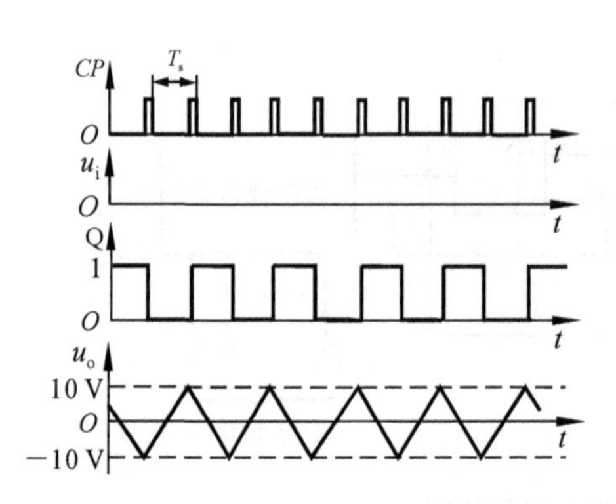

图 10.27　Σ-Δ 型 ADC 在 $u_i=0$ 时的工作波形图

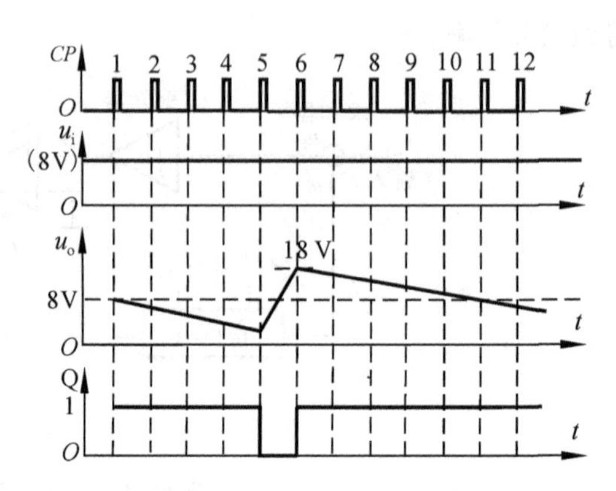

图 10.28　$u_i=8$ V 时的工作波形

表 10.2　$u_i=8$ V 时 Σ-Δ 型 ADC 各点电压或逻辑关系表

采样信号 CP 的序号	求和放大器 u_{Σ}/V	积分器输出 u_o/V	比较器输出	触发器 Q	DAC 输出/V
1	−2	8	1	1	+10
2	−2	6	1	1	+10
3	−2	4	1	1	+10
4	−2	2	1	1	+10
5	−2	0	0	0	−10
6	+18	18	1	1	+10
7	−2	16	1	1	+10
8	−2	14	1	1	+10
9	−2	12	1	1	+10
10	−2	10	1	1	+10
11	−2	8	1	1	+10
12	−2	6	1	1	+10
12	−2	4	1	1	+10
14	−2	2	1	1	+10
15	−2	0	0	0	−10
16	+18	18	1	1	+10
⋮	⋮	⋮	⋮	⋮	⋮

从表 10.2 中不难看出,对于一定的输入电压 8 V,Q 端输出一串 1、0 数码,在 10 个采样脉冲期间,DAC 输出的平均值为

$$\text{DAC 的平均输出}=\frac{9\times(+10\ \text{V})+1\times(-10\ \text{V})}{10}\ \text{V}=8\ \text{V}$$

此平均值恰好等于输入电压。对于不同的输入电压值,其工作过程与此相似,只是使 DAC 输

出的平均值等于或十分接近于 u_i 所需经历的采样脉冲的个数 m 将不同。不难推断：当 m 足够大时，DAC 的平均输出电压

$$u_{AVE}=\frac{U_{REF}\times(1\text{ 的个数})+(-U_{REF})\times(0\text{ 的个数})}{m}$$

将十分接近于输入电压 u_i。显然，为提高Σ-Δ 型 ADC 的分辨能力，可增加采样脉冲个数 m。为保持适当的速度，必须提高采样频率。因此，这是以提高采样频率换取高分辨率的转换方式。现已有 24 位Σ-Δ 型 ADC 出现，其采样频率高达上 MHz。

D 触发器输出的是一个串行数字量。在 m 一定的条件下，高电平位数与低电平位数之差代表了模拟量的大小，为将其变换成易于后续处理的某种二进制码，则需要一个变换器，这个变换器就是数字**抽取滤波器**(digital decimation filter)。抽取滤波器是一个数字低通滤波器，它是设计Σ-Δ 型 ADC 的关键，而且它要占用较大的芯片面积。

Σ-Δ 型 ADC 的特点有：

① 对元件参数的匹配精度不敏感。前面介绍的几种 ADC，有的要求精确匹配的元件，有的要求精确的倍乘系数，因而增加了工艺难度，也阻碍了高分辨率 ADC 的实现，而Σ-Δ 型 ADC 对元件匹配要求不高。

② 电路中只有少量的模拟电路，绝大部分都是数字电路，因而更易于集成，这对开发单片**集成系统**(system on chip，SoC)非常重要。

③ 信噪比高。Σ-Δ 型 ADC 采用过取样频率，而且闭环反馈回路有噪声整形作用，因而其信噪比远大于其他 ADC。

④ 电路简单。反馈环路中只用 1 位的量化器，也不需要高精密的取样保持电路。另外，由于取样频率高，故对于抗混叠滤波器的要求也非常低。

10.2.6　流水线 A/D 转换器

1. 流水线 ADC 的原理

流水线 ADC 由若干子级连接而成.其结构如图 10.29 所示。模拟输入信号经过采样/保持电路的采样/保持后输入到流水线的第 1 级，输入信号在该级进行第 1 次模/数转换，产生数字输出 d_1，并产生余量输出，该余量被放大后作为第 2 级的输入信号，第 2 级再进行模/数转换，产生数字输出 d_2 及余量，……，这个过程一直持续到第 n 级。对于每一个输入信号来说，ADC 的工作过程是流水线方式的，但就每一级的转换来说是并行工作的，因此 ADC 的最大转换速率取决于采样/保持电路和单级电路的最大速度，其分辨率可以通过增加流水线的级数和引入数字校正与数字校准技术来提高。

从图 10.29 可以看出，流水线 ADC 具有分级转换和流水作业的结构特点，为实现速度、精度、功耗和面积等指标间的折中优化提供了便利。例如，根据输出位数和状态数的不同，ADC 子级的结构可分为 1.5 位、2 位、2.5 位和多位等等。在 ADC 精度不变的情况下，如果选取每级多位的子级结构，所需子级的数目较少，但比较器的数量增多。功耗和面积都会增加；反之，选取 1.5 位或 2 位等输出位数较少的结构，所需子级的数目增多，但比较器的数目会减少，功耗和面积也会减小。因此，可以根据需要选用不同结构的子级，以达到高速、高精度和低功耗的目的。

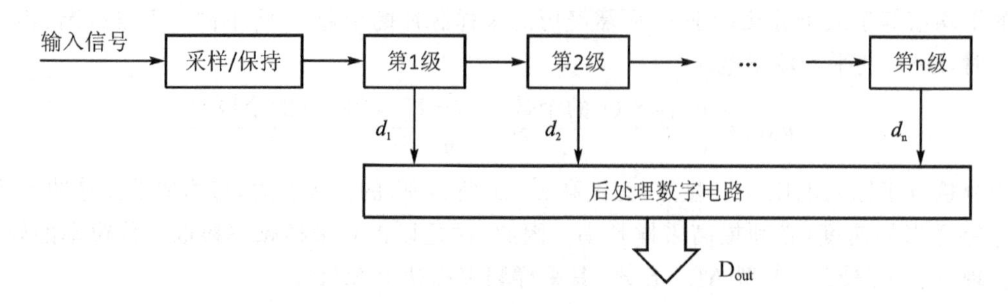

图 10.29　流水线 ADC 的结构示意图

2. 流水线 ADC 的结构

流水线 ADC 的结构及外围电路和子级的结构如图 10.30 所示。除若干子级外,ADC 中还包括采样/保持电路、时钟产生电路、基准产生电路、延迟对准寄存器阵列、数字校正与数字校准模块。

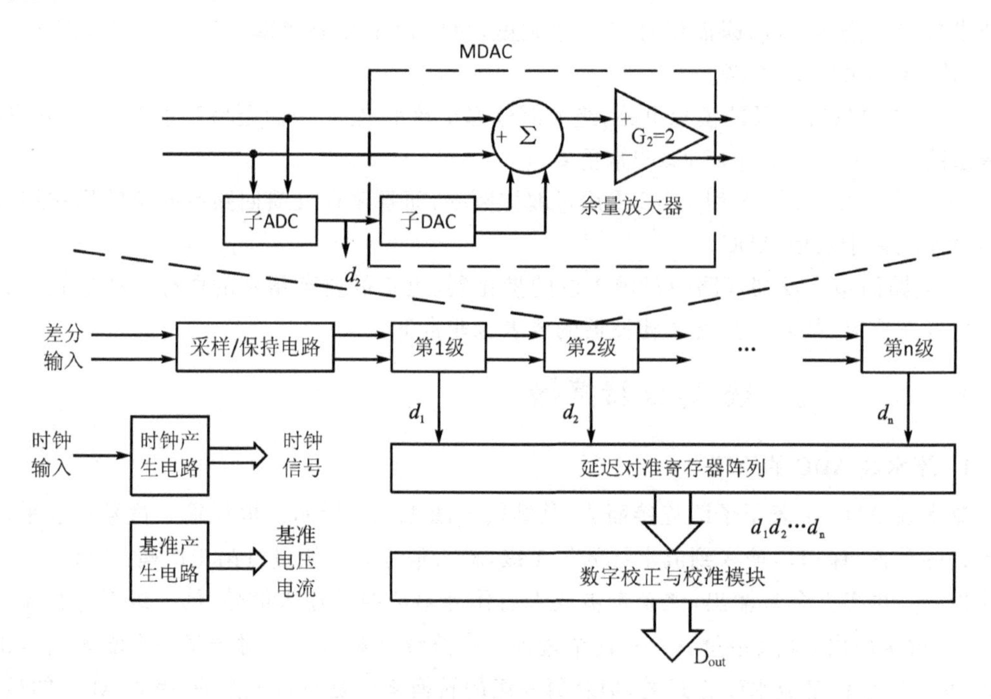

图 10.30　流水线 ADC 的结构

在流水线 ADC 的工作过程中,同一个模拟输入信号依次被 n 级转换后分别得到了 n 个转换结果,延迟对准寄存器阵列将这些结果依次进行延时对准后,使得对应于同一模拟输入信号的各级转换结果能在时序上对齐,得到符合时序的转换结果。

数字校正与数字校准模块是实现校正技术与校准技术的数字电路模块,该模块将转换过程中由于电路的非理想因素、工艺偏差或外界温度变化等原因产生的各种误差从转换结果中消除,并产生最终的输出 Dout。

ADC 的子级包括一个子 ADC、一个子 DAC、一个模拟减法器和一个余量放大器。模数转换在子 ADC 中完成,输出转换结果 d_i,d_i 同时输入子 DAC,产生的模拟输出同输入信号相减

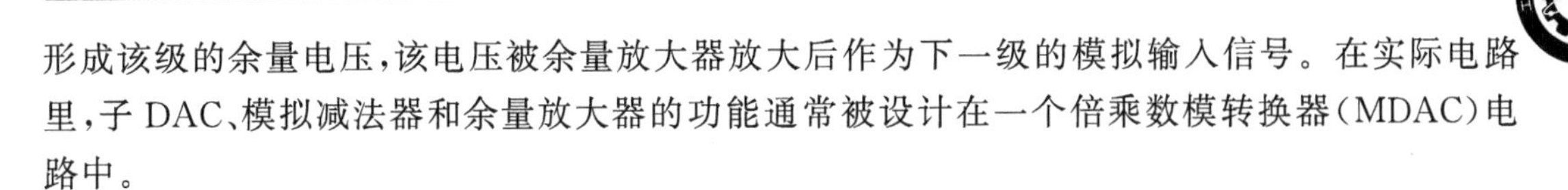

形成该级的余量电压，该电压被余量放大器放大后作为下一级的模拟输入信号。在实际电路里，子 DAC、模拟减法器和余量放大器的功能通常被设计在一个倍乘数模转换器（MDAC）电路中。

3. 倍乘数模转换器（MDAC）

MDAC 具有子 DAC、减法器、余量放大器和作为下一级的采样/保持电路等功能。MDAC 是流水线 ADC 中十分重要的模块，它是各子级之间的接口，保证了 ADC 以流水线方式工作，并使 ADC 在每个时钟周期内都可以完成一次模数转换。MDAC 的电路目前都是采用开关电容电路的结构，有电荷分布式和翻转式两种结构。

在未采用数字校正技术或数字校准技术时，余量放大器的放大倍数（级间增益）通常为 $G_i=2$，对于电荷分布式 MDAC，子 DAC 的输出可写为

$$u_{\mathrm{i\_dac}}=\left(d_i-\frac{G_i-1}{2}\right)\frac{2U_{\mathrm{ref}}}{G_i}=(2d_i-1)\cdot\frac{U_{\mathrm{ref}}}{2} \tag{10.15}$$

式中，$d_{\mathrm{i\_dac}}$ 表示第 i 级的数字输出转换成十进制的数值。输入电压与子 DAC 的输出相减，即可得余量电压

$$u_{\mathrm{i\_res}}=u_{\mathrm{in}}-u_{\mathrm{i\_dac}}=u_{\mathrm{in}}-(2d_i-1)\frac{U_{\mathrm{ref}}}{2} \tag{10.16}$$

由式（10.16）可以看出，余量电压的范围为（$-U_{\mathrm{ref}}/2,+U_{\mathrm{ref}}/2$）。为使下一级的输入范围也为（$-U_{\mathrm{ref}},+U_{\mathrm{ref}}$），余量电压必须经过余量放大器的放大才能输入下一级。所以该级最终的余量输出为

$$u_{\mathrm{i\_res}}=2\left[u_{\mathrm{in}}-(2d_i-1)\frac{U_{\mathrm{ref}}}{2}\right] \tag{10.17}$$

对于翻转式 MDAC，子 DAC 的输出为

$$u_{\mathrm{i\_dac}}=[2d_i-(G_i-1)]\frac{2U_{\mathrm{ref}}}{G_i}=(2d_i-1)U_{\mathrm{ref}} \tag{10.18}$$

子级的余量电压输出为

$$u_{\mathrm{i\_res}}=2[u_{\mathrm{in}}-(2d_i-1)U_{\mathrm{ref}}] \tag{10.19}$$

4. 流水线 ADC 的输出

由上文可知，流水线 ADC 的每一子级的输入是上一级的余量输出，则由式（10.17）可得第 1 级输入电压的表达式

$$u_{\mathrm{1\_in}}=u_{\mathrm{1\_dac}}+\frac{u_{\mathrm{1\_res}}}{G_1}=u_{\mathrm{1\_dac}}+\frac{u_{\mathrm{1\_res}}}{2} \tag{10.20}$$

式中，$u_{\mathrm{1\_res}}=u_{\mathrm{2\_in}}$，使用该式继续迭代下去，直到最后一级，因为最后一级不需要余量放大器，所以 $G_n=1$，则式（10.20）可写为

$$\begin{aligned}u_{\mathrm{1\_in}}&=u_{\mathrm{1\_dac}}+\frac{u_{\mathrm{2\_dac}}}{G_1}+\cdots+\frac{u_{\mathrm{i\_dac}}}{G_1\cdot G_2\cdots G_{i-1}}+\cdots+\frac{u_{\mathrm{n\_dac}}}{G_1\cdot G_2\cdots G_{n-1}}+u_{\mathrm{n\_res}}\\&=u_{\mathrm{1\_dac}}+\frac{u_{\mathrm{2\_dac}}}{2^1}+\cdots+\frac{u_{\mathrm{i\_dac}}}{2^{i-1}}+\cdots+\frac{u_{\mathrm{n\_dac}}}{2^{n-1}}+u_{\mathrm{n\_res}}\end{aligned} \tag{10.21}$$

其中，最后一项为第 n 级输出的余量电压，也是整个 ADC 的量化误差。将式（10.15）代入式（10.21）可得

$$u_{1\_in}=\left[\frac{(2d_1-1)}{2}+\frac{(2d_2-1)}{2^2}+\cdots+\frac{(2d_n-1)}{2^n}\right]U_{ref}+\frac{u_{n\_res}}{2^n} \qquad (10.22)$$

可以看出,子级的输出在整个ADC输出中越是高位,权重越大。

流水线ADC在20世纪90年代成为ADC的主要结构之一,得到了广泛的研究和应用。目前,高速高精度的ADC产品均由流水线结构实现。

目前有关流水线ADC的研究工作主要集中在提高速度与精度以及降低功耗等方面。

(1) 在提高速度方面,出现了SHA－less的结构和采用并行流水线的结构等技术。

(2) 在降低功耗方面,主要的技术包括运放共享技术、MDAC逐级缩小技术和优化运放的结构等。另外还有子级采用电流模电路来减小芯片的面积和功耗,以及根据转换速率的不同,动态调整运放的偏置电流等技术。

(3) 在提高精度方面,主要是采用各种数字校准技术来校准ADC中存在的主要误差。数字校准技术是利用数字电路速度快、精度高、功耗低、噪声小、易于集成的特点,将模拟电路设计中遇到的难题转移到数字域中解决,通过误差分析和误差建模,利用数字辅助电路减小乃至消除误差,以达到提高ADC精度与线性度,降低模拟电路的设计难度以及减小ADC功耗的目的。

10.2.7 A/D转换器的主要技术指标

1. 转换时间

转换时间是指从接到转换控制信号开始,到输出端得到稳定的数字输出信号所经历的时间,是ADC的一个重要指标。通常用完成一次A/D转换操作所需时间来表示转换速度。例如,某ADC的转换时间 T 为0.1 ms,则该ADC的转换速度为 $1/T=10\,000$ 次/s。

ADC的转换时间主要取决于转换电路的类型。并行比较型ADC的速度最高,逐次逼近型ADC次之,相比之下间接ADC的转换速度要低得多。

2. 转换精度

转换精度是指产生一个给定的数字量输出所需模拟电压的理想值与实际值之间总的误差,其中包括量化误差、零点误差及非线性等产生的误差。常用分辨率和转换误差来描述。

分辨率亦称分解度。常以输出二进制代码的位数来表示分辨率的高低。位数越多,说明量化误差越小,则转换的精度越高。例如,一个10位ADC满量程输入模拟电压为5 V,该ADC能分辨的输入电压为 $5/2^{10}=4.88$ mV,14位ADC可以分辨的最小电压 $5/2^{14}=0.31$ mV。可见,在最大输入电压相同的情况下,ADC的位数越多,所能分辨的电压越小,分辨率越高。

转换误差通常以输出误差最大值的形式给出,它表示实际输出的数字量和理论上应得到的输出数字量之间的误差,一般多以最低有效位的倍数给出。例如,给出转换误差 $<\pm\frac{1}{2}$LSB,这就表明实际输出的数字量与理论值的误差最大为最低有效位的半个字。

有时也用满量程输出的百分数给出转换误差。例如ADC的输出为十进制的 $3\frac{1}{2}$ 位(即三位半),转换误差为±0.005%FSR,则满量程输出为1 999,最大输出误差小于最低位的1。

通常单片集成ADC的转换误差已经综合地反映了电路内部各个单元电路偏差对转换精

度的影响。

3. 输入模拟电压范围

输入模拟电压范围是指 ADC 允许输入的电压范围。超过这个范围，ADC 将不能正常工作。

10.2.8　集成 A/D 转换器

1. 集成 A/D 转换器的组成

集成 ADC 芯片与集成 DAC 器件一样，也有多种多样的结构和工艺，芯片种类很多。总体来说，这些器件的组成方式可分为三类。

(1) 仅集成了量化编码电路。这类器件仅封装了某种形式的量化编码电路，往往要外接取样-保持电路，因此要求使用者有一定的设计经验和技巧。

(2) 集成了采样-保持电路和量化编码电路。这类器件集中封装了 ADC 必备四个环节的所有电路，使用比较简便。

(3) 配有各种外围电路的 ADC。这类器件的特点是，片内除包含 ADC 的核心环节（全部或只有量化编码电路）外，还封装了输入/输出接口，变换、控制或存储电路，扩展了芯片的功能。主要包括：

① 带有各种输出接口。这类芯片在输出端配置了输出锁存电路，分为 8 位、12 位、16 位等的并行输出和基于 SPI、I^2C 等标准的串行输出。

② 带有多输入通道选择。这类芯片经多路模拟开关选择输入模拟电压之一进行转换，在输入端增加了数字输入引脚，内部增加了锁存和相应的控制电路。信号分为单端输入和差分输入两种形式，输入通道有 1、2、4、8 路等几种。

③ 带有内部存储器 FIFO。这类芯片内封装了一定容量的 FIFO，用以保存若干个输入通道的转换结果，可通过外部地址总线和控制逻辑信号对 FIFO 进行读/写操作。

④ 带有输出分配电路。这类芯片设置多组数字量输出，用以提供 ADC 前后数次转换的结果。为此片内含有输出分配电路和各组数据存储电路。

⑤ 带有微处理器的可编程 ADC。高分辨率可编程集成 ADC 芯片的片内除了 ADC 以外，还集成有可编程放大器（PGA）、微处理器和 E^2PROM 存储器等电路，用户可以通过软件编程对 ADC 的转换时间、位数和输出数据格式进行设置，这类 ADC 往往构成了一个功能强大的片上系统。

2. 集成 A/D 转换器的选择

除了前面介绍的分辨率、转换误差和转换时间等主要技术指标外，集成 ADC 的技术指标还有很多。目前，集成 ADC 芯片的品种繁多，因此为了保证 A/D 转换的质量，充分发挥器件的潜力，我们在选择集成 ADC 芯片时，还要考虑以下几个方面的因素：

(1) 待转换模拟输入信号的性质。包括：

① 输入信号的变化范围。包括最大值和最小值、单极性和双极性、正负对称和不对称等；

② 输入信号的变化速率。信号频谱的最高有效频率分量；

③ 输入方式。单端输入或差分输入；

④ 其他。干扰情况、信号源内阻等。

(2) 系统对分辨率、线性度、相对精度以及采样速率的要求;

(3) 芯片对参考电压 U_{REF} 的要求以及系统满足这一要求的可能性;

(4) 系统对于 ADC 输出数字量的要求,包括码制及格式、输出电平(CMOS 电平、TTL 电平、ECL 电平等)和输出方式(三态输出、缓冲或锁存的需求等);

(5) ADC 芯片需要的控制信号及其时序关系;

(6) ADC 的工作环境条件;

(7) 功耗、体积、成本等非逻辑因素。

器件选择是上述各项因素的综合和折中,而最主要的因素是输入模拟信号的性质和对转换精度、分辨率、采样速率的要求。

10.2.9 A/D 转换器的典型应用

集成 ADC 的应用很广。这里以 TLC2543 的应用为例进行介绍。

1. TLC2543 芯片介绍及应用

TLC2543 是 TI 公司的一种 12 位开关电容逐次逼近型 ADC,采用 CMOS 工艺制造。它具有以下特点:

① 12 位转换精度;

② 10 μs 转换时间;

③ 11 路模拟输入;

④ 3 种内建自测试模式;

⑤ 内置采样保持电路;

⑥ 内置片内时钟系统;

⑦ 具有转换结束引脚,方便使用查询和中断方式编程;

⑧ 有极性或无极性二进制输出;

⑨ 可编程进入断电模式;

⑩ 可编程设定输出数据长度为 8、12 或 16 位。

TLC2543 的内部原理框图如图 10.31 所示。它主要包括一个 14 路模拟开关、采样保持电路、12 位逐次逼近型 ADC、控制逻辑与 I/O 计数器、12 选 1 数据选择器、自检测参考源和输出数据寄存器等功能单元。TLC2543 的引脚说明参见器件手册。

(1) TLC2543 的控制字

TLC2543 的工作过程如下:首先在 8、12 或 16 个时钟周期里向片内控制器写入 8 位控制字,控制字中的 D3D2 位决定数据(时钟)长度,在最后一个时钟周期的下降沿启动 A/D 转换过程,经过一段转换时间,在随后的 8、12 或 16 个时钟周期里,从 DATA OUT 脚读出数据。

TLC2543 的控制字定义见表 10.3。

控制字的前 4 位(D7~D4)代表 11 个模拟通道的地址:当其为 1011~1101 时,选择片内自测电压;当其为 1110 时,为选择软件断电模式,此时器件的工作电流只有 25 μA。

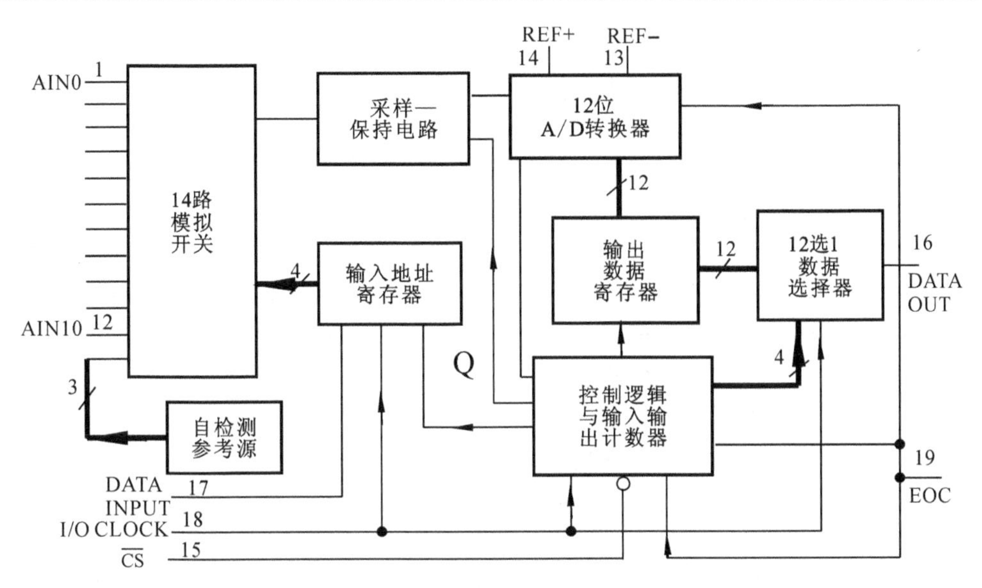

图 10.31　TLC2543 的原理框图

表 10.3　TLC2543 的控制字

功　能	控制字							
	地　址				L1	L2	LSBF	BIP
	D7	D6	D5	D4	D3	D2	D1	D0
AIN0	0	0	0	0				
AIN1	0	0	0	1				
AIN2	0	0	1	0				
AIN3	0	0	1	1				
AIN4	0	1	0	0				
AIN5	0	1	0	1				
AIN6	0	1	1	0				
AIN7	0	1	1	1				
AIN8	1	0	0	0				
AIN9	1	0	0	1				
AIN10	1	0	1	0				
$(U_{REF+}-U_{REF-})/2$	1	0	1	1				
U_{REF-}	1	1	0	0				
U_{REF+}	1	1	0	1				
软件断电模式	1	1	1	0				
8 bits					0	1		
12 bits					X	0		
16 bits					1	1		
高位(MSB)在前							0	
低位(LSB)在前							1	
无极性输出								0
有极性输出								1

控制字的第4、3位(D3、D2)决定输出数据的长度,01表示输出数据长度为8位;11表示输出数据长度为16位;X1(其中X可以为1或0)表示输出数据长度为12位。

控制字的第2位(D1)决定输出数据的格式,0表示高位在前,1表示低位在前。

控制字的第1位(D0)决定转换结果输出的格式。当其为0时,为无极性输出(无符号二进制数),即模拟输入电压为U_{REF+}时,转换结果为0FFFH;模拟输入电压为U_{REF-}时,转换结果为0000H。当其为1时,为有极性输出(有符号二进制数),即模拟输入电压高于$(U_{REF+}-U_{REF-})/2$时符号位为0;模拟输入电压低于$(U_{REF+}-U_{REF-})/2$时符号位为1;模拟输入电压为U_{REF+}时,转换结果为03FFH;模拟输入电压为U_{REF-}时,转换结果为0800H;模拟输入电压等于$(U_{REF+}-U_{REF-})/2$时,转换结果为0000H。

(2) TLC2543的工作过程

TLC2543的工作时序如图10.32所示。

① 写入过程。$\overline{CS}$=0时,TLC2543被选中,时钟由I/O CLOCK输入。控制字由DATA INPUT脚输入,高位在前。在每个时钟的上升沿,输入数据被串行输入DATA INPUT脚。控制字的前4位代表模拟通道的地址,在第4个时钟周期的下降沿,片内的多路开关将被选中的某个模拟通道连接到采样保持器上,直到A/D转换开始。控制字的第3、4位(D3、D2)决定输出数据的长度,同时也决定输入数据的时钟脉冲的个数。虽然控制字为8位,但D3、D2决定输入数据的时钟脉冲的个数可以有8、12或16个。在12、16个时钟周期的情况下,输入数据除控制字的8位外,其他位可以是高电平或低电平。但为了保证最佳的抗噪声性能,要求固定为高或低,直到EOC脚变高,转换结束。在向DATA INPUT脚写入数据的同时,DATA OUT脚上输出的是上一次A/D转换的值。

② 转换过程。在第8、12或16个时钟周期后,ADC结束采样状态,进入转换状态。在最后一个时钟周期的下降沿,ADC启动转换过程,在转换期间,转换器使用内部时钟进行工作,不再需要外部时钟的干预。TLC2543采用逐次逼近转换技术将模拟输入信号转换成一个12位数字输出,典型转换时间为8 μs,最长转换时间为10 μs。在转换时,EOC脚变低,表示正在转换。当转换结束时,EOC脚变高,表示转换结束,转换结果被保存在输出数据寄存器中。

③ 读出过程。EOC脚的上升沿使得转换器和各引脚复位,输出数据寄存器的第1位(由控制字的D1决定是高位还是低位)写在DATA OUT脚。在随后的8、12、16个时钟周期里,每个时钟周期的下降沿将数据移出输出数据寄存器,写在DATA OUT脚上。当输出数据长度为8位(D3D2=01)时,输出的数据低4位将被舍弃。

$\overline{CS}$信号在转换过程中可以是高电平,也可以是低电平。当$\overline{CS}$在转换过程为高电平时,DATA INPUT、I/O CLOCK为禁止状态,DATA OUT为高阻态,此时TLC2543释放总线,CPU可以与其他SPI接口器件通信。但$\overline{CS}$由高电平变为低电平时,转换器和各引脚同样被复位,输出数据寄存器的第1位(由控制字的D1决定是高位还是低位)写在DATA OUT脚。

(3) TLC2543与8051接口

8051系列单片机是一种常用的微处理器,但51系列单片机一般不带SPI接口,所以必须用软件编程才能完成与TLC2543的串行通信。TLC2543与8051单片机的一种接口如图10.33所示。TLC2543的$\overline{CS}$、DATA INPUT(DI)、DATA OUT(DO)和I/O CLOCK(CLK)分别连接到单片机的P1.0、P1.1、P1.2和P1.3,TLC2543的EOC通过非门连接到8051的$\overline{INT0}$。

放大到合适幅度的模拟信号由AIN1～AIN10端输入，8051处理器通过P1.1口向TCL2543写入控制字，确定所要转换的模拟输入通道，并启动转换过程。A/D转换结束后，EOC信号通过非门向8051发出中断申请，8051响应中断后，通过P1.2口读出转换结果，一次转换结束。

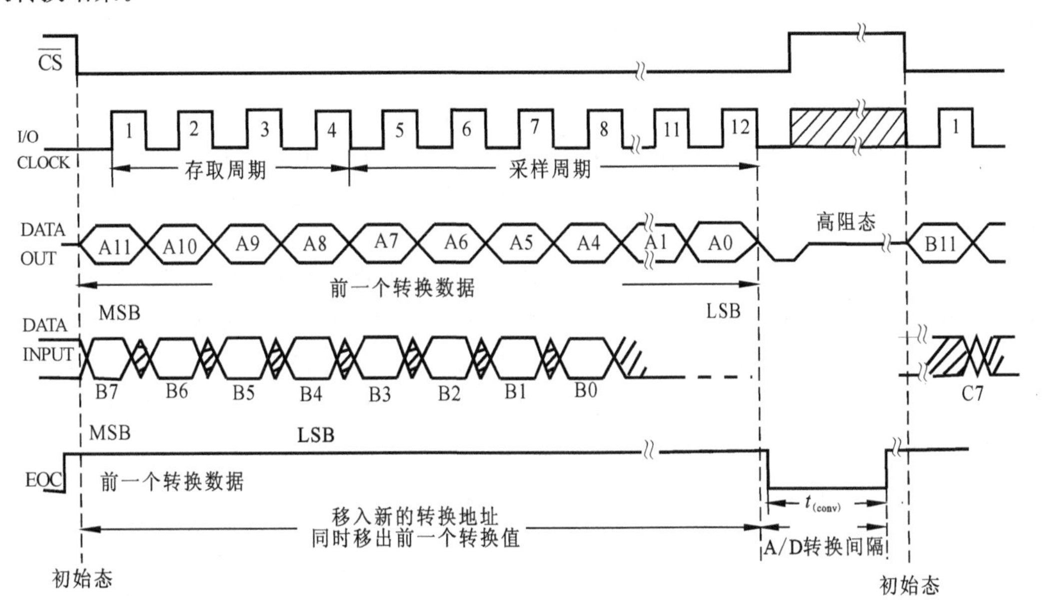

图10.32 TLC2543的工作时序

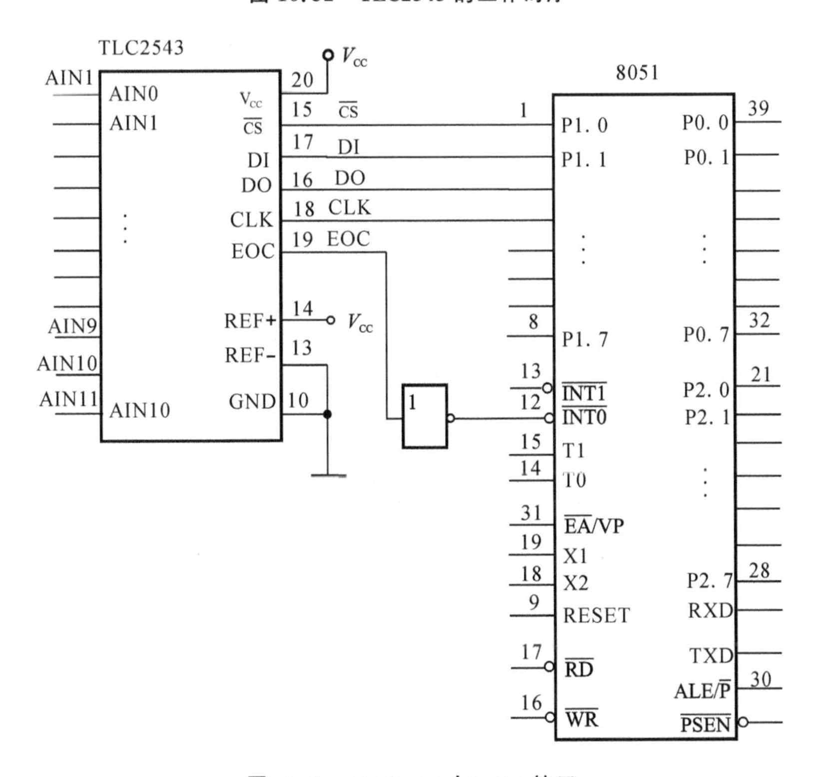

图10.33 TLC2543与8051接口

本章小结

10.1 DAC和ADC是数字系统和模拟系统的接口电路。在数字系统中,数字信号处理的精度和速度最终取决于DAC和ADC的转换精度和速度。因此,转换精度和转换速度是DAC和ADC的两个重要指标。

10.2 DAC用以将输入的二进制数字信号转换成与之成正比的模拟电压。DAC的种类很多,常用的DAC有二进制权电阻网络DAC、$R-2R$倒T形电阻网络DAC和开关树型DAC等。$R-2R$倒T形电阻网络DAC所需电阻种类少,转换速度快,便于集成化,但转换精度较低。

10.3 ADC用以将输入的模拟电压转换成与之成正比的二进制数字信号。A/D转换分直接转换和间接转换两种类型。直接转换速度快,如并联比较型ADC,通常用于超高速转换场合。间接转换速度慢,如双积分型ADC,其转换精度较高,性能稳定,抗干扰能力较强,目前使用较多。反馈比较ADC属于直接转换型,但要经过多次反馈比较,其转换速度比并联比较型慢,但比双积分型要快,属中速ADC,在集成ADC中用得最多。$\Sigma-\Delta$型ADC是目前精度最高的,随着半导体技术的发展,其速度也有了很大提高。

10.4 A/D转换要经过采样、保持、量化与编码四个步骤实现。前两个步骤在采样－保持电路中完成,后两个步骤在ADC中完成。在对模拟信号进行取样时,必须满足采样定理,采样脉冲的频率f_s必须大于等于输入模拟信号频谱中最高频率分量的2倍,即$f_s \geqslant 2f_{(max)}$,这样才能够不失真地恢复出原来的模拟信号。

思考题

10.1 DAC的作用是什么?为什么?

10.2 已知4位权电阻网络DAC的三个电阻为20 kΩ、40 kΩ、80 kΩ,试问另一个支路的电阻为多大?

10.3 在倒T形电阻网络DAC中,流经2R支路中电流的大小与电子模拟开关的位置有没有关系?为什么?

10.4 DAC的位数与分辨率有什么关系?为什么?

10.5 实现A/D转换要经过哪四个步骤?

10.6 何谓量化?何谓编码?编码后的量是模拟量还是数字量?

10.7 试问8位并联比较型ADC需用电压比较器和D触发器各需几个?

10.8 试比较并联比较型、逐次逼近型和双积分型三种ADC的主要优点和缺点,指出它们各在什么情况下采用。

10.9 试说明双积分型ADC是否需要采样-保持电路。

10.10 在双积分型ADC中,对基准电压有什么要求?

习题 10

题 10.1　在图 10.2 所示的权电阻网络 DAC 中，若取 $U_{REF}=4.096$ V，试求当输入数字量为 $d_3d_2d_1d_0=0110$ 时输出电压的大小。

题 10.2　试证明图 10.3 电路中，输出电压

$$u_o=-\frac{U_{REF}}{2^8}(d_7 2^7+d_6 2^6+d_5 2^5+\cdots+d_1 2^1+d_0 2^0)$$

题 10.3　已知 8 位 $R-2R$ 倒 T 形电阻网络 DAC 的 $R_F=R$，$U_{REF}=2.048$ V，请分别求出输入数字量为 00001111 和 11111111 时，输出电压的值。

题 10.4　4 位 $R-2R$ 倒 T 形电阻网络 DAC 的 $R_F=R$，$U_{REF}=4.096$ V，试求出该 DAC 输出电压范围。

题 10.5　一个 8 位 $R-2R$ 倒 T 形电阻网络 DAC，当最低位为 1，其他各位为 0 时，输出电压 $u_{o(min)}=0.01$ V，当数字量为 0101 1111 时输出电压为多少？

题 10.6　一个 10 位的二进制权电阻 DAC，基准电压 $U_{REF}=4.096$ V，最高位的电阻 $R_{10}=10$ kΩ±0.05%，最低位电阻 R_1 的容差为±5%，试计算：

① 最高位引入的误差；

② 最低位引人的误差。

题 10.7　双积分 ADC 的参考电压 $-U_{REF}=-4.096$ V，计数器为 12 位二进制加计数器，当时钟频率 $f_C=1$ MHz 时，求：

① 允许输入的最大模拟电压是多少？完成一次转换所需的最长时间是多少？

② 当输入电压 $u_i=6$ V 时，输出的二进制数字量是多少？

③ 当计数器的值为 $(4FF)_{16}$ 时，对应的输入电压 u_i 是多少？

题 10.8　图 10.24 所示的双积分型 ADC，若计数器为 10 位，时钟频率为 2 MHz，完成一次 A/D 转换需要多少时间？

题 10.9　图 10.24 所示的双积分型 ADC，若被转换电压最大值为 2 V，要求该电路分辨出 1 mV 的输入电压，试回答：

① 需要多少位二进制计数器？

② 若时钟频率为 2 MHz，采样-保持时间至少应为多少？

③ 若参考电压 $U_{REF}=2.048$ V，完成一次 A/D 转换的最长时间为多少？

题 10.10　设图 10.22 所示的逐次逼近型 ADC 满量程输入电压 $u_{i(max)}=10$ V，说明将 $u_i=7.32$ V 输入电压转换成二进制数的过程。

题 10.11　要想将幅值为 5.1 V 的模拟信号转换成数字信号，并要求模拟信号每变化 20 mV，能使数字信号最低有效位发生变化，应选多少位的 ADC？

题 10.12　试述Σ-Δ 型 ADC 获得高分辨率的原理。

第 11 章　模拟电子系统设计

随着科学技术的发展和电子技术应用范围的日益广泛，模拟电子系统正朝着集成度高、功能强大、智能化程度高的方向发展。要完成模拟电子系统设计，应该抓好以下几个环节：系统任务分析、系统方案选择、电子电路设计、组装调试和资料提交。

为了提高读者的模拟电子系统综合设计能力，在简单介绍常见的电路干扰产生原因和消除方法的基础上，本章将通过几个具体的电子系统设计实例，说明模拟电子系统的设计方法和步骤。

11.1　电子系统概述

11.1.1　电子系统的定义与组成

电子系统是指由电子元器件或部件组成的能够产生、传输或处理电信号及信息的客观实体。例如，通信系统、雷达系统、计算机系统、电子测量系统、自动控制系统等。这些应用系统在功能与结构上具有高度的综合性、层次性和复杂性。

电子系统的复杂性决定了系统构成的多层次性。一个复杂的电子系统可以分成若干个子系统，其中每一个子系统又可分解为由若干部件组成的系统。例如，一个数字化的电子测量系统就可以划分成信号获取与转换、存储与处理、结果显示与判断等子系统。而组成子系统的每个部件又可分解为由许多元件组成的功能电路模块。

11.1.2　电子系统设计的方法

电子系统的复杂性决定了在系统设计方法上必须采用“划整为零、各个击破”的策略和层次化的设计方法，通常有以下三种设计方法。

1. 自顶向下法

自顶向下的设计方法指从系统级到功能级再到电路级的设计过程，如图 11.1 所示。

(1) 系统级设计

首先，根据设计需求，全面、准确地描述系统功能和各项性能指标；然后根据系统功能要求与性能指标，确定系统方案。在此基础上，将系统划分为若干适当的、能够实现某一(些)功能、相对独立的子系统。子系统的功能、性能以及相互之间的关系(接口)必须明确定义。如果子系统的功能比较单一，则所谓的子系统就是功能部件。如果子系统功能仍然较为复杂，则还需要对子系统再进一步划分，直到功能单一的部件为止。

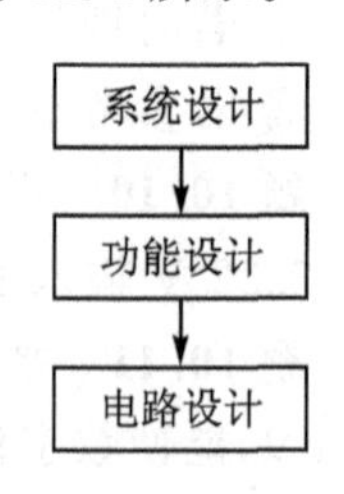

图 11.1　自顶向下的设计方法

(2) 功能级设计

首先根据部件的功能与性能指标，确定实现方案；然后选择合适的器件和元件构成功能电路。

(3) 电路级设计

电路级又称为元件级。根据上一步所确定的元器件,设计出适当的电路。

自顶向下的设计方法,是由粗到细、由抽象到具体、由功能行为到电路结构的逐次递进的过程。适合于全新的系统设计,便于实现全局的最优配置与实现。

2. 自底向上法

自底向上法与自顶向下法的设计过程正好相反,它是由电路级到功能级再到系统级。

自底向上法首先仍然是根据设计需求,全面、准确地理解系统功能和各项性能指标;然后根据各项功能与指标,选择合适的元器件构成适当的电路。在这个过程中,有些功能可以选择现成的功能模块加以实现,或采用以往设计过的成熟电路,或对成熟电路适当修改而得。

各功能模块实现后,可以组合成较大的子系统,进而合成完整的系统。

自底向上设计方法的优点在于:可以继承、借鉴经过实际验证的、成熟的电路与功能部件,提高设计的重用性,缩短设计周期,也便于从关键部件入手,研究和解决系统的设计瓶颈。

但是,由于自底向上设计方法从局部展开设计,不利于整体最优化,而且在由功能部件合成子系统和系统时容易产生不匹配和不协调的情况,影响系统的功能与性能。

3. 自顶向下与自底向上结合法

显然,自顶向下设计方法和自底向上设计方法,各有所长。因此,实际系统的设计往往将二者结合起来运用。采用自顶向下为主、自底向上为辅的设计方法,就是先从系统功能要求与性能指标出发,确定系统方案,划分系统结构,在这一过程中,充分借鉴以往的设计成果和经验,合理划分功能模块、分配性能指标,既保证全局最优,又保证各模块易于实现,并尽可能利用现有的成果,缩短设计周期,提高设计的成功率。

实际上,无论采用上述哪一种设计方法,一个系统的设计与实现一般都要经历“几上几下”的修正迭代过程才能最终完成。因此,不能机械地理解这些方法,而应根据待设计系统的特点灵活运用上述方法,使设计出来的系统方案合理、性能优越、可靠性和可维护性好、设计效率和性价比高。

11.1.3　电子系统设计的步骤

电子系统设计过程没有一个固定不变的模式,对于以微控制器为核心的系统,还包括软件设计,在此仅讨论硬件系统的一般设计步骤。

电子系统的一般设计步骤包括项目分析、系统方案制定、电路设计、PCB 设计、结构设计、样机组装与调试,如图 11.2 所示。

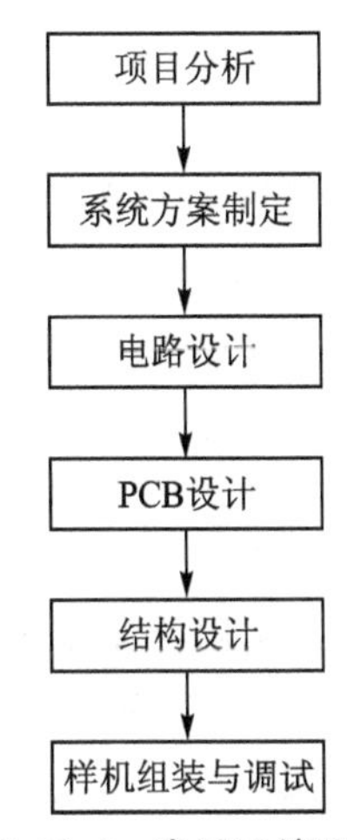

图 11.2　电子系统设计的一般过程

1. 项目分析

对待设计的系统,首先要全面了解或具体确定各项功能指标。如果是他人命题的项目,要切实理解设计需求的内容与含义,然后通过查阅资料、调研,结合以往的经验,分析项目是否可行。如果是自命题的项目,就要根据项目实施的条件和现有的技术、能力,确定项目的功能与技术指标。

2. 系统方案制定

在项目分析的基础上,确定系统可以采取的技术路线。例如,是采用模拟处理方式还是数字处理方式,是硬件实现方式还是软硬件结合的方式,等等。在此基础上,对系统功能进行适当的分解,构建系统的组成框图,同时将系统的性能指标也分解到各子系统(功能块)上。这一点对模拟系统尤为重要。例如,高灵敏度接收机通常包含高放、混频、中放、解调等模块,为保证较高的接收质量,对中放输出信号的幅度和信噪比有指标要求。在系统设计时就要根据接收机灵敏度和输入信号的信噪比,来确定整机的增益和**噪声系数**(noise figure),然后将它们适当分解到各级功能模块中。

3. 电路设计

系统方案中已明确了各功能模块的功能与技术指标。在此前提下,选择最适当的电路形式和元器件构成功能电路。比如,接收机系统中,为提高信号质量,必须提高信噪比。而提高信噪比的方法除采用低噪声系数的元器件外,通常还要采用滤波器。滤波器的电路种类分有源和无源,而无源滤波器有LC、陶瓷滤波器、晶体滤波器、机械滤波器等。必须根据技术指标要求,选择最合适的滤波器类型。确定电路类型后,再设计电路及元件参数。

4. PCB设计

电路与系统的实现需要将元器件可靠地连接起来,然后进行调试和测试,检查系统的功能和技术指标是否达到要求,若达不到要求,则查找原因,必要时可能还要修改设计。简单的系统或部分电路可以在面包板上搭接或在通用板上焊接实验电路,待成功后再设计与制作印刷电路板(PCB);复杂电路则必须设计PCB。因此,PCB设计是系统设计的一个环节,而且对于频率较高的电路,PCB的设计不仅要考虑连通性问题,更重要的是要考虑信号的完整性。

除上述步骤外,电子系统设计还包括机械结构设计和整机组装与联调。前者的目的是使系统各部分能组成一个整体,以保证系统能稳定、可靠地工作,同时需要考虑散热、电磁兼容等问题;后者是在各模块功能调试完成后,对系统整体的功能与性能进行调整和测试。

11.1.4 电子系统设计的原则

电子系统设计应当遵循以下一些原则:

(1) 兼顾技术的先进性和成熟性。当今世界,电子技术的发展日新月异。系统设计应适应技术发展的潮流,使系统能保持较长时间的先进性和实用性;同时也要兼顾技术上的成熟性,以缩短开发时间和上市时间。

(2) 安全性、可靠性和容错性。安全在任何产品中都是第一位的,在电子系统设计中也是必须首先考虑的。采用成熟技术、元器件和部件,以及有效的电磁兼容性设计,可以在一定程度上保证系统的可靠、稳定和安全。系统还应具有较强的容错性,例如,不会因人员操作失误而使整个系统无法工作,或因某个模块出现故障而使整个系统瘫痪等。

(3) 实用性和经济性。在满足基本功能和性能的前提下,系统应具有良好的性价比。

(4) 开放性和可扩展性。系统能够支持不同厂商的产品,支持多种协议,并且符合国际标准及相关协议。除此之外,还应包括子系统之间、子系统对主系统以及系统对外部的开放。以便在对系统进行升级改造时,不仅可以保护原有资源,还可以降低系统维护、升级的复杂性以及提高效率。

(5) 生产工艺简单。在电子系统设计的同时必须考虑调试问题，无论是批量生产还是样品，生产工艺对电路的制作和调试都是一个相当重要的环节。

(6) 易维护性。元器件和部件应尽可能采用通用、成熟产品，使系统易于维护。

11.2　模拟电子系统

11.2.1　模拟电子系统的特点

模拟电子系统的主要优点是简单、高效、低成本、低功耗。与其他电子系统相比，模拟电子系统设计具有以下一些特点：

(1) 工作于模拟领域中单元电路的类型较多，涉及面宽，要求设计者有较宽广的知识面。

(2) 模拟单元电路一般要求工作于线性状态，因此它的工作点的选择、工作点的稳定性、工作范围的线性程度、单元之间的耦合形式等都较重要。

而且对于模拟单元电路的要求，不只是能实现规定的功能，更要求它达到规定的精度指标。特别是为了实现一些高精度指标，会有许多问题需要解决。

(3) 电子系统设计中的重点之一是系统的输入单元与信号源之间的匹配和系统输出单元与负载的匹配。

模拟系统的输入单元要考虑输入阻抗匹配，以提高信噪比，要抑制各种因素的干扰和噪声。而输出单元与负载的匹配，如扬声器、发射天线等的匹配等，主要是为了能输出最大功率和提高效率。

(4) 由于各种因素和分布参数的影响，模拟系统的调试难度较大。

一般来说，模拟系统的调试难度要大于数字系统的调试难度，特别是对于高频系统或高精度的微弱信号系统更是这样。这类系统中的元器件性能及布局、连线、接地、供电、去耦等，对性能指标都有很大影响。

除此之外，人们要想实现所，设计的模拟系统，除了正确设计，设计人员是否具备细致的工作作风和丰富的实际工作经验就显得非常重要。

(5) 当前电子系统设计工作的自动化发展很快，但主要在数字领域中。而模拟系统的自动化设计进展比较缓慢，人工的介入仍起着重要作用。

11.2.2　模拟电子系统的设计流程

电子系统的种类较多，总体上可分为模拟系统、数字系统和数模混合系统三大类。

以模拟器件为核心的电子系统设计流程如图 11.3 所示。由于模拟器件种类较多，设计的步骤将有所差异，因此图中所列各环节往往需要交叉进行，甚至会出现多次反复。

1. 系统描述和分析

设计一个电子系统首先要明确设计任务，认真分析设计需求，深入了解系统的功能、性能指标和使用条件，完整、清晰地对系统的各项功能要求和技术性能指标进行更具体、更详细的描述，整理出系统和具体电路设计所需的更具体、更详细的功能要求和性能指标数据，以作为系统设计的原始依据。

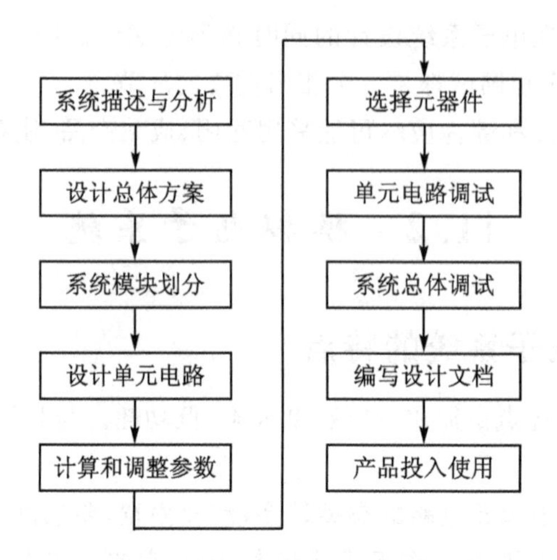

图 11.3　模拟电子系统设计流程

2. 总体方案的设计与选择

根据设计任务、要求和条件,分析电路的总体功能,并将其分解成若干单元功能,形成总体设计方案,画出总体设计原理框图。框图必须正确反映系统应完成的任务和各组成部分的功能,清楚表示系统的基本组成和相互关系。一般一个系统有多个设计方案,设计者应仔细分析、比较各方案的优缺点,择优选用。

方案论证要敢于探索,勇于创新,力争做到设计方案合理、可靠、经济、功能齐全、技术先进。方案设计与选择必须优先考虑以下问题。

(1) 原理的可行性:解决一个问题,可能有许多种方法,但有的方法是不能达到设计要求的,千万要注意。

(2) 元器件的可行性:如采用何种元器件、何种微控制器、何种可编程逻辑器件?能否采购得到?

(3) 测试的可行性:有无所需要的测量仪器仪表?

(4) 设计、制作的可行性:难度如何?

(5) 时间的可行性:研制周期多长?

3. 系统模块划分

根据总体设计方案将系统划分为若干个功能模块,并确定各模块间的接口参数。如果某部分的规模仍嫌大,则需进一步划分。划分后的各部分规模大小应适中,便于进行电路级的设计。

4. 单元电路设计

确定单元电路的功能及性能指标、与前后级之间的关系,主要包括电源电压、工作频率、灵敏度、输入/输出阻抗、失真度、波形显示方式等,分析单元电路的工作原理,然后选择设计单元电路的结构形式。可以通过查找资料,寻找现成的电路,或者相近的电路,再调整电路参数。若没有,则需设计新的电路。需要注意是:不论是采用现成电路还是自行设计,都应注意各单元电路间的相互配合,还要注意局部电路对全系统的影响等问题。尽量减少元器件的数量、类型、电平转换和接口电路,以使电路简单可靠。

5. 参数计算与调整

单元电路的结构形式确定后，需要进行电路参数的计算。参数计算包括放大电路中各电阻值、放大倍数的计算，振荡器中电阻、电容、振荡频率等参数的计算。只有很好地理解电路的工作原理，正确利用计算公式，计算的参数才能满足设计要求。参数计算时，同一个电路可能有几组数据，注意选择一组能完成电路设计所要求的功能、在实践中真正可行的参数。

计算电路参数时应注意下列问题：

(1) 元器件的工作电流、电压、频率和功耗等参数应能满足电路指标的要求；

(2) 元器件的极限参数必须留有足够裕量，一般应大于额定值的 1.5 倍；

(3) 对于环境温度、交流电网电压等工作条件，应按最差情况考虑；

(4) 选用的元器件参数值都必须采用计算值附近的标称值。

6. 元器件选择

根据电路的需要、元器件的参数要求、供货渠道和使用的方便性等方面来选择元器件，一般优先选择集成电路。

(1) 阻容元器件的选择：不同的电路对电阻和电容的性能要求也不同，有些电路对电容的漏电要求很严；还有些电路对电阻、电容的性能和容量要求很高。例如，滤波电路中常用大容量(100～3 000 μF)铝电解电容，为滤掉高频通常还需并联小容量(0.01～0.1 μF)瓷片电容。设计时要根据电路的要求选择性能和参数合适的阻容元器件，并要注意功耗、容量、频率和耐压范围是否满足要求。

(2) 分立元器件的选择：分立元器件包括二极管、晶体三极管、场效应管、光电二(三)极管、晶闸管等。根据其用途分别进行选择。例如，选择晶体三极管时，首先注意选择 NPN 型还是 PNP 型管，高频管还是低频管，大功率管还是小功率管，并且注意管子的参数 P_{CM}、I_{CM}、U_{CEO}、I_{CBO}、β、f_T 和 f_β 是否满足电路设计指标的要求。高频工作时，要求 $f_T=(5\sim10)f$，f 为工作频率。

(3) 集成电路的选择：由于集成电路可以实现很多单元电路甚至整机电路的功能，所以选用集成电路来设计单元电路和总体电路既方便又灵活，它不仅使系统体积缩小，而且性能可靠，便于调试及运用。集成电路有模拟集成电路和数字集成电路之分。选择的集成电路不仅要在功能和特性上实现设计方案，而且还要满足功耗、电压、速度、价格等多方面的要求。

7. 单元电路安装与调试

方案论证和单元硬件电路设计之后，紧接着就是设计制作印制电路板。对于数字部分，如果频率较低，可以利用 EDA 软件直接排版。对于模拟部分，特别是高频部分，需要考虑抗干扰问题，既要考虑抗外部干扰，又要考虑抗内部干扰；既要考虑模拟信号自身的相互干扰，又要考虑数字信号对模拟信号的干扰。

在调试单元电路时应明确本部分的调试要求，按调试要求测试性能指标和观察波形，调试顺序按信号的流向进行。这样，可以把前面调试过的输出作为后一级的输入信号，为最后的系统总体调试创造条件。通过单元电路的静态和动态调试，掌握必要的数据、波形、现象，然后对电路进行分析、判断、排除故障，最终完成调试要求。

8. 系统总体调试

系统总体调试应观察各单元电路连接后各级之间的信号关系。主要观察动态效果，检查

电路性能和参数,分析测量的数据和波形是否符合设计要求,对发现的故障和问题及时采取处理措施。

系统总体调试时,应先调基本指标,后调影响质量的指标;先调独立环节,后调有影响的环节,直到满足系统的各项技术指标为止。

9. 编写设计文档

实际上,从设计的第一步开始就要编写设计文档。设计文档的组织应当符合标准化、系统化、层次化和结构化的要求;设计文档应当条理分明、简洁明了;所用单位、符号以及设计文档的图纸均应符合国家标准。设计文档的具体内容与设计步骤是相呼应的,即:① 系统任务和分析;② 方案选择与可行性论证;③ 单元电路的设计、参数计算和元器件选择;④ 参考资料目录。

总结报告是在组装与调试结束之后开始撰写的,是整个设计工作的总结,其内容包括:① 设计工作的进程记录;② 原始设计修改部分的说明;③ 实际电路图、实物布置图、实用程序清单等;④ 功能与指标测试结果(含使用的测试仪器型号与规格);⑤ 系统的操作使用说明;⑥ 存在问题及改进意见等。

10. 系统产品投入使用

经过上述步骤,一件作品或产品就完成了,可以投入使用,但系统的性能还须在实际应用中检验。如果存在问题,在时间和经费预算允许的条件下,系统所存在的问题应按上述步骤重新设计和调试。

11.2.3 模拟电子电路的概念和指标

1. 放大器

(1) 功率电平 dBm

以基准量 $P_0=1$ mW 作为 0 功率电平(0 dBm),则任意功率(被测功率)P_x 的功率电平定义为

$$P_W = 10\ \lg\frac{P_x}{P_0} = 10\lg\frac{P_x}{1(\text{mW})} \tag{11.1}$$

dBc 也是一个表示功率相对值的单位。一般来说,dBc 是相对于载波功率而言,在许多情况下,用来度量与载波功率的相对值,如用来度量干扰(同频干扰、互调干扰、带外干扰等)以及耦合、杂散等的相对量值。在采用 dBc 的地方,原则上也可以使用 dB 替代。

(2) 电压电平 dBV

以基准量 $U_0=0.775$ V(正弦波有效值)作为 0 电压电平(0 dBV),则任意电压(被测电压)U_x 的电压电平定义为

$$P_V = 20\lg\frac{U_x}{U_0} = 20\lg\frac{U_x}{0.775} \tag{11.2}$$

(3) 噪声带宽

当研究噪声时,需要知道噪声带宽 B_{wn}。以放大器为例,噪声带宽可写成

$$B_{wn} = \frac{1}{A_{um}^2}\int_0^{\infty} A_u^2(f)\,df \tag{11.3}$$

式中，$A_u(f)$ 为电压增益随频率变化的函数，A_{um} 为中频增益。

(4) 噪声系数

在电子电路中，噪声与信号是相对存在的。在工程技术中，常用噪声系数表示电路噪声的大小及放大器的噪声性能。

$$噪声系数\ F=\frac{输入信噪比}{输出信噪比}=\frac{P_{si}/P_{ni}}{P_{so}/P_{no}}=\frac{P_{no}}{P_{ni}A_p} \tag{11.4}$$

式中，P_{si} 为输入信号功率，P_{ni} 为输入噪声功率，P_{so} 为输出信号功率，P_{no} 为输出噪声功率，$A_p=P_{so}/P_{si}$ 为放大器的功率增益。

噪声系数表征器件或放大器引起的信噪比降低的程度。噪声系数是无量纲的量，常用 dB 来表示，即

$$F_{dB}=10\lg F \tag{11.5}$$

(5) 饱和输出功率

在功率放大器的输入功率大到某一值后，再增大输入功率也不会增大输出功率的大小，该输出功率称为**饱和输出功率**(saturated output power)。当然，这种说法是不严格的，因为功率放大器的转移特性在饱和时很少表现为常数。在实际功率放大器中，在某一个频率处增加输入功率，会使输出功率减小，而在工作频带内其他频率处，输出功率会慢慢增加。基于这点，通常用相对于某一个输出功率处的饱和深度来表示，相应的输出功率称为饱和输出功率，典型的测量点为 6 dB 压缩点。

(6) 1dB 压缩点输出功率

放大器有一个线性动态范围，在这个范围内，放大器的输出功率随输入功率线性增加。随着输入功率的继续增加，放大器进入非线性区，其输出功率不再随输入功率的增加而线性增加，也就是说，其输出功率低于小信号增益所预计的值。通常把增益下降到比线性增益低 1 dB 时的输出功率值定义为输出功率的 1 dB 压缩点，用 P_{1dB} 表示，如图 11.4 所示。

(7) 互调失真

互调失真(intermodulation distortion)是两个或更多个输入信号经过功率放大器而产生的混合分量，它是由于功率放大器的非线性造成的。例如，有两个不同频率的输入信号 ω_1、ω_2，由于功率放大器的非线性，输出信号中将有许多新产生的分量：$m\omega_1 \pm n\omega_2$($m,n=0,1,2\cdots$)。各分量分别称为 $m+n$ 阶互调分量，互调分量的大小可以用交调系数来表示。对于 $m+n$ 阶互调分量，其 $m+n$ 阶交调系数为

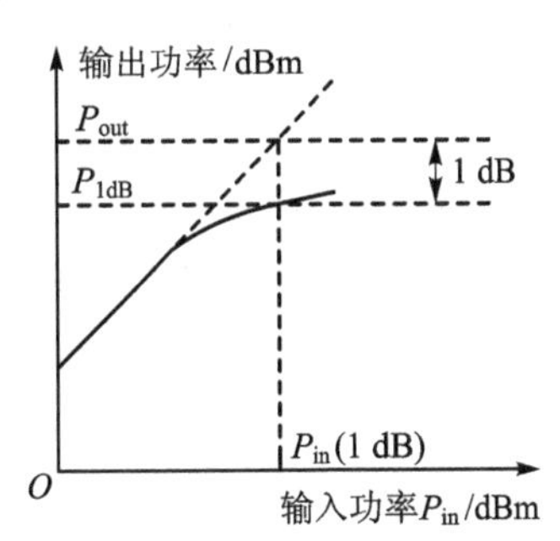

图 11.4　功率放大器的增益压缩

$$M_{m+n}=10\log\frac{P_{m+n}}{P_i} \tag{11.6}$$

M_{m+n} 的含义是互调分量比上基波分量的分贝值(dBc)，P_{m+n} 是 $m+n$ 阶互调功率，P_i($i=0,1$)是分别对应于 ω_1、ω_2 基波输出功率。

① 三阶交调系数。在交调系数中，三阶交调系数比较重要，因为当等幅信号输入功率放大器时，输出信号中存在各种阶次的互调分量，其中三阶互调分量($2\omega_1-\omega_2$ 和 $\omega_1-2\omega_2$)与基波信号频率(ω_1,ω_2)非常接近，所以要着重考虑，其定义为

$$M_3 = 10 \log \frac{P_3}{P_i} \tag{11.7}$$

其中,P_3 为三阶互调频率($2\omega_1-\omega_2$ 和 $\omega_1-2\omega_2$)处的三阶互调功率,P_1 和 P_2 分别对应频率 ω_1,ω_2 的基波输出功率。

对通信系统来说,互调失真会产生邻近话路之间的串扰,降低系统的频谱利用率,并使误码率恶化。

② 三阶交调交截点。图 11.5 中基波信号输出功率特性延长线与三阶互调特性延长线的交点称为三阶交调交截点。

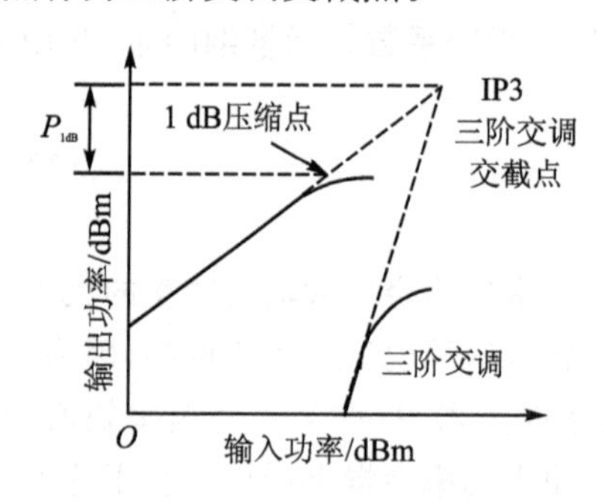

图 11.5　三阶交调交截点示意图

(8) 邻近信道功率比

邻近信道功率比(adjacent channel power ratio, ACPR)是信号扩展到相邻信道的程度的一种度量,它是由于功放的非线性所引起的。例如,带限数字调制信号应用于非线性功率放大器,由于三阶互调失真引起带限频谱的一部分泄漏到邻近信道,邻近信道功率比在许多无线标准中定义不同,主要差别是互调干扰的方式,即邻近信道功率是以何种方式影响到另一个信号的无线接收的。一般来说,邻近信道功率比定义为

$$\mathrm{ACPR} = \frac{P_{\mathrm{adj}}}{P_{\mathrm{main}}} = \frac{\int_{f_3}^{f_4} S_{\mathrm{adj}}(f)\,\mathrm{d}f + \int_{f_5}^{f_6} S_{\mathrm{adj}}(f)\,\mathrm{d}f}{\int_{f_1}^{f_2} S_{\mathrm{main}}(f)\,\mathrm{d}f} \tag{11.8}$$

式中,$S_{\mathrm{adj}}(f)$、$S_{\mathrm{main}}(f)$、P_{adj}、P_{main} 分别为邻近信道功率谱密度、主信道功率谱密度、邻近信道功率、主信道功率。f_1 和 f_2 是主信道的频率范围,f_3 和 f_4 是邻近信道的频率范围。

(9) 动态范围

动态范围是指低噪声放大器输入信号允许的最小功率和最大功率的范围。动态范围的下限是受噪声性能所限,动态范围的上限受非线性指标限制。有时动态范围上限定义为放大器输出功率呈现 1dB 压缩点时的输入功率值;有时要求更严格一些,定义为放大器非线性特性达到指定三阶交调系数时的输入功率值。

(10) 轨-轨(Rail - to - Rail)放大器

Rail - to - Rail 有时也称为“满摆幅”,是指输出(或输入)电压范围与电源电压相等或近似相等。从输入方面来讲,其共模输入电压范围可以从负电源电压到正电源电压;从输出方面来讲,其输出电压范围可以从负电源到正电源电压。Rail - to - Rail 输入/输出功能扩大了动态范围,最大限度地提高了放大器的整体性能。下面以 Rail - to - Rail 输出端的结构为例做简单介绍。

常见的推挽输出级结构:一般的 CMOS 放大器在输出级可以采用共源或者共漏的配置。如图 11.6 所示,图 11.6(a)是类似于双极型电路的跟随器配置,这种结构的输出电阻比较小,输出电压摆幅也不大,最大只能达到正负电源电压减去 MOS 器件的阈值电压。所以,在低压电路中,为了达到最大的输出摆幅,都是采用图 11.6(b)中的共源输出级结构。图 11.6(b)的共源结构的输出摆幅范围可以利用 T_1,T_2 工作在线性区的条件来获得。因为,在线性区

时，有

$$i_{d}=\frac{1}{2}K(2u_{gs}u_{ds}-u_{ds}^{2}) \tag{11.9}$$

式中，$K=\mu_{n}C_{ox}\dfrac{W}{L}$称为器件的跨导系数。在线性区，可以忽略 u_{ds} 的平方项，于是在负载电阻为 R_{L} 时得到

$$\frac{1}{2}V_{CC}\left(1-\frac{1}{K_{n}u_{gsn}R_{L}+1}\right)<u_{o}<\frac{1}{2}V_{CC}\left(1-\frac{1}{K_{p}u_{gsp}R_{L}+1}\right) \tag{11.10}$$

式中，K_{n}，K_{p} 分别是 NMOS 管和 PMOS 管的跨导系数。

甲乙类输出级：为了有效地利用功率，特别是在微功耗电路中，一个输出级应该是具有很低的静态电流和最大的输出电流。乙类输出级的静态电流几乎是零，而输出电流可以达到最大。不幸的是，乙类输出级会引入大的交越失真。为了解决这一问题，可以借鉴甲类输出级的特点，将器件设置一定的放大偏置，使器件的导通角大于 180°，这样形成的输出级称为甲乙类输出级。其失真小于乙类，效率自然低于乙类。

在 Rail－to－Rail 放大器的输出级中，保持输出对管的栅极之间电位差恒定，可以实现甲乙类输出级。图 11.7 是原理图。电压源 U_{1} 的大小决定了电路的类型(甲类，乙类，甲乙类)。适当选择 U_{1} 可以保证电路工作在甲乙类。

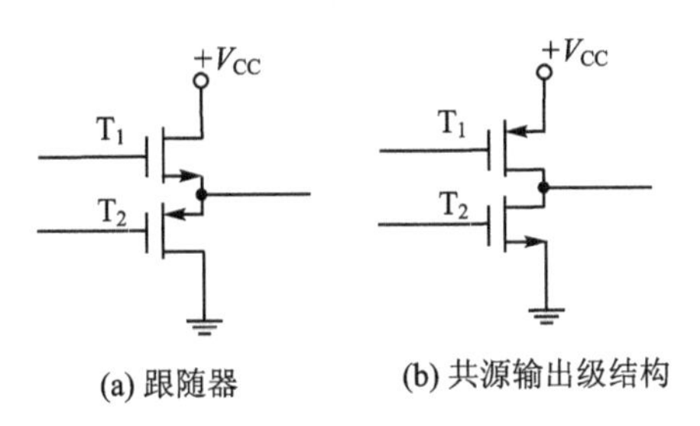

图 11.6　常见的推挽输出级结构

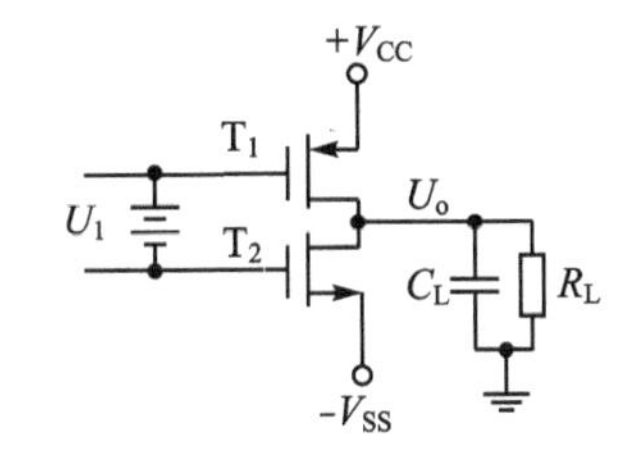

图 11.7　甲乙类电路的原理图

图 11.8 是 Rail－to－Rail 输出级的具体实现。图中 T_{3} 是源级跟随器，其偏置电压决定了 T_{1}，T_{2} 的静态电流，合适的偏置电压使电路工作在甲乙类。T_{1} 的栅偏压决定于 U_{in} 和电源电压 V_{CC} 的差值；T_{2} 的栅偏压决定于 U_{s3} 与 V_{SS} 的差值。适当选取 T_{1}、T_{2} 的偏置电压，电路能工作在甲乙类。在输入电压正向变化时，T_{3} 的电流增加，其源级电压也正向变化。因此，T_{2} 的电流增加，输出电压向负方向变化。同时，T_{1} 的电流减少，因此，负载电流由 T_{2} 提供。反之，同样的原理适合输入电压的负方向变化。这种电路也具有一定的电压增益。

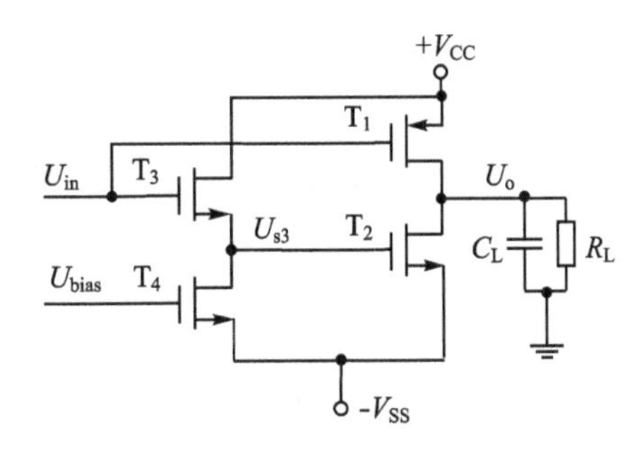

图 11.8　甲乙类 Rail－to－Rail 输出级

2. 滤波器

滤波器电路的技术指标(如图 11.9 所示)除了通带放大倍数 A_{p}、通带截止频率 f_{p} 和品质因素 Q 以外，主要还包括以下五种。

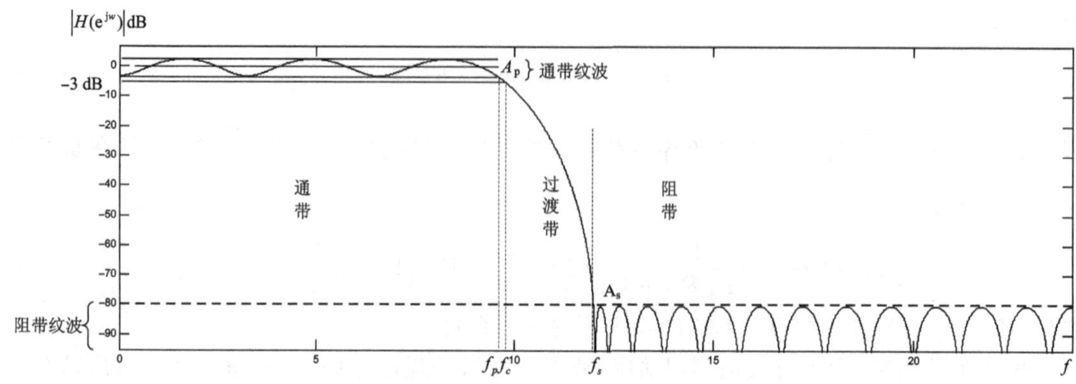

图 11.9　滤波器技术指标

(1) 阻带衰减 $A_s - A_p$

阻带衰减 $A_s - A_p$ 指阻带频段上滤波器增益 A_s 相对通带增益 A_p 的最大衰减,单位为 dB。

(2) 阻带截止频率 f_s

阻带截止频率 f_s 指滤波器的增益下降到阻带衰减时所对应的频率,低通和高通滤波器有1个阻带截止频率,而带通滤波器和带阻滤波器有两个阻带截止频率。

(3) 过渡带

过渡带指通带截止频率 f_p 与阻带截止频率 f_s 之间的频段范围。过渡带越窄,滤波器的选择性越好。

(4) 通带纹波

通带纹波是指通带中各点增益的最大变化量,单位为 dB。通常通带纹波控制在 1 dB 以内。

(5) 群延迟

群延迟指任何离散信号通过滤波器时所产生的在时间上的延迟,单位为 ns。在滤波器设计中常用滤波器的群延迟函数来评价信号经滤波器后相位失真的程度。

11.3　电子系统的电磁兼容技术

在电子系统设计和实现的过程中,一个必须面对的问题就是如何在各种各样的电磁干扰源作用下仍使系统能正常工作,同时,系统对其他电子设备的影响(或干扰)应当小到什么样的程度才可以接受。这一般称为**电磁兼容性**(electromagnetic compatibility,EMC)。为了保证各种电子装置都能够合理地正常工作——不受干扰,同时也不干扰其他设备,国际电工组织制定了一系列标准,以规范**电磁干扰**(electromagnetic interference,EMI)的强度和相应的测量和计量方法。所有的电子产品,在电磁兼容性方面都必须符合这些标准,并经过法定的监测部门测试认证后才能进入市场销售。

在电子电路设计实验中,我们可能更为关注所设计的系统是否能够正常工作,也就是说,不要因为系统内部的各部分电路之间的相互影响导致系统性能降低或彻底崩溃。由于电磁系统的互易性原理,能够被别人干扰的部分也必定会干扰别人,因此减少干扰源和切断干扰途径

就是消除干扰的基本方法。这里将就这些问题进行初步的探讨，对有关的基本概念和一些常用的方法进行简单介绍。

11.3.1　电磁兼容的基本概念

电磁兼容(EMC)技术是一门迅速发展的综合性交叉学科。电磁兼容技术主要研究电磁干扰(EMI)和抗干扰的问题，即怎样使在同一电磁环境下工作的各种电子电气器件、电路、设备或系统，都能正常工作，互不干扰，达到兼容状态。电磁兼容以电磁场和无线电技术的基本理论为基础，并涉及微波技术、微电子技术、计算机技术、通信技术、网络技术及新材料等许多技术领域。它的研究领域也非常广泛，包括电力、通信、交通、航天、军工、计算机、医疗等各个行业。

电磁兼容是包括各种微波和射频等信息系统不容忽视的问题。随着系统复杂性的提高、工作频率的提高、系统集成度的增加，电磁兼容性变得更加重要。电磁兼容性从大到小通常包括三个层次：系统级、印刷电路板(PCB)级以及芯片级。系统级包括系统的电磁干扰、耦合和敏感性描述，系统的电磁兼容建模，确立参数指标，系统的测量和试验，如通信卫星、飞机、军舰等系统；印刷电路板(PCB)级包括电子设备之间和电子设备内部的电磁耦合；芯片级包括元件之间的电磁耦合，由元件的分布电气参数决定耦合的强弱，属于近区电磁场的作用，有电容耦合、电感耦合和公共阻抗耦合。

电磁兼容性要求设备或系统在以下三方面的电磁环境中能正常工作且不对该环境中任何事物构成不能承受的电磁骚扰。

① 设备内电路模块之间的相容性；

② 设备之间的相容性；

③ 系统之间的相容性。

11.3.2　电子系统设计中常见的电磁兼容问题

设计工程师常见的电磁兼容问题包括设计规范、射频干扰、静电放电、电力干扰、自兼容性。

(1) 设计规范，它源于电磁干扰问题的日益严重，消费者对通信干扰、家用电器干扰、航空通信干扰的抱怨越来越多。德国的 VDE 组织从第二次世界大战后不久就颁布了一系列强制性的规范。如果没有这些强制性的规范，电磁环境将充满干扰，而且能够正常工作的电子设备将会非常少。规范既保护无线电频率资源，也可以限制来自有意或无意的发射源产生的辐射。

(2) 射频干扰，它源于无线电通信的飞速发展。由于无线电发射机越来越多，随之而来的射频干扰也严重地影响了电子系统的正常运行。

(3) 静电放电，它源于元件的高速和高密度化。由于元件的集成度非常密集，这些高速的、数以百万计的晶体管微处理器的灵敏性很高，非常容易受到外界静电放电的影响而损坏。直接接触的静电放电会引起设备永久性的损坏，而辐射引起的静电放电会导致设备工作不正常，但不会引起系统设备永久性的损坏。

(4) 电力干扰，它源于越来越多的电子设备接入电力网。电力干扰的问题包括：电力线干扰、电快速瞬变(EFT)、电涌、电压变化(高/低电平)、闪电瞬变、电力线谐波。对于新的高频开关电源，电力干扰的影响非常大。

(5) 自兼容性,它源于本系统内部的干扰。当设备由于电磁干扰不能正常运行时,设计者总是首先考虑其他设备的影响,往往忽视设备本身的自兼容性,如数字电路可能会影响模拟电路或设备的正常运行。

系统级电磁干扰产生的原因有以下几方面:

① 电子电路设计不佳;

② 封装措施的使用不当(金属或塑料封装);

③ 工艺质量不高,电缆与接头的接地不良;

④ 时钟和周期信号走线设定不当;

⑤ PCB 分层及信号布线层的设置不当;

⑥ 对 RF 能量分布成分的选择不当;

⑦ 共模与差模滤波器设计不当;

⑧ 接地环路设置不当;

⑨ 旁路和去耦不足。

11.3.3 电磁兼容设计规则与设计过程

1. 电磁兼容设计规则

电磁兼容设计需要考虑系统级、元件级、印制电路板级和设备级等四方面。

① 系统级:包括系统电气、机械、系统软件等;

② 元件级:包括元件参数、管脚、封装等;

③ 印制电路板级:元件放置、布线;

④ 设备级:包括电缆、屏蔽、滤波、接地等。

电磁兼容性设计需考虑的问题很多,但从根本上讲,就是如何提高设备的抗扰度和防止电磁泄漏。通常采取的措施是:一方面,设备或系统本身应选用相互干扰最小的设备、电路和部件,并进行合理的布局;另一方面,就是通过接地、屏蔽及滤波技术,抑制与隔离电磁干扰。对不同的设备或系统有不同的设计方法和措施。

2. 电磁兼容设计过程

电磁兼容设计过程通常包括:电磁兼容阶段、设计阶段和完成阶段。电磁兼容阶段就是根据产品设计对电磁兼容提出要求和相应的指标;设计阶段就是依据电磁兼容的有关标准和规范,将设计产品的电磁兼容性指标要求分解成元器件级、电路板级、模块级和产品级,按照各级实现的功能要求,逐级分层次地进行设计;完成阶段就是通过电磁兼容的测试和认证。下面就逐个对这三个阶段进行讨论。

(1) 电磁兼容阶段

该阶段依据产品的性能,选择相应的电磁兼容认证标准及测试规范。

(2) 设计阶段

设计阶段包括电路设计、印制电路板设计、机械设计、性能测试、针对问题重新设计等五个阶段。

① 电路设计

元器件的选择和电路的分析是电磁兼容设计的基础。电路设计包括:构思好原理图、设置

工作环境、放置元件、原理图的布线、建立网络表、原理图的电气检查、编译和调整、存盘和报表输出八个步骤。因此，在设计时要考虑选用抗干扰器件，合理确定指标和运用接地、屏蔽等技术。

② 印制电路板设计

印制电路板设计包括九个步骤。具体包括：设计原理图、定义元件封装、印制电路板图纸的基本设置、生成网表和加载网表、布线规则设置、自动布线、手动布线、生成报表文件、文件打印输出。

元器件、电路和地线引起的干扰都会在印制电路板上反映出来。因此，印制电路板的电磁兼容设计非常关键。印制电路板的布线要合理，如采用多层板，电源线与地线应靠近，时钟线、信号线与地线的距离要近等，以减少电路工作时引起内部噪声。严格执行印制电路板的工艺标准和规范，模拟和数字电路分层布局，以达到板上各电路之间的相互兼容。

③ 机械设计

良好的机械设计对实现整个设备和系统满足电磁兼容性也是非常重要的。如底板、机壳和外壳结构的设计，常常能够决定是否能同工作环境实现电磁兼容。底板、机壳和外壳是为控制设备或功能单元中无用信号通路提供屏蔽的最有效的方法。屏蔽的程度取决于结构材料的选择和装配中所用的设计技术两方面。设计者还应该注意接缝、开口、穿透和对底板及机壳的搭接等方面的设计技巧。

底板和机壳的材料大多数都选用良导体，如铝、铜等，主要通过反射信号而不是吸收信号达到屏蔽电场的目的。但对磁场的屏蔽需要铁磁材料，如高导磁率合金和铁，主要通过吸收信号而不是反射信号达到屏蔽磁场的目的。

④ 性能测试

对完成整个设计的试制板必须进行全面的性能测试，检验试制板是否符合设计要求和指标。同时，对不能满足设计的部分，找出问题的根源，便于在后来的设计中改进和完善。

⑤ 针对问题重新设计

对于在性能测试中发现的问题要进行重新设计，然后再依据以上几个步骤，做进一步的完善，直到试制板的性能满足设计为止。

(3) 完成阶段

电磁兼容规范测试度。电磁兼容设计的目标是通过电磁兼容测试和认证。当设计的产品通过了电磁兼容的规范化认证，整个设计才真正完成。

最经济有效的电磁兼容设计方法，就是在设计早期，从选择元件、设计电路到印制电路板走线等就把电磁兼容性作为主要的设计依据，从而减小设计成本。如果等到生产阶段再去解决电磁兼容问题，不但在技术上难度很大，而且也会造成人力、财力、时间上的极大浪费。

3. 电磁兼容控制技术

抑制电磁干扰就要从抑制电磁干扰源、消除或减弱耦合路径、降低敏感设备对干扰的响应等方面采取有效措施。电磁兼容技术在控制干扰的策略上采取了主动预防、整体规划和对抗与疏导相结合的方针。电磁兼容控制是一项系统工程，应该在设备和系统设计、研制、生产、使用和维护的每一个环节都给予充分的考虑和实施。

电磁干扰控制，除了常见的屏蔽、接地、滤波以外，还要采取疏导和回避的技术进行处理，如空间分离、时间分离、吸收和旁路等。通常电磁兼容控制技术分为以下几类：

(1) 传输通道抑制

具体方法有屏蔽、滤波、接地、搭接、布线。屏蔽用于切断空间的辐射发射途径;滤波用于切断通过导线的传导发射途径;接地的好坏直接影响到设备内部和外部的电磁兼容性。通过合适的搭接和布线也能够抑制电磁干扰的传输通道。

(2) 空间分离

空间分离是对空间辐射干扰和感应耦合干扰的有效控制方法。包括:地点位置控制、自然地形隔离、方位角控制、电场矢量方向控制。

(3) 时间分离

时间分离是让有用信号在干扰信号停止发射的时间传输,或当强干扰发射时,短时关闭敏感设备,以免遭受伤害。包括:时间共用准则、雷达脉冲同步、主动时间分离、被动时间分割。

(4) 频率管理

频率管理是利用系统的频谱特性全部接收有用的频率分量,将干扰的频率分量剔除。包括:频率管制、滤波、频率调制、数字传输、光电隔离。

(5) 电气隔离

电气隔离是避免电路中干扰传导的可靠方法,同时也可以使有用信号通过耦合进行传输。包括:变压器隔离、光电隔离、继电器隔离、DC/DC 变换。

11.3.4 电磁干扰源及其耦合途径

任何一个处理电信号的电子装置在电信号耦合或电源供电的过程中均可能产生或收到电磁干扰。要保证所设计的电路能够不受干扰影响正常地工作,必须要搞清楚所有可能的干扰来源和耦合途径,相应地采取抗干扰措施,才能达到目的。

1. 电磁干扰源

常见的电磁干扰源大体上有以下几类。

(1) 电磁波辐射装置

包括无线电通信设备、无线电探测设备(如雷达、遥感遥测)、无线电导航设备、电子对抗装置等。其发射的信号频率范围由几十 kHz 到数 GHz。这类设备的正常工作需要发射无线电波,一般由无线频谱管理机构(如我国的无线电管理委员会)为其指定授权使用的工作频率范围。对于这类已知的确定干扰源,在电子系统设计时应预先考虑并采取有效的对抗措施。

(2) 电子装置内部信号处理电路

电子装置内部的高频模拟电路、高速数字电路和开关与脉冲电路在工作过程中,由于信号中的高频分量已达到辐射频率,会对其他电路部分形成电磁干扰。这类干扰源的频率不确定,干扰频带宽,但功率较小。系统设计时主要通过布局布线和屏蔽措施来减小其影响。

(3) 电源干扰

工频交流信号或开关电源的高次谐波在稳压电路滤波性能不好时会对电路产生明显的干扰。电源干扰在电源电路的功率裕量不足时尤为突出,良好的电源电路设计是解决电源干扰问题的根本方法。

(4) 电力设备干扰

各种电力设备如电动机、电弧炉、电焊机、电力开关、荧光灯、汽车的点火装置等,在工作过程中也会向外部辐射出干扰电磁波。减小这类干扰的主要措施是屏蔽、滤波和接地。

(5) 自然干扰

宇宙和地球环境中的一些自然现象也会形成电磁干扰，如雷电、宇宙射线、太阳黑子爆发等。自然环境中的人体通常也会带有较强的干扰信号，如工频感应电压信号（几伏到几十伏）、服装摩擦产生的静电电压（数百伏）等。对抗这类干扰的办法主要有屏蔽、接地和保护电路等。

2. 电磁干扰的耦合途径

干扰信号从干扰源到被干扰设备之间必然存在某种耦合途径，通常还可能存在若干种不同的途径同时发生作用。了解这些耦合途径，对于抗干扰措施的选择是十分重要的。

(1) 公共阻抗通道

干扰源和被干扰设备公用某段导线，由于导线固有阻抗上的压降，导致干扰源对被干扰设备产生影响。如图 11.10 所示，干扰源电流 i_{EMI} 通过公共接地线的导线电阻 R_{COM} 对 A_2 电路产生干扰，使得 A_2 的输入电压 u_{i2} 变为 A_1 的输出电压 u_{o1} 与干扰电压 u_{EMI} 之差。

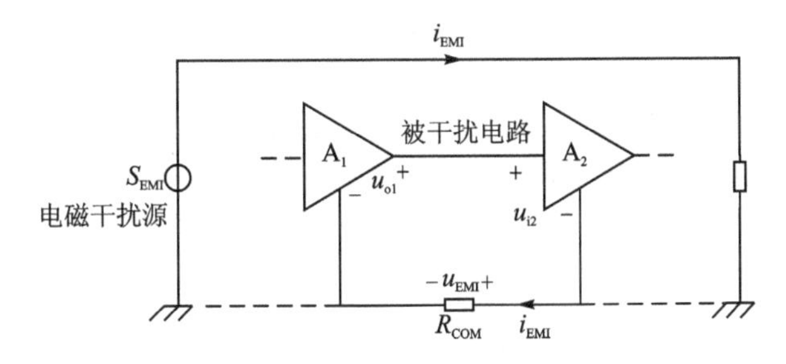

图 11.10　公共阻抗干扰耦合途径

(2) 空间电磁场-导线共模耦合

干扰源所导致的空间交变电磁场，会在任何一个环形电路上感应出感生电动势。干扰电磁场在闭合的地线环路上耦合出共模干扰信号的原理如图 11.11 所示。

干扰磁场（设其为均匀磁场）在与其垂直的闭合环路上产生的感生电动势为

$$u_{EMI} = -\frac{dB}{dt}S \tag{11.11}$$

其中，dB/dt 为干扰磁场的磁感应强度变化率，S 为环路围成的面积。干扰电场在闭合环路（设其长、宽分别为 l、w）上产生的干扰电压为

$$u_{EMI} = \frac{lwfE}{48} \tag{11.12}$$

其中，f 为干扰信号频率，单位为 MHz；E 为干扰电场强度，单位为 V/m。

(3) 空间电磁场-导线差模耦合

干扰电磁场在闭合的信号线环路上耦合出差模干扰信号的原理如图 11.12 所示。从图中可以看出，两根信号线靠得越近，耦合出的干扰信号越小。另外，可以采用信号线绞合的方式使耦合出的干扰信号互相抵消。

(4) 导线间串扰

两根平行导线之间由于互感和分布电容也会造成干扰信号的耦合，如图 11.13 所示。M_{1-2} 和 C_{1-2} 的存在会使导线 1 上的信号耦合到导线 2 上形成干扰。电容耦合的干扰电压 u_{CAP} 为

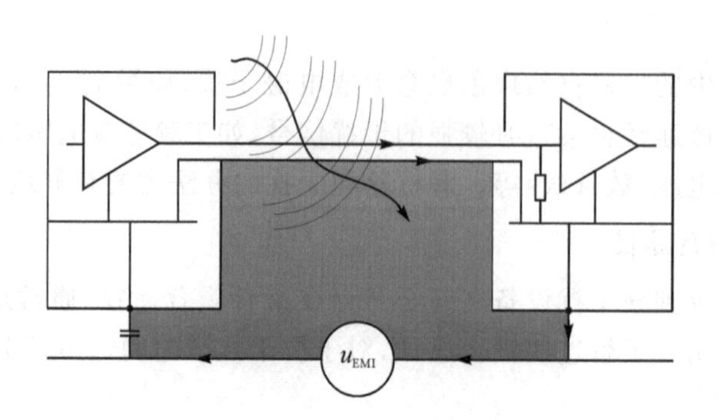

图 11.11　空间电磁场耦合共模干扰信号

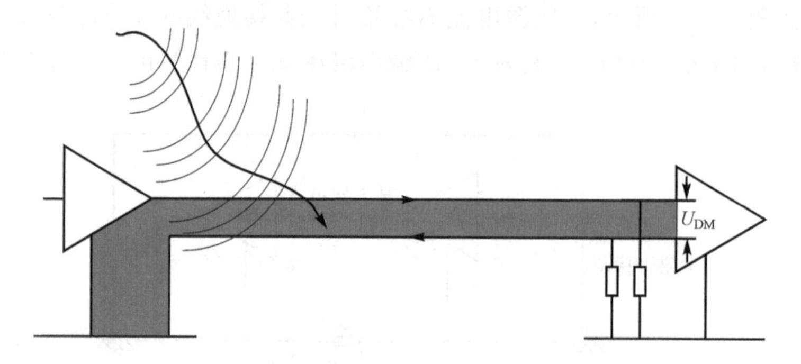

图 11.12　空间电磁场耦合差模干扰信号

$$u_{\mathrm{CAP}}=R_2C_{1-2}\frac{\mathrm{d}u_{\mathrm{C}}}{\mathrm{d}t} \tag{11.13}$$

互感耦合的干扰电压 u_{IND} 为

$$u_{\mathrm{IND}}=M_{1-2}\frac{\mathrm{d}i_1}{\mathrm{d}t} \tag{11.14}$$

(5) 电源线耦合

由于直流稳压电源存在内阻,使用同一电源供电的各部分电路之间会在电源内阻上形成干扰信号耦合,共电源干扰耦合原理如图 11.14 所示。

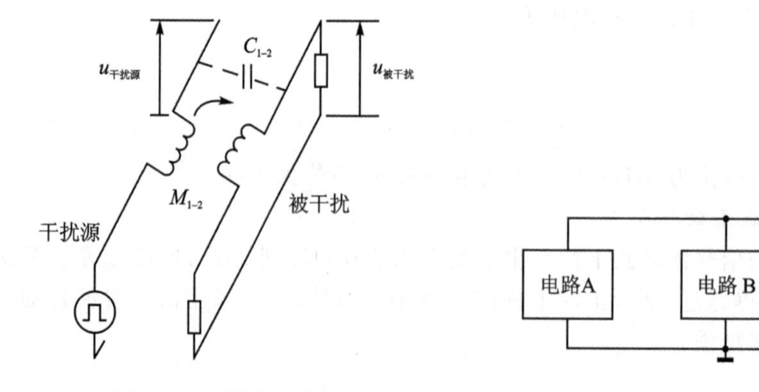

图 11.13　导线间串扰

图 11.14　共电源干扰耦合

(6) 共模-差模转换

共模干扰作用在放大器的两根输入信号线与地线之间,其值一般比较大。如果仅存在共模干扰,则由于放大器前端具有较高的共模抑制比参数,而不会对放大器造成干扰。实际系统中,由于导线连接和分布参数的影响,总会有部分共模信号转换为差模干扰信号。图 11.15 所示为共模干扰转换为差模干扰的途径。

其中共模干扰信号 U_{CM} 在输入侧 0 V 参考端接地时,将会在 R_i 上形成较大的差模干扰 U_{DM}。因此,一般信号线仅在一个点上接地。在 0 V 参考端不接地的情况下,由于对地的分布电容 C_P 通路,随着频率的增高也会形成明显的差模干扰信号。当频率高到数兆赫兹以上时,由于分布参数电路谐振,单点接地方式下的差模干扰会高于多点接地方式,故高频电路中一般采用多点接地方式工作。

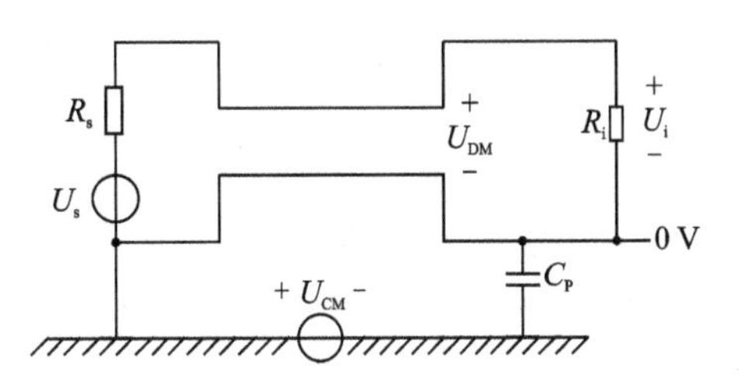

图 11.15　共模干扰-差模干扰的转换

11.3.5　接地技术

大量的电磁干扰是在两个系统用导线连接在一起时发生的。而有用信号的耦合,必须要通过导线来连通,并且要提供公共的参考电位来正确地表达信号。接地是在解决连通信号和提供参考电位的过程中出现的一个基本问题。

1. 接地的概念

接地的根本目标是提供一个公共的参考电位。通常实现这个目标的基本方法是用导线把电路中需要参考电位的点连接在一起,把这种连接导线称为地线。这种做法的依据是认为导体上各个位置处都是等电位的。而由于以下原因,在实际中上述依据是不能成立的。

(1) 存在导线电阻,地线回路电流必然会在该电阻上形成压降。地线电阻和地线电流的分布与电路的连接方式和各部分电路的工作状态有关,因此导致地线上各点电位不同并处于不断变化中。

(2) 对于频率很高的交流信号,由于地线本身分布参数的影响,会存在传输线效应,信号在地线上以波的形式传输,地线上不同点处的信号不可能相同。高频交流电流还存在趋肤效应,导线电阻与其形状有关,也会导致由于电流分布造成的电位分布差异。

(3) 在地线较长或环境干扰场强较大的情况下,地线上会耦合出干扰信号,导致同一导线连接的各个点间可能存在很大的电位差。

讨论到接地问题时往往会涉及到另外一个概念:安全地。安全地是以人类活动的基本参考电位——大地电位为参考,保证电气设备在存在漏电或强电击干扰的情况下能够将电能量通过良好的接地通道释放到地球大地电容上去,而不对人体产生危害。

参考地和安全地的概念不同,实际系统中对这两个地线的处理方法也不同。对于某些系统,它们之间需要连接上,而对于另外一些系统,则需要断开。

必须要正确理解大地电位的概念。在独立系统单点接大地的情况下,地球就是一个大电容,具有很大的电荷承载能力,其电位可以视为参考 0 电位。人体和地球之间以电容和电阻并联方式连接。在两个系统通过不同地点连接到大地的情况下,大地两点间存在明显的电阻,通常不能认为它们是等电位的。在工业干扰环境中,强干扰造成的地电位差异有时会达到数百至上千伏,这种情况下如果在不同地点接地,会在系统中引入很强的共模干扰,并存在严重的

不安全因素。

为防止各种电路在工作中产生互相干扰,使之能相互兼容地工作,根据电路的性质,将工作接地分为不同的种类,如直流地、交流地、数字地、模拟地、信号地、功率地、电源地等,不同的接地种类应当分别设置。

① 信号地:各种物理量的传感器和信号源零电位的公共基准地线。由于信号一般都较弱,易受干扰,因此对信号地的要求较高。

② 模拟地:模拟电路零电位的公共基准地线。由于模拟电路既承担小信号的放大,又承担大信号的功率放大,因此模拟电路既易接受干扰,又可能产生干扰。所以,对模拟地的接地点选择和接地线的敷设更要充分考虑。

③ 数字地:数字电路零电位的公共基准地线。由于数字电路工作在脉冲状态,特别是脉冲的前后沿较陡或频率较高时,易对模拟电路产生干扰,所以对数字地的接地点选择和接地线的敷设也要充分考虑。

④ 电源地:电源零电位的公共基准地线。由于电源往往同时供电给系统中的各单元,而各单元要求的供电性质和参数可能有很大差别,因此既要保证电源稳定可靠地工作,又要保证其他单元稳定可靠地工作。

⑤ 功率地:负载电路或功率驱动电路的零电位的公共基准地线。由于负载电路或功率驱动电路的电流较强,电压较高,所以功率地线上的干扰较大。因此,功率地必须与其他弱电地分别设置,以保证整个系统稳定可靠地工作。

在设计地线电路时必须重点考虑地线上的电流情况,特别是射频信号(或频率较高的数字信号)的地线电流。流入信号端口的电流,必然要以相同的频率从地线端口流出去,如果选用的地线不适合射频电流通过,实际上起不到与参考地电平有效连接的作用,必然会带来干扰。

在设计 PCB 时,接地的基本方式有单点接地、多点接地和混合接地三种方式。

2. 单点接地

系统中各单元电路的地线分别单独连接到一个公共的参考点上,称为单点接地。这种方式避免了地线上的共阻抗耦合,使得电路间的相互干扰减小。单点接地系统如图 11.16 所示。

为了实现单点接地,一般要使用较长的单独地线。长导线上的分布参数影响较大,空间信号耦合也比较强,因此,对于甚高频率的电路,单点接地方式实际效果并不太好。一般单点接地方式适用于信号频率低于 1 MHz 的低频电路系统。

3. 多点接地

系统中各单元电路的地线通过不同的连接点连接到地线平面上,称为多点接地。多点接地方式一般存在一个面积较大的地线导体(如多层板中的地线层),各单元电路的地线就近与地平面连接,连线可以很短,这样可以大大减小由于空间耦合造成的串扰信号。多点接地存在接地环路问题,应当予以充分重视。多点接地系统如图 11.17 所示。

4. 混合接地

图 11.18 给出了两种混合接地的系统示意图。电路 11.18(a)对于低频信号而言,各单元电路采用的是单点接地的方式;对于高频信号而言,则通过电容实现多点接地。电路 11.18(b)则刚好相反。采用这种方式可以实现对地线电流流向的控制,可以来优化系统性能。

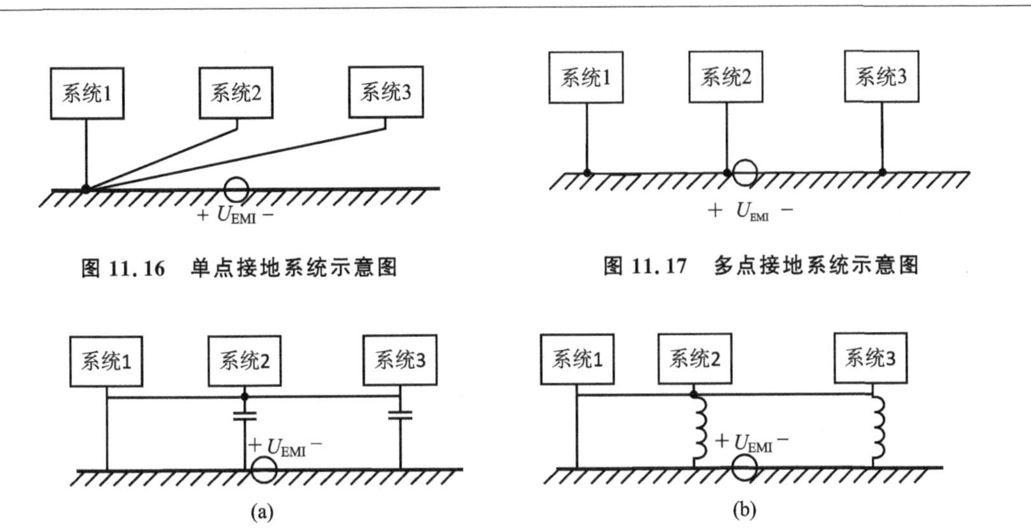

图 11.16　单点接地系统示意图

图 11.17　多点接地系统示意图

图 11.18　混合接地系统示意图

5. 接地环路

接地环路是指距离较远的两个设备之间非平衡信号地线和设备地线之间构成环路。如图 11.19 所示，由 $A-B$ 点间的信号地线和 $C-D$ 点间的外壳地线构成的环路就是一个接地环路。

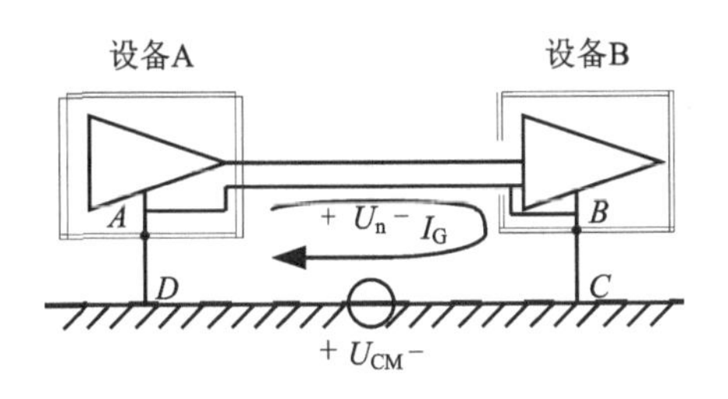

图 11.19　接地环路干扰原理

在这个环路中，接地点 C、D 间的共模干扰电压 U_{CM} 和环路 $A-B-C-D-A$ 所围成的面积中的空间电磁场感应出来的干扰电压会形成接地环路电流 I_G，导致 A、B 间连线上出现干扰压降，从而使设备 B 的输入端被干扰。

解决接地环路问题的措施有以下几种：

(1) 单点接地：只有一个设备的外壳接地。这种方法对于低频干扰有效，高频干扰由于存在对地的分布电容，仍然可能构成接地环路。

(2) 地线隔离：采用变压器、光电耦合器等器件在传输信号的同时阻断地线连接。

(3) 采用共模信号扼流圈：信号线穿过铁氧体磁管或在铁氧体磁环上并饶均可实现共模扼流作用，阻断高频共模电流，减小地线环路影响。扼流圈对低频干扰信号的抑制作用不明显。

(4) 采用平衡传输方式工作：在平衡传输方式下，两根信号线对地是平衡对称的(信号大小相等、方向相反)，耦合出的共模干扰会互相抵消。这种方式的问题是，在电路上要保证绝对平衡是做不到的，总会有一部分干扰无法消除。

11.3.6　屏蔽技术

屏蔽是切断空间电磁干扰的重要手段，在电子设备中具有广泛应用。屏蔽分为静电屏蔽和电磁屏蔽两种。静电屏蔽采用导体制成的屏蔽层分隔出被屏蔽空间，屏蔽层与大地连接释放感应电荷，保证被屏蔽空间内基本维持在电场接近为 0 的条件下，不受外部干扰影响。电磁

屏蔽采用高导磁、导电率材料分隔屏蔽空间,屏蔽层构成闭合的磁通、电流短路回路,阻止电磁波穿过,达到阻断电磁干扰信号的目的。

影响电磁屏蔽效果的基本因素包括屏蔽层材料、屏蔽层形状、干扰信号频率、干扰信号功率等几个方面。

(1) 屏蔽层材料

用于电磁场干扰屏蔽的屏蔽层材料应当具有良好的导电性和电磁性。常用的材料有钢、铜、银、镍及其合金,还有一些混合有金属微粒或碳微粒的有机材料等。

钢是一种良导体,其磁导率的量级也令人满意。它是相对廉价并能提供很大机械强度的材料,所以有理由利用钢材,廉价地获得满意的屏蔽效能。

(2) 屏蔽层形状

屏蔽层厚度涉及到这样几个基本问题:机械形状、电厚度、开孔与缝隙。

机械形状大体上有闭合壳体型、网状编织型、表层涂覆型。前两种是比较常见的屏蔽层形状。表层涂覆含有金属微粒的导电涂层,是近年来大幅推广的屏蔽层实现方法。

电厚度是指考虑到趋肤效应后导体实际的导电厚度。

任何一个有用的屏蔽层都不可能是完全封闭的,必然会有引线端、电源端以及上盖接缝等开孔和缝隙。干扰信号会沿着引线或缝隙进入到屏蔽区内,这是影响屏蔽效果的主要原因。

(3) 干扰信号频率

低频电磁波比高频电磁波有更高的磁场分量。因此,对于非常低的干扰频率,屏蔽材料的导磁率远比高频时更为重要。例如,电源变压器的屏蔽就需要采用导磁率好的钢材来制作。

用于屏蔽外场直接耦合的机壳或机柜的材料是很重要的。由于是高反射屏蔽,通常采用提供电场屏蔽的薄导电材料。对于30 MHz以上的更高的频率,应主要考虑电场分量,在这种情况下,非铁磁性材料(诸如铝或铜)能提供更好的屏蔽,因为这种材料的表面阻抗很低。

(4) 干扰信号功率

屏蔽的最终结果是要削弱干扰信号的影响,如果输入的干扰信号功率很大,则要求屏蔽层具有更好的阻断能力。也就是说,在设计屏蔽措施时必须要对可能的干扰功率进行正确的评估,否则就不能保证被保护系统正常工作。

屏蔽层的接地问题也应当予以重视,特别是传输导线的屏蔽层接地,应当在$\lambda/10$处多点接地,才能够起到较好的作用。屏蔽层多点接地有可能会导致接地环路,采用三轴式同轴电缆可以较好地解决这个问题。

11.3.7 滤波技术

电子装置必须有信号输入/输出线和电源线等引线存在,采用屏蔽措施不可能百分之百地把系统全部隔离开来,干扰信号不可避免地会通过各种引线进入到系统内部。滤波就是针对这种从导线引入的干扰信号所采用的抗干扰措施。

滤波是指根据信号本身的特征对信号进行选择性通过或阻止通过的处理方法。最常见的滤波方法是根据信号的频率进行选通。采用具有不同频率特性的电抗电路,可以让有用信号通过,把干扰信号衰减掉或隔绝开,从而达到减小干扰的目的。

在电子系统中干扰滤波技术主要分为电源线滤波和信号线滤波两大类。

1. 电源线滤波器

典型的电源线滤波器如图 11.20 所示。该电路基本上是一个低通滤波器电路，但在设计上兼顾了共模干扰信号和差模干扰信号，具有比较好的干扰滤除性能。

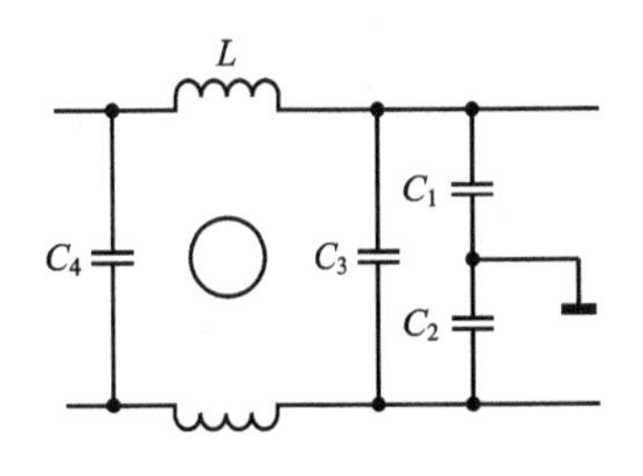

图 11.20　电源线滤波器电路

交流电源电压从左侧接入，从右侧送出，右侧的地线与屏蔽接地端相接。该电路对于输入的共模干扰为 L 型滤波器（L 阻隔，C_1、C_2 旁路），减小高频干扰的影响；对于输入的差模信号为 π 型滤波器（L 阻隔，C_3、C_4 旁路），同样减小高频干扰的影响。

由于电源功率较大，滤波器的元件选择必须考虑到功率、耐压以及磁饱和的要求。L 采用把导线穿绕在高导磁率磁环上的方式实现，电容采用高耐压的陶瓷电容或丙纶电容。滤波器的安装位置要尽量靠近屏蔽层开口处，并与屏蔽层良好接触连接。

2. 信号线滤波器

信号线滤波器用来滤除通过信号线，特别是信号线的屏蔽层引入的干扰信号。

信号线滤波器按安装方式和外形分：有线路板安装滤波器、贯通滤波器和连接器滤波器三种。线路板安装滤波器适合于安装在线路板上，具有成本低、安装方便等优点。但线路板安装滤波器的高频效果不是很理想。

贯通滤波器适合安装在屏蔽壳体上，具有较好的高频滤波效果，特别适合于单根的导线穿过屏蔽体。

连接器滤波器适合于安装在屏蔽机箱上，具有较好的高频滤波效果，用于多根导线（电缆）穿过屏蔽体。

最常见的信号线滤波器是铁氧体磁管或磁环套在信号线上的形式，如各种监视器的信号线上串接的两端附近的粗圆柱体，其内部就是由纵向剖开的两个半圆铁氧体磁管扣在一起，包围在信号线外部构成的一个滤波器。其作用相当于在信号线屏蔽层上串接了一个电感，可以阻断高频干扰信号。

11.4　模拟滤波器设计及实例

滤波器或滤波电路是一种能使有用频率信号通过而同时抑制（或大为衰减）无用频率信号的电子装置。工程上常用它进行信号处理、数据传送和抑制干扰等。

11.4.1　模拟有源滤波器类型

理想滤波器的频率响应在通带内应具有恒定幅值和线性相移，而在阻带内其幅值应为零。实际的滤波电路往往难以达到理想的要求。如要同时在幅频响应和相频响应两方面都满足要求就更加困难。因此，一般有源滤波器的设计，是根据所要求的幅频特性和相频特性，寻找可实现的有理函数进行逼近设计，以达到最佳的近似理想特性，例如，可以主要着眼于幅频响应，而不考虑相频响应，也可以从满足相频响应出发，而把幅频响应居于次要地位。根据逼近函数的不同，分为**巴特沃兹**（butterworth）滤波器、**切比雪夫**（chebyshev）滤波器、**椭圆**（eliptic）滤波

器和**贝塞尔**(bessel)滤波器等。

1. 巴特沃兹滤波器

这是一种幅度平坦的滤波器(如图11.21所示),即其幅频特性从直流到衰减3 dB的截止频率ω_n处几乎是完全平坦的,但在截止频率附近有峰起,对阶跃响应有过冲和振铃现象,过渡带以中等速度下降,下降率为$-6n$ dB/十倍频(n为滤波器阶数),相频特性有轻微的非线性,适用于一般性的滤波器。n阶巴特沃兹低通滤波器的传递函数可写为

$$H(s)=\frac{A_0}{B(s)}=\frac{A_0}{s^n+a_{n-1}s^{n-1}+\cdots+a_1s+a_0} \tag{11.15}$$

式(11.15)中,s为归一化复频率($s=\mathrm{j}\omega/\omega_n$);$B(s)$为巴特沃兹多项式;$a_{n-1},\cdots,a_1,a_0$为多项式系数,可根据$n$的值查表获得,如表11.1所示。

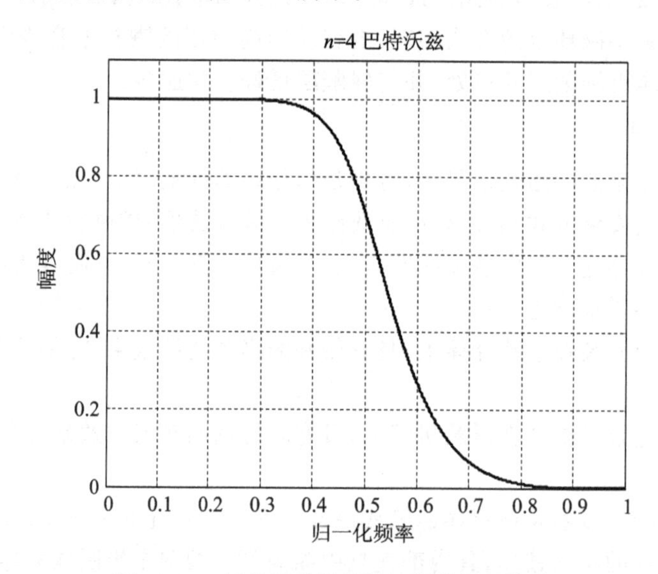

图11.21 巴特沃兹低通滤波器的幅频特性

表11.1 n与巴特沃兹多项式$B(s)$的关系

n	$B(s)$
1	$1+s$
2	$1+\sqrt{2}s+s^2$
3	$1+2s+2s^2+s^3=(1+s)(1+s+s^2)$
4	$1+2.613s+3.414s^2+2.613s^3+s^4=(1+1.848s+s^2)(1+0.765s+s^2)$
⋮	…

随着n的增加,即滤波器的阶数增加,其阻带内的衰减也随之增大,故可根据要求选择所需的阶数。3阶巴特沃兹低通滤波器的传递函数为

$$H_{\mathrm{LP}}(s)=\frac{A_0}{s^3+2s^2+2s+1} \tag{11.16}$$

对于高通和带通滤波函数,可通过频率变换的方法从低通滤波函数来获得,如要获得3阶

巴特沃兹高通滤波器，可以用 $s=\frac{1}{p}$ 代入上式，得

$$H(p)=\frac{A_0 p^3}{p^3+2p^2+2p+1} \tag{11.17}$$

故 3 阶巴特沃兹高通滤波器的传递函数为

$$H_{HP}(s)=\frac{A_0 s^3}{s^3+2s^2+2s+1} \tag{11.18}$$

对于带通滤波器，可用 $s=\frac{1}{BW}\left(\frac{p^2+\omega_0^2}{p}\right)$ 代入式(11.16)，通常采用归一化的低通/带通变换，即 $s=\frac{p^2+1}{p}$，其中，带通函数的中心频率值为 1，带宽则与低通函数相等。如将 2 阶巴特沃兹低通滤波器函数

$$H_{LP}(s)=\frac{A_0}{s^2+\sqrt{2}s+1} \tag{11.19}$$

变换成 2 阶带通滤波函数为

$$H_{BP}(s)=\frac{A_0 s^2}{s^4+\sqrt{2}s^3+3s^2+\sqrt{2}s+1} \tag{11.20}$$

对于带阻函数，则可用 1 减去归一化的带通函数的办法来获得，即

$$H_{BR}(s)=1-H_{BP}(s) \tag{11.21}$$

2. 切比雪夫滤波器

这种滤波器在通带内存在等纹波动，而带外衰减速率比同阶数的巴特沃兹滤波器大(如图 11.22 所示)。宽的通带波纹容限增大了其传输带衰减速率，但相位响应畸变较大，适用于需要快速衰减的场合，如信号调制解调电路。

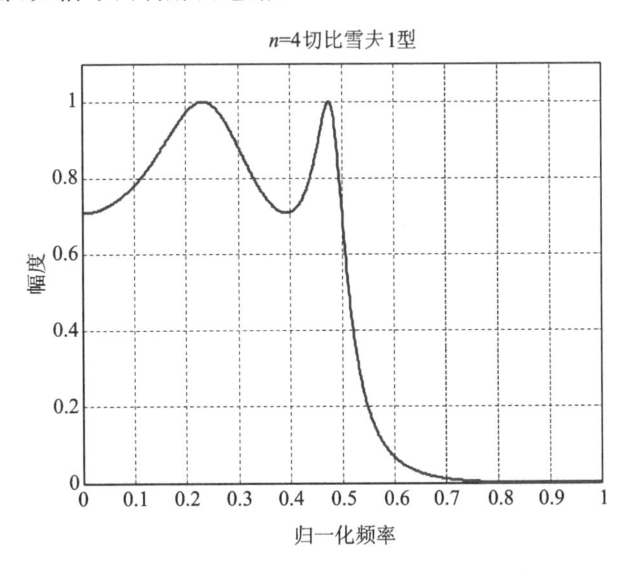

图 11.22　切比雪夫低通滤波器的幅频特性

在设计切比雪夫滤波器时，需要指定通带内的波纹值 δ 和决定阶次 n 的衰减要求。低通

切比雪夫滤波器传递函数可写为

$$|H_{LP}^2(j\omega)| = \frac{A_0^2}{1+\varepsilon^2 C_n^2\left(\frac{\omega}{\omega_n}\right)} \tag{11.22}$$

式中,$\varepsilon^2 = 10^{0.1\delta-1}$;$C_n\left(\frac{\omega}{\omega_n}\right)$为切比雪夫多项式。令 $s=j(\omega/\omega_n)$即归一化复频率,则有

$$|H_{LP}^2(s)| = \frac{A_0^2}{1+\varepsilon^2 C_n^2\left(\frac{s}{j}\right)} \tag{11.23}$$

经分析可知,该传递函数的极点位于同一椭圆上,为避免自激振荡,应取位于左半部的极点构成 $H(s)$的分母,可得切比雪夫低通滤波器函数为

$$H_{LP}(s) = \frac{A_0}{s^n + a_{n-1}s^{n-1} + \cdots + a_1 s + a_0} \tag{11.24}$$

其中,多项式系数 $a_{n-1},\cdots,a_1,a_0$ 可根据不同 δ 的值和阶次查表得到,如当 $\delta=1$,纹波系数 $\varepsilon=0.125\ 8$ 时,一阶切比雪夫低通滤波器函数为

$$H_{LP}(s) = \frac{H_0}{s+2.863} \tag{11.25}$$

对于高通、带通和带阻等情况,也可用频率变换的方法从同阶低通滤波器函数获得,具体方法可参照上面巴特沃兹滤波函数中所用的变换方法。

3. 椭圆滤波器

椭圆滤波器是在通带和阻带等波纹的一种滤波器(如图 11.23 所示)。相比于其他类型的滤波器,在阶数相同的条件下,椭圆滤波器具有最小的通带和阻带波动。它在通带和阻带的波动相同,这一点区别于在通带和阻带都平坦的巴特沃斯滤波器,以及通带平坦、阻带等波纹或是阻带平坦、通带等波纹的切比雪夫滤波器。

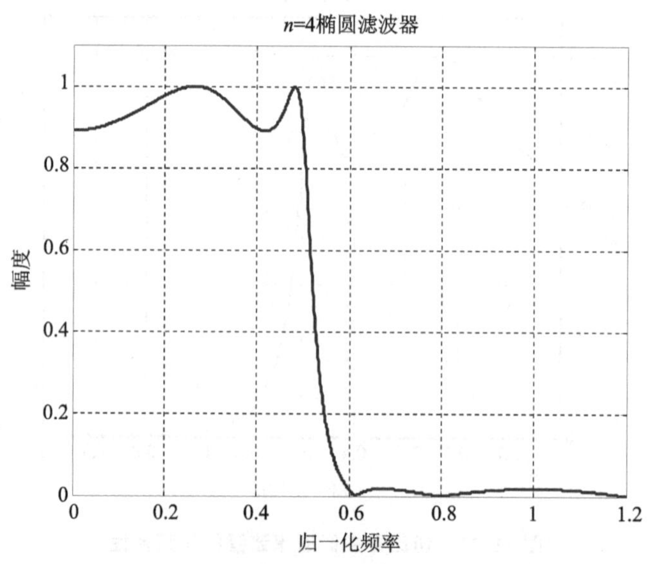

图 11.23 椭圆低通滤波器的幅频特性

低通椭圆滤波器的频率响应的幅度为

$$H_{LP}(\omega)=|A_{LP}(j\omega)|=\frac{1}{\sqrt{1+\varepsilon^2 R_n^2(\omega)}} \tag{11.26}$$

其中，R_n 是 n 阶雅可比椭圆函数。

常用的滤波器设计软件有 Filter Solution、FilterPro 和 FilterLab 等，可在相关公司官方网站免费下载。

11.4.2　常见模拟滤波器电路结构

1. 压控电压源(voltage controlled voltage source, VCVS)滤波器

压控电压源电路中的集成运放为同相输入接法，因此滤波器的输入阻抗很高，输出阻抗很低，滤波器相当于一个电压源，故称这种电路为电压控制电压源电路，其优点是电路性能稳定、增益容易调节。

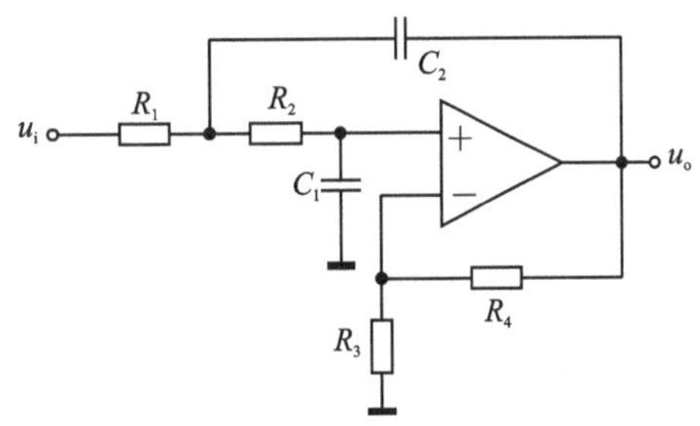

图 11.24　2 阶压控电压源低通滤波电路

图 11.24 为利用 RC 滤波电路和同相比例放大电路组成的压控电压源 2 阶低通滤波电路。

当 $C_1=C_2=C$，$R_1=R_2=R$ 时，其传递函数为

$$A_{LP}(s)=\frac{A_0\omega_n^2}{s^2+\frac{\omega_n}{Q}s+\omega_n^2} \tag{11.27}$$

式中，$\omega_n=\frac{1}{RC}$，$A_0=1+\frac{R_4}{R_3}$，$\frac{1}{Q}=3-A_0$。故当 ω_n、Q 已知时，有

$$RC=\frac{1}{\omega_n} \tag{11.28}$$

$$A_0=3-\frac{1}{Q} \tag{11.29}$$

设计 VCVS 二阶滤波器时，要求集成运放的差模输入电阻 $R_{id}>10(R_1+R_2)$，且在截止频率 f_n 处集成运放的开环增益 A_{ud} 至少是滤波器增益的 50 倍。截止频率与电容 C 的对应关系如表 11.2 所列，选择电容时尽量选取电容值较小的电容。

表 11.2　截止频率与 C 的对应关系

f_n/Hz	C/μF	f_n/Hz	C/pF
1～10	20～1	10^3～10^4	10^4～10^3
10～10^2	1～0.1	10^4～10^5	10^3～10^2
10^2～10^3	0.1～0.01	10^5～10^6	10^2～10

2. 无限增益多路反馈(MFB)滤波器

无限增益多路反馈电路中的集成运放为反相输入接法，由于放大器的开环增益为无穷大，反相输入端可视为虚地，输出端通过 C_2、R_2 形成两条反馈支路，故称这种电路为无限增益多

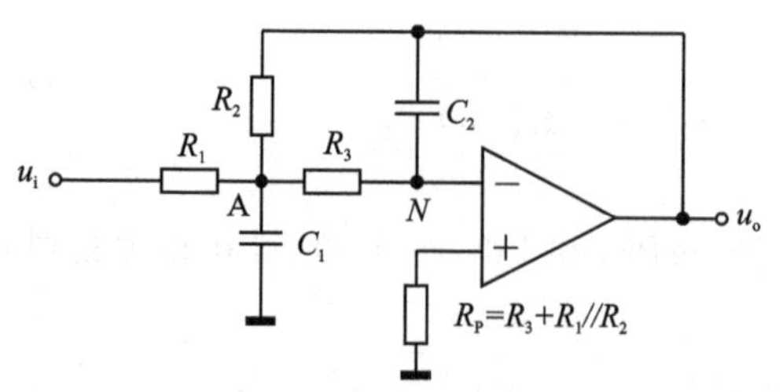

图 11.25　2 阶无限增益多路反馈低通滤波器电路

路反馈电路。其优点是电路有倒相作用,使用元件较少,但增益调节不太方便,对其他性能参数会有影响,其应用范围比 VCVS 电路要小。

图 11.25 所示为 2 阶无限增益多路反馈低通滤波器电路,利用节点 A 和 N 列出 KCL 方程,同时考虑运放的开环电压增益 $A_{ud}\to\infty$,可以导出其传递函数为

$$A_{LP}(s)=\frac{u_o(s)}{u_i(s)}=\frac{-R_2/R_1}{C_1C_2R_2R_3s^2+(R_2R_3+R_1R_2+R_1R_3)C_2s/R_1+1} \tag{11.30}$$

令 $j\omega=s/\omega_n$,上式可写成标准形式

$$A_{LP}(j\omega)=\frac{A_0}{a_2\cdot(j\omega)^2+a_1\cdot(j\omega)+1} \tag{11.31}$$

式中,$A_0=-R_2/R_1$,$a_1=\omega_nC_2(R_2+R_3+R_2R_3/R_1)$,$a_2=\omega_n^2C_1C_2R_2R_3$。

$$R_2=\frac{a_1C_1-\sqrt{a_1^2C_1^2-4C_1C_2a_2(1-A_0)}}{4\pi f_nC_1C_2} \tag{11.32}$$

联立求解方程得

$$R_1=-\frac{R_2}{A_0} \tag{11.33}$$

$$R_3=\frac{a_2}{4\pi^2f_n^2C_1C_2R_2} \tag{11.34}$$

为使 R_2 的值为实数,必须满足 $C_1/C_2\geqslant\frac{4a_2(1-A_0)}{a_1^2}$。要求集成运放的差模输入电阻 $R_{id}>10[R_3+(R_2//R_1)]$。

3. 有源滤波器设计中考虑因素

(1) 电路类型的选择

无限增益多重反馈型滤波器的特性对参数变化比较敏感,在这点上不如电压控制电压源滤波器。当要求带通滤波器的通带较宽时,可用低通滤波器和高通滤波器合成,这比单纯用带通滤波器要好。

(2) 阶数选择

滤波器的阶数主要根据对带外衰减特性的要求来确定。每一阶低通或高通滤波器可获得 −20 dB/十倍频的衰减,多级滤波器串接时,传输函数总特性的阶数等于各级阶数之和。

(3) 运放的选择

一般情况下可选用通用型运放。为了获得足够深的反馈以保证所需滤波器特性,运放的开环增益应在 80 dB 以上。对于滤波器输入信号较小的情况,应选用低漂移运放。

有源滤波器电路中,集成运放的性能参数直接关系到滤波性能的优劣。在设计 VCVS 或 MFB 滤波器时,最初需要考虑的两个关键参数是运放的增益带宽积 G_{BW} 和压摆率 S_R。选择运放前,应先确定滤波器的截止频率 f_n。

一旦确定了截止频率,就很容易选择具有合适带宽的放大器了。放大器的闭环带宽必须

至少比滤波器的截止频率高 100 倍。增益带宽积 G_{BW} 应满足：

① 对于 MFB 结构：运放的增益带宽积最小为 $100\times Gain\times f_n$；

② 对于 VCVS 结构：当 $Q\leqslant1$ 时，运放的增益带宽积至少为 $100\times Gain\times f_n$；当 $Q>1$ 时，运放的增益带宽积至少为 $100\times Gain\times Q^3\times f_n$。

除了要考虑放大器的带宽外，还应估算压摆率，以确保滤波器不产生信号失真。放大器的压摆率取决于内部电流和电容。当大信号通过放大器时，电流会对电容充电。充电速度取决于放大器的内部电阻、电容和电流值。为了不使有源滤波器进入失真状态，应确保选择的放大器压摆率满足 $S_R\geqslant2\pi\times U_{op-p}\times f_n$，其中 U_{op-p} 为滤波器在频率低于 f_n 时所期望的输出电压的峰-峰值。

滤波电路还受到另外两个参数的影响。对于 VCVS 电路，这两个参数为输入共模电压范围(U_{icmax})和输入偏置电流(I_{IB})。在 VCVS 电路中，U_{icmax} 将限制输入信号的范围。另一个需要考虑的二阶滤波器参数是输入偏置电流 I_{IB}，该参数描述了流入/流出放大器输入引脚的总电流值。在图 11.24 所示的 VCVS 电路中，放大器的输入偏置电流将流过电阻 R_2。由这种误差产生的电压降将以输入失调电压和输入噪声的形式出现。另外，几纳安到几毫安范围内的高输入偏置电流会降低电路中的等效电阻值。电阻值降低了，截止频率将增大。为了达到滤波器截止频率要求，必须提高电容值。但从成本、精度和体积等因素考虑，选择大容量的电容不是好的方案。一般来说，具有低截止频率的滤波器，应选择 CMOS 运算放大器，而不是双极性的运算放大器。

11.4.3　设计实例——心电信号放大器设计

1. 任务与要求

设计一个心电放大电路，能够实现标准Ⅰ导联心电信号的放大，并对基线漂移、高频噪声和 50 Hz 工频干扰进行抑制。

要求设计出完整电路原理图，制作电路实物并调试，测试电路相关的技术参数，整理设计文档，撰写设计报告。

2. 题目分析与总体设计

心电检测标准导联电极为 RA(右臂)，LA(左臂)，LL(左腿)，RL(右腿)。标准Ⅰ导联心电信号为 LA 电位与 RA 电位之差，RL 作为参考电极。可通过差分放大实现Ⅰ导联心电信号的采集；为减少干扰，特别是 50 Hz 的工频干扰，提高输出心电信号的信噪比，需要对差分放大后的信号进行滤波；为减小基线漂移，还需加入右腿驱动电路。因此，所设计的心电放大器由前级放大电路、右腿驱动电路、带通滤波电路、50 Hz 陷波电路组成，心电信号放大器组成框图如图 11.26 所示。

3. 电路设计

(1) 前级放大和右腿驱动电路

前级放大电路的核心采用仪表放大器 INA118 进行差分放大，仅需外接一个增益电阻就能设置放大倍数，放大倍数计算公式如式(11.33)所示。该芯片具有外接元件简单、高共模抑制比、低输入失调电压、低输入偏置电流、低温漂、低噪声等特点，非常适用于心电信号的前置放大电路。

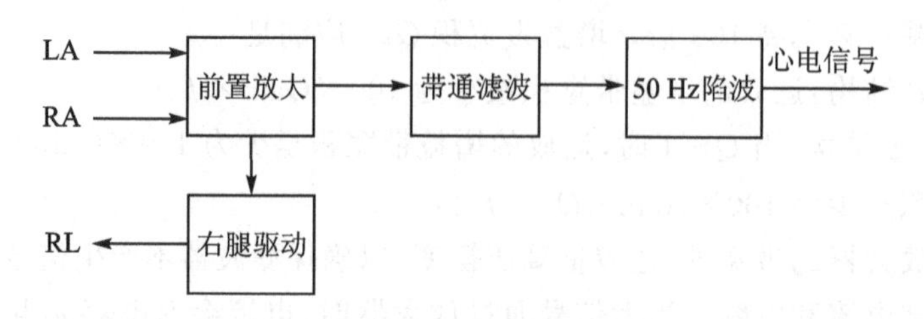

图 11.26　心电信号放大器组成框图

$$A_u = 1 + \frac{50\ \text{k}\Omega}{R_G} \tag{11.35}$$

本设计外接电阻 $R_G = 2R_7 = 5.6\ \text{k}\Omega$,放大倍数为10,实现Ⅰ导联心电信号的前级放大。为提高系统的输入阻抗,在INA118的两输入端前加入电压跟随器,其输入分别连接RA、LA电极。为减小基线漂移和提高前置放大器的共模抑制效果,加入右腿驱动电路,该电路由U1C和U1D组成,输出连接RL电极。前级放大和右腿驱动电路如图11.27所示,其中U1运放采用精密运放OPA4227。

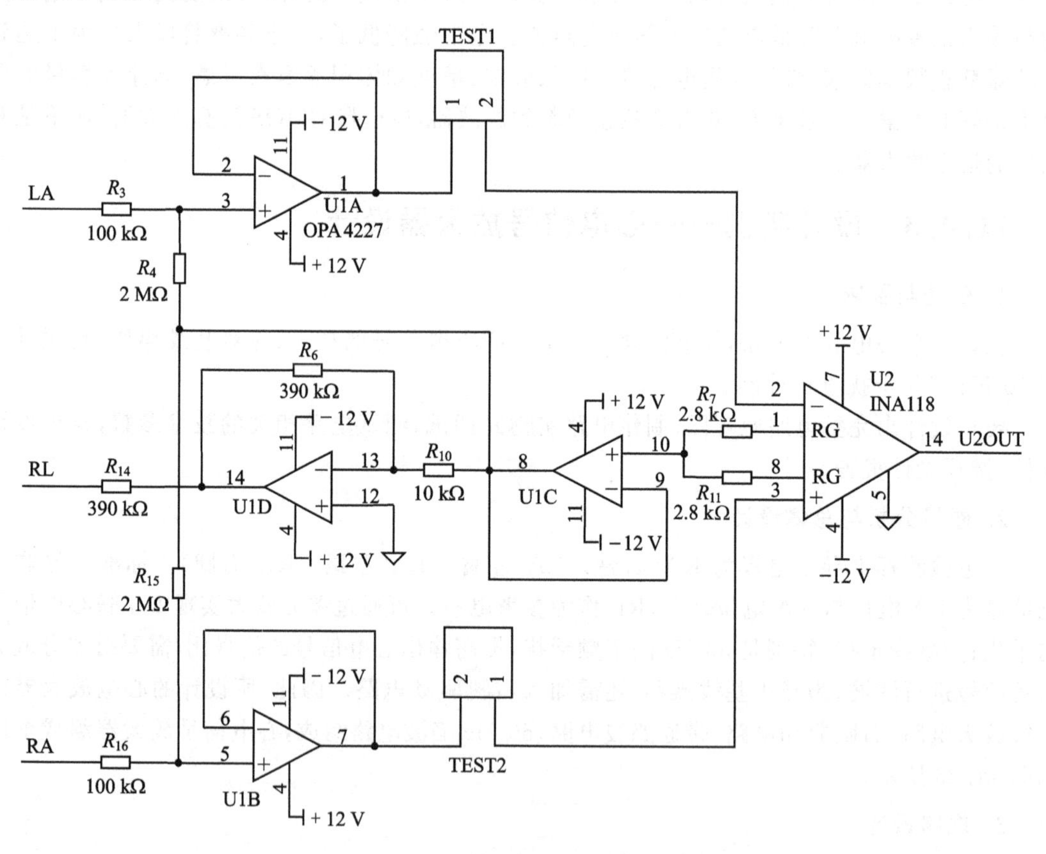

图 11.27　前级放大及右腿驱动电路

(2) 带通滤波器

前级放大电路输出Ⅰ导联心电信号,但该信号信噪比较差,为去除低频和高频干扰,根据心电信号的频率范围0.05～100 Hz设计带通滤波器。由于带宽较宽,采取将一个低通滤波器和高通滤波器级联的方法设计带通滤波器。为了获得通频带内平坦的频率响应曲线,选用巴特沃兹滤波器;为加强带通滤波器过渡带的陡峭程度,同时考虑到高频干扰的影响,设置低通滤波器的阶数为 4 阶,高通滤波器为 2 阶。低通滤波器和高通滤波器的特性参数如下:

① 高通滤波器:通带增益为 1 V/V,通带波动 1 dB,−3 dB 截止频率 0.03 Hz,2 阶,VCVS 电路形式;

② 低通滤波器:通带增益为 1 V/V,通带波动 1 dB,−3 dB 截止频率 100 Hz,4 阶,VCVS 电路形式。

利用滤波器设计软件完成电路设计,并对相关参数进行调整,得到的设计结果分别如图 11.28 和图 11.29 所示,运放选用 OPA4227。

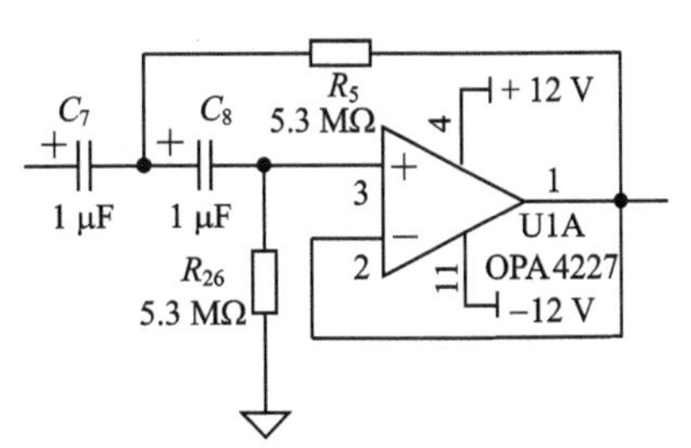

图 11.28　0.03 Hz 高通滤波器

(3) 50 Hz 陷波器

为去除工频干扰,设计了 50 Hz 陷波器,其中心频率为 50 Hz,通带波动为 1 dB,选用贝塞尔逼近方式,VCVS 电路形式,设计结果如图 11.30 所示。

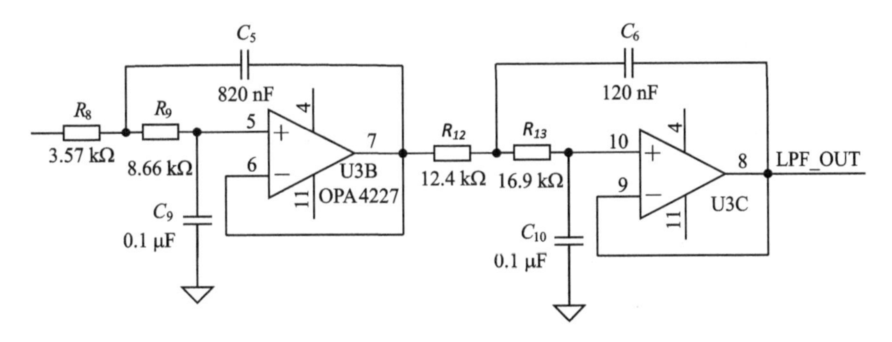

图 11.29　100 Hz 低通滤波器

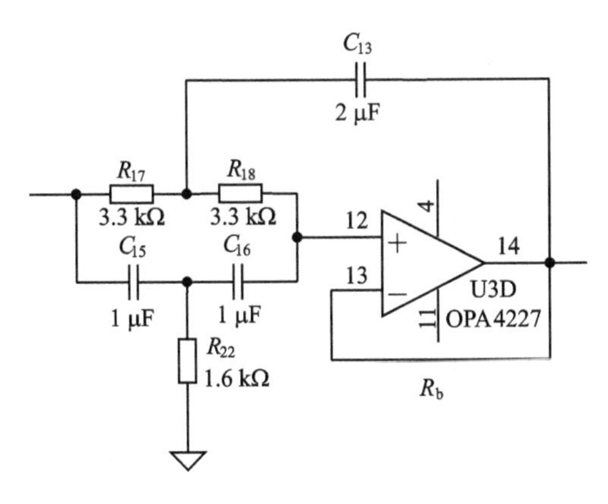

图 11.30　50 Hz 陷波器

经制作并进行实测表明,该电路能够实现心电信号的检测,输出信号中仍然存在微小的基线漂移现象并混有小幅噪声,可通过数字信号处理的方法进行去除。

11.5 低频功率放大器设计

1. 任务与要求

设计并制作一个低频功率放大器,要求末级功放管采用分立的大功率 MOS 晶体管,通过单片机测量并显示输出功率、直流电源的供给功率和整机效率,具体性能要求如下:

(1) 当输入正弦信号电压有效值为 5 mV 时,在 8 Ω 电阻负载(一端接地)上,输出功率≥5 W,输出波形无明显失真;

(2) 通频带为 10 Hz～50 kHz;

(3) 输入电阻为 600 Ω;

(4) 输出噪声电压有效值 $U_{on} \leqslant 5$ mV;

(5) 尽可能提高功率放大器的整机效率;

(6) 设计一个带阻滤波器,阻带频率范围为 40～60 Hz,在 50 Hz 频率点输出功率衰减不小于 6 dB。

2. 理论分析与总体设计

根据设计要求,当输入有效值为 5 mV 的正弦信号时,8 Ω 负载上的输出功率不小于 5 W,由下面输出功率计算公式,可以计算出负载上的输出电压有效值不能低于 6.32 V。

$$P_o = \frac{U_o^2}{R_L} \Rightarrow U_o = \sqrt{P_o R_L} = \sqrt{5\ \text{W} \times 8\ \Omega} \approx 6.32\ \text{V} \tag{11.36}$$

由于输入正弦信号的有效值为 5 mV,根据下式可以计算出电路整体的放大倍数要高于 1 264。

$$A_u = \frac{U_o}{U_i} = \frac{6.32\ \text{V}}{0.005\ \text{V}} \approx 1\,264 \tag{11.37}$$

本设计取 $A_u = 1\,500$。考虑到一级运放很难达到这样的放大倍数,同时也为了抑制噪声,整体设计分为两级放大,前级电压放大器分配完成 150 倍的电压放大,后级功率放大器完成 10 倍的电压放大。

系统组成如图 11.31 所示,主要由前置放大电路、带阻滤波器、功率放大电路、有效值测量电路、电源功率检测电路、A/D 电压采样、单片机控制、LCD 显示和稳压电源等模块组成。

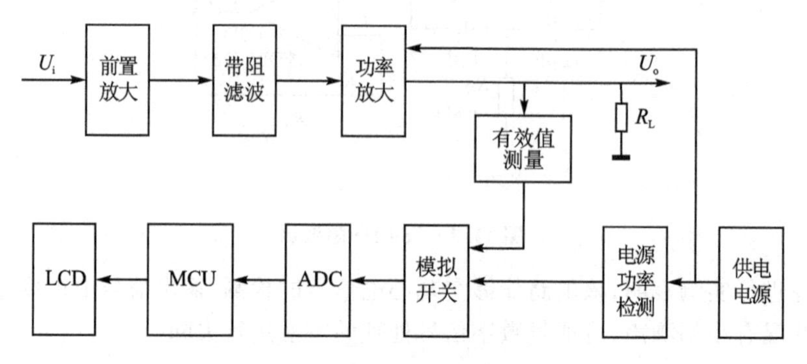

图 11.31 系统组成框图

有效值检测电路测量输出电压的有效值，由于负载电阻阻值已知，可利用单片机计算出功率放大器的输出功率。电源功率检测电路用于测量给功率放大器供电的电源输出功率。得到输出功率和电源输出功率后，可计算出功率放大器的效率。在 LCD 上实时显示输出功率、电源功率及效率。

3. 电路设计

（1）前置放大电路

根据设计要求，输出噪声电压的有效值不能超过 5 mV，系统噪声主要来源于输入级的电压放大器，为了减小系统噪声，输入级电压放大器应选用低噪声的运算放大器。为了保证整机 50 kHz 的通频带上限，输入级电压放大器应选用宽频带的运算放大器，同时为了减小前级的零点漂移，应选择低漂移、低噪声的运算放大器。

考虑以上因素，设计中采用低噪声、宽频带、低漂移、高共模抑制比的集成运算放大器 OP37。OP37 的输入换算噪声电压密度为 3 $nV/\sqrt{Hz}$，增益带宽积为 63 MHz，温漂为 0.2 $\mu V/℃$。

电路采用同相输入端无对地电阻的反相比例放大电路，使电路中的噪声源（电阻）数量达到最少，同时反相比例电路没有共模信号，输出电阻低，以获得低噪声。前置放大电路如图 11.32 所示。电压放大倍数为

$$A_u = -\frac{R_2}{R_1} = -\frac{90\ k\Omega}{600\ \Omega} = -150 \tag{11.38}$$

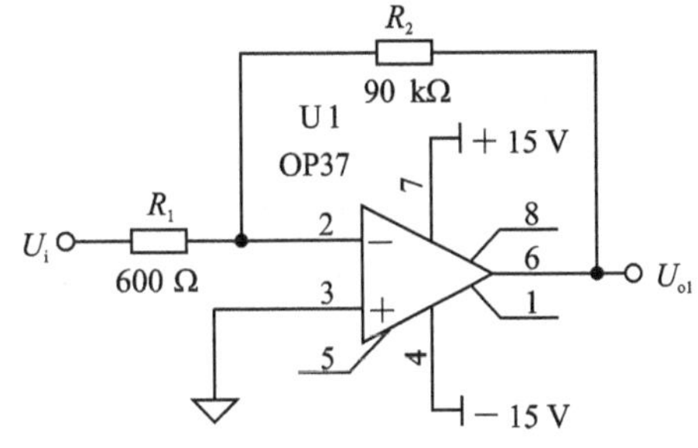

图 11.32　前置放大电路原理图

（2）带阻滤波电路

实际电网产生的 50 Hz 工频干扰是机械发电机产生的，其频率是不够精确和稳定的。本设计要求的阻带频率范围为 40～60 Hz，且在 50 Hz 频率点输出功率衰减不小于 6 dB，因此，该部分电路采用了比较简单且易于实现的双 T 型滤波器，主要由 3 部分组成：选频部分、放大器部分、反馈部分。该设计具有良好的选频特性和比较高的 Q 值，电路如图 11.33 所示。

图中，U2 用作放大器，其输出端作为整个电路的输出；U3 接成电压跟随器的形式，因为双 T 网络只有在离中心频率较远时才能达到较好的衰减特性，因此滤波器的 Q 值不高，加入电压跟随器是为了提高 Q 值。调节 R_7 可以调整陷波深度，调节 R_8 可以调整陷波宽度。

可以通过改变 T 型结构中的电阻和电容来选择需要滤除的频率值，中心频率 f_0 的计算公式为

$$f_0 = \frac{1}{2\pi R_3 C_3} \tag{11.39}$$

选取中心频率 $f_0 = 50$ Hz，使 $R_3 = 33$ kΩ，则 $C_3 = 90.3$ nF，$C_5 = 2C_3$。在典型电路中 $R_5 = R_3/2 = 16.5$ kΩ，但为了改善在 50 Hz 附近频率的衰减特性，经过实验测试，将 R_5 改为 22 kΩ。

（3）功率放大电路

整机效率主要由 MOS 功率管的工作状态决定，MOS 功放管工作状态主要有甲类、乙类、甲乙类和丁类。乙类和丁类效率高，但失真大；甲类失真小，但效率低；甲乙类能兼顾失真和效

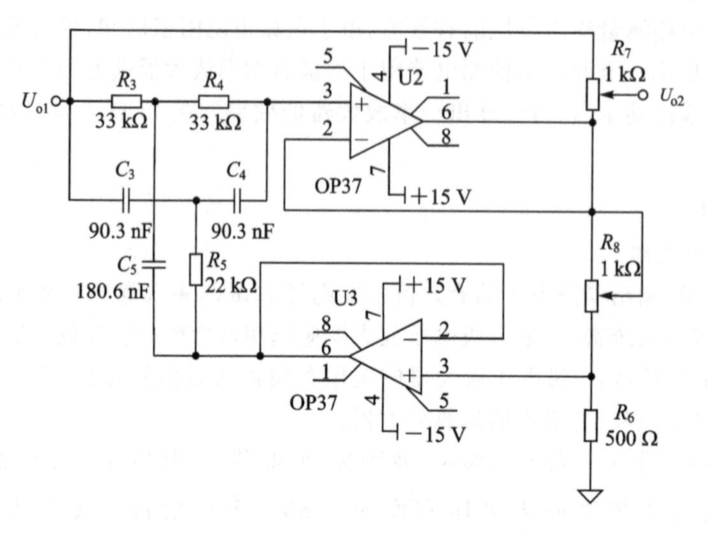

图 11.33　带阻滤波器电路原理图

率。因此,末及 MOS 功放管选择甲乙类工作状态。

对功率放大器的差分输入级和电压放大级采用高电压供电(±18 V),保证其有足够高的最大不失真输出电压去驱动 MOS 功率管,对末及 MOS 功率管则用低电压供电(±12 V),以减少 MOS 管的功耗,从而提高整机效率。

该部分电路设计采用了具有负反馈功能的甲乙类推挽放大电路,电路如图 11.34 所示。差分输入级运放选择芯片 TL084,对输入信号电压的放大器由下式决定,通过调节电位器 R_{10} 可以改变放大倍数,使功放达到最大不失真输出,提高整机效率。

$$A_u = -\frac{R_{10}}{R_9} \tag{11.40}$$

末级功放管采用分立的大功率互补对称的场效应晶体管 IRF631 和 IRF9631。其中,N 沟道 MOS 管 IRF631 的击穿电压 U_{DSS} 为 150 V,最大电流 I_D 为 9 A,耗散功率 P_D 为 75 W,P 沟道 MOS 管 IRF9631 的击穿电压 U_{DSS} 为 200 V,最大电流 I_D 为 6.5 A,耗散功率 P_D 为 75 W,满足设计的要求。电位器 R_{11} 和 R_{12} 用于调节 MOS 管的静态工作点,使其工作在微导通状态,没有交越失真。

(4) 电源功率与输出功率检测电路

整机效率是功放电路的最大输出功率与电源所提供的功率之比。电源供给功率的计算公式如下所示。要得到电源供给功放的功率,需要测量正、负电源电压实际值和正、负电源的电流值,将其代入公式中,可计算出电源的供给功率。

$$P = V_+ \times I_+ + V_- \times I_- \tag{11.41}$$

其中,V_+ 和 V_- 分别是正、负电源电压,I_+ 和 I_- 分别是正、负电源电流。对直流电源输出电流进行取样,采用的方案是将电流转换为固定阻值电阻上的压降,单片机通过 ADC 检测该压降,进而得到电流。取样电阻选取额定功率为 1/4 W 的 1 Ω 电阻,根据公式 $P=I^2R$ 可以计算出额定电流为 500 mA,由于 12 V 稳压芯片 LM7812 的输出电流为 500 mA,因此采用 1 Ω 电阻取样的方案可行。为获取通过取样电阻 R_{16} 和 R_{17} 的电流,采用基本差分放大电路,如图 11.35 所示。为提高检测准确性,采用低噪声精密运放 OPA27。

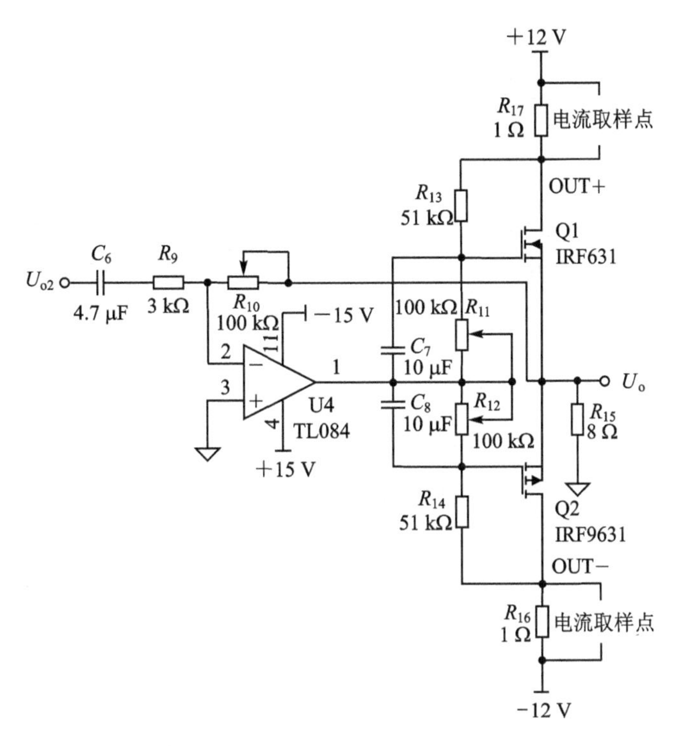

图 11.34　功率放大电路原理图

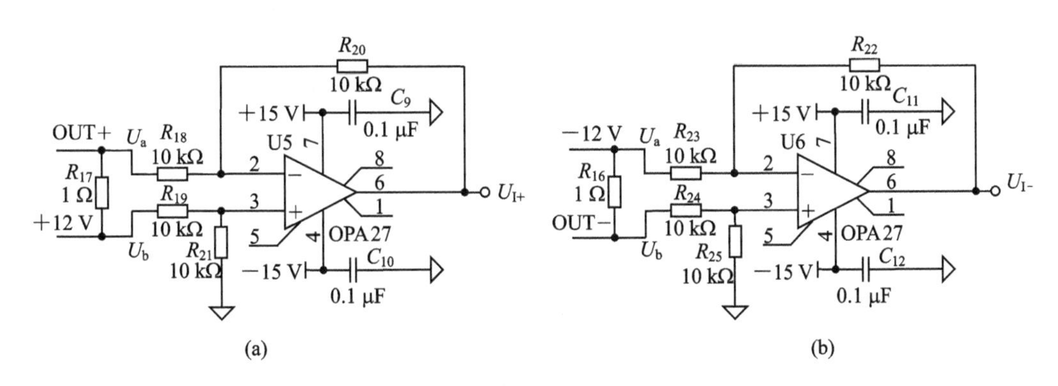

图 11.35　电源电流测量电路

以测量正电源的电流为例，U5 运放构成基本差分放大电路，输出电压 U_{I+} 的表达式如下

$$U_{I+}=R_{20}\left(\frac{U_b}{R_{19}}-\frac{U_a}{R_{18}}\right)=10\times\left(\frac{U_b}{10}-\frac{U_a}{10}\right)=U_b-U_a \tag{11.42}$$

式中，U_b 是正电源电压，U_a 是电源电压经过 1 Ω 电阻之后的电压，二者之差即为正电源输出的电流：

$$I_{+}=\frac{U_b-U_a}{1} \tag{11.43}$$

同理，可以计算出负电源输出电流 $I_{-}=U_{I-}$。

电源电压采集电路如图 11.36 所示，对＋12 V 电源电压的采集采用电压跟随器，其输出为 U_{+12V}。对－12 V 电源电压的采集采用反相器电路，将负电压转换为正电压，便于 ADC 采集，其输出为U_{-12V}。

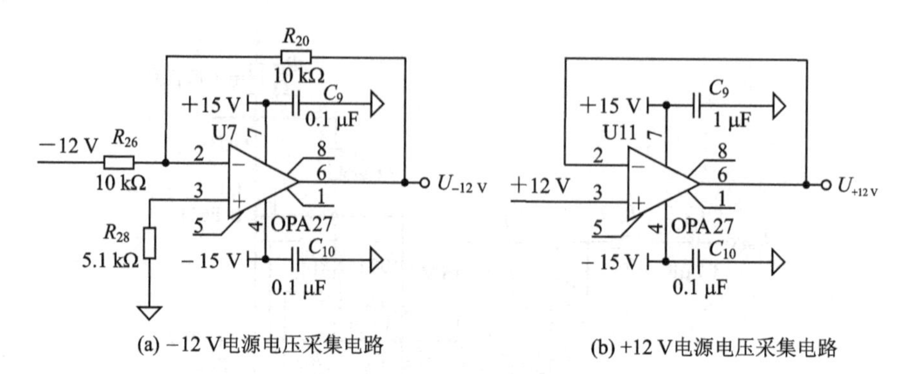

(a) −12 V电源电压采集电路　(b) +12 V电源电压采集电路

图 11.36　电源电压采集电路

电源电压采集电路输出U_{+12V}和U_{-12V}，电源输出电流采集电压U_{I+}和U_{I-}通过8选1模拟开关CD4051接入AD574，供MCU进行采样。AD574是单片高速12位逐次比较型A/D转换器，具有外接元件少、功耗低、精度高等特点，并且具有自动校零和自动极性转换功能。其供电电压±15 V，连接成单极性采样电路，输入电压范围为0～20 V。经AD574采样后输出的数字信号输入单片机，通过编程，将采集到的正、负电源电压和正、负电源电流代入式(11.41)，从液晶显示上可读出直流电源的供给功率。

根据式(11.36)可知，要得到负载上的输出功率，需要测量功放输出U_o的有效值，有效值测量采用AD637。AD637是一款完整的高精度、单芯片均方根直流转换器，可计算任何复杂波形的真均方根值，在±15 V供电条件下，输入信号的峰值最大可以达到±15 V，满足设计需要，电路连接如图11.37所示。适当地提高C_{20}的容值和在输出端V_O(9脚)接入滤波器，可以减小测量误差。

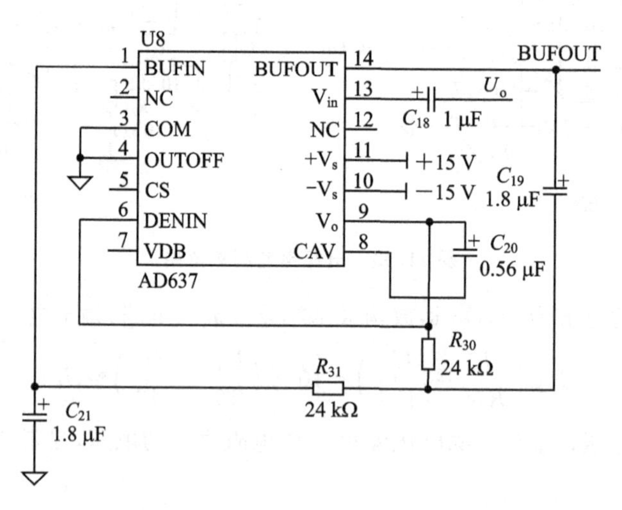

图 11.37　功放输出级输出电压有效值转换电路

功放输出信号U_o通过AD637进行有效值转换后，也经模拟开关CD4051接入AD574采样送入单片机，计算得到功率放大器的输出功率。得到电源供给功率和功放输出功率后可计算出电源效率。

(5) 单片机接口电路

系统采用 KL25Z128VLK4 单片机作为控制核心，该款芯片是基于增强型 Cortex - M0＋(CM0＋)核心平台的高集成、低功耗 32 位微控制器，核心平台时钟可以达到 48 MHz，总线时钟可以达到 24 MHz，内存有 128 KB 的 Flash 和 16 KB 的 RAM，工作电压范围为 1.71～3.6 V。

单片机需要采集正、负电源电压，电源电流和功放输出电压有效值 5 个参数，利用 CD4051 多路选择器接入 AD574，依次完成参数的测量，得到采集数据，经计算得到系统输出功率、电源供给功率和整机效率后，通过液晶显示出来。KL25 单片机与 AD574 的接口电路如图 11.38 所示。

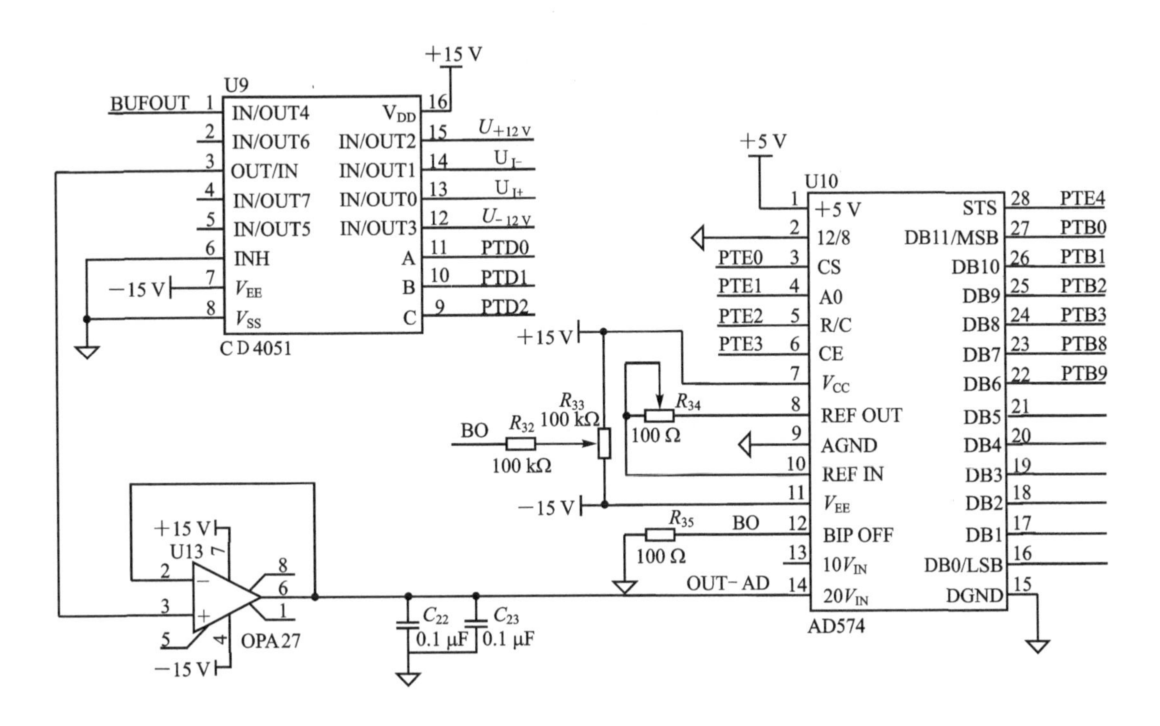

图 11.38　单片机与 AD574 接口电路

这里采用 DM12864M 型号 LCD 进行相关内容显示。DM12864 可显示 4 行字符，显示字符包括汉字、字母和数字。采用并行方式与单片机进行接口，其接口电路如图 11.39 所示，其中 R_{P1} 用来调节对比度。

(6) 电源电路

220 V 交流电通过整流电路转换为±18 V 直流电，经过 LM7815 和 LM7915 稳压为±15 V，给运放和相关芯片供电；经过 LM7812 和 LM7912 稳压为±12 V，为功率输出级提供电源；经过 LM7805 将电压稳压到 5 V，为单片机系统供电，电源电路如图 11.40 所示。

4. 软件设计

系统的软件编程采用 C 语言，对单片机进行编程实现相关功能，软件主要分为系统初始化、测量采集模块和计算显示模块 3 部分。系统初始化首先对单片机外围模块，如 I/O 口、液

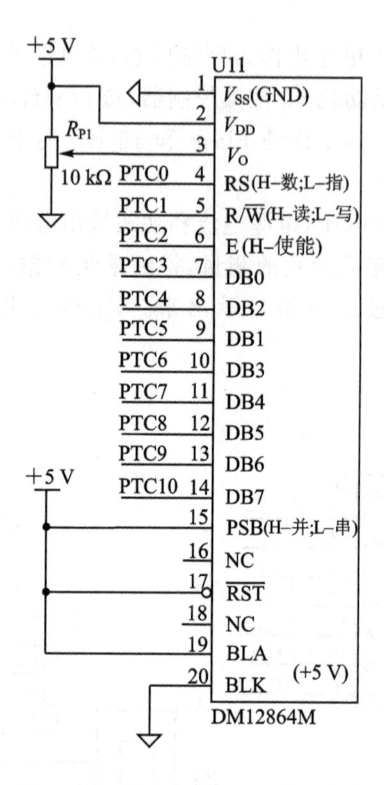

图 11.39　单片机与LCD接口电路

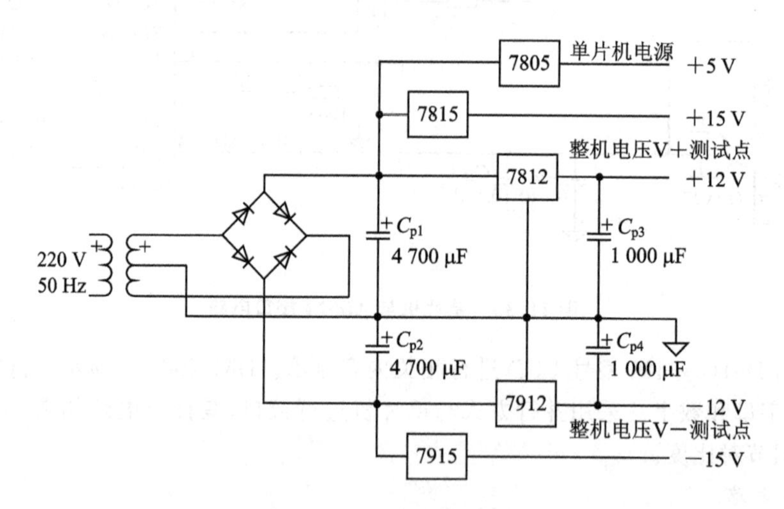

图 11.40　直流稳压电源

晶等进行基本命令配置;测量采集模块分别对电源电压、电流和功放输出电压有效值进行采样,将10次采样后得到的平均值代入相关公式进行运算,避免单次测量引入的误差;计算显示模块完成功率和效率的计算,并发送给液晶显示结果。主程序如图11.41所示。

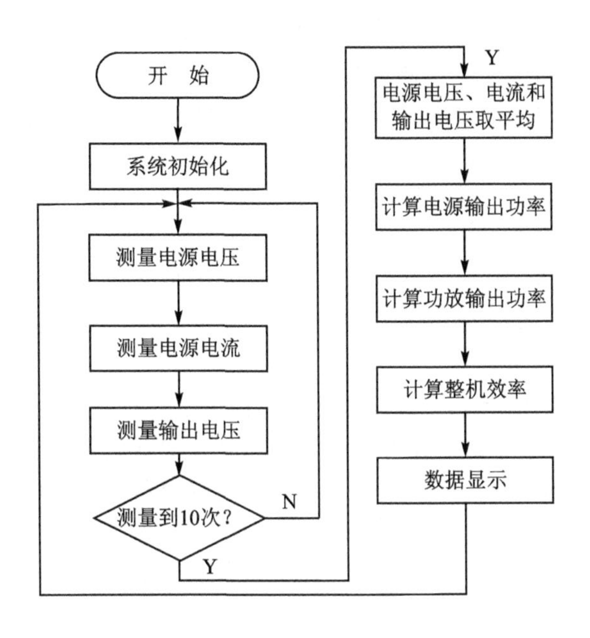

图 11.41　程序流程图

11.6　多路数据采集系统设计

1. 任务与要求

设计一个数据采集系统，输入模拟信号为正弦信号，频率为 200 kHz，$U_{P-P}\geqslant0.5$ V。通过按键启动一次数据采集，每次数据采集以 20 MHz 的固定采样频率连续采集 128 点数据，采集完毕以后，用 128×64 点阵式 LCD 模块回放显示采集信号波形。

2. 方案设计

传统的数据采集系统通常采用单片机直接控制 A/D 转换器完成数据采集。用单片机控制 A/D 转换器，一般要通过启动 A/D 转换、读取 A/D 转换值、将数据存入存储器、修改存储器地址指针、判断数据采集是否完成等过程。从本质上来说，基于单片机的数据采集系统是通过软件来实现特定功能的。在许多情况下，采用软件解决方案其速度限制是很难克服的。MCS－51 单片机大多数指令的执行时间需要 1～2 个机器周期，完成一次 A/D 转换大约需要几十微秒。即使对于单时钟机器周期、时钟频率可达 100 MHz 的 C8051F360 单片机，如果用来控制高速 A/D 转换器，也很难达到几兆赫以上的采样速率。

随着数据采集对速度性能指标要求越来越高，高速数据采集系统在自动控制、电气测量、地质物探、航空航天等工程实践中得到了十分广泛的应用。高速数据采集系统一般分为数据采集和数据处理两部分。在数据采集时，必须以很高的速度采集数据，但在数据处理时并不需要以同样的速度来进行。因此，高速数据采集需要有一个数据缓存单元，先将采集的数据有效地存储，然后根据系统需求进行数据处理。

通常构成高速缓存的方案有三种：第一种是高速 SRAM 切换方式。高速 SRAM 只有一组数据、地址和控制总线，可通过三态缓冲门分别接到 A/D 转换器和单片机上。当 A/D 采样时,SRAM由三态门切换到A/D转换器一侧,以使采样数据写入其中。当A/D采样结束后,SRAM再由三态门切换到单片机一侧进行读写。这种方式的优点是SRAM可随机存取,同时较大容量的高速SRAM有现成的产品可供选择,但硬件电路较复杂。第二种是FIFO(先进先出)方式。FIFO存储器就像数据管道一样,数据从管道的一头流入,从另一头流出,先进入的数据先流出。FIFO具有两套数据线而无地址线,可在其一端写操作而在另一端读操作,数据在其中顺序移动,因而能够达到很高的传输速度和效率。第三种是双口RAM方式。双口RAM具有两组独立的数据、地址和控制总线,因而可从两个端口同时读写而互不干扰,并可将采样数据从一个端口写入,而由单片机从另一个端口读出。双口RAM也能达到很高的传输速度,并且具有随机存取的优点。

可编程逻辑器件的应用,为实现高速数据采集提供了一种理想的实现途径。利用可编程逻辑器件的高速性能和本身集成的几万个逻辑门和嵌入式存储块,把数据采集系统中的数据缓存、地址发生器、控制等电路全部集成进一片可编程逻辑器件芯片中,大大减小了系统的体积,降低了成本,提高了可靠性。同时,可编程逻辑器件容易实现逻辑重构,而且可实现在系统可编程以及有众多功能强大的EDA软件的支持,使得系统具有升级容易、开发周期短等优点。

由于本设计题目的数据采集系统,采样频率要求达到20 MHz,同时要求采集的信号在LCD模块上显示波形,故采用单片机和FPGA相结合的设计方案。数据采集系统的原理框图如图11.42所示。模拟信号经过调理以后送A/D转换器,由FPGA完成A/D转换器的控制和数据存储,单片机从FPGA存储器中读取数据,经处理后在LCD上显示波形。

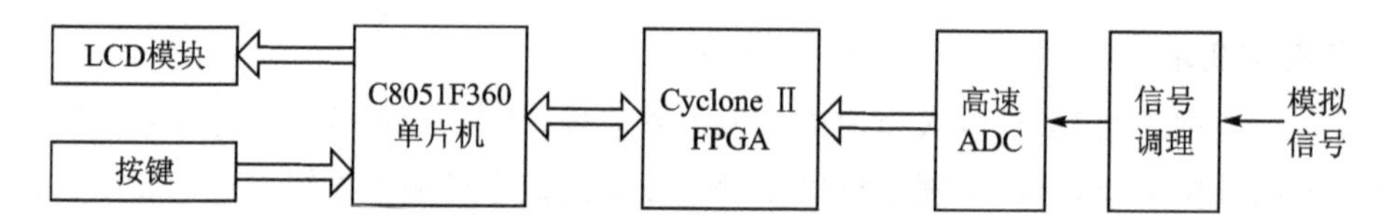

图11.42 高速数据采集系统原理框图

数据采集系统可分为三部分:数据采集通道部分,包括信号调理电路和A/D转换器;信号采集与存储控制电路部分,由FPGA内部逻辑实现;单片机最小系统部分。以下主要介绍前两部分电路设计,以及单片机控制软件的设计。

3. 数据采集通道的设计

数据采集通道由高速A/D转换器和信号调理电路组成。信号调理电路将输入的模拟信号放大、滤波、直流电平位移,以满足A/D转换器对模拟信号的要求。不同型号A/D转换器对输入模拟信号的要求不同,因此,在设计信号调理电路之前,应先确定A/D转换器型号。

(1) A/D转换器的选择

将模拟信号转化为数字信号实际上是模拟信号时间离散化和幅度离散化的过程。通常时间离散化由采样保持(S/H)电路来实现,而幅度离散化则由A/D转换器来实现。随着集成度的提高,有许多A/D芯片将采样保持电路也集成在内部,既减少了体积,又提高了可靠性。在选择A/D转换器时,主要考虑以下几个方面。

① 转换速率

A/D的转换速率取决于模拟信号的频率范围,根据设计题目要求,A/D转换器的转换速

率应大于 20 MHz。

② 量化位数

根据 A/D 转换的原理，A/D 转换过程中存在量化误差。量化误差取决于量化位数，位数越多量化误差越小。如 n 位的 A/D 转换器，其量化误差为 $1/2^{n+1}$。本设计题目对模拟信号的转换精度没有特别的要求，因此，选用常见的 8 位 A/D 转换器。

③ 输入信号的电压范围

A/D 转换器对模拟输入信号的电压范围有严格的要求，模拟信号电压只有处在 A/D 转换器的额定电压范围内，才能得到与之成正比的数字量。

④ 参考电压 U_{REF} 要求

A/D 转换的过程就是不断将被转换的模拟信号和参考电压 U_{REF} 相比较的过程。因此，参考电压的准确度和稳定度对转换精度至关重要。选用内部含有参考电压源的 A/D 转换器，可以简化电路设计。

⑤ 控制信号及时序

A/D 转换器工作时必须由单片机或 FPGA 控制，因此，选择 A/D 转换器时，应考虑接口的方便性和高低电平的兼容。在本题设计方案中，采用 Cyclone Ⅱ系列的 FPGA 对 A/D 转换器进行控制。由于 Cyclone Ⅱ系列 FPGA 为 3 V 器件，因此，应优先考虑采用 3 V 电压的 A/D 转换器。

根据以上分析，本设计选择 TI 公司生产的 8 位、30 MHz 高速 A/D 转换器 ADS930。ADS930 采用 3～5 V 电源电压，流水线结构，内部含有采样保持器和参考电压源。ADS930 内部结构如图 11.43 所示。ADS930 的引脚图及引脚说明参见器件手册。

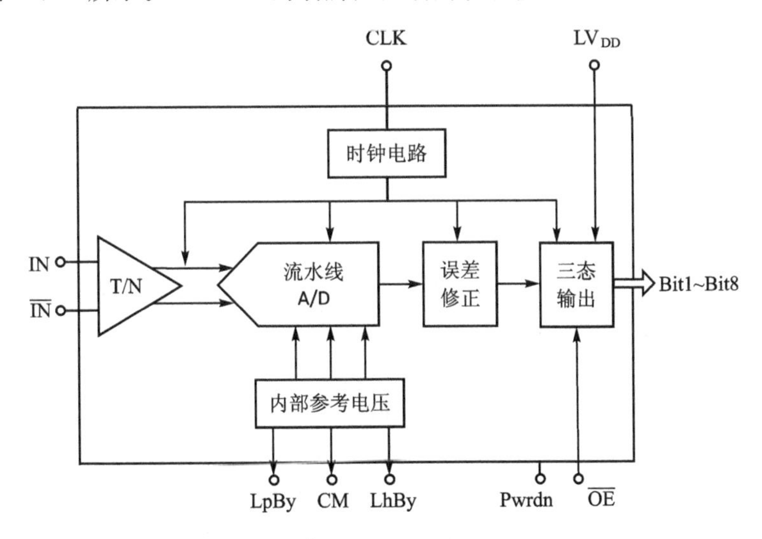

图 11.43　ADS930 内部结构图

ADS930 内部含有参考电压源电路，为了正确地使用 ADS930，有必要了解参考电压源的结构及使用方法。ADS930 的参考电压源结构如图 11.44 所示。

ADS930 内部参考电压源提供 1.75 V 和 1.25 V 两路固定的参考电压，并分别从 21 脚(LpBy)和 25 脚(LnBy)输出。在使用时，21 脚和 25 脚应加 0.1 μF 的旁路电容，以消除高频噪声。1.75 V 的参考电压通过电阻分压得到 1 V 的参考电压并从 23 脚输出。将 1.75 V 和

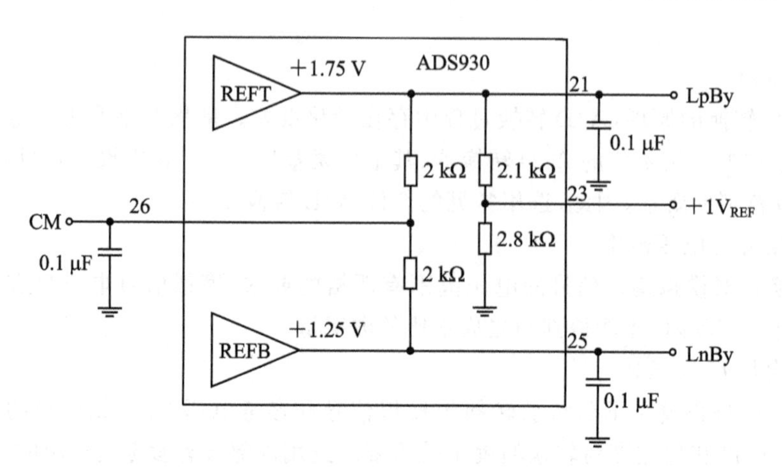

图 11.44　内部参考电压源结构

1.25 V两路参考电压经两个等值电阻分压后得到1.5 V的共模电压,并从26脚(CM)输出。ADS930输出的参考电压可向其他电路提供基准电压,不过要注意参考电压的驱动能力,其驱动电流应限制在1 mA左右。

ADS930有单端输入和差分输入两种工作方式。当反相电压输入端(24脚)与共模电压输出端(26脚)相连时,ADS930就工作在单端输入方式,模拟输入电压的范围为1～2 V。单端输入方式时,输入电压和输出数字量的对应关系如表11.3所列。

表 11.3　单端输入时输入电压和输出数字量对应表

单端输入电压($\overline{IN}$=1.5 V DC)/V	输出数字量	单端输入电压($\overline{IN}$=1.5 V DC)/V	输出数字量
2.0	11111111	1.375	01100000
1.875	11100000	1.25	01000000
1.75	11000000	1.125	00100000
1.625	10100000	1.0	00000000
1.5	10000000	—	—

ADS930的时序图如图11.45所示。从ADS930的工作时序可以看出,A/D转换是在外部时钟控制下工作的。从启动转换到有效数据输出有5个时钟周期的延迟。

(2) 信号调理电路的设计

在数据采集通道中,A/D转换器对输入模拟信号的幅度有一定的要求范围。ADS930在单端工作方式下要求模拟电压的范围为1～2 V,而设计题目中给出的输入模拟信号的峰-峰值U_{p-p}≥0.5 V。为了使A/D转换器能正常工作,确保最小的相对误差,必须通过信号调理电路将输入模拟信号归整到适合于A/D的输入信号范围内。具体地说,就是要对输入模拟信号进行放大和直流偏移量调整。

信号调理电路由前置放大器、增益可调放大器、低通滤波器几部分组成。

① 前置放大器

本设计采用跟随器作为前置放大器,既可获得较高的输入阻抗,还可以在被测信号源与数据采集电路之间起到隔离作用。其原理图如图11.46所示。跟随器可以获得很高的输入阻抗,但是为了对信号源呈现稳定的负载,在电路的输入端并联了一个电阻R_1,这时,前置放大

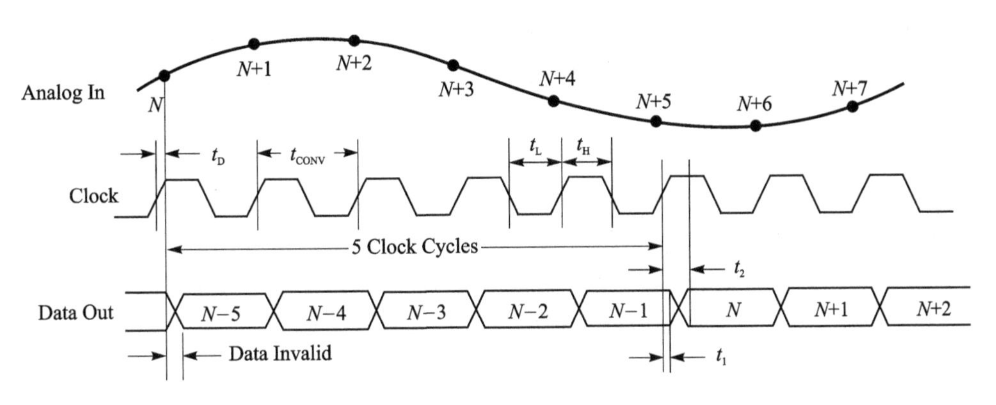

图 11.45　ADS930 工作时序图

器的等效输入电阻约等于 R_1。

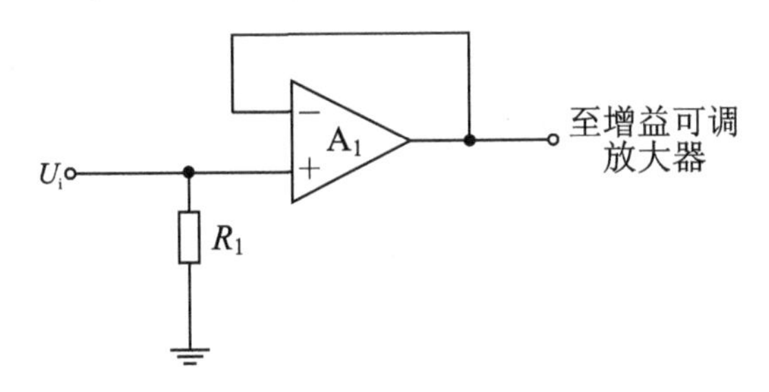

图 11.46　前置放大器原理图

② 增益可调放大器

为了满足后接 A/D 转换器输入电压范围的要求，即模拟信号的范围在 1～2 V 之间。因此，对放大器的要求是增益可调，直流电平可调。根据以上要求，设计的放大电路原理图如图 11.47 所示。

增益可调放大器采用反相放大器的结构，放大倍数的计算公式如下：

$$A=-\frac{RP_1}{R_2} \tag{11.44}$$

其中，RP_1 为精密电位器，调节 RP_1 就可以调节放大器的增益。如果 R_2 取 1 kΩ，RP_1 取 10 kΩ，则增益的可调范围为 0～−10。

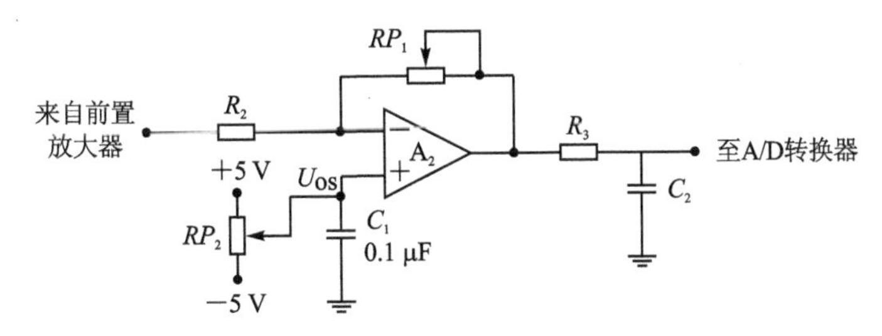

图 11.47　增益可调放大器

来自前置放大器的是双极性的交流信号，而 A/D 对输入信号的要求通常是单极性的。为了适合 A/D 的要求，本放大器中加了电平移位电路。电平移位电路由 RP_2 组成，C_1 用于滤

除高频噪声。调节 RP_2 就可以改变 U_{os} 的值,不过注意,U_{os} 的值要经过 $1+RP_1/R_2$ 倍的放大才送到输出端,因此,调节放大倍数的同时也会改变放大器输出的直流偏移量。

上述放大器中的电位器 RP_1、RP_2 需要手动调节,如果采用数控电位器代替,就可以得到程控放大器,这在自动化仪表设计中非常重要。

为了满足 200 kHz 模拟输入信号的要求,整个信号调理电路应该有足够的带宽。为了防止信号中的无用分量(如高频干扰信号)也经过信号通道被采样,信号在进入 A/D 之前要进行抗混叠低通滤波。为了简化电路,本设计中抗混叠滤波器采用了 RC 低通滤波,由图 11.47 中所示 R_3 和 C_2 构成。低通滤波器的截止频率计算公式如下:

$$f_n = 1/(2\pi R_3 C_2) \tag{11.45}$$

(3) 数据采集通道总体原理图

根据上述各部分电路的设计,可以得到如图 11.48 所示的数据采集通道总体原理图。运算放大器采用集成双运放 MAX4016。MAX4016 单位增益带宽为 150 MHz,当放大器的增益为 10 时,带宽为 15 MHz,不但满足设计要求,而且留有余地。运算放大器的电源输入端加了 4.7 μF 钽电容和 0.1 μF 瓷片电容,起到去耦作用,防止自激振荡。ADS930 的数据引脚、时钟引脚与 FPGA 的 I/O 引脚直接相连。

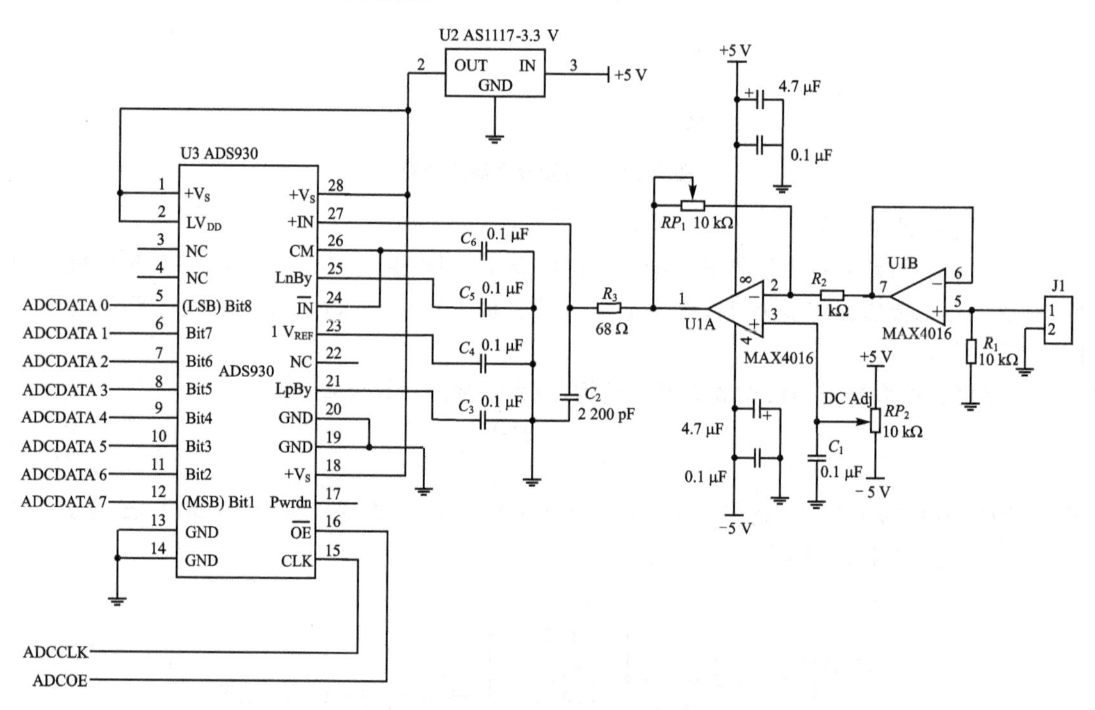

图 11.48 数据采集通道总体原理图

4. 信号采集与存储控制电路的设计

(1) 信号采集与存储控制电路工作原理

根据数据采集系统的设计方案,信号采集与存储控制电路采用如图 11.49 所示的原理框图。双口 RAM 作为高速缓存,是信号采集与存储控制电路的核心部件。双口 RAM 模块一方面存储 A/D 转换产生的数据,另一方面向单片机传输数据,因此,双口 RAM 的一个端口

(读端口)与单片机并行总线相连，另一个端口(写端口)直接与 A/D 转换器的数据线相连。由于数据采集系统每次只需要采集 128 字节的数据，因此，双口 RAM 的容量设为 8×128 字节即可。在双口 RAM 和单片机的接口中，地址锁存模块用于锁存单片机并行总线低 8 位地址，或非门将片选信号 $\overline{CS1}$(来自地址译码器)和写信号 $\overline{WR}$ 相或非得到高电平有效的双口 RAM 读使能信号。

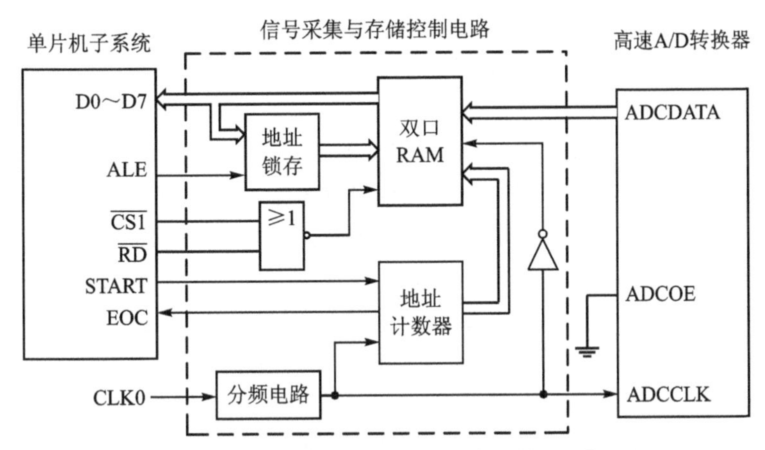

图 11.49 信号采集与存储控制电路的原理框图

A/D 转换器 ADS930 是在输入时钟信号的控制下进行 A/D 转换的。ADS930 要求它的输入时钟信号有尽量小的抖动，50%的占空比，输入时钟的边沿越陡越好。在图 11.48 所示原理框图中，ADS930 的时钟信号通过参考时钟 CLK0 分频得到。在 FPGA 系统中，CLK0 可以是直接由外部有源晶振产生的时钟信号，也可以是通过内部 PLL 产生的时钟信号。

为了将 A/D 输出的数字量依次存入双口 RAM 中，专门设计了一个地址计数器模块。地址计数器模块实际上是一个 7 位二进制计数器，其输出作为双口 RAM 写端口的地址。地址计数器和 A/D 转换器采用同一时钟信号，这样地址的变化与 A/D 转换器输出数据的变化同步。将 A/D 转换器时钟 ADCCLK 反相后作为双口 RAM 写端口的写使能信号，保证了写使能信号有效时数据是稳定的。地址计数器除了产生地址信号之外，还有两根与单片机连接的信号线 START 和 EOC。START 信号由单片机 I/O 引脚发出。当 START 信号为低电平时，地址计数器清零；恢复为高电平后，地址计数器从 0 开始计数，计到 127 时停止计数，并发出由高到低的 EOC 信号作为单片机的外部中断请求信号。

进行一次数据采集的过程是，单片机发出 START 信号(负脉冲有效)，地址计数器从 0 开始计数，在计数过程中，A/D 转换数据被存入双口 RAM。当计数器计到 127 时停止计数，发出 EOC 信号作为单片机的外部中断信号，单片机通过执行中断服务程序从双口 RAM 中读入数据。整个数据采集过程的时序关系如图 11.50 所示。

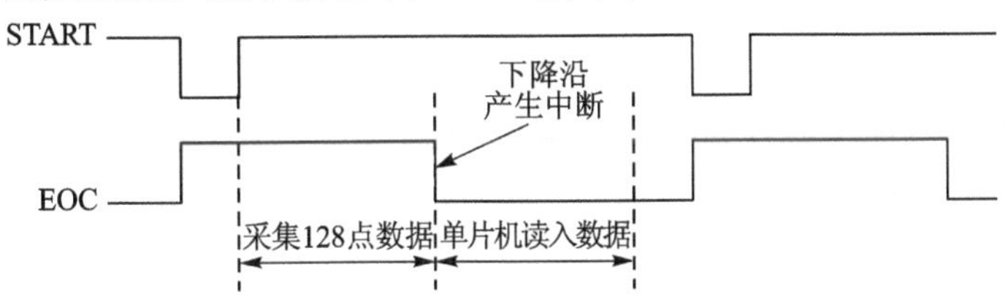

图 11.50 触发控制模块各信号时序关系

(2) 信号采集与存储控制电路的FPGA实现

在高速数据采集方面,FPGA具有比单片机明显的优势,FPGA的时钟频率高,内部时延小,全部控制逻辑均可由硬件完成,而且速度快,效率高,组成形式灵活。尤其是FPGA内含嵌入式阵列块(EAB),可以构成高速数据采集系统中的双口RAM或FIFO。采用FPGA来构成信号采集与存储控制电路既可减少外围器件,又可以提高数据采集系统工作的可靠性。

根据图11.49所示的原理框图,可以得到如图11.51所示的由FPGA实现的信号采集与存储控制电路顶层原理图。双口RAM可以直接调用Quartus Ⅱ库中的LPM_RAM_DP0宏单元来构建。LPM_RAM_DP0的LPM_WIDTH(数据总线宽度)、LPM_WIDTHAD(地址总线宽度)等参数可自行配置。在本设计中,双口RAM的存储容量为8×128字节,因此,LPM_RAM_DP0的数据总线宽度选为8位,地址总线宽度选为7位。LPM_RAM_DP0的数据输出端q[7..0]无三态输出功能,为了能够与单片机数据总线相连,数据输出端需要加一个三态门TS8,以实现输出三态控制。利用单片机系统的片选信号和读信号实现对三态门的选通。需要注意,由于加了三态门控制,LPM_RAM_DP0中已不需要读使能信号rden,可在对LPM_RAM_DP0参数设置时取消rden信号,等效于rden始终为高电平。LPM_RAM_DP0的端口采用寄存器输入和输出,为同步型存储器,使用时必须采用一个同步时钟clk0实现地址、数据等信息的输入输出。LPM_RAM_DP0没有BUSY端,当写地址和读地址相同时,数据位冲突,读/写不能正常工作,实际使用时应避免出现这种情况。

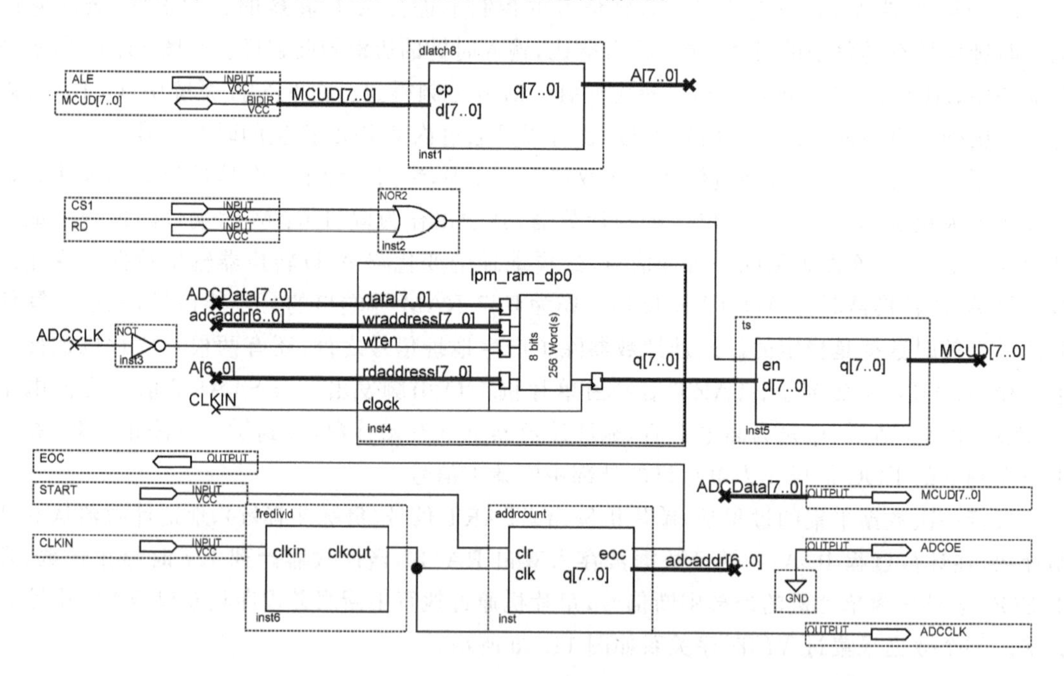

图11.51 信号采集和存储控制电路顶层图

图11.51所示原理图中的各底层模块采用VHDL语言编写。其中三态缓冲器模块TS8、分频器模块FREDIV的VHDL语言源代码编写可参考有关内容。

(3) 显示与键盘输入电路

数据采集系统的显示器件采用LCD模块LCD12864。LCD模块的数据线D0～D7与单片机的数据总线相连,RS、RW和E等控制信号由FPGA内部逻辑电路产生,因此LCD模块

的 E、RS 和 RW 信号线与 FPGA 的 I/O 引脚相连。数据采集系统只需要一只用于启动数据采集的按键。对于这种简单的按键,可以采用两种设计方案。一种是将按键直接与单片机的 I/O 引脚相连,通过软件定时检查按键是否闭合,并进行消抖处理,如按键信号有效,则执行键处理程序。该方案的不足之处是需要单片机较多的软件开销。另一种方案是将按键与 FPGA 的 I/O 引脚相连,然后在 FPGA 内部设置一个消抖计数器,消抖计数器的输出作为外部中断信号与单片机的 INT0 相连。单片机在 INT0 中断服务程序中实现按键处理。显然,该方案有效地简化了单片机软件设计。图 11.52 所示为采用第二种方案的实现的按键电路。

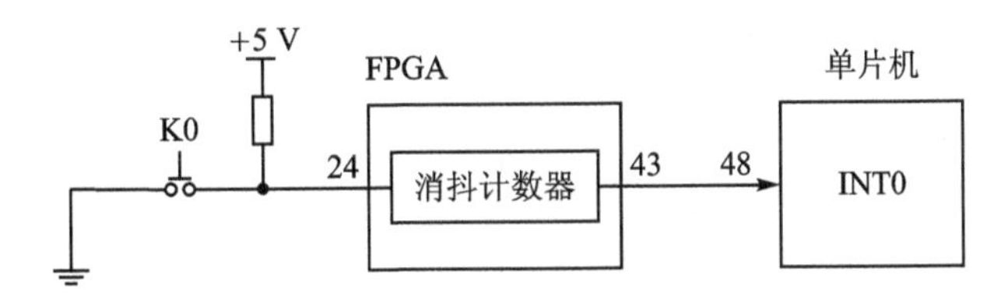

图 11.52 按键电路原理图

5. 系统软件设计

根据设计题目的要求,每一次数据采集通过按键来启动。采集完 128 点数据以后,数据采集单元向单片机发出中断请求,单片机通过中断服务程序从双口 RAM 中读入 128 点采集数据;将读入的 128 点采集数据存放在单片机高 128 字节内部 RAM 中;对 128 字节数据进行处理,在 LCD 上显示与采集数据对应的波形。根据数据采集的工作过程,数据采集系统控制软件分为主程序、INT0 中断服务程序、INT1 中断服务程序三部分。

(1) 主程序

主程序主要完成 C8051F360 单片机内部资源初始化、在 LCD 上显示采集数据的波形,其程序流程图如图 11.53 所示。

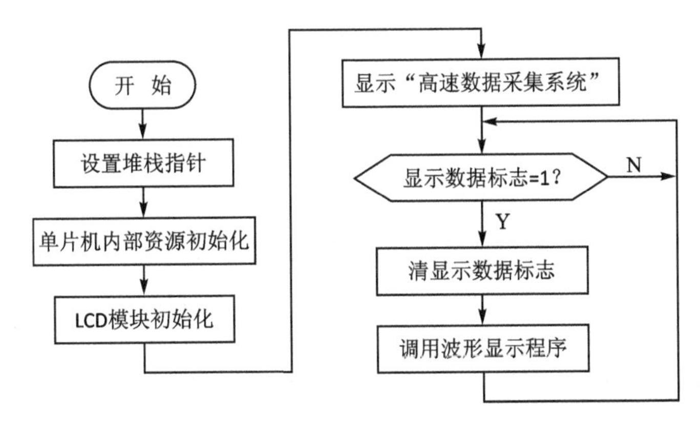

图 11.53 主程序流程图

(2) INT0 中断服务程序

INT0 中断服务程序的功能是读入键值,执行相应功能。本数据采集系统只定义了一个功能键 K0,当该键有效时,P3.2 引脚产生一个负脉冲。

(3) INT1 中断服务程序

当数据采集系统完成 128 点数据采集后,将启动一次外部中断 INT1。INT1 中断服务程序的功能就是从FPGA的双口RAM中读取128字节的采集的数据,并将其存放在单片机内部RAM的高128字节(地址80H～FFH)。读取完毕以后,设置一标志位。

11.7 数字化语音存储与回放系统设计

1. 任务与要求

设计并制作一个数字化语音存储与回放系统,其示意图如图11.54所示。

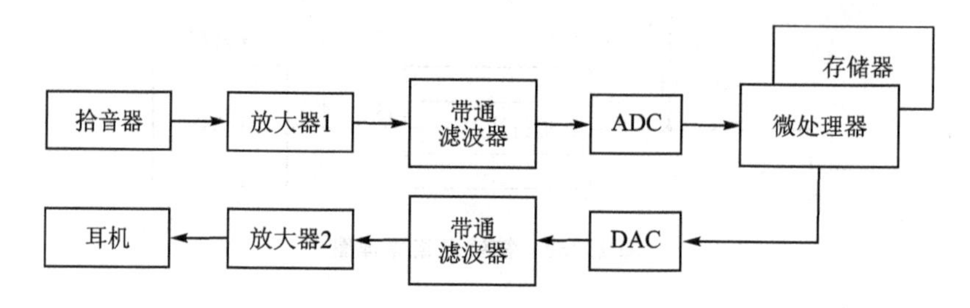

图11.54 数字化语音存储与回放系统

(1) 放大器1的增益为46 dB,放大器2的增益为40 dB,增益均可调。

(2) 带通滤波器:通带为300 Hz～3.4 kHz。

(3) ADC:采样频率f_s=8 kHz,字长8位。

(4) 语音存储时间≥10 s。

(5) DAC:变换频率f_c=8 kHz,字长8位。

(6) 回放语音质量良好。

(7) 在保证语音质量的前提下,减少系统噪声电平,增加自动音量控制功能;语音存储时间增加至20 s以上;提高存储器的利用率(在原存储器容量不变的前提下,提高语音存储时间)。

2. 方案设计与比较

系统框图如图11.55所示。

(1) 控制方式

控制器可采用单片机或可编程逻辑器件实现。可编程逻辑器件具有速度快的特点,但其实现较复杂,且做到友好的人机界面也不太容易。单片机实现较容易,并且具有一定的可编程能力,对于语音信号(最高频率约为3.4 kHz,8 kHz采样频率),6 MHz晶振频率的8031已足以胜任(每个采样周期125 μs,相当于125/2=62个机器周期,平均执行31条指令)。

(2) 语音输入

考虑到驻极体话筒的灵敏度较高,方向性差,若采用单端放大,会有较大的背景噪声。因此采用两只(配对)话筒分别接入差分放大器的正、负端,可以较好地抑制背景噪声。

(3) 放大器1

为了减少系统噪声电平,增大系统动态范围(防止阻塞失真等),本放大器中设置自动增益控制电路。自动增益控制有模拟与数字两种实现方式。数字式有精度高,控制范围大(达50～80 dB)等优点,但数字式AGC比模拟式复杂,一般采用专用芯片实现,如AD7110数控衰

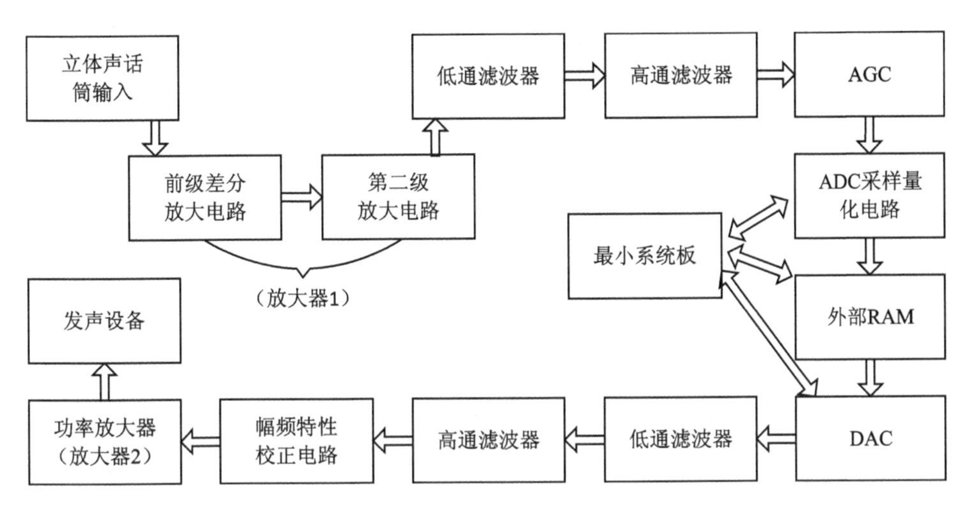

图 11.55　系统框图

减器等，还需要外加接口电路等，使系统复杂度大大增加，因此本方案采用传统的模拟式 AGC 来实现。

(4) 放大器 2

采用 TDA2030A 作为功率放大，可驱动喇叭发声，并有一定的功率余量。

(5) 带通滤波

为防止频谱混叠失真及提高信噪比，300～3 400 Hz 的带通滤波器显得十分重要。无源滤波器要求有电感元件，体积庞大；有源的运放滤波器用阻容元件，体积小，有大量的现成表格可供设计时查阅，但其缺点是干扰稍大，阻容元件的查表计算值一般都不是标称值，因而元器件的选购有一定困难，且调试稍显麻烦；开关电容滤波器克服了前两者的缺点，用时钟频率控制通阻带，通带波动小，过渡带窄，阻带衰减大，常用芯片如 MC14413 等。原拟采用此方案实现带通滤波，但一时买不到此类芯片，只好用运放有源滤波器实现，所使用的阻容元件经细心挑选与测试可保证性能。

(6) ADC

由于题目要求语音信号的最高频率为 4 kHz，根据 Nyquist 定理，采样频率选取 $f_s=$ 8 kHz（周期 $T_s=125\ \mu s$），即可无失真地恢复原语音，在无特殊要求下，字长选取 8 位即可，考虑到系统的可扩展性，所以采用了转换时间为 35 μs 的 AD574。

(7) DAC

根据同样的分析，变换频率选取 8 kHz，字长 8 位，采用 DAC0832。

(8) 存储器

存储器采用 256 kB RAM，可用 628256（实际制作时没拿到该芯片，只得采用 8 片 62256 扩展而成）。若不采用压缩技术，可实现 256/8＝32 s 的语音录制；若压缩 2 倍，录音时间可增至 64 s。由于 8031 只有 16 位地址线，即只有 64 kB 外部数据存储器寻址空间，因此采用了分页存储技术来扩展空间。正常方式录音模式下，采用**脉冲调制**（pulse code modulation，PCM）对每一个采样点的值均进行存储。而在压缩录音模式下，采用**增量脉冲调制**（differential pulse code modulation，DPCM），只存储前后两个采样值的差值。由于程序中有较多的判断与转移指令以及对硬件端口的读写指令，每一次压缩中断服务程序必须在不超过 125 μs 的时间

内完成,这是较为苛刻的要求。因此压缩录音处理程序的代码必须进行最大可能的优化,以减少程序执行时间,从而保证在125 μs内完成压缩。

(9) $\dfrac{\pi f/f_s}{\sin(\pi f/f_s)}$校正

由于实际采样脉冲有一定的持续时间(平顶采样),造成语音恢复时失真。若不进行校正,将使语音的高频分量有部分损失。考虑到本系统的规模,我们采用一简单的阻容网络实现部分高频提升来进行近似校正。

3. 主要电路的设计

(1) 语音输入和放大器1

驻极体话筒采用衰减为-60 dB的爱华型话筒,输出电压约1 mV,先经过差分放大,放大倍数为100倍(见图11.56),得0.2 V,再经过放大倍数最大为100倍(可调)的第二级放大(电路图略),可方便地实现46 dB的增益。自动增益控制部分利用场效应管工作在可变电阻区时,漏源电阻受栅源电压控制的特性,利用压控放大器(VCA)、整流滤波电路、场效应管闭环来实现。

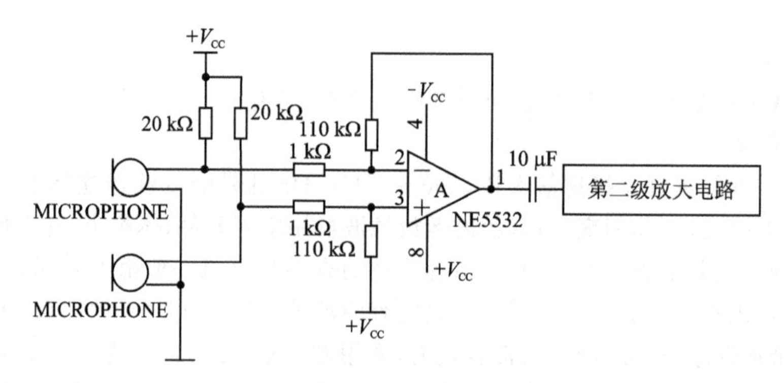

图11.56 语音输入差分放大电路

(2) 滤波器设计

考虑到该带通滤波器的上下限频率之比为3 400/300=11.3≫2(一个倍频程),为宽带滤波,可用一个低通滤波器与一个高通滤波器级联而成。

① 低通滤波器。由于涉及频谱混叠现象,低通滤波器的过渡带衰减必须较快,以f_h=3.4 kHz作为-3 dB点,阻带截止频率f_s=6.8 kHz(2×3.4 kHz)处要求衰减40 dB以上,陡度系数为6.8/3.4=2,查表可知,5阶0.5 dB纹波的切比雪夫低通滤波器在2 rad/s处衰减47 dB,满足要求。采用有源滤波器的方案,用三极点节后级联两极点节组成。由表可查得归一化的元件值,再选择阻抗标度系数$Z=5\times10^4$,频率标度系数FSF$=2\pi f_h$=21 363,可得实际的阻容值为

三极点节:C_1=6 405 pF,C_2=3 105 pF,C_1=284 pF

两极点节:C_4=8 858 pF,C_5=107 pF

两个节的电阻均乘以Z,即电阻均为50 kΩ,去归一化后电路如图11.57所示。

② 高通滤波器。主要滤除低于300 Hz的噪声信号,如50 Hz工频干扰等。选取截止频率f_l=300 Hz(-3 dB点),阻带截止频率f_s=200 Hz处衰减至少40 dB,陡度系数为

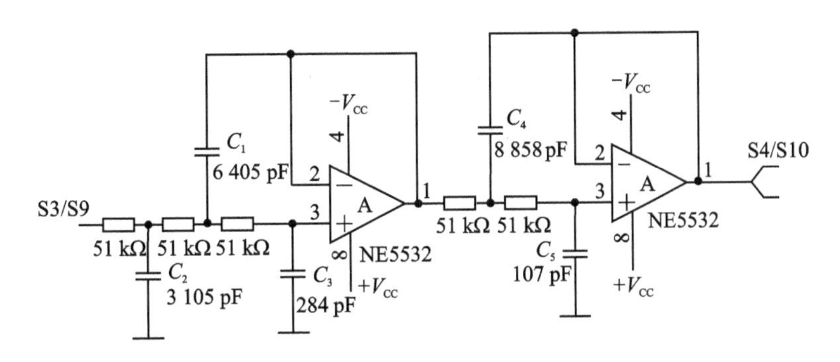

图 11.57　低通滤波器电路

300/200＝1.5，选择五阶 0.5 dB 纹波的切比雪夫高通滤波器，在 1.5 rad/s 处的衰减大于 40 dB，满足要求。最后去归一化，令电容取值为 0.01 μF，频率标度系数 $FSF=2\pi f_1=1\ 885$，则阻抗标度系数 $Z=C/(FSF\times C')=53\ 052$。将所有电容用 $Z\times FSF$ 除，电阻用 Z 乘来对归一化高通滤波器进行频率和阻抗标度，即得实际电路。

(3) 单片机系统

CPU 采用 MCS－51 最小系统板，外部扩展 256 KB RAM(8 片 62256)，时钟频率采用 6 MHz。外部数据存储器的扩展：由于要用到超过 64 KB 的数据存储器，采用分页存取的虚拟地址技术，2000H 单元作为选页端口地址，先对 2000H 写入页码(0～7 分别代表 8 个页)，再对相应页的具体单元进行存取操作。每次需要换页时只需先对 2000H 单元写入页码即可，不换页时不需要写 2000H。

(4) ADC 和 DAC

ADC 采用 AD574A，外加 LF398 采样保持电路。DAC 采用 DAC0832，电路图略。

(5) $\dfrac{\pi f/f_s}{\sin(\pi f/f_s)}$ 校正

采用一阶 RC 网络对高频分量稍作提升，进行近似校正。根据公式 $\dfrac{\pi f/f_s}{\sin(\pi f/f_s)}$ 计算可得，在采样频率 $f_s=8$ kHz 时，在 $f=300$ Hz 处衰减 0.02 dB(0.997 69)，在 $f=4.3$ kHz 处衰减 4.61 dB(0.58 810)，因此只需选择适当的阻容元件，近似满足在 4.3 kHz 处提升约 4.59 dB 即可。计算得 $C=0.069$ μF，$R_1=R_2=1$ kΩ。

3. 算法与软件流程图

该程序为事件驱动，由主程序和中断服务程序(包括键盘中断，定时器中断)组成。主程序在完成初始化工作后，进入循环等待，主要的功能(录放音)均由定时器中断服务程序完成。

(1) DPCM 算法

语音信号是一种具有短时平稳性的非平稳随机过程的信号，其相邻样点间有着很强的相关性。利用语音信号的这些特点，采用自适应量化技术对语音信号进行编码，可以在较低数据率的情况下，获得较高质量的重构语音，DPCM 是一种常用的压缩编码方法，该算法是使用前一个采样值来预测当前采样值，然后算出当前采样值与预测值的差值，并对差值进行量化。差分值由下述公式计算得

$$e(n)=S(n)-P(n-1) \tag{11.46}$$

其中,$e(n)$表示差分值,$S(n)$表示当前采样值,$P(n-1)$表示预测值,均为8位二进制数,由式(11.46)得到的差分值以后,根据表11.4转化为4位DPCM码。

表11.4 差分值与对应的DPCM编码

差分$e(n)$	DPCM编码	差分$e(n)$	DPCM编码
$e(n)\leqslant -64$	1	$e(n)=1$	9
$-64< e(n)\leqslant -32$	2	$2\leqslant e(n)<4$	10
$-32< e(n)\leqslant -16$	3	$4\leqslant e(n)<8$	11
$-16< e(n)\leqslant -8$	4	$8\leqslant e(n)<16$	12
$-8< e(n)\leqslant -4$	5	$16\leqslant e(n)<32$	13
$-4< e(n)\leqslant -2$	6	$32\leqslant e(n)<64$	14
$e(n)=-1$	7	$64\leqslant e(n)$	15
$e(n)=0$	0,8		

假设第一次A/D的采样值为8AH,预测值初始化为80H,则采样值和预测值之间的差分值为10,该差分值处在$8\leqslant e(n)<16$之间,从表11.5可知,该采样值对应的DPCM编码为12,由于编码在0～15之间可以用4位二进制数表示,因此将采样得到的8位数据压缩成4位编码,将相邻两次采样值的DPCM编码合成一个字节存入数据存储器,从而使语音数据量压缩了一半。

每次求得当前采样值的DPCM编码后,必须计算新的预测值,以便为求取下一次采样值的DPCM编码作准备。新的预测值是在当前预测值的基础上累加差分值得到的,如式(11.47)所示,式中的差分值$e_1(n)$通过表11.5获得。

$$P(n)=P(n-1)+e_1(n) \tag{11.47}$$

表11.5 DPCM编码与差分值对应表

DPCM编码	1	2	3	4	5	6	7	8	9	10	11	12	13	14	15
差分$e_1(n)$	−64	−32	−16	−8	−4	−2	−1	0	1	2	4	8	16	32	64

声音回放时,从数据存储器中取出DPCM编码,通过查表11.5得到差分值,再加上预测值就得到恢复后的语音数据。预测值为前一次恢复的语音数据。

(2) 录音部分的算法

根据上文的分析,采样频率近似为8 kHz,所以设置定时器中断T1的周期为0.124 ms(频率为$\dfrac{1}{0.124\ \text{ms}}=8.064\ 5\ \text{kHz}$)。在中断服务程序中,由于存在两种录音存储模式,因此,根据从键盘得到的不同选择进行分别处理。具体如下:

① 无压缩录音模式。在每一次T1中断中,直接读取ADC的输出值,写入外部RAM中。在此过程中,程序中置一个标志flag,指示当前的存储页,数据均存储入该页。当前页写满后,flag加1,以后的数据存入下一页。这样实现了数据的分页存储。如果达到了最大时间32.5 s(由是否写满所有的内存页来判断),则录音结束。

② 压缩录音模式。在第一次T1中断前,设置大小为一字节的缓冲BUFFER,与一字节的“前值”PREVIOUS VALUE(PV),PV值预设为0。在每一次T1中断中,读取ADC的输出值CURRENT VALUE(CV),把CV与PV作比较,差值记为DIFF。DIFF为一个4位的

值。第一位为这一差值的符号位,后三位表示差值的绝对值。如果绝对值大于 7,则统一置为 7,写入 BUFFER 采样时的 PV。当一个 BUFFER 组装完成后,分页存入 RAM(因此实际上是每两次中断写一次 RAM),再清空 BUFFER(认为此时的 BUFFER 中已无有效的 DIFF 值),等待下一次 T1 中断。

(3) 放音部分的算法

与录音部分相似,定时器中断 T1 的周期设置为 0.124 ms,在中断服务程序中,对两种录音存储模式进行分别处理。具体如下:

① 无压缩放音模式。在每一次 T1 中断中,从 RAM 中用分页方式读出存储的采样值,输出至 DAC。

② 压缩放音模式。与录音相对应,PV 预设为 0,每两次中断读一次 RAM,值存放于 BUFFER 中。每一次中断(交替)从 BUFFER 中读出高 4 位或低 4 位,作为此次中断的 DIFF。根据 DIFF 的最高位判断值的正负,PV 相应地加上或减去 DIFF 的大小,作为本次中断的输出值与下一次中断的 PV 值。

压缩录音与放音程序中第一次中断的 PV 均为 0,并不影响实际的语音的质量。因为若两次采样值的差为最大,即 255,每次存储的 DIFF 最大为 7,则经过 255/7=36.4 个采样周期跟踪上实际的语音信号,36.4×0.124 ms=4.5 ms,这一短暂的时间对于人耳是难以分辨的。

(4) 流程图

主程序流程图与键盘中断服务程序流程图略,定时器中断服务程序流程图如图 11.58 所示(以录音为例,MODE=0 表示无压缩录音模式,MODE=1 表示压缩录音模式),放音部分的定时器中断服务程序与之类似。

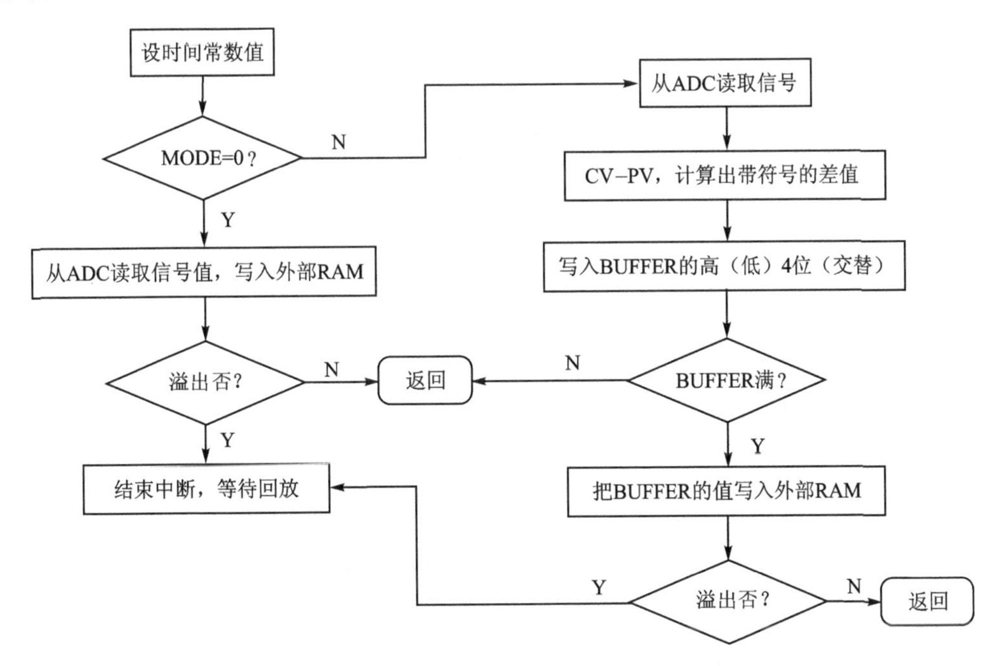

图 11.58　压缩录音中断流程图

本章小结

11.1　在现代电子系统综合设计中,要研制一个经得起考验的电子设备或产品,仅仅了解电子元器件,掌握电路原理和电子技术是不够的,还必须充分考虑电子设备或产品的应用环境,增强系统的可靠性,抵御可能受到的电磁干扰等实际工程问题。

11.2　与其他电子系统一样,一个模拟电子系统可以分解成若干个子系统,其中每个子系统又由若干个功能模块组成,而功能模块由若干电子元器件组成。电子系统设计是系统工程设计,一般是比较复杂的,必须采用有效的方法去管理才能使设计工作顺利并取得成功。基于系统的功能与结构上的层次性,电子系统设计一般有以下三种方法:自顶向下法、自底向上法、组合法。任何一项系统设计,都要遵循一定的原则或标准、规范。电子系统设计业必须遵循一定的原则。

11.3　电磁干扰会对电子系统造成影响和危害。本章阐述了电磁干扰的定义和构成干扰的三要素:干扰源、传输途径、敏感设备,并介绍了电磁干扰源的分类以及主要的人为干扰源。电磁干扰的传输途径主要有传导、感应、辐射、以及它们的组合,抗干扰设计中最重要的是需要明确干扰如何从干扰源到达敏感设备,知道了干扰是怎样传输的,才能“对症下药”。抗干扰设计不只是一些零碎的小经验,而是一个系统工程,即电磁兼容技术。20世纪40年代以来,电磁兼容从为解决具体系统的干扰问题发展为具有分析、控制、实验和测量等技术的系统科学的工程方法,并建立了大量的认证和标准体系。因此,设计一个电子系统时,应按照电磁兼容技术的方法和标准进行设计。

11.4　常用有源滤波器分为低通、高通、带通、带阻、全通五种。常见的滤波器拓扑又可分为巴特沃兹滤波器、切比雪夫滤波器、椭圆滤波器和贝塞尔滤波器等几种。滤波器的电路类型可分为无限增益多重反馈滤波器和电压控制电压源滤波器。根据对滤波器的特征要求,电路一般可设计为1～8阶。滤波器可使用多种EDA软件进行设计。

思考题

11.1　什么是电子系统?电子系统一般由哪几部分组成?

11.2　简述模拟电子系统设计的一般方法及特点。

11.3　简述电子系统设计的一般步骤。

11.4　电子系统设计的一般原则有哪些?

11.5　电磁干扰的三要素是什么?它们之间是如何发生关系的。

11.6　干扰的耦合途径有哪些?

11.7　什么是电磁兼容?试论在电子系统的研制中,如何利用电磁兼容技术进行抗干扰性设计。

11.8　无源滤波器和有源滤波器的主要差别是什么?

11.9　完成电子系统设计,应该抓哪几个主要环节?

11.10　采用抑制干扰措施时,考虑的主要因素是什么?

设计训练题

题 11.1　抗混叠低通滤波器

(1) 任务

设计并实现一个采样率 $f_s=6.4$ kHz 的数字采样系统的抗混叠低通滤波器。

(2) 要求

① 基本要求

(a) 提出技术指标直方图。

(b) 提出硬件选择方案。

(c)设计抗混叠低通滤波器的传递函数 $H(s)$。

(d)实现一种方案。

② 发挥部分

(a) 实现两种方案，一种方案是分立元件实现，一种方案是集成线性电路产品实现。

(b) 设计两种近似函数实现的 $H(s)$。

(3) 评分标准

要　求	项　目	满　分
基本要求	设计与总结报告：方案设计与论证，近似函数选择，理论分析与计算，电路图，测试方法与数据，对测试结果的分析	30
	实际制作完成情况	40
发挥部分	完成第(a)项	20
	完成第(b)项	10

题 11.2　直流稳压电源

(1) 任　务

设计并制作交流变换为直流的稳定电源。

(2) 要　求

1) 基本要求

① 稳压电源。在输入电压为 220 V、50 Hz，电压变化范围 −20%～+15%条件下：

输出电压可调范围为+9～+12 V；

ⓐ 最大输出电流为 1.5 A；

ⓑ 电压调整率≤0.2%(输入电压为 220 V，变化范围为 −20%～+15%下，空载到满载)；

ⓒ 负载调整率≤1%(最低输入电压下，满载)；

ⓓ 纹波电压(峰-峰值)≤5 mV(最低输入电压下，满载)；

ⓔ 效率≥40%(输出电压 9 V，输入电压 220 V 下，满载)；

ⓕ 具有过流及短路保护功能。

② 稳流电源。在输入电压固定为+12 V 的条件下：

ⓐ 输出电流：4～20 mA，可调；

ⓑ 负载调整率≤1%(输入电压+12 V,负载电阻由200~300 Ω变化时,输出电流为20 mA时的相对变化率)。

③ DC-DC变换器。在输入电压为+9~+12 V条件下:

ⓐ 输出电压为+100 V,输出电流10 mA;

ⓑ 电压调整率≤1%(输入电压变化范围+9~+12 V);

ⓒ 负载调整率≤1%(输入电压+12 V下,空载到满载);

ⓓ 纹波电压(峰-峰值)≤100 mV(输入电压+9 V下,满载)。

2) 发挥部分

① 扩充功能

ⓐ 排除短路故障后,自动恢复为正常状态;

ⓑ 过热保护;

ⓒ 防止开、关机时产生的"过冲"。

② 提高稳压电源的技术指标

ⓐ 提高电压调整率和负载调整率;

ⓑ 扩大输出电压调节范围和提高最大输出电流值。

③ 改善DC-DC变换器

ⓐ 提高效率(在100 V,100 mA下);

ⓑ 提高输出电压。

④ 用数字显示输出电压和输出电流。

(3) 评分标准

要　求	项　目	满　分
基本要求	设计与总结报告:方案设计与论证、理论分析与计算、电路图、测试方法与数据、对测试结果的分析	30
	实际制作完成情况	40
发挥部分	完成第①项	6
	完成第②项	10
	完成第③项	9
	完成第④项	3

题11.3　函数信号发生器

(1) 任　务

设计并制作一个函数信号发生器。该函数信号发生器能产生正弦波、方波、三角波和由用户编辑的特定形状波形。

(2) 要　求

① 基本要求

(a) 具有产生正弦波、方波、三角波三种周期性波形的功能。

(b) 用键盘输入编辑生成上述三种波形(同周期)的线性组合波形,以及由基波及其谐波(5次以下)线性组合的波形。

(c) 具有波形存储功能。

(d) 输出波形的频率范围为 100 Hz～20 kHz(非正弦波频率按 10 次谐波计算)，重复频率可调，频率步进间隔≤100 Hz。

(e) 输出波形幅度范围 0～5 V(峰-峰值)，可按步进 0.1 V(峰-峰值)调整。

(f) 具有显示输出波形的类型、重复频率(周期)和幅度的功能。

② 发挥部分

(a) 输出波形频率范围扩展至 100 Hz～200 kHz。

(b) 用键盘或其他输入装置产生任意波形。

(c) 增加稳幅输出功能，当负载变化时，输出电压幅度变化不大于±3%(负载电阻变化范围：100 Ω～∞)

(d) 具有掉电存储功能，可存储掉电前用户编辑的波形和设置。

(e) 可产生单次或多次(<1 000 次)特定波形(如产生 1 个半周期三角波输出)。

(f) 其他(如增加频谱分析、失真度分析、频率扩展>200 kHz、扫频输出等功能)。

(3) 评分标准

要　求	项　目	满　分
基本要求	设计与总结报告：方案设计与论证、理论分析与计算、电路图、测试方法与数据、对测试结果的分析	30
	实际制作完成情况	40
发挥部分	完成第(a)项	6
	完成第(b)项	6
	完成第(c)项	6
	完成第(d)项	3
	完成第(e)项	3
	完成第(f)项	6

题 11.4　宽带放大器

(1) 任　务

设计并制作一个宽带放大器。

(2) 要　求

① 基本要求

(a) 输入阻抗≥1 kΩ；单端输入，单端输出；放大器负载电阻 600 Ω。

(b) 3 dB 通频带 10 kHz～6 MHz，在 20 kHz～5 MHz 频带内增益起伏≤1 dB。

(c) 最大增益≥40 dB，增益调节范围 10～40 dB(增益值 6 级可调，步进间隔 6 dB，增益预置值与实测值误差的绝对值≤2 dB)，需显示预置增益值。

(d) 最大输出电压有效值≥3 V，数字显示输出正弦电压有效值。

(e) 自制放大器所需的稳压电源。

② 发挥部分

(a) 最大输出电压有效值≥6 V。

(b) 最大增益≥58 dB(3 dB通频带10 kHz~6 MHz,在20 kHz~5 MHz频带内增益起伏≤1 dB),增益调节范围10~58 dB(增益值9级可调,步进间隔6 dB,增益预置值与实测值误差的绝对值≤2 dB),需显示预置增益值。

(c) 增加自动增益控制(AGC)功能,AGC范围≥20 dB,在AGC稳定范围内输出电压有效值应稳定在4.5 V≤U_o≤5.5 V(详见下面的说明④)。

(d) 输出噪声电压峰-峰值U_{oN}≤0.5 V。

(e) 进一步扩展通频带、提高增益、提高输出电压幅度、扩大AGC范围、减小增益调节步进间隔。

(f) 其他。

(3) 说　明

① 基本要求部分第(c)项和发挥部分第(b)项的增益步进级数对照表如下所列:

步进增益级数	1	2	3	4	5	6	7	8	9
预置增益值/dB	10	16	22	28	34	40	46	52	58

② 发挥部分第(d)项的测试条件为:输入交流短路,增益为58 dB。

③ AGC电路常用在接收机的中频或视频放大器中,其作用是当输入信号较强时,使放大器增益自动降低;当信号较弱时,又使其增益自动增高,从而保证在AGC作用范围内输出电压的均匀性,故AGC电路实质是一个负反馈电路。

(4) 评分标准

要　求	项　目	满　分
基本要求	设计与总结报告:方案设计与论证、理论分析与计算、电路图、测试方法与数据、对测试结果的分析	30
	实际制作完成情况	40
发挥部分	完成第(a)项	5
	完成第(b)项	10
	完成第(c)项	5
	完成第(d)项	1
	完成第(e)项	6
	其他	3

题11.5 自适应滤波器

(1) 任　务

设计并制作一个自适应滤波器,用来滤除特定的干扰信号。自适应滤波器工作频率为10~100 kHz。其电路应用如图11.59所示。

图11.59中,有用信号源和干扰信号源为两个独立信号源,输出信号分别为信号A和信号B,且频率不相等。自适应滤波器根据干扰信号B的特征,采用干扰抵消等方法,滤除混合信号D中的干扰信号B,以恢复有用信号A的波形,其输出为信号E。

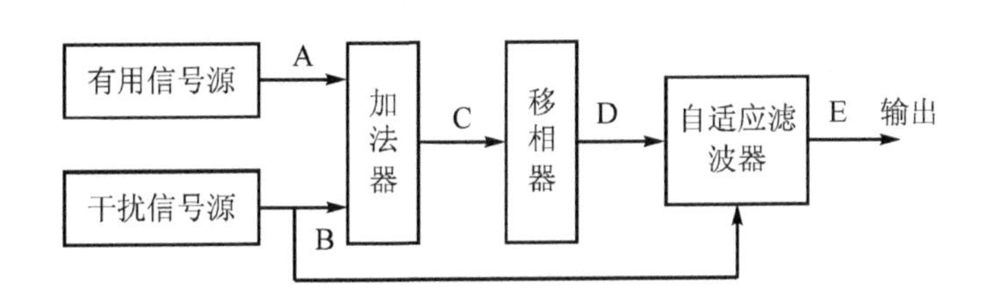

图 11.59　自适应滤波器电路应用示意图

(2) 要　求

① 基本要求

(a) 设计一个加法器实现 C＝A＋B,其中有用信号 A 和干扰信号 B 峰-峰值均为 1～2 V,频率范围为 10～100 kHz。预留便于测量的输入/输出端口。

(b) 设计一个移相器,在频率范围为 10～100 kHz 的各点频上,实现点频 0°～180°手动连续可变相移。移相器幅度放大倍数控制在 1±0.1,移相器的相频特性不做要求。预留便于测量的输入输出端口。

(c) 单独设计制作自适应滤波器,有两个输入端口,用于输入信号 B 和 D。有一个输出端口,用于输出信号 E。当信号 A、B 为正弦信号,且频率差≥100 Hz 时,输出信号 E 能够恢复信号 A 的波形,信号 E 与 A 的频率和幅度误差均小于 10%。滤波器对信号 B 的幅度衰减＜1%。预留便于测量的输入/输出端口。

② 发挥部分

(a)当信号 A、B 为正弦信号,且频率差≥10 Hz 时,自适应滤波器的输出信号 E 能恢复信号 A 的波形,信号 E 与 A 的频率和幅度误差均＜10%。滤波器对信号 B 的幅度衰减＜1%。

(b) 当 B 信号分别为三角波和方波信号,且与 A 信号的频率差≥10 Hz 时,自适应滤波器的输出信号 E 能恢复信号 A 的波形,信号 E 与 A 的频率和幅度误差均＜10%。滤波器对信号 B 的幅度衰减＜1%。

(c) 尽量减小自适应滤波器电路的响应时间,提高滤除干扰信号的速度,响应时间不大于 1 s。

(d) 其他。

(3) 说　明

① 自适应滤波器电路应相对独立,除规定的 3 个端口外,不得与移相器等存在其他通信方式。

② 测试时,移相器信号移相角度可以在 0°～180°手动调节。

③ 信号 E 中信号 B 的残余电压测试方法为:信号 A、B 按要求输入,滤波器正常工作后,关闭有用信号源使 $U_A=0$,此时测得的输出为残余电压 U_E。滤波器对信号 B 的幅度衰减为 U_E/U_B。若滤波器不能恢复信号 A 的波形,该指标不测量。

④ 滤波器电路的响应时间测试方法为:在滤波器能够正常滤除信号 B 的情况下,关闭两个信号源。重新加入信号 B,用示波器观测 E 信号的电压,同时降低示波器水平扫描速度,使示波器能够观测 E 信号(包括幅度的变化)1～2 s。测量其从加入信号 B 开始,至幅度衰减 1%的时间即为响应时间。若滤波器不能恢复信号 A 的波形,该指标不测量。

(4) 评分标准

	项　目	主要内容	满　分
设计报告	系统方案	自适应滤波器总体方案设计	4
	理论分析与计算	滤波器理论分析与计算	6
	电路与程序设计	总体电路图,程序设计	4
	测试方案与测试结果	测试数据完整性,测试结果分析	4
	设计报告结构及规范性	摘要,设计报告正文的结构,图表的规范性	2
	合计		20
基本要求	完成(1)		6
	完成(2)		24
	完成(3)		20
	合计		50
发挥部分	完成(1)		10
	完成(2)		20
	完成(3)		15
	其他		5
	合计		50
总分			120

题 11.6　远程幅频特性测试装置

(1) 任　务

设计并制作远程幅频特性测试装置。

(2) 要　求

① 基本要求

(a) 制作一信号源。输出频率范围:1～40 MHz;步进:1 MHz,且具有自动扫描功能;负载电阻为 600 Ω 时,输出电压峰-峰值在 5～100 mV 之间可调。

(b) 制作一放大器。要求输入阻抗:600 Ω;带宽:1～40 MHz;增益:40 dB,要求在 0～40 dB 连续可调;负载电阻为 600 Ω 时,输出电压峰-峰值为 1 V,且波形无明显失真。

(c) 制作一用示波器显示的幅频特性测试装置,该幅频特性定义为信号的幅度随频率变化的规律。在此基础上,如图 11.60 所示,利用导线将信号源、放大器、幅频特性测试装置等三部分连接起来,由幅频特性测试装置完成放大器输出信号的幅频特性测试,并在示波器上显示放大器输出信号的幅频特性。

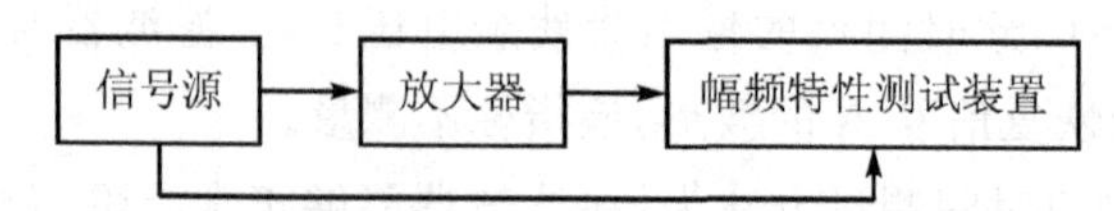

图 11.60　远程幅频特性测试装置框图(基本部分)

② 发挥部分

(a) 在电源电压为+5 V 时,要求放大器在负载电阻为 600 Ω 时,输出电压有效值为 1 V,

且波形无明显失真。

(b) 如图 11.61 所示，将信号源的频率信息、放大器的输出信号利用一条 1.5 m 长的双绞线(一根为信号传输线，另一根为地线)与幅频特性测试装置连接起来，由幅频特性测试装置完成放大器输出信号的幅频特性测试，并在示波器上显示放大器输出信号的幅频特性。

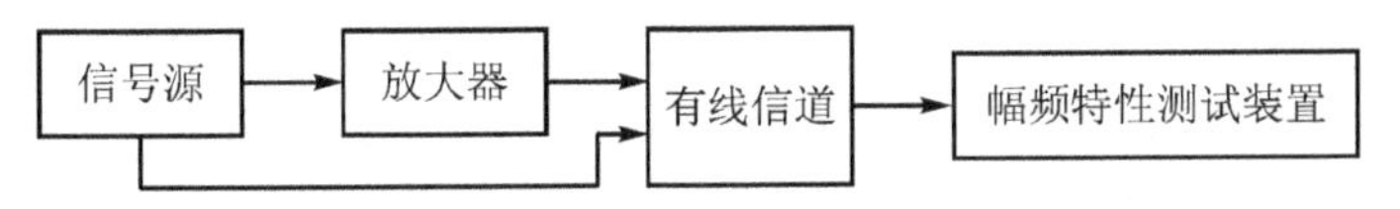

图 11.61　有线信道幅频特性测试装置框图(发挥部分(2))

(c) 如图 11.62 所示，使用 Wi - Fi 路由器自主搭建局域网，将信号源的频率信息、放大器的输出信号信息与笔记本电脑连接起来，由笔记本电脑完成放大器输出信号的幅频特性测试，并以曲线方式显示放大器输出信号的幅频特性。

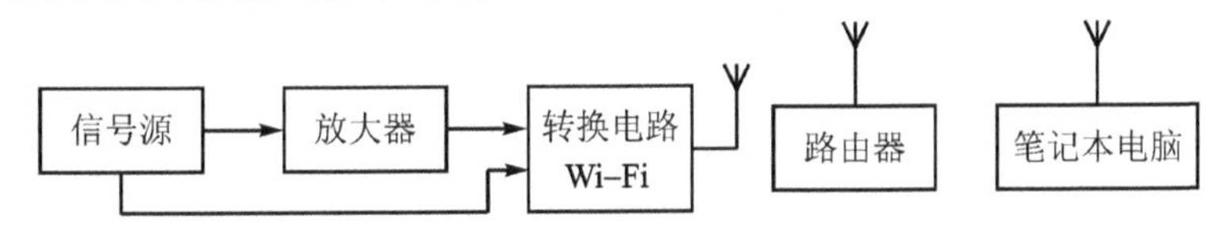

图 11.62　Wi - Fi 信道幅频特性测试装置框图(发挥部分(3))

(d) 其他。

(3) 说　明

① 笔记本电脑和路由器自备(仅限本题)。

② 在信号源、放大器的输出端预留测试端点。

(4) 评分标准

	项　目	主要内容	满　分
设计报告	系统方案	比较与选择，方案描述	2
	理论分析与计算	信号发生器电路设计，放大器设计，频率特性测试一起	8
	电路与程序设计	电路设计，程序设计	4
	测试方案与测试结果	测试方案与测试条件，测试结果完整性，测试结果分析	4
	设计报告结构及规范性	摘要，设计报告正文的结构，图表的规范性	2
	合计		20
基本要求	完成(1)		20
	完成(2)		17
	完成(3)		5
	完成(4)		8
	合计		50
发挥部分	完成(1)		10
	完成(2)		20
	完成(3)		15
	其他		5
	合计		50
总　分			120

参考文献

[1] 童诗白,华成英.模拟电子技术基础[M].5 版.北京:高等教育出版社,2015.
[2] 冯军,谢嘉奎.电子线路(线性部分)[M].5 版.北京:高等教育出版社,2010.
[3] 王志功,沈永朝.电路与电子线路基础[M].北京:高等教育出版社,2013.
[4] 傅丰林.模拟电子线路基础[M].北京:高等教育出版社,2015.
[5] 张晓林,张凤言.电子线路基础[M].北京:高等教育出版社,2011.
[6] 康华光.电子技术基础·模拟部分[M].5 版.北京:高等教育出版社,2006.
[7] Donald A Neamen. Electronic Circuit Analysis and Design. [M]. 2nd ed. 北京: 清华大学出版社,2000.
[8] Muhammad H Rashid. Microelectronic Circuits:Analysis and Design. 北京:科学出版社,2002.
[9] 王成华,王友仁,胡志忠,等.现代电子技术基础(模拟部分)[M].2 版.北京:北京航空航天大学出版社,2015.
[10] 王成华,邵杰.现代电子技术基础(模拟部分)解题指南[M].北京:北京航空航天大学出版社,2007.
[11] 王成华.电子线路基础[M]. 北京:清华大学出版社,2008.
[12] 贾华宇. 高性能流水线模数转换器及其数字校准技术研究[M]. 西安:西安电子科技大学出版社,2015.
[13] 陈珍海, 于宗光, 张鸿. 高速低功耗电荷域流水线模数转换器设计[M]. 北京:电子工业出版社,2015.
[14] 杨显清, 杨德强, 潘锦. 电磁兼容原理与技术[M]. 北京:电子工业出版社,2016.
[15] 张厚, 唐宏, 丁尔启. 电磁兼容技术及其应用[M]. 西安:西安电子科技大学出版社, 2013.
[16] 孙肖子,张企民.模拟电子技术基础[M]. 西安:西安电子科技大学出版社,2001.
[17] 硅超大规模集成电路工艺技术[M]. 严利人,王玉东,熊小义,等,译. 北京:电子工业出版社,2005.
[18] 半导体物理与器件[M]. 赵毅强,姚素英,史再峰,等译.北京:电子工业出版社,2016.